略号	書　名		月
絶 事	絶滅危惧の動物事典	[illegible]	2008.12
絶鳥事	絶滅危惧の野鳥事典	東京堂出版	2008.1
絶百 2	絶滅危惧動物百科 2	朝倉書店	2008.4
絶百 3	絶滅危惧動物百科 3	朝倉書店	2008.5
絶百 4	絶滅危惧動物百科 4	朝倉書店	2008.5
絶百 5	絶滅危惧動物百科 5	朝倉書店	2008.6
絶百 6	絶滅危惧動物百科 6	朝倉書店	2008.6
絶百 7	絶滅危惧動物百科 7	朝倉書店	2008.7
絶百 8	絶滅危惧動物百科 8	朝倉書店	2008.7
絶百 9	絶滅危惧動物百科 9	朝倉書店	2008.9
絶百 10	絶滅危惧動物百科 10	朝倉書店	2008.9
世鳥大	世界鳥類大図鑑	ネコ・パブリッシング	2009.1
世鳥卵	世界「鳥の卵」図鑑（ネイチャー・ハンドブック）	新樹社	2006.9
世鳥ネ	世界の鳥たち（ネイチャーガイド・シリーズ）	化学同人	2015.6
世 爬	世界の爬虫類ビジュアル図鑑	誠文堂新光社	2012.7
世美羽	世界の美しき鳥の羽根	誠文堂新光社	2015.9
世文鳥	改訂新版 世界文化生物大図鑑 鳥類	世界文化社	2004.6
世文動	改訂新版 世界文化生物大図鑑 動物—哺乳類・爬虫類・両生類	世界文化社	2004.6
世ヘビ	ヘビ—世界のヘビ図鑑（爬虫・両生類ビジュアルガイド）	誠文堂新光社	2005.8
世 哺	世界哺乳類図鑑（ネイチャー・ハンドブック）	新樹社	2005.2
世 両	世界の両生類ビジュアル図鑑	誠文堂新光社	2013.1
地 球	地球博物学大図鑑	東京書籍	2012.6
鳥 飼	鳥の飼育大図鑑	ペットライフ社	2008.3
鳥 絶	鳥の絶滅危惧種図鑑	緑書房	2013.10
鳥卵巣	世界 655 種 鳥と卵と巣の大図鑑	ブックマン社	2014.5
鳥 比	♪鳥くんの比べて識別！ 野鳥図鑑 670 第 2 版	文一総合出版	2016.12
鳥 650	決定版 日本の野鳥 650	平凡社	2014.1
名鳥図	名前がわかる 野鳥大図鑑	永岡書店	2012.4
日ア鳥	日本と北東アジアの野鳥	生態科学出版	2016.6

（後見返しに続く）

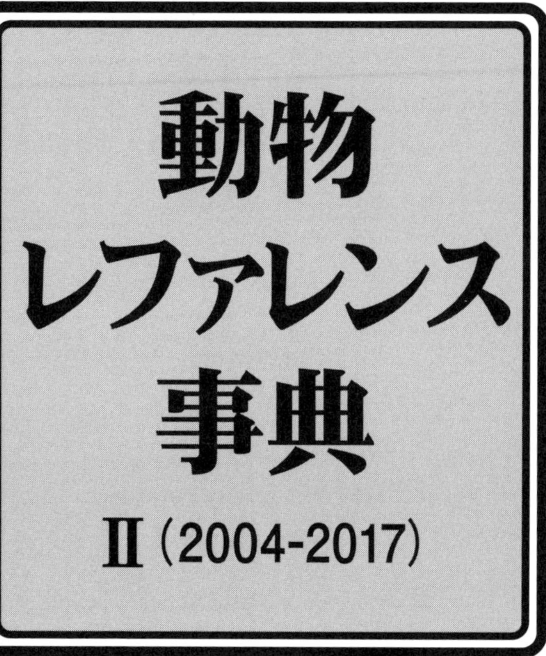

動物レファレンス事典

Ⅱ（2004-2017）

日外アソシエーツ

ANIMALS INDEX

8,378 Animals Appearing in 93 Volumes of
81 Illustrated Books and Encyclopedias
2004-2017

Compiled by
Nichigai Associates, Inc.

Printed in Japan

●編集スタッフ● 松本 裕加／岡田 真弓／新西 陽菜／石田 翔子

刊行にあたって

人間と動物との密接な関わりは古代にまで遡るが、現代においても動物はペットとして愛玩することはもちろん、動物園や野鳥観察で楽しむ、食用・皮革用・使役用として家畜利用するなど生活から切り離すことのできない身近な存在である。一方、人間により絶滅させられた、また絶滅の危機に瀕している動物は数えきれず、IUCN（国際自然保護連合）や環境省等が作成し更新している、通称「レッドリスト」（絶滅のおそれのある野生生物の種のリスト）に記載の種の件数は増加の一途をたどっている。

動物について調べる際のもっとも基本的なツールはいうまでもなく動物図鑑や事典である。これらは専門的見地から系統的に分類した上で詳細な説明がなされるとともに、図版が掲載されており、信頼性、実用性の点から、一般の愛好家から研究者まで幅広く利用されている。その形式も様々で、野生動物の美しい写真を収載した図鑑やイラストによる野鳥図鑑、愛玩動物の品種を多数集めた図鑑、絶滅危惧種に特化した図鑑など、あらゆる目的に応じた図鑑が出版されている。

ただし、図鑑による調査にも意外な困難を伴うことがある。例えば、誰もが知っているような有名な動物ならともかく、あまり知られていない動物や希少種の場合、専門的な図鑑でなければ収録されていない可能性が高い。そのため、手当たり次第に図鑑を引いたけれどもそのいずれにも収録されていなかったということになりかねない。また、複数の呼び名を持つ動物の場合、図鑑によって異なる名前で収録されていることに気付かない恐れもある。どの図鑑にどんな名前で収録されているかを事前に知ることができれば、このような無駄や遺漏のない調査が可能になる。また、図版についても、カラーなのかモノクロなのか、写真なのか図なのか、その種類を把握してから図鑑を探すことができれば、より効率的な調査ができる。

小社では2004年6月に「動物レファレンス事典」を刊行した。本書はその追補版にあたり、2004年から2017年に刊行された、哺乳類、鳥類、爬虫類、両生類に関する図鑑・事典81種93冊に掲載されている見出し延べ30,960件の索引である。8,378種を収録し、その下に動物の同定に必要な情報、図鑑・事典の掲載ページや掲載番号、図版の種類等を表示する。また、レファレンス・ツールとしての検索性も考慮し、巻末に学名索引を付した。

本書がより多くの方々に有効に活用され、多種多様な動物への橋渡しとなることを期待したい。

2018年9月

日外アソシエーツ

目　次

凡　　例

1．本書の内容

本書は、国内の代表的な動物図鑑・動物事典類に掲載されている動物の索引である。見出しとしての動物名のほか、学名や英名等、漢字表記、科名、別名等、その動物の特定に必要な基礎情報を補記し、その動物がどの図鑑・事典にどのような名称で掲載されているかを示したものである。

2．収録範囲と総種数

2004年から2017年までに刊行された、81種93冊の図鑑・事典類に掲載されている動物8,378種（のべ30,960件）を収録した。索引対象にした図鑑類は別表（「収録図鑑一覧」）に示した。なお、児童向け、ムック類は収録対象外とした。

3．見出し・排列

(1) 動物名見出し

同一種は各図鑑での見出しにかかわらず一項目にまとめた。その際、より一般的な名称を見出しに採用し、カナ表記で示した。見出しと異なる別名等は適宜参照見出しとして立てた。

(2) 排　列

1) 見出しの五十音順に排列した。見出しが英字で始まるもの（英名）は、ABC順とし五十音の後に置いた。

2) 濁音・半濁音は清音扱いとし、ヂ→シ、ヅ→スとした。また拗促音は直音扱いとし、長音（音引き）は無視した。

(3) 記　述

見出しとした動物に関する記述の内容と順序は次の通りである。

学名もしくは英名等／漢字表記／解説

1) 学名・英名

可能な限り学名を示した。見出しが品種名の場合は、英名等を示した。

2) 漢字表記

漢字表記がある場合はそれを示した。

3) 解　説

動物を同定するための情報として科名、動物の種類、別名、大きさ、原産地、分布地等を示した。異なる科名がある場合、(　)内に示した。

4. 掲載図鑑

(1) 図鑑略号

その種が掲載されている図鑑を ¶ の後に略号で示した（略号は別表を参照)。各図鑑における見出しが本書の見出しと異なる場合は、その略号の後に〔　〕で囲んで示した。

(2) 記　述

記述の内容とその掲載順は次の通りである。

掲載ページもしくは掲載番号／図版種類

1) 掲載ページ

各図鑑における見出し掲載ページもしくは掲載番号を示した。複数ページにわたる場合は、開始ページのみを示した。1冊のうちに複数回記載されている場合は「,」で区切って示した。

2) 図版種類

図版の種類を次のように略して示した。

カラーで印刷されている場合→「カ」

モノクロ（単色）で印刷されている場合→「モ」

写真の場合→「写」

図の場合→「図」

5. 収録図鑑一覧

(1) 本書で索引対象にした図鑑の一覧を次ページ（及び見返し）に掲げた。

(2) 略号は、本書において掲載図鑑名の表示に用いたものである。

(3) 掲載は、略号の読みの五十音順とした。

6. 学名索引

(1) 収録した動物の学名とその見出し名、掲載ページを示した。

(2) 属のアルファベット順(同一の属は種のアルファベット順)に排列した。

収録図鑑一覧

略号	書　　名	出版社	刊行年月
アルテ犬	新アルティメイトブック 犬	緑書房	2006.9
アルテ馬	新アルティメイトブック 馬	緑書房	2005.6
遺産世	世界の動物遺産 世界編	集英社	2015.12
遺産日	世界の動物遺産 日本編	集英社	2015.12
うさぎ	うさぎの品種大図鑑	誠文堂新光社	2010.10
かえる百	かえる大百科	エムピージェー	2008.7
カエル見	カエル（見て楽しめる爬虫類・両生類フォトガイドシリーズ）	誠文堂新光社	2015.6
驚野動	驚くべき世界の野生動物生態図鑑	日東書院本社	2017.6
クイ百	世界のクジラ・イルカ百科図鑑	河出書房新社	2016.5
くら鳥	くらべてわかる 野鳥	山と溪谷社	2015.2
くら哺	くらべてわかる 哺乳類	山と溪谷社	2016.4
ゲッコー	ゲッコーとその仲間たち（見て楽しめる爬虫類・両生類フォトガイドシリーズ）	誠文堂新光社	2014.2
原色鳥	世界の原色の鳥図鑑	エクスナレッジ	2017.9
原寸羽	原寸大写真図鑑 羽	文一総合出版	2004.2
原爬両	原色爬虫類・両生類検索図鑑	北隆館	2011.7
最犬大	最新 世界の犬種大図鑑	誠文堂新光社	2015.2
里山鳥	里山の野鳥ハンドブック	NHK出版	2011.5
四季鳥	四季で楽しむ 野鳥図鑑	宝島社	2017.4
新うさぎ	新 うさぎの品種大図鑑	誠文堂新光社	2014.10
新犬種	新！ 世界の犬種図鑑	誠文堂新光社	2006.9
新世犬	新 世界の犬図鑑	山と溪谷社	2004.5
図世犬	図鑑 世界の犬 純血212種	Collar出版	2012.10
巣と卵決	決定版 日本の野鳥 巣と卵図鑑	世界文化社	2011.9
世色鳥	世界の美しい色の鳥	エクスナレッジ	2015.1
世カエ	世界カエル図鑑300種	ネコ・パブリッシング	2008.4
世カメ	世界のカメ類	文一総合出版	2018.4

略 号	書　　名	出版社	刊行年月
絶 事	絶滅危惧の動物事典	東京堂出版	2008.12
絶鳥事	絶滅危惧の野鳥事典	東京堂出版	2008.1
絶百2	絶滅危惧動物百科 2	朝倉書店	2008.4
絶百3	絶滅危惧動物百科 3	朝倉書店	2008.5
絶百4	絶滅危惧動物百科 4	朝倉書店	2008.5
絶百5	絶滅危惧動物百科 5	朝倉書店	2008.6
絶百6	絶滅危惧動物百科 6	朝倉書店	2008.6
絶百7	絶滅危惧動物百科 7	朝倉書店	2008.7
絶百8	絶滅危惧動物百科 8	朝倉書店	2008.7
絶百9	絶滅危惧動物百科 9	朝倉書店	2008.9
絶百10	絶滅危惧動物百科 10	朝倉書店	2008.9
世鳥大	世界鳥類大図鑑	ネコ・パブリッシング	2009.1
世鳥卵	世界「鳥の卵」図鑑（ネイチャー・ハンドブック）	新樹社	2006.9
世鳥ネ	世界の鳥たち（ネイチャーガイド・シリーズ）	化学同人	2015.6
世 爬	世界の爬虫類ビジュアル図鑑	誠文堂新光社	2012.7
世美羽	世界の美しき鳥の羽根	誠文堂新光社	2015.9
世文鳥	改訂新版 世界文化生物大図鑑 鳥類	世界文化社	2004.6
世文動	改訂新版 世界文化生物大図鑑 動物―哺乳類・爬虫類・両生類	世界文化社	2004.6
世ヘビ	ヘビ―世界のヘビ図鑑（爬虫・両生類ビジュアルガイド）	誠文堂新光社	2005.8
世 哺	世界哺乳類図鑑（ネイチャー・ハンドブック）	新樹社	2005.2
世 両	世界の両生類ビジュアル図鑑	誠文堂新光社	2013.1
地 球	地球博物学大図鑑	東京書籍	2012.6
鳥 飼	鳥の飼育大図鑑	ペットライフ社	2008.3
鳥 絶	鳥の絶滅危惧種図鑑	緑書房	2013.10
鳥卵巣	世界655種 鳥と卵と巣の大図鑑	ブックマン社	2014.5
鳥 比	♪鳥くんの比べて識別！ 野鳥図鑑670 第2版	文一総合出版	2016.12
鳥650	決定版 日本の野鳥650	平凡社	2014.1
名鳥図	名前がわかる 野鳥大図鑑	永岡書店	2012.4

略号	書　　名	出版社	刊行年月
日ア鳥	日本と北東アジアの野鳥	生態科学出版	2016.6
日色鳥	日本の美しい色の鳥	エクスナレッジ	2016.12
日家	日本の家畜・家禽（フィールドベスト図鑑 特別版）	学習研究社	2009.3
日カサ	日本のカエル ＋サンショウウオ類 増補改訂（山渓ハンディ図鑑 9）	山と溪谷社	2015.6
日カメ	日本のカメ・トカゲ・ヘビ（山渓ハンディ図鑑 10）	山と溪谷社	2007.7
日カモ	決定版 日本のカモ識別図鑑	誠文堂新光社	2015.11
日鳥識	日本の野鳥識別図鑑	誠文堂新光社	2016.3
日鳥巣	日本 鳥の巣図鑑―小海途銀次郎コレクション	東海大学出版会	2011.8
日鳥水増	日本の鳥550 水辺の鳥 増補改訂版（ネイチャーガイド）	文一総合出版	2009.5
日鳥山新	日本の鳥550 山野の鳥 新訂（ネイチャーガイド）	文一総合出版	2014.3
日鳥山増	日本の鳥550 山野の鳥 増補改訂版（ネイチャーガイド）	文一総合出版	2004.4
日哺改	日本の哺乳類 改訂2版	東海大学出版会	2008.7
日哺学フ	日本の哺乳類 増補改訂（フィールドベスト図鑑 11）	学研教育出版	2010.2
日野鳥新	日本の野鳥 新版（山渓ハンディ図鑑 7）	山と溪谷社	2014.1
日野鳥増	日本の野鳥 増補改訂新版（山渓ハンディ図鑑 7）	山と溪谷社	2011.12
ハチドリ	美しいハチドリ図鑑―実寸大で見る338種類	グラフィック社	2015.2
ぱっ鳥	ぱっと見わけ 観察を楽しむ野鳥図鑑	ナツメ社	2015.4
バード	人気のバードウォッチング 野鳥図鑑	日東書院	2005.11
羽根決	決定版 日本の野鳥 羽根図鑑	世界文化社	2011.9
爬両観	日本の爬虫類・両生類観察図鑑（フィールドガイド）	誠文堂新光社	2014.4
爬両飼	日本の爬虫類・両生類飼育図鑑	誠文堂新光社	2010.11
爬両1800	爬虫類・両生類1800種図鑑	三才ブックス	2012.8
爬両ビ	爬虫類・両生類ビジュアル大図鑑	誠文堂新光社	2009.12
ビ犬	ビジュアル犬種百科図鑑	緑書房	2016.3
美サル	世界で一番美しいサルの図鑑	エクスナレッジ	2017.11
ひと目鳥	ひと目でわかる野鳥	成美堂出版	2010.2
ビ猫	ビジュアル猫種百科図鑑	緑書房	2016.3
フ日野新	フィールドガイド 日本の野鳥 増補改訂新版	日本野鳥の会	2015.6

略 号	書　　名	出版社	刊行年月
フ日野増	フィールドガイド 日本の野鳥 増補改訂版〈第2刷〉	日本野鳥の会	2008.4
フ野鳥	フィールド図鑑 日本の野鳥	文一総合出版	2017.12
野生イヌ	野生イヌの百科（動物百科）〈第3版〉	データハウス	2014.2
野生ネコ	野生ネコの百科（動物百科）〈第4版〉	データハウス	2011.11
野鳥学フ	日本の野鳥 増補改訂（フィールドベスト図鑑 8）	学研教育出版	2010.2
野鳥山フ	野鳥（新装版 山溪フィールドブックス 15）	山と溪谷社	2006.11
野日爬	野外観察のための 日本産 爬虫類図鑑	緑書房	2016.3
野日両	野外観察のための 日本産 両生類図鑑	緑書房	2016.3
山溪名鳥	山溪名前図鑑 野鳥の名前	山と溪谷社	2008.10
レ 生	IUCNレッドリスト 世界の絶滅危惧生物図鑑	丸善出版	2014.1
ワ シ	ワシタカ・ハヤブサ識別図鑑	平凡社	2012.12

動物レファレンス事典

Ⅱ（2004-2017）

【ア】

アイアイ *Daubentonia madagascariensis*
アイアイ科の哺乳類。絶滅危惧IB類。体高30〜40cm。㊎マダガスカル北西部・東部
¶**遺産世**(Mammalia No.5/カ写)
驚野動(p241/カ写)
絶百2(p6/カ写)
世文動(p74/カ写)
世哺(p106/カ写)
地球(p537/カ写)
美サル(p123/カ写)

アイイロツバメ *Notiochelidon cyanoleuca* 藍色燕
ツバメ科の鳥。全長12cm。㊎メキシコ〜南アメリカ
¶**世鳥大**(p406)

アイイロハナサシミツドリ *Diglossa indigotica* 藍色花刺蜜鳥
フウキンチョウ科の鳥。全長11cm。㊎コロンビア, エクアドル
¶**原色鳥**(p110/カ写)

アイオキヌバネドリ *Trogon comptus* 藍尾絹羽鳥
キヌバネドリ科の鳥。全長28cm。㊎コロンビア〜エクアドル
¶**原色鳥**(p170/カ写)

アイオハチドリ *Chlorestes notata* 藍尾蜂鳥
ハチドリ科ハチドリ亜科の鳥。全長7〜9cm。㊎トリニダードトバゴと南アメリカの熱帯地域
¶**地球**(p470/カ写)
ハチドリ(p213/カ写)

アイオヒメエメラルドハチドリ *Chlorostilbon mellisugus* 藍尾姫エメラルド蜂鳥
ハチドリ科ハチドリ亜科の鳥。全長6〜9cm。
¶**ハチドリ**(p207/カ写)

アイガシラハチドリ *Campylopterus phainopeplus* 藍頭蜂鳥
ハチドリ科ハチドリ亜科の鳥。絶滅危惧IB類。全長13cm。
¶**ハチドリ**(p379)

アイヅジドリ 会津地鶏
鶏の一品種。体重 オス1.5kg。福島県の原産。
¶**日家**〔会津地鶏〕(p152/カ写)

アイスランディック・シープドッグ ⇒アイスランド・シープドッグを見よ

アイスランドカモメ *Larus glaucoides* アイスランド鷗
カモメ科の鳥。全長58〜64cm。㊎グリーンランドとカナダのエレスメーア島, バフィン島
¶**世鳥ネ**(p143/カ写)
鳥卵巣(p200/カ写, カ図)
鳥比(p340/カ写)
鳥650(p330/カ写)
日色鳥(p136/カ写)
日鳥水増(p290/カ写)
日野鳥新(p311/カ写)
日野鳥増(p147/カ写)
フ日野新(p318/カ図)
フ日野増(p318/カ図)
フ野鳥(p188/カ図)

アイスランド・シープドッグ Icelandic Sheepdog
犬の一品種。別名アイスランディック・シープドッグ, アイスランド・ドッグ, アイスランド・スピッツ, イースレンクール・フュヤールフンドゥール, イスランスクア・フィアフンダ, フリーアー・ドッグ。体高 オス46cm, メス42cm。アイスランドの原産。
¶**最犬大**〔アイスランディック・シープドッグ〕(p236/カ写)
新犬種(p110/カ写)
新世犬(p100/カ写)
図世犬(p196/カ写)
ビ犬(p120/カ写)

アイスランド・スピッツ ⇒アイスランド・シープドッグを見よ

アイスランド・ドッグ ⇒アイスランド・シープドッグを見よ

アイスランド・ホース Icelandic Horse
馬の一品種。ポニー。体高123〜132cm。北アイスランドの原産。
¶**アルテ馬**(p256/カ写)

アイゾメヤドクガエル *Dendrobates tinctorius* 藍染矢毒蛙
ヤドクガエル科の両生類。別名ソメワケヤドクガエル。全長3〜4.5cm。㊎仏領ギアナ, スリナム, ガイアナ共和国, ブラジル
¶**かえる百**(p50/カ写)
カエル見(p92/カ写)
驚野動(p98/カ写)
世カエ〔ソメワケヤドクガエル〕(p190/カ写)
世両(p149/カ写)
地球〔ソメワケヤドクガエル〕(p359/カ写)
爬両1800(p421〜422/カ写)
爬両ビ(p284/カ写)

アイディ Aidi
犬の一品種。別名アトラス・シープドッグ, アトラス・マウンテン・ドッグ, シャン・ド・モンターニュ・デラトラス, シャン・ド・ラトラス。体高52〜62cm。モロッコの原産。
¶**最犬大**〔アトラス・マウンテン・ドッグ〕(p152/カ写)
新犬種(p216/カ写)

ビ犬（p68/カ写）

アイヌケン ⇒ホッカイドウイヌを見よ

アイフィンガーガエル *Chirixalus eiffingeri*
アオガエル科の両生類。別名ホネナガキガエル。体長3〜4cm。㊎日本（石垣島・西表島），台湾
¶**カエル見**〔ホネナガキガエル〕（p51/カ写）
原爬両（No.155/カ写）
世文動（p335/カ写）
世両〔ホネナガキガエル〕（p83/カ写）
日カサ（p154/カ写）
爬両飼（p197/カ写）
爬両1800〔ホネナガキガエル〕（p390/カ写）
爬両ビ〔ホネナガキガエル〕（p257/カ写）
野日両（p44,94,188/カ写）

アイベックス(1) *Capra ibex*
ウシ科の哺乳類。絶滅危惧IB類。体長1.2〜1.7m。㊎ヨーロッパ南部，アジア西部・南部，アフリカ北部
¶**驚野動**（p153/カ写）
世哺（p377/カ写）

アイベックス(2) ⇒アルプスアイベックスを見よ

アイマイオビトカゲ *Zonosaurus anelanelany*
プレートトカゲ科の爬虫類。全長20cm前後。㊎マダガスカル南東部
¶**爬両1800**（p224/カ写）

アイランドヘビガタトカゲ *Ophisaurus compressus*
アンギストカゲ科の爬虫類。全長40〜60cm。㊎アメリカ合衆国南東部
¶**世爬**（p152/カ写）
爬両1800（p232/カ写）
爬両ビ（p162/カ写）

アイリッシュ・ウォーター・スパニエル Irish Water Spaniel
犬の一品種。体高 オス53〜59cm，メス51〜56cm。アイルランドの原産。
¶**最犬大**（p356/カ写）
新犬種（p181/カ写）
新世犬（p159/カ写）
図世犬（p275/カ写）
世文動〔アイリッシュ・ウォーター・スパニール〕（p143/カ写）
ビ犬（p228/カ写）

アイリッシュ・ウルフハウンド Irish Wolfhound
犬の一品種。体高 オス79cm以上，メス71cm以上。アイルランドの原産。
¶**アルテ犬**（p46/カ写）
最犬大（p412/カ写）
新犬種（p334/カ写）
新世犬（p208/カ写）
図世犬（p334/カ写）
世文動（p143/カ写）
ビ犬（p135/カ写）

アイリッシュ・グレン・オブ・イマール・テリア
⇒グレン・オブ・イマール・テリアを見よ

アイリッシュ・セター Irish Setter
犬の一品種。別名アイリッシュ・レッド・セター。体高 オス58〜67cm，メス55〜62cm。アイルランドの原産。
¶**アルテ犬**〔セター〕（p64/カ写）
最犬大（p320/カ写）
新犬種〔アイリッシュ・セッター〕（p262/カ写）
新犬種〔アイリッシュ・レッド・セッター〕（p262/カ写）
新世犬（p156/カ写）
図世犬（p250/カ写）
世文動〔アイリッシュ・セッター〕（p143/カ写）
ビ犬（p243/カ写）

アイリッシュ・ソフトコーテッド・ウィートン・テリア ⇒ソフトコーテッド・ウィートン・テリアを見よ

アイリッシュ・テリア Irish Terrier
犬の一品種。体高45.5cm。アイルランドの原産。
¶**最犬大**（p188/カ写）
新犬種（p105/カ写）
新世犬（p242/カ写）
図世犬（p150/カ写）
世文動（p143/カ写）
ビ犬（p200/カ写）

アイリッシュ・ハンター Irish Hunter
馬の一品種。乗馬，競技用。体高162〜170cm。アイルランドの原産。
¶**日家**（p42/カ写）

アイリッシュ・レッド・アンド・ホワイト・セター Irish Red and White Setter
犬の一品種。別名レッド・アンド・ホワイト・アイリッシュ・セッター。体高 オス62〜66cm，メス57〜61cm。アイルランドの原産。
¶**最犬大**（p321/カ写）
新犬種〔レッド・アンド・ホワイト・アイリッシュ・セッター〕（p262/カ写）
新世犬（p158/カ写）
図世犬（p252/カ写）
ビ犬（p240/カ写）

アイリッシュ・レッド・セター ⇒アイリッシュ・セターを見よ

アイルランドバンバ Irish Draught アイルランド輓馬
馬の一品種。軽量馬。体高160cm。アイルランドの原産。
¶**アルテ馬**〔アイルランド輓馬〕（p106/カ写）

アオアシアデガエル *Mantella expectata*
マダガスカルガエル科（マラガシーガエル科）の両

生類。体長2.5〜3cm。㊎マダガスカル西部・南部
¶カエル見(p67/カ写)
世両(p107/カ写)
爬両1800(p399/カ写)
爬両ビ(p263/カ写)

アオアシカツオドリ *Sula nebouxii* 青脚鰹鳥, 青足鰹鳥
カツオドリ科の鳥。全長76〜84cm。㊎メキシコ西部〜南アメリカ北西部, ガラパゴス諸島
¶驚野動(p125/カ写)
世鳥大(p177/カ写)
世鳥ネ(p86/カ写)
地球(p428/カ写)

アオアシカメレオン *Calumma crypticum*
カメレオン科の爬虫類。全長26cm前後。㊎マダガスカル北東部
¶爬両1800(p120/カ写)

アオアシシギ *Tringa nebularia* 青脚鷸, 青脚鴫, 青足鷸, 青足鴫
シギ科の鳥。全長35cm。㊎ユーラシア大陸北部
¶くら鳥(p112/カ写)
原寸羽(p118/カ写)
里山鳥(p125/カ写)
四季鳥(p60/カ写)
世鳥ネ(p137/カ写)
世文鳥(p130/カ写)
鳥卵巣(p187/カ写, カ図)
鳥比(p303/カ写)
鳥650(p261/カ写)
名鳥図(p90/カ写)
日ア鳥(p225/カ写)
日鳥識(p150/カ写)
日鳥水増(p235/カ写)
日野鳥新(p260/カ写)
日野鳥増(p270/カ写)
ぱっ鳥(p151/カ写)
バード(p139/カ写)
羽根決(p152/カ写, カ図)
ひと目鳥(p79/カ写)
フ日野新(p152/カ図)
フ日野増(p152/カ図)
フ野鳥(p154/カ図)
野鳥学フ(p212/カ写)
野鳥山フ(p30,193/カ図, カ写)
山溪名鳥(p6/カ写)

アオアシモリガエル *Chiromantis rufescens*
アオガエル科の両生類。全長4.5〜6cm。㊎アフリカ西部・中央部
¶地球(p364/カ写)

アオアズマヤドリ *Ptilonorhynchus violaceus* 青東屋鳥
ニワシドリ科の鳥。全長28〜32cm。㊎オーストラリア東部
¶世鳥大(p359/カ写)
世鳥ネ(p257/カ写)
鳥卵巣(p356/カ写, カ図)

アオウミガメ *Chelonia mydas* 青海亀
ウミガメ科の爬虫類。絶滅危惧IB類。甲長80〜100cm。㊎全世界の温帯および熱帯の海域
¶遺産日(爬虫類 No.2/カ写)
驚野動(p346/カ写)
原爬両(No.21/カ写)
世カメ(p181/カ写)
世文動(p244/カ写)
地球(p374/カ写)
日カメ(p50/カ写)
爬両飼(p151/カ写)
爬両1800(p58/カ写)
野日爬(p18,84/カ写)
レ生(p1/カ写)

アオエリネズミドリ *Urocolius macrourus* 青襟鼠鳥
ネズミドリ科の鳥。全長33〜36cm。㊎セネガル〜ソマリア, タンザニアにかけての熱帯地域
¶世鳥大(p300)
地球(p472/カ写)

アオエリヤイロチョウ *Pitta nipalensis* 青襟八色鳥
ヤイロチョウ科の鳥。㊎ヒマラヤ山麓のネパール〜ミャンマーなど
¶世鳥卵(p151/カ写, カ図)

アオエリヤケイ *Gallus varius* 青襟野鶏, 緑襟野鶏
キジ科の鳥。全長 オス46〜63cm, メス38〜42cm。㊎ジャワ島, 小スンダ列島
¶世美羽(p76/カ写, カ図)
日家(p210/カ写)

アオオハマベトカゲ *Emoia caeruleocauda*
スキンク科の爬虫類。全長9〜12cm。㊎南太平洋の島々, インドネシア, フィリピンなど
¶爬両1800(p205/カ写)

アオオビコクジャク *Polyplectron chalcurum* 青帯小孔雀
キジ科の鳥。全長56cm。㊎スマトラ島
¶世美羽(p16/カ写, カ図)

アオカケス *Cyanocitta cristata* 青橿鳥, 青懸巣, 青掛子
カラス科の鳥。全長25〜30cm。㊎北アメリカの東部・中央部・西北部にも拡大
¶原色鳥(p157/カ写)
世色鳥(p58/カ写)
世鳥大(p391/カ写)
世鳥卵(p241/カ写, カ図)
世鳥ネ(p263/カ写)
世美羽(p92/カ写, カ図)
地球(p486/カ写)

ア

アオカナヘビ *Takydromus smaragdinus* 青金蛇
カナヘビ科の爬虫類。日本固有種。全長20～25cm。 ㊗奄美諸島, 沖縄諸島など
¶**原爬両**(No.65/カ写)
世爬(p128/カ写)
日カメ(p128/カ写)
爬両観(p136/カ写)
爬両飼(p120/カ写)
爬両1800(p191～192/カ写)
爬両ビ(p131/カ写)
野日爬(p25,55,113/カ写)

アオガラ *Parus caeruleus* 青雀
シジュウカラ科の鳥。全長11～12cm。 ㊗ヨーロッパ, 北アフリカの一部, 中東
¶**原色鳥**(p198/カ写)
世色鳥(p98/カ写)
世鳥大(p403/カ写)
世鳥ネ(p270/カ写)
地球(p488/カ写)

アオカワラヒワ *Carduelis chloris* 青河原鶸
アトリ科の鳥。全長16cm。 ㊗ヨーロッパ, アフリカ北部, 小アジア, 中東, 中央アジア
¶**世鳥大**(p465/カ写)

アオガン *Branta ruficollis* 蒼雁
カモ科の鳥。絶滅危惧IB類。全長53～56cm。 ㊗ロシア(繁殖), ブルガリア, ルーマニア(越冬)
¶**世鳥大**(p126/カ写)
世鳥ネ(p40/カ写)
地球(p412/カ写)
鳥絶(p131/カ図)

アオキコンゴウインコ *Ara glaucogularis* 青黄金剛鸚哥
インコ科の鳥。絶滅危惧IA類。全長85cm。 ㊗ボリビア共和国北中部
¶**鳥卵巣**(p224/カ写, カ図)
レ生(p3/カ写)

アオキノボリアリゲータートカゲ *Abronia graminea*
アンギストカゲ科の爬虫類。全長25～30cm。 ㊗メキシコ東部
¶**世爬**(p151/カ写)
爬両1800(p227～228/カ写)
爬両ビ(p160/カ写)

アオクチテイボクアガマ *Phoxophrys nigrilabris*
アガマ科の爬虫類。全長15cm前後。 ㊗ボルネオ島
¶**爬両1800**(p94/カ写)

アオクビアヒル Japanese Mallard Duck 青首家鴨, 青首鶩
アヒルの一品種。日本在来種。体重 オス3.7kg, メス3.3kg。
¶**鳥比**(p219/カ写)
日家〔青首アヒル〕(p212/カ写)

アオクビフウキンチョウ *Tangara cyanicollis* 青首風琴鳥
フウキンチョウ科の鳥。全長13cm。 ㊗コロンビア～ボリビア, ブラジル
¶**原色鳥**(p136/カ写)
世色鳥(p50/カ写)
地球(p499/カ写)

アオゲラ *Picus awokera* 緑啄木鳥
キツツキ科の鳥。日本固有種。全長30cm。 ㊗本州, 四国, 九州(南限は屋久島)
¶**くら鳥**(p65/カ写)
原寸羽(p212/カ写)
里山鳥(p114/カ写)
四季鳥(p53/カ写)
巣と卵決(p90/カ写, カ図)
世鳥大(p327)
世鳥ネ(p249/カ写)
世文鳥(p189/カ写)
鳥比(p65/カ写)
鳥650(p452/カ写)
名鳥図(p164/カ写)
日ア鳥(p380/カ写)
日色鳥(p124/カ写)
日鳥識(p212/カ写)
日鳥巣(p134/カ写)
日鳥山新(p119/カ写)
日鳥山増(p116/カ写)
日野鳥新(p428/カ写)
日野鳥増(p436/カ写)
ぱっ鳥(p239/カ写)
バード(p55/カ写)
羽根決(p242/カ写, カ図)
ひと目鳥(p153/カ写)
フ日野新(p210/カ図)
フ日野増(p210/カ図)
フ野鳥(p264/カ図)
野鳥学フ(p114/カ写)
野鳥山フ(p44,258/カ図, カ写)
山溪名鳥(p8/カ写)

アオコブホウカンチョウ *Crax alberti* 青瘤鳳冠鳥
ホウカンチョウ科の鳥。絶滅危惧IA類。体長83～93cm。 ㊗コロンビア(固有)
¶**鳥絶**(p144)

アオコンゴウインコ *Cyanopsitta spixii* 青金剛鸚哥
インコ科の鳥。絶滅危惧IA類。全長55～57cm。 ㊗ブラジル
¶**原色鳥**(p166/カ写)
世色鳥(p56/カ写)
絶百2(p72/カ写)
世鳥大(p264/カ写)

アオサギ *Ardea cinerea* 青鷺, 蒼鷺
サギ科の鳥。全長90〜98cm。 ㊎ヨーロッパ, アフリカ, アジア
¶**くら鳥**(p99/カ写)
原寸羽(p38, ポスター/カ写)
里山鳥(p90/カ写)
四季鳥(p104/カ写)
巣と卵決(p36/カ写, カ図)
世鳥大(p166/カ写)
世鳥ネ(p70/カ写)
世文鳥(p56/カ写)
地球(p426/カ写)
鳥卵巣(p66/カ写, カ図)
鳥比(p262/カ写)
鳥650(p168/カ写)
名鳥図(p34/カ写)
日ア鳥(p146/カ写)
日色鳥(p40/カ写)
日鳥識(p118/カ写)
日鳥巣(p28/カ写)
日鳥水増(p94/カ写)
日野鳥新(p154/カ写)
日野鳥増(p174/カ写)
ぱっ鳥(p96/カ写)
バード(p105/カ写)
羽根決(p40/カ写, カ図)
ひと目鳥(p104/カ写)
フ日野新(p112/カ図)
フ日野増(p112/カ図)
フ野鳥(p102/カ図)
野鳥学フ(p183/カ写)
野鳥山フ(p14,89/カ図, カ写)
山溪名鳥(p10/カ写)

アオジ *Emberiza spodocephala* 青鵐, 蒿雀
ホオジロ科の鳥。全長16cm。 ㊎シベリアのアルタイ周辺〜オホーツク沿岸, アムール〜中国東北部, サハリンなどで繁殖。越冬は主に中国南部。日本では本州中部以北の山地(北海道では平地)で繁殖
¶**くら鳥**(p38,41/カ写)
原寸羽(p268/カ写)
里山鳥(p171/カ写)
四季鳥(p19/カ写)
巣と卵決(p188/カ写, カ図)
世文鳥(p254/カ写)
鳥卵巣(p347/カ写, カ図)
鳥比(p196/カ写)
鳥650(p714/カ写)
名鳥図(p223/カ写)
日ア鳥(p609/カ写)
日色鳥(p126/カ写)
日鳥識(p300/カ写)
日鳥巣(p278/カ写)
日鳥山新(p371/カ写)
日鳥山増(p291/カ写)
日野鳥新(p640/カ写)
日野鳥増(p580/カ写)
ぱっ鳥(p370/カ写)
バード(p81/カ写)
羽根決(p334/カ写, カ図)
ひと目鳥(p211/カ写)
フ日野新(p272/カ図)
フ日野増(p272/カ図)
フ野鳥(p402/カ図)
野鳥学フ(p99/カ写)
野鳥山フ(p56,345/カ図, カ写)
山溪名鳥(p12/カ写)

アオジ〔亜種〕 *Emberiza spodocephala personata* 青鵐, 蒿雀
ホオジロ科の鳥。
¶**日鳥山新**〔亜種アオジ〕(p371/カ写)
日鳥山増〔亜種アオジ〕(p291/カ写)
日野鳥新〔アオジ*〕(p640/カ写)
日野鳥増〔アオジ*〕(p580/カ写)

アオジカッコウ *Coua caerulea* 青地郭公
カッコウ科の鳥。全長48〜50cm。 ㊎マダガスカル
¶**原色鳥**(p161/カ写)

アオシギ *Gallinago solitaria* 青鷸, 青鴫
シギ科の鳥。全長31cm。 ㊎ヒマラヤ北部, シベリア東北部, サハリン
¶**くら鳥**(p116/カ写)
里山鳥(p194/カ写)
四季鳥(p74/カ写)
世文鳥(p140/カ写)
鳥比(p287/カ写)
鳥650(p242/カ写)
名鳥図(p99/カ写)
日ア鳥(p205/カ写)
日鳥識(p142/カ写)
日鳥水増(p259/カ写)
日野鳥新(p231/カ写)
日野鳥増(p285/カ写)
ぱっ鳥(p140/カ写)
羽根決(p162/カ写, カ図)
ひと目鳥(p89/カ写)
フ日野新(p162/カ図)
フ日野増(p162/カ図)
フ野鳥(p142/カ図)
山溪名鳥(p215/カ写)

アオショウビン *Halcyon smyrnensis* 青翡翠, 蒼翡翠
カワセミ科の鳥。全長29cm。 ㊎中近東〜中国南部, フィリピン
¶**地球**(p474/カ写)
鳥比(p60/カ写)
鳥650(p433/カ写)
日ア鳥(p365/カ写)
日色鳥(p33/カ写)

日鳥識（p204/カ写）
日鳥山新（p103/カ写）
日鳥山増（p104/カ写）
羽根決（p387/カ写, カ図）
フ日野新（p324/カ図）
フ日野増（p324/カ図）
フ野鳥（p254/カ図）

アオシロエメラルドハチドリ *Amazilia viridicauda* 青白エメラルド蜂鳥
ハチドリ科ハチドリ亜科の鳥。全長10～11cm。
¶ハチドリ（p251/カ写）

アオスジトカゲ *Plestiodon elegans* 青筋蜥蜴, 青筋石竜子
スキンク科（トカゲ科）の爬虫類。絶滅危惧IB類（環境省レッドリスト）。全長15～23cm。㊥台湾, 中国, 海南島など。日本では尖閣諸島
¶原爬両（No.59/カ写）
絶事（p118/モ図）
世文動（p272/カ写）
日カメ（p105/カ写）
爬両飼（p114/カ写）
爬両1800（p199/カ写）
野日爬（p22,52,98/カ写）

アオスジヒインコ *Eos reticulata* 青筋緋鸚哥
インコ科（ヒインコ科）の鳥。全長31cm。㊥インドネシア
¶原色鳥（p56/カ写）
鳥飼（p171/カ写）

アオダイカー ⇒ブルーダイカーを見よ

アオダイショウ *Elaphe climacophora* 青大将
ナミヘビ科ナミヘビ亜科の爬虫類。日本固有種。全長110～180cm。
¶原爬両（No.71/カ写）
世爬（p204/カ写）
世文動（p286/カ写）
日カメ（p154/カ写）
爬両観（p144/カ写）
爬両飼（p21/カ写）
爬両1800（p310/カ写）
爬両ビ（p224/カ写）
野日爬（p34,63,160/カ写）

アオツラカツオドリ *Sula dactylatra* 青面鰹鳥
カツオドリ科の鳥。絶滅危惧II類（環境省レッドリスト）。全長75～92cm。㊥全熱帯海域
¶四季鳥（p124/カ写）
絶鳥事（p148/モ図）
世鳥大（p176/カ写）
世文鳥（p43/カ写）
地球（p428/カ写）
鳥比（p252/カ写）
鳥650（p145/カ写）
日ア鳥（p125/カ写）
日鳥識（p108/カ写）
日鳥水増（p63/カ写）
日野鳥新（p133/カ写）
日野鳥増（p125/カ写）
フ日野新（p82/カ図）
フ日野増（p82/カ図）
フ野鳥（p90/カ図）

アオツラミツスイ *Entomyzon cyanotis* 青面蜜吸
ミツスイ科の鳥。体長24～30cm。㊥北・東オーストラリア
¶世鳥大（p364/カ写）
世鳥ネ（p260/カ写）
地球（p485/カ写）

アオノドキバシミドリチュウハシ *Aulacorhynchus caeruleogularis* 青喉黄嘴緑中嘴
オオハシ科の鳥。全長30～37cm。㊥コスタリカ～パナマの標高1000m以上の高い山
¶世色鳥（p86/カ写）

アオノドキールカナヘビ *Algyroides nigropunctatus*
カナヘビ科の爬虫類。全長18～21cm。㊥イタリア北西部, クロアチア, アルバニア, ギリシャなど
¶爬両1800（p190/カ写）
爬両ビ（p130/カ写）

アオノドゴシキドリ *Megalaima asiatica* 青喉五色鳥
オオハシ科（ゴシキドリ科）の鳥。全長23cm。㊥北インド, 東南アジア
¶世鳥卵（p142/カ写, カ図）
地球（p478/カ写）

アオノドシロメジリハチドリ *Lampornis viridipallens* 青喉白目尻蜂鳥
ハチドリ科ハチドリ亜科の鳥。全長10～12cm。
¶ハチドリ（p303/カ写）

アオノドナキシャクケイ *Pipile cumanensis* 青喉鳴舎久鶏
ホウカンチョウ科の鳥。全長69cm。
¶地球（p409/カ写）

アオノドハチドリ *Eugenes fulgens* 青喉蜂鳥
ハチドリ科ハチドリ亜科の鳥。全長12～14cm。㊥アメリカ南西部～パナマの山地帯
¶ハチドリ（p294/カ写）

アオノドマンゴーハチドリ *Anthracothorax viridigula* 青喉マンゴー蜂鳥
ハチドリ科マルオハチドリ亜科の鳥。全長10.5～12.5cm。
¶ハチドリ（p360）

アオノドワタアシハチドリ *Eriocnemis godini* 青喉綿足蜂鳥
ハチドリ科ミドリフタオハチドリ亜科の鳥。絶滅危

惧IA類。全長10～11cm。 ㊵コロンビア南西部, エクアドル北西部
¶ハチドリ (p369)

アオハウチワドリ *Prinia flaviventris* 青羽団扇鳥
セッカ科の鳥。全長12～14cm。 ㊵台湾, ボルネオ, ジャワ～パキスタン
¶鳥卵巣 (p305/カ写, カ図)

アオハクガン *Anser caerulescens* 青白雁
カモ科の鳥。青色系のハクガン。全長66～84cm。
¶山溪名鳥 (p256/カ写)

アオバコバシガン *Cyanochen cyanoptera* 青羽小嘴雁
カモ科の鳥。全長60～75cm。 ㊵エチオピア
¶地球 (p413/カ写)

アオハシインコ *Cyanoramphus novaezelandiae* 青嘴鸚哥
インコ科の鳥。絶滅危惧II類。全長23～28cm。 ㊵ニュージーランド (沖合の島々)
¶世鳥大 (p258/カ写)
地球 (p457/カ写)
鳥絶 (p163/カ図)

アオハシヒムネオオハシ *Ramphastos dicolorus* 青嘴緋胸大嘴
オオハシ科の鳥。全長43cm。 ㊵南アメリカ東部
¶世鳥大 (p317/カ写)
世鳥ネ (p239/カ写)
地球 (p477/カ写)
鳥卵巣 (p251/カ写, カ図)

アオバズク *Ninox scutulata* 青葉木菟, 青葉梟, 緑葉木菟, 緑葉梟
フクロウ科の鳥。全長29cm。 ㊵インド, 東南アジア, 東アジア, 旧ソ連
¶くら鳥 (p72/カ写)
原寸羽 (p192/カ写)
里山鳥 (p58/カ写)
四季鳥 (p46/カ写)
巣と卵決 (p85,238/カ写, カ図)
世文鳥 (p179/カ写)
鳥卵巣 (p232/カ写, カ図)
鳥比 (p24/カ写)
鳥**650** (p428/カ写)
名鳥図 (p151/カ写)
日ア鳥 (p355/カ写)
日鳥識 (p200/カ写)
日鳥巣 (p112/カ写)
日鳥山新 (p97/カ写)
日鳥山増 (p98/カ写)
日野鳥新 (p400/カ写)
日野鳥増 (p376/カ写)
ぱっ鳥 (p224/カ写)
バード (p21/カ写)
羽根決 (p222/カ写, カ図)
ひと目鳥 (p146/カ写)
フ日野新 (p190/カ図)
フ日野増 (p190/カ図)
フ野鳥 (p250/カ図)
野鳥学フ (p59/カ写)
野鳥山フ (p41,246/カ図, カ写)
山溪名鳥 (p14/カ写)

アオバズク〔亜種〕 *Ninox scutulata japonica* 青葉木菟, 青葉梟, 緑葉木菟, 緑葉梟
フクロウ科の鳥。 ㊵夏鳥 (九州以北), 伊豆諸島・トカラ列島では留鳥
¶鳥比〔亜種アオバズク〕(p24/カ写)
日野鳥新〔アオバズク*〕(p400/カ写)

アオバト *Treron sieboldii* 緑鳩
ハト科の鳥。全長33cm。 ㊵台湾, 中国南部。日本では九州以北で繁殖
¶くら鳥 (p68/カ写)
原寸羽 (p168/カ写)
里山鳥 (p68/カ写)
四季鳥 (p47/カ写)
巣と卵決 (p79/カ写, カ図)
世文鳥 (p171/カ写)
鳥比 (p18/カ写)
鳥**650** (p102/カ写)
名鳥図 (p146/カ写)
日ア鳥 (p92/カ写)
日色鳥 (p120/カ写)
日鳥識 (p94/カ写)
日鳥山新 (p32/カ写)
日鳥山増 (p78/カ写)
日野鳥新 (p108/カ写)
日野鳥増 (p402/カ写)
ぱっ鳥 (p70/カ写)
バード (p51/カ写)
羽根決 (p198/カ写, カ図)
ひと目鳥 (p137/カ写)
フ日野新 (p200/カ図)
フ日野増 (p200/カ図)
フ野鳥 (p68/カ図)
野鳥学フ (p128/カ写)
野鳥山フ (p39,235/カ図, カ写)
山溪名鳥 (p15/カ写)

アオバネアメリカムシクイ *Vermivora cyanoptera* 青羽亜米利加虫食, 青羽亜米利加虫喰
アメリカムシクイ科の鳥。全長12cm。 ㊵アメリカ東部
¶原色鳥 (p185/カ写)
世鳥ネ (p329/カ写)

アオバネヤマフウキンチョウ *Anisognathus somptuosus* 青羽山風琴鳥
フウキンチョウ科の鳥。全長16～17cm。 ㊵ベネズエラ～ボリビア
¶原色鳥 (p219/カ写)

世色鳥 (p111/カ写)
世鳥大 (p482/カ写)
地球 (p498/カ写)

アオバネワライカワセミ *Dacelo leachii* 青羽笑翡翠
カワセミ科の鳥。全長44〜46.5cm。 ㊕パプアニューギニア南部, オーストラリア北西部〜北東部
¶驚野動 (p323/カ写)
世鳥ネ (p225/カ写)

アオハライソヒヨドリ *Monticola solitarius pandoo* 青腹磯鵯
ツグミ科(ヒタキ科)の鳥。イソヒヨドリの亜種。
¶日色鳥 (p37/カ写)
日鳥山新 (p285/カ写)
日鳥山増 (p195/カ写)
日野鳥新 (p563/カ写)
日野鳥増 (p501/カ写)
野鳥学フ (p201/カ写)

アオハラニシブッポウソウ *Coracias cyanogaster* 青腹西仏法僧
ブッポウソウ科の鳥。全長28〜30cm。 ㊕アフリカ
¶世鳥ネ (p223/カ写)
地球 (p473/カ写)

アオハラハマベトカゲ *Emoia cyanogaster* 青腹浜辺蜥蜴
スキンク科の爬虫類。全長20cm前後。 ㊕ソロモン諸島, バヌアツ, ビスマルク諸島など
¶爬両1800 (p205/カ写)

アオハラブロンズヘビ *Dendrelaphis cyanochloris* 青腹ブロンズ蛇
ナミヘビ科ナミヘビ亜科の爬虫類。全長120cm前後。 ㊕マレーシア西部, ミャンマー, タイ, インド, バングラデシュなど
¶爬両1800 (p290/カ写)

アオハラワタアシハチドリ *Eriocnemis luciani* 青腹綿足蜂鳥
ハチドリ科ミドリフタオハチドリ亜科の鳥。全長12.5〜14cm。
¶ハチドリ (p151/カ写)

アオハリトカゲ *Sceloporus cyanogenys*
イグアナ科ツノトカゲ亜科の爬虫類。全長18〜30cm。 ㊕アメリカ合衆国南部, メキシコ北部
¶爬両1800 (p81/カ写)

アオフウチョウ *Paradisaea rudolphi* 青風鳥
フウチョウ科の鳥。絶滅危惧II類。全長30cm。 ㊕パプアニューギニア(固有)
¶遺産世 (Aves No.33/カ写)
原色鳥 (p155/カ写)
世色鳥 (p65/カ写)
絶百2 (p8/カ図)
鳥絶 (p225/カ図)

アオフタオハチドリ *Aglaiocercus kingii* 青双尾蜂鳥
ハチドリ科ミドリフタオハチドリ亜科の鳥。体長オス18cm, メス10cm。 ㊕ベネズエラ, コロンビア, エクアドル, ペルー, ボリビア
¶世鳥大 (p298/カ写)
地球 (p470/カ写)
ハチドリ (p108/カ写)

アオボウシインコ *Amazona aestiva* 青帽子鸚哥
インコ科の鳥。全長38cm。 ㊕ブラジル東部・南部, ボリビア, パラグアイ, アルゼンチン北東部の内陸の森林
¶世鳥大 (p270/カ写)
地球 (p459/カ写)
鳥飼 (p153/カ写)

アオボウシエメラルドハチドリ *Amazilia versicolor* 青帽子エメラルド蜂鳥
ハチドリ科ハチドリ亜科の鳥。全長8〜10cm。
¶世鳥大 (p296/カ写)
ハチドリ (p258/カ写)

アオボウシキリハシ *Galbula cyanescens* 青帽子錐嘴
キリハシ科の鳥。全長20〜23cm。
¶世鳥大 (p329/カ写)

アオボウシミドリフウキンチョウ *Chlorophonia callophrys* 青帽子緑風琴鳥
フウキンチョウ科の鳥。全長13cm。 ㊕メキシコ〜ニカラグアの標高1000〜2000mの湿った森
¶世色鳥 (p80/カ写)

アオボウシモリハチドリ *Thalurania colombica* 青帽子森蜂鳥
ハチドリ科ハチドリ亜科の鳥。全長8〜11cm。
¶ハチドリ (p240/カ写)

アオボシサラマンダー *Ambystoma laterale*
マルクチサラマンダー科の両生類。全長7〜12cm。 ㊕カナダ南東部〜アメリカ合衆国北東部
¶世両 (p200/カ写)
爬両1800 (p443/カ写)

アオボシソウゲンカナヘビ *Eremias velox*
カナヘビ科の爬虫類。全長15〜20cm。 ㊕中国西部〜中央アジア, 西アジア
¶爬両1800 (p194/カ写)

アオホソオオトカゲ *Varanus macraei*
オオトカゲ科の爬虫類。全長90〜110cm。 ㊕インドネシア(バタンタ島)
¶世爬 (p156/カ写)
爬両1800 (p238/カ写)
爬両ビ (p170/カ写)

アオマタハリヘビ *Maticora bivirgata*
コブラ科の爬虫類。全長120〜140cm。 ㊕マレー半島, タイ, カンボジア, インドネシア

¶**爬両1800**(p340/カ写)

アオマダラウミヘビ *Laticauda colubrina* 青斑海蛇
コブラ科ウミヘビ亜科の爬虫類。全長1.4m。㊛台湾・中国〜南太平洋，インド洋東部。日本では南西諸島の主に宮古諸島，八重山諸島
¶**原爬両**(No.110/カ写)
地球(p396/カ写)
日カメ(p244/カ写)
爬両飼(p59/カ写)
野日爬(p40,188/カ写)

アオマネシツグミ *Melanotis caerulescens* 青真似師鶇
マネシツグミ科の鳥。全長25cm。㊛メキシコ，トレスマリアス諸島
¶**世鳥大**(p429/カ写)

アオマユハチクイモドキ *Eumomota superciliosa* 青繭蜂食擬，青繭蜂喰擬
ハチクイモドキ科の鳥。全長34cm。㊛メキシコ南部〜コスタリカ
¶**世鳥大**(p310/カ写)
地球(p475/カ写)

アオマルメヤモリ *Lygodactylus williamsi*
ヤモリ科ヤモリ亜科の爬虫類。全長6〜8cm。㊛タンザニア東部
¶**ゲッコー**(p46/カ写)
世爬(p112/カ写)
爬両1800(p143/カ写)
爬両ビ(p114/カ写)

アオミズベヘビ *Nerodia cyclopion*
ナミヘビ科ユウダ亜科の爬虫類。全長76〜127cm。㊛アメリカ合衆国南部〜南東部
¶**爬両1800**(p270/カ写)

アオミツドリ *Cyanerpes lucidus* 青蜜鳥
フウキンチョウ科の鳥。全長10cm。㊛メキシコ南部〜コロンビア北部
¶**原色鳥**(p112/カ写)
世色鳥(p62/カ写)

アオミミキジ *Crossoptilon auritum* 青耳雉
キジ科の鳥。全長96cm。㊛中国
¶**原色鳥**(p171/カ写)

アオミミハチドリ *Colibri coruscans* 青耳蜂鳥
ハチドリ科マルオハチドリ亜科の鳥。全長13〜14cm。㊛ベネズエラ〜アルゼンチン
¶**世美羽**(p67/カ写，カ図)
ハチドリ(p67/カ写)

アオムネオーストラリアムシクイ *Malurus pulcherrimus* 青胸オーストラリア虫喰
オーストラリアムシクイ科の鳥。体長14cm。㊛オーストラリア南西部・南部
¶**世色鳥**(p43/カ写)

アオムネシロメジリハチドリ *Lampornis sybillae* 青胸白目尻蜂鳥
ハチドリ科ハチドリ亜科の鳥。全長10〜12cm。
¶**ハチドリ**(p304/カ写)

アオムネヒメエメラルドハチドリ *Chlorostilbon lucidus* 青胸姫エメラルド蜂鳥
ハチドリ科ハチドリ亜科の鳥。全長7〜11cm。㊛南アメリカ北部・中部
¶**ハチドリ**(p209/カ写)

アオムネマンゴーハチドリ *Anthracothorax prevostii* 青胸マンゴー蜂鳥
ハチドリ科マルオハチドリ亜科の鳥。全長11〜12cm。
¶**ハチドリ**(p74/カ写)

アオムネヤイロチョウ *Pitta reichenowi* 青胸八色鳥
ヤイロチョウ科の鳥。全長17〜19cm。
¶**世鳥大**(p336/カ写)

アオムネヤドクガエル ⇒アズレイベントリスヤドクガエルを見よ

アオメイロメガエル *Boophis viridis*
マダガスカルガエル科(マラガシーガエル科)の両生類。別名コミドリマダガスカルアオガエル。体長2.9〜3.5cm。㊛マダガスカル東部
¶**カエル見**(p64/カ写)
世カエ〔コミドリマダガスカルアオガエル〕(p440/カ写)
世両(p112/カ写)
爬両1800(p402/カ写)

アオメウロコアリドリ *Phaenostictus mcleannani* 青目鱗蟻鳥
アリドリ科の鳥。全長19〜20cm。㊛中央・南アメリカのホンジュラス〜エクアドル
¶**世鳥大**(p352/カ写)

アオヤマガモ *Hymenolaimus malacorhynchos* 青山鴨
カモ科の鳥。全長50〜57cm。㊛ニュージーランド
¶**世鳥大**(p128/カ写)

アオユビアマガエル *Hyla heilprini*
アマガエル科の両生類。体長5〜6.5cm。㊛ドミニカ共和国，ハイチ
¶**カエル見**(p33/カ写)
爬両1800(p373/カ写)
爬両ビ(p247/カ写)

アオライチョウ *Dendragapus obscurus* 青雷鳥
キジ科の鳥。全長40〜50cm。㊛カナダ，アメリカ合衆国
¶**世鳥ネ**(p34/カ写)
地球(p410/カ写)

アカアシアジサシ *Sterna hirundo minussensis* 赤脚鯵刺, 赤足鯵刺
カモメ科の鳥。アジサシの亜種。
¶**名鳥図**(p110/カ写)
日鳥水増(p319/カ写)

アカアシイワシャコ *Alectoris rufa* 赤脚岩鷓鴣, 赤足岩鷓鴣
キジ科の鳥。全長34cm。㊕ポルトガル, スペイン, フランス南部～イタリア北西部, コルシカ島
¶**鳥卵巣**(p132/カ写, カ図)

アカアシウ ⇒サカツラウを見よ

アカアシガエル *Rana aurora* 赤足蛙
アカガエル科の両生類。体長5～13cm。㊕アメリカ合衆国西部～メキシコ西部
¶**絶百3**(p70/カ写)
爬両1800(p416/カ写)
爬両ビ(p279/カ写)

アカアシカツオドリ *Sula sula* 赤脚鰹鳥, 赤足鰹鳥
カツオドリ科の鳥。絶滅危惧IB類(環境省レッドリスト)。全長70～80cm。㊕全熱帯海域。日本では西表島
¶**四季鳥**(p124/カ写)
絶鳥事(p146/モ図)
世鳥大(p177/カ写)
世鳥ネ(p86/カ写)
世文鳥(p43/カ写)
鳥比(p252/カ写)
鳥650(p146/カ写)
日ア鳥(p126/カ写)
日鳥識(p108/カ写)
日鳥水増(p64/カ写)
日野鳥新(p133/カ写)
日野鳥増(p125/カ写)
フ日野新(p82/カ図)
フ日野増(p82/カ図)
フ野鳥(p90/カ図)
山溪名鳥(p101/カ写)

アカアシガメ *Chelonoidis carbonaria* 赤足亀
リクガメ科の爬虫類。甲長40cm前後。㊕パナマ南東部～南米大陸
¶**世カメ**(p28/カ写)
世爬(p11/カ写)
世文動(p251/カ写)
地球(p378/カ写)
爬両1800(p13/カ写)
爬両ビ(p8/カ写)

アカアシカンガルー *Thylogale stigmatica*
カンガルー科の哺乳類。体長38～58cm。㊕オーストラリア, ニューギニア
¶**世哺**(p72/カ写)

アカアシクロトキ ⇒オーストラリアクロトキを見よ

アカアシシギ *Tringa totanus* 赤脚鷸, 赤脚鴫, 赤足鷸, 赤足鴫
シギ科の鳥。全長28cm。㊕アイスランド, ユーラシア大陸, イギリス諸島～東アジア。日本では北海道東部で越冬
¶**くら鳥**(p112/カ写)
里山鳥(p124/カ写)
四季鳥(p61/カ写)
世鳥大(p230/カ写)
世鳥卵(p98/カ写, カ図)
世鳥ネ(p137/カ写)
世文鳥(p129/カ写)
地球(p447/カ写)
鳥卵巣(p186/カ写, カ図)
鳥比(p301/カ写)
鳥650(p259/カ写)
名鳥図(p88/カ写)
日ア鳥(p222/カ写)
日鳥識(p150/カ写)
日鳥水増(p232/カ写)
日野鳥新(p256/カ写)
日野鳥増(p266/カ写)
ぱっ鳥(p149/カ写)
ひと目鳥(p77/カ写)
フ日野新(p150/カ図)
フ日野増(p150/カ図)
フ野鳥(p154/カ図)
野鳥学フ(p212/カ写)
野鳥山フ(p31,191/カ図, カ写)
山溪名鳥(p16/カ写)

アカアシチョウゲンボウ *Falco amurensis* 赤脚長元坊, 赤足長元坊
ハヤブサ科の鳥。全長26～30cm。㊕ヨーロッパ東部～シベリア西部
¶**四季鳥**(p63/カ写)
世文鳥(p98/カ写)
地球(p431/カ写)
鳥卵巣(p118/カ写, カ図)
鳥比(p70/カ写)
鳥650(p458/カ写)
日ア鳥(p386/カ写)
日鳥識(p214/カ写)
日鳥山新(p124/カ写)
日鳥山増(p59/カ写)
日野鳥新(p434/カ写)
日野鳥増(p364/カ写)
フ日野新(p182/カ図)
フ日野増(p182/カ図)
フ野鳥(p266/カ図)
ワシ(p144/カ写)

アカアシドゥクラングール *Pygathrix nemaeus*
オナガザル科の哺乳類。絶滅危惧IB類。㊎ラオス東中央部～南東部，ベトナム北部と中央部，カンボジア北東部
¶美サル（p73/カ写）

アカアシミズナギドリ *Puffinus carneipes* 赤脚水薙鳥，赤足水薙鳥
ミズナギドリ科の鳥。全長45cm。㊎ロードハウ島，ニュージーランド北島，オーストラリア南西部
¶四季鳥（p45/カ写）
世文鳥（p36/カ写）
鳥比（p246/カ写）
鳥650（p126/カ写）
日ア鳥（p113/カ写）
日鳥識（p102/カ写）
日鳥水増（p44/カ写）
日野鳥新（p123/カ写）
日野鳥増（p117/カ写）
フ日野新（p72/カ図）
フ日野増（p72/カ図）
フ野鳥（p82/カ図）

アカアシミツユビカモメ *Rissa brevirostris* 赤脚三趾鷗，赤足三趾鷗
カモメ科の鳥。全長35～40cm。㊎北太平洋
¶世鳥ネ（p146/カ写）
世文鳥（p152/カ写）
地球（p449/カ写）
鳥比（p328/カ写）
鳥650（p304/カ写）
日ア鳥（p263/カ写）
日鳥水増（p302/カ写）
日野鳥新（p303/カ写）
日野鳥増（p155/カ写）
フ日野新（p94/カ図）
フ日野増（p94/カ図）
フ野鳥（p178/カ図）

アカアリサザイ *Conopophaga lineata* 赤蟻鷦鷯
アリサザイ科の鳥。全長11～14cm。㊎ブラジル東・南部，それに隣接するパラグアイおよびアルゼンチンの一部
¶世鳥大（p352/カ写）
世鳥卵（p148/カ写，カ図）
地球（p484/カ写）

アカイシサンショウウオ *Hynobius katoi* 赤石山椒魚
サンショウウオ科の両生類。絶滅危惧IB類（環境省レッドリスト）。日本固有種。大きさ90～117mm。㊎長野，愛知，静岡
¶原爬両（No.180）
絶事（p168/モ図）
日カサ（p191/カ写）
爬両観（p126/カ写）
爬両飼（p222）
野日両（p22,59,119/カ写）

アカイワトビヒタキ *Chaetops frenatus* 赤岩跳鶲
チメドリ科の鳥。全長23～25cm。㊎南アフリカの一部地域
¶世鳥大（p420/カ写）

アカウアカリ *Cacajao calvus rubicundus*
サキ科の哺乳類。絶滅危惧II類。体高36～57cm。㊎南アメリカ
¶地球（p539/カ写）
美サル（p43/カ写）

アカウソ *Pyrrhula pyrrhula rosacea* 赤鷽
アトリ科の鳥。ウソの亜種。㊎冬鳥として九州以北に飛来，北海道では少数が繁殖しているとみられる
¶名鳥図（p233/カ写）
日色鳥（p24/カ写）
日鳥山新（p346/カ写）
日鳥山増（p318/カ写）
日野鳥新（p620/カ写）
日野鳥増（p605/カ写）
山溪名鳥（p55/カ写）

アカウミガメ *Caretta caretta* 赤海亀
ウミガメ科の爬虫類。絶滅危惧IB類。甲長65～100cm。㊎インド洋，太平洋，大西洋，地中海
¶遺産日（爬虫類 No.1/カ写）
原爬両（No.22/カ写）
世カメ（p182/カ写）
絶事（p104/モ図）
世文動（p244/カ写）
地球（p374/カ写）
日カメ（p48/カ写）
爬両飼（p152/カ写）
爬両1800（p58/カ写）
野日爬（p19,86/カ写）

アカウーリーモンキー *Lagothrix poeppigii*
クモザル科の哺乳類。絶滅危惧II類。㊎エクアドル東部，ペルー北部～東中央部，ブラジル西部
¶美サル（p58/カ写）

アカエリエボシゲラ *Campephilus robustus* 赤襟烏帽子啄木鳥
キツツキ科の鳥。全長31cm。
¶地球（p480/カ写）

アカエリオタテドリ *Melanopareia torquata* 赤襟尾立鳥
オタテドリ科の鳥。全長14～15cm。
¶地球（p484/カ写）

アカエリカイツブリ *Podiceps grisegena* 赤襟鸊鷉，赤襟鳰
カイツブリ科の鳥。全長47cm。㊎北半球北部
¶くら鳥（p83/カ写）
里山鳥（p173/カ写）

四季鳥（p48/カ写）
世鳥大（p153/カ写）
世鳥ネ（p64/カ写）
世文鳥（p29/カ写）
地球（p423/カ写）
鳥比（p237/カ写）
鳥650（p87/カ写）
名鳥図（p13/カ写）
日ア鳥（p78/カ写）
日鳥識（p90/カ写）
日鳥水増（p26/カ写）
日野鳥新（p96/カ写）
日野鳥増（p26/カ写）
ぱっ鳥（p63/カ写）
フ日野新（p26/カ図）
フ日野増（p26/カ図）
フ野鳥（p60/カ図）
野鳥学フ（p232/カ写, カ図）
野鳥山フ（p9,66/カ図, カ写）
山溪名鳥（p114/カ写）

アカエリキツネザル *Eulemur collaris* 赤襟狐猿
キツネザル科の哺乳類。体高38～50cm。㊎マダガスカルの南東部
¶地球（p536/カ写）

アカエリシトド *Zonotrichia capensis* 赤襟鵐
ホオジロ科の鳥。体長14～15cm。㊎メキシコ南部～ティエラ・デル・フエゴ島, イスパニョーラ島, オランダ領アンティル
¶世鳥卵（p214/カ写, カ図）
鳥卵巣（p348/カ写, カ図）

アカエリシロチドリ *Charadrius ruficapillus* 赤襟白千鳥
チドリ科の鳥。全長14～16cm。㊎オーストラリア
¶鳥卵巣（p182/カ写, カ図）

アカエリヒレアシシギ *Phalaropus lobatus* 赤襟鰭足鷸, 赤襟鰭足鴫
シギ科（ヒレアシシギ科）の鳥。全長18～19cm。㊎北極高緯度地方
¶くら鳥（p111/カ写）
原寸羽（p128/カ写）
四季鳥（p32/カ写）
世鳥大（p231/カ写）
世鳥ネ（p140/カ写）
世文鳥（p142/カ写）
地球（p446/カ写）
鳥比（p326/カ写）
鳥650（p295/カ写）
名鳥図（p102/カ写）
日ア鳥（p253/カ写）
日鳥識（p160/カ写）
日鳥水増（p265/カ写）
日野鳥新（p294/カ写）
日野鳥増（p282/カ写）
ぱっ鳥（p166/カ写）
バード（p142/カ写）
羽根決（p168/カ写, カ図）
ひと目鳥（p66/カ写）
フ日野新（p164/カ図）
フ日野増（p164/カ図）
フ野鳥（p172/カ図）
野鳥学フ（p196/カ写）
野鳥山フ（p34,209/カ図, カ写）
山溪名鳥（p18/カ写）

アカエリホウオウ *Euplectes ardens* 赤襟鳳凰
ハタオリドリ科の鳥。全長15～40cm。㊎アフリカのサハラ砂漠以南の密な森林や砂漠を除く地域
¶地球（p495/カ写）

アカエリマキキツネザル *Varecia rubra* 赤襟巻狐猿
キツネザル科の哺乳類。絶滅危惧IA類。頭胴長51～55cm。㊎マダガスカル島の北東部
¶美サル（p152/カ写）

アカオオカミ(1) ⇒アメリカアカオオカミを見よ

アカオオカミ(2) ⇒ドールを見よ

アカオオハシモズ *Schetba rufa* 赤大嘴鵙
オオハシモズ科の鳥。全長20cm。㊎マダガスカル
¶世鳥大（p377/カ写）
地球（p487/カ写）

アカオオヤマネコ ⇒ボブキャットを見よ

アカオカケス *Perisoreus infaustus* 赤尾橿鳥, 赤尾懸巣, 赤尾掛子
カラス科の鳥。全長30cm。㊎スカンジナビア半島～シベリア, 沿海地方, サハリン
¶世鳥卵〔アオカケス〔Siberian Jay〕〕（p243/カ写, カ図）
鳥卵巣（p361/カ写, カ図）
日ア鳥（p414/カ写）

アカオガビチョウ *Garrulax milnei* 赤尾画眉鳥
ヒタキ科の鳥。大きさ25cm。㊎ミャンマー～中国南部
¶鳥飼（p111/カ写）

アカオカマハシハチドリ *Eutoxeres condamini* 赤尾鎌嘴蜂鳥
ハチドリ科ユミハチドリ亜科の鳥。全長13～15cm。㊎南アメリカ北東部
¶世鳥ネ（p212/カ写）
ハチドリ（p38/カ写）

アカオキリハシ *Galbula ruficauda* 赤尾錐嘴
キリハシ科の鳥。全長19～25cm。㊎中央・南アメリカ
¶世鳥大（p328/カ写）
世鳥卵（p142/カ写, カ図）
世鳥ネ（p250/カ写）

地球（p481/カ写）

アカオクロオウム *Calyptorhynchus banksii* 赤尾黒鸚鵡
オウム科の鳥。全長50～65cm。㊟オーストラリアの北・西部
¶世鳥大（p254/カ写）
世美羽（p30/カ写, カ図）
地球（p456/カ写）

アカオコバシチメドリ *Minla ignotincta* 赤尾小嘴知目鳥
チメドリ科の鳥。全長14cm。㊟ヒマラヤ山脈東部～ベトナム北部にかけての山岳地帯
¶地球（p490/カ写）

アカオザル *Cercopithecus ascanius*
オナガザル科の哺乳類。赤く長い尾をもつ中型の旧世界ザル。体高41～48cm。㊟ザイール北東部・北部, ウガンダ南部, ケニア西部, タンザニア西部, ルワンダ南西部
¶地球（p543/カ写）
美サル（p176/カ写）

アカオタイヨウチョウ *Aethopyga ignicauda* 赤尾太陽鳥
タイヨウチョウ科の鳥。全長15～20cm。㊟ヒマラヤ, 中国, 東南アジア北部
¶原色鳥（p35/カ写）

アカオタテガモ *Oxyura jamaicensis* 赤尾立鴨
カモ科の鳥。全長35～43cm。㊟北アメリカ, 南アメリカ。イギリスには移入
¶世鳥大（p135/カ写）
地球（p415/カ写）

アカオネッタイチョウ *Phaethon rubricauda* 赤尾熱帯鳥
ネッタイチョウ科の鳥。絶滅危惧IB類（環境省レッドリスト）。全長96cm。㊟太平洋とインド洋の熱帯および亜熱帯地域。日本では北硫黄島・南硫黄島・西之島・南鳥島で繁殖
¶原寸羽（p295, ポスター/カ写）
絶鳥事（p144/モ図）
世文鳥（p41/カ写）
鳥卵巣（p47/カ写, カ図）
鳥比（p251/カ写）
鳥650（p91/カ写）
名鳥図（p22/カ写）
日ア鳥（p83/カ写）
日色鳥（p138/カ写）
日鳥識（p106/カ写）
日鳥水増（p58/カ写）
日野鳥新（p100/カ写）
日野鳥増（p123/カ写）
ひと目鳥（p21/カ写）
フ日野新（p80/カ図）
フ日野増（p80/カ図）
フ野鳥（p62/カ図）
野鳥山フ（p11/カ図）
山溪名鳥（p19/カ写）

アカオノスリ *Buteo jamaicensis* 赤尾鵟
タカ科の鳥。全長45～56cm。㊟北・中央アメリカ, カリブ海域
¶世鳥大（p200/カ写）
世鳥ネ（p106/カ写）
地球（p436/カ写）
鳥650（p748/カ写）

アカオパイプヘビ *Cylindrophis ruffus*
パイプヘビ科（ミジカオヘビ科）の爬虫類。全長60～70cm。㊟中国南部, 東南アジア
¶世爬（p168/カ写）
世文動（p282/カ写）
世ヘビ（p80/カ写）
爬両1800（p251/カ写）
爬両ビ（p178/カ写）

アカオハチドリ *Metallura iracunda* 赤尾蜂鳥
ハチドリ科ミドリフタオハチドリ亜科の鳥。絶滅危惧IB類。全長10～11cm。㊟中央アメリカ～南アメリカ中・南部
¶ハチドリ（p367）

アカオハマベトカゲ *Emoia ruficauda*
スキンク科の爬虫類。全長12cm前後。㊟フィリピン（ミンダナオ島）
¶爬両1800（p205/カ写）

アカオビチュウハシ *Pteroglossus aracari* 赤帯中嘴
オオハシ科の鳥。全長46cm。㊟南アメリカ
¶世鳥ネ（p237/カ写）

アカオビヤドクガエル ⇒レーマンヤドクガエルを見よ

アカオファスコガーレ *Phascogale calura*
フクロネコ科の哺乳類。体長9～12cm。㊟オーストラリア南西部
¶地球（p505/カ写）

アカオマルメヤモリ *Lygodactylus capensis grotei*
ヤモリ科ヤモリ亜科の爬虫類。ケープマルメヤモリの亜種。全長6～7cm。㊟アフリカ大陸南部
¶ゲッコー〔ケープマルメヤモリ（亜種アカオマルメヤモリ）〕（p45/カ写）

アカガオクロクモザル *Ateles paniscus*
クモザル科の哺乳類。絶滅危惧II類。㊟仏領ギアナ, ブラジル北東部, スリナム, ガイアナ共和国
¶美サル（p56/カ写）

アカガオセッカ *Cisticola erythrops* 赤顔雪加
ウグイス科の鳥。㊟アフリカのサハラ砂漠の南側
¶世鳥卵（p195/カ写, カ図）

ア

アカガオネズミドリ *Colius indicus* 赤顔鼠鳥
ネズミドリ科の鳥。全長約33cm。㊎アフリカ南部
¶**世鳥ネ**(p219/カ写)

アカガオミドリモズ *Chlorophoneus dohertyi* 赤顔緑百舌
ヤブモズ科の鳥。全長19cm。
¶**世鳥大**(p375/カ写)

アカガオヤブドリ *Liocichla phoenicea* 赤顔藪鳥
チメドリ科の鳥。全長23cm。㊎ヒマラヤ, ミャンマー, タイ, インドシナ, 中国南部
¶**世鳥卵**(p187/カ写, カ図)

アカカザリフウチョウ *Paradisaea raggiana* 赤飾風鳥
フウチョウ科の鳥。全長34cm。㊎ニューギニア東部
¶**世鳥大**(p397/カ写)
世鳥ネ(p273/カ写)
世美羽(p126/カ写, カ図)

アカガシラエボシドリ *Tauraco erythrolophus* 赤頭烏帽子鳥
エボシドリ科の鳥。全長40〜43cm。㊎アフリカ, サハラ砂漠以南
¶**世鳥大**(p272)
世鳥ネ(p183/カ写)
地球(p461/カ写)

アカガシラカラスバト *Columba janthina nitens* 赤頭烏鳩
ハト科の鳥。カラスバトの亜種。絶滅危惧IA類(環境省レッドリスト), 天然記念物。全長40cm。㊎小笠原諸島, 火山列島
¶**絶鳥事**(p4,68/カ写, モ図)
名鳥図(p144/カ写)
日鳥山新(p27/カ写)
日鳥山増(p72/カ写)
野鳥学フ(p129/カ写)

アカガシラサイチョウ *Aceros waldeni* 赤頭犀鳥
サイチョウ科の鳥。絶滅危惧IA類。全長60〜65cm。㊎フィリピン(固有)
¶**世鳥大**(p314)
鳥絶〔Rufous-headed Hornbill〕(p174/カ図)

アカガシラサギ *Ardeola bacchus* 赤頭鷺
サギ科の鳥。全長45cm。㊎中国, 台湾, 海南島, ミャンマー
¶**四季鳥**(p26/カ写)
世文鳥(p52/カ写)
鳥比(p261/カ写)
鳥650(p165/カ写)
名鳥図(p28/カ写)
日ア鳥(p142/カ写)
日鳥識(p118/カ写)
日鳥水増(p80/カ写)
日野鳥新(p159/カ写)
日野鳥増(p189/カ写)
ぱっ鳥(p94/カ写)
フ日野新(p110/カ図)
フ日野増(p110/カ図)
フ野鳥(p100/カ図)
野鳥学フ(p178/カ写)
山溪名鳥(p20/カ写)

アカガシラソリハシセイタカシギ *Recurvirostra novaehollandiae* 赤頭反嘴背高鴫, 赤頭反嘴背高鷸
セイタカシギ科の鳥。全長40〜46cm。㊎オーストラリア南部・内陸部
¶**世鳥大**(p224/カ写)
世鳥ネ(p129/カ写)
地球(p445/カ写)
鳥卵巣(p169/カ写, カ図)

アカガシラチメドリ *Timalia pileata* 赤頭知目鳥
チメドリ科の鳥。全長16〜17cm。㊎ヒマラヤ東部〜ミャンマー, タイ, インドシナ, 中国南部, ジャワ島
¶**地球**(p490/カ写)

アカガシラモリハタオリ *Anaplectes rubriceps* 赤頭森機織
ハタオリドリ科の鳥。全長12〜15cm。㊎西アフリカ, 南東アフリカ
¶**原色鳥**(p27/カ写)
鳥卵巣(p368/カ図)

アカガタテリムク *Lamprotornis nitens* 赤肩照椋
ムクドリ科の鳥。全長25cm。㊎南・南西アフリカ
¶**世色鳥**(p32/カ写)
世鳥大(p433/カ写)
世鳥ネ(p297/カ写)

アカカッシナガエル ⇒モモアカアルキガエルを見よ

アカカモシカ *Capricornis rubidus*
ウシ科の哺乳類。準絶滅危惧。㊎北部・西部ミャンマー, インドのアッサム地方
¶**レ生**(p5/カ写)

アカカワイノシシ *Potamochoerus porcus*
イノシシ科の哺乳類。体高60〜75cm。
¶**地球**(p595/カ写)

アカカンガルー *Macropus rufus*
カンガルー科の哺乳類。体長1〜1.6m。㊎オーストラリア
¶**驚野動**(p331/カ写)
世文動(p48/カ写)
世哺(p77/カ写)
地球(p508,511/カ写)

ア

アカカンムリカザリドリ *Ampelion rubrocristata* 赤冠飾鳥
カザリドリ科の鳥。全長21cm。㊕コロンビア～ボリビアのアンデス山脈
¶世色鳥 (p158/カ写)

アカカンムリハチドリ *Lophornis stictolophus* 赤冠蜂鳥
ハチドリ科ミドリフタオハチドリ亜科の鳥。全長6.5～7cm。
¶ハチドリ (p101/カ写)

アカギツネ *Vulpes vulpes* 赤狐
イヌ科の哺乳類。体長50～90cm。㊕北極, 北アメリカ, ヨーロッパ, アジア, アフリカ北部
¶驚野動 (p168/カ写)
くら哺〔キツネ〕(p60/カ写)
世哺 (p218/カ写)
地球 (p563/カ写)
日哺改〔キツネ〕(p73/カ写)
野生イヌ (p22/カ写, カ図)

アカクサインコ *Platycercus elegans* 赤草鸚哥
インコ科の鳥。全長32～37cm。㊕タスマニアを除くオーストラリア東部
¶原色鳥 (p63/カ写)
世色鳥 (p24/カ写)
世鳥大 (p258/カ写)
鳥飼 (p136/カ写)

アカクビヤブワラビー *Thylogale thetis*
カンガルー科の哺乳類。体長29～63cm。
¶地球 (p509/カ写)

アカクビワラビー *Macropus rufogriseus*
カンガルー科の哺乳類。体長66～92cm。
¶地球 (p508/カ写)

アカクモザル *Ateles geoffroyi* 赤蜘蛛猿
クモザル科(オマキザル科)の哺乳類。別名クロテクモザル。絶滅危惧II類。体高31～63cm。㊕北アメリカ, 中央アメリカ
¶世文動〔クロテクモザル〕(p81/カ写)
世哺 (p108/カ写)
地球 (p538/カ写)

アカクロサギ *Egretta rufescens* 赤黒鷺
サギ科の鳥。全長68～82cm。
¶地球 (p427/カ写)

アカケアシノスリ *Buteo regalis* 赤毛足鵟
タカ科の鳥。全長56～69cm。㊕カナダ南西部・アメリカ中西部
¶世鳥大 (p200/カ写)
鳥卵巣 (p110/カ写, カ図)

アカゲザル *Macaca mulatta* 赤毛猿
オナガザル科の哺乳類。体高45～64cm。㊕インド, アフガニスタン～中国, ベトナム
¶くら哺 (p8/カ写)
世文動 (p89/カ写)
地球 (p542/カ写)
日哺改 (p69/カ写)
日哺学フ (p158/カ写)

アカゲラ *Dendrocopos major* 赤啄木鳥
キツツキ科の鳥。全長20～24cm。㊕ヨーロッパ～日本, 南・北アフリカ, 北東インド, 中国
¶くら鳥 (p64/カ写)
原寸羽 (p214/カ写)
里山鳥 (p165/カ写)
四季鳥 (p111/カ写)
巣と卵決 (p92/カ写, カ図)
世鳥大 (p325/カ写)
世鳥ネ (p245/カ写)
世文鳥 (p191/カ写)
地球 (p481/カ写)
鳥卵巣 (p253/カ写, カ図)
鳥比 (p62/カ写)
鳥650 (p446/カ写)
名鳥図 (p166/カ写)
日ア鳥 (p379/カ写)
日色鳥 (p16/カ写)
日鳥識 (p210/カ写)
日鳥巣 (p136/カ写)
日鳥山新 (p116/カ写)
日鳥山増 (p120/カ写)
日野鳥新 (p422/カ写)
日野鳥増 (p432/カ写)
ぱっ鳥 (p237/カ写)
バード (p56/カ写)
羽根決 (p244/カ写, カ図)
ひと目鳥 (p154/カ写)
フ日野新 (p212/カ図)
フ日野増 (p212/カ図)
フ野鳥 (p262/カ図)
野鳥学フ (p112/カ写)
野鳥山フ (p44,262/カ図, カ写)
山溪名鳥 (p22/カ写)

アカゲラ〔亜種〕 *Dendrocopos major hondoensis* 赤啄木鳥
キツツキ科の鳥。
¶日鳥山新〔亜種アカゲラ〕(p116/カ写)
日鳥山増〔亜種アカゲラ〕(p120/カ写)
日野鳥新〔アカゲラ*〕(p422/カ写)
日野鳥増〔アカゲラ*〕(p433/カ写)

アカゲワシュ Japanese Brown 褐毛和種
牛の一品種。在来牛と熊本県や高知県にいた朝鮮牛やシンメンタールの交配。体重470～750kg。
¶世文動〔褐毛和種〕(p213/カ写)

アカゲワシュ(熊本系) Japanese Brown (Kumamoto Brown) 褐毛和種(熊本系)
牛の一品種。体高 オス153cm, メス134cm。熊本県の原産。
¶日家〔褐毛和種(熊本系)〕(p68/カ写)

アカゲワシュ(高知系) Japanese Brown (Kochi Brown) 褐毛和種(高知系)
牛の一品種。体高 オス141cm, メス125cm。高知県の原産。
¶日家〔褐毛和種(高知系)〕(p69/カ写)

アカコウモリ *Lasiurus borealis*
ヒナコウモリ科の哺乳類。頭胴長50～65mm。㊎カナダ南部～チリ中央部
¶世文動(p65/カ写)

アカコクジャク *Polyplectron inopinatum* 赤小孔雀
キジ科の鳥。全長 オス65cm, メス46cm。㊎マレー半島
¶世美羽(p20/カ写, カ図)

アカコッコ *Turdus celaenops* 赤鶫
ツグミ科(ヒタキ科)の鳥。絶滅危惧IB類(環境省レッドリスト), 天然記念物。日本固有種。体長23cm。㊎伊豆諸島とトカラ列島に留鳥として生息, 本州や屋久島でも記録あり
¶里山鳥(p229/カ写)
四季鳥(p119/カ写)
巣と卵決(p147/カ写, カ図)
絶鳥事(p14,198/カ写, モ図)
世文鳥(p225/カ写)
鳥絶(p195/カ図)
鳥卵巣(p290/カ写, カ図)
鳥比(p135/カ写)
鳥650(p599/カ写)
名鳥図(p199/カ写)
日ア鳥(p509/カ写)
日色鳥(p70/カ写)
日鳥識(p260/カ写)
日鳥巣(p210/カ写)
日鳥山新(p252/カ写)
日鳥山増(p203/カ写)
日野鳥新(p541/カ写)
日野鳥増(p508/カ写)
ぱっ鳥(p316/カ写)
羽根決(p290/カ写, カ図)
ひと目鳥(p187/カ写)
フ日野新(p246/カ図)
フ日野増(p246/カ図)
フ野鳥(p342/カ図)
野鳥学フ(p108/カ写)
野鳥山フ(p53,307/カ図, カ写)
山溪名鳥(p24/カ写)

アカコーヒーヘビ *Ninia sebae*
ナミヘビ科の爬虫類。全長40cm。
¶地球(p395/カ写)

アカコロブス *Colobus badius*
オナガザル科の哺乳類。頭胴長47～63cm。㊎セネガル, ガンビア～ガーナ南西部
¶世文動(p91/カ写)

アカコンゴウインコ ⇒コンゴウインコを見よ

アカサカオウム *Callocephalon fimbriatum* 赤冠鸚鵡
オウム科の鳥。全長32～37cm。㊎オーストラリア南東部・タスマニア東北部
¶世色鳥(p161/カ写)
世鳥大(p255/カ写)

アカシアヒメオオトカゲ *Varanus gilleni*
オオトカゲ科の爬虫類。全長35cm前後。㊎オーストラリア中部～北東部
¶爬両1800(p239/カ写)

アカシカ *Cervus elaphus* 赤鹿
シカ科の哺乳類。体高1～1.4m。㊎ヨーロッパ～アジア西部, アフリカ北部
¶驚野動(p141/カ写)
世文動(p206/カ写)
世哺(p336/カ写)
地球(p597/カ写)

アカジタミドリヤモリ *Naultinus grayi* 赤舌緑守宮
ヤモリ科イシヤモリ亜科の爬虫類。全長16～19cm。㊎ニュージーランド北部
¶ゲッコー(p89/カ写)
爬両1800(p163/カ写)

アカシマアジ *Anas cyanoptera* 赤縞味
ガンカモ科の鳥。体長40cm。㊎北アメリカ西部, オンタリオ州, 中央アメリカ, 南アメリカの一部で繁殖。高緯度で繁殖する個体群は冬に渡りをし低緯度に移動する
¶世鳥ネ(p47/カ写)

アカシマリス *Tamias rufus* 赤縞栗鼠
リス科の哺乳類。体長12～15cm。
¶地球(p524/カ写)

アカショウビン *Halcyon coromanda* 赤翡翠
カワセミ科の鳥。全長25cm。㊎中国東部, 台湾, アンダマン諸島, フィリピン, スンダ列島, スラウェシ島, インドシナ, ネパール, アッサム, 日本
¶くら鳥(p61/カ写)
原寸羽(p204/カ写)
里山鳥(p98/カ写)
巣と卵決(p88,240/カ写, カ図)
世鳥大(p306/カ写)
世文鳥(p184/カ写)
鳥卵巣(p244/カ写, カ図)
鳥比(p60/カ写)
鳥650(p432/カ写)

名鳥図(p161/カ写)
日ア鳥(p364/カ写)
日鳥識(p204/カ写)
日鳥巣(p126/カ写)
日鳥山新(p102/カ写)
日鳥山増(p106/カ写)
日野鳥新(p408/カ写)
日野鳥増(p420/カ写)
ぱっ鳥(p228/カ写)
バード(p52/カ写)
羽根決(p232/カ写, カ図)
ひと目鳥(p151/カ写)
フ日野新(p206/カ図)
フ日野増(p206/カ図)
フ野鳥(p254/カ図)
野鳥学フ(p116/カ写)
野鳥山フ(p43,253/カ図, カ写)
山溪名鳥(p25/カ写)

アカショウビン〔亜種〕 *Halcyon coromanda major* 赤翡翠
カワセミ科の鳥。
¶日鳥山新〔亜種アカショウビン〕(p102/カ写)
日鳥山増〔亜種アカショウビン〕(p106/カ写)
日野鳥新〔アカショウビン*〕(p408/カ写)
日野鳥増〔アカショウビン*〕(p420/カ写)
ぱっ鳥〔亜種アカショウビン〕(p228/カ写)

アカスイギュウ *Syncerus nanus*
ウシ科の哺乳類。体高100〜130cm。㊗西アフリカ, ガンビア, ナイジェリア, チャド湖周辺, アンゴラ
¶世文動(p212/カ写)

アカスジイモリ *Notophthalmus perstriatus*
イモリ科の両生類。全長5〜8cm。㊗アメリカ合衆国南東部
¶爬両**1800**(p455/カ写)

アカスジクビナガガエル ⇒オビナゾガエルを見よ

アカスジヤマガメ *Rhinoclemmys pulcherrima*
アジアガメ科(イシガメ(バタグールガメ)科)の爬虫類。甲長16〜20cm。㊗メキシコ北西部〜コスタリカ
¶世カメ(p304/カ写)
世爬(p28/カ写)
世文動(p248/カ写)
爬両**1800**(p47/カ写)
爬両ビ(p26/カ写)

アカスズメフクロウ *Glaucidium brasilianum* 赤雀梟
フクロウ科の鳥。全長17〜18cm。
¶世鳥大(p283/カ写)
地球(p465/カ写)

アカスレンダーロリス ⇒ホソロリスを見よ

アカダイカー *Cephalophus natalensis* 赤ダイカー
ウシ科の哺乳類。体長70〜100cm。㊗アフリカ
¶世哺(p358/カ写)

アカチャジネズミ *Crocidura cyanea* 赤茶地鼠
トガリネズミ科の哺乳類。体長6〜8cm。
¶地球(p560/カ写)

アカチャタネワリキンパラ *Pyrenestes sanguineus* 赤茶種割金腹
カエデチョウ科の鳥。大きさ14cm。㊗アフリカ(西部沿岸)
¶鳥飼(p94/カ写)

アカツクシガモ *Tadorna ferruginea* 赤筑紫鴨
カモ科の鳥。全長63〜66cm。㊗アフリカ北部, ヨーロッパ南東部, 地中海西部, 中近東, アジア温帯部
¶原寸羽(p294/カ写)
四季鳥(p89/カ写)
世鳥ネ(p43/カ写)
世文鳥(p65/カ写)
鳥卵巣(p87/カ写, カ図)
鳥比(p214/カ写)
鳥**650**(p45/カ写)
名鳥図(p46/カ写)
日ア鳥(p33/カ写)
日色鳥(p83/カ写)
日カモ(p39/カ写, カ図)
日鳥識(p72/カ写)
日鳥水増(p118/カ写)
日野鳥新(p44/カ写)
日野鳥増(p50/カ写)
羽根決(p50/カ写, カ図)
フ日野新(p38/カ図)
フ日野増(p38/カ図)
フ野鳥(p26/カ図)
野鳥学フ(p238/カ写)
野鳥山フ(p101/カ写)
山溪名鳥(p227/カ写)

アカテタマリン *Saguinus midas*
オマキザル科(マーモセット科)の哺乳類。別名ミダスタマリン, ブラックタマリン。体高21〜28cm。㊗ブラジル, ガイアナ共和国のアマゾン流域北東部
¶地球〔ミダスタマリン〕(p541/カ写)
美サル(p22/カ写)

アカドクハキコブラ *Naja pallida*
コブラ科の爬虫類。全長75cm。㊗アフリカ
¶地球(p397/カ写)

アカトビ *Milvus milvus* 赤鳶
タカ科の鳥。全長60〜66cm。㊗ヨーロッパの大部分, 北西アフリカ, 中東
¶絶百**2**(p10/カ写)
世鳥大(p188/カ写)

世鳥卵（p58/カ写, カ図）
世鳥ネ（p109/カ写）
地球（p436/カ写）

アカトマトガエル *Dyscophus antongilii*
ヒメアマガエル科（ジムグリガエル科）の両生類。別名トマトガエル。絶滅危惧II類。体長 オス6.5cmまで, メス10.5cmまで。[分]マダガスカル北東部・アントンギル湾の周辺
¶驚野動（p243/カ写）
世カエ〔トマトガエル〕（p470/カ写）
絶百3（p72/カ写）
地球〔トマトガエル〕（p362/カ写）

アカニシキヘビ *Python curtus*
ニシキヘビ科の爬虫類。別名ブラッドパイソン, ヒイロニシキヘビ。全長1.2～1.5m, 最大2.75m。[分]タイ南部～マレー半島, インドネシア
¶世爬（p175/カ写）
世ヘビ〔ブラッドパイソン（ヒイロニシキヘビ）〕（p72/カ写）
地球（p398/カ写）
爬両1800（p252/カ写）
爬両ビ（p185/カ写）

アカネズミ *Apodemus speciosus* 赤鼠
ネズミ科の哺乳類。日本固有種。頭胴長8.5～13.5cm。[分]北海道～九州
¶くら哺（p17/カ写）
世文動（p116/カ写）
日哺改（p137/カ写）
日哺学フ（p86/カ写）

アカノガンモドキ *Cariama cristata* 赤鴇擬
ノガンモドキ科の鳥。全長75～90cm。[分]南アメリカ東部
¶驚野動（p120/カ写）
世鳥大（p208/カ写）
世鳥卵（p90/カ写, カ図）
地球（p439/カ写）

アカノドカルガモ *Anas luzonica* 赤喉軽鴨
カモ科の鳥。全長48～58cm。[分]迷鳥として与那国島・宮古島で記録
¶鳥比（p218/カ写）
日カモ（p89/カ写, カ図）
日鳥水増（p123/カ写）
フ野鳥（p32/カ図）

アカノドシャコ *Francolinus afer* 赤喉鷓鴣
キジ科の鳥。全長25～38cm。[分]アフリカ中部・南部
¶地球（p410/カ写）

アカノドツメナガタヒバリ *Macronyx capensis* 赤喉爪長田雲雀
セキレイ科の鳥。全長20cm。[分]南アフリカ, ジンバブエ中部
¶世鳥大（p463/カ写）

アカハシウシツツキ *Buphagus erythrorhynchus* 赤嘴牛突
ムクドリ科の鳥。体長18～19cm。[分]アフリカ東部・南部
¶世鳥卵（p231/カ写, カ図）
世鳥ネ（p299/カ写）

アカハシエメラルドハチドリ *Amazilia yucatanensis* 赤嘴エメラルド蜂鳥
ハチドリ科ハチドリ亜科の鳥。全長9.5～11cm。
¶地球（p470/カ写）
ハチドリ（p254/カ写）

アカハシコサイチョウ *Tockus erythrorhynchus* 赤嘴小犀鳥
サイチョウ科の鳥。全長40～48cm。[分]サハラ砂漠南部～東アフリカ～南アフリカ
¶驚野動（p206/カ写）
世鳥大（p313/カ写）
世鳥ネ（p233/カ写）
地球（p476/カ写）

アカハシサイチョウ *Aceros leucocephalus* 赤嘴犀鳥
サイチョウ科の鳥。全長75cm。[分]フィリピンのミンダナオ島, ヴィサヤ諸島
¶絶百2（p12/カ図）

アカハシネッタイチョウ *Phaethon aethereus* 赤嘴熱帯鳥
ネッタイチョウ科の鳥。全長90～105cm。[分]大西洋熱帯域, インド洋, 太平洋
¶世鳥大（p171/カ写）
世鳥卵（p37/カ写, カ図）
世鳥ネ（p80/カ写）
地球（p428/カ写）
鳥卵巣（p46/カ写, カ図）

アカハシハシリカッコウ *Carpococcyx renauldi* 赤嘴走郭公
カッコウ科の鳥。全長65～68cm。[分]タイ北西部～ベトナム南部
¶地球（p462/カ写）

アカハシハジロ *Netta rufina* 赤嘴羽白
カモ科の鳥。体長53～57cm。[分]東ヨーロッパ, アジア南・中部
¶四季鳥（p100/カ写）
世文鳥（p72/カ写）
鳥比（p228/カ写）
鳥650（p62/カ写）
名鳥図（p58/カ写）
日ア鳥（p48/カ写）
日カモ（p166/カ写, カ図）
日鳥識（p80/カ写）
日鳥水増（p136/カ写）
日野鳥新（p63/カ写）

日野鳥増（p81/カ写）
フ日野新（p48/カ図）
フ日野増（p48/カ図）
フ野鳥（p38/カ図）

アカハシハチドリ *Cynanthus latirostris* 赤嘴蜂鳥
ハチドリ科ハチドリ亜科の鳥。全長8～10cm。㊀アメリカ南部～メキシコ南部
¶地球（p471/カ写）
ハチドリ（p212/カ写）

アカハシヒメエメラルドハチドリ *Chlorostilbon gibsoni* 赤嘴姫エメラルド蜂鳥
ハチドリ科ハチドリ亜科の鳥。全長6～9cm。
¶ハチドリ（p206/カ写）

アカハシムナフチュウハシ *Pteroglossus frantzii* 赤嘴胸斑中嘴
オオハシ科の鳥。全長45cm。
¶世鳥大（p316/カ写）

アカハジロ *Aythya baeri* 赤羽白
カモ科の鳥。全長46cm。㊀シベリア東部
¶四季鳥（p77/カ写）
世文鳥（p74/カ写）
鳥比（p224/カ写）
鳥650（p66/カ写）
名鳥図（p56/カ写）
日ア鳥（p52/カ写）
日カモ（p188/カ写，カ図）
日鳥識（p80/カ写）
日鳥水増（p142/カ写）
日野鳥新（p71/カ写）
日野鳥増（p74/カ写）
フ日野新（p50/カ図）
フ日野増（p50/カ図）
フ野鳥（p40/カ図）
野鳥学フ（p171/カ写）
野鳥山フ（p18,115/カ図，カ写）

アカハナグマ *Nasua nasua* 赤鼻熊
アライグマ科の哺乳類。体長40～70cm。㊀北アメリカ，中央アメリカ，南アメリカ
¶驚野動（p86/カ写）
世文動〔ハナグマ〕（p154/カ写）
世哺（p244/カ写）
地球（p572/カ写）

アカバネシギダチョウ *Rhynchotus rufescens* 赤羽鷸駝鳥
シギダチョウ科の鳥。全長40cm。㊀ブラジル，アルゼンチン
¶世鳥卵（p31/カ写，カ図）
鳥卵巣（p35/カ写，カ図）

アカハネジネズミ *Elephantulus rufescens* 赤跳地鼠
ハネジネズミ科の哺乳類。体長9～14cm。㊀アフリカ東部
¶驚野動（p182/カ写）
世哺（p94/カ写）
地球（p512/カ写）

アカバネテリハチドリ *Heliodoxa branickii* 赤羽照蜂鳥
ハチドリ科ミドリフタオハチドリ亜科の鳥。全長11～12cm。
¶ハチドリ（p371）

アカバネテリムク *Onychognathus morio* 赤羽照椋
ムクドリ科の鳥。体長28cm。㊀アフリカのサハラ砂漠以南の一部地域
¶世鳥卵（p229/カ写，カ図）

アカハラ$_{(1)}$ *Turdus chrysolaus* 赤腹
ヒタキ科（ツグミ科）の鳥。全長24cm。㊀サハリン，南千島，日本（本州・北海道）
¶くら鳥（p58,60/カ写）
原寸羽（p243/カ写）
里山鳥（p145/カ写）
四季鳥（p76/カ写）
巣と卵決（p146/カ写，カ図）
世文鳥（p224/カ写）
鳥卵巣（p290/カ写，カ図）
鳥比（p134/カ写）
鳥650（p598/カ写）
名鳥図（p198/カ写）
日ア鳥（p508/カ写）
日色鳥（p71/カ写）
日鳥識（p260/カ写）
日鳥巣（p208/カ写）
日鳥山新（p250/カ写）
日鳥山増（p204/カ写）
日野鳥新（p542/カ写）
日野鳥増（p506/カ写）
ぱっ鳥（p315/カ写）
バード（p59/カ写）
羽根決（p287/カ写，カ図）
ひと目鳥（p184/カ写）
フ日野新（p246/カ図）
フ日野増（p246/カ図）
フ野鳥（p340/カ図）
野鳥学フ（p108/カ写）
野鳥山フ（p53,306/カ図，カ写）
山溪名鳥（p26/カ写）

アカハラ$_{(2)}$ ⇒ショウジョウジドリを見よ

アカハラ〔亜種〕 *Turdus chrysolaus chrysolaus* 赤腹
ヒタキ科の鳥。
¶日鳥山新〔亜種アカハラ〕（p250/カ写）
日鳥山増〔亜種アカハラ〕（p204/カ写）
日野鳥新〔アカハラ*〕（p542/カ写）
日野鳥増〔アカハラ*〕（p506/カ写）

アカハラアカメアマガエル ⇒トラフフリンジアマガエルを見よ

アカハラアカメガエル ⇒トラフフリンジアマガエルを見よ

アカハライモリ *Cynops pyrrhogaster* 赤腹井守, 赤腹蠑螈
イモリ科の両生類。別名ニホンイモリ。準絶滅危惧(環境省レッドリスト)。日本固有種。全長8〜13cm。㊐本州, 四国, 九州, 佐渡島, 隠岐, 壱岐, 五島列島, 大隅諸島
¶**遺産日**(両生類 No.5/カ写)
原爬両(No.160/カ写)
絶事(p174/モ図)
世文動(p310/カ写)
世両(p208/カ写)
地球(p367/カ写)
日カサ〔ニホンイモリ〕(p196/カ写)
爬両観(p120/カ写)
爬両飼(p202/カ写)
爬両1800(p449/カ写)
爬両ビ(p309/カ写)
野日両(p28,68,136/カ写)

アカハラウロコインコ *Pyrrhura rhodogaster* 赤腹鱗鸚哥
インコ科の鳥。大きさ24cm。㊐南アメリカ(アマゾン川〜南部の限られた地域)
¶**鳥飼**(p149/カ写)

アカハラオナガアリドリ *Drymophila ferruginea* 赤腹尾長蟻鳥
アリドリ科の鳥。全長13cm。㊐ブラジル南東部・パラグアイ北東部
¶**世鳥大**(p351/カ写)

アカハラガケビタキ *Thamnolaea cinnamomeiventris* 赤腹崖鶲
ヒタキ科の鳥。全長19〜21cm。㊐アフリカ
¶**地球**(p492/カ写)

アカハラキツネザル *Eulemur rubriventer* 赤腹狐猿
キツネザル科の哺乳類。絶滅危惧II類。体高35〜42cm。㊐マダガスカル北部のツァラタナナ山地〜アンドリンギトラ山地にかけての降雨林地域
¶**地球**(p536/カ写)
美サル(p143/カ写)

アカハラケンバネハチドリ *Campylopterus hyperythrus* 赤腹剣羽蜂鳥
ハチドリ科ハチドリ亜科の鳥。全長10〜13cm。㊐ベネズエラ南東部・ブラジル北部
¶**ハチドリ**(p378)

アカハラコガネゲラ *Reinwardtipicus validus* 赤腹黄金啄木鳥
キツツキ科の鳥。全長30cm。㊐ミャンマー南部, タイ南部, マレーシア, スマトラ, ジャワ, カリマンタン島
¶**世鳥大**(p328)

アカハラコノハドリ *Chloropsis hardwickei* 赤腹木葉鳥
コノハドリ科の鳥。全長20cm。㊐ヒマラヤ山脈東部, 中国南部〜マレー半島
¶**地球**(p494/カ写)

アカハラコルリ *Luscinia brunnea* 赤腹小瑠璃
ツグミ科の鳥。㊐アフガニスタン〜ヒマラヤ地方〜ミャンマー
¶**世鳥卵**(p177/カ写, カ図)

アカハラシャクケイ *Penelope ochrogaster* 赤腹舎久鶏
ホウカンチョウ科の鳥。全長67〜75cm。㊐ブラジル中央部
¶**地球**(p409/カ写)

アカハラショウビン *Todiramphus cinnamominus cinnamominus* 赤腹翡翠
カワセミ科の鳥。ズアカショウビンの亜種。全長20cm。㊐グアム島
¶**世色鳥**(p125/カ写)

アカハラダカ *Accipiter soloensis* 赤腹鷹
タカ科の鳥。全長30cm。㊐中国北東部・朝鮮半島
¶**原寸羽**(p68/カ写)
世文鳥(p86/カ写)
鳥卵巣(p107/カ写, カ図)
鳥比(p54/カ写)
鳥650(p398/カ写)
名鳥図(p129/カ写)
日ア鳥(p336/カ写)
日鳥識(p194/カ写)
日鳥山新(p68/カ写)
日鳥山増(p26/カ写)
日野鳥新(p370/カ写)
日野鳥増(p338/カ写)
ぱっ鳥(p206/カ写)
羽根決(p94/カ写, カ図)
フ日野新(p178/カ図)
フ日野増(p178/カ図)
フ野鳥(p220/カ図)
野鳥学フ(p62/カ写)
野鳥山フ(p23,133/カ図, カ写)
山溪名鳥(p237/カ写)
ワシ(p72/カ写)

アカハラツバメ *Hirundo rustica saturata* 赤腹燕
ツバメ科の鳥。ツバメの亜種。
¶**名鳥図**(p172/カ写)
日野鳥新(p487/カ写)

アカハラパイプヘビ *Cylindrophis melanotus*
パイプヘビ科の爬虫類。全長50〜70cm。㊐インドネシア(スラウェシ島・ハルマヘラ島など)

¶**爬両1800**（p251/カ写）

アカハラヒメシャクケイ *Ortalis wagleri* 赤腹姫舎久鶏
ホウカンチョウ科の鳥。全長62〜67cm。㊕北アメリカ南部, メキシコの太平洋側
¶**鳥卵巣**（p124/カ写, カ図）

アカハラブラウンヘビ *Storeria occipitomaculata*
ナミヘビ科ユウダ亜科の爬虫類。全長20〜40cm。㊕カナダ南部〜アメリカ合衆国東部・南東部
¶**爬両1800**（p274/カ写）

アカハラモズヒタキ *Pachycephala rufiventris* 赤腹百舌鶲
モズヒタキ科の鳥。全長17cm。
¶**世鳥大**（p381）

アカハラヤイロチョウ *Pitta erythrogaster* 赤腹八色鳥
ヤイロチョウ科の鳥。全長16〜18cm。㊕フィリピン, インドネシア東部, ニューギニアとオーストラリア北部。渡りをするものもいる
¶**世鳥大**（p336/カ写）

アカハラヤブモズ *Laniarius barbarus* 赤腹藪百舌
ヤブモズ科の鳥。全長23cm。㊕アフリカ西部
¶**原色鳥**（p48/カ写）

アカハラヤブワラビー *Thylogale billardierii*
カンガルー科の哺乳類。頭胴長53〜66cm。㊕南オーストラリア州南東部, ビクトリア州, タスマニア, バス海峡の島々
¶**世文動**（p50/カ写）

アカハラヤマフウキンチョウ *Anisognathus igniventris* 赤腹山風琴鳥
フウキンチョウ科の鳥。全長16cm。㊕コロンビア〜ボリビア
¶**原色鳥**（p134/カ写）

アカハラユウダ *Sinonatrix annularis*
ナミヘビ科ユウダ亜科の爬虫類。全長80〜100cm。㊕中国, 台湾
¶**爬両1800**（p274/カ写）
爬両ビ（p198/カ写）

アカハワイミツスイ *Himatione sanguinea* 赤ハワイ蜜吸
アトリ科の鳥。全長13cm。㊕ハワイ諸島
¶**原色鳥**（p8/カ写）

アカヒゲ *Luscinia komadori* 赤髭
ヒタキ科（ツグミ科）の鳥。天然記念物。全長14cm。㊕沖縄南部
¶**四季鳥**（p119/カ写）
巣と卵決（p245/カ写, カ図）
世文鳥（p215/カ写）
鳥比（p140/カ写）
鳥650（p612/カ写）
名鳥図（p189/カ写）
日ア鳥（p521/カ写）
日鳥識（p264/カ写）
日鳥巣（p188/カ写）
日鳥山新（p263/カ写）
日鳥山増（p177/カ写）
日野鳥新（p549/カ写）
日野鳥増（p489/カ写）
ぱっ鳥（p319/カ写）
バード（p57/カ写）
羽根決（p390/カ写, カ図）
フ日野新（p236/カ図）
フ日野増（p236/カ図）
フ野鳥（p346/カ図）
野鳥学フ（p94/カ写）
野鳥山フ（p54,295/カ図, カ写）
山渓名鳥（p27/カ写）

アカヒゲ〔亜種〕 *Luscinia komadori komadori* 赤髭
ヒタキ科（ツグミ科）の鳥。
¶**名鳥図**〔亜種アカヒゲ〕（p189/カ写）
日色鳥〔アカヒゲ〕（p60/カ写）
日鳥山新〔亜種アカヒゲ〕（p263/カ写）
日鳥山増〔亜種アカヒゲ〕（p177/カ写）
日野鳥新〔アカヒゲ*〕（p549/カ写）
日野鳥増〔アカヒゲ*〕（p489/カ写）

アカヒゲハチドリ *Calothorax lucifer* 赤髭蜂鳥
ハチドリ科ハチドリ亜科の鳥。全長9〜10cm。㊕アメリカ南部〜メキシコ
¶**地球**（p471/カ写）
ハチドリ（p328/カ写）

アカビタイキクサインコ *Platycercus caledonicus* 赤額黄草鸚哥
インコ科の鳥。全長36cm。㊕オーストラリア・タスマニア島
¶**原色鳥**（p208/カ写）

アカビタイサンショクヒタキ *Petroica goodenovii* 赤額三色鶲
オーストラリアヒタキ科の鳥。全長10.5〜12.5cm。㊕オーストラリア中央部
¶**原色鳥**（p23/カ写）
世色鳥（p16/カ写）

アカビタイヒメゴシキドリ *Pogoniulus pusillus* 赤額姫五色鳥
オオハシ科の鳥。全長10〜11cm。
¶**地球**（p478/カ写）

アカビタイヒメコンゴウインコ *Primolius maracana* 赤額姫金剛鸚哥
インコ科の鳥。全長36〜43cm。㊕ブラジル北東部・中央部・南東部, パラグアイ東部, アルゼンチン北東部
¶**世鳥大**（p265/カ写）

ア

アカビタイムジオウム *Cacatua sanguinea* 赤額無地鸚鵡
オウム科の鳥。全長36〜39cm。㊊オーストラリア内陸部
¶**世色鳥**(p199/カ写)
世鳥大(p255/カ写)
世鳥ネ(p171/カ写)
鳥飼(p162/カ写)

アカヒツジ ⇒アジアムフロンを見よ

アカヒロハシ ⇒クロアカヒロハシを見よ

アカフウキンチョウ *Piranga olivacea* 赤風琴鳥
フウキンチョウ科(ショウジョウコウカンチョウ科)の鳥。全長17〜19cm。㊊北アメリカ東部, 中央アメリカ, 南アメリカ北西部
¶**原色鳥**(p13/カ写)
世色鳥(p7/カ写)
世鳥大(p483/カ写)
世鳥ネ(p336/カ写)
地球(p498/カ写)

アカフサゴシキドリ *Psilopogon pyrolophus* 赤房五色鳥
オオハシ科の鳥。全長28〜29cm。㊊マレー半島, スマトラ島の山地
¶**世鳥大**(p320/カ写)
地球(p479/カ写)

アカフタオハチドリ *Sappho sparganurus* 赤双尾蜂鳥
ハチドリ科ミドリフタオハチドリ亜科の鳥。全長12〜20cm。㊊ボリビア, チリ, アルゼンチン西部のアンデス山中
¶**ハチドリ**(p112/カ写)

アカフトオハチドリ *Selasphorus rufus* 赤太尾蜂鳥
ハチドリ科ハチドリ亜科の鳥。全長7〜10cm。㊊北アメリカ北西部で繁殖。カリフォルニア州南部やメキシコの海岸で越冬
¶**世鳥卵**(p137/カ写, カ図)
地球(p471/カ写)
ハチドリ(p344/カ写)

アカボウクジラ *Ziphius cavirostris* 赤坊鯨
アカボウクジラ科の哺乳類。体長5.5〜7.5m。㊊世界中の冷温帯〜熱帯
¶**クイ百**(p248/カ図)
くら哺(p108/カ写)
世文動(p129/カ写)
世哺(p198/カ図)
地球(p615/カ図)
日哺学フ(p219/カ写, カ図)

アカボウシセッカ *Cisticola tinniens* 赤帽子雪加
ウグイス科の鳥。㊊ウガンダ, ケニア〜南アフリカ
¶**世鳥卵**(p194/カ写, カ図)

アカボウモドキ *Mesoplodon mirus* 赤坊擬
アカボウクジラ科の哺乳類。成体体重 オス1.02t以上, メス1.4t。㊊北太平洋, 南半球
¶**クイ百**(p236/カ図)

アカホエザル *Alouatta seniculus* 赤吠猿
クモザル科(オマキザル科)の哺乳類。体高48〜63cm。㊊南アメリカ
¶**驚野動**(p93/カ写)
世文動(p81/カ写)
世哺(p109/カ写)
地球(p538/カ写)
美サル(p53/カ写)

アカボシトタテガエル *Trachycephalus nigromaculatus*
アマガエル科の両生類。体長9〜10cm。㊊ブラジル
¶**カエル見**(p36/カ写)
爬両1800(p375/カ写)

アカボシヒキガエル *Bufo punctatus*
ヒキガエル科の両生類。別名アカモンヒキガエル。体長4〜7cm。㊊アメリカ合衆国南西部, メキシコ北部
¶**世カエ**〔アカモンヒキガエル〕(p150/カ写)
爬両1800(p365/カ写)

アカボシマドルミヘビ *Siphlophis cervinus*
ナミヘビ科ヒラタヘビ亜科の爬虫類。全長60〜75cm。㊊南米大陸北部〜北西部
¶**爬両1800**(p287/カ写)

アカボシユビナガガエル *Leptodactylus laticeps*
ユビナガガエル科の両生類。体長7〜12cm。㊊アルゼンチン, ブラジル, パラグアイ
¶**かえる百**(p37/カ写)
カエル見(p113/カ写)
世両(p180/カ写)
爬両1800(p431/カ写)
爬両ビ(p294/カ写)

アカマクトビガエル *Rhacophorus pardalis*
アオガエル科の両生類。別名ヒョウトビガエル。体長39〜71mm。㊊ボルネオ島, スマトラ島, フィリピン南部の島々
¶**かえる百**(p69/カ写)
カエル見(p47/カ写)
世カエ〔ヒョウトビガエル〕(p426/カ写)
爬両1800(p387/カ写)

アカマザマ *Mazama americana*
シカ科の哺乳類。体高35〜75cm。㊊中央・南アメリカ, メキシコ〜アルゼンチン
¶**世文動**(p202/カ写)
地球(p598/カ写)

アカマシコ *Carpodacus erythrinus* 赤猿子
アトリ科の鳥。全長13.5〜15cm。㊊ユーラシア

大陸
¶原色鳥(p44/カ写)
原寸羽(p275/カ写)
四季鳥(p21/カ写)
世色鳥(p15/カ写)
世鳥卵(p222/カ写, カ図)
世文鳥(p261/カ写)
鳥比(p181/カ写)
鳥650(p677/カ写)
名鳥図(p229/カ写)
日ア鳥(p582/カ写)
日色鳥(p11/カ写)
日鳥山新(p337/カ写)
日鳥山増(p312/カ写)
日野鳥新(p611/カ写)
日野鳥増(p597/カ写)
フ日野新(p284/カ図)
フ日野増(p284/カ図)
フ野鳥(p384/カ図)

アカマタ *Dinodon semicarinatum* 赤棟蛇
ナミヘビ科ナミヘビ亜科の爬虫類。日本固有種。全長80〜170cm。[分]奄美諸島, 沖縄諸島
¶原爬両(No.79/カ写)
世爬(p196/カ写)
日カメ(p184/カ写)
爬両観(p150/カ写)
爬両飼(p31/カ写)
爬両1800(p297〜298/カ写)
爬両ビ(p208/カ写)
野日爬(p38,67,185/カ写)

アカマダラ *Dinodon rufozonatum* 赤斑
ナミヘビ科ナミヘビ亜科の爬虫類。全長50〜120cm。[分]日本(先島諸島), 台湾, 韓国, 中国南部, 東南アジア
¶原爬両(No.77/カ写)
世爬(p196/カ写)
世文動(p290/カ写)
日カメ(p181/カ写)
爬両飼(p29/カ写)
爬両1800(p297/カ写)
爬両ビ(p208/カ写)
野日爬(p38,67,183/カ写)

アカマユカラシモズ *Cyclarhis gujanensis* 赤眉辛子百舌
モズモドキ科の鳥。全長15〜17cm。[分]中央アメリカおよびアンデス山脈東側〜アルゼンチン北部・中央部に至る南アメリカ
¶世鳥大(p383/カ写)

アカマングース *Herpestes smithii* 赤マングース
マングース科の哺乳類。体長39〜47cm。[分]インド, スリランカ
¶地球(p586/カ写)

アカミオオクサガエル *Leptopelis rufus*
クサガエル科の両生類。体長4.5〜8.7cm。[分]カメルーン, コンゴ, コンゴ民主共和国, ガボン, ナイジェリア
¶カエル見(p58/カ写)

アカミノフウチョウ *Cicinnurus respublica* 赤蓑風鳥
フウチョウ科の鳥。全長16cm。
¶世鳥大(p396/カ写)

アカミミイボイモリ *Tylototriton taliangensis* 赤耳疣井守, 赤耳疣蠑螈
イモリ科の両生類。全長18〜23cm。[分]中国(四川省南西部)
¶**爬両1800**(p453/カ写)
爬両ビ(p312/カ写)

アカミミガメ *Trachemys scripta* 赤耳亀
ヌマガメ科アミメガメ亜科の爬虫類。甲長18〜25cm。[分]アメリカ合衆国(世界各地に移入帰化)
¶世カメ(p207/カ写)
世爬(p22/カ写)
世文動(p248/カ写)
爬両1800(p33/カ写)
爬両ビ(p18/カ写)

アカミミコンゴウインコ *Ara rubrogenys* 赤耳金剛鸚哥
インコ科の鳥。全長55〜60cm。[分]ボリビア中央部
¶世美羽(p60/カ写)
地球(p459/カ写)

アカミミダレミツスイ *Anthochaera carunculata* 赤耳垂蜜吸
ミツスイ科の鳥。全長33〜36cm。[分]オーストラリア南部
¶世鳥大(p365/カ写)

アカミミマゲクビガメ *Emydura victoriae*
ヘビクビガメ科の爬虫類。別名ビクトリアアカミミマゲクビガメ。甲長25〜30cm。[分]オーストラリア北部
¶世カメ(p121/カ写)
爬両1800(p67〜68/カ写)

アカミミマブヤ *Trachylepis elegans*
スキンク科の爬虫類。全長11〜13cm。[分]マダガスカル
¶**爬両1800**(p204/カ写)

アカムラサキオインコ *Touit purpuratus* 赤紫尾鸚哥
インコ科の鳥。全長18cm。
¶世鳥大(p270)

アカメアマガエル *Agalychnis callidryas*
アマガエル科の両生類。全長4〜7cm。[分]中央アメリカ

¶かえる百 (p60/カ写)
カエル見 (p38/カ写)
驚野動 (p82/カ写)
世カエ (p212/カ写)
世文動 (p327/カ写)
世両 (p56/カ写)
地球 (p360/カ写)
爬両1800 (p378/カ写)
爬両ビ (p249/カ写)

アカメアメガエル *Litoria chloris*
アマガエル科の両生類。体長5.4～6.5cm。[分]オーストラリア
¶カエル見 (p43/カ写)
世文動 (p321/カ写)
爬両1800 (p384/カ写)

アカメイロメガエル *Boophis luteus*
マダガスカルガエル科 (アオガエル科, マラガシーガエル科) の両生類。体長3.5～6cm。[分]マダガスカル東部
¶かえる百 (p72/カ写)
カエル見 (p63/カ写)
世両 (p110/カ写)
爬両1800 (p401/カ写)
爬両ビ (p264/カ写)

アカメカブトトカゲ *Tribolonotus gracilis*
スキンク科の爬虫類。全長18cm前後。[分]ニューギニア島東部
¶世爬 (p145/カ写)
爬両1800 (p217/カ写)
爬両ビ (p152/カ写)

アカメカモメ *Creagrus furcatus* 赤目鷗
カモメ科の鳥。全長50～60cm。[分]ガラパゴス諸島やコロンビアで繁殖。南アメリカ北西部の沖合で越冬
¶世鳥大 (p236/カ写)
地球 (p448/カ写)

アカメコブトカゲ *Xenosaurus grandis*
ワニトカゲ科 (コブトカゲ科) の爬虫類。別名コブメキシコトカゲ。全長25cm。[分]メキシコ (チアパス州)
¶地球〔コブメキシコトカゲ〕(p388/カ写)
爬両1800 (p233/カ写)

アカメシベットヘビ *Phisalixella arctifasciata*
ナミヘビ科マラガシーヘビ亜科の爬虫類。全長70～90cm。[分]マダガスカル東部
¶爬両1800 (p337/カ写)

アカメナガレアマガエル *Duellmanohyla rufioculis*
アマガエル科の両生類。全長2.5～4cm。
¶地球 (p360/カ写)

アカメモズモドキ *Vireo olivaceus* 赤目百舌擬
モズモドキ科の鳥。全長12～15cm。[分]カナダ, アメリカ～南アメリカ
¶世鳥大 (p383/カ写)
地球 (p487/カ写)

アカモズ *Lanius cristatus* 赤百舌, 赤鵙
モズ科の鳥。全長20cm。[分]旧ソ連, カムチャツカ半島～シベリア, モンゴル, アルタイ, ウスリー地方, 中国北東部, 朝鮮半島
¶くら鳥 (p35/カ写)
里山鳥 (p59/カ写)
巣と卵決 (p120/カ写, カ図)
世文鳥 (p210/カ写)
鳥卵巣 (p281/カ写, カ図)
鳥比 (p84/カ写)
鳥650 (p482/カ写)
名鳥図 (p182/カ写)
日ア鳥 (p404/カ写)
日鳥識 (p224/カ写)
日鳥巣 (p176/カ写)
日鳥山新 (p144/カ写)
日鳥山増 (p164/カ写)
日野鳥新 (p448/カ写)
日野鳥増 (p474/カ写)
ぱっ鳥 (p252/カ写)
バード (p34/カ写)
ひと目鳥 (p172/カ写)
フ日野新 (p230/カ図)
フ日野増 (p230/カ図)
フ野鳥 (p278/カ図)
野鳥学フ (p47/カ写, カ図)
野鳥山フ (p48,287/カ図, カ写)
山溪名鳥 (p323/カ写)

アカモズ〔亜種〕 *Lanius cristatus superciliosus* 赤百舌, 赤鵙
モズ科の鳥。絶滅危惧IB類 (環境省レッドリスト)。[分]夏鳥として北海道～本州に飛来
¶遺産日〔アカモズ〕(鳥類 No.15/カ写)
絶鳥事〔アカモズ〕(p13,190/カ写, モ図)
名鳥図〔亜種アカモズ〕(p182/カ写)
日鳥山新〔亜種アカモズ〕(p144/カ写)
日鳥山増〔亜種アカモズ〕(p164/カ写)
日野鳥新〔アカモズ*〕(p448/カ写)
日野鳥増〔アカモズ*〕(p474/カ写)

アカモンジムグリガエル *Kaloula taprobanica*
ヒメガエル科の両生類。体長5.5～7.5cm。[分]ネパール, インド, スリランカ
¶カエル見 (p72/カ写)
世両 (p121/カ写)
爬両1800 (p404/カ写)

アカモンヒキガエル ⇒アカボシヒキガエルを見よ

アカヤマドリ *Syrmaticus soemmerringii soemmerringii* 赤山鳥
キジ科の鳥。ヤマドリの亜種。準絶滅危惧(環境省レッドリスト)。
¶**絶鳥事**〔アカヤマドリ(ヤマドリ基亜種)〕(p20/モ図)
日鳥山新(p23/カ写)
日鳥山増(p67/カ写)
野鳥学フ(p135/カ写)

アカユビイロメガエル *Boophis erythrodactylus*
マダガスカルガエル科(マラガシーガエル科)の両生類。体長2.4～3.3cm。㊅マダガスカル中部
¶**カエル見**(p64/カ写)
爬両1800(p401/カ写)

アカユビツブハダキガエル *Theloderma rhododiscus*
アオガエル科の両生類。体長3～3.5cm。㊅中国南部,ベトナム北部
¶**カエル見**(p50/カ写)
爬両1800(p389/カ写)

アカユミハシオニキバシリ *Campylorhamphus trochilirostris* 赤弓嘴鬼木走
オニキバシリ科の鳥。全長22～28cm。㊅パナマ～南アメリカ北部を経てボリビア,パラグアイ,アルゼンチン北部
¶**世鳥大**(p357/カ写)

アカライチョウ *Lagopus lagopus scotica* 赤雷鳥
キジ科の鳥。全長38～41cm。
¶**地球**(p411/カ写)

アガレガヒルヤモリ *Phelsuma borbonica agalegae*
ヤモリ科ヤモリ亜科の爬虫類。サビヒルヤモリの亜種。全長16cm前後。㊅マスカレン諸島
¶**ゲッコー**〔サビヒルヤモリ(亜種アガレガヒルヤモリ)〕(p42/カ写)

アキクサインコ *Neophema bourkii* 秋草鸚哥
インコ科の鳥。体長19cm。㊅オーストラリア内陸部
¶**鳥飼**(p140/カ写)

アキタイヌ Akita Inu 秋田犬
犬の一品種。天然記念物。体高 オス67±3cm,メス61±3cm。秋田県の原産。
¶**アルテ犬**〔秋田〕(p116/カ写)
最犬大〔秋田〕(p210/カ写)
新犬種〔秋田犬〕(p251/カ写)
新世犬〔秋田〕(p76/カ写)
図世犬〔秋田〕(p178/カ写)
世文動〔秋田犬〕(p137/カ写)
日家〔秋田犬〕(p230/カ写)
ビ犬〔秋田〕(p111/カ写)

アキタカイリョウシュ Akita Kairyoshu 秋田改良種
兎の一品種。体重5～10kg。秋田県の原産。
¶**日家**〔秋田改良種〕(p134/カ写)

アグー Agu
豚の一品種。別名シマブタ。日本在来豚。体高 オス60cm,メス50cm,体重 オス30～40kg,メス20～30kg。沖縄県の原産。
¶**日家**(p96/カ写)

アクアティックガーターヘビ ⇒モグリガーターヘビを見よ

アクシスジカ *Axis axis*
シカ科の哺乳類。体高60～100cm。㊅南アジア
¶**世文動**(p205/カ写)
世哺(p335/カ写)
地球(p597/カ写)

アクバシュ Akbash
犬の一品種。別名アクバス。体高 オス76～86cm,メス71～81cm。トルコの原産。
¶**新犬種**〔アクバス〕(p323/カ写)
ビ犬(p75/カ写)

アクバス ⇒アクバシュを見よ

アグリコラクチサケヤモリ ⇒バウアークチサケヤモリを見よ

アケボノインコ *Pionus menstruus* 曙鸚哥
インコ科の鳥。全長24～28cm。㊅コスタリカ～ボリビア,ブラジル南東部
¶**世色鳥**(p94/カ写)
世鳥大(p270/カ写)
地球(p459/カ写)
鳥飼(p151/カ写)

アゲマキプリカトカゲ *Plica plica*
イグアナ科ヨウガントカゲ亜科の爬虫類。全長27～40cm。㊅南米大陸中部～北部
¶**世爬**(p71/カ写)
爬両1800(p87/カ写)
爬両ビ(p76/カ写)

アゴヒゲアザラシ *Erignathus barbatus* 顎髭海豹
アザラシ科の哺乳類。体長2～2.6m。㊅北太平洋と北大西洋および北極海の北極圏
¶**くら哺**(p82/カ写)
世文動(p179/カ写)
地球(p570/カ写)
日哺改(p102/カ写)
日哺学フ(p46/カ写)

アゴヒゲコバシハチドリ *Chalcostigma heteropogon* 顎髭小嘴蜂鳥
ハチドリ科ミドリフタオハチドリ亜科の鳥。全長13～14cm。
¶**ハチドリ**(p132/カ写)

アゴヒゲハチドリ *Threnetes leucurus* 顎髭蜂鳥
ハチドリ科ユミハチドリ亜科の鳥。全長10～11cm。

㊀南アメリカ
¶ハチドリ (p352)

アゴブチクジャクガメ *Trachemys callirostris*
ヌマガメ科アミメガメ亜科の爬虫類。甲長25～30cm。㊀コロンビア, ベネズエラ
¶世カメ (p219/カ写)
爬両1800 (p35/カ写)
爬両ビ (p20/カ写)

アゴブチマルメヤモリ *Lygodactylus pictus*
ヤモリ科ヤモリ亜科の爬虫類。全長7cm前後。㊀マダガスカル東部
¶ゲッコー (p46/カ写)

アコヘコヘ ⇒カンムリハワイミツスイを見よ

アサギアメリカムシクイ *Parula americana* 浅黄亜米利加虫食, 浅黄亜米利加虫喰
アメリカムシクイ科の鳥。全長11cm。㊀北アメリカ, カリブ諸島, メキシコ～パナマ
¶世鳥大 (p469/カ写)
世鳥ネ (p330/カ写)

アサクラサンショウクイ *Coracina melaschistos* 朝倉山椒食, 朝倉山椒喰
サンショウクイ科の鳥。全長22cm。㊀インド北部, ヒマラヤ, インドシナ, 中国南部
¶世鳥卵 (p160/カ写, カ図)
世文鳥 (p207/カ図)
鳥比 (p79/カ写)
鳥650 (p471/カ写)
日ア鳥 (p396/カ写)
日鳥山新 (p134/カ写)
日野鳥新 (p441/カ写)
日野鳥増 (p469/カ写)
フ日野新 (p228/カ図)
フ日野増 (p228/カ図)
フ野鳥 (p272/カ図)
山溪名鳥 (p179/カ写)

アサヒスズメ *Neochmia phaeton* 旭雀
カエデチョウ科の鳥。全長13cm。㊀ニューギニア, オーストラリア北部
¶原色鳥 (p30/カ写)
鳥飼 (p72/カ写)

アザラアグーチ *Dasyprocta azarae*
アグーチ科の哺乳類。絶滅危惧II類。体長42～62cm。㊀南アメリカ
¶世哺 (p177/カ写)
地球 (p532/カ写)

アザライヌ ⇒パンパスギツネを見よ

アザラシサンショウウオ *Desmognathus monticola*
アメリカサンショウウオ科(ムハイサラマンダー科)の両生類。別名シールサラマンダー。全長7～14cm。㊀アメリカ合衆国中東部
¶地球 (p368/カ写)
爬両1800〔シールサラマンダー〕(p447/カ写)

アザワク Azawakh
犬の一品種。体高 オス64～74cm, メス60～70cm。マリ(フランス)の原産。
¶最犬大 (p423/カ写)
新犬種 (p295/カ写)
ビ犬 (p137/カ写)

アジアイノシシ *Sus scrofa vittatus*
イノシシ科の哺乳類。㊀アジア東部～東南アジア
¶日家 (p108/カ写)

アジアウキガエル *Occidozyga lima*
アカガエル科の両生類。体長2.5～3.5cm。㊀中国, インド, 東南アジア
¶かえる百 (p15/カ写)
カエル見 (p89/カ写)
世両 (p146/カ写)
爬両1800 (p418/カ写)
爬両ビ (p281/カ写)

アシアカアマガエル *Hyla rufitela*
アマガエル科の両生類。体長40～55mm。㊀ニカラグア～パナマにかけての中米
¶世カエ (p244/カ写)

アジアコジネズミ ⇒チョウセンコジネズミを見よ

アジアゴールデンキャット *Catopuma temminckii*
ネコ科の哺乳類。別名テミンクネコ。体長73～105cm。㊀ネパール～中国南部, スマトラ
¶地球 (p577/カ写)
野生ネコ (p38/カ写, カ図)

アジアジムグリガエル *Kaloula pulchra*
ヒメガエル科(ヒメアマガエル科, ジムグリガエル科)の両生類。体長5.5～7.5cm。㊀東南アジア, 中国, インド, スリランカ
¶かえる百 (p42/カ写)
カエル見 (p71/カ写)
世カエ (p480/カ写)
世文動 (p330/カ写)
世両 (p119/カ写)
地球 (p362/カ写)
爬両1800 (p404/カ写)
爬両ビ (p268/カ写)

アジアスイギュウ *Bubalus arnee*
ウシ科の哺乳類。絶滅危惧IB類。体長2.4～3m。㊀アジア
¶世哺 (p352/カ写)

アジアゾウ *Elephas maximus*
ゾウ科の哺乳類。絶滅危惧IB類。体長3.5m以下。㊀アジア南部・南東部

¶遺産世 (Mammalia No.40/カ写)
驚野動 (p259/カ写)
絶百7 (p10/カ写)
世文動 (p183/カ写)
世哺 (p306/カ写)
地球 (p516/カ写)
レ生 (p7/カ写)

アジアツノガエル ⇒ミツヅノコノハガエルを見よ

アジアノロバ *Equus hemionus*
ウマ科の哺乳類。絶滅危惧II類。体高100〜130cm。㊕西アジア〜モンゴル
¶絶百10 (p84/カ写)
日家 (p57/カ写)

アジアハコスッポン ⇒インドハコスッポンを見よ

アジアヒキガエル *Bufo gargarizans*
ヒキガエル科の両生類。体長6〜12cm。㊕ロシア, 朝鮮半島, 中国, 日本
¶カエル見 (p27/カ写)
世両 (p28/カ写)
爬両1800 (p363/カ写)
爬両ビ (p239/カ写)

アジアヒレアシ *Heliopais personata* 亜細亜鰭足
ヒレアシ科の鳥。全長43〜55cm。㊕インド北東部〜ミャンマー, ベトナム南部, マレー半島, スマトラ島
¶世鳥大 (p212)
世鳥卵 (p88/カ写, カ図)

アジアフサオヤマアラシ *Atherurus macrourus*
ヤマアラシ科の哺乳類。頭胴長40〜55cm。㊕ミャンマー, タイ, インドシナ, マレー半島
¶世文動 (p118/カ写)

アジアヘビウ *Anhinga melanogaster* 亜細亜蛇鵜
ヘビウ科の鳥。体長85〜97cm。㊕アフリカ (サハラ砂漠以南), アジア南部・南東部, オーストラリア, ニューギニア
¶世鳥ネ (p88/カ写)
鳥卵巣 (p65/カ写, カ図)

アジアマミハウチワドリ ⇒マミハウチワドリ(1)を見よ

アジアミドリガエル *Rana erythraea*
アカガエル科の両生類。別名ミドリイケガエル。体長3.2〜7.5cm。㊕東南アジア
¶世カエ (p334/カ写)
爬両1800 (p414/カ写)

アジアムフロン *Ovis orientalis*
ウシ科の哺乳類。別名アカヒツジ。絶滅危惧IB類。体高 オス88〜100cm。㊕アフガニスタンなど西南アジア
¶世哺 (p381/カ写)
地球 (p607/カ写)
日家 (p132/カ写)

アジアレーサー ⇒コインレーサーを見よ

アジアレンカク *Metopidius indicus* 亜細亜蓮角
レンカク科の鳥。全長28〜31cm。㊕インド, 東南アジア, ジャワ島, スマトラ島
¶世鳥卵 (p93/カ写, カ図)
地球 (p446/カ写)
鳥卵巣 (p166/カ写, カ図)

アシカ ⇒カリフォルニアアシカを見よ

アシグロフキヤガエル *Phyllobates bicolor*
ヤドクガエル科の両生類。別名ヒイロフキヤガエル, ヒイロヤドクガエル。体長3.8〜4.2cm。㊕コロンビア西部
¶カエル見 (p103/カ写)
世カエ〔ヒイロフキヤガエル〕(p196/カ写)
世両 (p167/カ写)
爬両1800 (p426/カ写)

アジサシ *Sterna hirundo* 鯵刺
カモメ科 (アジサシ科) の鳥。全長35cm。㊕北半球全域で繁殖。南半球の大陸の沿岸までの地域で越冬
¶くら鳥 (p124/カ写)
原寸羽 (p144/カ写)
里山鳥 (p96/カ写)
四季鳥 (p63/カ写)
世鳥卵 (p113/カ写, カ図)
世文鳥 (p156/カ写)
鳥卵巣 (p203/カ写, カ図)
鳥比 (p360/カ写)
鳥650 (p348/カ写)
名鳥図 (p110/カ写)
日ア鳥 (p296/カ写)
日鳥識 (p174/カ写)
日鳥水増 (p318/カ写)
日野鳥新 (p336/カ写)
日野鳥増 (p164/カ写)
ぱっ鳥 (p189/カ写)
バード (p156/カ写)
羽根決 (p178/カ写, カ図)
ひと目鳥 (p32/カ写)
フ日野新 (p100/カ図)
フ日野増 (p100/カ図)
フ野鳥 (p196/カ図)
野鳥学フ (p207/カ写)
野鳥山フ (p35,226/カ図, カ写)
山溪名鳥 (p28/カ写)

アジサシ〔亜種〕 *Sterna hirundo longipennis* 鯵刺
カモメ科の鳥。
¶名鳥図〔亜種アジサシ〕(p110/カ写)
日鳥水増〔亜種アジサシ〕(p318/カ写)
日野鳥新〔アジサシ*〕(p336/カ写)

アシナガウミツバメ *Oceanites oceanicus* 脚長海燕，足長海燕
ウミツバメ科の鳥。全長15～19cm。[分]南極大陸沿岸，南半球亜寒帯の島々
¶**世鳥大**（p151/カ写）
世鳥ネ（p60/カ写）
世文鳥（p38/カ写）
鳥比（p249/カ写）
鳥650（p132/カ写）
日ア鳥（p118/カ写）
日鳥水増（p51/カ写）
フ日野新（p76/カ図）
フ日野増（p76/カ図）
フ野鳥（p84/カ図）

アシナガコノハガエル *Xenophrys longipes*
コノハガエル科の両生類。体長6～8cm。[分]マレーシア，タイ，ベトナム北部
¶**カエル見**（p15/カ写）
爬両1800（p361/カ写）

アシナガシギ *Calidris himantopus* 脚長鷸，脚長鴫，足長鷸，足長鴫
シギ科の鳥。全長22cm。[分]北アメリカ北部
¶**世文鳥**（p127/カ写）
鳥比（p321/カ写）
鳥650（p288/カ写）
日ア鳥（p248/カ写）
日鳥水増（p223/カ写）
日野鳥新（p288/カ写）
日野鳥増（p312/カ写）
フ日野新（p148/カ図）
フ日野増（p148/カ図）
フ野鳥（p168/カ図）

アシナガツバメチドリ *Stiltia isabella* 脚長燕千鳥，足長燕千鳥
ツバメチドリ科の鳥。全長19～24cm。[分]オーストラリア，インドネシア，ニューギニア
¶**世鳥大**（p234/カ写）
世鳥ネ（p141/カ写）
地球（p448/カ写）

アシナガトカゲモドキ *Goniurosaurus araneus*
ヤモリ科トカゲモドキ亜科の爬虫類。全長23～25cm。[分]ベトナム
¶**ゲッコー**（p94/カ写）
世爬（p121/カ写）
爬両1800（p169/カ写）
爬両ビ（p123/カ写）

アシナガネズミカンガルー *Potorous longipes*
ネズミカンガルー科の哺乳類。絶滅危惧IB類。体長38～42cm。[分]オーストラリア
¶**絶百4**（p54/カ写）
世哺（p70/カ写）

アシボソアリゲータートカゲ *Gerrhonotus liocephalus*
アンギストカゲ科の爬虫類。全長25～50cm。[分]メキシコ，グアテマラ
¶**爬両1800**（p227/カ写）
爬両ビ（p160/カ写）

アシボソハイタカ *Accipiter striatus* 脚細灰鷹
タカ科の鳥。体長25～33cm。[分]北・中央・南アメリカ，カリブ海に面した国々
¶**鳥卵巣**（p108/カ写，カ図）

アシポチヤマガメ *Rhinoclemmys punctularia*
アジアガメ科（イシガメ（バタグールガメ）科）の爬虫類。別名ギアナヤマガメ。甲長20～24cm。[分]南米大陸の北部沿岸部
¶**世カメ**（p299/カ写）
爬両1800（p47/カ写）
爬両ビ（p26/カ写）

アジルテナガザル *Hylobates agilis*
テナガザル科の哺乳類。絶滅危惧IB類。体高45～64cm。[分]マレー半島，スマトラ，ボルネオ南西部
¶**地球**（p548/カ写）
美サル（p108/カ写）

アジルマンガベイ ⇒タナマンガベイを見よ

アズキヒロハシ *Eurylaimus javanicus* 小豆広嘴
ヒロハシ科の鳥。全長23cm。[分]ミャンマー，インドシナ，マレー半島，大スンダ列島
¶**世鳥卵**（p144/カ写，カ図）

アズキマダラオオガシラ *Boiga multomaculata*
ナミヘビ科ナミヘビ亜科の爬虫類。全長80～120cm。[分]インド北部，インドシナ半島など
¶**爬両1800**（p296/カ写）

アスプクサリヘビ *Vipera aspis*
クサリヘビ科の爬虫類。全長60cm。
¶**地球**（p399/カ写）

アズマヒキガエル *Bufo japonicus formosus* 東蟇
ヒキガエル科の両生類。日本固有亜種。体長90～150mm。[分]本州の近畿付近～東北部，伊豆大島，北海道の一部
¶**原爬両**（No.118/カ写）
日カサ（p30/カ写）
爬両観（p109/カ写）
爬両飼（p168/カ写）
野日両（p30,70,140/カ写）

アズマモグラ *Mogera imaizumii* 東土竜
モグラ科の哺乳類。日本固有種。体長10～14cm。[分]本州中部の神奈川・山梨・長野・石川の各県を結ぶ線以北に連続した分布域，紀伊半島南部・京都付近・広島県北部・四国剣山・石槌山・大滝山周辺・小豆島北部

¶くら哺(p36/カ写)
世文動(p56/カ写)
地球(p559/カ写)
日哺改(p23/カ写)
日哺学フ(p103/カ写)

アズミトガリネズミ *Sorex hosonoi* 安曇尖鼠
トガリネズミ科の哺乳類。頭胴長5〜6.6cm。㊎石川県・栃木県・静岡県・岐阜県に囲まれた本州中部の山地
¶くら哺(p30/カ写)
世文動(p53/カ写)
日哺改(p6/カ写)
日哺学フ(p97/カ写)

アズレイベントリスヤドクガエル *Hyloxalus azureiventris*
ヤドクガエル科の両生類。別名アオムネヤドクガエル。体長2.7cm前後。㊎ペルー
¶カエル見〔アオムネヤドクガエル〕(p106/カ写)
世両(p171/カ写)
爬両1800(p427/カ写)

アゾレスウソ *Pyrrhula murina* アゾレス鷽
アトリ科の鳥。絶滅危惧IB類。㊎アゾレス諸島のサンミゲル島東部
¶レ生(p8/カ写)

アゾレス・キャトル・ドッグ ⇒セント・ミゲェル・キャトル・ドッグを見よ

アダックス *Addax nasomaculatus*
ウシ科の哺乳類。絶滅危惧IA類。体高0.9〜1.1m。㊎ニジェール, チャド
¶遺産世(Mammalia No.62/カ写)
絶百2(p24/カ写)
世文動(p221/カ写)
世哺(p364/カ写)
地球(p602/カ写)
レ生(p10/カ写)

アダーボア ⇒バイパーボアを見よ

アダンソンハコヨコクビガメ *Pelusios adansonii*
ヨコクビガメ科アフリカヨコクビガメ亜科の爬虫類。甲長13〜16cm。㊎アフリカ大陸中部〜西部(沿岸部を除くサブサハラ北部)
¶世カメ(p63/カ写)
世爬(p58/カ写)
爬両1800(p68/カ写)
爬両ビ(p53/カ写)

アーチェイムカシガエル *Leiopelma archeyi*
ムカシガエル科の両生類。全長2.5〜3.5cm。
¶世文動〔アーチームカシガエル〕(p318/カ写)
地球(p361/カ写)

アーチームカシガエル ⇒アーチェイムカシガエルを見よ

アッサムセタカガメ *Pangshura sylhetensis*
アジアガメ科(イシガメ(バタグールガメ)科)の爬虫類。甲長15〜20cm。㊎インド, バングラディシュ北部
¶世カメ(p242/カ写)
世爬(p30/カ写)
爬両1800(p36/カ写)
爬両ビ(p28/カ写)

アッフェン・ピンシェル ⇒アッフェンピンシャーを見よ

アッフェンピンシャー Affenpinscher
犬の一品種。別名アッフェン・ピンシェル, アーフェンピンシャー, ブラック・デビル。体高25〜30cm。ドイツの原産。
¶最犬大(p106/カ写)
新犬種(p45/カ写)
新世犬〔アーフェンピンシャー〕(p266/カ写)
図世犬〔アーフェンピンシャー〕(p90/カ写)
世文動〔アッフェン・ピンシェル〕(p136/カ写)
ビ犬(p218/カ写)

アッペンツェラー・ゼネンフント ⇒アペンツェル・キャトル・ドッグを見よ

アッペンツェル・キャトル・ドッグ ⇒アペンツェル・キャトル・ドッグを見よ

アデヤカフキヤヒキガエル *Atelopus varius*
ヒキガエル科の両生類。別名アデヤカヤセヒキガエル, アデヤカヤセフキヤガエル。体長 オス2.5〜4.1cm, メス3.3〜6cm。㊎コスタリカ, パナマ
¶世カエ(p128/カ写)
絶百3〔アデヤカヤセフキヤガエル〕(p74/カ写)
地球(p355/カ写)

アデヤカヤセヒキガエル ⇒アデヤカフキヤヒキガエルを見よ

アデヤカヤセフキヤガエル ⇒アデヤカフキヤヒキガエルを見よ

アデリーペンギン *Pygoscelis adeliae*
ペンギン科の鳥類。全長46〜75cm。㊎南極海沿岸・近傍の島々
¶驚野動(p373/カ写)
世鳥大(p139/カ写)
世鳥ネ(p52/カ写)
地球(p417/カ写)
鳥卵巣(p40/カ写, カ図)

アデレードヒースドラゴン *Rankinia adelaidensis*
アガマ科の爬虫類。全長10cm前後。㊎オーストラリア南西部沿岸沿い
¶爬両1800(p103/カ写)

アードウルフ *Proteles cristata*
ハイエナ科の哺乳類。別名ツチオオカミ。体長55〜80cm。㊎東アフリカ, アフリカ南部

¶世文動（p164/カ写）
世哺（p273/カ写）
地球（p582/カ写）

アトラスアガマ *Agama impalearis*
アガマ科の爬虫類。全長25cm前後。㊕アフリカ大陸北部
¶爬両1800（p103/カ写）

アトラス・シープドッグ ⇒アイディを見よ

アトラス・マウンテン・ドッグ ⇒アイディを見よ

アトランティックカナリアカナヘビ *Gallotia atlantica*
カナヘビ科の爬虫類。全長20～25cm。㊕カナリア諸島（ランザローテ島・フェルテベントゥラ島）
¶爬両1800（p189/カ写）

アトリ *Fringilla montifringilla* 獦子鳥，臘子鳥，花鶏
アトリ科の鳥。全長15cm。㊕スカンジナビア半島～カムチャッカ半島
¶くら鳥（p46/カ写）
原寸羽（p273/カ写）
里山鳥（p151/カ写）
四季鳥（p100/カ写）
世鳥大（p465/カ写）
世鳥ネ（p321/カ写）
世文鳥（p258/カ写）
鳥比（p177/カ写）
鳥650（p674/カ写）
名鳥図（p226/カ写）
日ア鳥（p576/カ写）
日色鳥（p72/カ写）
日鳥識（p286/カ写）
日鳥山新（p329/カ写）
日鳥山増（p304/カ写）
日野鳥新（p600/カ写）
日野鳥増（p588/カ写）
ぱっ鳥（p348/カ写）
バード（p77/カ写）
羽根決（p336/カ写，カ図）
ひと目鳥（p213/カ写）
フ日野新（p284/カ図）
フ日野増（p284/カ図）
フ野鳥（p380/カ図）
野鳥学フ（p39/カ写，カ図）
野鳥山フ（p58,350/カ図，カ写）
山溪名鳥（p30/カ写）

アドリアカベカナヘビ *Podarcis melisellensis*
カナヘビ科の爬虫類。全長20～25cm。㊕アドリア海沿岸諸国
¶爬両1800（p185/カ写）

アナウサギ *Oryctolagus cuniculus* 穴兎
ウサギ科の哺乳類。体長34～45cm。㊕ヨーロッパ，アフリカ，オーストラリア，南アメリカ
¶世文動（p104/カ写）
世哺（p139/カ写）
地球（p521/カ写）
日家（p139/カ写）
日哺改（p152/カ写）

アナグマ *Meles meles* 穴熊
イタチ科の哺乳類。体長56～90cm。㊕ヨーロッパ～アジア西部
¶驚野動（p165/カ写）
世文動（p158/カ写）
世哺（p261/カ写）
地球（p574/カ写）
日哺改（p87/カ写）

アナコンダ ⇒オオアナコンダを見よ

アナドリ *Bulweria bulwerii* 穴鳥
ミズナギドリ科の鳥。全長27cm。㊕アゾレス諸島，ハワイ諸島，マルキーズ諸島。日本では小笠原諸島，硫黄列島
¶原寸羽（p295/カ写）
四季鳥（p46/カ写）
世鳥卵（p35/カ写，カ図）
世文鳥（p34/カ写）
鳥卵巣（p53/カ写，カ図）
鳥比（p248/カ写）
鳥650（p131/カ写）
名鳥図（p16/カ写）
日ア鳥（p117/カ写）
日鳥識（p104/カ写）
日鳥水増（p40/カ写）
日野鳥新（p125/カ写）
日野鳥増（p119/カ写）
フ日野新（p76/カ図）
フ日野増（p76/カ図）
フ野鳥（p82/カ図）

アナトリアン・シェパード・ドッグ Anatolian Shepherd Dog
犬の一品種。別名アナトリアン・シープドッグ，ショバン・ケペギ。体高 オス74～81cm，メス71～79cm。アナトリアの原産。
¶最犬大（p158/カ写）
新犬種〔アナトリアン・シープドッグ〕（p322/カ写）
ビ犬（p74/カ写）

アナトリアン・シープドッグ ⇒アナトリアン・シェパード・ドッグを見よ

アナホリアマガエル *Pternohyla fodiens*
アマガエル科の両生類。体長2.5～5cm。㊕アメリカ合衆国南西部～メキシコ北西部
¶カエル見（p34/カ写）
爬両1800（p375/カ写）
爬両ビ（p248/カ写）

ア

アナホリゴファーガメ *Gopherus polyphemus*
リクガメ科の爬虫類。甲長30～35cm。㊀アメリカ合衆国南東部
¶**世カメ**（p58/カ写）
世文動（p253/カ写）
爬両1800（p17/カ写）
爬両ビ（p11/カ写）

アナホリフクロウ *Athene cunicularia* 穴掘梟
フクロウ科の鳥。全長19～25cm。㊀北アメリカ，中央アメリカ，南アメリカ
¶**驚野動**（p121/カ写）
世鳥大（p284/カ写）
地球（p466/カ写）

アニアニアウ *Magumma parva*
アトリ科の鳥。全長10cm。㊀カウアイ島
¶**原色鳥**（p224/カ写）

アヌビスヒヒ *Papio anubis*
オナガザル科の哺乳類。体長60～86cm。㊀アフリカ西部～東部
¶**驚野動**（p185/カ写）
世文動（p86/カ写）
世哺（p116/カ写）
地球（p544/カ写）
美サル（p187/カ写）

アネガダツチイグアナ *Cyclura pinguis*
イグアナ科の爬虫類。絶滅危惧IA類。頭胴長 オス40～54cm，メス35～48cm。㊀現在はイギリス領ヴァージン諸島のアネガタ島にのみ自然分布
¶**レ生**（p11/カ写）

アネハヅル *Anthropoides virgo* 姉羽鶴
ツル科の鳥。体長90～100cm。㊀ヨーロッパ南東部，中央アジアで繁殖。アフリカ北東部，インド東部～ミャンマーで越冬
¶**四季鳥**（p93/カ写）
世文鳥（p105/カ写）
鳥比（p269/カ写）
鳥650（p188/カ写）
日ア鳥（p163/カ写）
日鳥識（p124/カ写）
日鳥水増（p169/カ写）
日野鳥新（p183/カ写）
日野鳥増（p215/カ写）
羽根決（p378/カ写，カ図）
フ日野新（p118/カ図）
フ日野増（p118/カ図）
フ野鳥（p112/カ図）
山溪名鳥（p32/カ写）

アノア *Bubalus depressicornis*
ウシ科の哺乳類。別名ヘイチスイギュウ。絶滅危惧IB類。体高80～90cm。㊀スラウェシ島北部のみ
¶**世文動**（p208/カ写）
世哺（p352/カ写）
地球（p600/カ写）

アハスナメラ *Elaphe erythrura*
ナミヘビ科ナミヘビ亜科の爬虫類。全長120～160cm。㊀フィリピン，インドネシア（スラウェシ島）
¶**爬両1800**（p316/カ写）

アバディーン・アンガス Aberdeen Angus
牛の一品種。体高 オス145cm，メス135cm。イギリスの原産。
¶**世文動**（p211/カ写）
日家（p67/カ写）

アパルーサ Appaloosa
馬の一品種。軽量馬。体高142～152cm。アメリカ合衆国の原産。
¶**アルテ馬**（p186/カ写）
日家（p46/カ写）

アハルテケ Akhal-Teke
馬の一品種。軽量馬。体高152cm。イラン北部の原産。
¶**アルテ馬**（p128/カ写）

アビ *Gavia stellata* 阿比
アビ科の鳥。全長55～67cm。㊀北極圏南部～温帯。日本では北海道～九州
¶**くら鳥**（p125/カ写）
原寸羽（p10/カ写）
里山鳥（p198/カ写）
四季鳥（p93/カ写）
世鳥大（p143/カ写）
世鳥ネ（p55/カ写）
世文鳥（p26/カ写）
地球（p420/カ写）
鳥卵巣（p43/カ写，カ図）
鳥比（p238/カ写）
鳥650（p104/カ写）
名鳥図（p13/カ写）
日ア鳥（p94/カ写）
日鳥識（p98/カ写）
日鳥水増（p18/カ写）
日野鳥新（p110/カ写）
日野鳥増（p18/カ写）
ぱっ鳥（p71/カ写）
ひと目鳥（p41/カ写）
フ日野新（p24/カ図）
フ日野増（p24/カ図）
フ野鳥（p70/カ図）
野鳥学フ（p235/カ写）
野鳥山フ（p9,63/カ図，カ写）
山溪名鳥（p34/カ写）

アビシニア〔ヤギ〕 ⇒アングロ・ヌビアンを見よ

アビシニアオオカミ ⇒アビシニアジャッカルを見よ

アビシニアコロブス *Colobus guereza*
オナガザル科の哺乳類。別名ゲレザ。体高45〜72cm。㊕アフリカ中部・東部
¶**世文動**(p91/カ写)
世哺(p120/カ写)
地球(p545/カ写)
美サル(p195/カ写)

アビシニアジャッカル *Canis simensis*
イヌ科の哺乳類。別名アビシニアオオカミ, エチオピアオオカミ, シミエンジャッカル, シメニアジャッカル。絶滅危惧IB類。頭胴長90〜100cm。㊕エチオピア高地の標高3500m以上の地域
¶**遺産世**〔エチオピアオオカミ〕(Mammalia No.25/カ写)
驚野動(p182/カ写)
絶百3〔エチオピアオオカミ〕(p26/カ写)
世哺(p228/カ写)
地球(p564/カ写)
野生イヌ〔シメニアジャッカル〕(p74/カ写, カ図)
レ生(p12/カ写)

アビシニアン Abyssinian
猫の一品種。体重4〜7.5kg。イギリスの原産。
¶**世文動**(p172/カ写)
ビ猫(p132/カ写)

アヒル Domestic Duck 家鴨, 鶩
カモ科の鳥。マガモを祖先とする家禽。全長50〜65cm。
¶**くら鳥**(p87,89/カ写)
巣と卵決(p39/カ写)
地球(p414/カ写)
日鳥識(p74/カ写)
フ日野新(p306/カ図)
フ日野増(p306/カ図)

アーフェンピンシャー ⇒アッフェンピンシャーを見よ

アフガン・ハウンド Afghan Hound
犬の一品種。体高 オス68〜74cm, メス63〜69cm。アフガニスタンの原産。
¶**アルテ犬**(p20/カ写)
最犬大(p418/カ写)
新犬種(p296/カ写)
新世犬(p178/カ写)
図世犬(p326/カ写)
世文動(p136/カ写)
ビ犬(p136/カ写)

アブラコウモリ *Pipistrellus abramus* 油蝙蝠
ヒナコウモリ科の哺乳類。別名イエコウモリ。前腕長3.0〜3.7cm。㊕シベリア東部〜ベトナム, 台湾, 韓国。日本では本州, 四国, 九州, 対馬, 奄美大島
¶**くら哺**〔イエコウモリ〕(p49/カ写)
世文動(p65/カ写)
日哺改〔イエコウモリ〕(p44/カ写)
日哺学フ〔イエコウモリ〕(p118/カ写)

アブラヨタカ *Steatornis caripensis* 油夜鷹, 脂怪鷹
アブラヨタカ科の鳥。全長40〜50cm。㊕南アメリカ北部, トリニダード
¶**世鳥大**(p289/カ写)
世鳥卵(p131/カ写, カ図)
世鳥ネ(p202/カ写)
地球(p467/カ写)

アフリカアオゲラ *Campethera nubica* 阿弗利加緑啄木鳥
キツツキ科の鳥。別名ヌビアミドリゲラ。全長18〜23cm。㊕アフリカ中東部
¶**世鳥大**〔ヌビアミドリゲラ〕(p324/カ写)
地球(p480/カ写)

アフリカアオバト *Treron calvus* 阿弗利加青鳩, 阿弗利加緑鳩
ハト科の鳥。全長25〜30cm。㊕アフリカ, サハラ砂漠以南
¶**世鳥大**(p250/カ写)
世鳥ネ(p166/カ写)
地球(p455/カ写)

アフリカイワネズミ *Petromus typicus* 阿弗利加岩鼠
アフリカイワネズミ科の哺乳類。体長14〜20cm。
¶**地球**(p529/カ写)

アフリカウシガエル *Pyxicephalus adspersus* 阿弗利加牛蛙
アカガエル科(アフリカウシガエル科)の両生類。全長8〜23cm。㊕アフリカ中部〜南部
¶**かえる百**(p53/カ写)
カエル見(p89/カ写)
世カエ(p322/カ写)
世文動(p333/カ写)
世両(p148/カ写)
地球(p364/カ写)
爬両1800(p420/カ写)
爬両ビ(p283/カ写)

アフリカウスイロイルカ *Sousa teuszii* 阿弗利加薄色海豚
マイルカ科の哺乳類。成体体重250〜285kg。㊕大西洋東部, アフリカ西海岸の熱帯〜亜熱帯
¶**クイ百**(p166/カ図)

アフリカオオノガン *Ardeotis kori* 阿弗利加大鴇, 阿弗利加大野雁
ノガン科の鳥。全長0.9〜1.4m。㊕エチオピア〜タンザニア, 南アフリカ
¶**世鳥大**(p207/カ写)
世鳥ネ(p113/カ写)
地球(p438/カ写)

アフリカオオバン *Fulica cristata* 阿弗利加大鷭
クイナ科の鳥。全長38〜42cm。
¶**世鳥ネ**(p119/カ写)
地球(p441/カ写)

アフリカオットセイ *Arctocephalus pusillus pusillus* 阿弗利加膃肭臍
アシカ科の哺乳類。体長 オス約230cm, メス約180cm。[分]アフリカ南部
¶**世文動**(p176/カ写)

アフリカカワツバメ *Pseudochelidon eurystomina* 阿弗利加川燕
ツバメ科の鳥。全長14cm。[分]ザイール
¶**鳥卵巣**(p263/カ写, カ図)

アフリカキヌバネドリ *Apaloderma narina* 阿弗利加絹羽鳥
キヌバネドリ科の鳥。全長30〜32cm。[分]アフリカのサハラ砂漠以南の森林地帯
¶**世鳥大**(p300)

アフリカクロクイナ *Amaurornis flavirostra* 阿弗利加黒秧鶏, 阿弗利加黒水鶏
クイナ科の鳥。全長19〜23cm。[分]セネガル〜スーダン, ソマリア, 南アフリカ
¶**地球**(p439/カ写)

アフリカクロサギ *Egretta gularis* 阿弗利加黒鷺
サギ科の鳥。全長55〜65cm。
¶**地球**(p426/カ写)

アフリカクロトキ *Threskiornis aethiopicus* 阿弗利加黒朱鷺
トキ科の鳥。全長65〜75cm。[分]アフリカ, アラビア半島, マダガスカル
¶**世鳥卵**〔クロトキ〕(p44/カ写, カ図)
世鳥ネ(p76/カ写)
地球(p427/カ写)

アフリカコゲラ *Dendropicos fuscescens* 阿弗利加小啄木鳥
キツツキ科の鳥。全長14〜16cm。[分]サハラ以南のアフリカ
¶**世鳥大**(p325/カ写)

アフリカゴールデンキャット *Felis aurata*
ネコ科の哺乳類。別名オウゴンヤマネコ。準絶滅危惧。頭胴長61.6〜101.6cm。[分]赤道アフリカの熱帯雨林
¶**世文動**(p167/カ写)
世哺(p285/カ写)
野生ネコ(p74/カ写, カ図)
レ生(p14/カ写)

アフリカサシバ *Butastur rufipennis* 阿弗利加鵜鳩, 阿弗利加差羽
タカ科の鳥。全長35cm。[分]アフリカ西・中・東部
¶**世鳥大**(p197/カ写)

アフリカサンコウチョウ *Terpsiphone viridis* 阿弗利加三光鳥
カササギヒタキ科の鳥。全長26〜30cm。[分]アフリカ, サハラ砂漠以南
¶**世鳥大**(p387/カ写)
世鳥ネ(p276/カ写)
地球(p489/カ写)

アフリカサンジャク *Ptilostomus afer* 阿弗利加山鵲
カラス科の鳥。全長46cm。[分]アフリカ。セネガル〜東にウガンダ, エチオピア, スーダンまで
¶**世鳥大**(p393/カ写)
世鳥卵(p247/カ写, カ図)

アフリカジャコウネコ *Civettictis civetta* 阿弗利加麝香猫
ジャコウネコ科の哺乳類。体長67〜84cm。[分]北はセネガル東部〜ソマリア, 中央および東アフリカを通って南はズルランド, トランスバール, ボツワナ北部, ナミビア北部まで
¶**世文動**(p161/カ写)
地球(p587/カ写)

アフリカスイギュウ *Syncerus caffer* 阿弗利加水牛
ウシ科の哺乳類。別名クロスイギュウ。体高110〜150cm。[分]アフリカ東部〜南部
¶**驚野動**(p220/カ写)
世文動(p212/カ写)
世哺(p353/カ写)
地球(p600/カ写)

アフリカスナバシリ *Cursorius temminckii* 阿弗利加砂走
ツバメチドリ科の鳥。体長20cm。[分]アフリカのサハラ砂漠以南のひらけた地域
¶**鳥卵巣**(p172/カ写, カ図)

アフリカゾウ *Loxodonta africana* 阿弗利加象
ゾウ科の哺乳類。絶滅危惧II類。体長6〜7.5m。[分]東アフリカ〜南部アフリカ
¶**遺産世**〔サバンナアフリカゾウ〕(Mammalia No.41/カ写)
驚野動(p203/カ写)
絶百7(p12/カ写)
世文動(p182/カ写)
世哺(p308/カ写)
地球〔サバンナゾウ〕(p516/カ写)
レ生(p15/カ写)

アフリカタマゴヘビ *Dasypeltis scabra*
ナミヘビ科ナミヘビ亜科の爬虫類。別名コモンタマゴヘビ。全長50〜80cm。[分]アフリカ大陸ほぼ全域
¶**世文動**(p295/カ写)
世ヘビ(p83/カ写)
地球(p394/カ写)
爬両1800〔コモンタマゴヘビ〕(p293/カ写)

アフリカツミ *Accipiter minullus* 阿弗利加雀鷹, 阿弗利加雀鷂
タカ科の鳥。全長23〜27cm。
¶**世鳥大**(p196/カ写)

ア

アフリカツームコウモリ *Taphozous mauritianus*
サシオコウモリ科の哺乳類。体長7.5〜9.5cm。㊀西アフリカ, 中央アフリカ, 東アフリカ, アフリカ南部, マダガスカル
¶**世哺**(p84/カ写)

アフリカツメガエル *Xenopus laevis* 阿弗利加爪蛙
ピパ科(コモリガエル科)の両生類。別名ツメガエル。体長6〜13cm。㊀アフリカ大陸中部以南
¶**かえる百**(p18/カ写)
カエル見(p21/カ写)
世カエ(p58/カ写)
世文動(p319/カ写)
世両(p24/カ写)
爬両1800(p362/カ写)
爬両ビ(p296/カ写)

アフリカトキコウ *Mycteria ibis* 阿弗利加朱鷺鸛
コウノトリ科の鳥。全長0.9〜1.1m。
¶**世鳥大**(p159/カ写)
鳥卵巣(p74/カ写, カ図)

アフリカトラフガエル *Hoplobatrachus occipitalis* 阿弗利加虎斑蛙
アカガエル科の両生類。体長8〜15cm。㊀アフリカ大陸北部〜中南部
¶**爬両1800**(p419/カ写)

アフリカトラフサギ *Tigriornis leucolopha* 阿弗利加虎斑鷺
サギ科の鳥。全長66〜80cm。㊀西アフリカ熱帯域
¶**世鳥大**(p164)

アフリカナキヤモリ *Hemidactylus mabouia*
ヤモリ科ヤモリ亜科の爬虫類。全長12〜15cm。㊀サハラ以南のアフリカ大陸広域, 中南米など
¶**ゲッコー**(p21/カ写)
爬両1800(p132/カ写)

アフリカニシキヘビ *Python sebae* 阿弗利加錦蛇
ニシキヘビ科の爬虫類。別名アフリカンロックパイソン。全長3.0〜4.0m, 最大9.0m。㊀セネガルとエチオピアを結んだ線より以南(南部では絶滅に瀕している)
¶**世ヘビ**〔アフリカンロックパイソン〕(p78/カ写)
爬両1800(p253/カ写)

アフリカノロバ *Equus africanus* 阿弗利加野驢馬
ウマ科の哺乳類。絶滅危惧IA類。体高113〜140cm。㊀北アフリカ〜東アフリカ
¶**遺産世**(Mammalia No.54/カ写)
絶百10(p86/カ写)
世哺(p315/カ写)
日家(p56/カ写)
レ生(p17/カ写)

アフリカハゲコウ *Leptoptilos crumeniferus* 阿弗利加禿鸛
コウノトリ科の鳥。全長1.1〜1.5m。㊀アフリカ熱帯・亜熱帯地域
¶**世鳥大**(p160/カ写)
世鳥ネ(p67/カ写)
地球(p425/カ写)
鳥卵巣(p75/カ写, カ図)

アフリカハサミアジサシ *Rynchops flavirostris* 阿弗利加鋏鰺刺
ハサミアジサシ科の鳥。㊀サハラ砂漠以南のアフリカ
¶**驚野動**(p226/カ写)
世鳥ネ(p150/カ写)

アフリカヒヨドリ *Pycnonotus barbatus* 阿弗利加鵯
ヒヨドリ科の鳥。全長15〜20cm。㊀アフリカ全体
¶**世鳥大**(p412/カ写)
世鳥ネ(p279/カ写)
鳥卵巣(p274/カ写, カ図)

アフリカヒレアシ *Podica senegalensis* 阿弗利加鰭足
ヒレアシ科の鳥。全長50〜63cm。㊀アフリカのサハラ砂漠以南
¶**世鳥大**(p212/カ写)
地球(p441/カ写)

アフリカヒロハシ *Smithornis capensis* 阿弗利加広嘴
ヒロハシ科の鳥。全長12〜14cm。㊀アフリカ(コートジボワール, ケニア〜南はナタール, アンゴラ)
¶**世鳥大**(p334/カ写)
世鳥卵(p144/カ写, カ図)

アフリカブッポウソウ *Eurystomus glaucurus* 阿弗利加仏法僧
ブッポウソウ科の鳥。全長27〜30cm。㊀エチオピア以南のアフリカ
¶**地球**(p473/カ写)

アフリカヘラサギ *Platalea alba* 阿弗利加篦鷺
トキ科の鳥。全長90〜92cm。㊀サハラ以南のアフリカ
¶**地球**(p427/カ写)

アフリカマナティー *Trichechus senegalensis*
マナティー科の哺乳類。絶滅危惧II類。全長3〜4m。㊀セネガル〜アンゴラにかけての沿岸部の浅い水域や湿地地帯, 河川
¶**レ生**(p18/カ写)

アフリカマメガン *Nettapus auritus* 阿弗利加豆雁
カモ科の鳥。全長28〜33cm。㊀サハラ以南のアフリカ, マダガスカル

¶世鳥大（p129/カ写）
地球（p413/カ写）

アフリカマルメスベヤモリ ⇒アフリカマルメスベユビヤモリを見よ

アフリカマルメスベユビヤモリ *Cnemaspis africana*
ヤモリ科ヤモリ亜科の爬虫類。別名アフリカマルメスベヤモリ。全長5〜10cm。㊎ケニア，タンザニア，ウガンダ，カメルーン
¶ゲッコー〔アフリカマルメスベヤモリ〕（p57/カ写）
爬両1800（p150/カ写）

アフリカミドリヒロハシ *Pseudocalyptomena graueri* 阿弗利加緑広嘴
ヒロハシ科の鳥。絶滅危惧II類。体長10cm。㊎コンゴ民主共和国，ウガンダ
¶鳥絶（p179）

アフリカヤマネ属の一種 *Graphiurus* sp.
ヤマネ科の哺乳類。体長7〜15cm。㊎アフリカのサハラ以南
¶地球（p524/カ写）

アフリカヤマメジロ ⇒キクユメジロを見よ

アフリカレンカク *Actophilornis africanus* 阿弗利加蓮角
レンカク科の鳥。全長23〜31cm。㊎サハラ砂漠以南のアフリカ
¶驚野動（p224/カ写）
世鳥大（p227/カ写）
地球（p446/カ写）
鳥卵巣（p165/カ写，カ図）

アフリカン African
ガチョウの肉用種。アフリカにもたらされたシナガチョウ（中国原産）から派生。欧米で改良。体重 オス8〜10kg，メス7〜9kg。
¶日家（p216/カ写）

アフリカン・ライオン・ドッグ ⇒ローデシアン・リッジバックを見よ

アフリカンロックパイソン ⇒アフリカニシキヘビを見よ

アベコベガエル *Pseudis paradoxa*
アベコベガエル科（アマガエル科）の両生類。体長4.5〜7.5cm。㊎南米大陸中部以北
¶かえる百（p17/カ写）
カエル見（p81/カ写）
世カエ（p292/カ写）
世文動（p327/カ写）
世両（p136/カ写）
地球（p360/カ写）
爬両1800（p410/カ写）
爬両ビ（p275/カ写）

アベサンショウウオ *Hynobius abei* 阿部山椒魚
サンショウウオ科の両生類。絶滅危惧IA類（環境省レッドリスト）。日本固有種。全長80〜120mm。㊎京都府・兵庫県・福井県の一部
¶原爬両（No.172/カ写）
絶事（p166/モ図）
日カサ（p180/カ写）
爬両飼（p214/カ写）
野日両（p20,55,113/カ写）

アベリネーゼ Avelignese
馬の一品種。ポニー。体高143cm。イタリアの原産。
¶アルテ馬（p252/カ写）

アペンツェラー・ゼネンフント ⇒アペンツェル・キャトル・ドッグを見よ

アペンツェル・キャトル・ドッグ Appenzell Cattle Dog
犬の一品種。別名アペンツェラー・ゼネンフント。体高 オス52〜56cm，メス50〜54cm。スイスの原産。
¶最犬大〔アッペンツェル・キャトル・ドッグ〕（p139/カ写）
新犬種〔アペンツェラー・ゼネンフント〕（p173/カ写）
図世犬（p91/カ写）
ビ犬〔アッペンツェル・キャトル・ドッグ〕（p71/カ写）

アホウドリ *Phoebastria albatrus* 阿呆鳥，阿房鳥，信天翁
アホウドリ科の鳥。絶滅危惧II類（環境省レッドリスト），特別天然記念物。全長100cm。㊎北太平洋に生息。繁殖地は伊豆諸島の鳥島と尖閣諸島
¶遺産日（鳥類 No.1/カ写）
原寸羽（p15/カ写）
里山鳥（p230/カ写）
四季鳥（p95/カ写）
巣と卵決（p18/カ写，カ図）
絶鳥事（p12,170/カ写，モ図）
世文鳥（p30/カ写）
鳥卵巣（p50/カ写，カ図）
鳥比（p242/カ写）
鳥650（p112/カ写）
名鳥図（p18/カ写）
日ア鳥（p98/カ写）
日鳥識（p100/カ写）
日鳥水増（p28/カ写）
日野鳥新（p116/カ写）
日野鳥増（p110/カ写）
ぱっ鳥（p75/カ写）
バード（p144/カ写）
羽根決（p15/カ写，カ図）
ひと目鳥（p16/カ写）
フ日野新（p66/カ図）
フ日野増（p66/カ図）
フ野鳥（p72/カ図）

野鳥学フ (p247/カ写)
野鳥山フ (p10,68/カ図, カ写)
山溪名鳥 (p36/カ写)

アボットウデナガガエル *Leptobrachium abbotti*
コノハガエル科の両生類。体長7〜9cm。 ㊊ボルネオ島
¶**爬両1800** (p361/カ写)

アボットヒルヤモリ *Phelsuma abbotti*
ヤモリ科ヤモリ亜科の爬虫類。全長13〜16cm。 ㊊マダガスカル北部〜北西部, セーシェル
¶**ゲッコー** (p42/カ写)
爬両1800 (p142/カ写)

アホロテトカゲ *Bipes biporus*
アシミミズトカゲ科の爬虫類。全長17〜24cm。 ㊊北アメリカ
¶**世文動** (p281/カ写)

アホロートル Axolotl
トラフサンショウウオ科の両生類。絶滅危惧IA類。メキシコサンショウウオのうち幼形成熟し繁殖するもの。日本での俗称はウーパールーパー。全長10〜30cm。 ㊊メキシコ市南端のソチミルコ周辺に限定
¶**地球**〔アホロートル (メキシコサンショウウオ)〕 (p369/カ写)
レ生〔アホロートル (メキシコサンショウウオ)〕 (p19/カ写)

アマガエルモドキ *Hyalinobatrachium fleischmanni*
アマガエルモドキ科の両生類。全長2〜3cm。 ㊊メキシコ〜エクアドルまでの中南米
¶**世カエ** (p296/カ写)
地球 (p353/カ写)

アマクササンショウウオ *Hynobius amakusaensis*
サンショウウオ科の両生類。全長13〜16cm。 ㊊長崎県天草諸島
¶**野日両** (p25,127/カ写)

アマクサダイオウ Amakusadaiou 天草大王
鶏の一品種。体重 オス5〜6.7kg, メス4〜5.6kg。熊本県の原産。
¶**日家**〔天草大王〕 (p163/カ写)

アマサギ *Bubulcus ibis* 亜麻鷺, 黄毛鷺, 尼鷺
サギ科の鳥。全長48〜53cm。 ㊊北・南アメリカ, ヨーロッパ, アフリカ, 南アジア, オーストラリア。日本では本州以南
¶**くら鳥** (p101/カ写)
原寸羽 (p32/カ写)
里山鳥 (p87/カ写)
四季鳥 (p24/カ写)
巣と卵決 (p30/カ写, カ図)
世鳥大 (p166/カ写)
世鳥卵 (p41/カ写, カ図)
世鳥ネ (p75/カ写)
世文鳥 (p52/カ写)
地球 (p426/カ写)
鳥卵巣 (p68/カ写, カ図)
鳥比 (p262/カ写)
鳥650 (p167/カ写)
名鳥図 (p29/カ写)
日ア鳥 (p145/カ写)
日色鳥 (p62/カ写)
日鳥識 (p118/カ写)
日鳥巣 (p18/カ写)
日鳥水増 (p84/カ写)
日野鳥新 (p152/カ写)
日野鳥増 (p182/カ写)
ぱっ鳥 (p95/カ写)
バード (p107/カ写)
羽根決 (p37/カ写, カ図)
ひと目鳥 (p101/カ写)
フ日野新 (p110/カ図)
フ日野増 (p110/カ図)
フ野鳥 (p102/カ図)
野鳥学フ (p178/カ写)
野鳥山フ (p14,84/カ図, カ写)
山溪名鳥 (p38/カ写)

アマゾンアミーバトカゲ ⇒コモンアミーバを見よ

アマゾンオオハチクイモドキ *Baryphthengus martii* アマゾン大蜂喰擬
ハチクイモドキ科の鳥。全長46cm。 ㊊ニカラグア〜エクアドル西部までの個体群およびアマゾン流域の西部の個体群がいる
¶**地球** (p475/カ写)

アマゾンカエルガメ *Phrynops raniceps*
ヘビクビガメ科の爬虫類。甲長25〜28cm。 ㊊コロンビア南東部, ペルー東部, ボリビア北部, ブラジル, ベネズエラ南部
¶**世カメ** (p97/カ写)
世爬 (p53/カ写)
爬両1800 (p62/カ写)

アマゾンカッコウ *Guira guira* アマゾン郭公
カッコウ科の鳥。全長34cm。 ㊊南アメリカのボリビア, パラグアイ, ブラジル, アルゼンチン
¶**世鳥大**〔オニバンケン〔Guira Cuckoo〕〕 (p277/カ写)
世鳥卵 (p130/カ写, カ図)
地球 (p462/カ写)

アマゾンカワイルカ *Inia geoffrensis* アマゾン河海豚
アマゾンカワイルカ科 (カワイルカ科) の哺乳類。絶滅危惧II類。成体体重100〜207kg。 ㊊南アメリカ, アマゾン川・オリノコ川
¶**クイ百** (p256/カ図)
絶百2 (p62/カ写, カ図)
世文動 (p125/カ写)
世哺 (p184/カ図)
地球 (p616/カ図)

アマゾンシャクケイ *Penelope jacquacu* アマゾン舎久鶏
ホウカンチョウ科の鳥。全長66〜76cm。 ㊊南アメリカ
¶**地球**(p409/カ写)

アマゾンシロクチガエル *Leptodactylus mystaceus*
ユビナガガエル科の両生類。体長47〜52mm。 ㊊南米のアマゾン川流域
¶**世カエ**(p106/カ写)

アマゾンツノガエル *Ceratophrys cornuta*
ユビナガガエル科の両生類。別名ブラジルツノガエル。体長6.5〜12cm。 ㊊南米大陸北部
¶**かえる百**(p32/カ写)
カエル見(p110/カ写)
世カエ(p86/カ写)
世文動(p322/カ写)
世両(p176/カ写)
爬両1800(p429/カ写)
爬両ビ(p293/カ写)

アマゾンツリーボア *Corallus cookii*
ボア科の爬虫類。全長1.5m。 ㊊南アメリカ
¶**地球**(p391/カ写)

アマゾンナガレテユー *Potamites ecpleopus*
ピグミーテユー科(メガネトカゲ科)の爬虫類。全長18〜25cm。 ㊊南米大陸南西部など
¶**爬両1800**(p196/カ写)
爬両ビ〔アマゾンナガレテユー(新称)〕(p137/カ写)

アマゾンベースンエメラルドツリーボア
Corallus batesii
ボア科の爬虫類。全長120〜150cm。 ㊊南米大陸中部〜北西部
¶**爬両1800**(p259/カ写)

アマゾンマナティー *Trichechus inunguis*
マナティー科の哺乳類。体長2〜2.8m。 ㊊アマゾン川とガイアナのエセキボ川流域
¶**世文動**(p185/カ写)
地球(p515/カ写)

アマツバメ *Apus pacificus* 雨燕
アマツバメ科の鳥。全長20cm。 ㊊東南アジア, ニューギニア, オーストラリア。日本では全国各地の夏鳥だが分布は局地的
¶**くら鳥**(p37/カ写)
原寸羽(p200/カ写)
里山鳥(p220/カ写)
四季鳥(p50/カ写)
巣と卵決(p87/カ写, カ図)
世鳥ネ(p209/カ写)
世文鳥(p182/カ写)
鳥比(p104/カ写)
鳥650(p218/カ写)
名鳥図(p158/カ写)
日ア鳥(p186/カ写)
日鳥識(p132/カ写)
日鳥巣(p122/カ写)
日鳥山新(p46/カ写)
日鳥山増(p103/カ写)
日野鳥新(p206/カ写)
日野鳥増(p412/カ写)
ぱっ鳥(p126/カ写)
バード(p91/カ写)
羽根決(p371/カ写, カ図)
ひと目鳥(p131/カ写)
フ日野新(p204/カ図)
フ日野増(p204/カ図)
フ野鳥(p128/カ図)
野鳥学フ(p105/カ写)
野鳥山フ(p42,250/カ図, カ写)
山溪名鳥(p40/カ写)

アマミアオガエル *Rhacophorus viridis amamiensis* 奄美青蛙
アオガエル科の両生類。オキナワアオガエル(リュウキュウアオガエル)の亜種。日本固有種。体長4〜8cm。 ㊊奄美大島, 加計呂麻島, 徳之島
¶**カエル見**〔リュウキュウアオガエル(オキナワアオガエル)〕(p46/カ写)
原爬両(No.152/カ写)
世両〔リュウキュウアオガエル〕(p75/カ写)
日カサ(p150/カ写)
爬両1800〔リュウキュウアオガエル〕(p385/カ写)
爬両ビ〔リュウキュウアオガエル〕(p254/カ写)
野日両(p43,92,184/カ写)

アマミアカガエル *Rana kobai* 奄美赤蛙
アカガエル科の両生類。大きさ32〜46mm。 ㊊奄美大島, 徳之島
¶**日カサ**(p68/カ写)
野日両(p33,77,153/カ写)

アマミイシカワガエル *Odorrana splendida* 奄美石川蛙
アカガエル科の両生類。大きさ80〜137mm。 ㊊奄美大島
¶**日カサ**(p112/カ写)
野日両(p38,86,170/カ写)

アマミコゲラ *Dendrocopos kizuki amamii* 奄美小啄木鳥
キツツキ科の鳥。コゲラの亜種。 ㊊奄美諸島
¶**日野鳥新**(p419/カ写)
日野鳥増(p429/カ写)

アマミシリケンイモリ *Cynops ensicauda ensicauda*
奄美尻剣井守, 奄美尻剣蠑螈
イモリ科の両生類。大きさ110〜180mm。 ㊊奄美諸島
¶**日カサ**(p198/カ写)

ア

アマミタカチホヘビ *Achalinus werneri* 奄美高千穂
ナミヘビ科(タカチホヘビ科)の爬虫類。準絶滅危惧(環境省レッドリスト)。日本固有種。全長20～55cm。㊀奄美諸島
¶**原爬両**(No.82/カ写)
絶事(p10,136/カ写, モ図)
日カメ〔アマミタカチホ〕(p208/カ写)
爬両観(p151/カ写)
爬両飼(p34/カ写)
爬両1800(p266/カ写)
野日爬(p32,61,153/カ写)

アマミトゲネズミ *Tokudaia osimensis* 奄美棘鼠
ネズミ科の哺乳類。絶滅危惧IB類(環境省レッドリスト), 天然記念物(トゲネズミ)。頭胴長103～160mm。㊀奄美大島のみ
¶**くら哺**(p19/カ写)
日哺改(p132/カ写)
日哺学フ(p186/カ写)

アマミノクロウサギ *Pentalagus furnessi* 奄美野黒兎
ウサギ科の哺乳類。絶滅危惧IB類, 特別天然記念物。体長42～51cm。㊀奄美大島, 徳之島
¶**遺産日**(哺乳類 No.12/カ写)
くら哺(p24/カ写)
絶事(p100/モ図)
絶百2(p94/カ図)
世文動(p100/カ写)
世哺(p137/カ写)
日哺改(p149/カ写)
日哺学フ(p188/カ写)
レ生(p21/カ写)

アマミハナサキガエル *Rana amamiensis* 奄美鼻先蛙
アカガエル科の両生類。日本固有種。体長5.6～10cm。㊀奄美大島, 徳之島
¶**原爬両**(No.147/カ写)
世文動(p332/カ写)
日カサ(p118/カ写)
爬両1800(p413/カ写)
爬両ビ(p277/カ写)
野日両(p39,87,173/カ写)

アマミヒヨドリ *Hypsipetes amaurotis ogawae* 奄美鵯
ヒヨドリ科の鳥。ヒヨドリの亜種。
¶**日野鳥新**(p493/カ写)

アマミヤマシギ *Scolopax mira* 奄美山鷸, 奄美山鴫
シギ科の鳥。絶滅危惧II類(環境省レッドリスト)。全長36cm。㊀奄美大島, 沖縄本島
¶**遺産日**(鳥類 No.8/カ写)
絶鳥事(p96/モ図)
世文鳥(p138/カ写)
鳥卵巣(p191/カ写, カ図)
鳥比(p287/カ写)
鳥650(p240/カ写)
名鳥図(p98/カ写)
日ア鳥(p211/カ写)
日鳥識(p142/カ写)
日鳥水増(p254/カ写)
日野鳥新(p239/カ写)
日野鳥増(p287/カ写)
バード(p42/カ写)
羽根決(p382/カ写, カ図)
フ日野新(p162/カ図)
フ日野増(p162/カ図)
フ野鳥(p142/カ図)
野鳥学フ(p55/カ写)
山溪名鳥(p328/カ写)

アマミヤモリ *Gekko vertebralis* 奄美家守
ヤモリ科ヤモリ亜科の爬虫類。別名コダカラヤモリ。日本固有種。全長13cm前後。㊀小宝島, 奄美大島, 徳之島
¶**ゲッコー**(p18/カ写)
原爬両(No.31/カ写)
爬両飼(p88/カ写)
爬両1800(p130/カ写)
野日爬(p29,59,132/カ写)

アマラリ ⇒ボリビアンボアを見よ

アミハラ ⇒シマキンパラを見よ

アミメウナジドラゴン *Ctenophorus muchalis*
アガマ科の爬虫類。全長15～20cm。㊀オーストラリア
¶**爬両1800**(p103/カ写)

アミメガメ *Deirochelys reticularia*
ヌマガメ科(セイヨウヌマガメ科)の爬虫類。甲長11～26cm。㊀アメリカ合衆国南中部～南東部
¶**世カメ**(p196/カ写)
世爬(p18/カ写)
世文動(p249/カ写)
地球(p375/カ写)
爬両1800(p24/カ写)
爬両ビ(p15/カ写)

アミメキリン *Giraffa camelopardalis reticulata*
キリン科の哺乳類。体高2.5～3.3m。
¶**絶百2**(p28/カ写)
地球(p608/カ写)

アミメスキアシヒメガエル *Scaphiophryne madagascariensis*
ヒメガエル科の両生類。体長4cm前後。㊀マダガスカル
¶**かえる百**(p40/カ写)
カエル見(p76/カ写)
世両(p128/カ写)
爬両1800(p408/カ写)

爬両ビ（p271/カ写）

アミメトマトガエル ⇒ヒメトマトガエルを見よ

アミメニシキヘビ *Python reticulatus* 網目錦蛇
ニシキヘビ科（ボア科）の爬虫類。別名レティックパイソン。全長400〜500cm。㊀インド，東南アジア一帯
¶世爬（p178/カ写）
世文動（p282/カ写）
世ヘビ（p77/カ写）
地球（p399/カ写）
爬両1800（p254/カ写）
爬両ビ（p188/カ写）

アミメネコメガエル *Phyllomedusa ayeaye*
アマガエル科の両生類。絶滅危惧IA類。㊀ブラジルのミナスジェライス州・サンパウロ州
¶レ生（p22/カ写）

アミメミズベトカゲ *Amphiglossus reticulatus*
スキンク科の爬虫類。全長30〜40cm。㊀マダガスカル北西部
¶世爬（p138/カ写）
爬両1800（p209/カ写）
爬両ビ（p147/カ写）

アミメメクラヘビ *Typhlops reticulatus*
メクラヘビ科の爬虫類。別名シロハナメクラヘビ。全長52cmまで。㊀南米大陸中部以北
¶爬両1800（p251/カ写）

アミメヤドクガエル *Dendrobates variabilis*
ヤドクガエル科の両生類。体長2cm前後。㊀ペルー
¶カエル見（p102/カ写）
世両（p158/カ写）
爬両1800（p423/カ写）
爬両ビ（p287/カ写）

アムールカナヘビ *Takydromus amurensis* アムール金蛇
カナヘビ科の爬虫類。準絶滅危惧（環境省レッドリスト）。全長20cm。㊀旧ソ連のアムール川周辺〜朝鮮。日本では対馬
¶原爬両（No.64）
絶事（p9,132/カ写，モ図）
世文動（p270/カ写）
日カメ（p132/カ写）
爬両飼（p119）
野日爬（p24,55,112/カ写）

アムールハリネズミ *Erinaceus amurensis*
ハリネズミ科の哺乳類。別名マンシュウハリネズミ。頭胴長23〜32cm。㊀アジア東部
¶くら哺（p29/カ写）
日哺改（p4/カ写）
日哺学フ（p161/カ写）

アムールムシクイ *Phylloscopus tenellipes* アムール虫食，アムール虫喰
ムシクイ科の鳥。別名ウスリームシクイ。全長11〜12cm。㊀ウスリー地方〜朝鮮半島北部で繁殖
¶鳥比（p116/カ写）
日ア鳥（p461/カ写）
日鳥山新（p204/カ写）

アムールラットスネーク *Elaphe schrenckii schrencki*
ナミヘビ科の爬虫類。全長90cm〜1.2m，最大1.8m。㊀中国，北朝鮮，大韓民国，ロシアなど
¶世ヘビ（p91/カ写）

アメイロイボイモリ ⇒モトイボイモリを見よ

アメシストテンシハチドリ *Heliangelus amethysticollis* アメシスト天使蜂鳥
ハチドリ科ミドリフタオハチドリ亜科の鳥。全長10cm。㊀南アメリカ北西部・中西部
¶ハチドリ（p83/カ写）

アメジストニシキヘビ *Morelia amethistina* アメジスト錦蛇
ニシキヘビ科（ボア科）の爬虫類。別名アメジストパイソン，スクラブパイソン。全長2.5〜3.6m，最大8.6m。㊀インドネシア（ニューギニア島，アルー諸島，カイ諸島），パプアニューギニア（ニューギニア島，ビスマルク諸島）など
¶世文動（p283/カ写）
世ヘビ〔アメジストパイソン〕（p65/カ写）
爬両1800（p254/カ写）

アメシストニジハチドリ *Aglaeactis aliciae* アメシスト虹蜂鳥
ハチドリ科ミドリフタオハチドリ亜科の鳥。絶滅危惧IB類。全長12〜13cm。㊀ペルー西部
¶ハチドリ（p157/カ写）

アメジストパイソン ⇒アメジストニシキヘビを見よ

アメシストハチドリ *Calliphlox amethystina* アメシスト蜂鳥
ハチドリ科ハチドリ亜科の鳥。全長6〜7cm。㊀南アメリカ（ペルー南部，ボリビア北部，パラグアイ，アルゼンチン北東部など，アンデス山脈東側）
¶ハチドリ（p327/カ写）

アメフクラガエル *Breviceps adspersus*
ヒメガエル科の両生類。体長4〜6cm。㊀アフリカ大陸東部〜南東部
¶かえる百（p41/カ写）
カエル見（p78/カ写）
世文動（p330/カ写）
世両（p131/カ写）
爬両1800（p409/カ写）
爬両ビ（p272/カ写）

ア

アメリカアカオオカミ *Canis rufus*
イヌ科の哺乳類。絶滅危惧IA類。頭胴長110〜130cm。㊛アメリカ合衆国南東部(ほとんどが飼育下)
¶**遺産世**〔アカオオカミ〕(Mammalia No.24/カ写)
絶百3〔アカオオカミ〕(p24/カ写)
地球(p564/カ写)
野生イヌ(p108/カ写, カ図)
レ生(p23/カ写)

アメリカアカガエル *Lithobates sylvaticus*
アカガエル科の両生類。全長3.5〜8cm。㊛カナダ,アメリカ合衆国東部
¶**地球**(p363/カ写)

アメリカアカリス *Tamiasciurus hudsonicus*
リス科の哺乳類。体長17〜20cm。㊛北アメリカ
¶**地球**(p523/カ写)

アメリカアナグマ *Taxidea taxus*
イタチ科の哺乳類。体長42〜72cm。㊛北アメリカ
¶**世文動**(p159/カ写)
世哺(p259/カ写)
地球(p574/カ写)

アメリカアマガエル *Hyla cinerea*
アマガエル科の両生類。体長3〜6cm。㊛アメリカ合衆国南部〜東部
¶**かえる百**(p56/カ写)
カエル見(p32/カ写)
世カエ(p230/カ写)
世文動(p328/カ写)
世両(p44/カ写)
爬両1800(p372/カ写)
爬両ビ(p246/カ写)

アメリカアリゲーター *Alligator mississippiensis*
アリゲーター科の爬虫類。全長5m。㊛アメリカ合衆国南東部
¶**驚野動**(p72/カ写)
絶百2(p38/カ写)
世文動(p305/カ写)
地球(p401/カ写)

アメリカイソシギ *Actitis macularius* 亜米利加磯鷸, 亜米利加磯鴫
シギ科の鳥。全長18〜20cm。㊛北アメリカで繁殖。メキシコ〜ブラジル南部で越冬
¶**世鳥大**(p230/カ写)
地球(p447/カ写)
鳥卵巣(p190/カ写, カ図)
鳥比(p291/カ写)
鳥650(p271/カ写)
日鳥水増(p244/カ写)
フ野鳥(p160/カ図)

アメリカウズラシギ *Calidris melanotos* 亜米利加鶉鷸, 亜米利加鶉鴫
シギ科の鳥。全長22cm。㊛シベリア北部・北アメリカ北部
¶**くら鳥**(p113/カ写)
世鳥卵(p100/カ写, カ図)
世文鳥(p122/カ写)
鳥卵巣(p196/カ写, カ図)
鳥比(p318/カ写)
鳥650(p283/カ写)
名鳥図(p82/カ写)
日ア鳥(p244/カ写)
日鳥識(p158/カ写)
日鳥水増(p213/カ写)
日野鳥新(p283/カ写)
日野鳥増(p307/カ写)
フ日野新(p138/カ図)
フ日野増(p138/カ図)
フ野鳥(p166/カ図)
山溪名鳥(p53/カ写)

アメリカウミスズメ *Ptychoramphus aleuticus* 亜米利加海雀
ウミスズメ科の鳥。全長20〜23cm。㊛北太平洋のアリューシャン列島, アラスカ〜カリフォルニア沿岸
¶**鳥比**(p375/カ写)
日ア鳥(p313/カ写)

アメリカオオサンショウウオ ⇒ヘルベンダーを見よ

アメリカオオセグロカモメ *Larus occidentalis* 亜米利加大背黒鷗
カモメ科の鳥。全長55〜66cm。
¶**世鳥ネ**(p142/カ写)
地球(p449/カ写)

アメリカオオハシシギ *Limnodromus griseus* 亜米利加大嘴鷸, 亜米利加大嘴鴫
シギ科の鳥。全長23〜29cm。㊛北アメリカ北部で繁殖。北アメリカ〜ブラジルにかけての地域で越冬
¶**世鳥大**(p228)
地球(p446/カ写)
鳥比(p292/カ写)
鳥650(p247/カ写)
日ア鳥(p214/カ写)
日鳥水増(p228/カ写)
フ日野新(p320/カ図)
フ日野増(p320/カ図)
フ野鳥(p146/カ図)

アメリカオオバン *Fulica americana* 亜米利加大鷭
クイナ科の鳥。全長39〜40cm。㊛北・中央アメリカ, 西インド諸島, コロンビアで繁殖。北アメリカの個体群はコロンビアまで南下して越冬
¶**世鳥ネ**(p119/カ写)

地球(p441/カ写)

アメリカオオモズ *Lanius ludovicianus* 亜米利加大百舌
モズ科の鳥。全長22cm。[分]カナダ南部〜メキシコおよびフロリダまでの地域
¶世鳥大(p382/カ写)
鳥卵巣(p283/カ写, カ図)

アメリカオグロシギ *Limosa haemastica* 亜米利加尾黒鷸, 亜米利加尾黒鴫
シギ科の鳥。アメリカに生息するオグロシギ類2種のうちの1つ。全長37〜42cm。[分]アラスカ, カナダ北極域で繁殖。南アメリカ南東部で越冬
¶世鳥大(p228/カ写)
地球〔ハドソンオオソリハシシギ〕(p446/カ写)
鳥比(p293/カ写)
鳥650(p251/カ写)
日ア鳥(p214/カ写)
日鳥水増(p246/カ写)
フ野鳥(p148/カ図)

アメリカオシ *Aix sponsa* 亜米利加鴛
カモ科の鳥。全長43〜51cm。[分]北アメリカ〜キューバ
¶世鳥大(p130/カ写)
世鳥ネ(p45/カ写)
地球(p414/カ写)
鳥卵巣(p88/カ写, カ図)
鳥650(p743/カ写)
日鳥水増(p344/カ写)

アメリカカケス *Aphelocoma coerulescens* 亜米利加橿鳥, 亜米利加懸巣, 亜米利加掛子
カラス科の鳥。絶滅危惧II類。全長27〜31cm。[分]アメリカ合衆国(フロリダ)(固有)
¶世鳥大(p391/カ写)
世鳥卵(p241/カ写, カ図)
鳥絶(p226/カ図)
鳥卵巣(p359/カ写, カ図)

アメリカガラス *Corvus brachyrhynchos* 亜米利加鴉, 亜米利加烏
カラス科の鳥。全長45cm。[分]カナダ南部〜ニューメキシコ州に至る北アメリカ
¶世鳥大(p393/カ写)

アメリカカワガラス ⇒メキシコカワガラスを見よ

アメリカキクイタダキ *Regulus satrapa* 亜米利加菊戴
キクイタダキ科の鳥。全長8〜11cm。[分]北アメリカ
¶世色鳥(p159/カ写)
世鳥大(p423/カ写)
世鳥ネ(p289/カ写)

アメリカキバシリ *Certhia americana* 亜米利加木走
キバシリ科の鳥。全長13cm。[分]北アメリカ
¶世鳥大(p427/カ写)
世鳥ネ(p283/カ写)

アメリカキンメフクロウ *Aegolius acadicus* 亜米利加金目梟
フクロウ科の鳥。全長18〜21cm。[分]北アメリカ中・東部(ノヴァスコシア〜アメリカ合衆国西部の北部), 北アメリカ西部(アラスカ南部〜カリフォルニア南部), 南は東西の山岳地帯, 西はメキシコ南部
¶世鳥大(p284/カ写)
地球(p466/カ写)

アメリカグマ ⇒アメリカクロクマを見よ

アメリカクロクマ *Ursus americanus* 亜米利加黒熊
クマ科の哺乳類。体長1.3〜1.9m。[分]北アメリカ, 中央アメリカ北部
¶驚野動(p55/カ写)
世文動(p152/カ写)
世哺〔アメリカグマ〕(p234/カ写)
地球〔アメリカグマ(アメリカクロクマ)〕(p567/カ写)

アメリカグンカンドリ *Fregata magnificens* 亜米利加軍艦鳥
グンカンドリ科の鳥。全長1〜1.1m。[分]大西洋および太平洋の暖かい沿岸および沖
¶世鳥卵(p39/カ写, カ図)
世鳥ネ(p82/カ写)
地球(p428/カ写)

アメリカコアジサシ *Sterna antillarum* 亜米利加小鯵刺
カモメ科の鳥。全長23cm。[分]アメリカ合衆国以南〜中央アメリカ
¶鳥比(p358/カ写)

アメリカコガモ *Anas crecca carolinensis* 亜米利加小鴨
カモ科の鳥。コガモの亜種。全長37cm。[分]北アメリカ
¶日カモ(p138/カ写, カ図)
日鳥水増(p125/カ写)
日野鳥新(p58/カ写)
日野鳥増(p62/カ写)
野鳥山フ(p103/カ写)
山溪名鳥(p150/カ写)

アメリカコガラ *Poecile atricapillus* 亜米利加小雀
シジュウカラ科の鳥。全長12〜15cm。[分]北アメリカ北部(北極圏まで)
¶世鳥大(p402/カ写)
世鳥ネ(p269/カ写)
地球(p488/カ写)

アメリカコハクチョウ *Cygnus columbianus columbianus* 亜米利加小白鳥, 亜米利加小鵠
カモ科の鳥。コハクチョウの亜種。体長120〜150cm。[分]北アメリカ, ロシア極北部で繁殖。冬は温帯域までの南で越冬

¶世鳥ネ（p41/カ写）
日鳥水増（p117/カ写）
日野鳥新（p41/カ写）
日野鳥増（p37/カ写）
野鳥学フ（p190,191/カ写）
山溪名鳥（p77/カ写）

アメリカササゴイ *Butorides virescens* 亜米利加笹五位
サギ科の鳥。全長40～55cm。㊕北・中央アメリカ
¶世鳥大（p165/カ写）
世鳥ネ（p71/カ写）
地球（p426/カ写）

アメリカサンカノゴイ *Botaurus lentiginosus* 亜米利加山家五位
サギ科の鳥。全長60～75cm。㊕カナダ中部～アメリカ合衆国中部。冬はアメリカ合衆国南部, カリブ海, メキシコ, 中央アメリカに渡る
¶世鳥ネ（p72/カ写）
地球（p426/カ写）

アメリカシロヅル *Grus americana* 亜米利加白鶴
ツル科の鳥。絶滅危惧IB類。全長1.3m。㊕カナダ（野生）, アメリカ合衆国（移入）
¶遺産世（Aves No.21/カ写）
世色鳥（p197/カ写）
絶百2（p32/カ写）
世鳥大（p215/カ写）
世鳥ネ（p121/カ写）
鳥絶（p145/カ図）
鳥卵巣（p153/カ写, カ図）

アメリカシロペリカン *Pelecanus erythrorhynchos* 亜米利加白ペリカン
ペリカン科の鳥。体長127～178cm。㊕北アメリカ内陸部
¶世鳥大（p173/カ写）
世鳥ネ〔シロペリカン〕（p83/カ写）
地球〔シロペリカン〕（p429/カ写）
鳥卵巣（p60/カ写, カ図）

アメリカズグロカモメ *Larus pipixcan* 亜米利加頭黒鷗
カモメ科の鳥。体長33～38cm。㊕北アメリカの大草原で繁殖。中央・南アメリカの海岸で越冬
¶世文鳥（p150/カ写）
鳥比（p332/カ写）
鳥650（p319/カ写）
日ア鳥（p272/カ写）
日鳥水増（p273/カ写）
日野鳥新（p310/カ写）
日野鳥増（p152/カ写）
フ日野新（p314/カ図）
フ日野増（p314/カ図）
フ野鳥（p184/カ図）

アメリカスベトカゲ *Scincella lateralis*
スキンク科の爬虫類。全長7～13cm。㊕アメリカ合衆国南部, メキシコ北部
¶地球（p387/カ写）
爬両1800（p202/カ写）

アメリカセグロカモメ *Larus argentatus smithsonianus* 亜米利加背黒鷗
カモメ科の鳥。セグロカモメの一亜種とも別種（L. smithsonianus）とする説もある。
¶日鳥水増（p283/カ写）
日野鳥新（p321/カ写）
日野鳥増（p141/カ写）

アメリカソリハシセイタカシギ *Recurvirostra americana* 亜米利加反嘴背高鴫, 亜米利加反嘴背高鷸
ソリハシセイタカシギ科の鳥。㊕南北アメリカ大陸
¶世鳥ネ（p129/カ写）

アメリカダイシャクシギ *Numenius americanus* 亜米利加大杓鷸, 亜米利加大杓鴫
シギ科の鳥。全長45～66cm。
¶世鳥大（p229/カ写）
地球（p447/カ写）
鳥卵巣（p184/カ写, カ図）

アメリカダチョウ ⇒レアを見よ

アメリカタヒバリ *Anthus rubescens* 亜米利加田鷚, 亜米利加田雲雀
セキレイ科の鳥。全長14～17cm。㊕シベリア北東部, 北アメリカ北部, グリーンランド西部で繁殖。東南アジアや中央アメリカで越冬
¶地球（p495/カ写）

アメリカチョウゲンボウ *Falco sparverius* 亜米利加長元坊
ハヤブサ科の鳥。全長20～31cm。㊕アラスカ南東部, カナダ～南アメリカ南端にかけて繁殖。北方のものはパナマに渡って越冬
¶世鳥大（p185/カ写）
世鳥ネ（p93/カ写）
地球（p430/カ写）

アメリカツリスガラ *Auriparus flaviceps* 亜米利加吊巣雀
ツリスガラ科の鳥。全長9～11cm。㊕アメリカ合衆国南西部およびメキシコ北部
¶世鳥大（p404）
地球（p488/カ写）
鳥卵巣（p321/カ写, カ図）

アメリカツルヘビ *Oxybelis aeneus*
ナミヘビ科の爬虫類。全長90～150cm。㊕アメリカ合衆国のアリゾナ州南端部～南アメリカの北半分
¶世文動（p294/カ写）

アメリカトウブアブラコウモリ *Perimyotis subflavus*

ヒナコウモリ科の哺乳類。体長7.5〜9.5cm。

¶**地球**（p557/カ写）

アメリカトキコウ *Mycteria americana* 亜米利加朱鷺鸛

コウノトリ科の鳥。全長0.9〜1.2m。㊟アメリカ南東部・メキシコ〜中央・南アメリカ

¶**世鳥大**（p159/カ写）
世鳥ネ（p67/カ写）
地球（p425/カ写）

アメリカドクトカゲ *Heloderma suspectum*

ドクトカゲ科の爬虫類。絶滅危惧II類。全長20〜40cm。㊟アメリカ合衆国南西部, メキシコ北部

¶**驚野動**（p64/カ写）
絶百7（p62/カ写）
世爬（p162/カ写）
世文動（p277/カ写）
地球（p388/カ写）
爬両1800（p243/カ写）
爬両ビ（p172/カ写）

アメリカナキウサギ *Ochotona princeps*

ナキウサギ科の哺乳類。絶滅危惧II類。体長16〜22cm。㊟カナダ南西部, アメリカ合衆国西部

¶**驚野動**（p40/カ写）
世哺（p136/カ写）
地球（p522/カ写）

アメリカヌマジカ *Blastocerus dichotomus*

シカ科の哺乳類。絶滅危惧II類。体長2m以下。㊟アマゾン川流域南部

¶**遺産世**〔ヌマジカ〕（Mammalia No.59/カ写）
世文動（p202/カ写）
世哺（p340/カ写）
地球（p598/カ写）
レ生（p25/カ写）

アメリカネズミヘビ *Elaphe obsoleta*

ナミヘビ科ナミヘビ亜科の爬虫類。全長100〜180cm。㊟アメリカ合衆国中部〜東部, メキシコ北部

¶**世爬**（p215/カ写）
世文動（p287/カ写）
爬両1800（p321〜322/カ写）
爬両ビ（p231/カ写）

アメリカハイイロチュウヒ *Circus cyaneus hudsonius* 亜米利加灰色沢鵟

タカ科の鳥。ハイイロチュウヒの亜種。

¶**ワシ**（p63/カ写）

アメリカバイソン *Bison bison*

ウシ科の哺乳類。体高250〜290cm。㊟北アメリカ北部・北西部・中央部

¶**驚野動**（p47/カ写）
絶百8（p44/カ写）
世文動（p212/カ写）
世哺（p356/カ写）
地球（p600/カ写）

アメリカバク *Tapirus terrestris*

バク科の哺乳類。体高77〜108cm。㊟南アメリカ

¶**世文動**（p189/カ写）
世哺（p323/カ写）
地球（p589/カ写）

アメリカヒキガエル *Bufo americanus*

ヒキガエル科の両生類。全長5〜9cm。㊟アメリカ合衆国東部, カナダ東部

¶**地球**（p355/カ写）
爬両1800（p365/カ写）

アメリカヒドリ *Anas americana* 亜米利加緋鳥

カモ科の鳥。全長45〜56cm。㊟北アメリカ北・中部で繁殖。冬はメキシコ湾までの南に渡る

¶**くら鳥**（p86,88/カ写）
四季鳥（p77/カ写）
世鳥大（p130/カ写）
世文鳥（p70/カ写）
地球（p414/カ写）
鳥比（p216/カ写）
鳥650（p51/カ写）
名鳥図（p52/カ写）
日ア鳥（p41/カ写）
日カモ（p72/カ写, カ図）
日鳥識（p74/カ写）
日鳥水増（p132/カ写）
日野鳥新（p62/カ写）
日野鳥増（p56/カ写）
ぱっ鳥（p41/カ写）
フ日野新（p46/カ図）
フ日野増（p46/カ図）
フ野鳥（p30/カ図）
野鳥学フ（p174/カ写）
野鳥山フ（p19,110/カ図, カ写）
山渓名鳥（p273/カ写）

アメリカビーバー *Castor canadensis*

ビーバー科の哺乳類。体長74〜88cm。㊟北アメリカ

¶**驚野動**（p41/カ写）
世文動（p111/カ写）
世哺（p154/カ写）

アメリカヒバリシギ *Calidris minutilla* 亜米利加雲雀鷸, 亜米利加雲雀鴫

シギ科の鳥。全長13〜15cm。

¶**鳥比**（p321/カ写）

アメリカヒメガラガラヘビ *Sistrurus miliarius*

クサリヘビ科の爬虫類。全長38〜75cm。㊟アメリカ合衆国南部〜南東部

¶ 爬両**1800** (p343/カ写)

ア

アメリカヒレアシ *Heliornis fulica* 亜米利加鰭足
ヒレアシ科の鳥。全長26～33cm。 ㊊メキシコ～ボリビアおよびアルゼンチン
¶ 世鳥大 (p212/カ写)
地球 (p441/カ写)

アメリカヒレアシシギ *Phalaropus tricolor* 亜米利加鰭足鷸, 亜米利加鰭足鴫
シギ科(ヒレアシシギ科)の鳥。全長19cm。 ㊊北アメリカ中央部
¶ 世鳥卵 (p102/カ写, カ図)
世鳥ネ (p140/カ写)
鳥卵巣 (p190/カ写, カ図)
鳥比 (p326/カ写)
鳥**650** (p294/カ写)
日ア鳥 (p252/カ写)
日鳥水増 (p266/カ写)
日野鳥新 (p295/カ写)
日野鳥増 (p283/カ写)
フ日野新 (p322/カ図)
フ日野増 (p322/カ図)
フ野鳥 (p172/カ図)

アメリカビロードキンクロ *Melanitta deglandi deglandi* 亜米利加天鵞絨金黒
カモ科の鳥。ビロードキンクロの亜種。全長51～58cm。 ㊊北米
¶ 日カモ (p245/カ写, カ図)

アメリカフクロウ *Strix varia* 亜米利加梟
フクロウ科の鳥。全長43～50cm。 ㊊北アメリカ
¶ 世鳥大 (p282/カ写)
世鳥ネ (p195/カ写)
地球 (p464/カ写)

アメリカヘビウ *Anhinga anhinga* 亜米利加蛇鵜
ヘビウ科の鳥。全長85～89cm。 ㊊アメリカ南東部～ブラジル南部・アルゼンチン北部
¶ 驚野動 (p70/カ写)
世鳥大〔ヘビウ〕 (p179/カ写)
世鳥卵 (p39/カ写, カ図)
世鳥ネ (p88/カ写)
地球 (p429/カ写)

アメリカホシハジロ *Aythya americana* 亜米利加星羽白
カモ科の鳥。全長40～46cm。 ㊊カナダ西部・アメリカ西部・中部
¶ 鳥比 (p225/カ写)
鳥**650** (p65/カ写)
日ア鳥 (p51/カ写)
日カモ (p183/カ写, カ図)
日鳥水増 (p138/カ写)
フ日野新 (p308/カ図)
フ日野増 (p308/カ図)
フ野鳥 (p38/カ図)

アメリカマダラウミスズメ ⇒マダラウミスズメ(1)を見よ

アメリカマナティー *Trichechus manatus*
マナティー科の哺乳類。絶滅危惧II類。体長2.5～4.5m。 ㊊北アメリカ南東部～南アメリカ北東部, カリブ海
¶ 遺産世〔アメリカマナティ〕 (Mammalia No.44/カ写)
驚野動 (p67/カ写)
世文動 (p184/カ写)
世哺 (p313/カ写)

アメリカミドリヒキガエル *Bufo debilis*
ヒキガエル科の両生類。別名クロモンミドリヒキガエル。体長3.2～5.5cm。 ㊊アメリカ合衆国, メキシコ北部
¶ カエル見 (p27/カ写)
世カエ〔クロモンミドリヒキガエル〕 (p138/カ写)
世両 (p33/カ写)
爬両**1800** (p365/カ写)
爬両ビ (p241/カ写)

アメリカミンク *Neovison vison*
イタチ科の哺乳類。体長30～43cm。 ㊊北アメリカ, 南アメリカ, ユーラシア
¶ くら哺 (p65/カ写)
世文動 (p156/カ写)
世哺 (p250/カ写)
地球 (p572/カ写)
日哺改 (p86/カ写)
日哺学フ (p157/カ写)

アメリカムナグロ *Pluvialis dominica* 亜米利加胸黒
チドリ科の鳥。体長26cm。 ㊊北アメリカ北部で繁殖。南アメリカで越冬
¶ 鳥比 (p281/カ写)
鳥**650** (p225/カ写)
日ア鳥 (p193/カ写)
日鳥水増 (p197/カ写)
フ日野新 (p320/カ図)
フ日野増 (p320/カ図)
フ野鳥 (p132/カ図)

アメリカムラサキバン *Porphyrio martinica* 亜米利加紫鷭
クイナ科の鳥。全長27～36cm。 ㊊アメリカ南東部～南アメリカ
¶ 驚野動 (p71/カ写)
世鳥大 (p210/カ写)
世鳥卵 (p86/カ写, カ図)
世鳥ネ (p117/カ写)
地球 (p440/カ写)

アメリカモモンガ *Glaucomys volans*
リス科の哺乳類。体長13～15cm。
¶ 地球 (p523/カ写)

アメリカヤギ ⇒シロイワヤギを見よ

アメリカヤマシギ *Scolopax minor* 亜米利加山鷸, 亜米利加山鴫
シギ科の鳥。全長26〜30cm。[分]カナダ南部〜アメリカ, メキシコ
¶**世鳥大** (p228/カ写)
世鳥卵 (p99/カ写, カ図)
世鳥ネ (p134/カ写)
地球 (p447/カ写)
鳥卵巣 (p192/カ写, カ図)

アメリカヤマセミ *Megaceryle alcyon* 亜米利加山翡翠, 亜米利加山魚狗
カワセミ科の鳥。全長28〜35cm。[分]北アメリカ
¶**世鳥大** (p309/カ写)
世鳥ネ (p228/カ写)
地球 (p475/カ写)

アメリカヨタカ *Chordeiles minor* 亜米利加夜鷹
ヨタカ科の鳥。全長22〜24cm。[分]北・中央アメリカ
¶**世鳥大** (p289/カ写)
世鳥ネ (p204/カ写)
地球 (p467/カ写)

アメリカライオン ⇒ピューマを見よ

アメリカレア ⇒レアを見よ

アメリカレーサー *Coluber constrictor*
ナミヘビ科ナミヘビ亜科の爬虫類。全長86〜195cm。[分]カナダ南部〜アメリカ合衆国, メキシコ, グアテマラなど
¶**世文動** (p289/カ写)
爬両1800 (p302/カ写)

アメリカレンカク *Jacana spinosa* 亜米利加蓮角
レンカク科の鳥。体長24cm。[分]中央アメリカ, カリブ諸島の一部
¶**世鳥ネ** (p133/カ写)

アメリカワシミミズク *Bubo virginianus* 亜米利加鷲木菟
フクロウ科の鳥。全長46〜68cm。[分]北・中央・南アメリカ
¶**世鳥大** (p280/カ写)
世鳥ネ (p193/カ写)
地球 (p464/カ写)
鳥卵巣 (p231/カ写, カ図)

アメリカワニ *Crocodylus acutus*
クロコダイル科の爬虫類。絶滅危惧II類。全長6m。[分]フロリダ半島の先端, カリブ海の島々, 中米・南米のマグダレナ川
¶**絶百2** (p34/カ写)

アメリカン American
兎の一品種。アメリカ合衆国の原産。
¶**うさぎ** (p32/カ写)
新うさぎ (p34/カ写)

アメリカン・アキタ American Akita
犬の一品種。別名グレート・ジャパニーズ・ドッグ。体高 オス66〜71cm, メス61〜66cm。日本(改良国アメリカ)の原産。
¶**最犬大** (p211/カ写)
新犬種〔グレート・ジャパニーズ・ドッグ〕(p280/カ写)
新世犬〔グレート・ジャパニーズ・ドッグ〕(p94/カ写)
図世犬 (p182/カ写)

アメリカン・イングリッシュ・クーンハウンド American English Coonhound
犬の一品種。体高53〜69cm。アメリカ合衆国の原産。
¶**ビ犬** (p159/カ写)

アメリカン・ウォーター・スパニエル American Water Spaniel
犬の一品種。体高38〜45cm。アメリカ合衆国の原産。
¶**アルテ犬** (p74/カ写)
最犬大 (p357/カ写)
新犬種 (p117/カ写)
世文動〔アメリカン・ウォーター・スパニール〕(p137/カ写)
ビ犬 (p229/カ写)

アメリカン・エスキモー・ドッグ American Eskimo Dog
犬の一品種。体高38〜48cm。アメリカ合衆国の原産。
¶**新犬種**〔アメリカン・エスキモー〕(p56,57)
ビ犬 (p121/カ写)

アメリカン・カール American Curl
猫の一品種。体重3〜5kg。アメリカ合衆国の原産。
¶**ビ猫**〔アメリカン・カール(ショートヘア)〕(p159/カ写)
ビ猫〔アメリカン・カール(ロングヘア)〕(p238/カ写)

アメリカン・クリーム American Crème
馬の一品種。軽量馬。体高152cm。アメリカ合衆国の原産。
¶**アルテ馬** (p154/カ写)

アメリカン・コッカー・スパニエル American Cocker Spaniel
犬の一品種。体高 オス38.1cm, メス35.6cm。アメリカ合衆国の原産。
¶**アルテ犬** (p68/カ写)
最犬大 (p365/カ写)
新犬種 (p84/カ写)
新世犬 (p132/カ写)
図世犬 (p260/カ写)
世文動〔アメリカン・コッカー・スパニール〕(p140/カ写)
ビ犬 (p222/カ写)

ア

アメリカン・サドル・ホース American Saddle Horse
馬の一品種。体高152～162cm。アメリカ合衆国の原産。
¶世文動(p188/カ写)

アメリカン・シェトランド American Shetland
馬の一品種。ポニー。体高107cm。アメリカ合衆国の原産。
¶アルテ馬(p244/カ写)

アメリカン・ショートヘア American Shorthair
猫の一品種。体重3.5～7kg。アメリカ合衆国の原産。
¶世文動〔アメリカン・ショートヘアー〕(p172/カ写)
ビ猫(p113/カ写)

アメリカン・スタッフォードシャー・テリア American Staffordshire Terrier
犬の一品種。体高 オス46～48cm, メス43～46cm。アメリカ合衆国の原産。
¶最犬大(p197/カ写)
新犬種(p111/カ写)
新世犬(p224/カ写)
図世犬(p133/カ写)
ビ犬(p213/カ写)

アメリカン・スタッフォードシャー・ブルテリア American Staffordshire Bullterrier
犬の一品種。体高 オス46～48cm, メス43～46cm。アメリカ合衆国の原産。
¶世文動(p137/カ写)

アメリカンセーブル American Sable
兎の一品種。アメリカ合衆国の原産。
¶うさぎ(p38/カ写)
新うさぎ(p42/カ写)

アメリカンチンチラ American Chinchilla
兎の一品種。アメリカ合衆国の原産。
¶うさぎ(p70/カ写)
新うさぎ(p76/カ写)

アメリカン・ディンゴ ⇒カロライナ・ドッグを見よ

アメリカン・トイ・テリア ⇒トイ・フォックス・テリアを見よ

アメリカン・トイ・フォックス・テリア American Toy Fox Terrier
犬の一品種。体高22～29cm。アメリカ合衆国の原産。
¶最犬大(p166/カ写)

アメリカン・トロッター ⇒スタンダードブレッドを見よ

アメリカン・バーミーズ American Burmese
猫の一品種。体重3.5～6.5kg。ビルマ(ミャンマー)の原産。
¶ビ猫(p88/カ写)

アメリカン・ピット・ブル・テリア American Pit Bull Terrier
犬の一品種。体高46～56cm。アメリカ合衆国の原産。
¶ビ犬(p213/カ写)

アメリカンファジーロップ American Fuzzy Lop
兎の一品種。体重1～2kg。アメリカ合衆国の原産。
¶うさぎ(p34/カ写)
新うさぎ(p36/カ写)
日家〔アメリカン・ファジー・ロップ〕(p138/カ写)

アメリカン・フォックスハウンド American Foxhound
犬の一品種。体高 オス56～63.5cm, メス53～61cm。アメリカ合衆国の原産。
¶最犬大(p275/カ写)
新犬種(p238/カ写)
世文動(p137/カ写)
ビ犬(p157/カ写)

アメリカン・ブラック・アンド・タン・クーンハウンド ⇒ブラック・アンド・タン・クーンハウンドを見よ

アメリカン・ブルドッグ American Bulldog
犬の一品種。体高 オス56～69cm, メス51～64cm。アメリカ合衆国の原産。
¶最犬大(p113/カ写)
新犬種(p281/カ写)
ビ犬(p267/カ写)

アメリカン・ヘアレス・テリア American Hairless Terrier
犬の一品種。体高30～40cm。アメリカ合衆国の原産。
¶最犬大(p171/カ写)
ビ犬(p212/カ写)

アメリカン・ボブテイル American Bobtail
猫の一品種。体重3～7kg。アメリカ合衆国の原産。
¶ビ猫〔アメリカン・ボブテイル(ショートヘア)〕(p163/カ写)
ビ猫〔アメリカン・ボブテイル(ロングヘア)〕(p247/カ写)

アメリカン・ラット・テリア ⇒ラット・テリアを見よ

アメリカン・リングテイル American Ringtail
猫の一品種。体重3～7kg。アメリカ合衆国の原産。
¶ビ猫(p167/カ写)

アメリカン・ワイアーヘア American Wirehair
猫の一品種。体重3.5～7kg。アメリカ合衆国の原産。
¶ビ猫(p181/カ写)

アライグマ *Procyon lotor* 洗熊
アライグマ科の哺乳類。体長44〜62cm。㊎カナダ南部〜中央アメリカ
¶驚野動(p69/カ写)
くら哺(p59/カ写)
絶事(p16,214/カ写, モ図)
世文動(p154/カ写)
世哺(p243/カ写)
地球(p573/カ写)
日哺改(p79/カ写)
日哺学フ(p156/カ写)

アライソシギ *Aphriza virgata* 荒磯鷸, 荒磯鴫
シギ科の鳥。全長20cm。㊎アラスカ中央部
¶世鳥ネ(p138/カ写)
鳥**650**(p747/カ写)

アラオトラジェントルキツネザル *Hapalemur alaotrensis*
キツネザル科の哺乳類。絶滅危惧IA類。体高38〜40cm。㊎マダガスカル
¶遺産世〔アラオトラ・ジェントルキツネザル〕(Mammalia No.6/カ写)
地球(p536/カ写)
レ生(p26/カ写)

アラゲアルマジロ *Chaetophractus villosus*
アルマジロ科の哺乳類。体長22〜40cm。㊎南アメリカ
¶世哺(p133/カ写)
地球(p517/カ写)

アラゲウサギ *Caprolagus hispidus*
ウサギ科の哺乳類。絶滅危惧IB類。体長38〜50cm。㊎南アジア
¶絶百**2**(p96/カ写)

アラゲコットンラット *Sigmodon hispidus*
ネズミ科の哺乳類。体長12〜20cm。㊎北アメリカ, 中央アメリカ, 南アメリカ
¶世哺(p157/カ写)
地球〔アラゲコトンラット〕(p526/カ写)

アラスカン・クリー・カイ Alaskan Klee Kai
犬の一品種。体高38〜44cm(スタンダード)。アラスカの原産。
¶ビ犬(p104/カ写)

アラスカン・ハスキー Alaskan Husky
犬の一品種。体重 オス23〜41kg, メス20〜36kg。アメリカ(アラスカ)の原産。
¶最犬大(p221/カ写)

アラスカン・マラミュート Alaskan Malamute
犬の一品種。体高 オス63.5cm, メス58.5cm。アメリカの原産。
¶アルテ犬(p142/カ写)
最犬大(p222/カ写)
新犬種(p241/カ写)
新世犬(p78/カ写)
図世犬(p180/カ写)
世文動(p137/カ写)
地球〔マラミュート〕(p565/カ写)
ビ犬(p103/カ写)

アラナミキンクロ *Melanitta perspicillata* 荒波金黒
カモ科の鳥。全長46〜55cm。㊎アラスカ西部〜カナダ北西部
¶四季鳥(p73/カ写)
世文鳥(p78/カ写)
地球(p415/カ写)
鳥比(p231/カ写)
鳥**650**(p75/カ写)
日ア鳥(p64/カ写)
日色鳥(p179/カ写)
日カモ(p240/カ写, カ図)
日鳥識(p84/カ写)
日鳥水増(p150/カ写)
日野鳥新(p79/カ写)
日野鳥増(p89/カ写)
フ日野新(p56/カ図)
フ日野増(p56/カ図)
フ野鳥(p46/カ図)

アラノ Alano
犬の一品種。別名アラノ・エスパニョール。体高55〜63cm。スペインの原産。
¶最犬大〔アラノ・エスパニョール〕(p86)
新犬種(p198,199/カ写)

アラノ・エスパニョール ⇒アラノを見よ

アラパハ・ブルー・ブラッド・ブルドッグ Alapaha Blue Blood Bulldog
犬の一品種。体高46〜61cm。アメリカ合衆国の原産。
¶ビ犬(p88/カ写)

アラバマアカハラガメ *Pseudemys alabamensis*
ヌマガメ科の爬虫類。絶滅危惧IB類。甲長20〜33cm。㊎アメリカ合衆国(アラバマ州・ミシシッピ州)
¶絶百**4**(p14/カ図)
爬両**1800**(p30/カ写)

アラバマチズガメ *Graptemys pulchra*
ヌマガメ科(セイヨウヌマガメ科)の爬虫類。甲長10〜27cm。㊎アメリカ合衆国(アラバマ州・ジョージア州)
¶世カメ(p223/カ写)
世文動(p250/カ写)
爬両**1800**(p25/カ写)
爬両ビ(p21/カ写)

アラバママッドパピー *Necturus alabamensis*
ホライモリ科の両生類。全長15〜21cm。㊎アメリ

カ合衆国南東部
¶世両（p192/カ写）
爬両1800（p439/カ写）
爬両ビ（p302/カ写）

アラパワ　Arapawa
羊の一品種。ニュージーランドの原産。
¶日家（p129/カ写）

アラビアアカゲラ　*Dendrocopos dorae*　アラビア赤啄木鳥
キツツキ科の鳥。絶滅危惧II類。体長18cm。㊀サウジアラビア，イエメン
¶鳥絶（p177/カ図）

アラビアアジサシ　*Sterna repressa*　アラビア鯵刺
カモメ科の鳥。全長32～34cm。
¶地球（p450/カ写）

アラビアアナドリ　*Bulweria fallax*　アラビア穴鳥
ミズナギドリ科の鳥。全長31cm。
¶地球（p422/カ写）

アラビアイワシャコ　*Alectoris melanocephala*　アラビア岩鷓鴣
キジ科の鳥。全長38cm。㊀アジア南西部
¶驚野動（p253/カ写）
世鳥ネ（p28/カ写）
地球（p410/カ写）

アラビアオリックス　*Oryx leucoryx*
ウシ科の哺乳類。絶滅危惧II類。体高0.9～1.4m。㊀アジア西部
¶遺産世（Mammalia No.63/カ写，モ図）
驚野動（p250/カ写）
絶百3（p62/カ写）
世文動（p221/カ写）
地球（p602/カ写）

アラビアキボシアガマ　*Trapelus flavimaculatus*
アガマ科の爬虫類。全長25cm前後。㊀サウジアラビア西部，オマーン，アラブ首長国連邦
¶爬両1800（p104/カ写）

アラビアコアジサシ　*Sterna saundersi*　アラビア小鯵刺
カモメ科の鳥。全長23～24cm。
¶地球（p450/カ写）

アラビアスナボア　⇒ホシニラミスナボアを見よ

アラビアタール　*Arabitragus jayakari*
ウシ科の哺乳類。絶滅危惧IB類。頭胴長87～130cm。㊀オマーン北部やアラブ首長国連邦の山々
¶レ生（p27/カ写）

アラビアテリムク　*Onychognathus tristramii*　アラビア照椋
ムクドリ科の鳥。全長25cm。㊀イスラエル，ヨルダン，シナイ半島，アラビア半島西部
¶世鳥大（p433/カ写）

アラビアトゲマウス　*Acomys dimidiatus*
ネズミ科の哺乳類。体長7～12cm。
¶地球（p526/カ写）

アラビアミミズトカゲ　*Diplometopon zarudnyi*
フトミミズトカゲ科の爬虫類。全長20cm前後。㊀アラビア半島
¶世爬（p165/カ写）
爬両1800（p247/カ写）
爬両ビ（p174/カ写）

アラビアン・グレーハウンド　⇒スルーギを見よ

アラビアン・マウ　Arabian Mau
猫の一品種。体重3～7kg。アラブ首長国連邦の原産。
¶ビ猫（p131/カ写）

アラブ　Arab
馬の一品種。軽量馬。体高142～152cm。アラビア半島の原産。
¶アルテ馬（p40/カ写）
世文動（p187/カ写）
地球（p593/カ写）
日家（p38/カ写）

アラフラヤスリヘビ　*Acrochordus arafurae*
ヤスリヘビ科の爬虫類。全長100～150cm。㊀ニューギニア島，オーストラリア北部
¶爬両1800（p250/カ写）

アラリイルカ　⇒マダライルカを見よ

アラリペマイコドリ　*Antilophia bokermanni*　アラリペ舞子鳥
マイコドリ科の鳥。絶滅危惧IA類。体長15.5cm。㊀ブラジル（固有）
¶地球（p483/カ写）
鳥絶〔Araripe Manakin〕（p187/カ図）

アラレチョウ　*Hypargos niveoguttatus*　霰鳥
カエデチョウ科の鳥。全長13cm。㊀東アフリカ南部
¶鳥飼（p93/カ写）

アラレブキオトカゲ　*Oplurus quadrimaculatus*
イグアナ科マラガシートカゲ亜科の爬虫類。全長32～39cm。㊀マダガスカル中部～南部
¶世爬（p66/カ写）
爬両1800（p79/カ写）
爬両ビ（p70/カ写）

アリエージュ　Ariègeois
馬の一品種（ポニー）。体高131～143cm。ピレネー山脈東端の原産。
¶アルテ馬（p250/カ写）

アリエージュ・ハウンド　⇒アリエージョワを見よ

ア

アリエージュ・ポインティング・ドッグ Ariege Pointing Dog
犬の一品種。別名ブラク・ド・アリエージュ, ブラク・ド・ラリエージュ。体高 オス60〜67cm, メス56〜65cm。フランスの原産。
¶**最犬大** (p336/カ写)
新犬種 〔ブラク・ド・ラリエージュ〕 (p229/カ写)
ビ犬 (p257/カ写)

アリエジョア ⇒アリエージョワを見よ

アリエージョワ Ariégeois
犬の一品種。別名アリエジョア, アリエージュ・ハウンド。体高 オス52〜58cm, メス50〜56cm。フランスの原産。
¶**最犬大** 〔アリエージュ・ハウンド〕 (p285/カ写)
新犬種 (p202/カ写)
ビ犬 (p162/カ写)

アリサンヒタキ *Luscinia johnstoniae* 阿里山鶲
ヒタキ科の鳥。全長11〜13cm。㊕台湾
¶**鳥卵巣** (p296/カ写, カ図)

アリスイ *Jynx torquilla* 蟻吸
キツツキ科の鳥。体長16〜18cm。㊕ユーラシア〜北アフリカで繁殖。アフリカ中部や南アジアで越冬。日本では北海道・本州北部の森林で繁殖
¶**くら鳥** (p65/カ写)
原寸羽 (p210/カ写)
里山鳥 (p138/カ写)
四季鳥 (p46/カ写)
巣と卵決 (p242/カ写, カ図)
世鳥大 (p322/カ写)
世文鳥 (p189/カ写)
地球 (p479/カ写)
鳥卵巣 (p255/カ写, カ図)
鳥比 (p64/カ写)
鳥650 (p440/カ写)
名鳥図 (p163/カ写)
日ア鳥 (p373/カ写)
日鳥識 (p208/カ写)
日鳥巣 (p132/カ写)
日鳥山新 (p110/カ写)
日鳥山増 (p114/カ写)
日野鳥新 (p416/カ写)
日野鳥増 (p426/カ写)
ぱっ鳥 (p234/カ写)
バード (p54/カ写)
羽根決 (p240/カ写, カ図)
ひと目鳥 (p157/カ写)
フ日野新 (p210/カ図)
フ日野増 (p210/カ図)
フ野鳥 (p260/カ図)
野鳥学フ (p44/カ写)
野鳥山フ (p44,257/カ図, カ写)
山溪名鳥 (p42/カ写)

アリヅカナキヤモリ *Hemidactylus triedrus*
ヤモリ科の爬虫類。全長10〜13cm。㊕インド, パキスタン, スリランカ
¶**爬両1800** (p132/カ写)

アリヅカニシキヘビ *Antaresia perthensis*
ニシキヘビ科の爬虫類。全長50cm前後。㊕オーストラリア北西部
¶**爬両1800** (p258/カ写)

アリゾナサンゴヘビ *Micruroides euryxanthus*
コブラ科の爬虫類。全長33〜53cm。㊕アメリカ合衆国のアリゾナ州南部〜メキシコのシナロア州
¶**世文動** (p297/カ写)

アリゾナシロハナキングヘビ ⇒アリゾナマウンテンキングスネークを見よ

アリゾナドロガメ *Kinosternon arizonense*
ドロガメ科ドロガメ亜科の爬虫類。甲長14〜16cm。㊕アメリカ合衆国南部(アリゾナ州), メキシコ北部
¶**世カメ** (p130/カ写)
爬両1800 (p54/カ写)

アリゾナマウンテンキングスネーク *Lampropeltis pyromelana pyromelana*
ナミヘビ科の爬虫類。別名アリゾナシロハナキングヘビ。全長80cm〜1.0m。㊕アメリカ(アリゾナ州), メキシコ(ソノーラ州, チワワ州)
¶**世ヘビ** (p32/カ写)

アリソンアノール *Anolis allisoni*
イグアナ科アノールトカゲ亜科の爬虫類。全長18〜20cm。㊕メキシコ〜ホンジュラス, キューバ
¶**爬両1800** (p83/カ写)

アリツカゲラ *Colaptes campestris* 蟻塚啄木鳥
キツツキ科の鳥。全長28〜31cm。㊕南アメリカの草原
¶**世鳥大** (p326/カ写)
世鳥ネ (p246/カ写)

アリュードオオバガエル *Plethodontohyla alluaudi*
ヒメガエル科の両生類。体長4〜6cm。㊕マダガスカル
¶**カエル見** (p75/カ写)
爬両1800 (p406/カ写)
爬両ビ (p269/カ写)

アルガリ *Ovis ammon*
ウシ科の哺乳類。体高0.9〜1.2m。㊕中央アジア・チベット
¶**世文動** (p234/カ写)
地球 (p607/カ写)
日家 (p132/カ写)

アルグスクサガエル *Hyperolius argus*
クサガエル科の両生類。別名アルゴスクサガエル, メガネクサガエル。体長34mmまで。㊕アフリカ

東部〜南東部
¶カエル見〔メガネクサガエル〕(p53/カ写)
世カエ〔アルゴスクサガエル〕(p386/カ写)
世両(p87/カ写)
爬両1800〔メガネクサガエル〕(p391/カ写)
爬両ビ(p258/カ写)

アルゴスクサガエル ⇒アルグスクサガエルを見よ

アルサシアン ⇒ジャーマン・シェパード・ドッグを見よ

アルジェリアカナヘビ ⇒オオスナバシリカナヘビを見よ

アルジェリアゴジュウカラ *Sitta ledanti* アルジェリア五十雀
ゴジュウカラ科の鳥。絶滅危惧IB類。体長12.5cm。㊕アルジェリア(固有)
¶絶百2(p42/カ図)
鳥絶(p193)

アルジェリアサラマンダー *Salamandra algira*
イモリ科の両生類。全長25〜30cm。㊕チュニジア, モロッコ, アルジェリア
¶爬両1800(p461/カ写)
爬両ビ(p317/カ写)

アルジェリアスナカナヘビ ⇒オオスナバシリカナヘビを見よ

アルジェリアトカゲ *Eumeces algeriensis*
スキンク科の爬虫類。全長40〜50cm。㊕アルジェリア, モロッコ
¶世爬(p133/カ写)
世文動(p272/カ写)
爬両1800(p197/カ写)
爬両ビ(p138/カ写)

アルジェリアトゲイモリ *Pleurodeles nebulosus*
イモリ科の両生類。全長12〜16cm。㊕アルジェリア, チュニジア北部
¶爬両1800(p457/カ写)

アルジェリアハネジネズミ *Elephantulus rozeti* アルジェリア跳地鼠
ハネジネズミ科の哺乳類。体長11〜12.5cm。
¶地球(p512/カ写)

アルジェリアハリネズミ *Atelerix algirus*
ハリネズミ科の哺乳類。体長18〜25cm。
¶地球(p558/カ写)

アルゼンチニアン・マスティフ ⇒ドゴ・アルヘンティーノを見よ

アルゼンチンアマガエル *Argenteohyla siemersi*
アマガエル科の両生類。体長7〜8cm。㊕アルゼンチン, ウルグアイ, パラグアイ
¶カエル見(p34/カ写)
爬両1800(p374/カ写)
爬両ビ(p247/カ写)

アルゼンチンスカンク *Conepatus chinga*
スカンク科の哺乳類。㊕ペルー南部〜ボリビア〜ウルグアイ, パラグアイ西部, チリ中部, アルゼンチンの南米サバンナ疎林および乾燥した低木主体の地域, ブラジル南部
¶レ生(p30/カ写)

アルゼンチンニジボア *Epicrates alvarezi*
ボア科の爬虫類。全長100〜150cm。㊕アルゼンチン北部, ボリビア南東部, パラグアイ西部
¶爬両1800(p261/カ写)

アルゼンチンヘビクビガメ ⇒ギザミネヘビクビガメを見よ

アルゼンチンボア *Boa constrictor occidentalis*
ボア科ボア亜科の爬虫類。ボアコンストリクターの亜種。全長1.5〜2.1m。㊕アルゼンチン, パラグアイ
¶世ヘビ(p12/カ写)

アルダブラゾウガメ *Dipsochelys dussumieri*
リクガメ科の爬虫類。甲長80〜100cm。㊕セーシェル
¶世カメ(p22/カ写)
世爬(p10/カ写)
世文動(p251/カ写)
地球(p376,379/カ写)
爬両1800(p14/カ写)
爬両ビ(p8/カ写)

アルダブラベニノジコ *Foudia aldabrana* アルダブラ紅野路子
ハタオリドリ科の鳥。全長13cm。㊕アルダブラ島
¶原色鳥〔アルダブラベニノジコ(新称)〕(p29/カ写)

アルティジャン・ノルマン・バセット ⇒バセー・アルテジャン・ノルマンを見よ

アルテ・レアル Alter Real
馬の一品種。軽量馬。体高150〜160cm。ポルトガルの原産。
¶アルテ馬(p56/カ写)

アルデンネ Ardennais
馬の一品種。重量馬。体高150〜160cm。アルデンヌ地方の原産。
¶アルテ馬(p198/カ写)

アルト・ドイチェ・ヒュッテフント ⇒オールド・ジャーマン・ハーディング・ドッグを見よ

アルトワ・ハウンド Artois Hound
犬の一品種。別名シャン・ダトワ, シャン・ダルトワ。体高53〜58cm。フランスの原産。
¶最犬大(p288/カ写)
新犬種〔シャン・ダルトワ〕(p202/カ写)
ビ犬(p162/カ写)

アルパイン Alpine
山羊の一品種。乳用品種。体高 オス70cm, メス65cm。フランスの原産。
¶**日家**(p116/カ写)

アルパイン・ダックスブラケ Alpine Dachsbracke
犬の一品種。別名アルペン・ダックスブラッケ, アルペンレンディッシェ・ダックスブラッケ。体高34〜42cm。オーストリアの原産。
¶**最犬大**〔アルペン・ダックスブラッケ〕(p313/カ写)
新犬種〔アルペンレンディッシェ・ダックスブラッケ/アルパイン・ダックスブラッケ〕(p82/カ写)
ビ犬(p169/カ写)

アルパカ *Vicugna pacos*
ラクダ科の哺乳類。体高75〜90cm。[分]アンデス, ボリビア西部
¶**世文動**(p199/カ写)
地球(p609/カ写)

アルバーティスパイソン ⇒シロクチニシキヘビを見よ

アルバートコトドリ *Menura alberti* アルバート琴鳥
コトドリ科の鳥。[分]オーストラリア東部
¶**世鳥ネ**(p258/カ写)

アルビノ〔ハツカネズミ〕 Albino Domestic Mouse
ハツカネズミの一品種。ペットとしてや研究目的に利用されている。体長7〜10cm。
¶**地球**(p527/カ写)

アルプスアイベックス *Capra ibex*
ウシ科の哺乳類。体高50〜105cm。[分]アルプスの森林限界より上
¶**世文動**(p232/カ写)
地球〔アイベックス〕(p606/カ写)

アルプスイモリ ⇒ミヤマイモリを見よ

アルプスクシイモリ *Triturus carnifex*
イモリ科の両生類。全長15〜17cm。[分]イタリア〜バルカン半島
¶**爬両1800**(p456/カ写)

アルプスサラマンダー *Salamandra atra*
イモリ科の両生類。全長14〜15cm。[分]ヨーロッパ中部〜東部の高山地帯
¶**爬両1800**(p461/カ写)

アルプスシャモア *Rupicapra rupicapra*
ウシ科の哺乳類。[分]ヨーロッパ中央部〜南部
¶**驚野動**(p159/カ写)

アルプストガリネズミ *Sorex alpinus* アルプス尖鼠
トガリネズミ科の哺乳類。体長6〜7.5cm。
¶**地球**(p560/カ写)

アルプスマーモット *Marmota marmota*
リス科の哺乳類。[分]ヨーロッパ中央部
¶**驚野動**(p160/カ写)
世文動(p108/カ写)

アルフレッドサンバー *Rusa alfredi*
シカ科の哺乳類。体高70〜76cm。[分]フィリピンのパナイ島・ネグロス島
¶**地球**(p596/カ写)

アルペン・ダックスブラッケ ⇒アルパイン・ダックスブラケを見よ

アルペンレンディッシェ・ダックスブラッケ ⇒アルパイン・ダックスブラケを見よ

アルマジロトカゲ *Cordylus cataphractus*
ヨロイトカゲ科の爬虫類。絶滅危惧II類。全長15〜20cm。[分]南アフリカ共和国南西部
¶**驚野動**(p235/カ写)
世爬(p146/カ写)
爬両1800(p218/カ写)
爬両ビ(p152/カ写)

アレチシギダチョウ *Nothoprocta cinerascens* 荒地鶉駝鳥
シギダチョウ科の鳥。全長30〜33cm。[分]ボリビア, パラグアイ, アルゼンチン
¶**鳥卵巣**(p35/カ写, カ図)

アレチノスリ *Buteo swainsoni* 荒地鵟
タカ科の鳥。全長48〜56cm。[分]アメリカ合衆国の西半分やカナダ・メキシコで繁殖, 南米で越冬
¶**世鳥大**(p199/カ写)
世鳥ネ(p106/カ写)
地球(p436/カ写)

アレナリウスヘビ *Spalerosophis arenarius*
ナミヘビ科ナミヘビ亜科の爬虫類。全長120〜150cm。[分]インド, パキスタン
¶**爬両1800**(p301/カ写)

アレンゴライアスガエル *Conraua alleni*
アカガエル科の両生類。体長150〜200mm。[分]アフリカ西部の沿岸部
¶**かえる百**(p14/カ写)

アレンサイイグアナ *Cyclura cyclura inornata*
イグアナ科の爬虫類。絶滅危惧IB類。[分]エグズーマ諸島(バハマ)
¶**遺産世**(Reptilia No.14-3/カ写)

アレンハチドリ *Selasphorus sasin* アレン蜂鳥
ハチドリ科ハチドリ亜科の鳥。全長8〜9cm。[分]カリフォルニア沿岸部
¶**ハチドリ**(p346/カ写)

アレンミミズサンショウウオ *Oedipina alleni*
アメリカサンショウウオ科の両生類。全長11〜15cm。
¶**地球**(p368/カ写)

ア

アレンモンキー *Allenopithecus nigroviridis*
オナガザル科の哺乳類。頭胴長41〜51cm。㊕コンゴ東部, ザイール西部
¶**世文動**(p84/カ写)
美サル(p181/カ写)

アロウカナ Araucana
鶏の一品種。体重 オス2.7〜3.2kg, メス2.25〜2.7kg。チリの原産。
¶**日家**(p207/カ写)

アロペキス Alopekis
犬の一品種。体高20〜30cm前後。ギリシャの原産。
¶**新犬種**(p49)

アワレガエル *Rana luctuosa*
アカガエル科の両生類。別名マホガニーガエル。体長4〜5cm前後。㊕インドネシア, マレーシア
¶**カエル見**(p86/カ写)
世両(p143/カ写)
爬両1800(p416/カ写)
爬両ビ(p278/カ写)

アンカラナアデガエル *Mantella* sp.aff.*viridis* “Ankarana”
マダガスカルガエル科(マラガシーガエル科)の両生類。体長2.2〜3cm。㊕マダガスカル北部
¶**カエル見**(p67/カ写)
爬両1800(p400/カ写)

アングラータナキヤモリ *Hemidactylus angulatus*
ヤモリ科の爬虫類。全長10〜15cm。㊕アフリカ大陸西部・中部・東部
¶**爬両1800**(p132/カ写)

アングロ・アラブ Anglo Arab
馬の一品種。軽量馬。体高155〜170cm。フランス・イギリス・ヨーロッパ各国の原産。
¶**アルテ馬**(p58/カ写)
世文動(p187/カ写)
日家(p39/カ写)

アングロ・ヌビアン Anglo Nubian
山羊の一品種。別名アビシニア, エジプトヤギ。乳用品種。体高 オス90〜100cm, メス70〜85cm。イギリス(アフリカ・ヌビア産のヤギをイギリスで改良)の原産。
¶**世文動**(p233/カ写)
日家(p116/カ写)

アングロ・ノルマン Anglo Norman
馬の一品種。体高155〜165cm。フランスの原産。
¶**世文動**(p187/カ写)
日家(p26/カ写)

アングロ=フランセ・ド・プチ・ヴェヌリー Anglo-Français de Petite Vénerie
犬の一品種。別名アングロ・フランセ・ド・プティ・ベーネリ, アングロ=フランセ・ド・プティット・ヴェヌリー, プチ・アングロ・フランセ, ミディアムサイズ・アングロ・フレンチ・ハウンド。体高48〜56cm。フランスの原産。
¶**最犬大**〔ミディアムサイズ・アングロ・フレンチ・ハウンド〕(p287/カ写)
新犬種〔アングロ=フランセ・ド・プティット・ヴェヌリー〕(p150/カ写)
ビ犬(p154/カ写)

アングロ・ロシアン・ハウンド ⇒ロシアン・パイボールド・ハウンドを見よ

アンゴラ〔ヤギ〕 Angora Goat
ヤギの一品種(毛用)。体高0.9〜1.1m。トルコのアンカラ(旧名アンゴラ)の原産。
¶**世文動**(p233/カ写)
地球(p606/カ写)
日家(p117/カ写)

アンゴラウサギ(1) ⇒イングリッシュアンゴラを見よ

アンゴラウサギ(2) ⇒サテンアンゴラを見よ

アンゴラウサギ(3) ⇒ジャイアントアンゴラを見よ

アンゴラウサギ(4) ⇒フレンチアンゴラを見よ

アンゴラオヒキコウモリ *Tadarida condylura*
オヒキコウモリ科の哺乳類。体長7〜8.5cm。㊕アフリカ
¶**世哺**(p93/カ写)

アンゴラコロブス *Colobus angolensis*
オナガザル科の哺乳類。体高47〜68cm。㊕コンゴ民主共和国, アンゴラ北東部, ザンビア北西部など
¶**地球**(p545/カ写)
美サル(p196/カ写)

アンゴラニシキヘビ *Python anchietae*
ニシキヘビ科の爬虫類。別名アンゴラパイソン。全長1.2〜1.5m, 最大2.0m。㊕アンゴラ南部, ナミビア北部
¶**世ヘビ**〔アンゴラパイソン〕(p74/カ写)
爬両1800(p253/カ写)
爬両ビ(p184/カ写)

アンゴラパイソン ⇒アンゴラニシキヘビを見よ

アンコール Ankole
ウシの一品種。体高1.4〜1.5m。ウガンダの原産。
¶**世文動**(p212/カ写)
地球(p601/カ写)

アーンストチズガメ *Graptemys ernsti*
ヌマガメ科アミメガメ亜科の爬虫類。甲長9〜29cm。㊕アメリカ合衆国(アラバマ州・フロリダ州)
¶**世カメ**(p224/カ写)
爬両1800(p25/カ写)

アンソニーヤドクガエル *Epipedobates anthonyi*
ヤドクガエル科の両生類。体長1.9〜2.4cm。㊛エクアドル, ペルー
¶**カエル見**(p105/カ写)
爬両1800(p427/カ写)

アンダーウッドヘビメテユー *Gymnophthalmus underwoodi*
ピグミーテユー科(メガネトカゲ科)の爬虫類。全長10〜13cm。㊛南米大陸北東部, トリニダード
¶**爬両1800**(p196/カ写)

アンダーソンサラマンダー *Ambystoma andersoni*
マルクチサラマンダー科の両生類。全長16〜20cm。㊛メキシコ(ミチョアカン州)
¶**爬両1800**(p441/カ写)
爬両ビ(p304/カ写)

アンダーソンサワヘビ *Opisthotropis andersonii*
ナミヘビ科ユウダ亜科の爬虫類。全長30cm前後。㊛中国(香港), ベトナム
¶**爬両1800**(p275/カ写)

アンタノシーヒルヤモリ *Phelsuma antanosy*
ヤモリ科の爬虫類。絶滅危惧IA類。㊛マダガスカル南東のトラニャロの海岸林
¶**レ生**(p32/カ写)

アンダマンオオクイナ *Rallina canningi* アンダマン大秧鶏, アンダマン大水鶏
クイナ科の鳥。全長34cm。㊛インド領アンダマン諸島
¶**世鳥卵**(p84/カ写, カ図)

アンダルシアン〔ウマ〕 Andalusian
馬の一品種。軽量馬。体高150〜160cm。スペインの原産。
¶**アルテ馬**(p50/カ写)
日家(p45/カ写)

アンダルシアン〔ニワトリ〕 Andalusian
鶏の一品種(卵用種)。体重 オス3.2〜3.6kg, メス2.3〜2.7kg。スペインの原産。
¶**日家**(p193/カ写)

アンダルシアン・ポデンコ ⇒ポデンコ・アンダルースを見よ

アンダルシアン・マウス・ハンティング・テリア
Andalusian Mouse-Hanting Terrier
犬の一品種。別名ペロ・ラトネーロ・アンダルース, ラトネーロ・ボデグエロ・アンダルース, アンダルシアン・ラット・ハンティング・ドッグ。体高オス37〜43cm, メス35〜41cm。スペインの原産。
¶**最犬大**〔ラトネーロ・ボデグエロ・アンダルース〕(p169/カ写)
新犬種〔ラトネーロまたはボデゲーロ・アンダルース〕(p76)

アンダルシアン・ラット・ハンティング・ドッグ
⇒アンダルシアン・マウス・ハンティング・テリアを見よ

アンチエタアガマ *Agama anchietae*
アガマ科の爬虫類。全長14〜18cm前後。㊛南アフリカ共和国〜コンゴ民主共和国南部
¶**爬両1800**(p103/カ写)

アンチエタヒラタカナヘビ *Meroles anchietae*
カナヘビ科の爬虫類。全長8〜9cm。㊛ナミビア
¶**爬両1800**(p194/カ写)
爬両ビ(p133/カ写)

アンチルカンムリハチドリ *Orthorhyncus cristatus* アンチル冠蜂鳥
ハチドリ科ハチドリ亜科の鳥。全長8〜9.5cm。㊛西インド諸島のプエルトリコ〜小アンティル諸島
¶**鳥卵巣**(p238/カ写, カ図)
ハチドリ(p215/カ写)

アンティグアレーサー *Alsophis antiguae*
ナミヘビ科の爬虫類。絶滅危惧IA類。全長 オス80cm, メス100cm。㊛東カリブ海のアンティグア
¶**絶百2**(p44/カ写)
レ生(p33/カ写)

アンティルマナティー *Trichechus manatus manatus*
マナティー科の哺乳類。体長3〜4m。
¶**地球**(p515/カ写)

アンテキヌスモドキ *Parantechinus apicalis*
フクロネコ科の哺乳類。絶滅危惧IB類。体長10〜16cm。㊛オーストラリア
¶**世哺**(p59/カ写)

アンデスアレチゲラ *Colaptes rupicola* アンデス荒地啄木鳥
キツツキ科の鳥。全長32cm。㊛南アメリカ北西部〜南西部
¶**驚野動**(p111/カ写)

アンデスイワドリ *Rupicola peruvianus* アンデス岩鳥
カザリドリ科の鳥。全長30〜32cm。㊛アンデス山脈, ベネズエラ〜ボリビア
¶**驚野動**(p89/カ写)
世色鳥(p9/カ写)
世鳥大(p339/カ写)
世鳥ネ(p254/カ写)
地球(p483/カ写)

アンデスオオカミ *Dasicyon hagenbecki*
イヌ科の哺乳類。頭胴長140cm。㊛アルゼンチンのアンデス高地
¶**野生イヌ**(p150/カ図)

ア

アンデスオオコノハズク *Otus ingens* アンデス大木葉木菟
フクロウ科の鳥。全長25～28cm。
¶**地球**（p464/カ写）

アンデスカラカラ *Phalcoboenus megalopterus*
ハヤブサ科の鳥。全長48～53cm。
¶**世鳥ネ**（p92/カ写）
地球（p431/カ写）

アンデスガン *Chloephaga melanoptera* アンデス雁
ガンカモ科の鳥。全長70～80cm。[分]ペルー南部～ボリビア, チリ, アルゼンチン
¶**世鳥大**（p128/カ写）

アンデスジカ *Hippocamelus bisulcus*
シカ科の哺乳類。絶滅危惧IB類。[分]アルゼンチン南部, チリ
¶**レ生**（p34/カ写）

アンデスシギダチョウ *Nothoprocta pentlandii* アンデス鶉駝鳥
シギダチョウ科の鳥。全長27cm。[分]エクアドル南部～チリ南部およびアルゼンチン北部までのアンデス山脈
¶**世鳥大**（p102/カ写）
鳥卵巣（p36/カ写, カ図）

アンデスネコ *Felis jacobita*
ネコ科の哺乳類。別名マウンテンキャット。絶滅危惧IB類。頭胴長57～75cm。[分]ペルー南部～チリ北部のアンデス山地
¶**世哺**（p277/カ写）
地球（p583/カ写）
野生ネコ（p150/カ写, カ図）

アンデスフラミンゴ *Phoenicoparrus andinus*
フラミンゴ科の鳥。絶滅危惧II類。全長1～1.1m。[分]アンデス山脈（ペルー, ボリビア, チリ, アルゼンチン）
¶**遺産世**（Aves No.10/カ写）
原色鳥（p90/カ写）
絶百2（p46/カ写）
世鳥大（p155/カ写）
地球（p424/カ写）
鳥絶（p130/カ図）
鳥卵巣（p80/カ写, カ図）

アンデスヤマハチドリ *Oreotrochilus estella* アンデス山蜂鳥
ハチドリ科ミドリフタオハチドリ亜科の鳥。全長13cm。[分]アンデス山脈, ペルー～アルゼンチン, チリ
¶**世鳥ネ**（p213/カ写）
地球（p471/カ写）
ハチドリ（p118/カ写）

アンテロープジャックウサギ *Lepus alleni*
ウサギ科の哺乳類。体長45～60cm。[分]ニューメキシコ南部, アリゾナ南部～メキシコのナヤリト北部, ティブロン島
¶**地球**（p522/カ写）

アンドラカタヒシメクサガエル *Heterixalus andrakata*
クサガエル科の両生類。体長2.3～3.2cm。[分]マダガスカル北部
¶**カエル見**〔アンドラカヒシメクサガエル〕（p59/カ写）
爬両1800（p397/カ写）

アントンジルネコツメヤモリ *Blaesodactylus antongilensis*
ヤモリ科ヤモリ亜科の爬虫類。全長18～21cm。[分]マダガスカル北東部
¶**ゲッコー**（p34/カ写）
爬両1800（p135/カ写）
爬両ビ（p105/カ写）

アンナアカメアマガエル ⇒アンナネコメアマガエルを見よ

アンナイドリ *Pycnoptilus floccosus*
トゲハシムシクイ科の鳥。全長16～18cm。[分]オーストラリア南東部
¶**世鳥大**（p368）

アンナネコメアマガエル *Agalychnis annae*
アマガエル科の両生類。別名アンナアカメアマガエル。絶滅危惧IB類。体長57～84mm。[分]コスタリカ中部
¶**遺産世**（Amphibia No.5/カ写）
世カエ〔アンナアカメアマガエル〕（p208/カ写）

アンナハチドリ *Calypte anna* アンナ蜂鳥
ハチドリ科ハチドリ亜科の鳥。全長9～11cm。[分]アメリカ合衆国西部で繁殖。メキシコ以北で越冬
¶**原色鳥**（p76/カ写）
世色鳥（p20/カ写）
世鳥大（p299/カ写）
世鳥ネ（p217/カ写）
地球（p470/カ写）
鳥卵巣（p240/カ写, カ図）
ハチドリ（p334/カ写）

アンナンガメ *Mauremys annamensis*
アジアガメ科（イシガメ（バタグールガメ）科）の爬虫類。甲長18～20cm。[分]ベトナム中部
¶**世カメ**（p256/カ写）
世爬（p38/カ写）
爬両1800（p39/カ写）
爬両ビ（p36/カ写）

アンビローブササクレヤモリ *Paroedura homalorhina*
ヤモリ科の爬虫類。全長12cmまで。[分]マダガスカル北部

¶**爬両1800**(p147/カ写)

アンブルカメレオン *Calumma ambreense*
カメレオン科の爬虫類。全長38〜48cm。㊎マダガスカル北部(アンブル山とその付近)
¶**爬両1800**(p120/カ写)

アンブルヒメカメレオン *Brookesia ambreensis*
カメレオン科の爬虫類。全長8.5〜9.5cm。㊎マダガスカル北端部(アンブル山)
¶**爬両1800**(p126/カ写)

アンボイナホカケトカゲ *Hydrosaurus amboinensis*
アガマ科の爬虫類。全長80〜100cm。㊎インドネシア, ニューギニア島
¶**世爬**(p77/カ写)
爬両1800(p99/カ写)
爬両ビ(p81/カ写)

アンワンティボ *Arctocebus calabarensis*
ロリス科の哺乳類。体長22〜26cm。㊎アフリカ
¶**世文動**(p75/カ写)
世哺(p100/カ写)
美サル(p166/カ写)

【イ】

イイジマウミヘビ *Emydocephalus ijimae* 飯島海蛇
コブラ科の爬虫類。絶滅危惧II類(環境省レッドリスト)。全長50〜90cm。㊎南西諸島, 台湾, フィリピン。日本では南西諸島の沿岸
¶**遺産日**(爬虫類 No.9/カ写, モ図)
原爬両(No.114/カ写)
世文動(p299/カ写)
日カメ(p244/カ写)
爬両飼(p62/カ写)
野日爬(p40,189/カ写)

イイジマムシクイ *Phylloscopus ijimae* 飯島虫食, 飯島虫喰
ウグイス科(ムシクイ科)の鳥。絶滅危惧II類(環境省レッドリスト), 天然記念物。全長10cm。㊎繁殖地は伊豆諸島, トカラ列島の一部。越冬地はフィリピン北部
¶**四季鳥**(p119/カ写)
巣と卵決(p159/カ写, カ図)
絶鳥事(p214/モ図)
世鳥大(p416/カ写)
世文鳥(p234/カ写)
鳥卵巣(p316/カ写, カ図)
鳥比(p117/カ写)
鳥650(p555/カ写)
名鳥図(p206/カ写)
日ア鳥(p463/カ写)
日鳥識(p246/カ写)
日鳥巣(p236/カ写)
日鳥山新(p206/カ写)
日鳥山増(p243/カ写)
日野鳥新(p506/カ写)
日野鳥増(p531/カ写)
羽根決(p310/カ写, カ図)
フ日野新(p256/カ図)
フ日野増(p256/カ図)
フ野鳥(p314/カ図)
野鳥学フ(p78/カ写)
野鳥山フ(p50,321/カ図, カ写)
山溪名鳥(p205/カ写)

イイズナ *Mustela nivalis* 飯綱
イタチ科の哺乳類。体長11〜26cm。㊎北アメリカ, ユーラシア。日本では北海道の全域・青森県・山形県の月山地方
¶**くら哺**(p66/カ写)
世文動(p156/カ写)
世哺(p248/カ写)
地球(p573/カ写)
日哺改(p84/カ写)

イーウィ ⇒ベニハワイミツスイを見よ

イエアマガエル ⇒イエアメガエルを見よ

イエアメガエル *Litoria caerulea*
アマガエル科の両生類。別名イエアマガエル, ホワイトアマガエル。体長7〜12cm。㊎ニューギニア南部, オーストラリア北部・東部
¶**かえる百**(p67/カ写)
カエル見(p42/カ写)
驚野動(p326/カ写)
世カエ(p254/カ写)
世文動(p321/カ写)
世両(p69/カ写)
地球(p361/カ写)
爬両1800(p383/カ写)
爬両ビ(p253/カ写)

イエウサギ ⇒カイウサギを見よ

イエガラス *Corvus splendens* 家鴉, 家烏
カラス科の鳥。全長42cm。㊎イラン〜インド, ミャンマー, タイ
¶**世鳥大**(p393/カ写)
鳥650(p745/カ写)
フ日野増(p338/カ図)

イエコウモリ ⇒アブラコウモリを見よ

イエスズメ *Passer domesticus* 家雀
スズメ科(ハタオリドリ科)の鳥。全長15cm。㊎ユーラシア, 北アフリカ, 中東
¶**世鳥大**(p453/カ写)
世鳥卵(p225/カ写, カ図)
世鳥ネ(p312/カ写)

地球（p494/カ写）
鳥卵巣（p330/カ写, カ図）
鳥比（p161/カ写）
鳥650（p653/カ写）
名鳥図（p236/カ写）
日鳥山新（p305/カ写）
日鳥山増（p323/カ写）
フ日野新（p338/カ図）
フ日野増（p336/カ図）
フ野鳥（p368/カ図）

イエネコ　*Felis catus*　家猫
ネコ科の哺乳類。別名ノネコ, ノラネコ。頭胴長50cm前後。
¶くら哺（p56/カ写）
日哺改（p94/カ写）
日哺学フ〔ネコ〕（p160/カ写）

イエミソサザイ　*Troglodytes aedon*　家鷦鷯
ミソサザイ科の鳥。全長11〜13cm。㊎北・中央・南アメリカ
¶世鳥大（p425/カ写）
世鳥ネ（p292/カ写）

イエムトフンド　Jämthund
犬の一品種。別名スウェーディッシュ・エルクハウンド。体高 オス57〜65cm, メス52〜60cm。スウェーデンの原産。
¶最犬大〔イェムトフンド〕（p231/カ写）
新犬種〔イェムトフント〕（p165/カ写）
新世犬（p101/カ写）
図世犬（p198/カ写）
ビ犬〔スウェディッシュ・エルクハウンド〕（p109/カ写）

イエメンオオトカゲ　*Varanus yemenensis*
オオトカゲ科の爬虫類。全長100〜110cm。㊎サウジアラビア南西部, イエメン西部
¶**爬両1800**（p242/カ写）
爬両ビ（p171/カ写）

イエメンサンドスキンク　*Scincus hemprichii*
スキンク科の爬虫類。別名ミミナシサンドスキンク。全長15〜20cm。㊎アラビア南西部
¶世文動〔ミミナシサンドスキンク〕（p274/カ写）
爬両1800（p205/カ写）
爬両ビ（p145/カ写）

イエメントゲオアガマ　⇒ベントトゲオアガマを見よ

イエローアナコンダ　⇒キイロアナコンダを見よ

イオウジマメジロ　*Zosterops japonicus alani*　硫黄島目白
メジロ科の鳥。メジロの亜種。別名イオウトウメジロ。㊎小笠原諸島の硫黄列島
¶日野鳥増（p560/カ写）
野鳥学フ〔イオウトウメジロ〕（p28/カ写）

イオウトウメジロ　⇒イオウジマメジロを見よ

イカケヤクサガエル　*Hyperolius tuberilinguis*
クサガエル科の両生類。別名サメハダクサガエル。体長2.5〜3.5cm。㊎アフリカ大陸東部〜南部
¶地球（p359/カ写）
爬両1800（p392/カ写）

イカル　*Eophona personata*　桑鳲, 斑鳩, 鵤
アトリ科の鳥。全長22cm。㊎シベリア南西部, 中国北部および日本の北部で繁殖。日本の南部・中国中部で越冬
¶くら鳥（p48/カ写）
原寸羽（p281/カ写）
里山鳥（p39/カ写）
四季鳥（p77/カ写）
巣と卵決（p198/カ写, カ図）
世鳥大（p468/カ写）
世文鳥（p265/カ写）
地球（p497/カ写）
鳥卵巣（p339/カ写, カ図）
鳥比（p183/カ写）
鳥650（p692/カ写）
名鳥図（p234/カ写）
日ア鳥（p591/カ写）
日色鳥（p114/カ写）
日鳥識（p292/カ写）
日鳥巣（p290/カ写）
日鳥山新（p348/カ写）
日鳥山増（p321/カ写）
日野鳥新（p623/カ写）
日野鳥増（p607/カ写）
ぱっ鳥（p360/カ写）
バード（p80/カ写）
羽根決（p348/カ写, カ図）
ひと目鳥（p221/カ写）
フ日野新（p290/カ図）
フ日野増（p290/カ図）
フ野鳥（p390/カ図）
野鳥学フ（p49/カ写）
野鳥山フ（p58,361/カ図, カ写）
山溪名鳥（p44/カ写）

イカルチドリ　*Charadrius placidus*　桑鳲千鳥, 斑鳩千鳥, 鵤千鳥
チドリ科の鳥。全長21cm。㊎ウスリー地方, 中国東部, 日本
¶くら鳥（p106/カ写）
里山鳥（p44/カ写）
四季鳥（p23/カ写）
巣と卵決（p72/カ写, カ図）
世文鳥（p114/カ写）
鳥卵巣（p179/カ写, カ図）
鳥比（p275/カ写）
鳥650（p229/カ写）
名鳥図（p77/カ写）

日ア鳥（p196/カ写）
日鳥識（p136/カ写）
日鳥巣（p80/カ写）
日鳥水増（p190/カ写）
日野鳥新（p217/カ写）
日野鳥増（p241/カ写）
ぱっ鳥（p132/カ写）
バード（p119/カ写）
ひと目鳥（p93/カ写）
フ日野新（p130/カ図）
フ日野増（p130/カ図）
フ野鳥（p134/カ図）
野鳥学フ（p151/カ写）
野鳥山フ（p28,169/カ図, カ写）
山溪名鳥（p165/カ写）

イクビマブヤ *Trachylepis brevicollis*
スキンク科の爬虫類。全長18～26cm。 ㊕アフリカ大陸東部, アラビア半島南部
¶爬両**1800**（p204/カ写）

イサベラワタアシハチドリ *Eriocnemis isabellae* イサベラ綿足蜂鳥
ハチドリ科ミドリフタオハチドリ亜科の鳥。絶滅危惧IA類。全長9.5～10cm。
¶ハチドリ（p368）

イザベルオオトカゲ *Varanus spinulosus*
オオトカゲ科の爬虫類。全長85cm前後。 ㊕ソロモン諸島
¶爬両**1800**（p236/カ写）
爬両ビ（p166/カ写）

イシイルカ *Phocoenoides dalli*
ネズミイルカ科の哺乳類。成体体重 メス70～160kg, オス80～200kg。 ㊕北太平洋の温帯～亜北極圏
¶クイ百（p274/カ図）
くら哺（p104/カ写）
世哺（p183/カ図）
地球（p614/カ図）
日哺学フ（p236/カ写, カ図）

イシガキシジュウカラ *Parus minor nigriloris* 石垣四十雀
シジュウカラ科の鳥。シジュウカラの亜種。
¶日色鳥（p200/カ写）
日鳥山新（p169/カ写）
日野鳥新（p477/カ写）
日野鳥増（p555/カ写）
山溪名鳥（p181/カ写）

イシガキトカゲ *Plestiodon stimpsonii* 石垣石竜子, 石垣蜥蜴
スキンク科（トカゲ科）の爬虫類。日本固有種。全長15cm前後。 ㊕八重山諸島
¶原爬両（No.60/カ写）
日カメ（p112/カ写）
爬両飼（p115/カ写）
爬両**1800**（p199/カ写）
野日爬（p21,51,96/カ写）

イシガキヒヨドリ *Hypsipetes amaurotis stejnegeri* 石垣鵯
ヒヨドリ科の鳥。ヒヨドリの亜種。
¶鳥卵巣（p274/カ写, カ図）
日鳥山新（p187/カ写）
日鳥山増（p159/カ写）
日野鳥新（p493/カ写）
日野鳥増（p473/カ写）
山溪名鳥（p279/カ写）

イシカワガエル *Rana ishikawae* 石川蛙
アカガエル科の両生類。絶滅危惧IB類（環境省レッドリスト）, 天然記念物。日本固有種。体長9～12cm。 ㊕沖縄島北部, 奄美大島
¶原爬両（No.143/カ写）
絶事（p14,182/カ写, モ図）
世文動（p332/カ写）
爬両観（p117/カ写）
爬両飼（p186/カ写）
爬両**1800**（p414/カ写）
爬両ビ（p278/カ写）

イシヅチサンショウウオ *Hynobius hirosei* 石鎚山椒魚
サンショウウオ科の両生類。日本固有種。全長131～186mm。 ㊕四国
¶原爬両（No.183/カ写）
日カサ（p192/カ写）
野日両（p24,62,125/カ写）

イシチドリ *Burhinus oedicnemus* 石千鳥
イシチドリ科の鳥。全長40～44cm。 ㊕ヨーロッパ南・西部, 西南アジア, 北アフリカ, 中東, インド亜大陸
¶世鳥大（p220/カ写）
世鳥卵（p103/カ写, カ図）
地球（p444/カ写）
鳥卵巣（p170/カ写, カ図）

イスカ *Loxia curvirostra* 鶍, 交喙, 交嘴
アトリ科の鳥。全長17cm。 ㊕北アメリカ, ヨーロッパ, アジア
¶くら鳥（p49/カ写）
原寸羽（p278/カ写）
里山鳥（p157/カ写）
四季鳥（p102/カ写）
世鳥大（p467/カ写）
世鳥卵（p223/カ写, カ図）
世鳥ネ（p322/カ写）
世文鳥（p262/カ写）
地球（p496/カ写）
鳥比（p182/カ写）
鳥**650**（p686/カ写）

名鳥図 (p231/カ写)
日ア鳥 (p586/カ写)
日色鳥 (p22/カ写)
日鳥識 (p288/カ写)
日鳥山新 (p343/カ写)
日鳥山増 (p316/カ写)
日野鳥新 (p614/カ写)
日野鳥増 (p600/カ写)
ばっ鳥 (p356/カ写)
バード (p79/カ写)
羽根決 (p343/カ写, カ図)
ひと目鳥 (p217/カ写)
フ日野新 (p286/カ図)
フ日野増 (p286/カ図)
フ野鳥 (p386/カ図)
野鳥学フ (p87/カ写)
野鳥山フ (p58,357/カ図, カ写)
山溪名鳥 (p46/カ写)

イスタルスキ・オストロドゥラキ・ゴニッチ ⇒イストリアン・ラフヘアード・ハウンドを見よ

イスタルスキ・クラトコドゥラキ・ゴニッチ ⇒イストリアン・ショートヘアード・セント・ハウンドを見よ

イースタンインディゴスネーク *Drymarchon corais couperi*
ナミヘビ科の爬虫類。別名トウブインディゴヘビ。全長約2.4m。㊎アメリカ合衆国 (フロリダ州)
¶**絶百9**〔トウブインディゴヘビ〕(p72/カ写)
世ヘビ (p41/カ写)

イースタンキングスネーク *Lampropeltis getula getula*
ナミヘビ科の爬虫類。コモンキングスネークの亜種。別名チェーンキングスネーク。全長最大2.0m。㊎アメリカ (アラバマ州, ニュージャージー州, バージニア州, フロリダ州)
¶**世ヘビ** (p24/カ写)

イースタン・グレイハウンド ⇒ホルタイを見よ

イースタンホッグノーズスネーク ⇒トウブシシバナヘビを見よ

イースタンミルクスネーク *Lampropeltis triangulum triangulum*
ナミヘビ科の爬虫類。ミルクスネークの亜種。別名トウブミルクヘビ。全長最大1.5m。㊎アメリカ北東部, カナダ東南部
¶**世ヘビ** (p35/カ写)

イースタンワームスネーク *Carphophis amoenus*
ナミヘビ科ヒラタヘビ亜科の爬虫類。全長20〜30cm。㊎アメリカ合衆国東部
¶**爬両1800** (p282/カ写)

イースト・シベリアン・ライカ East Siberian Laika
犬の一品種。別名ヴォストーチノ・シビールスカヤ・ライカ。体高 オス57〜64cm, メス53〜60cm。ロシアの原産。
¶**最犬大** (p226/カ写)
新犬種 (p188/カ写)
ビ犬 (p108/カ写)

イースト・フリージアン East Friesian
羊の一品種。乳用品種。体重 オス100〜120kg, メス75〜85kg。ドイツの原産。
¶**日家** (p127/カ写)

イストラスキ・オストロダギ・ゴニッツ ⇒イストリアン・ラフヘアード・ハウンドを見よ

イストラスキ・クラコダギ・ゴニッツ ⇒イストリアン・ショートヘアード・セント・ハウンドを見よ

イストリアン・シェパード・ドッグ ⇒カルスト・シェパード・ドッグを見よ

イストリアン・ショートヘアード・セント・ハウンド Istrian Short-haired Scent Hound
犬の一品種。別名イスタルスキ・クラトコドゥラキ・ゴニッチ, イストラスキ・クラコダギ・ゴニッツ, イストリアン・スムースコーテッド・ハウンド。体高44〜56cm。クロアチアの原産。
¶**最犬大** (p297/カ写)
新犬種〔イストリアン・スムーズ・ハウンド〕(p160/カ写)
ビ犬〔イストリアン・スムースコーテッド・ハウンド〕(p150/カ写)

イストリアン・スムースコーテッド・ハウンド ⇒イストリアン・ショートヘアード・セント・ハウンドを見よ

イストリアン・スムーズ・ハウンド ⇒イストリアン・ショートヘアード・セント・ハウンドを見よ

イストリアン・ラフヘアード・ハウンド Istrian Rough-haired Hound
犬の一品種。別名イスタルスキ・オストロドゥラキ・ゴニッチ, イストラスキ・オストロダギ・ゴニッツ, イストリアン・ワイアーヘアード・ハウンド。体高46〜58cm。クロアチアの原産。
¶**最犬大**〔イストリアン・ワイアーヘアード・セント・ハウンド〕(p297/カ写)
新犬種 (p160/カ写)
ビ犬〔イストリアン・ワイアーヘアード・ハウンド〕(p149/カ写)

イストリアン・ワイアーヘアード・セント・ハウンド ⇒イストリアン・ラフヘアード・ハウンドを見よ

イストリアン・ワイアーヘアード・ハウンド ⇒イストリアン・ラフヘアード・ハウンドを見よ

イスパニオラスライダー ⇒ハイチスライダーを見よ

イスパニョーラチビヤモリ *Sphaerodactylus difficillis*
ヤモリ科チビヤモリ亜科の爬虫類。全長4〜6cm。
㊎ドミニカ共和国, ハイチ
¶ゲッコー(p105/カ写)

イスパノ・アラブ Hispano Arab
馬の一品種。軽量馬。
¶アルテ馬(p53/カ写)

イズミサラマンダー ⇒スプリングサラマンダーを見よ

イズミサンショウウオ ⇒スプリングサラマンダーを見よ

イズモ〔ニワトリ〕 ⇒イズモコーチンを見よ

イズモコーチン Izumo Cochin 出雲コーチン
鶏の一品種。別名イズモ。体重 オス3.4kg, メス2.4kg。島根県の原産。
¶日家〔出雲コーチン〕(p189/カ写)

イスラボニータコヤスガエル *Craugastor crassidigitus*
フトハラコヤスガエル科の両生類。全長2〜5cm。
¶地球(p353/カ写)

イスランスクア・フィアフンダ ⇒アイスランド・シープドッグを見よ

イースレンクール・フュヤールフンドゥール ⇒アイスランド・シープドッグを見よ

イセジドリ ⇒ショウジョウジドリを見よ

イソシギ *Actitis hypoleucos* 磯鷸, 磯鴫
シギ科の鳥。全長20cm。㊎ユーラシア大陸中部〜北部。日本では北海道, 本州, 九州
¶くら鳥(p112/カ写)
原寸羽(p295/カ写)
里山鳥(p48/カ写)
四季鳥(p34/カ写)
巣と卵決(p233/カ写, カ図)
世鳥卵(p97/カ写, カ図)
世文鳥(p133/カ写)
鳥卵巣(p189/カ写, カ図)
鳥比(p291/カ写)
鳥**650**(p270/カ写)
名鳥図(p93/カ写)
日ア鳥(p233/カ写)
日鳥識(p154/カ写)
日鳥巣(p86/カ写)
日鳥水増(p243/カ写)
日野鳥新(p269/カ写)
日野鳥増(p277/カ写)
ぱっ鳥(p156/カ写)
バード(p120/カ写)
羽根決(p154/カ写, カ図)
ひと目鳥(p71/カ写)
フ日野新(p148/カ図)
フ日野増(p148/カ図)
フ野鳥(p160/カ図)
野鳥学フ(p152/カ写, カ図)
野鳥山フ(p32,197/カ図, カ写)
山溪名鳥(p263/カ写)

イソヒヨドリ *Monticola solitarius* 磯鵯
ヒタキ科(ツグミ科)の鳥。全長20〜23cm。
㊎ヨーロッパ, アフリカ, アジア
¶くら鳥(p59,60/カ写)
原色鳥(p118/カ写)
原寸羽(p249/カ写)
里山鳥(p220/カ写)
四季鳥(p108/カ写)
巣と卵決(p138/カ写, カ図)
世文鳥(p221/カ写)
鳥卵巣(p286/カ写, カ図)
鳥比(p152/カ写)
鳥**650**(p633/カ写)
名鳥図(p194/カ写)
日ア鳥(p538/カ写)
日鳥識(p266/カ写)
日鳥巣(p198/カ写)
日鳥山新(p285/カ写)
日鳥山増(p195/カ写)
日野鳥新(p562/カ写)
日野鳥増(p500/カ写)
ぱっ鳥(p325/カ写)
バード(p143/カ写)
羽根決(p284/カ写, カ図)
ひと目鳥(p182/カ写)
フ日野新(p242/カ図)
フ日野増(p242/カ図)
フ野鳥(p356/カ図)
野鳥学フ(p201/カ写)
野鳥山フ(p52,301/カ図, カ写)
山溪名鳥(p47/カ写)

イソヒヨドリ〔亜種〕 *Monticola solitarius philippensis* 磯鵯
ヒタキ科(ツグミ科)の鳥。
¶日色鳥〔イソヒヨドリ〕(p36/カ写)
日鳥山新〔亜種イソヒヨドリ〕(p285/カ写)
日鳥山増〔亜種イソヒヨドリ〕(p195/カ写)
日野鳥新〔イソヒヨドリ*〕(p562/カ写)
日野鳥増〔イソヒヨドリ*〕(p500/カ写)

イタチ ⇒ニホンイタチを見よ

イタチキツネザル *Lepilemur mustelinus*
キツネザル科(イタチキツネザル科)の哺乳類。体長30〜35cm。㊎マダガスカル

¶世文動 (p71/カ写)
世哺 (p105/カ写)

イタティアイアコウチガエル *Holoaden bradei*
ユビナガガエル科の両生類。絶滅危惧IA類。㊕ブラジル南東にあるイタティアイア山脈
¶レ生 (p38/カ写)

イタハシヤマオオハシ *Andigena laminirostris* 板嘴山大嘴
オオハシ科の鳥。全長46〜51cm。㊕南アメリカ北西部 (コロンビア南西部〜エクアドル西部)
¶世鳥大 (p317/カ写)
鳥卵巣 (p251/カ写, カ図)

イタリアカベカナヘビ *Podarcis siculus*
カナヘビ科の爬虫類。別名ハイキョカベカナヘビ。全長20cm前後。㊕フランス, イタリア, アドリア海沿岸諸国, トルコなど
¶地球 (p386/カ写)
爬両1800〔ハイキョカベカナヘビ〕(p185/カ写)

イタリアジュウバンバ Italian Heavy Draught イタリア重輓馬
馬の一品種。重量馬。体高150〜160cm。イタリアの原産。
¶アルテ馬〔イタリア重輓馬〕(p210/カ写)

イタリアホラアナサンショウウオ *Speleomantes italicus*
アメリカサンショウウオ科の両生類。全長7〜12cm。
¶地球 (p369/カ写)

イタリアン・ヴォルピーノ ⇒イタリアン・ボルピノを見よ

イタリアン・グレーハウンド Italian Greyhound
犬の一品種。別名ピッコロ・レブリアーロ・イタリアーノ, ピッコロ・レブリエロ・イタリアーノ。体高32〜38cm。イタリアの原産。
¶最犬大 (p406/カ写)
新犬種〔イタリアン・グレイハウンド〕(p81/カ写)
新世犬 (p280/カ写)
図世犬 (p336/カ写)
世文動 (p143/カ写)
ビ犬 (p127/カ写)

イタリアン・コルソ・ドッグ Italian Corso Dog
犬の一品種。別名カネ・コルソ・イタリアーノ。体高 オス64〜68cm, メス60〜64cm。イタリアの原産。
¶最犬大 (p125/カ写)
新犬種〔カネ・コルソ・イタリアーノ〕(p265/カ写)
ビ犬 (p89/カ写)

イタリアン・スピッツ ⇒イタリアン・ボルピノを見よ

イタリアン・スピノーネ Italian Spinone
犬の一品種。別名スピノーネ, スピノーネ・イタリアーノ, イタリアン・スピノン, ブラッコ・スピノーゾ (旧名)。体高 オス60〜70cm, メス58〜65cm。イタリアの原産。
¶最犬大〔スピノーネ・イタリアーノ〕(p333/カ写)
新犬種〔スピノーネ〕(p269/カ写)
新世犬〔イタリアン・スピノン〕(p160/カ写)
図世犬〔イタリアン・スピノン〕(p253/カ写)
ビ犬 (p250/カ写)

イタリアン・スピノン ⇒イタリアン・スピノーネを見よ

イタリアン・ハウンド・ショートヘアード Italian Hound Short-haired
犬の一品種。別名セグージョ・イタリアーノ・ア・ペロ・ラゾ。体高 オス52〜58cm, メス48〜56cm。イタリアの原産。
¶最犬大 (p296/カ写)
新犬種〔セグージョ・イタリアーノ〕(p149/カ写)
ビ犬〔セグージョ・イタリアーノ〕(p151/カ写)

イタリアン・ハウンド・ラフヘアード Italian Hound Rough-haired
犬の一品種。別名セグージョ・イタリアーノ・ア・ペロ・フォルテ。体高 オス52〜60cm, メス50〜58cm。イタリアの原産。
¶最犬大 (p296/カ写)
新犬種〔セグージョ・イタリアーノ〕(p149/カ写)
ビ犬〔セグージョ・イタリアーノ〕(p151/カ写)

イタリアン・ポインター ⇒ブラッコ・イタリアーノを見よ

イタリアン・ポインティング・ドッグ ⇒ブラッコ・イタリアーノを見よ

イタリアン・ボルピノ Italian Volpino
犬の一品種。別名イタリアン・スピッツ, ボルピノ・イタリアーノ, ヴォルピーノ・イタリアーノ。体高 オス27〜30cm, メス25〜28cm。イタリアの原産。
¶最犬大〔イタリアン・ヴォルピーノ〕(p218/カ写)
新犬種〔ヴォルピーノ・イタリアーノ〕(p57/カ写)
新世犬 (p320/カ写)
図世犬 (p197/カ写)
ビ犬〔イタリアン・ヴォルピーノ〕(p115/カ写)

イタリアン・マスティフ ⇒ナポリタン・マスティフを見よ

イチゴヤドクガエル *Dendrobates pumilio* 苺矢毒蛙
ヤドクガエル科の両生類。別名ストロベリーヤドクガエル。体長2〜2.5cm。㊕ニカラグア, パナマ, コスタリカ
¶かえる百 (p49/カ写)
カエル見 (p98/カ写)
世カエ (p186/カ写)
世文動 (p326/カ写)

世両（p156/カ写）
地球〔ストロベリーヤドクガエル〕（p359/カ写）
爬両1800（p423〜424/カ写）
爬両ビ（p288/カ写）

イチジクインコ *Cyclopsitta diophthalma* 無花果鸚哥
インコ科の鳥。全長13〜16cm。㊕ニューギニア，パプア諸島西部，オーストラリア北東部
¶世鳥大（p271/カ写）

イチマツユウダ *Natrix tessellata*
ナミヘビ科ユウダ亜科の爬虫類。別名ダイスヤマカガシ。全長60〜90cm。㊕ヨーロッパ南部〜東部，アラビア半島，中央アジアなど
¶世文動〔ダイスヤマカガシ〕（p292/カ写）
爬両1800（p275/カ写）
爬両ビ（p198/カ写）

イチョウハクジラ *Mesoplodon ginkgodens* 銀杏歯鯨
アカボウクジラ科の哺乳類。体長4.7〜5m。㊕西太平洋の温帯，ガラパゴス諸島
¶クイ百（p226/カ図）
くら哺（p109/カ写）
地球（p614/カ図）
日哺学フ（p221/カ図）

イッカク *Monodon monoceros* 一角
イッカク科の哺乳類。準絶滅危惧。成体体重 メス900kg，オス1.7t。㊕北極の大西洋側，北緯60度より北
¶遺産世（Mammalia No.48/カ写）
驚野動（p30/カ写）
クイ百（p196/カ図，カ写）
世文動（p128/カ写）
世哺（p196/カ図）
地球（p615/カ図）
日哺学フ（p223/カ写，カ図）

イッカクドリアガエル *Limnonectes plicatellus*
アカガエル科の両生類。別名サイガエル，シワハダドリアガエル。体長3.5〜4.3cm前後。㊕タイ南部，マレー半島
¶カエル見（p87/カ写）
世カエ〔シワハダドリアガエル〕（p314/カ写）
世両（p144/カ写）
爬両1800（p417/カ写）
爬両ビ（p281/カ写）

イッコウチョウ *Amadina fasciata* 一紅鳥
カエデチョウ科の鳥。全長12cm。㊕アフリカのサハラ砂漠以南
¶世鳥大（p458/カ写）
地球（p495/カ写）
鳥飼（p95/カ写）

イツスジトカゲ *Plestiodon fasciatus*
スキンク科の爬虫類。全長12〜20cm。㊕アメリカ合衆国南部〜東部
¶地球（p386/カ写）
爬両1800（p200/カ写）

イツスジマブヤ *Trachylepis quinquetaeniata*
スキンク科の爬虫類。全長18〜22cm。㊕アフリカ大陸広域
¶爬両1800（p203/カ写）

イツスジヤドクガエル *Dendrobates quinquevittatus*
ヤドクガエル科の両生類。全長1.5〜2cm。㊕ブラジル
¶カエル見（p103/カ写）
地球（p359/カ写）
爬両1800（p425/カ写）

イトコホソユビヤモリ *Cyrtodactylus consobrinus*
ヤモリ科ヤモリ亜科の爬虫類。全長22〜28cm。㊕マレー半島，ボルネオ島
¶ゲッコー（p53/カ写）
爬両1800（p149/カ写）
爬両ビ（p103/カ写）

イナカムスラーナ ⇒ラプラタムスラーナを見よ

イナズマヘビ *Mimophis mahfalensis*
ナミヘビ科アレチヘビ亜科の爬虫類。全長80〜100cm。㊕マダガスカル
¶爬両1800（p336/カ写）

イナダヨシキリ *Acrocephalus agricola* 稲田葦切
ヨシキリ科の鳥。全長13cm。㊕中央アジア・イラン東部・アフガニスタン北部〜モンゴル・中国北東部
¶世鳥大（p415/カ写）
世鳥ネ（p285/カ写）
鳥比（p123/カ写）
鳥650（p570/カ写）
日ア鳥（p480/カ写）
日鳥山新（p222/カ写）
日鳥山増（p225/カ写）
フ日野新（p332/カ図）
フ日野増（p330/カ図）
フ野鳥（p324/カ図）

イナバヒタキ *Oenanthe isabellina* 因幡鶲
ヒタキ科の鳥。全長16cm。㊕中近東・中央アジア〜旧ソ連南部・中国北部
¶四季鳥（p23/カ写）
世文鳥（p218/カ写）
鳥比（p148/カ写）
鳥650（p628/カ写）
日ア鳥（p534/カ写）
日鳥識（p270/カ写）
日鳥山新（p281/カ写）
日鳥山増（p190/カ写）
日野鳥新（p560/カ写）
日野鳥増（p498/カ写）
フ日野新（p240/カ図）

フ日野増(p240/カ図)
フ野鳥(p354/カ図)

イヌ *Canis familiaris* 犬
イヌ科の哺乳類。ペットとして世界中に分布。ペットの犬が野生化したノイヌも日本国内各地で見られる。
¶日哺改(p76/カ写)
日哺学フ(p160/カ写)

イヌバオオガシラ *Boiga cynodon*
ナミヘビ科ナミヘビ亜科の爬虫類。全長180～280cm。㊕東南アジア, インド北部
¶世文動(p294/カ写)
世ヘビ(p82/カ写)
爬両**1800**(p295/カ写)

イヌワシ(1) *Aquila chrysaetos* 狗鷲, 犬鷲
タカ科の鳥。天然記念物。全長75～90cm。㊕北アメリカ全域, ヨーロッパ, アジア
¶驚野動(p162/カ写)
里山鳥(p225/カ写)
四季鳥(p64/カ写)
巣と卵決(p57,229/カ写, カ図)
世鳥大(p202/カ写)
世鳥卵(p62/カ写, カ図)
世鳥ネ(p104/カ写)
世文鳥(p91/カ写)
地球(p432/カ写)
鳥卵巣(p113/カ写, カ図)
鳥比(p36/カ写)
鳥**650**(p416/カ写)
名鳥図(p132/カ写)
日ア鳥(p348/カ写)
日鳥識(p198/カ写)
日鳥巣(p52/カ写)
日鳥山新(p84/カ写)
日鳥山増(p42/カ写)
日野鳥新(p386/カ写)
日野鳥増(p356/カ写)
ぱっ鳥(p214/カ写)
バード(p39,86/カ写)
羽根決(p104/カ写, カ図)
ひと目鳥(p117/カ写)
フ日野新(p168/カ図)
フ日野増(p168/カ図)
フ野鳥(p228/カ図)
野鳥学フ(p139/カ写)
野鳥山フ(p25,139/カ図, カ写)
山溪名鳥(p48/カ写)
ワシ(p120/カ写)

イヌワシ(2) ⇒ニホンイヌワシを見よ

イノシシ *Sus scrofa* 猪
イノシシ科の哺乳類。体長90～180cm。㊕アジア, 日本, ヨーロッパ, 北アフリカ
¶驚野動(p169/カ写)
くら哺(p70/カ写)
世文動(p193/カ写)
世哺(p324/カ写)
地球(p595/カ写)
日家(p108/カ写)
日哺改(p108/カ写)

イノブタ 猪豚
イノシシとブタを交雑して作り出した家畜。
¶日哺学フ〔ブタとイノブタ〕(p160/カ写)

イパーニエル・ド・ポン・オードメール ⇒ポンオードメル・スパニエルを見よ

イパニエール・ナン・コンチネンタル ⇒パピヨンを見よ

イパーニエル・ピカー ⇒ピカルディ・スパニエルを見よ

イパーニエル・フランセ ⇒フレンチ・スパニエルを見よ

イパーニエル・ブルー・ド・ピカルディ ⇒ブルー・ピカルディ・スパニエルを見よ

イパーニエル・ブルトン ⇒ブリタニー・スパニエルを見よ

イバラカメレオン *Trioceros laterispinis*
カメレオン科の爬虫類。全長13～15cm。㊕タンザニア南西部(ウツングワ山など)
¶爬両**1800**(p114/カ写)

イバラマントガエル ⇒フリンジマントガエルを見よ

イビーサカベカナヘビ *Podarcis pityusensis*
カナヘビ科の爬虫類。別名イビザカベカナヘビ, キメアラカベカナヘビ。絶滅危惧II類。全長18～20cm。㊕スペイン(バレアス諸島)
¶絶百**4**(p10/カ図)
爬両**1800**〔キメアラカベカナヘビ〕(p186～187/カ写)

イビザン・ハウンド Ibizan Hound
犬の一品種。別名ポデンコ・イビセンコ, ポデンゴ・イビセンコ, レーキング・トロット。体高 オス66～72cm, メス60～67cm。スペインの原産。
¶最犬大(p247/カ写)
新犬種〔ポデンコ・イビセンコ〕(p286/カ写)
新世犬(p206/カ写)
図世犬(p194/カ写)
世文動〔イビサン・ハウンド〕(p143/カ写)
ビ犬(p33/カ写)

イヘヤトカゲモドキ *Goniurosaurus kuroiwae toyamai* 伊平屋蜥蜴擬
トカゲモドキ科の爬虫類。絶滅危惧IA類(環境省レッドリスト)。日本固有亜種。㊕沖縄諸島の伊平

屋島
¶原爬両(No.43/カ写)
絶事(p7,112/カ写, モ図)
日カメ(p88/カ写)
爬両飼(p98/カ写)
野日爬(p31,146/カ写)

イベリアアカガエル *Rana iberica*
アカガエル科の両生類。体長55〜70mm。㊕ポルトガル, スペイン中部
¶世カエ(p344/カ写)

イベリアオオヤマネコ ⇒スペインオオヤマネコを見よ

イベリアカタシロワシ *Aquila adalberti* イベリア肩白鷲
タカ科の鳥。絶滅危惧II類。体長75〜84cm。㊕スペイン, ポルトガル
¶絶百10(p88/カ写)
鳥絶〔Spanish Imperial Eagle〕(p137/カ図)

イベリアカベカナヘビ *Podarcis hispanicus*
カナヘビ科の爬虫類。全長20cm前後。㊕ヨーロッパ西部, アフリカ大陸北西部
¶爬両1800(p188/カ写)

イベリアトゲイモリ *Pleurodeles waltl*
イモリ科の両生類。全長15〜30cm。㊕イベリア半島, モロッコ
¶世文動(p312/カ写)
世両(p219/カ写)
地球(p366/カ写)
爬両1800(p457/カ写)
爬両ビ(p315/カ写)

イベリアミドリカナヘビ ⇒シュライバーカナヘビを見よ

イベリアミミズトカゲ *Blanus cinereus*
ミミズトカゲ科(セイヨウミミズトカゲ科)の爬虫類。全長25〜30cm。㊕ポルトガル, スペイン, モロッコ
¶地球(p389/カ写)
爬両1800(p246/カ写)

イボイノシシ *Phacochoerus aethiopicus* 疣猪
イノシシ科の哺乳類。体高64〜85cm。㊕サハラ砂漠以南のアフリカ
¶驚野動(p230/カ写)
世文動(p194/カ写)
世哺(p326/カ写)
地球(p595/カ写)

イボイモリ *Echinotriton andersoni* 疣井守, 疣蠑螈
イモリ科の両生類。絶滅危惧II類(環境省レッドリスト), 天然記念物。日本固有種。全長13〜19cm。㊕奄美諸島, 沖縄諸島
¶原爬両(No.162/カ写)
絶事(p13,172/カ写, モ図)
世文動〔リュウキュウイボイモリ〕(p313/カ写)
日カサ(p200/カ写)
爬両観(p122/カ写)
爬両飼(p205/カ写)
爬両1800(p454/カ写)
爬両ビ(p312/カ写)
野日両(p29,69,139/カ写)

イボガエルガメ ⇒コシヒロカエルガメを見よ

イボクビスッポン *Palea steindachneri* 疣首鼈
スッポン科スッポン亜科の爬虫類。別名コブクビスッポン。甲長35〜40cm。㊕中国, ベトナム。ハワイ, モーリシャスなどに移入帰化
¶世カメ(p173/カ写)
爬両1800(p51/カ写)
爬両ビ(p41/カ写)

イボジムグリガエル *Kaloula verrucosa*
ヒメガエル科の両生類。体長3〜5cm。㊕中国南部
¶カエル見(p72/カ写)
爬両1800(p404/カ写)

イボヤドクガエル *Oophaga granulifera* 疣矢毒蛙
ヤドクガエル科の両生類。全長2cm。㊕コスタリカの太平洋岸の森林
¶世文動(p326/カ写)
地球(p359/カ写)

イボヨルトカゲ *Lepidophyma flavimaculatum*
ヨルトカゲ科の爬虫類。全長16〜18cm。㊕メキシコ南西部〜コスタリカ, パナマ
¶世爬(p150/カ写)
世文動(p269/カ写)
地球(p388/カ写)
爬両1800(p225/カ写)
爬両ビ(p158/カ写)

イランダマジカ *Dama mesopotamica*
シカ科の哺乳類。体長約220cm。㊕イラン南部
¶世文動(p205)

イランド *Taurotragus oryx*
ウシ科の哺乳類。別名エランド。体高1〜1.5m。㊕アフリカ
¶世文動(p215/カ写)
世哺〔エランド〕(p351/カ写)
地球(p599/カ写)

イリエワニ *Crocodylus porosus*
クロコダイル科の爬虫類。全長3〜7m。㊕東南アジア〜南アジア, オセアニアの沿岸部
¶世文動(p306/カ写)
地球(p401/カ写)
爬両1800(p346/カ写)

イ

イリオモテヤマネコ *Prionailurus bengalensis iriomotensis* 西表山猫
ネコ科の哺乳類。ベンガルヤマネコの亜種。別名ヤマピカリャー，ヤママヤー。絶滅危惧IA類（環境省レッドリスト），特別天然記念物。頭胴長50～60cm。㊕沖縄県の西表島
¶**遺産日**（哺乳類 No.8/カ写）
くら哺（p56/カ写）
絶事（p74/モ図）
絶百8（p16/カ写）
世文動（p168/カ写）
日哺改（p92/カ写）
日哺学フ（p196/カ写）
野生ネコ（p24/カ写，カ図）

イリナキウサギ *Ochotona iliensis*
ナキウサギ科の哺乳類。絶滅危惧IB類。㊕中国の天山山脈
¶**レ生**（p44/カ写）

イリリアン・シープドッグ ⇒サルプラニナを見よ

イロカエカロテス *Calotes versicolor*
アガマ科の爬虫類。全長20～40cm。㊕ユーラシア大陸南部，アメリカ合衆国南東部（帰化）
¶**世爬**（p74/カ写）
地球（p381/カ写）
爬両1800（p92/カ写）
爬両ビ（p78/カ写）

イロカエクサガエル *Hyperolius viridiflavus*
クサガエル科の両生類。体長2.3～3cm。㊕アフリカ中部～南部広域
¶**カエル見**（p52/カ写）
世カエ（p388/カ写）
世両（p86/カ写）
爬両1800（p391/カ写）
爬両ビ（p258/カ写）

イロマジリゴシキドリ *Eubucco versicolor* 色交五色鳥
ゴシキドリ科の鳥。全長16cm。㊕アフリカ，アジア，中南米の熱帯
¶**世色鳥**（p87/カ写）

イロメガエル属の1種 *Boophis* sp.
マダガスカルガエル科の両生類。㊕マダガスカル
¶**爬両1800**（p402/カ写）

イロワケイルカ *Cephalorhynchus commersonii* 色分海豚
マイルカ科の哺乳類。体長1.3～1.7m。㊕アルゼンチン沿岸，ネグロ川～ホーン岬，マゼラン海峡，フォークランド諸島，ケルゲレン諸島
¶**クイ百**（p108/カ図）
世哺（p191/カ図）
地球（p616/カ図）

イロワケガエル *Discoglossus pictus*
ミミナシガエル科の両生類。全長6～7cm。
¶**地球**（p353/カ写）

イワインコ *Cyanoliseus patagonus* 岩鸚哥
インコ科の鳥。全長39～52cm。㊕アルゼンチンとチリで繁殖する。不定期にアルゼンチン北部やウルグアイくらいまで北上して越冬
¶**世鳥大**（p269/カ写）
地球（p459/カ写）

イワオオトカゲ *Varanus albigularis*
オオトカゲ科の爬虫類。全長180～200cm。㊕アフリカ大陸南部・東部沿岸
¶**世爬**（p161/カ写）
爬両1800（p242/カ写）
爬両ビ（p171/カ写）

イワカモメ *Larus fuliginosus* 岩鷗
カモメ科の鳥。絶滅危惧II類。全長51～55cm。㊕ガラパゴス諸島（エクアドル）（固有）
¶**遺産世**（Aves No.24/カ写）
絶百2（p70/カ写）
鳥絶（p152/カ図）

イワガラガラヘビ *Crotalus lepidus*
クサリヘビ科の爬虫類。全長40～80cm。㊕アメリカ合衆国南部～メキシコ北部
¶**世文動**〔イワガラガラ〕（p304/カ写）
爬両1800（p343/カ写）

イワキツツキ *Geocolaptes olivaceus* 岩啄木鳥
キツツキ科の鳥。全長22～30cm。㊕南アフリカ
¶**世鳥大**（p324/カ写）
地球（p480/カ写）

イワクサインコ *Neophema petrophila* 岩草鸚哥
インコ科の鳥。全長21～24cm。㊕オーストラリア南部・南西部の海岸に生息
¶**世鳥大**（p258/カ写）

イワサキセダカヘビ *Pareas iwasakii* 岩崎背高蛇
ナミヘビ科（セダカヘビ科）の爬虫類。準絶滅危惧（環境省レッドリスト）。日本固有種。全長50～60cm。㊕八重山諸島
¶**原爬両**（No.94/カ写）
絶事（p10,134/カ写，モ図）
世爬〔イワサキセタカヘビ〕（p220/カ写）
世文動〔イワサキセタカヘビ〕（p295/カ写）
日カメ（p152/カ写）
爬両観（p154/カ写）
爬両飼（p42/カ写）
爬両1800〔イワサキセタカヘビ〕（p332/カ写）
爬両ビ〔イワサキセタカヘビ〕（p205/カ写）
野日爬（p32,151/カ写）

イワサキワモンベニヘビ *Sinomicrurus macclellandi iwasakii* 岩崎輪紋紅蛇
コブラ科の爬虫類。絶滅危惧II類（環境省レッドリスト）。日本固有種。全長30～80cm。[分]八重山諸島（石垣島・西表島）。別の亜種が台湾, 中国, 東南アジア～インドにかけて分布
¶**原爬両**（No.107/カ写）
絶事（p150/モ図）
日カメ（p242/カ写）
爬両飼（p56/カ写）
野日爬（p39,187/カ写）

イワシクジラ *Balaenoptera borealis* 鰯鯨, 鰮鯨
ナガスクジラ科の哺乳類。絶滅危惧IB類。体長12～16m。[分]北インド洋を除く全ての大洋
¶**クイ百**（p90/カ図）
くら哺（p88/カ写）
絶百4（p90/カ写, カ図）
世文動（p124/カ写）
地球（p613/カ図）
日哺学フ（p205/カ写, カ図）

イワシャコ *Alectoris chukar* 岩鷓鴣
キジ科の鳥。全長32～39cm。
¶**世鳥大**（p113/カ写）
世鳥ネ（p28/カ写）
地球（p410/カ写）
鳥卵巣（p131/カ写, カ図）

イワスズメ *Petronia petronia* 岩雀
スズメ科の鳥。全長14cm。[分]ヨーロッパ, 北アフリカ, アジア
¶**世鳥大**（p453/カ写）
世鳥ネ（p312/カ写）

イワツバメ *Delichon dasypus* 岩燕
ツバメ科の鳥。全長13cm。[分]インド～東南アジアを経由してウスリー・サハリンまで, 主に南アジアと東アジア。冬季は南アジアに渡る
¶**くら鳥**（p36/カ写）
里山鳥（p21/カ写）
四季鳥（p24/カ写）
巣と卵決（p106/カ写, カ図）
世鳥大（p407/カ写）
世文鳥（p199/カ写）
鳥卵巣（p266/カ写, カ図）
鳥比（p102/カ写）
鳥650（p531/カ写）
名鳥図（p173/カ写）
日ア鳥（p442/カ写）
日鳥識（p240/カ写）
日鳥巣（p154/カ写）
日鳥山新（p184/カ写）
日鳥山増（p136/カ写）
日野鳥新（p490/カ写）
日野鳥増（p450/カ写）
ぱっ鳥（p276/カ写）
バード（p91/カ写）
ひと目鳥（p161/カ写）
フ日野新（p218/カ図）
フ日野増（p218/カ図）
フ野鳥（p300/カ図）
野鳥学フ（p104/カ写, カ図）
野鳥山フ（p47,271/カ図, カ写）
山溪名鳥（p233/カ写）

イワテジドリ 岩手地鶏
鶏の一品種。体重 オス1.5kg。岩手県の原産。
¶**日家**〔岩手地鶏〕（p152/カ写）

イワトビペンギン *Eudyptes chrysocome* 岩跳ペンギン
ペンギン科の鳥類。絶滅危惧II類。全長45～58cm。[分]南アメリカ南部, 太平洋南部, 大西洋南部, インド洋南部, 南極海
¶**遺産世**（Aves No.3-1/カ写）
驚野動（p368/カ写）
世鳥大（p139/カ写）
地球（p416/カ写）
鳥卵巣（p41/カ写, カ図）

イワドリ *Rupicola rupicola* 岩鳥
カザリドリ科の鳥。体長32cm。[分]南アメリカ北東部
¶**世色鳥**（p122/カ写）
世鳥卵（p148/カ写, カ図）
世鳥ネ（p254/カ写）

イワニセヨロイトカゲ *Pseudocordylus microlepidotus*
ヨロイトカゲ科の爬虫類。頭胴長13～15cm。[分]南アフリカ
¶**世文動**（p271/カ写）

イワバホオジロ *Emberiza buchanani* 岩場頰白
ホオジロ科の鳥。全長14～15.5cm。[分]迷鳥として飛島・舳倉島・愛知県で記録
¶**鳥比**（p190/カ写）
鳥650（p701/カ写）
日鳥山新（p358/カ写）
日鳥山増（p276/カ写）
フ日野新（p338/カ図）
フ野鳥（p396/カ図）

イワハリトカゲ *Sceloporus poinsettii*
イグアナ科ツノトカゲ亜科の爬虫類。全長21～28cm。[分]アメリカ合衆国南部, メキシコ
¶**爬両1800**（p81/カ写）

イワヒバリ *Prunella collaris* 岩雲雀, 岩鷚
イワヒバリ科の鳥。全長18cm。[分]北西アフリカ, 南ヨーロッパ, アジアの一部の山岳地帯
¶**くら鳥**（p63/カ写）
四季鳥（p44/カ写）

巣と卵決（p126/カ写, カ図）
世鳥ネ（p315/カ写）
世文鳥（p213/カ写）
鳥比（p99/カ写）
鳥650（p650/カ写）
名鳥図（p187/カ写）
日ア鳥（p554/カ写）
日鳥識（p276/カ写）
日鳥巣（p182/カ写）
日鳥山新（p302/カ写）
日鳥山増（p172/カ写）
日野鳥新（p576/カ写）
日野鳥増（p486/カ写）
ぱっ鳥（p336/カ写）
バード（p88/カ写）
羽根決（p272/カ写, カ図）
ひと目鳥（p176/カ写）
フ日野新（p234/カ図）
フ日野増（p234/カ図）
フ野鳥（p366/カ図）
野鳥学フ（p97/カ写, カ図）
野鳥山フ（p49,292/カ図, カ写）
山溪名鳥（p49/カ写）

イワヒメオオトカゲ　*Varanus storri*
オオトカゲ科の爬虫類。全長35cm前後。㊀オーストラリア北部
¶**爬両1800**（p239/カ写）

イワミセキレイ　*Dendronanthus indicus*　岩見鶺鴒, 石見鶺鴒
セキレイ科の鳥。体長15cm。㊀中国北東部, 朝鮮, 旧ソ連南東部で繁殖。東南アジア, インドネシアで越冬。日本では西日本に少数が冬鳥として渡来。極少数が繁殖
¶四季鳥（p77/カ写）
世鳥卵（p157/カ写, カ図）
世文鳥（p200/カ写）
鳥比（p165/カ写）
鳥650（p656/カ写）
日ア鳥（p559/カ写）
日色鳥（p204/カ写）
日鳥識（p278/カ写）
日鳥山新（p308/カ写）
日鳥山増（p138/カ写）
日野鳥新（p582/カ写）
日野鳥増（p452/カ写）
フ日野新（p224/カ図）
フ日野増（p224/カ図）
フ野鳥（p372/カ図）
野鳥学フ（p146/カ写）
野鳥山フ（p46,272/カ図, カ写）
山溪名鳥（p50/カ写）

イワミソサザイ　*Salpinctes obsoletus*　岩鷦鷯
ミソサザイ科の鳥。全長14～16cm。㊀北アメリカの南西部
¶世鳥大（p424/カ写）
世鳥卵（p172/カ写, カ図）
世鳥ネ（p293/カ写）

イワムシクイ　*Origma solitaria*　岩虫食, 岩虫喰
オーストラリアムシクイ科の鳥。体長14cm。㊀ニュー, サウス, ウェールズ州の沿岸部中央
¶世鳥卵（p198/カ写, カ図）

イワヤマフトユビヤモリ　*Pachydactylus montanus*
ヤモリ科ヤモリ亜科の爬虫類。全長9cm。㊀ナミビア, 南アフリカ共和国
¶ゲッコー（p26/カ写）
爬両1800（p133/カ写）

イワヤマプレートトカゲ　*Gerrhosaurus validus*
プレートトカゲ科（ヨロイトカゲ科）の爬虫類。全長50～60cm。㊀アフリカ大陸南部
¶世爬（p148/カ写）
世文動（p272/カ写）
爬両1800（p221/カ写）
爬両ビ（p155/カ写）

インカアジサシ　*Larosterna inca*　インカ鯵刺
カモメ科（アジサシ科）の鳥。全長39～42cm。㊀エクアドル～チリ
¶世鳥大（p239/カ写）
世鳥卵（p117/カ写, カ図）
世鳥ネ（p148/カ写）
地球（p450/カ写）

インカバト　*Columbina inca*　インカ鳩
ハト科の鳥。全長17～23cm。㊀アフリカ南西部～コスタリカ北部にかけて局地的
¶世鳥大（p249/カ写）
地球（p454/カ写）

インカ・ヘアレス・ドッグ　⇒ペルービアン・ヘアレス・ドッグを見よ

インギードリ　Ingi-dori　インギー鶏
鶏の一品種。体重 オス3.5kg, メス2.8kg。鹿児島県種子島の原産。
¶日家〔インギー鶏〕（p162/カ写）

インギナリスコオイガエル　*Colostethus inguinalis*
ヤドクガエル科の両生類。体長2.5cm前後。㊀コロンビア
¶**爬両1800**（p427/カ写）

イングリッシュアンゴラ　English Angora
兎の一品種。トルコの原産。
¶うさぎ（p40/カ写）
新うさぎ（p44/カ写）

イングリッシュ・コッカー・スパニエル　English Cocker Spaniel
犬の一品種。別名コッカー・スパニエル。体高 オ

ス39～41cm, メス38～39cm。イギリスの原産。
¶アルテ犬 (p66/カ写)
最犬大 (p364/カ写)
新犬種 (p100/カ写)
新世犬 (p140/カ写)
図世犬 (p266/カ写)
世文動〔イングリッシュ・コッカー・スパニール〕(p141/カ写)
ビ犬 (p222/カ写)

インググリッシュ・シェパード English Shepherd
犬の一品種。体高45～60cm。アメリカ合衆国の原産。
¶新犬種 (p176/カ写)

イングリッシュ・スプリンガー・スパニエル English Springer Spaniel
犬の一品種。体高48～51cm。イギリスの原産。
¶アルテ犬 (p72/カ写)
最犬大 (p366/カ写)
新犬種 (p129/カ写)
新世犬 (p146/カ写)
図世犬 (p269/カ写)
世文動〔イングリッシュ・スプリンガー・スパニール〕(p141/カ写)
ビ犬 (p224/カ写)

イングリッシュスポット English Spot
兎の一品種。体重2.5～3.5kg。イギリスの原産。
¶うさぎ (p86/カ写)
新うさぎ (p94/カ写)
日家〔イングリッシュ・スポット〕(p137/カ写)

イングリッシュ・セター English Setter
犬の一品種。体高 オス65～68cm, メス61～65cm。イギリスの原産。
¶アルテ犬〔セター〕(p64/カ写)
最犬大 (p317/カ写)
新犬種〔イングリッシュ・セッター〕(p261/カ写)
新世犬 (p144/カ写)
図世犬 (p244/カ写)
世文動〔イングリッシュ・セッター〕(p141/カ写)
ビ犬 (p241/カ写)

イングリッシュ・トイ・スパニエル ⇒キング・チャールズ・スパニエルを見よ

イングリッシュ・フォックスハウンド English Foxhound
犬の一品種。体高58～64cm。イギリスの原産。
¶アルテ犬〔フォックスハウンド〕(p42/カ写)
最犬大 (p274/カ写)
新犬種 (p232/カ写)
新世犬〔フォックスハウンド〕(p199/カ写)
図世犬〔フォックスハウンド〕(p232/カ写)
ビ犬 (p158/カ写)

イングリッシュ・ブルドッグ ⇒ブルドッグを見よ

イングリッシュ・ポインター English Pointer
犬の一品種。体高 オス63～69cm, メス61～66cm。イギリスの原産。
¶アルテ犬〔ポインター〕(p56/カ写)
最犬大 (p316/カ写)
新犬種 (p263/カ写)
新世犬 (p142/カ写)
図世犬 (p242/カ写)
世文動 (p146/カ写)
ビ犬 (p255/カ写)

イングリッシュ・レスター English Leicester
羊の一品種。イギリスの原産。
¶日家 (p129/カ写)

イングリッシュロップ English Lop
兎の一品種。イギリスの原産。
¶うさぎ (p120/カ写)
新うさぎ (p142/カ写)

インダスカワイルカ *Platanista minor* インダス河海豚
カワイルカ科の哺乳類。体長1.5～2.5m。㊎パキスタンのインダス川中流の約600kmの範囲
¶地球 (p617/カ図)

インダストラフガエル *Hoplobatrachus tigerinus*
ヌマガエル科(アカガエル科)の両生類。全長6.5～17cm。㊎インド, ネパール, バングラディシュ, スリランカ, パキスタン
¶カエル見 (p88/カ写)
地球〔トラフガエル〕(p363/カ写)
爬両1800 (p418/カ写)
爬両ビ (p282/カ写)

インディアナホオヒゲコウモリ *Myotis sodalis*
ヒナコウモリ科の哺乳類。絶滅危惧IB類。前腕長3.5～4.1cm。㊎アメリカ合衆国の中西部・東部
¶レ生 (p45/カ写)

インディアン・ゲーム Indian Game
鶏の一品種。別名コーニッシュ。アシールとマレーとオールドイングリッシュゲームを交配させたもの。体重 オス3.6kg以上 (最大5.4kg), メス2.7kg以上。イギリスの原産。
¶日家 (p173/カ写)

インディアンパイソン *Python molurus molurus*
ニシキヘビ科の爬虫類。別名テンジクニシキヘビ。全長2.5～3.0m, 最大6.0m。㊎インド, スリランカ, ネパール, パキスタン, バングラディッシュ
¶世ヘビ (p76/カ写)

インディアン・ランナー Indian Runner
アヒル(マガモが家禽化されたもの)の一品種。体重 オス1.6～2.2kg, メス1.4～2.0kg。インドネシアおよびマレーシアの原産。
¶地球 (p414/カ写)

日家（p213/カ写）

インディゴヘビ ⇒クリボーを見よ

イ

インドアイイロヒタキ *Eumyias albicaudatus* 印度藍色鶲
ヒタキ科の鳥。全長15cm。㊐インド南西部
¶原色鳥（p122/カ写）

インドアカガシラサギ *Ardeola grayii* 印度赤頭鷺
サギ科の鳥。全長42〜45cm。㊐イラン，アフガニスタン，インド
¶地球（p427/カ写）
鳥比（p261/カ写）

インドアラコウモリ *Megaderma lyra* 印度荒蝙蝠
アラコウモリ科の哺乳類。頭胴長70〜90mm。㊐アフガニスタン，中国南部，インド，東南アジア
¶世文動（p62/カ図）

インドイタチアナグマ *Melogale personata* 印度鼬穴熊
イタチ科の哺乳類。体長33〜43cm。㊐アジア
¶世哺（p259/カ写）

インドイノシシ *Sus scrofa cristatus* 印度猪
イノシシ科の哺乳類。㊐インド〜マレー半島
¶日家（p109/カ写）

インドオオコウモリ *Pteropus giganteus* 印度大蝙蝠
オオコウモリ科の哺乳類。体長17〜41cm。
¶世文動（p60/カ写）
地球（p551/カ写）

インドオオリス *Ratufa indica* 印度大栗鼠
リス科の哺乳類。絶滅危惧II類。体長35〜40cm。㊐アジア
¶世文動（p109/カ写）
世哺（p150/カ写）

インドガビアル *Gavialis gangeticus*
ガビアル科（クロコダイル科）の爬虫類。絶滅危惧IA類。全長4〜6m。㊐インド，ネパール
¶遺産世（Reptilia No.9/カ写）
驚野動（p265/カ写）
絶百2（p82/カ写）
世文動（p306/カ写）
地球（p400/カ写）
爬両1800（p346/カ写）

インドカワイルカ ⇒ガンジスカワイルカを見よ

インドガン *Anser indicus* 印度雁
カモ科の鳥。全長71〜76cm。㊐中国北東部〜モンゴル，チベット
¶世鳥大（p123/カ写）
地球（p412/カ写）
鳥比（p210/カ写）
鳥650（p34/カ写）
日ア鳥（p26/カ写）
日鳥水増（p107/カ写）
日野鳥新（p34/カ写）
フ日野新（p308/カ図）
フ日野増（p308/カ図）
フ野鳥（p20/カ図）

インドキョン ⇒ホエジカを見よ

インドクジャク *Pavo cristatus* 印度孔雀
キジ科の鳥。全長0.9〜2.2m。㊐インド亜大陸
¶驚野動（p271/カ写）
世色鳥（p150/カ写）
世鳥大（p117/カ写）
世鳥ネ（p32/カ写）
世美羽（p35/カ写，カ図）
地球（p411/カ写）
鳥卵巣（p143/カ写，カ図）
鳥比（p15/カ写）
鳥650（p743/カ写）
名鳥図（p247/カ写）
日色鳥（p52/カ写）
日鳥識（p306/カ写）
日鳥山新（p382/カ写）
フ野鳥（p16/カ図）

インドクロハラマルガメ *Cyclemys gemeli*
アジアガメ科（イシガメ（バタグールガメ）科）の爬虫類。甲長19〜21cm。㊐インド東部
¶世カメ（p281/カ写）
爬両1800（p43/カ写）

インドコガシラスッポン *Chitra indica*
スッポン科スッポン亜科の爬虫類。甲長90〜100cm。㊐インド，パキスタン，ネパール，バングラディシュ
¶世カメ（p168/カ写）
爬両1800（p51/カ写）
爬両ビ（p40/カ写）

インドコサイチョウ *Ocyceros birostris* 印度小犀鳥
サイチョウ科の鳥。全長50〜61cm。
¶世鳥大（p313/カ写）

インドコブウシ Indian Zebu 印度瘤牛
牛の一品種。別名ゼビュー（インド牛の総称）。体重約900kg。インドの原産。
¶世文動（p212/カ写）

インドコブラ *Naja naja*
コブラ科の爬虫類。全長135〜150cm。㊐アジア南部
¶驚野動（p264/カ写）
世文動（p296/カ写）

インドコムクドリ *Sturnia malabarica* 印度小椋鳥
ムクドリ科の鳥。全長20〜21cm。㊐中国南部〜東南アジア

¶鳥比(p128/カ写)

インドサイ *Rhinoceros unicornis* 印度犀
サイ科の哺乳類。絶滅危惧II類。体長3.8m以下。㊀アジア南部(テライ, ブラマプトラ川流域)
¶驚野動(p256/カ写)
絶百5(p90/カ写)
世文動(p190/カ写)
世哺(p321/カ写)
地球(p589/カ写)

インドシナウォータードラゴン *Physignathus cocincinus*
アガマ科の爬虫類。全長60〜90cm。㊀インドネシア東部, タイ, ベトナム, カンボジア, 中国南部
¶世爬(p78/カ写)
地球(p381/カ写)
爬両1800(p99/カ写)
爬両ビ(p82/カ写)

インドシナオオスッポン *Amyda cartilaginea*
スッポン科スッポン亜科の爬虫類。甲長50〜60cm。㊀インドシナ半島, マレー半島, インドネシア島嶼部(ジャワ島・スマトラ島・ボルネオ島・スラウェシ島)
¶世カメ(p166/カ写)
世爬(p43/カ写)
爬両1800(p51/カ写)
爬両ビ(p40/カ写)

インドシナニシクイガメ *Malayemys subtrijuga*
アジアガメ科(イシガメ(バタグールガメ)科)の爬虫類。甲長15〜20cm。㊀インドネシア(ジャワ島), カンボジア, タイ東部, ベトナム南部
¶世カメ(p251/カ写)
世文動〔ニシクイガメ〕(p246/カ写)
爬両1800(p38/カ写)
爬両ビ(p29/カ写)

インドシナミナミトカゲ *Sphenomorphus indicus*
スキンク科の爬虫類。全長20〜28cm。㊀中国南部, インドシナ半島東部, インドなど
¶爬両1800(p202/カ写)
爬両ビ(p141/カ写)

インドスナガエル *Sphaerotheca breviceps*
アカガエル科の両生類。体長50mmまで。㊀アジア(バングラデシュ, ミャンマー, パキスタン, インド, スリランカ)
¶世カエ(p368/カ写)

インドスナヒバリ *Ammomanes phoenicurus* 印度砂雲雀
ヒバリ科の鳥。㊀インド
¶世鳥卵(p153/カ写, カ図)

インドセタカガメ ⇒ニシキセタカガメを見よ

インドセンザンコウ *Manis crassicaudata*
センザンコウ科の哺乳類。体長45〜75cm。
¶地球(p561/カ写)

インドトゲオアガマ *Uromastyx hardwickii*
アガマ科の爬虫類。全長35〜40cm。㊀パキスタン, インド
¶世爬(p86/カ写)
爬両1800(p109/カ写)
爬両ビ(p89/カ写)

インドトサカゲリ *Vanellus indicus* 印度鶏冠鳧
チドリ科の鳥。全長33cm。㊀イラン, イラク〜インド, スリランカ, マレー半島
¶鳥卵巣(p177/カ写, カ図)

インドトビイロマングース *Herpestes fuscus*
マングース科の哺乳類。体長33〜48cm。㊀インド南部, スリランカ
¶地球(p586/カ写)

インドニシキヘビ *Python molurus*
ニシキヘビ科(ボア科)の爬虫類。全長3〜7m。㊀パキスタン, インド, スリランカ
¶世爬(p178/カ写)
世文動(p282/カ写)
地球(p398/カ写)
爬両1800(p253/カ写)
爬両ビ(p188/カ写)

インドネシアキガエル ⇒ナミシンジュメキガエルを見よ

インドノロバ *Equus hemionus khur*
ウマ科の哺乳類。体高1.2〜1.3m。
¶地球(p592/カ写)

インドハゲワシ *Gyps indicus* 印度禿鷲
タカ科の鳥。絶滅危惧IA類。全長89〜103cm。㊀パキスタン南東部, インド
¶遺産世(Aves No.14/カ写)
世鳥大(p191/カ写)
レ生(p46/カ写)

インドハコスッポン *Lissemys punctata* 印度箱鼈
スッポン科の爬虫類。別名アジアハコスッポン。甲長25〜35cm。㊀パキスタン〜インドを経てミャンマーまで, スリランカ
¶世カメ(p164/カ写)
世爬(p43/カ写)
世文動〔アジアハコスッポン〕(p243/カ写)
地球(p373/カ写)
爬両1800(p50/カ写)
爬両ビ(p39/カ写)

インドハッカ *Acridotheres tristis* 印度八哥
ムクドリ科の鳥。別名カバイロハッカ。全長25cm。㊀南アジア

¶世鳥大〔カバイロハッカ〕(p431/カ写)
世鳥ネ(p298/カ写)
世文鳥(p280/カ写)
鳥比(p129/カ写)
鳥650(p742/カ写)
日鳥識(p256/カ写)
日鳥山新(p386/カ写)
日鳥山増(p358/カ写)
フ野鳥(p334/カ図)

インドハリオアマツバメ *Zoonavena sylvatica* 印度針尾雨燕
アマツバメ科の鳥。全長11cm。
¶世鳥大(p293/カ写)

インドヒタキ *Saxicoloides fulicatus* 印度鶲
ヒタキ科の鳥。全長16cm。 ㊕インド, パキスタン
¶世鳥大(p442/カ写)

インドブッポウソウ *Coracias benghalensis* 印度仏法僧
ブッポウソウ科の鳥。全長25〜34cm。 ㊕中東アジア〜インド, 東南アジア
¶原色鳥(p172/カ写)
世鳥大(p305/カ写)
世鳥卵(p140/カ写, カ図)
鳥卵巣(p246/カ写, カ図)

インドホシガメ *Geochelone elegans*
リクガメ科の爬虫類。甲長30cm前後。 ㊕パキスタン, インド, スリランカ
¶世カメ(p25/カ写)
世爬(p12/カ写)
世文動(p251/カ写)
地球(p378/カ写)
爬両1800(p12/カ写)
爬両ビ(p9/カ写)

インドマメジカ *Moschiola meminna*
マメジカ科の哺乳類。体高25〜31cm。 ㊕アジア
¶世文動(p200/カ写)
世哺(p334/カ写)
地球(p596/カ写)

インドヤイロチョウ *Pitta brachyura* 印度八色鳥
ヤイロチョウ科の鳥。全長19cm。
¶世鳥大(p336/カ写)
地球(p482/カ写)

インドヤギュウ ⇒ガウルを見よ

インドライオン *Panthera leo persica*
ネコ科の哺乳類。絶滅危惧IA類。頭胴長約2m。 ㊕インド北西部グジャラート州, ギル森林保護区
¶絶百2(p84/カ写)

インドリ *Indri indri*
インドリ科の哺乳類。絶滅危惧IA類。体高60〜72cm。 ㊕マダガスカル
¶絶百2(p86/カ写)
世文動(p73/カ図)
世哺(p106/カ写)
地球(p537/カ写)
美サル(p128/カ写)

インパラ *Aepyceros melampus*
ウシ科の哺乳類。体高73〜92cm。 ㊕アフリカ
¶驚野動(p197/カ写)
世文動(p226/カ写)
世哺(p371/カ写)
地球(p605/カ写)

インプレッサムツアシガメ ⇒ベッコウムツアシガメを見よ

インペラトールボア *Boa constrictor imperator*
ボア科ボア亜科の爬虫類。ボアコンストリクターの亜種。別名エンペラーボア, メキシカンボア。全長2.0〜2.4m。 ㊕エルサルバドル, コロンビア, グアテマラ, ホンジュラス, ニカラグア, メキシコなど
¶世ヘビ(p11/カ写)
地球〔エンペラーボア〕(p390/カ写)

【ウ】

ウアカリヤドクガエル *Dendrobates uakarii*
ヤドクガエル科の両生類。体長1.5〜1.6cm。 ㊕ペルー
¶カエル見(p101/カ写)
世両(p164/カ写)
爬両1800(p425/カ写)
爬両ビ(p291/カ写)

ヴァハテルフント ⇒ジャーマン・スパニエルを見よ

ヴァレリオアマガエルモドキ *Hyalinobatrachium valerioi*
アマガエルモドキ科(アマガエル科)の両生類。体長1.9〜2.6cm。 ㊕コスタリカ〜パナマ, コロンビア, エクアドル
¶カエル見(p44/カ写)
世両(p71/カ写)
爬両1800(p384/カ写)

ヴァンデルヘーゲカエルガメ ⇒ヘーゲカエルガメを見よ

ヴィエイヤールクチサケヤモリ *Eurydactylodes vieillardi*
ヤモリ科イシヤモリ亜科の爬虫類。全長12〜15cm前後。 ㊕ニューカレドニア
¶ゲッコー(p87/カ写)
爬両1800(p163/カ写)

ヴィサヤイボイノシシ *Sus cebifrons*
イノシシ科の哺乳類。別名フィリピンヒゲイノシシ。絶滅危惧IA類。頭胴長90〜102cm。㊐フィリピンのパナイ島・ネグロス島
¶**絶百9**〔フィリピンヒゲイノシシ〕(p28/カ写)
地球(p595/カ写)

ヴィダシャイムカメレオン ⇒ビダシャイムカメレオンを見よ

ウィードマーモセット *Callithrix kuhlii*
マーモセット科の哺乳類。準絶滅危惧。頭胴長20〜30cm。㊐ブラジル東部
¶**美サル**(p17/カ写)

ウィペット Whippet
犬の一品種。別名ホイペット。体高 オス47〜51cm, メス44〜47cm。イギリスの原産。
¶**アルテ犬**(p52/カ写)
最犬大(p408/カ写)
新犬種〔ウイペット〕(p136/カ写)
新世犬(p218/カ写)
図世犬(p340/カ写)
世文動〔ホイペット〕(p149/カ写)
ビ犬(p128/カ写)

ウイリアムスイシヤモリ *Strophurus williamsi*
ヤモリ科イシヤモリ亜科の爬虫類。全長10〜12cm。㊐オーストラリア東部
¶**ゲッコー**〔ウィリアムスイシヤモリ〕(p79/カ写)
爬両1800(p165/カ写)
爬両ビ(p120/カ写)

ウィリアムズカエルガメ *Phrynops williamsi*
ヘビクビガメ科の爬虫類。甲長30〜33cm。㊐ブラジル南東部, アルゼンチン, ウルグアイ, パラグアイ
¶**世カメ**(p95/カ写)
世爬〔ウイリアムズカエルガメ〕(p53/カ写)
爬両1800(p61/カ写)
爬両ビ〔ウイリアムスカエルガメ〕(p45/カ写)

ウィリアムズハコヨコクビガメ *Pelusios williamsi*
ヨコクビガメ科アフリカヨコクビガメ亜科の爬虫類。甲長20〜25cm。㊐ケニア, タンザニア, ウガンダ, コンゴ民主共和国
¶**世カメ**(p76/カ写)
爬両1800(p70/カ写)
爬両ビ〔ウイリアムスハコヨコクビガメ〕(p55/カ写)

ウィルズカメレオン *Furcifer willsii*
カメレオン科の爬虫類。全長14〜16cm。㊐マダガスカル北部〜中部
¶**爬両1800**(p125/カ写)

ウィルソンアメリカムシクイ *Cardellina pusilla*
ウィルソン亜米利加虫食, ウィルソン亜米利加虫喰
アメリカムシクイ科の鳥。全長11cm。㊐カナダ, アメリカ
¶**世色鳥**(p104/カ写)
鳥比(p186/カ写)
鳥650(p696/カ写)
日ア鳥(p594/カ写)
日色鳥(p113/カ写)
日鳥山新(p353/カ写)
日鳥山増(p271/カ写)
フ日野新(p340/カ図)
フ日野増(p334/カ図)
フ野鳥(p392/カ図)

ウィルソンチドリ *Charadrius wilsonia* ウィルソン千鳥
チドリ科の鳥。全長16cm。㊐北アメリカの南東部海岸〜南アメリカの大西洋岸
¶**鳥卵巣**(p180/カ写, カ図)

ウィルドビースト ⇒オグロヌーを見よ

ヴィルラード・ハウンド ⇒ガスコン・サントンジョワを見よ

ヴィンセントチビヤモリ *Sphaerodactylus vincenti*
ヤモリ科チビヤモリ亜科の爬虫類。全長5〜7cm。㊐小アンティル諸島
¶**ゲッコー**(p104/カ写)

ウインドフンド Windhund
犬の一品種。別名シャルト・ポルスキー, ハルト・ポルスキ, ポーリッシュ・グレイ(グレー)ハウンド。体高 オス70〜80cm, メス68〜75cm。ポーランドの原産。
¶**最犬大**〔ポーリッシュ・グレーハウンド〕(p416/カ写)
新犬種〔ハルト・ポルスキ〕(p332/カ写)
新世犬(p220/カ写)
図世犬(p342/カ写)
ビ犬〔ポーリッシュ・グレーハウンド〕(p130/カ写)

ウエスタンホッグノーズスネーク ⇒セイブシシバナヘビを見よ

ウエスタンワームスネーク *Carphophis vermis*
ナミヘビ科ヒラタヘビ亜科の爬虫類。全長20〜30cm。㊐アメリカ合衆国中部
¶**爬両1800**(p282/カ写)

ウエスティー ⇒ウエスト・ハイランド・ホワイト・テリアを見よ

ウェスト・カントリー・ハーリア West Country Harrier
犬の一品種。体高46〜53cm。イギリスの原産。
¶**新犬種**(p150,151/カ写)

ヴェストゴータ・スペッツ ⇒スウェディッシュ・ヴァルフンドを見よ

ヴェストゴーン・スピッツ ⇒スウェディッシュ・ヴァルフンドを見よ

ウ

ウェスト・シベリアン・ライカ West Siberian Laika
犬の一品種。別名ザーパドノ・シビールスカヤ・ライカ。体高 オス55～62cm, メス51～58cm。ロシアの原産。
¶最犬大 (p227/カ写)
新犬種 (p188/カ写)
新世犬〔ライカ〕(p105/カ写)
図世犬〔ウエスト・シベリアン・ライカ〕(p219/カ写)
ビ犬〔ウエスト・シベリアン・ライカ〕(p108/カ写)

ウエスト・ハイランド・ホワイト・テリア West Highland White Terrier
犬の一品種。別名ウエスティー。体高25～28cm。イギリスの原産。
¶アルテ犬〔ウェスト・ハイランド・ホワイト・テリア〕(p112/カ写)
最犬大 (p174/カ写)
新犬種〔ウェストハイランド・ホワイト・テリア〕(p34/カ写)
新世犬 (p262/カ写)
図世犬 (p168/カ写)
世文動〔ウェスト・ハイランド・ホワイト・テリア〕(p148/カ写)
ビ犬 (p188/カ写)

ウェストファリアン・ダックスブラッケ Westphalian Dachsbracke
犬の一品種。別名ウェストフィリッシュ・デックスブラッケ, ヴェストフェーリッシェ・ダックスブラッケ。体高30～38cm。ドイツの原産。
¶最犬大 (p266/カ写)
新犬種〔ヴェストフェーリッシェ・ダックスブラッケ/ウェストファリアン・ダックスブラッケ〕(p82/カ写)
ビ犬〔ウエストファリアン・ダックスブラケ〕(p169/カ写)

ウェストファーレン Westphalian
馬の一品種。体高152～162cm。ドイツの原産。
¶日家 (p29/カ写)

ヴェストファーレン・テリア Westfalen Terrier
犬の一品種。1970年代初めに狩猟テリアの血筋から作出された。体高 32～40cm。ドイツの原産。
¶新犬種 (p79/カ写)

ウェストフィリッシュ・デックスブラッケ ⇒ウェストファリアン・ダックスブラッケを見よ

ヴェストフェーリッシェ・ダックスブラッケ ⇒ウェストファリアン・ダックスブラッケを見よ

ヴェストヨータスペッツ ⇒スウェディッシュ・ヴァルフンドを見よ

ヴェッターフーン Wetterhoun
犬の一品種。別名ヴェッターホーン, オッターホーン, ダッチ・ウォーター・スパニエル, ダッチ・スパニエル, フリージャン・ウォーター・ドッグ。体高 オス59cm, メス55cm。オランダの原産。
¶最犬大 (p362/カ写)
新犬種 (p252/カ写)
新世犬〔ヴェッターホーン〕(p176/カ写)
図世犬〔ヴェッターホーン〕(p284/カ写)
ビ犬〔フリージャン・ウォーター・ドッグ〕(p230/カ写)

ヴェッターホーン ⇒ヴェッターフーンを見よ

ウェッデルアザラシ *Leptonychotes weddelli*
アザラシ科の哺乳類。体長2.5～3.3m。㊎南極
¶世文動 (p180/カ写)
世哺 (p301/カ写)
地球 (p570/カ写)

ヴェラー
犬の一品種。体高 オス約65cm, メス約60cm±5cm。ドイツの原産。
¶新犬種 (p243/カ写)

ヴェラグアアシナシイモリ *Gymnopis multiplicata*
アシナシイモリ科の両生類。全長50cm。
¶地球 (p365/カ写)

ウェリントンイシヤモリ *Strophurus wellingtonae*
ヤモリ科イシヤモリ亜科の爬虫類。全長12cm前後。㊎オーストラリア西部
¶ゲッコー (p79/カ写)
爬両1800〔ウエリントンイシヤモリ〕(p165/カ写)

ウェルシュ・コーギー・カーディガン Welsh Corgi Cardigan
犬の一品種。別名カーディガン・ウェルシュ・コルギー。体高27～32cm。イギリスの原産。
¶アルテ犬〔ウェルシュ・コーギー〕(p188/カ写)
最犬大 (p46/カ写)
新犬種〔ウェルシュ・コーギ、カーディガン〕(p48/カ写)
新世犬 (p74/カ写)
図世犬 (p88/カ写)
世文動〔カーディガン・ウェルシュ・コルギー〕(p140/カ写)
ビ犬 (p60/カ写)

ウェルシュ・コーギー・ペンブローク Welsh Corgi Pembroke
犬の一品種。別名ペンブローク・ウェルシュ・コルギー。体高25～30cm。イギリスの原産。
¶アルテ犬〔ウェルシュ・コーギー〕(p188/カ写)
最犬大 (p47/カ写)
新犬種〔ウェルシュ・コーギ、ペンブローク〕(p48/カ写)
新世犬 (p72/カ写)
図世犬 (p86/カ写)
世文動〔ペンブローク・ウェルシュ・コルギー〕(p146/カ写)
ビ犬 (p59/カ写)

ウェルシュ・コブ Welsh Cob
馬の一品種(ポニー)。体高142～152cm。ウェールズの原産。
¶**アルテ馬**(p224/カ写)

ウェルシュ・コリー ⇒ウェルシュ・シープドッグを見よ

ウェルシュコンケツシュ Welsh Part-Bred ウェルシュ混血種
馬の一品種。軽量馬。体高152～161cm。ウェールズの原産。
¶**アルテ馬**〔ウェルシュ混血種〕(p64/カ写)

ウェルシュ・シープドッグ Welsh Sheepdog
犬の一品種。別名ウェルシュ・コリー。体重約20kg。イギリスの原産。
¶**最犬大**(p39/カ写)
新犬種(p209/カ写)

ウェルシュ・スプリンガー・スパニエル Welsh Springer Spaniel
犬の一品種。体高 オス48cm, メス46cm。イギリスの原産。
¶**最犬大**(p367/カ写)
新犬種(p129/カ写)
新世犬(p174/カ写)
図世犬(p283/カ写)
世文動〔ウェルシュ・スプリンガー・スパニール〕(p148/カ写)
ビ犬(p226/カ写)

ウェルシュ・テリア Welsh Terrier
犬の一品種。体高39cm以下。イギリスの原産。
¶**最犬大**(p187/カ写)
新犬種(p78/カ写)
新世犬(p264/カ写)
図世犬(p172/カ写)
世文動(p148/カ写)
ビ犬(p201/カ写)

ウェルシュ・ハウンド Welsh Hound
犬の一品種。狐狩り用のラフヘアのハウンド。体高58～64cm。イギリスの原産。
¶**新犬種**(p232/カ写)

ウェルシュ・ポニー Welsh Pony
馬の一品種。体高132cm以下。ウェールズの原産。
¶**アルテ馬**(p220/カ写)
世文動(p189/カ写)
日家〔ウエルシュ・ポニー〕(p41/カ写)

ウェルシュポニー・オブ・コブタイプ Welsh Pony of Cob Type
馬の一品種。体高132cm。ウェールズの原産。
¶**アルテ馬**〔コブ・タイプのウエルシュ・ポニー〕(p225/カ写)

ウェルシュ・マウンテン・ポニー Welsh Mountain Pony
馬の一品種。体高122cm以下。ウェールズの原産。
¶**アルテ馬**(p218/カ写)
日家〔ウエルシュ・マウンテン・ポニー〕(p41/カ写)

ヴェルダー・ダッケル Wālderdackel
犬の一品種。別名シュヴァルツヴェルダー・ブラッケ。狩猟犬。体高 オス35～40cm, メス30～37cm。ドイツの原産。
¶**新犬種**(p83/カ写)

ウオクイコウモリ *Noctilio leporinus* 魚食蝙蝠
ウオクイコウモリ科の哺乳類。体長9～10cm。
㊕中央アメリカ, 南アメリカ
¶**世文動**(p63/カ写)
世哺(p88/カ写)
地球(p556/カ写)

ウオクイフクロウ *Scotopelia peli* 魚食梟
フクロウ科の鳥。全長55～63cm。㊕サハラ以南のアフリカ(南西部は除く)
¶**世鳥大**(p281/カ写)
世鳥ネ(p194/カ写)
地球(p466/カ写)

ウォシタチズガメ *Graptemys ouachitensis ouachitensis*
ヌマガメ科の爬虫類。外来種。甲長約10～24cm。
㊕本州
¶**爬両観**(p131/カ写)

ヴォストーチノ・シビールスカヤ・ライカ ⇒イースト・シベリアン・ライカを見よ

ウォーターサイド・テリア ⇒エアデール・テリアを見よ

ウォーターパイソン ⇒ミズニシキヘビを見よ

ウォーターバック *Kobus ellipsiprymnus*
ウシ科の哺乳類。体長1.3～2.4m。㊕アフリカ
¶**世文動**(p218/カ写)
世哺(p359/カ写)

ウォマ *Aspidites ramsayi*
ボア科(ニシキヘビ科)の爬虫類。絶滅危惧IB類。全長150cm前後。㊕オーストラリア中部・南西部, および北西部
¶**驚野動**(p333/カ写)
絶百2(p92/カ写)
世爬(p181/カ写)
世文動(p284/カ写)
世ヘビ(p61/カ写)
爬両1800(p258/カ写)
爬両ビ(p192/カ写)

ウォルバーグネコツメヤモリ *Homopholis wahlbergii*
ヤモリ科ヤモリ亜科の爬虫類。全長14～18cm。

ウ

㊟アフリカ大陸南東部
¶ゲッコー(p33/カ写)
爬両1800(p136/カ写)

ウォールバーグヘビメスキンク　⇒ウォルベルグヘビメスキンクを見よ

ヴォルピーノ・イタリアーノ　⇒イタリアン・ボルピノを見よ

ヴォルフスシュピッツ　⇒ジャーマン・ウルフスピッツを見よ

ウォルベルグアキメトカゲ　⇒ウォルベルグヘビメスキンクを見よ

ウォルベルグヘビメスキンク　*Panaspis wahlbergii*
スキンク科の爬虫類。別名ウォルベルグアキメトカゲ, ウォルベルグヘビメトカゲ。全長8～9cm。㊟ケニア南東部, タンザニア東部～南アフリカ共和国
¶世爬〔ウォールバーグヘビメスキンク〕(p134/カ写)
爬両1800(p202/カ写)
爬両ビ〔ウォルベルグヘビメトカゲ〕(p140/カ写)

ウォルベルグヘビメトカゲ　⇒ウォルベルグヘビメスキンクを見よ

ウォーレストビガエル　⇒クロマクトビガエルを見よ

ウオンガバト　*Leucosarcia melanoleuca*　ウオンガ鳩
ハト科の鳥。全長38～45cm。㊟オーストラリア南東部・東部
¶世鳥大(p248/カ写)
地球〔ウォンガバト〕(p455/カ写)

ウガンダキリン　*Giraffa camelopardalis rothschildi*
キリン科の哺乳類。体高2.5～3.3m。
¶地球(p608/カ写)

ウガンダコーブ　*Kobus kob thomasi*
ウシ科の哺乳類。体高80～100cm。
¶地球(p602/カ写)

ウグイス　*Cettia diphone*　鶯
ウグイス科の鳥。全長 メス14cm, オス16cm。㊟ウスリー, 朝鮮半島, フィリピン。日本では全国の平地～亜高山の低木林, 林縁などに生息し秋冬は平地で生活
¶くら鳥(p50/カ写)
原寸羽(p250/カ写)
里山鳥(p36/カ写)
四季鳥(p48/カ写)
巣と卵決(p150/カ写, カ図)
世文鳥(p229/カ写)
鳥卵巣(p308/カ写, カ図)
鳥比(p108/カ写)
鳥650(p536/カ写)
名鳥図(p201/カ写)
日ア鳥(p446/カ写)
日色鳥(p45/カ写)
日鳥識(p242/カ写)
日鳥巣(p214/カ写)
日鳥山新(p188/カ写)
日鳥山増(p219/カ写)
日野鳥新(p496/カ写)
日野鳥増(p517/カ写)
ぱっ鳥(p280/カ写)
バード(p70/カ写)
羽根決(p300/カ写, カ図)
ひと目鳥(p192/カ写)
フ日野新(p252/カ図)
フ日野増(p252/カ図)
フ野鳥(p306/カ図)
野鳥学フ(p30/カ写)
野鳥山フ(p50,311/カ図, カ写)
山溪名鳥(p51/カ写)

ウグイス〔亜種〕　*Cettia diphone cantans*　鶯
ウグイス科の鳥。
¶日鳥山新〔亜種ウグイス〕(p188/カ写)
日鳥山増〔亜種ウグイス〕(p219/カ写)
日野鳥新〔ウグイス*〕(p496/カ写)
日野鳥増〔ウグイス*〕(p517/カ写)

ウグイストゲハシムシクイ　*Acanthiza reguloides*
鶯棘嘴虫食, 鶯棘嘴虫喰
トゲハシムシクイ科の鳥。全長11cm。
¶地球(p486/カ写)

ウコッケイ　Ukokkei　烏骨鶏
鶏の一品種。天然記念物。体重 オス1.125kg, メス0.9kg。東南アジアの原産。
¶日家〔烏骨鶏〕(p169/カ写)

ウサギ　⇒カイウサギを見よ

ウサギアグーチ　*Dasyprocta leporina*
アグーチ科の哺乳類。体長41～62cm。
¶地球(p532/カ写)

ウサギコウモリ　*Plecotus auritus*　兎蝙蝠
ヒナコウモリ科の哺乳類。体長4～5cm。㊟ユーラシア
¶世文動(p66/カ写)
世哺(p93/カ写)
日哺改(p55/カ写)

ウサンバラカレハカメレオン　*Rhampholeon temporalis*
カメレオン科の爬虫類。全長5～6cm。㊟タンザニア
¶**爬両1800**(p125/カ写)
爬両ビ(p98/カ写)

ウサンバラワシミミズク *Bubo vosseleri* ウサンバラ鷲木菟
フクロウ科の鳥。絶滅危惧II類。体長48cm。 ㊀タンザニアのイースタンアーク山地（固有）
¶**鳥絶**〔Usambara Eagle-owl〕（p167/カ図）

ウシウマ Ushiuma 牛馬
馬の一品種。体高 約120cm。種子島の原産。
¶**日家**〔牛馬〕（p31/カ写）

ウシガエル *Rana catesbeiana* 牛蛙
アカガエル科の両生類。別名ショクヨウガエル。特定外来種。体長9～20cm。 ㊀カナダ, アメリカ合衆国, メキシコ（世界各地に帰化）
¶**原爬両**（No.138/カ写）
世カエ（p326/カ写）
世文動（p332/カ写）
地球（p363/カ写）
日カサ（p108/カ写）
爬両観（p116/カ写）
爬両飼（p185/カ写）
爬両1800（p416/カ写）
爬両ビ（p279/カ写）
野日両（p37,86,169/カ写）

ウシタイランチョウ *Machetornis rixosa* 牛太蘭鳥
タイランチョウ科の鳥。全長19cm。 ㊀ベネズエラ～コロンビア, ブラジル北東部～南部, またボリビア東部～アルゼンチン北部にかけての低地
¶**世鳥大**（p348/カ写）

ウシハタオリ *Bubalornis albirostris* 牛機織
ハタオリドリ科の鳥。全長23～25cm。 ㊀アフリカ中部・南部
¶**世鳥大**（p454/カ写）
鳥卵巣（p369/カ図）

ウスアカヤマドリ *Syrmaticus soemmerringii subrufus* 薄赤山鳥
キジ科の鳥。ヤマドリの亜種。 ㊀本州の温暖地
¶**日鳥山新**（p22/カ写）
日鳥山増（p66/カ写）
日野鳥新（p25/カ写）
野鳥学フ（p135/カ写）

ウスイロアレチネズミ *Gerbillus perpallidus*
ネズミ科の哺乳類。体長5～12cm。
¶**地球**（p526/カ写）

ウスイロイルカ *Sousa plumbea* 薄色海豚
マイルカ科の哺乳類。成体体重250～260kg。 ㊀南アフリカの南西端～ミャンマー
¶**クイ百**（p162/カ図）

ウスイロイワスズメ *Petronia brachydactyla* 薄色岩雀
ハタオリドリ科の鳥。 ㊀アルメニア, シリア, パレスチナ, バルチスタン
¶**世鳥卵**（p225/カ写, カ図）

ウスイロオオヘラコウモリ *Phyllostomus discolor*
ヘラコウモリ科の哺乳類。体長8.5cm。
¶**地球**（p555/カ写）

ウスイロホソオクモネズミ *Phloeomys pallidus*
ネズミ科の哺乳類。体長25～45cm。
¶**地球**（p527/カ写）

ウスイロメジロ *Zosterops pallidus* 薄色目白
メジロ科の鳥。全長12cm。 ㊀南アフリカ
¶**世鳥大**（p421/カ写）
世鳥ネ（p287/カ写）

ウスオビダシアトカゲ *Dasia grisea*
スキンク科の爬虫類。全長25～28cm。 ㊀マレー半島, ボルネオ島, スマトラ島, フィリピンなど
¶**爬両1800**（p204/カ写）

ウスグロアオヒヨ *Andropadus importunus* 薄黒青鵯
ヒヨドリ科の鳥。全長15～18cm。
¶**世鳥大**（p412/カ写）
世鳥卵（p164/カ写, カ図）

ウスグロノドツナギガエル *Smilisca phaeota*
アマガエル科の両生類。別名チュウベイツナギガエル, チュウベイメキシコアマガエル。体長40～66mm。 ㊀中米南部～南米大陸北西部
¶**カエル見**（p41/カ写）
世カエ〔チュウベイメキシコアマガエル〕（p284/カ写）
世両（p66/カ写）
地球〔チュウベイメキシコアマガエル〕（p361/カ写）
爬両1800（p382/カ写）

ウスグロハコヨコクビガメ *Pelusios subniger*
ヨコクビガメ科アフリカヨコクビガメ亜科の爬虫類。甲長16～18cm。 ㊀アフリカ大陸南東部, マダガスカル東部, セーシェル諸島
¶**世カメ**（p62/カ写）
爬両1800（p70/カ写）

ウスグロハチドリ *Aphantochroa cirrochloris* 薄黒蜂鳥
ハチドリ科ハチドリ亜科の鳥。全長12cm。 ㊀ブラジル東部・中央部
¶**ハチドリ**（p217/カ写）

ウスグロヨタカ *Caprimulgus saturatus* 薄黒夜鷹
ヨタカ科の鳥。全長23cm。
¶**地球**（p468/カ写）

ウスズミヒゲハチドリ *Threnetes niger* 薄墨髭蜂鳥
ハチドリ科ユミハチドリ亜科の鳥。全長10～11cm。
¶**ハチドリ**（p353）

ウスタレカメレオン *Furcifer oustaleti*
カメレオン科の爬虫類。全長40～60cm。 ㊀マダガスカル全土
¶**世爬**（p96/カ写）

爬両1800（p122/カ写）
爬両ビ（p95/カ写）

ウ

ウスチャムジチメドリ *Illadopsis rufipennis* 薄茶無地知目鳥
チメドリ科の鳥。全長15cm。㊕西アフリカ～東はケニア，タンザニアまで
¶世鳥大（p418）

ウステライヒシャ・ピンシャー ⇒オーストリアン・ピンシャーを見よ

ウスハイイロチュウヒ *Circus macrourus* 薄灰色沢鵟
タカ科の鳥。全長40～50cm。㊕モンゴル西部～カザフスタン，ロシア南部，ウクライナ
¶鳥比（p47/カ写）
鳥650（p395/カ写）
日ア鳥（p335/カ写）
日鳥山新（p65/カ写）
日野鳥新（p367/カ写）
フ日野新（p324/カ図）
フ野鳥（p216/カ図）
ワシ（p66/カ写）

ウスハグロキヌバネドリ *Trogon citreolus* 薄羽黒絹羽鳥
キヌバネドリ科の鳥。㊕メキシコ西部・南部～コスタリカ
¶世鳥卵（p137/カ写，カ図）

ウスハナカメレオン *Kinyongia xenorhina*
カメレオン科の爬虫類。全長15～26cm。㊕ウガンダ西部，コンゴ民主共和国東端部
¶爬両1800（p118/カ写）

ウスハヤブサ *Falco peregrinus calidus* 薄隼
ハヤブサ科の鳥。ハヤブサの亜種。
¶ワシ（p163/カ写）

ウスベニタヒバリ *Anthus roseatus* 薄紅田鷚，薄紅田雲雀
セキレイ科の鳥。別名チョウセンタヒバリ。全長15～16cm。㊕アフガニスタン，ヒマラヤ周辺～中国中南部・河北省周辺で繁殖
¶鳥比（p173/カ写）
日ア鳥（p573/カ写）
日鳥山新（p326/カ写）
フ日野新（p328/カ図）
フ野鳥（p377/カ図）

ウスミドリマンゴーハチドリ *Anthracothorax dominicus* 薄緑マンゴー蜂鳥
ハチドリ科マルオハチドリ亜科の鳥。全長11～12.5cm。
¶ハチドリ（p78/カ写）

ウスメラーカメレオン *Kinyongia uthmoelleri*
カメレオン科の爬虫類。全長15～20cm。㊕タンザニア北部
¶世爬（p94/カ写）
爬両1800（p118/カ写）

ウスユキガモ *Marmaronetta angustirostris* 薄雪鴨
カモ科の鳥。絶滅危惧II類。全長39～42cm。㊕スペイン，北アフリカ，トルコ，中国西部
¶世鳥大（p132/カ写）
鳥絶（p132/カ図）

ウスユキチュウヒ *Circus assimilis* 薄雪沢鵟
タカ科の鳥。全長50～60cm。
¶世鳥大（p195/カ写）

ウスユキバト *Geopelia cuneata* 薄雪鳩
ハト科の鳥。全長19～24cm。㊕オーストラリア北西部または内陸部の半乾燥地または砂漠
¶世鳥大（p248/カ写）
世鳥ネ（p163/カ写）
地球（p454/カ写）
鳥飼（p174/カ写）

ウズラ *Coturnix japonica* 鶉
キジ科の鳥。準絶滅危惧（環境省レッドリスト）。全長17～19cm。㊕アジア東部，日本
¶くら鳥（p67/カ写）
原寸羽（p93/カ写）
里山鳥（p15/カ写）
巣と卵決（p65/カ写，カ図）
絶鳥事（p18/モ図）
世文鳥（p100/カ写）
鳥飼（p178/カ写）
鳥卵巣（p132/カ写，カ図）
鳥比（p13/カ写）
鳥650（p24/カ写）
名鳥図（p143/カ写）
日ア鳥（p15/カ写）
日家〔ニホンウズラ〕（p239/カ写）
日鳥識（p62/カ写）
日鳥山新（p21/カ写）
日鳥山増（p65/カ写）
日野鳥新（p19/カ写）
日野鳥増（p387/カ写）
バード（p27/カ写）
羽根決（p119/カ写，カ図）
ひと目鳥（p135/カ写）
フ日野新（p194/カ図）
フ日野増（p194/カ図）
フ野鳥（p12/カ図）
野鳥学フ（p52/カ写）
野鳥山フ（p21,152/カ図，カ写）
山溪名鳥（p52/カ写）

ウズラオ ⇒ウズラチャボを見よ

ウズラクイナ *Crex crex* 鶉秧鶏，鶉水鶏
クイナ科の鳥。絶滅危惧II類。全長22～30cm。

㊟ヨーロッパ, 中央アジア
¶**絶百4**(p84/カ図)
世鳥大(p209/カ写)
世鳥卵(p85/カ写, カ図)
世鳥ネ(p116/カ写)
地球(p439/カ写)
鳥比(p270/カ写)
鳥650(p193/カ写)

ウズラシギ *Calidris acuminata* 鶉鷸, 鶉鴫
シギ科の鳥。全長22cm。㊟シベリア北東部
¶**くら鳥**(p113/カ写)
里山鳥(p46/カ写)
四季鳥(p34/カ写)
世文鳥(p122/カ写)
鳥比(p317/カ写)
鳥650(p284/カ写)
名鳥図(p82/カ写)
日ア鳥(p245/カ写)
日鳥識(p158/カ写)
日鳥水増(p214/カ写)
日野鳥新(p284/カ写)
日野鳥増(p308/カ写)
ぱっ鳥(p162/カ写)
ひと目鳥(p73/カ写)
フ日野新(p138/カ図)
フ日野増(p138/カ図)
フ野鳥(p166/カ図)
野鳥学フ(p199/カ写)
野鳥山フ(p29,180/カ図, カ写)
山溪名鳥(p53/カ写)

ウズラチメドリ *Cinclosoma punctatum* 鶉知目鳥
チメドリ科の鳥。全長25～28cm。
¶**世鳥大**(p373/カ写)

ウズラチャボ Uzurachabo 鶉矮鶏
鶏の一品種。別名ウズラオ。天然記念物。体重 オス0.67kg, メス0.5kg。高知県の原産。
¶**日家**〔鶉矮鶏〕(p155/カ写)

ウスリドーベントンコウモリ *Myotis petax ussuriensis* ウスリドーベントン蝙蝠
ヒナコウモリ科の哺乳類。頭胴長44～56mm。㊟ユーラシア北部。日本では北海道のみに生息
¶**日哺学フ**〔ウスリードーベントンコウモリ〕(p28/カ写)

ウスリホオヒゲコウモリ *Myotis gracilis* ウスリ頬髭蝙蝠
ヒナコウモリ科の哺乳類。㊟シベリア東部, サハリン, 日本(北海道)
¶**くら哺**(p47/カ写)
日哺改(p38/カ写)
日哺学フ〔ウスリーホオヒゲコウモリ〕(p28/カ写)

ウスリームシクイ ⇒アムールムシクイを見よ

ウソ *Pyrrhula pyrrhula* 鷽
アトリ科の鳥。全長15～17cm。㊟東ヨーロッパ～アジア。日本では本州中部・北部, 北海道, 南千島の針葉樹林帯で繁殖
¶**くら鳥**(p49/カ写)
原寸羽(p280/カ写)
里山鳥(p156/カ写)
四季鳥(p85/カ写)
巣と卵決(p196/カ写, カ図)
世鳥大(p467/カ写)
世鳥卵(p222/カ写, カ図)
世文鳥(p264/カ写)
地球(p497/カ写)
鳥卵巣(p338/カ写, カ図)
鳥比(p184/カ写)
鳥650(p688/カ写)
名鳥図(p233/カ写)
日ア鳥(p588/カ写)
日色鳥(p25/カ写)
日鳥識(p288/カ写)
日鳥巣(p288/カ写)
日鳥山新(p346/カ写)
日鳥山増(p318/カ写)
日野鳥新(p620/カ写)
日野鳥増(p604/カ写)
ぱっ鳥(p357/カ写)
バード(p89/カ写)
羽根決(p346/カ写, カ図)
ひと目鳥(p220/カ写)
フ日野新(p288/カ図)
フ日野増(p288/カ図)
フ野鳥(p388/カ図)
野鳥学フ(p86/カ写)
野鳥山フ(p59,359/カ図, カ写)
山溪名鳥(p54/カ写)

ウソ〔亜種〕 *Pyrrhula pyrrhula griseiventris* 鷽
アトリ科の鳥。
¶**日鳥山新**〔亜種ウソ〕(p346/カ写)
日鳥山増〔亜種ウソ〕(p318/カ写)
日野鳥新〔ウソ*〕(p620/カ写)
日野鳥増〔ウソ*〕(p604/カ写)

ウタイマネシツグミ *Oreoscoptes montanus* 歌真似師鶇
マネシツグミ科の鳥。全長22cm。㊟カナダ南西部, アメリカ西部
¶**世鳥大**(p429/カ写)

ウタイモズモドキ *Vireo gilvus* 歌百舌擬
モズモドキ科の鳥。全長14cm。㊟北アメリカ～メキシコで繁殖。中央アメリカのニカラグア以北で越冬
¶**世鳥大**(p383/カ写)

ウ

ウタオオタカ *Melierax metabates* 歌大鷹，歌蒼鷹
タカ科の鳥。全長43～56cm。㊕サハラ以南のアフリカ，モロッコ南西部，アラビア半島西部
¶世鳥大（p196/カ写）
地球（p436/カ写）

ウタスズメ *Melospiza melodia* 歌雀
ホオジロ科の鳥。全長14～16cm。㊕アラスカ南部，カナダ中央部～メキシコ北部
¶世鳥大（p476/カ写）
地球（p499/カ写）
鳥比（p205/カ写）
鳥650（p720/カ写）
日ア鳥（p616/カ写）
日鳥山新（p377/カ写）
フ野鳥（p406/カ図）

ウタツグミ *Turdus philomelos* 歌鶫
ツグミ科（ヒタキ科）の鳥。全長20～23cm。㊕ヨーロッパ，北アフリカ，中東，中央アジア
¶世鳥大（p438/カ写）
世鳥卵（p184/カ写，カ図）
世鳥ネ（p304/カ写）
地球（p493/カ写）
鳥比（p139/カ写）
鳥650（p605/カ写）
日ア鳥（p516/カ写）
日鳥識（p262/カ写）
日鳥山新（p259/カ写）
日鳥山増（p213/カ写）
日野鳥増（p511/カ写）
フ日野新（p330/カ図）
フ日野増（p328/カ図）

ウーダン Houdan
鶏の一品種（愛玩用）。体重 オス3～3.5kg，メス2.5～3kg。フランスの原産。
¶日家（p204/カ写）

ウチヤマセンニュウ *Locustella pleskei* 内山仙入
センニュウ科（ウグイス科）の鳥。絶滅危惧IB類（環境省レッドリスト）。全長17cm。㊕ロシア沿海地方と朝鮮半島の沿岸の島嶼で繁殖，中国南東部・ベトナムで越冬。日本では夏鳥として熊野灘・玄界灘・日向灘の島嶼および伊豆諸島で繁殖
¶四季鳥（p124/カ写）
巣と卵決（p153,247/カ写，カ図）
絶鳥事（p15,212/カ写，モ図）
鳥卵巣（p310/カ写，カ図）
鳥比（p120/カ写）
鳥650（p563/カ写）
名鳥図（p203/カ写）
日ア鳥（p473/カ写）
日鳥識（p250/カ写）
日鳥巣（p222/カ写）
日鳥山新（p215/カ写）
日鳥山増（p223/カ写）
日野鳥新（p513/カ写）
日野鳥増（p521/カ写）
ぱっ鳥（p292/カ写）
フ日野新（p254/カ図）
フ日野増（p254/カ図）
フ野鳥（p320/カ図）
野鳥学フ（p32/カ写）
山溪名鳥（p67/カ写）

ウチワハチドリ *Eulampis holosericeus* 団扇蜂鳥
ハチドリ科マルオハチドリ亜科の鳥。全長11～12.5cm。㊕プエルトリコ東部～小アンティル諸島
¶ハチドリ（p80/カ写）

ウチワヒメカッコウ *Cacomantis flabelliformis* 団扇姫郭公
カッコウ科の鳥。全長24～28cm。
¶地球（p461/カ写）

ウツクシキヌバネドリ *Trogon elegans* 美絹羽鳥
キヌバネドリ科の鳥。別名ウツクシミドリキヌバネドリ。全長28～30cm。㊕アメリカ南部，メキシコ，中央アメリカ
¶世鳥大（p301/カ写）
世鳥ネ〔ウツクシミドリキヌバネドリ〕（p220/カ写）
地球（p472/カ写）

ウツクシミドリキヌバネドリ ⇒ウツクシキヌバネドリを見よ

ウッドチャック *Marmota monax*
リス科の哺乳類。体長32～52cm。㊕北アメリカ
¶世文動（p108/カ写）
世哺（p144/カ写）

ウッドハウスヒキガエル *Bufo woodhousii*
ヒキガエル科の両生類。体長6～12cm。㊕カナダ南部，アメリカ合衆国，メキシコ北部
¶爬両1800（p365/カ写）

ウトウ *Cerorhinca monocerata* 善知鳥
ウミスズメ科の鳥。全長35～38cm。㊕北太平洋。日本では南千島，北海道の天売島，大黒島，岩手県椿島，宮城県足島などで繁殖
¶くら鳥（p125/カ写）
原寸羽（p157/カ写）
四季鳥（p56/カ写）
巣と卵決（p236/カ写）
世鳥大（p242/カ写）
世鳥卵（p118/カ写，カ図）
世鳥ネ（p155/カ写）
世文鳥（p166/カ写）
地球（p451/カ写）
鳥卵巣（p213/カ写，カ図）
鳥比（p374/カ写）
鳥650（p373/カ写）
名鳥図（p117/カ写）

日ア鳥（p318/カ写）
日鳥識（p184/カ写）
日鳥巣（p98/カ写）
日鳥水増（p340/カ写）
日野鳥新（p354/カ写）
日野鳥増（p108/カ写）
ぱっ鳥（p196/カ写）
バード（p158/カ写）
羽根決（p189/カ写, カ図）
ひと目鳥（p29/カ写）
フ日野新（p64/カ図）
フ日野増（p64/カ図）
フ野鳥（p208/カ図）
野鳥学フ（p217/カ写）
野鳥山フ（p38,230/カ図, カ写）
山溪名鳥（p56/カ写）

ウナジスキンクヤモリ *Teratoscincus scincus*
ヤモリ科の爬虫類。全長15～20cm。㊊中央アジア～西アジア, 中国西部
¶世爬（p125/カ写）
爬両**1800**（p178/カ写）
爬両ビ（p126/カ写）

ウナリアナガエル *Heleioporus eyrei*
カメガエル科の両生類。体長60mm。㊊西オーストラリア最南西部
¶世カエ（p76/カ写）

ウーパールーパー ⇒アホロートルを見よ

ウペンバハコヨコクビガメ *Pelusios upembae*
ヨコクビガメ科アフリカヨコクビガメ亜科の爬虫類。甲長24～28cm。㊊コンゴ民主共和国南部
¶世カメ（p71/カ写）
爬両**1800**（p70/カ写）

ウマヅラコウモリ *Hypsignathus monstrosus*
オオコウモリ科の哺乳類。別名ウマヅラフルーツコウモリ。体長19.5～28cm。㊊アフリカ中西部
¶世文動〔ウマヅラフルーツコウモリ〕（p61/カ写）
地球（p551/カ写）

ウマヅラフルーツコウモリ ⇒ウマヅラコウモリを見よ

ウミアイサ *Mergus serrator* 海秋沙
カモ科の鳥。全長52～58cm。㊊北アメリカ, ヨーロッパ, アジア
¶くら鳥（p91,93/カ写）
里山鳥（p206/カ写）
四季鳥（p77/カ写）
世鳥ネ（p50/カ写）
世文鳥（p82/カ写）
地球（p415/カ写）
鳥卵巣（p94/カ写, カ図）
鳥比（p234/カ写）
鳥**650**（p83/カ写）
名鳥図（p62/カ写）
日ア鳥（p71/カ写）
日カモ（p286/カ写, カ図）
日鳥識（p88/カ写）
日鳥水増（p158/カ写）
日野鳥新（p88/カ写）
日野鳥増（p96/カ写）
ぱっ鳥（p59/カ写）
バード（p149/カ写）
羽根決（p79/カ写, カ図）
ひと目鳥（p50/カ写）
フ日野新（p58/カ図）
フ日野増（p58/カ図）
フ野鳥（p50/カ図）
野鳥学フ（p227/カ写）
野鳥山フ（p21,124/カ図, カ写）
山溪名鳥（p58/カ写）

ウミイグアナ *Amblyrhynchus cristatus*
イグアナ科の爬虫類。絶滅危惧II類。全長0.7～1.5m。㊊ガラパゴス諸島
¶驚野動（p129/カ写）
絶百**2**（p50/カ写）
世文動（p262/カ写）
地球（p384/カ写）

ウミウ *Phalacrocorax capillatus* 海鵜
ウ科の鳥。全長84cm。㊊日本, 朝鮮半島, サハリンなど
¶くら鳥（p85/カ写）
里山鳥（p201/カ写）
四季鳥（p16/カ写）
世文鳥（p44/カ写）
鳥比（p255/カ写）
鳥**650**（p151/カ写）
名鳥図（p21/カ写）
日ア鳥（p131/カ写）
日鳥識（p110/カ写）
日鳥水増（p65/カ写）
日野鳥新（p136/カ写）
日野鳥増（p30/カ写）
ぱっ鳥（p86/カ写）
バード（p131/カ写）
ひと目鳥（p39/カ写）
フ日野新（p28/カ図）
フ日野増（p28/カ図）
フ野鳥（p92/カ図）
野鳥学フ（p244/カ写）
野鳥山フ（p12,75/カ図, カ写）
山溪名鳥（p60/カ写）

ウミオウム *Aethia psittacula* 海鸚鵡
ウミスズメ科の鳥。全長23～25cm。㊊アリューシャン列島やチェコト半島
¶四季鳥（p97/カ写）
世文鳥（p166/カ写）

ウ

鳥比（p373/カ写）
鳥**650**（p370/カ写）
日ア鳥（p315/カ写）
日鳥水増（p339/カ写）
フ日野新（p62/カ図）
フ日野増（p62/カ図）
フ野鳥（p206/カ図）

ウミガラス *Uria aalge* 海烏, 海鴉
ウミスズメ科の鳥。絶滅危惧IA類（環境省レッドリスト）。全長38〜41cm。㊋大西洋, 太平洋
¶原寸羽（p150/カ写）
四季鳥（p44/カ写）
巣と卵決（p77/カ写, カ図）
絶鳥事（p102/モ図）
世鳥大（p242/カ写）
世鳥卵（p121/カ写, カ図）
世鳥ネ（p154/カ写）
世文鳥（p162/カ写）
地球（p451/カ写）
鳥卵巣（p211/カ写, カ図）
鳥比（p370/カ写）
鳥**650**（p359/カ写）
名鳥図（p114/カ写）
日ア鳥（p306/カ写）
日鳥識（p180/カ写）
日鳥水増（p329/カ写）
日野鳥新（p345/カ写）
日野鳥増（p101/カ写）
ぱっ鳥（p192/カ写）
バード（p157/カ写）
羽根決（p183/カ写, カ図）
ひと目鳥（p25/カ写）
フ日野新（p60/カ図）
フ日野増（p60/カ図）
フ野鳥（p202/カ図）
野鳥学フ（p219/カ写）
野鳥山フ（p38,228/カ図, カ写）
山溪名鳥（p62/カ写）

ウミカワウソ ⇒ミナミカワウソを見よ

ウミスズメ *Synthliboramphus antiquus* 海雀
ウミスズメ科の鳥。絶滅危惧IA類（環境省レッドリスト）。体長24〜27cm。㊋アリューシャン列島
¶くら鳥（p125/カ写）
原寸羽（p153/カ写）
四季鳥（p75/カ写）
絶鳥事（p104/モ図）
世鳥卵（p122/カ写, カ図）
世鳥ネ（p153/カ写）
世文鳥（p164/カ写）
鳥卵巣（p212/カ写, カ図）
鳥比（p372/カ写）
鳥**650**（p368/カ写）
名鳥図（p116/カ写）
日ア鳥（p310/カ写）
日鳥識（p182/カ写）
日鳥水増（p334/カ写）
日野鳥新（p352/カ写）
日野鳥増（p105/カ写）
ぱっ鳥（p194/カ写）
バード（p157/カ写）
羽根決（p186/カ写, カ図）
ひと目鳥（p26/カ写）
フ日野新（p62/カ図）
フ日野増（p62/カ図）
フ野鳥（p204/カ図）
野鳥学フ（p203/カ写）
野鳥山フ（p38/カ図）
山溪名鳥（p63/カ写）

ウミネコ *Larus crassirostris* 海猫
カモメ科の鳥。全長46cm。㊋サハリン南部, 千島列島, ウスリー, 日本, 朝鮮半島, 中国東部
¶くら鳥（p121/カ写）
原寸羽（p140/カ写）
里山鳥（p217/カ写）
四季鳥（p113/カ写）
巣と卵決（p76/カ写, カ図）
世文鳥（p149/カ写）
鳥卵巣（p198/カ写, カ図）
鳥比（p334/カ写）
鳥**650**（p322/カ写）
名鳥図（p108/カ写）
日ア鳥（p275/カ写）
日鳥識（p166/カ写）
日鳥巣（p94/カ写）
日鳥水増（p296/カ写）
日野鳥新（p312/カ写）
日野鳥増（p132/カ写）
ぱっ鳥（p178/カ写）
バード（p153/カ写）
羽根決（p175/カ写, カ図）
ひと目鳥（p34/カ写）
フ日野新（p86/カ図）
フ日野増（p86/カ図）
フ野鳥（p184/カ図）
野鳥学フ（p223/カ写）
野鳥山フ（p37,221/カ図, カ写）
山溪名鳥（p64/カ写）

ウミバト *Cepphus columba* 海鳩
ウミスズメ科の鳥。全長30〜36cm。㊋千島列島〜カムチャツカ半島, アリューシャン列島, 北アメリカ北西海岸
¶四季鳥（p72/カ写）
世文鳥（p163/カ写）
地球（p451/カ写）
鳥比（p371/カ写）
鳥**650**（p363/カ写）

名鳥図 (p115/カ写)
日ア鳥 (p309/カ写)
日鳥識 (p180/カ写)
日鳥水増 (p331/カ写)
日野鳥新 (p347/カ写)
日野鳥増 (p103/カ写)
フ日野新 (p60/カ図)
フ日野増 (p60/カ図)
フ野鳥 (p202/カ図)

ウミベイワバトカゲ *Petrosaurus thalassinus*
イグアナ科ツノトカゲ亜科の爬虫類。全長25～45cm。㊎メキシコ (バハカリフォルニア半島と周辺の島々)
¶世爬 (p69/カ写)
爬両1800 (p82/カ写)
爬両ビ (p74/カ写)

ウラコアガラガラ *Crotalus vegrandis*
クサリヘビ科の爬虫類。全長60～70cm。
¶世文動 (p304/カ写)

ヴラスカ・ヴィトローガ Vlaska Vitoroga
羊の一品種。バルカン半島の原産。
¶日家 (p133/カ写)

ウラル・レックス Ural Rex
猫の一品種。体重3.5～7kg。ロシアの原産。
¶ビ猫〔ウラル・レックス (ショートヘア)〕(p172/カ写)
ビ猫〔ウラル・レックス (ロングヘア)〕(p249/カ写)

ウリアル *Ovis vignei*
ウシ科の哺乳類。体高 オス80～90cm。㊎西アジア～中央アジア
¶世文動 (p234/カ図)
日家 (p132/カ写)

ウーリークモザル *Brachyteles arachnoides*
クモザル科 (オマキザル科) の哺乳類。別名ムリキ, ミナミムリキ。絶滅危惧IB類。体高46～78cm。㊎ブラジル南東部の大西洋沿岸
¶世文動 (p81/カ写)
世哺 (p108/カ写)
地球 (p538/カ写)
美サル〔ミナミムリキ〕(p60/カ写)

ウーリーマウスオポッサム *Micoureus* sp.
オポッサム科の哺乳類。体長12～22cm。
¶地球〔ウーリーマウスオポッサム (ミコウレウス属の一種)〕(p504/カ写)

ウルグアイアン・ガウチョ・ドッグ ⇒シマロン・ウルグアヨを見よ

ウルグルオオクサガエル *Leptopelis uluguruensis*
クサガエル科の両生類。体長3～5cm。㊎タンザニア
¶かえる百 (p73/カ写)
カエル見 (p57/カ写)
世両 (p94/カ写)
爬両1800 (p394/カ写)
爬両ビ (p259/カ写)

ウルグルカレハカメレオン *Rhampholeon uluguruensis*
カメレオン科の爬虫類。全長4～4.5cm。㊎タンザニア
¶爬両1800 (p125/カ写)

ウルグルバナナガエル *Afrixalus uluguruensis*
クサガエル科の両生類。体長2.3～2.8cm。㊎タンザニア
¶カエル見 (p55/カ写)
爬両1800 (p393/カ写)

ウルスウシサシヘビ *Ithycyphus oursi*
ナミヘビ科マラガシーヘビ亜科の爬虫類。全長120～150cm。㊎マダガスカル南部
¶爬両1800 (p338/カ写)

ウルトゥー *Bothrops alternatus*
クサリヘビ科の爬虫類。全長90～150cm。㊎パラグアイ南部, ウルグアイ, アルゼンチン
¶世文動 (p304/カ写)

ウルフ・シュピッツ ⇒キースホンドを見よ

ウルフ・スピッツ(1) ⇒キースホンドを見よ

ウルフ・スピッツ(2) ⇒ジャーマン・ウルフスピッツを見よ

ウルワシアデガエル *Mantella pulchra*
マダガスカルガエル科 (マラガシーガエル科) の両生類。体長2.1～2.7cm。㊎マダガスカル東部
¶かえる百 (p51/カ写)
カエル見 (p65/カ写)
世両 (p103/カ写)
爬両1800 (p399/カ写)

ウルワシイシヤモリ *Diplodactylus pulcher*
ヤモリ科イシヤモリ亜科の爬虫類。全長10～11cm。㊎オーストラリア南西部
¶ゲッコー (p75/カ写)
爬両1800 (p167/カ写)

ウルワシヒバァ *Amphiesma optatum*
ナミヘビ科ユウダ亜科の爬虫類。全長50cm前後。㊎ベトナム, 中国南西部
¶爬両1800 (p268/カ写)

ウロコアカメアリドリ *Pyriglena atra* 鱗赤目蟻鳥
アリドリ科の鳥。絶滅危惧IB類。体長17.5cm。㊎ブラジル (固有)
¶鳥絶 (p181/カ図)

ウロコアリドリ *Myrmeciza squamosa* 鱗蟻鳥
アリドリ科の鳥。全長15cm。
¶世鳥大 (p351/カ写)

ウロコウズラ *Callipepla squamata* 鱗鶉
キジ科の鳥。全長25cm。㊎アメリカ～メキシコ
¶**鳥飼**(p181/カ写)

ウロコオナキヤモリ *Hemidactylus barbouri*
ヤモリ科ヤモリ亜科の爬虫類。全長6～8cm。㊎ケニア南東部～タンザニア北東部の沿岸域
¶**ゲッコー**(p21/カ写)
爬両1800(p132/カ写)
爬両ビ(p101/カ写)

ウロコクイナ *Himantornis haematopus* 鱗水鶏, 鱗秧鶏
クイナ科の鳥。全長43cm。㊎アフリカ
¶**鳥卵巣**(p156/カ写, カ図)

ウロコクビワスナバシリ *Rhinoptilus cinctus* 鱗首輪砂走
ツバメチドリ科の鳥。全長27～28cm。
¶**地球**(p448/カ写)

ウロコジブッポウソウ *Geobiastes squamiger* 鱗地仏法僧
ジブッポウソウ科の鳥。絶滅危惧II類。体長27～31cm。㊎マダガスカル(固有)
¶**世鳥大**(p305/カ写)
鳥絶(p175/カ図)

ウロコテリオハチドリ *Metallura aeneocauda* 鱗照尾蜂鳥
ハチドリ科ミドリフタオハチドリ亜科の鳥。全長12～13cm。
¶**ハチドリ**(p142/カ写)

ウロコハチドリ *Taphrospilus hypostictus* 鱗蜂鳥
ハチドリ科ハチドリ亜科の鳥。全長10.5～11.5cm。㊎南アメリカ
¶**ハチドリ**(p244/カ写)

ウロコバト *Columba guinea* 鱗鳩
ハト科の鳥。全長33～38cm。㊎アフリカのサハラ砂漠以南の樹木の生えない2つの地域
¶**世鳥大**(p246/カ写)
地球(p453/カ写)

ウロコフウチョウ *Ptiloris paradiseus* 鱗風鳥
フウチョウ科の鳥。全長30cm。㊎オーストラリア東部
¶**世鳥大**(p397/カ写)
世鳥卵(p239/カ写, カ図)
世美羽(p124/カ写, カ図)

ウロコメキシコインコ *Pyrrhura frontalis* 鱗メキシコ鸚哥
インコ科の鳥。全長24～28cm。㊎ブラジル南東部, ウルグアイ, パラグアイ, アルゼンチン北部
¶**世鳥大**(p269/カ写)
地球(p459/カ写)

ウロコユミハチドリ *Phaethornis eurynome* 鱗弓蜂鳥
ハチドリ科ユミハチドリ亜科の鳥。全長13～15cm。
¶**世鳥大**(p294/カ写)
地球(p469/カ写)
ハチドリ(p51/カ写)

ウンキュウ *Chinemys reevesii* × *Mauremys japonica*
クサガメ(リーブクサガメ)とニホンイシガメの交雑種。甲長15～23cm。
¶**原爬両**〔クサガメ×ニホンイシガメ〕(No.16/カ写)
爬両飼〔クサガメ×ニホンイシガメ〕(p150/カ写)
爬両1800(p39/カ写)

ウンナンシシバナザル *Rhinopithecus bieti*
オナガザル科の哺乳類。絶滅危惧IB類。㊎中国南西部
¶**美サル**(p79/カ写)

ウンナンスジオ *Elaphe taeniura yunnanensis*
ナミヘビ科の爬虫類。スジオナメラの亜種。別名ユンナンスジオ。㊎インド北西部(アッサム地方, ダージリン地方), ミャンマー北部, タイ北部, ラオス北部, ベトナム北部, 中国中部～西部(甘粛省, 貴州省, 陝西省, 四川省, 雲南省を含む)
¶**世ヘビ**(p89/カ写)

ウンナンハコガメ *Cuora yunnanensis*
イシガメ科の爬虫類。絶滅危惧IA類。㊎中国の高地
¶**レ生**(p52/カ写)

ウンピョウ *Neofelis nebulosa* 雲豹
ネコ科の哺乳類。絶滅危惧II類。体長67～107cm。㊎アジア南部・南東部
¶**驚野動**(p276/カ写)
絶百9(p16/カ写)
世文動(p169/カ写)
世哺(p288/カ写)
地球(p576/カ写)
野生ネコ(p20/カ写, カ図)

【エ】

エアシャー Ayrshire
牛の一品種(乳牛)。別名エアーシャー。体高 オス145cm, メス130cm。イギリスの原産。
¶**世文動**(p211/カ写)
日家〔エアーシャー〕(p79/カ写)

エアデール・テリア Airedale Terrier
犬の一品種。別名ウォーターサイド・テリア。獣猟犬, 警察犬。体高 オス58～61cm, メス56～59cm。イギリスの原産。
¶**アルテ犬**(p84/カ写)

最犬大（p186/カ写）
新犬種（p210/カ写）
新世犬（p222/カ写）
図世犬（p132/カ写）
世文動（p136/カ写）
ビ犬（p199/カ写）

エイジアン・シェーデッド Asian Shaded
猫の一品種。別名バーミラ。体重4～7kg。イギリスの原産。
¶ビ猫（p78/カ写）

エイジアン・スモーク Asian Smokes
猫の一品種。体重4～7kg。イギリスの原産。
¶ビ猫（p79/カ写）

エイジアン・セルフ Asian Selfs
猫の一品種。体重4～7kg。イギリスの原産。
¶ビ猫（p82/カ写）

エイジアン・タビー Asian Tabbies
猫の一品種。体重4～7kg。イギリスの原産。
¶ビ猫（p83/カ写）

エウスカル・アルサイン・ツァクーラ ⇒バスク・シェパードを見よ

エウスカル・アルツサイン・チャクーラ ⇒バスク・シェパードを見よ

エキゾチック・ショートヘア Exotic Shorthair
猫の一品種。体重3.5～7kg。アメリカ合衆国の原産。
¶世文動〔エキゾティック・ショートヘアー〕（p173/カ写）
ビ猫（p73/カ写）

エクアドルウーリーオポッサム *Caluromys lanatus*
オポッサム科の哺乳類。体長18～29cm。
¶地球（p503/カ写）

エクアドルケノレステス *Caenolestes fuliginosus*
ケノレステス科の哺乳類。頭胴長11～14cm。㊕ベネズエラ, コロンビア, エクアドル
¶世文動（p40/カ図）

エクアドルツノアマガエル *Hemiphractus proboscideus*
ツノアマガエル科の両生類。全長4.5～6.5cm。
¶地球（p358/カ写）

エクアドルヤブシトド *Atlapetes pallidiceps* エクアドル籔鵐
ホオジロ科の鳥。絶滅危惧IA類。全長15cm。㊕エクアドル南西部
¶レ生（p53/カ写）

エクアドルヤマハチドリ *Oreotrochilus chimborazo* エクアドル山蜂鳥
ハチドリ科ミドリフタオハチドリ亜科の鳥。全長13cm。
¶世鳥大（p296/カ写）
世鳥ネ（p213/カ写）
ハチドリ（p116/カ写）

エクスムア ⇒エクスムア・ポニーを見よ

エクスムア・ポニー Exmoor Pony
ウマの一品種。別名エクスムア。体高1.1～1.3m。イギリスの原産。
¶アルテ馬〔エクスムア〕（p214/カ写）
地球（p593/カ写）

エジプシャン・マウ Egyptian Mau
猫の一品種。体重2.5～5kg。エジプトの原産。
¶ビ猫（p130/カ写）

エジプトガン *Alopochen aegyptiaca* エジプト雁
カモ科の鳥。全長71～73cm。㊕ナイル渓谷, サハラ以南のアフリカ
¶世鳥大（p128/カ写）
地球（p413/カ写）
鳥650（p743/カ写）
日鳥水増（p344/カ写）

エジプトコブラ *Naja haje*
コブラ科の爬虫類。全長2.4m。㊕アフリカの北部・東部・南部, アラビア半島南端
¶地球（p397/カ写）

エジプトスナネズミ *Meriones shawi*
ネズミ科の哺乳類。体長10～18cm。
¶地球（p526/カ写）

エジプトタイヨウチョウ *Hedydipna metallica* エジプト太陽鳥
タイヨウチョウ科の鳥。全長17cm。㊕アフリカ北東部, アラビア半島
¶原色鳥（p231/カ写）

エジプトトゲオアガマ *Uromastyx aegyptia*
アガマ科の爬虫類。全長50～60cm。㊕エジプト東部, アラビア半島
¶世爬（p85/カ写）
爬両1800（p108/カ写）
爬両ビ（p88/カ写）

エジプトハゲワシ *Neophron percnopterus* エジプト禿鷲
タカ科の鳥。絶滅危惧IB類。体長53～66cm。㊕西ヨーロッパ, アフリカ～東はインドまで
¶世鳥大（p191/カ写）
世鳥卵（p55/カ写, カ図）
世鳥ネ（p100/カ写）
地球（p433/カ写）
鳥絶（p134/カ図）
鳥卵巣（p102/カ写, カ図）

エ

エ

エジプトマングース *Herpestes ichneumon*
マングース科の哺乳類。体長56～61cm。㋕サハラ, 中央・西アフリカの森林地帯, 南西アフリカを除くアフリカ全域, イスラエル, スペイン南部, ポルトガル
¶**地球**(p586/カ写)

エジプトヤギ ⇒アングロ・ヌビアンを見よ

エジプトリクガメ *Testudo kleinmanni*
リクガメ科の爬虫類。絶滅危惧IA類。甲長10～13cm。㋕中東および北アフリカ
¶**世カメ**(p50/カ写)
絶百4(p16/カ写)
爬両1800(p21/カ写)
レ生(p54/カ写)

エジプトルーセットオオコウモリ *Rousettus aegyptiacus*
オオコウモリ科の哺乳類。別名エジプトルーセットコウモリ。体長11～19cm。㋕アフリカ, アジア
¶**世文動**〔エジプトルーセットコウモリ〕(p59/カ写)
世哺(p88/カ写)
地球(p551/カ写)

エジプトルーセットコウモリ ⇒エジプトルーセットオオコウモリを見よ

エスカンブレイカメレオンモドキ *Chamaeleolis guamuhaya*
イグアナ科アノールトカゲ亜科の爬虫類。全長35cm前後。㋕キューバ
¶**爬両1800**(p84/カ写)

エスキモーコシャクシギ *Numenius borealis* エスキモー小杓鷸, エスキモー小杓鴫
シギ科の鳥。絶滅危惧IA類。体長29～34cm。㋕カナダの北西準州の2ヶ所で繁殖が知られていたが, 現在はおそらく絶滅, もしくはわずかな個体数が生存
¶**絶百6**(p28/カ図)

エスショルツサンショウウオ *Ensatina eschscholtzii*
アメリカサンショウウオ科(ムハイサラマンダー科)の両生類。別名ツギオサラマンダー。全長7～14cm。㋕アメリカ合衆国西部～メキシコのバハカリフォルニア半島
¶**驚野動**(p59/カ写)
世両〔ツギオサラマンダー〕(p207/カ写)
地球(p369/カ写)
爬両1800〔ツギオサラマンダー〕(p448/カ写)
爬両ビ〔ツギオサラマンダー〕(p308/カ写)

エスターライヒッシャー・クルツハーリガー・ピンシャー ⇒オーストリアン・ピンシャーを見よ

エストニアン・ハウンド Estonian Hound
犬の一品種。別名エストンスカヤ・ゴンサーヤ。ロシア(エストニア)の原産。
¶**新犬種**〔エストニアン・ハウンド/エストンスカヤ・ゴンサーヤ〕(p233,234/カ写)

エストレラ・マウンテン・ドッグ Estrela Mountain Dog
犬の一品種。別名カォ・ダ・セラ・ダ・エストレラ。体高 オス65～73cm, メス62～69cm。ポルトガルの原産。
¶**最犬大**(p145/カ写)
新犬種〔カォ・ダ・セラ・ダ・エストレラ〕(p308/カ写)
ビ犬(p49/カ写)

エストンスカヤ・ゴンサーヤ ⇒エストニアン・ハウンドを見よ

エスパニュール・ド・ポンオードメル ⇒ポンオードメル・スパニエルを見よ

エゾアカガエル *Rana pirica* 蝦夷赤蛙
アカガエル科の両生類。体長 オス46～55mm, メス54～72mm。㋕北海道
¶**原爬両**(No.131/カ写)
日カサ(p82/カ写)
爬両飼(p179/カ写)
野日両(p35,80,160/カ写)

エゾアカゲラ *Dendrocopos major japonicus* 蝦夷赤啄木鳥
キツツキ科の鳥。アカゲラの亜種。
¶**名鳥図**(p166/カ写)
日鳥山新(p117/カ写)
日鳥山増(p121/カ写)
日野鳥新(p422/カ写)
日野鳥増(p432/カ写)

エゾイタチ ⇒エゾオコジョを見よ

エゾオオアカゲラ *Dendrocopos leucotos subcirris* 蝦夷大赤啄木鳥
キツツキ科の鳥。オオアカゲラの亜種。
¶**日野鳥新**(p420/カ写)
日野鳥増(p431/カ写)

エゾオオカミ *Canis lupus hattai* 蝦夷狼
イヌ科の哺乳類。絶滅種。頭胴長120～129cm。㋕北海道
¶**くら哺**(p112/カ写)
絶事(p60/モ図)
日哺改〔オオカミ〕(p75/カ写)
日哺学フ(p52/カ図)

エゾオコジョ *Mustela erminea orientalis* 蝦夷オコジョ
イタチ科の哺乳類。別名エゾイタチ。体長 オス23.5～24cm, メス22.5cm。㋕ベーリング海峡以南～サハリン, 千島。日本では北海道
¶**日哺学フ**(p36/カ写)

エゾクロテン *Martes zibellina brachyura* 蝦夷黒貂
イタチ科の哺乳類。準絶滅危惧(環境省レッドリス

ト)。頭胴長 オス38〜56cm, メス35〜51cm。㊵北海道, 南千島
¶遺産日(哺乳類 No.5/カ写)
　絶事(p3,66/カ写, モ図)
　日哺学フ(p35/カ写)

エゾコゲラ *Dendrocopos kizuki seebohmi* 蝦夷小啄木鳥
キツツキ科の鳥。コゲラの亜種。㊵北海道
¶日鳥山新(p112/カ写)
　日鳥山増(p122/カ写)
　日野鳥新(p418/カ写)
　日野鳥増(p428/カ写)

エゾサンショウウオ *Hynobius retardatus* 蝦夷山椒魚
サンショウウオ科の両生類。日本固有種。全長14〜19cm。㊵北海道
¶原爬両(No.166/カ写)
　日カサ(p176/カ写)
　爬両観(p123/カ写)
　爬両飼(p208/カ写)
　爬両**1800**(p434/カ写)
　爬両ビ(p300/カ写)
　野日両(p18,52,106/カ写)

エゾシカ *Cervus nippon yesoensis* 蝦夷鹿
シカ科の哺乳類。ニホンジカの亜種。頭胴長140〜180cm。㊵北海道
¶日哺学フ(p8/カ写)

エゾシマリス *Tamias sibiricus lineatus* 蝦夷縞栗鼠
リス科の哺乳類。シマリス(シベリアシマリス)の亜種。頭胴長12〜15cm。㊵北海道全域, 利尻島・国後島
¶くら哺(p11/カ写)
　日哺学フ(p16/カ写)

エゾセンニュウ *Locustella fasciolata* 蝦夷仙入, 蝦夷潜入
センニュウ科(ウグイス科)の鳥。全長18cm。㊵西シベリア低地南東部〜ウスリー・サハリン, 北海道
¶原寸羽(p252/カ写)
　四季鳥(p54/カ写)
　巣と卵決(p248/カ写)
　世文鳥(p230/カ写)
　鳥卵巣(p309/カ写, カ図)
　鳥比(p121/カ写)
　鳥**650**(p566/カ写)
　名鳥図(p202/カ写)
　日ア鳥(p477/カ写)
　日鳥識(p250/カ写)
　日鳥巣(p218/カ写)
　日鳥山新(p218/カ写)
　日鳥山増(p220/カ写)
　日野鳥新(p514/カ写)
　日野鳥増(p518/カ写)
　ばっ鳥(p294/カ写)
　羽根決(p303/カ写, カ図)
　ひと目鳥(p198/カ写)
　フ日野新(p254/カ図)
　フ日野増(p254/カ図)
　フ野鳥(p322/カ図)
　野鳥学フ(p33/カ写)
　野鳥山フ(p51,313/カ図, カ写)
　山溪名鳥(p66/カ写)

エゾタヌキ *Nyctereutes procyonoides albus* 蝦夷狸
イヌ科の哺乳類。タヌキの亜種。頭胴長54〜68cm。㊵北海道
¶日哺学フ(p34/カ写)

エゾトガリネズミ *Sorex caecutiens saevus* 蝦夷尖鼠
トガリネズミ科の哺乳類。バイカルトガリネズミの亜種。頭胴長65〜78mm。㊵ユーラシア北部一帯。日本では北海道
¶くら哺(p31/カ写)
　世文動(p52/カ写)
　日哺学フ(p26/カ写)

エゾナキウサギ *Ochotona hyperborea yesoensis* 蝦夷鳴兎, 蝦夷啼兎
ナキウサギ科の哺乳類。キタナキウサギの亜種。頭胴長115〜163mm。㊵北海道中央部
¶くら哺(p25/カ写)
　絶事(p5,98/カ写, モ図)
　世文動(p100/カ写)
　日哺学フ(p12/カ写)

エゾヒグマ *Ursus arctos yesoensis* 蝦夷羆
クマ科の哺乳類。頭胴長約280cm。㊵ヨーロッパ〜シベリア, 北アメリカ
¶くら哺(p62/カ写)
　世文動(p151/カ写)
　日哺学フ(p30/カ写)

エゾビタキ *Muscicapa griseisticta* 蝦夷鶲
ヒタキ科の鳥。全長15cm。㊵旧ソ連, 中国北東部, サハリン, カムチャツカ半島, 千島列島
¶くら鳥(p55/カ写)
　里山鳥(p117/カ写)
　四季鳥(p25/カ写)
　世文鳥(p240/カ写)
　鳥比(p154/カ写)
　鳥**650**(p636/カ写)
　名鳥図(p211/カ写)
　日ア鳥(p542/カ写)
　日鳥識(p272/カ写)
　日鳥山新(p289/カ写)
　日鳥山増(p254/カ写)
　日野鳥新(p566/カ写)
　日野鳥増(p544/カ写)
　ばっ鳥(p326/カ写)
　バード(p66/カ写)

ひと目鳥 (p191/カ写)
フ日野新 (p260,336/カ図)
フ日野増 (p260,334/カ図)
フ野鳥 (p358/カ図)
野鳥学フ (p89/カ図)
野鳥山フ (p55,328/カ図, カ写)
山溪名鳥 (p175/カ写)

エゾヒヨドリ *Hypsipetes amaurotis hensoni* 蝦夷鵯
ヒヨドリ科の鳥。ヒヨドリの亜種。
¶日野鳥増 (p473/カ写)

エゾフクロウ *Strix uralensis japonica* 蝦夷梟
フクロウ科の鳥。フクロウの亜種。
¶名鳥図 (p150/カ写)
日鳥山新 (p94/カ写)
日鳥山増 (p96/カ写)
日野鳥新 (p399/カ写)
日野鳥増 (p379/カ写)
ぱっ鳥 (p223/カ写)
羽根決 (p225/カ写, カ図)

エゾホオヒゲコウモリ *Myotis ikonnikovi yesoensis* 蝦夷頬髭蝙蝠
ヒナコウモリ科の哺乳類。絶滅危惧IB類 (環境省レッドリスト)。前腕長3.3～3.55cm。㊕北海道南西部の日高山系
¶絶事 (p42/モ図)

エゾムシクイ *Phylloscopus borealoides* 蝦夷虫食, 蝦夷虫喰
ムシクイ科 (ウグイス科) の鳥。全長11～12cm。㊕サハリン, 南千島, 日本で繁殖
¶くら鳥 (p51/カ写)
原寸羽 (p253/カ写)
里山鳥 (p106/カ写)
四季鳥 (p22/カ写)
巣と卵決 (p157/カ写, カ図)
世文鳥 (p234/カ写)
鳥比 (p116/カ写)
鳥**650** (p553/カ写)
名鳥図 (p205/カ写)
日ア鳥 (p460/カ写)
日鳥識 (p246/カ写)
日鳥巣 (p232/カ写)
日鳥山新 (p205/カ写)
日鳥山増 (p241/カ写)
日野鳥新 (p505/カ写)
日野鳥増 (p529/カ写)
ぱっ鳥 (p285/カ写)
バード (p72/カ写)
ひと目鳥 (p195/カ写)
フ日野新 (p256/カ図)
フ日野増 (p256/カ図)
フ野鳥 (p314/カ図)
野鳥学フ (p79/カ写)
野鳥山フ (p50,319/カ図, カ写)
山溪名鳥 (p205/カ写)

エゾモモンガ *Pteromys volans orii* 蝦夷小飛鼠
リス科の哺乳類。タイリクモモンガの亜種。頭胴長15～16cm。㊕ヨーロッパ東部～アジア東部
¶驚野動 (p285/カ写)
くら哺 (p10/カ写)
日哺学フ (p17/カ写)

エゾヤチネズミ *Myodes rufocanus bedfordiae* 蝦夷谷地鼠, 蝦夷野地鼠
ネズミ科の哺乳類。タイリクヤチネズミの亜種。頭胴長110～126mm。㊕北海道本島, 利尻島, 礼文島, 大黒島, 天売島, 焼尻島
¶くら哺 (p14/カ写)
世文動 (p112/カ写)
日哺学フ (p18/カ写)

エゾユキウサギ *Lepus timidus ainu* 蝦夷雪兎
ウサギ科の哺乳類。頭胴長50～58cm。㊕北海道全域
¶くら哺 (p24/カ写)
世文動 (p100/カ写)
日哺学フ (p10/カ写)

エゾライチョウ *Tetrastes bonasia* 蝦夷雷鳥
キジ科 (ライチョウ科) の鳥。全長36cm。㊕ヨーロッパ～シベリア, 中国東北地区, ウスリー地方, サハリンや日本の北海道
¶原寸羽 (p92/カ写)
四季鳥 (p81/カ写)
巣と卵決 (p61/カ写, カ図)
世文鳥 (p100/カ写)
鳥卵巣 (p130/カ写, カ図)
鳥比 (p12/カ写)
鳥**650** (p18/カ写)
名鳥図 (p140/カ写)
日ア鳥 (p10/カ写)
日鳥識 (p62/カ写)
日鳥山新 (p18/カ写)
日鳥山増 (p63/カ写)
日野鳥新 (p18/カ写)
日野鳥増 (p386/カ写)
ぱっ鳥 (p25/カ写)
バード (p47/カ写)
羽根決 (p116/カ写, カ図)
フ日野新 (p192/カ図)
フ日野増 (p192/カ図)
フ野鳥 (p12/カ図)
野鳥学フ (p54/カ写, カ図)
山溪名鳥 (p341/カ写)

エゾリス *Sciurus vulgaris orientis* 蝦夷栗鼠
リス科の哺乳類。キタリスの亜種。別名キネズミ。頭胴長22～23cm。㊕北海道全域
¶くら哺 (p11/カ写)

世文動（p107/カ写）
日哺学フ（p14/カ写）

エダセタカヘビ *Aplopeltura boa*
ナミヘビ科セタカヘビ亜科の爬虫類。全長50〜80cm。㋕インドネシア, マレー半島, タイ, フィリピンなど
¶**爬両1800**（p332/カ写）
爬両ビ（p206/カ写）

エダハシゴシキドリ *Semnornis frantzii* 枝嘴五色鳥
ゴシキドリ科の鳥。全長18cm。㋕中央アメリカ
¶世鳥ネ（p240/カ写）

エダハヘラオヤモリ *Uroplatus phantasticus*
ヤモリ科ヤモリ亜科の爬虫類。全長8〜9cm。㋕マダガスカル東部・南東部・南部
¶ゲッコー（p38/カ写）
世爬（p110/カ写）
爬両1800（p139/カ写）
爬両ビ（p110/カ写）

エチオピアアダー *Bitis parviocula*
クサリヘビ科の爬虫類。全長40〜70cm。㋕エチオピア
¶**爬両1800**（p343/カ写）

エチオピアオオカミ ⇒アビシニアジャッカルを見よ

エチオピアオオタケネズミ *Tachyoryctes macrocephalus*
ネズミ科（タケネズミ科）の哺乳類。体長31cm以下。㋕アフリカ
¶**絶百8**（p22/カ写）
世哺（p163/カ写）

エチオピアクリップスプリンガー *Oreotragus oreotragus saltatrixoides*
ウシ科の哺乳類。㋕アフリカ東部
¶驚野動（p179/カ写）

エチオピアコガシラガエル *Balebreviceps hillmani*
ジムグリガエル科の両生類。絶滅危惧IB類。㋕エチオピアのベール山の標高約3200mの場所
¶レ生（p55/カ写）

エチオピアニセヤブヒバリ *Heteromirafra sidamoensis* エチオピア偽藪雲雀
ヒバリ科の鳥。絶滅危惧IA類。㋕エチオピア南部の草原
¶レ生（p56/カ写）

エチオピアハリネズミ *Paraechinus aethiopicus*
ハリネズミ科の哺乳類。体長14〜28cm。
¶地球（p558/カ写）

エチオピアホオヒゲコウモリ *Myotis morrisi*
ヒナコウモリ科の哺乳類。絶滅危惧II類。前腕長約4.5cm。㋕エチオピア, ナイジェリア, コンゴ民主共和国
¶**絶百5**（p54/カ写）

エチゴウサギ ⇒トウホクノウサギを見よ

エチゴナンキンシャモ Echigo Nankin 越後南京軍鶏
鶏の一品種。天然記念物。体重 オス0.93kg, メス0.75kg。新潟県の原産。
¶日家〔越後南京シャモ〕（p177/カ写）

エチゴモグラ *Mogera etigo* 越後土竜
モグラ科の哺乳類。絶滅危惧IB類（環境省レッドリスト）。頭胴長16.3〜18.2cm。㋕越後平野のうち弥彦・三条・加茂・新津・五泉・新発田を結ぶ線より西の平野の中心部
¶くら哺（p36/カ写）
絶事（p26/モ図）
日哺改（p22/カ写）
日哺学フ（p105/カ写）

エッサイ ⇒ツミを見よ

エートケンスミントプシス *Sminthopsis aitkeni*
フクロネコ科の哺乳類。絶滅危惧IB類。頭胴長7.6〜10cm。㋕オーストラリア南部のカンガルー島
¶**絶百3**（p10/カ図）

エトピリカ *Fratercula cirrhata*
ウミスズメ科の鳥。絶滅危惧IA類（環境省レッドリスト）。全長34〜39cm。㋕太平洋
¶遺産日（鳥類 No.10/カ写）
原寸羽（p158/カ写）
四季鳥（p66/カ写）
世色鳥（p186/カ写）
絶鳥事（p108/モ図）
世鳥ネ（p156/カ写）
世文鳥（p167/カ写）
地球（p451/カ写）
鳥卵巣（p215/カ写, カ図）
鳥比（p375/カ写）
鳥650（p375/カ写）
名鳥図（p118/カ写）
日ア鳥（p319/カ写）
日色鳥（p175/カ写）
日鳥識（p184/カ写）
日鳥水増（p342/カ写）
日野鳥新（p355/カ写）
日野鳥増（p103/カ写）
ぱっ鳥（p197/カ写）
バード（p159/カ写）
羽根決（p385/カ写, カ図）
ひと目鳥（p27/カ写）
フ日野新（p64/カ図）
フ日野増（p64/カ図）
フ野鳥（p208/カ図）
野鳥学フ（p217/カ写）

野鳥山フ (p38,231/カ図, カ写)
山溪名鳥 (p68/カ写)

エトロフウミスズメ *Aethia cristatella* 択捉海雀
ウミスズメ科の鳥。全長24〜27cm。㊎太平洋北西部
¶原寸羽 (p154/カ写)
四季鳥 (p96/カ写)
世鳥ネ (p155/カ写)
世文鳥 (p165/カ写)
地球 (p451/カ写)
鳥比 (p374/カ写)
鳥650 (p372/カ写)
名鳥図 (p117/カ写)
日ア鳥 (p316/カ写)
日色鳥 (p219/カ写)
日鳥識 (p184/カ写)
日鳥水増 (p336/カ写)
日野鳥新 (p349/カ写)
日野鳥増 (p107/カ写)
羽根決 (p188/カ写, カ図)
フ日野新 (p64/カ図)
フ日野増 (p64/カ図)
フ野鳥 (p206/カ図)

エナガ *Aegithalos caudatus* 柄長
エナガ科の鳥。全長13〜16cm。㊎西ヨーロッパ〜日本
¶くら鳥 (p45/カ写)
原寸羽 (p260/カ写)
里山鳥 (p169/カ写)
四季鳥 (p104/カ写)
巣と卵決 (p172/カ写, カ図)
世色鳥 (p202/カ写)
世鳥大 (p404/カ写)
世鳥卵 (p204/カ写, カ図)
世鳥ネ (p272/カ写)
世文鳥 (p242/カ写)
地球 (p488/カ写)
鳥卵巣 (p320/カ写, カ図)
鳥比 (p93/カ写)
鳥650 (p540/カ写)
名鳥図 (p213/カ写)
日ア鳥 (p449/カ写)
日鳥識 (p232/カ写)
日鳥巣 (p252/カ写)
日鳥山新 (p190/カ写)
日鳥山増 (p258/カ写)
日野鳥新 (p498/カ写)
日野鳥増 (p548/カ写)
ぱっ鳥 (p282/カ写)
バード (p76/カ写)
羽根決 (p314/カ写, カ図)
ひと目鳥 (p204/カ写)
フ日野新 (p264/カ図)
フ日野増 (p264/カ図)
フ野鳥 (p306/カ図)
野鳥学フ (p27/カ写)
野鳥山フ (p55,330/カ図, カ写)
山溪名鳥 (p69/カ写)

エナガ〔亜種〕 *Aegithalos caudatus trivirgatus* 柄長
エナガ科の鳥。
¶日色鳥〔エナガ〕(p147/カ写)
日鳥山新〔亜種エナガ〕(p190/カ写)
日鳥山増〔亜種エナガ〕(p258/カ写)
日野鳥新〔エナガ*〕(p498/カ写)
日野鳥増〔エナガ*〕(p548/カ写)
ぱっ鳥〔亜種エナガ〕(p282/カ写)

エニシハリトカゲ ⇒ナミハリトカゲを見よ

エバーグレイズラットスネーク *Elaphe obsoleta rossalleni*
ナミヘビ科の爬虫類。全長90cm〜1.6m, 最大2.28m。㊎アメリカ (フロリダ半島のエバーグレーズ)
¶世ヘビ (p39/カ写)

エパニュール・デュ・ポン・オードゥメール ⇒ポンオードメル・スパニエルを見よ

エパニュール・デュ・ラルザック Épagneul du Larzac
犬の一品種。体高約54cm。フランスの原産。
¶新犬種 (p124)

エパニュール・ド・サン・テュスュージュ Épagneul du Saint-Usuge
犬の一品種。体高 オス47〜54cm, メス41〜49cm。フランスの原産。
¶新犬種 (p124/カ写)

エパニュール・ピカール ⇒ピカルディ・スパニエルを見よ

エパニュール・フランセ ⇒フレンチ・スパニエルを見よ

エパニュール・ブルー・ド・ピカルディー ⇒ブルー・ピカルディ・スパニエルを見よ

エパニュール・ブルトン ⇒ブリタニー・スパニエルを見よ

エパニョール・ナイン・コンチネンタル ⇒パピヨンを見よ

エパニョール・ナイン・コンチネンタル・ファーレーヌ ⇒ファレーンを見よ

エピオルニス *Aepyornis maximus*
エピオルニス科の鳥。別名ゾウチョウ。絶滅種。全長約3m。㊎マダガスカル島にだけ生息したといわれる
¶鳥卵巣 (p19/カ写, カ図)

エベノーアデガエル *Mantella ebenaui*
マダガスカルガエル科(マラガシーガエル科)の両生類。体長2～2.5cm。㊎マダガスカル北部
¶**カエル見**(p67/カ写)
爬両1800(p399/カ写)
爬両ビ(p263/カ写)

エベノーヘラオヤモリ *Uroplatus ebenaui*
ヤモリ科ヤモリ亜科の爬虫類。全長7～8cm。㊎マダガスカル北東部
¶**ゲッコー**(p38/カ写)
世爬(p110/カ写)
爬両1800(p139/カ写)

エボシカメレオン *Chamaeleo calyptratus*
カメレオン科の爬虫類。全長40～60cm。㊎イエメン, サウジアラビア南西部
¶**世爬**(p87/カ写)
地球(p380/カ写)
爬両1800(p111/カ写)
爬両ビ(p90/カ写)

エボシガラ *Parus bicolor* 烏帽子雀
シジュウカラ科の鳥。全長14～16cm。㊎テキサス州までの北アメリカ東部。最近ではオンタリオ州(カナダ)まで拡大
¶**世色鳥**(p157/カ写)
世鳥大(p403/カ写)
地球(p488/カ写)

エボシキジ ⇒カンムリキジを見よ

エボシクマゲラ *Dryocopus pileatus* 烏帽子熊啄木鳥
キツツキ科の鳥。全長40～49cm。㊎カナダの大半, アメリカ東部
¶**世鳥ネ**(p247/カ写)
地球(p480/カ写)

エボシクマタカ *Lophaetus occipitalis* 烏帽子熊鷹, 烏帽子角鷹
タカ科の鳥。体長51～56cm。㊎サハラ以南のアフリカ
¶**鳥卵巣**(p115/カ写, カ図)

エボシコクジャク *Polyplectron malacense* 烏帽子小孔雀
キジ科の鳥。全長 オス50cm, メス40cm。㊎マレー半島
¶**世美羽**(p22/カ写, カ図)

エボシドリ *Tauraco corythaix* 烏帽子鳥
エボシドリ科の鳥。全長45～47cm。㊎サハラ以南のアフリカ
¶**地球**(p461/カ写)

エボシメガネモズ *Prionops plumatus* 烏帽子眼鏡鵙
ヤブモズ科(メガネモズ科)の鳥。全長19～25cm。㊎乾燥地域を除くサハラ以南のアフリカ, 南アフリカ南部, ナミビア
¶**世鳥大**(p375/カ写)
世鳥卵(p167/カ写, カ図)
地球(p487/カ写)
鳥卵巣(p285/カ写, カ図)

エミスムツアシガメ *Manouria emys*
リクガメ科の爬虫類。甲長45～60cm。㊎インド西部～タイ北部, マレーシア, インドネシア(スマトラ島・ボルネオ島)
¶**世カメ**(p55/カ写)
世爬(p14/カ写)
爬両1800(p16/カ写)
爬両ビ(p10/カ写)

エミュー *Dromaius novaehollandiae*
エミュー科(ヒクイドリ科)の鳥。全長1.7～2.1m。㊎オーストラリア
¶**驚野動**(p322/カ写)
世鳥大(p105/カ写)
世鳥卵(p29/カ写, カ図)
世鳥ネ(p21/カ写)
世美羽(p170/カ写, カ図)
地球(p407/カ写)
鳥卵巣(p30/カ写, カ図)

エムデン Embden
ガチョウの一品種(肉用種)。体重 オス14～16kg, メス9～10kg。ドイツの原産。
¶**日家**(p218/カ写)

エメラルドオオトカゲ ⇒ミドリホソオオトカゲを見よ

エメラルドカンムリハチドリ *Amazilia decora* エメラルド冠蜂鳥
ハチドリ科ハチドリ亜科の鳥。全長9～11cm。
¶**ハチドリ**(p264/カ写)

エメラルドツリーボア *Corallus caninus*
ボア科ボア亜科の爬虫類。別名コモンエメラルドツリーボア。全長1～2m。㊎アマゾン川流域
¶**驚野動**(p97/カ写)
世爬(p170/カ写)
世文動(p285/カ写)
世ヘビ(p13/カ写)
爬両1800(p259/カ写)
爬両ビ(p179/カ写)

エメラルドツリーモニター ⇒ミドリホソオオトカゲを見よ

エメラルドテリオハチドリ *Metallura tyrianthina* エメラルド照尾蜂鳥
ハチドリ科ミドリフタオハチドリ亜科の鳥。全長9～10cm。㊎南アメリカ北西部
¶**ハチドリ**(p136/カ写)

エ

エメラルドテリムク *Coccycolius iris* エメラルド照椋
ムクドリ科の鳥。全長18〜19cm。 ㊋ギニア, シエラレオネ, コートジボワール
¶世美羽 (p96/カ写, カ図)
地球 (p492/カ写)

エメラルドハチドリ *Amazilia amabilis* エメラルド蜂鳥
ハチドリ科ハチドリ亜科の鳥。全長7〜10cm。 ㊋中央アメリカ〜南アメリカ北西部
¶ハチドリ (p263/カ写)

エメラルドヤマイグアナ *Liolaemus insolitus*
イグアナ科ヨウガントカゲ亜科の爬虫類。全長15cm前後。 ㊋ペルー南部
¶爬両**1800** (p86/カ写)
爬両ビ (p76/カ写)

エラブウミヘビ *Laticauda semifasciata* 永良部海蛇
コブラ科の爬虫類。絶滅危惧II類 (環境省レッドリスト)。全長70〜150cm。 ㊋南西諸島, 台湾, 中国, フィリピン, インドネシア東部。日本では南西諸島の沿岸域
¶原爬両 (No.108/カ写)
絶事 (p12,154/カ写, モ図)
日カメ (p243/カ写)
爬両飼 (p57/カ写)
野日爬 (p40,188/カ写)

エラブオオコウモリ *Pteropus dasymallus dasymallus* 永良部大蝙蝠
オオコウモリ科の哺乳類。クビワオオコウモリの亜種。 ㊋口之永良部島, トカラ列島
¶くら哺 (p40/カ写)
日哺学フ (p176/カ写)

エランド ⇒イランドを見よ

エリアカフウキンチョウ *Tangara cyanocephala* 襟赤風琴鳥
フウキンチョウ科の鳥。全長13cm。 ㊋ブラジル南部〜アルゼンチン北部の海岸沿いにある湿った森
¶世色鳥 (p77/カ写)
世鳥大 (p482/カ写)

エリオットカメレオン *Trioceros ellioti*
カメレオン科の爬虫類。全長10〜13cm。 ㊋アフリカ中部
¶世爬 (p91/カ写)
爬両**1800** (p116/カ写)

エリグロアジサシ *Sterna sumatrana* 襟黒鰺刺
カモメ科の鳥。全長30cm。 ㊋インド洋, 太平洋
¶くら鳥 (p124/カ写)
原寸羽 (p145/カ写)
四季鳥 (p120/カ写)
世文鳥 (p157/カ写)
地球 (p450/カ写)
鳥比 (p359/カ写)
鳥**650** (p347/カ写)
名鳥図 (p111/カ写)
日ア鳥 (p295/カ写)
日色鳥 (p94/カ写)
日鳥識 (p174/カ写)
日鳥水増 (p320/カ写)
日野鳥新 (p333/カ写)
日野鳥増 (p167/カ写)
ぱっ鳥 (p188/カ写)
羽根決 (p182/カ写, カ図)
フ日野新 (p100/カ図)
フ日野増 (p100/カ図)
フ野鳥 (p196/カ図)
野鳥山フ (p35,225/カ図, カ写)
山溪名鳥 (p70/カ写)

エリスキー Eriskay
馬の一品種 (ポニー)。体高120〜132cm。スコットランドの原産。
¶アルテ馬 (p238/カ写)

エリボシネコメヘビ *Leptodeira annulata*
ナミヘビ科ヒラタヘビ亜科の爬虫類。全長35〜70cm。 ㊋メキシコ〜中米を経て南米大陸中部まで
¶爬両**1800** (p286/カ写)

エリマキキツネザル *Varecia variegata*
キツネザル科の哺乳類。絶滅危惧IB類。体長55cm。 ㊋マダガスカル
¶絶百**4** (p68/カ写)
世文動 (p73/カ写)
世哺 (p104/カ写)

エリマキシギ *Philomachus pugnax* 襟巻鷸, 襟巻鴫
シギ科の鳥。全長 オス28cm, メス22cm。 ㊋ユーラシア北部で繁殖。地中海, アフリカ南部, インド, オーストラリアで越冬
¶くら鳥 (p113/カ写)
原寸羽 (p114/カ写)
里山鳥 (p123/カ写)
世色鳥 (p144/カ写)
世鳥大 (p230/カ写)
世鳥卵 (p100/カ写, カ図)
世文鳥 (p126/カ写)
地球 (p447/カ写)
鳥比 (p324/カ写)
鳥**650** (p290/カ写)
名鳥図 (p87/カ写)
日ア鳥 (p251/カ写)
日鳥識 (p160/カ写)
日鳥水増 (p226/カ写)
日野鳥新 (p292/カ写)
日野鳥増 (p316/カ写)
ぱっ鳥 (p165/カ写)
羽根決 (p380/カ写, カ図)

ひと目鳥（p79/カ写）
フ日野新（p144/カ図）
フ日野増（p144/カ図）
フ野鳥（p170/カ図）
野鳥学フ（p210/カ写, カ図）
野鳥山フ（p31,187/カ図, カ写）
山溪名鳥（p71/カ写）

エリマキチビハチドリ *Chaetocercus heliodor*
ハチドリ科ハチドリ亜科の鳥。全長5.8〜6.4cm。
¶ハチドリ（p318/カ写）

エリマキティティ *Callicebus torquatus*
サキ科の哺乳類。体高23〜36cm。㊍南アメリカ北西部
¶地球（p539/カ写）

エリマキトカゲ *Chlamydosaurus kingii* 襟巻蜥蜴
アガマ科の爬虫類。全長60〜90cm。㊍ニューギニア南部, オーストラリア北部
¶驚野動（p325/カ写）
世爬（p72/カ写）
世文動（p267/カ写）
地球（p381/カ写）
爬両1800（p89/カ写）
爬両ビ（p76/カ写）

エリマキミツスイ *Prosthemadera novaeseelandiae* 襟巻蜜吸
ミツスイ科の鳥。全長29〜32cm。㊍ニュージーランド
¶世鳥大（p365/カ写）
世鳥卵（p212/カ写, カ図）
世鳥ネ（p261/カ写）
地球（p485/カ写）

エリマキライチョウ *Bonasa umbellus* 襟巻雷鳥
キジ科（ライチョウ科）の鳥。全長43〜48cm。
㊍アラスカ, カナダ, アメリカ合衆国北部
¶世鳥大（p111/カ写）
鳥卵巣（p130/カ写, カ図）

エルクハウンド(1) Elkhound
犬の一品種。狩猟犬。体高（理想値）オス52cm, メス49.5cm。スカンジナビアの原産。
¶アルテ犬（p38/カ写）
新犬種（p164/カ写）

エルクハウンド(2) ⇒ノルウェジアン・エルクハウンド・グレーを見よ

エルクハウンド(3) ⇒ノルウェジアン・エルクハウンド・ブラックを見よ

エルツァーアナトリアカナヘビ *Anatololacerta oertzeni*
カナヘビ科の爬虫類。全長20cm前後。㊍トルコ南西部, ギリシャ（島嶼部）
¶爬両1800（p188/カ写）

エルデーイ・コポー ⇒トランシルバニアン・ハウンドを見よ

エルリコス・イニアンティス ⇒ヘレニック・ハウンドを見よ

エレガンスチビヤモリ *Sphaerodactylus elegans*
ヤモリ科チビヤモリ亜科の爬虫類。全長4〜6cm。
㊍西インド諸島
¶ゲッコー（p103/カ写）
爬両1800（p179/カ写）

エレガントマウスオポッサム *Thylamis elegans*
オポッサム科の哺乳類。体長11〜14cm。㊍チリ
¶地球（p504/カ写）

エレナイロメガエル *Boophis elenae*
マダガスカルガエル科（マラガシーガエル科）の両生類。体長4〜6cm。㊍マダガスカル東部
¶カエル見（p63/カ写）
爬両1800（p401/カ写）

エーロ
犬の一品種。実用的家庭犬として作出された。体高48〜60cm, 小型35〜45cm。ドイツの原産。
¶新犬種（p195/カ写）

エロンガータリクガメ *Indotestudo elongata*
リクガメ科の爬虫類。甲長25〜30cm。㊍インド北西部〜東南アジア, 中国南部
¶世カメ（p52/カ写）
世爬（p14/カ写）
地球（p378/カ写）
爬両1800（p16/カ写）
爬両ビ（p10/カ写）

エントツアマツバメ *Chaetura pelagica* 煙突雨燕
アマツバメ科の鳥。別名エントツハリオアマツバメ。全長12〜15cm。㊍カナダ東部, アメリカ
¶世鳥大（p293/カ写）
世鳥ネ〔エントツハリオアマツバメ〕（p210/カ写）
地球（p469/カ写）

エントツハリオアマツバメ ⇒エントツアマツバメを見よ

エントレブッハー・ゼネンフント ⇒エントレブッフ・マウンテン・ドッグを見よ

エントレブッフ・キャトル・ドッグ ⇒エントレブッフ・マウンテン・ドッグを見よ

エントレブッフ・ゼネンフント ⇒エントレブッフ・マウンテン・ドッグを見よ

エントレブッフ・マウンテン・ドッグ Entlebuch Mountain Dog
犬の一品種。別名エントレブッフ・キャトル・ドッグ, エントレブッフ・ゼネンフント, エントレブッハー・ゼネンフント。体高 オス44〜50cm, メス42〜48cm。スイスの原産。

¶最犬大 (p140/カ写)
新犬種〔エントレブッハー・ゼネンフント〕(p114/カ写)
ビ犬 (p71/カ写)

エンビコウ *Ciconia episcopus* 燕尾鸛
コウノトリ科の鳥。全長75〜91cm。㊀アフリカ, アジア
¶世鳥ネ (p67/カ写)
地球 (p425/カ写)

エンビシキチョウ *Enicurus leschenaulti* 燕尾四季鳥
ヒタキ科の鳥。全長25〜28cm。㊀ヒマラヤ地方〜南はマレーシア, インドネシア, スマトラ, ジャワ, カリマンタン
¶世鳥大 (p444/カ写)

エンビセアオマイコドリ *Chiroxiphia caudata* 燕尾背青舞子鳥
マイコドリ科の鳥。全長14〜15cm。㊀ブラジル南東部, パラグアイ東部, アルゼンチン北東部の低地および亜熱帯
¶原色鳥 (p133/カ写)
世色鳥 (p52/カ写)
世鳥大 (p337/カ写)
世鳥ネ (p253/カ写)
地球 (p483/カ写)

エンビタイヨウチョウ *Aethopyga christinae* 燕尾太陽鳥
タイヨウチョウ科の鳥。㊀中国, 香港, ラオス, ベトナム
¶世美羽 (p85/カ写)

エンビタイランチョウ *Tyrannus forficatus* 燕尾太蘭鳥
タイランチョウ科の鳥。全長19〜38cm。㊀アメリカ合衆国南西部。稀に東はミシシッピー川に至る地域で繁殖
¶世鳥大 (p349/カ写)

エンビテリハチドリ *Heliodoxa imperatrix* 燕尾照蜂鳥
ハチドリ科ミドリフタオハチドリ亜科の鳥。全長12〜17cm。
¶ハチドリ (p196/カ写)

エンビハチクイ *Merops hirundineus* 燕尾蜂食, 燕尾蜂喰
ハチクイ科の鳥。全長21cm。
¶世鳥大 (p311/カ写)

エンビヒメエメラルドハチドリ *Chlorostilbon canivetii* 燕尾姫エメラルド蜂鳥
ハチドリ科ハチドリ亜科の鳥。全長6.5〜8.5cm。
¶ハチドリ (p202/カ写)

エンビモリハチドリ *Thalurania furcata* 燕尾森蜂鳥
ハチドリ科ハチドリ亜科の鳥。全長8〜11cm。㊀南アメリカ北西部・中部 (エクアドル西部〜ボリビア東部, パラグアイ)
¶地球 (p471/カ写)
ハチドリ (p242/カ写)

エンペラータマリン *Saguinus imperator*
オマキザル科 (マーモセット科) の哺乳類。別名コウテイタマリン。絶滅危惧II類。体高23〜26cm。㊀南アメリカ
¶驚野動〔コウテイタマリン〕(p92/カ写)
世文動 (p76/カ写)
世哺 (p114/カ写)
地球 (p540/カ写)
美サル (p20/カ写)

エンペラーペンギン ⇒コウテイペンギンを見よ

エンペラーボア ⇒インペラトールボアを見よ

エンマカロテス *Calotes emma*
アガマ科の爬虫類。全長30〜40cm。㊀中国南部, インドシナ半島, インド
¶爬両1800 (p93/カ写)

【オ】

オアシスハチドリ *Rhodopis vesper* オアシス蜂鳥
ハチドリ科ハチドリ亜科の鳥。全長13〜13.5cm。㊀ペルー
¶ハチドリ (p313/カ写)

オアハカトゲオイグアナ *Ctenosaura oaxacana*
イグアナ科イグアナ亜科の爬虫類。全長35cm前後。㊀メキシコ (オアハカ州)
¶爬両1800 (p76/カ写)

オアハカドロガメ *Kinosternon oaxacae*
ドロガメ科ドロガメ亜科の爬虫類。別名ワーハカドロガメ。甲長14〜16cm。㊀メキシコ南部 (オアハカ州・ゲレーロ州東部)
¶世カメ (p140/カ写)
爬両1800 (p55/カ写)
爬両ビ〔ワーハカドロガメ〕(p59/カ写)

オイラージア ⇒ユーラシアを見よ

オイランスキアシヒメアマガエル ⇒オイランスキアシヒメガエルを見よ

オイランスキアシヒメガエル *Scaphiophryne gottlebei*
ヒメガエル科 (ヒメアマガエル科, ジムグリガエル科) の両生類。別名オイランスキアシヒメアマガエル, ゴシキスキアシヒメアマガエル。絶滅危惧IB類。体長3〜3.5cm。㊀マダガスカル南部・中部
¶遺産世 (Amphibia No.9/カ写)
かえる百 (p40/カ写)
カエル見 (p77/カ写)

世カエ〔ゴシキスキアシヒメアマガエル〕(p498/カ写)
世両(p129/カ写)
爬両1800(p408/カ写)
爬両ビ(p271/カ写)

オーヴェルニュ・ポインター Auvergne Pointer
犬の一品種。別名ブラク・ドーヴェルニュ, ブラク・ドゥベアーネ。体高 オス57〜63cm, メス53〜59cm。フランスの原産。
¶最犬大(p335/カ写)
新犬種〔ブラク・ドーヴェルニュ〕(p228/カ写)
ビ犬(p257/カ写)

オーウェンカメレオン *Trioceros oweni*
カメレオン科の爬虫類。全長30〜36cm。㊎アフリカ大陸中央部
¶爬両1800(p114/カ写)

オウカンエボシドリ *Tauraco hartlaubi* 王冠烏帽子鳥
エボシドリ科の鳥。全長43cm。㊎アフリカ中東部
¶世色鳥(p55/カ写)
地球(p461/カ写)

オウカンゲリ *Vanellus coronatus* 王冠鳧
チドリ科の鳥。全長20〜34cm。㊎エチオピア, ソマリア, 南アフリカ
¶鳥卵巣(p174/カ写, カ図)

オウカンヒメレーサー *Eirenis coronella*
ナミヘビ科ナミヘビ亜科の爬虫類。全長25cm前後。㊎アラビア半島北部, トルコ, イランなど
¶爬両1800(p291/カ写)

オウカンフウキンチョウ *Stephanophorus diadematus* 王冠風琴鳥
フウキンチョウ科の鳥。全長19cm。㊎ブラジル南東部, パラグアイ, ウルグアイ, アルゼンチン北部
¶原色鳥(p152/カ写)

オウカンミカドヤモリ *Rhacodactylus ciliatus*
ヤモリ科イシヤモリ亜科の爬虫類。全長20cm前後。㊎ニューカレドニア
¶ゲッコー(p80/カ写)
世爬(p116/カ写)
爬両1800(p159/カ写)
爬両ビ(p118/カ写)

オウギアイサ *Lophodytes cucullatus* 扇秋沙
カモ科の鳥。全長42〜50cm。㊎西の個体群はアラスカ南部〜アメリカ合衆国北西部にかけて繁殖, 東の個体群はカナダ南部, アメリカ合衆国北・中部で繁殖
¶地球(p415/カ写)
鳥比(p232/カ写)
鳥650(p81/カ写)
日カモ(p277/カ写, カ図)
フ野鳥(p52/カ図)

オウギオハチドリ *Myrtis fanny* 扇尾蜂鳥
ハチドリ科ハチドリ亜科の鳥。全長7.5〜8cm。㊎エクアドル南部, ペルー
¶ハチドリ(p386)

オウギタイランチョウ *Onychorhynchus coronatus* 扇太蘭鳥
タイランチョウ科(ハグロドリ科)の鳥。全長15〜18cm。㊎メキシコ南部〜ギアナ地方, ボリビア, ブラジル
¶世色鳥(p8/カ写)
世鳥大(p343)

オウギハクジラ *Mesoplodon stejnegeri* 扇歯鯨
アカボウクジラ科の哺乳類。全長5〜5.3m。㊎北太平洋とベーリング海の亜北極圏と冷温帯
¶クイ百(p242/カ図)
くら哺(p109/カ写)
日哺学フ(p220/カ図)

オウギハチドリ *Eulampis jugularis* 扇蜂鳥
ハチドリ科マルオハチドリ亜科の鳥。全長11〜12cm。㊎西インド諸島
¶世美羽(p67/カ写, カ図)
ハチドリ(p81/カ写)

オウギバト *Goura victoria* 扇鳩
ハト科の鳥。準絶滅危惧。全長66〜74cm。㊎インドネシア(パプア州・ビアック島・ヤペン島), パプアニューギニア
¶遺産世(Aves No.26/カ写)
絶百8(p70/カ写)
世鳥大(p250/カ写)
世鳥ネ(p165/カ写)
世美羽(p150/カ写, カ図)
地球(p455/カ写)
鳥絶(p155/カ図)

オウギパプアハナドリ *Melanocharis versteri* 扇パプア花鳥
パプアハナドリ科の鳥。全長14〜15cm。㊎ニューギニア
¶世鳥大(p371/カ写)

オウギビタキ *Rhipidura rufifrons* 扇鶲
カササギヒタキ科の鳥。体長15〜16.5cm。㊎東オーストラリア
¶世鳥ネ(p275/カ写)

オウギワシ *Harpia harpyja* 扇鷲
タカ科の鳥。全長89〜105cm。㊎中央・南アメリカ
¶絶百10(p90/カ写)
世鳥大(p200/カ写)
世鳥ネ(p111/カ写)
鳥卵巣(p111/カ写, カ図)

オウゴンアメリカムシクイ *Protonotaria citrea* 黄金亜米利加虫食, 黄金亜米利加虫喰
アメリカムシクイ科の鳥。全長14cm。㊕北アメリカ東部, 南アメリカ北部
¶原色鳥 (p184/カ写)
世色鳥 (p102/カ写)
世鳥大 (p470/カ写)
世鳥卵 (p217/カ写, カ図)
世鳥ネ (p329/カ写)
地球 (p497/カ写)

オウゴンギャリワスプ *Diploglossus lessonae*
アンギストカゲ科の爬虫類。全長25～35cm。㊕ブラジル北東部
¶爬両**1800** (p233/カ写)
爬両ビ (p162/カ写)

オウゴンサファイアハチドリ *Hylocharis eliciae* 黄金サファイア蜂鳥
ハチドリ科ハチドリ亜科の鳥。全長8～10cm。㊕メキシコ～パナマ
¶ハチドリ (p285/カ写)

オウゴンチュウハシ *Baillonius bailloni* 黄金中嘴
オオハシ科の鳥。全長35～40cm。㊕ブラジル南東部
¶地球 (p477/カ写)

オウゴンチョウ *Euplectes afer* 黄金鳥
ハタオリドリ科の鳥。全長10～11cm。㊕アフリカ中部・南部
¶世文鳥 (p280/カ写)
地球 (p495/カ写)
鳥飼 (p98/カ写)
鳥**650** (p745/カ写)
日鳥山新 (p392/カ写)
日鳥山増 (p358/カ写)

オウゴンニワシドリ *Prionodura newtoniana* 黄金庭師鳥
ニワシドリ科の鳥。全長23～25cm。㊕オーストラリア
¶原色鳥 (p213/カ写)
世鳥大 (p359/カ写)
世鳥ネ (p257/カ写)
地球 (p485/カ写)

オウゴンヒワ *Carduelis tristis* 黄金鶸
アトリ科の鳥。全長11.5～13cm。㊕南カナダ, アメリカの大半
¶原色鳥〔オウゴンヒワ(メス)〕(p178/カ写)
世色鳥 (p97/カ写)
世鳥大 (p465/カ写)
世鳥ネ (p320/カ写)
地球 (p496/カ写)

オウゴンフウチョウモドキ *Sericulus aureus* 黄金風鳥擬
ニワシドリ科の鳥。全長25.5cm。㊕ニューギニア
¶原色鳥 (p214/カ写)
世色鳥 (p121/カ写)

オウゴンミツスイ *Cleptornis marchei* 黄金蜜吸
メジロ科(ミツスイ科)の鳥。絶滅危惧IA類。体長14cm。㊕マリアナ諸島, 太平洋北西部(固有)
¶世鳥卵 (p211/カ写, カ図)
鳥絶 (p208/カ図)

オウゴンヤマネコ ⇒アフリカゴールデンキャットを見よ

オウサマクイナ *Rallus elegans* 王様秧鶏, 王様水鶏
クイナ科の鳥。全長38～48cm。
¶世鳥ネ (p115/カ写)
地球 (p440/カ写)
鳥卵巣 (p158/カ写, カ図)

オウサマタイランチョウ *Tyrannus tyrannus* 王様太蘭鳥
タイランチョウ科の鳥。全長19～23cm。㊕カナダ南部～メキシコ湾岸に至る地域で繁殖。中央・南アメリカで越冬
¶世鳥大 (p349/カ写)

オウサマペンギン *Aptenodytes patagonicus*
ペンギン科の鳥類。別名キングペンギン。全長90～100cm。㊕亜南極, フォークランド諸島
¶世鳥大 (p138/カ写)
世鳥卵 (p33/カ写, カ図)
世鳥ネ (p51/カ写)
世美羽 (p176/カ写, カ図)
地球〔キングペンギン〕(p416,418/カ写)
鳥卵巣〔キングペンギン〕(p38/カ写, カ図)

オウチュウ *Dicrurus macrocercus* 烏秋
オウチュウ科の鳥。全長28cm。㊕イラン～インド, インドシナ, 海南島, 中国, 台湾, ジャワ島
¶四季鳥 (p25/カ写)
世鳥卵 (p232/カ写, カ図)
世文鳥 (p269/カ写)
鳥卵巣 (p354/カ写, カ図)
鳥比 (p80/カ写)
鳥**650** (p474/カ写)
日ア鳥 (p397/カ写)
日鳥識 (p220/カ写)
日鳥山新 (p136/カ写)
日鳥山増 (p336/カ写)
日野鳥新 (p443/カ写)
日野鳥増 (p618/カ写)
フ日野新 (p296/カ図)
フ日野増 (p296/カ図)
フ野鳥 (p274/カ図)

オウチュウカッコウ *Surniculus lugubris* 烏秋郭公
カッコウ科の鳥。全長23cm。㊀インド〜東南アジア
¶**鳥比**(p21/カ写)
鳥650(p207/カ写)
日ア鳥(p177/カ写)
日鳥山新(p36/カ写)
フ日野新(p326/カ図)
フ日野増(p324/カ図)
フ野鳥(p126/カ図)

オウボウシインコ *Amazona guildingii*
インコ科の鳥。絶滅危惧II類。全長40cm。㊀セントビンセント(固有)
¶**絶百2**(p74/カ写)
地球(p459/カ写)
鳥絶(p158/カ図)

オウムハシハワイマシコ *Pseudonestor xanthophrys* 鸚鵡嘴ハワイ猿子
アトリ科の鳥。全長14cm。㊀ハワイ島
¶**世鳥大**(p468)

オウムヒラセリクガメ *Homopus areolatus*
リクガメ科の爬虫類。甲長9〜10cm。㊀南アフリカ共和国
¶**爬両1800**(p16/カ写)

オオアオサギ *Ardea herodias* 大蒼鷺
サギ科の鳥。全長0.9〜1.4m。㊀北アメリカ〜南アメリカ北部
¶**驚野動**(p71/カ写)
世鳥大(p166/カ写)
世鳥卵(p41/カ写, カ図)
世鳥ネ(p70/カ写)

オオアオジタトカゲ *Tiliqua gigas* 大青舌蜥蜴
スキンク科の爬虫類。全長50〜60cm。㊀ニューギニア島, ビスマルク諸島など
¶**世爬**(p139/カ写)
爬両1800(p210/カ写)
爬両ビ(p147/カ写)

オオアオバト *Treron capellei* 大緑鳩
ハト科の鳥。全長35cm。㊀インドネシアの森
¶**世鳥ネ**(p166/カ写)

オオアオヒタキ *Niltava grandis* 大青鶲
ヒタキ科の鳥。全長20〜23cm。㊀東南アジア
¶**原色鳥**(p120/カ写)

オオアオムチヘビ *Ahaetulla prasina*
ナミヘビ科ナミヘビ亜科の爬虫類。全長150〜180cm。㊀インド, 中国南部, 東南アジア
¶**世爬**(p192/カ写)
世文動(p294/カ写)
世ヘビ(p99/カ写)
爬両1800(p288/カ写)
爬両ビ(p201/カ写)

オオアカゲラ *Dendrocopos leucotos* 大赤啄木鳥
キツツキ科の鳥。全長28cm。㊀スカンジナビア南部, ヨーロッパ東部, 小アジア, シベリア南部, モンゴル, 中国, ウスリー, 朝鮮半島, 台湾, 日本
¶**くら鳥**(p64/カ写)
原寸羽(p216/カ写)
里山鳥(p34/カ写)
四季鳥(p70/カ写)
巣と卵決(p94/カ写, カ図)
世鳥ネ(p245/カ写)
世文鳥(p192/カ写)
鳥比(p63/カ写)
鳥650(p444/カ写)
名鳥図(p167/カ写)
日ア鳥(p378/カ写)
日色鳥(p16/カ写)
日鳥識(p210/カ写)
日鳥巣(p138/カ写)
日鳥山新(p115/カ写)
日鳥山増(p119/カ写)
日野鳥新(p420/カ写)
日野鳥増(p430/カ写)
ぱっ鳥(p236/カ写)
バード(p56/カ写)
ひと目鳥(p155/カ写)
フ日野新(p212/カ図)
フ日野増(p212/カ図)
フ野鳥(p262/カ図)
野鳥学フ(p113/カ写)
野鳥山フ(p45,263/カ図, カ写)

オオアカゲラ〔亜種〕 *Dendrocopos leucotos stejnegeri* 大赤啄木鳥
キツツキ科の鳥。
¶**日鳥山新**〔亜種オオアカゲラ〕(p115/カ写)
日鳥山増〔亜種オオアカゲラ〕(p119/カ写)
日野鳥新〔オオアカゲラ*〕(p420/カ写)
日野鳥増〔オオアカゲラ*〕(p430/カ写)

オオアカハラ *Turdus chrysolaus orii* 大赤腹
ヒタキ科(ツグミ科)の鳥。アカハラの亜種。
¶**名鳥図**(p198/カ写)
日鳥山新(p251/カ写)
日鳥山増(p205/カ写)
日野鳥新(p543/カ写)
日野鳥増(p507/カ写)

オオアカムササビ *Petaurista petaurista* 大赤鼯鼠
リス科の哺乳類。頭胴長約37cm。㊀台湾など
¶**世文動**(p110/カ図)

オオアシカラカネトカゲ *Chalcides ocellatus*
スキンク科の爬虫類。全長18〜30cm。㊀ヨーロッパ南部〜アラビア半島, アフリカ大陸北部など
¶**世爬**(p137/カ写)

爬両1800（p205～206/カ写）
爬両ビ（p145/カ写）

オ

オオアジサシ　*Sterna bergii*　大鰺刺
カモメ科の鳥。全長46～49cm。㊀南アフリカ～インド洋, ペルシャ湾, 太平洋。日本では小笠原諸島, 徳之島以南の南西諸島で繁殖
¶四季鳥（p26/カ写）
世鳥卵（p114/カ写, カ図）
世文鳥（p155/カ写）
地球（p450/カ写）
鳥卵巣（p207/カ写, カ図）
鳥比（p357/カ写）
鳥650（p339/カ写）
名鳥図（p113/カ写）
日ア鳥（p289/カ写）
日鳥識（p172/カ写）
日鳥水増（p313/カ写）
日野鳥新（p330/カ写）
日野鳥増（p172/カ写）
フ日野新（p98/カ図）
フ日野増（p98/カ図）
フ野鳥（p192/カ図）
山溪名鳥（p94/カ写）

オオアシトガリネズミ　*Sorex unguiculatus*　大足尖鼠
トガリネズミ科の哺乳類。頭胴長54～97mm。㊀サハリン, ロシア沿海地方。日本では北海道本島, 利尻島礼文島, 大黒島
¶くら哺（p31/カ写）
世文動（p53/カ写）
日哺改（p10/カ写）
日哺学フ（p25/カ写）

オオアタマガメ　*Platysternon megacephalum*　大頭亀
オオアタマガメ科の爬虫類。甲長18～23cm。㊀中国南部, インドシナ半島
¶世カメ（p158/カ写）
世爬（p41/カ写）
世文動（p245/カ写）
地球（p373/カ写）
爬両1800（p48/カ写）
爬両ビ（p62/カ写）

オオアタマフサオマキザル　*Cebus apella*
オマキザル科の哺乳類。フサオマキザルの亜種。体高33～57cm。㊀南アメリカ西部
¶地球（p541/カ写）

オオアタマヘビクビガメ　*Acanthochelys macrocephala*
ヘビクビガメ科の爬虫類。甲長18～20cm。㊀ブラジル南西部, パラグアイ, ボリビア中部, アルゼンチン
¶世カメ（p85/カ写）
爬両1800（p59/カ写）
爬両ビ（p42/カ写）

オオアタマヨコクビガメ　*Peltocephalus dumerilianus*
ヨコクビガメ科の爬虫類。甲長38～44cm。㊀南米大陸北西部
¶世カメ（p84/カ写）
世爬（p60/カ写）
爬両1800（p70/カ写）
爬両ビ（p52/カ写）

オオアナコンダ　*Eunectes murinus*
ボア科ボア亜科の爬虫類。別名グリーンアナコンダ。絶滅危惧II類。全長4～10m。㊀南アメリカ北部～中央部
¶驚野動（p105/カ写）
世ヘビ（p18/カ写）
地球〔アナコンダ〕（p391/カ写）
爬両1800（p265/カ写）

オオアブラコウモリ　*Pipistrellus savii*　大油蝙蝠
ヒナコウモリ科の哺乳類。前腕長3.4～3.8cm。㊀ヨーロッパ～朝鮮半島
¶日哺改（p46/カ写）
日哺学フ（p167/カ写）

オオアマガエル　*Hyla boans*
アマガエル科の両生類。体長10～12cm。㊀パナマ～南米大陸中部以北
¶かえる百（p59/カ写）
カエル見（p33/カ写）
世カエ（p226/カ写）
世両（p47/カ写）
爬両1800（p373/カ写）
爬両ビ（p246/カ写）

オオアメリカムシクイ　*Icteria virens*　大亜米利加虫食, 大亜米利加虫喰
アメリカムシクイ科の鳥。全長18cm。㊀カナダ南部, アメリカ合衆国の多くの地域で繁殖。アメリカ合衆国南部と中央アメリカのパナマまでの地域で越冬
¶世鳥大〔キムネアメリカムシクイ〔Yellow-breasted chat〕〕（p470/カ写）
地球（p497/カ写）

オオアリクイ　*Myrmecophaga tridactyla*　大蟻喰
アリクイ科の哺乳類。絶滅危惧II類。体長1～1.2m。㊀中央アメリカ南部～南アメリカ南部
¶遺産世（Mammalia No.16/カ写）
驚野動（p116/カ写）
絶百3（p16/カ写）
世文動（p96/カ写）
世哺（p132/カ写）
地球（p521/カ写）
レ生（p59/カ写）

オオアリモズ　*Taraba major*　大蟻鵙
アリドリ科の鳥。全長20cm。㊕メキシコ南部～南アメリカのブラジル, アルゼンチン北部にまで分布
¶**世鳥大**（p350/カ写）
世鳥卵（p147/カ写, カ図）

オオアルマジロ　*Priodontes maximus*
アルマジロ科の哺乳類。絶滅危惧II類。体長75～100cm。㊕南アメリカのアンデス山脈東部
¶**遺産世**（Mammalia No.18/カ写）
絶百3（p18/カ図）
世文動（p98/カ写）
世哺（p133/カ写）
地球（p517/カ写）
レ生（p60/カ写）

オオイシチドリ　⇒ソリハシオオイシチドリを見よ

オオイタサンショウウオ　*Hynobius dunni*　大分山椒魚
サンショウウオ科の両生類。日本固有種。全長10～16cm。㊕九州・四国の一部
¶**原爬両**（No.174/カ写）
地球（p369/カ写）
日カサ（p187/カ写）
爬両飼（p216/カ写）
爬両1800（p435/カ写）
野日両（p20,55,114/カ写）

オオイッコウチョウ　*Amadina erythrocephala*　大一紅鳥
カエデチョウ科の鳥。全長14cm。㊕アフリカ南部
¶**鳥飼**（p95/カ写）

オオイロメガエル　*Boophis goudoti*
マダガスカルガエル科（アオガエル科, マラガシーガエル科）の両生類。体長6.5～8.5cm。㊕マダガスカル中部
¶**かえる百**（p71/カ写）
カエル見（p63/カ写）
世両（p112/カ写）
爬両1800（p402/カ写）

オオイワイグアナ　*Cyclura nubila*
イグアナ科イグアナ亜科の爬虫類。別名キューバイワイグアナ。頭胴長 オス68～75cm, メス53～62cm。㊕キューバ, 英領ケイマン諸島
¶**遺産世**〔キューバイワイグアナ〕（Reptilia No.14-1/カ写）
爬両1800（p77/カ写）

オオイワタイランチョウ　*Muscisaxicola albifrons*　大岩太蘭鳥
タイランチョウ科の鳥。全長21cm。㊕ペルー～ボリビア北西部, チリ北部
¶**世鳥大**（p347/カ写）

オオウミガラス　*Pinguinus impennis*　大海鳥, 大海鴉
ウミスズメ科の鳥。絶滅種。全長80～120cm。㊕北大西洋の海岸
¶**絶百3**（p20/カ図）
世鳥卵（p120/カ写, カ図）
鳥卵巣（p209/カ写, カ図）

オオウロコフウチョウ　*Ptiloris magnificus*　大鱗風鳥
フウチョウ科の鳥。体長33cm。㊕ニューギニア, オーストラリア
¶**世鳥卵**（p239/カ写, カ図）
世鳥ネ（p273/カ写）
世美羽（p122/カ写, カ図）

オオウロコフトユビヤモリ　*Pachydactylus scutatus*
ヤモリ科ヤモリ亜科の爬虫類。全長8～10cm。㊕ナミビア北部, 南アフリカ共和国南西部
¶**ゲッコー**（p25/カ写）
爬両1800（p133/カ写）

オオオニカッコウ　*Scythrops novaehollandiae*　大鬼郭公
カッコウ科の鳥。全長60cm。㊕東南アジア, オーストラリア
¶**世鳥大**（p275/カ写）
世鳥ネ（p186/カ写）

オオオビトカゲ　*Zonosaurus maximus*
プレートトカゲ科の爬虫類。全長60～70cm。㊕マダガスカル南東部
¶**世爬**（p149/カ写）
爬両1800（p223/カ写）
爬両ビ（p157/カ写）

オオオビハシカイツブリ　*Podilymbus gigas*　大帯嘴鸊鷉, 大帯嘴鳰
カイツブリ科の鳥。別名グアテマラカイツブリ。絶滅種。体長48cm。㊕アティトラン湖（グアテマラ）のみ
¶**絶百3**（p22/カ図）

オオカグラコウモリ　*Hipposideros commersoni*
カグラコウモリ科の哺乳類。体長11～14.5cm。
¶**地球**（p554/カ写）

オオカサントウ　*Ptyas carinata*
ナミヘビ科ナミヘビ亜科の爬虫類。全長250～300cm。㊕東南アジア, 中国南部
¶**爬両1800**（p300/カ写）

オオガーターヘビ　*Thamnophis gigas*
ナミヘビ科の爬虫類。絶滅危惧II類。頭胴長95～130cm。㊕アメリカ西部のカリフォルニアのセントラルバレー
¶**レ生**（p62/カ写）

オオカナリア　*Crithagra sulphurata*　大金糸雀
アトリ科の鳥。全長13.5～16cm。㊕アフリカ東部～南部
¶**原色鳥**（p247/カ写）

オ

オオガビチョウ ⇒クビワガビチョウを見よ

オオカミ (1) ⇒エゾオオカミを見よ

オオカミ (2) ⇒タイリクオオカミを見よ

オオカミ (3) ⇒ニホンオオカミを見よ

オオカミガエル *Limnonectes macrodon*
アカガエル科の両生類。体長70～150mm。㊕ミャンマー, タイ, マレー半島, スマトラ島, ジャワ島
¶**世カエ** (p312/カ写)

オオカメレオンモドキ ⇒スベノドカメレオンモドキを見よ

オオカモメ *Larus marinus* 大鷗
カモメ科の鳥。全長64～78cm。㊕北ヨーロッパ～ロシア, 中央・北アメリカの東海岸
¶**世鳥大** (p235/カ写)
世鳥卵 (p109/カ写, カ図)
世鳥ネ (p142/カ写)
地球 (p449/カ写)
鳥卵巣 (p200/カ写, カ図)

オオガラゴ *Otolemur crassicaudatus*
ガラゴ科（ロリス科）の哺乳類。体高30～37cm。㊕アフリカ
¶**世文動** (p75/カ写)
世哺 (p100/カ写)
地球 (p534/カ写)
美サル (p163/カ写)

オオガラパゴスフィンチ *Geospiza magnirostris*
ホオジロ科の鳥。全長15cm。㊕ガラパゴス諸島
¶**世鳥大** (p480/カ写)
地球 (p498/カ写)

オオカラモズ *Lanius sphenocercus* 大唐百舌, 大唐鵙
モズ科の鳥。全長31cm。㊕ウスリー地方, 朝鮮半島北部, 中国北東部, モンゴル
¶**四季鳥** (p81/カ写)
世文鳥 (p210/カ写)
鳥卵巣 (p284/カ写, カ図)
鳥比 (p86/カ写)
鳥650 (p488/カ写)
名鳥図 (p183/カ写)
日ア鳥 (p409/カ写)
日色鳥 (p205/カ写)
日鳥識 (p224/カ写)
日鳥山新 (p149/カ写)
日鳥山増 (p167/カ写)
日野鳥新 (p451/カ写)
日野鳥増 (p479/カ写)
フ日野新 (p232/カ図)
フ日野増 (p232/カ図)
フ野鳥 (p280/カ図)

オオカワウソ *Pteronura brasiliensis* 大獺, 大川獺
イタチ科の哺乳類。絶滅危惧IB類。体長1～1.4m。㊕南アメリカ北部～中央部
¶**驚野動** (p102/カ写)
絶百4 (p50/カ写)
世文動 (p160/カ写)
世哺 (p265/カ写)
地球 (p575/カ写)

オオカワラヒワ *Chloris sinica kawarahiba* 大河原鶸
アトリ科の鳥。カワラヒワの亜種。
¶**名鳥図** (p227/カ写)
日鳥山新 (p332/カ写)
日鳥山増 (p302/カ写)
日野鳥新 (p603/カ写)
日野鳥増 (p591/カ写)

オオカンガルー *Macropus giganteus*
カンガルー科の哺乳類。体長0.9～1.4m。
¶**世文動** (p48/カ写)
地球 (p508/カ写)

オオカンガルーネズミ *Dipodomys ingens*
ポケットネズミ科の哺乳類。絶滅危惧IA類。全長31.1～34.8cm。㊕アメリカ合衆国カリフォルニア州
¶**レ生** (p63/カ写)

オオカンムリワシ *Spilornis cheela hoya* 大冠鷲
タカ科の鳥。カンムリワシの亜種。㊕台湾
¶**羽根決** (p376/カ写, カ図)

オオキアシシギ *Tringa melanoleuca* 大黄脚鷸, 大黄脚鴫, 大黄足鷸, 大黄足鴫
シギ科の鳥。全長29～33cm。㊕繁殖期には北アメリカ北部に分布するが, 繁殖しない個体は南部の海岸沿いの地域で過ごす
¶**四季鳥** (p74/カ写)
世鳥大 (p230/カ写)
世文鳥 (p130/カ写)
鳥比 (p303/カ写)
鳥650 (p263/カ写)
日ア鳥 (p227/カ写)
日鳥水増 (p236/カ写)
日野鳥新 (p262/カ写)
日野鳥増 (p272/カ写)
フ日野新 (p150/カ図)
フ日野増 (p150/カ図)
フ野鳥 (p156/カ図)

オオキノボリヒメガエル *Platypelis grandis*
ヒメガエル科（ヒメアマガエル科, ジムグリガエル科）の両生類。別名ブーランジェオオキノボリヒメアマガエル。体長4.5～8.8cm。㊕マダガスカル東部
¶**カエル見** (p75/カ写)
世カエ〔ブーランジェオオキノボリヒメアマガエル〕

(p494/カ写)
爬両1800(p406/カ写)
爬両ビ(p270/カ写)

オオキボウシインコ *Amazona ochrocephala oratrix* 大黄帽子鸚哥
インコ科の鳥。全長35cm。[分]メキシコ, ベリーズ〜ホンジュラス
¶鳥飼(p154/カ写)

オオキメアラヒキガエル *Bufo juxtasper*
ヒキガエル科の両生類。体長8〜15cm。[分]ボルネオ島, ジャワ島, スマトラ島
¶爬両1800(p364/カ写)

オオキリハシ *Jacamerops aureus* 大錐嘴
キリハシ科の鳥。全長25〜30cm。[分]中央・南アメリカ
¶世鳥大(p329)
世鳥ネ(p250/カ写)
地球(p481/カ写)

オオキンカチョウ *Emblema guttata* 大錦花鳥
カエデチョウ科の鳥。全長11cm。[分]オーストラリア南東部
¶鳥飼(p75/カ写)

オオキンランチョウ *Euplectes orix* 大金襴鳥
ハタオリドリ科の鳥。全長13〜15cm。[分]アフリカ(サハラ砂漠以南の広範囲)
¶世色鳥(p123/カ写)
鳥飼〔キンランチョウ〕(p99/カ写)

オオクイナ *Rallina eurizonoides* 大水鶏, 大秧鶏
クイナ科の鳥。絶滅危惧IB類(環境省レッドリスト)。全長25cm。[分]台湾, フィリピン, スラウェシ島, インドシナ, インド。日本では石垣島, 西表島, 竹富島, 小浜島, 黒島, 与那国島
¶原寸羽(p102/カ写)
絶鳥事(p80/モ図)
世文鳥(p106/カ写)
鳥比(p273/カ写)
鳥650(p190/カ写)
名鳥図(p69/カ写)
日ア鳥(p169/カ写)
日鳥識(p126/カ写)
日鳥水増(p173/カ写)
日野鳥新(p186/カ写)
日野鳥増(p220/カ写)
バード(p43/カ写)
羽根決(p132/カ写, カ図)
フ日野新(p126/カ図)
フ日野増(p126/カ図)
フ野鳥(p114/カ図)
山溪名鳥(p135/カ写)

オオグシミナミモリドラゴン *Hypsilurus dilophus*
アガマ科の爬虫類。全長40〜55cm前後。[分]ニューギニア島, インドネシアの一部(アルー島・カイ島・バタンタ島)
¶世爬(p77/カ写)
爬両1800(p97/カ写)
爬両ビ(p80/カ写)

オオクチガマトカゲ *Phrynocephalus mystaceus*
アガマ科の爬虫類。全長20cm前後。[分]中国北西部〜中央アジア西部
¶爬両1800(p105/カ写)

オオクビワコウモリ *Eptesicus fuscus* 大首輪蝙蝠
ヒナコウモリ科の哺乳類。体長10〜13cm。
¶地球(p557/カ写)

オオクロムクドリモドキ *Quiscalus quiscula* 大黒椋鳥擬
ムクドリモドキ科の鳥。全長28〜34cm。[分]北アメリカ東部
¶世鳥大(p472/カ写)
世鳥ネ(p325/カ写)
地球(p496/カ写)
鳥卵巣(p351/カ写, カ図)

オオグンカンドリ *Fregata minor* 大軍艦鳥
グンカンドリ科の鳥。全長85〜105cm。[分]熱帯太平洋, 南大西洋, インド洋
¶驚野動(p124/カ写)
世鳥大(p171/カ写)
世鳥ネ(p82/カ写)
世文鳥(p46/カ写)
鳥卵巣(p65/カ写, カ図)
鳥比(p256/カ写)
鳥650(p143/カ写)
日ア鳥(p124/カ写)
日鳥識(p106/カ写)
日鳥水増(p70/カ写)
日野鳥新(p131/カ写)
日野鳥増(p128/カ写)
フ日野新(p80/カ図)
フ日野増(p80/カ図)
フ野鳥(p88/カ図)

オオケナシフルーツコウモリ *Dobsonia moluccensis*
オオコウモリ科の哺乳類。体長10〜24cm。
¶地球(p551/カ写)

オオコガネハタオリ *Ploceus xanthops* 大黄金機織
ハタオリドリ科の鳥。全長17〜18cm。[分]コンゴ, アンゴラ, ウガンダ, タンザニア, ナミビアなど
¶鳥卵巣(p343/カ写, カ図)

オオコシアカツバメ *Hirundo striolata* 大腰赤燕
ツバメ科の鳥。全長20cm。
¶鳥比(p101/カ写)
鳥650(p529/カ写)

オオゴシキドリ *Megalaima virens* 大五色鳥
オオハシ科の鳥。全長32～33cm。㊕南・東南アジア
¶世鳥ネ(p241/カ写)
地球(p478/カ写)

オオコノハズク *Otus lempiji* 大木葉木菟, 大木葉梟
フクロウ科の鳥。全長25cm。㊕インド～日本, ボルネオ島, ジャワ島。日本では九州以北で繁殖
¶くら鳥(p73/カ写)
原寸羽(p190/カ写)
四季鳥(p26/カ写)
世文鳥(p178/カ写)
鳥卵巣(p231/カ写, カ図)
鳥比(p26/カ写)
鳥650(p420/カ写)
名鳥図(p153/カ写)
日ア鳥(p352/カ写)
日鳥識(p200/カ写)
日鳥山新(p89/カ写)
日鳥山増(p94/カ写)
日野鳥新(p395/カ写)
日野鳥増(p373/カ写)
ぱっ鳥(p218/カ写)
バード(p49/カ写)
羽根決(p220/カ写, カ図)
ひと目鳥(p146/カ写)
フ日野新(p190/カ図)
フ日野増(p190/カ図)
フ野鳥(p246/カ図)
野鳥学フ(p58/カ写)
野鳥山フ(p41,245/カ図, カ写)
山溪名鳥(p167/カ写)

オオコノハズク〔亜種〕 *Otus lempiji semitorques* 大木葉木菟, 大木葉梟
フクロウ科の鳥。
¶日野鳥新〔オオコノハズク*〕(p395/カ写)
日野鳥増〔オオコノハズク*〕(p373/カ写)

オオコビトキツネザル *Cheirogaleus major* 大小人狐猿
コビトキツネザル科の哺乳類。体高17～26cm。㊕マダガスカル島
¶地球(p537/カ写)

オオコモチミカドヤモリ *Rhacodactylus trachyrhynchus*
ヤモリ科イシヤモリ亜科の爬虫類。全長27～32cm。㊕ニューカレドニア(本島)
¶ゲッコー(p82/カ写)

オオサイチョウ *Buceros bicornis* 大犀鳥
サイチョウ科の鳥。全長95～105cm。㊕インド, 東南アジアの森
¶驚野動(p264/カ写)
世鳥大(p314/カ写)
世鳥ネ(p234/カ写)

オオサカシュアヒル Osaka 大阪種家鴨, 大阪種鶩
アヒルの一品種。体重 大阪種アヒル(肉用種)3.3kg。大阪府の原産。
¶日家〔大阪種アヒル〕(p213/カ写)

オオサラマンダー ⇒オオトラフサンショウウオを見よ

オオサンショウウオ *Andrias japonicus* 大山椒魚
オオサンショウウオ科の両生類。絶滅危惧II類(環境省レッドリスト), 特別天然記念物。日本固有種。全長50～140cm。㊕中部地方・中国地方・九州の一部
¶遺産日(両生類 No.1/カ写)
驚野動(p291/カ写)
原爬両(No.163/カ写)
絶事(p13,170/カ写, モ図)
絶百3(p38/カ写)
世文動(p310/カ写)
地球(p368/カ写)
日カサ(p174/カ写)
爬両観(p122/カ写)
爬両飼(p206/カ写)
爬両1800(p438/カ写)
野日両(p14,48,98/カ写)
レ生(p65/カ写)

オオシギダチョウ *Tinamus major* 大鷸駝鳥
シギダチョウ科の鳥。全長42cm。㊕メキシコ南東部～ボリビア東部, ブラジル
¶世鳥大(p102/カ写)

オオジシギ *Gallinago hardwickii* 大地鷸, 大地鴫
シギ科の鳥。全長30cm。㊕サハリン南部～日本
¶くら鳥(p117/カ写)
原寸羽(p125/カ写)
里山鳥(p49/カ写)
四季鳥(p49/カ写)
世文鳥(p139/カ写)
鳥比(p288/カ写)
鳥650(p243/カ写)
名鳥図(p100/カ写)
日ア鳥(p206/カ写)
日鳥識(p144/カ写)
日鳥水増(p258/カ写)
日野鳥新(p232/カ写)
日野鳥増(p288/カ写)
ぱっ鳥(p141/カ写)
バード(p27/カ写)
羽根決(p160/カ写, カ図)
ひと目鳥(p83/カ写)
フ日野新(p160/カ図)
フ日野増(p160/カ図)
フ野鳥(p144/カ図)
野鳥学フ(p155/カ写, カ図)

野鳥山フ (p34,207/カ図, カ写)
山溪名鳥 (p215/カ写)

オオシマサシオコウモリ *Saccopteryx bilineata*
サシオコウモリ科の哺乳類。体長7.5〜8cm。 ㊎中央アメリカ, 南アメリカ
¶地球 (p555/カ写)

オオシマトカゲ *Plestiodon marginatus oshimensis*
大島蜥蜴, 大島石竜子
スキンク科 (トカゲ科) の爬虫類。オキナワトカゲの亜種。日本固有種。全長20cm。 ㊎奄美諸島, トカラ列島
¶原爬両 (No.58/カ写)
日カメ (p109/カ写)
爬両飼 (p113/カ写)
野日爬 (p21,51,95/カ写)

オオシャモ Ohshamo 大軍鶏
鶏の一品種。天然記念物。体重 オス5.6kg, メス4.9kg。日本の原産。
¶日家〔大軍鶏/中軍鶏〕(p174/カ写)

オオジュウイチ *Hierococcyx sparverioides* 大十一
カッコウ科の鳥。全長40cm。 ㊎ヒマラヤ〜東南アジア
¶鳥比 (p20/カ写)
鳥650 (p208/カ写)
日ア鳥 (p177/カ写)
日鳥山新 (p37/カ写)
フ日野新 (p326/カ図)
フ野鳥 (p126/カ図)

オオジュリン *Emberiza schoeniclus* 大寿林
ホオジロ科の鳥。全長14〜16cm。 ㊎ユーラシア大陸, 南はイベリア半島および旧ソ連南部, 東は北東アジアまで, 北地域および東地域に生息するものはアフリカ北部, イラン, 日本で越冬
¶くら鳥 (p39,41/カ写)
原寸羽 (p272/カ写)
里山鳥 (p148/カ写)
四季鳥 (p49/カ写)
巣と卵決 (p190/カ写, カ図)
世鳥大 (p475/カ写)
世鳥ネ (p334/カ写)
世文鳥 (p255/カ写)
鳥比 (p200/カ写)
鳥650 (p718/カ写)
名鳥図 (p225/カ写)
日ア鳥 (p613/カ写)
日鳥識 (p302/カ写)
日鳥巣 (p282/カ写)
日鳥山新 (p375/カ写)
日鳥山増 (p289/カ写)
日野鳥新 (p646/カ写)
日野鳥増 (p582/カ写)
ぱっ鳥 (p373/カ写)
バード (p37/カ写)
羽根決 (p335/カ写, カ図)
ひと目鳥 (p213/カ写)
フ日野新 (p276/カ図)
フ日野増 (p276/カ図)
フ野鳥 (p404/カ図)
野鳥学フ (p43/カ写)
野鳥山フ (p56,349/カ図, カ写)
山溪名鳥 (p72/カ写)

オオシロハラミズナギドリ *Pterodroma externa*
大白腹水薙鳥
ミズナギドリ科の鳥。全長43cm。 ㊎南アメリカ, ニュージーランド
¶世文鳥 (p33/カ図)
鳥650 (p117/カ写)
日鳥水増 (p36/カ写)
フ日野増 (p70/カ図)

オオズアカダルマエナガ *Paradoxornis ruficeps*
大頭赤達磨柄長
ダルマエナガ科の鳥。 ㊎ヒマラヤ地方〜ミャンマー〜ベトナム北部
¶世鳥卵 (p189/カ写, カ図)

オオズグロカモメ *Larus ichthyaetus* 大頭黒鷗
カモメ科の鳥。全長57〜61cm。 ㊎黒海, カスピ海, アラル海, 旧ソ連南西部, モンゴル, 中国
¶地球 (p449/カ写)
鳥比 (p333/カ写)
鳥650 (p321/カ写)
日ア鳥 (p274/カ写)
日鳥識 (p166/カ写)
日鳥水増 (p272/カ写)
日野鳥新 (p310/カ写)
日野鳥増 (p152/カ写)
フ日野新 (p88/カ図)
フ日野増 (p88/カ図)
フ野鳥 (p184/カ図)

オオスズガエル *Bombina maxima* 大鈴蛙
スズガエル科の両生類。体長7〜7.5cm。 ㊎中国 (四川省・雲南省)
¶カエル見 (p10/カ写)
世両 (p12/カ写)
爬両1800 (p358/カ写)

オオスナバシリカナヘビ *Psammodromus algirus*
カナヘビ科の爬虫類。別名アルジェリアカナヘビ, アルジェリアスナカナヘビ。全長17〜24cm。 ㊎ヨーロッパ南西部, アフリカ大陸北西沿岸部
¶地球〔アルジェリアカナヘビ〕(p386/カ写)
爬両1800 (p190/カ写)
爬両ビ (p130/カ写)

オオスミサンショウウオ *Hynobius osumiensis*
サンショウウオ科の両生類。全長13〜15cm。 ㊎鹿

児島県大隅半島
¶野日両（p25,63,128/カ写）

オオヅル *Grus antigone* 大鶴
ツル科の鳥。絶滅危惧II類。全長1.5m。㊟アジア南部・南東部, オーストラリア北部
¶驚野動（p263/カ写）
世鳥大（p214/カ写）
世鳥卵（p81/カ写, カ図）
鳥卵巣（p151/カ写, カ図）

オオセグロカモメ *Larus schistisagus* 大背黒鷗
カモメ科の鳥。全長64cm。㊟カムチャツカ, サハリン, 千島列島, ウスリー。日本では北海道および東北地方の沿岸で繁殖
¶くら鳥（p122/カ写）
原寸羽（p134/カ写）
里山鳥（p219/カ写）
四季鳥（p47/カ写）
巣と卵決（p75,236/カ写, カ図）
世文鳥（p147/カ写）
鳥卵巣（p199/カ写, カ図）
鳥比（p350/カ写）
鳥**650**（p334/カ写）
名鳥図（p106/カ写）
日ア鳥（p282/カ写）
日鳥識（p170/カ写）
日鳥巣（p92/カ写）
日鳥水増（p286/カ写）
日野鳥新（p322/カ写）
日野鳥増（p138/カ写）
ぱっ鳥（p183/カ写）
バード（p154/カ写）
羽根決（p173/カ写, カ図）
ひと目鳥（p35/カ写）
フ日野新（p86/カ図）
フ日野増（p86/カ図）
フ野鳥（p190/カ図）
野鳥学フ（p241/カ写）
野鳥山フ（p36,214/カ図, カ写）
山溪名鳥（p199/カ写）

オオセグロミズナギドリ *Puffinus auricularis* 大背黒水薙鳥
ミズナギドリ科の鳥。絶滅危惧IA類。全長31～35cm。㊟ソコロ島（レビジャヒヘド諸島）, メキシコ（固有）
¶鳥絶〔Townsend's Shearwater〕（p125/カ図）
鳥**650**〔メキシコセグロミズナギドリ（仮称）〕（p128/カ写）

オオセタカガメ *Batagur dhongoka*
アジアガメ科（イシガメ（バタグールガメ）科）の爬虫類。甲長20～40cm。㊟ネパール, バングラディシュ, インド北東部
¶世カメ（p239/カ写）
爬両**1800**（p36/カ写）
爬両ビ（p27/カ写）

オオセッカ *Locustella pryeri* 大雪加
センニュウ科（ヒタキ科ウグイス亜科）の鳥。絶滅危惧IB類（環境省レッドリスト）。全長13cm。㊟中国の黒龍江・遼寧・河北省。日本では青森県, 秋田県, 茨城県
¶くら鳥（p53/カ写）
原寸羽（p296/カ写）
四季鳥（p53/カ写）
巣と卵決（p247/カ写）
絶鳥事（p15,210/カ写, モ図）
世文鳥（p230/カ写）
鳥比（p121/カ写）
鳥**650**（p565/カ写）
名鳥図（p202/カ写）
日ア鳥（p476/カ写）
日鳥識（p250/カ写）
日鳥巣（p216/カ写）
日鳥山新（p217/カ写）
日鳥山増（p217/カ写）
日野鳥新（p515/カ写）
日野鳥増（p534/カ写）
ぱっ鳥（p293/カ写）
バード（p128/カ写）
ひと目鳥（p200/カ写）
フ日野新（p252/カ図）
フ日野増（p252/カ図）
フ野鳥（p322/カ図）
野鳥学フ（p29/カ写）
野鳥山フ（p51,312/カ図, カ写）
山溪名鳥（p203/カ写）

オオソコトラヤモリ *Haemodracon riebeckii*
ヤモリ科ワレユビヤモリ亜科の爬虫類。全長30cm前後まで。㊟イエメン（ソコトラ島）
¶ゲッコー（p65/カ写）
爬両**1800**（p153/カ写）

オオソライロフウキンチョウ *Thraupis cyanoptera* 大空色風琴鳥
フウキンチョウ科の鳥。全長18cm。㊟ブラジル
¶原色鳥（p149/カ写）

オオソリハシシギ *Limosa lapponica* 大反嘴鷸, 大反嘴鴫
シギ科の鳥。全長37～39cm。㊟ユーラシア大陸の北極圏で繁殖。アフリカ南部, オーストラリアまで南下して越冬
¶くら鳥（p118/カ写）
原寸羽（p119/カ写）
里山鳥（p214/カ写）
四季鳥（p34/カ写）
世鳥大（p229/カ写）
世文鳥（p134/カ写）
鳥卵巣（p184/カ写, カ図）
鳥比（p295/カ写）

鳥650（p252/カ写）
名鳥図（p94/カ写）
日ア鳥（p216/カ写）
日色鳥（p84/カ写）
日鳥識（p146/カ写）
日鳥水増（p247/カ写）
日野鳥新（p244/カ写）
日野鳥増（p254/カ写）
ぱっ鳥（p144/カ写）
バード（p138/カ写）
羽根決（p381/カ写，カ図）
ひと目鳥（p80/カ写）
フ日野新（p154/カ図）
フ日野増（p154/カ図）
フ野鳥（p148/カ図）
野鳥学フ（p214/カ写）
野鳥山フ（p32,199/カ図，カ写）
山溪名鳥（p73/カ写）

オオダイガハラサンショウウオ *Hynobius boulengeri* 大台ヶ原山椒魚
サンショウウオ科の両生類。日本固有種。全長14～20cm。㊟奈良県，三重県，和歌山県，九州の一部
¶原爬両（No.182/カ写）
日カサ（p188/カ写）
爬両観（p126/カ写）
爬両飼（p223/カ写）
爬両1800（p436/カ写）
爬両ビ（p301/カ写）
野日両（p24,62,124/カ写）

オオダイサギ ⇒ダイサギ〔亜種〕を見よ

オオタカ *Accipiter gentilis* 大鷹，蒼鷹
タカ科の鳥。全長 オス50cm，メス59cm。㊟ユーラシア大陸北部と北米北部。日本では留鳥として九州以北に生息
¶くら鳥（p76/カ写）
原寸羽（p66/カ写）
里山鳥（p162/カ写）
四季鳥（p21/カ写）
巣と卵決（p46/カ写，カ図）
世鳥大（p197/カ写）
世鳥卵（p59/カ写，カ図）
世文鳥（p86/カ写）
地球（p437/カ写）
鳥卵巣（p109/カ写，カ図）
鳥比（p50/カ写）
鳥650（p404/カ写）
名鳥図（p128/カ写）
日ア鳥（p339/カ写）
日鳥識（p196/カ写）
日鳥巣（p40/カ写）
日鳥山新（p74/カ写）
日鳥山増（p24/カ写）
日野鳥新（p376/カ写）
日野鳥増（p344/カ写）
ぱっ鳥（p209/カ写）
バード（p39,40/カ写）
羽根決（p92/カ写，カ図）
ひと目鳥（p125/カ写）
フ日野新（p178/カ図）
フ日野増（p178/カ図）
フ野鳥（p222/カ図）
野鳥学フ（p63/カ写，カ図）
野鳥山フ（p22,132/カ図，カ写）
山溪名鳥（p74/カ写）
ワシ（p84/カ写）

オオタカ〔亜種〕 *Accipiter gentilis fujiyamae* 大鷹，蒼鷹
タカ科の鳥。準絶滅危惧（環境省レッドリスト）。全長 オス約50cm，メス約56cm。㊟北海道，本州，四国（繁殖地），九州，沖縄（渡来地）
¶絶鳥事〔オオタカ〕（p9,128/カ写，モ図）
日鳥山新〔亜種オオタカ〕（p74/カ写）
日鳥山増〔亜種オオタカ〕（p24/カ写）
ワシ〔亜種オオタカ〕（p84/カ写）

オオタチヨタカ *Nyctibius grandis* 大立夜鷹
タチヨタカ科の鳥。全長50cm。㊟中央・南アメリカ
¶世鳥ネ（p203/カ写）

オオダルマインコ *Psittacula derbiana* 大達磨鸚哥
インコ科の鳥。全長50cm。㊟チベット南西部・アッサム北東部
¶鳥飼（p145/カ写）

オオチドリ *Charadrius veredus* 大千鳥
チドリ科の鳥。全長23cm。㊟カスピ海東部～アラル海，バルハシ湖の周辺
¶四季鳥（p23/カ写）
世文鳥（p116/カ写）
鳥比（p278/カ写）
鳥650（p234/カ写）
名鳥図（p78/カ写）
日ア鳥（p200/カ写）
日鳥識（p138/カ写）
日鳥水増（p194/カ写）
日野鳥新（p225/カ写）
日野鳥増（p249/カ写）
フ日野新（p132/カ図）
フ日野増（p132/カ図）
フ野鳥（p138/カ図）

オオツチスドリ *Corcorax melanorhamphos* 大土巣鳥
オオツチスドリ科の鳥。全長45cm。㊟オーストラリア
¶世鳥大（p395/カ写）
世鳥卵（p234/カ写，カ図）

オオツノキノボリアリゲータートカゲ *Abronia vasconcelosii*
アンギストカゲ科の爬虫類。全長30cm前後。 ㊕グアテマラ
¶**爬両1800** (p230/カ写)

オオツノトカゲ *Phrynosoma asio*
イグアナ科ツノトカゲ亜科の爬虫類。全長15～20cm。 ㊕メキシコ南西部, グアテマラ
¶**世爬** (p68/カ写)
爬両1800 (p80/カ写)
爬両ビ (p72/カ写)

オオツノヒツジ ⇒ビッグホーンを見よ

オオツパイ *Tupaia tana*
ツパイ科の哺乳類。体長15～23cm。 ㊕ボルネオ島, スマトラ島と周辺の島々
¶**地球** (p533/カ写)

オオツブヒメアマガエル *Stumpffia grandis*
ヒメアマガエル科(ジムグリガエル科)の両生類。全長2～2.5cm。
¶**地球** (p362/カ写)

オオツリスドリ *Psarocolius montezuma* 大釣巣鳥
ムクドリモドキ科の鳥。全長 オス51cm, メス38cm。 ㊕中央アメリカの森
¶**世色鳥** (p154/カ写)
世鳥ネ (p324/カ写)

オオトウゾクカモメ (1) *Stercorarius maccormicki* 大盗賊鷗
トウゾクカモメ科の鳥。全長52～54cm。 ㊕南大西洋, 太平洋, 南極大陸半島の沖
¶**四季鳥** (p47/カ写)
世鳥大〔ナンキョクオオトウゾクカモメ〕(p240/カ写)
世鳥ネ (p151/カ写)
世文鳥 (p144/カ写)
地球 (p451/カ写)
鳥比 (p368/カ写)
鳥650 (p354/カ写)
日ア鳥 (p302/カ写)
日鳥識 (p178/カ写)
日鳥水増 (p268/カ写)
日野鳥新 (p343/カ写)
日野鳥増 (p128/カ写)
フ日野新 (p84/カ図)
フ日野増 (p84/カ図)
フ野鳥 (p200/カ図)

オオトウゾクカモメ (2) ⇒キタオオトウゾクカモメを見よ

オオトガリハナアマガエル *Sphaenorhynchus lacteus*
アマガエル科の両生類。別名オリノコオオアシアマガエル。体長3.5～4.5cm。 ㊕南米北西部, ブラジル, ボリビア
¶**カエル見** (p41/カ写)
世カエ〔オリノコオオアシアマガエル〕(p286/カ写)
世両 (p65/カ写)
爬両1800 (p381/カ写)
爬両ビ (p251/カ写)

オオトビトカゲ *Draco maximus*
アガマ科の爬虫類。全長35cm前後。 ㊕マレーシア西部, タイ, インドネシア
¶**爬両1800** (p90/カ写)

オオトラツグミ *Zoothera dauma major* 大虎鶫
ヒタキ科(ツグミ科)の鳥。トラツグミの亜種。絶滅危惧II類(環境省レッドリスト)。全長30cm。 ㊕奄美大島, 加計呂麻島
¶**巣と卵決** (p246/カ写, カ図)
絶鳥事 (p194/モ図)
名鳥図 (p195/カ写)
日ア鳥 (p501/カ写)
日鳥巣 (p202/カ写)
日鳥山新 (p243/カ写)
日鳥山増 (p199/カ写)
日野鳥新 (p535/カ写)
日野鳥増 (p503/カ写)

オオトラフサンショウウオ *Dicamptodon ensatus*
トラフサンショウウオ科(オオサラマンダー科)の両生類。別名オオサラマンダー。全長17～30cm。 ㊕北アメリカ
¶**世文動**〔オオサラマンダー〕(p314/カ写)
地球 (p369/カ写)

オオドルコプシス *Dorcopsis muelleri*
カンガルー科の哺乳類。体長24～30cm。 ㊕ニューギニア西部と3つの島
¶**世文動** (p47/カ写)
地球 (p509/カ写)

オオニワシドリ *Chlamydera nuchalis* 大庭師鳥
ニワシドリ科の鳥。全長34～38cm。 ㊕オーストラリア北部, 近隣の島々
¶**世鳥大** (p359/カ写)
世鳥卵 (p237/カ写, カ図)
鳥卵巣 (p357/カ写, カ図)

オオネズミクイ *Dasyuroides byrnei*
フクロネコ科の哺乳類。絶滅危惧II類。体長13.5～18cm。 ㊕オーストラリア
¶**世文動** (p40/カ写)
世哺 (p60/カ写)

オオノスリ *Buteo hemilasius* 大鵟
タカ科の鳥。全長60cm。 ㊕中国北東部, モンゴル北東部, チベット, シベリア南東部
¶**四季鳥** (p79/カ写)
世文鳥 (p88/カ写)
鳥比 (p56/カ写)

鳥650（p412/カ写）
名鳥図（p129/カ写）
日ア鳥（p343/カ写）
日鳥山新（p82/カ写）
日鳥山増（p38/カ写）
日野鳥新（p384/カ写）
日野鳥増（p352/カ写）
フ日野新（p174/カ図）
フ日野増（p174/カ図）
フ野鳥（p224/カ図）
ワシ（p109/カ写）

オオハイイロミズナギドリ *Procellaria cinerea* 大灰色水薙鳥
ミズナギドリ科の鳥。全長48〜50cm。㊎太平洋, インド洋, 大西洋の南部・亜南極海域
¶鳥卵巣（p54/カ写, カ図）

オオバクチヤモリ ⇒センザンコウバクチヤモリを見よ

オオハクチョウ *Cygnus cygnus* 大白鳥, 大鵠
カモ科の鳥。全長1.4〜1.7m。㊎イギリス, イタリア北部
¶くら鳥（p96/カ写）
原寸羽（ポスター/カ写）
里山鳥（p176/カ写）
四季鳥（p72/カ写）
世鳥大（p127/カ写）
世鳥ネ（p41/カ写）
世文鳥（p64/カ写）
鳥卵巣（p81/カ写, カ図）
鳥比（p212/カ写）
鳥650（p39/カ写）
名鳥図（p44/カ写）
日ア鳥（p31/カ写）
日色鳥（p130/カ写）
日鳥識（p70/カ写）
日鳥水増（p115/カ写）
日野鳥新（p38/カ写）
日野鳥増（p34/カ写）
ぱっ鳥（p35/カ写）
バード（p92/カ写）
ひと目鳥（p60/カ写）
フ日野新（p30/カ図）
フ日野増（p30/カ図）
フ野鳥（p24/カ図）
野鳥学フ（p191/カ図p190, カ写p191）
野鳥山フ（p16,98/カ図, カ写）
山溪名鳥（p76/カ写）

オオハゲコウ *Leptoptilos dubius* 大禿鸛
コウノトリ科の鳥。絶滅危惧IB類。全長1.2〜1.5m。㊎インド北東部, カンボジア
¶遺産世（Aves No.8/カ写）
絶百3（p44/カ写）
世鳥大（p160/カ写）

オオハコヨコクビガメ *Pelusios chapini*
ヨコクビガメ科アフリカヨコクビガメ亜科の爬虫類。甲長30cm前後。㊎コンゴ, コンゴ民主共和国北部, 中央アフリカ共和国南部, ウガンダ西部
¶世カメ（p70/カ写）
世爬（p59/カ写）
爬両1800（p70/カ写）

オオハシウミガラス *Alca torda* 大嘴海烏, 大嘴海鴉
ウミスズメ科の鳥。全長37〜39cm。㊎大西洋
¶世鳥大（p242/カ写）
世鳥卵（p119/カ写, カ図）
世鳥ネ（p154/カ写）
地球（p451/カ写）
鳥卵巣（p210/カ写, カ図）
鳥650（p362/カ写）

オオハシカッコウ *Crotophaga ani* 大嘴郭公
カッコウ科の鳥。体長37cm。㊎アメリカ合衆国南部（フロリダ中部）〜中央アメリカ, エクアドル西部やアルゼンチン北部にかけてと西インド諸島
¶世鳥卵（p127/カ写, カ図）

オオハシゴシキドリ *Semnornis ramphastinus* 大嘴五色鳥
オオハシゴシキドリ科（オオハシ科, ゴシキドリ科）の鳥。全長20cm。㊎コロンビア南西部, エクアドル西部
¶絶百3（p46/カ写）
世鳥ネ（p240/カ写）
地球（p479/カ写）

オオハシシギ *Limnodromus scolopaceus* 大嘴鷸, 大嘴鴫
シギ科の鳥。全長29cm。㊎シベリア北東部, アラスカ
¶くら鳥（p113/カ写）
四季鳥（p61/カ写）
世文鳥（p128/カ写）
鳥卵巣（p194/カ写, カ図）
鳥比（p292/カ写）
鳥650（p248/カ写）
名鳥図（p88/カ写）
日ア鳥（p212/カ写）
日鳥識（p146/カ写）
日鳥水増（p229/カ写）
日野鳥新（p240/カ写）
日野鳥増（p294/カ写）
フ日野新（p156/カ図）
フ日野増（p156/カ図）
フ野鳥（p146/カ図）
野鳥山フ（p30,189/カ図, カ写）
山溪名鳥（p78/カ写）

オ

オオハシタイランチョウ *Megarhynchus pitangua* 大嘴太蘭鳥
タイランチョウ科の鳥。全長21〜24cm。㋕メキシコ中部〜ペルー北西部, ブラジル南部, アルゼンチン北部
¶**世鳥大**(p347)

オオハシバト *Didunculus strigirostris* 大嘴鳩
ハト科の鳥。絶滅危惧IB類。体長31cm。㋕サモア(固有)
¶**鳥絶**(p155/カ図)

オオバタン *Cacatua moluccensis* 大巴旦
オウム科の鳥。絶滅危惧II類。全長50cm。㋕セラム島, アンボン島(インドネシア)
¶**遺産世**(Aves No.28/カ写)
絶百3(p48/カ図)

オオハチクイモドキ *Baryphthengus ruficapillus* 大蜂食擬, 大蜂喰擬
ハチクイモドキ科の鳥。全長44cm。㋕パナマ〜エクアドル西部・ブラジル南部・東部
¶**世鳥大**(p310/カ写)

オオハチドリ *Patagona gigas* 大蜂鳥
ハチドリ科オオハチドリ亜科の鳥。全長20〜22cm。㋕アンデス山脈, エクアドル〜チリ
¶**世鳥大**(p296/カ写)
世鳥ネ(p215/カ写)
鳥卵巣(p239/カ写, カ図)
ハチドリ(p200/カ写)

オオハナインコ *Eclectus roratus* 大花鸚哥, 大鼻鸚哥
インコ科の鳥。全長35〜42cm。㋕東インドネシアの島, ニューギニア, ソロモン諸島, オーストラリアの北東の端
¶**原色鳥**(p62/カ写)
世色鳥〔オオハナインコ(メス)〕(p25/カ写)
世色鳥〔オオハナインコ(ペア)〕(p95/カ写)
世鳥大(p263/カ写)
世鳥ネ(p176/カ写)
地球(p457/カ写)
鳥飼(p163/カ写)
鳥卵巣(p222/カ写, カ図)

オオハナサキガエル *Odorrana supranarina* 大鼻先蛙
アカガエル科の両生類。日本固有種。体長6〜11cm。㋕石垣島, 西表島
¶**原爬両**(No.146/カ写)
日カサ(p119/カ写)
爬両1800(p413/カ写)
野日両(p39,87,174/カ写)

オオバナナガエル *Afrixalus fornasini*
クサガエル科の両生類。別名バナナガエル。体長38〜40mm。㋕南および東アフリカ
¶**世カエ**(p380/カ写)

オオハナマル ⇒クビワムクドリを見よ

オオハム *Gavia arctica* 大波武
アビ科の鳥。全長58〜73cm。㋕ヨーロッパ, スカンディナヴィア, ロシア, アラスカ, カナダ
¶**くら鳥**(p125/カ写)
原寸羽(p11/カ写)
四季鳥(p99/カ写)
世鳥大(p143/カ写)
世鳥ネ(p55/カ写)
世文鳥(p26/カ写)
地球(p420/カ写)
鳥卵巣(p44/カ写, カ図)
鳥比(p240/カ写)
鳥650(p105/カ写)
名鳥図(p14/カ写)
日ア鳥(p96/カ写)
日鳥識(p98/カ写)
日鳥水増(p19/カ写)
日野鳥新(p111/カ写)
日野鳥増(p19/カ写)
羽根決(p10/カ写, カ図)
ひと目鳥(p42/カ写)
フ日野新(p24/カ図)
フ日野増(p24/カ図)
フ野鳥(p70/カ図)
山溪名鳥(p79/カ写)

オオハヤブサ *Falco peregrinus pealei* 大隼
ハヤブサ科の鳥。ハヤブサの亜種。
¶**名鳥図**(p138/カ写)
日野鳥新(p439/カ写)
ワシ(p162/カ写)

オオバン *Fulica atra* 大鷭
クイナ科の鳥。全長36〜39cm。㋕ヨーロッパ, アジア, オーストラリア。日本では北海道, 本州中部以北
¶**くら鳥**(p84/カ写)
原寸羽(p99/カ写)
里山鳥(p193/カ写)
四季鳥(p71/カ写)
巣と卵決(p69/カ写, カ図)
世鳥大(p211/カ写)
世鳥卵(p85/カ写, カ図)
世鳥ネ(p119/カ写)
世文鳥(p109/カ写)
鳥卵巣(p162/カ写, カ図)
鳥比(p270/カ写)
鳥650(p201/カ写)
名鳥図(p71/カ写)
日ア鳥(p172/カ写)
日色鳥(p213/カ写)
日鳥識(p128/カ写)
日鳥巣(p74/カ写)
日鳥水増(p182/カ写)

日野鳥新(p194/カ写)
日野鳥増(p228/カ写)
ぱっ鳥(p117/カ写)
バード(p116/カ写)
羽根決(p137/カ写, カ図)
ひと目鳥(p110/カ写)
フ日野新(p122/カ図)
フ日野増(p122/カ図)
フ野鳥(p118/カ図)
野鳥学フ(p163/カ写, カ図)
野鳥山フ(p27,165/カ図, カ写)
山溪名鳥(p269/カ写)

オオバンケン *Centropus sinensis* 大蕃鵑
カッコウ科の鳥。全長48〜52cm。[分]東南アジア
¶世鳥卵(p126/カ写, カ図)
地球(p462/カ写)
鳥比(p19/カ写)

オオヒキガエル *Rhinella marina* 大蟇
ヒキガエル科の両生類。特定外来生物。全長10〜24cm。[分]アメリカ合衆国〜南米大陸南部まで(世界中に移入帰化)。日本では小笠原諸島, 南・北大東島, 石垣島に人為的に移入
¶原爬両(No.121/カ写)
世カエ(p142/カ写)
絶事(p16,220/カ写, モ図)
世文動(p323/カ写)
地球(p355,356/カ写)
日カサ(p48/カ写)
爬両観(p110/カ写)
爬両飼(p171/カ写)
爬両**1800**(p366/カ写)
爬両ビ(p243/カ写)
野日両(p31,71,145/カ写)

オオヒクイドリ ⇒ヒクイドリを見よ

オオヒゲナシヨタカ *Eurostopodus mystacalis* 大髭無夜鷹
ヨタカ科の鳥。[分]オーストラリア東部, ニューギニア, ソロモン諸島
¶世鳥卵〔White-throated Nightjar〕(p133/カ写, カ図)

オオヒシクイ *Anser fabalis middendorffii* 大菱喰
カモ科の鳥。ヒシクイの亜種。
¶名鳥図(p42/カ写)
日鳥水増(p108/カ写)
日野鳥新(p28/カ写)
ぱっ鳥(p29/カ写)
羽根決(p46/カ写, カ図)
野鳥学フ(p189/カ写)
山溪名鳥(p270/カ写)

オオヒタキモドキ *Myiarchus crinitus* 大鶲擬
タイランチョウ科の鳥。全長17〜21cm。[分]北アメリカ東部
¶世鳥大(p349/カ写)
世鳥卵(p150/カ写, カ図)
世鳥ネ(p255/カ写)
地球(p484/カ写)
鳥卵巣(p258/カ写, カ図)

オオヒバリ *Alauda arvensis pekinensis* 大雲雀
ヒバリ科の鳥。ヒバリの亜種。
¶原寸羽(p219/カ写)

オオヒバリチドリ *Attagis gayi* 大雲雀千鳥
ヒバリチドリ科の鳥。[分]アンデス山脈の高地
¶世鳥卵(p105/カ写, カ図)

オオヒメアマガエル *Microhyla berdmorei*
ヒメアマガエル科(ジムグリガエル科)の爬虫類。体長24〜32mm。[分]タイ, マレーシア, スマトラ島, ボルネオ島
¶世カエ(p486/カ写)

オオヒルヤモリ *Phelsuma madagascariensis*
ヤモリ科の爬虫類。別名マダガスカルヒルヤモリ。全長22〜28cm。[分]南西部を除くマダガスカル全域
¶世爬(p111/カ写)
世文動〔マダガスカルヒルヤモリ〕(p260/カ写)
地球〔マダガスカルヒルヤモリ〕(p384/カ写)
爬両**1800**(p140〜141/カ写)
爬両ビ(p112/カ写)

オオフウチョウ *Paradisaea apoda* 大風鳥
フウチョウ科の鳥。全長43cm。[分]アジア南東部, ニューギニア
¶驚野動(p319/カ写)
原色鳥(p193/カ写)
世鳥ネ(p273/カ写)
世美羽(p128/カ写, カ図)

オオフクロウ *Strix leptogrammica* 大梟
フクロウ科の鳥。全長47〜53cm。[分]インド, 東南アジア, 中国南部, 台湾
¶地球(p464/カ写)

オオフクロネコ *Dasyurus maculatus*
フクロネコ科の哺乳類。頭胴長 オス38〜76cm, メス35〜45cm。[分]オーストラリア東部, タスマニア
¶驚野動(p341/カ写)
世文動(p40/カ写)

オオフタヅノカメレオン *Kinyongia matschiei*
カメレオン科の爬虫類。全長35〜40cm。[分]タンザニア北東部(ウサンバラ山の東部)
¶爬両**1800**(p118/カ写)

オオブタバナスベヘビ *Leioheterodon madagascariensis*
ナミヘビ科マラガシーヘビ亜科の爬虫類。別名マダガスカルオオシシバナヘビ, マダガスカルホッグ

オ

ノーズスネーク。全長1.2～1.5m, 最大2.0m。㊐マダガスカル, コモロ諸島
¶世爬(p223/カ写)
世ヘビ〔オオブタハナスベヘビ〕(p94/カ写)
地球〔マダガスカルオオシシバナヘビ〕(p394/カ写)
爬両1800(p337/カ写)
爬両ビ(p212/カ写)

オオブチジェネット *Genetta tigrina*
ジャコウネコ科の哺乳類。体長43～58cm。㊐南アフリカのケープ地方
¶地球(p587/カ写)

オオブッポウソウ *Leptosomus discolor* 大仏法僧
オオブッポウソウ科の鳥。全長40～50cm。㊐マダガスカルおよびコモロ諸島
¶世鳥大(p305/カ写)
地球(p474/カ写)

オオフトユビヤモリ *Pachydactylus turneri*
ヤモリ科ヤモリ亜科の爬虫類。全長18～20cm。㊐タンザニア～南アフリカ共和国, ナミビアなど
¶ゲッコー(p28/カ写)
世爬(p102/カ写)
爬両1800(p133/カ写)
爬両ビ(p101/カ写)

オオフナガモ *Tachyeres pteneres* 大舟鴨
カモ科の鳥。全長74～84cm。㊐南アメリカ南端
¶世鳥大(p128)

オオフラミンゴ *Phoenicopterus roseus* 大フラミンゴ
フラミンゴ科の鳥。別名ヨーロッパフラミンゴ。全長1.2～1.5m。㊐南ヨーロッパ, アフリカ, 南アジア
¶驚野動(p149/カ写)
原色鳥〔ヨーロッパフラミンゴ〕(p88/カ写)
世鳥大(p155/カ写)
世鳥卵(p47/カ写, カ図)
世鳥ネ(p66/カ写)
地球(p424/カ写)
鳥卵巣(p79/カ写, カ図)
鳥650(p744/カ写)

オオフルマカモメ *Macronectes giganteus* 大管鼻鷗
ミズナギドリ科の鳥。全長86～99cm。㊐南の海全体, 南極大陸
¶世鳥大(p148/カ写)
世鳥ネ(p59/カ写)
地球(p422/カ写)

オオホウカンチョウ *Crax rubra* 大鳳冠鳥
ホウカンチョウ科の鳥。全長78～92cm。㊐メキシコ～エクアドル
¶世鳥卵(p68/カ写, カ図)
世鳥ネ(p25/カ写)
地球(p408/カ写)
鳥卵巣(p126/カ写, カ図)

オオホオヒゲコウモリ *Myotis myotis*
ヒナコウモリ科の哺乳類。頭胴長6.7～7.9cm。㊐中央・南ヨーロッパ～イスラエル, ヨルダン, ベラルーシ
¶絶百5(p56/カ写, カ図)

オオホシハジロ *Aythya valisineria* 大星羽白
カモ科の鳥。全長48～61cm。㊐カナダ南部～メキシコ
¶世美羽(p104/カ写)
世文鳥(p73/カ写)
地球(p415/カ写)
鳥比(p225/カ写)
鳥650(p63/カ写)
名鳥図(p58/カ写)
日ア鳥(p49/カ写)
日カモ(p177/カ写, カ図)
日鳥識(p80/カ写)
日鳥水増(p139/カ写)
日野鳥新(p66/カ写)
日野鳥増(p72/カ写)
フ日野新(p48/カ図)
フ日野増(p48/カ図)
フ野鳥(p38/カ図)
山溪名鳥(p294/カ写)

オオホンセイインコ *Psittacula eupatria* 大本青鸚哥
インコ科の鳥。全長58cm。㊐南・東南アジア産
¶世鳥ネ(p177/カ写)
世文鳥(p277/カ写)
鳥飼(p144/カ写)

オオマガン *Anser albifrons gambeli* 大真雁
カモ科の鳥。マガンの亜種。
¶名鳥図(p41/カ写)

オオマシコ *Carpodacus roseus* 大猿子
アトリ科の鳥。全長17cm。㊐シベリア東部とモンゴル北部。中国, 朝鮮半島。日本に渡る個体群もいる
¶くら鳥(p47/カ写)
原寸羽(p275/カ写)
里山鳥(p155/カ写)
四季鳥(p81/カ写)
世鳥大(p466/カ写)
世文鳥(p261/カ写)
鳥比(p181/カ写)
鳥650(p678/カ写)
名鳥図(p230/カ写)
日ア鳥(p583/カ写)
日色鳥(p8/カ写)
日鳥識(p286/カ写)
日鳥山新(p340/カ写)
日鳥山増(p310/カ写)
日野鳥新(p612/カ写)
日野鳥増(p598/カ写)

ぱっ鳥（p354/カ写）
バード（p78/カ写）
羽根決（p340/カ写, カ図）
ひと目鳥（p217/カ写）
フ日野新（p288/カ図）
フ日野増（p288/カ図）
フ野鳥（p384/カ図）
野鳥学フ（p38/カ写）
野鳥山フ（p59,355/カ図, カ写）
山溪名鳥（p80/カ写）

オオマダラキーウィ *Apteryx haastii* 大斑キーウィ
キーウィ科の鳥。全長65～70cm。[分]ニュージーランドの南島
¶**世色鳥**（p152/カ写）
世鳥ネ（p22/カ写）
地球（p407/カ写）

オオマメジカ *Tragulus napu* 大豆鹿
マメジカ科の哺乳類。体高30～35cm。[分]東南アジア
¶**世文動**（p200）
地球（p596/カ写）

オオミズナギドリ *Calonectris leucomelas* 大水薙鳥
ミズナギドリ科の鳥。全長46～50cm。[分]日本, 黄海, 台湾沿岸の離島で繁殖
¶**くら鳥**（p124/カ写）
原寸羽（p17/カ写）
里山鳥（p200/カ写）
四季鳥（p65/カ写）
巣と卵決（p19/カ写, カ図）
世文鳥（p34/カ写）
鳥卵巣（p55/カ写, カ図）
鳥比（p245/カ写）
鳥650（p121/カ写）
名鳥図（p15/カ写）
日ア鳥（p110/カ写）
日鳥識（p102/カ写）
日鳥水増（p41/カ写）
日野鳥新（p118/カ写）
日野鳥増（p116/カ写）
ぱっ鳥（p78/カ写）
バード（p146/カ写）
羽根決（p18/カ写, カ図）
ひと目鳥（p19/カ写）
フ日野新（p72/カ図）
フ日野増（p72/カ図）
フ野鳥（p78/カ図）
野鳥学フ（p234/カ写）
野鳥山フ（p11,70/カ図, カ写）
山溪名鳥（p82/カ写）

オオミズネズミ *Hydromys chrysogaster*
ネズミ科の哺乳類。体長29～39cm。[分]オーストラリア
¶**世哺**（p171/カ写）

オオミズヘビ *Enhydris bocourti* 大水蛇
ナミヘビ科ミズヘビ亜科の爬虫類。全長100cm前後。[分]マレーシア西部, カンボジア, タイ, ベトナム
¶**世ヘビ**（p102/カ写）
爬両1800（p267/カ写）

オオミチバシリ *Geococcyx californianus* 大道走
カッコウ科の鳥。別名ミチバシリ。体長51～61cm。[分]アメリカ南部, メキシコ
¶**驚野動**（p63/カ写）
世鳥大（p277/カ写）
世鳥ネ（p188/カ写）
地球〔ミチバシリ〕（p462/カ写）
鳥卵巣（p229/カ写, カ図）

オオミットサラマンダー *Bolitoglossa dofleini*
ムハイサラマンダー科の両生類。全長14～16cm。[分]メキシコ, グアテマラ, ホンジュラス
¶**世文動**（p315/カ写）
世両（p206/カ写）
爬両1800（p447/カ写）
爬両ビ（p306/カ写）

オオミドリカナヘビ *Lacerta trilineata*
カナヘビ科の爬虫類。全長50cm前後。[分]ヨーロッパ南東部, トルコなど
¶**爬両1800**（p182/カ写）

オオミドリニオイガエル *Rana livida*
アカガエル科の両生類。体長10～12.5cm。[分]ミャンマー
¶**カエル見**（p85/カ写）
世両（p141/カ写）
爬両1800（p413/カ写）

オオミナミトカゲ *Sphenomorphus latifasciatus*
スキンク科の爬虫類。全長40～60cm。[分]ニューギニア島北部・西部
¶**爬両1800**（p202/カ写）
爬両ビ（p140/カ写）

オオミミアシナガネズミ ⇒オオミミアシナガマウスを見よ

オオミミアシナガマウス *Hypogeomys antimena*
ネズミ科（アシナガマウス科）の哺乳類。別名オオミミアシナガネズミ。絶滅危惧IB類。体長30～35cm。[分]マダガスカル島の西海岸にある森林地帯
¶**世哺**〔オオミミアシナガネズミ〕（p162/カ写）
地球（p527/カ写）
レ生（p69/カ写）

オオミミギツネ *Otocyon megalotis* 大耳狐
イヌ科の哺乳類。頭胴長46～66cm。[分]アフリカ南部・東部
¶**世文動**（p136/カ写）

世哺 (p225/カ写)
地球 (p563/カ写)
野生イヌ (p88/カ写, カ図)

オオミミキュウカンチョウ *Gracula religiosa javanensis* 大耳九官鳥
ムクドリ科の鳥。全長25～30cm。㊕ミャンマー北部～マレー半島, 小スンダ列島
¶鳥飼 (p112/カ写)

オオミミナシトカゲ *Cophosaurus texanus*
イグアナ科ツノトカゲ亜科の爬虫類。全長8～13cm。㊕アメリカ合衆国南部, メキシコ北部
¶世爬 (p69/カ写)
爬両1800 (p82/カ写)
爬両ビ (p74/カ写)

オオミミハリネズミ *Hemiechinus auritus*
ハリネズミ科の哺乳類。体長14～28cm。㊕アフリカ, アジア
¶世哺 (p79/カ写)
地球 (p558/カ写)

オオミミヨタカ *Eurostopodus macrotis* 大耳夜鷹
ヨタカ科の鳥。㊕インド南部, 東南アジア～フィリピン
¶世鳥卵 (p134/カ写, カ図)

オオムシクイ *Phylloscopus examinandus* 大虫食, 大虫喰
ムシクイ科の鳥。全長10～13cm。㊕カムチャッカ, 千島列島で繁殖
¶鳥比 (p114/カ写)
鳥650 (p550/カ写)
日ア鳥 (p459/カ写)
日鳥識 (p246/カ写)
日鳥山新 (p200/カ写)
日野鳥新 (p503/カ写)
フ日野新 (p256/カ図)
フ野鳥 (p312/カ図)

オオムジツグミモドキ *Toxostoma redivivum* 大無地鶫擬
マネシツグミ科の鳥。㊕カリフォルニア～メキシコのバハカリフォルニア北西部までの乾燥地
¶世鳥卵 (p173/カ写, カ図)
鳥卵巣 (p278/カ写, カ図)

オオムジヒタキ *Bradornis infuscatus* 大無地鶲
ヒタキ科の鳥。㊕アフリカ南西部
¶世鳥卵 (p202/カ写, カ図)

オオメダイチドリ *Charadrius leschenaultii* 大目大千鳥
チドリ科の鳥。全長22cm。㊕旧ソ連南部～モンゴル, トルコ・ヨルダン・アフガニスタン
¶くら鳥 (p107/カ写)
四季鳥 (p23/カ写)
世文鳥 (p115/カ写)
鳥比 (p279/カ写)
鳥650 (p233/カ写)
名鳥図 (p78/カ写)
日ア鳥 (p199/カ写)
日鳥識 (p138/カ写)
日鳥水増 (p193/カ写)
日野鳥新 (p224/カ写)
日野鳥増 (p248/カ写)
フ日野新 (p132/カ図)
フ日野増 (p132/カ図)
フ野鳥 (p136/カ図)
野鳥学フ (p195/カ写)
山溪名鳥 (p321/カ写)

オオメハスカイ *Pseudoxenodon macrops*
ナミヘビ科ハスカイヘビ亜科の爬虫類。全長90～120cm。㊕インドシナ半島中部以北, インド, 中国南部
¶爬両1800 (p331/カ写)

オオメンフクロウ *Tyto novaehollandiae* 大面梟
メンフクロウ科の鳥。全長33～57cm。
¶世鳥大 (p279)
世鳥ネ (p190/カ写)

オオモズ *Lanius excubitor* 大百舌, 大鵙
モズ科の鳥。全長24.5cm。㊕ユーラシア大陸北部, 北アメリカ北部で繁殖
¶四季鳥 (p81/カ写)
世鳥ネ (p267/カ写)
世文鳥 (p210/カ写)
鳥卵巣 (p283/カ写, カ図)
鳥比 (p86/カ写)
鳥650 (p487/カ写)
名鳥図 (p183/カ写)
日ア鳥 (p408/カ写)
日鳥識 (p224/カ写)
日鳥山新 (p148/カ写)
日鳥山増 (p166/カ写)
日野鳥新 (p450/カ写)
日野鳥増 (p478/カ写)
フ日野新 (p232/カ図)
フ日野増 (p232/カ図)
フ野鳥 (p280/カ図)
山溪名鳥 (p323/カ写)

オオモリクイナ *Aramides ypecaha* 大森秧鶏, 大森水鶏
クイナ科の鳥。㊕南アメリカ
¶世鳥卵 (p88/カ写, カ図)

オオモリドラゴン *Gonocephalus grandis*
アガマ科の爬虫類。全長35～55cm前後。㊕マレーシア西部, インドネシア, タイ南部
¶世爬 (p76/カ写)
世文動 (p266/カ写)

爬両1800 (p95/カ写)
爬両ビ (p79/カ写)

オオヤイロチョウ *Pitta maxima* 大八色鳥
ヤイロチョウ科の鳥。全長25～28cm。㊀インドネシアのハルマヘラ島とその周辺の島
¶世色鳥 (p177/カ写)

オオヤブモズ *Malaconotus blanchoti* 大籔百舌
モズ科の鳥。㊀ケニア, タンザニア
¶世鳥卵 (p168/カ写, カ図)

オオヤマガメ *Heosemys grandis*
アジアガメ科 (イシガメ (バタグールガメ) 科) の爬虫類。甲長35～40cm。㊀ミャンマー中部～インドシナ半島の南部, マレー半島
¶世カメ (p283/カ写)
爬両1800 (p44/カ写)
爬両ビ (p33/カ写)

オオヤマセミ *Megaceryle maxima* 大山翡翠, 大山魚狗
カワセミ科の鳥。全長40cm。㊀アフリカ
¶世色鳥〔オオヤマセミ (メス)〕(p126/カ写)
世鳥ネ (p228/カ写)

オオヤマネ *Glis glis* 大山鼠, 大冬眠鼠
ヤマネ科の哺乳類。体長12～17cm。㊀ユーラシア
¶世哺 (p172/カ写)
地球 (p525/カ写)

オオヤマネコ *Lynx lynx* 大山猫
ネコ科の哺乳類。別名シベリアオオヤマネコ, ユーラシアオオヤマネコ, ヨーロッパオオヤマネコ, ヨーロッパリンクス。体長80～130cm。㊀ヨーロッパ北部～アジア東部
¶世文動 (p166/カ写)
世哺 (p283/カ写)
地球 (p577/カ写)
野生ネコ〔ヨーロッパオオヤマネコ〕(p108/カ写, カ図)

オオユミハシハチドリ *Phaethornis malaris* 大弓嘴蜂鳥
ハチドリ科ユミハチドリ亜科の鳥。全長13～17cm。
¶ハチドリ (p60/カ写)

オオヨコクビガメ *Podocnemis expansa*
ヨコクビガメ科アフリカヨコクビガメ亜科の爬虫類。甲長75～90cm。㊀南米大陸北西部
¶世カメ (p78/カ写)
爬両1800 (p70/カ写)

オオヨシキリ *Acrocephalus orientalis* 大葦切, 大葭切
ヨシキリ科 (ウグイス科) の鳥。全長18cm。㊀旧ソ連～中国東部。日本では九州～北海道の葦原に夏鳥として渡来
¶くら鳥 (p52/カ写)
里山鳥 (p99/カ写)
四季鳥 (p51/カ写)
巣と卵決 (p155/カ写, カ図)
世文鳥 (p232/カ写)
鳥卵巣 (p312/カ写, カ図)
鳥比 (p122/カ写)
鳥650 (p567/カ写)
名鳥図 (p204/カ写)
日ア鳥 (p478/カ写)
日鳥識 (p252/カ写)
日鳥巣 (p228/カ写)
日鳥山新 (p219/カ写)
日鳥山増 (p228/カ写)
日野鳥新 (p517/カ写)
日野鳥増 (p523/カ写)
ぱっ鳥 (p295/カ写)
バード (p128/カ写)
ひと目鳥 (p197/カ写)
フ日野新 (p254/カ図)
フ日野増 (p254/カ図)
フ野鳥 (p322/カ図)
野鳥学フ (p148/カ写, カ図)
野鳥山フ (p51,317/カ図, カ写)
山溪名鳥 (p84/カ写)

オオヨシゴイ *Ixobrychus eurhythmus* 大葦五位, 大葭五位
サギ科の鳥。絶滅危惧IB類 (環境省レッドリスト)。全長39cm。㊀シベリア南東部, 朝鮮半島, 中国。日本では北海道, 本州, 佐渡島
¶原寸羽 (p26/カ写)
絶鳥事 (p160/モ図)
世文鳥 (p48/カ写)
鳥卵巣 (p72/カ写, カ図)
鳥比 (p258/カ写)
鳥650 (p157/カ写)
名鳥図 (p24/カ写)
日ア鳥 (p137/カ写)
日鳥識 (p114/カ写)
日鳥水増 (p74/カ写)
日野鳥新 (p144/カ写)
日野鳥増 (p198/カ写)
羽根決 (p374/カ写, カ図)
ひと目鳥 (p98/カ写)
フ日野新 (p106/カ図)
フ日野増 (p106/カ図)
フ野鳥 (p96/カ図)
野鳥学フ (p166/カ写)
野鳥山フ (p13,79/カ図, カ写)

オオヨタカ *Nyctidromus albicollis* 大夜鷹
ヨタカ科の鳥。全長24～28cm。㊀テキサス州南部, メキシコ, ボリビア, ブラジル, アルゼンチン北東部
¶世鳥大 (p289/カ写)
地球 (p467/カ写)

オ

オオヨロイトカゲ *Cordylus giganteus*
ヨロイトカゲ科の爬虫類。全長35～40cm。 ㊎南アフリカ共和国
¶世爬 (p147/カ写)
世文動 (p271/カ写)
爬両1800 (p219/カ写)
爬両ビ (p154/カ写)

オオライチョウ *Tetrao urogalloides* 大雷鳥
キジ科の鳥。全長 オス90cm, メス70cm。 ㊎シベリア東部, カムチャツカ半島, サハリン
¶日ア鳥 (p14/カ写)

オオルリ *Cyanoptila cyanomelana* 大瑠璃
ヒタキ科の鳥。全長18cm。 ㊎中国北東部・西部, 日本を含む北東および東アジア。日本では九州～南千島の低山の森林に渡来する夏鳥
¶くら鳥 (p54/カ写)
原寸羽 (p258/カ写)
里山鳥 (p83/カ写)
四季鳥 (p27/カ写)
巣と卵決 (p166/カ写, カ図)
世鳥大 (p445/カ写)
世文鳥 (p238/カ写)
地球 (p492/カ写)
鳥卵巣 (p299/カ写, カ図)
鳥比 (p159/カ写)
鳥650 (p646/カ写)
名鳥図 (p210/カ写)
日ア鳥 (p552/カ写)
日色鳥 (p27/カ写)
日鳥識 (p274/カ写)
日鳥巣 (p244/カ写)
日鳥山新 (p300/カ写)
日鳥山増 (p252/カ写)
日野鳥新 (p574/カ写)
日野鳥増 (p540/カ写)
ぱっ鳥 (p333/カ写)
バード (p64/カ写)
羽根決 (p312/カ写, カ図)
ひと目鳥 (p187/カ写)
フ日野新 (p260,336/カ図)
フ日野増 (p260,334/カ図)
フ野鳥 (p364/カ図)
野鳥学フ (p92/カ写)
野鳥山フ (p55,325/カ図, カ写)
山溪名鳥 (p86/カ写)

オオルリチョウ *Myophonus caeruleus* 大瑠璃鳥
ツグミ科の鳥。全長29～35cm。 ㊎中央アジア, インド, 中国西部, 東南アジア, ジャワ, スマトラ
¶世鳥大 (p437/カ写)

オオレーサー *Dolichophis jugularis*
ナミヘビ科ナミヘビ亜科の爬虫類。全長180～200cm。 ㊎ギリシャ, アラビア半島北部
¶世爬 (p198/カ写)
爬両1800 (p301/カ写)
爬両ビ (p217/カ写)

オオワシ *Haliaeetus pelagicus* 大鷲, 羌鷲
タカ科の鳥。絶滅危惧II類, 天然記念物。全長85～105cm。 ㊎繁殖地はロシアのプリモルスキー, カムチャツカ, サハリン, 千島列島などオホーツク海沿岸。越冬地は日本, 朝鮮半島
¶くら鳥 (p75/カ写)
里山鳥 (p208/カ写)
四季鳥 (p78/カ写)
絶百10 (p92/カ図)
世鳥大 (p190/カ写)
世鳥ネ (p102/カ写)
世文鳥 (p85/カ写)
鳥比 (p32/カ写)
鳥650 (p384/カ写)
名鳥図 (p123/カ写)
日ア鳥 (p327/カ写)
日鳥識 (p190/カ写)
日鳥山新 (p56/カ写)
日鳥山増 (p23/カ写)
日野鳥新 (p364/カ写)
日野鳥増 (p332/カ写)
ぱっ鳥 (p202/カ写)
バード (p112/カ写)
羽根決 (p90/カ写, カ図)
ひと目鳥 (p116/カ写)
フ日野新 (p166/カ図)
フ日野増 (p166/カ図)
フ野鳥 (p212/カ図)
野鳥学フ (p243/カ写)
野鳥山フ (p22,131/カ図, カ写)
山溪名鳥 (p91/カ写)
ワシ (p40/カ写)

オカアリゲータートカゲ *Elgaria multicarinata*
アンギストカゲ科の爬虫類。全長25～43cm。 ㊎アメリカ合衆国西部沿岸部, メキシコ (バハカリフォルニア半島)
¶世爬 (p150/カ写)
世文動〔オカアリゲータトカゲ〕(p276/カ写)
爬両1800 (p226/カ写)
爬両ビ (p158/カ写)

オガエル *Ascaphus truei*
オガエル科の両生類。体長25～50mm。 ㊎北米
¶世カエ (p60/カ写)

オガサワラアブラコウモリ *Pipistrellus sturdeei* 小笠原油蝙蝠
ヒナコウモリ科の哺乳類。絶滅種 (環境省レッドリスト)。前腕長約3cm。 ㊎小笠原諸島の母島
¶くら哺 (p112/カ写)
絶事 (p50/モ図)

日哺改(p47/カ写)
日哺学フ(p53/カ図)

オガサワラオオコウモリ *Pteropus pselaphon* 小笠原大蝙蝠
オオコウモリ科の哺乳類。絶滅危惧IB類(環境省レッドリスト), 天然記念物。前腕長平均13.7cm。㊕小笠原諸島の父島・母島, 火山列島の北硫黄島・硫黄島・南硫黄島
¶**遺産日**(哺乳類 No.2/カ写)
くら哺(p40/カ写)
絶事(p1,32/カ写, モ図)
世文動(p60/カ写)
日哺改(p29/カ写)
日哺学フ(p175/カ写)

オガサワラガビチョウ *Cichlopasser terrestris* 小笠原画眉鳥
ヒタキ科の鳥。絶滅種(環境省レッドリスト)。全長約20cm(推定)。㊕小笠原諸島の父島で採集された
¶**絶鳥事**(p196/モ図)
世文鳥(p223/カ図)
フ日野新(p244/カ図)
フ日野増(p244/カ図)
フ野鳥(p336/カ図)

オガサワラカラスバト *Columba versicolor* 小笠原烏鳩
ハト科の鳥。絶滅種(環境省レッドリスト)。全長40〜45cm。㊕小笠原諸島に留鳥として分布
¶**絶鳥事**(p66/モ図)
世文鳥(p169/カ図)
鳥卵巣(p218/カ写, カ図)
フ日野新(p198/カ図)
フ日野増(p198/カ図)
フ野鳥(p64/カ図)

オガサワラカワラヒワ *Carduelis sinica kittlitzi* 小笠原河原鶸
アトリ科の鳥。カワラヒワの亜種。絶滅危惧IB類(環境省レッドリスト)。全長約13cm。㊕小笠原諸島, 火山列島
¶**絶鳥事**(p15,216/カ写, モ図)
名鳥図(p227/カ写)
日鳥山新(p333/カ写)
日鳥山増(p303/カ写)
日野鳥新(p603/カ写)
日野鳥増(p591/カ写)

オガサワラトカゲ *Cryptoblepharus boutonii nigropunctatus* 小笠原蜥蜴
スキンク科(トカゲ科)の爬虫類。準絶滅危惧(環境省レッドリスト)。日本固有種。全長12〜13cm。㊕小笠原諸島
¶**原爬両**(No.50/カ写)
絶事(p9,126/カ写, モ図)
日カメ(p122/カ写)
爬両飼(p106/カ写)
爬両1800(p201/カ写)
野日爬(p22,53,100/カ写)

オガサワラノスリ *Buteo buteo toyoshimai* 小笠原鵟
タカ科の鳥。ノスリの亜種。絶滅危惧IB類(環境省レッドリスト), 天然記念物。日本本土亜種。全長55cm前後。㊕父島列島, 母島列島
¶**絶鳥事**(p136/モ図)
日鳥山新(p79/カ写)
日鳥山増(p35/カ写)
日野鳥新(p381/カ写)
日野鳥増(p349/カ写)
野鳥学フ(p65/カ写)
ワシ(p98/カ写)

オガサワラヒメミズナギドリ *Puffinus bryani* 小笠原姫水薙鳥
ミズナギドリ科の鳥。全長27〜30cm。㊕小笠原諸島の東島で繁殖
¶**鳥比**(p247/カ写)
鳥650(p128/カ写)
日ア鳥(p117/カ写)
フ日野新(p312/カ図)
フ野鳥(p82/カ図)

オガサワラヒヨドリ *Hypsipetes amaurotis squamiceps* 小笠原鵯
ヒヨドリ科の鳥。ヒヨドリの亜種。㊕小笠原諸島
¶**日鳥山新**(p187/カ写)
日鳥山増(p159/カ写)
野鳥学フ(p17/カ写)

オガサワラマシコ *Chaunoproctus ferreorostris* 小笠原猿子
アトリ科の鳥。絶滅種(環境省レッドリスト)。全長18.5cm。㊕父島
¶**絶鳥事**(p218/モ図)
世文鳥(p263/カ図)
フ日野新(p286/カ図)
フ日野増(p286/カ図)
フ野鳥(p384/カ図)

オガサワラヤモリ *Lepidodactylus lugubris* 小笠原守宮
ヤモリ科ヤモリ亜科の爬虫類。全長5〜12cm。㊕アジア広域, 太平洋の島々, オーストラリアなど。日本では小笠原諸島と沖縄諸島以南の南西諸島
¶**ゲッコー**(p30/カ写)
原爬両(No.38/カ写)
世爬(p103/カ写)
世文動(p260/カ写)
日カメ(p82/カ写)
爬両観(p142/カ写)
爬両飼(p93/カ写)
爬両1800(p135/カ写)
爬両ビ(p103/カ写)

野日爬(p30,59,140/カ写)

オカダトカゲ *Plestiodon latiscutatus* 岡田蜥蜴, 岡田石竜子
スキンク科(トカゲ科)の爬虫類。日本固有種。全長20〜25cm。[分]伊豆半島, 伊豆諸島など
¶原爬両(No.56/カ写)
絶事(p8,120/カ写, モ図)
日カメ(p106/カ写)
爬両観(p133/カ写)
爬両飼(p111/カ写)
爬両1800(p198/カ写)
野日爬(p20,50,92/カ写)

オカバンゴハコヨコクビガメ *Pelusios bechuanicus*
ヨコクビガメ科アフリカヨコクビガメ亜科の爬虫類。甲長24〜28cm。[分]アンゴラ, ナミビア, ジンバブエ, ボツワナ, ザンビア
¶世カメ(p77/カ写)
世爬(p59/カ写)
爬両1800(p70/カ写)
爬両ビ(p52/カ写)

オカピ *Okapia johnstoni*
キリン科の哺乳類。絶滅危惧IB類。体高1.5〜2m。[分]アフリカ中央部
¶遺産世(Mammalia No.61/カ写)
驚野動(p216/カ写)
絶百3(p50/カ写)
世文動(p206/カ写)
世哺(p345/カ写)
地球(p608/カ写)
レ生(p70/カ写)

オカメインコ *Nymphicus hollandicus* 阿亀鸚哥, 片福面鸚哥
オウム科の鳥。全長32cm。[分]オーストラリア
¶世鳥大(p256/カ写)
世鳥ネ(p173/カ写)
地球(p457/カ写)
鳥飼(p122/カ写)
鳥卵巣(p221/カ写, カ図)

オカヨシガモ *Anas strepera* 丘葦鴨, 丘葭鴨
カモ科の鳥。全長46〜55cm。[分]ヨーロッパ, シベリア, 北アメリカ。日本では北海道
¶くら鳥(p86,88/カ写)
原寸羽(p50/カ写)
里山鳥(p181/カ写)
四季鳥(p86/カ写)
世鳥大(p130/カ写)
世美羽(p104/カ写)
世文鳥(p69/カ写)
鳥卵巣(p90/カ写, カ図)
鳥比(p215/カ写)
鳥650(p50/カ写)
名鳥図(p53/カ写)
日ア鳥(p38/カ写)
日カモ(p51/カ写, カ図)
日鳥識(p74/カ写)
日鳥水増(p128/カ写)
日野鳥新(p46/カ写)
日野鳥増(p58/カ写)
ぱっ鳥(p38/カ写)
バード(p97/カ写)
羽根決(p66/カ写, カ図)
ひと目鳥(p57/カ写)
フ日野新(p44/カ図)
フ日野増(p44/カ図)
フ野鳥(p28/カ図)
野鳥学フ(p173/カ写)
野鳥山フ(p18,108/カ図, カ写)
山溪名鳥(p336/カ写)

オガール・ポルスキ ⇒ポーリッシュ・ハウンドを見よ

オガワコマッコウ *Kogia sima* 小川小抹香
コマッコウ科の哺乳類。別名ツナビ。体長2.7m以下。[分]世界の大洋の熱帯〜温帯
¶クイ百(p192/カ図)
くら哺(p105/カ写)
世哺(p201/カ図)
日哺学フ(p217/カ写, カ図)

オガワコマドリ *Luscinia svecica* 小川駒鳥
ヒタキ科の鳥。全長14cm。[分]ユーラシア大陸, アラスカ西部
¶四季鳥(p97/カ写)
世鳥大(p442/カ写)
世鳥ネ(p302/カ写)
世文鳥(p216/カ写)
地球(p493/カ写)
鳥卵巣(p295/カ写, カ図)
鳥比(p141/カ写)
鳥650(p609/カ写)
名鳥図(p190/カ写)
日ア鳥(p522/カ写)
日鳥識(p264/カ写)
日鳥山新(p264/カ写)
日鳥山増(p180/カ写)
日野鳥新(p553/カ写)
日野鳥増(p494/カ写)
ひと目鳥(p178/カ写)
フ日野新(p238/カ図)
フ日野増(p238/カ図)
フ野鳥(p346/カ図)
山溪名鳥(p169/カ写)

オキゴンドウ *Pseudorca crassidens* 沖巨頭
マイルカ科の哺乳類。別名キュウリゴンドウ。成体体重1〜2t。[分]世界中の熱帯と温帯
¶クイ百(p154/カ図)

くら哺（p94/カ写）
世文動（p126/カ写）
世哺（p192/カ図）
地球（p617/カ図）
日哺学フ（p226/カ写, カ図）

オキサンショウウオ *Hynobius okiensis* 隠岐山椒魚
サンショウウオ科の両生類。日本固有種。全長120〜130mm。㊀隠岐諸島の島後
¶原爬両（No.176/カ写）
日カサ（p188/カ写）
爬両飼（p218/カ写）
野日両（p22,58,118/カ写）

オキタゴガエル *Rana tagoi okiensis* 隠岐田子蛙
アカガエル科の両生類。日本固有亜種。体長 オス38〜43mm, メス45〜53mm。㊀隠岐島の島後
¶原爬両（No.128/カ写）
日カサ（p72/カ写）
野日両（p34,78,156/カ写）

オキナインコ *Myiopsitta monachus* 翁鸚哥
インコ科の鳥。全長29cm。㊀ボリビア中部, パラグアイおよびブラジル南部〜アルゼンチン中部。アメリカ, プエルトリコにも移入
¶世鳥大（p269/カ写）
地球（p459/カ写）
鳥飼（p150/カ写）
鳥卵巣（p367/カ図）

オキナチョウ *Lonchura griseicapilla* 翁鳥
カエデチョウ科の鳥。体長12cm。㊀アフリカ北東部のスーダン, エチオピア〜タンザニア
¶鳥飼（p85/カ写）

オキナワアオガエル *Rhacophorus viridis viridis* 沖縄青蛙
アオガエル科の両生類。オキナワアオガエル（リュウキュウアオガエル）の基亜種。日本固有種。大きさ40〜68mm。㊀沖縄島, 久米島, 伊平屋島
¶カエル見〔リュウキュウアオガエル（オキナワアオガエル）〕（p46/カ写）
原爬両（No.153/カ写）
世両〔リュウキュウアオガエル〕（p75/カ写）
日カサ（p148/カ写）
爬両観（p108/カ写）
爬両飼（p196/カ写）
爬両1800（p385/カ写）
爬両ビ（p254/カ写）
野日両（p43,93,185/カ写）

オキナワイシカワガエル *Odorrana ishikawae* 沖縄石川蛙
アカガエル科の両生類。絶滅危惧IB類。大きさ92〜115mm。㊀沖縄県
¶遺産日（両生類 No.6/カ写）
日カサ（p114/カ写）
野日両（p38,86,171/カ写）

オキナワオオコウモリ *Pteropus loochoensis* 沖縄大蝙蝠
オオコウモリ科の哺乳類。絶滅種（環境省レッドリスト）。前腕長14cm前後。㊀沖縄島
¶くら哺（p112/カ写）
絶事（p30/モ図）
日哺改（p28/カ写）
日哺学フ（p53/カ図）

オキナワキノボリトカゲ *Japalura polygonata polygonata* 沖縄木登蜥蜴
アガマ科の爬虫類。絶滅危惧II類（環境省レッドリスト）。日本固有種。全長20cm。㊀奄美諸島, 沖縄諸島の大部分
¶遺産日（爬虫類 No.6/カ写）
原爬両（No.45/カ写）
絶事（p7,116/カ写, モ図）
日カメ（p94/カ写）
爬両観（p139/カ写）
爬両飼（p100/カ写）
野日爬（p26,56,116/カ写）

オキナワコキクガシラコウモリ *Rhinolophus pumilus* 沖縄小菊頭蝙蝠
キクガシラコウモリ科の哺乳類。前腕長3.8〜4.2cm。㊀沖縄島, 伊平屋島, 宮古島
¶くら哺（p42/カ写）
日哺改（p32/カ写）
日哺学フ（p179/カ写）

オキナワシリケンイモリ *Cynops ensicauda popei* 沖縄尻剣井守, 沖縄尻剣蠑
イモリ科の両生類。大きさ100〜175mm。㊀沖縄諸島
¶日カサ（p199/カ写）

オキナワトカゲ *Plestiodon marginatus marginatus* 沖縄蜥蜴, 沖縄石竜子
スキンク科（トカゲ科）の爬虫類。日本固有種。全長19cm。㊀沖縄諸島
¶原爬両（No.57/カ写）
日カメ（p108/カ写）
爬両観（p133/カ写）
爬両飼（p112/カ写）
野日爬（p21,51,94/カ写）

オキナワトゲネズミ *Tokudaia muenninki* 沖縄棘鼠
ネズミ科の哺乳類。絶滅危惧IA類（環境省レッドリスト）, 天然記念物。頭胴長112〜175mm。㊀沖縄島北部のヤンバル地域
¶くら哺（p19/カ写）
絶事（p88/モ図）
日哺改（p133/カ写）
日哺学フ（p186/カ写）

オキナワハツカネズミ *Mus caroli* 沖縄二十日鼠
ネズミ科の哺乳類。頭胴長60〜80mm。㊀台湾, 海南島, 中国華南〜マレーほか。日本では沖縄島

¶くら哺(p16/カ写)
日哺改(p144/カ写)
日哺学フ(p185/カ写)

オ

オキナワヤモリ *Gekko* sp.
ヤモリ科ヤモリ亜科の爬虫類。別名クメヤモリ(旧名)。準絶滅危惧(環境省レッドリスト)。沖縄固有種。全長10~14cm。㊎久米島, 伊平屋島
¶ゲッコー(p18/カ写)
原爬両(No.28/カ写)
絶事(p7,114/カ写, モ図)
爬両観(p142/カ写)
爬両飼(p84/カ写)
爬両1800(p129/カ写)
野日爬(p29,59,133/カ写)

オキノウサギ *Lepus brachyurus okiensis* 隠岐野兎
ウサギ科の哺乳類。頭胴長約51cm。㊎隠岐島
¶くら哺(p25/カ写)
世文動(p103/カ写)
日哺学フ(p170/カ写)

オギルビーダイカー *Cephalophus ogilbyi*
ウシ科の哺乳類。体高55~56cm。㊎シエラレオネ~カメルーン, ガボン
¶地球(p601/カ写)

オークヒキガエル *Bufo quercicus*
ヒキガエル科の両生類。体長2~3cm。㊎アメリカ合衆国南東部
¶世カエ(p152/カ写)
爬両1800(p365/カ写)
爬両ビ(p242/カ写)

オグロイワワラビー *Petrogale penicillata*
カンガルー科の哺乳類。絶滅危惧II類。体長50~60cm。㊎オーストラリア
¶世哺(p71/カ写)
地球(p509/カ写)

オグロインコ *Polytelis anthopeplus* 尾黒鸚哥
インコ科の鳥。全長40cm。㊎オーストラリア
¶原色鳥(p211/カ写)
世色鳥(p112/カ写)
世鳥大(p261/カ写)

オグロウロコインコ *Pyrrhura melanura* 小黒鱗鸚哥
インコ科の鳥。大きさ26cm。㊎南アメリカに局地的に分布
¶鳥飼(p149/カ写)

オグロエメラルドハチドリ *Amazilia leucogaster* 尾黒エメラルド蜂鳥
ハチドリ科ハチドリ亜科の鳥。全長9~10cm。
¶ハチドリ(p257/カ写)

オグロオガクズトカゲ *Glaphyromorphus nigricaudis*
スキンク科の爬虫類。全長15cm前後。㊎オーストラリア北部, ニューギニア島
¶爬両1800(p203/カ写)

オグロカマドドリ *Asthenes humicola* 尾黒竈鳥
カマドドリ科の鳥。全長14~15cm。㊎チリ
¶鳥卵巣(p256/カ写, カ図)

オグロカモメ *Larus heermanni* 尾黒鷗
カモメ科の鳥。全長46~53cm。
¶地球(p448/カ写)

オグロカンムリノスリ *Harpyhaliaetus solitarius* 尾黒冠鵟
タカ科の鳥。全長65~70cm。
¶世鳥大(p199)

オグロクリボー ⇒ブラックテールクリボーを見よ

オグロシギ *Limosa limosa* 尾黒鷸, 尾黒鴫
シギ科の鳥。全長40~44cm。㊎ユーラシア大陸の中部・北部
¶くら鳥(p118/カ写)
里山鳥(p127/カ写)
四季鳥(p34/カ写)
世鳥卵(p97/カ写, カ図)
世文鳥(p134/カ写)
地球(p446/カ写)
鳥比(p294/カ写)
鳥650(p250/カ写)
名鳥図(p95/カ写)
日ア鳥(p215/カ写)
日鳥識(p146/カ写)
日鳥水増(p245/カ写)
日野鳥新(p242/カ写)
日野鳥増(p252/カ写)
ぱっ鳥(p143/カ写)
バード(p138/カ写)
ひと目鳥(p80/カ写)
フ日野新(p154/カ図)
フ日野増(p154/カ図)
フ野鳥(p148/カ図)
野鳥学フ(p214/カ写)
野鳥山フ(p33,198/カ図, カ写)
山溪名鳥(p88/カ写)

オグロジャックウサギ *Lepus californicus*
ウサギ科の哺乳類。体長47~63cm。㊎北アメリカ西部・中央部・南部
¶驚野動(p63/カ写)
世文動(p102/カ写)
世哺〔オグロジャクウサギ〕(p142/カ写)
地球(p522/カ写)

オグロスナギツネ *Vulpes pallida*
イヌ科の哺乳類。頭胴長40.6~45.5cm。㊎スーダ

ン～西へセネガルにかけてのサハラ砂漠の南部
¶野生イヌ (p94/カ写, カ図)

オグロヅル *Grus nigricollis* 尾黒鶴
ツル科の鳥。全長140cm。㊕インド北部, チベット, 中国青海省
¶世鳥ネ (p122/カ写)

オグロナメラ *Elaphe flavolineata*
ナミヘビ科ナミヘビ亜科の爬虫類。別名キスジナメラ。全長150～180cm。㊕マレー半島, インドネシアなど
¶世爬 (p211/カ写)
爬両1800 (p316/カ写)
爬両ビ (p228/カ写)

オグロヌー *Connochaetes taurinus*
ウシ科の哺乳類。別名ウィルドビースト。体長1.5～2.4m。㊕アフリカ
¶驚野動 (p198/カ写)
世文動 (p223/カ写)
世哺 (p366/カ写)

オグロバン *Tribonyx ventralis* 尾黒鷭
クイナ科の鳥。㊕オーストラリア本土
¶世鳥卵 (p86/カ写, カ図)
世鳥ネ (p118/カ写)

オグロフクロネコ *Dasyurus geoffroii*
フクロネコ科の哺乳類。体長26～40cm。㊕オーストラリア南西部, ニューギニア島東部
¶地球 (p505/カ写)

オグロプレーリードッグ *Cynomys ludovicianus*
リス科の哺乳類。体長26～31cm。㊕アメリカ合衆国中西部, カナダ～メキシコ国境地帯
¶驚野動 (p48/カ写)
絶百3 (p52/カ写)
世文動 (p109/カ写)
世哺 (p145/カ写)
地球 (p525/カ写)

オグロワラビー *Wallabia bicolor*
カンガルー科の哺乳類。体長66～85cm。㊕オーストラリア
¶世文動 (p50/カ写)
世哺 (p73/カ写)
地球 (p509/カ写)

オコジョ *Mustela erminea*
イタチ科の哺乳類。準絶滅危惧(環境省レッドリスト)。体長17～32cm。㊕北アメリカ, ユーラシア。日本では北海道・本州中部以北の山地
¶くら哺 (p65/カ写)
絶事 (p3,68/カ写, モ図)
世文動 (p157/カ写)
世哺 (p247/カ写)
地球 (p573/カ写)
日哺改 (p85/カ写)

オサガメ *Dermochelys coriacea* 長亀, 筬亀
オサガメ科の爬虫類。絶滅危惧II類。全長1.5m。㊕世界中の海
¶遺産世 (Reptilia No.2/カ写)
原爬両 (No.25/カ写)
世カメ (p185/カ写)
世文動 (p244/カ写)
地球 (p374/カ写)
日カメ (p55/カ写)
爬両飼 (p155)
野日爬 (p19,87/カ写)
レ生 (p71/カ写)

オサハシブトガラス *Corvus macrorhynchos osai*
長嘴太鴉, 長嘴太烏
カラス科の鳥。ハシブトガラスの亜種。
¶名鳥図 (p245/カ写)
日鳥山新 (p159/カ写)
日鳥山増 (p348/カ写)
日野鳥新 (p467/カ写)
日野鳥増 (p633/カ写)
羽根決 (p368/カ写, カ図)
山溪名鳥 (p259/カ写)

オシキャット Ocicat
猫の一品種。体重2.5～6.5kg。アメリカ合衆国の原産。
¶ビ猫 (p137/カ写)

オシキャット・クラシック Ocicat Classic
猫の一品種。体重2.5～6.5kg。アメリカ合衆国の原産。
¶ビ猫 (p138/カ写)

オシドリ *Aix galericulata* 鴛鴦
カモ科の鳥。全長41～51cm。㊕東アジアで繁殖。中国南部まで南下し越冬
¶驚野動 (p290/カ写)
くら鳥 (p86,88/カ写)
原寸羽 (p42/カ写)
里山鳥 (p178/カ写)
四季鳥 (p104/カ写)
巣と卵決 (p39/カ写, カ図)
世鳥大 (p130/カ写)
世鳥ネ (p45/カ写)
世美羽 (p102/カ写, カ図)
世文鳥 (p66/カ写)
地球 (p414/カ写)
鳥卵巣 (p89/カ写, カ図)
鳥比 (p214/カ写)
鳥650 (p48/カ写)
名鳥図 (p47/カ写)
日ア鳥 (p34/カ写)
日色鳥 (p150/カ写)
日カモ (p42/カ写, カ図)

日鳥識(p72/カ写)
日鳥水増(p120/カ写)
日野鳥新(p64/カ写)
日野鳥増(p52/カ写)
ぱっ鳥(p37/カ写)
バード(p95/カ写)
羽根決(p54/カ写, カ図)
ひと目鳥(p55/カ写)
フ日野新(p44/カ図)
フ日野増(p44/カ図)
フ野鳥(p28/カ図)
野鳥学フ(p172/カ写)
野鳥山フ(p17,100/カ図, カ写)
山溪名鳥(p89/カ写)

オショネシカメレオン *Calumma oshaughnessyi*
カメレオン科の爬虫類。全長38〜48cm。㊊マダガスカル北部・東部・南東部
¶爬両1800(p119/カ写)

オジロインカハチドリ *Coeligena phalerata* 尾白インカ蜂鳥
ハチドリ科ミドリフタオハチドリ亜科の鳥。全長14cm。
¶ハチドリ(p164/カ写)

オジロウチワキジ *Lophura bulweri* 尾白団扇雉
キジ科の鳥。全長77〜80cm。㊊ボルネオ島
¶世色鳥(p175/カ写)

オジロエメラルドハチドリ *Elvira chionura* 尾白エメラルド蜂鳥
ハチドリ科ハチドリ亜科の鳥。全長7.5〜8cm。㊊コスタリカ南西部・パナマ西部
¶ハチドリ(p231/カ写)

オジロオナガフウチョウ *Astrapia mayeri* 尾白尾長風鳥
フウチョウ科の鳥。全長32cm。㊊ニューギニア(中央高地西部, 標高2400〜3400m)
¶世鳥大(p396)

オジロオリーブヒタキ *Microeca fascinans* 尾白オリーブ鶲
サンショクヒタキ科(オーストラリアヒタキ科)の鳥。全長13cm。㊊砂漠。タスマニア島および北東端を除くオーストラリアの大部分。ニューギニア南部
¶世鳥大(p398/カ写)
地球(p488/カ写)

オジロゲリ *Vanellus leucurus* 尾白鳧
チドリ科の鳥。全長26〜29cm。㊊トルコ, シリア, アゼルバイジャンなど
¶鳥卵巣(p175/カ写, カ図)

オジロケンバネハチドリ *Campylopterus ensipennis* 尾白剣羽蜂鳥
ハチドリ科ハチドリ亜科の鳥。準絶滅危惧。全長11〜14cm。㊊ベネズエラ北東部, トリニダード・トバゴのトバゴ島
¶ハチドリ(p379)

オジロジカ *Odocoileus virginianus* 尾白鹿
シカ科の哺乳類。体高80〜100cm。㊊カナダ南部〜南アメリカ北部
¶驚野動(p40/カ写)
世文動(p203/カ写)
地球(p597/カ写)

オジロジャックウサギ *Lepus townsendii*
ウサギ科の哺乳類。体長56〜66cm。㊊ブリティッシュ・コロンビア南部, アルバータ南部, オンタリオ南西部, ウィスコンシン南西部, カンザス, ニューメキシコ北部, ネバダ, カリフォルニア東部
¶地球(p522/カ写)

オジロスナギツネ *Vulpes rueppelli*
イヌ科の哺乳類。体長35〜55cm。㊊北アフリカのモロッコ〜東へアフガニスタン
¶世哺(p220/カ写)
地球(p563/カ写)
野生イヌ(p66/カ写, カ図)

オジロスミレフウキンチョウ *Euphonia chlorotica* 尾白菫風琴鳥
フウキンチョウ科の鳥。全長10cm。
¶地球(p499/カ写)

オジロツグミ *Turdus plumbeus* 尾白鶫
ツグミ科の鳥。全長26cm。㊊西インド諸島
¶世鳥大(p439/カ写)

オジロトウネン *Calidris temminckii* 尾白当年
シギ科の鳥。全長14cm。㊊ユーラシア大陸北部
¶くら鳥(p111/カ写)
四季鳥(p28/カ写)
世文鳥(p121/カ写)
鳥比(p316/カ写)
鳥650(p279/カ写)
名鳥図(p80/カ写)
日ア鳥(p239/カ写)
日鳥識(p156/カ写)
日鳥水増(p210/カ写)
日野鳥新(p279/カ写)
日野鳥増(p303/カ写)
ひと目鳥(p69/カ写)
フ日野新(p136/カ図)
フ日野増(p136/カ図)
フ野鳥(p164/カ図)
野鳥山フ(p29,179/カ図, カ写)
山溪名鳥(p243/カ写)

オジロトビ *Elanus leucurus* 尾白鳶
タカ科の鳥。全長32〜38cm。
¶世鳥ネ(p99/カ写)
地球(p432/カ写)

オジロヌー *Connochaetes gnou*
ウシ科の哺乳類。野生絶滅。体長約200cm。㊊南アフリカの保護区
¶世文動(p223/カ写)

オジロハチドリ *Eupherusa poliocerca* 尾白蜂鳥
ハチドリ科ハチドリ亜科の鳥。絶滅危惧II類。全長10~11cm。㊊メキシコ
¶ハチドリ(p381)

オジロビタキ *Ficedula albicilla* 尾白鶲
ヒタキ科の鳥。全長12cm。㊊ヨーロッパ中部の一部地域やヨーロッパ東部~カムッチャツカ半島にかけて繁殖する。インド, 中国南部, 東南アジアの一部地域で越冬
¶四季鳥(p42/カ写)
世鳥大(p445/カ写)
世文鳥(p238/カ写)
鳥卵巣(p299/カ写, カ図)
鳥比(p158/カ写)
鳥650(p644/カ写)
日ア鳥(p550/カ写)
日鳥識(p272/カ写)
日鳥山新(p298/カ写)
日鳥山増(p251/カ写)
日野鳥新(p572/カ写)
日野鳥増(p545/カ写)
ぱっ鳥(p332/カ写)
フ日野新(p258/カ図)
フ日野増(p258,334/カ図)
フ野鳥(p362/カ図)

オジロビタキ〔亜種〕 *Ficedula parva albicilla* 尾白鶲
ヒタキ科の鳥。
¶日野鳥増〔オジロビタキ*〕(p545/カ写)

オジロフタアシトカゲ *Dibamus bourreti*
フタアシトカゲ科の爬虫類。全長20cm前後。㊊中国南西部, ベトナム北部
¶爬両1800(p243/カ写)

オジロマルオハチドリ *Polytmus milleri* 尾白丸尾蜂鳥
ハチドリ科マルオハチドリ亜科の鳥。全長11~12cm。
¶ハチドリ(p359)

オジロムシクイ *Phylloscopus davisoni* 尾白虫食, 尾白虫喰
ムシクイ科の鳥。全長10~11cm。㊊中国南東部~東南アジア北部
¶鳥比(p118/カ写)

オジロユミハチドリ *Anopetia gounellei* 尾白弓蜂鳥
ハチドリ科ユミハチドリ亜科の鳥。全長11cm。
¶ハチドリ(p353)

オジロライチョウ *Lagopus leucura* 尾白雷鳥
キジ科の鳥。全長32cm。㊊北アメリカ, コロラド
¶世色鳥(p190/カ写)
鳥卵巣(p128/カ写, カ図)

オジロワシ *Haliaeetus albicilla* 尾白鷲
タカ科の鳥。絶滅危惧IB類(環境省レッドリスト), 天然記念物。全長70~90cm。㊊グリーンランド西部, アイスランド, ヨーロッパ北・中・南東部, アジア北部。日本では北海道東部・北部
¶くら鳥(p75/カ写)
原寸羽(ポスター/カ写)
里山鳥(p207/カ写)
四季鳥(p78/カ写)
絶鳥事(p8,122/カ写, モ図)
世鳥大(p188/カ写)
世鳥ネ(p102/カ写)
世文鳥(p84/カ写)
鳥卵巣(p100/カ写, カ図)
鳥比(p32/カ写)
鳥650(p382/カ写)
名鳥図(p122/カ写)
日ア鳥(p326/カ写)
日鳥識(p190/カ写)
日鳥山新(p55/カ写)
日鳥山増(p22/カ写)
日野鳥新(p362/カ写)
日野鳥増(p330/カ写)
ぱっ鳥(p201/カ写)
バード(p113/カ写)
羽根決(p88/カ写, カ図)
ひと目鳥(p117/カ写)
フ日野新(p166/カ図)
フ日野増(p166/カ図)
フ野鳥(p212/カ図)
野鳥学フ(p242/カ写)
野鳥山フ(p23,129/カ図, カ写)
山溪名鳥(p90/カ写)
ワシ(p30/カ写)

オスアカヒキガエル ⇒オレンジヒキガエルを見よ

オーストラリアアオバズク *Ninox connivens* オーストラリア青葉木菟, オーストラリア青葉梟
フクロウ科の鳥。全長38~43cm。
¶世鳥ネ(p199/カ写)
地球(p466/カ写)

オーストラリアアシカ *Neophoca cinerea*
アシカ科の哺乳類。体長1.3~2.5m。㊊ホートマン・アブロリュース諸島~ルシェルシュ諸島, カンガルー島
¶世文動(p175/カ写)
地球(p566/カ写)

オーストラリアウスイロイルカ *Sousa sahulensis*
オーストラリア薄色海豚
マイルカ科の哺乳類。成体体重230〜250kg。㊕オーストラリア北部〜ニューギニア南部
¶**クイ百**(p164/カ図)

オーストラリアオオアラコウモリ *Macroderma gigas* オーストラリア大荒蝙蝠
アラコウモリ科の哺乳類。絶滅危惧II類。体長10〜13cm。㊕オーストラリア
¶**絶百5**(p58/カ写)
世哺(p84/カ写)
地球(p556/カ写)

オーストラリアオオコウモリ *Pteropus scapulatus*
オオコウモリ科の哺乳類。体長13〜20cm。
¶**地球**(p551/カ写)

オーストラリアオオノガン *Ardeotis australis*
オーストラリア大野雁, オーストラリア大鴇
ノガン科の鳥。全長0.8〜1.5m。㊕オーストラリア北部・内陸部
¶**世鳥大**(p207/カ写)
世鳥ネ(p113/カ写)
地球(p438/カ写)

オーストラリアガマグチヨタカ *Podargus strigoides* オーストラリア蝦蟇口夜鷹
ガマグチヨタカ科の鳥。全長32〜46cm。㊕オーストラリア, タスマニア, ニューギニア
¶**世鳥大**(p288/カ写)
世鳥卵(p132/カ写, カ図)
世鳥ネ(p201/カ写)
世美羽(p44/カ写, カ図)
地球(p467/カ写)

オーストラリアカワゴンドウ *Orcaella heinsohni*
オーストラリア河巨頭
マイルカ科の哺乳類。成体体重114〜190kg。㊕北オーストラリア, パプアニューギニアの南西部, 西パプア, インドネシア
¶**クイ百**(p148/カ図)

オーストラリアクロトキ *Threskiornis molucca*
オーストラリア黒朱鷺
トキ科の鳥。別名アカアシクロトキ。全長69〜76cm。
¶**世鳥大**(p160/カ写)
世鳥ネ(p76/カ写)
地球〔アカアシクロトキ〕(p427/カ写)

オーストラリアゴジュウカラ *Daphoenositta chrysoptera* オーストラリア五十雀
オーストラリアゴジュウカラ科の鳥。全長11〜13cm。㊕オーストラリア
¶**世鳥大**(p380/カ写)
世鳥卵(p205/カ写, カ図)

オーストラリアシロカツオドリ *Morus serrator*
オーストラリア白鰹鳥
カツオドリ科の鳥。全長84〜91cm。
¶**世鳥大**(p176/カ写)

オーストラリアズクヨタカ *Aegotheles cristatus*
ズクヨタカ科の鳥。全長21〜25cm。㊕オーストラリア, タスマニア, ニューギニア南部
¶**世色鳥**(p164/カ写)
世鳥大(p289/カ写)
世鳥卵(p132/カ写, カ図)

オーストラリアヅル *Grus rubicunda* オーストラリア鶴
ツル科の鳥。全長1〜1.2m。㊕オーストラリア北・東部〜ビクトリア州
¶**世鳥大**(p214/カ写)
世鳥ネ(p123/カ写)
地球(p441/カ写)
鳥卵巣(p153/カ写, カ図)

オーストラリアセイタカシギ *Himantopus leucocephalus* オーストラリア背高鷸
セイタカシギ科の鳥。全長37cm。㊕日本では茨城県・千葉県・神奈川県で記録
¶**日鳥水増**(p263/カ写)
フ日野新(p322/カ図)
フ日野増(p322/カ図)

オーストラリアツバメ *Hirundo neoxena* オーストラリア燕
ツバメ科の鳥。全長15cm。㊕オーストラリア
¶**驚野動**(p355/カ写)
世鳥大(p407/カ写)
世鳥ネ(p280/カ写)

オーストラリアナガクビガメ *Chelodina longicollis*
ヘビクビガメ科の爬虫類。別名ヒガシナガクビガメ。甲長15〜20cm。㊕オーストラリア東部
¶**世カメ**(p109/カ写)
世爬(p54/カ写)
世文動〔オーストラリアナガクビ〕(p240/カ写)
地球(p372/カ写)
爬両1800(p63/カ写)
爬両ビ(p46/カ写)

オーストラリアヘラサギ *Platalea regia* オーストラリア篦鷺
トキ科の鳥。㊕オーストラリア, ニュージーランド
¶**世鳥ネ**(p78/カ写)

オーストラリアマルハシ *Pomatostomus temporalis*
オーストラリア丸嘴
オーストラリアマルハシ科の鳥。全長29cm。㊕オーストラリア北部・東部
¶**世鳥大**(p370/カ写)

オーストラリアヨシキリ *Acrocephalus australis*
オーストラリア葦切
ウグイス科の鳥。全長16cm。
¶**世鳥大**(p415)

オーストラリアン・キャトル・ドッグ Australian Cattle Dog
犬の一品種。別名オーストラリアン・ヒーラー。体高 オス46〜51cm, メス43〜48cm。オーストラリアの原産。
¶**アルテ犬**(p170/カ写)
最犬大(p48/カ写)
新犬種〔オーストレリアン・キャトル・ドッグ〕(p132/カ写)
新世犬(p34/カ写)
図世犬(p44/カ写)
ビ犬(p62/カ写)

オーストラリアン・ケルピー Australian Kelpie
犬の一品種。別名ケルピー。体高 オス46〜51cm, メス43〜48cm。オーストラリアの原産。
¶**最犬大**(p50/カ写)
新犬種〔オーストレリアン・ケルピー〕(p133/カ写)
新世犬(p36/カ写)
図世犬(p46/カ写)
ビ犬(p61/カ写)

オーストラリアン・シェパード Australian Shepherd
犬の一品種。体高 オス51〜58cm, メス46〜53cm。アメリカ合衆国の原産。
¶**最犬大**(p44/カ写)
新犬種〔オーストレリアン・シェパード〕(p176/カ写)
新世犬(p38/カ写)
図世犬(p48/カ写)
世文動〔オーストラリアン・シェファード〕(p137/カ写)
ビ犬(p68/カ写)

オーストラリアン・シルキー・テリア Australian Silky Terrier
犬の一品種。別名シルキー・テリア。体高 オス23〜26cm, メスはやや小さい。オーストラリアの原産。
¶**アルテ犬**(p212/カ写)
最犬大(p173/カ写)
新犬種〔オーストレリアン・シルキー・テリア〕(p23/カ写)
新世犬(p267/カ写)
図世犬(p134/カ写)
世文動〔シルキー・テリア〕(p147/カ写)
ビ犬(p192/カ写)

オーストラリアン・スタンピー・テール・キャトル・ドッグ Australian Stumpy Tail Cattle Dog
犬の一品種。別名スタンピー・テイル・キャトル・ドッグ。体高 オス46〜51cm, メス43〜48cm。オーストラリアの原産。
¶**最犬大**(p49/カ写)
新犬種〔スタンピー・テイル・キャトル・ドッグ〕(p132/カ写)

オーストラリアン・ストック・ドッグ ⇒オーストラリアン・ワーキング・ケルピーを見よ

オーストラリアン・ストック・ホース Australian Stock Horse
馬の一品種。軽量馬。体高150〜162cm。オーストラリアの原産。
¶**アルテ馬**(p144/カ写)

オーストラリアン・テリア Australian Terrier
犬の一品種。体高 オス25cm, メスはやや小さい。オーストラリアの原産。
¶**アルテ犬**(p86/カ写)
最犬大(p173/カ写)
新犬種〔オーストレリアン・テリア〕(p24/カ写)
新世犬(p225/カ写)
図世犬(p135/カ写)
世文動(p137/カ写)
ビ犬(p192/カ写)

オーストラリアン・ヒーラー ⇒オーストラリアン・キャトル・ドッグを見よ

オーストラリアン・ポニー Australian Pony
馬の一品種。体高120〜140cm。オーストラリアの原産。
¶**アルテ馬**(p221/カ写)

オーストラリアン・ミスト Australian Mist
猫の一品種。体重3.5〜6kg。オーストラリアの原産。
¶**ビ猫**(p135/カ写)

オーストラリアン・メリノー Australian Merino
羊の一品種。オーストラリアの原産。
¶**世文動**(p236/カ写)

オーストラリアン・ワーキング・ケルピー Australian Working Kelpie
犬の一品種。別名オーストラリアン・ストック・ドッグ。体高 オス46〜51cm, メス43〜48cm。オーストラリアの原産。
¶**最犬大**(p51/カ写)

オーストラロープ Australorp
鶏の一品種。体重 オス3.85〜4.55kg, メス2.95〜3.6kg。オーストラリアの原産。
¶**日家**(p207/カ写)

オーストリアン・スムーズ・ピンシャー ⇒オーストリアン・ピンシャーを見よ

オーストリアン・スムース・ブラッケ ⇒チロリアン・ブラッケを見よ

オーストリアン・ピンシャー Austrian Pinscher
犬の一品種。別名ウステライヒシャ・ピンシャー, エスターライヒッシャー・クルツハーリガー・ピン

オ

シャー, オーストリアン・スムーズ・ピンシャー。体高 オス44〜50cm, メス42〜48cm。オーストリアの原産。
¶最犬大(p110/カ写)
新犬種〔オーストリアン・スムーズ・ピンシャー〕(p120/カ写)
ビ犬(p218/カ写)

オーストリアン・ブラック・アンド・タン・ハウンド Austrian Black and Tan Hound
犬の一品種。別名フィーオーゲル, ブランドル・ブラッケ。体高 オス50〜56cm, メス48〜54cm。オーストリアの原産。
¶最犬大(p295/カ写)
新犬種〔ブランドル・ブラッケ〕(p138/カ写)
ビ犬(p150/カ写)

オーストレリアン・キャトル・ドッグ ⇒オーストラリアン・キャトル・ドッグを見よ

オーストレリアン・ケルピー ⇒オーストラリアン・ケルピーを見よ

オーストレリアン・シェパード ⇒オーストラリアン・シェパードを見よ

オーストレリアン・シルキー・テリア ⇒オーストラリアン・シルキー・テリアを見よ

オーストレリアン・テリア ⇒オーストラリアン・テリアを見よ

オーストンウミツバメ *Oceanodroma tristrami* オーストン海燕
ウミツバメ科の鳥。絶滅危惧II類(環境省レッドリスト)。全長25.5cm。㋕ハワイ諸島〜小笠原諸島, 伊豆諸島で繁殖。日本では小笠原諸島の北ノ島・鳥島・北硫黄島・神津島の全属島祇苗島などで繁殖
¶絶鳥事(p176/モ図)
世文鳥(p40/カ図)
鳥卵巣(p58/カ写, カ図)
鳥比(p249/カ写)
鳥650(p136/カ写)
日ア鳥(p121/カ写)
日鳥識(p104/カ写)
日鳥水増(p56/カ写)
日野鳥新(p127/カ写)
日野鳥増(p121/カ写)
フ日野新(p76/カ図)
フ日野増(p76/カ図)
フ野鳥(p86/カ図)

オーストンオオアカゲラ *Dendrocopos leucotos owstoni* オーストン大赤啄木鳥
キツツキ科の鳥。オオアカゲラの亜種。絶滅危惧II類(環境省レッドリスト), 天然記念物。日本固有亜種。全長28cm。㋕奄美大島
¶絶鳥事(p38/モ図)
名鳥図(p167/カ写)
日色鳥(p17/カ写)
日鳥山新(p115/カ写)
日鳥山増(p119/カ写)
日野鳥新(p421/カ写)
日野鳥増(p431/カ写)
野鳥学フ(p113/カ写)
山溪名鳥(p23/カ写)

オーストンヤマガラ *Poecile varius owstoni* オーストン山雀
シジュウカラ科の鳥。ヤマガラの亜種。全長15cm。㋕三宅島, 御蔵島, 八丈島
¶名鳥図(p215/カ写)
日色鳥(p69/カ写)
日鳥山新(p165/カ写)
日鳥山増(p263/カ写)
日野鳥新(p475/カ写)
日野鳥増(p557/カ写)
羽根決(p317/カ写, カ図)
野鳥学フ(p81/カ写)
野鳥山フ(p334/カ写)

オセアニアフトオヤモリ *Gehyra oceanica*
ヤモリ科ヤモリ亜科の爬虫類。全長11〜13cm。㋕西サモア, クック諸島, ソロモン諸島, オーストラリア北部など
¶ゲッコー(p23/カ写)
爬両1800(p135/カ写)

オセロット *Leopardus pardalis*
ネコ科の哺乳類。体長55〜100cm。㋕北アメリカ南部〜南アメリカ南部
¶驚野動(p80/カ写)
世文動(p169/カ写)
世哺(p281/カ写)
地球(p583/カ写)
野生ネコ(p134/カ写, カ図)

オタテヤブコマドリ *Cercotrichas galactotes* 尾立藪駒鳥
ヒタキ科(ツグミ科)の鳥。全長17cm。㋕地中海地方, アジア南西部〜東はパキスタン, 中央アジア
¶世鳥大(p442/カ写)
世鳥卵(p176/カ写, カ図)

オタリア *Otaria byronia*
アシカ科の哺乳類。絶滅危惧II類。体長1.8〜2.6m。㋕南アメリカ
¶世文動(p174/カ写)
世哺(p298/カ写)
地球(p566/カ写)

オッターハウンド Otterhound
犬の一品種。体高 オス69cm, メス61cm。イギリスの原産。
¶最犬大(p279/カ写)
新犬種(p250/カ写)
新世犬(p210/カ写)

図世犬 (p236/カ写)
ビ犬 (p142/カ写)

オッターホーン ⇒ヴェッターフーンを見よ

オットセイ *Callorhinus ursinus* 膃肭臍, 膃肭獣
アシカ科の哺乳類。別名キタオットセイ。絶滅危惧II類。体長1.4～2.2m。 ㊿北太平洋
¶くら哺 (p86/カ写)
絶百3 (p56/カ写)
世文動 (p176/カ写)
世哺〔キタオットセイ〕(p298/カ写)
地球〔キタオットセイ〕(p566/カ写)
日哺改 (p98/カ写)
日哺学フ (p45/カ写)

オットンガエル *Babina subaspera* オットン蛙
アカガエル科の両生類。絶滅危惧IB類(環境省レッドリスト)。日本固有種。体長 オス93～126mm, メス111～140mm。 ㊿奄美大島, 加計呂麻島
¶原爬両 (No.148/カ写)
絶事 (p15,186/カ写, モ図)
世文動 (p333/カ写)
日カサ (p122/カ写)
爬両飼 (p189/カ写)
野日両 (p40,88,177/カ写)

オトヒメチョウ *Mandingoa nitidula* 乙姫鳥
カエデチョウ科の鳥。全長10cm。 ㊿アフリカ西部・中央部・東部, 南アフリカ東部
¶地球 (p494/カ写)
鳥飼 (p93/カ写)

オトメインコ *Lathamus discolor* 乙女鸚哥
インコ科の鳥。絶滅危惧IB類。体長25cm。 ㊿オーストラリア(タスマニア)(固有)
¶鳥飼 (p140/カ写)
鳥絶 (p164/カ図)

オトメズグロインコ *Lorius lory* 乙女頭黒鸚哥
ヒインコ科の鳥。大きさ30cm。 ㊿ニューギニア(中央山地を除く)
¶鳥飼 (p173/カ写)

オドリホウオウ *Euplectes jacksoni* 踊鳳凰
ハタオリドリ科の鳥。全長14～30cm。 ㊿ケニア, タンザニア
¶世鳥大 (p455)

オナガ *Cyanopica cyanus* 尾長
カラス科の鳥。全長31～35cm。 ㊿スペイン, ポルトガル, 東アジア。日本では本州の東半分
¶くら鳥 (p71/カ写)
原寸羽 (p290/カ写)
里山鳥 (p109/カ写)
四季鳥 (p107/カ写)
巣と卵決 (p208/カ写, カ図)
世鳥大 (p392/カ写)
世鳥卵 (p244/カ写, カ図)
世鳥ネ (p265/カ写)
世文鳥 (p271/カ写)
地球 (p487/カ写)
鳥卵巣 (p361/カ写, カ図)
鳥比 (p88/カ写)
鳥**650** (p492/カ写)
名鳥図 (p241/カ写)
日ア鳥 (p412/カ写)
日色鳥 (p35/カ写)
日鳥識 (p226/カ写)
日鳥巣 (p304/カ写)
日鳥山新 (p152/カ写)
日鳥山増 (p341/カ写)
日野鳥新 (p456/カ写)
日野鳥増 (p622/カ写)
ぱっ鳥 (p255/カ写)
バード (p17/カ写)
羽根決 (p362/カ写, カ図)
ひと目鳥 (p229/カ写)
フ日野新 (p298/カ図)
フ日野増 (p298/カ図)
フ野鳥 (p282/カ図)
野鳥学フ (p19/カ写)
野鳥山フ (p61,367/カ図, カ写)
山溪名鳥 (p92/カ写)

オナガー *Equus hemionus onager*
ウマ科の哺乳類。別名ペルシャノロバ。絶滅危惧II類。体高1.2～1.5m。 ㊿アジア
¶世文動 (p187/カ写)
世哺 (p315/カ写)
地球 (p592/カ写)
日家 (p57/カ写)

オナガイヌワシ *Aquila audax* 尾長狗鷲, 尾長犬鷲
タカ科の鳥。全長80～100cm。 ㊿オーストラリア, タスマニア, ニューギニア南部
¶世鳥大 (p202/カ写)
世鳥ネ (p104/カ写)
鳥卵巣 (p114/カ写, カ図)

オナガエンビハチドリ *Thalurania watertonii* 尾長燕尾蜂鳥
ハチドリ科ハチドリ亜科の鳥。準絶滅危惧。全長9～13cm。
¶ハチドリ (p381)

オナガオコジョ *Mustela frenata*
イタチ科の哺乳類。体長23～26cm。 ㊿北アメリカのだいたい北緯50度～パナマまで。南アメリカ北部のアンデス～ボリビア
¶地球 (p573/カ写)

オナガオンドリタイランチョウ *Alectrurus risora* 尾長雄鳥太蘭鳥
タイランチョウ科の鳥。絶滅危惧II類。体長20cm

(オスは10cmの尾が加わる)。㊎アルゼンチン, パラグアイ
¶世色鳥(p143/カ写)
鳥絶(p184/カ図)

オ

オナガカエデチョウ *Estrilda astrild* 尾長楓鳥
カエデチョウ科の鳥。全長10cm。㊎サハラ以南のアフリカ。多数の熱帯の島々には移入
¶地球(p494/カ写)
鳥飼(p87/カ写)

オナガガモ *Anas acuta* 尾長鴨
カモ科の鳥。全長51〜66cm。㊎ユーラシア, 北アメリカ。冬はパナマ, アフリカ中央部, インド, フィリピンまでの南に渡る
¶くら鳥(p87,89/カ写)
原寸羽(p52/カ写)
里山鳥(p184/カ写)
四季鳥(p86/カ写)
世鳥大(p132/カ写)
世美羽(p104/カ写)
世文鳥(p71/カ写)
鳥卵巣(p92/カ写, カ図)
鳥比(p220/カ写)
鳥650(p58/カ写)
名鳥図(p54/カ写)
日ア鳥(p43/カ写)
日色鳥(p43/カ写)
日カモ(p110/カ写, カ図)
日鳥識(p78/カ写)
日鳥水増(p130/カ写)
日野鳥新(p54/カ写)
日野鳥増(p68/カ写)
ぱっ鳥(p45/カ写)
バード(p98/カ写)
羽根決(p68/カ写, カ図)
ひと目鳥(p56/カ写)
フ日野新(p46/カ図)
フ日野増(p46/カ図)
フ野鳥(p34/カ図)
野鳥学フ(p176/カ写)
野鳥山フ(p18,111/カ図, カ写)
山溪名鳥(p93/カ写)

オナガキジ *Syrmaticus reevesii* 尾長雉
キジ科の鳥。全長 オス210cm, メス75cm。㊎中国
¶世色鳥(p146/カ写)

オナガクロムクドリモドキ *Quiscalus mexicanus* 尾長黒椋鳥擬
ムクドリモドキ科の鳥。全長 オス46cm, メス38cm。㊎アメリカ南部〜南アメリカ
¶世鳥ネ(p325/カ写)

オナガケンバネハチドリ *Campylopterus excellens* 尾長剣羽蜂鳥
ハチドリ科ハチドリ亜科の鳥。準絶滅危惧。全長12〜14cm。
¶ハチドリ(p378)

オナガコウモリ ⇒コオナガコウモリを見よ

オナガコウモリ属の一種 *Rhinopoma* sp.
オナガコウモリ科の哺乳類。体長5〜9cm。
¶地球(p554/カ写)

オナガコノハトカゲ *Stenocercus caducus*
イグアナ科ヨウガントカゲ亜科の爬虫類。全長30cm前後。㊎ボリビア, ブラジル, パラグアイ, アルゼンチン
¶爬両1800(p87/カ写)

オナガサイホウチョウ *Orthotomus sutorius* 尾長裁縫鳥
セッカ科(ウグイス科)の鳥。全長13cm。㊎インド亜大陸, 東南アジア〜ジャワおよび中国南部。東南アジアでは標高1600mまでの地域
¶世鳥大(p411/カ写)
世鳥卵(p192/カ写, カ図)
鳥卵巣(p304/カ写, カ図)

オナガサラマンダー *Eurycea longicauda*
ムハイサラマンダー科の両生類。全長10〜20cm。㊎アメリカ合衆国東部
¶世文動(p315/カ写)
世両(p203/カ写)
爬両1800(p444/カ写)

オナガサンカクヘビ *Mehelya poensis*
ナミヘビ科イエヘビ亜科の爬虫類。全長50〜70cm。㊎ギニア湾岸沿いの西アフリカ, 中央アフリカ
¶爬両1800(p334/カ写)

オナガジブッポウソウ *Uratelornis chimaera* 尾長地仏法僧
ジブッポウソウ科の鳥。全長47〜52cm。㊎マダガスカル南西部
¶地球(p473/カ写)

オナガセンザンコウ *Manis tetradactyla*
センザンコウ科の哺乳類。体長30〜40cm。
¶絶百3(p58/カ写)
地球(p561/カ写)

オナガドリ Onagadori 尾長鶏
鶏の一品種。特別天然記念物。体重 オス1.8kg, メス1.35kg。高知県の原産。
¶鳥卵巣(p135/カ写, カ図)
日家〔尾長鶏〕(p147/カ写)

オナガハチドリ *Taphrolesbia griseiventris* 尾長蜂鳥
ハチドリ科ミドリフタオハチドリ亜科の鳥。絶滅危惧IB類。全長14〜17cm。㊎ペルー
¶ハチドリ(p115/カ写)

オナガバト ⇒フィリピンオナガバトを見よ

オナガパプアインコ *Charmosyna papou* 尾長パプア鸚哥
ヒインコ科の鳥。全長36～42cm。㊕ニューギニアの森林地帯
¶**世鳥大**(p257/カ写)
鳥飼(p171/カ写)

オナガヒロハシ *Psarisomus dalhousiae* 尾長広嘴
ヒロハシ科の鳥。全長23～26cm。㊕インド北部や中国南部～スマトラ島やボルネオ島
¶**世色鳥**(p69/カ写)
世鳥大(p335/カ写)
世鳥卵(p145/カ写, カ図)
世美羽(p80/カ写, カ図)

オナガフクロウ *Surnia ulula* 尾長梟
フクロウ科の鳥。全長36～45cm。㊕ユーラシア北部および北アメリカの主に北極圏に接する地域
¶**世鳥大**(p283/カ写)
地球(p465/カ写)
鳥650(p749/カ写)
日ア鳥(p360/カ写)

オナガフクロヤマネ *Cercartetus caudatus*
ブーラミス科の哺乳類。体長10.5cm。
¶**地球**(p506/カ写)

オナガベニサンショウクイ *Pericrocotus ethologus* 尾長紅山椒食
サンショウクイ科の鳥。全長17.5～20.5cm。㊕アフガニスタン～中国, タイ, ベトナム
¶**原色鳥**(p39/カ写)
世鳥大(p380/カ写)

オナガマキバドリ *Sturnella loyca* 尾長牧場鳥
ムクドリモドキ科の鳥。全長27cm。㊕チリ, アルゼンチン, フォークランド
¶**原色鳥**(p38/カ写)

オナガミズナギドリ *Puffinus pacificus* 尾長水薙鳥
ミズナギドリ科の鳥。全長39～46cm。㊕太平洋の熱帯, インド洋。日本では小笠原諸島・硫黄列島
¶**四季鳥**(p65/カ写)
世文鳥(p34/カ写)
鳥卵巣(p55/カ写, カ図)
鳥比(p245/カ写)
鳥650(p122/カ写)
名鳥図(p16/カ写)
日ア鳥(p111/カ写)
日鳥識(p102/カ写)
日鳥水増(p42/カ写)
日野鳥新(p122/カ写)
日野鳥増(p115/カ写)
フ日野新(p74/カ図)
フ日野増(p74/カ図)
フ野鳥(p78/カ図)

オナガミズヘビ *Enhydris longicauda* 尾長水蛇
ナミヘビ科の爬虫類。全長60～80cm。㊕カンボジア
¶**爬両1800**(p267/カ写)
爬両ビ(p195/カ写)

オナガミツスイ *Promerops cafer* 尾長蜜吸
オナガミツスイ科(ミツスイ科)の鳥。全長28～43cm。㊕南アフリカ
¶**世鳥大**(p452/カ写)
世鳥卵(p213/カ写, カ図)
世鳥ネ(p319/カ写)
世美羽(p146/カ写, カ図)
鳥卵巣(p328/カ写, カ図)

オナガミドリインコ *Brotogeris tirica* 尾長緑鸚哥
インコ科の鳥。大きさ23～25cm。㊕ブラジル南東部
¶**鳥飼**(p147/カ写)

オナガムシクイ *Sylvia undata* 尾長虫食, 尾長虫喰
ウグイス科の鳥。全長13cm。㊕イギリス南部, フランス西部, 南ヨーロッパ, 東はイタリアおよびシチリアまで。北アフリカ, 東はチュニジアまで
¶**世鳥大**(p417/カ写)

オナガヤマガメ ⇒スペングラーヤマガメを見よ

オナガヨタカ *Caprimulgus climacurus* 尾長夜鷹
ヨタカ科の鳥。全長25～35cm。㊕アフリカ中央部
¶**地球**(p468/カ写)

オナガラケットハチドリ *Loddigesia mirabilis* 尾長ラケット蜂鳥
ハチドリ科ミドリフタオハチドリ亜科の鳥。絶滅危惧IB類。体長10～15cm。㊕ペルー北部(固有)
¶**遺産世**(Aves No.29/カ写)
絶百8(p62/カ写)
鳥絶(p173/カ図)
ハチドリ(p154/カ写)

オナガラタストカナヘビ *Latastia longicaudata*
カナヘビ科の爬虫類。全長35～40cm。㊕アフリカ大陸北東部～中東部・中部, イエメン
¶**世爬**(p128/カ写)
爬両1800(p190/カ写)
爬両ビ(p130/カ写)

オニアオサギ *Ardea goliath* 鬼青鷺, 鬼蒼鷺
サギ科の鳥。全長1.5m。㊕アフリカ南・東部, マダガスカル, イラク南部
¶**世鳥大**(p166/カ写)
世鳥ネ(p70/カ写)

オニアオバズク *Ninox strenua* 鬼青葉木菟, 鬼青葉梟
フクロウ科の鳥。全長52～60cm。㊕オーストラリア
¶**世鳥ネ**(p199/カ写)

オ

オニアジサシ *Sterna caspia* 鬼鰺刺
カモメ科の鳥。全長48〜56cm。[分]世界中に分布。繁殖地は限られている
¶四季鳥(p62/カ写)
世鳥大(p237/カ写)
世鳥ネ(p147/カ写)
世文鳥(p154/カ写)
地球(p450/カ写)
鳥卵巣(p205/カ写, カ図)
鳥比(p357/カ写)
鳥650(p338/カ写)
日ア鳥(p288/カ写)
日鳥識(p172/カ写)
日鳥水増(p312/カ写)
日野鳥新(p327/カ写)
日野鳥増(p163/カ写)
フ日野新(p98/カ図)
フ日野増(p98/カ図)
フ野鳥(p192/カ図)
山溪名鳥(p94/カ写)

オニアナツバメ *Hydrochous gigas* 鬼穴燕
アマツバメ科の鳥。全長16cm。[分]インドネシア, マレーシア
¶世鳥大(p292)

オニオオハシ *Ramphastos toco* 鬼大嘴
オオハシ科の鳥。全長55〜65cm。[分]南アメリカ北東部〜中央部
¶驚野動(p96/カ写)
世鳥大(p317/カ写)
世鳥ネ(p239/カ写)
地球(p477/カ写)
鳥卵巣(p252/カ写, カ図)

オニカッコウ *Eudynamys scolopaceus* 鬼郭公
カッコウ科の鳥。全長39〜46cm。[分]オーストラリア北・東部, インド, 東南アジア〜ニューギニア, ソロモン諸島
¶世鳥大(p275/カ写)
世鳥卵(p128/カ写, カ図)
地球(p462/カ写)
鳥比(p20/カ写)
鳥650(p206/カ写)
日ア鳥(p176/カ写)
日鳥山新(p36/カ写)
フ日野新(p326/カ図)
フ野鳥(p122/カ図)

オニカナダガン *Branta canadensis maxima* 鬼カナダ雁
カモ科の鳥。全長55〜110cm。[分]カナダ, アメリカ, アリューシャン列島, イギリス, スカンジナビア半島南部, デンマーク
¶鳥卵巣(p86/カ写, カ図)

オニクイナ *Rallus longirostris* 鬼秧鶏, 鬼水鶏
クイナ科の鳥。全長32〜41cm。[分]アメリカの東・西海岸, メキシコ〜ペルー, ブラジル, カリブ諸島
¶世鳥ネ(p115/カ写)
地球(p440/カ写)
鳥卵巣(p157/カ写, カ図)

オニサンショウクイ *Coracina novaehollandiae* 鬼山椒喰
サンショウクイ科の鳥。全長32〜35cm。[分]インド, 東南アジア, ニューギニア, オーストラリアで繁殖
¶世鳥大(p379/カ写)
世鳥卵(p161/カ写, カ図)

オニジアリドリ *Grallaria gigantea* 鬼地蟻鳥
アリヤイロチョウ科の鳥。絶滅危惧II類。体長26.5cm。[分]コロンビア, エクアドル
¶鳥絶(p182/カ図)

オニジカッコウ *Coua gigas* 鬼地郭公
カッコウ科の鳥。全長62cm。
¶世鳥大(p276/カ写)
地球(p462/カ写)

オニタシギ *Gallinago undulata* 鬼田鷸, 鬼田鴫
シギ科の鳥。全長40〜47cm。[分]主にブラジル
¶鳥卵巣(p194/カ写, カ図)

オニタマオヤモリ *Nephrurus amyae*
ヤモリ科の爬虫類。全長13〜15cm。[分]オーストラリア(ノーザンテリトリー)
¶ゲッコー(p69/カ写)
世爬(p114/カ写)
爬両1800(p157/カ写)
爬両ビ(p117/カ写)

オニヒラオミズトカゲ *Tropidophorus grayi*
スキンク科の爬虫類。全長16〜20cm。[分]フィリピン
¶爬両1800(p215/カ写)

オニプレートトカゲ *Gerrhosaurus major*
カタトカゲ科(プレートトカゲ科)の爬虫類。全長48cm。[分]北部沿岸域と北西部を除くアフリカ大陸
¶世爬(p149/カ写)
地球(p387/カ写)
爬両1800(p222/カ写)
爬両ビ(p155/カ写)

オニミズナギドリ *Calonectris diomedea* 鬼水薙鳥
ミズナギドリ科の鳥。別名キバシミズナギドリ。全長45〜56cm。[分]地中海と大西洋の島々で繁殖。越冬は北アメリカ東岸, 南はウルグアイまで。一部西インド洋でも越冬
¶世鳥大(p150/カ写)
地球(p422/カ写)

オバケトカゲモドキ *Eublepharis angramainyu*
ヤモリ科トカゲモドキ亜科の爬虫類。全長25〜30cm。㊦イラク北部・東部, イラン南西部
¶ゲッコー(p97/カ写)
爬両1800(p172/カ写)

オバシギ *Calidris tenuirostris* 姥鷸, 姥鴫, 尾羽鷸, 尾羽鴫
シギ科の鳥。全長29cm。㊦シベリア北東部で繁殖。日本各地に旅鳥として渡来
¶くら鳥(p115/カ写)
原寸羽(p295/カ写)
里山鳥(p129/カ写)
四季鳥(p35/カ写)
世文鳥(p124/カ写)
鳥比(p312/カ写)
鳥650(p273/カ写)
名鳥図(p85/カ写)
日ア鳥(p236/カ写)
日鳥識(p154/カ写)
日鳥水増(p220/カ写)
日野鳥新(p273/カ写)
日野鳥増(p297/カ写)
ぱっ鳥(p158/カ写)
バード(p137/カ写)
羽根決(p380/カ写, カ図)
ひと目鳥(p74/カ写)
フ日野新(p142/カ図)
フ日野増(p142/カ図)
フ野鳥(p160/カ図)
野鳥学フ(p204/カ写)
野鳥山フ(p30,184/カ図, カ写)
山溪名鳥(p95/カ写)

オバシギダチョウ *Tinamus solitarius* 姥鷸駝鳥
シギダチョウ科の鳥。体長45cm。㊦ブラジル東部, パラグアイ南東部, アルゼンチン北部
¶世鳥ネ(p17/カ写)
鳥卵巣(p33/カ写, カ図)

オビオオガシラ *Boiga drapiezii*
ナミヘビ科ナミヘビ亜科の爬虫類。全長120〜210cm。㊦マレー半島, インドネシア, フィリピンなど
¶爬両1800(p295/カ写)

オビオノスリ *Buteo albonotatus* 帯尾鵟
タカ科の鳥。全長45〜55cm。㊦アメリカ合衆国南西部, 中央・南アメリカ
¶世鳥大(p199)

オビオヒゲハチドリ *Threnetes ruckeri* 帯尾髭蜂鳥
ハチドリ科ユミハチドリ亜科の鳥。全長10〜11cm。
¶ハチドリ(p42/カ写)

オビオマイコドリ *Pipra fasciicauda* 帯尾舞子鳥
マイコドリ科の鳥。全長11cm。㊦南アメリカ
¶原色鳥(p26/カ写)
世鳥大(p337/カ写)

オビカワラヤモリ *Tropiocolotes helenae*
ヤモリ科ヤモリ亜科の爬虫類。全長5〜6cm。㊦パキスタン, イラン
¶ゲッコー(p56/カ写)
爬両1800(p152/カ写)

オヒキ ⇒ミノヒキチャボを見よ

オヒキコウモリ *Tadarida insignis* 尾曳蝙蝠
オヒキコウモリ科の哺乳類。絶滅危惧IB類(環境省レッドリスト)。前腕長5.7〜6.5cm。㊦中国, 朝鮮半島, 台湾。日本では北海道, 本州, 四国, 九州
¶くら哺(p54/カ写)
絶事(p2,56/カ写, モ図)
世文動(p67/カ写)
日哺改(p62/カ写)
日哺学フ(p129/カ写)

オビククリィヘビ *Oligodon arnensis*
ナミヘビ科の爬虫類。全長46〜64cm。㊦パキスタン, ネパール, インド, スリランカなど
¶世文動(p291/カ写)

オビタマオヤモリ *Nephrurus wheeleri*
ヤモリ科の爬虫類。全長11cm前後。㊦オーストラリア西部
¶ゲッコー(p70/カ写)
世爬(p115/カ写)
爬両1800(p157/カ写)
爬両ビ(p117/カ写)

オビトカゲモドキ *Goniurosaurus kuroiwae splendens* 帯蜥蜴擬
トカゲモドキ科の爬虫類。日本固有亜種。全長14〜16cm。㊦奄美諸島の徳之島
¶原爬両(No.44/カ写)
日カメ(p89/カ写)
爬両飼(p99/カ写)
野日爬(p31,60,142/カ写)

オビナゾガエル *Phrynomantis bifasciatus*
ヒメガエル科の両生類。別名アカスジクビナガガエル, ナゾガエル。体長5〜6.5cm。㊦アフリカ大陸中部以南
¶かえる百(p43/カ写)
カエル見(p78/カ写)
世カエ〔ナゾガエル〕(p492/カ写)
世文動(p330/カ写)
世両(p133/カ写)
爬両1800(p409/カ写)
爬両ビ(p273/カ写)

オビネコツメヤモリ *Homopholis fasciata*
ヤモリ科ヤモリ亜科の爬虫類。全長9〜13cm。㊦エチオピア, ケニア, ソマリア, タンザニア

¶ゲッコー（p33/カ写）
爬両1800（p136/カ写）
爬両ビ（p105/カ写）

オビハシカイツブリ *Podilymbus podiceps* 帯嘴鸊鷉, 帯嘴鸊
カイツブリ科の鳥。全長30～38cm。㊎南アメリカ南部～北はカナダ南部まで
¶**世鳥ネ**（p63/カ写）
地球（p423/カ写）

オビハシカモメ *Larus delawarensis* 帯嘴鷗
カモメ科の鳥。別名クロワカモメ。全長46～51cm。㊎カナダ南東部～同中部, アメリカ北部一帯で繁殖。冬はアメリカ西海岸～メキシコ・アメリカ東海岸一帯で越冬
¶**地球**〔クロワカモメ〕（p448/カ写）
鳥比（p336/カ写）
鳥650（p336/カ写）
日鳥水増〔クロワカモメ〕（p298/カ写）
日野鳥増〔クロワカモメ〕（p155/カ写）
フ日野新（p316/カ図）
フ日野増〔クロワカモメ〕（p316/カ図）

オビハスカイ *Pseudoxenodon bambusicola*
ナミヘビ科ハスカイヘビ亜科の爬虫類。全長50～60cm。㊎中国南部, ベトナム北部
¶**世爬**（p220/カ写）
爬両1800（p331/カ写）
爬両ビ（p210/カ写）

オビババイヤモリ *Bavayia cyclura*
ヤモリ科イシヤモリ亜科の爬虫類。全長11～14cm前後。㊎ニューカレドニア
¶**ゲッコー**（p84/カ写）
爬両1800（p161/カ写）

オビフトユビヤモリ *Pachydactylus fasciatus*
ヤモリ科ヤモリ亜科の爬虫類。全長9～10cm。㊎ナミビア北西部
¶**ゲッコー**（p25/カ写）
爬両1800（p133/カ写）

オビホエヤモリ ⇒カープホエヤモリを見よ

オビミナミトカゲ *Sphenomorphus fasciatus*
スキンク科の爬虫類。全長20cm前後。㊎フィリピン
¶**爬両1800**（p202/カ写）
爬両ビ（p141/カ写）

オビリンサン *Prionodon linsang*
ジャコウネコ科の哺乳類。体長33～45cm。㊎西マレーシア, テナセリム, スマトラ, ジャワ, ボルネオ
¶**地球**（p587/カ写）

オビロエンビハチドリ *Doricha eliza* 尾広燕尾蜂鳥
ハチドリ科ハチドリ亜科の鳥。準絶滅危惧。全長8.5～10cm。
¶**ハチドリ**（p388）

オビロホウオウジャク *Vidua orientalis* 尾広鳳凰雀
ハタオリドリ科の鳥。全長25～51cm。㊎アフリカ中部
¶**世美羽**（p135/カ写）

オビロヨタカ *Caprimulgus macrurus* 尾広夜鷹
ヨタカ科の鳥。全長25～27cm。㊎インド北部, 東南アジア, オーストラリア
¶**世鳥卵**（p135/カ写, カ図）
世鳥ネ（p206/カ写）
地球（p468/カ写）

オーピントン Orpintong
鶏の一品種。体重 オス4.5～6.3kg, メス3.4～4.8kg。イギリスの原産。
¶**日家**（p206/カ写）

オフチャルカ ⇒サウス・ロシアン・シェパード・ドッグを見よ

オフチャルスキ・パス・シャルプラニナツ ⇒サルプラニナを見よ

オブトアレチネズミ *Pachyuromys duprasi*
ネズミ科の哺乳類。体長10～13cm。㊎アフリカ
¶**世哺**（p162/カ写）
地球（p526/カ写）

オブトアンテキヌス *Pseudantechinus macdonnellensis*
フクロネコ科の哺乳類。体長9.5～10.5cm。㊎オーストラリア
¶**世哺**（p60/カ写）
地球（p505/カ写）

オブトオヒキコウモリ *Nyctinomops laticaudatus*
オヒキコウモリ科の哺乳類。体長9～14cm。
¶**地球**（p556/カ写）

オブトスミントプシス *Sminthopsis crassicaudata*
フクロネコ科の哺乳類。頭胴長約8cm。㊎オーストラリアの内陸部
¶**驚野動**（p329/カ写）
世文動（p42/カ写）
世哺（p58/カ写）
地球（p505/カ写）

オブトフクロモモンガ *Petaurus norfolcensis*
フクロモモンガ科の哺乳類。体長18～23cm。㊎オーストラリア
¶**世哺**（p67/カ写）

オブライエンテンニョゲラ *Celeus obrieni* オブライエン天女啄木鳥
キツツキ科の鳥。絶滅危惧IA類。㊎中央ブラジルのトカンテインス州
¶**レ生**（p72/カ写）

オーブリーオオクサガエル *Leptopelis aubryi*
クサガエル科の両生類。体長3.3〜5.4cm。 ㊞アフリカ大陸中部〜中西部
¶**カエル見**（p58/カ写）
爬両1800（p396/カ写）

オーブリーフタスッポン *Cycloderma aubryi*
スッポン科フタスッポン亜科の爬虫類。甲長30〜55cm。 ㊞コンゴ民主共和国, ガボン, 中央アフリカ共和国
¶**世カメ**（p163/カ写）
世爬（p42/カ写）
爬両1800（p50/カ写）
爬両ビ（p39/カ写）

オホサスレス Ojos Azules
猫の一品種。体重4〜5.5kg。アメリカ合衆国の原産。
¶**ビ猫**（p129/カ写）

オポッサムモドキ *Wyulda squamicaudata*
クスクス科の哺乳類。体長40cm。
¶**世文動**（p44/カ写）
地球（p507/カ写）

オマキキノボリヤマアラシ ⇒オマキヤマアラシを見よ

オマキササクレヤモリ *Paroedura vazimba*
ヤモリ科ヤモリ亜科の爬虫類。全長8〜9cm。 ㊞マダガスカル北東部
¶**ゲッコー**（p51/カ写）
爬両1800（p147/カ写）
爬両ビ（p115/カ写）

オマキトカゲ *Corucia zebrata*
スキンク科の爬虫類。全長60〜70cm。 ㊞ソロモン諸島
¶**世爬**（p142/カ写）
世文動（p274/カ写）
地球（p387/カ写）
爬両1800（p213/カ写）
爬両ビ（p150/カ写）

オマキトカゲモドキ *Aeluroscalabotes felinus*
ヤモリ科トカゲモドキ亜科の爬虫類。全長15〜18cm。 ㊞マレーシア, インドネシアなど
¶**ゲッコー**（p100/カ写）
世爬（p125/カ写）
爬両1800（p177/カ写）
爬両ビ（p126/カ写）

オマキホソユビヤモリ *Cyrtodactylus elok*
ヤモリ科ヤモリ亜科の爬虫類。全長12〜16cm。 ㊞マレーシア西部
¶**ゲッコー**（p52/カ写）
爬両1800（p149/カ写）

オマキヤマアラシ *Coendou prehensilis*
アメリカヤマアラシ科の哺乳類。別名オマキキノボリヤマアラシ。体長30〜60cm。 ㊞南アメリカ
¶**世文動**〔オマキキノボリヤマアラシ〕（p118/カ写）
世哺（p175/カ写）
地球（p528/カ写）

オミジカツノトカゲ *Phrynosoma braconnieri*
イグアナ科ツノトカゲ亜科の爬虫類。全長8〜10cm。 ㊞メキシコ
¶**爬両1800**（p80/カ写）

オラバッスティティ ⇒ダスキーティティを見よ

オランウータン ⇒ボルネオオランウータンを見よ

オランダオンケツシュ Dutch Warmblood オランダ温血種
馬の一品種。別名KWPN, ダッチ・ウォームブラッド。軽量馬。体高160cm以上。オランダの原産。
¶**アルテ馬**〔オランダ温血種〕（p68/カ写）
日家〔ダッチ・ウォームブラッド〕（p51/カ写）

オリイオオコウモリ *Pteropus dasymallus inopinatus* 折居大蝙蝠
オオコウモリ科の哺乳類。 ㊞沖縄本島
¶**くら哺**（p40/カ写）
日哺学フ（p176/カ写）

オリイコキクガシラコウモリ *Rhinolophus cornutus orii*
キクガシラコウモリ科の哺乳類。絶滅危惧IB類（環境省レッドリスト）。 ㊞奄美諸島
¶**絶事**（p34/モ図）

オリイジネズミ *Crocidura orii* 折居地鼠
トガリネズミ科の哺乳類。絶滅危惧IB類（環境省レッドリスト）。頭胴長6.5〜9cm。 ㊞奄美大島, 徳之島
¶**くら哺**（p32/カ写）
絶事（p20/モ図）
日哺改（p15/カ写）
日哺学フ（p182/カ写）

オリイヒタキ *Luscinia phaenicuroides* 折居鶲
ヒタキ科の鳥。全長18〜19cm。 ㊞ヒマラヤ〜中国
¶**原色鳥**（p124/カ写）
世鳥卵（p180/カ写, カ図）

オリイモズ ⇒モウコアカモズを見よ

オリエンタル・ショートヘア Oriental Shorthair
猫の一品種。体重4〜6.5kg。イギリスおよびアメリカの原産。
¶**ビ猫**〔オリエンタル・ショートヘア（フォーリン・ホワイト）〕（p91/カ写）
ビ猫〔オリエンタル・ショートヘア（セルフ）〕（p94/カ写）
ビ猫〔オリエンタル・ショートヘア（シナモン、フォーン）〕（p95/カ写）

ビ猫〔オリエンタル・ショートヘア(スモーク)〕(p96/カ写)
ビ猫〔オリエンタル・ショートヘア(シェーデッド)〕(p97/カ写)
ビ猫〔オリエンタル・ショートヘア(タビー)〕(p99/カ写)
ビ猫〔オリエンタル・ショートヘア(トーティ)〕(p100/カ写)
ビ猫〔オリエンタル・ショートヘア(バイカラー)〕(p101/カ写)

オリエンタル・ロングヘア Oriental Longhair
猫の一品種。体重2.5〜5kg。イギリスの原産。
¶ビ猫(p209/カ写)

オリザバサラマンダー *Pseudoeurycea leprosa*
ムハイサラマンダー科の両生類。全長9〜13cm。㊊メキシコ
¶爬両1800(p447/カ写)
爬両ビ(p306/カ写)

オリックス *Oryx gazella*
ウシ科の哺乳類。別名ゲムズボック。体高1.2〜1.4m。㊊アフリカ
¶世文動〔ゲムズボック〕(p220/カ写)
世哺(p363/カ写)
地球(p602/カ写)

オリノコオオアシアマガエル ⇒オオトガリハナアマガエルを見よ

オリノコガン *Neochen jubata*
カモ科の鳥。全長61〜76cm。㊊ブラジル北部〜ベネズエラ
¶世鳥大(p128)
地球(p413/カ写)

オリノコワニ *Crocodylus intermedius*
クロコダイル科の爬虫類。全長最大6.7m。㊊オリノコ川流域
¶世文動(p306/カ写)

オリバーパロットヘビ *Leptophis nebulosus*
ナミヘビ科ナミヘビ亜科の爬虫類。全長80cm前後。㊊ホンジュラス, ニカラグア, コスタリカ, パナマ
¶爬両1800(p290/カ写)

オリビ *Ourebia ourebi*
ウシ科の哺乳類。体高50〜66cm。㊊アフリカ
¶世文動(p224/カ写)
世哺(p369/カ写)
地球(p603/カ写)

オリーブアレチヘビ *Psammophis sibilans*
ナミヘビ科アレチヘビ亜科の爬虫類。全長90〜110cm。㊊アフリカ大陸北部
¶爬両1800(p335/カ写)

オリーブイエヘビ *Lamprophis olivaceus*
ナミヘビ科イエヘビ亜科の爬虫類。全長40〜70cm。㊊ギニア湾岸沿いの西アフリカ〜中央アフリカ, ウガンダ
¶爬両1800(p333/カ写)

オリーブゴシキタイヨウチョウ *Nectarinia chloropygia* オリーブ五色太陽鳥
タイヨウチョウ科の鳥。㊊アフリカのサハラ砂漠以南
¶世鳥卵(p209/カ写, カ図)

オリーブコバシハチドリ *Chalcostigma olivaceum* オリーブ小嘴蜂鳥
ハチドリ科ミドリフタオハチドリ亜科の鳥。全長14〜15cm。
¶ハチドリ(p366)

オリーブサンバガエル ⇒サンバガエルを見よ

オリーブタイヨウチョウ *Nectarinia olivacea* オリーブ太陽鳥
タイヨウチョウ科の鳥。㊊アフリカ西部・東部・南東部
¶世鳥卵(p208/カ写, カ図)

オリーブタイランチョウ *Tyrannus melancholicus* オリーブ太蘭鳥
タイランチョウ科の鳥。全長22cm。㊊アメリカ南西部〜アルゼンチン中部
¶世鳥大(p348/カ写)
世鳥卵(p151/カ写, カ図)
地球(p484/カ写)

オリーブダシア ⇒オリーブダシアトカゲを見よ

オリーブダシアトカゲ *Dasia olivacea*
スキンク科の爬虫類。全長23〜27cm。㊊インドシナ半島, マレー半島西部, インドネシアなど
¶世爬〔オリーブダシア〕(p136/カ写)
爬両1800(p204/カ写)
爬両ビ(p143/カ写)

オリーブツグミ *Turdus olivaceus* オリーブ鶫
ヒタキ科の鳥。全長20〜24cm。㊊アフリカ東部・南部
¶鳥卵巣(p287/カ写, カ図)

オリーブニンニクガエル *Pelobates fuscus* オリーブ蒜蛙
ニンニクガエル科(ユーラシアスキアシガエル科, スキアシガエル科)の両生類。別名ニンニクガエル。全長4〜8cm。㊊ヨーロッパ中東部のフランス〜ウラル山脈, イタリア北部のポー峡谷
¶カエル見(p18/カ写)
世カエ〔ニンニクガエル〕(p46/カ写)
世両(p14/カ写)
地球〔ニンニクガエル〕(p362/カ写)
爬両1800(p359/カ写)
爬両ビ(p275/カ写)

オリーブヒキガエル *Bufo olivaceus* オリーブ蟇
ヒキガエル科の両生類。体長6～18cm。㊀パキスタン, イラン
¶爬両1800（p364/カ写）
爬両ビ（p240/カ写）

オリーブヒタキモドキ *Myiarchus tuberculifer* オリーブ鶲擬
タイランチョウ科の鳥。全長15～17cm。㊀アメリカ合衆国アリゾナ州～南米アルゼンチン
¶世色鳥（p109/カ写）

オリーブヒメウミガメ ⇒ヒメウミガメを見よ

オリーブミズヘビ *Enhydris plumbea* オリーブ水蛇
ナミヘビ科ミズヘビ亜科の爬虫類。別名ハイイロミズヘビ。全長45cm前後。㊀中国南部～東南アジア全域, インド東部など
¶世ヘビ（p104/カ写）
爬両1800（p267/カ写）

オリーブユウダモドキ *Natriciteres olivacea*
ナミヘビ科ユウダ亜科の爬虫類。全長25～35cm。㊀サハラ以南のアフリカ大陸
¶爬両1800（p276/カ写）

オルダムホソユビヤモリ *Cyrtodactylus oldhami*
ヤモリ科の爬虫類。全長15～18cm。㊀ミャンマー南部, タイ南部
¶爬両1800（p150/カ写）

オルダムマルガメ *Cyclemys oldhamii*
アジアガメ科（イシガメ（バタグールガメ）科）の爬虫類。甲長20～22cm。㊀マレー半島を除くインドシナ半島, ミャンマー南部
¶世カメ（p280/カ写）
爬両1800（p43/カ写）

オルデンブルク Oldenburg
馬の一品種。軽量馬。体高162～175cm。ドイツの原産。
¶アルテ馬（p84/カ写）
日家〔オルデンブルグ〕（p43/カ写）

オールド・イングリッシュ・シープドッグ Old English Sheepdog
犬の一品種。別名ボブ・テール, ボブテイル, ボブテイル・シープドッグ。牧羊犬。体高 オス61cm以上, メス56cm以上。イギリスの原産。
¶アルテ犬（p180/カ写）
最犬大（p54/カ写）
新犬種〔オールド・イングリッシュ・シープドッグ（ボブテイル）〕（p172/カ写）
新世犬（p60/カ写）
図世犬（p74/カ写）
世文動（p145/カ写）
ビ犬（p56/カ写）

オールド・イングリッシュ・ブルドッグ Olde English Bulldogge
犬の一品種。体高51～64cm。アメリカ合衆国の原産。
¶ビ犬（p267/カ写）

オールド・イングリッシュ・マスティフ ⇒マスティフを見よ

オールド・クナーブストラップ Old Knabstrup
馬の一品種。軽量馬。
¶アルテ馬（p127/カ写）

オールド・ジャーマン・シープドッグ ⇒オールド・ジャーマン・ハーディング・ドッグを見よ

オールド・ジャーマン・ハーディング・ドッグ Old German Herding Dog
ドイツ中に分布する10種の牧羊犬の総称。別名アルト・ドイチェ・ヒュッテフント, オールド・ジャーマン・シープドッグ。ドイツの原産。
¶最犬大（p60/カ写）
新犬種〔アルトドイチュ・ヒューテフント/オールド・ジャーマン・シープドッグ〕（p220/カ写）

オールド・デニッシュ・ポインター ⇒オールド・デニッシュ・ポインティング・ドッグを見よ

オールド・デニッシュ・ポインティング・ドッグ Old Danish Pointing Dog
犬の一品種。別名オールド・デニッシュ・ポインター, ガンメル・ダンスク・ヘンセフンド, ガンメル・ダンスク・ホンゼホント。体高 オス54～60cm, メス50～56cm。デンマークの原産。
¶最犬大（p339/カ写）
新犬種（p269/カ写）
ビ犬〔オールド・デニッシュ・ポインター〕（p258/カ写）

オルフェウスイモリ ⇒ダヤンイモリを見よ

オルム ⇒ホライモリを見よ

オルリオオトカゲ *Varanus doreanus*
オオトカゲ科の爬虫類。全長140～160cm。㊀ニューギニア島
¶爬両1800（p236/カ写）
爬両ビ（p165/カ写）

オルロフ・トロッター Orlov Trotter
馬の一品種。軽量馬。体高160cm。ロシアの原産。
¶アルテ馬（p136/カ写）
世文動〔オルローフ・トロッター〕（p188/カ写）

オレンジウソ *Pyrrhula aurantiaca* オレンジ鷽
アトリ科の鳥。㊀ヒマラヤ西部
¶世鳥卵（p223/カ写, カ図）

オレンジジツグミ *Zoothera citrina* オレンジ地鶇
ツグミ科（ヒタキ科）の鳥。全長22cm。㊀ヒマラヤ周辺, 東南アジア, 中国中南部～東部の河北省あ

たりで繁殖
¶世鳥大 (p437/カ写)
地球〔オレンジツグミ〕(p493/カ写)
鳥比 (p138/カ写)
日ア鳥 (p503/カ写)
日鳥山新 (p241/カ写)

オレンジツグミ ⇒オレンジジツグミを見よ

オレンジヒキガエル *Incilius periglenes*
ヒキガエル科の両生類。別名オスアカヒキガエル。絶滅種。体長 オス4.1～4.8cm, メス4.7～5.4cm。㊐コスタリカのコーディレラ・デ・チラランにあるモンテベルデ雲霧林保護区
¶遺産世 (Amphibia No.2/カ写)
世カエ (p148/カ写)
絶百3〔オスアカヒキガエル〕(p76/カ写)
世文動〔オスアカヒキガエル〕(p324/カ写)

オーロック ⇒オーロックスを見よ

オーロックス *Bos primigenius*
ウシ科の哺乳類。家畜ウシの祖先。1627年に絶滅し現在見られるのは育種による復原個体。体高150～190cm。㊐ヨーロッパ, 北アフリカ, アジア
¶世文動 (p209/カ写)
日家〔オーロック〕(p90/カ図)

オーロライエヘビ *Lamprophis aurora*
ナミヘビ科イエヘビ亜科の爬虫類。全長60～70cm。㊐南アフリカ共和国, スワジランド
¶世爬 (p221/カ写)
爬両1800 (p333/カ写)
爬両ビ (p216/カ写)

オンキラ ⇒ジャガーネコを見よ

オンシツガエル *Eleutherodactylus planirostris* 温室蛙
ユビナガガエル科の両生類。体長10～105mm。㊐テキサス州最南部とアリゾナ州～中米, 西インド諸島, アルゼンチン, ブラジル
¶世カエ (p98/カ写)

オンナダケヤモリ *Gehyra mutilata* 恩納岳守宮
ヤモリ科ヤモリ亜科の爬虫類。全長8～12cm。㊐東南アジア, 日本(南西諸島), 太平洋の島々, マダガスカルなど
¶ゲッコー (p22/カ写)
原爬両 (No.34/カ写)
日カメ (p76/カ写)
爬両飼 (p86/カ写)
爬両1800 (p135/カ写)
野日爬 (p30,138/カ写)

【カ】

ガイアスフトユビヤモリ *Pachydactylus gaiasensis*
ヤモリ科ヤモリ亜科の爬虫類。全長10～12cm。㊐ナミビア北西部
¶ゲッコー (p26/カ写)
爬両1800 (p133/カ写)

ガイアナカエルガメ ⇒ギアナカエルガメを見よ

ガイアナヨウガントカゲ *Tropidurus hispidus*
イグアナ科ヨウガントカゲ亜科の爬虫類。全長25cm前後。㊐南米大陸中部～北部
¶爬両1800 (p86/カ写)

カイウサギ *Oryctolagus cuniculus* 飼兎
ウサギ科の哺乳類。別名イエウサギ。アナウサギを原種とし家畜化したウサギ。
¶くら哺〔カイウサギ(アナウサギ)〕(p24/カ写)
日哺学フ〔ウサギ〕(p160/カ写)

カイケン Kai 甲斐犬
犬の一品種。別名カイトラ。天然記念物。体高 オス47～53cm, メス42～48cm。山梨県の原産。
¶最犬大〔甲斐〕(p207/カ写)
新犬種〔甲斐犬〕(p134/カ写)
新世犬〔甲斐〕(p102/カ写)
図世犬〔甲斐〕(p201/カ写)
世文動〔甲斐犬〕(p142/カ写)
日家〔甲斐犬〕(p231/カ写)
ビ犬〔甲斐〕(p114/カ写)

カイザーツエイモリ *Neurergus kaiseri*
イモリ科の両生類。別名ザグロスツエイモリ。絶滅危惧IA類。全長10～13cm。㊐イラン
¶遺産世 (Amphibia No.13/カ写)
地球〔ザグロスツエイモリ〕(p367/カ写)
爬両1800 (p457/カ写)
爬両ビ (p313/カ写)
レ生 (p76/カ写)

カイツブリ *Tachybaptus ruficollis* 鸊鷉, 鳰
カイツブリ科の鳥。全長25～29cm。㊐アフリカ, ヨーロッパ, 南アジア
¶くら鳥 (p82/カ写)
原寸羽 (p13/カ写)
里山鳥 (p84/カ写)
四季鳥 (p113/カ写)
巣と卵決 (p16/カ写, カ図)
世鳥大 (p152/カ写)
世鳥ネ (p63/カ写)
世文鳥 (p27/カ写)
地球 (p423/カ写)
鳥卵巣 (p45/カ写, カ図)

鳥比(p236/カ写)
鳥650(p86/カ写)
名鳥図(p10/カ写)
日ア鳥(p82/カ写)
日鳥識(p90/カ写)
日鳥巣(p4/カ写)
日鳥水増(p23/カ写)
日野鳥新(p94/カ写)
日野鳥増(p22/カ写)
ぱっ鳥(p62/カ写)
バード(p108/カ写)
羽根決(p13/カ写, カ図)
ひと目鳥(p44/カ写)
フ日野新(p26/カ図)
フ日野増(p26/カ図)
フ野鳥(p58/カ図)
野鳥学フ(p157/カ写)
野鳥山フ(p9,64/カ図, カ写)
山溪名鳥(p96/カ写)

カイトラ ⇒カイケンを見よ

カイナラチヤドクガエル *Ameerega cainarachi*
ヤドクガエル科の両生類。絶滅危惧II類。㊍ペルーのサン・マルティン県の北方のカイナラチ谷
¶レ生(p77/カ写)

カイロトゲマウス *Acomys cahirinus*
ネズミ科の哺乳類。体長7～12cm。
¶地球(p526/カ写)

カイロホソメクラヘビ *Leptotyphlops cairi*
ホソメクラヘビ科の爬虫類。全長18～23cm。㊍アフリカ大陸北東部～北部
¶**爬両1800**(p251/カ写)

ガウア ⇒ガウルを見よ

カウプカワアシナシイモリ *Potomotyphlus kaupii*
ミズアシナシイモリ科の両生類。全長25～69cm。㊍南米北西部, ブラジル北部
¶世両(p224/カ写)
爬両1800(p464/カ写)
爬両ビ(p320/カ写)

ガウル *Bos gaurus*
ウシ科の哺乳類。別名インドヤギュウ, ガウア, セラダン。絶滅危惧II類。体長260～340cm, 体高165～210cm。㊍インド, ネパール, ミャンマー, インドシナ
¶驚野動(p257/カ写)
絶百3〔ガウア(ガウル)〕(p68/カ写)
世文動(p209/カ写)
世哺〔ガウア〕(p355/カ写)
地球〔ガウア〕(p600/カ写)

カエデチョウ *Estrilda troglodytes* 楓鳥
カエデチョウ科の鳥。全長10cm。㊍モーリタニア, リベリア～エチオピア南部
¶世鳥大(p459/カ写)
世文鳥(p278/カ写)
鳥飼(p86/カ写)
鳥卵巣(p332/カ写, カ図)
鳥650(p745/カ写)
フ日野新(p304/カ図)
フ日野増(p304/カ図)

カエルアタマガメ ⇒ギアナカエルガメを見よ

カエルクイコウモリ *Trachops cirrhosus*
ヘラコウモリ科の哺乳類。体長6.5～9cm。㊍メキシコ～南アメリカ北部
¶地球(p555/カ写)

カオカザリヒメフクロウ *Xenoglaux loweryi* 顔飾姫梟
フクロウ科の鳥。全長14cm。
¶世鳥大(p284)

カォ・ギーチョ
犬の一品種。別名キスケーロ。体高 オス34～42cm, メス30～38cm。スペインの原産。
¶新犬種(p103)

カオグロアメリカムシクイ *Geothlypis trichas* 顔黒亜米利加虫食, 顔黒亜米利加虫喰
アメリカムシクイ科の鳥。全長11～14cm。㊍北アメリカ, 中央アメリカ
¶原色鳥(p190/カ写)
世鳥大(p470/カ写)
地球(p497/カ写)

カオグロアリツグミ *Formicarius analis* 顔黒蟻鶫
ジアリドリ科の鳥。全長17cm。㊍メキシコ南部～アマゾン川流域
¶世鳥大(p354)

カオグロカササギビタキ *Monarcha melanopsis* 顔黒鵲鶲
カササギヒタキ科の鳥。全長16～19cm。㊍オーストラリア東部, ニューギニア
¶世鳥大(p388/カ写)

カオグロガビチョウ *Garrulax perspicillatus* 顔黒画眉鳥
チメドリ科の鳥。全長30cm。㊍ベトナム北部, 中国中部・南部, 香港
¶鳥比(p77/カ写)
鳥650(p740/カ写)
日鳥識(p306/カ写)
日鳥山新(p384/カ写)
日鳥山増(p352/カ写)
フ日野新(p306/カ図)
フ日野増(p306/カ図)
フ野鳥(p318/カ図)

カオグロキヌバネドリ *Trogon personatus* 顔黒絹羽鳥
キヌバネドリ科の鳥。全長25～27cm。
¶世色鳥 (p23/カ写)
地球 (p472/カ写)

カ

カオグロキノボリカンガルー *Dendrolagus lumholtzi*
カンガルー科の哺乳類。体長48～65cm。
¶地球 (p509/カ写)

カオグロクイナ *Porzana carolina* 顔黒秧鶏, 顔黒水鶏
クイナ科の鳥。全長20～25cm。 ㊕北アメリカで繁殖。アメリカ合衆国南部～南アメリカ北西部あたりで越冬
¶世鳥大 (p210/カ写)
世鳥卵 (p85/カ写, カ図)
地球 (p440/カ写)

カオグロサバクヒタキ *Oenanthe hispanica* 顔黒砂漠鶲
ヒタキ科の鳥。全長13.5～15.5cm。 ㊕地中海沿岸, 中東地域
¶世色鳥 (p173/カ写)

カオグロトキ *Theristicus melanopis* 顔黒朱鷺
トキ科の鳥。全長75～77cm。 ㊕南アメリカ
¶世鳥大 (p160/カ写)
世鳥ネ (p77/カ写)
地球 (p427/カ写)

カオグロハナサシミツドリ *Diglossa cyanea* 顔黒花刺蜜鳥
フウキンチョウ科の鳥。全長15cm。 ㊕ベネズエラ～ボリビア
¶原色鳥 (p111/カ写)

カオグロヒワミツドリ *Dacnis lineata* 顔黒鶸蜜鳥
フウキンチョウ科の鳥。全長11cm。 ㊕南アメリカ北部
¶原色鳥 (p109/カ写)

カオグロベニフウキンチョウ *Ramphocelus nigrogularis* 顔黒紅風琴鳥
フウキンチョウ科の鳥。全長17cm。 ㊕コロンビア, エクアドル, ペルー, ブラジル
¶原色鳥 (p15/カ写)

カオジロオーストラリアヒタキ *Epthianura albifrons* 顔白オーストラリア鶲
オーストラリアヒタキ科（ミツスイ科）の鳥。 ㊕タスマニア島, オーストラリア南部
¶世鳥卵 (p198/カ写, カ図)
鳥卵巣 (p327/カ写, カ図)

カオジロオタテガモ *Oxyura leucocephala* 顔白尾立鴨
カモ科の鳥。絶滅危惧IB類。全長43～48cm。 ㊕地中海南西部～中国北西部
¶遺産世 (Aves No.11/カ写)
絶百4 (p34/カ写)

カオジロガビチョウ *Garrulax sannio* 顔白画眉鳥
チメドリ科の鳥。全長23cm。 ㊕中国南東部, 東南アジア
¶鳥比 (p77/カ写)
日ア鳥 (p621/カ写)
日鳥山新 (p384/カ写)
フ日野新 (p306/カ図)
フ日野増 (p306/カ図)
フ野鳥 (p318/カ図)

カオジロガン *Branta leucopsis* 顔白雁
カモ科の鳥。全長58～71cm。 ㊕グリーンランド北東部・スピッツベルゲン・ノバヤゼムリャ南島
¶世鳥ネ (p39/カ写)
地球 (p412/カ写)

カオジロサギ *Egretta novaehollandiae* 顔白鷺
サギ科の鳥。全長60～70cm。 ㊕ニューギニア南部, ニューカレドニア, オーストラリア, ニュージーランド
¶世鳥大 (p167)
地球 (p426/カ写)

カオジロダルマエナガ *Paradoxornis heudei* 顔白達磨柄長
ズグロムシクイ科（ダルマエナガ科）の鳥。体長18cm。 ㊕東アジアの大陸本土
¶世鳥卵 (p188/カ写, カ図)
日ア鳥 (p467/カ写)

カオジロムシクイ *Aphelocephala leucopsis* 顔白虫食, 顔白虫喰
トゲハシムシクイ科の鳥。全長10～12cm。 ㊕オーストラリア中央部より南の内陸
¶世鳥大 (p369/カ写)

カォ・ダ・セラ・ダ・エストレラ ⇒エストレラ・マウンテン・ドッグを見よ

カォ・ダ・セラ・デ・アイレス ⇒ポーチュギース・シープドッグを見よ

カォ・デ・アグア ⇒ポーチュギース・ウォーター・ドッグを見よ

カォ・デ・アグア・ポルトゲース ⇒ポーチュギース・ウォーター・ドッグを見よ

カォ・デ・カストロ・ラボレイロ ⇒カストロ・ラボレイロ・ドッグを見よ

カォ・デ・ガド・トランスモンターノ ⇒トランスモンターノ・マスティフを見よ

カォ・デ・パレイロ Can de Palleiro
犬の一品種。スペイン北西部（特にガリシア地方）に普及の原産。
¶新犬種 (p223/カ写)

カォ・デ・フィラ・ダ・テルセイラ *Cão de Fila da Terceira*
犬の一品種。別名ラボ・トルト。体高約55cm。ポルトガルの原産。
¶**新犬種**〔カォ・デ・フィラ・ダ・テルセイラ/ラボ・トルト〕(p200/カ写)

カォ・ド・カストロ・ラボレイロ ⇒カストロ・ラボレイロ・ドッグを見よ

カォ・フィラ・デ・サォ・ミゲル ⇒セント・ミゲェル・キャトル・ドッグを見よ

カォ・フィラ・デ・サン・ミゲル ⇒セント・ミゲェル・キャトル・ドッグを見よ

カオマニー Khaomanee
猫の一品種。体重2.5～5.5kg。タイの原産。
¶**ビ猫**(p74/カ写)

カカトオオクサガエル *Leptopelis calcaratus*
クサガエル科の両生類。体長3.5～5.7cm。㊎アフリカ大陸中部
¶**カエル見**(p58/カ写)

カガリビオオトカゲ *Varanus obor*
オオトカゲ科の爬虫類。全長100～115cm。㊎インドネシア(モルッカ諸島のサナナ島)
¶**爬両1800**(p235/カ写)

カガワエーコク ⇒サヌキコーチンを見よ

カキイロツグミ *Turdus feae* 柿色鶫
ヒタキ科の鳥。全長22cm。㊎繁殖地は中国の北京市近郊, 河北省, 陝西省。越冬地はインド北東部, ミャンマー, タイ北西部
¶**鳥比**(p131/カ写)
日ア鳥(p503/カ写)

カーキー・キャンベル Khaki Cambell
アヒルの一品種。体重 オス2.2～2.5kg, メス2.0～2.2kg。イギリスの原産。
¶**日家**(p213/カ写)

カギハシオオハシモズ *Vanga curvirostris* 鉤嘴大嘴鵙
オオハシモズ科の鳥。全長25～29cm。㊎マダガスカル
¶**世鳥大**(p376/カ写)
世鳥卵(p170/カ写, カ図)

カギハシハチドリ *Glaucis dohrnii* 鉤嘴蜂鳥
ハチドリ科ユミハチドリ亜科の鳥。絶滅危惧IB類。全長12～13cm。㊎ブラジル南東部
¶**ハチドリ**(p352)

カグー *Rhynochetos jubatus*
カグー科の鳥。絶滅危惧IB類。体長55cm。㊎ニューカレドニア(固有)
¶**遺産世**(Aves No.20/カ写)
世色鳥(p165/カ写)
絶百3(p96/カ写)
世鳥大(p208/カ写)
世鳥卵(p89/カ写, カ図)
世鳥ネ(p114/カ写)
世美羽(p178/カ写, カ図)
地球(p439/カ写)
鳥絶(p149/カ図)

カクモンガエル *Lithobates palustris*
アカガエル科の両生類。全長6～7cm。
¶**地球**(p363/カ写)

カグヤコウモリ *Myotis frater* かぐや蝙蝠
ヒナコウモリ科の哺乳類。前腕長3.6～4.1cm。㊎トルキスタン～東シベリア, 南東中国。日本では本州の岐阜県～石川県以北, 北海道
¶**くら哺**(p46/カ写)
世文動(p64/カ写)
日哺改(p42/カ写)
日哺学フ(p111/カ写)

カグヤヒメガエル ⇒マレーキノウロガエルを見よ

カグラコウモリ *Hipposideros turpis* 神楽蝙蝠
カグラコウモリ科の哺乳類。絶滅危惧IB類(環境省レッドリスト)。前腕長6.5～7.1cm, 耳介2.8～3.4cm。㊎石垣島, 西表島, 与那国島
¶**くら哺**(p44/カ写)
絶事(p40/モ図)
世文動(p63/カ写)
日哺改(p34/カ写)
日哺学フ(p178/カ写)

カクレガメ *Elusor macrurus*
ヘビクビガメ科の爬虫類。甲長35～38cm。㊎オーストラリア西部
¶**世カメ**(p122/カ写)
爬両1800(p66/カ写)
爬両ビ(p49/カ写)

カクレシノビヘビ *Telescopus fallax*
ナミヘビ科の爬虫類。全長75～100cm。㊎バルカン半島～南西アジア
¶**世文動**(p294/カ写)

カケス *Garrulus glandarius* 橿鳥, 懸巣, 掛子, 鶍
カラス科の鳥。全長33～35cm。㊎ヨーロッパ, 北西アフリカ～中央アジア～東・東南アジア
¶**くら鳥**(p71/カ写)
原寸羽(p288/カ写)
里山鳥(p118/カ写)
四季鳥(p81/カ写)
巣と卵決(p204/カ写, カ図)
世鳥大(p391/カ写)
世鳥卵(p242/カ写, カ図)
世鳥ネ(p266/カ写)
世美羽(p93/カ写)

世文鳥 (p270/カ写)
地球 (p487/カ写)
鳥卵巣 (p359/カ写, カ図)
鳥比 (p88/カ写)
鳥650 (p490/カ写)
名鳥図 (p240/カ写)
日ア鳥 (p410/カ写)
日鳥識 (p226/カ写)
日鳥巣 (p300/カ写)
日鳥山新 (p150/カ写)
日鳥山増 (p339/カ写)
日野鳥新 (p455/カ写)
日野鳥増 (p621/カ写)
ぱっ鳥 (p253/カ写)
バード (p84/カ写)
羽根決 (p358/カ写, カ図)
ひと目鳥 (p227/カ写)
フ日野新 (p298/カ図)
フ日野増 (p298/カ図)
フ野鳥 (p282/カ図)
野鳥学フ (p124/カ写)
野鳥山フ (p61,368/カ図, カ写)
山溪名鳥 (p98/カ写)

カケス〔亜種〕 *Garrulus glandarius japonicus* 橿鳥, 懸巣, 掛子, 鵥
カラス科の鳥。
¶日鳥山新〔亜種カケス〕(p150/カ写)
日鳥山増〔亜種カケス〕(p339/カ写)
日野鳥新〔カケス*〕(p455/カ写)
日野鳥増〔カケス*〕(p621/カ写)

カゲネズミ ⇒スミスネズミを見よ

カコミスル *Bassariscus astutus*
アライグマ科の哺乳類。体長30～42cm。 ㊎北アメリカ
¶世文動 (p155/カ写)
世哺 (p243/カ写)
地球 (p573/カ写)

カササギ *Pica pica* 鵲
カラス科の鳥。全長46cm。 ㊎ヨーロッパ, 北西アフリカ, 中東の一部, 中央・東アジアの大半
¶くら鳥 (p71/カ写)
原寸羽 (p296/カ写)
里山鳥 (p159/カ写)
巣と卵決 (p210/カ写, カ図)
世鳥大 (p392/カ写)
世鳥卵 (p245/カ写, カ図)
世鳥ネ (p265/カ写)
世文鳥 (p272/カ写)
地球 (p486/カ写)
鳥卵巣 (p362/カ写, カ図)
鳥比 (p88/カ写)
鳥650 (p493/カ写)
名鳥図 (p241/カ写)
日ア鳥 (p413/カ写)
日鳥識 (p228/カ写)
日鳥巣 (p306/カ写)
日鳥山新 (p153/カ写)
日鳥山増 (p342/カ写)
日野鳥新 (p458/カ写)
日野鳥増 (p624/カ写)
ぱっ鳥 (p256/カ写)
バード (p22/カ写)
羽根決 (p360/カ写, カ図)
ひと目鳥 (p228/カ写)
フ日野新 (p298/カ図)
フ日野増 (p298/カ図)
フ野鳥 (p282/カ図)
野鳥学フ (p19/カ写)
野鳥山フ (p61,370/カ図, カ写)
山溪名鳥 (p99/カ写)

カササギガモ *Camptorhynchus labradorius* 鵲鴨
カモ科の鳥。絶滅種。頭胴長30～40cm。
¶絶百4 (p36/カ図)

カササギガン *Anseranas semipalmata* 鵲雁
カササギガン科の鳥。全長70～90cm。 ㊎オーストラリア北部, ニューギニア南部
¶世鳥大 (p122/カ写)
地球 (p413/カ写)

カササギサイチョウ *Anthracoceros coronatus* 鵲犀鳥
サイチョウ科の鳥。全長70cm。 ㊎インド
¶地球 (p476/カ写)

カササギフウキンチョウ *Cissopis leveriana* 鵲風琴鳥
フウキンチョウ科の鳥。全長25～29cm。 ㊎南アメリカの熱帯地域
¶世鳥大 (p481/カ写)

カササギフエガラス *Gymnorhina tibicen* 鵲笛鴉, 鵲笛烏
フエガラス科の鳥。全長34～44cm。 ㊎オーストラリア一帯
¶世鳥大 (p377/カ写)
世鳥卵 (p236/カ写, カ図)
世鳥ネ (p262/カ写)
地球 (p486/カ写)
鳥卵巣 (p349/カ写, カ図)

カササギムクドリ *Streptocitta albicollis* 鵲椋鳥
ムクドリ科の鳥。全長50cm。 ㊎インドネシアのスラウェシ島
¶地球 (p492/カ写)

カザノワシ *Ictinaetus malayensis*
タカ科の鳥。全長67～81cm。 ㊎インド, スリランカ, ミャンマー, マレーシア～南東のスラウェシ島,

モルッカ諸島
¶**世鳥大**（p201）

カザリオウチュウ *Dicrurus paradiseus* 飾烏秋
オウチュウ科の鳥。体長35cm。 ㊕インド, スリランカ, 中国南部, 東南アジア, カリマンタン島
¶**世美羽**（p109/カ写, カ図）

カザリオビトカゲ *Zonosaurus ornatus*
プレートトカゲ科の爬虫類。全長30cm前後。 ㊕マダガスカル東部
¶**爬両1800**（p223/カ写）

カザリキヌバネドリ *Pharomachrus mocinno* 飾絹羽鳥
キヌバネドリ科の鳥。別名ケツァール。全長35〜100cm。 ㊕中央アメリカ
¶**驚野動**（p81/カ写）
世色鳥（p91/カ写）
絶百4（p6/カ写）
世鳥大（p301/カ写）
世鳥卵（p138/カ写, カ図）
世鳥ネ（p221/カ写）
世美羽（p54/カ写, カ図）
地球（p472/カ写）
鳥卵巣（p242/カ写, カ図）

カザリジムグリガエル *Kaloula picta*
ヒメガエル科の両生類。別名フィリピンジムグリガエル。体長4〜5.5cm。 ㊕フィリピン
¶**カエル見**（p71/カ写）
爬両1800（p404/カ写）

カザリショウビン *Lacedo pulchella* 飾翡翠
カワセミ科の鳥。全長21cm。 ㊕ミャンマー, タイ, ボルネオ島, マレーシア
¶**世色鳥**〔カザリショウビン（メス）〕（p138/カ写）

カザリシンジュメキガエル *Nyctixalus margaritifer*
アオガエル科の両生類。体長3〜4cm。 ㊕インドネシア
¶**カエル見**（p48/カ写）
爬両1800（p389/カ写）
爬両ビ（p256/カ写）

カザリリュウキュウガモ *Dendrocygna eytoni* 飾琉球鴨
カモ科の鳥。全長39〜44cm。 ㊕オーストラリア北部・東部
¶**驚野動**（p323/カ写）
地球（p413/カ写）

カサントウ *Zaocys dhumnades*
ナミヘビ科ナミヘビ亜科の爬虫類。全長150〜200cm。 ㊕中国南部, 台湾
¶**世爬**（p197/カ写）
爬両1800（p300/カ写）
爬両ビ（p215/カ写）

カジカガエル *Buergeria buergeri* 河鹿蛙
アオガエル科の両生類。別名ニホンカジカガエル。日本固有種。体長4〜7cm。 ㊕本州, 四国, 九州
¶**かえる百**（p84/カ写）
カエル見〔ニホンカジカガエル〕（p51/カ写）
原爬両（No.156/カ写）
世文動（p335/カ写）
世両〔ニホンカジカガエル〕（p84/カ写）
日カサ（p156/カ写）
爬両観（p108/カ写）
爬両飼（p198/カ写）
爬両1800〔ニホンカジカガエル〕（p390/カ写）
爬両ビ〔ニホンカジカガエル〕（p257/カ写）
野日両（p44,95,189/カ写）

カージスマダライモリ *Triturus pygmaeus*
イモリ科の両生類。全長12〜13cm。 ㊕イベリア半島中部
¶**爬両1800**（p456/カ写）
爬両ビ（p315/カ写）

カシミア Cashmere
山羊の一品種。毛用品種。体高60〜70cm。チベット〜中央アジアの原産。
¶**世文動**（p233/カ写）
日家（p117/カ写）

カシラダカ *Emberiza rustica* 頭高
ホオジロ科の鳥。全長13〜15cm。 ㊕冬鳥（九州以北）, 旅鳥（九州以北）
¶**くら鳥**（p38,40/カ写）
原寸羽（p267/カ写）
里山鳥（p149/カ写）
四季鳥（p98/カ写）
世文鳥（p251/カ写）
鳥卵巣（p346/カ写, カ図）
鳥比（p194/カ写）
鳥650（p707/カ写）
名鳥図（p221/カ写）
日ア鳥（p602/カ写）
日鳥識（p298/カ写）
日鳥山新（p364/カ写）
日鳥山増（p282/カ写）
日野鳥新（p636/カ写）
日野鳥増（p572/カ写）
ぱっ鳥（p366/カ写）
バード（p33/カ写）
羽根決（p328/カ写, カ図）
ひと目鳥（p207/カ写）
フ日野新（p268/カ図）
フ日野増（p268/カ図）
フ野鳥（p398/カ図）
野鳥学フ（p40/カ写, カ図）
野鳥山フ（p57,342/カ図, カ写）
山溪名鳥（p100/カ写）

ガスコン・サントーンジョア ⇒ガスコン・サントンジョワを見よ

ガスコン・サントンジョワ Gascon Saintongeois
犬の一品種。別名ヴィルラード・ハウンド, グラン・ガスコン・サントンジョワ。大型ハウンド。体高 グラン：オス65～72cm, メス62～68cm プティ：オス56～62cm, メス54～59cm。フランスの原産。
¶**最犬大**〔ガスコン・サントーンジョア〕(p287/カ写)
新犬種〔グラン・ガスコン・サントンジョワ〕(p288/カ写)
ビ犬(p163/カ写)

カーステンオビトカゲ *Zonosaurus karsteni*
プレートトカゲ科の爬虫類。全長40cm前後。[分]マダガスカル南西部
¶**爬両1800**(p222/カ写)

カストロ・ラボレイロ・ドッグ Castro Laboreiro Dog
犬の一品種。別名カォ・デ・カストロ・ラボレイロ, ポーチュギース・キャトル・ドッグ。体高 オス58～64cm, メス55～61cm。ポルトガルの原産。
¶**最犬大**(p147/カ写)
新犬種〔カォ・デ・カストロ・ラボレイロ〕(p196/カ写)
ビ犬(p49/カ写)

カズハゴンドウ *Peponocephala electra* 数歯巨頭
マイルカ科の哺乳類。体長2.1～2.7m。[分]熱帯と亜熱帯の外洋
¶**クイ百**(p152/カ図)
くら哺(p95/カ写)
地球(p617/カ図)
日哺学フ(p230/カ写, カ図)

カスピアン Caspian
馬の一品種(ポニー)。体高100～120cm。カスピ海沿岸の原産。
¶**アルテ馬**(p258/カ写)

カスピイシガメ *Mauremys caspica*
アジアガメ科(イシガメ(バタグールガメ)科)の爬虫類。別名コーカサスイシガメ。甲長20～23cm。[分]カスピ海沿岸域, イラク, イラン, サウジアラビアなど
¶**世カメ**(p258/カ写)
爬両1800(p40/カ写)
爬両ビ〔コーカサスイシガメ〕(p36/カ写)

カスピカイアザラシ *Pusa caspica*
アザラシ科の哺乳類。体長1.5m。[分]カスピ海
¶**世文動**(p179)
地球(p571/カ写)

カスピミドリカナヘビ *Lacerta strigata*
カナヘビ科の爬虫類。全長19～22cm。[分]ロシア南部, ジョージア(グルジア), トルコ, トルクメニスタン南西部, イラン北部など
¶**爬両1800**(p183/カ写)
爬両ビ(p128/カ写)

カスピレーサー *Dolichophis caspius*
ナミヘビ科ナミヘビ亜科の爬虫類。全長100～120cm。[分]バルカン半島, 黒海周辺, トルコなど
¶**爬両1800**(p301/カ写)

カスミサンショウウオ *Hynobius nebulosus* 霞山椒魚
サンショウウオ科の両生類。絶滅危惧II類(環境省レッドリスト)。日本固有種。全長9～13cm。[分]愛知県・岐阜県以西
¶**遺産日**(両生類 No.3/カ写)
原爬両(No.173/カ写)
日カサ(p186/カ写)
爬両観(p125/カ写)
爬両飼(p215/カ写)
爬両1800(p435/カ写)
野日両(p21,56,116/カ写)

カスリカタトカゲ *Tracheloptychus madagascariensis*
プレートトカゲ科の爬虫類。全長18～25cm。[分]マダガスカル南西部
¶**爬両1800**(p224/カ写)
爬両ビ(p157/カ写)

カセイアマガエル *Hyla annectans*
アマガエル科の両生類。体長2.5～3.5cm。[分]中国南部
¶**カエル見**(p31/カ写)
爬両1800(p371/カ写)

ガゼル・ハウンド ⇒サルーキを見よ

カタアカノスリ *Buteo lineatus* 肩赤鵟
タカ科の鳥。全長43～61cm。[分]北アメリカ。南はメキシコ中部まで
¶**世鳥大**(p199/カ写)
地球(p436/カ写)

カタガケイロワケヤモリ *Gonatodes fumeralis*
ヤモリ科チビヤモリ亜科の爬虫類。全長6～7.5cm。[分]南米大陸中部以北, トリニダード
¶**ゲッコー**(p108/カ写)

カタカケフウチョウ *Lophorina superba* 肩掛風鳥
フウチョウ科の鳥。全長26cm。[分]ニューギニアの山地(標高1200～2300m)
¶**世鳥大**(p396)
世鳥卵(p240/カ写, カ図)
世美羽(p116/カ写, カ図)

カタグロトビ *Elanus caeruleus* 肩黒鳶
タカ科の鳥。全長31～33cm。[分]ヨーロッパ南部, アフリカ～東南アジア, 中国南部
¶**四季鳥**(p100/カ写)
世鳥卵(p58/カ写, カ図)

世鳥ネ（p99/カ写）
鳥比（p28/カ写）
鳥650（p380/カ写）
日ア鳥（p323/カ写）
日鳥山新（p53/カ写）
日鳥山増（p20/カ写）
フ野鳥（p210/カ図）
ワシ（p24/カ写）

カタジロオナガモズ *Lanius collaris* 肩白尾長鵙
モズ科の鳥。全長21～23cm。㋰サハラ以南アフリカ
¶世鳥大（p382/カ写）
鳥卵巣（p280/カ写, カ図）

カタジロクロシトド *Calamospiza melanocorys* 肩白黒鵐
ホオジロ科の鳥。全長14～18cm。㋰カナダ, アメリカ, メキシコ
¶世鳥大（p475/カ写）
地球（p498/カ写）

カタジロトキ *Pseudibis davisoni* 肩白朱鷺
トキ科の鳥。絶滅危惧IA類。㋰ベトナム, ラオス南極部, カリマンタン（インドネシア）, カンボジア北部
¶レ生（p81/カ写）

カタシロワシ *Aquila heliaca* 肩白鷲
タカ科の鳥。別名カタジロワシ。全長70～83cm。㋰ヨーロッパ, アジア
¶世鳥大〔カタジロワシ〕（p201/カ写）
世鳥ネ（p104/カ写）
世文鳥〔カタジロワシ〕（p90/カ写）
地球〔カタジロワシ〕（p432/カ写）
鳥卵巣（p112/カ写, カ図）
鳥比（p36/カ写）
鳥650（p415/カ写）
日ア鳥（p347/カ写）
日鳥山新（p88/カ写）
日鳥山増（p44/カ写）
日野鳥新（p388/カ写）
日野鳥増〔カタジロワシ〕（p354/カ写）
フ日野新（p168/カ図）
フ日野増（p168/カ図）
フ野鳥（p226/カ図）
ワシ（p118/カ写）

カータートゲオヤモリ *Pristurus carteri*
ヤモリ科チビヤモリ亜科の爬虫類。全長6～8cm。㋰アラビア半島南部
¶ゲッコー（p106/カ写）
世爬（p106/カ写）
爬両1800（p152/カ写）
爬両ビ（p107/カ写）

カタフーラ・レオパード・ドッグ Catahoula Leopard Dog
犬の一品種。別名ルイジアナ・カタフーラ・レオパード・ドッグ。体高 オス61cm, メス56cm。アメリカ合衆国の原産。
¶最犬大（p53/カ写）
新犬種〔ルイジアナ・カタフーラ・レパード・ドッグ〕（p245/カ写）
ビ犬（p157/カ写）

カタボシイロワケヤモリ *Gonatodes ocellatus*
ヤモリ科チビヤモリ亜科の爬虫類。別名クジャクイロワケヤモリ。全長5～8cm前後。㋰トバゴ
¶ゲッコー（p107/カ写）
爬両1800（p180/カ写）
爬両ビ（p127/カ写）

カタラン・シープドッグ ⇒カタロニアン・シープドッグを見よ

カタリナガラガラヘビ *Crotalus catalinensis*
クサリヘビ科の爬虫類。絶滅危惧IA類。㋰カリフォルニア湾に位置するサンタカタリナ島
¶レ生（p82/カ写）

カタロニアン・シープドッグ Catalonian Sheepdog
犬の一品種。別名カタラン・シープドッグ, ゴス・ダトゥラ・カタラ, ゴス・デ・パストル・カタラン, ゴダチューラ・カターラ, ペロ・デ・パストール・カタラン。体高 オス47～55cm, メス45～53cm。スペインの原産。
¶最犬大（p82/カ写）
新犬種（p166/カ写）
図世犬（p63/カ写）
ビ犬（p50/カ写）

カチアワリ Kathiawari
馬の一品種。軽量馬。体高142～150cm。インド（カチアワル半島）の原産。
¶アルテ馬（p140/カ写）

ガチョウ *Anser anser* var.*domesticus* 鵝鳥, 鵞鳥
カモ科の家禽。
¶巣と卵決（p39/カ写）
日鳥識（p68/カ写）
日鳥水増〔ガチョウ（ツールーズ）〕（p343/カ写）
フ日野新（p306/カ図）
フ日野増（p306/カ図）

カツオクジラ *Balaenoptera edeni* 鰹鯨
ナガスクジラ科の哺乳類。ニタリクジラの東シナ海の個体群が分離され付けられた和名。㋰高知県の沿岸など
¶日哺学フ（p207）

カツオドリ *Sula leucogaster* 鰹鳥
カツオドリ科の鳥。全長64～75cm。㋰全熱帯海域。日本では伊豆諸島南部, 小笠原諸島, 硫黄列島, 琉球諸島南部

カ

¶里山鳥(p202/カ写)
四季鳥(p121/カ写)
世鳥ネ(p86/カ写)
世文鳥(p42/カ写)
地球(p428/カ写)
鳥卵巣(p62/カ写, カ図)
鳥比(p253/カ写)
鳥650(p147/カ写)
名鳥図(p23/カ写)
日ア鳥(p127/カ写)
日鳥識(p108/カ写)
日鳥水増(p62/カ写)
日野鳥新(p132/カ写)
日野鳥増(p124/カ写)
ぱっ鳥(p83/カ写)
バード(p148/カ写)
羽根決(p25/カ写, カ図)
ひと目鳥(p23/カ写)
フ日野新(p82/カ図)
フ日野増(p82/カ図)
フ野鳥(p90/カ図)
野鳥学フ(p236/カ写)
野鳥山フ(p11,72/カ図, カ写)
山溪名鳥(p101/カ写)

カッコウ *Cuculus canorus* 郭公, 閑古鳥, 霍公鳥
カッコウ科の鳥。全長32～34cm。㊕西ヨーロッパ～東・北アジア
¶くら鳥(p69/カ写)
原寸羽(p172/カ写)
里山鳥(p56/カ写)
四季鳥(p51/カ写)
巣と卵決(p83/カ写, カ図)
世鳥大(p274/カ写)
世鳥卵(p129/カ写, カ図)
世鳥ネ(p185/カ写)
世文鳥(p173/カ写)
地球(p461/カ写)
鳥比(p22/カ写)
鳥650(p213/カ写)
名鳥図(p148/カ写)
日ア鳥(p181/カ写)
日色鳥(p202/カ写)
日鳥識(p130/カ写)
日鳥山新(p42/カ写)
日鳥山増(p82/カ写)
日野鳥新(p200/カ写)
日野鳥増(p406/カ写)
ぱっ鳥(p121/カ写)
バード(p30/カ写)
羽根決(p204/カ写, カ図)
ひと目鳥(p141/カ写)
フ日野新(p202/カ図)
フ日野増(p202/カ図)
フ野鳥(p124/カ図)
野鳥学フ(p119/カ写)
野鳥山フ(p41,238/カ図, カ写)
山溪名鳥(p102/カ写)

カッショクコクジャク *Polyplectron germaini* 褐色小孔雀
キジ科の鳥。全長 オス56cm, メス48cm。㊕ベトナム
¶世美羽(p24/カ写, カ図)

カッショクハイエナ *Hyaena brunnea*
ハイエナ科の哺乳類。準絶滅危惧。体長1.1～1.4m。㊕アフリカ南部の乾燥地帯
¶絶百8(p40/カ写)
世文動(p164/カ写)
世哺(p273/カ写)
地球(p582/カ写)
レ生(p83/カ写)

カッショクペリカン *Pelecanus occidentalis* 褐色ペリカン
ペリカン科の鳥。全長1～1.4m。㊕北・南アメリカ大陸の太平洋・大西洋およびカリブ海沿岸
¶世鳥大(p173/カ写)
世鳥ネ(p84/カ写)
地球(p429/カ写)
鳥卵巣(p60/カ写, カ図)

カッショクホエザル *Alouatta guariba* 褐色吠猿
クモザル科の哺乳類。㊕ブラジル大西洋沿岸部, アルゼンチン北東部
¶美サル(p52/カ写)

カッパヘビ *Pseudoeryx plicatilis*
ナミヘビ科ヒラタヘビ亜科の爬虫類。全長80～120cm。㊕南米大陸中部以北
¶世爬(p188/カ写)
爬両1800(p278/カ写)
爬両ビ(p197/カ写)

カツモウワシ ⇒アカゲワシを見よ

カーディガン・ウェルシュ・コルギー ⇒ウェルシュ・コーギー・カーディガンを見よ

ガーディナーセーシェルガエル *Sooglossus gardineri*
セーシェルガエル科の両生類。体長11～40mm。㊕セーシェルのマヘ島・シルエット島
¶世カエ(p510/カ図)

カーティンガツノガエル *Ceratophrys joazeirensis*
ユビナガガエル科の両生類。別名ジョアゼイロツノガエル。体長7～10cm。㊕ブラジル北東部
¶カエル見(p110/カ写)
世両〔ジョアゼイロツノガエル〕(p177/カ写)
爬両1800(p429/カ写)

カ・デ・ブー ⇒マヨルカ・マスティフを見よ

カ・デ・ベスチャ　⇒マヨルカ・シェパード・ドッグを見よ

カ・デ・ベスティアール　⇒マヨルカ・シェパード・ドッグを見よ

ガーデンツリーボア　*Corallus hortulanus*
ボア科ボア亜科の爬虫類。全長150〜190cm。[分]南米大陸北部，コスタリカ，パナマなど
¶**世爬**（p170/カ写）
世文動（p285/カ写）
世ヘビ（p14/カ写）
爬両1800（p259/カ写）
爬両ビ（p179/カ写）

カトバトカゲモドキ　*Goniurosaurus catbaensis*
ヤモリ科トカゲモドキ亜科の爬虫類。全長15〜18cm。[分]ベトナム
¶**ゲッコー**（p94/カ写）

カドバリカブトアマガエル　⇒ミナミヘラクチガエルを見よ

カートランドアメリカムシクイ　*Dendroica kirtlandii*　カートランド亜米利加虫食，カートランド亜米利加虫喰
アメリカムシクイ科の鳥。絶滅危惧II類。体長15cm。[分]ミシガン州中央部の小区域で繁殖。バハマ諸島で越冬
¶**絶百4**（p8/カ写）

ガーナオオクサガエル　*Leptopelis occidentalis*
クサガエル科の両生類。体長3.8〜7cm。[分]コートジボワール，ガーナ，リベリア
¶**カエル見**（p58/カ写）
爬両1800（p396/カ写）

ガーナサエズリガエル　*Arthroleptis poecilonotus*
サエズリガエル科の両生類。全長2〜3cm。
¶**地球**（p352/カ写）

カナヅチカラカネトカゲ　*Chalcides mionecton*
スキンク科の爬虫類。全長15cm。[分]モロッコ
¶**爬両1800**（p206/カ写）
爬両ビ（p145/カ写）

カナダオオヤマネコ　*Lynx canadensis*　加奈陀大山猫
ネコ科の哺乳類。別名カナダリンクス。頭胴長67〜110cm。[分]北アメリカの北部針葉樹林帯
¶**地球**（p577/カ写）
野生ネコ（p111/カ写，カ図）

カナダカモメ　*Larus thayeri*　加奈陀鷗
カモメ科の鳥。全長58cm。[分]カナダ北部で繁殖。主に北アメリカ北西部の太平洋岸で越冬
¶**四季鳥**（p101/カ写）
鳥比（p342/カ写）
鳥650（p331/カ写）
日ア鳥（p279/カ写）
日鳥識（p170/カ写）
日鳥水増（p291/カ写）
日野鳥新（p324/カ写）
日野鳥増（p146/カ写）
フ日野新（p318/カ図）
フ日野増（p318/カ図）
フ野鳥（p188/カ図）

カナダカワウソ　*Lontra canadensis*　加奈陀獺，加奈陀川獺
イタチ科の哺乳類。体長58〜73cm。[分]北アメリカ
¶**世哺**（p264/カ写）
地球（p575/カ写）

カナダガン　*Branta canadensis*　加奈陀雁
カモ科の鳥。全長50〜110cm。[分]北アメリカ大陸全域，シベリア東部
¶**里山鳥**（p238/カ写）
世鳥ネ（p39/カ写）
地球（p412/カ写）
鳥卵巣（p87/カ写，カ図）
日野鳥新（p36/カ写）
日野鳥増（p48/カ写）
バード（p24/カ写）
山溪名鳥〔カナダガン（シジュウカラガン）〕（p104/カ写）

カナダガン〔亜種〕　*Branta canadensis canadensis*　加奈陀雁
カモ科の鳥。
¶**日鳥水増**〔カナダガンの1亜種〕（p102/カ写）

カナダヅル　*Grus canadensis*　加奈陀鶴
ツル科の鳥。全長89〜95cm。[分]北東シベリア，北アメリカ大陸
¶**くら鳥**（p103/カ写）
四季鳥（p81/カ写）
世鳥大（p215/カ写）
世鳥ネ（p121/カ写）
世文鳥（p104/カ写）
地球（p441/カ写）
鳥卵巣（p152/カ写，カ図）
鳥比（p269/カ写）
鳥650（p183/カ写）
名鳥図（p65/カ写）
日ア鳥（p163/カ写）
日鳥識（p122/カ写）
日鳥水増（p166/カ写）
日野鳥新（p182/カ写）
日野鳥増（p207/カ写）
ぱっ鳥（p107/カ写）
フ日野新（p118/カ図）
フ日野増（p118/カ図）
フ野鳥（p110/カ図）
野鳥山フ（p26,154/カ図，カ写）
山溪名鳥（p105/カ写）

カナダヤマアラシ *Erethizon dorsatum* 加奈陀山嵐
アメリカヤマアラシ科の哺乳類。体長65～80cm。㊀北アメリカ
¶世文動 (p118/カ写)
世哺 (p175/カ写)
地球 (p528/カ写)

カナダリンクス ⇒カナダオオヤマネコを見よ

カナディアン・イヌイット・ドッグ ⇒カナディアン・エスキモー・ドッグを見よ

カナディアン・エスキモー・ドッグ Canadian Eskimo Dog
犬の一品種。別名カナディアン・イヌイット・ドッグ。体高 オス58～70cm, メス50～60cm。カナダの原産。
¶最犬大 (p224/カ写)
ビ犬 (p105/カ写)

カナーニ Kanaani
猫の一品種。体重5～9kg。イスラエルの原産。
¶ビ猫 (p145/カ写)

カナリア *Serinus canaria* 金糸雀
アトリ科の鳥。体長12.5cm。㊀アゾレス諸島, マデイラ諸島, カナリア諸島
¶鳥飼 (p102/カ写)
鳥卵巣 (p335/カ写, カ図)

カナリーアオアトリ *Fringilla teydea* カナリー青花鶏
アトリ科の鳥。体長16.5cm。㊀カナリア諸島
¶世鳥卵 (p221/カ写, カ図)

カナリアン・ウォーレン・ハウンド ⇒ポデンコ・カナリオを見よ

カナリアン・ポデンコ ⇒ポデンコ・カナリオを見よ

カナリー・ドッグ ⇒ドゴ・カナリオを見よ

カナンスジオ *Elaphe taeniura mocquardi*
ナミヘビ科の爬虫類。スジオナメラの亜種。㊀中国南東部(福建省, 広東省, 広西省, 海南島), ベトナム北部
¶世ヘビ (p89/カ写)

カナーン・ドッグ Canaan Dog
犬の一品種。別名カナーン・ハウンド, ケレブ・カナーニ。体高50～60cm。イスラエルの原産。
¶最犬大 (p242/カ写)
新犬種 (p190/カ写)
新世犬 (p311/カ写)
図世犬 (p185/カ写)
ビ犬 (p32/カ写)

カナーン・ハウンド ⇒カナーン・ドッグを見よ

カニクイアザラシ *Lobodon carcinophaga* 蟹喰海豹
アザラシ科の哺乳類。体長2～2.4m。㊀南極, 亜南極
¶世文動 (p181/カ写)
世哺 (p300/カ写)
地球 (p571/カ写)

カニクイアライグマ *Procyon cancrivorus*
アライグマ科の哺乳類。体長45～90cm。㊀中央アメリカ, 南アメリカ
¶世文動 (p154/カ写)
世哺 (p244/カ写)

カニクイイヌ *Cerdocyon thous* 蟹食犬
イヌ科の哺乳類。体長57～77cm。㊀南はアルゼンチン北部, ウルグアイまでの南アメリカ
¶世哺 (p224/カ写)
地球 (p563/カ写)
野生イヌ (p126/カ写, カ図)

カニクイザル *Macaca fascicularis* 蟹食猿
オナガザル科の哺乳類。体高37～63cm。㊀アジア
¶世文動 (p89/カ写)
世哺 (p119/カ写)
地球 (p542/カ写)
美サル (p100/カ写)

カニクイミズヘビ *Fordonia leucobalia*
ナミヘビ科ミズヘビ亜科の爬虫類。全長60～80cm。㊀インド～東南アジア, ニューギニア, オーストラリア北部などの沿岸域
¶爬両1800 (p267/カ写)
爬両ビ (p196/カ写)

カニシェ ⇒プードルを見よ

カニシュ ⇒プードルを見よ

ガニソンキジオライチョウ *Centrocercus minimus* ガニソン雉尾雷鳥
キジ科の鳥。絶滅危惧IB類。㊀アメリカ合衆国のコロラド州・ユタ州
¶レ生 (p85/カ写)

カニチドリ *Dromas ardeola* 蟹千鳥
チドリ科(カニチドリ科)の鳥。全長33～40cm。㊀インド洋沿岸。繁殖期はオマーン湾, アデン湾, 紅海
¶世鳥大 (p221/カ写)
世鳥卵 (p103/カ写, カ図)
地球 (p444/カ写)

カニンガムイワトカゲ *Egernia cunninghami*
スキンク科の爬虫類。全長30～50cm。㊀オーストラリア東南部
¶世爬 (p143/カ写)
世文動 (p275/カ写)
爬両1800 (p214/カ写)
爬両ビ (p150/カ写)

カネ・コルソ・イタリアーノ ⇒イタリアン・コルソ・ドッグを見よ

カネ・ダ・パストーレ・ベルガマスコ ⇒ベルガマスコを見よ

カネ・ダ・パストーレ・マレンマーノ・アヴレツエーゼ ⇒マレンマ・シープドッグを見よ

ガーネットハチドリ *Lamprolaima rhami* ガーネット蜂鳥
ハチドリ科ハチドリ亜科の鳥。全長12〜12.4cm。[分]メキシコ〜ホンジュラス
¶ハチドリ (p311/カ写)

カノコスズメ *Poephila bichenovii* 鹿子雀
カエデチョウ科の鳥。体長10cm。[分]オーストラリア北部・東部
¶鳥飼 (p76/カ写)

カノコバト *Streptopelia chinensis* 鹿子鳩
ハト科の鳥。全長30cm。[分]インド・スリランカ〜中国南東部, スラウェシ島
¶鳥比 (p17/カ写)
鳥650 (p99/カ写)
日ア鳥 (p89/カ写)
日鳥山新 (p382/カ写)

カバ *Hippopotamus amphibius* 河馬
カバ科の哺乳類。絶滅危惧II類。体高1.3〜1.7m。[分]アフリカ
¶驚野動 (p187/カ写)
世文動 (p198/カ写)
世哺 (p329/カ写)
地球 (p609/カ写)

カバイロハッカ ⇒インドハッカを見よ

カパーヘッド *Agkistrodon contortrix*
クサリヘビ科マムシ亜科の爬虫類。別名カパーヘッドマムシ。全長1.3m。[分]アメリカ合衆国の東部・中部・南部(フロリダ半島を除く)〜メキシコの北端
¶世文動〔カパーヘッドマムシ〕(p303/カ写)
世ヘビ (p111/カ写)
地球 (p399/カ写)

カパーヘッドマムシ ⇒カパーヘッドを見よ

カバリア・キング・チャールズ・スパニエル ⇒キャバリア・キング・チャールズ・スパニエルを見よ

カバルディン Kabardin
馬の一品種。軽量馬。体高 オス152cm, メス150cm。北コーカサスの原産。
¶アルテ馬 (p132/カ写)

ガビチョウ *Garrulax canorus* 画眉鳥
チメドリ科の鳥。全長25cm。[分]インド, 東南アジア, 中国
¶里山鳥 (p239/カ写)
絶鳥事 (p16,224/カ写, モ図)
鳥比 (p76/カ写)
鳥650 (p739/カ写)
名鳥図 (p246/カ写)
日ア鳥 (p621/カ写)
日鳥識 (p306/カ写)
日鳥山新 (p384/カ写)
日鳥山増 (p352/カ写)
ぱっ鳥 (p375/カ写)
バード (p25/カ写)
ひと目鳥 (p224/カ写)
フ日野新 (p306/カ図)
フ日野増 (p306/カ図)
フ野鳥 (p318/カ図)

カピバラ *Hydrochoerus hydrochaeris*
テンジクネズミ科(カピバラ科)の哺乳類。体長1〜1.3m。[分]南アメリカ北部・東部
¶驚野動 (p101/カ写)
世文動 (p120/カ写)
世哺 (p177/カ写)
地球 (p532/カ写)

カフカスカヤ・オフチャルカ ⇒コーカシアン・シェパード・ドッグを見よ

カブトシロアゴガエル *Polypedates otilophus*
アオガエル科の両生類。体長6.4〜9.7cm。[分]インドネシア, マレーシア
¶世カエ (p416/カ写)
世両 (p80/カ写)
爬両1800 (p388/カ写)
爬両ビ (p256/カ写)

カブトニオイガメ *Sternotherus carinatus*
ドロガメ科ドロガメ亜科の爬虫類。甲長10〜15cm。[分]アメリカ合衆国南部
¶世カメ (p145/カ写)
世爬 (p49/カ写)
世文動 (p242/カ写)
爬両1800 (p56/カ写)
爬両ビ (p56/カ写)

カブトホウカンチョウ *Pauxi pauxi* 兜鳳冠鳥
ホウカンチョウ科の鳥。全長90cm。[分]ベネズエラ北部, コロンビア北東部
¶鳥卵巣 (p125/カ写, カ図)

カープホエヤモリ *Ptenopus carpi*
ヤモリ科ヤモリ亜科の爬虫類。別名オビホエヤモリ。全長8.5〜10cm。[分]ナミビア北西部沿岸域
¶ゲッコー (p60/カ写)
爬両1800 (p153/カ写)

カブラオヤモリ ⇒キタカブラオヤモリを見よ

カーペットカメレオン *Furcifer lateralis*
カメレオン科の爬虫類。全長20〜28cm。[分]北部を

除くマダガスカル広域
¶世爬(p96/カ写)
爬両1800(p123/カ写)
爬両ビ(p95/カ写)

カーペットニシキヘビ *Morelia spilota*
ニシキヘビ科(ボア科)の爬虫類。別名カーペットパイソン。全長120～250cm。㊀ニューギニア島南部, オーストラリア
¶世爬(p179/カ写)
世文動(p283/カ写)
世ヘビ〔カーペットパイソン〕(p67/カ写)
爬両1800(p256～257/カ写)
爬両ビ(p190/カ写)

カーペットノコギリ *Echis carinatus*
クサリヘビ科の爬虫類。全長35～80cm。㊀西アフリカ～北東アフリカ, 南西アジア, インドなど
¶世文動(p301/カ写)

カーペットパイソン ⇒カーペットニシキヘビを見よ

カベバシリ *Tichodroma muraria* 壁走
ゴジュウカラ科(カベバシリ科)の鳥。全長16～17cm。㊀ヨーロッパ～東アジア
¶世鳥大(p427/カ写)
世鳥卵(p206/カ写, カ図)
世鳥ネ(p291/カ写)
地球(p491/カ写)
鳥650(p751/カ写)

カーボベルデナキヤモリ *Hemidactylus bouvieri*
ヤモリ科ヤモリ亜科の爬虫類。全長8cm前後。㊀カーボベルデ諸島
¶ゲッコー(p21/カ写)
爬両1800(p132/カ写)

ガボンアダー *Bitis gabonica*
クサリヘビ科クサリヘビ亜科の爬虫類。別名ガボンバイパー。全長2m。㊀アフリカ大陸中部～南部
¶世文動(p301/カ写)
世ヘビ(p109/カ写)
地球〔ガボンバイパー〕(p399/カ写)
爬両1800(p343/カ写)

ガボンバイパー ⇒ガボンアダーを見よ

カマイルカ *Lagenorhynchus obliquidens* 鎌海豚
マイルカ科の哺乳類。体長2.1～2.5m。㊀カリフォルニア～ベーリング海～台湾北方の沖合
¶クイ百(p138/カ図)
くら哺(p98/カ写)
世文動(p126/カ写)
世哺(p186/カ図)
日哺学フ(p237/カ写, カ図)

カマグウェイチビヤモリ *Sphaerodactylus scaber*
ヤモリ科チビヤモリ亜科の爬虫類。全長4～6cm。㊀キューバ, ドミニカ共和国
¶ゲッコー(p104/カ写)

カマドムシクイ *Seiurus aurocapilla* 竈虫食, 竈虫喰
アメリカムシクイ科の鳥。全長14cm。㊀南カナダ, アメリカ東部
¶世鳥大(p470/カ写)
世鳥ネ(p331/カ写)

カマハシハチドリ *Eutoxeres aquila* 鎌嘴蜂鳥
アマツバメ科(ハチドリ科)の鳥。全長12～14cm。㊀中央・南アメリカ北西部の森林帯
¶世鳥大(p294)
世鳥ネ(p212/カ写)
地球(p469/カ写)
ハチドリ(p37/カ写)

カーマハーテビースト *Alcelaphus caama*
ウシ科の哺乳類。体高1.1～1.5m。
¶地球(p603/カ写)

カマバネキヌバト *Drepanoptila holosericea* 鎌羽絹鳩
ハト科の鳥。全長30cm。㊀ニューカレドニア, パイン島
¶世色鳥(p88/カ写)

カマバネライチョウ *Falcipennis falcipennis* 鎌羽雷鳥
キジ科の鳥。全長37cm。㊀旧ソ連東部・サハリン
¶日ア鳥(p13/カ写)

ガマヒロハシ *Corydon sumatranus*
ヒロハシ科の鳥。全長28cm。㊀インドシナ, スマトラ島, ボルネオ島
¶世鳥卵(p144/カ写, カ図)

カマルグ Camargue
馬の一品種。別名カマルグウマ。絶滅危惧IB類。現在のカマルグウマは人間に保護されている半野生。体高131～141cm。㊀ヨーロッパ南部(カマルグ)
¶アルテ馬(p120/カ写)
驚野動〔カマルグウマ〕(p147/カ写)

カマルグウマ ⇒カマルグを見よ

ガーマンヒキガエル *Bufo garmani*
ヒキガエル科の両生類。体長6～10cm。㊀アフリカ大陸東部～南部
¶爬両1800(p364/カ写)

カミカザリバト *Lopholaimus antarcticus* 髪飾鳩
ハト科の鳥。全長40～46cm。㊀オーストラリア東海岸
¶世鳥大(p251/カ写)
地球(p454/カ写)

カミツキガメ *Chelydra serpentina* 噛付亀
カミツキガメ科の爬虫類。甲長35〜45cm。㊀アメリカ大陸(カナダ南部〜アメリカ合衆国・メキシコを経てコロンビア・エクアドルまで)
¶驚野動(p72/カ写)
世カメ(p152/カ写)
世文動(p245/カ写)
地球(p373/カ写)
日カメ(p46/カ写)
爬両1800(p49/カ写)
爬両ビ(p37/カ写)
野日爬(p16,48,82/カ写)

カムロオビトカゲ ⇒マダガスカルオビトカゲを見よ

カメガエル *Myobatrachus gouldii*
カメガエル科の両生類。体長60mm。㊀西オーストラリアの最南西部
¶世カエ(p80/カ写)

カメガシラウミヘビ *Emydocephalus annulatus*
コブラ科の爬虫類。㊀フィリピン, ティモール海, コーラル海
¶驚野動(p347/カ写)

カ・メ・マヨルキー Ca Mè Mallorquí
犬の一品種。ポインター種。スペインの原産。
¶最犬大(p334)

カメルーンオオクサガエル *Leptopelis modestus*
サエズリガエル科の両生類。全長2.5〜4cm。
¶地球(p352/カ写)

カメルーンカレハカメレオン *Rhampholeon spectrum*
カメレオン科の爬虫類。全長7〜9cm。㊀カメルーン, ガボン, コンゴ, 赤道ギニア(ビオコ島)
¶世爬(p100/カ写)
爬両1800(p125/カ写)
爬両ビ(p98/カ写)

カメレオンモリドラゴン *Gonocephalus chamaeleontinus*
アガマ科の爬虫類。全長30〜40cm。㊀インドネシア, マレーシア西部
¶世爬(p75/カ写)
爬両1800(p94/カ写)
爬両ビ(p79/カ写)

カメンササクレヤモリ *Paroedura lohatsara*
ヤモリ科ヤモリ亜科の爬虫類。全長14〜16cm。㊀マダガスカル北部
¶ゲッコー(p51/カ写)
爬両1800(p147/カ写)
爬両ビ(p116/カ写)

カモシカ ⇒ニホンカモシカを見よ

カモノハシ *Ornithorhynchus anatinus* 鴨嘴
カモノハシ科の哺乳類。絶滅危惧II類。体長40〜60cm。㊀オーストラリア東部, タスマニア
¶遺産世(Mammalia No.1/カ写)
驚野動(p336/カ写)
絶百4(p40/カ写)
世文動(p34/カ写)
世哺(p55/カ写)
地球(p502/カ写)

カモノハシガエル *Rheobatrachus silus*
カメガエル科の両生類。絶滅危惧IA類。体長3.5〜5.5cm。㊀オーストラリア(クイーンズランド南東部)
¶絶百3(p78/カ写)

カモハクチョウ *Coscoroba coscoroba* 鴨白鳥, 鴨鵠
カモ科の鳥。全長0.9〜1.2m。
¶地球(p413/カ写)

カモメ *Larus canus* 鴎
カモメ科の鳥。体長40〜46cm。㊀ユーラシア大陸の温帯地域および北部, 北アメリカ北西部
¶くら鳥(p121/カ写)
原寸羽(p132/カ写)
里山鳥(p218/カ写)
四季鳥(p101/カ写)
世鳥大(p234/カ写)
世文鳥(p148/カ写)
地球(p449/カ写)
鳥比(p335/カ写)
鳥650(p324/カ写)
名鳥図(p107/カ写)
日ア鳥(p276/カ写)
日鳥識(p166/カ写)
日鳥水増(p294/カ写)
日野鳥新(p314/カ写)
日野鳥増(p134/カ写)
ぱっ鳥(p179/カ写)
バード(p155/カ写)
羽根決(p383/カ写, カ図)
ひと目鳥(p33/カ写)
フ日野新(p88/カ図)
フ日野増(p88/カ図)
フ野鳥(p186/カ図)
野鳥学フ(p223/カ写)
野鳥山フ(p37,218/カ図, カ写)
山溪名鳥(p106/カ写)

カヤクグリ *Prunella rubida* 茅潜, 萱潜
イワヒバリ科の鳥。全長15cm。㊀四国, 本州, 北海道, 千島列島の南千島
¶くら鳥(p63/カ写)
里山鳥(p79/カ写)
四季鳥(p51/カ写)
巣と卵決(p128/カ写, カ図)

世鳥大 (p464/カ写)
世文鳥 (p213/カ写)
鳥卵巣 (p280/カ写, カ図)
鳥比 (p99/カ写)
鳥650 (p652/カ写)
名鳥図 (p187/カ写)
日ア鳥 (p555/カ写)
日色鳥 (p185/カ写)
日鳥識 (p276/カ写)
日鳥巣 (p184/カ写)
日鳥山新 (p304/カ写)
日鳥山増 (p174/カ写)
日野鳥新 (p577/カ写)
日野鳥増 (p487/カ写)
ぱっ鳥 (p337/カ写)
バード (p88/カ写)
羽根決 (p390/カ写, カ図)
ひと目鳥 (p176/カ写)
フ日野新 (p234/カ図)
フ日野増 (p234/カ図)
フ野鳥 (p366/カ図)
野鳥学フ (p96/カ写)
野鳥山フ (p49,293/カ図, カ写)
山溪名鳥 (p107/カ写)

カヤネズミ *Micromys minutus* 茅鼠, 萱鼠
ネズミ科の哺乳類。体長5～8cm。 ㊕ユーラシア
¶くら哺 (p18/カ写)
世文動 (p117/カ写)
世哺 (p168/カ写)
地球 (p527/カ写)
日哺改 (p134/カ写)
日哺学フ (p90/カ写)

カヤノボリ *Spizixos semitorques* 萱昇
ヒヨドリ科の鳥。全長18cm。 ㊕中国南部・台湾
¶鳥飼 (p110/カ写)

ガヤール Gayal
牛の一品種。別名ガヤル, ミタン。野生牛ガウルを家畜化したものとされる。体長270～280cm, 体高140～160cm。 ㊕インド, ミャンマーの山岳地帯
¶世文動〔ガヤル〕(p209/カ写)
日家 (p92/カ写)

カユエイチビヤモリ *Sphaerodactylus macrolepis spanius*
ヤモリ科チビヤモリ亜科の爬虫類。ワタクリチビヤモリの亜種。全長4～6cm。 ㊕プエルトリコ
¶ゲッコー〔ワタクリチビヤモリ (亜種カユエイチビヤモリ)〕(p105/カ写)

カラアカハラ *Turdus hortulorum* 唐赤腹
ヒタキ科の鳥。全長23cm。 ㊕インド北東部～中国南西部・インドシナ北部
¶原寸羽 (p296/カ写)
四季鳥 (p123/カ写)
世文鳥 (p223/カ図)
鳥卵巣 (p288/カ写, カ図)
鳥比 (p135/カ写)
鳥650 (p593/カ写)
名鳥図 (p198/カ写)
日ア鳥 (p512/カ写)
日色鳥 (p71/カ写)
日鳥識 (p258/カ写)
日鳥山新 (p246/カ写)
日鳥山増 (p200/カ写)
日野鳥新 (p537/カ写)
日野鳥増 (p505/カ写)
フ日野新 (p246/カ図)
フ日野増 (p246/カ図)
フ野鳥 (p338/カ図)

カラアカモズ *Lanius cristatus cristatus* 唐赤百舌
モズ科の鳥。アカモズの亜種。
¶日鳥山新 (p145/カ写)
日鳥山増 (p165/カ写)

カラーカナリア Coloured Canary
アトリ科の鳥。カナリアの一品種。
¶鳥飼 (p103/カ写)

カラカハン Karakachan
犬の一品種。別名トラキアン・マスティフ。体高 オス63～73cm, メス60～70cm。ブルガリアの原産。
¶新犬種 (p319/カ写)

カラカラ *Caracara plancus*
ハヤブサ科の鳥。全長49～59cm。 ㊕アメリカ合衆国南部やキューバ～南はペルー, ギアナ
¶世鳥卵 (p67/カ写, カ図)
世鳥ネ〔カンムリカラカラ (カラカラ)〕(p92/カ写)
鳥卵巣 (p116/カ写, カ図)

ガラガラアマガエル *Hyla crepitans*
アマガエル科の両生類。体長5～7cm。 ㊕中米ホンジュラス～南米北西部・北部
¶かえる百 (p59/カ写)
カエル見 (p33/カ写)
世両 (p47/カ写)
爬両1800 (p373/カ写)
爬両ビ (p246/カ写)

カラカル *Caracal caracal*
ネコ科の哺乳類。体長61～106cm。 ㊕アフリカ, アジア南西部
¶驚野動 (p229/カ写)
世文動 (p166/カ写)
世哺 (p284/カ写)
地球 (p577/カ写)
野生ネコ (p88/カ写, カ図)

カラクール Karakul
羊の一品種。皮用品種。体重 オス65～70kg, メス

45～50kg。ウズベキスタンの原産。
¶世文動(p236/カ写)
日家(p127/カ写)

カラグールガメ *Batagur borneoensis*
アジアガメ科(イシガメ(バタグールガメ)科)の爬虫類。甲長35～60cm前後。㊎インドネシア, タイ, マレーシア
¶世カメ(p238/カ写)
世爬(p29/カ写)
爬両1800(p35/カ写)
爬両ビ(p26/カ写)

カラシラサギ *Egretta eulophotes* 唐白鷺
サギ科の鳥。全長65cm。㊎朝鮮半島北部・中国南東部
¶くら鳥(p100/カ写)
世文鳥(p54/カ写)
鳥比(p265/カ写)
鳥650(p175/カ写)
名鳥図(p32/カ写)
日ア鳥(p152/カ写)
日鳥識(p120/カ写)
日鳥水増(p92/カ写)
日野鳥新(p166/カ写)
日野鳥増(p188/カ写)
フ日野新(p110/カ図)
フ日野増(p110/カ図)
フ野鳥(p106/カ図)
山溪名鳥(p159/カ写)

ガラスガエル ⇒ミダスアマガエルモドキを見よ

カラスバト *Columba janthina* 烏鳩, 鴉鳩
ハト科の鳥。全長37～44cm。㊎中国東北部, 朝鮮半島, 日本(伊豆七島・沖縄諸島・奄美大島)
¶原寸羽(p162/カ写)
四季鳥(p30/カ写)
巣と卵決(p78/カ写, カ図)
世鳥大(p246/カ写)
世鳥ネ(p160/カ写)
世文鳥(p168/カ写)
鳥卵巣(p217/カ写, カ図)
鳥比(p16/カ写)
鳥650(p95/カ写)
名鳥図(p144/カ写)
日ア鳥(p87/カ写)
日色鳥(p123/カ写)
日鳥識(p94/カ写)
日鳥巣(p100/カ写)
日鳥山新(p27/カ写)
日鳥山増(p72/カ写)
日野鳥新(p101/カ写)
日野鳥増(p395/カ写)
ぱっ鳥(p67/カ写)
バード(p45/カ写)
羽根決(p192/カ写, カ図)
ひと目鳥(p137/カ写)
フ日野新(p198/カ図)
フ日野増(p198/カ図)
フ野鳥(p64/カ図)
野鳥学フ(p129/カ写)
野鳥山フ(p39,232/カ図, カ写)
山溪名鳥(p108/カ写)

カラスバト〔亜種〕 *Columba janthina janthina* 烏鳩, 鴉鳩
ハト科の鳥。
¶名鳥図〔亜種カラスバト〕(p144/カ写)
日鳥山新〔亜種カラスバト〕(p27/カ写)
日鳥山増〔亜種カラスバト〕(p72/カ写)
日野鳥新〔カラスバト*〕(p101/カ写)
日野鳥増〔カラスバト*〕(p395/カ写)

ガラスヒバァ *Amphiesma pryeri* 烏ヒバァ
ナミヘビ科ユウダ亜科の爬虫類。日本固有種。全長60～110cm。㊎奄美諸島, 沖縄諸島
¶原爬両(No.88/カ写)
世文動(p293/カ写)
日カメ(p200/カ写)
爬両観(p152/カ写)
爬両飼(p37/カ写)
爬両1800(p268/カ写)
野日爬(p37,66,177/カ写)

カラスフウチョウ *Lycocorax pyrrhopterus* 烏風鳥, 鴉風鳥
フウチョウ科の鳥。㊎モルッカ諸島
¶世鳥卵(p239/カ写, カ図)

カラダイショウ *Elaphe schrenckii*
ナミヘビ科ナミヘビ亜科の爬虫類。全長130～210cm。㊎ロシア, 朝鮮半島, 中国東部, モンゴル
¶世文動(p287/カ写)
爬両1800(p311/カ写)
爬両ビ(p225/カ写)

カラチメドリ *Rhopophilus pekinensis* 唐知目鳥
ズグロムシクイ科の鳥。全長15.5cm。㊎中国中部～北西部
¶日ア鳥(p466/カ写)

カラバク Karabakh Horse
馬の一品種。軽量馬。体高140cm。ロシア東部の原産。
¶アルテ馬(p134/カ写)

ガラパゴスアシカ *Zalophus wollebaeki* ガラパゴス海驢
アシカ科の哺乳類。絶滅危惧IB類。㊎ガラパゴス諸島, 南アメリカ西岸
¶遺産世(Mammalia No.38/カ写)
驚野動(p123/カ写)
世文動(p174/カ写)

カ

ガラパゴスアホウドリ *Phoebastria irrorata* ガラパゴス阿呆鳥
アホウドリ科の鳥。絶滅危惧IA類。体長90cm。[分]ガラパゴス諸島, ラ・プラータ島, エクアドル(固有)
¶**驚野動**(p125/カ写)
鳥絶(p124/カ図)

ガラパゴスオカイグアナ *Conolophus subcristatus*
イグアナ科の爬虫類。絶滅危惧II類。全長1.2m。[分]ガラパゴス諸島
¶**絶百2**(p52/カ写)
世文動(p262/カ写)

ガラパゴスオットセイ *Arctocephalus galapagoensis* ガラパゴス膃肭臍
アシカ科の哺乳類。絶滅危惧IB類。体長1.2～1.6m。[分]ガラパゴス諸島
¶**遺産世**(Mammalia No.37/カ写)
地球(p567/カ写)

ガラパゴスコバネウ *Phalacrocorax harrisi* ガラパゴス小羽鵜
ウ科の鳥。別名コバネウ。絶滅危惧II類。全長89～100cm。[分]ガラパゴス諸島のフェルナンディナ島, イザベラ島(固有)
¶**遺産世**(Aves No.7/カ写)
絶百4(p42/カ写)
世鳥大(p178/カ写)
世鳥ネ(p87/カ写)
地球〔コバネウ〕(p429/カ写)
鳥絶(p128/カ図)
鳥卵巣(p63/カ写, カ図)

ガラパゴスゾウガメ *Chelonoidis nigra*
リクガメ科の爬虫類。絶滅危惧II類。全長1.2m。[分]ガラパゴス諸島
¶**遺産世**(Reptilia No.4/カ写, モ図)
驚野動(p127/カ写)
絶百4(p18/カ写)
世文動(p252/カ写)
地球(p379/カ写)

ガラパゴスノスリ *Buteo galapagoensis* ガラパゴス鵟
タカ科の鳥。全長55cm。[分]ガラパゴス諸島
¶**世鳥大**(p199/カ写)

ガラパゴスペンギン *Spheniscus mendiculus*
ペンギン科の鳥類。絶滅危惧IB類。全長48～53cm。[分]エクアドル, ガラパゴス諸島(固有)
¶**驚野動**(p124/カ写)
絶百4(p44/カ写)
世鳥大(p142/カ写)
世鳥ネ(p53/カ写)
地球(p417/カ写)
鳥絶(p121/カ図)

ガラパゴスマネシツグミ ⇒チャールズマネシツグミを見よ

カラバシュ ⇒カンガール・ドッグを見よ

カラバス ⇒カンガール・ドッグを見よ

カラバリア *Calabaria reinhardtii*
ボア科スナボア亜科の爬虫類。別名ジムグリニシキヘビ, ジムグリパイソン。全長70cm～1.0m。[分]西アフリカ(リベリア～ザイール)
¶**世爬**(p175/カ写)
世文動(p284/カ写)
世ヘビ〔ジムグリパイソン〕(p54/カ写)
地球〔ジムグリニシキヘビ〕(p391/カ写)
爬両1800(p265/カ写)
爬両ビ(p184/カ写)

カラハリスプリングボック *Antidorcas hofmeyri*
ウシ科の哺乳類。[分]アフリカ南部
¶**驚野動**(p230/カ写)

ガラフィアーノ・シェパード Garafiano Shepherd
犬の一品種。別名ペロ・デ・パストール・ガラフィアーノ。体高 オス57～64cm, メス55～62cm。スペインの原産。
¶**最犬大**(p85/カ写)

カラフトアオアシシギ *Tringa guttifer* 樺太青脚鷸, 樺太青足鷸
シギ科の鳥。絶滅危惧IA類(環境省レッドリスト)。全長30cm。[分]サハリン南部
¶**四季鳥**(p66/カ写)
絶鳥事(p94/モ図)
世文鳥(p131/カ写)
鳥比(p302/カ写)
鳥650(p262/カ写)
日ア鳥(p226/カ写)
日鳥識(p150/カ写)
日鳥水増(p239/カ写)
日野鳥新(p257/カ写)
日野鳥増(p267/カ写)
フ日野新(p152/カ図)
フ日野増(p152/カ図)
フ野鳥(p156/カ図)
山溪名鳥(p7/カ写)

カラフトアカネズミ *Apodemus peninsulae giliacus* 樺太赤鼠
ネズミ科の哺乳類。ハントウアカネズミの亜種とされる。頭胴長72～81mm。[分]北海道本島
¶**くら哺**(p17/カ写)
日哺学フ(p21/カ写)

カラフトフクロウ *Strix nebulosa* 樺太梟
フクロウ科の鳥。全長65～70cm。[分]北アメリカ北部・中央部, ヨーロッパ東部, アジア
¶**驚野動**(p58/カ写)

世鳥大 (p281/カ写)
世鳥ネ (p196/カ写)
地球 (p464/カ写)
鳥650 (p749/カ写)
日ア鳥 (p359/カ写)

カラフトムシクイ *Phylloscopus proregulus* 樺太虫食, 樺太虫喰
ムシクイ科の鳥。体長9cm。㋮ヒマラヤ地方, アルタイ山脈〜サハリン。西の地域でもしばしば迷鳥が記録される。北インド, 中国南部で越冬
¶四季鳥 (p31/カ写)
世文鳥 (p233/カ写)
鳥比 (p112/カ写)
鳥650 (p548/カ写)
日ア鳥 (p456/カ写)
日鳥識 (p244/カ写)
日鳥山新 (p197/カ写)
日鳥山増 (p238/カ写)
日野鳥新 (p501/カ写)
日野鳥増 (p527/カ写)
フ日野新 (p256/カ図)
フ日野増 (p256/カ図)
フ野鳥 (p310/カ図)

カラフトムジセッカ *Phylloscopus schwarzi* 樺太無地雪加
ムシクイ科の鳥。全長12.5cm。㋮シベリア南東部, サハリン, 中国北東部, 北朝鮮
¶四季鳥 (p31/カ写)
鳥比 (p111/カ写)
鳥650 (p547/カ写)
日ア鳥 (p453/カ写)
日鳥識 (p244/カ写)
日鳥山新 (p196/カ写)
日鳥山増 (p236/カ写)
日野鳥新 (p507/カ写)
日野鳥増 (p525/カ写)
フ日野新 (p332/カ図)
フ日野増 (p330/カ図)
フ野鳥 (p310/カ図)

カラフトライチョウ *Lagopus lagopus* 樺太雷鳥
キジ科 (ライチョウ科) の鳥。全長36〜43cm。㋮北緯50度以北の北半球
¶世鳥大 (p112/カ写)
世鳥卵 (p70/カ写, カ図)
世鳥ネ (p33/カ写)
鳥卵巣 (p127/カ写, カ図)
日ア鳥 (p12/カ写)

カラフトワシ *Aquila clanga* 樺太鷲
タカ科の鳥。全長60〜70cm。㋮ヨーロッパ極東部〜アジア北部一帯で繁殖。一部は留鳥, 一部は冬は生息地域の南部に移動。その他の多数はアフリカ北東部, 中近東, インド北部, 中国に渡って越冬
¶四季鳥 (p78/カ写)
世鳥大 (p201/カ写)
世文鳥 (p90/カ写)
鳥卵巣 (p112/カ写, カ図)
鳥比 (p35/カ写)
鳥650 (p414/カ写)
名鳥図 (p131/カ写)
日ア鳥 (p345/カ写)
日鳥山新 (p83/カ写)
日鳥山増 (p39/カ写)
日野鳥新 (p385/カ写)
日野鳥増 (p353/カ写)
フ日野新 (p168/カ図)
フ日野増 (p168/カ図)
フ野鳥 (p226/カ図)
ワシ (p114/カ写)

カ

カラーポイント・ショートヘア Colorpoint Shorthair
猫の一品種。体重2.5〜5.5kg。アメリカ合衆国の原産。
¶ビ猫 (p110/カ写)

カラミツドリ *Xenodacnis parina* 雀蜜鳥
フウキンチョウ科の鳥。全長11cm。㋮ペルー, エクアドル
¶原色鳥 (p107/カ写)

カラムクドリ *Sturnus sinensis* 唐椋鳥
ムクドリ科の鳥。全長19cm。㋮中国南東部〜台湾
¶四季鳥 (p98/カ写)
世文鳥 (p268/カ写)
鳥比 (p128/カ写)
鳥650 (p584/カ写)
名鳥図 (p238/カ写)
日ア鳥 (p496/カ写)
日鳥識 (p254/カ写)
日鳥山新 (p237/カ写)
日鳥山増 (p330/カ写)
日野鳥新 (p533/カ写)
日野鳥増 (p617/カ写)
フ日野新 (p294/カ図)
フ日野増 (p294/カ図)
フ野鳥 (p332/カ図)

カラヤマドリ *Syrmaticus ellioti* 唐山鳥
キジ科の鳥。全長45〜80cm。㋮中国南東部
¶世鳥大 (p116/カ写)

カリアランカルホコイラ ⇒カレリアン・ベア・ドッグを見よ

カリガネ *Anser erythropus* 雁, 雁金
カモ科の鳥。全長53〜66cm。㋮ユーラシア極北部
¶くら鳥 (p94/カ写)
里山鳥 (p175/カ写)
四季鳥 (p83/カ写)

世文鳥(p62/カ写)
鳥比(p209/カ写)
鳥650(p31/カ写)
名鳥図(p40/カ写)
日ア鳥(p23/カ写)
日鳥識(p68/カ写)
日鳥水増(p106/カ写)
日野鳥新(p32/カ写)
日野鳥増(p46/カ写)
フ日野新(p34/カ図)
フ日野増(p34/カ図)
フ野鳥(p20/カ図)
野鳥学フ(p188/カ写)
山溪名鳥(p299/カ写)

カーリーコーテッド・レトリーバー Curly-coated Retriever
犬の一品種。体高 オス67.5cm, メス62.5cm。イギリスの原産。
¶最犬大(p353/カ写)
新犬種〔カーリーコーテッド・リトリーバー〕(p272/カ写)
新世犬(p138/カ写)
図世犬(p264/カ写)
ビ犬(p262/カ写)

ガリセニョ Galiceño
馬の一品種。別名ガリセニョ・ポニー。軽量馬。体高140cm。メキシコの原産。
¶アルテ馬(p150/カ写)

ガリセニョ・ポニー ⇒ガリセニョを見よ

カリナータパシフィックボア *Candoia carinata carinata*
ボア科ボア亜科の爬虫類。別名ドワーフパシフィックボア, ニューギニア・ツリーボア, ハブモドキボア, パシフィック・ツリーボア。全長45〜60cm。㊊インドネシアのイリアンジャヤとその周辺の島々, パプアニューギニアなど
¶世ヘビ(p51/カ写)

カリブー ⇒トナカイを見よ

カリフォルニアアシカ *Zalophus californianus*
アシカ科の哺乳類。絶滅危惧II類。体長1.5〜2.5m。㊊北アメリカ, ガラパゴス諸島
¶世文動〔アシカ〕(p174/カ写)
世哺(p296/カ写)
地球(p566/カ写)

カリフォルニアイモリ *Taricha torosa*
イモリ科の両生類。全長12〜20cm。㊊アメリカ合衆国西部沿岸部
¶世文動(p312/カ写)
世両(p216/カ写)
地球(p366/カ写)
爬両1800(p455/カ写)
爬両ビ(p312/カ写)

カリフォルニアオオミミナガコウモリ *Macrotus californicus*
ヘラコウモリ科の哺乳類。体長5〜6.5cm。㊊アメリカ合衆国カリフォルニア州南部
¶地球(p555/カ写)

カリフォルニアカモメ *Larus californicus* カリフォルニア鷗
カモメ科の鳥。全長53cm。
¶世鳥ネ(p143/カ写)
鳥比(p347/カ写)
鳥650(p312/カ写)

カリフォルニアキングスネーク *Lampropeltis getula californiae*
ナミヘビ科の爬虫類。コモンキングスネークの亜種。全長最大1.5m。㊊アメリカ(アリゾナ州, オレゴン州, カリフォルニア州, ネバダ州, ユタ州), メキシコのバハカリフォルニア半島
¶世ヘビ(p26/カ写)

カリフォルニアコンドル *Gymnogyps californianus*
コンドル科の鳥。絶滅危惧IA類。体長120〜130cm。㊊アメリカ合衆国(カリフォルニア), メキシコ
¶**絶百4**(p46/カ写)
世鳥大(p183/カ写)
鳥絶(p133/カ図)
鳥卵巣(p97/カ写, カ図)

カリフォルニア・スパングル California Spangled
猫の一品種。体重4〜7kg。アメリカ合衆国の原産。
¶ビ猫(p140/カ写)

カリフォルニアタイガーサラマンダー *Ambystoma californiense*
マルクチサラマンダー科の両生類。絶滅危惧II類。全長15〜21cm。㊊アメリカ合衆国(カリフォルニア州)
¶**絶百6**(p18/カ写)
世両(p197/カ写)
爬両1800(p440/カ写)

カリフォルニアホソサラマンダー *Batrachoseps attenuatus*
ムハイサラマンダー科の両生類。別名カリフォルニアホソサンショウウオ。体長7.5〜14cm。㊊北アメリカ
¶世文動(p315/カ写)

カリフォルニアホソサンショウウオ ⇒カリフォルニアホソサラマンダーを見よ

カリフォルニアヤマキングヘビ ⇒ヤマキングヘビを見よ

カリフォルニアン Californian
兎の一品種。アメリカ合衆国の原産。
¶うさぎ(p64/カ写)

新うさぎ（p70/カ写）

カリブカイモンクアザラシ *Monachus tropicalis*
アザラシ科の哺乳類。別名カリブモンクアザラシ。絶滅種。㊎カリブ海
¶世文動（p180）

カリブヒメエメラルドハチドリ *Chlorostilbon elegans* カリブ姫エメラルド蜂鳥
ハチドリ科ハチドリ亜科の鳥。絶滅種。全長10cm（オス）。
¶ハチドリ（p374）

カリブフラミンゴ ⇒ベニイロフラミンゴを見よ

カリブモンクアザラシ ⇒カリブカイモンクアザラシを見よ

カリンフトコノハガエル *Brachytarsophrys carinensis*
コノハガエル科の両生類。体長12～15cm。㊎中国南部, ミャンマー, タイ北部
¶かえる百（p47/カ写）
カエル見（p16/カ写）
世両（p19/カ写）
爬両1800（p361/カ写）
爬両ビ（p267/カ写）

カルガモ *Anas zonorhyncha* 軽鴨
カモ科の鳥。全長61cm。㊎アジア東部・南東部。日本では全国
¶くら鳥（p86,88/カ写）
原寸羽（p46/カ写）
里山鳥（p43/カ写）
四季鳥（p107/カ写）
巣と卵決（p40/カ写, カ図）
世文鳥（p68/カ写）
鳥卵巣（p92/カ写, カ図）
鳥比（p218/カ写）
鳥650（p53/カ写）
名鳥図（p48/カ写）
日ア鳥（p37/カ写）
日カモ（p90/カ写, カ図）
日鳥識（p76/カ写）
日鳥巣（p32/カ写）
日鳥水増（p122/カ写）
日野鳥新（p50/カ写）
日野鳥増（p66/カ写）
ぱっ鳥（p43/カ写）
バード（p95/カ写）
羽根決（p58/カ写, カ図）
ひと目鳥（p51/カ写）
フ日野新（p40/カ図）
フ日野増（p40/カ図）
フ野鳥（p32/カ図）
野鳥学フ（p187/カ写）
野鳥山フ（p19,104/カ図, カ写）
山溪名鳥（p109/カ写）

カルカヤインコ *Agapornis canus* 苅萱鸚哥
インコ科の鳥。全長15cm。㊎マダガスカル
¶世鳥大（p262/カ写）
鳥飼（p130/カ写）

カルカヤバト *Ptilinopus melanospila* 苅萱鳩
ハト科の鳥。全長28cm。㊎フィリピン, ボルネオ島, ジャワ島, スラウェシ島, 小スンダ列島
¶鳥飼（p177/カ写）

ガルゴ・エスパニョール ⇒スパニッシュ・グレーハウンドを見よ

カルステンカレハカメレオン *Rieppeleon kerstenii*
カメレオン科の爬虫類。全長6～8cm。㊎ケニア, タンザニア北東部, ソマリア北東部, エチオピア
¶爬両1800（p126/カ写）
爬両ビ（p99/カ写）

カルストササクレヤモリ *Paroedura karstophila*
ヤモリ科ヤモリ亜科の爬虫類。全長8.5～10cm。㊎マダガスカル北西部
¶ゲッコー（p51/カ写）
爬両1800（p147/カ写）

カルスト・シェパード・ドッグ Karst Shepherd Dog
犬の一品種。別名イストリアン・シェパード・ドッグ, カルスト・シープドッグ, クラスキ・オフチャル。体高 オス57～63cm, メス54～60cm。スロベニアの原産。
¶最犬大（p151/カ写）
新犬種〔カルスト・シープドッグ〕（p316/カ写）
ビ犬（p49/カ写）

カルスト・シープドッグ ⇒カルスト・シェパード・ドッグを見よ

カルス・ドッグ Kars Dog
犬の一品種。護羊犬。トルコ北東部の原産。
¶新犬種（p323/カ写）

カルダモンホソユビヤモリ *Cyrtodactylus intermedius*
ヤモリ科ヤモリ亜科の爬虫類。全長16～19cm。㊎タイ南西部, カンボジア, ベトナム
¶ゲッコー（p53/カ写）
爬両1800（p149/カ写）

カルパチアイモリ *Lissotriton montandoni*
イモリ科の両生類。別名キバライモリ。全長8～10cm。㊎ポーランド, ルーマニア, ウクライナ, チェコ, スロバキア
¶爬両1800（p455/カ写）
爬両ビ（p313/カ写）

カルパチアン・シェパード・ドッグ Carpathian Shepherd Dog
犬の一品種。別名カルパチアン・シープドッグ,

チョバネス・ロマネス・カルパティン。牧畜犬。体高 オス65〜73cm, メス59〜67cm。ルーマニアの原産。
¶最犬大 (p99/カ写)
新犬種〔カルパチアン・シープドッグ〕(p321/カ写)
ビ犬〔ルーマニアン・シェパード・ドッグ〕(p70)

カ

カルパチアン・シープドッグ ⇒カルパチアン・シェパード・ドッグを見よ

カルーヒキガエル *Bufo gariepensis*
ヒキガエル科の両生類。体長95mmまで。オスはより小さい。㊕南アフリカ南西部の乾燥地域
¶世カエ (p140/カ写)

ガルフコーストオオクサガエル *Leptopelis spiritusnoctis*
クサガエル科の両生類。体長3〜4.9cm。㊕アフリカ大陸西部沿岸域
¶カエル見 (p58/カ写)
爬両1800 (p396/カ写)

カルヤランカルフコイラ ⇒カレリアン・ベア・ドッグを見よ

カルーヨロイトカゲ ⇒スベセヨロイトカゲを見よ

カレッタコヤスガエル *Diasporus diastema*
コヤスガエル科の両生類。全長1.5〜2.5cm。
¶地球 (p355/カ写)

カーレットシベットヘビ *Lycodryas carleti*
ナミヘビ科マラガシーヘビ亜科の爬虫類。全長60〜70cm。㊕マダガスカル南東部
¶爬両1800 (p337/カ写)

カレリアン・ベア・ドッグ Karelian Bear Dog
犬の一品種。別名カリアランカルホコイラ, カルヤランカルフコイラ。体高 オス57±3cm, メス52±3cm。フィンランドの原産。
¶最犬大 (p228/カ写)
新犬種 (p193/カ写)
新世犬〔カレリアン・ベアー・ドッグ〕(p103/カ写)
図世犬〔カレリアン・ベアー・ドッグ〕(p202/カ写)
ビ犬 (p105/カ写)

カロライナインコ *Conuropsis carolinensis*
インコ科の鳥。絶滅種。全長約35cm。㊕アメリカ東部
¶鳥卵巣 (p226/カ写, カ図)

カロライナ・ドッグ Carolina Dog
犬の一品種。別名アメリカン・ディンゴ。体高56cm。アメリカ合衆国の原産。
¶ビ犬 (p35/カ写)

カロリナハコガメ *Terrapene carolina*
ヌマガメ科(セイヨウヌマガメ科)の爬虫類。甲長10〜22cm。㊕アメリカ合衆国, メキシコ
¶世カメ (p192/カ写)
世爬 (p21/カ写)
世文動 (p250/カ写)
地球 (p375/カ写)
爬両1800 (p31/カ写)
爬両ビ (p16/カ写)

カワアイサ *Mergus merganser* 川秋沙
カモ科の鳥。全長58〜66cm。㊕北アメリカ北部, ユーラシアで繁殖。アメリカ合衆国南部や中国中部あたりまで南下し越冬
¶くら鳥 (p91,93/カ写)
原寸羽 (p61/カ写)
里山鳥 (p191/カ写)
四季鳥 (p83/カ写)
世鳥大 (p135/カ写)
世鳥ネ (p50/カ写)
世文鳥 (p82/カ写)
鳥比 (p235/カ写)
鳥650 (p84/カ写)
名鳥図 (p63/カ写)
日ア鳥 (p72/カ写)
日カモ (p280/カ写, カ図)
日鳥識 (p88/カ写)
日鳥水増 (p162/カ写)
日野鳥新 (p90/カ写)
日野鳥増 (p98/カ写)
ぱっ鳥 (p58/カ写)
バード (p102/カ写)
羽根決 (p80/カ写, カ図)
ひと目鳥 (p50/カ写)
フ日野新 (p58/カ図)
フ日野増 (p58/カ図)
フ野鳥 (p50/カ図)
野鳥学フ (p185/カ写)
野鳥山フ (p21,125/カ図, カ写)
山溪名鳥 (p59/カ写)

カワイノシシ *Potamochoerus porcus* 河猪
イノシシ科の哺乳類。体長1〜1.5m。㊕アフリカ西部〜中央部
¶驚野動 (p215/カ写)
世文動 (p195/カ写)
世哺 (p326/カ写)

カワウ *Phalacrocorax carbo* 河鵜, 川鵜
ウ科の鳥。全長77〜100cm。㊕北アメリカ東部, ユーラシア大陸の大部分
¶くら鳥 (p85/カ写)
原寸羽 (p22/カ写)
里山鳥 (p42/カ写)
四季鳥 (p109/カ写)
巣と卵決 (p20/カ写, カ図)
世鳥大 (p179/カ写)
世鳥卵 (p38/カ写, カ図)
世鳥ネ (p87/カ写)
世文鳥 (p44/カ写)

地球(p429/カ写)
鳥卵巣(p62/カ写, カ図)
鳥比(p255/カ写)
鳥**650**(p150/カ写)
名鳥図(p20/カ写)
日ア鳥(p130/カ写)
日鳥識(p110/カ写)
日鳥巣(p8/カ写)
日鳥水増(p66/カ写)
日野鳥新(p134/カ写)
日野鳥増(p28/カ写)
ぱっ鳥(p85/カ写)
バード(p103/カ写)
羽根決(p26/カ写, カ図)
ひと目鳥(p40/カ写)
フ日野新(p28/カ図)
フ日野増(p28/カ図)
フ野鳥(p92/カ図)
野鳥学フ(p184/カ写)
野鳥山フ(p12,74/カ図, カ写)
山溪名鳥(p61/カ写)

カワウソ ⇒ユーラシアカワウソを見よ

カワウソヤマネコ ⇒ジャガランディを見よ

カワガメ ⇒メキシコカワガメを見よ

カワガラス *Cinclus pallasii* 河烏, 河鴉, 川烏, 川鴉
カワガラス科の鳥。全長22cm。 ㊀中央アジアの川
¶くら鳥(p45/カ写)
原寸羽(p296/カ写)
里山鳥(p52/カ写)
四季鳥(p83/カ写)
巣と卵決(p122/カ写, カ図)
世鳥ネ(p303/カ写)
世文鳥(p212/カ写)
鳥卵巣(p276/カ写, カ図)
鳥比(p99/カ写)
鳥**650**(p588/カ写)
名鳥図(p186/カ写)
日ア鳥(p499/カ写)
日色鳥(p184/カ写)
日鳥識(p256/カ写)
日鳥巣(p178/カ写)
日鳥山新(p240/カ写)
日鳥山増(p170/カ写)
日野鳥新(p534/カ写)
日野鳥増(p484/カ写)
ぱっ鳥(p309/カ写)
バード(p129/カ写)
羽根決(p270/カ写, カ図)
ひと目鳥(p174/カ写)
フ日野新(p234/カ図)
フ日野増(p234/カ図)
フ野鳥(p336/カ図)
野鳥学フ(p158/カ写, カ図)
野鳥山フ(p49,290/カ図, カ写)
山溪名鳥(p110/カ写)

カワゴンドウ *Orcaella brevirostris* 河巨頭
マイルカ科の哺乳類。成体体重130kg。 ㊀東南アジア, 南アジア
¶クイ百(p146/カ図)
世哺(p190/カ図)
レ生(p89/カ写)

カワセミ *Alcedo atthis* 翡翠, 川蟬, 魚狗
カワセミ科の鳥。全長16～17cm。 ㊀ユーラシア大陸, 北アフリカ, 日本, インドネシア, 太平洋南西部
¶くら鳥(p61/カ写)
原寸羽(p201/カ写)
里山鳥(p131/カ写)
四季鳥(p107/カ写)
巣と卵決(p88/カ写, カ図)
世鳥大(p307/カ写)
世鳥卵(p139/カ写, カ図)
世鳥ネ(p227/カ写)
世文鳥(p186/カ写)
地球(p474/カ写)
鳥卵巣(p243/カ写, カ図)
鳥比(p61/カ写)
鳥**650**(p436/カ写)
名鳥図(p159/カ写)
日ア鳥(p368/カ写)
日色鳥(p30/カ写)
日鳥識(p204/カ写)
日鳥巣(p128/カ写)
日鳥山新(p106/カ写)
日鳥山増(p108/カ写)
日野鳥新(p410/カ写)
日野鳥増(p418/カ写)
ぱっ鳥(p230/カ写)
バード(p124/カ写)
羽根決(p229/カ写, カ図)
ひと目鳥(p150/カ写)
フ日野新(p208/カ図)
フ日野増(p208/カ図)
フ野鳥(p256/カ図)
野鳥学フ(p142/カ写)
野鳥山フ(p43,254/カ図, カ写)
山溪名鳥(p111/カ写)

カワチヤッコ Kawachiyakko 河内奴
鶏の一品種。天然記念物。体重 オス0.93kg, メス0.75kg。三重県の原産。
¶日家〔河内奴〕(p168/カ写)

カワネズミ *Chimarrogale platycephala* 河鼠, 川鼠
トガリネズミ科の哺乳類。別名ギンネズミ, ニホンカワネズミ。日本固有種。体長11～14cm。 ㊀本州, 九州

¶遺産日（哺乳類 No.1/カ写）
くら哺（p33/カ写）
絶事（p1,18/カ写, モ図）
世文動〔ニホンカワネズミ〕（p55/カ写）
日哺改（p11/カ写）
日哺学フ（p98/カ写）

カワビタキ *Rhyacornis fuliginosus* 川鶲
ヒタキ科の鳥。全長13cm。㊀パキスタン〜タイ北部, 中国西部, 海南島, 台湾
¶世鳥卵（p180/カ写, カ図）
鳥比（p145/カ写）
鳥650（p623/カ写）
日ア鳥（p530/カ写）
日鳥山新（p274/カ写）

カワラアリゲータートカゲ *Barisia imbricata*
アンギストカゲ科の爬虫類。全長25cm前後。㊀メキシコ中部
¶世爬（p150/カ写）
爬両1800（p227/カ写）
爬両ビ（p160/カ写）

カワラバト(1) *Columba livia* 河原鳩
ハト科の鳥。街に生息するドバトの野生の祖先。全長31〜35cm。㊀野生集団はユーラシアとアフリカに限って分布。家畜化してドバトとなり世界中に広がった
¶世鳥大（p247/カ写）
世鳥ネ（p159/カ写）
地球（p453/カ写）
鳥卵巣（p216/カ写, カ図）
日家（p226/カ写）
羽根決（p190/カ写, カ図）

カワラバト(2) ⇒デンショバトを見よ

カワラバト(3) ⇒ドバトを見よ

カワラヒワ *Chloris sinica* 河原鶸
アトリ科の鳥。全長15cm。㊀アムール・ウスリー地域〜中国東部・南部やカムチャツカ半島, サハリン。日本では九州以北の平地や低山の林に1年中生息
¶くら鳥（p46/カ写）
里山鳥（p65/カ写）
四季鳥（p114/カ写）
巣と卵決（p192/カ写, カ図）
世文鳥（p259/カ写）
鳥卵巣（p335/カ写, カ図）
鳥比（p178/カ写）
鳥650（p680/カ写）
名鳥図（p227/カ写）
日ア鳥（p577/カ写）
日鳥識（p290/カ写）
日鳥巣（p284/カ写）
日鳥山新（p332/カ写）
日鳥山増（p302/カ写）
日野鳥新（p602/カ写）
日野鳥増（p590/カ写）
ぱっ鳥（p349/カ写）
バード（p13/カ写）
羽根決（p337/カ写, カ図）
ひと目鳥（p215/カ写）
フ日野新（p282/カ図）
フ日野増（p282/カ図）
フ野鳥（p380/カ図）
野鳥学フ（p7/カ写, カ図）
野鳥山フ（p58,351/カ図, カ写）
山溪名鳥（p112/カ写）

カワラヒワ〔亜種〕 *Chloris sinica minor* 河原鶸
アトリ科の鳥。別名コカワラヒワ。
¶原寸羽〔カワラヒワ〕（p274/カ写）
日鳥山新〔亜種カワラヒワ〕（p332/カ写）
日鳥山増〔亜種カワラヒワ〕（p302/カ写）
日野鳥新〔カワラヒワ*〕（p602/カ写）
日野鳥増〔カワラヒワ*〕（p590/カ写）

カワリアメリカムシクイ *Myioborus melanocephalus* 変亜米利加虫食, 変亜米利加虫喰
アメリカムシクイ科の鳥。全長13〜13.5cm。㊀コロンビア〜ボリビア
¶原色鳥（p188/カ写）

カワリウロコアガマ *Laudakia nupta*
アガマ科の爬虫類。全長45cm前後。㊀イラク東部, アフガニスタン, パキスタン
¶爬両1800（p104/カ写）

カワリオオタカ *Accipiter novaehollandiae* 変大鷹
タカ科の鳥。全長38〜55cm。㊀オーストラリア北・東部の沿岸, タスマニア, ニューギニア, インドネシア東部, ソロモン諸島
¶世鳥大（p196/カ写）

カワリオドケアマガエル *Hyla triangulum*
アマガエル科の両生類。体長3〜4cm。㊀ブラジル, コロンビア, エクアドル, ペルー
¶爬両1800（p372/カ写）

カワリオハチドリ *Eulidia yarrellii* 変尾蜂鳥
ハチドリ科ハチドリ亜科の鳥。絶滅危惧IB類。全長7.5〜8cm。㊀チリ北部
¶ハチドリ（p312/カ写）

カワリカマハシハワイミツスイ *Hemignathus wilsoni* 変鎌嘴ハワイ蜜吸
アトリ科の鳥。全長14cm。㊀ハワイ島
¶原色鳥（p225/カ写）

カワリクマタカ *Spizaetus cirrhatus* 変熊鷹, 変角鷹
タカ科の鳥。全長61〜75cm。㊀インド, スリランカ, 東南アジア
¶地球（p432/カ写）

カワリサンコウチョウ *Terpsiphone paradisi* 変三光鳥
カササギヒタキ科(ヒタキ科)の鳥。全長20cm。㊀アジア
¶世鳥大(p387/カ写)
世鳥卵(p201/カ写,カ図)
世鳥ネ(p276/カ写)
鳥卵巣(p302/カ写,カ図)
鳥比(p87/カ写)
日ア鳥(p400/カ写)

カワリシノビヘビ *Telescopus dhara*
ナミヘビ科ナミヘビ亜科の爬虫類。全長50〜100cm。㊀アラビア半島,アフリカ大陸中部以北
¶爬両1800(p295/カ写)
爬両ビ(p209/カ写)

カワリシロハラミズナギドリ *Pterodroma neglecta* 変白腹水薙鳥
ミズナギドリ科の鳥。全長38cm。㊀ケルマデック諸島
¶世文鳥(p33)
鳥比(p243/カ写)
鳥650(p118/カ写)
日ア鳥(p103/カ写)
日鳥水増(p35/カ写)
フ日野新(p70/カ図)
フ日野増(p70/カ図)
フ野鳥(p74/カ図)

カワリタイヨウチョウ *Cinnyris venustus* 変太陽鳥
タイヨウチョウ科の鳥。全長10〜11cm。㊀セネガル,ナイジェリア,カメルーン,スーダン,エチオピア,ケニア
¶鳥卵巣(p324/カ写,カ図)

カワリハシハワイミツスイ *Hemignathus munroi* 変嘴ハワイ蜜吸
ハワイミツスイ科の鳥。絶滅危惧IB類。体長14cm。㊀ハワイ島
¶絶百10(p22/カ写)

カワリヒメウソ *Sporophila corvina* 変姫鷽
ホオジロ科の鳥。全長11cm。㊀メキシコ〜パナマを通過しコロンビアの一部地域,エクアドル,ペルー,ベネズエラ,ブラジル,ガイアナに至る地域
¶世鳥大(p477/カ写)
地球(p499/カ写)

カワリヒメシロハラミズナギドリ *Pterodroma brevipes* 変姫白腹水薙鳥
ミズナギドリ科の鳥。㊀南太平洋
¶鳥650(p747/カ写)

カワリフキヤガマ ⇒ペルーフキヤヒキガエルを見よ

カワリモールバイパー *Atractaspis irregularis*
モールバイパー科の爬虫類。全長34〜66cm。㊀熱帯アフリカ
¶世文動(p300/カ写)

カンガール ⇒カンガール・ドッグを見よ

カンガル・シェパード・ドッグ ⇒カンガール・ドッグを見よ

カンガル・ショバン・ケペギ ⇒カンガール・ドッグを見よ

カンガール・ドッグ Kangal Dog
犬の一品種。別名カンガール,カラバス,カラバシュ,カンガル・シェパード・ドッグ,カンガル・ショバン・ケペギ,ターキッシュ・カンガル・ドッグ。トルコでは唯一の公認純粋犬。体高 オス74〜81cm,メス71〜79cm。トルコの原産。
¶最犬大〔カンガル・シェパード・ドッグ〕(p159/カ写)
新犬種〔カンガール〕(p323/カ写)
ビ犬(p74/カ写)

カンガルーネズミ *Dipodomys* spp.
ポケットマウス科の哺乳類。カンガルーネズミ属に含まれる動物の総称。頭胴長10〜17cm。㊀北アメリカの砂漠など
¶世文動(p110/カ写)

カンギュウ Korean Cattle 韓牛
牛の一品種。別名チョウセンギュウ。体高 オス130〜138cm,メス122〜127cm。韓国の原産。
¶世文動〔韓牛〕(p212/カ写)
日家〔朝鮮牛(韓牛)〕(p69/カ写)

カンコクチンドケン ⇒コリア・ジンドー・ドッグを見よ

カンザシフウチョウ *Parotia sefilata* 簪風鳥
フウチョウ科の鳥。全長33cm。㊀ニューギニア北西部
¶世美羽(p114/カ写,カ図)

ガーンジー Guernsey
牛の一品種(乳牛)。体高 オス140cm,メス127cm。イギリス(ガーンジー島)の原産。
¶世文動(p211/カ写)
日家(p78/カ写)

カンジキウサギ *Lepus americanus* 樏兎
ウサギ科の哺乳類。体長36〜46cm。㊀アラスカ,ハドソン湾岸,ニューファンドランド,アパラチア南部,ミシガン南部,ダコタ北部,ニューメキシコ北部,ユタ,カリフォルニア東部
¶世文動(p102/カ写)
地球(p522/カ写)

ガンジスカワイルカ *Platanista gangetica* ガンジス河海豚
ガンジスカワイルカ科(カワイルカ科,インドカワイルカ科)の哺乳類。別名インドカワイルカ。絶滅危惧IB類。成体体重70〜90kg。㊀インダス川,ガ

ンジス川, メグナ川, ブラマプトラ川, カルナフリ川
¶遺産世 (Mammalia No.50/カ写)
クイ百〔インドカワイルカ〕(p258/カ図)
世文動 (p125/カ写)
世哺 (p185/カ図)
レ生 (p90/カ写)

ガンスタマゴヘビ *Dasypeltis gansi*
ナミヘビ科ナミヘビ亜科の爬虫類。全長50〜80cm。㊙アフリカ大陸西部
¶**爬両1800** (p293/カ写)

カンディーナキヤモリ *Hemidactylus depresssus*
ヤモリ科の爬虫類。全長15cm前後。㊙スリランカ
¶**爬両1800** (p131/カ写)

ガンドリ Gandori 雁鶏
鶏の一品種。体重 オス3.3kg, メス2kg。秋田県の原産。
¶日家〔雁鶏〕(p164/カ写)

カントールマルスッポン *Pelochelys cantorii*
スッポン科スッポン亜科の爬虫類。別名マルスッポン。甲長110〜120cm。㊙中国南部〜マレーシアまでの東南アジア, インド, インドネシア, フィリピン
¶世カメ (p170/カ写)
爬両1800 (p52/カ写)
爬両ビ (p41/カ写)

カントンクサガメ *Chinemys nigricans*
アジアガメ科(イシガメ(バタグールガメ)科)の爬虫類。甲長15〜20cm。㊙中国南部, ベトナム
¶世カメ (p253/カ写)
世爬 (p35/カ写)
爬両1800 (p39/カ写)
爬両ビ (p34/カ写)

カンナガクビガメ *Chelodina canni*
ヘビクビガメ科の爬虫類。甲長20〜24cm。㊙オーストラリア北部
¶世カメ (p105/カ写)
爬両1800 (p64/カ写)

カンパンカメレオン *Furcifer campani*
カメレオン科の爬虫類。全長12cm前後。㊙マダガスカル中部
¶世爬 (p97/カ写)
爬両1800 (p125/カ写)
爬両ビ (p95/カ写)

ガンビアタイヨウリス *Heliosciurus gambianus*
リス科の哺乳類。体長17〜27cm。㊙アフリカ
¶世哺 (p150/カ写)
地球 (p524/カ写)

カンペチェトゲオイグアナ *Ctenosaura alfredschmidti*
イグアナ科イグアナ亜科の爬虫類。全長30〜35cm。㊙メキシコ(カンペチェ州)
¶**爬両1800** (p76/カ写)

カンボクヘビ *Oxyrhabdium modestum*
ナミヘビ科イエヘビ亜科の爬虫類。全長60cm前後。㊙インドネシア(ジャワ島), フィリピン
¶**爬両1800** (p334/カ写)

ガンマオオガシラ *Boiga trigonata*
ナミヘビ科ナミヘビ亜科の爬虫類。全長80〜120cm。㊙中央アジア〜南アジア, 東南アジア, 中国南部など
¶**爬両1800** (p296/カ写)

カンムリアマガエル *Anotheca spinosa*
アマガエル科の両生類。全長6〜8cm。㊙メキシコ南東部とホンジュラス東部, コスタリカ, パナマ西部
¶カエル見 (p36/カ写)
世カエ (p218/カ写)
世両 (p53/カ写)
地球 (p361/カ写)
爬両1800 (p376/カ写)

カンムリアマサギ ⇒カンムリサギを見よ

カンムリアマツバメ *Hemiprocne longipennis* 冠雨燕
カンムリアマツバメ科の鳥。全長21〜25cm。㊙インドシナ, マレー半島, インドネシアの島嶼
¶鳥卵巣 (p237/カ写, カ図)

カンムリイシヤモリ *Lucasium stenodactylum*
ヤモリ科イシヤモリ亜科の爬虫類。全長8cm前後。㊙オーストラリア中部〜北西部
¶ゲッコー (p77/カ写)
爬両1800 (p167/カ写)

カンムリウズラ *Callipepla californica* 冠鶉
ナンベイウズラ科の鳥。全長24〜27cm。㊙北アメリカ西部
¶世鳥大 (p110/カ写)
世鳥ネ (p27/カ写)
世美羽 (p155/カ写, カ図)
地球 (p409/カ写)
鳥卵巣 (p144/カ写, カ図)

カンムリウミスズメ *Synthliboramphus wumizusume* 冠海雀
ウミスズメ科の鳥。絶滅危惧II類, 天然記念物。全長24cm。㊙日本および韓国南部の離島で繁殖
¶遺産世 (Aves No.25/カ写)
絶鳥事 (p106/モ図)
絶百4 (p58/カ図)
世文鳥 (p164/カ写)
鳥卵巣 (p213/カ写, カ図)
鳥比 (p373/カ写)
鳥650 (p369/カ写)
名鳥図 (p116/カ写)

日ア鳥 (p311/カ写)
日鳥識 (p182/カ写)
日鳥水増 (p335/カ写)
日野鳥新 (p351/カ写)
日野鳥増 (p106/カ写)
ぱっ鳥 (p195/カ写)
ひと目鳥 (p27/カ写)
フ日野新 (p62/カ図)
フ日野増 (p62/カ図)
フ野鳥 (p204/カ図)
野鳥学フ (p203/カ写)
山溪名鳥 (p63/カ写)

カンムリエボシドリ *Corythaeola cristata* 冠烏帽子鳥
エボシドリ科の鳥。全長70～75cm。[分]アフリカ西部・中部
¶原色鳥 (p163/カ写)
世鳥大 (p273/カ写)
世鳥卵 (p126/カ写, カ図)
世鳥ネ (p183/カ写)
地球 (p460/カ写)

カンムリオウチュウ *Dicrurus hottentottus* 冠烏秋
オウチュウ科の鳥。体長33cm。[分]インド, 中国南部, 東南アジア, フィリピン, インドネシア
¶世鳥卵 (p233/カ写, カ図)
世美羽 (p106/カ写, カ図)
鳥比 (p81/カ写)
鳥650 (p476/カ写)
日ア鳥 (p396/カ写)
日鳥山新 (p138/カ写)
日鳥山増 (p338/カ写)
フ日野新 (p340/カ図)
フ日野増 (p338/カ図)
フ野鳥 (p274/カ図)

カンムリオオタカ *Accipiter trivirgatus* 冠大鷹, 冠蒼鷹
タカ科の鳥。全長30～46cm。[分]台湾, 中国中部～東南アジア
¶鳥比 (p51/カ写)

カンムリオオツリスドリ *Psarocolius decumanus* 冠大釣巣鳥
ムクドリモドキ科の鳥。全長37～46cm。[分]中央・南アメリカ
¶世鳥大 (p471/カ写)
世鳥ネ (p324/カ写)
地球 (p496/カ写)
鳥卵巣 (p368/カ図)

カンムリオタテドリ *Rhinocrypta lanceolata* 冠尾立鳥
オタテドリ科の鳥。全長21cm。[分]ボリビア, パラグアイ, アルゼンチン
¶世鳥大 (p353)

カンムリカイツブリ *Podiceps cristatus* 冠鸊鷉, 冠鳰
カイツブリ科の鳥。全長46～51cm。[分]ヨーロッパ, アジア, アフリカ, オーストラリア, ニュージーランド
¶驚野動 (p157/カ写)
くら鳥 (p83/カ写)
里山鳥 (p172/カ写)
四季鳥 (p48/カ写)
巣と卵決 (p225/カ写, カ図)
世色鳥 (p145/カ写)
世鳥大 (p153/カ写)
世鳥卵 (p34/カ写, カ図)
世鳥ネ (p64/カ写)
世文鳥 (p29/カ写)
地球 (p423/カ写)
鳥比 (p236/カ写)
鳥650 (p88/カ写)
名鳥図 (p12/カ写)
日ア鳥 (p79/カ写)
日鳥識 (p90/カ写)
日鳥巣 (p6/カ写)
日鳥水増 (p27/カ写)
日野鳥新 (p97/カ写)
日野鳥増 (p27/カ写)
ぱっ鳥 (p64/カ写)
バード (p109/カ写)
羽根決 (p14/カ写, カ図)
ひと目鳥 (p42/カ写)
フ日野新 (p26/カ図)
フ日野増 (p26/カ図)
フ野鳥 (p60/カ図)
野鳥学フ (p233/カ写)
野鳥山フ (p9,67/カ図, カ写)
山溪名鳥 (p114/カ写)

カンムリカエルガメ *Phrynops heliostemma*
ヘビクビガメ科の爬虫類。甲長25～28cm。[分]ベネズエラ, エクアドル, ペルー
¶世カメ (p98/カ写)
爬両1800 (p62/カ写)
爬両ビ (p46/カ写)

カンムリカケス *Platylophus galericulatus* 冠橿鳥, 冠懸巣, 冠掛子
カラス科の鳥。全長31～33cm。[分]東南アジアのタイ南西部～ボルネオ島, ジャワ島
¶世鳥大 (p391/カ写)

カンムリカッコウ *Clamator coromandus* 冠郭公
カッコウ科の鳥。全長25cm。[分]インド～東南アジア
¶世文鳥 (p174/カ図)
鳥比 (p19/カ写)
鳥650 (p205/カ写)
日ア鳥 (p175/カ写)

日鳥山新（p35/カ写）
日鳥山増（p85/カ写）
羽根決（p385/カ写, カ図）
フ日野新（p202/カ図）
フ日野増（p202/カ図）
フ野鳥（p122/カ図）

カンムリガメ *Hardella thurjii*
アジアガメ科（イシガメ（バタグールガメ）科）の爬虫類。甲長15〜50cm。[分]パキスタン, インド北部, バングラディシュ
¶世カメ（p247/カ写）
世爬（p29/カ写）
爬両1800（p37/カ写）
爬両ビ（p27/カ写）

カンムリガモ *Lophonetta specularioides* 冠鴨
カモ科の鳥。全長51〜61cm。[分]ペルー, ボリビア, チリ, アルゼンチン
¶地球（p415/カ写）

カンムリカヤノボリ *Spizixos canifrons* 冠萱昇
ヒヨドリ科の鳥。体長20cm。[分]アッサム地方, ミャンマー西部
¶世鳥卵（p162/カ写, カ図）

カンムリガラ *Lophophanes cristatus* 冠雀
シジュウカラ科の鳥。全長12cm。[分]ヨーロッパおよびスカンジナビア半島, 東はウラル山脈まで
¶世鳥大（p403/カ写）

カンムリカラカラ *Caracara cheriway* 冠カラカラ
ハヤブサ科の鳥。全長51〜60cm。[分]アメリカ合衆国南部〜南アメリカ北部の開けた土地
¶世鳥大（p184/カ写）
地球（p431/カ写）

カンムリカワセミ *Alcedo cristata* 冠翡翠
カワセミ科の鳥。全長13cm。[分]アフリカ大陸の中央〜南アフリカ
¶世美羽（p159/カ写, カ図）

カンムリキジ *Catreus wallichii* 冠雉
キジ科の鳥。別名エボシキジ。絶滅危惧II類。体長オス90〜118cm, メス61〜76cm。[分]パキスタン北部のヒマラヤ, インド, ネパール
¶鳥絶（p139/カ図）

カンムリキツネザル *Eulemur coronatus*
キツネザル科の哺乳類。絶滅危惧IB類。頭胴長34〜36cm。[分]マダガスカル最北端のブハウンビ半島, ベマリボ川・マハバビ川に挟まれた地域
¶美サル（p136/カ写）

カンムリキリサキヘビ *Lytorhynchus diadema*
ナミヘビ科ナミヘビ亜科の爬虫類。全長35cm前後。[分]アフリカ大陸北部, アラビア半島
¶爬両1800（p296/カ写）
爬両ビ（p210/カ写）

カンムリクマタカ *Stephanoaetus coronatus* 冠熊鷹, 冠角鷹
タカ科の鳥。絶滅危惧IB類。体長75〜85cm。[分]ブラジル, ボリビア, パラグアイ, アルゼンチン
¶世鳥大（p203）
鳥絶（p137/カ図）

カンムリコリン *Colinus cristatus* 冠古林
ナンベイウズラ科の鳥。全長18〜22cm。[分]グアテマラ, コロンビア, ベネズエラ, ブラジル北部
¶鳥卵巣（p145/カ写, カ図）

カンムリサギ *Ardeola ralloides* 冠鷺
サギ科の鳥。別名カンムリアマサギ。全長45cm。[分]ヨーロッパ南部, アジア南西部, アフリカ
¶世鳥大〔カンムリアマサギ〕（p165/カ写）
世鳥卵（p41/カ写, カ図）
鳥卵巣（p69/カ写, カ図）

カンムリサケビドリ *Chauna torquata* 冠叫鳥
カモ科（サケビドリ科）の鳥。全長83〜95cm。[分]ブラジル南部, ウルグアイ, アルゼンチン北部
¶世鳥大（p122/カ写）
世鳥卵（p47/カ写, カ図）
地球（p413/カ写）

カンムリジカッコウ *Coua cristata* 冠地郭公
カッコウ科の鳥。全長40〜44cm。[分]マダガスカル
¶原色鳥（p160/カ写）

カンムリシギダチョウ *Eudromia elegans* 冠鷸駝鳥
シギダチョウ科の鳥。全長40cm。[分]アルゼンチンの大部分
¶世鳥大（p102/カ写）
世鳥卵（p32/カ写, カ図）
世鳥ネ（p17/カ写）
地球（p406/カ写）
鳥卵巣（p37/カ写, カ図）

カンムリシャクケイ *Penelope purpurascens* 冠舎久鶏
ホウカンチョウ科の鳥。全長72〜91cm。[分]メキシコ〜エクアドル西部・ベネズエラ北部
¶世鳥大（p109/カ写）

カンムリシャコ *Rollulus rouloul* 冠鷓鴣
キジ科の鳥。全長26cm。[分]ミャンマー南部, タイ, マレーシア, スマトラ島, カリマンタン島
¶世色鳥（p90/カ写）
世鳥大（p114/カ写）
世美羽（p155/カ写）
地球（p410/カ写）
鳥飼（p180/カ写）
鳥卵巣（p136/カ写, カ図）

カンムリショウノガン *Lophotis ruficrista* 冠小鴇, 冠小野雁
ノガン科の鳥。全長53cm。[分]サハラ南辺, セネガ

ル北部～スーダン西・東部にかけ局地的に。東アフリカ, エチオピア～タンザニア東中部。アフリカ南部, 南アフリカ北部まで
¶**世鳥卵**(p92/カ写, カ図)
地球(p438/カ写)

カンムリシロムク *Leucopsar rothschildi* 冠白椋
ムクドリ科の鳥。絶滅危惧IA類。全長25cm。[分]バリ(固有)
¶**遺産世**(Aves No.35/カ写)
絶百4(p60/カ写)
世鳥大(p431/カ写)
地球(p492/カ写)
鳥絶(p224/カ図)

カンムリズク *Lophostrix cristata* 冠木菟, 冠梟
フクロウ科の鳥。全長38～43cm。[分]メキシコ南部～ボリビア, エクアドル東部, ブラジルのアマゾン川流域地方(アンデス山脈の東側)
¶**世鳥大**(p282)

カンムリヅル *Balearica pavonina* 冠鶴
ツル科の鳥。体長110～130cm。[分]セネガル～エチオピア中部, ウガンダ北部, ケニア北西部
¶**世鳥卵**(p79/カ写, カ図)
世鳥ネ(p120/カ写)
鳥卵巣(p154/カ写, カ図)
鳥650(p743/カ写)

カンムリセイラン *Rheinardia ocellata* 冠青鸞
キジ科の鳥。全長 オス195～235cm, メス74～75cm。[分]ベトナム, マレーシア
¶**世美羽**(p13/カ写, カ図)

カンムリチメドリ *Yuhina brunneiceps* 冠知目鳥
ヒタキ科の鳥。大きさ13cm。[分]台湾
¶**鳥飼**(p110/カ写)

カンムリツクシガモ *Tadorna cristata* 冠筑紫鴨
カモ科の鳥。絶滅種(環境省レッドリスト)。全長63～71cm。[分]朝鮮半島, 日本, ロシアで記録がある
¶**絶鳥事**(p32/モ図)
世文鳥(p66/カ図)
日カモ(p41/カ図)
フ日野新(p38/カ図)
フ日野増(p38/カ図)
フ野鳥(p26/カ図)

カンムリトカゲ *Laemanctus longipes*
バシリスク科の爬虫類。全長70cm。[分]中央アメリカ
¶**地球**(p385/カ写)

カンムリトゲオハチドリ *Discosura popelairii* 冠棘尾蜂鳥
ハチドリ科ミドリフタオハチドリ亜科の鳥。準絶滅危惧。全長7.5～11cm。[分]南アメリカ
¶**世色鳥**(p78/カ写)
ハチドリ(p96/カ写)

カンムリハチドリ *Stephanoxis lalandi* 冠蜂鳥
ハチドリ科ハチドリ亜科の鳥。全長8.5～9cm。[分]ブラジル南東部～アルゼンチン北東部
¶**世鳥大**(p295/カ写)
地球(p471/カ写)
ハチドリ(p216/カ写)

カンムリバト *Goura cristata* 冠鳩
ハト科の鳥。全長66～75cm。[分]ニューギニア
¶**原色鳥**(p162/カ写)
世美羽(p151/カ写)
鳥卵巣(p220/カ写, カ図)

カンムリハナドリ *Paramythia montium* 冠花鳥
カンムリハナドリ科の鳥。体長20cm。[分]ニューギニア
¶**驚野動**(p317/カ写)
世色鳥(p44/カ写)

カンムリハワイミツスイ *Palmeria dolei* 冠ハワイ蜜吸
アトリ科の鳥。別名アコヘコヘ。絶滅危惧IA類。体長18cm。[分]ハワイ(マウイ)(固有)
¶**鳥絶**(p220/カ図)

カンムリヒバリ *Galerida cristata* 冠雲雀
ヒバリ科の鳥。全長17～19cm。[分]アフリカ北部, ヨーロッパ, 中東～インド, 中国北部, 朝鮮
¶**世鳥大**(p409/カ写)
世鳥卵(p155/カ写, カ図)
鳥650(p751/カ写)
日ア鳥(p437/カ写)

カンムリフウチョウモドキ *Cnemophilus macgregorii* 冠風鳥擬
フウチョウモドキ科(フウチョウ科)の鳥。全長25cm。[分]ニューギニア中央部・南部・東部の高地(標高2400～3500m)
¶**世色鳥**(p130/カ写)
世鳥大(p371/カ写)

カンムリヘビ *Spalerosophis diadema* 冠蛇
ナミヘビ科ナミヘビ亜科の爬虫類。別名ディアデマヘビ。全長100～150cm。[分]中央アジア～アラビア半島, サハラ以北のアフリカ
¶**世爬**(p198/カ写)
世ヘビ(p99/カ写)
爬両1800(p300/カ写)
爬両ビ(p217/カ写)

カンムリマルメヤモリ *Lygodactylus kimhowelli*
ヤモリ科ヤモリ亜科の爬虫類。全長6～8cm。[分]タンザニア東部
¶**ゲッコー**(p45/カ写)
爬両1800(p144/カ写)

カンムリメジロ *Lophozosterops dohertyi* 冠目白
メジロ科の鳥。全長12cm。 ㊕スンバワ島, フロレス島(インドネシア)
¶**世鳥大**(p422)

キ

カンムリモズヒタキ *Oreoica gutturalis* 冠百舌鶲
カンムリモズヒタキ科(モズヒタキ科)の鳥。全長20～22cm。 ㊕オーストラリア北部・東部
¶**世鳥大**(p385/カ写)
世鳥卵(p202/カ写, カ図)

カンムリモリハタオリ *Malimbus malimbicus* 冠森機織
ハタオリドリ科の鳥。 ㊕アフリカ
¶**世鳥卵**(p228/カ写, カ図)

カンムリヤマガメ *Rhinoclemmys diademata*
アジアガメ科(イシガメ(バタグールガメ)科)の爬虫類。甲長20～24cm。 ㊕コロンビア, ベネズエラ
¶**世カメ**(p301/カ写)
世爬(p28/カ写)
爬両1800(p46/カ写)
爬両ビ(p25/カ写)

カンムリワシ *Spilornis cheela* 冠鷲
タカ科の鳥。絶滅危惧IA類(環境省レッドリスト), 特別天然記念物。全長50～75cm。 ㊕インド, 中国, 東南アジア, インドネシア, フィリピン。日本では西表島・石垣島
¶**原寸羽**(p80/カ写)
里山鳥(p232/カ写)
四季鳥(p123/カ写)
絶鳥事(p9,124/カ写, モ図)
世鳥大(p194/カ写)
世鳥卵(p60/カ写, カ図)
世文鳥(p92/カ写)
地球(p437/カ写)
鳥卵巣(p105/カ写, カ図)
鳥比(p37/カ写)
鳥650(p388/カ写)
名鳥図(p134/カ写)
日ア鳥(p330/カ写)
日鳥識(p190/カ写)
日鳥山新(p58/カ写)
日鳥山増(p46/カ写)
日野鳥新(p389/カ写)
日野鳥増(p355/カ写)
ぱっ鳥(p203/カ写)
バード(p42/カ写)
ひと目鳥(p120/カ写)
フ日野新(p170/カ図)
フ日野増(p170/カ図)
フ野鳥(p214/カ図)
野鳥学フ(p138/カ写)
野鳥山フ(p24,140/カ図, カ写)
山溪名鳥(p116/カ写)
ワシ(p48/カ写)

ガンメル・ダンスク・ヘンセフンド ⇒オールド・デニッシュ・ポインティング・ドッグを見よ

ガンメル・ダンスク・ホンゼホント ⇒オールド・デニッシュ・ポインティング・ドッグを見よ

カンランアオヘビ *Cyclophiops multicinctus*
ナミヘビ科ナミヘビ亜科の爬虫類。全長90cm前後まで。 ㊕中国南部, ラオス, ベトナム
¶**爬両1800**(p292/カ写)

【キ】

キアオジ *Emberiza citrinella* 黄青鵐
ホオジロ科の鳥。全長16cm。 ㊕ユーラシア西部
¶**原色鳥**(p245/カ写)
世鳥大(p475/カ写)
世鳥卵(p213/カ写, カ図)
世文鳥(p247/カ写)
鳥比(p195/カ写)
鳥650(p698/カ写)
日ア鳥(p615/カ写)
日鳥山新(p355/カ写)
日鳥山増(p273/カ写)
日野鳥新(p627/カ写)
日野鳥増(p563/カ写)
フ日野新(p272/カ図)
フ日野増(p272/カ図)
フ野鳥(p394/カ図)

キアシアルキガエル *Kassina maculosa*
クサガエル科の両生類。体長2.9～3.8cm。 ㊕カメルーン, コンゴ民主共和国
¶**カエル見**(p60/カ写)
爬両1800(p398/カ写)

キアシガメ *Chelonoidis denticulata* 黄足亀
リクガメ科の爬虫類。甲長60～70cm。 ㊕南米大陸北部
¶**世カメ**(p29/カ写)
世爬(p11/カ写)
世文動(p251/カ写)
爬両1800(p13/カ写)
爬両ビ(p8/カ写)

キアシシギ *Heteroscelus brevipes* 黄脚鷸, 黄脚鴫, 黄足鴫, 黄足鷸
シギ科の鳥。全長25cm。 ㊕シベリア北東部
¶**くら鳥**(p115/カ写)
原寸羽(p116/カ写)
里山鳥(p48/カ写)
四季鳥(p35/カ写)
世文鳥(p133/カ写)

鳥比(p306/カ写)
鳥650(p267/カ写)
名鳥図(p92/カ写)
日ア鳥(p230/カ写)
日鳥識(p152/カ写)
日鳥水増(p242/カ写)
日野鳥新(p266/カ写)
日野鳥増(p278/カ写)
ぱっ鳥(p154/カ写)
バード(p140/カ写)
羽根決(p153/カ写, カ図)
ひと目鳥(p76/カ写)
フ日野新(p152/カ図)
フ日野増(p152/カ図)
フ野鳥(p158/カ図)
野鳥学フ(p205/カ写)
野鳥山フ(p32,196/カ図, カ写)
山溪名鳥(p117/カ写)

キアシセグロカモメ *Larus cachinnans* 黄脚背黒鷗, 黄足背黒鷗
カモメ科の鳥。全長61cm。㊕黒海やカスピ海周辺〜中央アジア, モンゴル, 中国北部で繁殖
¶鳥比(p348/カ写)
鳥650(p332/カ写)
日ア鳥(p281/カ写)
フ日野新(p318/カ図)
フ日野増(p318/カ図)
フ野鳥(p190/カ図)

キアシナンベイアマガエル *Scinax ruber* 黄足南米蛙
アマガエル科の両生類。体長33〜39mm。㊕パナマ〜ブラジルのアマゾン川流域, トリニダード・トバゴ
¶世カエ(p282/カ写)

ギアナカイマントカゲ *Dracaena guianensis*
テユー科の爬虫類。全長50〜60cm。㊕ペルー, エクアドル南部
¶世爬(p132/カ写)
爬両1800(p196/カ写)
爬両ビ(p136/カ写)

ギアナカエルガメ *Phrynops nasutus*
ヘビクビガメ科の爬虫類。別名カエルアタマガメ, ガイアナカエルガメ。甲長25〜28cm。㊕仏領ギアナ, ガイアナ, スリナム, ブラジル北東部
¶世カメ(p96/カ写)
世爬(p53/カ写)
爬両1800(p62/カ写)
爬両ビ〔ガイアナカエルガメ〕(p45/カ写)

ギアナコビトイルカ *Sotalia guianensis*
マイルカ科の哺乳類。成体体重100kg。㊕ホンジュラス〜南ブラジル
¶クイ百(p158/カ図)

ギアナニセイロワケヤモリ *Pseudogonatodes guianensis amazonicus*
ヤモリ科チビヤモリ亜科の爬虫類。全長5〜8cm前後。㊕メキシコ〜南米大陸北部, 西インド諸島など
¶爬両1800(p180/カ写)

ギアナヤマガメ ⇒アシポチヤマガメを見よ

ギアラトゲネズミ属の一種 *Proechimys* sp.
アメリカトゲネズミ科の哺乳類。体長16〜30cm。
¶地球(p532/カ写)

キイロアナコンダ *Eunectes notaeus*
ボア科ボア亜科の爬虫類。別名イエローアナコンダ。全長3〜4m。㊕アルゼンチン北部, パラグアイ, ブラジル, ボリビア
¶世ヘビ〔イエローアナコンダ〕(p19/カ写)
爬両1800(p265/カ写)

キイロアメリカムシクイ *Setophaga petechia* 黄色亜米利加虫食, 黄色亜米利加虫喰
アメリカムシクイ科の鳥。全長12〜13cm。㊕カナダ, アメリカ, 中央・南アメリカ
¶原色鳥(p183/カ写)
世色鳥(p103/カ写)
世鳥大(p469/カ写)
世鳥卵(p217/カ写, カ図)
世鳥ネ(p329/カ写)
地球(p497/カ写)
鳥650(p750/カ写)

キイロウタイムシクイ *Hippolais icterina* 黄色歌虫食, 黄色歌虫喰
ウグイス科の鳥。別名キイロハシナガムシクイ。全長13〜15cm。㊕北および東ヨーロッパ〜南はアルプス地方, 小アジア, カフカスまで。アジア, 東はアルタイ山脈まで。アフリカの東部・熱帯域で越冬
¶世鳥大〔キイロハシナガムシクイ〕(p415/カ写)
地球(p490/カ写)

キイロオオトカゲ *Varanus flavescens*
オオトカゲ科の爬虫類。全長1m以下。㊕バングラデシュ, インド, ネパール, パキスタン
¶世文動(p279/カ写)

キイロオクロオウム *Calyptorhynchus funereus* 黄色尾黒鸚鵡
オウム科の鳥。㊕オーストラリア
¶世美羽(p32/カ写)

キイロオーストラリアヒタキ *Epthianura crocea* 黄色オーストラリア鶲
ミツスイ科の鳥。全長11〜12cm。㊕オーストラリア
¶原色鳥(p241/カ写)

キイロコウヨウジャク *Ploceus megarhynchus* 黄色紅葉雀
ハタオリドリ科の鳥。絶滅危惧II類。体長17cm。

㊕インド, ネパール
¶鳥絶 (p222/カ図)

キイロソデジロインコ ⇒キカタインコを見よ

キイロドロガメ *Kinosternon flavescens*
ドロガメ科ドロガメ亜科の爬虫類。甲長9～14cm。㊕アメリカ合衆国南部, メキシコ北部
¶世カメ (p129/カ写)
世爬 (p47/カ写)
爬両1800 (p54/カ写)
爬両ビ (p58/カ写)

キイロハシナガムシクイ ⇒キイロウタイムシクイを見よ

キイロヒバリヒタキ *Ashbyia lovensis* 黄色雲雀鶲
ミツスイ科の鳥。全長13cm。㊕オーストラリア
¶世鳥大 (p366/カ写)

キイロヒヒ *Papio cynocephalus* 黄色狒々
オナガザル科の哺乳類。体高51～114cm。㊕タンザニア, マラウィ, ザンビア東部, モザンビーク北部, ソマリア南東部, ケニア東部, エチオピア南東部
¶世文動 (p86/カ写)
地球 (p544/カ写)
美サル (p189/カ写)

キイロフキヤガエル ⇒モウドクフキヤガエルを見よ

キイロマダラ *Dinodon flavozonatum*
ナミヘビ科ナミヘビ亜科の爬虫類。全長70～100cm。㊕ミャンマー北部, ベトナム北部, 中国南部
¶世爬 (p195/カ写)
世ヘビ (p83/カ写)
爬両1800 (p296/カ写)
爬両ビ (p207/カ写)

キイロマミヤイロチョウ *Philepitta schlegeli* 黄色眉八色鳥
ヒロハシ科の鳥。全長12.5～14cm。㊕マダガスカル
¶原色鳥 (p226/カ写)

キイロマングース *Cynictis penicillata*
マングース科の哺乳類。体長24～46cm。㊕アフリカ
¶世哺 (p269/カ写)
地球 (p586/カ写)

キイロマントガエル *Guibemantis flavobrunneus*
マダガスカルガエル科 (マラガシーガエル科) の両生類。体長3～3.8cm。㊕マダガスカル中部
¶カエル見 (p68/カ写)
世両 (p117/カ写)
爬両1800 (p403/カ写)
爬両ビ (p265/カ写)

キイロムクドリモドキ *Icterus nigrogularis* 黄色椋鳥擬
ムクドリモドキ科の鳥。全長20～21cm。㊕南アメリカ北部
¶原色鳥 (p202/カ写)

キイロムシクイ *Chloropeta natalensis* 黄色虫食, 黄色虫喰
ウグイス科の鳥。㊕アフリカのサハラ砂漠以南
¶世鳥卵 (p200/カ写, カ図)

キイロメアマガエル *Agalychnis annae*
アマガエル科の両生類。体長7～8cm。㊕コスタリカ
¶カエル見 (p39/カ写)
世両 (p60/カ写)
爬両1800 (p379/カ写)

キイロモファムシクイ *Mohoua ochrocephala* 黄色モファ虫食, 黄色モファ虫喰
トゲハシムシクイ科の鳥。全長15cm。㊕ニュージーランド南島
¶鳥卵巣 (p307/カ写, カ図)

キイロヤドクガエル ⇒モウドクフキヤガエルを見よ

キーウィ *Apteryx australis*
キーウィ科の鳥。絶滅危惧II類。全長50～65cm。㊕ニュージーランドの南島
¶遺産世 (Aves No.2/カ写)
世鳥大 (p106/カ写)
世鳥卵 (p30/カ写, カ図)
世鳥ネ〔ブラウンキーウィ〕(p22/カ写)
世美羽 (p177/カ写, カ図)
地球〔タテジマキーウィ〕(p406/カ写)
鳥絶 (p120/カ図)
鳥卵巣 (p31/カ写, カ図)

キウナジリピントカゲ *Lipinia noctua*
スキンク科の爬虫類。全長10cm前後。㊕オセアニアの島々
¶爬両1800 (p202/カ写)

キエリアオゲラ *Picus flavinucha* 黄襟青啄木鳥
キツツキ科の鳥。全長34cm。
¶世鳥大 (p327/カ写)

キエリクロボタンインコ *Agapornis personatus* 黄襟黒牡丹鸚哥
インコ科の鳥。全長15cm。㊕タンザニア高地
¶世鳥ネ (p178/カ写)
地球 (p458/カ写)
鳥飼 (p125/カ写)

キエリテン *Martes flavigula*
イタチ科の哺乳類。絶滅危惧IB類。体長48～70cm。㊕アジア
¶世哺 (p253/カ写)

キエリテンシハチドリ *Heliangelus mavors* 黄襟天使蜂鳥
ハチドリ科ミドリフタオハチドリ亜科の鳥。全長10〜11cm。
¶ハチドリ (p82/カ写)

キエリニジフウキンチョウ *Iridosornis jelskii* 黄襟虹風琴鳥
フウキンチョウ科の鳥。全長15cm。
¶地球 (p498/カ写)

キエリヒメキツツキ *Picumnus temminckii* 黄襟姫啄木鳥
キツツキ科の鳥。全長10cm。
¶世鳥大 (p322/カ写)
地球 (p479/カ写)

キエリボウシインコ *Amazona ochrocephala auropalliata* 黄襟帽子鸚哥
インコ科の鳥。全長35cm。㊕メキシコ, グアテマラ, エルサルバドルなど
¶鳥飼 (p154/カ写)

キオトビガエル *Rhacophorus kio*
アオガエル科の両生類。体長7〜10cm。㊕中国南部, ラオス, タイ, ベトナム
¶カエル見 (p48/カ写)
爬両1800 (p387/カ写)

キオビカオグロムシクイ *Geothlypis beldingi* 黄帯顔黒虫食, 黄帯顔黒虫喰
アメリカムシクイ科の鳥。絶滅危惧IA類。全長14cm。㊕メキシコのバハ・カリフォルニア
¶レ生 (p91/カ写)

キオビシベットヘビ *Lycodryas citrinus*
ナミヘビ科マラガシーヘビ亜科の爬虫類。全長55〜70cm。㊕マダガスカル西部
¶爬両1800 (p337/カ写)
爬両ビ (p203/カ写)

キオビナガレアカガエル ⇒キボシナガレガエルを見よ

キオビヤドクガエル *Dendrobates leucomelas* 黄帯矢毒蛙
ヤドクガエル科の両生類。全長3〜4cm。㊕コロンビア, ベネズエラ, ガイアナ, ブラジル
¶カエル見 (p94/カ写)
世カエ (p184/カ写)
世両 (p154/カ写)
地球 (p359/カ写)
爬両1800 (p423/カ写)
爬両ビ (p286/カ写)

キガオフウキンチョウ *Tangara cyanoventris* 黄顔風琴鳥
フウキンチョウ科の鳥。全長13cm。㊕ブラジル
¶原色鳥 (p220/カ写)

キガオミツスイ *Xanthomyza phrygia* 黄顔蜜吸
ミツスイ科の鳥。絶滅危惧IB類。体長20〜24cm。㊕オーストラリア (固有)
¶絶百10 (p24/カ図)
鳥絶 (p209/カ図)

キガシラアオハシインコ *Cyanoramphus auriceps* 黄頭青嘴鸚哥
インコ科の鳥。全長23cm。㊕ニュージーランド
¶鳥飼 (p140/カ写)

キガシライロワケヤモリ *Gonatodes albogularis*
ヤモリ科チビヤモリ亜科の爬虫類。全長5〜8cm前後。㊕メキシコ〜南米大陸北部, 西インド諸島など
¶ゲッコー (p107/カ写)
爬両1800 (p180/カ写)
爬両ビ (p127/カ写)

キガシラシトド *Zonotrichia atricapilla* 黄頭鵐
ホオジロ科の鳥。全長17cm。㊕アラスカ, カナダ西部
¶世文鳥 (p257/カ写)
鳥比 (p206/カ写)
鳥650 (p722/カ写)
日ア鳥 (p617/カ写)
日鳥識 (p304/カ写)
日鳥山新 (p379/カ写)
日鳥山増 (p299/カ写)
日野鳥新 (p649/カ写)
日野鳥増 (p585/カ写)
フ日野新 (p278/カ図)
フ日野増 (p280/カ図)
フ野鳥 (p406/カ図)

キガシラセキレイ *Motacilla citreola* 黄頭鶺鴒
セキレイ科の鳥。全長16.5cm。㊕ヒマラヤ〜モンゴル, 北ウラル〜西シベリア
¶四季鳥 (p120/カ写)
世文鳥 (p201/カ写)
鳥比 (p166/カ写)
鳥650 (p661/カ写)
日ア鳥 (p562/カ写)
日色鳥 (p102/カ写)
日鳥識 (p280/カ写)
日鳥山新 (p309/カ写)
日鳥山増 (p139/カ写)
日野鳥新 (p583/カ写)
日野鳥増 (p453/カ写)
フ日野新 (p220/カ図)
フ日野増 (p220/カ図)
フ野鳥 (p372/カ図)

キガシラヒヨドリ *Pycnonotus zeylanicus* 黄頭鵯
ヒヨドリ科の鳥。全長29cm。㊕マレー半島, スマトラ島, ボルネオ島, ジャワ島
¶世鳥大 (p411/カ写)

キ

キガシラヒルヤモリ *Phelsuma klemmeri*
ヤモリ科ヤモリ亜科の爬虫類。全長10cm以下。㊕マダガスカル北西部
¶ゲッコー(p43/カ写)
爬両1800(p142/カ写)

キガシラフウキンチョウ *Tangara xanthocephala* 黄頭風琴鳥
フウキンチョウ科の鳥。全長13cm。㊕ベネズエラ～ボリビア
¶原色鳥(p138/カ写)

キガシラペンギン ⇒キンメペンギンを見よ

キガシラマイコドリ *Pipra erythrocephala* 黄頭舞子鳥
マイコドリ科の鳥。全長9cm。㊕中南米
¶世鳥ネ(p253/カ写)
地球(p483/カ写)

キガシラマルメヤモリ *Lygodactylus luteopicturatus*
ヤモリ科ヤモリ亜科の爬虫類。全長6～8cm。㊕ケニア, タンザニア, ザンジバル諸島
¶ゲッコー(p45/カ写)
爬両1800(p143/カ写)
爬両ビ(p114/カ写)

キガシラムクドリモドキ *Xanthocephalus xanthocephalus* 黄頭椋鳥擬
ムクドリモドキ科の鳥。全長21～26cm。㊕北アメリカ西部
¶世鳥ネ(p327/カ写)
地球(p496/カ写)

ギガスカベヤモリ *Tarentola gigas*
ヤモリ科ワレユビヤモリ亜科の爬虫類。全長15～18cm。㊕カーボベルデ諸島
¶ゲッコー(p63/カ写)
爬両1800(p154/カ写)

キカタインコ *Brotogeris chiriri* 黄肩鸚哥
インコ科の鳥。別名キイロソデジロインコ。全長20～25cm。㊕ブラジル中部～アルゼンチン北部, パラグアイ
¶世鳥大(p269/カ写)
地球〔キイロソデジロインコ〕(p459/カ写)

キガタホウオウ *Euplectes macrourus* 黄肩鳳凰
ハタオリドリ科の鳥。大きさ15～18cm。㊕アフリカ(中部)
¶鳥飼(p99/カ写)

ギガントナキヤモリ *Hemidactylus giganteus*
ヤモリ科の爬虫類。全長25～30cm。㊕インド
¶爬両1800(p132/カ写)

キキョウインコ *Neophema pulchella* 桔梗鸚哥
インコ科の鳥。全長20cm。㊕オーストラリア東部
¶地球(p458/カ写)
鳥飼(p139/カ写)

キクイタダキ *Regulus regulus* 菊戴
キクイタダキ科(ウグイス科)の鳥。全長9cm。㊕ヨーロッパ, 北アフリカの一部, 中央アジア～日本
¶くら鳥(p50/カ写)
原寸羽(p255/カ写)
里山鳥(p146/カ写)
四季鳥(p64/カ写)
巣と卵決(p160/カ写, カ図)
世鳥大(p423/カ写)
世鳥卵(p197/カ写, カ図)
世鳥ネ(p289/カ写)
世文鳥(p235/カ写)
地球(p491/カ写)
鳥卵巣(p306/カ写, カ図)
鳥比(p93/カ写)
鳥650(p501/カ写)
名鳥図(p207/カ写)
日ア鳥(p421/カ写)
日色鳥(p112/カ写)
日鳥識(p232/カ写)
日鳥巣(p238/カ写)
日鳥山新(p161/カ写)
日鳥山増(p244/カ写)
日野鳥新(p469/カ写)
日野鳥増(p532/カ写)
ぱっ鳥(p262/カ写)
バード(p72/カ写)
羽根決(p306/カ写, カ図)
ひと目鳥(p196/カ写)
フ日野新(p252/カ図)
フ日野増(p252/カ図)
フ野鳥(p288/カ図)
野鳥学フ(p76/カ写, カ図)
野鳥山フ(p51,322/カ図, カ写)
山溪名鳥(p118/カ写)

キクガシラコウモリ *Rhinolophus ferrumequinum* 菊頭蝙蝠
キクガシラコウモリ科の哺乳類。体長5.5～7cm。㊕イギリス, モロッコ～北部インド, 東アジア。日本では北海道, 本州, 四国, 九州, 佐渡島, 対馬, 五島列島, 屋久島
¶くら哺(p42/カ写)
絶百5(p60/カ写, カ図)
世文動(p62/カ写)
地球(p554/カ写)
日哺改(p30/カ写)
日哺学フ(p108/カ写)

キクザトサワヘビ *Opisthotropis kikuzatoi* 喜久里沢蛇
ナミヘビ科の爬虫類。絶滅危惧IA類(環境省レッドリスト)。日本固有種。全長50～60cm。㊕久米島
¶原爬両(No.95/カ写)

絶事（p11,144/カ写, モ図）
世文動（p292/カ写）
日カメ（p214/カ写）
爬両飼（p43/カ写）
野日爬（p33,157/カ写）

キクスズメ *Sporopipes squamifrons* 菊雀
ハタオリドリ科の鳥。全長10cm。㊕アフリカ南部
¶鳥飼（p98/カ写）

キグチガエル *Rana chalconota*
アカガエル科の両生類。体長33～60mm。㊕東南アジア
¶世カエ（p330/カ写）

キクチハブ *Trimeresurus gracilis*
クサリヘビ科の爬虫類。全長35～60cm。㊕台湾
¶爬両1800（p342/カ写）

キクビアカネズミ *Apodemus flavicollis*
ネズミ科の哺乳類。体長9～13cm。㊕ユーラシア
¶世哺（p166/カ写）
地球（p527/カ写）

キクユメジロ *Zosterops poliogaster kikuyuensis* キクユ目白
メジロ科の鳥。別名アフリカヤマメジロ。大きさ11cm。㊕東アフリカ
¶鳥飼（p108/カ写）

キゴシタイヨウチョウ *Aethopyga siparaja* 黄腰太陽鳥
タイヨウチョウ科の鳥。全長12～15cm。㊕ヒマラヤ, 東南アジア
¶原色鳥（p32/カ写）
世色鳥（p21/カ写）
世鳥大（p451/カ写）
鳥卵巣（p326/カ写, カ図）

キゴシツリスドリ *Cacicus cela* 黄腰釣巣鳥
ムクドリモドキ科の鳥。全長23～29cm。㊕パナマ～南アメリカ中央部
¶世鳥大（p471/カ写）

キゴシヒメゴシキドリ *Pogoniulus bilineatus* 黄腰姫五色鳥
オオハシ科の鳥。全長10～11cm。㊕サハラ以南のアフリカ
¶地球（p478/カ写）

キコブホウカンチョウ *Crax daubentoni* 黄瘤鳳冠鳥
ホウカンチョウ科の鳥。全長84～92cm。㊕南アメリカ北部
¶世鳥大（p109/カ写）

キサキインコ *Prosopeia tabuensis* 皇后鸚哥
インコ科の鳥。全長45cm。㊕トンガ, フィジー
¶原色鳥（p64/カ写）

ギザギザバシリスク *Basiliscus galeritus*
イグアナ科バシリスク亜科の爬虫類。全長60cm前後。㊕コロンビア, エクアドル, パナマ, コスタリカ
¶爬両1800（p78/カ写）

ギザギザヘルメットイグアナ *Corytophanes percarinatus*
イグアナ科バシリスク亜科の爬虫類。全長30cm前後。㊕メキシコ～エルサルバドルの太平洋側
¶爬両1800（p78/カ写）
爬両ビ（p68/カ写）

キサキスズメ *Vidua fischeri* 皇后雀
ハタオリドリ科（テンニンチョウ科）の鳥。全長25～33cm。㊕アフリカ東部
¶世美羽（p133/カ写, カ図）
鳥飼（p97/カ写）

ギザミネカレハカメレオン *Rhampholeon acuminatus*
カメレオン科の爬虫類。全長6～7cm。㊕タンザニア（ングル山）
¶爬両1800（p126/カ写）
爬両ビ（p98/カ写）

ギザミネヘビクビガメ *Hydromedusa tectifera*
ヘビクビガメ科の爬虫類。別名アルゼンチンヘビクビガメ, ナンベイヘビクビガメ。甲長25～28cm。㊕ブラジル南東部, アルゼンチン北部, パラグアイ, ウルグアイ
¶世カメ（p90/カ写）
世爬（p52/カ写）
世文動〔ギザミネヘビクビ〕（p240/カ写）
爬両1800（p60/カ写）
爬両ビ（p44/カ写）

キジ *Phasianus versicolor*[*colchicus*] 雉
キジ科の鳥。全長53～89cm。㊕本州以南, 屋久島
¶くら鳥（p66/カ写）
原寸羽（p97/カ写）
里山鳥（p13/カ写）
四季鳥（p107/カ写）
巣と卵決（p62/カ写, カ図）
世鳥大（p116/カ写）
世文鳥（p101/カ写）
地球（p411/カ写）
鳥卵巣（p141/カ写, カ図）
鳥比（p15/カ写）
鳥650（p22/カ写）
名鳥図（p142/カ写）
日ア鳥（p17/カ写）
日色鳥（p154/カ写）
日鳥識（p64/カ写）
日鳥巣（p64/カ写）
日鳥山新（p24/カ写）
日鳥山増（p68/カ写）
日野鳥新（p22/カ写）

日野鳥増（p390/カ写）
ぱっ鳥（p28/カ写）
バード〔ニホンキジ〕（p26/カ写）
羽根決（p122/カ写, カ図）
ひと目鳥（p133/カ写）
フ日野新（p196/カ図）
フ日野増（p196/カ図）
フ野鳥（p14/カ図）
野鳥学フ（p67/カ写）
野鳥山フ（p20,148/カ図, カ写）
山溪名鳥（p120/カ写）

キジオライチョウ *Centrocercus urophasianus* 雉尾雷鳥
キジ科（ライチョウ科）の鳥。全長48〜76cm。
㊊北アメリカ西部〜中央部
¶驚野動（p50/カ写）
世鳥大（p112/カ写）
世鳥卵（p69/カ写, カ図）

キジカッコウ *Urodynamis taitensis* 雉郭公
カッコウ科の鳥。全長40cm。㊊ニュージーランド
¶フ野鳥（p122/カ図）

キシノウエトカゲ *Plestiodon kishinouyei* 岸上蜥蜴, 岸上石竜子
スキンク科（トカゲ科）の爬虫類。絶滅危惧II類（環境省レッドリスト），天然記念物。日本固有種。全長30〜40cm。㊊宮古諸島, 八重山諸島
¶遺産日（爬虫類 No.8/カ写）
原爬両（No.62/カ写）
絶事（p8,122/カ写, モ図）
日カメ（p110/カ写）
爬両観（p133/カ写）
爬両飼（p117/カ写）
爬両1800（p199/カ写）
野日爬（p22,52,99/カ写）

キジバト *Streptopelia orientalis* 雉鳩
ハト科の鳥。全長33cm。㊊シベリア西部〜中国・インド南部・ミャンマー。日本では全国に分布
¶くら鳥（p68/カ写）
原寸羽（p164/カ写）
里山鳥（p16/カ写）
四季鳥（p105/カ写）
巣と卵決（p80/カ写, カ図）
世文鳥（p170/カ写）
鳥卵巣（p218/カ写, カ図）
鳥比（p16/カ写）
鳥650（p96/カ写）
名鳥図（p145/カ写）
日ア鳥（p88/カ写）
日色鳥（p46/カ写）
日鳥識（p96/カ写）
日鳥巣（p102/カ写）
日鳥山新（p28/カ写）
日鳥山増（p74/カ写）
日野鳥新（p104/カ写）
日野鳥増（p396/カ写）
ぱっ鳥（p68/カ写）
バード（p17/カ写）
羽根決（p196/カ写, カ図）
ひと目鳥（p139/カ写）
フ日野新（p200/カ図）
フ日野増（p200/カ図）
フ野鳥（p66/カ図）
野鳥学フ（p18/カ写）
野鳥山フ（p39,234/カ図, カ写）
山溪名鳥（p122/カ写）

キジバト〔亜種〕 *Streptopelia orientalis orientalis* 雉鳩
ハト科の鳥。
¶日鳥山新〔亜種キジバト〕（p28/カ写）
日鳥山増〔亜種キジバト〕（p74/カ写）
日野鳥新〔キジバト＊〕（p104/カ写）
日野鳥増〔キジバト＊〕（p396/カ写）

キジバンケン *Centropus phasianinus* 雉蕃鵑, 雉蛮鵑
カッコウ科の鳥。全長60〜80cm。㊊オーストラリア北・東部, ニューギニア, ティモール島
¶世鳥大（p276/カ写）
地球（p462/カ写）

キシベアリサザイ *Formicivora littoralis* 岸辺蟻鷦鷯
アリドリ科の鳥。絶滅危惧IA類。全長12.5cm。
㊊ブラジルのリオデジャネイロ沿岸部
¶レ生（p92/カ写）

キシベハイイロギツネ ⇒シマハイイロギツネを見よ

キジマミドリヒヨドリ *Phyllastrephus flavostriatus* 黄縞緑鵯
ヒヨドリ科の鳥。体長20cm。㊊ナイジェリア, カメルーン〜南アフリカ
¶世鳥卵（p165/カ写, カ図）

キジミチバシリ *Dromococcyx phasianellus* 雉道走
カッコウ科の鳥。全長36cm。㊊中央アメリカ, 南アメリカ中部・北部
¶世鳥大（p277）
地球（p462/カ写）

キシュウケン Kishu 紀州犬
犬の一品種。天然記念物。体高 オス49〜55cm, メス46〜52cm。和歌山県・三重県の原産。
¶最犬大〔紀州〕（p208/カ写）
新犬種〔紀州犬〕（p135/カ写）
新世犬〔紀州〕（p104/カ写）
図世犬〔紀州〕（p204/カ写）
世文動〔紀州犬〕（p149/カ写）
日家〔紀州犬〕（p231/カ写）
ビ犬〔紀州〕（p115/カ写）

キ

キシュシロアゴガエル *Polypedates eques*
アオガエル科の両生類。体長50mm。㊎スリランカ中央部
¶世カエ（p412/カ写）

キスイガメ ⇒ダイヤモンドガメを見よ

キスケーロ ⇒カォ・ギーチョを見よ

キスジイシヤモリ *Strophurus taenicauda*
ヤモリ科イシヤモリ亜科の爬虫類。別名スジオイシヤモリ。全長13cm前後。㊎オーストラリア東部
¶ゲッコー（p79/カ写）
爬両1800（p166/カ写）

キスジインコ *Chalcopsitta sintillata* 黄筋鸚哥
ヒインコ科の鳥。大きさ32cm。㊎アルー諸島〜ニューギニア島
¶鳥飼（p170/カ写）

キスジナメラ ⇒オグロナメラを見よ

キスジヒシメクサガエル *Heterixalus luteostriatus*
クサガエル科の両生類。体長2.5〜3cm。㊎マダガスカル南部・西部・北部
¶カエル見（p59/カ写）
世両（p98/カ写）
爬両1800（p397/カ写）

キスジヒバァ *Amphiesma stolatum*
ナミヘビ科ユウダ亜科の爬虫類。全長70〜90cm。㊎中国，台湾，インド，東南アジアなど
¶世爬（p186/カ写）
世文動（p293/カ写）
爬両1800（p268/カ写）
爬両ビ（p199/カ写）

キスジフキヤガエル *Phyllobates vittatus* 黄筋吹矢蛙
ヤドクガエル科の両生類。体長5〜6cm。㊎コスタリカ
¶かえる百（p50/カ写）
カエル見（p103/カ写）
世カエ（p200/カ写）
世文動（p326/カ写）
世両（p166/カ写）
爬両1800（p426/カ写）
爬両ビ（p291/カ写）

キスジヤドクガエル *Dendrobates flavovittata* 黄筋矢毒蛙
ヤドクガエル科の両生類。体長1.8〜2cm。
㊎ペルー
¶カエル見（p101/カ写）
爬両1800（p425/カ写）

キスジヤドクガエル(2) ⇒リオマグダレナヤドクガエルを見よ

キヅタアメリカムシクイ *Setophaga coronata*
アメリカムシクイ科の鳥。体長13〜15cm。㊎北アメリカ，南はメキシコ中央部・南部，グアテマラまでで繁殖。繁殖域の南地域〜中央アメリカまでで越冬
¶鳥比（p186/カ写）
鳥650（p695/カ写）
日ア鳥（p594/カ写）
日鳥山新（p352/カ写）
フ日野新（p340/カ図）
フ野鳥（p392/カ図）

キースホンド Keeshond
犬の一品種。別名ウルフ・スピッツ，ウルフ・シュピッツ，ケースホンド。体高49±6cm。ドイツ（改良国オランダ）の原産。
¶アルテ犬（p126/カ写）
最犬大（p216/カ写）
新世犬（p322/カ写）
図世犬（p203/カ写）
世文動〔ケースホンド〕（p144/カ写）
ビ犬（p117/カ写）

キセキレイ *Motacilla cinerea* 黄鶺鴒
セキレイ科の鳥。全長17〜20cm。㊎ヨーロッパ，アフリカ，アジア
¶くら鳥（p43/カ写）
原寸羽（p222/カ写）
里山鳥（p99/カ写）
四季鳥（p112/カ写）
巣と卵決（p108/カ写，カ図）
世鳥大（p462/カ写）
世鳥卵（p158/カ写，カ図）
世鳥ネ（p316/カ写）
世文鳥（p202/カ写）
鳥卵巣（p267/カ写，カ図）
鳥比（p166/カ写）
鳥650（p657/カ写）
名鳥図（p175/カ写）
日ア鳥（p563/カ写）
日色鳥（p103/カ写）
日鳥識（p278/カ写）
日鳥巣（p158/カ写）
日鳥山新（p312/カ写）
日鳥山増（p142/カ写）
日野鳥新（p586/カ写）
日野鳥増（p456/カ写）
ぱっ鳥（p341/カ写）
バード（p127/カ写）
羽根決（p254/カ写，カ図）
ひと目鳥（p165/カ写）
フ日野新（p220/カ図）
フ日野増（p220/カ図）
フ野鳥（p374/カ図）
野鳥学フ（p145/カ写）
野鳥山フ（p46,276/カ図，カ写）

山溪名鳥（p124/カ写）

キセスジレーサー *Hierophis spinalis*
ナミヘビ科ナミヘビ亜科の爬虫類。全長75～85cm。[分]中央アジア～中国西部
¶**爬両1800**（p302/カ写）

キソウマ Kiso 木曽馬
馬の一品種。日本在来馬。体高125～135cm。長野県・岐阜県の原産。
¶**世文動**〔木曽馬〕（p189/カ写）
日家〔木曽馬〕（p19/カ写）

キソデインコ *Brotogeris versicolurus chiriri* 黄袖鸚哥
インコ科の鳥。全長22～24cm。[分]ボリビア, ブラジル, パラグアイ, アルゼンチン
¶**鳥飼**（p133/カ写）

キタアカゲラ *Dendrocopos major tscherskii* 北赤啄木鳥
キツツキ科の鳥。[分]サハリン, ウスリー地方で繁殖。冬は、主に北海道に渡来
¶**日野鳥増**（p433/カ写）

キタアカハラガメ *Pseudemys rubriventris*
ヌマガメ科アミメガメ亜科の爬虫類。全長40cm。[分]アメリカ合衆国北東部
¶**世カメ**（p206/カ写）
世爬（p20/カ写）
地球（p375/カ写）
爬両1800（p30/カ写）
爬両ビ（p16/カ写）

キタアフリカカワラヤモリ ⇒トリポリカワラヤモリを見よ

キタアンティルスライダー *Trachemys decussata*
ヌマガメ科アミメガメ亜科の爬虫類。甲長28～35cm。[分]キューバ, 英領ケイマン諸島
¶**世カメ**（p212/カ写）
世爬（p24/カ写）
爬両1800（p35/カ写）
爬両ビ（p20/カ写）

キタイイズナ *Mustela nivalis nivalis* 北飯綱
イタチ科の哺乳類。別名コエゾイタチ。頭胴長 オス17cm, メス15cm。[分]ユーラシア
¶**日哺学フ**（p37/カ写）

キタイタチキツネザル *Lepilemur septentrionalis*
キツネザル科の哺乳類。絶滅危惧IA類。頭胴長約28cm。[分]マダガスカルの最北端周辺
¶**レ生**（p93/カ写）

キタイワトビペンギン *Eudyptes moseleyi*
ペンギン科の鳥類。絶滅危惧IB類。[分]南大西洋のゴフ島, トリスタンダクーニャ諸島, 南インド洋のアムステルダム島, サンポール島ほか
¶**遺産世**（Aves No.3-2/カ写）

キタオウシュウサンショウウオ ⇒キタオウシュウハコネサンショウウオを見よ

キタオウシュウハコネサンショウウオ
Onychodactylus nipponoborealis
サンショウウオ科の両生類。別名キタオウシュウサンショウウオ。全長10～19cm。[分]宮城県北部・山形県北部以北の本州
¶**日カサ**（p195）
野日両〔キタオウシュウサンショウウオ〕（p26,64,129/カ写）

キタオオトウゾクカモメ *Stercorarius skua* 北大盗賊鷗
トウゾクカモメ科の鳥。全長53～58cm。[分]アイスランド, フェロー諸島, オークニー諸島, シェトランド諸島, グリーンランドやバフィン島でも繁殖か
¶**世鳥大**〔オオトウゾクカモメ〕（p240/カ写）
世鳥卵〔オオトウゾウカモメ〕（p106/カ写, カ図）
世鳥ネ（p151/カ写）

キタオットセイ ⇒オットセイを見よ

キタオブトイワバネズミ *Zyzomys pedunculatus*
ネズミ科の哺乳類。絶滅危惧IA類。頭胴長11～14cm。[分]オーストラリアのノーザンテリトリーにあるウエストマクドネル国立公園
¶**レ生**（p94/カ写）

キタオポッサム *Didelphis virginiana*
オポッサム科の哺乳類。体長33～50cm。[分]北アメリカ, 中央アメリカ
¶**世文動**（p39/カ写）
世哺（p56/カ写）
地球（p503/カ写）

キタカササギサイチョウ *Anthracoceros albirostris* 北鵲犀鳥
サイチョウ科の鳥。全長70cm。[分]インド, マレーシア, タイ, ミャンマー, 中国南東部
¶**地球**（p476/カ写）

キタカナヘビ *Takydromus septentrionalis*
カナヘビ科の爬虫類。全長25～30cm。[分]中国南部
¶**爬両1800**（p194/カ写）

キタカブラオヤモリ *Thecadactylus rapicauda*
ヤモリ科ワレユビヤモリ亜科の爬虫類。別名カブラオヤモリ, ナミカブラオヤモリ。全長15～20cm。[分]メキシコ～南米大陸北部
¶**ゲッコー**（p66/カ写）
爬両1800〔カブラオヤモリ〕（p155/カ写）
爬両ビ〔カブラオヤモリ〕（p101/カ写）

キタキツネ *Vulpes vulpes schrencki* 北狐
イヌ科の哺乳類。頭胴長60～80cm。[分]北海道, 国後, 択捉, サハリン
¶**日哺学フ**（p32/カ写）

キタキバシリ *Certhia familiaris daurica* 北木走
キバシリ科の鳥。キバシリの亜種。㊕北海道
¶**日野鳥新**(p525/カ写)

キタキンランチョウ ⇒キンランチョウを見よ

キタクシイモリ ⇒ホクオウクシイモリを見よ

キタクビワコウモリ *Eptesicus nilssonii* 北首輪蝙蝠
ヒナコウモリ科の哺乳類。別名ヒメホリカワコウモリ。前腕長38〜43mm。㊕フランス, ノルウェー〜シベリア東部, 北インド。日本は北海道のみ
¶**くら哺**〔キタクビワコウモリ(ヒメホリカワコウモリ)〕(p50/カ写)
日哺改〔キタクビワコウモリ(ヒメホリカワコウモリ)〕(p48/カ写)
日哺学フ〔キタクビワコウモリ/ヒメホリカワコウモリ〕(p29/カ写)

キタケバナウォンバット *Lasiorhinus krefftii*
ウォンバット科の哺乳類。絶滅危惧IA類。頭胴長オス102.1cm, メス107.3cm。㊕オーストラリアのクイーンズランド
¶**絶百4**(p62/カ写)
レ生(p95/カ写)

キタコオロギガエル *Acris crepitans*
アマガエル科の両生類。体長1.5〜3.8cm。㊕カナダ, アメリカ合衆国, メキシコ
¶**カエル見**(p35/カ写)
世文動(p328/カ写)
爬両1800(p384/カ写)
爬両ビ(p254/カ写)

キタサンゴソリハナヘビ *Lystrophis pulcher*
ナミヘビ科ヒラタヘビ亜科の爬虫類。全長30〜40cm。㊕アルゼンチン, パラグアイ南部, ブラジル南西部, ボリビア東部など
¶**世爬**(p191/カ写)
爬両1800(p284/カ写)
爬両ビ(p212/カ写)

キタサンショウウオ *Salamandrella keyserlingii* 北山椒魚
サンショウウオ科の両生類。準絶滅危惧(環境省レッドリスト)。全長8〜12cm。㊕中国北東部, 北朝鮮, 日本(北海道), ロシア東部など
¶**遺産日**(両生類 No.2/カ写)
原爬両(No.165/カ写)
絶事(p13,160/カ写, モ図)
日カサ(p176/カ写)
爬両飼(p207/カ写)
爬両1800(p437/カ写)
野日両(p18,52,105/カ写)

キタジマブラウンキーウィ ⇒キタタテジマキーウィを見よ

キタシロサイ *Ceratotherium simum cottoni*
サイ科の哺乳類。絶滅危惧IA類。㊕アフリカ中央部(かつての分布域。現在はほぼ絶滅)
¶**遺産世**(Mammalia No.53/カ写)

キタシロズキンヤブモズ *Eurocephalus rueppelli* 北白頭巾藪鵙
モズ科の鳥。全長23cm。㊕スーダン南部〜タンザニア
¶**世鳥卵**(p167/カ写, カ図)

キタゼンマイトカゲ *Leiocephalus carinatus*
イグアナ科ヨウガントカゲ亜科の爬虫類。全長18〜26cm。㊕キューバ, バハマ諸島, アメリカ合衆国南東部(帰化)
¶**世文動**(p263/カ写)
爬両1800(p85/カ写)
爬両ビ(p75/カ写)

キタゾウアザラシ *Mirounga angustirostris* 北象海豹
アザラシ科の哺乳類。体長2〜5m。㊕カリフォルニア州中部〜バハ・カリフォルニアにかけての小島, チャンネル諸島, アメリカ大陸
¶**世文動**(p181/カ写)
地球(p571/カ写)
日哺学フ(p48/カ写)

キタタキ *Dryocopus javensis* 木啄, 木叩
キツツキ科の鳥。全長46cm。㊕インド西部, 中国西部, インドシナ, マレー半島, アンダマン諸島, スマトラ島, ボルネオ島, ジャワ島, フィリピン, 朝鮮半島。日本の対馬に生息していた亜種は絶滅
¶**絶鳥事**(p42/モ図)
世鳥ネ(p248/カ写)
世文鳥(p191/カ図)
鳥650(p450/カ写)
フ日野新(p210/カ図)
フ日野増(p210/カ図)
フ野鳥(p262/カ図)

キタタテジマキーウィ *Apteryx mantelli* 北縦縞キーウィ
キーウィ科の鳥。絶滅危惧IB類。全長50〜65cm。㊕ニュージーランド北部
¶**驚野動**〔キタジマブラウンキーウィ〕(p357/カ写)
絶百4(p64/カ写, カ図)
地球(p406/カ写)

キタタラポアン *Miopithecus ogouensis*
オナガザル科の哺乳類。体長30〜45cm。㊕カメルーン南部〜赤道ギニア, ガボン, コンゴ共和国西部, アンゴラ北西部まで
¶**美サル**(p169/カ写)

キタチャクワラ *Sauromalus ater*
イグアナ科イグアナ亜科の爬虫類。別名フトチャクワラ。全長29〜42cm。㊕アメリカ合衆国南西部,

メキシコ北西部
¶世爬（p64/カ写）
世文動〔フトチャクワラ〕（p263/カ写）
爬両1800（p77/カ写）
爬両ビ（p66/カ写）

キタツメナガセキレイ *Motacilla flava macronyx* 北爪長鶺鴒
セキレイ科の鳥。ツメナガセキレイの亜種。
¶世文鳥（p200/カ写）
名鳥図（p174/カ写）
日色鳥（p105/カ写）
日鳥山新（p311/カ写）
日鳥山増（p141/カ写）
日野鳥新（p585/カ写）
日野鳥増（p455/カ写）

キタテグー *Tupinambis teguixin*
テユー科の爬虫類。全長60～90cm。㊕南米大陸中部～北部，パナマ
¶世爬（p131/カ写）
爬両1800（p195/カ写）
爬両ビ（p134/カ写）

キタトックリクジラ *Hyperoodon ampullatus* 北徳利鯨
アカボウクジラ科の哺乳類。体長6～10m。㊕北大西洋の冷温帯と亜北極圏
¶クイ百（p210/カ図）
世哺（p198/カ図）
地球（p615/カ図）

キタナキウサギ *Ochotona hyperborea*
ナキウサギ科の哺乳類。頭胴長13～19cm。㊕ユーラシア東北部，サハリン，北海道
¶日哺改（p148/カ写）

キタナキヤモリ *Hemidactylus turcicus*
ヤモリ科ヤモリ亜科の爬虫類。別名トルコヤモリ，トルコナキヤモリ。全長10cm。㊕地中海沿岸の北アフリカ・ヨーロッパ・中東，インド，パキスタンなど
¶ゲッコー（p21/カ写）
地球〔トルコヤモリ〕（p384/カ写）
爬両1800〔トルコナキヤモリ〕（p132/カ写）

キタニセチズガメ ⇒ニセチズガメを見よ

キタヌメサラマンダー *Plethodon glutinosus*
ムハイサラマンダー科の両生類。全長11～20cm。㊕カナダ南東部～アメリカ合衆国東部
¶爬両1800（p443/カ写）
爬両ビ（p305/カ写）

キタネコメヘビ *Leptodeira septentrionalis*
ナミヘビ科ヒラタヘビ亜科の爬虫類。全長20～90cm。㊕アメリカ合衆国南部～中米を経て南米大陸北西部まで
¶地球（p395/カ写）
爬両1800（p287/カ写）

キタバンジョーヌマチガエル *Limnodynastes terraereginiae*
ヌマチガエル科の両生類。体長75mm。㊕オーストラリア（クイーンズランド州の沿岸部とニューサウスウェールズ州北東部）
¶世カエ（p72/カ写）

キタヒメサイレン *Pseudobranchus striatus*
サイレン科の両生類。別名ヌマサイレン，ドワーフサイレン，ヒメサイレン。全長10～25cm。㊕アメリカ合衆国南東部
¶世文動〔ドワーフサイレン〕（p310/カ写）
世両（p186/カ写）
爬両1800〔キタヒメサイレン（ヌマサイレン）〕（p434/カ写）
爬両ビ〔ヒメサイレン〕（p299/カ写）

キタヒョウガエル ⇒ヒョウガエルを見よ

キタブタオザル *Macaca leonine*
オナガザル科の哺乳類。絶滅危惧II類。㊕インドシナ半島，タイのマレー半島，中国南西地域，バングラディッシュ，インド北東地方
¶美サル（p101/カ写）

キタフタスジサラマンダー *Eurycea bislineata*
ムハイサラマンダー科の両生類。全長6～12cm。㊕アメリカ合衆国東部～北東部
¶爬両1800（p445/カ写）

キタホオジロガモ *Bucephala islandica* 北頬白鴨
カモ科の鳥。全長42～53cm。㊕北アメリカ，グリーンランド，アイスランドで繁殖
¶鳥比（p233/カ写）
鳥650（p728/カ写）
日カモ（p269/カ写，カ図）
日鳥水増（p155/カ写）
フ野鳥（p48/カ図）

キタホオジロサラマンダー *Plethodon montanus*
ムハイサラマンダー科の両生類。全長10～15cm。㊕アメリカ合衆国（ノースカロライナ州・バージニア州など）
¶世両（p202/カ写）
爬両1800（p444/カ写）

キタホオジロテナガザル *Nomascus leucogenys*
テナガザル科の哺乳類。絶滅危惧IA類。体高45～64cm。㊕中国南部，ラオス北部，ベトナム北西部
¶地球（p548/カ写）
美サル（p110/カ写）

キタホソオツパイ *Dendrogale murina*
ツパイ科の哺乳類。㊕ベトナム南部，カンボジア，タイ南部
¶世文動（p68/カ図）

キタマダラ *Dinodon septentrionalis*
ナミヘビ科ナミヘビ亜科の爬虫類。全長90〜120cm。[分]インド北西部, インドシナ半島北西部, 中国南部
¶**爬両1800** (p298/カ写)

キタマツバヤシヘビ *Rhadinaea flavilata*
ナミヘビ科ヒラタヘビ亜科の爬虫類。別名パインスネーク。全長25〜40cm。[分]アメリカ合衆国南東部沿岸域
¶**爬両1800** (p282/カ写)

キタミズツグミ *Parkesia noveboracensis* 北水鶇
アメリカムシクイ科の鳥。全長15cm。[分]北アメリカ北部
¶**世鳥大** (p470/カ写)
世鳥ネ (p331/カ写)
地球 (p497/カ写)
鳥650 (p750/カ写)

キタミズベヘビ ⇒ホクブミズベヘビを見よ

キタムハンフトイモリ *Pachytriton granulosus*
イモリ科の両生類。別名キメアラフトイモリ。全長12〜16cm。[分]中国東部
¶**世両** (p215/カ写)
爬両1800 (p455/カ写)

キタムリキ *Brachyteles hypoxanthus*
オマキザル科(クモザル科)の哺乳類。絶滅危惧IA類。頭胴長65〜80cm。[分]ブラジル東部の大西洋岸の森林
¶**美サル** (p61/カ写)
レ生 (p96/カ写)

キタヤナギムシクイ *Phylloscopus trochilus* 北柳虫食, 北柳虫喰
ムシクイ科の鳥。体長10.5cm。[分]スカンジナビア半島・北西ヨーロッパ〜東シベリア, アラスカまで。熱帯および南アフリカで越冬
¶**世鳥卵** (p193/カ写, カ図)
鳥卵巣 (p314/カ写, カ図)
鳥比 (p110/カ写)
鳥650 (p542/カ写)
日ア鳥 (p450/カ写)
日鳥山新 (p191/カ写)
日鳥山増 (p231/カ写)
フ日野新 (p334/カ図)
フ日野増 (p332/カ図)
フ野鳥 (p308/カ図)

キタヤブノヌシヘビ *Thamnodynastes pallidus*
ナミヘビ科ヒラタヘビ亜科の爬虫類。全長40cm以下。[分]南米大陸北部〜北西部沿岸沿い
¶**爬両1800** (p287/カ写)

キタヤマドリ ⇒ヤマドリ〔亜種〕を見よ

キタリス *Sciurus vulgaris* 北栗鼠
リス科の哺乳類。体長18〜24cm。[分]ヨーロッパ西部〜アジア東部
¶**驚野動** (p142/カ写)
絶百4 (p66/カ写)
世哺 (p148/カ写)
地球 (p523/カ写)
日哺改 (p118/カ写)

キタローデシアキリン *Giraffa camelopardalis thornicrofti*
キリン科の哺乳類。体高2.5〜3.3m。
¶**地球** (p608/カ写)

キタワンガンヒキガエル *Bufo nebulifer*
ヒキガエル科の両生類。体長5〜10cm。[分]アメリカ合衆国南東部
¶**世カエ** (p146/カ写)

キツツキフィンチ *Camarhynchus pallidus* 啄木鳥フィンチ
ホオジロ科の鳥。全長15cm。[分]ガラパゴス諸島
¶**驚野動** (p125/カ写)
世鳥大 (p480/カ写)

キットギツネ *Vulpes macrotis*
イヌ科の哺乳類。体長37〜50cm。[分]北アメリカ西部〜南西部
¶**驚野動**〔キットキツネ〕(p61/カ写)
地球 (p562/カ写)
野生イヌ (p112/カ写, カ図)

キツネヘビ *Elaphe vulpina*
ナミヘビ科の爬虫類。全長100〜140cm。[分]カナダ南部〜アメリカ合衆国北東部
¶**爬両ビ** (p232/カ写)

キティブタバナコウモリ *Craseonycteris thonglongyai*
ブタバナコウモリ科の哺乳類。絶滅危惧II類。体長3〜3.5cm。[分]タイの西中央部〜ミャンマー南東部
¶**絶百5** (p62/カ写, カ図)
世文動 (p61/カ図)
地球 (p554/カ写)
レ生 (p97/カ写)

キナバルホソユビヤモリ *Cyrtodactylus baluensis*
ヤモリ科の爬虫類。全長16〜18cm。[分]インドネシア(ボルネオ島)
¶**爬両1800** (p150/カ写)

ギニアエボシドリ *Tauraco persa* ギニア烏帽子鳥
エボシドリ科の鳥。全長40〜43cm。[分]西アフリカ
¶**世鳥大** (p272/カ写)
世鳥ネ (p183/カ写)
地球 (p461/カ写)

ギニアヒヒ *Papio papio*
オナガザル科の哺乳類。準絶滅危惧。体高61〜

76cm。 ㊕アフリカ
¶世哺（p115/カ写）
地球（p544/カ写）
美サル（p188/カ写）

キネズミ ⇒エゾリスを見よ

キノガーレ *Cynogale bennettii*
ジャコウネコ科の哺乳類。絶滅危惧IB類。頭胴長57〜68cm。 ㊕マレーシア, インドネシア, タイ, ベトナム北部, 中国雲南省南部
¶レ生（p98/カ写）

キノドタイヨウチョウ *Chalcomitra adelberti* 黄喉太陽鳥
タイヨウチョウ科の鳥。全長11〜12cm。 ㊕ギニア, シエラレオネ, ガーナ, トーゴ
¶鳥卵巣（p323/カ写, カ図）

キノドプレートトカゲ *Gerrhosaurus flavigularis*
プレートトカゲ科の爬虫類。全長25〜35cm。 ㊕アフリカ大陸中部・東部・南部
¶爬両1800（p222/カ写）
爬両ビ（p156/カ写）

キノドマイコドリ *Manacus vitellinus* 黄喉舞子鳥
マイコドリ科の鳥。全長10〜12cm。 ㊕パナマ〜コロンビア
¶原色鳥（p239/カ写）

キノドミドリヤブモズ *Telophorus zeylonus* 黄喉緑籔百舌
ヤブモズ科（モズ科）の鳥。全長22〜24cm。 ㊕南アフリカ
¶原色鳥（p243/カ写）
世鳥大（p375/カ写）
世鳥卵（p168/カ写, カ図）

キノドミヤビゲラ *Melanerpes flavifrons*
キツツキ科の鳥。全長19cm。 ㊕南アメリカのブラジル南東部, パラグアイ, アルゼンチン北東部など
¶世鳥大（p323/カ写）
地球（p480/カ写）

キノドメジロハエトリ *Empidonax difficilis* 黄喉目白蝿取
タイランチョウ科の鳥。全長14〜17cm。
¶世鳥大（p346/カ写）

キノドモズモドキ *Vireo flavifrons* 黄喉百舌擬
モズモドキ科の鳥。全長14cm。 ㊕カナダ南部・中東部, メキシコ湾に臨む5州に至るアメリカ合衆国で繁殖
¶世鳥大（p383）

キノドヤブムシクイ *Sericornis citreogularis* 黄喉籔虫食, 黄喉籔虫喰
オーストラリアムシクイ科の鳥。 ㊕オーストラリア東部の山地
¶世鳥卵（p199/カ写, カ図）

キノボリアデガエル *Mantella laevigata*
マダガスカルガエル科（マラガシーガエル科）の両生類。体長2.4〜3cm。 ㊕マダガスカル北部
¶かえる百（p51/カ写）
カエル見〔キノボリアデガエルエル〕（p67/カ写）
世カエ〔キノボリマダガスカルキンイロガエル〕（p452/カ写）
世両（p108/カ写）
爬両1800（p400/カ写）
爬両ビ（p262/カ写）

キノボリイワトカゲ *Egernia striolata*
スキンク科の爬虫類。全長20cm前後。 ㊕オーストラリア東部
¶爬両1800（p214/カ写）
爬両ビ（p151/カ写）

キノボリオビトカゲ *Zonosaurus boettgeri*
プレートトカゲ科の爬虫類。全長40〜45cm。 ㊕マダガスカル北部
¶世爬（p149/カ写）
爬両1800（p223/カ写）
爬両ビ（p156/カ写）

キノボリジャコウネコ *Nandinia binotata*
キノボリジャコウネコ科の哺乳類。体長37〜63cm。㊕北はギニア（フェルナンド・ポー島を含む）〜スーダン南部, 南はモザンビーク, ジンバブエ東部, アンゴラ中部まで
¶地球（p587/カ写）

キノボリスキアシヒメガエル *Scaphiophryne boribory*
ヒメガエル科の両生類。体長4.9〜5.9cm。 ㊕マダガスカル南部
¶カエル見〔キノボシスキアシヒメガエル〕（p76/カ写）
世両（p128/カ写）
爬両1800（p408/カ写）
爬両ビ（p271/カ写）

キノボリセンザンコウ *Manis tricuspis*
センザンコウ科の哺乳類。絶滅危惧II類。体長35〜46cm。 ㊕アフリカ西部〜中央部
¶驚野動（p215/カ写）
地球（p561/カ写）

キノボリハイラックス *Dendrohyrax* spp.
ハイラックス科の哺乳類。キノボリハイラックス属に含まれる動物の総称。 ㊕東アフリカ, アフリカ南部
¶世文動（p183/カ写）

キノボリマダガスカルキンイロガエル ⇒キノボリアデガエルを見よ

キノボリマブヤ *Trachylepis planifrons*
スキンク科の爬虫類。全長22〜30cm。 ㊕アフリカ大陸東部
¶爬両1800（p204/カ写）

キノボリヤドクガエル *Dendrobates arboreus*
ヤドクガエル科の両生類。体長2.2〜2.4cm。㊕パナマ
¶**カエル見**(p100/カ写)
爬両1800(p424/カ写)
爬両ビ(p289/カ写)

キノボリヤモリ *Hemiphyllodactylus typus* 木登守宮
ヤモリ科ヤモリ亜科の爬虫類。全長7〜10cm。㊕東南アジア, 日本(南西諸島), 南太平洋の島々, ニューギニア島など
¶**ゲッコー**(p32/カ写)
原爬両(No.39/カ写)
日カメ(p80/カ写)
爬両観(p140/カ写)
爬両飼(p94/カ写)
爬両1800(p135/カ写)
野日爬(p30,137/カ写)

ギバーイシヤモリ *Lucasium byrnei*
ヤモリ科イシヤモリ亜科の爬虫類。別名ハヤクチイシヤモリ。全長8cm前後。㊕オーストラリア中東部
¶**ゲッコー**(p77/カ写)
爬両1800(p167/カ写)

キバシウシツツキ *Buphagus africanus* 黄嘴牛突
ムクドリ科(ウシツツキ科)の鳥。全長19〜22cm。㊕アフリカ, サハラ砂漠以南
¶**世鳥大**(p433/カ写)
世鳥ネ(p299/カ写)
地球(p492/カ写)

キバシオナガモズ *Corvinella corvina* 黄嘴尾長百舌
モズ科の鳥。全長30cm。㊕アフリカ西部・中央部〜東にケニア西部まで
¶**世鳥大**(p382)
世鳥卵(p169/カ写, カ図)

キバシカッコウ *Coccyzus americanus* 黄嘴郭公
カッコウ科の鳥。全長26〜32cm。㊕カナダ南部・アメリカ合衆国〜中央アメリカにかけての地域。南アメリカで越冬
¶**世鳥卵**(p130/カ写, カ図)
世鳥ネ(p187/カ写)
地球(p462/カ写)

キバシガラス *Pyrrhocorax graculus* 黄嘴鴉, 黄嘴烏
カラス科の鳥。体長38cm。㊕ヨーロッパ, アフリカ北西部, アジア西部〜中央部
¶**驚野動**(p161/カ写)
鳥卵巣(p363/カ写, カ図)

キバシキンセイチョウ *Poephila personata* 黄嘴錦静鳥
カエデチョウ科の鳥。全長12cm。㊕オーストラリア北部
¶**鳥飼**(p73/カ写)

キバシコサイチョウ *Tockus leucomelas* 黄嘴小犀鳥
サイチョウ科の鳥。体長50〜60cm。㊕アフリカ北東部
¶**世鳥大**(p312/カ写)

キバシショウビン *Syma torotoro* 黄嘴翡翠
カワセミ科の鳥。全長20cm。㊕ニューギニア, オーストラリア北部
¶**世鳥大**(p307/カ写)
地球(p474/カ写)

キバシハイイロガン *Anser anser anser* 黄嘴灰色雁
カモ科の鳥。ハイイロガンの亜種。㊕北ロシアと北シベリアを除くユーラシア大陸全域
¶**世鳥ネ**(p37/カ写)

キバシヒワ *Carduelis flavirostris* 黄嘴鶸
アトリ科の鳥。全長12〜14cm。㊕北ヨーロッパ, 中央アジア
¶**鳥卵巣**(p336/カ写, カ図)

キバシミズナギドリ ⇒オニミズナギドリを見よ

キバシミドリチュウハシ *Aulacorhynchus prasinus* 黄嘴緑中嘴
オオハシ科の鳥。全長30〜35cm。㊕中央アメリカ, 南アメリカ北部
¶**世鳥大**(p316)
世鳥ネ(p236/カ写)
地球(p477/カ写)
鳥卵巣(p250/カ写, カ図)

キバシリ *Certhia familiaris* 木走
キバシリ科の鳥。全長13cm。㊕西ヨーロッパの一部, 東ヨーロッパ〜中央アジア〜日本
¶**くら鳥**(p45/カ写)
原寸羽(p261/カ写)
里山鳥(p171/カ写)
四季鳥(p66/カ写)
巣と卵決(p250/カ写, カ図)
世鳥大(p427/カ写)
世鳥卵(p207/カ写, カ図)
世鳥ネ(p283/カ写)
世文鳥(p245/カ写)
地球(p490/カ写)
鳥卵巣(p322/カ写, カ図)
鳥比(p92/カ写)
鳥650(p578/カ写)
名鳥図(p217/カ写)
日ア鳥(p490/カ写)
日鳥識(p234/カ写)
日鳥巣(p264/カ写)
日鳥山新(p231/カ写)
日鳥山増(p267/カ写)
日野鳥新(p525/カ写)
日野鳥増(p559/カ写)
ぱっ鳥(p303/カ写)

バード（p76/カ写）
ひと目鳥（p205/カ写）
フ日野新（p264/カ図）
フ日野増（p264/カ図）
フ野鳥（p328/カ図）
野鳥学フ（p85/カ写, カ図）
野鳥山フ（p60,337/カ図, カ写）
山溪名鳥（p125/カ写）

キバシリ〔亜種〕 *Certhia familiaris japonica* 木走
キバシリ科の鳥。
¶日野鳥新〔キバシリ*〕（p525/カ写）

キハダアマガエル *Hyla melanargyrea*
アマガエル科の両生類。体長4.5～5.5cm。㊊南米大陸北部～北西部
¶カエル見（p33/カ写）
爬両**1800**（p373/カ写）

ギバタートル ⇒ヒメカエルガメを見よ

キバタン *Cacatua galerita* 黄巴旦
オウム科の鳥。全長45～55cm。㊊オーストラリア北東部・南部
¶驚野動（p341/カ写）
世色鳥（p198/カ写）
世鳥大（p255/カ写）
世鳥ネ（p172/カ写）
地球（p456/カ写）
鳥飼（p158/カ写）
鳥卵巣（p221/カ写, カ図）

キバナアホウドリ *Thalassarche chlororhynchos* 黄鼻阿房鳥, 黄鼻阿呆鳥, 黄鼻信天翁
アホウドリ科の鳥。体長76cm。㊊南大西洋
¶鳥**650**（p746/カ写）

キバナウ ⇒ズグロムナジロヒメウを見よ

キバネオナガカマドドリ *Synallaxis spixi* 黄羽尾長竈鳥
カマドドリ科の鳥。全長16cm。㊊南アメリカ
¶世鳥大（p356/カ写）

キバノロ *Hydropotes inermis* 牙獐
シカ科の哺乳類。体高45～55cm。㊊中国, 朝鮮
¶絶百**4**（p72/カ写）
世文動（p200/カ写）
地球（p598/カ写）

キバラアフリカツリスガラ *Anthoscopus minutus* 黄腹阿弗利加吊巣雀
ツリスガラ科の鳥。全長8cm。㊊アンゴラ, ボツワナ, ナミビア, 南アフリカ, ジンバブエ
¶鳥卵巣（p369/カ図）

キバライモリ ⇒カルパチアイモリを見よ

キバラオオタイランチョウ *Pitangus sulphuratus* 黄腹大太蘭鳥
タイランチョウ科の鳥。全長20～23cm。㊊テキサス南部～アルゼンチン
¶世色鳥（p118/カ写）
世鳥大（p348/カ写）
地球（p485/カ写）

キバラガメ *Trachemys scripta scripta* 黄腹亀
ヌマガメ科アミメガメ亜科の爬虫類。全長27cm。
¶原爬両（No.13/カ写）
世カメ（p208/カ写）
地球（p375/カ写）
爬両飼（p149/カ写）

キバラガラ *Periparus venustulus* 黄腹雀
シジュウカラ科の鳥。全長10cm。㊊中国南東部
¶鳥比（p94/カ写）
鳥**650**（p511/カ写）
日ア鳥（p428/カ写）
日鳥山新（p167/カ写）
日野鳥新（p479/カ写）
フ日野新（p336/カ図）
フ野鳥（p292/カ図）

キバラカラカラ *Milvago chimachima* 黄腹カラカラ
ハヤブサ科の鳥。全長40～46cm。㊊パナマ～アルゼンチン北部
¶世鳥大（p184/カ写）
世鳥ネ（p92/カ写）
地球（p431/カ写）

キバラケンバネハチドリ *Campylopterus duidae* 黄腹剣羽蜂鳥
ハチドリ科ハチドリ亜科の鳥。全長10～13cm。
¶ハチドリ（p380）

キバラコバシタイヨウチョウ *Anthreptes collaris* 黄腹小嘴太陽鳥
タイヨウチョウ科の鳥。全長10cm。㊊アフリカ
¶驚野動（p216/カ写）

キバラジムグリトカゲ *Eurylepis taeniolatus*
スキンク科の爬虫類。全長20cm前後。㊊アラビア半島～パキスタン
¶爬両**1800**（p201/カ写）

キバラシラギクタイランチョウ *Elaenia flavogaster* 黄腹白菊太蘭鳥
タイランチョウ科の鳥。全長17cm。㊊メキシコ東部～アルゼンチン北部・ブラジル南東部, 小アンティル諸島
¶世鳥大（p341/カ写）
世鳥卵（p149/カ写, カ図）

キバラスズガエル *Bombina variegata* 黄腹鈴蛙
スズガエル科の両生類。体長5cm前後。㊊ヨーロッパ中部～南部・東部
¶カエル見（p9/カ写）

世カエ (p36/カ写)
世文動 (p318/カ写)
世両 (p11/カ写)
爬両1800 (p358/カ写)
爬両ビ (p238/カ写)

キバラタイヨウチョウ *Cinnyris jugularis* 黄腹太陽鳥
タイヨウチョウ科の鳥。全長10～11.4cm。㊕中国, 東南アジア, オセアニア
¶原色鳥 (p229/カ写)
世鳥大 (p451/カ写)
世鳥ネ (p318/カ写)

キバラハコヨコクビガメ *Pelusios castanoides*
ヨコクビガメ科アフリカヨコクビガメ亜科の爬虫類。甲長18～20cm。㊕アフリカ大陸東部～南東部, マダガスカル, セーシェル諸島
¶世カメ (p68/カ写)
爬両1800 (p69/カ写)
爬両ビ (p53/カ写)

キバラヒメムシクイ *Eremomela icteropygialis* 黄腹姫虫食, 黄腹姫虫喰
ウグイス科の鳥。全長10cm。㊕アフリカ, スーダン, エチオピア, ソマリア～ケニア, タンザニア, ジンバブエ, トランスヴァール州まで
¶世鳥大 (p416/カ写)

キバラマーモット *Marmota flaviventris* 黄腹マーモット
リス科の哺乳類。体長34～50cm。㊕北アメリカ
¶世哺 (p144/カ写)

キバラムクドリモドキ *Xanthopsar flavus* 黄腹椋鳥擬
ムクドリモドキ科の鳥。絶滅危惧II類。体長18cm。㊕ブラジル, パラグアイ, ウルグアイ, アルゼンチン
¶絶百4 (p74/カ写)
鳥絶 (p218/カ図)

キバラムシクイ *Phylloscopus affinis* 黄腹虫食, 黄腹虫喰
ムシクイ科の鳥。全長10～11cm。㊕パキスタン北部, インド北部～中国北部, モンゴルで繁殖
¶鳥比 (p119/カ写)
鳥650 (p546/カ写)
日ア鳥 (p454/カ写)
日鳥山新 (p195/カ写)
日鳥山増 (p234/カ写)
フ日野新 (p334,342/カ図)
フ野鳥 (p310/カ図)

キバラメガネコウライウグイス *Sphecotheres flaviventris* 黄腹眼鏡高麗鶯
コウライウグイス科の鳥。㊕オーストラリア北部, ケイ諸島
¶世鳥卵 (p232/カ写, カ図)

キバラメジロハエトリ *Empidonax flaviventris* 黄腹目白蝿取
タイランチョウ科の鳥。全長12～15cm。
¶世鳥大 (p346)

キバラモズヒタキ *Pachycephala pectoralis* 黄腹百舌鶲
モズヒタキ科(ヒタキ科)の鳥。全長17cm。㊕オーストラリア東・南部, タスマニア島, ニューギニア, インドネシア, 太平洋の島々
¶世鳥大 (p381/カ写)
世鳥卵 (p203/カ写, カ図)
鳥卵巣 (p303/カ写, カ図)

キバラユミハチドリ *Phaethornis syrmatophorus* 黄腹弓蜂鳥
ハチドリ科ユミハチドリ亜科の鳥。全長13～15cm。㊕南アメリカ
¶ハチドリ (p55/カ写)

キバラルリノジコ *Passerina leclancherii* 黄腹瑠璃野路子
ショウジョウコウカンチョウ科の鳥。体長13cm。㊕メキシコ西部, 太平洋岸の山麓や斜面
¶世色鳥 (p66/カ写)

キハンシコモチヒキガエル *Nectophrynoides asperginis*
ヒキガエル科の両生類。野生絶滅。㊕タンザニア東部のキハンシ渓谷にあるキハンシ滝の周囲
¶レ生 (p99/カ写)

キビタイコノハドリ *Chloropsis aurifrons* 黄額木葉鳥
コノハドリ科の鳥。全長18cm。㊕スリランカ, インド, ヒマラヤ地方～東南アジア, スマトラ
¶世鳥大 (p448/カ写)
世鳥卵 (p166/カ写, カ図)
鳥飼 (p115/カ写)

キビタイシメ *Hesperiphona vespertina* 黄額鵤
アトリ科の鳥。全長18～21.5cm。㊕北アメリカ
¶原色鳥 (p237/カ写)
世鳥大 (p468/カ写)
地球 (p497/カ写)

キビタイヒスイインコ *Psephotellus chrysopterygius* 黄額翡翠鸚哥
インコ科の鳥。全長26cm。㊕オーストラリア北部
¶原色鳥 (p168/カ写)

キビタイヒメゴシキドリ *Pogoniulus chrysoconus* 黄額姫五色鳥
オオハシ科の鳥。全長11cm。㊕セネガル～南アフリカ北部までのアフリカ各地
¶世鳥大 (p321/カ写)
地球 (p478/カ写)

キビタイボウシインコ *Amazona ochrocephala* 黄額帽子鸚哥
インコ科の鳥。全長35〜38cm。㊎メキシコ中部, トリニダード〜アマゾン川流域・ペルー東部。カリフォルニア・フロリダ両州の南部にも移入
¶世鳥大 (p271/カ写)

キビタキ *Ficedula narcissina* 黄鶲
ヒタキ科の鳥。全長14cm。㊎サハリン, 日本, 中国河北省
¶くら鳥 (p54/カ写)
原寸羽 (p257/カ写)
里山鳥 (p115/カ写)
四季鳥 (p31/カ写)
巣と卵決 (p164/カ写, カ図)
世文鳥 (p236/カ写)
鳥卵巣 (p298/カ写, カ図)
鳥比 (p156/カ写)
鳥650 (p642/カ写)
名鳥図 (p208/カ写)
日ア鳥 (p547/カ写)
日色鳥 (p107/カ写)
日鳥識 (p274/カ写)
日鳥巣 (p242/カ写)
日鳥山新 (p294/カ写)
日鳥山増 (p248/カ写)
日野鳥新 (p568/カ写)
日野鳥増 (p536/カ写)
ぱっ鳥 (p330/カ写)
バード (p65/カ写)
羽根決 (p311/カ写, カ図)
ひと目鳥 (p188/カ写)
フ日野新 (p258,336/カ図)
フ日野増 (p258,334/カ図)
フ野鳥 (p360/カ図)
野鳥学フ (p90/カ写)
野鳥山フ (p55,324/カ図, カ写)
山溪名鳥 (p126/カ写)

キビタキ〔亜種〕 *Ficedula narcissina narcissina* 黄鶲
ヒタキ科の鳥。
¶日鳥山新〔亜種キビタキ〕(p294/カ写)
日鳥山増〔亜種キビタキ〕(p248/カ写)
日野鳥新〔キビタキ*〕(p568/カ写)
日野鳥増〔キビタキ*〕(p536/カ写)

ギフジドリ Gifujidori 岐阜地鶏
鶏の一品種。天然記念物。体重 オス1.8kg, メス1.35kg。岐阜県の原産。
¶日家〔岐阜地鶏〕(p151/カ写)

キブチツエイモリ *Neurergus crocatus*
イモリ科の両生類。別名キマダラツエイモリ。全長16〜18cm。㊎イラン, イラク, トルコの国境付近
¶世両 (p219/カ写)
爬両1800 (p458/カ写)

キプンジ *Rungwecebus kipunji*
オナガザル科の哺乳類。絶滅危惧IA類。㊎タンザニア
¶レ生 (p100/カ写)

ギーベマルメヤモリ *Lygodactylus guibei*
ヤモリ科ヤモリ亜科の爬虫類。全長6〜7cm。㊎マダガスカル中部
¶ゲッコー (p46/カ写)
爬両1800 (p144/カ写)

キベリハナナガミジカオ *Rhinophis trevelyanus*
ミジカオヘビ科の爬虫類。全長約28cm。㊎スリランカ
¶世文動 (p282/カ写)

キボウシヒメエメラルドハチドリ *Chlorostilbon auriceps* 黄帽子姫エメラルド蜂鳥
ハチドリ科ハチドリ亜科の鳥。全長6.5〜8.5cm。
¶ハチドリ (p372)

キホオアメリカムシクイ *Dendroica chrysoparia* 黄頰亜米利加虫食, 黄頰亜米利加虫喰
アメリカムシクイ科の鳥。絶滅危惧IB類。体長12.5cm。㊎アメリカ合衆国(テキサス)(固有繁殖), メキシコ〜パナマ(越冬)
¶鳥絶 (p217/カ図)

キホオコバシミツスイ *Lichenostomus chrysops* 黄頰小嘴蜜吸
ミツスイ科の鳥。全長16〜18cm。
¶世鳥大 (p363/カ写)

キホオテナガザル *Nomascus gabriellae*
テナガザル科の哺乳類。別名ホオアカテナガザル。絶滅危惧IB類。体高45〜64cm。㊎カンボジア, ラオス, ベトナム
¶地球〔ホオアカテナガザル〕(p548/カ写)
美サル (p111/カ写)

キボシイシガメ *Clemmys guttata*
ヌマガメ科の爬虫類。絶滅危惧IB類。甲長8〜12cm。㊎カナダ南部, アメリカ合衆国東部
¶遺産世 (Reptilia No.3/カ写)
世カメ (p190/カ写)
世爬 (p17/カ写)
世文動 (p249/カ写)
地球 (p375/カ写)
爬両1800 (p23/カ写)
爬両ビ (p14/カ写)

キボシイワハイラックス *Heterohyrax brucei*
イワダヌキ科(ハイラックス科)の哺乳類。体長30〜38cm。
¶地球 (p515/カ写)

キボシオオハシリトカゲ *Aspidoscelis motaguae*
テユー科の爬虫類。全長36～40cm。[分]メキシコ, グアテマラ, エルサルバドル, ホンジュラス
¶**爬両1800**(p195/カ写)
爬両ビ(p135/カ写)

キボシオオマントガエル *Mantidactylus guttulatus*
マダガスカルガエル科(マラガシーガエル科)の両生類。体長10～12cm。[分]マダガスカル北部
¶**カエル見**(p69/カ写)
爬両1800(p403/カ写)
爬両ビ(p265/カ写)

キボシククリィヘビ *Oligodon lacroixi*
ナミヘビ科ナミヘビ亜科の爬虫類。別名ラクロワククリィヘビ。全長50～60cm。[分]中国(雲南省), ベトナム北部
¶**爬両1800**(p290/カ写)

キボシクサガエル *Hyperolius guttulatus*
クサガエル科の両生類。別名シズククサガエル。体長2.8～3.7cm。[分]アフリカ大陸西部沿岸域
¶**カエル見**(p53/カ写)
世両(p89/カ写)
爬両1800(p392/カ写)

キボシサラマンダー ⇒スポットサラマンダーを見よ

キボシナガレガエル *Rana signata*
アカガエル科の両生類。別名キオビナガレアカガエル。体長3～7.5cm。[分]インドネシア(スマトラ島・ボルネオ島), タイ, マレーシア
¶**カエル見**(p85/カ写)
世カエ〔キオビナガレアカガエル〕(p350/カ写)
世両(p142/カ写)
爬両1800(p415/カ写)
爬両ビ(p278/カ写)

キボシビロードヤモリ *Oedura tryoni*
ヤモリ科イシヤモリ亜科の爬虫類。全長20cm前後。[分]オーストラリア東部
¶**ゲッコー**(p86/カ写)
世文動(p258/カ写)
爬両1800(p162/カ写)

キボシホウセキドリ *Pardalotus striatus* 黄星宝石鳥
ホウセキドリ科の鳥。全長9～12cm。[分]オーストラリア
¶**世鳥大**(p367/カ写)

キボシミズベハチドリ *Leucippus chlorocercus* 黄星水辺蜂鳥
ハチドリ科ハチドリ亜科の鳥。全長12cm。
¶**ハチドリ**(p249/カ写)

キホホハッカ ⇒ハイイロハッカを見よ

ギボンズチズガメ *Graptemys gibbonsi*
ヌマガメ科アミメガメ亜科の爬虫類。甲長9～30cm。[分]アメリカ合衆国(ミシシッピ州・ルイジアナ州)
¶**世カメ**(p225/カ写)
世爬(p25/カ写)
爬両1800(p25/カ写)
爬両ビ(p21/カ写)

キマダラアリヅカヒメガエル *Ramanella variegata*
ヒメガエル科の両生類。体長2.5～3.5cm。[分]インド東部～南部
¶**カエル見**(p73/カ写)

キマダラオオクサガエル *Leptopelis flavomaculatus*
クサガエル科の両生類。体長4～7cm。[分]アフリカ大陸東部～南東部
¶**かえる百**(p73/カ写)
カエル見(p56/カ写)
爬両1800(p393/カ写)

キマダラキューバヒキガエル *Peltophryne peltocephala* 黄斑キューバ蟇
ヒキガエル科の両生類。体長130～163mm。[分]キューバ中部・東部
¶**世カエ**(p172/カ写)

キマダラチズガメ *Graptemys flavimaculata* 黄斑地図亀
ヌマガメ科の爬虫類。絶滅危惧IB類。甲長8～18cm。[分]アメリカ合衆国(ミシシッピ州)
¶**世カメ**(p232/カ写)
絶百4(p20/カ写)
世爬(p26/カ写)
爬両1800(p26/カ写)
爬両ビ(p23/カ写)

キマダラツエイモリ ⇒キブチツエイモリを見よ

キマダラヒキガエル *Bufo spinulosus* 黄斑蟇
ヒキガエル科の両生類。体長4～9cm。[分]南米大陸中部～西部
¶**爬両1800**(p366/カ写)

キマダラフキヤガマ *Atelopus spumarius* 黄斑吹矢蝦蟇
ヒキガエル科の両生類。体長2.5～4cm。[分]ガイアナ, スリナム, 仏領ギアナ, ブラジル
¶**カエル見**(p28/カ写)
世両(p35/カ写)
爬両1800(p367～368/カ写)
爬両ビ(p244/カ写)

キマダラマントガエル *Mantidactylus flavobrunneus* 黄斑マント蛙
マラガシーガエル科の両生類。体長30～38mm。[分]マダガスカル東部の森林
¶**かえる百**(p52/カ写)

キ

キ

キマユアメリカムシクイ *Setophaga fusca* 黄眉亜米利加虫食, 黄眉亜米利加虫喰
アメリカムシクイ科の鳥。全長13cm。㊕北アメリカ, 南アメリカ
¶**原色鳥**(p189/カ写)
世鳥大(p469/カ写)

キマユカナリア *Serinus mozambicus* 黄眉金糸雀
アトリ科の鳥。別名セイオウチョウ。全長12cm。
¶**地球**(p496/カ写)
鳥飼(p106/カ写)

キマユクビワスズメ *Tiaris olivaceus* 黄眉首輪雀
ホオジロ科の鳥。全長10cm。㊕メキシコ東部〜コロンビア, ベネズエラ, 大アンティル諸島
¶**世鳥大**(p477/カ写)
鳥飼(p100/カ写)

キマユコゴシキドリ *Tricholaema diademata* 黄眉小五色鳥
オオハシ科の鳥。全長22cm。
¶**地球**(p479/カ写)

キマユコバシハエトリ *Phylloscartes paulistus* 黄眉小嘴蝿取
タイランチョウ科の鳥。全長11cm。㊕ブラジル南東部, パラグアイ東部, アルゼンチン北東部
¶**世鳥大**(p342/カ写)

キマユシマヤイロチョウ *Pitta guajana* 黄眉縞八色鳥
ヤイロチョウ科の鳥。体長22cm。㊕マレー半島, スマトラ島, ボルネオ島, ジャワ島, バリ島
¶**世美羽**(p89/カ写, カ図)

キマユツメナガセキレイ ⇒ツメナガセキレイ〔亜種〕を見よ

キマユヒヨドリ *Hypsipetes indicus* 黄眉鵯
ヒヨドリ科の鳥。全長20cm。㊕インド, スリランカ
¶**世鳥卵**(p165/カ写, カ図)

キマユペンギン *Eudyptes pachyrhynchus*
ペンギン科の鳥類。別名ビクトリアペンギン。全長55〜60cm。㊕ニュージーランド南島南西部(フィヨルドランド), スチュアート島
¶**地球**(p416/カ写)

キマユホオジロ *Emberiza chrysophrys* 黄眉頬白
ホオジロ科の鳥。全長16cm。㊕シベリア中部
¶**四季鳥**(p32/カ写)
世文鳥(p250/カ写)
鳥比(p193/カ写)
鳥650(p706/カ写)
日ア鳥(p599/カ写)
日色鳥(p111/カ写)
日鳥識(p298/カ写)
日鳥山新(p363/カ写)
日鳥山増(p279/カ写)
日野鳥新(p632/カ写)
日野鳥増(p570/カ写)
ぱっ鳥(p365/カ写)
フ日野新(p270/カ図)
フ日野増(p270/カ図)
フ野鳥(p398/カ図)

キマユムシクイ *Phylloscopus inornatus* 黄眉虫食, 黄眉虫喰
ムシクイ科(ヒタキ科ウグイス亜科)の鳥。全長10.5cm。㊕シベリア, 中央アジア, モンゴル, 中国北東部, ヒマラヤ北西部
¶**四季鳥**(p32/カ写)
世文鳥(p232/カ写)
鳥比(p113/カ写)
鳥650(p549/カ写)
日ア鳥(p457/カ写)
日鳥識(p244/カ写)
日鳥山新(p198/カ写)
日鳥山増(p237/カ写)
日野鳥新(p500/カ写)
日野鳥増(p526/カ写)
羽根決(p391/カ写, カ図)
フ日野新(p256/カ図)
フ日野増(p256/カ図)
フ野鳥(p310/カ図)

キミドリリングテイル *Pseudochirops archeri*
リングテイル科の哺乳類。体長28〜38cm。
¶**地球**(p507/カ写)

キミミインコ *Ognorhynchus icterotis* 黄耳鸚哥
インコ科の鳥。絶滅危惧IB類。体長42cm。㊕コロンビア, エクアドル
¶**鳥絶**(p160/カ図)

キミミクモカリドリ *Arachnothera chrysogenys* 黄耳蜘蛛狩鳥
タイヨウチョウ科の鳥。全長18cm。㊕ミャンマー, インドシナ, マレー半島, ボルネオ島, 大スンダ列島
¶**世鳥卵**(p210/カ写, カ図)

キミミミツスイ *Meliphaga lewinii* 黄耳蜜吸
ミツスイ科の鳥。全長19〜21cm。㊕オーストラリアの東の森
¶**世鳥大**(p363/カ写)
世鳥ネ(p260/カ写)
地球(p485/カ写)

キムネオナガゴシキドリ *Trachyphonus margaritatus* 黄胸尾長五色鳥
ハバシゴシキドリ科の鳥。全長21cm。㊕アフリカ中央部
¶**原色鳥**(p234/カ写)

キムネコウヨウジャク *Ploceus philippinus* 黄胸紅葉雀
ハタオリドリ科の鳥。体長14〜15cm。㊀パキスタン〜東にスリランカまで，インドネシア，スマトラ島
¶**鳥卵巣**（p368/カ図）

キムネツメナガセキレイ *Macronyx croceus* 黄胸爪長鶺鴒
セキレイ科の鳥。㊀アフリカのサハラ砂漠以南
¶**世鳥卵**（p158/カ写，カ図）

キムネハシビロヒタキ *Machaerirhynchus flaviventer* 黄胸嘴広鶲
ハシビロヒタキ科の鳥。全長11〜13cm。㊀クイーンズランド北東部，ニューギニア
¶**世鳥大**（p376/カ写）

キムネハワイマシコ *Loxioides bailleui* 黄胸ハワイ猿子
ハワイミツスイ科の鳥。体長15cm。㊀ハワイ島
¶**鳥卵巣**（p350/カ写，カ図）

キムネビタキ *Ficedula elisae* 黄胸鶲
ヒタキ科の鳥。全長13〜14cm。㊀旅鳥（島根県，石川県）
¶**鳥比**（p156/カ写）

キムネムクドリ *Mino anais* 黄胸椋鳥
ムクドリ科の鳥。全長24cm。㊀ニューギニア
¶**世鳥大**（p431/カ写）
世鳥ネ（p298/カ写）
鳥飼（p113/カ写）

キムリック Cymric
猫の一品種。体重3.5〜5.5kg。北アメリカの原産。
¶**ビ猫**（p246/カ写）

キメアライボイモリ *Tylototriton asperrimus*
イモリ科の両生類。全長12〜15cm。㊀中国南西部〜ベトナム北東部
¶**爬両1800**（p453/カ写）

キメアラカベカナヘビ ⇒イビーサカベカナヘビを見よ

キメアラナンヨウボア ⇒バイパーボアを見よ

キメアラネコメガエル →タルシアネコメガエルを見よ

キメアラヒキガエル *Bufo asper*
ヒキガエル科の両生類。別名マレーオオヒキガエル。体長7〜12cm。㊀インドネシア，マレーシア，タイ，ミャンマー
¶**世カエ**（p132/カ写）
爬両1800（p364/カ写）
爬両ビ（p240/カ写）

キメアラフトイモリ ⇒キタムハンフトイモリを見よ

キメアラフトユビヤモリ ⇒ゴツフトユビヤモリを見よ

キモモアシゲハチドリ *Haplophaedia assimilis* 黄腿足毛蜂鳥
ハチドリ科ミドリフタオハチドリ亜科の鳥。全長9〜10cm。
¶**ハチドリ**（p368）

キモモシロハラインコ *Pionites leucogaster xanthomeria* 黄腿白腹鸚哥
インコ科の鳥。シロハラインコの亜種。大きさ23cm。㊀アマゾン川上流域（ブラジル，エクアドル，ペルー，ボリビア）
¶**鳥飼**（p146/カ写）

キモンナガレガエル *Rana picturata*
アカガエル科の両生類。体長3〜6.8cm。㊀インドネシア（ボルネオ島），マレーシアなど
¶**爬両1800**（p415/カ写）

キャバリア・キング・チャールズ・スパニエル Cavalier King Charles Spaniel
犬の一品種。体重5.4〜8kg。イギリスの原産。
¶**最犬大**（p388/カ写）
新犬種〔カバリア・キング・チャールズ・スパニエル〕（p61/カ写）
新世犬（p272/カ写）
図世犬（p292/カ写）
世文動〔キャバリア・キング・チャールズ・スパニール〕（p140/カ写）
ビ犬（p278/カ写）

キャハンヒキガエル *Bufo paracnemis*
ヒキガエル科の両生類。体長12〜20cm。㊀ブラジル，ボリビア，パラグアイ，アルゼンチン，ウルグアイ
¶**カエル見**（p28/カ写）
世両（p31/カ写）
爬両1800（p366/カ写）
爬両ビ（p243/カ写）

キャメロンクシトカゲ *Acanthosaura titiwangsaensis*
アガマ科の爬虫類。全長25〜30cm。㊀マレーシア南部
¶**爬両1800**（p91/カ写）

キャメロンヒバァ *Amphiesma sanguineum*
ナミヘビ科ユウダ亜科の爬虫類。全長50〜60cm。㊀マレーシア西部
¶**爬両1800**（p269/カ写）

ギャランイワカナヘビ *Iberolacerta galani*
カナヘビ科の爬虫類。全長20〜25cm。㊀スペイン
¶**爬両1800**（p188/カ写）

ギャロウェー Galloway
ウシ科の哺乳類。㊀スコットランド西南部

¶世文動（p211/カ写）

キヤン *Equus kiang*
ウマ科の哺乳類。別名チベットノロバ。体高1.4〜1.5m。㊎チベット
¶地球（p592/カ写）
日家（p57/カ写）

キュウカンチョウ *Gracula religiosa* 九官鳥
ムクドリ科の鳥。全長27〜31cm。㊎インド亜大陸
¶世鳥大（p431/カ写）
世鳥ネ（p298/カ写）
地球（p492/カ写）
鳥飼（p112/カ写）
鳥卵巣（p354/カ写, カ図）

キュウシュウコゲラ *Dendrocopos kizuki kizuki* 九州小啄木鳥
キツツキ科の鳥。コゲラの基亜種。㊎九州
¶日野鳥新（p419/カ写）
日野鳥増（p429/カ写）

キュウシュウジカ *Cervus nippon nippon* 九州鹿
シカ科の哺乳類。ニホンジカの亜種。頭胴長120〜140cm。㊎四国, 九州
¶日哺学フ（p61/カ写）

キュウシュウノウサギ *Lepus brachyurus brachyurus* 九州野兎
ウサギ科の哺乳類。頭胴長約50cm。㊎本州（太平洋沿岸）, 四国, 九州
¶世文動（p103/カ写）
日哺学フ（p68/カ写）

キュウシュウフクロウ *Strix uralensis fuscescens* 九州梟
フクロウ科の鳥。フクロウの亜種。㊎関東地方, 東海地方南部, 近畿地方, 四国地方, 九州地方
¶日野鳥新（p399/カ写）
日野鳥増（p379/カ写）

キュウリゴンドウ ⇒オキゴンドウを見よ

キューバアマガエル ⇒キューバズツキガエルを見よ

キューバイワイグアナ ⇒オオイワイグアナを見よ

キューバオオアマガエル ⇒キューバズツキガエルを見よ

キューバキヌバネドリ *Priotelus temnurus* キューバ絹羽鳥
キヌバネドリ科の鳥。全長26〜28cm。㊎キューバ
¶地球（p472/カ写）

キューバクイナ *Cyanolimnas cerverai* キューバ秧鶏, キューバ水鶏
クイナ科の鳥。絶滅危惧IA類。体長29cm。㊎キューバ南西部（固有）
¶鳥絶（p146/カ図）

キューバコビトドリ *Todus multicolor* キューバ小人鳥
コビトドリ科の鳥。全長10cm。㊎キューバ, 近隣諸島
¶世鳥大（p309/カ写）
世鳥ネ（p230/カ写）

キューバシトド *Torreornis inexpectata* キューバ鵐
ホオジロ科の鳥。全長17cm。㊎キューバ
¶世鳥大（p477/カ写）

キューバスズメフクロウ *Glaucidium siju* キューバ雀梟
フクロウ科の鳥。全長15〜18cm。
¶地球（p465/カ写）

キューバズツキガエル *Osteopilus septentrionalis*
アマガエル科の両生類。別名キューバオオアマガエル, キューバアマガエル。体長4〜14cm。㊎キューバ, バハマ諸島, ケイマン諸島
¶世カエ〔キューバアマガエル〕（p260/カ写）
地球〔キューバアマガエル〕（p360/カ写）
爬両1800（p382/カ写）
爬両ビ（p252/カ写）

キューバソレノドン *Solenodon cubanus*
ソレノドン科の哺乳類。絶滅危惧IB類。体長28〜39cm。㊎キューバ
¶絶百4（p76/カ図）
地球（p559/カ写）

キューバヒメエメラルドハチドリ *Chlorostilbon ricordii* キューバ姫エメラルド蜂鳥
ハチドリ科ハチドリ亜科の鳥。全長9〜11cm。㊎バハマ諸島, キューバ
¶ハチドリ（p208/カ写）

キューバフチア *Capromys* spp.
フチア科の哺乳類。頭胴長30〜50cm。㊎キューバと近隣諸島
¶世文動（p120/カ写）

キューバボア *Epicrates angulifer*
ボア科ボア亜科の爬虫類。全長150〜250cm。㊎キューバと近隣諸島
¶世爬（p171/カ写）
世ヘビ（p15/カ写）
爬両1800（p259/カ写）
爬両ビ（p180/カ写）

キューバワニ *Crocodylus rhombifer*
クロコダイル科の爬虫類。全長3.5m。㊎キューバ本島のサパタ半島のサパタ沼, ピノス島のラニエル沼
¶地球（p400,402/カ写）

キュビエシロムネオオハシ *Ramphastos tucanus cuvieri* キュビエ白胸大嘴
オオハシ科の鳥。全長55〜60cm。

¶地球（p477/カ写）

キュビエブキオトカゲ *Oplurus cuvieri*
イグアナ科マラガシートカゲ亜科の爬虫類。全長37cm以上。㊕マダガスカル西部
¶世爬（p66/カ写）
爬両1800（p79/カ写）
爬両ビ（p70/カ写）

キュビエムカシカイマン *Paleosuchus palpebrosus*
アリゲーター科の爬虫類。別名コビトカイマン。全長1.3～1.5m。㊕南米中部～北部
¶地球（p401/カ写）
爬両1800（p347/カ写）

ギュンターカラカネトカゲ *Chalcides guentheri*
スキンク科の爬虫類。全長18～30cm。㊕イスラエル, レバノン南部, ヨルダン, シリア
¶爬両1800（p206/カ写）

ギュンターキノボリカナヘビ *Holaspis guentheri*
カナヘビ科の爬虫類。全長10～12cm。㊕アフリカ大陸中東部～中西部
¶世爬（p130/カ写）
爬両1800（p194/カ写）
爬両ビ（p132/カ写）

ギュンターコスタリカアマガエル *Hyla pseudopuma*
アマガエル科の両生類。体長38～45mm。㊕コスタリカ, パナマ西部
¶世カエ（p238/カ写）

ギュンターコダマヘビ *Philodryas psammophidea*
ナミヘビ科ヒラタヘビ亜科の爬虫類。全長80cm前後。㊕ブラジル中西部～ボリビア, パラグアイ, アルゼンチン
¶爬両1800（p286/カ写）

ギュンターディクディク *Madoqua guentheri*
ウシ科の哺乳類。体高34～38cm。㊕北ウガンダ～東へケニアとエチオピアを通ってソマリアまで
¶地球（p604/カ写）

ギュンターヒルヤモリ *Phelsuma guentheri*
ヤモリ科の爬虫類。絶滅危惧IB類。頭胴長9.6～14cm。㊕モーリシャスのラウンド島
¶絶百4（p78/カ写）

ギュンターヘラオヤモリ *Uroplatus guentheri*
ヤモリ科ヤモリ亜科の爬虫類。全長10～13cm。㊕マダガスカル西部・北西部
¶ゲッコー（p39/カ写）
爬両1800（p139/カ写）
爬両ビ（p110/カ写）

ギュンタームカシトカゲ *Sphenodon guntheri*
ムカシトカゲ科の爬虫類。絶滅危惧II類。全長60cm前後。㊕ニュージーランド（ノースブラザー諸島）
¶遺産世（Reptilia No.11/カ写）
爬両1800（p349/カ写）

キョウコクハリトカゲ *Sceloporus merriami*
イグアナ科ツノトカゲ亜科の爬虫類。全長11～16cm。㊕アメリカ合衆国南部, メキシコ北部
¶爬両1800（p82/カ写）

キ

キョウジョシギ *Arenaria interpres* 京女鷸, 京女鴫
シギ科の鳥。全長22～24cm。㊕北極高緯度地方
¶くら鳥（p115/カ写）
原寸羽（p109/カ写）
里山鳥（p46/カ写）
四季鳥（p35/カ写）
世鳥卵（p96/カ写, カ図）
世鳥ネ（p138/カ写）
世文鳥（p119/カ写）
地球（p447/カ写）
鳥比（p308/カ写）
鳥650（p272/カ写）
名鳥図（p80/カ写）
日ア鳥（p234/カ写）
日鳥識（p154/カ写）
日鳥水増（p202/カ写）
日野鳥新（p270/カ写）
日野鳥増（p280/カ写）
ぱっ鳥（p157/カ写）
バード（p135/カ写）
羽根決（p148/カ写, カ図）
ひと目鳥（p89/カ写）
フ日野新（p148/カ図）
フ日野増（p148/カ図）
フ野鳥（p162/カ図）
野鳥学フ（p200/カ写, カ図）
野鳥山フ（p29,176/カ図, カ写）
山溪名鳥（p127/カ写）

キョウダイヘビ属の1種 *Adelphicos* sp.
ナミヘビ科ヒラタヘビ亜科の爬虫類。㊕メキシコ, グアテマラ
¶爬両1800（p287/カ写）

キョクアジサシ *Sterna paradisaea* 極鰺刺
カモメ科の鳥。体長33～38cm。㊕北極海, 北極以南のヨーロッパ, 北アメリカ, 南極大陸
¶四季鳥（p67/カ写）
世鳥大（p238/カ写）
世鳥ネ（p147/カ写）
地球（p450/カ写）
鳥卵巣（p205/カ写, カ図）
鳥比（p362/カ写）
鳥650（p350/カ写）
日ア鳥（p297/カ写）
日鳥水増（p316/カ写）
日野鳥新（p335/カ写）
日野鳥増（p161/カ写）

ぱっ鳥 (p190/カ写)
フ日野新 (p318/カ図)
フ日野増 (p318/カ図)
フ野鳥 (p198/カ図)
山渓名鳥 (p128/カ写)

キ

キョクトウスッポン ⇒スッポンを見よ

キョン *Muntiacus reevesi* 羌
シカ科の哺乳類。別名タイワンキョン。体高43〜45cm。㊀東アジア
¶くら哺 (p72/カ写)
世文動 (p201/カ写)
地球 (p596/カ写)
日哺改 (p112/カ写)
日哺学フ (p159/カ写)

キララツヤヘビ *Liophis poecilogyrus*
ナミヘビ科ヒラタヘビ亜科の爬虫類。全長70〜90cm。㊀南米大陸中部〜北西部
¶世爬 (p188/カ写)
爬両1800 (p278/カ写)
爬両ビ (p200/カ写)

キリアイ *Limicola falcinellus* 錐合
シギ科の鳥。全長17cm。㊀ユーラシア大陸北部
¶くら鳥 (p111/カ写)
四季鳥 (p20/カ写)
世文鳥 (p127/カ写)
鳥卵巣 (p197/カ写, カ図)
鳥比 (p323/カ写)
鳥650 (p292/カ写)
名鳥図 (p85/カ写)
日ア鳥 (p250/カ写)
日鳥識 (p160/カ写)
日鳥水増 (p225/カ写)
日野鳥新 (p290/カ写)
日野鳥増 (p314/カ写)
羽根決 (p150/カ写, カ図)
ひと目鳥 (p70/カ写)
フ日野新 (p138/カ図)
フ日野増 (p138/カ図)
フ野鳥 (p170/カ図)
野鳥学フ (p199/カ写)
野鳥山フ (p30,188/カ図, カ写)
山渓名鳥 (p129/カ写)

ギリシャイシガメ *Mauremys rivulata*
アジアガメ科 (イシガメ (バタグールガメ) 科) の爬虫類。別名リブラータイシガメ。甲長25〜30cm。㊀バルカン半島, イスラエル, トルコ, シリア, レバノンなど
¶世カメ (p259/カ写)
世爬 (p39/カ写)
爬両1800 (p41/カ写)

ギリシャリクガメ *Testudo graeca*
リクガメ科の爬虫類。甲長20〜30cm。㊀地中海沿岸沿いのヨーロッパと北西アフリカ, 中東
¶世カメ (p47/カ写)
世爬 (p15/カ写)
爬両1800 (p18〜19/カ写)
爬両ビ (p12/カ写)

キリハシハチドリ *Schistes geoffroyi* 錐嘴蜂鳥
ハチドリ科マルオハチドリ亜科の鳥。全長8.5〜9.5cm。㊀南アメリカ北西部・中西部
¶ハチドリ (p63/カ写)

キリハシミツスイ *Acanthorhynchus tenuirostris* 錐嘴蜜吸
ミツスイ科の鳥。全長13〜16cm。㊀オーストラリア東部〜南東部, タスマニア島
¶世鳥大 (p365/カ写)
地球 (p485/カ写)

キリン *Giraffa camelopardalis* 麒麟
キリン科の哺乳類。絶滅危惧II類。体長3.8〜4.7m。㊀アフリカ
¶驚野動 (p199/カ写)
世文動 (p207/カ写)
世哺 (p346/カ写)

キールウミワタリ *Cerberus rynchops*
ナミヘビ科ミズヘビ亜科の爬虫類。全長70〜100cm。㊀インド〜東南アジア, ニューギニア西部などの沿岸域
¶世ヘビ (p105/カ写)
爬両1800 (p267/カ写)
爬両ビ (p196/カ写)

キルギス・サイトハウンド ⇒タイガンを見よ

キルクアシナシイモリ *Scolecomorphus kirkii*
アフリカアシナシイモリ科の両生類。全長35〜46cm。㊀タンザニア, マラウイ
¶爬両1800 (p463/カ写)
爬両ビ (p319/カ写)

キルクディクディク *Madoqua kirkii*
ウシ科の哺乳類。体高35〜45cm。㊀アフリカ東部・南西部
¶世文動 (p225/カ写)
世哺 (p370/カ写)
地球 (p604/カ写)

キルネコ・デルエトナ ⇒チルネコ・デル・エトナを見よ

キールヒメボア *Tropidophis melanurus*
ドワーフボア科の爬虫類。全長40〜100cm。㊀キューバ
¶爬両1800 (p265/カ写)

キールマブヤ *Eutropis carinata*
スキンク科の爬虫類。全長25～30cm。㊀インド, ネパール, スリランカなど
¶**爬両1800** (p203/カ写)

キー・レオ Kyi Leo
犬の一品種。体高23～28cm。アメリカ合衆国の原産。
¶**新犬種** (p26)
ビ犬 (p278/カ写)

キレンジャク *Bombycilla garrulus* 黄連雀
レンジャク科の鳥。全長18～21cm。㊀北アメリカ大陸一帯, ヨーロッパ, 北アジア
¶**くら鳥** (p62/カ写)
原寸羽 (p232/カ写)
里山鳥 (p24/カ写)
四季鳥 (p83/カ写)
世鳥大 (p399/カ写)
世鳥卵 (p171/カ写, カ図)
世鳥ネ (p274/カ写)
世美羽 (p162/カ写, カ図)
世文鳥 (p211/カ写)
地球 (p488/カ写)
鳥卵巣 (p275/カ写, カ図)
鳥比 (p125/カ写)
鳥650 (p575/カ写)
名鳥図 (p184/カ写)
日ア鳥 (p486/カ写)
日色鳥 (p88/カ写)
日鳥識 (p248/カ写)
日鳥山新 (p226/カ写)
日鳥山増 (p168/カ写)
日野鳥新 (p520/カ写)
日野鳥増 (p482/カ写)
ぱっ鳥 (p300/カ写)
バード (p69/カ写)
羽根決 (p267/カ写, カ図)
ひと目鳥 (p174/カ写)
フ日野新 (p232/カ図)
フ日野増 (p232/カ図)
フ野鳥 (p326/カ図)
野鳥学フ (p103/カ写)
野鳥山フ (p49,288/カ図, カ写)
山溪名鳥 (p130/カ写)

キンイロアデガエル *Mantella aurantiaca*
マダガスカルガエル科(マラガシーガエル科, アデガエル科)の両生類。別名マダガスカルキンイロガエル。絶滅危惧IA類。体長2～3cm。㊀マダガスカル島東部
¶**遺産世** (Amphibia No.4/カ写)
かえる百 (p51/カ写)
カエル見 (p66/カ写)
世カエ〔マダガスカルキンイロガエル〕(p446/カ写)
絶百3〔マダガスカルキンイロガエル〕(p94/カ写)
世文動 (p334/カ写)
世両 (p104/カ写)
地球〔マダガスカルキンイロガエル〕(p361/カ写)
爬両1800 (p399/カ写)
爬両ビ (p262/カ写)

ギンイロアニエラトカゲ *Anniella pulchra*
ギンイロアシナシトカゲ科の爬虫類。全長14cm。
¶**地球** (p388/カ写)

キンイロコウヨウジャク *Ploceus hypoxanthus* 金色紅葉雀
ハタオリドリ科の鳥。全長15cm。㊀東南アジア
¶**世鳥卵**〔キイロコウヨウジャク〔Asiatic Golden Weaver〕〕(p227/カ写, カ図)

キンイロジェントルキツネザル *Hapalemur aureus*
キツネザル科の哺乳類。絶滅危惧IA類。㊀マダガスカル南東部
¶**美サル** (p146/カ写)

キンイロジャッカル *Canis aureus*
イヌ科の哺乳類。別名ゴールデンジャッカル。体長65～105cm。㊀ユーラシア, アフリカ
¶**世文動** (p132/カ写)
世哺 (p228/カ写)
地球 (p564/カ写)
野生イヌ (p68/カ写, カ図)

キンイロジリス *Callospermophilus lateralis*
リス科の哺乳類。体長15～20cm。
¶**地球** (p524/カ写)

キンイロドロガエル *Phrynobatrachus auritus*
ドロガエル科の両生類。全長1.5～2cm。
¶**地球** (p364/カ写)

キンイロヒキガエル *Bufo guttatus*
ヒキガエル科の両生類。体長10～18cm。㊀南米大陸北部～北西部
¶**爬両1800** (p367/カ写)
爬両ビ (p243/カ写)

キンイロヒタキ *Tarsiger chrysaeus* 金色鶲
ツグミ科の鳥。全長14～15cm。㊀ヒマラヤ, インド
¶**原色鳥** (p240/カ写)

キンイロフウキンチョウ *Tangara arthus* 金色風琴鳥
フウキンチョウ科の鳥。体長13cm。㊀ベネズエラ～ボリビアにかけての山岳地帯とその沿岸地域
¶**世色鳥** (p107/カ写)

キンイロヨタカ *Caprimulgus eximius* 金色夜鷹
ヨタカ科の鳥。全長23～25cm。
¶**世鳥大** (p291)

キ

キンエリフウキンチョウ *Tangara ruficervix* 金襟風琴鳥
フウキンチョウ科の鳥。全長13cm。[分]コロンビア～ペルー
¶**原色鳥**(p141/カ写)
世色鳥(p53/カ写)

ギンカイツブリ *Podiceps occipitalis* 銀鸊鷉, 銀鳰
カイツブリ科の鳥。全長25～29cm。
¶**地球**(p423/カ写)

ギンガオサイチョウ *Bycanistes brevis* 銀顔犀鳥
サイチョウ科の鳥。全長75～80cm。[分]エチオピア, スーダン, ケニア, タンザニア
¶**地球**(p476/カ写)
鳥卵巣(p248/カ写, カ図)

キンカジュー *Potos flavus*
アライグマ科の哺乳類。絶滅危惧IB類。体長41～76cm。[分]北アメリカ, 中央アメリカ, 南アメリカ
¶**世文動**(p154/カ写)
世哺(p245/カ写)
地球(p573/カ写)

キンガシラカザリキヌバネドリ *Pharomachrus auriceps* 金頭飾絹羽鳥
キヌバネドリ科の鳥。[分]パナマ～ベネズエラ, コロンビア, エクアドル, ペルー, ボリビア
¶**世美羽**(p56/カ写, カ図)

キンカチョウ *Taeniopygia guttata* 錦花鳥, 錦華鳥
カエデチョウ科の鳥。全長10cm。[分]インドネシアの一部, オーストラリアの大部分
¶**世鳥大**(p460/カ写)
世鳥ネ(p309/カ写)
地球(p494/カ写)
鳥飼(p70/カ写)
鳥卵巣(p333/カ写, カ図)
鳥650(p745/カ写)

キンカトン Jinhua Pig 金華豚
豚の一品種。ブランド豚・中国豚。体重 オス112kg, メス97kg。中国の原産。
¶**日家**〔金華豚〕(p102/カ写)

ギンカモメ *Larus novaehollandiae* 銀鷗
カモメ科の鳥。全長40～45cm。[分]オーストラリア, ニュージーランド, 南大西洋
¶**世鳥ネ**(p144/カ写)
地球(p449/カ写)

キンカロー Kinkalow
猫の一品種。体重2.5～4kg。アメリカ合衆国の原産。
¶**ビ猫**〔キンカロー(ショートヘア)〕(p152/カ写)
ビ猫〔キンカロー(ロングヘア)〕(p234/カ写)

ギンギツネ *Vulpus vulpus* 銀狐
イヌ科の哺乳類。アカギツネのうち黒い体毛のもの。頭胴長約60cm。
¶**日哺学フ**(p158/カ写)

キングアリゲータートカゲ *Elgaria kingii*
アンギストカゲ科の爬虫類。全長19～37cm。[分]アメリカ合衆国南西部, メキシコ北部
¶**世文動**〔キングアリゲータトカゲ〕(p277/カ写)
爬両1800(p226/カ写)
爬両ビ(p159/カ写)

キングイワトカゲ *Egernia kingii*
スキンク科の爬虫類。全長50cm前後。[分]オーストラリア南西部
¶**爬両1800**(p215/カ写)

キングコブラ *Ophiophagus hannah*
コブラ科の爬虫類。絶滅危惧II類。全長400～500cm。[分]インドシナ半島, インドネシア, フィリピン
¶**遺産世**(Reptilia No.19/カ写)
世文動(p296/カ写)
世ヘビ(p107/カ写)
地球(p397/カ写)
爬両1800(p339/カ写)

キングコロブス *Colobus polykomos*
オナガザル科の哺乳類。頭胴長57～68cm。[分]ギニア～ナイジェリア西部
¶**世文動**(p91/カ写)

キング・シェパード King Shepherd
犬の一品種。体高64～74cm。アメリカ合衆国の原産。
¶**ビ犬**(p40/カ写)

キング・チャールズ・スパニエル King Charles Spaniel
犬の一品種。別名イングリッシュ・トイ・スパニエル。愛玩犬。体重3.6～6.3kg。イギリスの原産。
¶**アルテ犬**(p196/カ写)
最犬大(p389/カ写)
新犬種(p60/カ写)
新世犬(p285/カ写)
図世犬(p304/カ写)
ビ犬(p279/カ写)

キングヒメオオトカゲ *Varanus kingorum*
オオトカゲ科の爬虫類。全長35cm前後。[分]オーストラリア北西部
¶**爬両1800**(p239/カ写)

キングペンギン ⇒オウサマペンギンを見よ

キンクロシメ *Mycerobas icterioides* 金黒鵤
アトリ科の鳥。[分]ヒマラヤ地方北西部, インド, アフガニスタン北西部

¶世鳥卵(p224/カ写, カ図)

キンクロハジロ *Aythya fuligula* 金黒羽白
カモ科の鳥。全長40〜47cm。 ㊀ユーラシア大陸
¶くら鳥(p90,92/カ写)
里山鳥(p187/カ写)
四季鳥(p83/カ写)
世鳥大(p132/カ写)
世鳥ネ(p48/カ写)
世文鳥(p75/カ写)
地球(p415/カ写)
鳥比(p226/カ写)
鳥650(p69/カ写)
名鳥図(p56/カ写)
日ア鳥(p54/カ写)
日色鳥(p161/カ写)
日カモ(p203/カ写, カ図)
日鳥識(p82/カ写)
日鳥水増(p143/カ写)
日野鳥新(p72/カ写)
日野鳥増(p78/カ写)
ぱっ鳥(p50/カ写)
バード(p101/カ写)
羽根決(p76/カ写, カ図)
ひと目鳥(p47/カ写)
フ日野新(p52/カ図)
フ日野増(p52/カ図)
フ野鳥(p40/カ図)
野鳥学フ(p170/カ写)
野鳥山フ(p18,116/カ図, カ写)
山溪名鳥(p132/カ写)

キンクロヒメキツツキ *Picumnus exilis* 金黒姫啄木鳥
キツツキ科の鳥。全長10cm。 ㊀ベネズエラ, ブラジル, ギアナ
¶地球(p479/カ写)

キンケイ *Chrysolophus pictus* 金鶏
キジ科の鳥。全長60〜110cm。 ㊀アジア南部〜南東部
¶驚野動(p277/カ写)
世鳥大(p117/カ写)
鳥卵巣(p141/カ写, カ図)

ギンケイ *Chrysolophus amherstiae* 銀鶏
キジ科の鳥。体長 オス115〜150cm, メス58〜68cm。 ㊀中国, ミャンマー北東部。イギリスに移入
¶世鳥ネ(p30/カ写)
地球(p411/カ写)
鳥卵巣(p142/カ写, カ図)

ギンザンマシコ *Pinicola enucleator* 銀山猿子
アトリ科の鳥。全長18.5〜25.5cm。 ㊀北半球北部
¶原色鳥(p41/カ写)
里山鳥(p155/カ写)
四季鳥(p52/カ写)
世色鳥(p14/カ写)
世鳥大(p467/カ写)
世鳥卵(p222/カ写, カ図)
世文鳥(p262/カ写)
地球(p497/カ写)
鳥比(p182/カ写)
鳥650(p679/カ写)
名鳥図(p230/カ写)
日ア鳥(p584/カ写)
日色鳥(p9/カ写)
日鳥識(p288/カ写)
日鳥山新(p342/カ写)
日鳥山増(p313/カ写)
日野鳥新(p617/カ写)
日野鳥増(p599/カ写)
ぱっ鳥(p355/カ写)
バード(p79/カ写)
羽根決(p342/カ写, カ図)
フ日野新(p286/カ図)
フ日野増(p286/カ図)
フ野鳥(p386/カ図)
野鳥学フ(p87/カ写)
野鳥山フ(p58,356/カ図, カ写)
山溪名鳥(p81/カ写)

ギンザンマシコ〔亜種〕 *Pinicola enucleator sakhalinensis* 銀山猿子
アトリ科の鳥。
¶日鳥山新〔亜種ギンザンマシコ〕(p342/カ写)
日鳥山増〔亜種ギンザンマシコ〕(p313/カ写)

キンシコウ ⇒ゴールデンモンキーを見よ

キンショウジョウ ⇒キンショウジョウインコを見よ

キンショウジョウインコ *Alisterus scapularis* 金猩々鸚哥
インコ科の鳥。全長42〜44cm。 ㊀オーストラリア
¶原色鳥〔キンショウジョウインコ(オス)〕(p60/カ写)
原色鳥〔キンショウジョウインコ(メス)〕(p61/カ写)
世色鳥(p26/カ写)
世鳥大(p260/カ写)
地球〔キンショウジョウ〕(p457/カ写)
鳥飼(p141/カ写)

キンシロマーモセット *Mico chrysoleucos*
マーモセット科の哺乳類。頭胴長20〜24cm。 ㊀ブラジルのアマゾン地域
¶美サル(p19/カ写)

キンズキンフウキンチョウ *Tangara larvata* 金頭巾風金鳥
フウキンチョウ科の鳥。全長12cm。 ㊀メキシコ〜エクアドル
¶原色鳥(p139/カ写)
世色鳥(p51/カ写)

キ

キンスゲクサガエル *Hyperolius puncticulatus*
クサガエル科の両生類。体長2.1〜3.7cm。㊕ケニア, タンザニア, マラウイ
¶**かえる百**(p75/カ写)
カエル見(p53/カ写)
世両(p88/カ写)
爬両1800(p392/カ写)

キンスジアメガエル *Litoria aurea*
アマガエル科の両生類。体長5〜8cm。㊕オーストラリア南東部(ニュージーランドに移入)
¶**かえる百**(p69/カ写)
カエル見(p42/カ写)
絶百3(p80/カ写)
世文動(p321/カ写)
世両(p70/カ写)
爬両1800(p383/カ写)
爬両ビ(p253/カ写)

キンスジヒシメクサガエル *Heterixalus rutenbergi*
クサガエル科の両生類。体長2.5〜3.3cm。㊕マダガスカル中央部
¶**カエル見**(p59/カ写)
世両(p98/カ写)
爬両1800(p397/カ写)

キンスジヤドクガエルモドキ *Lithodytes lineatus*
ユビナガガエル科の両生類。体長56mm。㊕ブラジル, ボリビア〜コロンビア, ベネズエラ, ガイアナまでのアマゾン川流域北部
¶**世カエ**(p112/カ写)

ギンネズミ ⇒カワネズミを見よ

キンノジコ *Sicalis flaveola* 金野路子
フウキンチョウ科(ホオジロ科)の鳥。全長13.5〜15cm。㊕南アメリカ
¶**原色鳥**(p177/カ写)
世鳥大(p477)

ギンノドフウキンチョウ *Tangara icterocephala*
銀喉風琴鳥
フウキンチョウ科の鳥。全長13cm。㊕コスタリカ〜エクアドル
¶**原色鳥**(p221/カ写)

キンパ Kinpa 金八
鶏の一品種(軍鶏)。天然記念物。体重 オス1.8kg, メス1.4kg。秋田県・青森県の原産。
¶**日家**〔金八〕(p177/カ写)

ギンバシ *Lonchura malabarica* 銀嘴
カエデチョウ科の鳥。全長11cm。㊕インド, パキスタン, イラン, オマーン, スリランカ
¶**世文鳥**(p278/カ写)
鳥飼(p83/カ写)

ギンバシベニフウキンチョウ *Ramphocelus carbo*
銀嘴紅風琴鳥
フウキンチョウ科の鳥。全長16〜17cm。㊕南アメリカ(アマゾン川流域)
¶**原色鳥**(p16/カ写)
世鳥大(p482/カ写)

キンバト *Chalcophaps indica* 金鳩
ハト科の鳥。全長23〜28cm。㊕インド, スリランカ, スラウェシ島, マルク諸島, オーストラリア北東部。日本では沖縄南部
¶**原寸羽**(p163/カ写)
四季鳥(p123/カ写)
巣と卵決(p79,237/カ写, カ図)
世文鳥(p170/カ写)
地球(p454/カ写)
鳥卵巣(p219/カ写, カ図)
鳥比(p18/カ写)
鳥650(p100/カ写)
名鳥図(p147/カ写)
日ア鳥(p91/カ写)
日色鳥(p122/カ写)
日鳥識(p96/カ写)
日鳥巣(p104/カ写)
日鳥山新(p31/カ写)
日鳥山増(p77/カ写)
日野鳥新(p103/カ写)
日野鳥増(p401/カ写)
バード(p44/カ写)
羽根決(p197/カ写, カ図)
フ日野新(p200/カ図)
フ日野増(p200/カ図)
フ野鳥(p68/カ図)
山溪名鳥(p123/カ写)

キンバト〔亜種〕 *Chalcophaps indica yamashinai*
金鳩
ハト科の鳥。絶滅危惧IB類(環境省レッドリスト), 天然記念物。全長25cm。㊕宮古諸島, 八重山諸島
¶**絶鳥事**〔キンバト〕(p5,72/カ写, モ図)

キンバネアメリカムシクイ *Vermivora chrysoptera*
金羽亜米利加虫食, 金羽亜米利加虫喰
アメリカムシクイ科の鳥。全長12cm。
¶**地球**(p497/カ写)

キンバネオナガタイヨウチョウ *Nectarinia reichenowi* 金羽尾長太陽鳥
タイヨウチョウ科の鳥。体長23cm。㊕ウガンダ, ケニア, タンザニア西部
¶**世美羽**(p82/カ写, カ図)

キンバネモリゲラ *Piculus rubiginosus*
キツツキ科の鳥。全長18〜23cm。㊕メキシコ〜アルゼンチン。トリニダード, トバゴ両島
¶**世鳥大**(p326)

キンパラ *Lonchura atricapilla* 金腹
カエデチョウ科の鳥。かつてはギンパラの亜種とされていた。全長11〜12cm。㊕日本では留鳥として本州中部以南・琉球諸島に分布
¶**世文鳥**(p278/カ写)
鳥飼(p82/カ写)
鳥比(p162/カ写)
日鳥巣〔キンパラ(ギンパラ)〕(p320/カ写)
日鳥山新(p389/カ写)
日鳥山増〔ギンパラ(キンパラ)〕(p356/カ写)
フ日野新(p304/カ図)
フ野鳥(p370/カ図)

ギンパラ *Lonchura malacca* 銀腹
カエデチョウ科の鳥。全長12cm。㊕インド北東部〜中国南部,インドシナ,マレー半島,スマトラ島,フィリピン南部,ボルネオ島,スラウェシ島
¶**巣と卵決**(p223/カ写,カ図)
世鳥大(p461)
世文鳥(p278/カ写)
鳥飼(p82/カ写)
鳥650(p745/カ写)
名鳥図(p247/カ写)
日鳥山新(p389/カ写)
日鳥山増(p356/カ写)
フ日野新(p304/カ図)
フ日野増(p304/カ図)
フ野鳥(p370/カ図)

ギンパラ〔亜種〕 *Lonchura malacca malacca* 銀腹
カエデチョウ科の鳥。
¶**日鳥山新**〔亜種ギンパラ〕(p389/カ写)
日鳥山増〔ギンパラ(亜種ギンパラ)〕(p356/カ写)

キンバラインカハチドリ *Coeligena bonapartei* 金腹インカ蜂鳥
ハチドリ科ミドリフタオハチドリ亜科の鳥。全長14cm。㊕コロンビア,ベネズエラ
¶**ハチドリ**(p167/カ写)

キンバリーイワバオオトカゲ *Varanus glauerti*
オオトカゲ科の爬虫類。全長65〜75cm。㊕オーストラリア西部・北西部
¶**世爬**(p160/カ写)
爬両1800(p240/カ写)
爬両ビ(p169/カ写)

キンビタイヒメキツツキ *Picumnus aurifrons* 金額姫啄木鳥
キツツキ科の鳥。全長10cm。
¶**地球**(p479/カ写)

キンブチバナナガエル *Afrixalus brachycnemis*
クサガエル科の両生類。体長2〜2.7cm。㊕アフリカ大陸東部
¶**カエル見**(p55/カ写)
世両(p91/カ写)
爬両1800(p393/カ写)

キンボウシハチドリ *Campylopterus villaviscensio* 金帽子蜂鳥
ハチドリ科ハチドリ亜科の鳥。準絶滅危惧。全長13〜13.5cm。
¶**ハチドリ**(p227/カ写)

ギンボシフウキンチョウ *Tangara nigroviridis* 銀星風琴鳥
フウキンチョウ科の鳥。全長12cm。㊕ベネズエラ〜ボリビア
¶**原色鳥**(p137/カ写)

ギンボーヒルヤモリ *Phelsuma guimbeaui*
ヤモリ科の爬虫類。全長15cm前後。㊕モーリシャス
¶**爬両1800**(p142/カ写)

キンミドリテリオハチドリ *Metallura williami* 金緑照尾蜂鳥
ハチドリ科ミドリフタオハチドリ亜科の鳥。全長11〜12cm。
¶**ハチドリ**(p138/カ写)

キンミノフウチョウ *Cicinnurus magnificus* 金蓑風鳥
フウチョウ科の鳥。全長18cm。㊕ニューギニア
¶**世美羽**(p120/カ写,カ図)

ギンミミガビチョウ *Garrulax yersini* 銀耳画眉鳥
チメドリ科の鳥。絶滅危惧IB類。体長26〜28cm。㊕ベトナム(固有)
¶**鳥絶**(p197/カ図)

ギンムクドリ *Spodiopsar sericeus* 銀椋鳥
ムクドリ科の鳥。全長24cm。㊕主に中国南部に留鳥として生息
¶**四季鳥**(p118/カ写)
鳥比(p126/カ写)
鳥650(p580/カ写)
名鳥図(p238/カ写)
日ア鳥(p492/カ写)
日色鳥(p195/カ写)
日鳥識(p254/カ写)
日鳥山新(p233/カ写)
日鳥山増(p327/カ写)
日野鳥新(p527/カ写)
日野鳥増(p615/カ写)
ぱっ鳥(p305/カ写)
フ日野新(p294/カ図)
フ日野増(p294/カ図)
フ野鳥(p330/カ図)

キンムネオナガテリムク *Lamprotornis regius* 金胸尾長照椋
ムクドリ科の鳥。全長30cm。㊕アフリカ北東部
¶**原色鳥**(p233/カ写)
世美羽(p94/カ写,カ図)

鳥飼 (p114/カ写)

ギンムネヒロハシ *Serilophus lunatus* 銀胸広嘴
ヒロハシ科の鳥。全長16cm。[分]ネパール, 中国南部, 海南島, インドシナ, スマトラ島
¶世鳥大 (p335)
世鳥卵 (p145/カ写, カ図)

ク

キンムネホオジロ *Emberiza flaviventris* 金胸頬白
ホオジロ科の鳥。全長15～16cm。[分]サハラ砂漠以南のアフリカ
¶原色鳥 (p244/カ写)

キンムネワタアシハチドリ *Eriocnemis mosquera* 金胸綿足蜂鳥
ハチドリ科ミドリフタオハチドリ亜科の鳥。全長12～13cm。
¶ハチドリ (p152/カ写)

キンメツブハダキガエル *Theloderma asperum*
アオガエル科の両生類。体長2～3cm。[分]中国, インドシナ, マレー半島
¶カエル見 (p49/カ写)
爬両1800 (p389/カ写)
爬両ビ (p256/カ写)

キンメフクロウ *Aegolius funereus* 金目梟
フクロウ科の鳥。絶滅危惧IB類(環境省レッドリスト)。全長21～28cm。[分]ユーラシア北部, 北アメリカ北部, ワイオミング州～ニューメキシコ州。南方に渡りをする個体群もいる
¶原寸羽 (p189/カ写)
絶鳥事 (p60/モ図)
世文鳥 (p178/カ写)
地球 (p466/カ写)
鳥比 (p27/カ写)
鳥650 (p427/カ写)
日ア鳥 (p361/カ写)
日鳥山新 (p96/カ写)
日鳥山増 (p95/カ写)
フ日野新 (p190/カ図)
フ日野増 (p190/カ図)
フ野鳥 (p250/カ図)

キンメペンギン *Megadyptes antipodes* 金目ペンギン
ペンギン科の鳥類。別名キガシラペンギン, グランドペンギン。絶滅危惧IB類。体長65～76cm。[分]ニュージーランド(固有)
¶世鳥大 (p139/カ写)
地球 (p417/カ写)
鳥絶 (p121/カ図)

キンランチョウ *Euplectes franciscanus* 金襴鳥
ハタオリドリ科の鳥。全長13～15cm。[分]アフリカ中部・南部
¶世文鳥 (p280/カ写)
日鳥山新 (p391/カ写)
日鳥山増 (p357/カ写)

【ク】

グアダルーペオットセイ *Arctocephalus townsendi*
アシカ科の哺乳類。体長1.4～2m。[分]メキシコのグアダルーペ島(繁殖地)
¶地球 (p567/カ写)

クアッガ *Equus quagga*
ウマ科の哺乳類。絶滅種。頭胴長2m。[分]南アフリカ(旧ケープ州・旧オレンジ自由州)
¶絶百4 (p80/カ写, カ図)

クアッカワラビー *Setonix brachyurus*
カンガルー科の哺乳類。別名クァッカ, クオッカ。絶滅危惧II類。体長40～54cm。[分]オーストラリア
¶世文動〔クァッカ〕(p49/カ写)
世哺 (p73/カ写)
地球 (p509/カ写)

グアテマラカイツブリ ⇒オオオビハシカイツブリを見よ

グアテマラクロホエザル ⇒メキシコクロホエザルを見よ

グアテマラコアカヒゲハチドリ *Atthis ellioti* グアテマラ小赤髭蜂鳥
ハチドリ科ハチドリ亜科の鳥。全長6.5～7cm。[分]グアテマラ, メキシコ, ホンジュラス
¶原色鳥 (p75/カ写)
ハチドリ (p340/カ写)

グアテマラホエザル ⇒メキシコクロホエザルを見よ

グァテマラワニ *Crocodylus moreletii*
クロコダイル科の爬虫類。別名モレレットワニ。全長3m。[分]メキシコ, ベリーズ, グアテマラ
¶爬両1800 (p346/カ写)

グアナイムナジロヒメウ *Leucocarbo bougainvillii* グアナイ胸白姫鵜
ウ科の鳥。全長71～76cm。[分]ペルーやチリの沿岸部
¶世鳥大 (p178/カ写)

グアナコ *Lama guanicoe*
ラクダ科の哺乳類。絶滅危惧II類。体高1.1～1.2m。[分]南アメリカの広域
¶世文動 (p198/カ写)
世哺 (p331/カ写)
地球 (p609/カ写)
レ生〔グァナコ〕(p105/カ写)

グアムクイナ *Gallirallus owstoni* グアム秧鶏, グアム水鶏
クイナ科の鳥。野生絶滅。全長28cm。[分]グアム島

¶**絶百4**(p86/カ写)

クイナ *Rallus aquaticus* 秧鶏, 水鶏

クイナ科の鳥。全長23〜28cm。㋕ユーラシア, 北アメリカ, 中東で繁殖。一部の個体群は中東や東南アジアへ渡る。日本では本州北部以北で繁殖, 本州以南で越冬

¶**くら鳥**(p84/カ写)
原寸羽(p100/カ写)
里山鳥(p192/カ写)
四季鳥(p99/カ写)
世鳥大(p209/カ写)
世鳥ネ(p115/カ写)
世文鳥(p106/カ写)
地球(p440/カ写)
鳥卵巣(p155/カ写, カ図)
鳥比(p271/カ写)
鳥650(p191/カ写)
名鳥図(p70/カ写)
日ア鳥(p166/カ写)
日鳥識(p126/カ写)
日鳥水増(p170/カ写)
日野鳥新(p184/カ写)
日野鳥増(p218/カ写)
ぱっ鳥(p113/カ写)
バード(p117/カ写)
羽根決(p128/カ写, カ図)
ひと目鳥(p111/カ写)
フ日野新(p124/カ図)
フ日野増(p124/カ図)
フ野鳥(p114/カ図)
野鳥学フ(p160/カ写)
野鳥山フ(p26,160/カ図, カ写)
山溪名鳥(p134/カ写)

クィーンザリガニクイ *Regina septemvittata*

ナミヘビ科ユウダ亜科の爬虫類。全長40〜90cm。㋕アメリカ合衆国中部〜東部

¶**爬両1800**(p274/カ写)

クーヴァス ⇒クーバースを見よ

クォーターホース Quarter Horse

馬の一品種。軽量馬。体高145〜161cm。アメリカ合衆国の原産。

¶**アルテ馬**(p156/カ写)
日家〔クォーター・ホース〕(p47/カ写)

クオッカ ⇒クアッカワラビーを見よ

クーガー ⇒ピューマを見よ

クサガメ *Mauremys reevesii* 臭亀

アジアガメ科(イシガメ(バタグールガメ)科)の爬虫類。別名リーブクサガメ, リーブスクサガメ。甲長18〜23cm。㋕日本, 韓国, 中国東部〜南東部, 台湾

¶**原爬両**(No.4/カ写)
世カメ〔リーブスクサガメ〕(p252/カ写)
世爬〔リーブスクサガメ〕(p36/カ写)
世文動(p245/カ写)
日カメ(p16/カ写)
爬両観(p128/カ写)
爬両飼(p142/カ写)
爬両1800〔リーブスクサガメ〕(p38/カ写)
爬両ビ〔リーブスクサガメ〕(p35/カ写)
野日爬(p14,46,74/カ写)

クサガメ×ニホンイシガメ ⇒ウンキュウを見よ

クサガメ×ハナガメ *Mauremys reevesii* × *Mauremys sinensis* 臭亀×花亀

クサガメとハナガメの交雑個体。

¶**原爬両**(No.15/カ写)
爬両飼(p150/カ写)

クサガメ×ミナミイシガメ *Mauremys reevesii* × *Mauremys mutica* 臭亀×南石亀

クサガメとミナミイシガメの交雑個体。

¶**原爬両**(No.14/カ写)
爬両飼(p150)

クサガメ×リュウキュウヤマガメ *Mauremys reevesii* × *Geoemyda japonica* 臭亀×琉球山亀

クサガメとリュウキュウヤマガメの交雑個体。

¶**原爬両**(No.19/カ写)

クサシギ *Tringa ochropus* 草鷸, 草鴫

シギ科の鳥。全長22cm。㋕ユーラシア大陸の中部・北部

¶**くら鳥**(p114/カ写)
里山鳥(p126/カ写)
四季鳥(p75/カ写)
世文鳥(p132/カ写)
鳥卵巣(p187/カ写, カ図)
鳥比(p304/カ写)
鳥650(p265/カ写)
名鳥図(p91/カ写)
日ア鳥(p228/カ写)
日鳥識(p152/カ写)
日鳥水増(p237/カ写)
日野鳥新(p264/カ写)
日野鳥増(p274/カ写)
ぱっ鳥(p152/カ写)
バード(p121/カ写)
羽根決(p381/カ写, カ図)
ひと目鳥(p75/カ写)
フ日野新(p146/カ図)
フ日野増(p146/カ図)
フ野鳥(p156/カ図)
野鳥学フ(p153/カ写)
野鳥山フ(p31,194/カ図, カ写)
山溪名鳥(p213/カ写)

クサチヒメドリ ⇒サバンナシトドを見よ

ク

クサチマブヤ *Eutropis dissimilis*
スキンク科の爬虫類。全長17〜25cm。㊕パキスタン, インド北部, バングラデシュ
¶**爬両1800**(p203/カ写)

クサビオケンバネハチドリ *Campylopterus curvipennis* 楔尾剣羽蜂鳥
ハチドリ科ハチドリ亜科の鳥。全長11.5〜13.5cm。
¶**ハチドリ**(p220/カ写)

クサビオヤマハチドリ *Oreotrochilus adela* 楔尾山蜂鳥
ハチドリ科ミドリフタオハチドリ亜科の鳥。準絶滅危惧。全長11〜13cm。
¶**ハチドリ**(p366)

クサビミミズトカゲ *Geocalamus acutus*
ミミズトカゲ科の爬虫類。全長20〜25cm。㊕ケニア, タンザニア
¶**世爬**(p164/カ写)
爬両1800(p246/カ写)
爬両ビ(p174/カ写)

クサムシクイ *Sphenoeacus afer* 草虫食, 草虫喰
ウグイス科の鳥。全長19〜23cm。㊕ジンバブエの一部, モザンビーク, 南アフリカ
¶**世鳥大**(p414/カ写)
地球(p490/カ写)

クサムラツカツクリ *Leipoa ocellata* 草叢塚造
ツカツクリ科の鳥。絶滅危惧II類。全長60cm。㊕西・南オーストラリアの半砂漠地域
¶**遺産世**(Aves No.17/カ写)
絶百4(p88/カ写)
世鳥大(p108/カ写)
世鳥ネ(p24/カ写)
地球(p408/カ写)
鳥絶(p143/カ図)

クサリヤマカガシ ⇒クサリユウダを見よ

クサリユウダ *Natrix maura*
ナミヘビ科ユウダ亜科の爬虫類。別名クサリヤマカガシ。全長60〜90cm。㊕ヨーロッパ南西部, アフリカ大陸北西部
¶**爬両1800**(p275/カ写)

クシイモリ ⇒ホクオウクシイモリを見よ

クシトゲオイグアナ *Ctenosaura pectinata*
イグアナ科イグアナ亜科の爬虫類。全長100〜140cm。㊕メキシコ西部, アメリカ合衆国の一部(帰化)
¶**世爬**(p63/カ写)
爬両1800(p75/カ写)
爬両ビ(p64/カ写)

クシマンセ *Crossarchus obscurus*
マングース科の哺乳類。体長30〜37cm。㊕シエラレオネ〜カメルーン
¶**地球**(p586/カ写)

クシミミトカゲ *Ctenotus* sp.
スキンク科の爬虫類。全長15〜25cm前後まで。㊕オーストラリア
¶**爬両1800**(p202/カ写)
爬両ビ(p142/カ写)

クジャクイロワケヤモリ ⇒カタボシイロワケヤモリを見よ

クジャクオオトカゲ *Varanus auffenbergi*
オオトカゲ科の爬虫類。全長60cm前後。㊕インドネシア(ロティ島)
¶**爬両1800**(p239/カ写)
爬両ビ(p169/カ写)

クジャクトゲオアガマ *Uromastyx ocellata*
アガマ科の爬虫類。全長30cm前後。㊕アフリカ大陸北西部
¶**爬両1800**(p107/カ写)

クシユビトカゲ *Uma notata*
イグアナ科の爬虫類。頭胴長7〜11cm。㊕アメリカ合衆国南西部, メキシコ北西部
¶**世文動**(p264/カ写)

クーズー *Tragelaphus strepsiceros*
ウシ科の哺乳類。体高1〜1.5m。㊕アフリカ
¶**絶百5**(p14/カ写)
世文動(p214/カ写)
世哺(p350/カ写)
地球(p599/カ写)

クスクス *Phalanger* sp.
クスクス科の哺乳類。体長33〜60cm。㊕ニューギニアと近隣諸島など
¶**地球**〔クスクス属の一種〕(p507/カ写)

クスシヘビ *Elaphe longissima*
ナミヘビ科ナミヘビ亜科の爬虫類。全長120〜150cm。㊕ヨーロッパ中部以南, トルコ, ロシア南西部など
¶**爬両1800**(p318/カ写)

クスダマインコ *Psitteuteles versicolor* 薬玉鸚哥
インコ科(ヒインコ科)の鳥。全長18cm。㊕オーストラリア北部
¶**世鳥大**(p257/カ写)
地球(p457/カ写)

クズリ *Gulo gulo* 屈狸, 熊貂
イタチ科の哺乳類。絶滅危惧II類。体長65〜105cm。㊕北アメリカ北西部〜北部, ヨーロッパ北東部〜アジア北部・東部
¶**驚野動**(p38/カ写)
絶百5(p16/カ写)
世文動(p160/カ写)

世哺(p255/カ写)
地球(p574/カ写)

クスリサンドスキンク *Scincus scincus*
スキンク科の爬虫類。全長12～16cm。 ㊊アフリカ大陸北部, アラビア半島など
¶世爬(p137/カ写)
爬両1800(p205/カ写)
爬両ビ(p144/カ写)

クチグロナキウサギ *Ochotona curzoniae*
ナキウサギ科の哺乳類。体長14～18.5cm。 ㊊東アジア
¶世哺(p137/カ写)

クチジマカラタケトカゲ *Eugongylus rufescens*
スキンク科の爬虫類。全長34cm前後。 ㊊ニューギニア島, オーストラリア北端部など
¶爬両1800(p205/カ写)
爬両ビ(p144/カ写)

クチジロペッカリー *Tayassu pecari*
ペッカリー科の哺乳類。絶滅危惧II類。体高44～57cm。 ㊊中央アメリカ～南アメリカ
¶遺産世(Mammalia No.56/カ写)
驚野動(p101/カ写)
世文動(p197/カ写)
地球(p594/カ写)

クチノシマウシ Kuchinoshima Cattle 口之島牛
牛の一品種。日本在来牛。体高 オス122cm, メス110cm。 ㊊トカラ列島の口之島で野生化
¶くら哺〔ウシ〔口之島牛〕〕(p76/カ写)
日家〔口之島牛〕(p60/カ写)

クチノシマトカゲ *Plestiodon kuchinoshimensis* 口之島蜥蜴
トカゲ科の爬虫類。全長15～27cm。 ㊊トカラ諸島の口之島
¶野日爬(p22,51,97/カ写)

クチバテングコウモリ *Murina tenebrosa* 朽葉天狗蝙蝠
ヒナコウモリ科の哺乳類。前腕長3.4cm。 ㊊対馬の廃坑で今までにタイプ標本が1頭採集されたのみ
¶くら哺(p52/カ写)
日哺改(p61/カ写)
日哺学フ(p167/カ写)

クチヒゲグエノン *Cercopithecus cephus*
オナガザル科の哺乳類。頭胴長48～56cm。 ㊊カメルーン南部～アンゴラ北部
¶世文動(p82/カ写)

クチヒゲユビナガガエル *Leptodactylus mystacinus*
ユビナガガエル科の両生類。別名ヒソミユビナガガエル。体長4.4～6.7cm。 ㊊南米大陸中部
¶カエル見〔ヒソミユビナガガエル〕(p113/カ写)
爬両1800(p431/カ写)

クチヒロカイマン *Caiman latirostris*
アリゲーター科の爬虫類。全長3m。 ㊊南アメリカ南東部
¶地球(p401/カ写)

クチブエキノボリヒメガエル *Platypelis pollicaris*
ヒメガエル科の両生類。体長2.6～2.8cm。 ㊊マダガスカル東部
¶カエル見(p75/カ写)
爬両1800(p407/カ写)

クチベニヘビ *Crotaphopeltis hotamboeia*
ナミヘビ科ナミヘビ亜科の爬虫類。全長40～70cm。 ㊊サハラ以南のアフリカ大陸
¶爬両1800(p295/カ写)

クチボソツメナシヤモリ *Ebenavia inunguis*
ヤモリ科ヤモリ亜科の爬虫類。全長6cm前後。 ㊊マダガスカル東部, コモロ諸島
¶ゲッコー(p48/カ写)
爬両1800(p145/カ写)

クチボソハガクレトカゲ *Polychrus acutirostris*
イグアナ科アノールトカゲ亜科の爬虫類。全長35～45cm。 ㊊南米大陸中部
¶爬両1800(p84/カ写)

クチボソヒレアシトカゲ *Lialis jicari*
ヒレアシトカゲ科の爬虫類。全長50～60cm。 ㊊ニューギニア島
¶爬両1800(p181/カ写)

クックツリーボア *Corallus hortulanus cookie*
ボア科ボア亜科の爬虫類。 ㊊コスタリカ～ベネズエラ, ウィンドワード諸島
¶世ヘビ(p14/カ写)

クツワアメガエル *Litoria infrafrenata*
アマガエル科の両生類。体長6～13.5cm。 ㊊ニューギニア島, ビスマルク諸島, オーストラリア北部
¶かえる百(p68/カ写)
カエル見(p42/カ写)
世文動(p321/カ写)
世両(p68/カ写)
爬両1800(p383/カ写)
爬両ビ(p253/カ写)

クトン・ド・テュレアー ⇒コトン・ド・テュレアールを見よ

クナーブストラップ Knabstrup
馬の一品種。軽量馬。体高152～153cm。デンマークの原産。
¶アルテ馬(p126/カ写)

グナレンナガクビガメ *Chelodina gunaleni*
ヘビクビガメ科の爬虫類。甲長20～23cm。 ㊊インドネシア(イリアンジャヤ南西部)
¶世カメ(p107/カ写)

爬両1800 (p63/カ写)
爬両ビ (p46/カ写)

クノジヒルヤモリ *Phelsuma v-nigra*
ヤモリ科の爬虫類。全長10〜11cm。㊀コモロ諸島
¶**爬両1800** (p142/カ写)
爬両ビ (p113/カ写)

ク

クーバース Kuvasz
犬の一品種。別名ハンガリアン・クーバース(旧称), クバーズ, クーヴァス。体高 オス71〜76cm, メス66〜70cm。ハンガリーの原産。
¶最犬大 (p93/カ写)
新犬種〔クーヴァス〕(p314/カ写)
新世犬〔クバーズ〕(p57/カ写)
図世犬〔クバーズ〕(p71/カ写)
世文動 (p144/カ写)
ビ犬〔ハンガリアン・クーバース〕(p82/カ写)

クーパーハイタカ *Accipiter cooperii* クーパー灰鷹
タカ科の鳥。全長37〜49cm。㊀カナダ南部〜南はメキシコ北西部まで
¶世鳥大 (p197/カ写)

クビカシゲガメ *Pseudemydura umbrina*
ヘビクビガメ科の爬虫類。絶滅危惧IA類。背甲長最大14cm。㊀オーストラリア西部のパース地区
¶**絶百4** (p22/カ写)
レ生 (p108/カ写)

クビナガカイツブリ *Aechmophorus occidentalis* 首長鸊鷉, 首長鳰
カイツブリ科の鳥。全長55〜75cm。㊀北アメリカ西部のカナダ南部〜メキシコ
¶世鳥ネ (p64/カ写)
地球 (p423/カ写)

クビナガヘビ *Dryophiops rubescens*
ナミヘビ科ナミヘビ亜科の爬虫類。全長100cm前後。㊀東南アジア全域
¶**爬両1800** (p290/カ写)

クビワアメリカムシクイ *Myioborus torquatus* 首輪亜米利加虫食, 頸輪亜米利加虫食
アメリカムシクイ科の鳥。全長13cm。㊀コスタリカ, パナマ
¶原色鳥 (p187/カ写)

クビワイワバトカゲ *Petrosaurus mearnsi* 首輪岩場蜥蜴, 頸輪岩場蜥蜴
イグアナ科ツノトカゲ亜科の爬虫類。全長20〜30cm。㊀アメリカ合衆国南西部, メキシコ(バハカリフォルニア半島と周辺の島々)
¶**爬両1800** (p82/カ写)

クビワウズラ *Odontophorus strophium* 首輪鶉, 頸輪鶉
ナンベイウズラ科の鳥。絶滅危惧IB類。体長25cm。㊀コロンビア(固有)
¶鳥絶 (p142/カ図)

クビワオオコウモリ *Pteropus dasymallus* 首輪大蝙蝠, 頸輪大蝙蝠
オオコウモリ科の哺乳類。絶滅危惧IB類。前腕長12.4〜13.8cm。㊀大隅諸島の口永良部島〜トカラ列島, 奄美諸島, 沖縄諸島, 大東諸島, 先島諸島まで
¶くら哺 (p40/カ写)
絶百3 (p34/カ図)
世文動 (p60/カ写)
日哺改 (p27/カ写)
日哺学フ (p176)

クビワオオシロハラミズナギドリ *Pterodroma cervicalis* 首輪大白腹水薙鳥, 頸輪大白腹水薙鳥
ミズナギドリ科の鳥。全長43cm。㊀南太平洋のケルマディック島とフィリップ島, ノーフォーク島で南半球の夏に繁殖
¶鳥比 (p244/カ写)
鳥650 (p117/カ写)
日ア鳥 (p104/カ写)
日鳥水増 (p36/カ写)
フ日野新 (p70/カ図)
フ野鳥 (p74/カ図)

クビワガビチョウ *Garrulax pectoralis* 首輪鵞鳥, 頸輪鵞鳥
チメドリ科の鳥。別名オオガビチョウ。全長27〜35cm。㊀ヒマラヤ山脈東部〜中国南部やベトナム北部にかけて分布。ハワイ諸島に移入された
¶世鳥大 (p419/カ写)
地球 (p490/カ写)

クビワカモメ *Xema sabini* 首輪鷗, 頸輪鷗
カモメ科の鳥。全長27〜32cm。㊀北極圏
¶世文鳥 (p151/カ図)
地球 (p449/カ写)
鳥比 (p329/カ写)
鳥650 (p309/カ写)
日ア鳥 (p264/カ写)
フ日野新 (p92/カ図)
フ日野増 (p92/カ図)
フ野鳥 (p178/カ図)

クビワキンクロ *Aythya collaris* 首輪金黒, 頸輪金黒
カモ科の鳥。全長40〜46cm。㊀北アメリカ中央部
¶世鳥ネ (p48/カ写)
世文鳥 (p74/カ写)
鳥比 (p227/カ写)
鳥650 (p68/カ写)
名鳥図 (p56/カ写)
日ア鳥 (p55/カ写)
日カモ (p197/カ写, カ図)
日鳥識 (p82/カ写)
日鳥水増 (p140/カ写)
日野鳥新 (p73/カ写)
日野鳥増 (p79/カ写)

フ日野新 (p52/カ図)
フ日野増 (p52/カ図)
フ野鳥 (p40/カ図)
野鳥学フ (p170/カ写)

クビワコウテンシ *Melanocorypha bimaculata* 首輪告天子, 頸輪告天子
ヒバリ科の鳥。全長17cm。㊊小アジア, イラク, アフガニスタン, トルキスタン
¶世文鳥 (p194/カ図)
鳥比 (p96/カ写)
鳥650 (p513/カ写)
日ア鳥 (p432/カ写)
日鳥山新 (p171/カ写)
日鳥山増 (p126/カ写)
日野鳥新 (p480/カ写)
日野鳥増 (p440/カ写)
フ日野新 (p216/カ図)
フ日野増 (p216/カ図)
フ野鳥 (p294/カ図)

クビワコウモリ *Eptesicus japonensis* 首輪蝙蝠, 頸輪蝙蝠
ヒナコウモリ科の哺乳類。絶滅危惧IB類 (環境省レッドリスト)。日本固有種。前腕長3.8～4.3cm。㊊本州の関東・中部・北陸地方などの限られた場所
¶くら哺 (p50/カ写)
絶事 (p2,52/カ写, モ図)
日哺改 (p49/カ写)
日哺学フ (p121/カ写)

クビワコガモ *Callonetta leucophrys* 首輪小鴨, 頸輪小鴨
カモ科の鳥。全長35～38cm。
¶地球 (p414/カ写)

クビワゴシキドリ *Lybius torquatus* 首輪五色鳥, 頸輪五色鳥
ハバシゴシキドリ科の鳥。全長18cm。
¶世鳥大 (p321/カ写)

クビワコハダヘビ *Liophidium torquatum*
ナミヘビ科マラガシーヘビ亜科の爬虫類。全長60～70cm。㊊マダガスカル東部・北部・南東部
¶爬両1800 (p338/カ写)

クビワスズメ *Tiaris canora* 首輪雀, 頸輪雀
ホオジロ科の鳥。体長11cm。㊊キューバ。バハマ諸島のニュープロビデンス島に移入
¶鳥飼 (p100/カ写)

クビワスナバシリ *Rhinoptilus bitorquatus* 首輪砂走, 頸輪砂走
ツバメチドリ科の鳥。絶滅危惧IA類。全長27cm。㊊インド南東部
¶絶百5 (p18/カ図)
レ生 (p109/カ写)

クビワツグミ *Turdus torquatus* 首輪鶫, 頸輪鶫
ツグミ科 (ヒタキ科) の鳥。全長24cm。㊊ヨーロッパの湿原
¶世鳥大 (p438/カ写)
世鳥ネ (p305/カ写)
鳥卵巣 (p289/カ写, カ図)

クビワトカゲ *Crotaphytus collaris*
イグアナ科クビワトカゲ亜科の爬虫類。全長20～35cm。㊊アメリカ合衆国中部～南部, メキシコ北部
¶世爬 (p65/カ写)
爬両1800 (p79/カ写)
爬両ビ (p69/カ写)

クビワヒレアシトカゲ *Pygopus nigriceps* 首輪鰭足蜥蜴, 頸輪鰭足蜥蜴
ヒレアシトカゲ科の爬虫類。全長50～60cm。㊊オーストラリア西部
¶爬両1800 (p181/カ写)

クビワヒロハシ *Eurylaimus ochromalus* 首輪広嘴, 頸輪広嘴
ヒロハシ科の鳥。全長15cm。
¶地球 (p482/カ写)

クビワフルートヘビ *Sibynophis collaris*
ナミヘビ科ナミヘビ亜科の爬虫類。全長65～75cm。㊊インド, ネパール, 東南アジア
¶爬両1800 (p294/カ写)

クビワペッカリー *Tayassu tajacu*
ペッカリー科の哺乳類。体高30～50cm。㊊北アメリカ, 中央アメリカ, 南アメリカ
¶世文動 (p197/カ写)
世哺 (p327/カ写)
地球 (p594/カ写)

クビワヘビ *Diadophis punctatus*
ナミヘビ科ヒラタヘビ亜科の爬虫類。全長25～75cm。㊊カナダ南東部～アメリカ合衆国東部・中部・南部, メキシコ北部など
¶世爬 (p189/カ写)
世文動 (p290/カ写)
爬両1800 (p282/カ写)
爬両ビ (p204/カ写)

クビワミフウズラ *Pedionomus torquatus* 首輪三斑鶉, 頸輪三斑鶉
クビワミフウズラ科の鳥。全長15～19cm。㊊オーストラリア南東の内陸部
¶世鳥卵 (p79/カ写, カ図)
地球 (p446/カ写)

クビワムクドリ *Gracupica nigricollis* 首輪椋鳥, 頸輪椋鳥
ムクドリ科の鳥。別名オオハナマル (旧名称)。大きさ28cm。㊊東南アジア, 中国南東部
¶鳥飼〔オオハナマル〕(p113/カ写)

鳥650（p752/カ写）

クビワヤマセミ *Megaceryle torquata* 首輪山翡翠, 頸輪山翡翠
カワセミ科の鳥。全長40cm。㊕アメリカ合衆国のテキサス州～南アメリカ南部
¶世鳥大（p308/カ写）
世鳥ネ（p228/カ写）

クビワヨウガントカゲ *Tropidurus torquatus*
イグアナ科ヨウガントカゲ亜科の爬虫類。全長25cm前後。㊕南米大陸北東部
¶爬両1800（p85/カ写）

クープレイ ⇒コープレイを見よ

クープワース Coopworth
羊の一品種。ニュージーランドの原産。
¶日家（p128/カ写）

クーフント Kuhhunde
犬の一品種。オールド・ジャーマン・ハーディング・ドッグの一種。ドイツの原産。
¶最犬大（p63/カ写）

クマゲラ *Dryocopus martius* 熊啄木鳥
キツツキ科の鳥。絶滅危惧II類（環境省レッドリスト），天然記念物。全長45～55cm。㊕ヨーロッパ～アジア
¶遺産日（鳥類 No.13/カ写）
驚野動（p169/カ写）
くら鳥（p65/カ写）
里山鳥（p228/カ写）
四季鳥（p49/カ写）
巣と卵決（p91/カ写, カ図）
世色鳥（p185/カ写）
絶鳥事（p2,44/カ写, モ図）
世鳥大（p327/カ写）
世鳥卵（p143/カ写, カ図）
世鳥ネ（p248/カ写）
世文鳥（p190/カ写）
地球（p480/カ写）
鳥卵巣（p254/カ写, カ図）
鳥比（p65/カ写）
鳥650（p449/カ写）
名鳥図（p165/カ写）
日ア鳥（p382/カ写）
日色鳥（p216/カ写）
日鳥識（p210/カ写）
日鳥山新（p118/カ写）
日鳥山増（p118/カ写）
日野鳥新（p426/カ写）
日野鳥増（p438/カ写）
ぱっ鳥（p238/カ写）
バード（p54/カ写）
羽根決（p388/カ写, カ図）
ひと目鳥（p152/カ写）
フ日野新（p210/カ図）
フ日野増（p210/カ図）
フ野鳥（p264/カ図）
野鳥学フ（p131/カ写）
野鳥山フ（p44,261/カ図, カ写）
山溪名鳥（p136/カ写）

クマタカ *Nisaetus nipalensis* 熊鷹, 角鷹
タカ科の鳥。絶滅危惧IB類（環境省レッドリスト）。全長 オス72cm, メス80cm。㊕スリランカ, インド, ヒマラヤ, 中国南東部, 台湾。日本では北海道, 本州, 四国, 九州
¶くら鳥（p76/カ写）
原寸羽（p78, ポスター/カ写）
里山鳥（p163/カ写）
四季鳥（p79/カ写）
巣と卵決（p56/カ写, カ図）
絶鳥事（p10,140/カ写, モ図）
世文鳥（p90/カ写）
鳥比（p38/カ写）
鳥650（p418/カ写）
名鳥図（p133/カ写）
日ア鳥（p349/カ写）
日鳥識（p198/カ写）
日鳥巣（p50/カ写）
日鳥山新（p86/カ写）
日鳥山増（p40/カ写）
日野鳥新（p390/カ写）
日野鳥増（p358/カ写）
ぱっ鳥（p215/カ写）
バード（p38/カ写）
羽根決（p102/カ写, カ図）
ひと目鳥（p118/カ写）
フ日野新（p170/カ図）
フ日野増（p170/カ図）
フ野鳥（p228/カ図）
野鳥学フ（p136/カ写）
野鳥山フ（p24,138/カ図, カ写）
山溪名鳥（p137/カ写）
ワシ（p130/カ写）

クマドリカラタケトカゲ *Eugongylus sulaensis*
スキンク科の爬虫類。全長25cm前後。㊕インドネシア（スラ島）
¶爬両1800（p205/カ写）
爬両ビ（p144/カ写）

クマドリマムシ *Agkistrodon bilineatus*
クサリヘビ科の爬虫類。全長60～100cm。㊕メキシコ中部～コスタリカ
¶世文動（p302/カ写）

クマネズミ *Rattus rattus* 熊鼠
ネズミ科の哺乳類。体長15～24cm。㊕世界中
¶くら哺（p18/カ写）
絶百5（p28/カ写）

世文動（p115/カ写）
世哺（p171/カ写）
地球（p527/カ写）
日哺改（p140/カ写）
日哺学フ（p93/カ写）

クマモト Kumamoto 熊本
鶏の一品種。体重 オス3.75kg, メス3kg。熊本県の原産。
¶日家〔熊本〕（p189/カ写）

クメジマハイ *Sinomicrurus japonicus takarai* 久米島ハイ
コブラ科の爬虫類。絶滅危惧II類（環境省レッドリスト）。日本固有種。 ㊕久米島, 伊江島, 座間味島, 安室島, 慶留間島, 阿嘉島, 渡名喜島
¶原爬両（No.106/カ写）
絶事（p12,152/カ写, モ図）
日カメ（p239/カ写）
爬両飼（p55/カ写）
野日爬（p39,187/カ写）

クメトカゲモドキ *Goniurosaurus kuroiwae yamashinae* 久米蜥蜴擬
トカゲモドキ科の爬虫類。日本固有種。 ㊕久米島
¶原爬両（No.42/カ写）
日カメ（p86/カ写）
爬両飼（p97/カ写）
野日爬（p31,147/カ写）

クメヤモリ ⇒オキナワヤモリを見よ

クモノスガメ *Pyxis arachnoides*
リクガメ科の爬虫類。甲長13〜15cm。 ㊕マダガスカル南部
¶世カメ（p42/カ写）
爬両1800（p21/カ写）

クライズデール Clydesdale
馬の一品種。重量馬。体高164〜173cm。スコットランドの原産。
¶アルテ馬（p192/カ写）
世文動（p188/カ写）
日家（p49/カ写）

クライメンイルカ *Stenella clymene*
マイルカ科の哺乳類。成体体重 メス75kg, オス80kg。 ㊕大西洋の熱帯と亜熱帯
¶クイ百（p170/カ図）

クラインシュピッツ ⇒ジャーマン・スピッツ・クラインを見よ

クライン・ミュンスターレンダー ⇒スモール・ミュンスターレンダーを見よ

クラカケアザラシ *Histriophoca fasciata* 鞍掛海豹
アザラシ科の哺乳類。頭胴長150〜175cm。 ㊕オホーツク海, ベーリング海
¶くら哺（p83/カ写）
世文動（p178/カ写）
日哺改（p106/カ写）
日哺学フ（p43/カ写）

クラカケハナアテヘビ *Phyllorhynchus browni*
ナミヘビ科ナミヘビ亜科の爬虫類。全長30〜50cm。 ㊕アメリカ合衆国南西部〜メキシコ北部
¶爬両1800（p296/カ写）
爬両ビ（p210/カ写）

クラカケヒインコ *Eos cyanogenia* 鞍掛緋鸚哥
インコ科（ヒインコ科）の鳥。全長30cm。 ㊕インドネシア
¶原色鳥（p57/カ写）
地球（p457/カ写）
鳥飼（p170/カ写）

クラカケビロードヤモリ *Oedura robusta*
ヤモリ科イシヤモリ亜科の爬虫類。全長15cm前後。 ㊕オーストラリア
¶ゲッコー（p86/カ写）
世文動（p259/カ写）
爬両1800（p162/カ写）
爬両ビ（p120/カ写）

グラキリスカメレオン *Chamaeleo gracilis*
カメレオン科の爬虫類。全長25〜33cm。 ㊕サハラ以南のアフリカ
¶爬両1800（p111/カ写）

クラークカイツブリ *Aechmophorus clarkii* クラーク鸊鷉, クラーク鳰
カイツブリ科の鳥。全長51〜74cm。 ㊕北アメリカ西部のカナダ南部〜メキシコ
¶世鳥大（p153/カ写）

クラークスネトゲトカゲ *Enyaliosaurus clarki*
イグアナ科の爬虫類。頭胴長約14cm。 ㊕メキシコのミチョアカン州
¶世文動（p263/カ写）

クラークトゲオイグアナ *Ctenosaura clarki*
イグアナ科イグアナ亜科の爬虫類。全長18〜28cm。 ㊕メキシコ西部
¶爬両1800（p76/カ写）

クラークハリトカゲ *Sceloporus clarkii*
イグアナ科ツノトカゲ亜科の爬虫類。全長19〜30cm。 ㊕アメリカ合衆国南部, メキシコ北部
¶爬両1800（p81/カ写）

クラスキ・オフチャル ⇒カルスト・シェパード・ドッグを見よ

クラハシコウ *Ephippiorhynchus senegalensis* 鞍嘴鸛
コウノトリ科の鳥。全長1.4〜1.5m。 ㊕サハラ砂漠以南のアフリカの大部分
¶世色鳥（p176/カ写）

世鳥大(p159/カ写)
世鳥ネ(p69/カ写)
地球(p425/カ写)

クーラン *Equus hemionus kulan*
ウマ科の哺乳類。アジアノロバの亜種。体高1.2～1.3m。 ㊀旧ソ連
¶地球(p592/カ写)

グラン・アングロ＝フランセ・トリコロール Gran Anglo-Français Tricolore
犬の一品種。別名グレート・アングロ・フレンチ・トリコロール・ハウンド。大型ハウンド。体高60～70cm。フランスの原産。
¶最犬大〔グレート・アングロ・フレンチ・トリコロール・ハウンド〕(p284/カ写)
新犬種(p289/カ写)
ビ犬(p167/カ写)

グラン・アングロ＝フランセ・ブラン・エ・オランジュ ⇒グレート・アングロ・フレンチ・ホワイト・アンド・オレンジ・ハウンドを見よ

グラン・アングロ＝フランセ・ブラン・エ・ノワール Gran Anglo-Français Blanc et Noir
犬の一品種。別名グレート・アングロ・フレンチ・ホワイト・アンド・ブラック・ハウンド。体高 オス65～72cm, メス62～68cm。フランスの原産。
¶最犬大〔グレート・アングロ・フレンチ・ホワイト・アンド・ブラック・ハウンド〕(p284/カ写)
新犬種(p290)
ビ犬(p167/カ写)

クランウェルツノガエル *Ceratophrys cranwelli*
ツノガエル科(ユビナガガエル科)の両生類。全長8～13cm。 ㊀パラグアイ, ボリビア, アルゼンチン, ブラジル
¶かえる百(p26/カ写)
カエル見(p108/カ写)
世カエ(p84/カ写)
世両(p173/カ写)
地球(p353/カ写)
爬両1800(p428/カ写)
爬両ビ(p293/カ写)

グラン・ガスコン・サントンジョワ ⇒ガスコン・サントンジョワを見よ

グランカナリアカナヘビ *Gallotia stehlini*
カナヘビ科の爬虫類。全長55～65cm。 ㊀カナリア諸島(グランカナリア島)
¶世爬(p130/カ写)
地球(p386/カ写)
爬両1800(p189/カ写)
爬両ビ(p131/カ写)

グラン・グリフォン・ヴァンデーン Grand Griffon Vendéen
犬の一品種。体高 オス62～68cm, メス60～65cm。フランスの原産。
¶最犬大〔グラン・グリフォン・バンデーン〕(p291/カ写)
新犬種(p226/カ写)
ビ犬(p144/カ写)

グランディジャーオオマントガエル
Mantidactylus grandidieri
マダガスカルガエル科(マラガシーガエル科)の両生類。体長7.5～10.8cm。 ㊀マダガスカル東部・南東部
¶カエル見(p69/カ写)
爬両1800(p403/カ写)
爬両ビ(p265/カ写)

グランディスオオヒルヤモリ *Phelsuma madagascariensis grandis*
ヤモリ科ヤモリ亜科の爬虫類。オオヒルヤモリの亜種。全長22～28cm。 ㊀マダガスカル北部
¶ゲッコー〔オオヒルヤモリ(亜種グランディスオオヒルヤモリ)〕(p40/カ写)

グランドアガマ *Agama aculeate*
アガマ科の爬虫類。全長20cm前後。 ㊀アフリカ大陸南部
¶爬両1800(p103/カ写)

グラントガゼル *Nanger granti*
ウシ科の哺乳類。体高76～91cm。 ㊀タンザニア, ケニア, エチオピアの一部, ソマリア, スーダン
¶世文動(p226/カ写)
地球(p605/カ写)

グランドケイマンイワイグアナ *Cyclura lewisi*
イグアナ科の爬虫類。別名ブルーイグアナ。絶滅危惧IB類。全長140cm。 ㊀グランドケイマン島
¶遺産世(Reptilia No.14-2/カ写)
絶百2(p54/カ写)

グラントシマウマ *Equus quagga boehmi*
ウマ科の哺乳類。体高1.2～1.4m。 ㊀アフリカ東部
¶驚野動(p200/カ写)
世文動(p186/カ写)
地球(p592/カ写)

グランドスネーク *Sonora semiannulata*
ナミヘビ科ナミヘビ亜科の爬虫類。全長20～45cm。 ㊀アメリカ合衆国南西部～メキシコ北西部
¶爬両1800(p293/カ写)

グランドペンギン ⇒キンメペンギンを見よ

クランバー・スパニエル Clumber Spaniel
犬の一品種。体重 オス29.5～34kg, メス25～29.5kg。イギリスの原産。
¶最犬大(p368/カ写)
新犬種(p92/カ写)
新世犬(p136/カ写)
図世犬(p262/カ写)

世文動〔クランバー・スパニール〕(p140/カ写)
ビ犬 (p227/カ写)

グラン・バセット・グリフォン・ヴァンデーン
Grand Basset Griffon Vendéen
犬の一品種。別名バセー・グリフォン・ヴァンデーン。体高 オス40〜44cm, メス39〜43cm。フランスの原産。
¶アルテ犬〔バセー・グリフォン・ヴァンディォン〕(p24/カ写)
最犬大〔グラン・バセット・グリフォン・バンデーン〕(p271/カ写)
新犬種〔バセー・グリフォン・ヴァンデーン〕(p72/カ写)
ビ犬 (p148/カ写)

グラン・ブルー・ド・ガスコーニュ Grand Bleu de Gascogne
犬の一品種。別名グレート・ガスコーニュ・ブルー。大型ハウンド。体高 オス65〜72cm, メス62〜68cm。フランスの原産。
¶最犬大〔グレート・ガスコーニュ・ブルー〕(p286/カ写)
新犬種 (p288/カ写)
ビ犬 (p165/カ写)

クリイロアメリカムシクイ *Dendroica castanea*
栗色亜米利加虫食, 栗色亜米利加虫喰
アメリカムシクイ科の鳥。全長14cm。
¶地球 (p497/カ写)

クリイロキリハシ *Galbalcyrhynchus purusianus* 栗色錐嘴
キリハシ科の鳥。全長20cm。[分]南アメリカ中部
¶世鳥ネ (p250/カ写)
地球 (p481/カ写)

クリイロハコヨコクビガメ *Pelusios castaneus*
ヨコクビガメ科アフリカヨコクビガメ亜科の爬虫類。甲長20〜24cm。[分]アフリカ大陸西部広域
¶世カメ (p67/カ写)
世爬 (p59/カ写)
爬両1800 (p69/カ写)
爬両ビ (p53/カ写)

クリイロハタオリ *Ploceus rubiginosus* 栗色機織
ハタオリドリ科の鳥。全長15cm。
¶地球 (p495/カ写)

クリイロヒヨドリ *Hemixos castanonotus* 栗色鵯
ヒヨドリ科の鳥。全長22cm。
¶世鳥大 (p412/カ写)

クリイロリーフモンキー *Presbytis rubicunda*
オナガザル科の哺乳類。頭胴長45〜55cm。[分]カリマタ島, サラワク中央部, ボルネオ北西部
¶美サル (p88/カ写)

クリオージョ Criollo
馬の一品種。別名クリオーロ。軽量馬。体高142〜152cm。南アメリカの原産。
¶アルテ馬 (p152,179/カ写)
日家 (p46/カ写)

クリオーロ ⇒クリオージョを見よ

クリガシラコビトサザイ *Cettia castaneocoronata*
栗頭小人鷦鷯
ウグイス科の鳥。全長10cm。[分]ヒマラヤ・中国南西部・東南アジア
¶世色鳥 (p76/カ写)

グリーク・シープドッグ ⇒ヘレニック・シェパード・ドッグを見よ

クリーザードロガメ *Kinosternon creaseri*
ドロガメ科ドロガメ亜科の爬虫類。甲長最大12.1cm。[分]メキシコ(ユカタン半島)
¶世カメ (p139/カ写)

クリスティオオクサガエル *Leptopelis christyi*
クサガエル科の両生類。体長3.6〜6.2cm。[分]コンゴ民主共和国, タンザニア, ウガンダ
¶カエル見 (p56/カ写)
爬両1800 (p394/カ写)

クリスティンイシヤモリ *Strophurus krisalys*
ヤモリ科イシヤモリ亜科の爬虫類。全長14cm前後。[分]オーストラリア北東部
¶ゲッコー (p79/カ写)
爬両1800 (p166/カ写)

グリスボック *Raphicerus melanotis*
ウシ科の哺乳類。[分]ケープ南部
¶世文動 (p224/カ写)

クリスマスメジロ *Zosterops natalis* クリスマス目白
メジロ科の鳥。絶滅危惧II類。体長11〜13cm。[分]クリスマス島(ココス諸島は移入), インド洋(固有)
¶鳥絶 (p208/カ図)

グリズリー ⇒ハイイログマを見よ

クリセタイヨウチョウ *Leptocoma zeylonica* 栗背太陽鳥
タイヨウチョウ科の鳥。全長8cm。[分]インド半島部, バングラデシュ, スリランカ
¶世鳥大 (p450/カ写)

グリソン *Galictis vittata*
イタチ科の哺乳類。体長35〜56cm。[分]北アメリカ, 中央アメリカ, 南アメリカ
¶世文動 (p158/カ写)
世哺 (p254/カ写)
地球 (p574/カ写)

クリップスプリンガー *Oreotragus oreotragus*
ウシ科の哺乳類。体高43〜58cm。[分]アフリカ
¶世文動 (p224/カ写)

世哺 (p368/カ写)
地球 (p603/カ写)

クリハラエメラルドハチドリ *Amazilia castaneiventris* 栗腹エメラルド蜂鳥
ハチドリ科ハチドリ亜科の鳥。絶滅危惧IB類。全長9cm。㊕コロンビア
¶ハチドリ (p253/カ写)

クリハラリス *Callosciurus erythraeus* 栗腹栗鼠
リス科の哺乳類。頭胴長20〜22cm。㊕インド東部, 中国南東部, 台湾など
¶日哺改 (p120/カ写)

クリビタイエミュームシクイ *Stipiturus mallee* 栗額エミュー虫喰
オーストラリアムシクイ科の鳥。絶滅危惧IB類。体長13〜14.5cm。㊕オーストラリア (固有)
¶鳥絶〔Mallee Emuwren〕(p203/カ図)

グリフォン・ア・ポワル・レノー Griffon a Poil Laineux
犬の一品種。体高 オス55〜60cm, メス50〜55cm。フランスの原産。
¶新犬種 (p269)

グリフォン・ダレー・ア・ポイル・ダル・コハーレ ⇒ワイアーヘアード・ポインティング・グリフォンを見よ

グリフォン・ダレー・ア・ポワル・デュール・コルトハルス ⇒ワイアーヘアード・ポインティング・グリフォンを見よ

グリフォン・ダレー・ア・ポワール・レノー ⇒バルベを見よ

グリフォン・ニヴェルネ Griffon Nivernais
犬の一品種。体高 オス55〜62cm, メス53〜60cm。フランスの原産。
¶最犬大 (p290/カ写)
新犬種 (p226/カ写)
ビ犬 (p145/カ写)

グリフォン・フォーヴ・ド・ブルターニュ Griffon Fauve de Bretagne
犬の一品種。体高48〜56cm。フランスの原産。
¶最犬大 (p289/カ写)
新犬種 (p226/カ写)
ビ犬 (p149/カ写)

グリフォン・ブリュッセル ⇒ブリュッセル・グリフォンを見よ

グリフォン・ブルー・ド・ガスコーニュ ⇒ブルー・ガスコーニュ・グリフォンを見よ

グリフォン・ベルジェ ⇒ベルジアン・グリフォンを見よ

クリーブランド・ベイ Cleveland Bay
馬の一品種。別名チャップマン・ホース。軽量馬。小型152〜160cm, 大型160〜175cm。イングランドの原産。
¶アルテ馬 (p110/カ写)
世文動 (p188/カ写)
日家 (p48/カ写)

グリベットモンキー *Chlorocebus aethiops*
オナガザル科の哺乳類。体高40〜66cm。
¶地球 (p544/カ写)

クリボー *Drymarchon corais*
ナミヘビ科ナミヘビ亜科の爬虫類。全長3m。㊕アメリカ合衆国南部〜南米中部
¶世爬 (p199/カ写)
地球〔インディゴヘビ〕(p395/カ写)
爬両1800 (p304〜305/カ写)
爬両ビ (p219/カ写)

クリボウシチメドリ *Alcippe castaneceps* 栗帽子知目鳥
チメドリ科の鳥。全長8〜10cm。㊕ヒマラヤ地方, 東南アジア
¶世鳥大 (p420)

クリミミチメドリ *Yuhina castaniceps* 栗耳知目鳥
チメドリ科の鳥。全長12cm。㊕ヒマラヤ山脈東部や中国南部〜ベトナム北部
¶世鳥大 (p420/カ写)

クリーム・アンゴラ Cream Angora
アナウサギの一品種。体長25〜38cm。
¶地球 (p521/カ写)

クリームオオリス *Ratufa affinis* クリーム大栗鼠
リス科の哺乳類。体長25〜46cm。
¶地球 (p523/カ写)

クリームデアージェント Creme D'Argent
兎の一品種。別名クレームダルジャン。フランスの原産。
¶うさぎ〔クレーム ダルジャン〕(p78/カ写)
新うさぎ (p84/カ写)

クリムネアカマシコ *Procarduelis nipalensis* 栗胸赤猿子
アトリ科の鳥。全長15〜16cm。㊕ヒマラヤ山脈, 中国, ミャンマー
¶原色鳥 (p42/カ写)

クーリーモリドラゴン *Gonocephalus kuhlii*
アガマ科の爬虫類。全長30〜35cm。㊕インドネシア (ジャワ島・スマトラ島)
¶爬両1800 (p95/カ写)

クリリアン・ボブテイル Kilian Bobtail
猫の一品種。体重3〜4.5kg。千島列島 (クリル列島) の原産。
¶ビ猫〔クリリアン・ボブテイル (ショートヘア)〕(p161/カ写)

ビ猫〔クリリアン・ボブテイル(ロングヘア)〕(p243/カ写)

グリーンアナコンダ ⇒オオアナコンダを見よ

グリーンアノール *Anolis carolinensis*
イグアナ科(アノールトカゲ科)の爬虫類。特定外来生物。全長20cm。㊀バハマ諸島, キューバ, アメリカ合衆国(フロリダ半島)など
¶原爬両(No.48/カ写)
絶事(p16,218/カ写, モ図)
世文動(p265/カ写)
地球(p385/カ写)
日カメ(p90/カ写)
爬両飼(p103/カ写)
爬両1800(p83/カ写)
野日爬(p27,122/カ写)

グリーンイグアナ *Iguana iguana*
イグアナ科イグアナ亜科の爬虫類。全長90～120cm。㊀メキシコ～南米大陸北部
¶原爬両(No.49/カ写)
世爬(p62/カ写)
世文動(p262/カ写)
地球(p384/カ写)
日カメ(p92/カ写)
爬両飼(p104/カ写)
爬両1800(p74/カ写)
爬両ビ(p64/カ写)
野日爬(p27,123/カ写)

グリーンツリーバイパー *Atheris squamiger*
クサリヘビ科の爬虫類。全長40～80cm。㊀アフリカ熱帯部
¶世文動(p300/カ写)

グリーンパイソン ⇒ミドリニシキヘビを見よ

グリーンバシリスク *Basiliscus plumifrons*
バシリスク科(イグアナ科)の爬虫類。全長65cm。㊀ホンジュラス, ニカラグア, コスタリカ, パナマ
¶世爬(p64/カ写)
世文動(p264/カ写)
地球(p385/カ写)
爬両1800(p78/カ写)
爬両ビ(p67/カ写)

グリーンマンバ *Dendroaspis angusticeps*
コブラ科の爬虫類。全長180～270cm。㊀アフリカ東南部
¶世文動(p299/カ写)

グリーンランド・ドッグ Greenland Dog
犬の一品種。別名グレンランドフンド。体高 オス60cm以上, メス55cm以上。グリーンランドの原産。
¶最犬大(p225/カ写)
新犬種(p194/カ写)
ビ犬(p100/カ写)

クールガエル *Limnonectes kuhlii*
アカガエル科の両生類。体長3～8cm。㊀中国, 台湾, インド東部, 東南アジア
¶カエル見(p87/カ写)
世カエ(p310/カ写)
爬両1800(p417/カ写)
爬両ビ(p280/カ写)

グルジアン・シェパード Georgian Shepherd
犬の一品種。別名グルジアン・マウンテン・ドッグ, ナガズィ。体高 オス65cm以上, メス60cm以上。ジョージア(グルジア)の原産。
¶最犬大(p155/カ写)

グルジアン・マウンテン・ドッグ ⇒グルジアン・シェパードを見よ

クルドツエイモリ ⇒コモンツエイモリを見よ

クールトビヤモリ *Ptychozoon kuhli*
ヤモリ科ヤモリ亜科の爬虫類。全長17～19cm。㊀タイ, ミャンマー, マレーシア, インドネシアなど
¶ゲッコー(p29/カ写)
世爬(p103/カ写)
地球(p384/カ写)
爬両1800(p134/カ写)
爬両ビ(p103/カ写)

クルペオギツネ *Lycalopex culpaeus*
イヌ科の哺乳類。頭胴長52～120cm。㊀エクアドル～南のアンデス
¶驚野動〔クルペオ〕(p109/カ写)
世哺(p224/カ写)
地球(p563/カ写)
野生イヌ(p132/カ写, カ図)

クルマサカオウム *Cacatua leadbeateri* 車冠鸚鵡
オウム科の鳥。全長35cm。㊀オーストラリア中央部
¶原色鳥(p93/カ写)
世鳥ネ(p172/カ写)
世美羽(p160/カ写, カ図)
鳥飼(p161/カ写)

グレイウーリーモンキー *Lagothrix cana*
クモザル科の哺乳類。体高50～65cm。
¶地球(p538/カ写)

グレイオオトカゲ *Varanus olivaceus*
オオトカゲ科の爬虫類。全長140～160cm。㊀フィリピン
¶世爬(p161/カ写)
世文動(p280/カ写)
爬両1800(p238/カ写)
爬両ビ(p167/カ写)

グレイカチカチガエル *Strongylopus grayii*
アカガエル科の両生類。体長35～64mm。㊀アフ

リカ南部
¶世カエ (p372/カ写)

グレイサキ *Pithecia irrorata*
サキ科の哺乳類。体高38〜42cm。
¶地球 (p539/カ写)

グレイネズミキツネザル ⇒ハイイロネズミキツネザルを見よ

グレイハウンド ⇒グレーハウンドを見よ

グレーウサギコウモリ *Plecotus austriacus*
ヒナコウモリ科の哺乳類。体長4〜6cm。
¶地球 (p557/カ写)

グレーキングヘビ *Lampropeltis mexicana*
ナミヘビ科ナミヘビ亜科の爬虫類。全長70〜100cm。㊕メキシコ中部
¶世爬 (p218/カ写)
爬両1800 (p330/カ写)
爬両ビ (p235/カ写)

クレコドリ Kurekodori 久連子鶏
鶏の一品種。体重 オス2.25kg, メス1.8kg。熊本県の原産。
¶日家〔久連子鶏〕(p162/カ写)

グレゴリーアシナシイモリ *Schistometopum gregorii*
アシナシイモリ科の両生類。全長20〜28cm。㊕ケニア, タンザニア
¶爬両1800 (p463/カ写)
爬両ビ (p319/カ写)

クレステッド Crested
アヒルの愛玩用品種。体重 オス3.2kg, メス2.7kg。イギリスの原産。
¶日家 (p220/カ写)

グレーターサイレン *Siren lacertina*
サイレン科の両生類。全長50〜90cm。㊕アメリカ合衆国南東部
¶世文動 (p310/カ写)
世両 (p185/カ写)
地球〔サイレン〕(p366/カ写)
爬両1800 (p434/カ写)
爬両ビ (p298/カ写)

クレタトゲマウス *Acomys minous*
ネズミ科の哺乳類。絶滅危惧II類。体長9〜12cm。㊕クレタ島
¶世哺 (p168/カ写)

クレティコス・ラゴニコス Kritikos Lagonikos
犬の一品種。地中海沿岸の中型ハウンド。体高 オス52〜60cm, メス50〜58cm。ギリシャの原産。
¶新犬種 (p178/カ写)

グレート・アングロ・フレンチ・トリコロール・ハウンド ⇒グラン・アングロ=フランセ・トリコロールを見よ

グレート・アングロ・フレンチ・ホワイト・アンド・オレンジ・ハウンド Great Anglo-French White and Orange Hound
犬の一品種。別名グラン・アングロ・フランセ・ブラン・エ・オランジェ。大型ハウンド。体高60〜70cm。フランスの原産。
¶最犬大 (p284)
新犬種〔グラン・アングロ=フランセ・ブラン・エ・オランジュ〕(p290/カ写)
ビ犬〔グラン・アングロ=フランセ・ブラン・エ・オランジュ〕(p169/カ写)

グレート・アングロ・フレンチ・ホワイト・アンド・ブラック・ハウンド ⇒グラン・アングロ=フランセ・ブラン・エ・ノワールを見よ

グレート・ガスコーニュ・ブルー ⇒グラン・ブルー・ド・ガスコーニュを見よ

グレート・ジャパニーズ・ドッグ ⇒アメリカン・アキタを見よ

グレート・スイス・マウンテンドッグ Great Swiss Mountain Dog
犬の一品種。別名グローサー・シュヴァイツァー・ゼネンフント。体高 オス65〜72cm, メス60〜68cm。スイスの原産。
¶最犬大 (p138/カ写)
新犬種〔グローサー・シュヴァイツァー・ゼネンフント〕(p292/カ写)
ビ犬〔グレート・スイス・マウンテン・ドッグ〕(p74/カ写)

グレート・デーン Great Dane
犬の一品種。別名ドイチェ・ドッゲ。体高 オス80〜90cm, メス72〜84cm。ドイツの原産。
¶アルテ犬 (p154/カ写)
最犬大 (p118/カ写)
新犬種〔グレート・デン〕(p336/カ写)
新世犬 (p92/カ写)
図世犬 (p106/カ写)
世文動〔グレート・デン〕(p142/カ写)
ビ犬 (p97/カ写)

グレート・ピレニーズ Great Pyrenees
犬の一品種。別名シャン・ド・モンターニュ・デ・ピレネー, ピレニアン・マウンテン・ドッグ。体高 オス70〜80cm, メス65〜75cm。フランスの原産。
¶アルテ犬〔ピレニアン・マウンテン・ドッグ〕(p182/カ写)
最犬大 (p134/カ写)
新犬種〔ピレニアン・マウンテンドッグ〕(p310/カ写)
新世犬 (p96/カ写)
図世犬 (p108/カ写)
世文動〔ピレニアン・マウンテン・ドッグ〕(p149/カ写)

ビ犬〔ピレニアン・マウンテン・ドッグ〕(p78/カ写)

グレートベースンスキアシガエル *Spea intermontanus*
スキアシガエル科(アメリカスキアシガエル科)の両生類。体長4〜5cm。[分]カナダ南部, アメリカ合衆国
¶**カエル見**(p13/カ写)
世両(p16/カ写)
爬両1800(p359/カ写)
爬両ビ(p275/カ写)

クレナイミツスイ *Myzomela sanguinolenta* 紅蜜吸
ミツスイ科の鳥。全長9〜11cm。[分]オーストラリア東部
¶**原色鳥**(p37/カ写)
世鳥大(p366/カ写)
地球(p485/カ写)

グレーハウンド Greyhound
犬の一品種。別名グレイハウンド。体高 オス71〜76cm, メス68〜71cm。イギリスの原産。
¶**アルテ犬**〔グレイハウンド〕(p44/カ写)
最犬大(p409/カ写)
新犬種〔グレイハウンド〕(p304/カ写)
新世犬(p200/カ写)
図世犬(p330/カ写)
世文動(p143/カ写)
ビ犬(p126/カ写)

グレーバンドキングスネーク ⇒ハイオビキングヘビを見よ

グレビーシマウマ *Equus grevyi*
ウマ科の哺乳類。絶滅危惧IB類。体高1.5〜1.6m。[分]エチオピア, ケニア
¶**絶百6**(p48/カ写)
世文動(p186/カ写)
世哺〔グレービーシマウマ〕(p316/カ写)
地球(p592/カ写)
レ生〔グレービーシマウマ〕(p112/カ写)

クレフトマゲクビガメ *Emydura krefftii*
ヘビクビガメ科の爬虫類。甲長30cm前後まで。[分]オーストラリア東部
¶**世文動**〔クレフトマゲクビ〕(p240/カ写)
地球(p372/カ写)
爬両ビ(p50/カ写)

クレーム・ダルジャン ⇒クリームデアージェントを見よ

グレーラットスネーク *Elaphe obsoleta spiloides*
ナミヘビ科の爬虫類。全長90cm〜1.6m, 最大2.14m。[分]アメリカ(アーカンソン州, アラバマ州, イリノイ州, ケンタッキー州, ジョージア州, テネシー州, フロリダ州, ミズーリ州)
¶**世ヘビ**(p39/カ写)

グレン・オブ・イマール・テリア Glen of Imaal Terrier
犬の一品種。別名アイリッシュ・グレン・オブ・イマール・テリア。体高 オス35.5cm以下, メスはやや小さい。アイルランドの原産。
¶**最犬大**〔アイリッシュ・グレン・オブ・イマール・テリア〕(p182/カ写)
新犬種〔アイリッシュ・グレン・オブ・イマール・テリア〕(p67/カ写)
新世犬(p241/カ写)
図世犬(p147/カ写)
ビ犬(p193/カ写)

グレンランドフンド ⇒グリーンランド・ドッグを見よ

クロアイサ *Mergus octosetaceus* 黒秋沙, 黒秋紗
カモ科の鳥。絶滅危惧IA類。全長58cm。[分]南ブラジル中部のセラードバイオーム
¶**レ生**(p113/カ写)

クロアカコウモリ *Myotis formosus* 黒赤蝙蝠
ヒナコウモリ科の哺乳類。前腕長4.5〜5.0cm。[分]アフガニスタン東部〜朝鮮, 台湾, フィリピン。日本では対馬
¶**くら哺**(p48/カ写)
世文動(p64/カ図)
日哺改(p35/カ写)
日哺学フ(p166/カ写)

クロアカハネジネズミ *Rhynchocyon petersi* 黒赤跳地鼠
ハネジネズミ科の哺乳類。体長23〜32cm。[分]マフィア諸島, ザンジバル島を含むタンザニア東部, ケニア南東部
¶**地球**(p512/カ写)

クロアカヒロハシ *Cymbirhynchus macrorhynchos* 黒赤広嘴
ヒロハシ科の鳥。別名アカヒロハシ。全長25cm。[分]アジア南東部
¶**驚野動**〔アカヒロハシ〕(p299/カ写)
世鳥卵(p145/カ写, カ図)
地球(p482/カ写)

クロアガマ *Laudakia melanura*
アガマ科の爬虫類。全長40cm前後。[分]イラン, パキスタン, インド
¶**爬両1800**(p104/カ写)

クロアカマユシトド *Poospiza nigrorufa* 黒赤眉鵐
ホオジロ科の鳥。体長15cm。[分]ブラジル南東部, パラグアイ東部, ウルグアイ, アルゼンチン北東部のラ・プラタ川流域
¶**世鳥卵**(p215/カ写, カ図)

クロアカヤイロチョウ *Erythropitta ussheri* 黒赤八色鳥
ヤイロチョウ科の鳥。全長15〜16cm。[分]ボルネオ

ク

¶原色鳥（p67/カ写）

クロアゴヒメアオバト *Ptilinopus leclancheri* 黒顎姫青鳩，黒顎姫緑鳩
ハト科の鳥。全長26～28cm。㊎台湾南部～フィリピン
¶日ア鳥（p86/カ写）

ク

クロアゴヤマフウキンチョウ *Anisognathus notabilis* 黒顎山風琴鳥
フウキンチョウ科の鳥。全長18cm。㊎コロンビア～エクアドル
¶原色鳥（p218/カ写）

クロアゴユミハチドリ *Phaethornis idaliae* 黒顎弓蜂鳥
ハチドリ科ユミハチドリ亜科の鳥。全長8cm。
¶ハチドリ（p46/カ写）

クロアシアカノドシャコ *Francolinus swainsonii* 黒足赤喉鷓鴣
キジ科の鳥。全長34～39cm。㊎南アフリカ
¶世色鳥（p153/カ写）

クロアシアホウドリ *Phoebastria nigripes* 黒脚阿房鳥，黒脚信天翁，黒足阿呆鳥，黒足信天翁
アホウドリ科の鳥。全長68～74cm。㊎ハワイ諸島，マーシャル諸島。日本では小笠原諸島，鳥島
¶原寸羽（p15/カ写）
里山鳥（p198/カ写）
四季鳥（p95/カ写）
世文鳥（p31/カ写）
地球（p421/カ写）
鳥卵巣（p49/カ写，カ図）
鳥比（p243/カ写）
鳥650（p110/カ写）
名鳥図（p19/カ写）
日ア鳥（p100/カ写）
日色鳥（p209/カ写）
日鳥識（p100/カ写）
日鳥水増（p32/カ写）
日野鳥新（p115/カ写）
日野鳥増（p109/カ写）
ぱっ鳥（p74/カ写）
バード（p145/カ写）
羽根決（p370/カ写，カ図）
ひと目鳥（p18/カ写）
フ日野新（p68/カ図）
フ日野増（p68/カ図）
フ野鳥（p72/カ図）
野鳥学フ（p245/カ写）
野鳥山フ（p10,69/カ図，カ写）
山溪名鳥（p37/カ写）

クロアシイタチ *Mustela nigripes* 黒足鼬
イタチ科の哺乳類。絶滅危惧IB類。体長35～50cm。㊎アメリカ合衆国中央部
¶驚野動（p48/カ写）
絶百5（p34/カ写）
世哺（p247/カ写）
地球（p573/カ写）

クロアジサシ *Anous stolidus* 黒鯵刺
カモメ科の鳥。全長38～45cm。㊎太平洋熱帯域，大西洋，インド洋
¶原寸羽（p145/カ写）
四季鳥（p122/カ写）
世鳥大（p239/カ写）
世鳥卵（p113/カ写，カ図）
世鳥ネ（p148/カ写）
世文鳥（p160/カ写）
地球（p451/カ写）
鳥卵巣（p208/カ写，カ図）
鳥比（p355/カ写）
鳥650（p301/カ写）
名鳥図（p113/カ写）
日ア鳥（p284/カ写）
日色鳥（p212/カ写）
日鳥識（p172/カ写）
日鳥水増（p325/カ写）
日野鳥新（p301/カ写）
日野鳥増（p173/カ写）
ぱっ鳥（p174/カ写）
バード（p156/カ写）
ひと目鳥（p29/カ写）
フ日野新（p104/カ図）
フ日野増（p104/カ図）
フ野鳥（p176/カ図）

クロアシシャクケイ *Penelope obscura* 黒脚舎久鶏，黒足舎久鶏
ホウカンチョウ科の鳥。全長68～75cm。
¶世鳥大（p109/カ写）
地球（p409/カ写）

クロアシネコ *Felis nigripes*
ネコ科の哺乳類。体長36～52cm。㊎アフリカ南部
¶地球（p581/カ写）
野生ネコ（p76/カ写，カ図）

クロアシハネジネズミ *Elephantulus fuscipes* 黒脚跳地鼠，黒足跳地鼠
ハネジネズミ科の哺乳類。体長10～12cm。
¶地球（p512/カ写）

クロアタマヨザル *Aotus nigriceps*
ヨザル科の哺乳類。体高24～42cm。㊎ブラジル，ボリビア北部，ペルー南東部
¶地球（p539/カ写）
美サル（p36/カ写）

クロアチアン・シェパード・ドッグ ⇒クロアチアン・シープドッグを見よ

クロアチアン・シープドッグ Croatian Sheepdog
犬の一品種。別名クロアチアン・シェパード・ドッ

グ, フルヴァツキ・オフチャル。体高40〜50cm。クロアチアの原産。
¶最犬大〔クロアチアン・シェパード・ドッグ〕(p87/カ写)
新犬種(p121/カ写)
ビ犬(p48/カ写)

クロアミメ *Lonchura punctulata punctulata*
カエデチョウ科の鳥。シマキンパラの亜種。
¶世文鳥(p278/カ写)

クロイソカマドドリ *Cinclodes antarcticus*
カマドドリ科の鳥。全長19〜23cm。㊎フォークランド諸島, テイエラ・デル・フエゴ島南部とその沖合の島々
¶世鳥大(p355/カ写)

クロイワトカゲモドキ *Goniurosaurus kuroiwae kuroiwae* 黒岩蜥蜴擬
トカゲモドキ科の爬虫類。絶滅危惧II類(環境省レッドリスト), 天然記念物。日本固有種。全長14〜16cm。㊎沖縄諸島, 徳之島
¶遺産日(爬虫類 No.5/カ写)
原爬両(No.40/カ写)
日カメ(p84/カ写)
爬両観(p143/カ写)
爬両飼(p95/カ写)
野日爬(p31,60,144/カ写)

クロインカハチドリ *Coeligena prunellei* 黒インカ蜂鳥
ハチドリ科ミドリフタオハチドリ亜科の鳥。絶滅危惧II類。全長13〜14cm。㊎コロンビア
¶ハチドリ(p160/カ写)

クロインコ *Coracopsis vasa* 黒鸚哥
インコ科の鳥。全長50cm。㊎マダガスカル, コモロ諸島
¶世鳥大(p263/カ写)

クロウアカリ *Cacajao melanocephalus*
サキ科の哺乳類。体高30〜50cm。㊎南アメリカ
¶地球(p539/カ写)
美サル(p44/カ写)

クロウタドリ *Turdus merula* 黒歌鳥
ツグミ科(ヒタキ科)の鳥。全長24〜29cm。㊎ヨーロッパ, 北アフリカの一部, アジア
¶四季鳥(p37/カ写)
世色鳥(p182/カ写)
世鳥大(p438/カ写)
世鳥卵(p183/カ写, カ図)
世鳥ネ(p305/カ写)
地球(p493/カ写)
鳥卵巣(p289/カ写, カ図)
鳥比(p131/カ写)
鳥**650**(p595/カ写)
名鳥図(p197/カ写)
日ア鳥(p505/カ写)
日色鳥(p96/カ写)
日鳥識(p258/カ写)
日鳥山新(p248/カ写)
日鳥山増(p202/カ写)
日野鳥新(p537/カ写)
日野鳥増(p505/カ写)
フ日野新(p244/カ図)
フ日野増(p244/カ図)
フ野鳥(p340/カ図)

クロウミガメ *Chelonia mydas agassizii* 黒海亀
ウミガメ科の爬虫類。甲長最大107cm。㊎太平洋の南北アメリカ大陸沿岸, ガラパゴス諸島
¶日カメ(p52/カ写)
野日爬(p18,85/カ写)

クロウミツバメ *Oceanodroma matsudairae* 黒海燕
ウミツバメ科の鳥。絶滅危惧IB類(環境省レッドリスト)。全長25cm。㊎南硫黄島で繁殖
¶絶鳥事(p178/モ図)
世文鳥(p40/カ写)
鳥卵巣(p58/カ写, カ図)
鳥比(p251/カ写)
鳥**650**(p138/カ写)
日ア鳥(p120/カ写)
日鳥識(p104/カ写)
日鳥水増(p57/カ写)
日野鳥新(p128/カ写)
日野鳥増(p122/カ写)
フ日野新(p76/カ図)
フ日野増(p76/カ図)
フ野鳥(p86/カ図)

クロエリコウテンシ *Melanocorypha calandra* 黒襟告天子
ヒバリ科の鳥。全長18〜20cm。㊎ヨーロッパ南部, アフリカ北部, イラン, アフガニスタン, ヨルダン, トルコ
¶世鳥大(p409/カ写)
世鳥卵(p154/カ写, カ図)

クロエリセイタカシギ *Himantopus mexicanus* 黒襟背高鴫, 黒襟背高鷸
セイタカシギ科の鳥。体長35cm。㊎カナダ国境〜アメリカの一部〜南ブラジル
¶世鳥ネ(p128/カ写)
鳥比(p284/カ写)

クロエリハクチョウ *Cygnus melancoryphus* 黒襟白鳥, 黒襟鵠
カモ科の鳥。全長1〜1.2m。㊎南アメリカ南部
¶世鳥ネ(p42/カ写)
地球(p413/カ写)

クロエリヒタキ *Hypothymis azurea* 黒襟鶲
カササギヒタキ科の鳥。全長15〜17cm。㊎イン

ド, 東南アジア, 台湾
¶原色鳥 (p121/カ写)
世鳥大 (p387/カ写)
世鳥卵 (p201/カ写, カ図)
鳥比 (p87/カ写)
鳥650 (p477/カ写)
日ア鳥 (p399/カ写)
日鳥山新 (p139/カ写)
フ野鳥 (p276/カ図)

クロオウチュウ *Dicrurus adsimilis* 黒烏秋
オウチュウ科の鳥。全長23〜26cm。㊕サハラ以南のアフリカ
¶世鳥卵 (p232/カ写, カ図)

クロオオアブラコウモリ *Hypsugo alaschanicus* 黒大油蝙蝠
ヒナコウモリ科の哺乳類。頭胴長42〜59mm。
¶くら哺 (p49/カ写)

クロオオコウモリ *Pteropus alecto*
オオコウモリ科の哺乳類。体長24〜26cm。
¶地球 (p551/カ写)

クロオタテドリ *Scytalopus unicolor* 黒尾立鳥
オタテドリ科の鳥。全長11cm。㊕ボリビア北部までのアンデス山脈
¶世鳥大 (p353)

クロオビヒメアオバト *Ptilinopus superbus* 黒帯姫青鳩, 黒帯姫緑鳩
ハト科の鳥。全長21〜24cm。㊕オーストラリア
¶世色鳥 (p89/カ写)
世鳥大 (p251/カ写)
世鳥ネ (p167/カ写)

クロオビミツスイ *Cissomela pectoralis* 黒帯蜜吸
ミツスイ科の鳥。全長12〜14cm。㊕オーストラリア北部
¶世鳥大 (p366)

クロオファスコガーレ *Phascogale tapoatafa*
フクロネコ科の哺乳類。頭胴長16〜22cm。㊕オーストラリア
¶世文動 (p41/カ写)

クロオマーモセット ⇒シルバーマーモセットを見よ

クロガオアオハシキンパラ *Spermophaga haematina* 黒顔青嘴金腹
カエデチョウ科の鳥。全長15cm。
¶世鳥大 (p459/カ写)
鳥飼 (p94/カ写)

クロガオコウギョクチョウ *Lagonosticta larvata* 黒顔紅玉鳥
カエデチョウ科の鳥。全長11〜12cm。㊕ガンビア, セネガル, 南東スーダン, 西エチオピア
¶鳥飼 (p91/カ写)

クロガオハイイロエボシドリ *Corythaixoides personatus* 黒顔灰色烏帽子鳥
エボシドリ科の鳥。全長48cm。
¶地球 (p460/カ写)

クロガオライオンタマリン *Leontopithecus caissara*
マーモセット科の哺乳類。絶滅危惧IA類。頭胴長20〜30cm。㊕ブラジル南東部の大西洋上に浮かぶスペラギ島とその対岸
¶美サル (p29/カ写)

クロガシラ *Pycnonotus taivanus* 黒頭
ヒヨドリ科の鳥。全長19cm。㊕台湾
¶鳥卵巣 (p273/カ写, カ図)

クロガシラウミヘビ *Hydrophis melanocephalus* 黒頭海蛇
コブラ科の爬虫類。全長80〜140cm。㊕南西諸島, 台湾, 中国, フィリピン, 本州の近海に来ることもある
¶原爬両 (No.111/カ写)
世文動 (p299/カ写)
日カメ (p246/カ写)
爬両飼 (p60)
野日爬 (p41,190/カ写)

クロガシラシュウダンハタオリ *Pseudonigrita cabanisi* 黒頭集団機織
ハタオリドリ科の鳥。㊕アフリカ東部
¶驚野動 (p205/カ写)

クロガシラミツスイ *Monarina melanocephala* 黒頭蜜吸
ミツスイ科の鳥。全長24〜27cm。㊕オーストラリア東部, タスマニア島
¶世鳥大 (p363)

クロカシワ Kurokashiwa 黒柏
鶏の一品種。天然記念物。体重 オス2.8kg, メス1.8kg。島根県・山口県の原産。
¶日家〔黒柏〕(p149/カ写)

クロガモ *Melanitta americana* 黒鴨
カモ科の鳥。全長44〜54cm。㊕ユーラシア, 北アメリカの極北部と温帯北部。冬は南に渡る。日本では本州以北
¶くら鳥 (p90,92/カ写)
原寸羽 (p58/カ写)
里山鳥 (p204/カ写)
四季鳥 (p87/カ写)
世鳥大 (p134/カ写)
世文鳥 (p77/カ写)
鳥卵巣 (p94/カ写, カ図)
鳥比 (p229/カ写)
鳥650 (p77/カ写)
名鳥図 (p59/カ写)
日ア鳥 (p65/カ写)
日色鳥 (p218/カ写)

日カモ (p250/カ写, カ図)
日鳥識 (p84/カ写)
日鳥水増 (p148/カ写)
日野鳥新 (p76/カ写)
日野鳥増 (p86/カ写)
ぱっ鳥 (p54/カ写)
バード (p151/カ写)
羽根決 (p78/カ写, カ図)
ひと目鳥 (p45/カ写)
フ日野新 (p54/カ図)
フ日野増 (p54/カ図)
フ野鳥 (p46/カ図)
野鳥学フ (p226/カ写)
野鳥山フ (p19,118/カ図, カ写)
山溪名鳥 (p138/カ写)

クロカンガルー *Macropus fuliginosus*
カンガルー科の哺乳類。体長0.9〜1.4m。 ㊎オーストラリア
¶世哺 (p74/カ写)
地球 (p508/カ写)

クロカンムリコゲラ *Hemicircus canente* 黒冠小啄木鳥
キツツキ科の鳥。全長15〜17cm。 ㊎インド, バングラデシュ, ミャンマー, タイ, カンボジア, ベトナム
¶地球 (p480/カ写)

クロカンムリリーフモンキー *Presbytis melalophos*
オナガザル科の哺乳類。絶滅危惧IB類。頭胴長42〜57cm。 ㊎スマトラ南西部
¶美サル (p87/カ写)

クロキツネザル *Eulemur macaco*
キツネザル科の哺乳類。絶滅危惧II類。体高38〜45cm。 ㊎マダガスカル
¶世文動 (p72/カ写)
世哺 (p103/カ写)
地球 (p536/カ写)
美サル (p142/カ写)

クロキノボリカンガルー *Dendrolagus ursinus*
カンガルー科の哺乳類。頭胴長約53cm。 ㊎ニューギニア北西部
¶世文動 (p47/カ写)

クロキモモシトド *Pselliophorus tibialis* 黒黄腿鵐
ホオジロ科の鳥。全長19cm。 ㊎コスタリカ, パナマ西部
¶地球 (p498/カ写)

クロキョウジョシギ *Arenaria melanocephala* 黒京女鷸, 黒京女鴫
シギ科の鳥。全長23cm。 ㊎北アメリカ東岸
¶世鳥ネ (p138/カ写)
鳥比 (p309/カ写)
鳥650 (p748/カ写)

クロキングヘビ ⇒メキシカンブラックキングを見よ

クロクスクス *Ailurops ursinus*
クスクス科の哺乳類。体長61cm。
¶地球 (p507/カ写)

クロクチカロテス *Calotes nigrilabris*
アガマ科の爬虫類。全長30〜45cm。 ㊎スリランカ
¶**爬両1800** (p93/カ写)

クロクビアガマ *Acanthocercus atricollis*
アガマ科の爬虫類。全長25〜30cm。 ㊎アフリカ大陸東部・南部
¶**爬両1800** (p103/カ写)
爬両ビ (p84/カ写)

クロクビガーターヘビ *Thamnophis cyrtopsis*
ナミヘビ科ユウダ亜科の爬虫類。全長40〜100cm。 ㊎アメリカ合衆国 (南部・南西部), メキシコ, グアテマラ
¶**爬両1800** (p272/カ写)

クロクビワトカゲ *Crotaphytus insularis*
イグアナ科クビワトカゲ亜科の爬虫類。別名サバククビワトカゲ。全長16〜30cm。 ㊎アメリカ合衆国, メキシコ
¶**爬両1800** (p79/カ写)

クロクモインコ *Poicephalus rueppellii* 黒雲鸚哥
インコ科の鳥。全長22〜25cm。 ㊎アフリカ南西部
¶世鳥大 (p263)

クロクモザル *Ateles paniscus chamek* 黒蜘蛛猿
オマキザル科の哺乳類。体長40〜52cm。 ㊎南アメリカ
¶世哺 (p108/カ写)

クロゲワシュ Japanese Black 黒毛和種
牛の一品種。体高 オス142cm, メス130cm。中国地方・近畿地方の原産。
¶世文動〔黒毛和種〕 (p213/カ写)
日家〔黒毛和種〕 (p64/カ写)

クロコサギ *Egretta ardesiaca* 黒小鷺
サギ科の鳥。体長44〜47cm。 ㊎サハラ以南のアフリカ, マダガスカル
¶鳥卵巣 (p67/カ写, カ図)

クロコシジロウミツバメ *Oceanodroma castro* 黒腰白海燕
ウミツバメ科の鳥。絶滅危惧IA類 (環境省レッドリスト)。全長19〜21cm。 ㊎ハワイ, ガラパゴス, マデイラ諸島, アセンション諸島。日本では日出島, 三貫島
¶原寸羽 (p21/カ写)
絶鳥事 (p174/モ図)
世文鳥 (p40/カ写)
地球 (p422/カ写)

鳥比(p248/カ写)
鳥650(p133/カ写)
日ア鳥(p118/カ写)
日鳥水増(p55/カ写)
日野鳥新(p126/カ写)
日野鳥増(p120/カ写)
バード(p147/カ写)
羽根決(p24/カ写, カ図)
フ日野新(p78/カ図)
フ日野増(p78/カ図)
フ野鳥(p84/カ図)
野鳥学フ(p202/カ写)
山溪名鳥(p161/カ写)

クロコブチズガメ *Graptemys nigrinoda* 黒瘤地図亀
ヌマガメ科アミメガメ亜科の爬虫類。甲長7～15cm。 ㊞アメリカ合衆国(アラバマ州・ミシシッピ州)
¶世カメ(p233/カ写)
世爬(p26/カ写)
爬両1800(p27/カ写)
爬両ビ(p23/カ写)

クロコンドル *Coragyps atratus* 黒コンドル
コンドル科の鳥。全長56～66cm。 ㊞アメリカ
¶世鳥大(p182/カ写)
世鳥卵(p52/カ写, カ図)
世鳥ネ(p90/カ写)
地球(p430/カ写)
鳥卵巣(p97/カ写, カ図)

クロサイ *Diceros bicornis* 黒犀
サイ科の哺乳類。絶滅危惧IA類。体高1.4～1.7m。 ㊞南アフリカ, ナムビア, ケニア, ジンバブエ, タンザニア
¶遺産世(Mammalia No.52/カ写)
絶百5(p92/カ写)
世文動(p191/カ写)
世哺(p320/カ写)
地球(p588/カ写)
レ生(p114/カ写)

クロサギ *Egretta sacra* 黒鷺
サギ科の鳥。全長62cm。 ㊞日本, 中国, 南アジア沿岸, 太平洋諸島, オーストラリア, ニュージーランド
¶くら鳥(p100/カ写)
里山鳥(p203/カ写)
四季鳥(p67/カ写)
巣と卵決(p227/カ写, カ図)
世文鳥(p55/カ写)
鳥比(p265/カ写)
鳥650(p174/カ写)
名鳥図(p33/カ写)
日ア鳥(p151/カ写)
日鳥識(p120/カ写)
日鳥巣(p26/カ写)
日鳥水増(p93/カ写)
日野鳥新(p164/カ写)
日野鳥増(p186/カ写)
ぱっ鳥(p101/カ写)
バード(p131/カ写)
ひと目鳥(p102/カ写)
フ日野新(p112/カ図)
フ日野増(p112/カ図)
フ野鳥(p106/カ図)
野鳥学フ(p230/カ写)
野鳥山フ(p14,88/カ図, カ写)
山溪名鳥(p139/カ写)

グローサー・シュヴァイツァー・ゼネンフント
⇒グレート・スイス・マウンテンドッグを見よ

クロサバクヒタキ *Oenanthe leucura* 黒砂漠鶲
ヒタキ科の鳥。全長18cm。 ㊞スペイン・ポルトガル, モロッコ・アルジェリア
¶世鳥大(p444/カ写)

グローサー・ミュンスターレンダー・フォルステフント ⇒ラージ・ミュンスターレンダーを見よ

グローサー・ミュンスターレンダー・ホシュテーフント ⇒ラージ・ミュンスターレンダーを見よ

クロザル *Macaca nigra* 黒猿
オナガザル科の哺乳類。絶滅危惧IA類。体長52～57cm。 ㊞アジア
¶世文動(p90/カ写)
世哺(p119/カ写)
地球(p542/カ写)
美サル(p102/カ写)

クロサンショウウオ *Hynobius nigrescens* 黒山椒魚
サンショウウオ科の両生類。日本固有種。全長13～16cm。 ㊞関東甲信越地方～東北地方
¶原爬両(No.168/カ写)
世両(p188/カ写)
日カサ(p184/カ写)
爬両観(p123/カ写)
爬両飼(p210/カ写)
爬両1800(p435/カ写)
野日両(p19,54,110/カ写)

クロサンショウクイ *Campephaga phoenicea* 黒山椒喰
サンショウクイ科の鳥。全長20cm。 ㊞ガンビア～ザイール北部・ウガンダ・エチオピア南部
¶世鳥大(p380)
世鳥卵(p161/カ写, カ図)

クロジ *Emberiza variabilis* 黒鵐
ホオジロ科の鳥。全長17cm。 ㊞カムチャツカ半島, サハリン, 日本
¶くら鳥(p39,41/カ写)
原寸羽(p270/カ写)
里山鳥(p150/カ写)

四季鳥（p83/カ写）
巣と卵決（p191/カ写, カ図）
世文鳥（p254/カ写）
鳥比（p197/カ写）
鳥650（p715/カ写）
名鳥図（p224/カ写）
日ア鳥（p610/カ写）
日色鳥（p207/カ写）
日鳥識（p300/カ写）
日鳥巣（p280/カ写）
日鳥山新（p372/カ写）
日鳥山増（p293/カ写）
日野鳥新（p642/カ写）
日野鳥増（p578/カ写）
ぱっ鳥（p371/カ写）
バード（p82/カ写）
羽根決（p333/カ写, カ図）
ひと目鳥（p212/カ写）
フ日野新（p274/カ図）
フ日野増（p274/カ図）
フ野鳥（p402/カ図）
野鳥学フ（p101/カ写）
野鳥山フ（p57,347/カ図, カ写）
山溪名鳥（p140/カ写）

クロシチホウ *Lonchura bicolor* 黒七宝
カエデチョウ科の鳥。全長10cm。㊊アフリカ西海岸
¶鳥飼（p85/カ写）

クロシマトカゲ ⇒クロハマベトカゲを見よ

クロジョウビタキ *Phoenicurus ochruros* 黒常鶲
ヒタキ科の鳥。全長14cm。㊊ヨーロッパの一部地域, アフリカ北部・東部, 中東。一部の個体群は冬になると南へ渡る
¶世鳥大（p443/カ写）
世鳥卵（p179/カ写, カ図）
鳥卵巣（p297/カ写, カ図）
鳥比（p144/カ写）
鳥650（p620/カ写）
日ア鳥（p528/カ写）
日鳥識（p268/カ写）
日鳥山新（p270/カ写）
日鳥山増（p184/カ写）
日野鳥新（p557/カ写）
フ日野新（p330/カ図）
フ日野増（p328/カ図）
フ野鳥（p350/カ図）

クロシロエリマキキツネザル *Varecia variegata*
黒白襟巻狐猿
キツネザル科の哺乳類。別名シロクロエリマキキツネザル。絶滅危惧IA類。体高51～60cm。㊊マダガスカル東部
¶地球〔シロクロエリマキキツネザル〕（p536/カ写）
美サル（p153/カ写）

クロシロカンムリカッコウ *Clamator jacobinus*
黒白冠郭公
カッコウ科の鳥。全長34cm。㊊インド, ミャンマー, スリランカ, アフリカ南部
¶世鳥大（p274）
世鳥卵（p128/カ写, カ図）
世鳥ネ（p184/カ写）
地球（p461/カ写）
鳥比（p19/カ写）

クロスイギュウ ⇒アフリカスイギュウを見よ

クロスキハシコウ *Anastomus lamelligerus* 黒隙嘴鸛
コウノトリ科の鳥。全長81～94cm。㊊サハラ以南のアフリカ, マダガスカル
¶世鳥大（p159/カ写）
地球（p425/カ写）

クロズキンアメリカムシクイ *Wilsonia citrina* 黒頭巾亜米利加虫食
アメリカムシクイ科の鳥。全長13cm。㊊北アメリカ東部, 中央アメリカ
¶原色鳥（p186/カ写）
地球（p497/カ写）

クロスサンカクヘビ *Mehelya crossii*
ナミヘビ科イエヘビ亜科の爬虫類。全長70～130cm。㊊アフリカ大陸西部
¶**爬両1800**（p334/カ写）

クロスジエンピツトカゲ *Isopachys gyldenstolpei*
スキンク科の爬虫類。全長16～20cm前後。㊊タイ
¶世爬（p138/カ写）
爬両1800（p208/カ写）
爬両ビ（p146/カ写）

クロスジオオクサガエル *Leptopelis nordequatorialis*
クサガエル科の両生類。体長3.8～5.4cm。㊊カメルーン, ナイジェリア
¶カエル見（p58/カ写）
爬両1800（p396/カ写）

クロスジオオマブヤ *Eutropis rudis*
スキンク科の爬虫類。全長35cm前後。㊊インドネシア, フィリピン, アンダマン諸島
¶**爬両1800**（p203/カ写）

クロスジオジロハチドリ *Eupherusa eximia* 黒筋尾白蜂鳥
ハチドリ科ハチドリ亜科の鳥。全長9～10.5cm。
¶鳥卵巣（p238/カ写, カ図）
ハチドリ（p229/カ写）

クロスジゴファーヘビ *Pituophis lineaticollis*
ナミヘビ科ナミヘビ亜科の爬虫類。全長150～

250cm。 [分]メキシコ南部, グアテマラ
¶世爬 (p200/カ写)
爬両1800 (p307/カ写)
爬両ビ (p220/カ写)

クロスジサワヘビ *Opisthotropis lateralis*
ナミヘビ科ユウダ亜科の爬虫類。全長28〜36cm。 [分]ベトナム北部, 中国南西部
¶**爬両1800** (p275/カ写)

クロスジソウカダ *Xenochrophis vittatus*
ナミヘビ科ユウダ亜科の爬虫類。全長50〜70cm。 [分]インドネシア, マレーシア西部
¶**爬両1800** (p275/カ写)
爬両ビ (p199/カ写)

グロースシュピッツ ⇒ジャーマン・スピッツ・グロスを見よ

グロスマンヤモリ *Gekko grossmanni*
ヤモリ科ヤモリ亜科の爬虫類。全長18〜20cm。 [分]ベトナム南部
¶ゲッコー (p19/カ写)

グロース・ミュンスターレンダー ⇒ラージ・ミュンスターレンダーを見よ

クロヅル *Grus grus* 黒鶴
ツル科の鳥。全長1.1〜1.2m。 [分]ユーラシア大陸一帯
¶**くら鳥** (p102/カ写)
四季鳥 (p84/カ写)
世鳥大 (p215/カ写)
世鳥卵 (p80/カ写, カ図)
世鳥ネ (p122/カ写)
世文鳥 (p102/カ写)
地球 (p441/カ写)
鳥卵巣 (p150/カ写, カ図)
鳥比 (p268/カ写)
鳥650 (p186/カ写)
名鳥図 (p67/カ写)
日ア鳥 (p160/カ写)
日鳥識 (p124/カ写)
日鳥水増 (p163/カ写)
日野鳥新 (p172/カ写)
日野鳥増 (p206/カ写)
ぱっ鳥 (p110/カ写)
羽根決 (p370/カ写, カ図)
ひと目鳥 (p109/カ写)
フ日野新 (p118/カ図)
フ日野増 (p118/カ図)
フ野鳥 (p112/カ図)
野鳥山フ (p26,155/カ図, カ写)
山溪名鳥 (p301/カ写)

クロセイタカシギ *Himantopus novaezelandiae* 黒背高鴨, 黒背高鷸
セイタカシギ科の鳥。絶滅危惧IA類。体長20cm。 [分]ニュージーランド(固有)
¶**絶百6** (p30/カ写)
世鳥ネ (p128/カ写)
鳥絶 (p151/カ図)

クロツキヒメハエトリ *Sayornis nigricans* 黒月姫蝿取
タイランチョウ科の鳥。全長17cm。 [分]アメリカ合衆国南西部〜中央アメリカ, ボリビアやアルゼンチン北西部のアンデス山脈
¶**地球** (p484/カ写)

クロツグミ *Turdus cardis* 黒鶫
ツグミ科(ヒタキ科)の鳥。全長21〜23cm。 [分]日本, 中国の安徽・湖北・貴州省
¶**くら鳥** (p59,60/カ写)
原寸羽 (p242/カ写)
里山鳥 (p35/カ写)
四季鳥 (p37/カ写)
巣と卵決 (p144/カ写, カ図)
世鳥大 (p438)
世文鳥 (p224/カ写)
鳥卵巣 (p288/カ写, カ図)
鳥比 (p131/カ写)
鳥650 (p594/カ写)
名鳥図 (p196/カ写)
日ア鳥 (p504/カ写)
日色鳥 (p97/カ写)
日鳥識 (p258/カ写)
日鳥巣 (p206/カ写)
日鳥山新 (p247/カ写)
日鳥山増 (p201/カ写)
日野鳥新 (p538/カ写)
日野鳥増 (p504/カ写)
ぱっ鳥 (p312/カ写)
バード (p60/カ写)
羽根決 (p288/カ写, カ図)
ひと目鳥 (p183/カ写)
フ日野新 (p248/カ図)
フ日野増 (p248/カ図)
フ野鳥 (p338/カ図)
野鳥学フ (p109/カ写)
野鳥山フ (p52,305/カ図, カ写)
山溪名鳥 (p229/カ写)

グロッシースネーク *Arizona elegans*
ナミヘビ科ナミヘビ亜科の爬虫類。全長66〜178cm。 [分]アメリカ合衆国南部〜メキシコ
¶**爬両1800** (p322/カ写)

クロツノユウジョハチドリ *Lophornis helenae* 黒角遊女蜂鳥
ハチドリ科ミドリフタオハチドリ亜科の鳥。全長6.5〜7cm。
¶**ハチドリ** (p104/カ写)

クロツラヘラサギ *Platalea minor* 黒面篦鷺
トキ科の鳥。絶滅危惧IB類。全長77cm。 ㊎中国, 日本, 韓国, 北朝鮮, ロシア, タイ, ベトナム
¶**遺産世** (Aves No.9/カ写)
くら鳥 (p97/カ写)
四季鳥 (p84/カ写)
絶鳥事 (p12,166/カ写, モ図)
絶百5 (p36/カ写)
世文鳥 (p58/カ写)
鳥比 (p266/カ写)
鳥650 (p181/カ写)
名鳥図 (p36/カ写)
日ア鳥 (p157/カ写)
日色鳥 (p65/カ写)
日鳥識 (p112/カ写)
日鳥水増 (p100/カ写)
日野鳥新 (p168/カ写)
日野鳥増 (p204/カ写)
ぱっ鳥 (p103/カ写)
バード (p109/カ写)
ひと目鳥 (p106/カ写)
フ日野新 (p116/カ図)
フ日野増 (p116/カ図)
フ野鳥 (p108/カ図)
野鳥学フ (p237/カ写)
野鳥山フ (p15,93/カ図, カ写)
山溪名鳥 (p286/カ写)

クロテクモザル ⇒アカクモザルを見よ

クロテテナガザル ⇒クロテナガザルを見よ

クロテナガザル *Hylobates concolor* 黒手長猿
テナガザル科の哺乳類。別名クロテテナガザル。絶滅危惧IB類。身長46～68cm。 ㊎カンボジア, ベトナム, ラオス, 中国南部
¶**絶百5**〔クロテテナガザル〕(p38/カ写)
世文動 (p94/カ写)

クロテリオハチドリ *Metallura phoebe* 黒照尾蜂鳥
ハチドリ科ミドリフタオハチドリ亜科の鳥。全長12～14cm。
¶**ハチドリ** (p143/カ写)

クロテン *Martes zibellina* 黒貂
イタチ科の哺乳類。絶滅危惧IB類。体長47～55cm。 ㊎アジア
¶**くら哺** (p64/カ写)
世文動 (p157/カ写)
世哺 (p253/カ写)
地球 (p574/カ写)
日哺改 (p81/カ写)

クロテンヒシメクサガエル *Heterixalus punctatus*
クサガエル科の両生類。体長2.2～2.4cm。 ㊎マダガスカル北東部
¶**カエル見** (p59/カ写)
爬両1800 (p398/カ写)

クロトウゾクカモメ *Stercorarius parasiticus* 黒盗賊鷗
トウゾクカモメ科の鳥。全長41～46cm。 ㊎カナダ, アラスカ, シベリア
¶**四季鳥** (p38/カ写)
世鳥大 (p240/カ写)
世鳥ネ (p152/カ写)
世文鳥 (p144/カ写)
地球 (p451/カ写)
鳥卵巣 (p197/カ写, カ図)
鳥比 (p366/カ写)
鳥650 (p356/カ写)
日ア鳥 (p304/カ写)
日鳥識 (p178/カ写)
日鳥水増 (p270/カ写)
日野鳥新 (p341/カ写)
日野鳥増 (p130/カ写)
フ日野新 (p84/カ図)
フ日野増 (p84/カ図)
フ野鳥 (p200/カ図)

クロトキ *Threskiornis melanocephalus* 黒朱鷺
トキ科の鳥。全長65～76cm。 ㊎インド周辺～東南アジア, 中国南部(繁殖の確認はインド周辺とベトナム周辺のみ)
¶**四季鳥** (p73/カ写)
世文鳥 (p59/カ写)
鳥卵巣 (p77/カ写, カ図)
鳥比 (p267/カ写)
鳥650 (p178/カ写)
名鳥図 (p37/カ写)
日ア鳥 (p155/カ写)
日鳥水増 (p101/カ写)
日野鳥新 (p171/カ写)
日野鳥増 (p201/カ写)
バード (p110/カ写)
フ日野新 (p116/カ図)
フ日野増 (p116/カ図)
フ野鳥 (p108/カ図)
野鳥学フ (p68/カ写)

クロード・ランシャン Croad Langshan
鶏の一品種(肉用種)。体重 オス4.1～5.4kg, メス3.2～3.5kg。中国の原産。
¶**日家** (p199/カ写)

クロナミオビトカゲ *Zonosaurus maramaintso*
プレートトカゲ科の爬虫類。全長45cm前後。 ㊎マダガスカル西部
¶**爬両1800** (p223/カ写)

クロニセボア *Pseudoboa nigra* 黒偽ボア
ナミヘビ科ヒラタヘビ亜科の爬虫類。全長75～90cm。 ㊎ボリビア, ブラジル, パラグアイ
¶**世爬** (p189/カ写)

爬両1800（p280/カ写）
爬両ビ（p214/カ写）

グローネンダール　Groenendael
犬の一品種。ベルジアン・シェパード・ドッグのバリエーションの一種。体高56〜66cm。ベルギーの原産。
¶最犬大〔ベルジアン・シェパード・ドッグ〔グローネンダール〕〕（p66/カ写）
新世犬〔ベルジアン・シェパード〔グローネンダール〕〕（p42/カ写）
ビ犬（p41/カ写）

クロノスリ　*Buteogallus anthracinus*　黒鵟
タカ科の鳥。全長45〜50cm。㊀アメリカ合衆国南部〜南アメリカ沿岸部, カリブ海に面した国々
¶世鳥大（p198/カ写）

クロノビタキ　*Saxicola caprata*　黒野鶲
ヒタキ科の鳥。全長14cm。㊀東南アジア
¶世鳥大（p444/カ写）
世鳥ネ（p301/カ写）
鳥比（p147/カ写）
鳥650（p626/カ写）
日ア鳥（p532/カ写）
日鳥山新（p277/カ写）
日鳥山増（p188/カ写）
フ日野新（p330,342/カ図）
フ野鳥（p352/カ図）

クロハゲワシ　*Aegypius monachus*　黒禿鷲
タカ科の鳥。体長100〜110cm。㊀地中海〜ウラル地方, 中国, 日本までアジアを横断
¶世鳥卵〔ズキンハゲワシ〔Cinereous Vulture〕〕（p56/カ写, カ図）
世文鳥（p92/カ写）
鳥卵巣（p104/カ写, カ図）
鳥比（p37/カ写）
鳥650（p387/カ写）
日ア鳥（p329/カ写）
日鳥山新（p59/カ写）
日鳥山増（p45/カ写）
日野鳥新（p388/カ写）
日野鳥増（p354/カ写）
羽根決（p106/カ写, カ図）
フ日野新（p170/カ図）
フ日野増（p170/カ図）
フ野鳥（p214/カ図）
ワシ（p46/カ写）

クロハコヨコクビガメ　*Pelusios niger*
ヨコクビガメ科アフリカヨコクビガメ亜科の爬虫類。甲長25〜30cm。㊀コートジボワール〜アンゴラ北部までのアフリカ大陸西部沿岸域
¶世カメ（p75/カ写）
爬両1800（p70/カ写）

クロハサミアジサシ　*Rynchops niger*　黒鋏鯵刺
カモメ科（ハサミアジサシ科）の鳥。全長40〜50cm。㊀アメリカ東部〜アルゼンチン
¶世鳥大（p239/カ写）
世鳥卵（p117/カ写, カ図）
世鳥ネ（p150/カ写）
地球（p451/カ写）

クロハチドリ　*Florisuga fucsa*　黒蜂鳥
ハチドリ科トパーズハチドリ亜科の鳥。全長12〜13cm。㊀ブラジル東部
¶ハチドリ（p36/カ写）

クロハマベトカゲ　*Emoia nigra*
スキンク科の爬虫類。別名クロシマトカゲ。全長25〜30cm。㊀ソロモン諸島, バヌアツ, フィジーなど
¶爬両1800（p205/カ写）
爬両ビ〔クロシマトカゲ〕（p144/カ写）

クロハラアジサシ　*Chlidonias hybrida*　黒腹鯵刺
カモメ科の鳥。全長25〜26cm。㊀ヨーロッパ, アジア南西部, アフリカの北部・南部, オーストラリア, ニューギニア
¶四季鳥（p62/カ写）
世鳥卵（p112/カ写, カ図）
世文鳥（p153/カ写）
鳥卵巣（p203/カ写, カ図）
鳥比（p363/カ写）
鳥650（p351/カ写）
名鳥図（p113/カ写）
日ア鳥（p299/カ写）
日鳥識（p176/カ写）
日鳥水増（p309/カ写）
日野鳥新（p338/カ写）
日野鳥増（p158/カ写）
フ日野新（p96/カ図）
フ日野増（p96/カ図）
フ野鳥（p198/カ図）
野鳥学フ（p207/カ写）
山溪名鳥（p141/カ写）

クロハラウミツバメ　*Fregetta tropica*　黒腹海燕
ウミツバメ科の鳥。全長20cm。
¶世鳥大（p151）

クロハラオジロハチドリ　*Eupherusa nigriventris*　黒腹尾白蜂鳥
ハチドリ科ハチドリ亜科の鳥。全長7.5〜8.5cm。
¶ハチドリ（p230/カ写）

クロハラガーターヘビ　*Thamnophis melanogaster*
ナミヘビ科ユウダ亜科の爬虫類。全長40〜100cm。㊀メキシコ
¶爬両1800（p273/カ写）

クロハラコウギョクチョウ　*Lagonosticta rara*　黒腹紅玉鳥
カエデチョウ科の鳥。大きさ10cm。㊀アフリカ

(西部〜中央部の赤道やや北側)
¶鳥飼 (p91/カ写)

クロハラサラマンダー *Desmognathus quadramaculatus*
ムハイサラマンダー科の両生類。全長7〜11cm。㊐アメリカ合衆国北東部
¶爬両1800 (p446/カ写)
爬両ビ (p307/カ写)

クロハラシマヤイロチョウ *Pitta gurneyi* 黒腹縞八色鳥
ヤイロチョウ科の鳥。絶滅危惧IA類。体長18.5〜20.5cm。㊐タイ, ミャンマー
¶絶百5 (p40/カ図)
鳥絶 (p183/カ図)

クロハラチュウノガン *Lissotis melanogaster* 黒腹中鴇, 黒腹中野雁
ノガン科の鳥。全長65cm。㊐セネガル〜エチオピア, アンゴラ, ザンビア, アフリカ南東部
¶世鳥卵 (p93/カ写, カ図)
鳥卵巣 (p164/カ写, カ図)

クロハラトゲオハチドリ *Discosura langsdorffi* 黒腹棘尾蜂鳥
ハチドリ科ミドリフタオハチドリ亜科の鳥。全長7.5〜13.5cm。
¶ハチドリ (p95/カ写)

クロハラハコガメ *Cuora zhoui*
アジアガメ科(イシガメ(バタグールガメ)科)の爬虫類。甲長15〜18cm。㊐中国(広西省・壮族自治区・雲南省)
¶世カメ (p274/カ写)
爬両1800 (p43/カ写)

クロハラハムスター *Cricetus cricetus*
キヌゲネズミ科(ネズミ科)の哺乳類。別名ヨーロッパハムスター。体長20〜34cm。㊐ユーラシア
¶世哺 (p159/カ写)
地球 (p526/カ写)

クロハラヘビクビガメ *Acanthochelys spixii*
ヘビクビガメ科の爬虫類。甲長14〜15cm。㊐ブラジル南東部, ウルグアイ, アルゼンチン北西部
¶世カメ (p88/カ写)
世爬 (p51/カ写)
世文動〔クロハラヘビクビ〕(p241/カ写)
爬両1800 (p59/カ写)
爬両ビ (p43/カ写)

クロハラヤマガメ ⇒クロヤマガメを見よ

クロハラリスカッコウ *Piaya melanogaster* 黒腹栗鼠郭公
カッコウ科の鳥。全長38cm。
¶地球 (p462/カ写)

クロハリオツバメ *Hirundo atrocaerulea* 黒針尾燕
ツバメ科の鳥。絶滅危惧II類。体長18〜25cm。㊐アフリカ南部・中部
¶絶百5 (p42/カ図)
鳥絶 (p189/カ図)

クロヒゲサキ *Chiropotes satanas*
サキ科の哺乳類。別名ヒゲサキ。絶滅危惧IA類。体高38〜48cm。㊐ブラジル北部
¶地球〔ヒゲサキ〕(p539/カ写)
美サル (p47/カ写)

クロヒゲトビトカゲ *Draco melanopogon*
アガマ科の爬虫類。全長25cm前後。㊐タイ南部〜マレーシア, インドネシアなど
¶爬両1800 (p90/カ写)

クロヒゲバト *Starnoenas cyanocephala* 黒髭鳩
ハト科の鳥。絶滅危惧IB類。体長30〜33cm。㊐キューバ(固有)
¶世鳥大 (p249/カ写)
鳥絶 (p157/カ図)

クロビタイアマドリ *Monasa nigrifrons*
オオガシラ科の鳥。全長26〜29cm。㊐コロンビア, ペルー, ボリビア北部, ブラジルなどの南アメリカのアンデス山脈東部
¶世鳥大 (p329/カ写)
地球 (p481/カ写)

クロビタイオジロハチドリ *Eupherusa cyanophrys* 黒額尾白蜂鳥
ハチドリ科ハチドリ亜科の鳥。絶滅危惧IB類。全長10〜11cm。㊐メキシコ
¶ハチドリ (p380)

クロビタイサケイ *Pterocles lichtensteinii* 黒額沙鶏
サケイ科の鳥。全長24〜26cm。㊐モロッコ〜アラビア, パキスタンに局所的
¶世鳥大 (p243/カ写)
地球 (p452/カ写)

クロビタイサファイアハチドリ *Hylocharis xantusii* 黒額サファイア蜂鳥
ハチドリ科ハチドリ亜科の鳥。全長8〜9cm。
¶ハチドリ (p290/カ写)

クロビタイティティ *Callicebus nigrifrons* 黒額ティティ
サキ科の哺乳類。体高31〜42cm。
¶地球 (p539/カ写)

クロビタイハリオアマツバメ *Hirundapus cochinchinensis* 黒額針尾雨燕
アマツバメ科の鳥。全長19〜21cm。㊐ネパール〜中国南部, 台湾で繁殖
¶日ア鳥 (p184/カ写)

クロヒメシャクケイ　*Penelopina nigra*　黒姫舎久鶏
ホウカンチョウ科の鳥。全長59～65cm。㊕メキシコ, グアテマラ, ホンジュラス, エルサルバドル, ニカラグア
¶**地球**(p409/カ写)
鳥卵巣(p124/カ写, カ図)

クロヒョウ　*Panthera pardus*
ネコ科の哺乳類。ヒョウの黒変種。体長0.9～1.9m。
¶**地球**(p576/カ写)

クロヒヨドリ　*Hypsipetes madagascariensis*　黒鵯
ヒヨドリ科の鳥。体長23cm。㊕東・東南アジア
¶**世鳥卵**(p165/カ写, カ図)
世鳥ネ(p279/カ写)
鳥卵巣(p275/カ写, カ図)
鳥比(p106/カ写)
鳥650(p731/カ写)

クロフクスクス　*Spilocuscus rufoniger*
クスクス科の哺乳類。絶滅危惧IB類。頭胴長 オス58.3cm, メス64cm。㊕ニューギニア島北部
¶**絶百5**(p44/カ写)

クロブチカブラオヤモリ　⇒セントマーティンカブラオヤモリを見よ

クロブチトカゲモドキ　⇒バワンリントカゲモドキを見よ

クロフヒメドリ　*Amphispiza belli*　黒斑姫鳥
ホオジロ科の鳥。全長14～16cm。㊕アメリカ西部～メキシコ北西部
¶**世鳥大**(p477/カ写)

グローブヤモリ　*Chondrodactylus angulifer*
ヤモリ科ヤモリ亜科の爬虫類。全長7～8cm。㊕南アフリカ共和国, ナミビア, ボツワナ
¶**ゲッコー**〔グローブヤモリ（基亜種）〕(p28/カ写)
世爬(p107/カ写)
爬両1800(p133～134/カ写)
爬両ビ(p108/カ写)

クロボウシオマキザル　⇒フサオマキザルを見よ

クロボウシタイランチョウ　*Xolmis coronata*　黒帽子太蘭鳥
タイランチョウ科の鳥。㊕南アメリカのパンパス
¶**世鳥卵**(p150/カ写, カ図)

クロホエザル　*Alouatta caraya*
クモザル科の哺乳類。体高50～65cm。㊕南アメリカ
¶**地球**(p538/カ写)
美サル(p51/カ写)

クロホオヒゲコウモリ　*Myotis pruinosus*　黒頬髭蝙蝠
ヒナコウモリ科の哺乳類。絶滅危惧IB類（環境省レッドリスト）。日本固有種。前腕長3～3.3cm。㊕青森県, 岩手県, 秋田県, 宮城県, 愛媛県
¶**くら哺**(p47/カ写)
絶事(p44/モ図)
日哺改(p40/カ写)
日哺学フ(p112/カ写)

クロボシウミヘビ　*Hydrophis ornatus*　黒星海蛇
コブラ科の爬虫類。全長80～90cm。㊕南西諸島沿岸, 台湾
¶**原爬両**(No.113/カ写)
爬両飼(p61)

クロボシウミヘビ〔亜種〕　*Hydrophis ornatus maresinensis*　黒星海蛇
コブラ科の爬虫類。クロボシウミヘビの亜種。全長80～140cm。㊕南西諸島沿岸, 東アジア南部。日本では沖縄本島西部に生息を確認
¶**日カメ**〔クロボシウミヘビ〕(p246/カ写)
野日爬〔クロボシウミヘビ〕(p41,189/カ写)

クロボシコゴシキドリ　*Tricholaema lacrymosa*　黒星小五色鳥
オオハシ科の鳥。全長22cm。
¶**地球**(p479/カ写)

クロボシゴシキドリ　*Capito niger*　黒星五色鳥
オオハシ科の鳥。全長19cm。
¶**世鳥大**(p320/カ写)
地球(p478/カ写)

クロボシチビヤモリ　*Sphaerodactylus nigropunctatus*
ヤモリ科チビヤモリ亜科の爬虫類。全長4～6cm。㊕バハマ諸島, プエルトリコなど
¶**ゲッコー**(p104/カ写)
爬両1800(p179/カ写)

クロホソオオトカゲ　*Varanus beccarii*
オオトカゲ科の爬虫類。全長75～90cm。㊕インドネシア（アルー諸島）
¶**世爬**(p156/カ写)
爬両1800(p237/カ写)
爬両ビ(p170/カ写)

クロボタンインコ　*Agapornis nigrigenis*　黒牡丹鸚哥
インコ科の鳥。絶滅危惧II類。全長14cm。㊕ザンビア南西部
¶**絶百2**(p76/カ写)
鳥飼(p127/カ写)

クロマクトビガエル　*Rhacophorus nigropalmatus*
アオガエル科の両生類。別名ウォーレストビガエル, ワラストビガエル。体長7～10cm。㊕マレー半島, タイ南部, ボルネオ島, スマトラ島
¶**カエル見**(p47/カ写)
驚野動〔ワラストビガエル〕(p300/カ写)
世カエ〔ワラストビガエル〕(p424/カ写)
世文動(p334/カ写)
世両(p77/カ写)

地球〔ワラストビガエル〕(p364/カ写)
爬両1800 (p386/カ写)
爬両ビ (p254/カ写)

クロミズナギドリ *Procellaria parkinsoni* 黒水薙鳥
ミズナギドリ科の鳥。全長46cm。㊕ニュージーランドのリトル・バリア島, グレート・バリア島で繁殖
¶鳥卵巣 (p54/カ写, カ図)

クロミズベトカゲ *Amphiglossus melanurus*
スキンク科の爬虫類。全長12~15cm。㊕マダガスカル北部
¶爬両1800 (p209/カ写)

クロミミアデガエル *Mantella milotympanum*
マダガスカルガエル科(マラガシーガエル科)の両生類。体長1.9~2.3cm。㊕マダガスカル東部
¶カエル見 (p66/カ写)
世両 (p104/カ写)
爬両1800 (p399/カ写)

クロミミマーモセット *Callithrix penicillata*
オマキザル科の哺乳類。体高23~28cm。㊕ブラジル中南部
¶地球 (p540/カ写)

クロミヤコドリ *Haematopus bachmani* 黒都鳥
ミヤコドリ科の鳥。全長42~47cm。㊕北アメリカの太平洋岸(アラスカ~バハカリフォルニアまで)
¶世鳥大 (p221/カ写)
世鳥ネ (p127/カ写)
地球 (p444/カ写)
鳥650 (p748/カ写)

クロミンククジラ *Balaenoptera bonaerensis*
ナガスクジラ科の哺乳類。成体体重8.5~11t。㊕赤道域~南極圏
¶クイ百 (p88/カ図)

クロムネトゲオイグアナ *Ctenosaura melanosterna*
イグアナ科イグアナ亜科の爬虫類。全長90cm前後。㊕ホンジュラス
¶爬両1800 (p75/カ写)
爬両ビ (p66/カ写)

クロムネヤマガメ *Rhinoclemmys melanosterna*
アジアガメ科(イシガメ(バタグールガメ)科)の爬虫類。甲長23~29cm。㊕パナマ, コロンビア北部・西部, エクアドル北西部
¶世カメ (p303/カ写)
爬両1800 (p46/カ写)

クロムフォルレンダー Kromfohrländer
犬の一品種。別名クロムフォーレンダー。体高38~46cm。ドイツの原産。
¶最犬大 (p402/カ写)
新犬種 (p106/カ写)
新世犬〔クロムフォーレンダー〕(p323/カ写)
図世犬〔クロムフォーレンダー〕(p305/カ写)
ビ犬 (p216/カ写)

クロメアリゲータートカゲ *Elgaria coerulea*
アンギストカゲ科の爬虫類。全長22~33cm。㊕カナダ, アメリカ合衆国西部沿岸部
¶世文動〔クロメアリゲータトカゲ〕(p277/カ写)
爬両1800 (p226/カ写)
爬両ビ (p159/カ写)

クロメクラヘビ *Austrotyphlops nigrescens*
メクラヘビ科の爬虫類。全長75cm。
¶地球 (p398/カ写)

クロモモワタアシハチドリ *Eriocnemis derbyi* 黒腿綿足蜂鳥
ハチドリ科ミドリフタオハチドリ亜科の鳥。準絶滅危惧。全長10cm。
¶ハチドリ (p149/カ写)

クロモンコガタキガエル *Philautus vermiculatus*
アオガエル科の両生類。体長33mm。㊕タイ南部を含むマレー半島
¶世カエ (p410/カ写)

クロモンヒメエメラルドハチドリ *Chlorostilbon swainsonii* 黒紋姫エメラルド蜂鳥
ハチドリ科ハチドリ亜科の鳥。全長8~11cm。
¶ハチドリ (p374)

クロモンミドリヒキガエル ⇒アメリカミドリヒキガエルを見よ

クロヤマガメ *Melanochelys trijuga*
アジアガメ科(イシガメ(バタグールガメ)科)の爬虫類。別名クロハラヤマガメ。甲長30~35cm。㊕インド, スリランカ, ネパール, バングラディシュ, ミャンマー
¶世カメ (p290/カ写)
世爬〔クロハラヤマガメ〕(p35/カ写)
世文動 (p246/カ写)
爬両1800〔クロハラヤマガメ〕(p44/カ写)
爬両ビ (p34/カ写)

クロヨロイトカゲ *Cordylus niger*
ヨロイトカゲ科の爬虫類。全長12~15cm。㊕南アフリカ共和国南西部
¶爬両1800 (p220/カ写)

クロライチョウ *Tetrao tetrix* 黒雷鳥
キジ科(ライチョウ科)の鳥。体長 オス55cm, メス43cm。㊕イギリス~シベリア東部までのユーラシア
¶世美羽 (p156/カ写, カ図)
鳥卵巣 (p129/カ写, カ図)
日ア鳥 (p12/カ写)

クロラケットオナガ *Crypsirina temia* 黒ラケット尾長
カラス科の鳥。全長31~33cm。㊕インドシナ半

島, ジャワ島, バリ島
¶世色鳥 (p181/カ写)

クロワオオガシラ *Boiga angulata*
ナミヘビ科ナミヘビ亜科の爬虫類。全長180〜250cm。㊕フィリピン
¶**爬両1800** (p296/カ写)

ケ

クロワカモメ ⇒オビハシカモメを見よ

クロワシミミズク *Bubo lacteus* 黒鷲木菟
フクロウ科の鳥。全長66〜75cm。㊕東・南アフリカ
¶世鳥大 (p280/カ写)
世鳥ネ (p193/カ写)
地球 (p464/カ写)

クンミンオオカミヘビ ⇒ベーメオオカミヘビを見よ

【ケ】

ケアシノスリ *Buteo lagopus* 毛脚鵟, 毛足鵟
タカ科の鳥。全長 オス55cm, メス59cm。㊕北ヨーロッパ〜アジア一帯, 北アメリカ
¶原寸羽 (ポスター/カ写)
四季鳥 (p84/カ写)
世鳥卵 (p61/カ写, カ図)
世鳥ネ (p105/カ写)
世文鳥 (p88/カ写)
鳥卵巣 (p111/カ写, カ図)
鳥比 (p57/カ写)
鳥650 (p410/カ写)
名鳥図 (p131/カ写)
日ア鳥 (p344/カ写)
日鳥識 (p198/カ写)
日鳥山新 (p80/カ写)
日鳥山増 (p32/カ写)
日野鳥新 (p382/カ写)
日野鳥増 (p350/カ写)
ぱっ鳥 (p213/カ写)
フ日野新 (p174/カ図)
フ日野増 (p174/カ図)
フ野鳥 (p226/カ図)
野鳥学フ (p64/カ写)
野鳥山フ (p23/カ図)
山溪名鳥 (p253/カ写)
ワシ (p104/カ写)

ケアンズタニガエル *Taudactylus rheophilus*
カメガエル科の両生類。絶滅危惧IA類。体長 オス2.4〜2.7cm, メス2.4〜3.1cm。㊕オーストラリア北東部
¶**絶百3** (p82/カ写)

ケアーン・テリア Cairn Terrier
犬の一品種。別名ケアン・テリア。家庭犬, 愛玩犬。体高約28〜31cm。イギリスの原産。
¶アルテ犬 (p94/カ写)
最犬大 (p176/カ写)
新犬種〔ケアン・テリア〕(p33/カ写)
新世犬 (p232/カ写)
図世犬 (p140/カ写)
世文動〔ケアン・テリア〕(p140/カ写)
ビ犬 (p189/カ写)

ケイグルチズガメ *Graptemys caglei* ケイグル地図亀
ヌマガメ科の爬虫類。甲長8〜18cm。㊕アメリカ合衆国南部
¶世カメ (p226/カ写)
世爬 (p25/カ写)
爬両1800 (p25/カ写)
爬両ビ (p22/カ写)

ゲイタイナババイヤモリ *Bavayia geitaina*
ヤモリ科イシヤモリ亜科の爬虫類。全長10〜13cm。㊕ニューカレドニア
¶ゲッコー〔トナリババイヤモリ〕(p84/カ写)
爬両1800 (p160/カ写)

ケイマフリ *Cepphus carbo*
ウミスズメ科の鳥。絶滅危惧II類(環境省レッドリスト)。全長37cm。㊕カムチャツカ半島, サハリン, 日本北部
¶くら鳥 (p125/カ写)
原寸羽 (p152/カ写)
四季鳥 (p56/カ写)
世文鳥 (p163/カ写)
鳥卵巣 (p212/カ写, カ図)
鳥比 (p372/カ写)
鳥650 (p365/カ写)
名鳥図 (p115/カ写)
日ア鳥 (p308/カ写)
日色鳥 (p211/カ写)
日鳥識 (p180/カ写)
日鳥水増 (p332/カ写)
日野鳥新 (p346/カ写)
日野鳥増 (p102/カ写)
ぱっ鳥 (p193/カ写)
バード (p159/カ写)
羽根決 (p185/カ写, カ図)
ひと目鳥 (p26/カ写)
フ日野新 (p60/カ図)
フ日野増 (p60/カ図)
フ野鳥 (p204/カ図)
野鳥学フ (p218/カ写)
野鳥山フ (p38,229/カ図, カ写)
山溪名鳥 (p142/カ写)

ケガエル *Trichobatrachus robustus*
サエズリガエル科(ネズナキガエル科)の両生類。

体長4.5～10cm。㊎赤道ギニア, カメルーン, コンゴ民主共和国, ナイジェリア
¶**かえる百**(p16/カ写)
カエル見(p25/カ写)
世文動(p334/カ写)
爬両1800(p362/カ写)
爬両ビ(p237/カ写)

ケショウネコメガエル *Phyllomedusa boliviana*
アマガエル科の両生類。体長7～9cm。㊎ブラジル, ボリビア, アルゼンチン
¶**かえる百**(p64/カ写)
カエル見(p40/カ写)
爬両1800(p381/カ写)
爬両ビ(p251/カ写)

ケースホンド ⇒キースホンドを見よ

ケヅメリクガメ *Geochelone sulcata*
リクガメ科の爬虫類。甲長50～60cm。㊎アフリカ大陸北東部～中部・西部
¶**世カメ**(p24/カ写)
世爬(p10/カ写)
爬両1800(p12/カ写)
爬両ビ(p8/カ写)

ケツァール ⇒カザリキヌバネドリを見よ

ゲッケイジュバト *Columba junoniae* 月桂樹鳩
ハト科の鳥。絶滅危惧IB類。体長38cm。㊎カナリア諸島(固有)
¶**鳥絶**(p157)

ゲッチンゲン Göttingen
豚の一品種。体重 1歳35kg,2歳50kg。ドイツの原産。
¶**日家**(p104/カ写)

ケッテイ *Equus caballus* × *Equus asinus*
ウマ科の哺乳類。雄ウマと雌ロバの雑種。体高1～1.3m。
¶**地球**(p593/カ写)

ケナガネズミ *Diplothrix legata* 毛長鼠
ネズミ科の哺乳類。絶滅危惧IB類(環境省レッドリスト), 天然記念物。全長18.5～26.7cm。㊎奄美大島, 徳之島, 沖縄本島
¶**くら哺**(p19/カ写)
絶事(p92/モ図)
世文動(p116/カ写)
日哺改(p142/カ写)
日哺学フ(p187/カ写)

ケナガワラルー *Macropus robustus*
カンガルー科の哺乳類。体長0.8～1.4m。㊎オーストラリア
¶**世哺**(p73/カ写)
地球(p508/カ写)

ケナシコウモリ *Pteronotus davyi*
クチビルコウモリ科の哺乳類。体長4～5.5cm。㊎北アメリカ, 南アメリカ
¶**世哺**(p89/カ写)
地球(p556/カ写)

ケニアスナボア ⇒ナイルスナボアを見よ

ケニアツームコウモリ *Taphozous hildegardeae*
サシオコウモリ科の哺乳類。体長6～10cm。㊎ケニア中央部・海岸部, タンザニアの北東部
¶**地球**(p555/カ写)

ケビタイオタテドリ *Merulaxis ater* 毛額尾立鳥
オタテドリ科の鳥。全長19cm。㊎ブラジル南東部
¶**世鳥大**(p353/カ写)

ケープアフリカツルヘビ ⇒ケープバードスネークを見よ

ケープアラゲジリス *Xerus inauris*
リス科の哺乳類。体長24cm。㊎アフリカ
¶**世哺**(p145/カ写)
地球(p524/カ写)

ケープイエヘビ *Boaedon capensis*
ナミヘビ科イエヘビ亜科の爬虫類。全長65～100cm。㊎南アフリカ共和国, モザンビーク, ジンバブエ, ボツワナなど
¶**爬両1800**(p333/カ写)

ケープイシチドリ *Burhinus capensis* ケープ石千鳥
イシチドリ科の鳥。体長43cm。㊎アフリカのサハラ砂漠以南
¶**鳥卵巣**(p170/カ写, カ図)

ケープヴォルフスラング *Lycophidion capense*
ナミヘビ科ナミヘビ亜科の爬虫類。全長40～50cm。㊎西部を除くアフリカ大陸中部以南
¶**爬両1800**(p299/カ写)
爬両ビ(p209/カ写)

ケープオグロヌー *Connochaetes taurinus taurinus*
ウシ科の哺乳類。体高1.2～1.5m。
¶**地球**(p603/カ写)

ケープガエル *Afrana fuscigula* ケープ蛙
アカガエル科の両生類。体長75～125mm。㊎南アフリカ, ナミビア
¶**世カエ**(p298/カ写)

ケープキジシャコ *Pternistis capensis* ケープ雉子鷓鴣
キジ科の鳥。全長40～43cm。㊎南アフリカ
¶**世鳥大**(p113/カ写)

ケープギツネ *Vulpes chama* ケープ狐
イヌ科の哺乳類。頭胴長45～61cm。㊎南アフリカ, 南西アフリカ, ボツワナ, アンゴラ
¶**野生イヌ**(p96/カ写, カ図)

ケ

ケ

ケープキンモグラ *Chrysochloris asiatica* ケープ金土竜
キンモグラ科の哺乳類。体長10～11cm。
¶**地球**(p513/カ写)

ケープコブラ *Naja nivea*
コブラ科の爬虫類。全長1.2～1.7m。㊀アフリカ南部
¶**驚野動**(p234/カ写)

ケープサンカクヘビ *Mehelya capensis*
ナミヘビ科イエヘビ亜科の爬虫類。全長70～130cm。㊀サハラ以南のアフリカ
¶**世爬**(p222/カ写)
爬両1800(p334/カ写)
爬両ビ(p215/カ写)

ケープシロエリハゲワシ ⇒ケープハゲワシを見よ

ケープスナガエル *Tomopterna delaiandii*
アカガエル科の両生類。体長50mmまで。㊀南アフリカ
¶**世カエ**(p374/カ写)

ケープタテガミヤマアラシ *Hystrix africaeaustralis*
ヤマアラシ科の哺乳類。体長75～100cm。㊀アフリカ中央部～南部
¶**驚野動**(p231/カ写)
世哺(p174/カ写)
地球(p528/カ写)

ケープノウサギ *Lepus capensis* ケープ野兎
ウサギ科の哺乳類。体長52～60cm。㊀アフリカ，スペイン南部(?)，モンゴル，中国西部，チベット，イラン，アラビア半島
¶**地球**(p522/カ写)

ケープハイラックス *Procavia capensis*
イワダヌキ科(ハイラックス科)の哺乳類。体長45～55cm。㊀アフリカ西部・南部・東部，アジア西部
¶**驚野動**(p253/カ写)
世文動(p183/カ写)
世哺(p310/カ写)
地球(p515/カ写)

ケープハゲワシ *Gyps coprotheres* ケープ禿鷲
タカ科の鳥。別名ケープシロエリハゲワシ。絶滅危惧IB類。全長1～1.2m。㊀南アフリカ共和国，レソト，ボツワナ，モザンビーク。ジンバブエとナミビアに非繁殖個体がいる
¶**絶百6**〔シロエリハゲワシ〔Cape Griffon Vulture〕〕(p68/カ写)

ケープハタオリ *Ploceus capensis* ケープ機織
ハタオリドリ科の鳥。全長18cm。㊀南アフリカ
¶**原色鳥**(p246/カ写)
世鳥大(p455/カ写)
世鳥卵(p226/カ写，カ図)
世鳥ネ(p314/カ写)

ケープバードスネーク *Thelotornis capensis*
ナミヘビ科ナミヘビ亜科の爬虫類。別名ケープアフリカツルヘビ。全長80～120cm。㊀アフリカ大陸中部以南
¶**爬両1800**(p294/カ写)

ケープハリネズミ *Atelerix frontalis* ケープ針鼠
ハリネズミ科の哺乳類。体長15～20cm。
¶**地球**(p558/カ写)

ケープフトユビヤモリ *Pachydactylus capensis*
ヤモリ科ヤモリ亜科の爬虫類。全長10～12cm。㊀ナミビア，ボツワナ，南アフリカ共和国中部～北部
¶**ゲッコー**(p26/カ写)
爬両1800(p133/カ写)

ケープペンギン *Spheniscus demersus*
ペンギン科の鳥類。絶滅危惧IB類。全長68～70cm。㊀南アフリカ，ナミビア
¶**遺産世**(Aves No.4/カ写)
世鳥大(p142/カ写)
世鳥ネ(p53/カ写)
地球(p417/カ写)
鳥卵巣(p42/カ写，カ図)

ケープマルメヤモリ *Lygodactylus capensis*
ヤモリ科ヤモリ亜科の爬虫類。全長6～7cm。㊀アフリカ大陸南部
¶**ゲッコー**(p45/カ写)
世文動(p259/カ写)
爬両1800(p144/カ写)

ケープラットスネーク ⇒マレースジオを見よ

ケペディアナヒルヤモリ *Phelsuma cepediana*
ヤモリ科ヤモリ亜科の爬虫類。全長15cm前後。㊀モーリシャス
¶**ゲッコー**(p42/カ写)
爬両1800(p142/カ写)

ゲマルジカ *Hippocamelus bisulcus*
シカ科の哺乳類。体長150～160cm。㊀チリ南部のアンデス山脈とパタゴニア
¶**世文動**(p202/カ写)

ケミミミツスイ *Acanthagenys rufogularis* 毛耳蜜吸
ミツスイ科の鳥。全長22～26cm。㊀オーストラリア
¶**世鳥大**(p365/カ写)
世鳥卵(p212/カ写，カ図)

ゲムズボック ⇒オリックスを見よ

ゲラダヒヒ *Theropithecus gelada*
オナガザル科の哺乳類。体高50～74cm。㊀アフリカ
¶**驚野動**(p180/カ写)
絶百5(p48/カ写)
世文動(p87/カ写)

世哺 (p117/カ写)
地球 (p545/カ写)
美サル (p193/カ写)

ケラマジカ *Cervus nippon keramae* 慶良間鹿
シカ科の哺乳類。ニホンジカの亜種。頭胴長100cm (推定), 肩高70cm。 [分]慶良間諸島
¶日哺学フ (p191/カ写)

ケーラーミドリクサガエル *Chlorolius koehleri*
クサガエル科の両生類。体長2.7cm前後。 [分]カメルーン, ナイジェリア東端部
¶カエル見 (p55/カ写)
爬両1800 (p393/カ写)

ケララアカガエル *Rana temporalis*
アカガエル科の両生類。体長50mmまで。 [分]インド南西部, スリランカの一部
¶世カエ (p354/カ写)

ケリ *Vanellus cinereus* 計里, 鳧
チドリ科の鳥。全長36cm。 [分]日本, 中国北東部, モンゴル
¶くら鳥 (p109/カ写)
原寸羽 (p112/カ写)
里山鳥 (p45/カ写)
四季鳥 (p38/カ写)
巣と卵決 (p74/カ写, カ図)
世文鳥 (p118/カ写)
鳥卵巣 (p176/カ写, カ図)
鳥比 (p282/カ写)
鳥650 (p222/カ写)
名鳥図 (p79/カ写)
日ア鳥 (p190/カ写)
日鳥識 (p134/カ写)
日鳥巣 (p84/カ写)
日鳥水増 (p199/カ写)
日野鳥新 (p210/カ写)
日野鳥増 (p234/カ写)
ぱっ鳥 (p129/カ写)
バード (p118/カ写)
羽根決 (p379/カ写, カ図)
ひと目鳥 (p92/カ写)
フ日野新 (p134/カ図)
フ日野増 (p134/カ図)
フ野鳥 (p130/カ図)
野鳥学フ (p165/カ写, カ図)
野鳥山フ (p28,174/カ図, カ写)
山溪名鳥 (p144/カ写)

ケリー・ビーグル Kerry Beagle
犬の一品種。体高56〜66cm。アイルランドの原産。
¶新犬種 (p151/カ写)

ケリー・ブルー・テリア Kerry Blue Terrier
犬の一品種。家庭犬。体高 オス45.5〜49.5cm, メス44.5〜48cm。アイルランドの原産。
¶アルテ犬 (p102/カ写)
最犬大 (p189/カ写)
新犬種 (p113/カ写)
新世犬 (p246/カ写)
図世犬 (p154/カ写)
世文動 (p144/カ写)
ビ犬 (p201/カ写)

ゲルジザル ⇒ゲルディモンキーを見よ

ゲルダーランド ⇒ヘルデルラントを見よ

ゲルディマーモセット ⇒ゲルディモンキーを見よ

ゲルディモンキー *Callimico goeldii*
マーモセット科(オマキザル科)の哺乳類。別名ゲルジザル, ゲルディマーモセット。絶滅危惧II類。体高21〜31cm。 [分]南アメリカ
¶絶百5 (p50/カ写)
世文動〔ゲルディマーモセット〕(p78/カ写)
世哺 (p113/カ写)
地球 (p540/カ写)
美サル (p31/カ写)

ゲルバッケ Gelbbacke
犬の一品種。オールド・ジャーマン・ハーディングドッグ(シープドッグ)の一種。体高55〜60cm。ドイツの原産。
¶最犬大 (p61/カ写)
新犬種〔ゲルプバッケ〕(p222/カ写)

ケルピー ⇒オーストラリアン・ケルピーを見よ

ケルブ・タル・ブ Kelb Tal-But
犬の一品種。別名マルチーズ・ポケット・ドッグ。体重2.7kg以下。マルタの原産。
¶最犬大 (p375/カ写)

ケルブ・タル・フェネック ⇒ファラオ・ハウンドを見よ

ゲレザ ⇒アビシニアコロブスを見よ

ケレブ・カナーニ ⇒カナーン・ドッグを見よ

ケワタガモ *Somateria spectabilis* 毛綿鴨
カモ科の鳥。全長43〜63cm。 [分]北極海, 太平洋北部, 北アメリカ北部, ヨーロッパ北部, アジア北部
¶鷲野動 (p137/カ写)
世鳥大 (p133/カ写)
世鳥ネ (p49/カ写)
世文鳥 (p77/カ写)
地球 (p415/カ写)
鳥卵巣 (p93/カ写, カ図)
鳥比 (p228/カ写)
鳥650 (p73/カ写)
日ア鳥 (p59/カ写)
日色鳥 (p149/カ写)
日カモ (p226/カ写, カ図)

日鳥水増 (p147/カ写)
フ日野新 (p56/カ図)
フ日野増 (p56/カ図)
フ野鳥 (p44/カ図)

コ

ケントウシアマガエル *Hypsiboas faber*
アマガエル科の両生類。別名ファーベルアマガエル。体長5～7cm。㊎アルゼンチン, ブラジル, パラグアイ
¶カエル見 (p33/カ写)
爬両1800 (p373/カ写)

ケンハシハチドリ *Phaethornis bourcieri* 剣嘴蜂鳥
ハチドリ科ユミハチドリ亜科の鳥。全長12～13cm。
¶ハチドリ (p57/カ写)

ケンプヒメウミガメ *Lepidochelys kempii*
ウミガメ科の爬虫類。絶滅危惧IA類。背甲長メス55～75cm。㊎メキシコのメキシコ湾
¶遺産世 (Reptilia No.1/カ写)
世カメ (p183/カ写)
世文動 (p244/カ写)

ケンランフリンジアマガエル *Cruziohyla craspedopus*
アマガエル科の両生類。体長13cm前後。㊎コロンビア, ペルー, エクアドル, ブラジル北東部
¶カエル見 (p37/カ写)
世両 (p54/カ写)
爬両1800 (p377/カ写)

【コ】

コアオアシシギ *Tringa stagnatilis* 小青脚鷸, 小青足鷸
シギ科の鳥。全長24cm。㊎ヨーロッパ南部～中央アジア
¶くら鳥 (p114/カ写)
里山鳥 (p125/カ写)
四季鳥 (p33/カ写)
世文鳥 (p130/カ写)
鳥卵巣 (p186/カ写, カ図)
鳥比 (p302/カ写)
鳥650 (p260/カ写)
名鳥図 (p90/カ写)
日ア鳥 (p224/カ写)
日鳥識 (p150/カ写)
日鳥水増 (p234/カ写)
日野鳥新 (p258/カ写)
日野鳥増 (p268/カ写)
ぱっ鳥 (p150/カ写)
ひと目鳥 (p76/カ写)
フ日野新 (p146/カ図)
フ日野増 (p146/カ図)
フ野鳥 (p154/カ図)
野鳥山フ (p30,192/カ図, カ写)
山溪名鳥 (p7/カ写)

コアオジタトカゲ *Tiliqua adelaidensis* 小青舌蜥蜴
スキンク科の爬虫類。絶滅危惧IB類。全長18cm。㊎サウスオーストラリア州のマウントロフティ山脈
¶絶百7 (p64/カ写)

コアカゲラ *Dendrocopos minor* 小赤啄木鳥
キツツキ科の鳥。全長14cm。㊎ヨーロッパ, アフリカ北部～小アジア, シベリア, ウスリー, カムチャツカ半島, サハリン, 日本
¶くら鳥 (p64/カ写)
原寸羽 (p296/カ写)
四季鳥 (p56/カ写)
世鳥ネ (p245/カ写)
世文鳥 (p192/カ写)
鳥比 (p63/カ写)
鳥650 (p448/カ写)
名鳥図 (p167/カ写)
日ア鳥 (p377/カ写)
日色鳥 (p17/カ写)
日鳥識 (p208/カ写)
日鳥山新 (p114/カ写)
日鳥山増 (p124/カ写)
日野鳥新 (p424/カ写)
日野鳥増 (p434/カ写)
羽根決 (p388/カ写, カ図)
ひと目鳥 (p155/カ写)
フ日野新 (p214/カ図)
フ日野増 (p214/カ図)
フ野鳥 (p260/カ図)
野鳥学フ (p112/カ写)
野鳥山フ (p45,264/カ図, カ写)
山溪名鳥 (p23/カ写)

コアカヒゲハチドリ *Atthis heloisa* 小赤髭蜂鳥
ハチドリ科ハチドリ亜科の鳥。全長7～7.5cm。㊎メキシコ
¶ハチドリ (p338/カ写)

コアサクラサンショウクイ *Coracina fimbriata* 小朝倉山椒食, 小朝倉山椒喰
サンショウクイ科の鳥。全長17.5cm。㊎栗国島
¶鳥比 (p79/カ写)

コアジサシ *Sterna albifrons* 小鰺刺
カモメ科の鳥。絶滅危惧II類 (環境省レッドリスト)。全長22～24cm。㊎北アメリカ南部, メキシコ湾沿岸, 西インド諸島, ヨーロッパ, 地中海沿岸, 旧ソ連西部, インド, 東南アジア, 中国沿岸, 日本, オーストラリア
¶遺産日 (鳥類 No.9/カ写, モ図)
くら鳥 (p124/カ写)
原寸羽 (p149/カ写)
里山鳥 (p97/カ写)

四季鳥 (p56/カ写)
巣と卵決 (p77,236/カ写, カ図)
絶鳥事 (p7,114/カ写, モ図)
世文鳥 (p159/カ写)
地球 (p450/カ写)
鳥卵巣 (p207/カ写, カ図)
鳥比 (p358/カ写)
鳥650 (p342/カ写)
名鳥図 (p111/カ写)
日ア鳥 (p290/カ写)
日色鳥 (p139/カ写)
日鳥識 (p174/カ写)
日鳥巣 (p96/カ写)
日鳥水増 (p324/カ写)
日野鳥新 (p328/カ写)
日野鳥増 (p170/カ写)
ぱっ鳥 (p186/カ写)
バード (p123/カ写)
羽根決 (p180/カ写, カ図)
ひと目鳥 (p30/カ写)
フ日野新 (p100/カ図)
フ日野増 (p100/カ図)
フ野鳥 (p194/カ図)
野鳥学フ (p206/カ写)
野鳥山フ (p35,227/カ図, カ写)
山溪名鳥 (p29/カ写)

コアホウドリ *Phoebastria immutabilis* 小阿呆鳥, 小阿房鳥, 小信天翁
アホウドリ科の鳥。絶滅危惧IB類(環境省レッドリスト)。全長77～80cm。㊎ハワイ諸島, マーシャル諸島。日本では小笠原諸島
¶**原寸羽** (p14/カ写)
里山鳥 (p199/カ写)
四季鳥 (p95/カ写)
絶鳥事 (p13,172/カ写, モ図)
世鳥大 (p145/カ写)
世鳥ネ (p57/カ写)
世文鳥 (p31/カ写)
地球 (p421/カ写)
鳥卵巣 (p51/カ写, カ図)
鳥比 (p243/カ写)
鳥650 (p111/カ写)
名鳥図 (p19/カ写)
日ア鳥 (p99/カ写)
日鳥識 (p100/カ写)
日鳥水増 (p31/カ写)
日野鳥新 (p114/カ写)
日野鳥増 (p112/カ写)
ぱっ鳥 (p73/カ写)
バード (p145/カ写)
羽根決 (p16/カ写, カ図)
ひと目鳥 (p17/カ写)
フ日野新 (p68/カ図)
フ日野増 (p68/カ図)
フ野鳥 (p72/カ図)
野鳥学フ (p246/カ写)
野鳥山フ (p10,69/カ図, カ写)
山溪名鳥 (p37/カ写)

コアメリカヨタカ *Chordeiles acutipennis* 小亜米利加夜鷹
ヨタカ科の鳥。全長19cm。㊎北アメリカ南東部
¶**世鳥卵** (p133/カ写, カ図)
世鳥ネ (p204/カ写)

コアラ *Phascolarctos cinereus*
コアラ科の哺乳類。体長65～82cm。㊎オーストラリア
¶**驚野動** (p339/カ写)
絶百5 (p52/カ写)
世文動 (p50/カ写)
世哺 (p65/カ写)
地球 (p506/カ写)

コアリクイ ⇒ミナミコアリクイを見よ

コイカル *Eophona migratoria* 小桑鳲, 小斑鳩, 小鶍
アトリ科の鳥。全長19cm。㊎シベリア, 中国北東部。日本では西日本に多い冬鳥だが熊本県・島根県で繁殖例あり
¶**くら鳥** (p48/カ写)
四季鳥 (p94/カ写)
世文鳥 (p264/カ写)
鳥卵巣 (p339/カ写, カ図)
鳥比 (p183/カ写)
鳥650 (p691/カ写)
名鳥図 (p234/カ写)
日ア鳥 (p590/カ写)
日色鳥 (p115/カ写)
日鳥識 (p292/カ写)
日鳥山新 (p349/カ写)
日鳥山増 (p320/カ写)
日野鳥新 (p622/カ写)
日野鳥増 (p606/カ写)
ぱっ鳥 (p359/カ写)
フ日野新 (p290/カ図)
フ日野増 (p290/カ図)
フ野鳥 (p390/カ図)
野鳥学フ (p49/カ写)
野鳥山フ (p59,360/カ図, カ写)
山溪名鳥 (p45/カ写)

コーイケルホンディエ Kooikerhondje
犬の一品種。別名コイケルホンド, ネイデルランド・コイケルホンディエ。体高 オス40cm, メス38cm。オランダの原産。
¶**最犬大** (p363/カ写)
新犬種〔コイケルホント〕(p91/カ写)
新世犬〔コーイケルホンド〕(p161/カ写)
図世犬 (p276/カ写)
ビ犬 (p238/カ写)

ゴイサギ *Nycticorax nycticorax* 五位鷺
サギ科の鳥。別名ホシゴイ（幼鳥の別名）。全長58～65cm。[分]温帯北部とオーストラリア以外の世界全域。日本では本州, 佐渡島, 四国, 九州
¶くら鳥（p99/カ写）
原寸羽（p31/カ写）
里山鳥（p85/カ写）
四季鳥（p114/カ写）
巣と卵決（p26/カ写, カ図）
世鳥大（p165/カ写）
世鳥ネ（p73/カ写）
世文鳥（p50/カ写）
地球（p427/カ写）
鳥卵巣（p70/カ写, カ図）
鳥比（p260/カ写）
鳥650（p162/カ写）
名鳥図（p27/カ写）
日ア鳥（p140/カ写）
日鳥識（p116/カ写）
日鳥巣（p14/カ写）
日鳥水増（p82/カ写）
日野鳥新（p148/カ写）
日野鳥増（p192/カ写）
ぱっ鳥（p92/カ写）
バード（p105/カ写）
羽根決（p34/カ写, カ図）
ひと目鳥（p100/カ写）
フ日野新（p108/カ図）
フ日野増（p108/カ図）
フ野鳥（p100/カ図）
野鳥学フ（p179/カ写）
野鳥山フ（p13,82/カ図, カ写）
山溪名鳥（p146/カ写）

コイチョウイボイモリ *Tylototriton kweichowensis*
イモリ科の両生類。全長15～21cm。[分]中国南部（貴州省～雲南省）
¶世両（p214/カ写）
爬両1800（p453/カ写）
爬両ビ（p312/カ写）

コイチョウチョボグチガエル *Kalophrynus interlineatus*
ヒメガエル科の両生類。体長5cm。[分]中国南部, インドシナ
¶カエル見（p73/カ写）
世両（p123/カ写）
爬両1800（p405/カ写）
爬両ビ（p272/カ写）

ゴイニキングスネーク ⇒ブロッチキングスネークを見よ

コイワシクジラ ⇒ミンククジラを見よ

コイワスズメ *Petronia xanthocollis* 小岩雀
ハタオリドリ科の鳥。[分]アフリカのサハラ砂漠以南, イラク, インド, パキスタン
¶世鳥卵（p225/カ写, カ図）

コインレーサー *Hemorrhois nummifer*
ナミヘビ科ナミヘビ亜科の爬虫類。別名アジアレーサー。全長100～120cm。[分]中央アジア～西アジア, バルカン半島など
¶爬両1800（p302/カ写）

コウウチョウ *Molothrus ater* 香雨鳥
ムクドリモドキ科の鳥。全長19～22cm。[分]北アメリカの大部分で繁殖する
¶世鳥大（p472/カ写）
世鳥卵（p220/カ写, カ図）
地球（p496/カ写）

コウカンチョウ *Paroaria coronata* 紅冠鳥
ホオジロ科（フウキンチョウ科）の鳥。全長19cm。[分]ボリビア東部, パラグアイ, ウルグアイ, 南ブラジル, 中央アルゼンチン
¶世色鳥（p160/カ写）
世鳥大（p480/カ写）
世鳥ネ（p335/カ写）
世文鳥（p277/カ写）
地球（p498/カ写）
日鳥山新（p390/カ写）
日鳥山増（p353/カ写）
フ日野新（p305/カ図）
フ日野増（p305/カ図）

コウギュウ Yellow Cattle 黄牛
ウシ科の哺乳類。体重300～480kg。[分]ミャンマー, タイ, フィリピンで飼育
¶世文動〔黄牛〕（p212/カ写）

コウギョクチョウ *Lagonosticta senegala* 紅玉鳥
カエデチョウ科の鳥。全長9～10cm。[分]アフリカのサハラ砂漠以南
¶原色鳥（p31/カ写）
世色鳥（p12/カ写）
世鳥大（p459/カ写）
鳥飼（p90/カ写）

コウゲンエメラルドハチドリ *Amazilia beryllina*
ハチドリ科ハチドリ亜科の鳥。全長8～10cm。
¶ハチドリ（p266/カ写）

コウジョウセンガゼル *Gazella subgutturosa*
ウシ科の哺乳類。体高56～80cm。[分]パレスチナ, アラビア半島～イラン, トルキスタンを通って中国東部
¶世文動（p228/カ写）
地球（p604/カ写）

コウテイタマリン ⇒エンペラータマリンを見よ

コウテイトゲオアガマ *Uromastyx princeps*
アガマ科の爬虫類。全長25cm前後。[分]ソマリア,

エチオピア
¶**爬両1800**(p110/カ写)

コウテイペンギン *Aptenodytes forsteri* 皇帝ペンギン
ペンギン科の鳥類。別名エンペラーペンギン。全長1.1〜1.2m。㊕南極大陸沿岸付近
¶**驚野動**(p375/カ写)
世鳥大(p138/カ写)
世鳥ネ(p51/カ写)
地球〔エンペラーペンギン〕(p416/カ写)
鳥卵巣〔エンペラーペンギン〕(p39/カ写, カ図)
レ生(p118/カ写)

コウテンシ *Melanocorypha mongolica* 告天子
ヒバリ科の鳥。全長18〜22cm。㊕トランスバイカリア〜モンゴル, 中国北部
¶**鳥比**(p96/カ写)
鳥650(p514/カ写)
日ア鳥(p433/カ写)
日鳥山新(p172/カ写)
フ日野新(p328/カ図)
フ日野増(p326/カ図)
フ野鳥(p294/カ図)

コウノトリ *Ciconia boyciana* 鸛
コウノトリ科の鳥。絶滅危惧IA類(環境省レッドリスト), 特別天然記念物。全長112cm。㊕ヨーロッパ温帯域・南部, 北アフリカ, アジア南・西部。アフリカ, インド, 南アジアで越冬
¶**くら鳥**(p97/カ写)
里山鳥(p231/カ写)
四季鳥(p67/カ写)
巣と卵決(p38/カ写, カ図)
絶鳥事(p12,168/カ写, モ図)
世鳥卵(p43/カ写, カ図)
世文鳥(p57/カ写)
鳥卵巣(p75/カ写, カ図)
鳥比(p267/カ写)
鳥650(p142/カ写)
名鳥図(p38/カ写)
日ア鳥(p123/カ写)
日色鳥(p169/カ写)
日鳥識(p112/カ写)
日鳥水増(p97/カ写)
日野鳥新(p129/カ写)
日野鳥増(p200/カ写)
ぱっ鳥(p82/カ写)
バード(p111/カ写)
羽根決(p42/カ写, カ図)
ひと目鳥(p105/カ写)
フ日野新(p114/カ図)
フ日野増(p114/カ図)
フ野鳥(p88/カ図)
野鳥学フ(p69/カ写)
野鳥山フ(p14,91/カ図, カ写)
山溪名鳥(p148/カ写)

コウハシショウビン *Pelargopsis capensis* 鸛嘴翡翠
カワセミ科の鳥。全長37〜41cm。㊕アジア南部〜南東部
¶**驚野動**(p299/カ写)
世色鳥(p106/カ写)
世鳥大(p306/カ写)
地球(p475/カ写)

コウヒロナガクビガメ *Macrochelodina expansa*
ヘビクビガメ科の爬虫類。甲長38〜42cm。㊕オーストラリア南東部
¶**世カメ**(p111/カ写)
爬両1800(p64/カ写)
爬両ビ(p47/カ写)

コウベモグラ *Mogera wogura* 神戸土竜
モグラ科の哺乳類。頭胴長約15cm。㊕本州中部以西, 四国, 九州
¶**くら哺**(p36/カ写)
世文動(p56/カ写)
日哺改(p24/カ写)
日哺学フ(p104/カ写)

コウホソナガクビガメ *Chelodina oblonga*
ヘビクビガメ科の爬虫類。甲長25〜30cm。㊕オーストラリア南西部
¶**世カメ**(p110/カ写)
世爬(p55/カ写)
爬両1800(p64/カ写)
爬両ビ(p48/カ写)

コウミスズメ *Aethia pusilla* 小海雀
ウミスズメ科の鳥。全長15cm。㊕チェコト半島, アリューシャン列島, プリビロフ諸島
¶**原寸羽**(p156/カ写)
四季鳥(p94/カ写)
世鳥卵(p123/カ写, カ図)
世文鳥(p166/カ写)
鳥比(p373/カ写)
鳥650(p371/カ写)
日ア鳥(p314/カ写)
日鳥識(p182/カ写)
日鳥水増(p338/カ写)
日野鳥新(p350/カ写)
日野鳥増(p107/カ写)
フ日野新(p62/カ図)
フ日野増(p62/カ図)
フ野鳥(p206/カ図)

コウミツバメ *Halocyptena microsoma* 小海燕
ウミツバメ科の鳥。全長14cm。㊕カリフォルニア半島
¶**世鳥ネ**(p60/カ写)

コ

コウモリハヤブサ *Falco rufigularis* 蝙蝠隼
ハヤブサ科の鳥。全長23～30cm。
¶地球(p430/カ写)

コウヨウチョウ *Quelea quelea* 紅葉鳥
ハタオリドリ科の鳥。全長11～13cm。 ㊀アフリカ, サハラ砂漠以南
¶驚野動(p225/カ写)
世鳥大(p455/カ写)
世鳥卵(p228/カ写, カ図)
世鳥ネ(p313/カ写)
地球(p495/カ写)

コウライアイサ *Mergus squamatus* 高麗秋沙, 高麗秋紗
カモ科の鳥。全長60cm。 ㊀繁殖地はロシア東部のハバロフスクとプリモルスキー, 中国東北部, 朝鮮半島北部。越冬地は中国南部
¶四季鳥(p78/カ写)
世美羽(p104/カ写)
鳥比(p235/カ写)
鳥**650**(p85/カ写)
名鳥図(p63/カ写)
日ア鳥(p73/カ写)
日カモ(p291/カ写, カ図)
日鳥識(p88/カ写)
日鳥水増(p159/カ写)
日野鳥新(p87/カ写)
日野鳥増(p97/カ写)
フ日野新(p310/カ図)
フ日野増(p310/カ図)
フ野鳥(p50/カ図)

コウライウグイス *Oriolus chinensis* 高麗鶯
コウライウグイス科の鳥。全長23～28cm。 ㊀中国, 朝鮮半島, インド, 東南アジア
¶原色鳥(p203/カ写)
四季鳥(p24/カ写)
世鳥卵(p231/カ写, カ図)
世文鳥(p269/カ写)
鳥比(p80/カ写)
鳥**650**(p473/カ写)
名鳥図(p237/カ写)
日ア鳥(p394/カ写)
日色鳥(p101/カ写)
日鳥識(p220/カ写)
日鳥山新(p135/カ写)
日鳥山増(p334/カ写)
日野鳥新(p443/カ写)
日野鳥増(p618/カ写)
羽根決(p356/カ写, カ図)
フ日野新(p296/カ図)
フ日野増(p296/カ図)
フ野鳥(p272/カ図)

コウライキジ *Phasianus colchicus* 高麗雉
キジ科の鳥。体長 オス75～90cm, メス52～64cm。 ㊀コーカサス地方～アムール, ウスリー, 中国東部, 台湾までのユーラシア大陸中緯度地域
¶里山鳥(p14/カ写)
四季鳥(p17/カ写)
世鳥卵(p72/カ写, カ図)
世鳥ネ(p30/カ写)
鳥卵巣(p140/カ写, カ図)
名鳥図(p142/カ写)
日ア鳥(p16/カ写)
日色鳥(p154/カ写)
日鳥山新(p25/カ写)
日鳥山増(p69/カ写)
日野鳥増(p389/カ写)
ぱっ鳥(p28/カ写)
バード(p23/カ写)
フ野鳥(p16/カ図)
野鳥学フ(p67/カ写)
野鳥山フ(p148/カ写)
山溪名鳥(p121/カ写)

コウライクイナ *Porzana paykullii* 高麗秧鶏, 高麗水鶏
クイナ科の鳥。全長23cm。
¶日ア鳥(p169/カ写)
日鳥水増(p174/カ写)
羽根決(p378/カ写, カ図)
フ日野新(p320/カ図)
フ日野増(p320/カ図)
フ野鳥(p116/カ図)

コウライバト *Columba rupestris* 高麗鳩
ハト科の鳥。全長34cm。 ㊀中央アジア～トランスバイカリア, 中国東北部, ウスリーにかけて留鳥として生息
¶鳥**650**(p746/カ写)
日ア鳥(p85/カ写)

コウラウン *Pycnonotus jocosus* 紅羅雲
ヒヨドリ科の鳥。全長20cm。 ㊀インドの一部, 中国, 東南アジア
¶世鳥大(p411/カ写)
世鳥卵(p163/カ写, カ図)
世鳥ネ(p279/カ写)
地球(p489/カ写)
鳥**650**(p744/カ写)
日鳥山新(p392/カ写)
日鳥山増(p351/カ写)

コウリュウジジドリ 高隆寺地鶏
鶏の一品種。近年絶滅した地鶏。愛知県の原産。
¶日家〔高隆寺地鶏〕(p153/カ写)

コウロコニセカロテス *Pseudocalotes microlepis*
アガマ科の爬虫類。全長20～25cm。 ㊀中国南部～インドシナ半島北部

¶爬両1800 (p94/カ写)

コウロコバクチヤモリ *Geckolepis polylepis*
ヤモリ科ヤモリ亜科の爬虫類。全長10cm前後。㊟マダガスカル
¶ゲッコー (p35/カ写)
爬両1800 (p137/カ写)

コウロコフウチョウ *Ptiloris victoriae* 小鱗風鳥
フウチョウ科の鳥。全長25cm。
¶世鳥大 (p397/カ写)

コエゾイタチ ⇒キタイイズナを見よ

コエヨシ Koeyoshi 声良
鶏の一品種。天然記念物。体重 オス4.5kg, メス4kg。秋田県・青森県・岩手県の原産。
¶日家〔声良〕(p159/カ写)

コオイガエル類 Rocket Frogs
ヤドクガエル科の両生類。
¶世カエ (p174/カ写)

コオイセーシェルガエル ⇒セーシェルガエルを見よ

コオオハナインコモドキ *Tanygnathus lucionensis* 小大花鸚哥擬, 小大鼻鸚哥擬
インコ科の鳥。全長30cm。㊟フィリピン, インドネシアのタラウド諸島, マレーシアのカリマンタン(ボルネオ)島のサバ州
¶世鳥大 (p261/カ写)

コオナガコウモリ *Rhinopoma hardwickei*
オナガコウモリ科の哺乳類。体長5.5〜7cm。㊟アフリカ, アジア
¶世文動〔オナガコウモリ〕(p61/カ図)
世哺 (p88/カ写)

コオニキバシリ *Dendrocincla fuliginosa* 小鬼木走
オニキバシリ科の鳥。全長19〜23cm。
¶世鳥大 (p356/カ写)

コオニクイナ *Rallus limicola* 小鬼秧鶏, 小鬼水鶏
クイナ科の鳥。全長20〜27cm。㊟南北アメリカ
¶世鳥大 (p209/カ写)
地球 (p440/カ写)
鳥卵巣 (p157/カ写, カ図)

コオバシギ *Calidris canutus* 小姥鷸, 小姥鴫, 小尾羽鷸, 小尾羽鴫
シギ科の鳥。全長23〜25cm。㊟カナダの北極圏, シベリアで繁殖。南アメリカ, アフリカ南部, オーストラリアで越冬
¶くら鳥 (p115/カ写)
四季鳥 (p35/カ写)
世鳥大 (p231/カ写)
世鳥ネ (p139/カ写)
世文鳥 (p124/カ写)
地球 (p446/カ写)
鳥比 (p312/カ写)
鳥650 (p274/カ写)
名鳥図 (p84/カ写)
日ア鳥 (p237/カ写)
日色鳥 (p85/カ写)
日鳥識 (p154/カ写)
日鳥水増 (p219/カ写)
日野鳥新 (p272/カ写)
日野鳥増 (p296/カ写)
羽根決 (p380/カ写, カ図)
ひと目鳥 (p74/カ写)
フ日野新 (p142/カ図)
フ日野増 (p142/カ図)
フ野鳥 (p160/カ図)
野鳥学フ (p204/カ写)
野鳥山フ (p30,183/カ図, カ写)
山溪名鳥 (p95/カ写)

コオリガモ *Clangula hyemalis* 氷鴨
カモ科の鳥。全長 オス60cm, メス38cm。㊟ユーラシア, 北アメリカの極北部。冬は温帯の寒冷地までの南に渡る
¶くら鳥 (p91,92/カ写)
原寸羽 (p294/カ写)
里山鳥 (p205/カ写)
四季鳥 (p86/カ写)
世鳥大 (p134/カ写)
世文鳥 (p80/カ写)
地球 (p415/カ写)
鳥比 (p232/カ写)
鳥650 (p78/カ写)
名鳥図 (p60/カ写)
日ア鳥 (p67/カ写)
日色鳥 (p163/カ写)
日カモ (p255/カ写, カ図)
日鳥識 (p86/カ写)
日鳥水増 (p154/カ写)
日野鳥新 (p82/カ写)
日野鳥増 (p84/カ写)
ぱっ鳥 (p55/カ写)
バード (p151/カ写)
羽根決 (p376/カ写, カ図)
ひと目鳥 (p46/カ写)
フ日野新 (p54/カ図)
フ日野増 (p54/カ図)
フ野鳥 (p48/カ図)
野鳥学フ (p225/カ写)
野鳥山フ (p21,121/カ図, カ写)
山溪名鳥 (p149/カ写)

コオリネズミ ⇒ヤマネを見よ

コカゲプリカトカゲ *Plica umbra*
イグアナ科ヨウガントカゲ亜科の爬虫類。全長20〜25cm。㊟南米大陸北部〜北西部・西部
¶爬両1800 (p87/カ写)

コーカサスイシガメ ⇒カスピイシガメを見よ

コーカシアナメラ *Elaphe hohenackeri*
ナミヘビ科ナミヘビ亜科の爬虫類。全長60〜75cm。㊕コーカサス地方, 北部中東域
¶**爬両1800**(p317/カ写)
爬両ビ(p224/カ写)

コーカシアン・オフチャルカ ⇒コーカシアン・シェパード・ドッグを見よ

コーカシアン・シェパード・ドッグ Caucasian Shepherd Dog
犬の一品種。別名カフカスカヤ・オフチャルカ, コーカシアン・オフチャルカ, コーカシアン・シープドッグ。体高 オス68cm以上, メス64cm以上。ロシアの原産。
¶**最犬大**〔コーカシアン・シェパード〕(p153/カ写)
新犬種〔コーカシアン・シープドッグ〕(p324/カ写)
新世犬〔ロシアン・シープドッグ〕(p116/カ写)
図世犬(p102/カ写)
ビ犬(p75/カ写)

コーカシアン・シープドッグ ⇒コーカシアン・シェパード・ドッグを見よ

コガシラアマガエル *Dendropsophus microcephalus*
アマガエル科の両生類。全長2〜3cm。㊕メキシコのベラクルス以南, コスタリカのパンタレス半島まで
¶**地球**(p361/カ写)

コガシラネズミイルカ *Phocoena sinus*
ネズミイルカ科の哺乳類。絶滅寸前。成体体重55kg。㊕メキシコのカリフォルニア湾北部
¶**クイ百**(p270/カ図)
世哺(p183/カ図)
地球(p615/カ図)
レ生(p119/カ写)

コガタアカメアマガエル *Agalychnis saltator*
アマガエル科の両生類。体長61mm。㊕ニカラグア北東部〜コスタリカ北東部までの中米
¶**世カエ**(p214/カ写)

コガタアフリカウシガエル *Pyxicephalus edulis* 小型阿弗利加牛蛙
アカガエル科の両生類。体長8〜13cm。㊕サハラ以南のアフリカ
¶**かえる百**(p53/カ写)
カエル見(p89/カ写)
世両(p148/カ写)
爬両1800(p420/カ写)
爬両ビ(p283/カ写)

コガタコケガエル *Theloderma bicolor*
アオガエル科の両生類。体長4〜5cm。㊕ベトナム
¶**かえる百**(p70/カ写)
カエル見(p49/カ写)
爬両1800(p389/カ写)

コガタコモチミカドヤモリ *Rhacodactylus trachycephalus*
ヤモリ科イシヤモリ亜科の爬虫類。全長23〜26cm。㊕ニューカレドニア(パン島, モロ島)
¶**ゲッコー**(p82/カ写)

コガタナゾガエル *Phrynomantis microps*
ヒメガエル科の両生類。体長4〜4.5cm。㊕アフリカ大陸西部〜中部
¶**カエル見**(p78/カ写)
世両(p133/カ写)
爬両1800(p409/カ写)
爬両ビ(p273/カ写)

コガタハナサキガエル *Rana utsunomiyaorum* 小型鼻先蛙
アカガエル科の両生類。絶滅危惧IB類(環境省レッドリスト)。日本固有種。体長4〜7cm。㊕沖縄
¶**カエル見**(p85/カ写)
原爬両(No.145/カ写)
絶事(p15,184/カ写, モ図)
日カサ(p120/カ写)
爬両1800(p412/カ写)
爬両ビ(p277/カ写)
野日両(p39,175/カ写)

コガタピパ ⇒ヒメコモリガエルを見よ

コガタブチサンショウウオ *Hynobius yatsui* 小型斑山椒魚
サンショウウオ科の両生類。日本固有種。全長8〜12cm。㊕本州中部以西・四国・九州の一部
¶**原爬両**(No.179/カ写)
日カサ(p190/カ写)
爬両観(p125/カ写)
爬両飼(p221/カ写)
爬両1800(p436/カ写)
野日両(p23,60,122/カ写)

コガタフラミンゴ ⇒コフラミンゴを見よ

コガタペンギン ⇒コビトペンギンを見よ

コガネイロメガエル *Boophis idae*
マダガスカルガエル科(マラガシーガエル科)の両生類。体長3〜4cm。㊕マダガスカル東部
¶**カエル見**(p62/カ写)
世両(p115/カ写)
爬両1800(p402/カ写)

コガネオオトカゲ *Varanus melinus*
オオトカゲ科の爬虫類。全長100〜115cm。㊕インドネシア(スーラ群島)
¶**世爬**(p155/カ写)
爬両1800(p235/カ写)
爬両ビ(p164/カ写)

コガネオサファイアハチドリ *Hylocharis chrysura* 黄金尾サファイア蜂鳥
ハチドリ科ハチドリ亜科の鳥。全長8〜10cm。
¶ハチドリ(p288/カ写)

コガネオハチドリ *Chrysuronia oenone* 黄金尾蜂鳥
ハチドリ科ハチドリ亜科の鳥。全長9.5〜10cm。
㊀トリニダード島, 南アメリカ
¶ハチドリ(p280/カ写)

コガネガエル *Brachycephalus epphippium*
コガネガエル科の両生類。体長約2cm。 ㊀ブラジル東南部のリオ・デ・ジャネイロ〜サン・パウロ
¶世文動(p325/カ写)

コガネゲラ *Chrysocolaptes lucidus* 黄金啄木鳥
キツツキ科の鳥。全長28〜34cm。 ㊀南アジア(インド〜中国南西部, 大スンダ列島, フィリピン)
¶世鳥大(p328/カ写)

コガネハコガメ *Cuora aurocapitata*
アジアガメ科(イシガメ(バタグールガメ)科)の爬虫類。甲長13〜15cm。 ㊀中国(安徽省南部)
¶世カメ(p271/カ写)
世爬(p33/カ写)
爬両1800(p43/カ写)
爬両ビ(p31/カ写)

コガネメキシコインコ *Aratinga solstitialis* 黄金メキシコ鸚哥
インコ科の鳥。絶滅危惧IB類。全長30cm。 ㊀ガイアナ, ブラジル
¶原色鳥(p212/カ写)
世色鳥(p114/カ写)
鳥飼(p148/カ写)
鳥絶(p161)

コガモ *Anas crecca* 小鴨
カモ科の鳥。全長34〜38cm。 ㊀北アメリカ, ヨーロッパ, 北アジア
¶くら鳥(p87,88/カ写)
原寸羽(p48/カ写)
里山鳥(p180/カ写)
四季鳥(p87/カ写)
世鳥大(p132/カ写)
世鳥ネ(p47/カ写)
世美羽(p104/カ写)
世文鳥(p68/カ写)
鳥卵巣(p91/カ写, カ図)
鳥比(p223/カ写)
鳥650(p60/カ写)
名鳥図(p50/カ写)
日ア鳥(p47/カ写)
日カモ(p131/カ写, カ図)
日鳥識(p78/カ写)
日鳥水増(p124/カ写)
日野鳥新(p58/カ写)
日野鳥増(p62/カ写)
ぱっ鳥(p48/カ写)
バード(p100/カ写)
羽根決(p60/カ写, カ図)
ひと目鳥(p53/カ写)
フ日野新(p42/カ図)
フ日野増(p42/カ図)
フ野鳥(p36/カ図)
野鳥学フ(p167/カ写)
野鳥山フ(p18,103/カ図, カ写)
山溪名鳥(p150/カ写)

コガモ〔亜種〕 *Anas crecca crecca* 小鴨
カモ科の鳥。
¶日鳥水増〔亜種コガモ〕(p124/カ写)
日野鳥新〔コガモ*〕(p58/カ写)
日野鳥増〔コガモ*〕(p62/カ写)

コガラ *Poecile montanus* 小雀
シジュウカラ科の鳥。全長13cm。 ㊀ユーラシア。日本では九州〜北海道の落葉広葉樹林, 亜高山帯針葉樹林で繁殖し低山で越冬
¶くら鳥(p44/カ写)
原寸羽(p262/カ写)
里山鳥(p167/カ写)
四季鳥(p108/カ写)
巣と卵決(p174/カ写, カ図)
世鳥ネ(p271/カ写)
世文鳥(p243/カ写)
鳥卵巣(p318/カ写, カ図)
鳥比(p94/カ写)
鳥650(p505/カ写)
名鳥図(p214/カ写)
日ア鳥(p425/カ写)
日色鳥(p199/カ写)
日鳥識(p236/カ写)
日鳥巣(p254/カ写)
日鳥山新(p164/カ写)
日鳥山増(p261/カ写)
日野鳥新(p472/カ写)
日野鳥増(p553/カ写)
ぱっ鳥(p265/カ写)
バード(p75/カ写)
羽根決(p316/カ写, カ図)
ひと目鳥(p200/カ写)
フ日野新(p262/カ図)
フ日野増(p262/カ図)
フ野鳥(p290/カ図)
野鳥学フ(p83/カ写)
野鳥山フ(p60,332/カ図, カ写)
山溪名鳥(p152/カ写)

コガラパゴスフィンチ *Geospiza fuliginosa*
ホオジロ科の鳥。全長11cm。 ㊀ガラパゴス諸島(エクアドル沖)
¶世鳥大(p480/カ写)

コ

コカリットガエル *Rana lateralis*
アカガエル科の両生類。体長5～8cm。㊕インドシナ半島北部
¶**爬両1800**(p414/カ写)

コカワラヒワ ⇒カワラヒワ〔亜種〕を見よ

コキアシシギ *Tringa flavipes* 小黄脚鷸,小黄脚鴫,小黄足鴫,小黄足鷸
シギ科の鳥。全長23～25cm。㊕北アメリカ北部
¶**世鳥ネ**(p137/カ写)
世文鳥(p131/カ写)
地球(p447/カ写)
鳥比(p299/カ写)
鳥650(p264/カ写)
日ア鳥(p227/カ写)
日鳥水増(p233/カ写)
日野鳥新(p263/カ写)
日野鳥増(p273/カ写)
フ日野新(p150/カ図)
フ日野増(p150/カ図)
フ野鳥(p156/カ図)

コキクガシラコウモリ *Rhinolophus cornutus* 小菊頭蝙蝠
キクガシラコウモリ科の哺乳類。前腕長3.6～4.4cm。㊕北海道,本州,四国,九州,伊豆七島,対馬,壱岐,屋久島,奄美大島,徳之島,沖永良部島
¶**くら哺**(p42/カ写)
世文動(p62/カ写)
日哺改(p31/カ写)
日哺学フ(p109/カ写)

コキーコヤスガエル ⇒コークィコヤスガエルを見よ

コキサカオウム *Cacatua sulphurea citrinocristata* 濃黄冠鸚鵡
オウム科の鳥。コバタンのスンバ島産亜種。大きさ38cm。㊕インドネシア(スンバ島)
¶**鳥飼**(p159/カ写)

コキジバト *Streptopelia turtur* 小雉鳩
ハト科の鳥。全長26～28cm。㊕ヨーロッパ～中央アジア
¶**世鳥大**(p247/カ写)
世鳥ネ(p161/カ写)
地球(p453/カ写)

コキンチョウ *Erythrura gouldiae* 胡錦鳥
カエデチョウ科の鳥。絶滅危惧IB類。体長11～12.5cm。㊕北オーストラリア
¶**絶百5**(p66/カ写)
世鳥大(p461/カ写)
世鳥ネ(p311/カ写)
地球(p495/カ写)
鳥飼(p66/カ写)
鳥絶(p223/カ図)
鳥卵巣(p333/カ写,カ図)

コキンメフクロウ *Athene noctua* 小金眼梟,小金目梟
フクロウ科の鳥。全長21～27cm。㊕ヨーロッパ,北アフリカ,中東,アジア
¶**世鳥大**(p284/カ写)
地球(p466/カ写)
鳥650(p744/カ写)
日ア鳥(p361/カ写)
羽根決(p385/カ写,カ図)

コークィコヤスガエル *Eleutherodactylus coqui*
コヤスガエル科(ユビナガガエル科)の両生類。別名コキーコヤスガエル。全長1.5～8cm。㊕プエルトリコ。バージン諸島やアメリカ合衆国ルイジアナ州・フロリダ州へ人為移入されている
¶**世カエ**(p92/カ写)
地球(p355/カ写)

コクイナ *Porzana parva* 小水鶏,小秧鶏
クイナ科の鳥。㊕ヨーロッパ南部～アジア大陸南東部
¶**世鳥卵**(p87/カ写,カ図)

コクガン *Branta bernicla* 黒雁
カモ科の鳥。絶滅危惧II類(環境省レッドリスト),天然記念物。全長61cm。㊕北極圏
¶**くら鳥**(p95/カ写)
里山鳥(p224/カ写)
四季鳥(p94/カ写)
絶鳥事(p28/モ図)
世鳥ネ(p40/カ写)
世文鳥(p60/カ写)
鳥比(p211/カ写)
鳥650(p35/カ写)
名鳥図(p39/カ写)
日ア鳥(p27/カ写)
日鳥識(p68/カ写)
日鳥水増(p103/カ写)
日野鳥新(p35/カ写)
日野鳥増(p49/カ写)
ぱっ鳥(p32/カ写)
バード(p132/カ写)
ひと目鳥(p62/カ写)
フ日野新(p32/カ図)
フ日野増(p32/カ図)
フ野鳥(p22/カ図)
野鳥学フ(p239/カ写)
野鳥山フ(p16,94/カ図,カ写)
山溪名鳥(p154/カ写)

コクカンチョウ *Gubernatrix cristata* 黒冠鳥
ホオジロ科の鳥。絶滅危惧IB類。体長20cm。㊕アルゼンチン,ウルグアイ,ブラジル(可能性あり)
¶**鳥絶**(p211/カ図)

コククジラ *Eschrichtius robustus* 克鯨
コククジラ科の哺乳類。体長12〜15m。㋵北太平洋
¶クイ百 (p82/カ図, カ写)
くら哺 (p90/カ写)
絶百4 (p92/カ写, カ図)
世文動 (p123/カ写)
世哺 (p208/カ図)
地球 (p613/カ図)
日哺学フ (p209/カ写, カ図)

コグシカロテス *Bronchocela cristatella*
アガマ科の爬虫類。全長50cm前後。㋵東南アジア一帯, インドなど
¶世爬 (p74/カ写)
爬両1800 (p92/カ写)

コグチガエル ⇒チョボグチガエルを見よ

コクチョウ *Cygnus atratus* 黒鳥
カモ科の鳥。全長1.1〜1.4m。㋵オーストラリア, ニュージーランド
¶世色鳥 (p187/カ写)
世鳥大 (p126/カ写)
世鳥ネ (p42/カ写)
地球 (p413/カ写)
鳥卵巣 (p83/カ写, カ図)
鳥比 (p213/カ写)
鳥650 (p743/カ写)
日鳥水増 (p343/カ写)

コクホウジャク *Euplectes progne* 黒鳳雀
ハタオリドリ科の鳥。全長61〜76cm。㋵アフリカ東部・南部
¶世色鳥 (p179/カ写)

コクマルガラス *Corvus dauuricus* 黒丸鴉, 黒丸烏
カラス科の鳥。全長33cm。㋵シベリア南部, 沿海地方, 中国南東部
¶くら鳥 (p71/カ写)
里山鳥 (p160/カ写)
四季鳥 (p96/カ写)
世鳥大 (p393/カ写)
世文鳥 (p272/カ写)
鳥卵巣 (p364/カ写, カ図)
鳥比 (p89/カ写)
鳥650 (p496/カ写)
名鳥図 (p242/カ写)
日ア鳥 (p416/カ写)
日鳥識 (p228/カ写)
日鳥山新 (p156/カ写)
日鳥山増 (p345/カ写)
日野鳥新 (p460/カ写)
日野鳥増 (p626/カ写)
ぱっ鳥 (p258/カ写)
ひと目鳥 (p230/カ写)
フ日野新 (p300/カ図)
フ日野増 (p300/カ図)
フ野鳥 (p284/カ図)
野鳥学フ (p20/カ写)
野鳥山フ (p62,372/カ図, カ写)
山溪名鳥 (p311/カ写)

コクモカリドリ *Arachnothera longirostra* 小蜘蛛狩鳥
タイヨウチョウ科の鳥。㋵ヒマラヤ地方〜東南アジア
¶世鳥卵 (p209/カ写, カ図)

ゴクラクバト *Otidiphaps nobilis* 極楽鳩
ハト科の鳥。全長45〜50cm。㋵ニューギニアおよび沖合の島々, アル諸島
¶地球 (p455/カ写)

コクランアルキガエル *Kassina cochranae*
クサガエル科の両生類。体長3〜4cm。㋵ガーナ〜コートジボワール西部にかけてのアフリカ大陸西部沿岸部
¶カエル見 (p60/カ写)
爬両1800 (p398/カ写)

コクリュウコウイナダヨシキリ ⇒マンシュウイナダヨシキリを見よ

コクレルシファカ *Propithecus coquereli*
インドリ科の哺乳類。絶滅危惧IB類。体高42〜50cm。㋵マダガスカル北西部
¶地球 (p537/カ写)
美サル (p129/カ写)

コグンカンドリ *Fregata ariel* 小軍艦鳥
グンカンドリ科の鳥。全長70〜80cm。㋵インド洋, 太平洋
¶世文鳥 (p46/カ写)
鳥比 (p256/カ写)
鳥650 (p144/カ写)
名鳥図 (p23/カ写)
日ア鳥 (p124/カ写)
日鳥識 (p106/カ写)
日鳥水増 (p71/カ写)
日野鳥新 (p131/カ写)
日野鳥増 (p127/カ写)
羽根決 (p374/カ写, カ図)
フ日野新 (p80/カ図)
フ日野増 (p80/カ図)
フ野鳥 (p88/カ図)
野鳥山フ (p12,73/カ図, カ写)
山溪名鳥 (p155/カ写)

コケガエル *Theloderma corticale*
アオガエル科の両生類。全長7〜9cm。㋵ベトナム
¶かえる百 (p70/カ写)
カエル見 (p49/カ写)
世両 (p82/カ写)

地球(p364/カ写)
爬両1800(p389/カ写)
爬両ビ(p256/カ写)

コゲラ *Dendrocopos kizuki* 小啄木鳥
キツツキ科の鳥。全長13～15cm。㊕中国東北地区～朝鮮半島, ウスリー, カムチャツカ半島, サハリン, 日本
¶くら鳥(p64/カ写)
原寸羽(p218/カ写)
里山鳥(p139/カ写)
四季鳥(p40/カ写)
巣と卵決(p96/カ写, カ図)
世鳥大(p325/カ写)
世文鳥(p192/カ写)
鳥卵巣(p253/カ写, カ図)
鳥比(p64/カ写)
鳥650(p442/カ写)
名鳥図(p168/カ写)
日ア鳥(p374/カ写)
日鳥識(p208/カ写)
日鳥巣(p140/カ写)
日鳥山新(p112/カ写)
日鳥山増(p122/カ写)
日野鳥新(p418/カ写)
日野鳥増(p428/カ写)
ぱっ鳥(p235/カ写)
バード(p12/カ写)
羽根決(p246/カ写, カ図)
ひと目鳥(p156/カ写)
フ日野新(p214/カ図)
フ日野増(p214/カ図)
フ野鳥(p260/カ図)
野鳥学フ(p11/カ写)
野鳥山フ(p45,265/カ図, カ写)
山溪名鳥(p156/カ写)

コゲラ〔亜種〕 *Dendrocopos kizuki nippon* 小啄木鳥
キツツキ科の鳥。
¶日鳥山新〔亜種コゲラ〕(p112/カ写)
日鳥山増〔亜種コゲラ〕(p122/カ写)
日野鳥新〔コゲラ*〕(p418/カ写)
日野鳥増〔コゲラ*〕(p428/カ写)

コケワタガモ *Polysticta stelleri* 小毛綿鴨
カモ科の鳥。全長43～48cm。㊕シベリア東部～アラスカの北極圏
¶原寸羽(p60/カ写)
世文鳥(p76/カ写)
地球(p415/カ写)
鳥比(p228/カ写)
鳥650(p72/カ写)
日ア鳥(p58/カ写)
日色鳥(p178/カ写)
日カモ(p223/カ写, カ図)
日鳥水増(p146/カ写)
日野鳥新(p80/カ写)
日野鳥増(p82/カ写)
フ日野新(p56/カ図)
フ日野増(p56/カ図)
フ野鳥(p44/カ図)

ココエフキヤガエル *Phyllobates aurotaenia*
ヤドクガエル科の両生類。体長3.2～3.5cm。㊕コロンビア
¶カエル見(p104/カ写)
爬両1800(p426/カ写)

ココスカッコウ *Coccyzus ferrugineus* ココス郭公
カッコウ科の鳥。絶滅危惧II類。体長33cm。㊕ココス島(固有)
¶鳥絶〔Cocos Cuckoo〕(p166/カ図)

ココノエインコ *Platycercus icterotis* 九重鸚哥
インコ科の鳥。全長25cm。㊕オーストラリア南西部
¶鳥飼(p136/カ写)

ココノオビアルマジロ *Dasypus novemcinctus*
アルマジロ科の哺乳類。体長35～57cm。㊕北アメリカ, 中央アメリカ, 南アメリカ
¶世文動(p98/カ写)
世哺(p134/カ写)

ココノオビアルマジロ属の一種 *Dasypus* sp.
アルマジロ科の哺乳類。体長24～57cm。
¶地球(p517/カ写)

コサギ *Egretta garzetta* 小鷺
サギ科の鳥。全長55～65cm。㊕ヨーロッパ南部, アフリカ～インド, 東南アジア, 中国東部などで繁殖。日本では本州～九州で繁殖
¶くら鳥(p100/カ写)
原寸羽(p34/カ写)
里山鳥(p88/カ写)
四季鳥(p114/カ写)
巣と卵決(p34/カ写, カ図)
世鳥大(p167/カ写)
世鳥ネ(p75/カ写)
世文鳥(p54/カ写)
地球(p426/カ写)
鳥卵巣(p69/カ写, カ図)
鳥比(p264/カ写)
鳥650(p173/カ写)
名鳥図(p31/カ写)
日ア鳥(p150/カ写)
日色鳥(p129/カ写)
日鳥識(p120/カ写)
日鳥巣(p24/カ写)
日鳥水増(p90/カ写)
日野鳥新(p162/カ写)
日野鳥増(p184/カ写)
ぱっ鳥(p100/カ写)

コザクラインコ *Agapornis roseicollis* 小桜鸚哥
インコ科の鳥。全長17～18cm。㊎南西アフリカ

コザクラバシガン *Anser brachyrhynchus* 小桜嘴雁
カモ科の鳥。全長60～75cm。

コサックギツネ *Vulpes corsac*
イヌ科の哺乳類。体長45～60cm。㊎アフガニスタン, 旧ソ連南部, 中国東北部

コサメビタキ *Muscicapa dauurica* 小鮫鶲
ヒタキ科の鳥。全長13cm。㊎旧ソ連, 中国北東部, サハリン, 日本, インド

コシアオクロルリノジコ *Cyanocompsa brissonii* 腰青黒瑠璃野路子
ショウジョウコウカンチョウ科の鳥。全長15cm。㊎コロンビア～ブラジル, 北アルゼンチン

コ

コシアカウサギワラビー *Lagorchestes hirsutus*
カンガルー科の哺乳類。体長31～39cm。㊎オーストラリア西部

コシアカキジ *Lophura ignita* 腰赤雉
キジ科の鳥。全長 オス65～67cm, メス56～57cm。㊎タイ南部, マレーシア, スマトラ島, ボルネオ島

コシアカキヌバネドリ *Harpactes duvaucelii* 腰赤絹羽鳥
キヌバネドリ科の鳥。全長23～24cm。㊎東南アジアのボルネオ島, スマトラ島, マレー半島のジャングル

コシアカシャクケイ *Penelope perspicax* 腰赤舎久鶏
ホウカンチョウ科の鳥。全長76cm。㊎コロンビア西部

コシアカショウビン *Halcyon pyrrhopygia* 腰赤翡翠
カワセミ科の鳥。㊎オーストラリア

コシアカツバメ *Hirundo daurica* 腰赤燕
ツバメ科の鳥。全長19cm。㊎イベリア半島, バルカン半島～中央アジア, インド, スリランカ, 中国北部, ウスリー地方, 朝鮮半島, 日本, フィリピン, 小スンダ列島, 北アフリカ西部

羽根決 (p249/カ写, カ図)
ひと目鳥 (p159/カ写)
フ日野新 (p218/カ図)
フ日野増 (p218/カ図)
フ野鳥 (p300/カ図)
野鳥学フ (p13/カ図p12, カ写p13)
野鳥山フ (p47,270/カ図, カ写)
山溪名鳥 (p233/カ写)

コシアカユミハチドリ *Phaethornis augusti* 腰赤弓蜂鳥
ハチドリ科ユミハチドリ亜科の鳥。全長14～15cm。㊕南アメリカ
¶ハチドリ (p49/カ写)

コシギ *Lymnocryptes minimus* 小鷸, 小鴫
シギ科の鳥。全長17～19cm。㊕ユーラシア大陸北部
¶世鳥大 (p228/カ写)
世鳥ネ (p135/カ写)
世文鳥 (p140/カ図)
地球 (p446/カ写)
鳥比 (p290/カ写)
鳥650 (p241/カ写)
日ア鳥 (p204/カ写)
日鳥水増 (p260/カ写)
日野鳥新 (p237/カ写)
フ日野新 (p162/カ図)
フ日野増 (p162/カ図)
フ野鳥 (p142/カ図)

ゴシキイロワケヤモリ *Gonatodes ceciliae*
ヤモリ科チビヤモリ亜科の爬虫類。全長10cm。㊕ベネズエラ東部, トリニダード・トバゴ
¶ゲッコー (p108/カ写)

ゴシキインカハチドリ *Coeligena helianthea* 五色インカ蜂鳥
ハチドリ科ミドリフタオハチドリ亜科の鳥。全長13cm。㊕ベネズエラ, コロンビア
¶ハチドリ (p168/カ写)

ゴシキスキアシヒメアマガエル ⇒オイランスキアシヒメガエルを見よ

ゴシキセイガイインコ *Trichoglossus haematodus* 五色青海鸚哥
オウム科 (インコ科, ヒインコ科) の鳥。全長25～30cm。㊕インドネシア～南オーストラリア
¶世鳥大〔ナナクサインコ〔Rainbow Lorikeet〕〕(p256/カ写)
世鳥ネ (p174/カ写)
世美羽 (p62/カ写)
地球 (p457/カ写)
鳥飼 (p168/カ写)
日色鳥 (p53/カ写)

ゴシキソウシチョウ *Leiothrix argentauris* 五色想思鳥, 五色相思鳥
チメドリ科 (ヒタキ科) の鳥。全長18cm。㊕ヒマラヤ山脈東部や中国南部～スマトラ島
¶世鳥大 (p419/カ写)
世鳥卵 (p187/カ写, カ図)
地球 (p491/カ写)
鳥飼 (p109/カ写)

コシキダイカー *Cephalophus silvicultor*
ウシ科の哺乳類。体高65～87cm。㊕ギニア・ビサウ～スーダン, ウガンダ
¶世文動 (p217/カ写)
地球 (p601/カ写)

ゴシキタイランチョウ *Tachuris rubrigastra* 五色太蘭鳥
タイランチョウ科の鳥。体長11cm。㊕ペルーの一部, ボリビア, パラグアイ, ブラジル南部, ウルグアイ, アルゼンチン東部
¶世色鳥 (p110/カ写)

コシギダチョウ *Crypturellus soui* 小鷸駝鳥
シギダチョウ科の鳥。全長23cm。㊕メキシコ南部～ボリビア東部, ブラジル中南部
¶世鳥大 (p102)
鳥卵巣 (p34/カ写, カ図)

ゴシキノジコ *Passerina ciris* 五色野路子
ショウジョウコウカンチョウ科 (コウカンチョウ科) の鳥。体長12.5～14cm。㊕アメリカ合衆国南東部・南部。メキシコ湾岸地域北部～パナマ, キューバで越冬
¶世鳥大 (p485/カ写)
地球 (p499/カ写)

コシキハネジネズミ *Rhynchocyon chrysopygus*
ハネジネズミ科の哺乳類。絶滅危惧IB類。体長27～29cm。㊕ケニア沿岸部のモンバサ～タナ川の河口まで
¶絶百5 (p68/カ写)
世哺 (p94/カ写)
レ生 (p121/カ写)

ゴシキヒワ *Carduelis carduelis* 五色鶸
アトリ科の鳥。全長12cm。㊕ヨーロッパ～北アジア
¶世鳥大 (p465/カ写)
世鳥卵 (p221/カ写, カ図)
世鳥ネ (p320/カ写)
地球 (p496/カ写)
鳥飼 (p101/カ写)
鳥卵巣 (p336/カ写, カ図)
鳥比 (p177/カ写)
鳥650 (p682/カ写)
日色鳥 (p151/カ写)
日鳥山新 (p330/カ写)

日鳥山増 (p305/カ写)
フ日野新 (p338/カ図)
フ日野増 (p336/カ図)

コシグロクサガエル *Hyperolius fusciventris*
クサガエル科の両生類。体長1.8～2.8cm。[分]アフリカ大陸西部沿岸域
¶**カエル見** (p54/カ写)
世両 (p89/カ写)
爬両1800 (p392/カ写)

コシグロペリカン *Pelecanus conspicillatus* 腰黒ペリカン
ペリカン科の鳥。全長1.6～1.8m。[分]オーストラリア, タスマニア
¶**世鳥大** (p173/カ写)
世鳥ネ (p83/カ写)

コシジロアジサシ *Sterna aleutica* 腰白鯵刺
カモメ科の鳥。全長33～38cm。[分]シベリア東部沿岸, アリューシャン列島, アラスカ沿岸
¶**世文鳥** (p157/カ写)
鳥卵巣 (p206/カ写, カ図)
鳥比 (p359/カ写)
鳥650 (p341/カ写)
日ア鳥 (p291/カ写)
日鳥水増 (p323/カ写)
日野鳥新 (p335/カ写)
日野鳥増 (p161/カ写)
羽根決 (p384/カ写, カ図)
フ日野新 (p98/カ図)
フ日野増 (p98/カ図)
フ野鳥 (p194/カ図)

コシジロイソヒヨドリ *Monticola saxatilis* 腰白磯鵯
ヒタキ科(ツグミ科)の鳥。全長16～19cm。[分]北西アフリカ, 南および中央ヨーロッパ～東はバイカル湖, 中国までの地域で繁殖。西アフリカで越冬
¶**世鳥大** (p444/カ写)
世鳥卵 (p182/カ写, カ図)
世文鳥 (p222/カ写)
鳥比 (p151/カ写)
鳥650 (p735/カ写)
日鳥山新 (p287/カ写)
日鳥山増 (p194/カ写)
フ日野新 (p242/カ図)
フ日野増 (p242/カ図)
フ野鳥 (p356/カ図)

コシジロイヌワシ *Aquila verreauxii* 腰白犬鷲, 腰白狗鷲
タカ科の鳥。全長80～90cm。[分]サハラ以南のアフリカ, シナイ半島, アラビア半島南部
¶**世鳥大** (p202/カ写)

コシジロインコ *Pseudeos fuscata* 腰白鸚哥
ヒインコ科の鳥。全長25cm。[分]ニューギニア
¶**地球** (p457/カ写)
鳥飼 (p172/カ写)

コシジロウズラシギ *Calidris fuscicollis* 腰白鶉鷸, 腰白鶉鴫
シギ科の鳥。全長18cm。[分]北アメリカ北部
¶**鳥比** (p317/カ写)
鳥650 (p281/カ写)
日ア鳥 (p243/カ写)
日鳥水増 (p211/カ写)
日野鳥新 (p282/カ写)
フ日野新 (p322/カ図)
フ日野増 (p322/カ図)
フ野鳥 (p166/カ図)

コシジロウミツバメ *Oceanodroma leucorhoa* 腰白海燕
ウミツバメ科の鳥。全長18～21cm。[分]日本～北東はアラスカまで, 南はメキシコまでの地域で繁殖。越冬は太平洋沿岸部, 南大西洋
¶**原寸羽** (p20/カ写)
世鳥大 (p151)
世文鳥 (p39/カ写)
鳥卵巣 (p57/カ写, カ図)
鳥比 (p248/カ写)
鳥650 (p135/カ写)
名鳥図 (p17/カ写)
日ア鳥 (p119/カ写)
日鳥識 (p104/カ写)
日鳥水増 (p53/カ写)
日野鳥新 (p126/カ写)
日野鳥増 (p120/カ写)
羽根決 (p23/カ写, カ図)
ひと目鳥 (p21/カ写)
フ日野新 (p78/カ図)
フ日野増 (p78/カ図)
フ野鳥 (p84/カ図)
野鳥学フ (p202/カ写)
野鳥山フ (p11/カ図)
山溪名鳥 (p160/カ写)

コシジロカナリア *Serinus leucopygius* 腰白金糸雀
アトリ科の鳥。別名ネズミセイオウチョウ。大きさ12cm。[分]アフリカ(セネガル～エチオピア)
¶**鳥飼** (p107/カ写)

コシジロガモ *Thalassornis leuconotus* 腰白鴨
カモ科の鳥。全長38～40cm。[分]サハラ以南のアメリカ
¶**地球** (p413/カ写)

コシジロキンパラ *Lonchura striata* 腰白金腹
カエデチョウ科の鳥。全長10～11cm。[分]ヒマラヤ, マレーシア, インドネシア, 中国南部, 台湾。日本では沖縄島に移入

コ

¶世鳥卵(p224/カ写, カ図)
鳥飼(p74/カ写)
鳥比(p162/カ写)
鳥650(p725/カ写)
日鳥識(p304/カ写)
日鳥山新(p388/カ写)
日鳥山増(p354/カ写)
フ日野新(p338/カ図)
フ日野増(p336/カ図)
フ野鳥(p370/カ図)

コシジロタイランチョウ *Xolmis velatus* 腰白太蘭鳥
タイランチョウ科の鳥。全長20cm。
¶世鳥大(p347/カ写)

コシジロハゲワシ *Gyps africanus* 腰白禿鷲
タカ科の鳥。全長90〜98cm。㊎アフリカ, サハラ砂漠以南
¶世鳥大(p191/カ写)
世鳥ネ(p101/カ写)
地球(p433/カ写)
鳥卵巣(p102/カ写, カ図)

コシジロミツスイ *Manorina flavigula* 腰白蜜吸
ミツスイ科の鳥。全長25〜28cm。㊎オーストラリアのほぼ全域
¶世鳥大(p363/カ写)

コシジロヤマドリ *Syrmaticus soemmerringii ijimae* 腰白山鳥
キジ科の鳥。ヤマドリの亜種。㊎九州中・南部
¶名鳥図(p141/カ写)
日鳥山新(p23/カ写)
日鳥山増(p67/カ写)
日野鳥新(p25/カ写)
野鳥学フ(p135/カ写)

コシジロラングール *Trachypithecus delacouri*
オナガザル科の哺乳類。絶滅危惧IA類。㊎ベトナム北中央部
¶レ生(p122/カ写)

コシトゲサラマンダー *Mertensiella caucasica*
イモリ科の両生類。全長18〜20cm。㊎トルコ, ジョージア(グルジア)
¶**爬両1800**(p458/カ写)

コジドリ Kojidori 小地鶏
鶏の一品種。別名トサジドリ。天然記念物。体重オス0.68kg, メス0.6kg。高知県の原産。
¶日家〔小地鶏〕(p154/カ写)

コジネズミ *Crocidura shantungensis* 小地鼠
トガリネズミ科の哺乳類。体長5〜7.5cm。㊎ユーラシア, アフリカ
¶世文動(p54/カ写)
地球(p560/カ写)

日哺改(p12/カ写)
日哺学フ(p168/カ写)

コシヒロカエルガメ *Phrynops tuberculatus*
ヘビクビガメ科の爬虫類。別名イボガエルガメ。甲長20〜23cm。㊎ブラジル東部, パラグアイ
¶世カメ(p99/カ写)
世爬(p54/カ写)
爬両1800〔コシヒロガエルガメ〕(p62/カ写)

コシベニペリカン *Pelecanus rufescens* 腰紅ペリカン
ペリカン科の鳥。全長125〜136cm。㊎サハラ砂漠以南のアフリカとアラビア半島
¶鳥卵巣(p59/カ写, カ図)

コシモンオオバガエル *Plethodontohyla ocellata*
ヒメガエル科の両生類。体長4.5〜6.5cm。㊎マダガスカル北東部・東部
¶かえる百(p39/カ写)
カエル見(p75/カ写)
爬両1800(p406/カ写)
爬両ビ(p269/カ写)

コシモンチョボグチガエル *Kalophrynus pleurostigma*
ヒメガエル科の両生類。体長4〜5cm。㊎インドシナ半島西部, マレー半島, インドネシア, フィリピンなど
¶かえる百(p43/カ写)
カエル見(p73/カ写)
爬両1800(p405/カ写)

コシャクシギ *Numenius minutus* 小杓鷸, 小杓鴫
シギ科の鳥。絶滅危惧IB類(環境省レッドリスト)。全長31cm。㊎シベリア北部
¶くら鳥(p118/カ写)
四季鳥(p35/カ写)
絶鳥事(p6,90/カ写, モ図)
世鳥ネ(p136/カ写)
世文鳥(p137/カ写)
鳥比(p296/カ写)
鳥650(p253/カ写)
名鳥図(p97/カ写)
日ア鳥(p217/カ写)
日鳥識(p148/カ写)
日鳥水増(p252/カ写)
日野鳥新(p246/カ写)
日野鳥増(p256/カ写)
ひと目鳥(p81/カ写)
フ日野新(p158/カ図)
フ日野増(p158/カ図)
フ野鳥(p150/カ図)
野鳥山フ(p32,200/カ図, カ写)
山溪名鳥(p209/カ写)

コジャコウネコ *Viverricula indica* 小麝香猫
ジャコウネコ科の哺乳類。体長49〜68cm。㊎中国南部, ミャンマー, 西マレーシア, タイ, スマトラ, ジャワ, バリ島, 海南島, 台湾, インドシナ, インド, スリランカ, ブータン
¶**地球**(p587/カ写)

コシャチイルカ *Cephalorhynchus heavisidii* 小鯱海豚
マイルカ科の哺乳類。成体体重60〜75kg。㊎南西アフリカ沿岸
¶**クイ百**(p112/カ図)

コシャモ Koshamo 小軍鶏
鶏の一品種。天然記念物。体重 オス1kg, メス0.8kg。日本の原産。
¶**日家**〔小軍鶏〕(p175/カ写)

ゴジュウカラ *Sitta europaea* 五十雀
ゴジュウカラ科の鳥。全長14cm。㊎ヨーロッパ, アジア
¶**くら鳥**(p45/カ写)
原寸羽(p264/カ写)
里山鳥(p170/カ写)
四季鳥(p37/カ写)
巣と卵決(p181/カ写, カ図)
世鳥大(p426/カ写)
世鳥卵(p206/カ写, カ図)
世鳥ネ(p290/カ写)
世文鳥(p245/カ写)
地球(p491/カ写)
鳥卵巣(p319/カ写, カ図)
鳥比(p92/カ写)
鳥650(p577/カ写)
名鳥図(p217/カ写)
日ア鳥(p488/カ写)
日鳥識(p234/カ写)
日鳥巣(p262/カ写)
日鳥山新(p230/カ写)
日鳥山増(p266/カ写)
日野鳥新(p524/カ写)
日野鳥増(p558/カ写)
ぱっ鳥(p302/カ写)
バード(p73/カ写)
羽根決(p322/カ写, カ図)
ひと目鳥(p203/カ写)
フ日野新(p264/カ図)
フ日野増(p264/カ図)
フ野鳥(p328/カ図)
野鳥学フ(p84/カ写)
野鳥山フ(p60,336/カ図, カ写)
山溪名鳥(p181/カ写)

ゴジュウカラ〔亜種〕 *Sitta europaea amurensis* 五十雀
ゴジュウカラ科の鳥。
¶**日鳥山新**〔亜種ゴジュウカラ〕(p230/カ写)
日鳥山増〔亜種ゴジュウカラ〕(p266/カ写)
日野鳥新〔ゴジュウカラ*〕(p524/カ写)
日野鳥増〔ゴジュウカラ*〕(p558/カ写)

コジュケイ *Bambusicola thoracicus* 小綬鶏, 小寿鶏
キジ科の鳥。全長31cm。㊎中国南部・台湾
¶**くら鳥**(p67/カ写)
原寸羽(p94/カ写)
里山鳥(p15/カ写)
四季鳥(p109/カ写)
巣と卵決(p65,230/カ写, カ図)
世文鳥(p101/カ写)
地球(p410/カ写)
鳥卵巣(p134/カ写, カ図)
鳥比(p12/カ写)
鳥650(p737/カ写)
名鳥図(p143/カ写)
日ア鳥(p16/カ写)
日色鳥(p156/カ写)
日鳥識(p62/カ写)
日鳥巣(p314/カ写)
日鳥山新(p20/カ写)
日鳥山増(p64/カ写)
日野鳥増(p388/カ写)
バード(p23/カ写)
羽根決(p118/カ写, カ図)
ひと目鳥(p134/カ写)
フ日野新(p194/カ図)
フ日野増(p194/カ図)
フ野鳥(p16/カ図)
野鳥学フ(p53/カ写)
野鳥山フ(p21,151/カ図, カ写)
山溪名鳥(p162/カ写)

コジュリン *Emberiza yessoensis* 小寿林
ホオジロ科の鳥。絶滅危惧II類(環境省レッドリスト)。全長15cm。㊎中国北東部, ウスリー地方, 朝鮮半島, 日本
¶**くら鳥**(p39,41/カ写)
里山鳥(p65/カ写)
四季鳥(p55/カ写)
巣と卵決(p189/カ写, カ図)
絶鳥事(p16,222/カ写, モ図)
世文鳥(p248/カ写)
鳥卵巣(p345/カ写, カ図)
鳥比(p201/カ写)
鳥650(p717/カ写)
名鳥図(p224/カ写)
日ア鳥(p612/カ写)
日鳥識(p302/カ写)
日鳥巣(p270/カ写)
日鳥山新(p374/カ写)
日鳥山増(p292/カ写)
日野鳥新(p645/カ写)

日野鳥増(p565/カ写)
ぱっ鳥(p372/カ写)
バード(p37/カ写)
羽根決(p332/カ写, カ図)
ひと目鳥(p212/カ写)
フ日野新(p276/カ図)
フ日野増(p276/カ図)
フ野鳥(p404/カ図)
野鳥学フ(p43/カ写)
野鳥山フ(p56,348/カ図, カ写)
山溪名鳥(p72/カ写)

コシラヒゲオオガシラ *Malacoptila panamensis* 小白髭大頭
オオガシラ科の鳥。全長19cm。㊍メキシコ南部〜エクアドル西部
¶地球(p481/カ写)

コシラヒゲカンムリアマツバメ *Hemiprocne comata* 小白髭冠雨燕
カンムリアマツバメ科の鳥。全長15〜17cm。㊍東南アジアのジャングル
¶世色鳥(p141/カ写)

コスズガモ *Aythya affinis* 小鈴鴨
カモ科の鳥。全長38〜48cm。㊍北アメリカ北西部〜中西部
¶鳥比(p227/カ写)
鳥650(p71/カ写)
名鳥図(p57/カ写)
日ア鳥(p57/カ写)
日カモ(p217/カ写, カ図)
日鳥識(p82/カ写)
日鳥水増(p145/カ写)
日野鳥新(p70/カ写)
日野鳥増(p75/カ写)
フ日野新(p308/カ図)
フ日野増(p308/カ図)
フ野鳥(p42/カ図)
野鳥学フ(p224/カ写)

コスズメフクロウ *Glaucidium minutissimum* 小雀梟
フクロウ科の鳥。全長13〜15cm。
¶地球(p465/カ写)

ゴス・ダトゥラ・カタラ ⇒カタロニアン・シープドッグを見よ

コスタハチドリ *Calypte costae* コスタ蜂鳥
ハチドリ科ハチドリ亜科の鳥。全長7.5〜9cm。㊍アメリカ南西部・メキシコ北西部
¶鳥卵巣(p240/カ写, カ図)
ハチドリ(p336/カ写)

コスタリカノドジロフトオハチドリ *Selasphorus scintilla* コスタリカ喉白太尾蜂鳥
ハチドリ科ハチドリ亜科の鳥。全長6.5〜7cm。
¶ハチドリ(p350/カ写)

コスタリカハチドリ *Calliphlox bryantae* コスタリカ蜂鳥
ハチドリ科ハチドリ亜科の鳥。全長7〜10cm。
¶世色鳥(p35/カ写)
ハチドリ(p324/カ写)

ゴス・デ・パストル・カタラン ⇒カタロニアン・シープドッグを見よ

コースヘアード・スタイリアン・ハウンド Coarse-haired Styrian Hound
犬の一品種。別名シュタイアマルク・ラフ・マウンテン・ブラッケ, シュタイシュ・ラウハールブラッカ, スティリアン・ラフヘアード・マウンテン・ハウンド, パインティンガー・ハウンド, パインティンガー・ブラッケ。体高 オス47〜53cm, メス45〜51cm。オーストリアの原産。
¶最犬大(p294/カ写)
新犬種〔シュタイアマルク・ラフ・マウンテン・ブラッケ〕(p138/カ写)
ビ犬〔スティリアン・ラフヘアード・マウンテン・ハウンド〕(p150/カ写)

コスミレコンゴウインコ *Anodorhynchus leari* 小菫金剛鸚哥
インコ科の鳥。全長70〜75cm。㊍ブラジルのバイーア州北東部のカタリーナ平原
¶世鳥ネ(p180/カ写)

コスメルヒメエメラルドハチドリ *Chlorostilbon forficatus* コスメル姫エメラルド蜂鳥
ハチドリ科ハチドリ亜科の鳥。全長6.5〜8.5cm。
¶ハチドリ(p372)

コセイインコ *Psittacula cyanocephala* 小青鸚哥
インコ科の鳥。全長33〜37cm。㊍南アジア
¶世鳥大(p262/カ写)
世鳥ネ(p177/カ写)
世文鳥(p277/カ写)

コセイガイインコ *Trichoglossus chlorolepidotus* 小青海鸚哥
ヒインコ科の鳥。全長23cm。㊍オーストラリア北東部
¶鳥飼(p168/カ写)

コセミクジラ *Caperea marginata* 小背美鯨
コセミクジラ科(セミクジラ科)の哺乳類。成体体重 メスは約3.2t, オスは約2.9t。㊍南極圏の周辺
¶クイ百(p78/カ図)
地球(p613/カ図)

コソウゲンライチョウ *Tympanuchus pallidicinctus* 小草原雷鳥
キジ科の鳥。全長38〜41cm。
¶地球(p410/カ写)

コダイマキエゴシキインコ *Barnardius zonarius*
古代蒔絵五色鸚哥
インコ科の鳥。全長34～38cm。㊕オーストラリア中央部・西部
¶地球(p457/カ写)

コータオアシナシイモリ ⇒コータオヌメアシナシイモリを見よ

コータオヌメアシナシイモリ *Ichthyophis kohtaoensis*
ヌメアシナシイモリ科の両生類。全長33cm。㊕タイ
¶世文動〔コータオアシナシ〕(p336/カ写)
世両(p223/カ写)
地球〔コータオアシナシイモリ〕(p365/カ写)
爬両1800(p463/カ写)
爬両ビ(p319/カ写)

コダカラヤモリ ⇒アマミヤモリを見よ

コタケネズミ *Cannomys badius*
メクラネズミ科の哺乳類。体長15～26cm。
¶地球(p528/カ写)

ゴダチューラ・カターラ ⇒カタロニアン・シープドッグを見よ

コーチスキアシガエル *Scaphiopus couchii*
トウブスキアシガエル科(スキアシガエル科, アメリカスキアシガエル科)の両生類。全長5.5～9cm。㊕北アメリカ南部
¶かえる百(p45/カ写)
カエル見(p12/カ写)
驚野動(p64/カ写)
世カエ(p48/カ写)
世両(p16/カ写)
地球(p365/カ写)
爬両1800(p359/カ写)
爬両ビ(p275/カ写)

コチドリ *Charadrius dubius* 小千鳥
チドリ科の鳥。全長16cm。㊕ユーラシア大陸, アフリカ北部, 日本, フィリピン, ニューギニア
¶くら鳥(p106/カ写)
原寸羽(p106/カ写)
里山鳥(p94/カ写)
四季鳥(p16/カ写)
巣と卵決(p73/カ写, カ図)
世鳥ネ(p131/カ写)
世文鳥(p113/カ写)
鳥卵巣(p180/カ写, カ図)
鳥比(p275/カ写)
鳥650(p230/カ写)
名鳥図(p76/カ写)
日ア鳥(p195/カ写)
日鳥識(p136/カ写)
日鳥巣(p78/カ写)
日鳥水増(p189/カ写)
日野鳥新(p218/カ写)
日野鳥増(p242/カ写)
ぱっ鳥(p133/カ写)
バード(p119/カ写)
羽根決(p144/カ写, カ図)
ひと目鳥(p94/カ写)
フ日野新(p130/カ図)
フ日野増(p130/カ図)
フ野鳥(p134/カ図)
野鳥学フ(p150/カ写)
野鳥山フ(p28,168/カ図, カ写)
山溪名鳥(p164/カ写)

コチャバラオオルリ *Niltava sundara* 小茶腹大瑠璃
ヒタキ科の鳥。全長18cm。㊕ヒマラヤ地方～中国西部, ミャンマー
¶世鳥大(p445/カ写)
世鳥卵(p201/カ写, カ図)
鳥比(p160/カ写)

コチョウゲンボウ *Falco columbarius* 小長元坊
ハヤブサ科の鳥。全長 オス28cm, メス32cm。㊕北アメリカとユーラシアの多くの地域で繁殖。南アメリカ北部, アフリカ北部, インド北部, ベトナム南部まで南下して越冬
¶くら鳥(p78/カ写)
四季鳥(p90/カ写)
世鳥大(p185/カ写)
世文鳥(p97/カ写)
地球(p431/カ写)
鳥比(p74/カ写)
鳥650(p460/カ写)
名鳥図(p137/カ写)
日ア鳥(p387/カ写)
日鳥識(p214/カ写)
日鳥山新(p125/カ写)
日鳥山増(p58/カ写)
日野鳥新(p432/カ写)
日野鳥増(p362/カ写)
ぱっ鳥(p243/カ写)
羽根決(p107/カ写, カ図)
ひと目鳥(p130/カ写)
フ日野新(p182/カ図)
フ日野増(p182/カ図)
フ野鳥(p266/カ図)
野鳥山フ(p25,145/カ図, カ写)
山溪名鳥(p225/カ写)
ワシ(p148/カ写)

コーチン Cochin
鶏の一品種(肉用種)。体重 オス4.6～5.9kg, メス4.1～5kg。中国の原産。
¶日家(p199/カ写)

ゴツアシドロガメ ⇒ザラアシドロガメを見よ

コ

コッカー・スパニエル ⇒イングリッシュ・コッカー・スパニエルを見よ

コッガービロードヤモリ *Oedura coggeri*
ヤモリ科イシヤモリ亜科の爬虫類。全長12〜14cm。㊕オーストラリア(クイーンズランド州・ケープヨーク半島)
¶**ゲッコー**(p86/カ写)
爬両1800(p162/カ写)
爬両ビ(p119/カ写)

コッカープー Cockerpoo
犬の一品種。トイプードルかミニチュアプードルとアメリカン・コッカー・スパニエル, イングリッシュ・コッカー・スパニエルとの交雑種。体高38cm以上(スタンダード)。
¶**ビ犬**(p290/カ写)

コッツウォルド Cotswold Sheep
家畜ヒツジの一品種。体高65〜100cm。
¶**地球**(p607/カ写)

ゴットランドステーバレー Gotlandsstövare
犬の一品種。体高 オス48〜56cm, メス44〜52cm。スウェーデンの原産。
¶**最犬大**(p308/カ写)

ゴツフトユビヤモリ *Pachydactylus rugosus*
ヤモリ科ヤモリ亜科の爬虫類。別名キメアラフトユビヤモリ。全長10〜11cm。㊕ナミビア南西部, 南アフリカ共和国北西部
¶**ゲッコー**(p26/カ写)
爬両1800(p133/カ写)

コッホオオヒルヤモリ *Phelsuma madagascariensis kochi*
ヤモリ科ヤモリ亜科の爬虫類。オオヒルヤモリの亜種。全長22〜28cm。㊕マダガスカル北西部
¶**ゲッコー**〔オオヒルヤモリ(亜種コッホオオヒルヤモリ)〕(p40/カ写)

コッホホエヤモリ *Ptenopus kochi*
ヤモリ科ヤモリ亜科の爬虫類。全長12cm前後まで。㊕ナミビア
¶**ゲッコー**(p60/カ写)
爬両1800(p152/カ写)

コツメカワウソ *Aonyx cinerea* 小爪獺, 小爪川獺
イタチ科の哺乳類。体長36〜47cm。㊕アジア
¶**世哺**(p264/カ写)
地球(p575/カ写)

コツメデバネズミ *Cryptomys hottentotus* 小爪出歯鼠
デバネズミ科の哺乳類。体長9〜27cm。㊕アフリカ南部
¶**地球**(p528/カ写)

コディアクヒグマ *Ursus arctos middendorffi*
クマ科の哺乳類。頭胴長 オス300cm。㊕アラスカ(コディアク島, アフォグナク島, シュヤク島)
¶**世文動**(p151/カ写)

コーデッド・プードル Corded Poodle
犬の一品種。縄丈の被毛をもつプードル。スタンダード・プードルとは別系統で発展してきたが, 現在は同犬種として扱われている。体高24〜60cm。ドイツの原産。
¶**ビ犬**(p230/カ写)

コテハナアシナシトカゲ *Aniella pulchra*
コテハナアシナシトカゲ科の爬虫類。頭胴長11〜16cm。㊕カリフォルニア州西部〜メキシコのバハ・カリフォルニア
¶**世文動**(p277/カ写)

ゴデフロイミナミモリドラゴン *Hypsilurus godeffroyi*
アガマ科の爬虫類。全長30〜40cm前後。㊕ニューギニア島, ビスマルク群島, ソロモン諸島, フィジーなど
¶**爬両1800**(p96/カ写)
爬両ビ(p80/カ写)

コテングコウモリ *Murina ussuriensis* 小天狗蝙蝠
ヒナコウモリ科の哺乳類。頭胴長38〜50mm。㊕北海道, 本州(中国以北), 隠岐, 対馬
¶**くら哺**(p52/カ写)
世文動(p67/カ写)
日哺改(p59/カ写)
日哺学フ(p127/カ写)

ゴードウシサシヘビ *Ithycyphus goudoti*
ナミヘビ科マラガシーヘビ亜科の爬虫類。全長60〜80cm。㊕マダガスカル東部
¶**爬両1800**(p338/カ写)

コドコド *Felis guigna*
ネコ科の哺乳類。別名チリヤマネコ。頭胴長39〜52cm。㊕南アメリカ西部
¶**野生ネコ**(p154/カ写)

コトドリ *Menura novaehollandiae* 琴鳥
コトドリ科の鳥。全長80〜96cm。㊕オーストラリア南東部
¶**世鳥大**(p358/カ写)
世鳥卵(p152/カ写, カ図)
世鳥ネ(p258/カ写)
世美羽(p111/カ写, カ図)
地球(p485/カ写)
鳥卵巣(p259/カ写, カ図)

ゴートラント・シュテーバレ Gotlandsstövare
犬の一品種。体高 オス48〜56cm, メス44〜52cm。スウェーデンの原産。
¶**新犬種**(p156/カ写)

ゴトランド・ポニー Gotland Pony
馬の一品種。スウェーデンのゴトランド島の原産。

¶アルテ馬（p254/カ写）

ゴードン・セター　Gordon Setter
犬の一品種。体高 オス66cm, メス62cm。イギリスの原産。
¶アルテ犬〔セター〕（p64/カ写）
最犬大（p319/カ写）
新犬種〔ゴードン・セッター〕（p260/カ写）
新世犬（p154/カ写）
図世犬（p249/カ写）
世文動〔ゴードン・セッター〕（p142/カ写）
ビ犬（p240/カ写）

ゴードンツブハダキガエル　*Theloderma gordoni*
アオガエル科の両生類。体長4〜6cm。㊕タイ, ベトナム
¶カエル見（p49/カ写）
爬両1800（p389/カ写）

コトン・ド・テュレアール　Coton de Tulear
犬の一品種。別名クトン・ド・テュレアー, ロイヤル・ドッグ・オブ・マダガスカル。ビション・タイプの小型犬。体高 オス26〜28cm, メス23〜25cm。マダガスカルの原産。
¶最犬大（p382/カ写）
新犬種（p37/カ写）
新世犬〔コトン・ド・チュレアール〕（p277/カ写）
図世犬（p291/カ写）
ビ犬（p271/カ写）

コーニッシュ(1)　Cornish
鶏の一品種（肉用種）。体重 オス5.5kg, メス4kg。イギリスの原産。
¶日家（p198/カ写）

コーニッシュ(2)　⇒インディアン・ゲームを見よ

コーニッシュ・レックス　Cornish Rex
猫の一品種。体長35〜50cm。イギリスの原産。
¶地球（p580/カ写）
ビ猫（p176/カ写）

コネマラ　Connemara
馬の一品種。別名コネマラ・ポニー。乗馬, 競技用。体高130〜142cm。アイルランドの原産。
¶アルテ馬（p232/カ写）
日家（p42/カ写）

コネマラ・ポニー　⇒コネマラを見よ

コノドジロムシクイ　*Sylvia curruca*　小喉白虫食, 小喉白虫喰
ズグロムシクイ科の鳥。全長13cm。㊕ヨーロッパ〜シベリアのレナ川周辺までのユーラシア北部, モンゴル北部, 中国北部で繁殖
¶鳥卵巣（p314/カ写, カ図）
鳥比（p119/カ写）
鳥650（p556/カ写）
日ア鳥（p465/カ写）
日鳥識（p244/カ写）
日鳥山新（p207/カ写）
日鳥山増（p230/カ写）
日野鳥新（p508/カ写）
日野鳥増（p524/カ写）
フ日野新（p334/カ図）
フ日野増（p332/カ図）
フ野鳥（p315/カ図）

コノハガエル　⇒ミツヅノコノハガエルを見よ

コノハズク　*Otus sunia*　木葉木菟, 木葉梟
フクロウ科の鳥。全長20cm。㊕アフリカ, アジア, ヨーロッパ
¶くら鳥（p73/カ写）
原寸羽（p186/カ写）
里山鳥（p73/カ写）
四季鳥（p55/カ写）
世鳥ネ（p191/カ写）
世美羽（p42/カ写, カ図）
世文鳥（p178/カ写）
鳥卵巣（p230/カ写, カ図）
鳥比（p26/カ写）
鳥650（p421/カ写）
名鳥図（p152/カ写）
日ア鳥（p353/カ写）
日鳥識（p200/カ写）
日鳥山新（p90/カ写）
日鳥山増（p92/カ写）
日野鳥新（p392/カ写）
日野鳥増（p370/カ写）
ぱっ鳥（p219/カ写）
バード（p49/カ写）
ひと目鳥（p145/カ写）
フ日野新（p190/カ図）
フ日野増（p190/カ図）
フ野鳥（p246/カ図）
野鳥学フ（p111/カ写）
野鳥山フ（p41,244/カ図, カ写）
山溪名鳥（p166/カ写）

コノハヒキガエル　*Bufo typhonius*
ヒキガエル科の両生類。体長4〜7.5cm。㊕南米北部〜中部
¶世カエ（p158/カ写）
世文動（p324/カ写）
爬両1800（p366/カ写）
爬両ビ（p242/カ写）

ゴノメアリノハハヘビ　*Madagascarophis colubrinus*
ナミヘビ科マラガシーヘビ亜科の爬虫類。全長80〜100cm。㊕マダガスカル
¶爬両1800（p336/カ写）

コハクチョウ　*Cygnus columbianus*　小白鳥, 小鵠
カモ科の鳥。全長1.1〜1.5m。㊕北アメリカ, ロシ

ア極北部で繁殖。冬は温帯域までの南で越冬
¶くら鳥 (p96/カ写)
原寸羽 (p40, ポスター/カ写)
里山鳥 (p177/カ写)
四季鳥 (p75/カ写)
世色鳥 (p192/カ写)
世鳥大 (p127/カ写)
世文鳥 (p65/カ写)
鳥卵巣 (p83/カ写, カ図)
鳥比 (p212/カ写)
鳥650 (p40/カ写)
名鳥図 (p45/カ写)
日ア鳥 (p30/カ写)
日色鳥 (p132/カ写)
日鳥識 (p70/カ写)
日鳥水増 (p116/カ写)
日野鳥新 (p40/カ写)
日野鳥増 (p36/カ写)
ぱっ鳥 (p34/カ写)
バード (p93/カ写)
羽根決 (p375/カ写, カ図)
ひと目鳥 (p61/カ写)
フ日野新 (p30/カ図)
フ日野増 (p30/カ図)
フ野鳥 (p24/カ図)
野鳥学フ (p190/カ写, カ図)
野鳥山フ (p16,99/カ図, カ写)
山溪名鳥 (p77/カ写)

コハクチョウ〔亜種〕 *Cygnus columbianus jankowskyi* 小白鳥, 小鵠
カモ科の鳥。
¶日鳥水増〔亜種コハクチョウ〕(p116/カ写)
日野鳥新〔コハクチョウ*〕(p40/カ写)

コバシウミスズメ *Brachyramphus brevirostris* 小嘴海雀
ウミスズメ科の鳥。全長24cm。
¶**鳥650** (p367/カ写)
日ア鳥 (p313/カ写)

コバシオニキバシリ *Dendrocolaptes platyrostris* 小嘴鬼木走
オニキバシリ科の鳥。全長26cm。
¶世鳥大 (p357/カ写)

コバシガン *Chloephaga poliocephala* 小嘴雁
カモ科の鳥。全長50～60cm。
¶地球 (p413/カ写)

コバシギンザンマシコ *Pinicola enucleator kamtschatkensis* 小嘴銀山猿子
アトリ科の鳥。ギンザンマシコの亜種。
¶日鳥山新 (p342/カ写)
日鳥山増 (p313/カ写)

コバシチドリ *Charadrius morinellus* 小嘴千鳥
チドリ科の鳥。全長20～22cm。㊀北極地方, ユーラシアの山岳地帯で繁殖, 北アフリカや中東で越冬
¶世文鳥 (p116/カ写)
地球 (p445/カ写)
鳥卵巣 (p183/カ写, カ図)
鳥比 (p280/カ写)
鳥650 (p235/カ写)
日ア鳥 (p201/カ写)
日鳥識 (p138/カ写)
日鳥水増 (p195/カ写)
日野鳥新 (p226/カ写)
日野鳥増 (p250/カ写)
フ日野新 (p132/カ図)
フ日野増 (p132/カ図)
フ野鳥 (p138/カ図)

コバシニセタイヨウチョウ *Neodrepanis hypoxantha* 小嘴偽太陽鳥
マミヤイロチョウ科の鳥。絶滅危惧IB類。体長9～10cm。㊀マダガスカル (固有)
¶**絶百5** (p70/カ写)
鳥絶 (p183/カ図)

コバシヌマミソサザイ *Cistothorus platensis* 小嘴沼鷦鷯
ミソサザイ科の鳥。全長9～12cm。㊀カナダ南部～アメリカ合衆国東部・中央部, 中央メキシコ南部～西パナマにかけての地域で繁殖。アメリカ合衆国南東部, メキシコ東部で越冬
¶世鳥大 (p425/カ写)

コバシハチドリ *Abeillia abeillei* 小嘴蜂鳥
ハチドリ科ハチドリ亜科の鳥。全長7～7.5cm。㊀メキシコ～ニカラグア北部
¶ハチドリ (p377)

コバシフラミンゴ *Phoenicoparrus jamesi* 小嘴フラミンゴ
フラミンゴ科の鳥。準絶滅危惧。全長90～92cm。㊀アンデス山脈 (ペルー, ボリビア, チリ, アルゼンチン)
¶原色鳥 (p87/カ写)

コバシムシクイ *Smicrornis brevirostris* 小嘴虫食, 小嘴虫喰
トゲハシムシクイ科の鳥。全長8cm。㊀オーストラリアのほぼ全域
¶世鳥大 (p369/カ写)

コバタン *Cacatua sulphurea* 小巴旦
オウム科の鳥。絶滅危惧IA類。体長33～35cm。㊀インドネシア, 東ティモール
¶鳥飼 (p159/カ写)
鳥絶 (p162/カ図)

コハナインコ *Agapornis pullaria* 小花鸚哥
インコ科の鳥。全長15cm。㊀アフリカ

¶世鳥ネ（p178/カ写）
鳥飼（p130/カ写）

コバナフルーツコウモリ *Cynopterus sphinx*
オオコウモリ科の哺乳類。体長7〜13cm。
¶地球（p550/カ写）

コバネウ ⇒ガラパゴスコバネウを見よ

コバネカイツブリ *Rollandia microptera* 小羽鸊鷉，小羽鳰
カイツブリ科の鳥。別名チチカカカイツブリ。絶滅危惧IB類。体長28〜45cm。㊀南アメリカ西部
¶驚野動（p111/カ写）
鳥絶（p122/カ図）

コバネヒタキ *Brachypteryx montana* 小羽鶲
ツグミ科の鳥。全長13〜14cm。㊀ネパール東部〜中国西部・南部，台湾，フィリピン，カリマンタン，スマトラ，ジャワ
¶世鳥大（p440/カ写）
世鳥卵（p175/カ写，カ図）
地球（p493/カ写）

コバネヨシキリ *Acrocephalus concinens* 小羽葦切
ヨシキリ科の鳥。全長14〜15cm。㊀中国東部
¶鳥比（p123/カ写）

コバマングース *Eupleres goudotii*
マダガスカルマングース科の哺乳類。体長45〜50cm。㊀東および北マダガスカル
¶地球（p583/カ写）

コハリイルカ *Phocoena spinipinnis* 小針海豚
ネズミイルカ科の哺乳類。体長1.4〜2m。㊀南アメリカの両沿岸
¶クイ百（p272/カ図）
地球（p615/カ図）

コバルトヤドクガエル *Dendrobates azureus*
ヤドクガエル科の両生類。体長4〜4.5cm。㊀スリナム，ブラジル
¶かえる百（p49/カ写）
カエル見（p94/カ写）
世カエ（p178/カ写）
世両（p155/カ写）
爬両1800（p423/カ写）
爬両ビ（p287/カ写）

コヒクイドリ *Casuarius bennetti* 小火喰鳥
ヒクイドリ科の鳥。全長1m。㊀ニューギニアの森
¶世鳥大（p105/カ写）
世鳥ネ（p20/カ写）
鳥卵巣（p29/カ写，カ図）

ゴビズキンカモメ *Larus relictus* ゴビ頭巾鷗
カモメ科の鳥。絶滅危惧II類。体長44〜45cm。㊀中国，カザフスタン，モンゴル，ロシア
¶鳥絶（p152/カ図）
鳥比（p336/カ写）
鳥650（p320/カ写）
日ア鳥（p273/カ写）
日鳥水増（p299/カ写）
フ日野新（p314/カ図）
フ日野増（p314/カ図）
フ野鳥（p184/カ図）

コビトイノシシ *Sus salvanius* 小人猪
イノシシ科の哺乳類。絶滅危惧IA類。体高20〜25cm。㊀インド北東部のマナス自然公園
¶世文動（p194/カ写）
世哺（p325/カ写）
地球（p595/カ写）
レ生（p124/カ写）

コビトイルカ *Sotalia fluviatilis* 小人海豚
マイルカ科の哺乳類。体長1.3〜1.8m。㊀アマゾン川，オリノコ川
¶クイ百（p156/カ図）
地球（p616/カ図）

コビトウ *Phalacrocorax pygmeus* 小人鵜
ウ科の鳥。全長45〜55cm。㊀ユーラシア
¶世鳥大（p178/カ写）
地球（p429/カ写）
鳥卵巣（p64/カ写，カ図）

コビトカイマン ⇒キュビエムカシカイマンを見よ

コビトカバ *Choeropsis liberiensis* 小人河馬
カバ科の哺乳類。別名リベリアカバ。絶滅危惧IB類。体高75〜90cm。㊀西アフリカのリベリア，コートジボワール，ギニア，シエラレオネ
¶遺産世（Mammalia No.60/カ写）
絶百5（p72/カ写）
世文動（p198/カ写）
世哺（p328/カ写）
地球（p609/カ写）
レ生（p125/カ写）

コビトガラゴ *Galago demidoff*
ガラゴ科の哺乳類。別名デミドフガラゴ，デミドフコビトガラゴ。体高10.5〜12.5cm。㊀ガボン〜中央アフリカ，ウガンダ，タンザニア西部，ブルンジ，ザイール，コンゴ，セネガル〜マリ南部，ブルキナファソ，ナイジェリア南西部，ベニン
¶地球（p535/カ写）
美サル〔デミドフコビトガラゴ〕（p165/カ写）

コビトグエノン *Miopithecus talapoin*
オナガザル科の哺乳類。別名タラポワン。体高32〜45cm。㊀カメルーン南部〜アンゴラ
¶世文動〔タラポワン〕（p84/カ写）
地球（p543/カ写）

コビトジャコウネズミ *Suncus etruscus*
トガリネズミ科の哺乳類。体長3.5〜5cm。㊀ヨー

ロッパ, アジア, アフリカ
¶世哺(p82/カ写)
地球(p560/カ写)

コ

コビトハチドリ *Mellisuga minima* 小人蜂鳥
ハチドリ科ハチドリ亜科の鳥。全長6〜7cm。 ㊎カリブ海
¶世鳥ネ(p216/カ写)
ハチドリ(p332/カ写)

コビトハヤブサ *Polihierax semitorquatus* 小人隼
ハヤブサ科の鳥。別名ヒメハヤブサ。全長18〜21cm。 ㊎アフリカ東部・南部
¶世鳥大〔ヒメハヤブサ〕(p184/カ写)
世鳥卵(p65/カ写, カ図)
地球(p431/カ写)

コビトペンギン *Eudyptula minor*
ペンギン科の鳥類。別名コガタペンギン。全長35〜40cm。 ㊎ニュージーランド, チャタム島, オーストラリア南部, タスマニア
¶世鳥大(p142)
地球(p416/カ写)
鳥卵巣(p41/カ写, カ図)

コビトマザマ *Mazama chunyi*
シカ科の哺乳類。肩高35cm。 ㊎ボリビア北部, ペルー, アンデス
¶世文動(p203)

コビトマングース *Helogale parvula*
マングース科の哺乳類。別名ミナミコビトマングース。体長16〜23cm。 ㊎アフリカ
¶世哺(p269/カ写)
地球(p586/カ写)

コビトメジロ *Oculocincta squamifrons* 小人目白
メジロ科の鳥。体長10cm。 ㊎カリマンタン島
¶鳥卵巣(p330/カ写, カ図)

コビトユミハチドリ *Phaethornis longuemareus* 小人弓蜂鳥
ハチドリ科ユミハチドリ亜科の鳥。全長9〜10cm。
¶ハチドリ(p45/カ写)

コヒバリ *Calandrella cheleensis* 小雲雀
ヒバリ科の鳥。体長13cm。 ㊎カナリア諸島, アフリカ北部〜中東・中央アジアを経て中国北部
¶世文鳥(p195/カ写)
鳥比(p97/カ写)
鳥650(p516/カ写)
日ア鳥(p435/カ写)
日鳥識(p238/カ写)
日鳥山新(p174/カ写)
日鳥山増(p128/カ写)
日野鳥新(p481/カ写)
日野鳥増(p441/カ写)
フ日野新(p216/カ図)
フ日野増(p216/カ図)
フ野鳥(p294/カ図)
山溪名鳥(p276/カ写)

ゴビヒグマ *Ursus arctos gobiensis*
クマ科の哺乳類。絶滅危惧IA類。 ㊎アジア中央部
¶驚野動(p279/カ写)

コビレゴンドウ *Globicephala macrorhynchus* 小鰭巨頭
マイルカ科の哺乳類。体長5〜7m。 ㊎世界の熱帯〜暖温帯
¶クイ百(p122/カ図)
くら哺(p95/カ写)
世哺(p192/カ図)
日哺学フ(p228/カ写, カ図)

コブ Cob
馬の一品種。軽量馬。体高153cm以下。イギリスの原産。
¶アルテ馬(p92/カ写)

コーブ *Kobus kob*
ウシ科の哺乳類。体長1.3〜2.4m。 ㊎アフリカ
¶世文動(p218/カ写)
世哺(p360/カ写)

ゴファーヘビ *Pituophis catenifer*
ナミヘビ科ナミヘビ亜科の爬虫類。セイブガラガラに擬態する。全長70〜250cm。 ㊎カナダ東南部〜メキシコ
¶世爬(p200/カ写)
世文動(p289/カ写)
爬両1800(p306〜307/カ写)
爬両ビ(p220/カ写)

コープアマガエル *Ecnomiohyla miliaria*
アマガエル科の両生類。全長5.5〜11cm。
¶地球(p360/カ写)

コフウチョウ *Paradisaea minor* 小風鳥
フウチョウ科の鳥。全長32cm。 ㊎ニューギニア北西部
¶世鳥大(p397/カ写)
世鳥卵(p240/カ写, カ図)
地球(p488/カ写)

コブオタマガエル *Rana alticola*
アカガエル科の両生類。体長5〜7cm。 ㊎インド(アッサム地方), ベトナム, タイ, ミャンマー
¶爬両1800(p415/カ写)

コフキオオガシラモドキ *Toxicodryas pulverulenta*
ナミヘビ科ナミヘビ亜科の爬虫類。全長180cm前後。 ㊎アフリカ大陸西部沿岸〜中部
¶爬両1800(p296/カ写)

コブクビスッポン ⇒イボクビスッポンを見よ

コプスティンブロンズヘビ *Dendrelaphis kopsteini*
ナミヘビ科ナミヘビ亜科の爬虫類。全長100cm前後まで。㊀タイ, マレー半島, インドネシア(スマトラ島)
¶**爬両1800**(p290/カ写)

コブ・タイプのウエルシュ・ポニー ⇒ウェルシュポニー・オブ・コブタイプを見よ

コープネコゴエガエル *Physalaemus biligonigerus*
ユビナガガエル科の両生類。体長5～6cm。㊀南米大陸中部
¶**カエル見**(p113/カ写)
爬両1800(p431/カ写)
爬両ビ(p295/カ写)

コープハイイロアマガエル *Hyla chrysoscelis*
アマガエル科の両生類。別名ミナミハイイロアマガエル。体長3～6cm。㊀アメリカ合衆国, カナダ
¶**カエル見**(p31/カ写)
世カエ(p228/カ写)
世両(p42/カ写)
爬両1800(p372/カ写)

コブハクジラ *Mesoplodon densirostris* 瘤歯鯨
アカボウクジラ科の哺乳類。体長4.5～6m。㊀世界中の熱帯と温帯
¶**クイ百**(p222/カ図)
くら哺(p109/カ写)
地球(p614/カ図)
日哺学フ(p221/カ図)

コブハクチョウ *Cygnus olor* 瘤白鳥, 瘤鵠
カモ科の鳥。全長1.2～1.6m。㊀ユーラシア大陸全域
¶**驚野動**(p148/カ写)
くら鳥(p96/カ写)
里山鳥(p238/カ写)
四季鳥(p41/カ写)
世鳥大(p126/カ写)
世鳥卵(p48/カ写, カ図)
世鳥ネ(p41/カ写)
世文鳥(p63/カ写)
地球(p413/カ写)
鳥卵巣(p82/カ写, カ図)
鳥比(p213/カ写)
鳥650(p43/カ写)
日ア鳥(p29/カ写)
日鳥識(p70/カ写)
日鳥水増(p113/カ写)
日野鳥新(p42/カ写)
日野鳥増(p38/カ写)
ぱっ鳥(p33/カ写)
バード(p24/カ写)
ひと目鳥(p60/カ写)
フ日野新(p30/カ図)
フ日野増(p30/カ図)
フ野鳥(p24/カ図)

コブハナアガマ *Lyriocephalus scutatus*
アガマ科の爬虫類。別名コブハナトカゲ。全長35～50cm。㊀スリランカ
¶**世爬**(p80/カ写)
世文動〔コブハナトカゲ〕(p266/カ写)
爬両1800(p101/カ写)

コブハナカメレオン *Calumma globifer*
カメレオン科の爬虫類。全長34～37cm。㊀マダガスカル中東部
¶**世爬**(p93/カ写)
爬両1800(p119/カ写)

コブハナトカゲ ⇒コブハナアガマを見よ

ゴーフフィンチ *Rowettia goughensis*
ホオジロ科の鳥。絶滅危惧IA類。体長18cm。㊀ゴフ島(固有)
¶**鳥絶**(p212/カ図)

コブメキシコトカゲ ⇒アカメコブトカゲを見よ

コフラミンゴ *Phoeniconaias minor* 小フラミンゴ
フラミンゴ科の鳥。別名コガタフラミンゴ。全長80～100cm。㊀アフリカ西部・東部・南部, アジア南部
¶**驚野動**(p188/カ写)
原色鳥(p86/カ写)
世鳥大〔コガタフラミンゴ〕(p155/カ写)
世鳥ネ(p66/カ写)
地球(p424/カ写)

コープレイ *Bos sauveli*
ウシ科の哺乳類。別名クープレイ。絶滅危惧IA類。頭胴長2.1～2.2m。㊀カンボジア, ベトナム
¶**絶百5**(p74/カ図)
世文動〔コープレー〕(p210/カ図)

コベニヒワ *Carduelis hornemanni* 小紅鶸
アトリ科の鳥。全長13cm。㊀ユーラシア大陸, 北アメリカ
¶**原寸羽**(p276/カ写)
世文鳥(p260/カ図)
鳥比(p179/カ写)
鳥650(p685/カ写)
日色鳥(p13/カ写)
日鳥識(p290/カ写)
日鳥山新(p335/カ写)
日鳥山増(p307/カ写)
日野鳥新(p607/カ写)
日野鳥増(p593/カ写)
フ日野新(p282/カ図)
フ日野増(p282/カ図)
フ野鳥(p382/カ図)

コ

コボウシインコ *Amazona albifrons* 小帽子鸚哥
インコ科の鳥。全長26cm。 ㊕メキシコ～コスタリカ西部
¶鳥飼(p153/カ写)

コホオアカ *Emberiza pusilla* 小頬赤
ホオジロ科の鳥。全長13cm。 ㊕ヨーロッパ北部～シベリア, モンゴル
¶世文鳥(p250/カ写)
鳥比(p193/カ写)
鳥650(p705/カ写)
名鳥図(p220/カ写)
日ア鳥(p601/カ写)
日鳥識(p296/カ写)
日鳥山新(p362/カ写)
日鳥山増(p281/カ写)
日野鳥新(p633/カ写)
日野鳥増(p569/カ写)
ぱっ鳥(p364/カ写)
フ日野新(p270/カ図)
フ日野増(p270/カ図)
フ野鳥(p398/カ図)
山溪名鳥(p291/カ写)

コマダラキーウィ *Apteryx owenii* 小斑キーウィ
キーウィ科の鳥。全長35～45cm。 ㊕ニュージーランドの北島
¶世鳥大(p106/カ写)
世鳥ネ(p22/カ写)
地球(p407/カ写)
鳥卵巣(p32/カ写, カ図)

ゴマダラシギダチョウ *Nothoprocta ornata* 胡麻斑鷸駝鳥
シギダチョウ科の鳥。全長31～35cm。 ㊕アンデス山脈の高地草原
¶世鳥ネ(p17/カ写)
地球(p406/カ写)

コマチスズメ *Emblema pictum* 小町雀
カエデチョウ科の鳥。全長11cm。 ㊕オーストラリア北西部
¶世色鳥(p140/カ写)
世鳥大(p460/カ写)
世鳥ネ(p309/カ写)
鳥飼(p75/カ写)

コマツグミ *Turdus migratorius* 駒鶫
ツグミ科(ヒタキ科)の鳥。全長20～28cm。 ㊕北アメリカ, メキシコ, グアテマラ
¶世鳥大(p440/カ写)
世鳥卵〔コマツグ〕(p182/カ写, カ図)
世鳥ネ(p307/カ写)
地球(p493/カ写)
鳥比(p139/カ写)
鳥650(p751/カ写)
日ア鳥(p518/カ写)

コマッコウ *Kogia breviceps* 小抹香
マッコウクジラ科(コマッコウ科)の哺乳類。別名ツナビ。体長2.7～3.4m。 ㊕世界の大洋の熱帯～温帯
¶クイ百(p190/カ図)
くら哺(p105/カ写)
地球(p614/カ図)
日哺学フ(p216/カ写, カ図)

コマドリ *Luscinia akahige* 駒鳥
ヒタキ科(ツグミ科)の鳥。全長15cm。 ㊕サハリン。日本では北海道, 本州, 四国, 九州
¶くら鳥(p56/カ写)
原寸羽(p235/カ写)
里山鳥(p33/カ写)
四季鳥(p41/カ写)
巣と卵決(p130/カ写, カ図)
世鳥大(p441/カ写)
世鳥ネ(p300/カ写)
世文鳥(p214/カ写)
鳥卵巣(p293/カ写, カ図)
鳥比(p140/カ写)
鳥650(p610/カ写)
名鳥図(p188/カ写)
日ア鳥(p520/カ写)
日色鳥(p58/カ写)
日鳥識(p264/カ写)
日鳥巣(p186/カ写)
日鳥山新(p262/カ写)
日鳥山増(p176/カ写)
日野鳥新(p550/カ写)
日野鳥増(p488/カ写)
ぱっ鳥(p318/カ写)
バード(p61/カ写)
羽根決(p276/カ写, カ図)
ひと目鳥(p177/カ写)
フ日野新(p236/カ図)
フ日野増(p236/カ図)
フ野鳥(p346/カ図)
野鳥学フ(p94/カ写)
野鳥山フ(p54,294/カ図, カ写)
山溪名鳥(p168/カ写)

コマドリ〔亜種〕 *Luscinia akahige akahige* 駒鳥
ヒタキ科の鳥。
¶日鳥山新〔亜種コマドリ〕(p262/カ写)
日鳥山増〔亜種コマドリ〕(p176/カ写)
日野鳥新〔コマドリ*〕(p550/カ写)
日野鳥増〔コマドリ*〕(p488/カ写)

ゴマバラトカゲモドキ *Goniurosaurus luii*
ヤモリ科トカゲモドキ亜科の爬虫類。全長17～20cm。 ㊕中国, ベトナム
¶ゲッコー(p94/カ写)
世爬(p121/カ写)
爬両1800(p169/カ写)

爬両ビ（p123/カ写）

ゴマバラワシ *Polemaetus bellicosus* 胡麻腹鷲
タカ科の鳥。全長78～86cm。 ㊎サハラ以南のアフリカ
¶世鳥大（p203/カ写）
鳥卵巣（p115/カ写, カ図）

ゴマフアザラシ *Phoca largha* 胡麻斑海豹
アザラシ科の哺乳類。体長1.4～1.7m。 ㊎北太平洋
¶くら哺（p82/カ写）
世文動〔ゴマフアザラシ（氷上繁殖型）〕（p177/カ写）
地球（p571/カ写）
日哺改（p104/カ写）
日哺学フ（p41/カ写）

ゴマフアザラシ（陸上繁殖型） *Phoca vitulina* 胡麻斑海豹
アザラシ科の哺乳類。体色は変化に富み, 氷上繁殖型のゴマフアザラシのような個体とゼニガタアザラシのような個体がある。体長 オス約160cm, メス約150cm。 ㊎北半球両大洋の寒帯～温帯の沿岸
¶世文動（p177/カ写）

ゴマフウチワヤモリ *Ptyodactylus guttatus* 胡麻斑団扇守宮
ヤモリ科ワレユビヤモリ亜科の爬虫類。全長15～18cm。 ㊎アフリカ大陸北東部, アラビア半島北西部
¶ゲッコー（p64/カ写）
世爬（p105/カ写）
爬両1800（p153/カ写）
爬両ビ（p106/カ写）

ゴマフオナガゴシキドリ *Trachyphonus darnaudii* 胡麻斑尾長五色鳥
オオハシ科の鳥。全長15～16cm。
¶地球（p479/カ写）

ゴマフスズメ *Passerella iliaca* 胡麻斑雀
ホオジロ科の鳥。全長17～19cm。 ㊎カナダやアメリカ合衆国西部で繁殖。カナダ南西部～アメリカ合衆国南部で越冬
¶世鳥大（p476/カ写）
世文鳥（p257/カ写）
地球（p499/カ写）
鳥比（p205/カ写）
鳥650（p719/カ写）
日ア鳥（p615/カ写）
日鳥山新（p376/カ写）
日鳥山増（p297/カ写）
フ日野新（p278/カ図）
フ日野増（p280/カ図）
フ野鳥（p404/カ図）

ゴマフフトイモリ ⇒ブチフトイモリを見よ

コマホオジロ *Emberiza jankowskii* 駒頬白
ホオジロ科の鳥。全長16.5cm。 ㊎中国東北部～ロシア東部のウスリー地方南部, 朝鮮半島北部
¶日ア鳥（p607/カ写）

コマミジロタヒバリ *Anthus godlewskii* 小眉白田鷚, 小眉白田雲雀
セキレイ科の鳥。全長16.5cm。 ㊎中国北東部・モンゴル
¶世文鳥（p204/カ写）
鳥比（p172/カ写）
鳥650（p665/カ写）
日ア鳥（p569/カ写）
日鳥識（p280/カ写）
日鳥山新（p319/カ写）
日鳥山増（p149/カ写）
日野鳥新（p593/カ写）
日野鳥増（p463/カ写）
フ日野新（p224/カ図）
フ日野増（p224/カ図）
フ野鳥（p376/カ図）

コミズカキスズガエル *Bombina microdeladigitora* 小蹼鈴蛙
スズガエル科の両生類。体長7～8cm。 ㊎中国（雲南省）, ベトナムの北部
¶カエル見（p10/カ写）
世両（p12/カ写）
爬両1800（p358/カ写）
爬両ビ（p238/カ写）

コミズナギドリ *Puffinus nativitatis* 小水薙鳥
ミズナギドリ科の鳥。全長36cm。 ㊎ハワイ諸島
¶世文鳥（p37/カ写）
鳥650（p129/カ写）
日ア鳥（p109/カ写）
フ日野新（p74/カ図）
フ日野増（p74/カ図）
フ野鳥（p82/カ図）

コミドリコンゴウインコ *Diopsittaca nobilis* 小緑金剛鸚哥
インコ科の鳥。全長30cm。 ㊎ベネズエラ, グアナ, ボリビア, ブラジル, ペルー南東部
¶世鳥大（p265/カ写）
鳥飼（p166/カ写）

コミドリフタオハチドリ *Lesbia nuna* 小緑双尾蜂鳥
ハチドリ科ミドリフタオハチドリ亜科の鳥。全長11.5～17cm。 ㊎南アメリカ北西部
¶ハチドリ（p127/カ写）

コミドリマダガスカルアオガエル ⇒アオメイロメガエルを見よ

コミミイヌ *Atelocynus microtis*
イヌ科の哺乳類。頭胴長72～100cm。 ㊎アマゾン地域, コロンビア南東部
¶世哺（p225/カ写）
野生イヌ（p130/カ図）

コ

コミミイロメガエル *Boophis microtympanum*
マダガスカルガエル科（マラガシーガエル科）の両生類。体長2.7〜4.2cm。㊕マダガスカル中部
¶カエル見（p62/カ写）
世両（p109/カ写）
爬両1800（p400/カ写）
爬両ビ（p264/カ写）

コミミズク *Asio flammeus* 小耳木菟，小耳梟
フクロウ科の鳥。全長34〜43cm。㊕北ヨーロッパ，北アジア，北・南アメリカ。北方の種は東・西・南方へ渡りを行う（繁殖地域の南にまで下るものもいる）
¶くら鳥（p72/カ写）
原寸羽（p184/カ写）
里山鳥（p137/カ写）
四季鳥（p84/カ写）
世鳥大〔コミミミズク〕（p285/カ写）
世文鳥（p176/カ写）
地球（p466/カ写）
鳥比（p25/カ写）
鳥650（p430/カ写）
名鳥図（p154/カ写）
日ア鳥（p363/カ写）
日鳥識（p202/カ写）
日鳥山新（p98/カ写）
日鳥山増（p90/カ写）
日野鳥新（p404/カ写）
日野鳥増（p382/カ写）
ぱっ鳥（p226/カ写）
バード（p31/カ写）
羽根決（p216/カ写，カ図）
ひと目鳥（p144/カ写）
フ日野新（p188/カ図）
フ日野増（p188/カ図）
フ野鳥（p252/カ図）
野鳥学フ（p61/カ写）
野鳥山フ（p40,243/カ図，カ写）
山溪名鳥（p170/カ写）

コミミハネジネズミ *Macroscelides proboscideus*
小耳跳地鼠
ハネジネズミ科の哺乳類。体長10〜12cm。㊕南アフリカ共和国ケープ地方の西部・北西部〜ナミビア南西部の砂漠
¶地球（p512/カ写）

コムギイシヤモリ *Diplodactylus granariensis*
ヤモリ科イシヤモリ亜科の爬虫類。全長6〜7cm。㊕オーストラリア西部〜南部
¶ゲッコー（p74/カ写）
爬両1800（p166/カ写）

コムクドリ *Agropsar philippensis* 小椋鳥
ムクドリ科の鳥。全長18cm。㊕サハリン南部，日本で繁殖。フィリピン，ボルネオなどに渡って越冬
¶くら鳥（p62/カ写）
原寸羽（p285/カ写）
里山鳥（p41/カ写）
四季鳥（p109/カ写）
巣と卵決（p251/カ写）
世鳥大（p432）
世文鳥（p267/カ写）
鳥卵巣（p352/カ写，カ図）
鳥比（p127/カ写）
鳥650（p583/カ写）
名鳥図（p239/カ写）
日ア鳥（p495/カ写）
日色鳥（p197/カ写）
日鳥識（p254/カ写）
日鳥巣（p296/カ写）
日鳥山新（p236/カ写）
日鳥山増（p329/カ写）
日野鳥新（p530/カ写）
日野鳥増（p616/カ写）
ぱっ鳥（p307/カ写）
バード（p83/カ写）
羽根決（p352/カ写，カ図）
ひと目鳥（p226/カ写）
フ日野新（p292/カ図）
フ日野増（p292/カ図）
フ野鳥（p330/カ図）
野鳥学フ（p102/カ写）
野鳥山フ（p59,365/カ図，カ写）
山溪名鳥（p317/カ写）

コムシクイ *Phylloscopus borealis* 小虫食，小虫喰
ムシクイ科の鳥。体長10〜13cm。㊕スカンジナビア北部，ユーラシア北部，アラスカ
¶鳥比（p114/カ写）
日鳥山新（p199/カ写）
日野鳥新（p503/カ写）
フ日野新（p256/カ図）
フ野鳥（p312/カ図）

コムネアカマキバドリ *Sturnella defilippii* 小胸赤牧場鳥
ムクドリモドキ科の鳥。絶滅危惧II類。体長21cm。㊕アルゼンチン，ウルグアイ，ブラジル
¶鳥絶（p218/カ図）

コムラサキインコ *Eos squamata* 小紫鸚哥
インコ科（ヒインコ科）の鳥。全長27cm。㊕インドネシア
¶原色鳥（p54/カ写）
鳥飼（p169/カ写）

コメテンレック属の一種 *Oryzorictes* sp.
テンレック科の哺乳類。体長10〜12cm。
¶地球（p514/カ写）

コメボソムシクイ *Phylloscopus borealis borealis* 小目細虫食, 小目細虫喰
ウグイス科の鳥。コムシクイの亜種。
¶日野鳥増(p528/カ写)

コモチカナヘビ *Zootoca vivipara* 子持金蛇
カナヘビ科の爬虫類。絶滅危惧II類(環境省レッドリスト)。全長12〜18cm。㊎ヨーロッパ全域〜ロシア, 中国北部。日本では北海道北部
¶原爬両(No.68/カ写)
絶事(p9,128/カ写, モ図)
世爬(p128/カ写)
地球(p386/カ写)
日カメ(p134/カ写)
爬両観(p138/カ写)
爬両飼(p123/カ写)
爬両1800(p188/カ写)
野日爬(p24,54,107/カ写)

コモチナメラ *Elaphe rufodorsata*
ナミヘビ科ナミヘビ亜科の爬虫類。別名ミズナメラ。全長50〜70cm。㊎ロシア〜朝鮮半島, 中国東部
¶世ヘビ(p87/カ写)
爬両1800(p308/カ写)
爬両ビ〔ミズナメラ〕(p222/カ写)

コモチミカドヤモリ *Rhacodactylus trachyrhynchus*
ヤモリ科イシヤモリ亜科の爬虫類。全長30cm前後。㊎ニューカレドニア
¶世爬(p118/カ写)
爬両1800(p160/カ写)
爬両ビ(p119/カ写)

コモチミミズトカゲ *Trogonophis wiegmanni*
フトミミズトカゲ科(ハシバミミズトカゲ科)の爬虫類。全長20cm前後。㊎モロッコ, チュニジア, アルジェリア北部
¶世爬(p165/カ写)
世文動(p281/カ写)
爬両1800(p247/カ写)
爬両ビ(p174/カ写)

コモドオオトカゲ *Varanus komodoensis*
オオトカゲ科の爬虫類。絶滅危惧II類。体長2〜3m。㊎インドネシアの小島
¶遺産世(Reptilia No.12/カ写, モ図)
絶百5(p76/カ写)
世文動(p279/カ写)
地球(p389/カ写)
爬両1800(p235/カ写)
レ生(p128/カ写)

コモリガエル ⇒ヒラタコモリガエルを見よ

コモロオオコウモリ *Pteropus livingstonii*
オオコウモリ科の哺乳類。絶滅危惧IB類。耳介長約3cm。㊎インド洋西部のアンジュアン(ヌズワニ)島とモヘリ(ムワリ)島
¶レ生(p129/カ写)

コモロカメレオン *Furcifer cephalolepis*
カメレオン科の爬虫類。全長12〜16cm。㊎コモロ諸島(グランドコモロ島)
¶爬両1800(p123/カ写)

コモロルリバト *Alectroenas sganzini* コモロ瑠璃鳩
ハト科の鳥。全長約35cm。㊎インド洋のコモロ諸島, アルダブラ諸島
¶世色鳥(p64/カ写)

コモンアミーバ *Ameiva ameiva*
テユー科の爬虫類。別名アマゾンアミーバトカゲ, ジャングルランナー。全長40〜57cm。㊎パナマ, 南米大陸中部・北部
¶世爬(p132/カ写)
世文動〔ジャングルランナー〕(p269/カ写)
地球〔アマゾンアミーバトカゲ〕(p386/カ写)
爬両1800(p196/カ写)
爬両ビ(p136/カ写)

コモンウォーターバック *Kobus ellipsiprymnus ellipsiprymnus*
ウシ科の哺乳類。体高1〜1.3m。
¶地球(p602/カ写)

コモンエメラルドツリーボア ⇒エメラルドツリーボアを見よ

コモンオオカミヘビ *Lycodon capucinus*
ナミヘビ科ナミヘビ亜科の爬虫類。全長60〜70cm。㊎東南アジア, インド
¶爬両1800(p299/カ写)

コモンガーターヘビ *Thamnophis sirtalis*
ナミヘビ科ユウダ亜科の爬虫類。全長45〜130cm。㊎アメリカ合衆国, カナダ南部, メキシコ, バハマ諸島
¶驚野動(p50/カ写)
世爬(p187/カ写)
世文動(p291/カ写)
地球(p394/カ写)
爬両1800(p271〜272/カ写)
爬両ビ(p200/カ写)

コモンカーペットパイソン *Morelia spilota variegata*
ニシキヘビ科の爬虫類。カーペットパイソンの亜種。別名コモンキングスネーク。全長1.6〜1.8m, 最大2.0m。㊎インドネシア, オーストラリア北部, パプアニューギニアなど
¶世ヘビ(p67/カ写)

コモンキングスネーク ⇒コモンキングヘビを見よ

コモンキングヘビ *Lampropeltis getula*
ナミヘビ科ナミヘビ亜科の爬虫類。別名コモンキン

グスネーク。全長60〜150cm。㊎アメリカ合衆国，メキシコ北部
¶世爬（p216/カ写）
世文動（p289/カ写）
世ヘビ〔コモンキングスネーク〕（p24/カ写）
爬両1800（p323〜324/カ写）
爬両ビ（p232/カ写）

コ

コモンクイナ *Porzana porzana* 小紋秧鶏，小紋水鶏
クイナ科の鳥。全長22〜24cm。㊎ヨーロッパ，アジア西部
¶地球（p440/カ写）
鳥比（p272/カ写）
鳥650（p196/カ写）
日ア鳥（p167/カ写）
フ野鳥（p118/カ図）

コモンコテハナヘビ *Prosymna stuhlmanni*
ナミヘビ科ハナアテヘビ亜科の爬虫類。全長18〜25cm。㊎アフリカ大陸東部か南東部
¶爬両1800（p336/カ写）

コモンサルアシヤモリ *Rhoptropus afer*
ヤモリ科の爬虫類。全長7〜9cm。㊎ナミビア，アンゴラ南部
¶爬両1800（p148/カ写）
爬両ビ（p108/カ写）

コモンシギ *Tryngites subruficollis* 小紋鷸，小紋鴫
シギ科の鳥。全長18〜20cm。㊎北アメリカ北部
¶世文鳥（p126/カ写）
地球（p447/カ写）
鳥比（p321/カ写）
鳥650（p293/カ写）
日ア鳥（p252/カ写）
日鳥水増（p224/カ写）
日野鳥新（p291/カ写）
日野鳥増（p315/カ写）
フ日野新（p142/カ図）
フ日野増（p142/カ図）
フ野鳥（p170/カ図）

コモンタマゴヘビ ⇒アフリカタマゴヘビを見よ

コモンチョウ *Neochmia ruficauda* 小紋鳥
カエデチョウ科の鳥。全長12cm。㊎オーストラリア北部
¶世鳥ネ（p309/カ写）
鳥飼（p76/カ写）

コモンツエイモリ *Neurergus microspilotus*
イモリ科の両生類。別名クルドツエイモリ。全長15〜17cm。㊎イランとイラクの国境付近
¶爬両1800（p458/カ写）

コモンツパイ *Tupaia glis*
ツパイ科の哺乳類。㊎マレー半島南部，スマトラ島と周辺の島々
¶世文動（p68/カ写）

コモントゲハシムシクイ *Acanthiza chrysorrhoa*
小紋棘嘴虫食，小紋棘嘴虫喰
トゲハシムシクイ科の鳥。全長11〜13cm。
¶世鳥大〔コモントゲハムシクイ〕（p369/カ写）
鳥卵巣（p307/カ写，カ図）

コモンドール Komondor
犬の一品種。体高 オス70cm以上，メス65cm以上。ハンガリーの原産。
¶最犬大（p92/カ写）
新犬種（p315/カ写）
新世犬（p56/カ写）
図世犬（p70/カ写）
世文動（p144/カ写）
ビ犬（p66/カ写）

コモンブロンズヘビ *Dendrelaphis pictus*
ナミヘビ科ナミヘビ亜科の爬虫類。全長90〜120cm。㊎インド〜東南アジア，中国南部
¶世爬（p193/カ写）
爬両1800（p289/カ写）
爬両ビ（p202/カ写）

コモンホエヤモリ *Ptenopus garrulus*
ヤモリ科の爬虫類。全長8〜10cm。㊎南アフリカ共和国，ナミビア，ボツワナ，ジンバブエ
¶爬両1800（p152/カ写）

コモンマッドパピー ⇒マッドパピーを見よ

コモンマーモセット *Callithrix jacchus*
オマキザル科（マーモセット科）の哺乳類。体高12〜15cm。㊎北東ブラジル
¶世文動（p76/カ写）
地球（p540/カ写）
美サル（p15/カ写）

コモンミズタマリガエル *Phrynobatrachus mababiensis*
アカガエル科の両生類。体長1.5〜2cm。㊎アフリカ大陸中部〜南部・東部
¶カエル見（p89/カ写）

コモンヨタカ *Nyctiphrynus ocellatus* 小紋夜鷹
ヨタカ科の鳥。全長20cm。㊎ニカラグア〜アルゼンチン，ボリビア
¶地球（p467/カ写）

コモンヨツユビテユー *Teius teyou*
テユー科の爬虫類。全長30〜35cm。㊎南米大陸中部
¶爬両1800（p196/カ写）

コモンランスヘビ *Bothrops atrox*
クサリヘビ科の爬虫類。全長1.5m。㊎南アメリカ
¶地球（p398/カ写）

コモンリスザル *Saimiri sciureus*
オマキザル科の哺乳類。別名リスザル。体高27〜37cm。㊎ギアナ〜ブラジル東部
¶**世文動**(p80/カ写)
地球〔リスザル〕(p541/カ写)
美サル(p35/カ写)

コヤスガエル科の1種 *Diasporus diastema*
ユビナガガエル科の両生類。体長2cm前後。㊎中米南部〜南米大陸北西部
¶**爬両1800**(p431/カ写)

コヤマコウモリ *Nyctalus furvus* 小山蝙蝠
ヒナコウモリ科の哺乳類。体長7〜8cm。㊎ヨーロッパ〜西アジア, 東アジア, 南アジア。日本では岩手県・福島県
¶**くら哺**(p48/カ写)
日哺改(p51/カ写)
日哺学フ(p125/カ写)

コユビナガコウモリ ⇒リュウキュウユビナガコウモリを見よ

コヨシキリ *Acrocephalus bistrigiceps* 小葦切, 小葭切
ヨシキリ科(ウグイス科)の鳥。全長14cm。㊎バイカル湖東部, モンゴル北東部, ウスリー, 中国北東部〜オホーツク海, サハリン, 日本
¶**くら鳥**(p52/カ写)
原寸羽(p254/カ写)
里山鳥(p63/カ写)
四季鳥(p57/カ写)
巣と卵決(p154/カ写, カ図)
世文鳥(p231/カ写)
鳥卵巣(p312/カ写, カ図)
鳥比(p122/カ写)
鳥650(p568/カ写)
名鳥図(p205/カ写)
日ア鳥(p479/カ写)
日鳥識(p252/カ写)
日鳥巣(p226/カ写)
日鳥山新(p220/カ写)
日鳥山増(p226/カ写)
日野鳥新(p516/カ写)
日野鳥増(p522/カ写)
ぱっ鳥(p296/カ写)
バード(p32/カ写)
ひと目鳥(p196/カ写)
フ日野新(p254/カ図)
フ日野増(p254/カ図)
フ野鳥(p322/カ図)
野鳥学フ(p31/カ写)
野鳥山フ(p51,316/カ図, カ写)
山溪名鳥(p84/カ写)

コヨシゴイ ⇒ヒメヨシゴイを見よ

コヨーテ *Canis latrans*
イヌ科の哺乳類。頭胴長75〜101cm。㊎北アメリカ, 中央アメリカ
¶**驚野動**(p49/カ写)
世文動(p132/カ写)
世哺(p227/カ写)
地球(p564/カ写)
野生イヌ(p100/カ写, カ図)

ゴライアスガエル *Conraua goliath*
アカガエル科の両生類。別名ゴリアテガエル, ゴリアスガエル。絶滅危惧IB類。全長10〜40cm。㊎カメルーン, 赤道ギニア
¶**遺産世**〔ゴリアテガエル〕(Amphibia No.3/カ写, モ図)
カエル見(p88/カ写)
世文動〔ゴリアテガエル〕(p333/カ写)
世両(p146/カ写)
地球〔ゴリアスガエル〕(p363/カ写)
爬両1800(p418/カ写)
爬両ビ(p282/カ写)
レ生(p132/カ写)

コラット Korat
猫の一品種。体重2.5〜4.5kg。タイの原産。
¶**世文動**(p173/カ写)
ビ猫(p76/カ写)

ゴーラル *Naemorhedus goral*
ウシ科の哺乳類。体高57〜78cm。㊎インド北部, ミャンマー〜シベリア南東部, タイ
¶**世文動**(p229/カ写)
地球(p605/カ写)

コーラルマントガエル *Mantidactylus lugubris*
マダガスカルガエル科(マラガシーガエル科)の両生類。体長3〜4cm。㊎マダガスカル東部
¶**カエル見**(p69/カ写)
爬両1800(p403/カ写)

コリー Collie
犬の一品種。短毛のスムース・コリーと長毛のラフ・コリーの2種がいる。体高 オス61〜66cm, メス56〜61cm。イギリスの原産。
¶**新世犬**(p52/カ写)
世文動(p141/カ写)

コリー(スムース) ⇒スムース・コリーを見よ

コリー(ラフ) ⇒ラフ・コリーを見よ

コリア・ジンドー・ドッグ Korea Jindo Dog
犬の一品種。別名チンドケン, カンコクチンドケン, ジン・ドー・ガエ。体高 オス50〜55cm, メス45〜50cm。韓国の原産。
¶**最犬大**(p212/カ写)
新犬種〔コリアン・ジンドー・ドッグ〕(p190/カ写)
ビ犬(p114/カ写)

ゴリアスガエル ⇒ゴライアスガエルを見よ

ゴリアテガエル ⇒ゴライアスガエルを見よ

コリアン・ジンドー・ドッグ ⇒コリア・ジンドー・ドッグを見よ

コ

コリガムダマリスクス *Damaliscus korrigum*
ウシ科の哺乳類。別名トピ。体高1.1〜1.3m。
¶**世文動**〔トピ〕(p222/カ写)
地球(p603/カ写)

コリーカンムリサンジャク *Calocitta colliei* コリー冠山鵲
カラス科の鳥。全長58〜77cm。㊕メキシコ
¶**原色鳥**(p159/カ写)

コリデール Corriedale
羊の一品種。体重 オス80〜110kg, メス60〜70kg。ニュージーランドの原産。
¶**世文動**(p236/カ写)
日家(p120/カ写)

コリンウズラ *Colinus virginianus* 古林鶉
ナンベイウズラ科(キジ科)の鳥。全長24〜28cm。㊕アメリカ合衆国東部〜南西部, メキシコ
¶**世鳥大**(p111/カ写)
世鳥卵(p71/カ写, カ図)
世文鳥(p276/カ写)
鳥卵巣(p144/カ写, カ図)
鳥比(p13/カ写)
フ野鳥(p16/カ図)

コルシカ Cursinu
犬の一品種。体高46〜58cm。コルシカ島の原産。
¶**ビ犬**(p69/カ写)

コルシカサラマンダー *Salamandra corsica*
イモリ科の両生類。全長20cm以上。㊕フランス領コルシカ島
¶**爬両1800**(p461/カ写)
爬両ビ(p317/カ写)

コール・ダック Call Duck
アヒルの愛玩用品種。別名デコイ。体重 オス0.57〜0.68kg, メス0.45〜0.57kg。イギリスの原産。
¶**日家**(p220/カ写)

ゴールデンアンワンティボ *Arctocebus aureus*
ロリス科の哺乳類。体高22〜31cm。
¶**地球**(p535/カ写)

ゴールデン・ガーンジー Golden Guernsey
家畜ヤギの希少品種。体高70〜90cm。イギリスの原産。
¶**地球**(p606/カ写)

ゴールデンカンムリシファカ *Propithecus tattersalli*
インドリ科の哺乳類。絶滅危惧IA類。頭胴長45〜55cm。㊕マダガスカル北東部
¶**絶百5**(p82/カ写)

ゴールデンジャッカル ⇒キンイロジャッカルを見よ

ゴールデンドゥードル Goldendoodle
犬の一品種。プードルとゴールデン・レトリバーの交雑種。体高 最高61cm。
¶**ビ犬**(p294/カ写)

ゴールデントビヘビ *Chrysopelea ornata*
ナミヘビ科ナミヘビ亜科の爬虫類。全長50〜60cm。㊕インドネシア, ブルネイ, マレーシア, タイなど
¶**世文動**(p294/カ写)
爬両1800(p289/カ写)

ゴールデンハムスター *Mesocricetus auratus*
キヌゲネズミ科(ネズミ科)の哺乳類。絶滅危惧IB類。体長17〜18cm。㊕ヨーロッパ, アジア
¶**世文動**(p113/カ写)
世哺(p158/カ写)
地球(p526/カ写)

ゴールデンビスカチャラット *Pipanacoctomys aureus*
デグー科の哺乳類。絶滅危惧IA類。㊕アルゼンチン, カタマルカ州のサラルドゥピパナコ
¶**レ生**(p134/カ写)

ゴールデンマンガベイ *Cercocebus chrysogaster*
オナガザル科の哺乳類。㊕コンゴ民主共和国中央部
¶**美サル**(p199/カ写)

ゴールデンモンキー *Rhinopithecus roxellana*
オナガザル科の哺乳類。別名キンシコウ。絶滅危惧IB類。体長57〜71cm。㊕アジア南東部
¶**遺産世**〔キンシコウ〕(Mammalia No.10/カ写)
驚野動〔キンシコウ〕(p273/カ写)
世文動(p93/カ写)
世哺(p121/カ写)
地球(p545/カ写)
美サル〔キンシコウ〕(p75/カ写)

ゴールデンライオンタマリン *Leontopithecus rosalia*
オマキザル科(マーモセット科, キヌザル科)の哺乳類。絶滅危惧IB類。体長20〜25cm。㊕南アメリカ
¶**遺産世**(Mammalia No.7/カ写)
絶百5(p84/カ写)
世文動(p77/カ写)
世哺(p113/カ写)
地球(p541/カ写)
美サル(p25/カ写)

ゴールデンラングール *Trachypithecus geei*
オナガザル科の哺乳類。絶滅危惧IB類。頭胴長49〜72cm。㊕アジア南部
¶**驚野動**(p267/カ写)

美サル(p89/カ写)

ゴールデン・レトリーバー Golden Retriever
犬の一品種。体長85〜100cm。イギリスの原産。
¶アルテ犬(p60/カ写)
最犬大(p351/カ写)
新犬種〔ゴールデン・リトリーバー〕(p206/カ写)
新世犬(p152/カ写)
図世犬(p272/カ写)
世文動(p142/カ写)
地球(p565/カ写)
ビ犬(p259/カ写)

コルトハルス・グリフォン ⇒ワイアーヘアード・ポインティング・グリフォンを見よ

コルドホソオオトカゲ *Varanus kordensis*
オオトカゲ科の爬虫類。全長75〜90cm。㊐インドネシア(ビアク島)
¶爬両1800(p237/カ写)

コルリ *Luscinia cyane* 小瑠璃
ヒタキ科(ツグミ科)の鳥。全長14cm。㊐シベリア南部, 旧ソ連, 中国北東部, サハリン。日本では本州中部以北で夏鳥
¶くら鳥(p56/カ写)
原寸羽(p235/カ写)
里山鳥(p80/カ写)
四季鳥(p27/カ写)
巣と卵決(p132/カ写, カ図)
世文鳥(p216/カ写)
鳥卵巣(p295/カ写, カ図)
鳥比(p142/カ写)
鳥650(p616/カ写)
名鳥図(p191/カ写)
日ア鳥(p524/カ写)
日色鳥(p28/カ写)
日鳥識(p266/カ写)
日鳥巣(p192/カ写)
日鳥山新(p266/カ写)
日鳥山増(p181/カ写)
日野鳥新(p551/カ写)
日野鳥増(p491/カ写)
ぱっ鳥(p321/カ写)
バード(p63/カ写)
羽根決(p274/カ写, カ図)
ひと目鳥(p179/カ写)
フ日野新(p238/カ図)
フ日野増(p238/カ図)
フ野鳥(p348/カ図)
野鳥学フ(p93/カ写)
野鳥山フ(p54,297/カ図, カ写)
山溪名鳥(p87/カ写)

コロコロ *Leopardus colocolo*
ネコ科の哺乳類。別名パジェロ, パンパスキャット。準絶滅危惧。体長42〜79cm。㊐中央ブラジル, ペルー側アンデス山脈〜南アメリカ南西部
¶地球(p583/カ写)
野生ネコ〔パンパスキャット〕(p152/カ写, カ図)
レ生(p135/カ写)

コロボリーガエル ⇒コロボリーヒキガエルモドキを見よ

コロボリーヒキガエルモドキ *Pseudophryne corroboree*
カメガエル科の両生類。別名コロボリーガエル。絶滅危惧IA類。体長30〜40mm。㊐ニューサウスウェールズ州・コジアスコ山周辺のオーストラリアアルプス山脈
¶遺産世(Amphibia No.7/カ写)
世カエ(p82/カ写)
絶百3(p84/カ写)
世文動〔コロボリーガエル〕(p320/カ写)

コロラドフサアシトカゲ *Uma notata*
ツノトカゲ科の爬虫類。全長8cm。
¶地球(p385/カ写)

コロラドリバーヒキガエル *Bufo alvarius*
ヒキガエル科の両生類。体長8〜18cm。㊐アメリカ合衆国, メキシコ
¶爬両1800(p366/カ写)
爬両ビ(p243/カ写)

コロンビアアマガエルモドキ *Hyalinobatrachium ibama*
アマガエルモドキ科の両生類。絶滅危惧II類。㊐コロンビアの原生林・湿潤な山地帯・渓流付近
¶レ生(p136/カ写)

コロンビアオリンピックサンショウウオ *Rhyacotriton kezeri*
オリンピックサンショウウオ科の両生類。全長7.5〜11.5cm。
¶地球(p366/カ写)

コロンビアケノレステス *Caenolestes obscurus*
ケノレステス科の哺乳類。体長9〜14cm。
¶地球(p503/カ写)

コロンビアジメンヘビ *Geophis brachycephalus*
ナミヘビ科の爬虫類。全長46cm。
¶地球(p394/カ写)

コロンビアジリス *Urocitellus columbianus*
リス科の哺乳類。体長25〜30cm。㊐北アメリカ
¶世文動(p109/カ写)
世哺(p148/カ写)
地球(p524/カ写)

コロンビアチャアタマクモザル *Ateles fusciceps rufiventris*
クモザル科の哺乳類。体高40〜55cm。
¶地球(p538/カ写)

コ

コロンビアツノガエル *Ceratophrys calcarata*
ユビナガガエル科の両生類。体長6～8cm。㊞コロンビア北東部～ベネズエラ
¶**かえる百**（p30/カ写）
爬両1800（p429/カ写）
爬両ビ（p294/カ写）

コロンビアヒメエメラルドハチドリ *Chlorostilbon olivaresi* コロンビア姫エメラルド蜂鳥
ハチドリ科ハチドリ亜科の鳥。全長8.5～9cm。
¶**ハチドリ**（p373）

コロンビアミズアシナシイモリ *Typhlonectes natans*
ミズアシナシイモリ科の両生類。全長25～60cm。㊞コロンビア，ベネズエラ
¶**爬両1800**（p464/カ写）

コロンビアレインボーボア *Epicrates cenchria maurus*
ボア科ボア亜科の爬虫類。レインボーボアの亜種。独立種とされることもある。別名チャイロニジボア。全長100～180cm。㊞ガイアナ，コスタリカ，コロンビア，ベネズエラ
¶**世ヘビ**（p17/カ写）
爬両1800〔チャイロニジボア〕（p260～261/カ写）

コワンアデガエル *Mantella cowani*
マダガスカルガエル科（マラガシーガエル科）の両生類。別名ハーレクイーンアデガエル。絶滅危惧IA類。体長2.2～2.9cm。㊞中央マダガスカル東部
¶**カエル見**（p66/カ写）
爬両1800（p399/カ写）
レ生〔ハーレクイーンアデガエル〕（p233/カ写）

コワンシーコブイモリ *Paramesotriton guanxiensis*
イモリ科の両生類。全長12～14cm。㊞中国（広西チワン族自治区の一部）
¶**爬両1800**（p451/カ写）

コワンマントガエル *Mantidactylus cowanii*
マダガスカルガエル科（マラガシーガエル科）の両生類。体長3～4cm。㊞マダガスカル東部・中部
¶**カエル見**（p69/カ写）
世両（p117/カ写）
爬両1800（p403/カ写）

コワンマントガエルの近縁種 *Mantidactylus* sp. aff. *Cowanii* “Small”
マダガスカルガエル科の両生類。体長3cm前後。㊞マダガスカル南東部
¶**爬両1800**（p403/カ写）

コンゴアシナシイモリ *Herpele squalostoma*
アシナシイモリ科の両生類。全長65cm。㊞アフリカ西部・中央部
¶**地球**（p365/カ写）

コンゴウインコ *Ara macao* 金剛鸚哥
インコ科の鳥。別名アカコンゴウインコ。全長79～89cm。㊞中央アメリカ，南アメリカ北部
¶**驚野動**〔アカコンゴウインコ〕（p97/カ写）
原色鳥（p65/カ写）
世鳥大（p264/カ写）
世鳥ネ（p181/カ写）
世美羽（p58,60/カ写，カ図）
地球（p459/カ写）
鳥飼（p164/カ写）
鳥卵巣（p225/カ写，カ図）

コンゴクジャク *Afropavo congensis* コンゴ孔雀
キジ科の鳥。絶滅危惧II類。全長60～70cm。㊞コンゴとその一帯の水系
¶**遺産世**（Aves No.19/カ写）
絶百5（p88/カ写）
世鳥大（p117/カ写）

コンゴツメガエル ⇒ベドガーヒメツメガエルを見よ

コンゴ・ドッグ ⇒バセンジーを見よ

コンゴニハーテビースト *Alcelaphus buselaphus cokii*
ウシ科の哺乳類。体長150～200cm。㊞セネガル，スーダン，ソマリア，南アフリカ
¶**世文動**（p222/カ写）

コンジハーテビースト *Alcelaphus lichtensteinii*
ウシ科の哺乳類。体高1.1～1.5m。㊞タンザニア，ザイール南東部，アンゴラ，ザンビア，モザンビーク，ジンバブエ
¶**地球**（p603/カ写）

コーンスネーク *Elaphe guttata*
ナミヘビ科ナミヘビ亜科の爬虫類。全長1～1.8m。㊞アメリカ合衆国南東部
¶**世爬**（p212/カ写）
世文動（p288/カ写）
世ヘビ（p36/カ写）
地球（p396/カ写）
爬両1800（p319/カ写）
爬両ビ（p229/カ写）

ゴンチェ・ポルスキ ⇒ポーリッシュ・ハンティング・ドッグを見よ

コンチネンタル・トイ・スパニエル ⇒パピヨンを見よ

コンドル *Vultur gryphus*
コンドル科の鳥。全長1～1.4m。㊞南アメリカ北西部～南西部
¶**驚野動**（p112/カ写）
世鳥大（p183/カ写）
世鳥卵（p51/カ写，カ図）
世鳥ネ（p91/カ写）

地球(p430/カ写)
鳥卵巣(p95/カ写, カ図)

コンヒタキ *Myiomela leucura* 紺鶲
ヒタキ科の鳥。全長17～19cm。㊟ヒマラヤ周辺～インドシナ北部, 中国南部, 台湾
¶世鳥大(p443/カ写)
世鳥卵(p181/カ写, カ図)
地球(p493/カ写)
鳥比(p153/カ写)
鳥650(p632/カ写)
日ア鳥(p526/カ写)
日鳥山新(p275/カ写)

【サ】

サイアミーズ ⇒シャムを見よ

サイガ *Saiga tatarica*
ウシ科の哺乳類。絶滅危惧IA類。体高60～80cm。㊟東南ヨーロッパ, 中央アジア, 西モンゴル
¶絶百6(p8/カ写)
世文動(p229/カ写)
世哺(p374/カ写)
地球(p604/カ写)
レ生(p137/カ写)

サイガエル ⇒イッカクドリアガエルを見よ

サイチョウ *Buceros rhinoceros* 犀鳥
サイチョウ科の鳥。全長80～90cm。㊟東南アジア
¶世色鳥(p184/カ写)
世鳥大(p314/カ写)
世鳥ネ(p234/カ写)
鳥卵巣(p249/カ写, カ図)

サイベリアン Siberian
猫の一品種。体重4.5～9kg。ロシアの原産。
¶ビ猫(p231/カ写)

サイレン ⇒グレーターサイレンを見よ

サヴォイ・シェパード・ドッグ ⇒ベルジェ・ド・サボイを見よ

サヴォイ・シープドッグ ⇒ベルジェ・ド・サボイを見よ

サウザンパインスネーク *Pituophis melanoleucus mugitus*
ナミヘビ科の爬虫類。全長1.2～1.5m, 最大2.4m。㊟アメリカ合衆国のサウスカロライナ州・ジョージア州・フロリダ州
¶世ヘビ(p43/カ写)

サウスアフリカン・マスティフ ⇒ボーアボールを見よ

サウスアフリカン・マトン・メリノ South African Mutton Merino
羊の一品種。南アフリカの原産。
¶日家(p129/カ写)

サウスイースタン・ヨーロピアン・シェパード ⇒ブコヴィナ・シェパード・ドッグを見よ

サウスカロリナヌメサラマンダー *Plethodon variolatus*
ムハイサラマンダー科の両生類。全長11～20cm。㊟アメリカ合衆国(サウスカロライナ州・ジョージア州)
¶世両(p202/カ写)
爬両1800(p443～444/カ写)

サウス・サフォーク South Suffolk
羊の一品種。イギリスの原産。
¶日家(p121/カ写)

サウスダウン Southdown
羊の一品種。体重 オス70～90kg, メス50～70kg。イギリスの原産。
¶世文動(p236/カ写)
日家(p122/カ写)

サウス・デボン South Devon
牛の一品種。体高 オス155cm, メス140cm。イギリスの原産。
¶日家(p65)

サウスフロリダキングスネーク *Lampropeltis getula brooksi*
ナミヘビ科の爬虫類。コモンキングスネークの亜種。別名ブルックスキングスネーク。全長最大1.2m。㊟アメリカ(フロリダ半島南部)
¶世ヘビ(p25/カ写)

サウスフロリダモールキングスネーク *Lampropeltis calligaster occipitolineata*
ナミヘビ科の爬虫類。全長1.0m。㊟アメリカ(フロリダ州フロリダ半島南部)
¶世ヘビ(p29/カ写)

サウス・ロシアン・シェパード・ドッグ South Russian Shepherd Dog
犬の一品種。別名オフチャルカ, ユジノルースカヤ・オフチャルカ, サウス・ロシアン・シープドッグ。体高 オス65cm以上, メス62cm以上。ロシアの原産。
¶最犬大(p97/カ写)
新犬種〔サウス・ロシアン・シープドッグ〕(p326/カ写)
新世犬〔ロシアン・シープドッグ〕(p116/カ写)
ビ犬(p57/カ写)

サウス・ロシアン・シープドッグ ⇒サウス・ロシアン・シェパード・ドッグを見よ

サ

サエズリアマガエル *Pseudacris crucifer*
アマガエル科の両生類。別名ハルアマガエル。体長19～32mm。㊎アメリカ合衆国東部, カナダの森林地帯
¶**世カエ**（p278/カ写）
地球（p360/カ写）
爬両1800〔ハルアマガエル〕（p374/カ写）

サエズリガエル属の1種 *Arthroleptis*
サエズリガエル科の両生類。
¶**世カエ**〔サエズリガエル属の種〕（p376/カ写）

サオラ *Pseudoryx nghetinhensis*
ウシ科の哺乳類。別名ブークアンオックス。絶滅危惧IA類。頭胴長150～200cm。㊎ベトナムとラオスの境界域
¶**絶百6**（p10/カ図）
レ生（p138/カ写）

サカツラウ *Phalacrocorax gaimardi* 酒面鵜
ウ科の鳥。別名アカアシウ。全長75～76cm。㊎南アメリカ南西部
¶**地球**（p429/カ写）

サカツラガン *Anser cygnoides* 酒面雁
カモ科の鳥。体重 オス3.5kg, メス3.0kg。㊎シベリア中部・南部, サハリン, 中国
¶**四季鳥**（p71/カ写）
世鳥大（p122）
世鳥ネ（p37/カ写）
世文鳥（p63/カ写）
地球（p412/カ写）
鳥比（p208/カ写）
鳥650（p25/カ写）
名鳥図（p43/カ写）
日ア鳥（p20/カ写）
日家（p219/カ写）
日鳥識（p66/カ写）
日鳥水増（p112/カ写）
日野鳥新（p26/カ写）
日野鳥増（p40/カ写）
フ日野新（p36/カ図）
フ日野増（p36/カ図）
フ野鳥（p18/カ図）
野鳥山フ（p17,97/カ図, カ写）
山溪名鳥（p171/カ写）

サカツラトキ *Phimosus infuscatus* 酒面朱鷺
トキ科の鳥。全長46～54cm。㊎南アメリカ北部・東部, コロンビア, ギアナ, ブラジル, ボリビア, パラグアイ, アルゼンチン, ウルグアイ, ベネズエラ
¶**鳥卵巣**（p76/カ写, カ図）

サカマタ ⇒シャチを見よ

サカヤキハマベトカゲ *Emoia sanfordi*
スキンク科の爬虫類。全長25～30cm。㊎ソロモン諸島, バヌアツ, トンガなど
¶**爬両1800**（p205/カ写）

サカラバネコツメヤモリ *Blaesodactylus sakalava*
ヤモリ科ヤモリ亜科の爬虫類。全長14～30cm。㊎マダガスカル南部・西部
¶**ゲッコー**（p34/カ写）
爬両1800（p136/カ写）
爬両ビ（p105/カ写）

サガンヤモリ *Gekko petricolus*
ヤモリ科の爬虫類。全長21cm前後。㊎タイ, ラオス, カンボジア北部
¶**爬両1800**（p131/カ写）

サキシマアオヘビ *Cyclophiops herminae* 先島青蛇
ナミヘビ科ナミヘビ亜科の爬虫類。準絶滅危惧（環境省レッドリスト）。日本固有種。全長50～85cm。㊎石垣島, 西表島
¶**原爬両**（No.92/カ写）
絶事（p11,142/カ写, モ図）
日カメ（p212/カ写）
爬両観（p153/カ写）
爬両飼（p40/カ写）
爬両1800（p292/カ写）
野日爬（p33,61,156/カ写）

サキシマカナヘビ *Takydromus dorsalis* 先島金蛇
カナヘビ科の爬虫類。日本固有種。全長25～30cm。㊎石垣島, 西表島など
¶**原爬両**（No.66/カ写）
世爬（p128/カ写）
世文動（p270/カ写）
日カメ（p130/カ写）
爬両観（p136/カ写）
爬両飼（p121/カ写）
爬両1800（p193/カ写）
野日爬（p25,55,115/カ写）

サキシマキノボリトカゲ *Japalura polygonata ishigakiensis* 先島木登蜥蜴
アガマ科の爬虫類。日本固有種。全長18cm。㊎宮古諸島, 八重山諸島
¶**原爬両**（No.46/カ写）
日カメ（p96/カ写）
爬両観（p139/カ写）
爬両飼（p101/カ写）
野日爬（p26,56,118/カ写）

サキシマスジオ *Elaphe taeniura schmackeri* 先島筋尾
ナミヘビ科の爬虫類。スジオナメラの亜種。絶滅危惧II類（環境省レッドリスト）。日本固有種。全長180～250cm。㊎宮古島, 大神島, 池間島, 伊良部島, 下地島, 来間島, 多良間島, 石垣島, 西表島, 小浜島
¶**原爬両**（No.73/カ写）
絶事（p10,140/カ写, モ図）

世ヘビ (p90/カ写)
日カメ (p170/カ写)
爬両観 (p149/カ写)
爬両飼 (p25/カ写)
野日爬 (p35,168/カ写)

サキシマスベトカゲ *Scincella boettgeri* 先島滑蜥蜴
スキンク科(トカゲ科)の爬虫類。日本固有種。全長8〜13cm。 ㊕宮古諸島, 八重山諸島
¶原爬両 (No.52/カ写)
日カメ (p118/カ写)
爬両飼 (p107/カ写)
爬両1800 (p202/カ写)
野日爬 (p23,53,102/カ写)

サキシマヌマガエル *Fejervarya sakishimensis* 先島沼蛙
アカガエル科(ヌマガエル科)の両生類。日本固有種。体長5.2〜6cm。 ㊕先島諸島
¶カエル見 (p87/カ写)
原爬両 (No.142/カ写)
日カサ (p131/カ写)
爬両観 (p119/カ写)
爬両飼 (p193/カ写)
爬両1800 (p418/カ写)
爬両ビ (p281/カ写)
野日両 (p41,89,180/カ写)

サキシマバイカダ *Lycodon ruhstrati multifasciatus* 先島梅花蛇
ナミヘビ科の爬虫類。日本固有種。全長70cm。 ㊕石垣島, 西表島
¶原爬両 (No.93/カ写)
日カメ (p188/カ写)
爬両観 (p153/カ写)
爬両飼 (p41/カ写)
野日爬 (p33,62,157/カ写)

サキシマハブ *Protobothrops elegans* 先島波布
クサリヘビ科の爬虫類。日本固有種。全長60〜120cm。 ㊕八重山諸島
¶原爬両 (No.100/カ写)
日カメ (p228/カ写)
爬両観 (p155/カ写)
爬両飼 (p49/カ写)
爬両1800 (p342/カ写)
野日爬 (p42,69,194/カ写)

サキシママダラ *Dinodon rufozonatum walli* 先島斑
ナミヘビ科の爬虫類。日本固有種。 ㊕宮古島, 八重山諸島
¶原爬両 (No.80/カ写)
日カメ (p182/カ写)
爬両観 (p151/カ写)
爬両飼 (p32/カ写)
野日爬 (p38,184/カ写)

サクラスズメ *Aidemosyne modesta* 桜雀
カエデチョウ科の鳥。全長11cm。 ㊕オーストラリア東部
¶鳥飼 (p77/カ写)

サクラボウシインコ *Amazona leucocephala* 桜帽子鸚哥
オウム科の鳥。全長32cm。
¶世鳥大 (p270/カ写)

ザグロスツエイモリ ⇒カイザーツエイモリを見よ

サケイ *Syrrhaptes paradoxus* 沙鶏
サケイ科の鳥。全長30〜41cm。 ㊕中央アジア
¶世鳥卵 (p124/カ写, カ図)
世鳥ネ (p158/カ写)
世美羽 (p154/カ写, カ図)
世文鳥 (p168/カ図)
地球 (p452/カ写)
鳥比 (p16/カ写)
鳥650 (p93/カ写)
日ア鳥 (p84/カ写)
羽根決 (p201/カ写, カ図)
フ日野新 (p198/カ図)
フ日野増 (p198/カ図)
フ野鳥 (p62/カ図)

サーゲ・コッヒェー Sage Koochee
犬の一品種。体高90cmまで。アフガニスタンの原産。
¶新犬種 (p325/カ写)

ササグマ ⇒ニホンアナグマを見よ

ササゴイ *Butorides striata* 笹五位
サギ科の鳥。全長52cm。 ㊕熱帯・亜熱帯全域
¶くら鳥 (p99/カ写)
原寸羽 (p30/カ写)
里山鳥 (p85/カ写)
四季鳥 (p45/カ写)
巣と卵決 (p28/カ写, カ図)
世鳥ネ (p71/カ写)
世文鳥 (p51/カ写)
鳥卵巣 (p71/カ写, カ図)
鳥比 (p261/カ写)
鳥650 (p164/カ写)
名鳥図 (p28/カ写)
日ア鳥 (p141/カ写)
日鳥識 (p116/カ写)
日鳥巣 (p16/カ写)
日鳥水増 (p81/カ写)
日野鳥新 (p150/カ写)
日野鳥増 (p190/カ写)
ぱっ鳥 (p93/カ写)
バード (p104/カ写)
羽根決 (p36/カ写, カ図)
ひと目鳥 (p99/カ写)

フ日野新（p108/カ図）
フ日野増（p108/カ図）
フ野鳥（p100/カ図）
野鳥学フ（p177/カ写）
野鳥山フ（p13,83/カ図, カ写）
山渓名鳥（p147/カ写）

サ

サザナミインコ *Bolborhynchus lineola* 小波鸚哥
インコ科の鳥。全長16cm。㊎メキシコ南部～パナマ南西部, ベネズエラ, ペルー
¶鳥飼（p134/カ写）

サザナミオオハシガモ *Malacorhynchus membranaceus* 小波大嘴鴨
カモ科の鳥。全長36～45cm。㊎オーストラリア西部・東部（おもに南東部）
¶世鳥大（p129/カ写）
地球（p415/カ写）

サザナミサケイ *Pterocles indicus* 小波沙鶏
サケイ科の鳥。㊎インド
¶世鳥卵（p124/カ写, カ図）

サザナミセタカヘビ *Pareas carinatus*
ナミヘビ科セタカヘビ亜科の爬虫類。全長50～60cm。㊎東南アジア
¶爬両1800（p332/カ写）

サザナミランナー ⇒トラフアミーバを見よ

ササフサケイ *Pterocles coronatus*
サケイ科の鳥。全長27～30cm。㊎アフリカ北部, アジア西部～南部
¶世鳥大（p243/カ写）
地球（p452/カ写）

ササメスキンクヤモリ *Teratoscincus microlepis*
ヤモリ科の爬虫類。全長12cm前後。㊎イラン, アフガニスタン, パキスタン南西部
¶ゲッコー（p111/カ写）
世爬（p125/カ写）
爬両1800（p178/カ写）
爬両ビ（p126/カ写）

ササメトゲオアガマ *Uromastyx microlepis*
アガマ科の爬虫類。頭胴長18～32cm。㊎南西アジア
¶世文動（p267/カ写）

サシバ *Butastur indicus* 鵖鳩, 差羽
タカ科の鳥。絶滅危惧II類（環境省レッドリスト）。全長 オス47cm, メス51cm。㊎日本, ウスリー地方, 中国北東部
¶くら鳥（p74/カ写）
原寸羽（p76/カ写）
里山鳥（p111/カ写）
巣と卵決（p54/カ写, カ図）
絶鳥事（p10,132/カ写, モ図）
世文鳥（p89/カ写）
鳥卵巣（p109/カ写, カ図）
鳥比（p38/カ写）
鳥650（p406/カ写）
名鳥図（p125/カ写）
日ア鳥（p340/カ写）
日鳥識（p196/カ写）
日鳥巣（p48/カ写）
日鳥山新（p76/カ写）
日鳥山増（p36/カ写）
日野鳥新（p378/カ写）
日野鳥増（p346/カ写）
ぱっ鳥（p211/カ写）
バード（p39,40/カ写）
羽根決（p100/カ写, カ図）
ひと目鳥（p122/カ写）
フ日野新（p172/カ図）
フ日野増（p172/カ図）
フ野鳥（p224/カ図）
野鳥学フ（p62/カ写）
野鳥山フ（p24,137/カ図, カ写）
山渓名鳥（p172/カ写）
ワシ（p92/カ写）

サセックス Sussex
鶏の一品種。体重 オス4kg, メス3kg。イギリスの原産。
¶日家（p206/カ写）

サセックス・スパニエル Sussex Spaniel
犬の一品種。体高38～41cm。イギリスの原産。
¶最犬大（p369/カ写）
新犬種（p92/カ写）
新世犬（p169/カ写）
図世犬（p282/カ写）
世文動〔サセックス・スパニール〕（p148/カ写）
ビ犬（p226/カ写）

サソリドロガメ *Kinosternon scorpioides*
ドロガメ科ドロガメ亜科の爬虫類。甲長20～25cm。㊎メキシコ～パナマまでの中米全域, 南米大陸北部
¶世カメ（p142/カ写）
世爬（p48/カ写）
爬両1800（p56/カ写）
爬両ビ（p60/カ写）

サツマドリ Satsumadori 薩摩鶏
鶏の一品種。天然記念物。体重 オス3.375kg, メス3kg。鹿児島県の原産。
¶日家〔薩摩鶏〕（p160/カ写）

サテン Satin
兎の一品種。アメリカ合衆国の原産。
¶うさぎ（p162/カ写）
新うさぎ（p194/カ写）

サテンアンゴラ Satin Angora
兎の一品種。カナダの原産。

¶うさぎ(p52/カ写)
新うさぎ(p56/カ写)

サトウクジラ *Megaptera novaeangliae* 座頭鯨
ナガスクジラ科の哺乳類。絶滅危惧II類。体長12~15m。㊊極地～熱帯にかけての全海洋
¶クイ百(p102/カ図, カ写)
くら哺(p89/カ写)
絶百4(p94/カ写, カ図)
世文動(p124/カ写)
世哺(p214/カ図)
地球(p613/カ図)
日哺学フ(p202/カ写, カ図)

サトウチョウ *Loriculus galgulus* 砂糖鳥
インコ科の鳥。全長12~15cm。㊊マラヤ, シンガポール, スマトラ, カリマンタン, その他近隣の島々
¶地球(p456/カ写)
鳥飼(p131/カ写)

サドガエル *Glandirana susurra* 佐渡蛙
アカガエル科の両生類。体長約3~5cm。㊊佐渡島
¶日カサ(p106/カ写)
爬両観(p116/カ写)
野日両(p37,85,168/カ写)

サドトガリネズミ *Sorex shinto sadonis* 佐渡尖鼠
トガリネズミ科の哺乳類。頭胴長5.9~7.8cm。㊊佐渡島
¶日哺学フ(p173/カ写)

サドノウサギ *Lepus brachyurus lyoni* 佐渡野兎
ウサギ科の哺乳類。頭胴長約49cm。㊊佐渡島
¶くら哺(p25/カ写)
世文動(p103/カ写)
日哺学フ(p171/カ写)

サドヒゲジドリ "Sado-Hige" Native Fowl 佐渡髯地鶏
鶏の一品種。体重 オス1.5kg, メス1.2kg。佐渡の原産。
¶日家〔佐渡髯地鶏〕(p153/カ写)

サドモグラ *Mogera tokudae* 佐渡土竜
モグラ科の哺乳類。頭胴長15.7~16.7cm。㊊佐渡島
¶くら哺(p36/カ写)
日哺改(p21/カ写)
日哺学フ(p172/カ写)

サドルバック〔ガチョウ〕 ⇒ポメラニアンガチョウを見よ

サドルバック〔ブタ〕 Saddleback
豚の一品種。白黒模様のブタ。イギリスの原産。
¶日家(p103/カ写)

サドルブレッド Saddlebred
馬の一品種。軽量馬。体高150~160cm。アメリカ合衆国南部の原産。
¶アルテ馬(p164/カ写)

サヌキコーチン Sanuki Cochin 讃岐コーチン
鶏の一品種。別名カガワエーコク。体重 オス4.2kg, メス2.7kg。香川県の原産。
¶日家〔讃岐コーチン〕(p189/カ写)

ザーネン Saanen
山羊の一品種。乳用種。体高 オス80~100cm, メス75~85cm。スイスのベルン州ザーネン村の原産。
¶世文動(p233/カ写)
日家(p114/カ写)

サバアオハブ *Trimeresurus sabahi*
クサリヘビ科の爬虫類。全長50~60cm。㊊ボルネオ島
¶爬両1800(p342/カ写)

サバアノール *Anolis sabanus*
イグアナ科アノールトカゲ亜科の爬虫類。全長12~18cm。㊊小アンティル諸島(サバ島)
¶爬両1800(p83/カ写)

サバクアガマ *Trapelus mutabilis*
アガマ科の爬虫類。全長25cm。㊊アフリカ北部
¶地球(p381/カ写)

サバクアメガエル *Litoria rubella*
アマガエル科の両生類。体長3~4cm。㊊オーストラリア, ニューギニア島, インドネシアの一部
¶かえる百(p68/カ写)
カエル見(p43/カ写)
世両(p70/カ写)
爬両1800(p384/カ写)

サバクイグアナ *Dipsosaurus dorsalis*
イグアナ科イグアナ亜科の爬虫類。全長25~35cm。㊊アメリカ合衆国南西部, メキシコ北西部
¶世爬(p63/カ写)
爬両1800(p77/カ写)
爬両ビ(p66/カ写)

サバクガラス *Podoces panderi* 砂漠鴉, 砂漠烏
カラス科の鳥。体長33cm。㊊ロシア南西部
¶世鳥卵(p246/カ写, カ図)

サバクキンモグラ *Eremitalpa granti*
キンモグラ科の哺乳類。絶滅危惧II類。体長7.5~8.5cm。㊊アフリカ
¶世哺(p80/カ写)
地球(p513/カ写)

サバククビワトカゲ ⇒クロクビワトカゲを見よ

サバクゴファーガメ *Gopherus agassizii*
リクガメ科の爬虫類。絶滅危惧II類。全長30cm。㊊アメリカ合衆国南西部(カリフォルニア, ネバダ, ユタ, アリゾナ)メキシコ北西部(ソノラ～シナロア

北部）
¶ **絶百4**（p24/カ写）
世文動（p253/カ写）
地球（p378/カ写）

サバクシマセゲラ *Melanerpes uropygialis* 砂漠縞背啄木鳥
キツツキ科の鳥。全長23cm。
¶ **世鳥大**（p323/カ写）

サバクツノトカゲ *Phrynosoma platyrhinos*
ツノトカゲ科（イグアナ科）の爬虫類。全長15cm。[分]沿岸部を除くアメリカ合衆国南西部，メキシコ北西部
¶ **世爬**（p67/カ写）
地球（p385/カ写）
爬両1800（p79/カ写）
爬両ビ（p71/カ写）

サバクデスアダー *Acanthophis pyrrhus*
コブラ科の爬虫類。全長70cm。
¶ **地球**（p397/カ写）

サバクトカゲモドキ *Coleonyx variegatus variegatus*
ヤモリ科トカゲモドキ亜科の爬虫類。バンドトカゲモドキの亜種。全長12〜15cm。[分]アメリカ合衆国南西部〜メキシコ（バハカリフォルニア半島）
¶ **ゲッコー**〔バンドトカゲモドキ（基亜種サバクトカゲモドキ）〕（p92/カ写）

サバクトガリネズミ *Notiosorex crawfordi* 砂漠尖鼠
トガリネズミ科の哺乳類。体長4〜5cm。
¶ **地球**（p560/カ写）

サバクトゲオアガマ *Uromastyx acanthinura*
アガマ科の爬虫類。全長30〜40cm。[分]リビア〜西サハラまでのアフリカ大陸北部沿岸国
¶ **世爬**（p85/カ写）
地球（p381/カ写）
爬両1800（p108/カ写）
爬両ビ（p88/カ写）

サバクナメラ *Bogertophis subocularis*
ナミヘビ科ナミヘビ亜科の爬虫類。別名トランスペコスラットスネーク。全長110〜130cm。[分]アメリカ合衆国南部，メキシコ北東部
¶ **世爬**（p202/カ写）
世ヘビ〔トランスペコスラットスネーク〕（p40/カ写）
爬両1800（p308/カ写）
爬両ビ（p222/カ写）

サバクハムスター ⇒ロボロフスキーキヌゲネズミを見よ

サバクハリトカゲ *Sceloporus magister*
イグアナ科ツノトカゲ亜科の爬虫類。全長18〜30cm。[分]アメリカ合衆国南部，メキシコ
¶ **世爬**（p68/カ写）
爬両1800（p81/カ写）

サバクヒタキ *Oenanthe deserti* 砂漠鶲
ヒタキ科の鳥。体長14〜15cm。[分]北アフリカ，中東，中央アジア，モンゴル地方
¶ **世文鳥**（p220/カ写）
鳥比（p150/カ写）
鳥650（p631/カ写）
日ア鳥（p536/カ写）
日鳥識（p270/カ写）
日鳥山新（p284/カ写）
日鳥山増（p193/カ写）
日野鳥新（p561/カ写）
日野鳥増（p499/カ写）
フ日野新（p240/カ図）
フ日野増（p240/カ図）
フ野鳥（p354/カ図）

サバクフクラガエル *Breviceps macrops*
フクラガエル科の両生類。全長3〜5cm。[分]南アフリカ共和国，ナミビア
¶ **地球**（p354/カ写）

サバクポケットマウス *Chaetodipus penicillatus*
ポケットマウス科の哺乳類。体長7〜9cm。
¶ **地球**（p525/カ写）

サバクマシコ *Carpodacus synoicus* 砂漠猿子
アトリ科の鳥。全長14.5〜16cm。[分]イスラエル，エジプト
¶ **原色鳥**（p82/カ写）

サバクヨルトカゲ ⇒ユッカヨアソビトカゲを見よ

ザーパドノ・シビールスカヤ・ライカ ⇒ウェスト・シベリアン・ライカを見よ

サバナガレガエル *Staurois tuberilinguis*
アカガエル科の両生類。体長23〜36mm。メスはオスより大きい。[分]ボルネオ島（サバ州とサラワク州）
¶ **世カエ**（p370/カ写）

サバナマダガスカルクサガエル ⇒ベチレオヒシメクサガエルを見よ

サバホソウデナガガエル *Leptolalax pictus*
コノハガエル科の両生類。体長6〜7cm。[分]マレーシア（サバ州）
¶ **爬両1800**（p361/カ写）

サハラカワラヤモリ *Tropiocolotes steudneri*
ヤモリ科ヤモリ亜科の爬虫類。全長6〜7cm。[分]アフリカ北東部，ヨルダン
¶ **ゲッコー**（p56/カ写）
爬両1800（p152/カ写）

サハラツノクサリヘビ *Cerastes cerastes*
クサリヘビ科クサリヘビ亜科の爬虫類。別名ツノスナクサリヘビ。全長85cm。[分]アフリカの北部〜シナイ半島，アラビア半島南部

¶世文動〔ツノスナクサリヘビ〕(p301/カ写)
世ヘビ(p110/カ写)
地球(p398/カ写)

サハラトゲオアガマ *Uromastyx geyri*
アガマ科の爬虫類。全長32〜37cm。㋖アルジェリア南部, マリ, ニジェール
¶世爬(p85/カ写)
爬両1800(p109/カ写)
爬両ビ(p88/カ写)

サーバル *Leptailurus serval*
ネコ科の哺乳類。体長60〜100cm。㋖アフリカのサバンナ
¶世文動(p167/カ写)
世哺(p278/カ写)
地球(p581/カ写)
野生ネコ(p70/カ写, カ図)

サーバルフトユビヤモリ *Pachydactylus serval*
ヤモリ科ヤモリ亜科の爬虫類。全長6〜7cm。㋖ナミビア
¶ゲッコー(p25/カ写)

サバンナ Savannah
猫の一品種。体重5.5〜10kg。アメリカ合衆国の原産。
¶ビ猫(p147/カ写)

サバンナアフリカオニネズミ *Cricetomys gambianus*
ネズミ科の哺乳類。体長35〜40cm。㋖アフリカ
¶世哺(p169/カ写)

サバンナアフリカゾウ ⇒アフリカゾウを見よ

サバンナオオトカゲ *Varanus exanthematicus*
オオトカゲ科の爬虫類。全長90〜100cm。㋖アフリカ大陸西部〜中央部
¶世爬(p161/カ写)
世文動(p278/カ写)
地球(p388/カ写)
爬両1800(p242/カ写)
爬両ビ(p171/カ写)

サバンナシトド *Passerculus sandwichensis* サバンナ鵐
ホオジロ科の鳥。別名クサチヒメドリ。全長14cm。㋖北アメリカ北部〜中部
¶鳥比(p206/カ写)
鳥650(p723/カ写)
日ア鳥(p617/カ写)
日鳥識(p304/カ写)
日鳥山新(p380/カ写)
日鳥山増(p300/カ写)
日野鳥新(p648/カ写)
日野鳥増〔クサチヒメドリ〕(p587/カ写)
フ日野新(p278/カ図)
フ日野増(p280/カ図)
フ野鳥(p406/カ図)

サバンナシマウマ *Equus burchelli*
ウマ科の哺乳類。体長2.2〜2.5m。㋖アフリカ
¶世哺(p315/カ写)

サバンナセンザンコウ *Manis temminckii*
センザンコウ科の哺乳類。体長40〜70cm。㋖アフリカ
¶世文動(p99/カ写)
世哺(p135/カ写)
地球(p561/カ写)

サバンナゾウ ⇒アフリカゾウを見よ

サバンナダイカー *Sylvicapra grimmia*
ウシ科の哺乳類。体高45〜70cm。㋖アフリカ
¶世文動(p217/カ写)
世哺(p358/カ写)
地球(p601/カ写)

サバンナダーツスキンク *Acontias percivali*
スキンク科の爬虫類。別名パーシバルアコンティアストカゲ。全長20〜26cm。㋖アフリカ大陸中部以南
¶世爬(p138/カ写)
地球〔パーシバルアコンティアストカゲ〕(p386/カ写)
爬両1800(p208/カ写)
爬両ビ(p146/カ写)

サバンナノスリ *Buteogallus meridionalis* サバンナ鵟
タカ科の鳥。全長54〜61cm。㋖パナマ東部〜アルゼンチン中部
¶世鳥大(p198/カ写)
地球(p436/カ写)

サバンナモンキー *Cercopithecus aethiops*
オナガザル科の哺乳類。頭胴長46〜66cm。㋖セネガル〜ソマリア, 南アフリカ
¶世文動(p82/カ写)

サバンナヨコクビガメ *Podocnemis vogli*
ヨコクビガメ科アフリカヨコクビガメ亜科の爬虫類。別名リャノヨコクビガメ。甲長28〜32cm。㋖コロンビア, ベネズエラ
¶世カメ(p82/カ写)
爬両1800(p71/カ写)
爬両ビ(p51/カ写)

サビイロクチバシヘビ *Rhamphiophis rostratus*
ナミヘビ科アレチヘビ亜科の爬虫類。全長80〜120cm。㋖アフリカ大陸北東部〜中部・南部
¶爬両1800(p335/カ写)
爬両ビ(p218/カ写)

サビイロネコ *Prionailurus rubiginosus* 錆色猫
ネコ科の哺乳類。頭胴長35〜48cm。㋖インド南

サ

部, スリランカ
¶地球(p581/カ写)
野生ネコ(p42/カ写, カ図)

サビイロモリモズ *Pitohui ferrugineus*
ヒタキ科の鳥。㊕ニューギニアと隣接する島々
¶世鳥卵(p203/カ写, カ図)

サビガマトカゲ *Phrynocephalus maculatus*
アガマ科の爬虫類。全長18～21cm。㊕中央アジア～西アジア
¶世爬(p82/カ写)
爬両1800(p104/カ写)
爬両ビ(p86/カ写)

サビグニーアガマ *Trapelus savignii*
アガマ科の爬虫類。全長25cm前後。㊕エジプト, イスラエル
¶爬両1800(p104/カ写)

サビトマトガエル *Dyscophus guineti*
ヒメガエル科の両生類。体長6～9.5cm。㊕マダガスカル東部
¶かえる百(p38/カ写)
カエル見(p76/カ写)
世両(p126/カ写)
爬両1800(p407/カ写)
爬両ビ(p270/カ写)

サビヒルヤモリ *Phelsuma borbonica*
ヤモリ科の爬虫類。全長16cm前後。㊕マスカレン諸島
¶爬両1800(p142/カ写)

サファイアハチドリ *Hylocharis sapphirina* サファイア蜂鳥
ハチドリ科ハチドリ亜科の鳥。全長8～10cm。㊕南アメリカ
¶ハチドリ(p286/カ写)

サブエソ・エスパニョール ⇒スパニッシュ・ハウンドを見よ

サフォーク Suffolk
羊の一品種。体重 オス110～140kg, メス70～100kg。イギリスのサフォーク州の原産。
¶世文動(p236/カ写)
日家(p121/カ写)

サフォーク・パンチ Suffolk Punch
馬の一品種。重量馬。体高160～163cm。イングランド(東部アングリア)の原産。
¶アルテ馬(p190/カ写)

サプサルイヌ ⇒サプサレーを見よ

サプサレー Sapsal
犬の一品種。体高50cm。韓国の原産。
¶新犬種(p137/カ写)

サフランアデガエル ⇒モモアカアデガエルを見よ

サボイ・シェパード・ドッグ ⇒ベルジェ・ド・サボイを見よ

サボイ・シープドッグ ⇒ベルジェ・ド・サボイを見よ

サボテンフクロウ *Micrathene whitneyi* 仙人掌梟
フクロウ科の鳥。全長13～15cm。㊕アメリカの南西部, メキシコ
¶世鳥大(p284/カ写)
世鳥ネ(p198/カ写)
地球(p465/カ写)

サボテンミソサザイ *Campylorhynchus brunneicapillus* 仙人掌鷦鷯
ミソサザイ科の鳥。全長18～23cm。㊕アメリカ南西部の一部, メキシコ
¶世鳥大(p424/カ写)
世鳥卵(p172/カ写, カ図)
世鳥ネ(p293/カ写)
地球(p491/カ写)
鳥卵巣(p277/カ写, カ図)

サマースヤドクガエル *Dendrobates summersi*
ヤドクガエル科の両生類。体長1.9cm前後。㊕ペルー
¶カエル見(p100/カ写)
世両(p161/カ写)
爬両1800(p424/カ写)

サメイロタヒバリ *Anthus spinoletta* 褪色田雲雀
セキレイ科の鳥。別名ミズタヒバリ。全長16cm。㊕ヨーロッパ, トルコ, コーカサス, アフリカ北部, 中東, 中央アジア, インド北西部, アフガニスタン, 中国北西部～北中部
¶鳥比(p175/カ写)
鳥650(p663/カ写)
日鳥山新(p325/カ写)

サメクサインコ *Platycercus adscitus palliceps* 褪草鸚哥
インコ科の鳥。全長30cm。㊕オーストラリア北東部
¶鳥飼(p135/カ写)

サメズアカアメリカムシクイ *Leiothlypis celata* 褪頭赤亜米利加虫喰
アメリカムシクイ科の鳥。㊕北アメリカ～中央アメリカ
¶鳥650(p750/カ写)

サメハダイロメガエル *Boophis guibei*
マダガスカルガエル科(アオガエル科, マラガシーガエル科)の両生類。体長3.5～4cm。㊕マダガスカル東部
¶かえる百(p71/カ写)
カエル見(p62/カ写)

爬両1800（p402/カ写）

サメハダクサガエル ⇒イカケヤクサガエルを見よ

サメハダタマオヤモリ *Nephrurus asper*
ヤモリ科の爬虫類。全長12cm前後。㊊オーストラリア北東部
¶ゲッコー（p70/カ写）
爬両1800（p157/カ写）

サメハダヒキガエル *Bufo granulosus*
ヒキガエル科の両生類。体長4～9cm。㊊南米大陸中部以北，パナマ
¶爬両1800（p367/カ写）

サメビタキ *Muscicapa sibirica* 鮫鶲
ヒタキ科の鳥。全長14cm。㊊旧ソ連南東部，モンゴル，中国北東部，カムチャツカ半島，サハリン，日本，ヒマラヤ
¶くら鳥（p55/カ写）
里山鳥（p107/カ写）
四季鳥（p41/カ写）
巣と卵決（p249/カ写，カ図）
世文鳥（p238/カ写）
鳥比（p154/カ写）
鳥650（p637/カ写）
名鳥図（p211/カ写）
日ア鳥（p543/カ写）
日鳥識（p272/カ写）
日鳥巣（p246/カ写）
日鳥山新（p290/カ写）
日鳥山増（p253/カ写）
日野鳥新（p564/カ写）
日野鳥増（p542/カ写）
ぱっ鳥（p327/カ写）
バード（p66/カ写）
ひと目鳥（p189/カ写）
フ日野新（p260,336/カ図）
フ日野増（p260,334/カ図）
フ野鳥（p358/カ図）
野鳥学フ（p89/カ図）
野鳥山フ（p55,326/カ図，カ写）
山溪名鳥（p174/カ写）

サモアオグロバン *Pareudiastes pacifica* サモア尾黒鷭
クイナ科の鳥。全長25cm。㊊サモア諸島
¶世鳥卵（p83/カ写，カ図）

サモイェツカヤ・サバカ ⇒サモエドを見よ

サモエド Samoyed
犬の一品種。別名サモイェツカヤ・サバカ。体高オス57±3cm，メス53±3cm。ロシア北部及びシベリアの原産。
¶アルテ犬（p184/カ写）
最犬大（p220/カ写）
新犬種（p187/カ写）
新世犬（p120/カ写）
図世犬（p210/カ写）
世文動〔サモエード〕（p146/カ写）
ビ犬（p106/カ写）

サヤツメトカゲモドキ *Coleonyx elegans*
ヤモリ科トカゲモドキ亜科の爬虫類。全長17～20cm。㊊メキシコ，ベリーズ，グアテマラ，エルサルバドル
¶ゲッコー（p91/カ写）
世爬（p120/カ写）
爬両1800（p168/カ写）
爬両ビ（p122/カ写）

サヤハシチドリ *Chionis albus* 鞘嘴千鳥
サヤハシチドリ科の鳥。全長34～41cm。㊊南極大陸沿岸・沖の島々
¶世鳥大（p220/カ写）
世鳥卵（p106/カ写，カ図）
世鳥ネ（p125/カ写）
地球（p444/カ写）

サヨナキドリ *Luscinia megarhynchos* 小夜啼鳥
ヒタキ科の鳥。別名ナイチンゲール。全長17cm。㊊ヨーロッパ，アジア
¶世鳥大（p441/カ写）
世鳥卵（p177/カ写，カ図）
世鳥ネ（p302/カ写）
地球（p493/カ写）
鳥卵巣（p294/カ写，カ図）

ザラアシドロガメ *Kinosternon hirtipes*
ドロガメ科ドロガメ亜科の爬虫類。別名ゴツアシドロガメ。甲長10～17cm。㊊メキシコ北部～中部，アメリカ合衆国（テキサス州南西部）
¶世カメ（p135/カ写）
爬両1800（p54～55/カ写）
爬両ビ（p58/カ写）

ザラクビオオトカゲ *Varanus rudicollis*
オオトカゲ科の爬虫類。全長120～140cm。㊊タイ，ミャンマー，マレー半島，インドネシア
¶世爬（p157/カ写）
世文動（p280/カ写）
爬両1800（p238/カ写）
爬両ビ（p167/カ写）

サラサナメラ *Elaphe dione*
ナミヘビ科ナミヘビ亜科の爬虫類。全長60～90cm。㊊東ヨーロッパ～ロシア南部，中央アジア，中国など
¶世爬（p203/カ写）
世文動（p287/カ写）
爬両1800（p308～309/カ写）
爬両ビ（p223/カ写）

サラシノミカドヤモリ *Rhacodactylus sarasinorum*
ヤモリ科イシヤモリ亜科の爬虫類。全長23～27cm。

[分]ニューカレドニア
¶ゲッコー (p81/カ写)
爬両1800 (p160/カ写)

サラドロガメ *Kinosternon integrum*
ドロガメ科ドロガメ亜科の爬虫類。甲長15〜18cm。[分]メキシコ北部大西洋岸〜中部
¶世カメ (p133/カ写)
世爬 (p47/カ写)
爬両1800 (p54/カ写)

サ

ザラバラブロンズヤモリ *Ailuronyx trachygaster*
ヤモリ科の爬虫類。絶滅危惧II類。[分]セイシェル諸島のシルエット島とプララン島
¶レ生 (p141/カ写)

サラブレッド Thoroughbred
馬の一品種。軽量馬。体高142〜173cm。イングランドの原産。
¶アルテ馬 (p46/カ写)
世文動 (p187/カ写)
日家 (p36/カ写)

サラマンダーヤモリ *Matoatoa brevipes*
ヤモリ科ヤモリ亜科の爬虫類。全長5〜7cm。[分]マダガスカル南西部
¶ゲッコー (p49/カ写)
世爬 (p105/カ写)
爬両1800 (p145/カ写)
爬両ビ (p107/カ写)

サラモチコウモリ *Myzopoda aurita* 皿持蝙蝠
サラモチコウモリ科の哺乳類。前腕長5cm前後。[分]マダガスカル南東部
¶レ生 (p140/カ写)

サラワクイルカ *Lagenodelphis hosei* サラワク海豚
マイルカ科の哺乳類。体長2〜2.6m。[分]熱帯の外洋
¶クイ百 (p128/カ図)
くら哺 (p97/カ写)
地球 (p616/カ図)
日哺学フ (p240/カ写, カ図)

サルヴィンオオニオイガメ *Staurotypus salvinii*
ドロガメ科オオニオイガメ亜科の爬虫類。甲長18〜24cm。[分]メキシコ〜エルサルバドルの太平洋側
¶世カメ (p150/カ写)
世爬 (p50/カ写)
爬両1800 (p57/カ写)
爬両ビ (p61/カ写)

サルーキ Saluki
犬の一品種。別名サルキー, ガゼル・ハウンド。獣猟犬。体高58〜71cm。中東の原産。
¶アルテ犬 (p50/カ写)
最犬大 (p420/カ写)
新犬種〔サルキー〕(p284/カ写)
新世犬 (p214/カ写)
図世犬 (p338/カ写)
世文動〔サルキー〕(p146/カ写)
ビ犬 (p131/カ写)

サルクイワシ ⇒フィリピンワシを見よ

サルジニアナガレイモリ *Euproctus platycephalus*
イモリ科の両生類。全長10〜14cm。[分]イタリアのサルジニア島東部の3地域
¶地球 (p367/カ写)

サルース・ウルフドッグ ⇒サルース・ウルフホンドを見よ

サルース・ウルフホンド Saarloos Wolfhond
犬の一品種。別名サルース・ウルフドッグ, サーロスウルフホント, サールロース・ウルフドッグ, サーロス・ウルフドッグ。体高 オス65〜75cm, メス60〜70cm。オランダの原産。
¶最犬大〔サルース・ウルフドッグ〕(p72/カ写)
新犬種〔サールロース・ウルフドッグ〕(p302/カ写)
新世犬 (p67/カ写)
図世犬 (p81/カ写)
ビ犬〔サーロス・ウルフドッグ〕(p40/カ写)

サルタンガラ *Melanochlora sultanea* サルタン雀
シジュウカラ科の鳥。全長20cm。[分]ネパール東部〜中国南部, 東南アジア
¶世鳥大 (p403/カ写)

サルトルシボンヘビ *Tropidodipsas sartorii*
ナミヘビ科ヒラタヘビ亜科の爬虫類。全長45〜55cm。[分]メキシコ〜コスタリカにかけての中米
¶爬両1800 (p287/カ写)

サルハマシギ *Calidris ferruginea* 猿浜鷸, 猿浜鴫
シギ科の鳥。全長22cm。[分]シベリア北部, アラスカ
¶くら鳥 (p110/カ写)
四季鳥 (p35/カ写)
世文鳥 (p124/カ写)
鳥比 (p311/カ写)
鳥650 (p285/カ写)
名鳥図 (p84/カ写)
日ア鳥 (p246/カ写)
日鳥識 (p158/カ写)
日鳥水増 (p218/カ写)
日野鳥新 (p285/カ写)
日野鳥増 (p309/カ写)
ひと目鳥 (p73/カ写)
フ日野新 (p140/カ図)
フ日野増 (p140/カ図)
フ野鳥 (p168/カ図)
野鳥山フ (p30,182/カ図, カ写)
山溪名鳥 (p176/カ写)

サルビンネッタイキノボリサンショウウオ *Bolitoglossa salvinii*
アメリカサンショウウオ科の両生類。絶滅危惧IB類。㊊グアテマラ南部とエルサルバドル
¶**レ生**(p145/カ写)

サルプラニナ Sharplanina
犬の一品種。別名イリリアン・シープドッグ, オフチャルスキ・パス・シャルプラニナツ, シャルプラニナッツ。体高 オス62cm, メス56cm。セルビアおよびマケドニアの原産。
¶**最犬大**(p150/カ写)
新犬種〔サルプラニナッチ〕(p316/カ写)
新世犬〔サルプラニナック〕(p68/カ写)
図世犬(p123/カ写)
ビ犬〔サルプラニナッツ〕(p48/カ写)

サルプラニナック ⇒サルプラニナを見よ

サルプラニナッチ ⇒サルプラニナを見よ

サルミンヌマチガエル *Limnodynastes salmini*
ヌマチガエル科の両生類。体長6〜7.5cm。㊊オーストラリア
¶**カエル見**(p80/カ写)
世両(p135/カ写)
爬両1800(p410/カ写)
爬両ビ(p274/カ写)

サールロース・ウルフドッグ ⇒サルース・ウルフホンドを見よ

サレルノ Salerno
馬の一品種。軽量馬。体高160cm。イタリアの原産。
¶**アルテ馬**(p119/カ写)

サーロス・ウルフドッグ ⇒サルース・ウルフホンドを見よ

サーロス・ウルフホント ⇒サルース・ウルフホンドを見よ

サワカヤマウス *Reithrodontomys raviventris*
ネズミ科の哺乳類。絶滅危惧II類。体長7〜7.5cm。㊊北アメリカ
¶**世哺**(p156/カ写)

サンガクガーターヘビ *Thamnophis exsul*
ナミヘビ科ユウダ亜科の爬虫類。全長45〜100cm。㊊メキシコ(コアウィラ州)
¶**爬両1800**(p273/カ写)

サンカクソウカダ *Xenochrophis trianguligerus*
ナミヘビ科ユウダ亜科の爬虫類。全長80〜90cm。㊊東南アジア, インド
¶**爬両1800**(p275/カ写)
爬両ビ(p198/カ写)

サンガクタマゴヘビ *Dasypeltis atra*
ナミヘビ科ナミヘビ亜科の爬虫類。全長50〜80cm。㊊アフリカ大陸東部
¶**爬両1800**(p293/カ写)

サンガクツケハナヘビ *Salvadora grahamiae*
ナミヘビ科ナミヘビ亜科の爬虫類。全長50〜100cm。㊊アメリカ合衆国南部, メキシコ北部
¶**爬両1800**(p293/カ写)
爬両ビ(p206/カ写)

サンガクブロンズヘビ *Dendrelaphis subocularis*
ナミヘビ科ナミヘビ亜科の爬虫類。全長90〜100cm。㊊中国南部〜ミャンマー, タイ, ベトナムなど
¶**爬両1800**(p290/カ写)

サンガクマムシ *Gloydius saxatilis*
クサリヘビ科の爬虫類。全長50〜75cm。㊊朝鮮半島〜中国東北部, ロシアの極東部
¶**世文動**(p302/カ写)

サンカクミズモグリ *Hydrops triangularis*
ナミヘビ科ヒラタヘビ亜科の爬虫類。全長70〜100cm。㊊南米大陸北部〜北西部・西部
¶**爬両1800**(p277/カ写)

サンカノゴイ *Botaurus stellaris* 山家五位
サギ科の鳥。絶滅危惧IB類(環境省レッドリスト)。全長65〜80cm。㊊ヨーロッパ, 北アジア
¶**くら鳥**(p98/カ写)
四季鳥(p57/カ写)
絶鳥事(p11,162/カ写, モ図)
絶百6(p26/カ写)
世鳥大(p164/カ写)
世鳥卵(p40/カ写, カ図)
世鳥ネ(p72/カ写)
世文鳥(p47/カ写)
地球(p426/カ写)
鳥卵巣(p72/カ写, カ図)
鳥比(p259/カ写)
鳥650(p155/カ写)
名鳥図(p24/カ写)
日ア鳥(p134/カ写)
日鳥識(p114/カ写)
日鳥水増(p72/カ写)
日野鳥新(p141/カ写)
日野鳥増(p177/カ写)
ぱっ鳥(p88/カ写)
羽根決(p28/カ写, カ図)
フ日野新(p106/カ図)
フ日野増(p106/カ図)
フ野鳥(p96/カ図)
山溪名鳥(p177/カ写)

サンコウチョウ *Terpsiphone atrocaudata* 三光鳥
カササギヒタキ科(カササギ科)の鳥。全長 オス

45cm, メス18cm。 ㊎日本, 台湾, フィリピン
¶くら鳥 (p54/カ写)
里山鳥 (p37/カ写)
四季鳥 (p55/カ写)
巣と卵決 (p170/カ写, カ図)
世文鳥 (p240/カ写)
鳥卵巣 (p302/カ写, カ図)
鳥比 (p87/カ写)
鳥650 (p478/カ写)
名鳥図 (p212/カ写)
日ア鳥 (p401/カ写)
日鳥識 (p222/カ写)
日鳥巣 (p250/カ写)
日鳥山新 (p140/カ写)
日鳥山増 (p257/カ写)
日野鳥新 (p444/カ写)
日野鳥増 (p546/カ写)
ぱっ鳥 (p248/カ写)
バード (p67/カ写)
ひと目鳥 (p191/カ写)
フ日野新 (p260/カ図)
フ日野増 (p260/カ図)
フ野鳥 (p276/カ図)
野鳥学フ (p95/カ写)
野鳥山フ (p55,329/カ図, カ写)
山溪名鳥 (p178/カ写)

サンコウチョウ〔亜種〕 *Terpsiphone atrocaudata atrocaudata* 三光鳥
カササギヒタキ科の鳥。
¶日野鳥新〔サンコウチョウ*〕(p444/カ写)
日野鳥増〔サンコウチョウ*〕(p546/カ写)

サンゴソリハナヘビ *Lystrophis semicinctus*
ナミヘビ科の爬虫類。別名トリカラーホッグノーズスネーク。全長40〜60cm。 ㊎アルゼンチン中部, パラグアイ, ブラジル南西部, ボリビア南部
¶世ヘビ (p46/カ写)

サンジェルマン・ポインター Saint-Germain Pointer
犬の一品種。別名ブラク・サンジェルマン。体高オス56〜62cm, メス54〜59cm。フランスの原産。
¶最犬大 (p338/カ写)
新犬種〔ブラク・サン・ジェルマン〕(p228/カ写)
ビ犬〔サン・ジェルマン・ポインター〕(p256/カ写)

サンジニアボア *Sanzinia madagascariensis*
ボア科ボア亜科の爬虫類。全長150〜350cm。 ㊎マダガスカル
¶世ヘビ (p53/カ写)
爬両1800 (p263/カ写)

ザンジバルメクラヘビ *Letheobia pallida*
メクラヘビ科の爬虫類。全長19cm前後。 ㊎タンザニア (ザンジバル諸島)
¶**爬両1800** (p251/カ写)

サンジャク *Urocissa erythrorhyncha* 山鵲
カラス科の鳥。全長68cm。 ㊎極東
¶世鳥大 (p392)
世鳥ネ (p265/カ写)
地球 (p487/カ写)

サンショウクイ *Pericrocotus divaricatus* 山椒食, 山椒喰
サンショウクイ科の鳥。絶滅危惧II類 (環境省レッドリスト)。全長20cm。 ㊎ウスリー〜朝鮮半島, 本州以南の日本
¶くら鳥 (p45/カ写)
里山鳥 (p77/カ写)
四季鳥 (p27/カ写)
巣と卵決 (p114/カ写, カ図)
絶鳥事 (p14,192/カ写, モ図)
世文鳥 (p207/カ写)
鳥卵巣 (p272/カ写, カ図)
鳥比 (p78/カ写)
鳥650 (p470/カ写)
名鳥図 (p179/カ写)
日ア鳥 (p395/カ写)
日鳥識 (p220/カ写)
日鳥巣 (p166/カ写)
日鳥山新 (p132/カ写)
日鳥山増 (p156/カ写)
日野鳥新 (p442/カ写)
日野鳥増 (p470/カ写)
ぱっ鳥 (p247/カ写)
バード (p68/カ写)
ひと目鳥 (p169/カ写)
フ日野新 (p228/カ図)
フ日野増 (p228/カ図)
フ野鳥 (p272/カ図)
野鳥学フ (p106/カ写, カ図)
野鳥山フ (p48,280/カ図, カ写)
山溪名鳥 (p179/カ写)

サンショウクイ〔亜種〕 *Pericrocotus divaricatus divaricatus* 山椒食, 山椒喰
サンショウクイ科の鳥。
¶名鳥図〔亜種サンショウクイ〕(p179/カ写)
日鳥山新〔亜種サンショウクイ〕(p132/カ写)
日鳥山増〔亜種サンショウクイ〕(p156/カ写)
日野鳥新〔サンショウクイ*〕(p442/カ写)
日野鳥増〔サンショウクイ*〕(p470/カ写)

サンショクウミワシ *Haliaeetus vocifer* 三色海鷲
タカ科の鳥。全長63〜73cm。 ㊎アフリカ, サハラ砂漠以南
¶世鳥大 (p189/カ写)
世鳥ネ (p103/カ写)
鳥卵巣 (p99/カ写, カ図)

サンショクキムネオオハシ *Ramphastos sulfuratus* 三色黄胸大嘴
オオハシ科の鳥。全長46～51cm。㊊メキシコ～コロンビア, ベネズエラ
¶**世鳥大**(p317/カ写)
世鳥ネ(p238/カ写)

サンショクサギ *Egretta tricolor* 三色鷺
サギ科の鳥。全長55～57cm。㊊北アメリカ南部～中央アメリカ, 西インド諸島, 南アメリカ北部
¶**地球**(p426/カ写)

サンショクツバメ *Petrochelidon pyrrhonota* 三色燕
ツバメ科の鳥。全長13cm。㊊北アメリカ
¶**世鳥大**(p406/カ写)
鳥卵巣(p265/カ写, カ図)

サンショクハゴロモガラス *Agelaius tricolor* 三色羽衣鴉, 三色羽衣烏
ムクドリモドキ科の鳥。全長19～23cm。㊊カルフォルニア
¶**世鳥ネ**(p327/カ写)

サンショクヒタキ *Petroica boodang* 三色鶲
オーストラリアヒタキ科の鳥。全長12～13.5cm。㊊オーストラリア南東部・南西部, タスマニア
¶**原色鳥**(p22/カ写)

サンタクルスゾウガメ *Chelonoidis porteri*
リクガメ科の爬虫類。甲長100～135cm。㊊エクアドル(ガラパゴス諸島)
¶**世カメ**(p27/カ写)
爬両1800(p14/カ写)

サンタクルズユビナガサラマンダー *Ambystoma macrodactylum croceum*
マルクチサラマンダー科の両生類。全長10～17cm。㊊カリフォルニア州モンテレー郡
¶**絶百6**(p20/カ写)

サンタマルタエリマキチビハチドリ *Chaetocercus astreans*
ハチドリ科ハチドリ亜科の鳥。全長7cm。
¶**ハチドリ**(p319/カ写)

サンティアゴチビヤモリ *Sphaerodactylus dimorphicus*
ヤモリ科チビヤモリ亜科の爬虫類。全長6.5～7cm。㊊キューバ南東部
¶**ゲッコー**(p105/カ写)

サンディバルミモダエトカゲ *Lygosoma sundevalli*
スキンク科の爬虫類。別名サンドヴァルミモダエトカゲ。全長12～16cm。㊊アフリカ大陸中部以南
¶**世爬**(p137/カ写)
爬両1800(p207/カ写)
爬両ビ〔サンドヴァルミモダエトカゲ〕(p146/カ写)

サンデバルカグラコウモリ *Hipposideros caffer*
カグラコウモリ科の哺乳類。体長8～9cm。
¶**地球**(p554/カ写)

サンドイッチアジサシ *Sterna sandvicensis* サンドイッチ鯵刺
カモメ科の鳥。全長40～45cm。㊊アメリカ南東部, メキシコ沿岸, ヨーロッパ, カスピ海沿岸
¶**鳥卵巣**(p208/カ写, カ図)

サンドヴァルミモダエトカゲ ⇒サンディバルミモダエトカゲを見よ

サンドスキンク *Scincus scincus*
スキンク科の爬虫類。全長20cm。㊊北アメリカ産
¶**地球**(p387/カ写)

サントメオオクサガエル *Hyperolius thomensis*
クサガエル科の両生類。絶滅危惧IB類。㊊ギニア湾に浮かぶサントメ島熱帯原生林
¶**レ生**(p146/カ写)

サントメオナガモズ *Lanius newtoni* サントメ尾長百舌
モズ科の鳥。絶滅危惧IA類。全長19cm。㊊ギニア湾にあるサン・トメ島
¶**レ生**(p147/カ写)

サントメオリーブトキ ⇒サントメテリハトキを見よ

サントメテリハトキ *Bostrychia bocagei* サントメ照羽朱鷺
トキ科の鳥。別名サントメオリーブトキ。絶滅危惧IA類。全長50cm。㊊サントメ島
¶**レ生**(p148/カ写)

サンニコラウカベヤモリ *Tarentola nicolauensis*
ヤモリ科ワレユビヤモリ亜科の爬虫類。全長10～12cm。㊊カーボベルデ共和国(サン・ニコラウ島)
¶**ゲッコー**(p63/カ写)

サンバー *Rusa unicolor*
シカ科の哺乳類。別名スイロク。体高1～1.6m。㊊アジア
¶**世文動**(p206/カ写)
世哺(p338/カ写)
地球(p596/カ写)

サンバガエル *Alytes obstetricans* 産婆蛙
サンバガエル科(スズガエル科, ミミナシガエル科)の両生類。別名オリーブサンバガエル。全長3～5cm。㊊ヨーロッパ西部～南部
¶**カエル見**〔オリーブサンバガエル〕(p10/カ写)
驚野動(p162/カ写)
世カエ(p40/カ写)
世文動(p318/カ写)
世両〔オリーブサンバガエル〕(p13/カ写)
地球(p352/カ写)
爬両1800〔オリーブサンバガエル〕(p359/カ写)

爬両ビ〔オリーブサンバガエル〕(p238/カ写)

サンビームヘビ *Xenopeltis unicolor*
サンビームヘビ科の爬虫類。全長80〜110cm。㊊インド, 東南アジア
¶世爬(p168/カ写)
世文動(p281/カ写)
世ヘビ(p81/カ写)
地球(p399/カ写)
爬両1800(p251/カ写)
爬両ビ(p178/カ写)

サンフランシスコガーターヘビ *Thamnophis sirtalis tetrataenia*
ナミヘビ科の爬虫類。全長1.3m。㊊サンフランシスコ半島西半分の限られた地域
¶絶百9(p70/カ写)

ザンベジフタスッポン *Cycloderma frenatum*
スッポン科フタスッポン亜科の爬虫類。甲長最大56cmまで。㊊タンザニア南部, ザンビア, マラウィ, モザンビーク北部, ジンバブエ東部
¶世カメ(p162/カ写)
爬両1800(p50/カ写)

【シ】

シアマン ⇒フクロテナガザルを見よ

シェスキー・テリア ⇒チェスキー・テリアを見よ

シェットランド・シープドッグ Shetland Sheepdog
犬の一品種。別名シェルティー。体高 オス37cm, メス35.5cm。イギリスの原産。
¶アルテ犬(p186/カ写)
最犬大(p40/カ写)
新犬種(p77/カ写)
新世犬(p70/カ写)
図世犬(p84/カ写)
世文動〔シェトランド・シープドッグ〕(p147/カ写)
ビ犬(p55/カ写)

シェットランド・ポニー ⇒シェトランド・ポニーを見よ

シェトランド〔ウマ〕 ⇒シェトランド・ポニーを見よ

シェトランド〔ヒツジ〕 Shetland
羊の一品種。イギリスの原産。
¶日家(p130/カ写)

シェトランド・シープドッグ ⇒シェットランド・シープドッグを見よ

シェトランド・ポニー Shetland Pony
馬の一品種。体高 イギリス62〜102cm, アメリカ62〜112cm。スコットランド・シェトランド島の原産。
¶アルテ馬〔シェトランド〕(p242/カ写)
世文動〔シェットランド・ポニー〕(p188/カ写)
日家(p40/カ写)

ジェフロアカエルガメ ⇒ジョフロアカエルガメを見よ

ジェフロイカエルガメ ⇒ジョフロアカエルガメを見よ

ジェフロイネコ ⇒ジョフロワネコを見よ

ジェームスコメネズミ *Nesoryzomys swarthi*
キヌゲネズミ科の哺乳類。絶滅危惧II類。㊊ガラパゴス諸島のサンティアンゴ島
¶レ生(p149/カ写)

ジェルヴェオウギハクジラ *Mesoplodon europaeus*
アカボウクジラ科の哺乳類。体長4.5〜5m。㊊大西洋
¶クイ百(p224/カ図)
地球(p614/カ図)

シェルティー ⇒シェットランド・シープドッグを見よ

ジェルドンオビロヨタカ *Caprimulgus (macrurus) atripennis* ジェルドン尾広夜鷹
ヨタカ科の鳥。㊊インド南部
¶世鳥卵〔ジェルドンオビロヨタカ(オビロヨタカ)〕(p135/カ写, カ図)

ジェレヌク *Litocranius walleri*
ウシ科の哺乳類。体高80〜105cm。㊊アフリカ
¶世文動(p226/カ写)
世哺(p372/カ写)
地球(p604/カ写)

シェンシーハコガメ *Cuora pani*
アジアガメ科(イシガメ(バタグールガメ)科)の爬虫類。甲長14〜16cm。㊊中国(陝西省・四川省・雲南省)
¶世カメ(p272/カ写)
爬両1800(p43/カ写)

ジェンツーペンギン *Pygoscelis papua*
ペンギン科の鳥類。全長71〜80cm。㊊南極, 亜南極, 南アメリカ南部
¶世鳥大(p138/カ写)
世鳥ネ(p52/カ写)
地球(p417/カ写)
鳥卵巣(p40/カ写, カ図)

シェン・ド・トレ・ベルジェ ⇒ベルジアン・マスティフを見よ

ジェントルキツネザル ⇒ハイイロジェントルキツネザルを見よ

シオミズベヘビ *Nerodia clarkii*
ナミヘビ科ユウダ亜科の爬虫類。全長40〜100cm。㊎南米大陸南部〜南東部沿岸域
¶世爬 (p184/カ写)
爬両1800 (p270/カ写)
爬両ビ (p197/カ写)

シカイヘビスキンク *Ophiomorus latastii*
スキンク科の爬虫類。全長15〜20cm。㊎イスラエル, シリア, ヨルダン, レバノン
¶爬両1800 (p207/カ写)
爬両ビ (p146/カ写)

ジーガーツヤヘビ *Liophis jaegeri*
ナミヘビ科ヒラタヘビ亜科の爬虫類。全長50〜60cm。㊎ブラジル, ウルグアイ, パラグアイ, アルゼンチン
¶爬両1800 (p279/カ写)

シカノカナヘビ *Takydromus luyeanus*
カナヘビ科の爬虫類。全長15〜25cm。㊎台湾
¶爬両1800 (p194/カ写)

ジカマドドリ *Geositta cunicularia* 地竈鳥
カマドドリ科の鳥。全長14〜17cm。㊎南アフリカ南部(ペルーおよびブラジル〜ティエラ・デル・フエゴ)
¶世鳥大〔ジカママドリ〕(p354/カ写)
世鳥ネ (p259/カ写)

シキチョウ *Copsychus saularis* 四季鳥
ヒタキ科(ツグミ科)の鳥。全長20cm。㊎インド, 中国南部, 中南アジア, インドネシア, フィリピン
¶世鳥大 (p442/カ写)
世鳥卵 (p178/カ写, カ図)

ジゲダイ ⇒チゲダイを見よ

シコクケン Shikoku 四国犬
犬の一品種。天然記念物。体高 オス49〜55cm, メス46〜52cm。四国の山岳地の原産。
¶最犬大〔四国〕(p208/カ写)
新犬種〔四国犬〕(p134/カ写)
新世犬〔四国〕(p126/カ写)
図世犬〔四国〕(p215/カ写)
日家〔四国犬〕(p232/カ写)
ビ犬〔四国〕(p114/カ写)

シコクトガリネズミ *Sorex shinto shikokensis* 四国尖鼠
トガリネズミ科の哺乳類。シントウトガリネズミの亜種。頭胴長64〜76mm。㊎愛媛県石鎚山, 佐々連尾山や新居浜市の下兜山, 徳島県剣山
¶日哺学フ (p97/カ写)

シコクハコネサンショウウオ *Onychodactylus kinneburi*
サンショウウオ科の両生類。㊎四国, 岡山
¶日カサ (p195/カ写)
野日両 (p27,66,135/カ写)

シコクヤマドリ *Syrmaticus soemmerringii intermedius* 四国山鳥
キジ科の鳥。ヤマドリの亜種。㊎中国・四国地方
¶鳥比 (p14/カ写)
野鳥学フ (p135/カ写)

シコンチョウ *Vidua chalybeata* 紫紺鳥
ハタオリドリ科の鳥。全長10〜11.5cm。㊎アフリカ中部・南部
¶世文鳥 (p279/カ写)
鳥飼 (p96/カ写)

ジサイチョウ *Bucorvus abyssinicus* 地犀鳥
ジサイチョウ科の鳥。全長1m。㊎セネガル, ガンビア, ギニア〜チャド, 中央アフリカ
¶世鳥ネ (p235/カ写)
地球 (p476/カ写)

ジサンショウクイ *Pteropodocys maxima* 地山椒喰
ジサンショウクイ科の鳥。全長33cm。㊎オーストラリア内陸部
¶世鳥卵 (p159/カ写, カ図)

シシオザル *Macaca silenus* 獅子尾猿
オナガザル科の哺乳類。絶滅危惧IB類。体高40〜61cm。㊎インド南西部
¶世文動 (p88/カ写)
地球 (p542/カ写)
美サル (p103/カ写)

シジミマブヤ *Eutropis macularia*
スキンク科の爬虫類。全長13〜17cm。㊎東南アジア, 南アジア
¶爬両1800 (p203/カ写)

シジュウカラ *Parus minor* 四十雀
シジュウカラ科の鳥。全長14cm。㊎ヨーロッパ, 北西アフリカ, シベリアの一部, 東アジア, 中央アジアの一部, インド亜大陸, 東南アジア
¶くら鳥 (p44/カ写)
原寸羽 (p263/カ写)
里山鳥 (p26/カ写)
四季鳥 (p108/カ写)
巣と卵決 (p180/カ写, カ図)
世鳥卵 (p205/カ写, カ図)
世鳥ネ (p271/カ写)
世文鳥 (p244/カ写)
地球 (p488/カ写)
鳥卵巣 (p318/カ写, カ図)
鳥比 (p95/カ写)
鳥650 (p508/カ写)
名鳥図 (p216/カ写)
日ア鳥 (p427/カ写)
日色鳥 (p172/カ写)
日鳥識 (p236/カ写)
日鳥巣 (p260/カ写)

シ

日鳥山新 (p168/カ写)
日鳥山増 (p264/カ写)
日野鳥新 (p476/カ写)
日野鳥増 (p554/カ写)
ぱっ鳥 (p268/カ写)
バード (p12/カ写)
羽根決 (p320/カ写, カ図)
ひと目鳥 (p201/カ写)
フ日野新 (p262/カ図)
フ日野増 (p262/カ図)
フ野鳥 (p292/カ図)
野鳥学フ (p9/カ写, カ図)
野鳥山フ (p60,335/カ図, カ写)
山溪名鳥 (p180/カ写)

シ

シジュウカラ〔亜種〕 *Parus minor minor* 四十雀
シジュウカラ科の鳥。
¶日鳥山新〔亜種シジュウカラ〕(p168/カ写)
日鳥山増〔亜種シジュウカラ〕(p264/カ写)
日野鳥新〔シジュウカラ*〕(p476/カ写)
日野鳥増〔シジュウカラ*〕(p554/カ写)

シジュウカラガン(1) *Branta hutchinsii* 四十雀雁
カモ科の鳥。全長0.6～1.1m。㋓アリューシャン列島
¶くら鳥 (p95/カ写)
四季鳥 (p87/カ写)
世鳥大 (p126/カ写)
世文鳥 (p60/カ写)
鳥比 (p211/カ写)
鳥650 (p36/カ写)
名鳥図 (p40/カ写)
日ア鳥 (p28/カ写)
日鳥識 (p68/カ写)
日鳥水増 (p102/カ写)
日野鳥新 (p36/カ写)
日野鳥増 (p48/カ写)
ひと目鳥 (p62/カ写)
フ日野新 (p32/カ図)
フ日野増 (p32/カ図)
フ野鳥 (p22/カ図)
野鳥学フ (p239/カ写)

シジュウカラガン(2) ⇒カナダガンを見よ

シジュウカラガン〔亜種〕 *Branta hutchinsii leucopareia* 四十雀雁
カモ科の鳥。絶滅危惧IA類（環境省レッドリスト）。
¶遺産日〔シジュウカラガン〕(鳥類 No.3/カ写)
絶鳥事〔シジュウカラガン〕(p1,30/カ写, モ図)
名鳥図〔亜種シジュウカラガン〕(p40/カ写)
日鳥水増〔亜種シジュウカラガン〕(p102/カ写)
日野鳥新〔シジュウカラガン*〕(p36/カ写)

シシリアン・ハウンド ⇒チルネコ・デル・エトナを見よ

ジージンコブイモリ *Paramesotriton zhijinensis*
イモリ科の両生類。全長10～14cm。㋓中国（貴州省織金県）
¶**爬両1800** (p452/カ写)

シー・ズー Shih Tzu
犬の一品種。別名シー・ツェ・コウ。体高27cm以下。中国の原産。
¶アルテ犬 (p138/カ写)
最犬大 (p394/カ写)
新犬種 (p26/カ写)
新世犬 (p302/カ写)
図世犬 (p320/カ写)
世文動 (p147/カ写)
ビ犬 (p272/カ写)

シズクサガエル ⇒キボシクサガエルを見よ

ジスリ Jisuri 地すり
鶏の一品種。体重 オス3～4.2kg, メス2.25～3.3kg。福岡県・熊本県の原産。
¶日家〔地すり〕(p163/カ写)

シセンイボイモリ *Tylototriton wenxianensis*
イモリ科の両生類。全長13～14cm。㋓中国（四川省）
¶**爬両1800** (p453/カ写)

シセンジムグリガエル *Kaloula rugifera*
ヒメガエル科の両生類。体長3.9～4.9cm。㋓中国（四川省）
¶カエル見 (p72/カ写)
爬両1800 (p404/カ写)

シセンタカネサンショウウオ *Batrachuperus pinchonii*
サンショウウオ科の両生類。全長18～20cm。㋓中国（四川省・雲南省など）
¶**爬両1800** (p437/カ写)

シセンミヤマテッケイ *Arborophila rufipectus* 四川深山竹鶏
キジ科の鳥。絶滅危惧IB類。体長28～30.5cm。㋓中国（おもに四川省）(固有)
¶鳥絶 (p141/カ図)

シセンムシクイ *Phylloscopus yunnanensis* 四川虫食, 四川虫喰
ムシクイ科の鳥。全長9～11cm。㋓中国中部～東部
¶鳥比 (p118/カ写)

シタツンガ *Tragelaphus spekii*
ウシ科の哺乳類。体高75～125cm。㋓アフリカ
¶世文動 (p214/カ写)
世哺 (p348/カ写)
地球 (p599/カ写)

シタナガフルーツコウモリ *Macroglossus minimus*
オオコウモリ科の哺乳類。体長6～8.5cm。

¶世文動（p61/カ図）
地球（p550/カ写）

シダムシクイ *Oreoscopus gutturalis* 羊歯虫食, 羊歯虫喰
トゲハシムシクイ科の鳥。全長13〜15cm。㊀オーストラリア北東部
¶世鳥大（p368/カ写）

シチトウメジロ *Zosterops japonicus stejnegeri* 七島目白
メジロ科の鳥。メジロの亜種。
¶巣と卵決（p183/カ写, カ図）
日野鳥新（p510/カ写）

シチメンチョウ *Meleagris gallopavo* 七面鳥
キジ科（シチメンチョウ科）の鳥。全長1.1〜1.2m。㊀北アメリカ, メキシコ
¶世鳥大（p111/カ写）
世鳥卵（p77/カ写, カ図）
世鳥ネ（p35/カ写）
地球（p411/カ写）
鳥卵巣（p127/カ写, カ図）
日家（p222/カ写）
日家〔野生シチメンチョウ〕（p223/カ写）

シチリアカベカナヘビ *Podarcis waglerianus*
カナヘビ科の爬虫類。全長25cm前後。㊀イタリア（シチリア島）
¶爬両1800（p185/カ写）

シー・ツェ・コウ ⇒シー・ズーを見よ

ジツヅリハリトカゲ *Sceloporus grammicus*
イグアナ科ツノトカゲ亜科の爬虫類。全長10〜15cm。㊀アメリカ合衆国南部〜メキシコ中部
¶爬両1800（p82/カ写）

シッポウバト *Oena capensis* 七宝鳩
ハト科の鳥。全長26〜28cm。㊀サハラ以南のアフリカ, アラビア半島, イスラエル南部
¶世鳥大（p248/カ写）
世鳥卵（p125/カ写, カ図）
地球（p453/カ写）
鳥飼（p176/カ写）

シッレルーステーバレー Schillerstövare
犬の一品種。別名シラーシュテーバレ, シラーシュトーヴァレ。体高 オス53〜61cm, メス49〜57cm。スウェーデンの原産。
¶最犬大（p307/カ写）
新犬種〔シラー・シュテーバレ〕（p156/カ写）
ビ犬〔シラーシュトーヴァレ〕（p155/カ写）

ジトッコ Jitokko 地頭鶏
鶏の一品種。天然記念物。体重 オス3kg, メス2.5kg。鹿児島県・宮崎県の原産。
¶日家〔地頭鶏〕（p166/カ写）

シトヤカヒルヤモリ *Phelsuma modesta*
ヤモリ科の爬虫類。全長9〜11cm。㊀マダガスカル南部
¶爬両1800（p142/カ写）

シナアマガエル *Hyla chinensis*
アマガエル科の両生類。体長2.5〜3.5cm。㊀中国中部・南東部, ベトナム, 台湾
¶かえる百（p57/カ写）
カエル見（p31/カ写）
世両（p41/カ写）
爬両1800（p371/カ写）
爬両ビ（p245/カ写）

シナイアガマ *Pseudotrapelus sinaitus*
アガマ科の爬虫類。全長25cm前後。㊀アフリカ大陸北東部〜アラビア半島
¶爬両1800（p104/カ写）

シナイモリ *Cynops orientalis* 支那井守, 支那蠑
イモリ科の両生類。全長7〜9cm。㊀中国東部
¶爬両1800（p450/カ写）

シナウスイロイルカ *Sousa chinensis* 支那薄色海豚
マイルカ科の哺乳類。成体体重230〜250kg。㊀インド東部〜中国中部, 東南アジア全域の熱帯〜温帯
¶クイ百（p160/カ図）

シナガチョウ *Anser cygnoides* var.*domesticus* 支那鵞鳥
ガチョウの一品種。体重 オス4.5kg, メス3.5kg。中国の原産。
¶鳥卵巣（p84/カ写, カ図）
鳥比（p209/カ写）
日家（p216/カ写）
日鳥水増（p343/カ写）

シナククリィヘビ *Oligodon chinensis*
ナミヘビ科ナミヘビ亜科の爬虫類。全長50〜60cm。㊀ベトナム北部, 中国南部
¶世爬（p193/カ写）
爬両1800（p290/カ写）
爬両ビ（p203/カ写）

シナコブイモリ *Paramesotriton chinensis*
イモリ科の両生類。全長12〜15cm。㊀中国南部
¶世両（p212/カ写）
爬両1800（p451/カ写）
爬両ビ（p310/カ写）

シナスッポン ⇒スッポンを見よ

シナセタカヘビ *Pareas chinensis*
ナミヘビ科セタカヘビ亜科の爬虫類。全長50〜60cm。㊀中国南部, インド, インドシナ
¶爬両1800（p332/カ写）

シナトカゲ *Plestiodon chinensis*
スキンク科の爬虫類。全長20〜31cm。㊀中国南

部, ベトナム, 台湾
¶**世爬**(p134/カ写)
爬両1800(p200/カ写)
爬両ビ(p139/カ写)

シナヒメトカゲ *Ateuchosaurus chinensis*
スキンク科の爬虫類。全長12～18cm。㊕中国南部, ベトナム北部, 台湾
¶**爬両1800**(p201/カ写)

シ

シナミズトカゲ *Tropidophorus sinicus*
スキンク科の爬虫類。全長9～14cm。㊕中国, ベトナム
¶**世爬**(p145/カ写)
爬両1800(p216/カ写)
爬両ビ(p151/カ写)

シナミズヘビ *Enhydris chinensis*
ナミヘビ科ミズヘビ亜科の爬虫類。全長20～80cm。㊕中国南部, 台湾, ベトナム北部
¶**世爬**(p184/カ写)
世ヘビ(p103/カ写)
爬両1800(p267/カ写)
爬両ビ(p195/カ写)

シナモン Cinnamon
兎の一品種。アメリカ合衆国の原産。
¶**うさぎ**(p76/カ写)
新うさぎ(p82/カ写)

シナヤモリ *Gekko chinensis*
ヤモリ科ヤモリ亜科の爬虫類。全長11～15cm。㊕中国南部, カンボジア, ベトナム
¶**ゲッコー**(p19/カ写)
爬両1800(p129/カ写)

シナロアヘラクチガエル *Triprion spatulatus spatulatus*
アマガエル科の両生類。体長8.5～10.5cm。㊕メキシコ(シナロア州)
¶**カエル見**(p37/カ写)

シナロアミルクスネーク *Lampropeltis triangulum sinaloae*
ナミヘビ科の爬虫類。ミルクスネークの亜種。全長最大1.2m。㊕メキシコ(シナロア州・ソノーラ州・チワワ州)
¶**世ヘビ**(p34/カ写)

シナワニトカゲ *Shinisaurus crocodilurus*
ワニトカゲ科(コブトカゲ科)の爬虫類。全長30～40cm。㊕中国南部, ベトナム北東部
¶**世爬**(p153/カ写)
世文動(p276/カ写)
地球〔ワニトカゲ〕(p388/カ写)
爬両1800(p233/カ写)
爬両ビ(p163/カ写)

シヌーク ⇒チヌークを見よ

ジネズミ *Crocidura dsinezumi* 地鼠
トガリネズミ科の哺乳類。別名ニホンジネズミ。頭胴長61～84mm。㊕北海道中央部以南, 本州, 四国, 九州, 隠岐, 佐渡島, 伊豆諸島新島, 種子, 屋久, 五島, トカラ列島中之島, 福岡県沖の島
¶**くら哺**(p32/カ写)
世文動(p54/カ写)
日哺改〔ニホンジネズミ〕(p14/カ写)
日哺学フ〔ニホンジネズミ〕(p99/カ写)

シノビヒルヤモリ *Phelsuma mutabilis*
ヤモリ科の爬虫類。全長10cm前後。㊕マダガスカル西部～南部
¶**爬両1800**(p142/カ写)

シノリガモ *Histrionicus histrionicus* 晨鴨, 晨鳧
カモ科の鳥。全長38～51cm。㊕アイスランド, グリーンランド, ラブラドル, 北アメリカ北西部, シベリア北東部, 日本
¶**くら鳥**(p90,92/カ写)
原寸羽(p57/カ写)
里山鳥(p203/カ写)
四季鳥(p87/カ写)
世鳥大(p133/カ写)
世文鳥(p79/カ写)
地球(p414/カ写)
鳥比(p228/カ写)
鳥650(p74/カ写)
名鳥図(p60/カ写)
日ア鳥(p66/カ写)
日色鳥(p180/カ写)
日カモ(p235/カ写, カ図)
日鳥識(p86/カ写)
日鳥水増(p151/カ写)
日野鳥新(p75/カ写)
日野鳥増(p83/カ写)
ぱっ鳥(p52/カ写)
バード(p150/カ写)
羽根決(p375/カ写, カ図)
ひと目鳥(p46/カ写)
フ日野新(p54/カ図)
フ日野増(p54/カ図)
フ野鳥(p46/カ図)
野鳥学フ(p221/カ写)
野鳥山フ(p20,120/カ図, カ写)
山渓名鳥(p184/カ写)

シバイヌ Shiba Inu 柴犬
犬の一品種。天然記念物。体高 オス38～41cm, メス35～38cm。日本の原産。
¶**最犬大**〔柴〕(p206/カ写)
新犬種〔柴犬〕(p90/カ写)
新世犬〔柴犬〕(p122/カ写)
図世犬〔柴〕(p212/カ写)
世文動〔柴犬〕(p149/カ写)
日家〔柴犬〕(p229/カ写)

ビ犬〔柴〕(p114/カ写)

シバットリ 芝鶏
鶏の一品種。体重 オス1.5kg, メス1.2kg。新潟県の原産。
¶日家〔芝鶏〕(p153/カ写)

シバヤギ Shiba Goat 柴山羊
山羊の一品種。日本在来山羊。体高 オス55〜60cm, メス50〜55cm。長崎県の原産。
¶世文動(p233/カ写)
日家〔柴山羊〕(p112/カ写)

シフゾウ *Elaphurus davidianus* 四不像
シカ科の哺乳類。絶滅危惧IA類。体高1.1〜1.2m。㊀アジア
¶絶百6(p44/カ写)
世文動(p204/カ写)
世哺(p338/カ写)
地球(p597/カ写)

シベリアアオジ *Emberiza spodocephala spodocephala* シベリア青鵐, シベリア蒿雀
ホオジロ科の鳥。アオジの亜種。
¶名鳥図(p223/カ写)
日鳥山新(p371/カ写)
日鳥山増(p291/カ写)
日野鳥新(p641/カ写)
日野鳥増(p581/カ写)

シベリアイタチ ⇒チョウセンイタチを見よ

シベリアイワツバメ *Delichon urbica lagopoda* シベリア岩燕
ツバメ科の鳥。イワツバメの亜種。㊀日本海の離島で記録
¶日鳥山増(p136/カ写)

シベリアオウギセッカ *Locustella tacsanowskia* シベリア扇雪加
センニュウ科の鳥。全長13cm。㊀ロシアのトランスバイカリア周辺〜沿海地方南部, モンゴル北部, 中国東北部〜中国中南部で繁殖
¶日ア鳥(p471/カ写)

シベリアオオハシシギ *Limnodromus semipalmatus* シベリア大嘴鷸, シベリア大嘴鴫
シギ科の鳥。全長33cm。㊀シベリア, 中国北東部
¶原寸羽(p295/カ写)
世文鳥(p128/カ写)
鳥比(p293/カ写)
鳥650(p249/カ写)
日ア鳥(p213/カ写)
日鳥識(p146/カ写)
日鳥水増(p230/カ写)
日野鳥新(p241/カ写)
日野鳥増(p295/カ写)
フ日野新(p154/カ図)
フ日野増(p154/カ図)
フ野鳥(p146/カ図)
山溪名鳥(p78/カ写)

シベリアオオヤマネコ ⇒オオヤマネコを見よ

シベリアコガラ *Poecile cincta* シベリア小雀
シジュウカラ科の鳥。全長14cm。㊀ユーラシア大陸北部, アラスカ
¶世鳥大(p402/カ写)
日ア鳥(p429/カ写)

シ

シベリアサンショウウオ *Ranodon sibiricus*
サンショウウオ科の両生類。全長15〜25cm。㊀旧ソ連の東カザフスタン山地と中国新疆ウイグル自治区西部
¶世文動(p309/カ写)

シベリアジャコウジカ *Moschus moschiferus*
シカ科(ジャコウジカ科)の哺乳類。絶滅危惧II類。体長80〜100cm。㊀中央アジア, 中国, 朝鮮半島, サハリン, シベリア, 西モンゴルなど
¶絶百6(p46/カ図)
世文動〔ジャコウジカ〕(p200/カ写)

シベリアジュリン *Emberiza pallasi* シベリア寿林
ホオジロ科の鳥。全長14cm。㊀シベリア, 天山山脈〜モンゴル・中国北東部に至る地域, ウスリー, 朝鮮半島
¶原寸羽(p271/カ写)
世文鳥(p255/カ写)
鳥比(p199/カ写)
鳥650(p716/カ写)
名鳥図(p223/カ写)
日ア鳥(p611/カ写)
日鳥識(p302/カ写)
日鳥山新(p373/カ写)
日鳥山増(p288/カ写)
日野鳥新(p648/カ写)
日野鳥増(p583/カ写)
フ日野新(p276/カ図)
フ日野増(p276/カ図)
フ野鳥(p404/カ図)

シベリアセンニュウ *Locustella certhiola* シベリア仙入
センニュウ科の鳥。全長13.5cm。㊀中央アジア〜シベリア, 中国北東部, カムチャツカ半島
¶鳥比(p120/カ写)
鳥650(p564/カ写)
日ア鳥(p474/カ写)
日鳥山新(p216/カ写)
日鳥山増(p221/カ写)
フ日野新(p332/カ図)
フ日野増(p330/カ図)
フ野鳥(p320/カ図)

シベリアツメナガセキレイ *Motacilla flava plexa* シベリア爪長鶺鴒
セキレイ科の鳥。ツメナガセキレイの亜種。
¶**日鳥山新**(p311/カ写)
日鳥山増(p141/カ写)
日野鳥新(p585/カ写)
日野鳥増(p455/カ写)

シベリアハクセキレイ *Motacilla alba baicalensis* シベリア白鶺鴒
セキレイ科の鳥。ハクセキレイの亜種。
¶**名鳥図**(p176/カ写)
日鳥山新(p315/カ写)
日鳥山増(p145/カ写)
日野鳥新(p589/カ写)
日野鳥増(p459/カ写)
山溪名鳥(p201/カ写)

シベリアハヤブサ *Falco peregrinus harterti* シベリア隼
ハヤブサ科の鳥。ハヤブサの亜種。
¶**ワシ**(p163/カ写)

シベリアビッグホーン *Ovis nivicola*
ウシ科の哺乳類。体高0.9~1.1m。㊕シベリア北東部
¶**地球**(p607/カ写)

シベリアムクドリ *Agropsar sturninus* シベリア椋鳥
ムクドリ科の鳥。全長18cm。㊕朝鮮半島北部~中国北東部, ウスリー地方
¶**世文鳥**(p267/カ写)
鳥比(p127/カ写)
鳥650(p582/カ写)
日ア鳥(p494/カ写)
日鳥山新(p235/カ写)
日鳥山増(p328/カ写)
日野鳥新(p531/カ写)
日野鳥増(p617/カ写)
フ日野新(p294/カ図)
フ日野増(p294/カ図)
フ野鳥(p330/カ図)

シベリアレミング *Lemmus sibericus*
ネズミ科の哺乳類。体長12~15cm。㊕北アメリカ, ユーラシア
¶**世哺**(p165/カ写)

シベリアン・ハスキー Siberian Husky
犬の一品種。体高 オス53.5~60cm, メス50.5~56cm。ロシア(シベリア)の原産。
¶**アルテ犬**(p166/カ写)
最犬大(p223/カ写)
新犬種(p184/カ写)
新世犬(p124/カ写)
図世犬(p216/カ写)
世文動(p147/カ写)
ビ犬(p101/カ写)

ジーベンビュルガー・ブラッケ ⇒トランシルバニアン・ハウンドを見よ

ジーベンロックナガクビガメ ⇒チリメンナガクビガメを見よ

シボリナガスベトカゲ *Riopa koratense*
スキンク科の爬虫類。全長16~20cm。㊕タイ
¶**爬両1800**(p202/カ写)
爬両ビ(p141/カ写)

シマアオジ *Emberiza aureola* 島青鵐, 島蒿雀
ホオジロ科の鳥。絶滅危惧IA類(環境省レッドリスト)。全長15cm。㊕フィンランド~カムチャツカ半島, オホーツク海沿岸, モンゴル北部, 中国北東部, ウスリー地方。日本では青森県, 北海道
¶**遺産日**(鳥類 No.16/カ写, モ図)
原寸羽(p269/カ写)
四季鳥(p55/カ写)
巣と卵決(p186/カ写, カ図)
絶鳥事(p16,220/カ写, モ図)
世文鳥(p252/カ写)
鳥卵巣(p346/カ写, カ図)
鳥比(p195/カ写)
鳥650(p709/カ写)
名鳥図(p222/カ写)
日ア鳥(p604/カ写)
日色鳥(p108/カ写)
日鳥識(p298/カ写)
日鳥巣(p274/カ写)
日鳥山新(p366/カ写)
日鳥山増(p284/カ写)
日野鳥新(p638/カ写)
日野鳥増(p574/カ写)
ぱっ鳥(p368/カ写)
バード(p36/カ写)
ひと目鳥(p209/カ写)
フ日野新(p274/カ図)
フ日野増(p274/カ図)
フ野鳥(p400/カ図)
野鳥学フ(p98/カ写)
野鳥山フ(p56,344/カ図, カ写)
山溪名鳥(p13/カ写)

シマアカモズ *Lanius cristatus lucionensis* 島赤百舌, 島赤鵙
モズ科の鳥。アカモズの亜種。
¶**原寸羽**(p231/カ写)
名鳥図(p182/カ写)
日鳥山新(p145/カ写)
日鳥山増(p165/カ写)
日野鳥新(p449/カ写)
日野鳥増(p475/カ写)
羽根決(p266/カ写, カ図)
野鳥学フ(p47/カ写, カ図)

野鳥山フ(p287/カ写)

シマアジ *Anas querquedula* 縞味
カモ科の鳥。全長38cm。[分]ヨーロッパ，アジア中部。日本では愛知県と北海道
¶くら鳥(p87,88/カ写)
里山鳥(p43/カ写)
四季鳥(p40/カ写)
世美羽(p104/カ写)
世文鳥(p71/カ写)
鳥卵巣(p93/カ写，カ図)
鳥比(p221/カ写)
鳥650(p57/カ写)
名鳥図(p51/カ写)
日ア鳥(p45/カ写)
日カモ(p117/カ写，カ図)
日鳥識(p78/カ写)
日鳥水増(p133/カ写)
日野鳥新(p47/カ写)
日野鳥増(p59/カ写)
ぱっ鳥(p46/カ写)
バード(p100/カ写)
羽根決(p70/カ写，カ図)
ひと目鳥(p54/カ写)
フ日野新(p42/カ図)
フ日野増(p42/カ図)
フ野鳥(p34/カ図)
野鳥学フ(p168/カ写)
野鳥山フ(p18,112/カ図，カ写)
山溪名鳥(p185/カ写)

シマアリモズ *Thamnophilus doliatus* 縞蟻鵙
アリドリ科の鳥。全長16cm。[分]メキシコ〜アルゼンチン最北端
¶世鳥大(p351/カ写)

シマウサギワラビー *Lagostrophus fasciatus*
カンガルー科の哺乳類。頭胴長40〜45cm。[分]オーストラリア西部
¶世文動(p48/カ図)

シマエナガ *Aegithalos caudatus japonicus* 島柄長
エナガ科の鳥。エナガの亜種。
¶くら鳥(p45/カ写)
名鳥図(p213/カ写)
日色鳥(p146/カ写)
日鳥山新(p190/カ写)
日鳥山増(p258/カ写)
日野鳥新(p499/カ写)
日野鳥増(p549/カ写)
ぱっ鳥(p283/カ写)
野鳥学フ(p27/カ写)
野鳥山フ(p330/カ写)
山溪名鳥(p69/カ写)

シマオイワワラビー *Petrogale xanthopus*
カンガルー科の哺乳類。頭胴長65〜80cm。[分]南オーストラリア州東部，ニューサウスウェールズ州北西部，クイーンズランド州南西部
¶世文動(p49/カ写)

シマオオセッカ *Megalurus gramineus*
ウグイス科の鳥。全長13cm。[分]オーストラリア東部・南西部，タスマニア島
¶世鳥大(p413/カ写)
世鳥ネ(p284/カ写)

シマオオナガテリムク *Lamprotornis mevesii* 縞尾尾長照椋
ムクドリ科の鳥。全長30cm。[分]アフリカ南部
¶原色鳥(p165/カ写)

シマオトカゲ *Callisaurus draconoides*
イグアナ科ツノトカゲ亜科の爬虫類。全長16〜23cm。[分]アメリカ合衆国南西部，メキシコ
¶爬両1800(p82/カ写)

シマガエル *Nesomantis thomasseti*
セーシェルガエル科の両生類。別名トマセットセーシェルガエル。体長11〜40mm。[分]セーシェルのマヘ島とシルエット島
¶世カエ(p510)

シマカザリハチドリ *Lophornis magnificus* 縞飾蜂鳥
ハチドリ科ミドリフタオハチドリ亜科の鳥。全長7〜8cm。[分]ブラジル東・中部
¶世鳥大(p295/カ写)
ハチドリ(p99/カ写)

シマキンパラ *Lonchura punctulata* 縞金腹
カエデチョウ科の鳥。別名アミハラ。全長12cm。[分]インド，スリランカ
¶巣と卵決(p251/カ写)
地球〔シマキンバラ〕(p494/カ写)
鳥比(p162/カ写)
鳥650(p726/カ写)
名鳥図(p247/カ写)
日鳥識(p304/カ写)
日鳥巣(p322/カ写)
日鳥山新(p390/カ写)
日鳥山増(p355/カ写)
フ日野新(p304/カ図)
フ日野増(p304/カ図)
フ野鳥(p370/カ図)

シマクイナ *Coturnicops exquisitus* 縞水鶏，縞秧鶏
クイナ科の鳥。絶滅危惧IB類(環境省レッドリスト)。全長13〜18cm。[分]北アメリカ，中央アメリカ
¶絶鳥事(p78/モ図)
世文鳥(p107/カ写)
地球(p439/カ写)
鳥卵巣(p159/カ写，カ図)

鳥比(p271/カ写)
鳥650(p189/カ写)
日ア鳥(p164/カ写)
日鳥水増(p177/カ写)
日野鳥新(p187/カ写)
日野鳥増(p223/カ写)
フ日野新(p124/カ図)
フ日野増(p124/カ図)
フ野鳥(p114/カ図)
山溪名鳥(p135/カ写)

シマクサマウス *Lemniscomys striatus*
ネズミ科の哺乳類。体長10～14cm。 ㊎アフリカ
¶世哺(p165/カ写)

シマクマゲラ *Dryocopus lineatus* 縞熊啄木鳥
キツツキ科の鳥。全長30～36cm。 ㊎中央・南アメリカ
¶世鳥大(p326/カ写)
世鳥ネ(p247/カ写)

シマコキン *Lonchura castaneothorax* 縞胡錦
カエデチョウ科の鳥。全長10cm。 ㊎東オーストラリア
¶世鳥ネ(p310/カ写)
鳥飼(p77/カ写)

シマゴマ *Luscinia sibilans* 島駒
ヒタキ科の鳥。全長13cm。 ㊎南部シベリア～中国北東部・サハリン
¶世文鳥(p215/カ写)
鳥比(p142/カ写)
鳥650(p617/カ写)
日ア鳥(p525/カ写)
日鳥識(p266/カ写)
日鳥山新(p267/カ写)
日鳥山増(p178/カ写)
日野鳥新(p553/カ写)
日野鳥増(p494/カ写)
フ日野新(p236/カ図)
フ日野増(p236/カ図)
フ野鳥(p348/カ図)

シマシャコ *Francolinus pondicerianus* 縞鷓鴣
キジ科の鳥。全長28～30cm。 ㊎イラン東部, インド, スリランカ
¶地球(p410/カ写)

シマスカンク *Mephitis mephitis*
スカンク科(イタチ科)の哺乳類。体長23～40cm。 ㊎カナダ中央部～メキシコ北部
¶驚野動(p54/カ写)
世文動(p159/カ写)
世哺(p256/カ写)
地球(p572/カ写)

シマセゲラ *Melanerpes carolinus* 縞背啄木鳥
キツツキ科の鳥。全長24cm。 ㊎北アメリカ北部。北部の個体群は分布域の南部に移動し越冬
¶地球(p480/カ写)

シマセンニュウ *Locustella ochotensis* 島仙入
センニュウ科(ウグイス科)の鳥。全長16cm。 ㊎カムチャツカ半島, オホーツク沿岸, コマンドル諸島, サハリン, 千島列島。日本では北海道, 南千島, 三重県尾鷲市, 伊豆諸島の三宅島, 福岡県大机島
¶くら鳥(p53/カ写)
原寸羽(p251/カ写)
四季鳥(p54/カ写)
巣と卵決(p152/カ写, カ図)
世文鳥(p230/カ写)
鳥比(p120/カ写)
鳥650(p562/カ写)
名鳥図(p203/カ写)
日ア鳥(p472/カ写)
日鳥識(p250/カ写)
日鳥巣(p220/カ写)
日鳥山新(p214/カ写)
日鳥山増(p222/カ写)
日野鳥新(p512/カ写)
日野鳥増(p520/カ写)
ぱっ鳥(p291/カ写)
羽根決(p304/カ写, カ図)
ひと目鳥(p198/カ写)
フ日野新(p254/カ図)
フ日野増(p254/カ図)
フ野鳥(p320/カ図)
野鳥学フ(p32/カ写)
野鳥山フ(p50,314/カ図, カ写)
山溪名鳥(p67/カ写)

シマダイカー *Cephalophus zebra*
ウシ科の哺乳類。体高40～50cm。 ㊎シエラレオネ, リベリア, コートジボワール西部
¶世文動(p217/カ写)
地球(p601/カ写)

シマテンレック *Hemicentetes semispinosus*
テンレック科の哺乳類。体長14～19cm。 ㊎マダガスカル
¶地球(p514/カ写)

シマノジコ *Emberiza rutila* 島野路子, 縞野路子
ホオジロ科の鳥。全長14cm。 ㊎シベリア～アムール・ウスリー川流域, オホーツク海沿岸, 中国北東部, 朝鮮半島
¶世文鳥(p252/カ写)
鳥比(p198/カ写)
鳥650(p710/カ写)
日ア鳥(p605/カ写)
日鳥識(p300/カ写)
日鳥山新(p367/カ写)

日鳥山増(p285/カ写)
日野鳥新(p639/カ写)
日野鳥増(p575/カ写)
フ日野新(p274/カ図)
フ日野増(p274/カ図)
フ野鳥(p400/カ図)

シマノドユミハチドリ *Phaethornis striigularis* 縞喉弓蜂鳥
ハチドリ科ユミハチドリ亜科の鳥。全長9cm。
¶ハチドリ(p47/カ写)

シマハイイロギツネ *Urocyon littoralis* 島灰色狐
イヌ科の哺乳類。別名キシベハイイロギツネ。頭胴長48～50cm。㊀カリフォルニア沿岸沖の島々
¶野生イヌ(p120/カ写, カ図)

シマハイエナ *Hyaena hyaena* 縞ハイエナ
ハイエナ科の哺乳類。体長1～1.2m。㊀アフリカ西部・北部・東部, アジア西部～南部
¶驚野動(p252/カ写)
世文動(p164/カ写)
世哺(p272/カ写)
地球(p582,585/カ写)

シマハッカン *Lophura diardi* 縞白鷴, 縞白閑
キジ科の鳥。全長60～80cm。㊀インドシナ半島
¶地球(p411/カ写)

シマハヤブサ *Falco peregrinus furuitii* 島隼
ハヤブサ科の鳥。絶滅危惧IA類(環境省レッドリスト)。全長49cm。㊀北硫黄島
¶絶鳥事(p118/モ図)

シマフクロウ *Ketupa blakistoni* 島梟
フクロウ科の鳥。絶滅危惧IA類(環境省レッドリスト), 天然記念物。全長51～71cm。㊀シベリア東部, 中国北東部, 北日本
¶遺産日(鳥類 No.11/カ写)
原寸羽(p180, ポスター/カ写)
里山鳥(p227/カ写)
四季鳥(p55/カ写)
絶鳥事(p3,58/カ写, モ図)
絶百9(p38/カ写)
世鳥大(p281/カ写)
世文鳥(p176/カ写)
鳥絶(p168/カ図)
鳥比(p25/カ写)
鳥650(p425/カ写)
名鳥図(p156/カ写)
日ア鳥(p357/カ写)
日鳥識(p202/カ写)
日鳥山新(p93/カ写)
日鳥山増(p88/カ写)
日野鳥新(p396/カ写)
日野鳥増(p374/カ写)
ばっ鳥(p221/カ写)
バード(p112/カ写)
羽根決(p210/カ写, カ図)
ひと目鳥(p143/カ写)
フ日野新(p186/カ図)
フ日野増(p186/カ図)
フ野鳥(p248/カ図)
野鳥学フ(p75/カ写)
野鳥山フ(p40,241/カ図, カ写)
山溪名鳥(p186/カ写)

シマブタ ⇒アグーを見よ

シ

シマベニスズメ *Amandava subflava* 縞紅雀
カエデチョウ科の鳥。全長9～10cm。㊀アフリカの中部・南部
¶世鳥大(p459/カ写)
鳥飼(p81/カ写)

シマヘビ *Elaphe quadrivirgata* 縞蛇
ナミヘビ科ナミヘビ亜科の爬虫類。日本固有種。全長80～160cm。㊀日本
¶原爬両(No.72/カ写)
世爬(p206/カ写)
世文動(p287/カ写)
日カメ(p160/カ写)
爬両観(p144/カ写)
爬両飼(p22/カ写)
爬両1800(p311/カ写)
爬両ビ(p225/カ写)
野日爬(p34,64,164/カ写)

シママングース *Mungos mungo*
マングース科の哺乳類。体長30～40cm。㊀アフリカ
¶世文動(p163/カ写)
世哺(p270/カ写)
地球(p586/カ写)

シマミドリカザリドリ *Pipreola arcuata* 縞緑飾鳥
カザリドリ科の鳥。全長23cm。㊀アンデス山脈の東, 西側斜面(ベネズエラ西部, コロンビア北部～ボリビア中部)
¶世鳥大(p338/カ写)

シマムシクイ *Sylvia nisoria* 縞虫食, 縞虫喰
ウグイス科(ズグロムシクイ科)の鳥。全長15cm。㊀ヨーロッパ～西・中央アジア
¶世鳥大(p417/カ写)
鳥650(p752/カ写)

シマムチオヘビ *Masticophis taeniatus*
ナミヘビ科ナミヘビ亜科の爬虫類。全長100～180cm。㊀アメリカ合衆国南部～メキシコ
¶爬両1800(p303/カ写)

シマムネモリジアリドリ *Hylopezus perspicillatus* 縞胸森地蟻鳥
ジアリドリ科の鳥。全長13cm。㊀コロンビア, エ

クアドル西部
¶世鳥卵 (p147/カ写, カ図)

シマリス *Tamias sibiricus* 縞栗鼠
リス科の哺乳類。頭胴長約15cm。[分]アジア北東部
¶世文動 (p106/カ写)
日哺改 (p121/カ写)

シマロン・ウルグアヨ Cimarron Uruguayo
犬の一品種。別名ウルグアイアン・ガウチョ・ドッグ, ペロ・シマロン, ドゴ・ウルグアヨ, ドゴ・シマロン。体高 オス58〜61cm, メス55〜58cm。ウルグアイの原産。
¶最犬大 (p130/カ写)
ビ犬〔ペロ・シマロン〕(p87/カ写)

シミエンジャッカル ⇒アビシニアジャッカルを見よ

ジムグリ *Elaphe conspicillata* 地潜
ナミヘビ科ナミヘビ亜科の爬虫類。日本固有種。全長70〜110cm。[分]日本
¶原爬両 (No.70/カ写)
世爬 (p210/カ写)
日カメ (p174/カ写)
爬両観 (p146/カ写)
爬両飼 (p24/カ写)
爬両1800 (p313〜314/カ写)
爬両ビ (p227/カ写)
野日爬 (p34,62,158/カ写)

ジムグリサラマンダー *Ambystoma talpoideum*
マルクチサラマンダー科の両生類。別名モールサラマンダー。全長10〜17cm。[分]アメリカ合衆国北西部
¶世両〔モールサラマンダー〕(p200/カ写)
爬両1800 (p443/カ写)

ジムグリニシキヘビ ⇒カラバリアを見よ

ジムグリパイソン ⇒カラバリアを見よ

ジムヌラ *Echinosorex gymnura*
ハリネズミ科の哺乳類。体長30〜40cm。[分]アジア
¶世哺 (p79/カ写)
地球 (p558/カ写)

シメ *Coccothraustes coccothraustes* 鴲, 鵑, 此女, 鍚嘴, 蠟嘴
アトリ科の鳥。全長18cm。[分]ヨーロッパ, 北アフリカ, アジア。日本では北海道, 南千島の平地, 低山の落葉広葉樹林で繁殖し全国の平地の明るい林で越冬
¶くら鳥 (p48/カ写)
原寸羽 (p282/カ写)
里山鳥 (p157/カ写)
四季鳥 (p99/カ写)
世鳥大 (p467/カ写)
世鳥卵 (p223/カ写, カ図)
世文鳥 (p265/カ写)
鳥卵巣 (p340/カ写, カ図)
鳥比 (p183/カ写)
鳥650 (p690/カ写)
名鳥図 (p235/カ写)
日ア鳥 (p585/カ写)
日色鳥 (p187/カ写)
日鳥識 (p292/カ写)
日鳥山新 (p345/カ写)
日鳥山増 (p322/カ写)
日野鳥新 (p618/カ写)
日野鳥増 (p603/カ写)
ぱっ鳥 (p358/カ写)
バード (p80/カ写)
羽根決 (p347/カ写, カ図)
ひと目鳥 (p222/カ写)
フ日野新 (p290/カ図)
フ日野増 (p290/カ図)
フ野鳥 (p388/カ図)
野鳥学フ (p48/カ図)
野鳥山フ (p58,362/カ図, カ写)
山溪名鳥 (p188/カ写)

シメニアジャッカル ⇒アビシニアジャッカルを見よ

シモフリインコ *Aratinga weddellii* 霜降り鸚哥
インコ科の鳥。大きさ26cm。[分]南アフリカ中部(アンデス東部〜アマゾン川流域の広範囲)
¶鳥飼 (p150/カ写)

シモフリオオリス *Ratufa macroura*
リス科の哺乳類。体長25〜45cm。[分]インド南部のタミル高原, スリランカ
¶地球 (p523/カ写)

シモフリサワヘビ *Opisthotropis latouchii*
ナミヘビ科ユウダ亜科の爬虫類。別名ラトウチサワヘビ。全長40〜50cm。[分]中国南部
¶爬両1800 (p275/カ写)

シモフリトゲオアガマ *Uromastyx leptieni*
アガマ科の爬虫類。全長35〜50cm。[分]オマーン, アラブ首長国連邦
¶爬両1800 (p110/カ写)

シモフリヒラセリクガメ *Homopus signatus*
リクガメ科の爬虫類。甲長8〜9cm。[分]南アフリカ共和国西部
¶世カメ (p35/カ写)
爬両1800 (p15/カ写)
爬両ビ (p13/カ写)

シモフリブタバナスベヘビ *Leioheterodon geayi*
ナミヘビ科マラガシーヘビ亜科の爬虫類。全長100〜140cm。[分]マダガスカル南部〜西部
¶世爬 (p223/カ写)
爬両1800 (p337/カ写)

爬両ビ(p213/カ写)

シモフリホソオオトカゲ *Varanus boehmei*
オオトカゲ科の爬虫類。全長95cm前後。㊀インドネシア(ワイゲオ島)
¶爬両1800(p238/カ写)

シモンオオハナメクラヘビ *Rhinotyphlops simonii*
メクラヘビ科の爬虫類。全長18〜22cm。㊀イスラエル, シリア, ヨルダン北西部
¶爬両1800(p250/カ写)
爬両ビ(p177/カ写)

シャイアー ⇒シャイヤーを見よ

ジャイアントアンゴラ Giant Angora
兎の一品種。アメリカ合衆国の原産。
¶うさぎ(p50/カ写)
新うさぎ(p54/カ写)

ジャイアントイランド *Taurotragus derbianus*
ウシ科の哺乳類。体長 オス290cm, メス220cm。㊀西, 中央アフリカ
¶世文動(p215/カ写)

ジャイアント・シュナウザー Giant Schnauzer
犬の一品種。別名リーゼンシュナウツァー。体高60〜70cm。ドイツの原産。
¶アルテ犬〔シュナウザー〕(p134/カ写)
最犬大(p104/カ写)
新犬種〔ジャイアント・シュナウツァー〕(p278/カ写)
新世犬〔シュナウザー〕(p330/カ写)
図世犬〔ミニチュア・シュナウザー〔ジャイアント〕〕(p114/カ写)
世文動(p142/カ写)
ビ犬(p46/カ写)

ジャイアント・スピッツ ⇒ジャーマン・スピッツ・グロスを見よ

ジャイアントチンチラ Giant Chinchilla
兎の一品種。アメリカ合衆国の原産。
¶うさぎ(p72/カ写)
新うさぎ(p78/カ写)

ジャイアント・デュラップ ⇒トゥールーズ(ジャイアント・デュラップ)を見よ

ジャイアントパンダ *Ailuropoda melanoleuca*
クマ科の哺乳類。絶滅危惧IB類。体長1.2〜1.8m。㊀中国南部や東部の山脈地帯
¶遺産世(Mammalia No.20/カ写)
驚野動(p275/カ写)
絶百8(p94/カ写, カ図)
世文動(p153/カ写)
世哺(p240/カ写)
地球(p566/カ写)
レ生(p154/カ写)

シャイヤー Shire
ウマの一品種。別名シャイアー。馬車馬, 重量馬。体高162〜184cm。イングランドの原産。
¶アルテ馬〔シャイアー〕(p188/カ写)
世文動(p188/カ写)
地球(p593/カ写)
日家〔シャイアー〕(p49/カ写)

シ

シャイロ・シェパード・ドッグ Shiloh Shepherd Dog
犬の一品種。体高 オス71cm以上, メス66cm以上。アメリカ合衆国の原産。
¶最犬大(p65/カ写)

ジャガー *Panthera onca*
ネコ科の哺乳類。準絶滅危惧。体長1.2〜1.7m。㊀中央アメリカ〜南アメリカ北部・中央部
¶遺産世(Mammalia No.33/カ写)
驚野動(p95/カ写)
絶百6(p54/カ写)
世文動(p170/カ写)
世哺(p289/カ写)
地球(p576/カ写)
野生ネコ(p128/カ写, カ図)

シャカイハタオリ *Philetairus socius* 社会機織
スズメ科の鳥。全長14cm。㊀アフリカ南部の西および中央地域
¶世鳥大(p452/カ写)
鳥卵巣(p367/カ図)

ジャガーネコ *Leopardus tigrinus*
ネコ科の哺乳類。別名オンキラ, タイガーキャット。体長39〜55cm。㊀コスタリカ〜アルゼンチン北部
¶地球(p583/カ写)
野生ネコ〔タイガーキャット〕(p146/カ写, カ図)

ジャガランディ *Puma yagouaroundi*
ネコ科の哺乳類。別名カワウソヤマネコ, ヤガランディ。体長49〜83cm。㊀北アメリカ, 中央アメリカ, 南アメリカ
¶世文動(p169/カ写)
世哺(p285/カ写)
地球〔ヤガランディ〕(p582/カ写)
野生ネコ(p142/カ写, カ図)

シャギア・アラブ Shagya Arab
馬の一品種。軽量馬。体高150cm。ハンガリーの原産。
¶アルテ馬(p60/カ写)

ジャクソンカメレオン *Chamaeleo jacksonii*
カメレオン科の爬虫類。全長20〜35cm。㊀ケニア, タンザニア, アメリカ合衆国(ハワイ州に移入帰化)
¶世爬(p88/カ写)
世文動(p268/カ写)
地球(p380/カ写)
爬両1800(p112/カ写)

爬両ビ(p90/カ写)

ジャクソンムカデクイ *Aparallactus jacksonii*
ナミヘビ科ムカデクイヘビ亜科の爬虫類。全長20〜25cm。㊕アフリカ大陸北東部・東部
¶**爬両1800**(p332/カ写)

ジャクソンモリカナヘビ *Adolfus jacksoni*
カナヘビ科の爬虫類。全長20〜25cm。㊕アフリカ大陸東部・中部
¶**爬両1800**(p190/カ写)
爬両ビ(p130/カ写)

ジャコウアンテロープ ⇒スニを見よ

ジャコウインコ *Glossopsitta concinna* 麝香鸚哥
ヒインコ科の鳥。全長22cm。㊕オーストラリア南東部, タスマニア島
¶**世鳥大**(p257/カ写)
鳥飼(p172/カ写)

ジャコウウシ *Ovibos moschatus* 麝香牛
ウシ科の哺乳類。体高1.2〜1.4m。㊕北アメリカ北部, グリーンランド
¶**驚野動**(p26/カ写)
世文動(p231/カ写)
世哺(p376/カ写)
地球(p606/カ写)

ジャコウジカ ⇒シベリアジャコウジカを見よ

ジャコウネズミ *Suncus murinus* 麝香鼠
トガリネズミ科の哺乳類。体長8〜10cm。㊕東南アジア。日本では長崎市, 野母半島, 福江島, 鹿児島市の限られた地域および徳之島, 沖縄本島など南西諸島
¶**くら哺**(p33/カ写)
世文動(p55/カ写)
地球(p560/カ写)
日哺改(p16/カ写)
日哺学フ(p183/カ写)

シャコスズメ *Ortygospiza atricolis atricolis* 鶉鴣雀
カエデチョウ科の鳥。全長9〜10cm。㊕サハラ砂漠以南。セネガル〜カメルーン
¶**鳥飼**(p81/カ写)

ジャージー Jersey
ウシの一品種(乳牛)。体高 オス130〜135cm, メス122〜125cm。イギリス(ジャージー島)の原産。
¶**世文動**(p211/カ写)
地球(p601/カ写)
日家(p78/カ写)

ジャージーウーリー Jersey Wooly
兎の一品種。アメリカ合衆国の原産。
¶**うさぎ**(p112/カ写)
新うさぎ(p126/カ写)

シャチ *Orcinus orca* 鯱
マイルカ科の哺乳類。別名サカマタ。成体体重6.6t。㊕世界中の全ての海域, 特に極地付近
¶**驚野動**(p137/カ写)
クイ百(p150/カ図)
くら哺(p94/カ写)
絶百6(p56/カ写, カ図)
世文動(p126/カ写)
世哺(p194/カ写, カ図)
地球(p617/カ図)
日哺学フ(p224/カ写, カ図)

ジャック・ラッセル・テリア Jack Russell Terrier
犬の一品種。体高25〜30cm。イギリス(改良国オーストラリア)の原産。
¶**アルテ犬**(p100/カ写)
最犬大(p162/カ写)
新犬種〔パーソン・ラッセル・テリア、ジャック・ラッセル・テリア〕(p51/カ写)
新世犬(p244/カ写)
図世犬(p152/カ写)
ビ犬(p196/カ写)

ジャノメイシガメ *Sacalia bealei* 蛇の目石亀
アジアガメ科(イシガメ(バタグールガメ)科)の爬虫類。甲長13〜15cm。㊕中国南部
¶**世カメ**(p288/カ写)
世爬(p39/カ写)
爬両1800(p44/カ写)
爬両ビ(p37/カ写)

ジャノメカザリハチドリ *Lophornis pavoninus* 蛇の目飾蜂鳥
ハチドリ科ミドリフタオハチドリ亜科の鳥。全長9.5cm。㊕ギアナ, ベネズエラ
¶**ハチドリ**(p364)

ジャノメチビヤモリ *Sphaerodactylus argus*
ヤモリ科チビヤモリ亜科の爬虫類。別名シロテンチビヤモリ。全長4〜6cm。㊕西インド諸島, コスタリカ, パナマ
¶**ゲッコー**(p104/カ写)
爬両1800(p179/カ写)

ジャノメドリ *Eurypyga helias* 蛇の目鳥
ジャノメドリ科の鳥。全長43〜48cm。㊕メキシコ南部〜ボリビアおよびブラジル中部
¶**世鳥大**(p208/カ写)
世鳥卵(p89/カ写, カ図)
地球(p439/カ写)

ジャバニーズ ⇒バリニーズを見よ

ジャパニーズ・スパニエル ⇒チンを見よ

ジャパニーズ・スピッツ ⇒ニホンスピッツを見よ

ジャパニーズ・チン ⇒チンを見よ

ジャパニーズ・テリア ⇒ニホンテリアを見よ

ジャパニーズ・ボブテイル Japanese Bobtail
猫の一品種。体重2.5〜4kg。日本の原産。
¶**世文動**(p173/カ写)
ビ猫〔ジャパニーズ・ボブテイル(ショートヘア)〕(p160/カ写)
ビ猫〔ジャパニーズ・ボブテイル(ロングヘア)〕(p241/カ写)

ジャパニーズ・マスティフ ⇒トサトウケンを見よ

シャープグリスボック *Raphicerus sharpei*
ウシ科の哺乳類。体高45〜60cm。㊗タンザニア, ザンビア, モザンビーク, ジンバブエ
¶**地球**(p605/カ写)

シャープテールスネーク *Contia tenuis*
ナミヘビ科ヒラタヘビ亜科の爬虫類。全長25〜48cm。㊗カナダ, アメリカ合衆国
¶**爬両1800**(p282/カ写)

シャフプーデル Schafpudel
犬の一品種。オールド・ジャーマン・ハーディングドッグ(シープドッグ)の一種でシャギーな長毛タイプ。ドイツの原産。
¶**最犬大**(p62/カ写)
新犬種〔シャーフ・プーデル〕(p221/カ写)

シャー・ペイ Shar Pei
犬の一品種。別名チャイニーズ・ファイティング・ドッグ。体高44〜51cm。中国の原産。
¶**アルテ犬**(p136/カ写)
最犬大(p122/カ写)
新犬種(p131/カ写)
新世犬(p332/カ写)
図世犬(p124/カ写)
ビ犬(p84/カ写)

シャベルカワリアガマ *Xenagama batillifera*
アガマ科の爬虫類。全長9〜10cm。㊗ソマリア北西部, エチオピア東部
¶**世爬**(p83/カ写)
爬両1800(p106/カ写)
爬両ビ(p86/カ写)

シャペンドース Schapendoes
犬の一品種。別名スハペンドゥス, ダッチ・シープドッグ, ダッチ・スハペンドゥス, ネーデルランド・シャーペンドース。体高 オス43〜50cm, メス40〜47cm。オランダの原産。
¶**最犬大**〔シャーペンドース〕(p56/カ写)
新犬種〔スハペンドゥス〕(p123/カ写)
新世犬(p69/カ写)
図世犬(p82/カ写)
ビ犬〔ダッチ・スハペンドゥス〕(p57/カ写)

ジャマイカアノール *Anolis garmani*
イグアナ科アノールトカゲ亜科の爬虫類。全長20〜30cm。㊗ジャマイカ, カイマン島
¶**爬両1800**(p83/カ写)

ジャマイカコビトドリ *Todus todus* ジャマイカ小人鳥
コビトドリ科の鳥。全長11cm。㊗西インド諸島, ジャマイカ
¶**世色鳥**(p70/カ写)
世鳥大(p309/カ写)
世鳥卵(p139/カ写, カ図)
世鳥ネ(p230/カ写)
地球(p475/カ写)
鳥卵巣(p244/カ写, カ図)

ジャマイカズク *Pseudoscops grammicus* ジャマイカ木莵
フクロウ科の鳥。全長27〜34cm。㊗ジャマイカ
¶**世鳥大**(p285/カ写)

ジャマイカスミレフウキンチョウ *Euphonia jamaica* ジャマイカ菫風琴鳥
アトリ科の鳥。全長11cm。㊗ジャマイカ
¶**原色鳥**(p151/カ写)

ジャマイカスライダー *Trachemys terrapen*
ヌマガメ科アミメガメ亜科の爬虫類。甲長23〜30cm。㊗ジャマイカ, キャット島(バハマ諸島に一部移入)
¶**世カメ**(p213/カ写)
爬両1800(p35/カ写)
爬両ビ(p20/カ写)

ジャマイカツチイグアナ *Cyclura collei*
イグアナ科の爬虫類。絶滅危惧IA類。頭胴長 オス35〜43cm, メス30〜38cm。㊗ジャマイカのヘルシャの丘
¶**レ生**(p156/カ写)

ジャマイカハイイロタチヨタカ ⇒ハイイロタチヨタカを見よ

ジャマイカフチア *Geocapromys brownii*
フチア科(カプロミス科)の哺乳類。絶滅危惧II類。頭胴長33〜45cm。㊗ジャマイカ
¶**絶百6**(p58/カ写)

ジャマイカボア *Epicrates subflavus*
ボア科の爬虫類。絶滅危惧II類。全長180〜250cm。㊗ジャマイカ
¶**絶百9**(p80/カ写)
爬両1800(p261/カ写)

ジャマイカマンゴーハチドリ *Anthracothorax mango* ジャマイカマンゴー蜂鳥
ハチドリ科マルオハチドリ亜科の鳥。全長11〜13cm。
¶**ハチドリ**(p79/カ写)

ジャーマン・ウルフスピッツ　German Wolfspitz
犬の一品種。別名ウルフ・スピッツ, ヴォルフスシュピッツ。祖先犬はキースホンド。国によってはキースホンドと同じ犬種とみなされることがある。体高43～55cm。
¶**新犬種**〔ウルフ・スピッツ〕(p186/カ写)
ビ犬(p117/カ写)

ジャーマン・シェパード・ドッグ　German Shepherd Dog
犬の一品種。別名アルサシアン, ドイチェ・シェーファーフント, ドイチャー・シェーファーフント。体高 オス60～65cm, メス55～60cm。ドイツの原産。
¶**アルテ犬**(p178/カ写)
最犬大(p58/カ写)
新犬種〔ドイチャー・シェーファーフント〕(p218/カ写)
新世犬〔ジャーマン・シェパード〕(p90/カ写)
図世犬(p68/カ写)
世文動〔ジャーマン・シェパード〕(p142/カ写)
ビ犬(p43/カ写)

ジャーマン・ショートヘアード・ポインター
German Short-haired Pointer
犬の一品種。別名ドイチュ・クッザール, ドイチュ・クルツハール。体高 オス62～66cm, メス58～63cm。ドイツの原産。
¶**アルテ犬**〔ポインター〔ジャーマン・ショートヘアード・ポインター〕〕(p56/カ写)
最犬大(p322/カ写)
新犬種〔ドイチュ・クルツハール〕(p248/カ写)
新世犬〔ジャーマン・ポインター〕(p150/カ写)
図世犬〔ジャーマン・ポインター〕(p246/カ写)
世文動(p142/カ写)
ビ犬〔ジャーマン・ポインター〕(p245/カ写)

ジャーマン・スパニエル　German Spaniel
犬の一品種。別名ドイチェ・ヴァクテルフンド, ドイチャー・ヴァハテルフント, ヴァハテルフント。体高 オス48～54cm, メス45～52cm。ドイツの原産。
¶**最犬大**(p371/カ写)
新犬種〔ドイチャー・ヴァハテルフント〕(p145/カ写)
新世犬(p149/カ写)
図世犬(p274/カ写)
ビ犬(p223/カ写)

ジャーマン・スピッツ　German Spitz
犬の一品種。別名ドイチャー・シュピッツ。ドイツ土着の農場犬。サイズによって5種(国際畜犬連盟公認種)が存在する。
¶**最犬大**(p213/カ写)
新犬種〔ジャーマン・スピッツ/ドイチャー・シュピッツ〕(p56/カ写)
新世犬(p319/カ写)
図世犬(p192/カ写)
ビ犬(p116/カ写)

ジャーマン・スピッツ・クライン　German Spitz Klein
犬の一品種。別名クラインシュピッツ, ミニチュア・スピッツ。体高26±3cm。ドイツの原産。
¶**最犬大**(p214/カ写)

ジャーマン・スピッツ・グロス　German Spitz Gross
犬の一品種。別名グロースシュピッツ, ジャイアント・スピッツ, 大型スピッツ, 大型ジャーマン・スピッツ。体高46±4cm。ドイツの原産。
¶**最犬大**(p215/カ写)
新犬種〔大型スピッツ〕(p115/カ写)

ジャーマン・スピッツ・ミッテル　German Spitz Mittel
犬の一品種。別名ミッテルシュピッツ, ミディアム・サイズ・スピッツ。体高34±4cm。ドイツの原産。
¶**最犬大**(p215/カ写)

ジャーマン・ハウンド　German Hound
犬の一品種。別名ドイチェ・ブラッケ, ドイッチェ・ブラケ。体高40～53cm。ドイツの原産。
¶**最犬大**(p266/カ写)
新犬種〔ドイチェ・ブラッケ〕(p143/カ写)
ビ犬(p172/カ写)

ジャーマン・ハンティング・テリア　German Hunting Terrier
犬の一品種。別名ドイチェ・ヤークトテリア, ドイチェ・ヤクート・テリア, ヤークトテリア。体高33～40cm。ドイツの原産。
¶**最犬大**(p194/カ写)
新犬種〔ドイチャー・ヤークトテリア〕(p94/カ写)
新世犬(p240/カ写)
図世犬(p146/カ写)
ビ犬(p204/カ写)

ジャーマン・ピンシャー　⇒ピンシャーを見よ

ジャーマン・ベアドッグ　German Beardog
犬の一品種。体高 オス72cm以上, メス67cm以上。ドイツの原産。
¶**新犬種**(p328/カ写)

ジャーマン・ポインター(ショートヘアード)　⇒ジャーマン・ショートヘアード・ポインターを見よ

ジャーマン・ポインター(ワイアーヘアード)　⇒ジャーマン・ワイアーヘアード・ポインターを見よ

ジャーマン・ラフヘアード・ポインター　German Rough-haired Pointer
犬の一品種。別名ドイチュ・スティヘルハール, ドイチュ・シュティッヒェルハール。体高 オス60～70cm, メス58～68cm。ドイツの原産。
¶**最犬大**(p325/カ写)
新犬種〔ドイチュ・シュティッヒェルハール〕(p268/カ写)

ジャーマン・レックス German Rex
猫の一品種。体重2.5〜4.5kg。ドイツの原産。
¶**ビ猫**(p180/カ写)

ジャーマン・ロングヘアード・ポインター German Long-haired Pointer
犬の一品種。別名ドイチュ・ランハール, ドイチュ・ラングハール。体高 オス60〜70cm, メス58〜66cm。ドイツの原産。
¶**最犬大**(p324/カ写)
新犬種〔ドイチュ・ラングハール〕(p249/カ写)

ジャーマン・ワイアーヘアード・ポインター German Wirehaired Pointer
犬の一品種。別名ドイチュ・ドラタハール, ドイチュ・ドラートハール。体高 オス61〜68cm, メス57〜64cm。ドイツの原産。
¶**アルテ犬**〔ポインター〔ジャーマン・ワイアーヘアード・ポインター〕〕(p56/カ写)
最犬大(p323/カ写)
新犬種〔ドイチュ・ドラートハール〕(p266/カ写)
新世犬〔ジャーマン・ポインター〕(p150/カ写)
図世犬〔ジャーマン・ポインター〕(p246/カ写)
世文動〔ジャーマン・ワイアヘアード・ポインター〕(p142/カ写)
ビ犬〔ジャーマン・ポインター〕(p245/カ写)

シャム Siamese
猫の一品種。別名サイアミーズ。体長35〜50cm。タイもしくはイギリスの原産。
¶**世文動**(p172/カ写)
地球(p580/カ写)
ビ猫〔シャム(セルフ・ポインテッド)〕(p104/カ写)
ビ猫〔シャム(タビー・ポインテッド)〕(p108/カ写)
ビ猫〔シャム(トーティ・ポインテッド)〕(p109/カ写)

シャムザラハダヤモリ *Dixonius siamensis*
ヤモリ科の爬虫類。全長10cm前後。㊎東南アジア北部, インド
¶**爬両1800**(p150/カ写)
爬両ビ(p104/カ写)

シャムヒスイメヤモリ *Gekko siamensis*
ヤモリ科ヤモリ亜科の爬虫類。全長30cm以上。㊎タイ
¶**ゲッコー**(p17/カ写)
爬両1800(p128/カ写)

シャムワニ *Crocodylus siamensis*
クロコダイル科の爬虫類。絶滅危惧IA類。全長4m。㊎インドシナ半島, インドネシア(ジャワ島・ボルネオ島)
¶**遺産世**(Reptilia No.10/カ写)
地球(p400/カ写)
爬両1800(p346/カ写)

シャモア *Rupicapra rupicapra*
ウシ科の哺乳類。絶滅危惧IA類。体高70〜85cm。㊎ヨーロッパ, アジア
¶**世文動**(p230/カ写)
世哺(p375/カ写)
地球(p605/カ写)

ジャヤカーオマーンカナヘビ *Omanosaura jayakari*
カナヘビ科の爬虫類。全長50〜60cm。㊎オマーン
¶**爬両1800**(p189/カ写)

シャルト・ポルスキー ⇒ウインドフンドを見よ

シャルトリュー Chartreux
猫の一品種。体重3〜7.5kg。フランスの原産。
¶**世文動**(p173/カ写)
ビ猫(p115/カ写)

シャルプラニナッツ ⇒サルプラニナを見よ

シャローエボシドリ *Tauraco schalowi* シャロー烏帽子鳥
エボシドリ科の鳥。体長40cm。㊎アンゴラ, アフリカ東部の一部地域, ジンバブエ北部の森林地帯
¶**世美羽**(p144/カ写, カ図)

シャロレー〔ウシ〕 Charolais
牛の一品種(肉牛)。体高 オス150cm, メス135〜140cm。フランスの原産。
¶**世文動**(p211/カ写)
日家(p82/カ写)

シャロレー〔ヒツジ〕 Charollais
羊の一品種。フランスの原産。
¶**日家**(p131/カ写)

ジャワアカガシラサギ *Ardeola speciosa* ジャワ赤頭鷺
サギ科の鳥。全長45cm。㊎ミャンマー, タイ中部, カンボジア, ベトナム南部, インドネシアなど
¶**鳥比**(p261/カ写)
鳥650(p166/カ写)
日ア鳥(p143/カ写)

ジャワアナツバメ *Aerodramus fuciphagus* ジャワ穴燕
アマツバメ科の鳥。別名マレーアナツバメ。体長10cm。㊎インドシナ, マレー半島, 大スンダ列島, 小スンダ列島, ボルネオ島, フィリピン
¶**世鳥大**〔ショクヨウアナツバメ〕(p292)
鳥卵巣(p369/カ図)
鳥比〔マレーアナツバメ〕(p105/カ写)

ジャワオオコウモリ *Pteropus vampyrus* ジャワ大蝙蝠
オオコウモリ科の哺乳類。体長42cm。㊎アジア南東部
¶**驚野動**(p294/カ写)
地球(p551/カ写)

シ

ジャワガマグチヨタカ *Batrachostomus javensis* ジャワ蝦蟇口夜鷹
ガマグチヨタカ科の鳥。㊀ミャンマー, ベトナム, ラオス, タイ, マレーシア, スマトラ, ジャワ島, フィリピン
¶**世美羽**(p45/カ写)

ジャワギボン ⇒ワウワウテナガザルを見よ

ジャワサイ *Rhinoceros sondaicus* ジャワ犀
サイ科の哺乳類。絶滅危惧IA類。体高1.4〜1.7m。㊀ジャワ島, ベトナム
¶**絶百5**(p94/カ図)
世文動(p191/カ図)
世哺(p321/カ写)
地球(p589/カ写)
レ生(p157/カ写)

ジャワジャコウネコ *Viverra tangalunga*
ジャコウネコ科の哺乳類。体長54〜77cm。㊀アジア
¶**世哺**(p267/カ写)
地球(p587/カ写)

ジャワセンザンコウ ⇒マレーセンザンコウを見よ

ジャワトビガエル ⇒レインワードトビガエルを見よ

ジャワニセカロテス *Pseudocalotes tympanistriga*
アガマ科の爬虫類。全長20〜25cm。㊀インドネシア(ジャワ島・スマトラ島)
¶**爬両1800**(p94/カ写)
爬両ビ(p78/カ写)

ジャワハッカ *Acridotheres javanicus* ジャワ八哥
ムクドリ科の鳥。全長23〜25cm。㊀ジャワ島
¶**鳥比**(p129/カ写)
鳥650(p742/カ写)
日鳥山新(p387/カ写)
日鳥山増(p360/カ写)
フ野鳥〔モリハッカ(ジャワハッカ)〕(p334/カ図)

ジャワパンゴリン ⇒マレーセンザンコウを見よ

ジャワホソユビヤモリ *Cyrtodactylus fumosus* ジャワ細指守宮
ヤモリ科ヤモリ亜科の爬虫類。全長15〜18cm。㊀インドネシア
¶**ゲッコー**(p53/カ写)
爬両1800(p150/カ写)

ジャワマメジカ *Tragulus javanicus* ジャワ豆鹿
マメジカ科の哺乳類。体高20〜25cm。㊀東南アジア
¶**世文動**(p200)
地球(p596/カ写)

ジャワマングース *Herpestes javanicus*
マングース科の哺乳類。特定外来生物。頭胴長 オス30〜38cm, メス29〜33cm。㊀アラビア半島〜インド, インドシナ半島, マレー半島, ジャワ島。日本では奄美大島, 沖縄本島
¶**絶事**(p216/モ図)
日哺改(p91/カ写)
日哺学フ(p157/カ写)

ジャワミヤマテッケイ *Arborophila javanica* ジャワ深山竹鶏
キジ科の鳥。全長21cm。
¶**地球**(p410/カ写)

ジャワヤスリヘビ *Acrochordus javanicus*
ヤスリヘビ科の爬虫類。全長110〜180cm。㊀タイ, ベトナム, カンボジア, マレーシア, インドネシア
¶**世爬**(p167/カ写)
世文動(p286/カ写)
世ヘビ(p106/カ写)
爬両1800(p250/カ写)
爬両ビ(p176/カ写)

ジャワルトン *Trachypithecus auratus*
オナガザル科の哺乳類。絶滅危惧II類。体高43〜65cm。㊀インドネシアのジャワ島東部, バリ島, ロンボク島などの周辺島嶼
¶**地球**(p545/カ写)
美サル(p91/カ写)

シャン・クハ・スイス ⇒スイス・ハウンドを見よ

ジャングルカーペットパイソン *Morelia spilota cheynei*
ニシキヘビ科の爬虫類。カーペットパイソンの亜種。全長1.6〜1.8m, 最大2.5m。㊀オーストラリア(クイーンズランド州)
¶**世ヘビ**(p68/カ写)

ジャングルキャット *Felis chaus*
ネコ科の哺乳類。体長61〜85cm。㊀アフリカ, アジア
¶**世文動**(p165/カ写)
世哺(p276/カ写)
地球(p580/カ写)
野生ネコ(p92/カ写, カ図)

ジャングルランナー ⇒コモンアミーバを見よ

ジャンセンラットスネーク *Gonyosoma jansenii*
ナミヘビ科ナミヘビ亜科の爬虫類。別名セレベスレーサー, ヤンセンナメラ。全長180〜210cm。㊀インドネシア(スラウェシ島)
¶**世ヘビ**(p92/カ写)
爬両1800〔ヤンセンナメラ〕(p307/カ写)

シャン・ダルトワ ⇒アルトワ・ハウンドを見よ

シャンティー/ティファニー Chantilly/Tiffany
猫の一品種。体重2.5〜5kg。アメリカ合衆国の原産。

¶ビ猫（p211/カ写）

シャン・ド・サン・ユベール ⇒ブラッドハウンドを見よ

シャン・ド・ベルジェ・デ・ピレネー・ア・ファセ・ラース ⇒ピレニアン・シープドッグ・スムースフェイスドを見よ

シャン・ド・ベルジェ・デ・ピレネー・ア・ポイ・ロン ⇒ピレニアン・シープドッグ・ロングヘアードを見よ

シャン・ド・ベルジェ・ベルジュ ⇒ベルジアン・シェパードを見よ

シャン・ド・モンターニュ・デ・ピレネー ⇒グレート・ピレニーズを見よ

シャン・ド・モンターニュ・デラトラス ⇒アイディを見よ

シャン・ド・ラトラス ⇒アイディを見よ

ジャンナイトスネーク *Hypsiglena jani*
ナミヘビ科ヒラタヘビ亜科の爬虫類。全長30〜60cm。㊎アメリカ合衆国南部, メキシコ
¶**爬両1800**（p282/カ写）

シャンハイハナスッポン *Rafetus swinhoei*
スッポン科の爬虫類。絶滅危惧IA類。㊎ベトナムの湖
¶レ生（p158/カ写）

シャンパーニュ・ダルジャン ⇒シャンパンデアージェントを見よ

シャンパンデアージェント Champagne D'Argent
兎の一品種。別名シャンパーニュダルジャン。フランスの原産。
¶うさぎ〔シャンパーニュ ダルジャン〕（p66/カ写）
新うさぎ（p72/カ写）

シャン・フランセ・トリコロール ⇒フランセ・トリコロールを見よ

シュイロフウキンチョウ *Calochaetes coccineus* 朱色風琴鳥
フウキンチョウ科の鳥。全長16cm。㊎コロンビア, エクアドル, ペルー
¶原色鳥（p18/カ写）

シュイロマシコ *Haematospiza sipahi* 朱色猿子
アトリ科の鳥。全長18cm。㊎ヒマラヤ〜ミャンマー, ベトナム北部, 中国雲南省西部
¶世鳥大（p467）

シュヴァイツァー・ニーダーラウフフント ⇒スモール・スイス・ハウンドを見よ

シュヴァイツァー・ラウフフント ⇒スイス・ハウンドを見よ

シュヴァルツァー・アルトドイチャー ⇒シュバルツァーを見よ

シュヴァルツヴェルダー・ブラッケ ⇒ヴェルダー・ダッケルを見よ

ジュウイチ *Hierococcyx hyperythrus* 十一
カッコウ科の鳥。全長32cm。㊎インド北部〜中国東北部, ウスリー, 南は大スンダ列島。日本では北海道, 本州, 四国
¶くら鳥（p69/カ写）
原寸羽（p178/カ写）
里山鳥（p69/カ写）
巣と卵決（p82/カ写, カ図）
世文鳥（p172/カ写）
鳥比（p20/カ写）
鳥650（p209/カ写）
名鳥図（p147/カ写）
日ア鳥（p178/カ写）
日鳥識（p130/カ写）
日鳥山新（p38/カ写）
日鳥山増（p80/カ写）
日野鳥新（p198/カ写）
日野鳥増（p404/カ写）
ぱっ鳥（p118/カ写）
バード（p50/カ写）
羽根決（p202/カ写, カ図）
ひと目鳥（p142/カ写）
フ日野新（p202/カ図）
フ日野増（p202/カ図）
フ野鳥（p122/カ図）
野鳥学フ（p120/カ写）
野鳥山フ（p40,236/カ図, カ写）
山溪名鳥（p190/カ写）

シュヴィーツ・ラウフフンド ⇒スイス・ハウンドを見よ

ジュウサンセンジリス *Spermophilus tridecemlineatus*
リス科の哺乳類。頭胴長約25cm。㊎北アメリカ中北部
¶世文動（p108/カ写）

ジュウジカクシトカゲ *Acanthosaura crucigera*
アガマ科の爬虫類。全長20〜25cm。㊎ミャンマー, タイ, マレーシア西部, カンボジア
¶世文動（p265/カ写）
地球〔ジュウジュカクシトカゲ〕（p381/カ写）
爬両1800（p91/カ写）

ジュウシマツ *Lonchura striata* var.*domestica* 十姉妹
カエデチョウ科の鳥。中国方面から輸入, 日本で改良された品種。全長11cm。
¶鳥飼（p60/カ写）
日家〔十姉妹〕（p238/カ写）

ジュウジメドクアマガエル *Phrynohyas resinifictrix*
アマガエル科の両生類。全長7〜9cm。㊎南米北部と西部
¶**かえる百**(p65/カ写)
カエル見(p36/カ写)
世両(p52/カ写)
地球(p360/カ写)
爬両1800(p375/カ写)
爬両ビ(p248/カ写)

シ

シュウダ$_{(1)}$ *Elaphe carinata* 臭蛇
ナミヘビ科ナミヘビ亜科の爬虫類。絶滅危惧IB類(環境省レッドリスト)。全長130〜250cm。㊎中国, ベトナム北部, 台湾。日本では与那国島, 尖閣諸島
¶**絶事**(p10,138/カ写, モ図)
世爬(p208/カ写)
爬両1800(p311〜312/カ写)
爬両ビ(p226/カ写)

シュウダ$_{(2)}$ ⇒チュウゴクシュウダを見よ

シュウダンムクドリ *Scissirostrum dubium* 集団椋鳥
ムクドリ科の鳥。体長20cm。㊎スラウェシ島
¶**世美羽**(p166/カ写, カ図)

ジュウニセンフウチョウ *Seleucidis melanoleuca* 十二線風鳥
フウチョウ科の鳥。全長33cm。㊎ニューギニアの低地, サラワティ島
¶**世色鳥**(p34/カ写)
世鳥大(p397/カ写)
世鳥卵(p241/カ写, カ図)

ジュゴン *Dugong dugon* 儒艮
ジュゴン科の哺乳類。絶滅危惧II類, 天然記念物。体長2.5〜4m。㊎アフリカ東部, アジア西部・南部・南東部, オーストラリア, 太平洋諸島
¶**遺産世**(Mammalia No.43/カ写)
驚野動(p304/カ写)
くら哺(p80/カ写)
絶事(p86/モ図)
絶百6(p60/カ写, カ図)
世文動(p184/カ写)
世哺(p312/カ写)
地球(p515/カ写)
日哺学フ(p198/カ写)

ジュズカケアオカケス *Cyanolyca turcosa* 数珠掛青樫鳥, 数珠掛青懸巣, 数珠掛青掛子
カラス科の鳥。全長30〜34cm。㊎コロンビア〜ペルー
¶**原色鳥**(p158/カ写)

ジュズカケバト *Streptopelia risoria* 数珠掛鳩
ハト科の鳥。全長25cm。㊎アメリカ
¶**世文鳥**(p276/カ写)
鳥飼(p175/カ写)

シュタイアマルク・ラフ・マウンテン・ブラッケ ⇒コースヘアード・スタイリアン・ハウンドを見よ

シュタイシュ・ラウハールブラッカ ⇒コースヘアード・スタイリアン・ハウンドを見よ

シュタバイフーン Stabyhoun
犬の一品種。別名スタベイフーン, フリージャン・ポインティング・ドッグ。体高 オス53cm, メス50cm。オランダの原産。
¶**最犬大**〔スタベイフーン〕(p347/カ写)
新犬種(p144/カ写)
ビ犬〔フリージャン・ポインティング・ドッグ〕(p239/カ写)

シュテルツナークロヒキガエル ⇒ステルツナーガエルを見よ

シュトゥンプフササクレヤモリ *Paroedura stumpffi*
ヤモリ科ヤモリ亜科の爬虫類。全長12〜14cm。㊎マダガスカル北部
¶**ゲッコー**(p51/カ写)
爬両1800(p147/カ写)

シュトローベル Strobel
犬の一品種。オールド・ジャーマン・ハーディングドッグ(シープドッグ)の一種。体高55〜70cm。ドイツの原産。
¶**最犬大**(p62/カ写)
新犬種(p221/カ写(p222))

シュトンプフヒメカメレオン *Brookesia stumpffi*
カメレオン科の爬虫類。全長8.1〜9.3cm。㊎マダガスカル北部
¶**爬両1800**(p127/カ写)
爬両ビ(p99/カ写)

シュナイダートカゲ *Eumeces schneideri*
スキンク科の爬虫類。全長40cm。㊎アフリカ大陸北部沿岸域〜アラビア半島, 中央アジア, カスピ海沿岸域, パキスタン, インドなど
¶**世爬**(p133/カ写)
地球(p387/カ写)
爬両1800(p197/カ写)
爬両ビ(p138/カ写)

シュナイダームカシカイマン *Paleosuchus trigonatus*
アリゲーター科の爬虫類。別名ブラジルカイマン。全長1.2〜1・6m。㊎南米中部以北のアマゾン川水系
¶**世文動**〔ブラジルカイマン〕(p305/カ写)
地球(p401/カ写)
爬両1800(p347/カ写)

シュナウザー(ジャイアント) ⇒ジャイアント・シュナウザーを見よ

シュナウザー(スタンダード) ⇒スタンダード・シュナウザーを見よ

シュナウザー(ミニチュア) ⇒ミニチュア・シュナウザーを見よ

シュバシキンセイチョウ *Poephila acuticauda hecki* 朱嘴錦静鳥
カエデチョウ科の鳥。オナガキンセイチョウの地方変異(亜種)。大きさ13cm(中央尾羽を除く)。㊕オーストラリア北西部(キンバリー～ウィンダム)
¶**鳥飼**(p73/カ写)

シュバシコウ *Ciconia ciconia* 朱嘴鸛
コウノトリ科の鳥。全長1～1.2m。㊕アフリカ, ヨーロッパ, 南アジア
¶**世鳥大**(p159/カ写)
世鳥ネ(p68/カ写)
地球(p425/カ写)
鳥650(p747/カ写)

シュバシサトウチョウ *Loriculus philippensis* 朱嘴砂糖鳥
インコ科の鳥。全長14cm。㊕フィリピン
¶**鳥飼**(p131/カ写)

シュバルツァー Schwarzer
犬の一品種。別名シュヴァルツァー・アルトドイチャー。オールド・ジャーマン・ハーディングドッグ(シープドッグ)の一種。体高 南ドイツタイプ：65cm以上, 中央・東ドイツタイプ：55cm。ドイツの原産。
¶**最犬大**(p61/カ写)
新犬種〔シュヴァルツァー・アルトドイチャー〕(p222)

シュペングラーヤマガメ ⇒スペングラーヤマガメを見よ

シュミットオオトカゲ *Varanus jobiensis*
オオトカゲ科の爬虫類。全長110～120cm。㊕ニューギニア島北部, ヤーペン島
¶**世爬**(p155/カ写)
爬両1800(p235/カ写)
爬両ビ(p165/カ写)

シュミットハスカイ *Pseudoxenodon karlschmidti*
ナミヘビ科ハスカイヘビ亜科の爬虫類。全長50～90cm。㊕中国南部, ベトナム北部
¶**爬両1800**(p331/カ写)

シュモクドリ *Scopus umbretta* 撞木鳥
シュモクドリ科の鳥。全長48～56cm。㊕アフリカ南・中部, マダガスカル
¶**世鳥大**(p172/カ写)
世鳥卵(p43/カ写, カ図)
地球(p428/カ写)
鳥卵巣(p73/カ写, カ図)

シュライバーカナヘビ *Lacerta schreiberi*
カナヘビ科の爬虫類。別名イベリアミドリカナヘビ。全長24～36cm。㊕スペイン, ポルトガル
¶**爬両1800**(p182/カ写)
爬両ビ(p128/カ写)

ジュラ・ハウンド ⇒ブルーノ・ジュラ・ハウンドを見よ

ジュラ・ラウフフント ⇒ブルーノ・ジュラ・ハウンドを見よ

ジュリアナキンモグラ *Neamblysomus julianae*
キンモグラ科の哺乳類。絶滅危惧II類。体長10～13cm。㊕南アフリカのハウテン州・リンポポ州・ムプマランガ州
¶**地球**(p513/カ写)
レ生(p159/カ写)

シューリハム・テリア ⇒シーリハム・テリアを見よ

シュルツアマガエル *Hyla haraldschultzi*
アマガエル科の両生類。体長3.5～3cm。㊕ペルー, ブラジル
¶**カエル見**(p33/カ写)
爬両1800(p373/カ写)

シュレイバーゼンマイトカゲ *Leiocephalus schreibersii*
イグアナ科ヨウガントカゲ亜科の爬虫類。全長18～26cm。㊕イスパニョーラ島(ハイチ・ドミニカ共和国)
¶**爬両1800**(p85/カ写)

シュレーゲルアオガエル *Rhacophorus schlegelii* シュレーゲル青蛙
アオガエル科の両生類。日本固有種。体長3～5cm。㊕本州, 四国, 九州, 五島列島
¶**かえる百**(p83/カ写)
カエル見(p46/カ写)
原爬両(No.151/カ写)
世文動(p334/カ写)
世両(p74/カ写)
日カサ(p142/カ写)
爬両観(p106/カ写)
爬両飼(p195/カ写)
爬両1800(p385/カ写)
野日両(p42,92,183/カ写)

シュロップシャー Shropshire
羊の一品種。体重 オス90～110kg, メス70～80kg。イギリスの原産。
¶**世文動**〔シュロップシャー・ダウン〕(p236/カ写)
日家(p123/カ写)

ジョアゼイロツノガエル ⇒カーティンガツノガエルを見よ

ショウガラゴ *Galago senegalensis*
ガラゴ科(ロリス科)の哺乳類。別名セネガルガラゴ。体高12～20cm。㊕アフリカ

¶世文動 (p75/カ写)
世哺 (p101/カ写)
地球 (p535/カ写)
美サル (p164/カ写)

シヨウキバト　*Geophaps plumifera*　鍾馗鳩
ハト科の鳥。全長20～22cm。㊕オーストラリアの乾燥した地域
¶世鳥大 (p248/カ写)
世鳥ネ (p162/カ写)
地球 (p455/カ写)

ショウコク　Shokoku　小国
鶏の一品種。天然記念物。体重 オス2kg, メス1.6kg。京都府・三重県・滋賀県の原産。
¶日家〔小国〕(p148/カ写)

ショウジョウインコ　*Lorius garrulus*　猩猩鸚哥
ヒインコ科の鳥。全長30cm。㊕インドネシア
¶原色鳥 (p59/カ写)
地球 (p457/カ写)
鳥飼 (p169/カ写)

ショウジョウコウカンチョウ　*Cardinalis cardinalis*　猩猩紅冠鳥
ショウジョウコウカンチョウ科(コウカンチョウ科)の鳥。全長21～23cm。㊕アメリカ, メキシコ北部
¶原色鳥 (p6/カ写)
世色鳥 (p5/カ写)
世鳥大 (p485/カ写)
世鳥卵 (p216/カ写, カ図)
世鳥ネ (p339/カ写)
地球 (p499/カ写)

ショウジョウジドリ　"Shojo" Native Fowl　猩猩地鶏
鶏の一品種。別名アカハラ, イセジドリ, ミエジドリ。天然記念物。体重 オス1.8kg, メス1.35kg。三重県の原産。
¶日家〔猩々地鶏〕(p153/カ写)

ショウジョウトキ　*Eudocimus ruber*　猩猩朱鷺
トキ科の鳥。全長55～70cm。㊕南アメリカ北部, ベネズエラ～ブラジル南部
¶原色鳥 (p71/カ写)
世色鳥 (p11/カ写)
世鳥大 (p161/カ写)
世鳥卵 (p44/カ写, カ図)
世鳥ネ (p76/カ写)
地球 (p427/カ写)
鳥卵巣 (p76/カ写, カ図)
鳥650 (p743/カ写)

ショウジョウヒワ　*Carduelis cucullata*　猩猩鶸
アトリ科の鳥。絶滅危惧IB類。体長10cm。㊕ベネズエラ, コロンビア, ガイアナ
¶絶百6 (p62/カ図)
鳥絶 (p220/カ図)

ショウドウツバメ　*Riparia riparia*　小洞燕
ツバメ科の鳥。全長12～14cm。㊕北アメリカ, ユーラシア
¶くら鳥 (p36/カ写)
原寸羽 (p220/カ写)
四季鳥 (p50/カ写)
巣と卵決 (p243/カ写)
世鳥大 (p405/カ写)
世鳥ネ (p282/カ写)
世文鳥 (p197/カ写)
地球 (p489/カ写)
鳥卵巣 (p264/カ写, カ図)
鳥比 (p103/カ写)
鳥650 (p522/カ写)
名鳥図 (p171/カ写)
日ア鳥 (p438/カ写)
日鳥識 (p240/カ写)
日鳥巣 (p146/カ写)
日鳥山新 (p178/カ写)
日鳥山増 (p131/カ写)
日野鳥新 (p484/カ写)
日野鳥増 (p444/カ写)
ぱっ鳥 (p271/カ写)
ひと目鳥 (p162/カ写)
フ日野新 (p218/カ図)
フ日野増 (p218/カ図)
フ野鳥 (p298/カ図)
野鳥学フ (p104/カ写, カ図)
野鳥山フ (p46,267/カ図, カ写)
山溪名鳥 (p233/カ写)

ショウハナジロゲエノン　*Cercopithecus petaurista*
オナガザル科の哺乳類。頭胴長36～46cm。㊕シエラレオネ～ベニン
¶美サル (p173/カ写)

ジョウビタキ　*Phoenicurus auroreus*　尉鶲, 上鶲, 常鶲
ヒタキ科(ツグミ科)の鳥。全長14cm。㊕シベリア南東部, サハリン, 中国北部・中央部。日本では冬鳥として渡来
¶くら鳥 (p57/カ写)
原寸羽 (p237/カ写)
里山鳥 (p103/カ写)
四季鳥 (p114/カ写)
世文鳥 (p218/カ写)
鳥比 (p144/カ写)
鳥650 (p622/カ写)
名鳥図 (p192/カ写)
日ア鳥 (p529/カ写)
日色鳥 (p76/カ写)
日鳥識 (p268/カ写)
日鳥山新 (p273/カ写)
日鳥山増 (p183/カ写)
日野鳥新 (p556/カ写)
日野鳥増 (p495/カ写)

ぱっ鳥（p323/カ写）
バード（p13/カ写）
羽根決（p282/カ写, カ図）
ひと目鳥（p181/カ写）
フ日野新（p238/カ図）
フ日野増（p238/カ図）
フ野鳥（p350/カ図）
野鳥学フ（p10/カ写）
野鳥山フ（p54,299/カ図, カ写）
山溪名鳥（p191/カ写）

ジョウモンヒキガエル *Bufo regularis*
ヒキガエル科の両生類。体長6～13cm。㊀アフリカ大陸中部以北
¶**爬両1800**（p364/カ写）
爬両ビ（p240/カ写）

ショカーアレチヘビ *Psammophis schokari*
ナミヘビ科アレチヘビ亜科の爬虫類。全長90～110cm。㊀インド北西部～アラビア半島, アフリカ大陸北部
¶**世文動**（p293/カ写）
爬両1800（p335/カ写）

ショクヨウアナツバメ ⇒ジャワアナツバメを見よ

ショクヨウガエル ⇒ウシガエルを見よ

ジョーダントタテガエル *Trachycephalus jordani*
アマガエル科の両生類。体長9～10cm。㊀コロンビア, エクアドル, ペルー
¶**かえる百**（p66/カ写）
爬両1800（p375/カ写）
爬両ビ（p252/カ写）

ショットムチオヘビ *Masticophis schotti*
ナミヘビ科ナミヘビ亜科の爬虫類。全長100～180cm。㊀アメリカ合衆国（テキサス州）, メキシコ
¶**爬両1800**（p303/カ写）

ショートヘアード・ハンガリアン・ビズラ
Shorthaired Hungarian Vizsla
犬の一品種。別名ハンガリアン・ショートヘアード・ポインティング・ドッグ, ハンガリアン・ビズラ, ハンガリアン・ポインター, ビズラ, ルビッツル・マージャル・ビズラ。体高 オス58～64cm, メス54～60cm。ハンガリーの原産。
¶**アルテ犬**〔ハンガリアン・ヴィズラ〕（p78/カ写）
最犬大（p329/カ写）
新犬種〔マジャール・ヴィジュラ〕（p231/カ写）
新世犬〔ビズラ〕（p170/カ写）
図世犬（p258/カ写）
世文動〔ビスラ〕（p148/カ写）
ビ犬〔ハンガリアン・ヴィズラ〕（p246/カ写）

ショートホーン ⇒ビーフ・ショートホーンを見よ

ジョニースナボア ⇒ブラウンスナボアを見よ

ショバン・ケペギ ⇒アナトリアン・シェパード・ドッグを見よ

ジョフロアカエルガメ *Phrynops geoffroanus*
ヘビクビガメ科の爬虫類。別名ジェフロアカエルガメ, ジェフロイカエルガメ。甲長30～32cm。㊀南米大陸中部以北
¶**世カメ**〔ジェフロアカエルガメ〕（p94/カ写）
世爬（p53/カ写）
爬両1800（p61/カ写）
爬両ビ（p45/カ写）

ジョフロワネコ *Leopardus geoffroyi*
ネコ科の哺乳類。別名ジェフロイネコ。体長43～88cm。㊀南アメリカ中部～南部
¶**地球**（p583/カ写）
野生ネコ〔ジェフロイネコ〕（p148/カ写, カ図）

ジョフロワマーモセット ⇒シロガオマーモセットを見よ

ジョフロワルーセットオオコウモリ *Rousettus amplexicaudatus*
オオコウモリ科の哺乳類。体長9.5～17.5cm。
¶**地球**（p551/カ写）

ショロイェツクウィントリ ⇒メキシカン・ヘアレスを見よ

ショロイツクインツレ ⇒メキシカン・ヘアレスを見よ

ジョンストンカメレオン *Trioceros johnstoni*
カメレオン科の爬虫類。全長20～28cm。㊀ウガンダ, コンゴ民主共和国など
¶**爬両1800**（p113/カ写）

ジョンソンハシナガヒタキ *Poecilotriccus luluae*
ジョンソン嘴長鶲
タイランチョウ科の鳥。全長10cm。㊀ペルー
¶**世色鳥**（p75/カ写）

シラオネッタイチョウ *Phaethon lepturus* 白尾熱帯鳥
ネッタイチョウ科の鳥。全長76～80cm。㊀熱帯・亜熱帯の全海洋
¶**世鳥大**（p171/カ写）
世鳥ネ（p80/カ写）
世文鳥（p41/カ写）
地球（p428/カ写）
鳥卵巣（p47/カ写, カ図）
鳥比（p251/カ写）
鳥650（p92/カ写）
日ア鳥（p83/カ写）
日色鳥（p95/カ写）
日鳥識（p106/カ写）
日鳥水増（p59/カ写）
日野鳥新（p100/カ写）
日野鳥増（p123/カ写）

羽根決（p371/カ写, カ図）
フ日野新（p80/カ図）
フ日野増（p80/カ図）
フ野鳥（p62/カ図）

シラオラケットカワセミ *Tanysiptera sylvia* 白尾ラケット翡翠
カワセミ科の鳥。全長30～35cm。
¶地球（p475/カ写）

シラガエボシドリ *Tauraco ruspolii* 白髪烏帽子鳥
エボシドリ科の鳥。絶滅危惧II類。全長40cm。
㊕エチオピア南部（固有）
¶地球（p461/カ写）
鳥絶（p166/カ図）

シラガカイツブリ *Poliocephalus poliocephalus* 白髪鸊鷉, 白髪鳰
カイツブリ科の鳥。全長27～30cm。㊕オーストラリア西・南東部, ニュージーランド
¶世鳥大（p153/カ写）

シラガゴイ *Nyctanassa violacea* 白髪五位
サギ科の鳥。全長55～70cm。㊕北アメリカ南部～ブラジル沿岸, ガラパゴス諸島
¶世鳥ネ（p73/カ写）
地球（p426/カ写）

シラガフタオタイランチョウ *Colonia colonus* 白髪双尾太蘭鳥
タイランチョウ科の鳥。全長18～28cm。㊕ホンジュラス～コロンビアにかけてのブラジル南部とアルゼンチン北東部, ギアナ
¶世鳥大（p348/カ写）

シラガホオジロ *Emberiza leucocephalos* 白髪頰白
ホオジロ科の鳥。全長18cm。㊕シベリア, モンゴル, 中国北東部, サハリン, 千島列島
¶世文鳥（p247/カ写）
鳥比（p189/カ写）
鳥**650**（p699/カ写）
日ア鳥（p595/カ写）
日鳥識（p294/カ写）
日鳥山新（p356/カ写）
日鳥山増（p274/カ写）
日野鳥新（p626/カ写）
日野鳥増（p562/カ写）
フ日野新（p268/カ図）
フ日野増（p268/カ図）
フ野鳥（p394/カ図）

シラコバト *Streptopelia decaocto* 白子鳩
ハト科の鳥。全長30～32cm。㊕ユーラシア大陸
¶くら鳥（p68/カ写）
原寸羽（p166/カ写）
里山鳥（p228/カ写）
四季鳥（p27/カ写）
巣と卵決（p79/カ写, カ図）
世鳥大（p247/カ写）
世鳥ネ（p161/カ写）
世文鳥（p169/カ写）
鳥卵巣（p219/カ写, カ図）
鳥比（p17/カ写）
鳥**650**（p97/カ写）
名鳥図（p144/カ写）
日ア鳥（p89/カ写）
日鳥識（p96/カ写）
日鳥山新（p29/カ写）
日鳥山増（p73/カ写）
日野鳥新（p105/カ写）
日野鳥増（p399/カ写）
ぱっ鳥（p69/カ写）
バード（p22/カ写）
羽根決（p194/カ写, カ図）
ひと目鳥（p138/カ写）
フ日野新（p200/カ図）
フ日野増（p200/カ図）
フ野鳥（p66/カ図）
野鳥学フ（p18/カ写）
野鳥山フ（p39,233/カ図, カ写）
山溪名鳥（p192/カ写）

シラー・シュテーバレ ⇒シッレルーステーバレーを見よ

シラヒゲウミスズメ *Aethia pygmaea* 白鬚海雀
ウミスズメ科の鳥。全長17～18cm。㊕北太平洋東部
¶原寸羽（p155/カ写）
世鳥ネ（p155/カ写）
世文鳥（p165/カ図）
鳥比（p372/カ写）
日ア鳥（p316/カ写）
日鳥水増（p337/カ写）
フ日野新（p64/カ図）
フ日野増（p64/カ図）
フ野鳥（p206/カ図）

シラヒゲムシクイ *Sylvia cantillans* 白鬚虫食, 白鬚虫喰
ウグイス科の鳥。全長12～13cm。㊕地中海で繁殖。中東やアフリカ北部で越冬
¶地球（p490/カ写）

シラヒゲユミハチドリ *Phaethornis yaruqui* 白鬚弓蜂鳥
ハチドリ科ユミハチドリ亜科の鳥。全長13cm。
¶ハチドリ（p53/カ写）

シリアカエンビハチドリ *Urosticte ruficrissa* 尻赤燕尾蜂鳥
ハチドリ科ミドリフタオハチドリ亜科の鳥。全長9～10cm。
¶ハチドリ（p186/カ写）

シリアカヒヨドリ *Pycnonotus cafer* 尻赤鵯
ヒヨドリ科の鳥。全長23cm。㊕インド, スリランカ, パキスタン, ヒマラヤ西部, ミャンマー, 中国の雲南省
¶**世鳥卵**(p163/カ写, カ図)

シリアスジイモリ *Ommatotriton vittatus*
イモリ科の両生類。全長10〜14cm。㊕トルコ〜イスラエル
¶**爬両1800**(p456/カ写)

シリケンイモリ *Cynops ensicauda* 尻剣井守, 尻剣蠑
イモリ科の両生類。日本固有種。全長10〜15cm。㊕奄美諸島, 沖縄諸島
¶**原爬両**(No.161/カ写)
世文動(p311/カ写)
世両(p210/カ写)
爬両観(p120/カ写)
爬両飼(p204/カ写)
爬両1800(p450/カ写)
爬両ビ(p309/カ写)
野日両(p29,69,138/カ写)

シリトゲオオトカゲ *Varanus tristis*
オオトカゲ科の爬虫類。全長60〜80cm。㊕南東部と南岸を除くオーストラリア全域
¶**世爬**(p159/カ写)
爬両1800(p240/カ写)
爬両ビ(p168/カ写)

シーリハム・テリア Sealyham Terrier
犬の一品種。体高31cm以下。イギリスの原産。
¶**アルテ犬**(p108/カ写)
最犬大(p177/カ写)
新犬種(p52/カ写)
新世犬(p260/カ写)
図世犬(p164/カ写)
世文動〔シューリハム・テリア〕(p147/カ写)
ビ犬(p189/カ写)

シルキー・テリア ⇒オーストラリアン・シルキー・テリアを見よ

シールサラマンダー ⇒アザラシサンショウウオを見よ

シルスイキツツキ *Sphyrapicus varius* 汁吸啄木鳥
キツツキ科の鳥。全長18〜22cm。㊕北アメリカ
¶**世鳥大**(p324/カ写)
世鳥ネ(p244/カ写)
地球(p480/カ写)

シルバー Silver
兎の一品種。イギリスの原産。
¶**うさぎ**(p166/カ写)
新うさぎ(p198/カ写)

シルバーオオガラゴ *Otolemur monteiri*
ガラゴ科の哺乳類。体高28〜47cm。
¶**地球**(p534/カ写)

シルバーストンヤドクガエル *Silverstoneia flotator*
ヤドクガエル科の両生類。全長1〜2cm。
¶**地球**(p358/カ写)

シルバティカスヤドクガエル ⇒シンリンヤドクガエルを見よ

シ

シルバーフォックス Silver Fox
兎の一品種。アメリカ合衆国の原産。
¶**うさぎ**(p168/カ写)
新うさぎ(p200/カ写)

シルバーマーチン Silver Marten
兎の一品種。アメリカ合衆国の原産。
¶**うさぎ**(p170/カ写)
新うさぎ(p202/カ写)

シルバーマーモセット *Callithrix argentata*
オマキザル科(マーモセット科)の哺乳類。別名クロオマーモセット。体高20〜23cm。㊕南アメリカ
¶**世文動**〔クロオマーモセット〕(p76/カ写)
世哺(p115/カ写)
地球(p540/カ写)
美サル(p18/カ写)

シルバールトン *Trachypithecus cristatus*
オナガザル科の哺乳類。準絶滅危惧。頭胴長40〜60cm。㊕スマトラ, リアウ・リンガ諸島, バンカ島, ビリトゥン島, ボルネオ, セラサン, 東南アジア
¶**美サル**(p92/カ写)

シロアゴガエル *Polypedates leucomystax* 白顎蛙
アオガエル科の両生類。特定外来種。体長5〜7cm。㊕中国南部, 台湾, インド, 東南アジア
¶**原爬両**(No.158/カ写)
世カエ(p414/カ写)
世文動(p335/カ写)
日カサ(p152/カ写)
爬両観(p108/カ写)
爬両飼(p200/カ写)
爬両1800(p388/カ写)
爬両ビ(p255/カ写)
野日両(p44,94,187/カ写)

シロアゴコノハガエル *Xenophrys major*
コノハガエル科の両生類。体長6〜8cm。㊕中国南部, インド北東部, インドシナ
¶**かえる百**(p46/カ写)
カエル見(p15/カ写)
爬両1800(p360/カ写)
爬両ビ(p266/カ写)

シロアゴサファイアハチドリ *Hylocharis cyanus*
白顎サファイア蜂鳥
ハチドリ科ハチドリ亜科の鳥。全長8〜10cm。
¶**ハチドリ**(p287/カ写)

シ

シロアゴヤマガメ *Leucocephalon yuwonoi*
アジアガメ科(イシガメ(バタグールガメ)科)の爬虫類。甲長28～30cm。 ㊕インドネシア(スラウェシ島北部)
¶**世カメ**(p286/カ写)
爬両1800(p44/カ写)
爬両ビ(p34/カ写)

シロアシイタチキツネザル *Lepilemur leucopus*
イタチキツネザル科の哺乳類。絶滅危惧IB類。体高22～26cm。 ㊕マダガスカル島
¶**地球**(p537/カ写)
美サル(p125/カ写)

シロアジサシ *Gygis alba* 白鰺刺
カモメ科の鳥。全長28～33cm。 ㊕太平洋熱帯域, 大西洋, インド洋
¶**四季鳥**(p45/カ写)
世色鳥(p191/カ写)
世鳥大(p239/カ写)
世鳥卵(p116/カ写, カ図)
世鳥ネ(p149/カ写)
世文鳥(p161/カ写)
地球(p450/カ写)
鳥比(p355/カ写)
鳥650(p303/カ写)
日ア鳥(p286/カ写)
日鳥水増(p327/カ写)
ひと目鳥(p30/カ写)
フ日野新(p104/カ図)
フ日野増(p104/カ図)
フ野鳥(p176/カ図)

シロアシネズミ *Peromyscus leucopus* 白足鼠
ネズミ科の哺乳類。別名シロアシマウス。体長9～11cm。 ㊕北アメリカ
¶**世文動**(p113/カ写)
世哺〔シロアシマウス〕(p156/カ写)
地球〔シロアシマウス〕(p526/カ写)

シロアシマウス ⇒シロアシネズミを見よ

シロアホウドリ *Diomedea epomophora* 白阿房鳥, 白阿呆鳥, 白信天翁
アホウドリ科の鳥。全長1～1.2m。
¶**世鳥大**(p145/カ写)
世鳥ネ(p56/カ写)
鳥卵巣(p49/カ写, カ図)

シロイルカ *Delphinapterus leucas* 白海豚
イッカク科の哺乳類。別名ベルーガ。成体体重 メス750kg, オス1.4t。 ㊕北極海とその周辺
¶**驚野動**(p31/カ写)
クイ百(p200/カ図, カ写)
くら哺(p106/カ写)
絶百2(p64/カ写, カ図)
世文動(p128/カ写)
世哺(p196/カ写, カ図)
地球(p615/カ図)
日哺学フ(p222/カ写, カ図)

シロイワヤギ *Oreamnos americanus* 白岩山羊
ウシ科の哺乳類。別名アメリカヤギ。体高80～95cm。 ㊕北アメリカ
¶**世文動**(p230/カ写)
世哺(p374/カ写)
地球(p605/カ写)

シロエボシアリドリ *Pithys albifrons* 白烏帽子蟻鳥
アリドリ科の鳥。全長11～13cm。 ㊕アマゾン川流域(ほとんど川より北)
¶**世鳥大**(p351)

シロエリインカハチドリ *Coeligena torquata* 白襟インカ蜂鳥
ハチドリ科ミドリフタオハチドリ亜科の鳥。全長14～15cm。 ㊕ベネズエラ北西部～ボリビア北部
¶**世鳥大**(p296/カ写)
地球(p470/カ写)
ハチドリ(p162/カ写)

シロエリオオガシラ *Notharchus hyperrhynchus* 白襟大頭
オオガシラ科の鳥。全長25cm。 ㊕中央アメリカ, 南アメリカ北西部
¶**世鳥大**(p329)
世鳥ネ(p251/カ写)

シロエリオオハム *Gavia pacifica* 白襟大波武
アビ科の鳥。全長58～74cm。 ㊕北極海周辺
¶**くら鳥**(p125/カ写)
原寸羽(p12/カ写)
四季鳥(p95/カ写)
世文鳥(p26/カ写)
地球(p420/カ写)
鳥比(p240/カ写)
鳥650(p106/カ写)
名鳥図(p14/カ写)
日ア鳥(p97/カ写)
日鳥識(p98/カ写)
日鳥水増(p20/カ写)
日野鳥新(p112/カ写)
日野鳥増(p20/カ写)
ぱっ鳥(p72/カ写)
バード(p149/カ写)
羽根決(p11/カ写, カ図)
ひと目鳥(p41/カ写)
フ日野新(p24/カ図)
フ日野増(p24/カ図)
フ野鳥(p70/カ図)
野鳥学フ(p235/カ写)
野鳥山フ(p9,63/カ図, カ写)
山溪名鳥(p79/カ写)

シロエリテンシハチドリ *Heliangelus spencei* 白襟天使蜂鳥
ハチドリ科ミドリフタオハチドリ亜科の鳥。全長10cm。
¶ハチドリ (p361)

シロエリトビ *Leptodon forbesi* 白襟鳶
タカ科の鳥。絶滅危惧IA類。体長52cm。 ㊕ブラジル (固有)
¶鳥絶〔White-collared Kite〕(p135/カ図)

シロエリハゲワシ *Gyps fulvus* 白襟禿鷲
タカ科の鳥。全長93~110cm。 ㊕ヨーロッパ南部, 北アフリカ~東のヒマラヤ地方までの山地のみに生息
¶世鳥大 (p191/カ写)
世鳥卵 (p55/カ写, カ図)
世鳥ネ (p101/カ写)
地球 (p433/カ写)
鳥卵巣 (p103/カ写, カ図)

シロエリハチドリ *Florisuga mellivora* 白襟蜂鳥
ハチドリ科トパーズハチドリ亜科の鳥。全長11~12cm。 ㊕メキシコ~ブラジル
¶原色鳥 (p153/カ写)
地球 (p471/カ写)
ハチドリ (p34/カ写)

シロエリマンガベイ *Cercocebus torquatus*
オナガザル科の哺乳類。絶滅危惧IA類。体長50~60cm。 ㊕アフリカ
¶世文動 (p85/カ写)
世哺 (p118/カ写)

シロエンビハチドリ *Urosticte benjamini* 白燕尾蜂鳥
ハチドリ科ミドリフタオハチドリ亜科の鳥。全長8~9cm。 ㊕南アメリカ
¶ハチドリ (p184/カ写)

シロオオタカ *Accipiter gentilis albidus* 白大鷹, 白蒼鷹
タカ科の鳥。オオタカの亜種。 ㊕迷鳥として北海道・青森・山形などで記録
¶日鳥山増 (p25/カ写)
ワシ (p84/カ写)

シロオビアメリカムシクイ *Setophaga magnolia* 白帯亜米利加虫食
アメリカムシクイ科の鳥。全長13cm。 ㊕北アメリカ, 中央アメリカ
¶原色鳥 (p192/カ写)

シロオビオオカミヘビ *Lycodon subcinctus*
ナミヘビ科ナミヘビ亜科の爬虫類。全長65~110cm。 ㊕中国南部~インドシナ半島, フィリピンなど
¶爬両1800 (p299/カ写)

シロオビシベットヘビ *Parastenophis betsileanus*
ナミヘビ科マラガシーヘビ亜科の爬虫類。全長100~120cm。 ㊕マダガスカル東部
¶世爬 (p223/カ写)
爬両1800 (p336/カ写)

シロオビネズミカンガルー *Bettongia lesueur*
カンガルー科の哺乳類。頭胴長28~36cm。 ㊕オーストラリア西部
¶世文動 (p46)

シロオマングース *Ichneumia albicauda*
マングース科の哺乳類。体長47~69cm。 ㊕中央・西アフリカの森林地帯および南西アフリカを除くサハラ以南, アラビアの南部
¶地球 (p586/カ写)

シロオリックス *Oryx dammah*
ウシ科の哺乳類。野生絶滅。体高1~1.3m。 ㊕アフリカ大陸北部周辺のサハラ砂漠一帯と大西洋~紅海に抜けるサヘル地帯
¶絶百3 (p64/カ写)
世文動 (p221/カ写)
世哺 (p363/カ写)
地球 (p602/カ写)
レ生 (p161/カ写)

シロガオサキ *Pithecia pithecia*
サキ科 (オマキザル科) の哺乳類。体高30~70cm。 ㊕南アメリカ
¶世文動 (p78/カ写)
世哺 (p110/カ写)
地球 (p539/カ写)
美サル (p39/カ写)

シロガオハコヨコクビガメ *Pelusios cupulatta*
ヨコクビガメ科アフリカヨコクビガメ亜科の爬虫類。甲長18~20cm。 ㊕アフリカ大陸西部沿岸諸国
¶世カメ (p69/カ写)
爬両1800 (p69/カ写)

シロガオマーモセット *Callithrix geoffroyi*
マーモセット科 (オマキザル科) の哺乳類。別名ジョフロワマーモセット。体高20cm。 ㊕ブラジル東部
¶地球〔ジョフロワマーモセット〕(p540/カ写)
美サル (p16/カ写)

シロガオリュウキュウガモ *Dendrocygna viduata* 白顔琉球鴨
カモ科の鳥。全長44cm。 ㊕南アメリカ熱帯域, サハラ以南のアフリカ, マダガスカル, コモロ諸島
¶世鳥大 (p122/カ写)

シロカザリハチドリ *Lophornis gouldii* 白飾蜂鳥
ハチドリ科ミドリフタオハチドリ亜科の鳥。絶滅危惧II類。全長7~7.5cm。
¶世美羽 (p68/カ写)
ハチドリ (p363)

シ

シロカザリフウチョウ *Paradisaea guilielmi* 白飾風鳥
フウチョウ科の鳥。全長29cm。 ㊕ニューギニア東部
¶鳥卵巣 (p358/カ写, カ図)

シロガシラ *Pycnonotus sinensis* 白頭
ヒヨドリ科の鳥。全長19cm。 ㊕四川省・長江下流域以南の中国南部, 海南島, ベトナム北部, 台湾。日本では沖縄本島以西の森林に1年中生息
¶原寸羽 (p227/カ写)
四季鳥 (p118/カ写)
巣と卵決 (p244/カ写, カ図)
世鳥卵 (p163/カ写, カ図)
世文鳥 (p208/カ写)
鳥卵巣 (p273/カ写, カ図)
鳥比 (p106/カ写)
鳥650 (p532/カ写)
名鳥図 (p179/カ写)
日ア鳥 (p444/カ写)
日鳥識 (p242/カ写)
日鳥巣 (p168/カ写)
日鳥山新 (p185/カ写)
日鳥山増 (p157/カ写)
日野鳥新 (p494/カ写)
日野鳥増 (p471/カ写)
ぱっ鳥 (p277/カ写)
羽根決 (p389/カ写, カ図)
ひと目鳥 (p169/カ写)
フ日野新 (p228/カ図)
フ日野増 (p228/カ図)
フ野鳥 (p304/カ図)
野鳥学フ (p17/カ写)
野鳥山フ (p48,281/カ図, カ写)
山溪名鳥 (p193/カ写)

シロガシラインコ *Pionus seniloides* 白頭鸚哥
インコ科の鳥。大きさ30cm。 ㊕南アメリカ (ベネズエラ, コロンビア, エクアドル, ペルー)
¶鳥飼 (p152/カ写)

シロガシラウシハタオリ *Dinemellia dinemelli* 白頭牛機織
ハタオリドリ科の鳥。全長18cm。 ㊕エチオピア, スーダン〜タンザニア
¶世鳥大 (p454/カ写)

シロガシラクロヒヨドリ *Hypsipetes leucocephalus* 白頭黒鵯
ヒヨドリ科の鳥。全長23〜25cm。
¶世鳥大 (p412/カ写)
地球 (p489/カ写)

シロガシラサギ *Ardea pacifica* 白頭鷺
サギ科の鳥。全長80〜100cm。
¶地球 (p426/カ写)

シロガシラショウビン *Todiramphus saurophagus* 白頭翡翠
カワセミ科の鳥。全長30cm。 ㊕モルッカ諸島〜ニューギニア北西部, ソロモン諸島
¶原色鳥 (p128/カ写)

シロガシラセイタカシギ ⇒ムネアカセイタカシギを見よ

シロガシラトビ *Haliastur indus* 白頭鳶
タカ科の鳥。全長43〜51cm。 ㊕インド, スリランカ, 中国南部, ソロモン諸島, オーストラリア
¶世鳥大 (p189/カ写)
世鳥卵 (p62/カ写, カ図)
世鳥ネ (p98/カ写)
地球 (p432/カ写)
鳥比 (p29/カ写)
鳥650 (p749/カ写)
日ア鳥 (p322/カ写)

シロガシラハゲワシ *Trigonoceps occipitalis* 白頭禿鷲
タカ科の鳥。全長72〜85cm。 ㊕南アフリカ
¶地球 (p433/カ写)

シロカツオドリ *Morus bassanus* 白鰹鳥
カツオドリ科の鳥。全長90〜100cm。 ㊕大西洋北部沿岸
¶世鳥大 (p176/カ写)
世鳥卵 (p38/カ写, カ図)
世鳥ネ (p85/カ写)
地球 (p428/カ写)
鳥卵巣 (p61/カ写, カ図)

シロカモメ *Larus hyperboreus* 白鷗
カモメ科の鳥。全長62〜68cm。 ㊕ユーラシア大陸, 北アメリカ, グリーンランドの北極圏
¶くら鳥 (p123/カ写)
原寸羽 (p138/カ写)
四季鳥 (p80/カ写)
世鳥卵 (p111/カ写, カ図)
世文鳥 (p148/カ写)
地球 (p448/カ写)
鳥比 (p338/カ写)
鳥650 (p329/カ写)
名鳥図 (p105/カ写)
日ア鳥 (p278/カ写)
日色鳥 (p134/カ写)
日鳥識 (p168/カ写)
日鳥水増 (p292/カ写)
日野鳥新 (p318/カ写)
日野鳥増 (p144/カ写)
ぱっ鳥 (p181/カ写)
バード (p155/カ写)
羽根決 (p174/カ写, カ図)
ひと目鳥 (p36/カ写)
フ日野新 (p88/カ図)

フ日野増(p88/カ図)
フ野鳥(p186/カ図)
野鳥学フ(p240/カ写)
野鳥山フ(p36,217/カ図, カ写)
山溪名鳥(p199/カ写)

シロクジャク *Pavo cristatus* 白孔雀
キジ科の鳥。インドクジャクの白変種。全長200cm。
¶世色鳥(p189/カ写)

シロクチアオハブ *Trimeresurus albolabris*
クサリヘビ科の爬虫類。全長90〜100cm。[分]インドネシア, 中国南部, インドシナ半島, インド北部など
¶爬両1800(p342/カ写)

シロクチイロメガエル *Boophis albilabris*
マダガスカルガエル科(マラガシーガエル科)の両生類。別名マダガスカルツリーフロッグ。全長4.5〜8cm。[分]マダガスカル
¶カエル見(p61/カ写)
世両(p109/カ写)
地球〔マダガスカルツリーフロッグ〕(p361/カ写)
爬両1800(p400/カ写)
爬両ビ(p264/カ写)

シロクチカロテス *Calotes mystaceus*
アガマ科の爬虫類。全長35cm前後。[分]インドシナ半島, インド
¶爬両1800(p92/カ写)

シロクチタマリン *Saguinus labiatus*
オマキザル科の哺乳類。体高23〜30cm。[分]ブラジル, ボリビア
¶地球(p540/カ写)

シロクチドロガメ *Kinosternon leucostomum*
ドロガメ科ドロガメ亜科の爬虫類。甲長15〜17cm。[分]メキシコ〜コロンビア, エクアドルまでの中南米域
¶世カメ(p141/カ写)
世爬(p48/カ写)
爬両1800(p55〜56/カ写)
爬両ビ(p59/カ写)

シロクチニシキヘビ *Leiopython albertisii*
ニシキヘビ科(ボア科)の爬虫類。別名アルバーティスパイソン, ホワイトリップパイソン。全長100〜150cm。[分]インドネシア, パプアニューギニア
¶世爬(p181/カ写)
世文動(p283/カ写)
世ヘビ〔アルバーティスパイソン〕(p62/カ写)
爬両1800(p258/カ写)
爬両ビ(p192/カ写)

シロクチユビナガガエル *Leptodactylus rhodomystax*
ユビナガガエル科の両生類。体長4.7〜5.2cm。[分]南米大陸中部以北
¶爬両1800(p431/カ写)

シロクロアメリカムシクイ *Mniotilta varia* 白黒亜米利加虫食, 白黒亜米利加虫喰
アメリカムシクイ科の鳥。全長11〜14cm。[分]中央・南東カナダ, アメリカ・ロッキー山脈の東
¶世鳥大(p469/カ写)
世鳥ネ(p328/カ写)
地球(p497/カ写)

シロクロエリマキキツネザル ⇒クロシロエリマキキツネザルを見よ

シロクロゲリ *Vanellus armatus* 白黒鳧
チドリ科の鳥。全長28〜31cm。[分]ケニア〜南アフリカ
¶世鳥大(p224/カ写)

シロクロコサイチョウ *Tockus fasciatus* 白黒小犀鳥
サイチョウ科の鳥。全長48〜55cm。
¶世鳥大(p313)

シロクロヒナフクロウ *Ciccaba nigrolineata* 白黒雛梟
フクロウ科の鳥。全長38cm。
¶地球(p466/カ写)

シロクロマイコドリ *Manacus manacus* 白黒舞子鳥
マイコドリ科の鳥。体長10cm。[分]南アメリカの熱帯域, アルゼンチン北東部, トリニダード島
¶世鳥卵(p149/カ写, カ図)

シロゴイサギ *Pilherodius pileatus* 白五位鷺
サギ科の鳥。全長51〜61cm。[分]アマゾン川流域の湿地
¶世色鳥(p101/カ写)

シロサイ *Ceratotherium simum* 白犀
サイ科の哺乳類。体高1.5〜1.9m。[分]アフリカ東部・南部
¶驚野動(p222/カ写)
絶百5(p96/カ写)
世文動(p191/カ写)
世哺(p318/カ写)
地球(p589,590/カ写)

シロスジエメラルドハチドリ *Amazilia lacteal* 白筋エメラルド蜂鳥
ハチドリ科ハチドリ亜科の鳥。全長8〜11cm。
¶ハチドリ(p272/カ写)

シロスジコウモリ *Platyrrhinus lineatus*
ヘラコウモリ科の哺乳類。体長5〜10cm。
¶地球(p555/カ写)

シロスジコエダヘビ *Dendrophidion dendrophis*
ナミヘビ科ナミヘビ亜科の爬虫類。全長50〜60cm。㊕南米大陸北西部
¶**爬両1800**(p294/カ写)

シロスジネコメガエル *Phyllomedusa vaillantii*
アマガエル科の両生類。体長5〜7.5cm。㊕南米大陸中部以北
¶**かえる百**(p61/カ写)
カエル見(p40/カ写)
世両(p64/カ写)
爬両1800(p381/カ写)

シロスジハシボソヒバリ *Chersomanes albofasciata* 白筋嘴細雲雀
ヒバリ科の鳥。全長13cm。
¶**世鳥大**(p408/カ写)
世鳥卵(p153/カ写, カ図)

シロスジハチドリ *Heliomaster squamosus* 白筋蜂鳥
ハチドリ科ハチドリ亜科の鳥。全長11〜12.5cm。㊕ブラジル
¶**原色鳥**(p80/カ写)
地球(p471/カ写)
ハチドリ(p300/カ写)

シロタイランチョウ *Xolmis irupero* 白太蘭鳥
タイランチョウ科の鳥。体長17cm。㊕ブラジル東部, ウルグアイ, パラグアイ, ボリビア東部, アルゼンチン北部
¶**世鳥卵**(p150/カ写, カ図)

シロチドリ *Charadrius alexandrinus* 白千鳥
チドリ科の鳥。全長15〜18cm。㊕温帯ユーラシア南部, 北アメリカ, 南アメリカ, アフリカ。日本では全国の海岸に分布し寒地のものはやや南下して越冬
¶**くら鳥**(p106/カ写)
原寸羽(p107/カ写)
里山鳥(p95/カ写)
四季鳥(p20/カ写)
巣と卵決(p232/カ写)
世鳥大(p226)
世鳥卵(p96/カ写, カ図)
世鳥ネ(p131/カ写)
世文鳥(p114/カ写)
鳥卵巣(p181/カ写, カ図)
鳥比(p276/カ写)
鳥650(p231/カ写)
名鳥図(p77/カ写)
日ア鳥(p197/カ写)
日鳥識(p136/カ写)
日鳥巣(p82/カ写)
日鳥水増(p191/カ写)
日野鳥新(p220/カ写)
日野鳥増(p244/カ写)
ぱっ鳥(p134/カ写)
バード(p134/カ写)
ひと目鳥(p95/カ写)
フ日野新(p130/カ図)
フ日野増(p130/カ図)
フ野鳥(p136/カ図)
野鳥学フ(p194/カ写)
野鳥山フ(p28,170/カ図, カ写)
山溪名鳥(p165/カ写)

シロツノミツスイ *Notiomystis cincta* 白角蜜吸
ミツスイ科の鳥。絶滅危惧II類。体長18〜19cm。㊕ニュージーランド(固有)
¶**世鳥大**(p363/カ写)
鳥絶(p209/カ図)

シロツノユウジョハチドリ *Lophornis adorabilis* 白角遊女蜂鳥
ハチドリ科ミドリフタオハチドリ亜科の鳥。全長7〜8cm。㊕コスタリカ中部・南西部, パナマ西部
¶**ハチドリ**(p103/カ写)

シロテテナガザル *Hylobates lar* 白手手長猿
テナガザル科の哺乳類。絶滅危惧IB類。体高42〜59cm。㊕アジア
¶**世文動**(p94/カ写)
世哺(p122/カ写)
地球(p548/カ写)
美サル(p107/カ写)

シロテンチビヤモリ ⇒ジャノメチビヤモリを見よ

シロテンヒシメクサガエル *Heterixalus alboguttatus*
クサガエル科の両生類。体長2.5〜3.3cm。㊕マダガスカル中東部
¶**かえる百**(p75/カ写)
カエル見(p59/カ写)
世両(p97/カ写)
爬両1800(p397/カ写)
爬両ビ(p261/カ写)

シロナガスクジラ *Balaenoptera musculus* 白長須鯨
ナガスクジラ科の哺乳類。絶滅危惧IB類。体長20〜30m。㊕北極海を除く全世界の海洋
¶**遺産世**(Mammalia No.45/カ写)
驚野動(p373/カ写)
クイ百(p94/カ図, カ写)
くら哺(p88/カ写)
絶百4(p96/カ写, カ図)
世文動(p124/カ写)
世哺(p212/カ写, カ図)
地球(p613/カ図)
日哺学フ(p204/カ写, カ図)
レ生(p162/カ写)

シロノスリ *Leucopternis albicollis* 白鵟
タカ科の鳥。全長46〜56cm。㊕メキシコ以南の中央アメリカ, 南アメリカ北部・西部
¶**世鳥大**(p198)
地球(p436/カ写)

シロハナキングヘビ *Lampropeltis pyromelana*
ナミヘビ科ナミヘビ亜科の爬虫類。全長45～130cm。㊕アメリカ合衆国南西部～メキシコ北西部
¶世爬(p218/カ写)
爬両1800(p328/カ写)
爬両ビ(p232/カ写)

シロハナヒメナガクビガメ ⇒ニューギニアナガクビガメを見よ

シロハナメクラヘビ ⇒アミメメクラヘビを見よ

シロハヤブサ *Falco rusticolus* 白隼
ハヤブサ科の鳥。全長50～60cm。㊕北半球の北限
¶原寸羽(p86/カ写)
世鳥大(p186/カ写)
世鳥卵(p66/カ写, カ図)
世鳥ネ(p95/カ写)
世文鳥(p95/カ写)
鳥比(p68/カ写)
鳥650(p464/カ写)
名鳥図(p139/カ写)
日ア鳥(p391/カ写)
日色鳥(p140/カ写)
日鳥識(p216/カ写)
日鳥山新(p127/カ写)
日鳥山増(p54/カ写)
日野鳥新(p436/カ写)
日野鳥増(p366/カ写)
フ日野新(p180/カ図)
フ日野増(p180/カ図)
フ野鳥(p268/カ図)
ワシ(p158/カ写)

シロハラ *Turdus pallidus* 白腹
ヒタキ科(ツグミ科)の鳥。全長25cm。㊕アムール川下流域, ウスリー地方
¶くら鳥(p58,60/カ写)
原寸羽(p244/カ写)
里山鳥(p104/カ写)
四季鳥(p94/カ写)
世文鳥(p225/カ写)
鳥比(p132/カ写)
鳥650(p597/カ写)
名鳥図(p197/カ写)
日ア鳥(p507/カ写)
日鳥識(p260/カ写)
日鳥山新(p253/カ写)
日鳥山増(p206/カ写)
日野鳥新(p539/カ写)
日野鳥増(p509/カ写)
ぱっ鳥(p314/カ写)
バード(p59/カ写)
羽根決(p292/カ写, カ図)
ひと目鳥(p185/カ写)
フ日野新(p248/カ図)
フ日野増(p248/カ図)
フ野鳥(p340/カ図)
野鳥学フ(p51/カ写)
野鳥山フ(p53,308/カ図, カ写)
山溪名鳥(p26/カ写)

シロハラアカアシミズナギドリ *Puffinus creatopus* 白腹赤足水薙鳥
ミズナギドリ科の鳥。全長48cm。㊕太平洋東部に広く生息。チリのフアン・フェルナンデス諸島で繁殖
¶地球(p422/カ写)
鳥比(p246/カ写)

シロハラアカヒゲハチドリ *Calothorax pulcher* 白腹赤髭蜂鳥
ハチドリ科ハチドリ亜科の鳥。全長8～9cm。
¶ハチドリ(p389)

シロハラアナツバメ *Collocalia linchi* 白腹穴燕
アマツバメ科の鳥。全長10cm。㊕東南アジア～オーストラリア北部
¶世鳥大(p292/カ写)

シロハラアマツバメ *Tachymarptis melba* 白腹雨燕
アマツバメ科の鳥。全長20～22cm。㊕地中海および南アジア～インド。アフリカ南・東部にも分布。北方の種は南アフリカまでのアフリカ一帯やインドで越冬
¶世鳥大(p293/カ写)
世鳥卵(p136/カ写, カ図)
世鳥ネ(p209/カ写)
地球(p469/カ写)
鳥卵巣(p236/カ写, カ図)

シロハラウミワシ *Haliaeetus leucogaster* 白腹海鷲
タカ科の鳥。全長70～90cm。㊕インド, スリランカ, 中国東部, 中国南部, オーストラリア南部, タスマニア島, ニューギニア, ビスマルク諸島, フィリピン
¶地球(p432/カ写)
鳥650(p749/カ写)

シロハラエメラルドハチドリ *Amazilia candida* 白腹エメラルド蜂鳥
ハチドリ科ハチドリ亜科の鳥。全長8～11cm。
¶ハチドリ(p261/カ写)

シロハラオオヒバリチドリ *Attagis malouinus* 白腹大雲雀千鳥
ヒバリチドリ科の鳥。全長27～29cm。㊕ティエラ, デル, フエゴ～チリ南部やアルゼンチンまでの地域
¶世鳥大(p227/カ写)
地球(p447/カ写)

シロハラクイナ *Amaurornis phoenicurus* 白腹水鶏, 白腹秧鶏
クイナ科の鳥。全長32cm。㊕中国南部, 台湾, フィリピン, スラウェシ島, 大スンダ列島, インドシ

ナ, インド。日本では沖縄県
¶原寸羽（p101/カ写）
四季鳥（p122/カ写）
巣と卵決（p232/カ写）
世文鳥（p108/カ写）
鳥卵巣（p161/カ写, カ図）
鳥比（p271/カ写）
鳥**650**（p194/カ写）
名鳥図（p68/カ写）
日ア鳥（p173/カ写）
日鳥識（p126/カ写）
日鳥巣（p70/カ写）
日鳥水増（p178/カ写）
日野鳥新（p188/カ写）
日野鳥増（p224/カ写）
ぱっ鳥（p114/カ写）
羽根決（p136/カ写, カ図）
ひと目鳥（p113/カ写）
フ日野新（p126/カ図）
フ日野増（p126/カ図）
フ野鳥（p116/カ図）
野鳥山フ（p26,163/カ図, カ写）
山溪名鳥（p135/カ写）

シロハラグンカンドリ *Fregata andrewsi* 白腹軍艦鳥
グンカンドリ科の鳥。絶滅危惧IA類。全長90〜100cm。[分]クリスマス島（固有）
¶世鳥大（p171）
鳥絶（p128/カ図）

シロハラコウライウグイス *Oriolus sagittatus* 白腹高麗鶯
コウライウグイス科の鳥。[分]ニューギニア南部, オーストラリア全土
¶世鳥卵（p231/カ写, カ図）

シロハラゴジュウカラ *Sitta europaea asiatica* 白腹五十雀
ゴジュウカラ科の鳥。ゴジュウカラの亜種。
¶名鳥図（p217/カ写）
日色鳥（p34/カ写）
日鳥山新（p230/カ写）
日鳥山増（p266/カ写）
日野鳥新（p524/カ写）
日野鳥増（p558/カ写）
バード（p73/カ写）
野鳥学フ（p84/カ写）
山溪名鳥（p181/カ写）

シロハラコビトウ *Phalacrocorax malanoleucos* 白腹小人鵜
ウ科の鳥。全長50〜55cm。
¶地球（p429/カ写）

シロハラサケイ *Pterocles alchata* 白腹沙鶏
サケイ科の鳥。全長31〜39cm。[分]南ヨーロッパ, 北アフリカ, 中東
¶世色鳥（p113/カ写）
世鳥大（p243/カ写）
世鳥卵（p124/カ写, カ図）
世鳥ネ（p158/カ写）
鳥卵巣（p215/カ写, カ図）

シロハラシロメジリハチドリ *Lampornis hemileucus* 白腹白目尻蜂鳥
ハチドリ科ハチドリ亜科の鳥。全長10〜12cm。
¶ハチドリ（p307/カ写）

シロハラセミイルカ *Lissodelphis peronii*
マイルカ科の哺乳類。体長1.8〜2.9m。[分]南極周辺の亜南極および冷温帯の海域
¶クイ百（p144/カ図）
地球（p617/カ図）

シロハラチビハチドリ *Chaetocercus mulsant* 白腹チビ蜂鳥
ハチドリ科ハチドリ亜科の鳥。全長8.5cm。
¶ハチドリ（p315/カ写）

シロハラチャイロヒヨドリ *Phyllastrephus terrestris* 白腹茶色鵯
ヒヨドリ科の鳥。全長18cm。[分]ケニア〜南アフリカの北部・東部
¶世鳥卵（p164/カ写, カ図）

シロハラチャムクドリ *Spreo bicolor* 白腹茶椋鳥
ムクドリ科の鳥。[分]南アフリカ
¶世鳥卵（p230/カ写, カ図）

シロハラチュウシャクシギ *Numenius tenuirostris* 白腹中杓鷸, 白腹中杓鴫
シギ科の鳥。全長41cm。[分]シベリア南西部
¶世文鳥（p136/カ図）
フ日野新（p158/カ図）
フ日野増（p158/カ図）
フ野鳥（p152/カ図）

シロハラトウゾクカモメ *Stercorarius longicaudus* 白腹盗賊鷗
トウゾクカモメ科の鳥。全長48〜53cm。[分]スカンジナビア半島, ロシア, シベリアのツンドラ地帯, カナダ, グリーンランド
¶四季鳥（p18/カ写）
世鳥大（p240/カ写）
世鳥卵〔シロハラロウゾウカモメ〕（p107/カ写, カ図）
世鳥ネ（p152/カ写）
世文鳥（p145/カ写）
地球（p451/カ写）
鳥卵巣（p198/カ写, カ図）
鳥比（p369/カ写）
鳥**650**（p357/カ写）
日ア鳥（p305/カ写）
日鳥識（p178/カ写）
日鳥水増（p271/カ写）

日野鳥新（p341/カ写）
日野鳥増（p130/カ写）
フ日野新（p84/カ図）
フ日野増（p84/カ図）
フ野鳥（p200/カ図）
山溪名鳥（p241/カ写）

シロハラハチドリ *Colibri serrirostris* 白腹蜂鳥
ハチドリ科マルオハチドリ亜科の鳥。全長12～13cm。
¶地球（p469/カ写）
ハチドリ（p68/カ写）

シロハラホオジロ *Emberiza tristrami* 白腹頬白
ホオジロ科の鳥。全長15cm。㊕シベリア，中国北東部
¶四季鳥（p39/カ写）
世文鳥（p249/カ写）
鳥比（p191/カ写）
鳥650（p703/カ写）
日ア鳥（p598/カ写）
日鳥識（p296/カ写）
日鳥山新（p360/カ写）
日鳥山増（p278/カ写）
日野鳥新（p630/カ写）
日野鳥増（p564/カ写）
フ日野新（p270/カ図）
フ日野増（p270/カ図）
フ野鳥（p396/カ図）

シロハラミズナギドリ *Pterodroma hypoleuca* 白腹水薙鳥
ミズナギドリ科の鳥。全長31cm。㊕日本近海～ハワイ諸島
¶世文鳥（p33/カ写）
鳥卵巣（p52/カ写，カ図）
鳥比（p244/カ写）
鳥650（p120/カ写）
日ア鳥（p105/カ写）
日鳥水増（p37/カ写）
日野鳥新（p121/カ写）
日野鳥増（p114/カ写）
ぱっ鳥（p77/カ写）
羽根決（p373/カ写，カ図）
フ日野新（p70/カ図）
フ日野増（p70/カ図）
フ野鳥（p76/カ図）

シロハラミソサザイ *Thryomanes bewickii* 白腹鷦鷯
ミソサザイ科の鳥。全長12～14cm。㊕アメリカ合衆国の大部分やメキシコ北部で繁殖
¶世鳥大（p425/カ写）
地球（p491/カ写）

シロハラミドリカッコウ *Chrysococcyx klaas* 白腹緑郭公
カッコウ科の鳥。全長16～18cm。
¶地球（p461/カ写）

シロハラミミズトカゲ *Amphisbaena alba*
ミミズトカゲ科の爬虫類。全長60～70cm。㊕南米大陸中部以北，パナマ
¶世爬（p164/カ写）
世文動（p281/カ写）
爬両1800（p246/カ写）
爬両ビ（p173/カ写）

シ

シロハラユミハチドリ *Phaethornis anthophilus* 白腹弓蜂鳥
ハチドリ科ユミハチドリ亜科の鳥。全長13cm。
¶ハチドリ（p357）

シロハラヨタカ *Podager nacunda* 白腹夜鷹
ヨタカ科の鳥。㊕南米の西部
¶世鳥卵（p133/カ写，カ図）

シロビタイキツネザル *Eulemur albifrons*
キツネザル科の哺乳類。体高39～42cm。㊕マダガスカル島
¶地球（p536/カ写）

シロビタイシャコバト *Leptotila verreauxi* 白額鷓鴣鳩
ハト科の鳥。全長25～31cm。
¶世鳥大（p249/カ写）
地球（p454/カ写）

シロビタイジョウビタキ *Phoenicurus phoenicurus* 白額常鶲
ヒタキ科（ツグミ科）の鳥。全長14cm。㊕ヨーロッパ，アジアの南はイラン，東はバイカル湖まで。アラビア，西・東アフリカまで南下して越冬
¶世鳥大（p443/カ写）
世鳥卵（p179/カ写，カ図）
地球（p492/カ写）
鳥比（p145/カ写）
鳥650（p621/カ写）
日鳥山新（p271/カ写）
日鳥山増（p185/カ写）
フ日野新（p330/カ図）
フ日野増（p328/カ図）
フ野鳥（p350/カ図）

シロビタイハチクイ *Merops bullockoides* 白額蜂食，白額蜂喰
ハチクイ科の鳥。全長22～24cm。㊕南アフリカ
¶地球（p475/カ写）

シロフアマガエルモドキ *Sachatamia albomaculata*
アマガエルモドキ科の両生類。全長2～3cm。
¶地球（p353/カ写）

シロフクロウ *Bubo scandiacus* 白梟
フクロウ科の鳥。全長52～71cm。㊕北アメリカ北部，グリーンランド，北ユーラシアなどの北方ツンドラ

¶驚野動(p33/カ写)
原寸羽(ポスター/カ写)
四季鳥(p84/カ写)
世色鳥(p194/カ写)
世鳥大(p280/カ写)
世鳥ネ(p192/カ写)
世文鳥(p175/カ写)
地球(p465/カ写)
鳥比(p27/カ写)
鳥650(p423/カ写)
名鳥図(p155/カ写)
日ア鳥(p356/カ写)
日色鳥(p141/カ写)
日鳥識(p202/カ写)
日鳥山新(p92/カ写)
日鳥山増(p87/カ写)
日野鳥新(p397/カ写)
日野鳥増(p375/カ写)
羽根決(p211/カ写, カ図)
フ日野新(p186/カ図)
フ日野増(p186/カ図)
フ野鳥(p248/カ図)

シロフサニジハチドリ *Aglaeactis castelnaudii* 白房虹蜂鳥
ハチドリ科ミドリフタオハチドリ亜科の鳥。全長11〜12cm。
¶ハチドリ(p156/カ写)

シロブチヌメサラマンダー *Plethodon cylindraceus*
ムハイサラマンダー科の両生類。全長11〜20cm。㊀アメリカ合衆国東部
¶世両(p201/カ写)
爬両1800(p443/カ写)

シロブチホエヤモリ *Ptenopus garrulus maculatus*
ヤモリ科ヤモリ亜科の爬虫類。コモンホエヤモリの亜種。全長8〜10cm。㊀南アフリカ共和国, ナミビア, ボツワナ, ジンバブエ
¶ゲッコー〔コモンホエヤモリ(亜種シロブチホエヤモリ)〕(p60/カ写)

シロフムササビ *Petaurista elegans*
リス科の哺乳類。体長30〜45cm。㊀アジア
¶世哺(p151/カ写)

シロフルマカモメ ⇒ユキドリを見よ

シロブンチョウ *Lonchura oryzivora* 白文鳥
カエデチョウ科の鳥。ブンチョウの白品種。全長15cm。日本の原産。
¶世色鳥(p201/カ写)

シロヘラコウモリ *Ectophylla alba* 白箆蝙蝠
ヘラコウモリ科の哺乳類。準絶滅危惧。㊀ホンジュラス, ニカラグア, コスタリカ, パナマ北西部にかけてのカリブ海側の低地
¶驚野動(p79/カ写)
レ生(p163/カ写)

シロペリカン ⇒アメリカシロペリカンを見よ

シロボウシカワビタキ *Phoenicurus leucocephalus* 白帽子川鶲
ヒタキ科(ツグミ科)の鳥。全長18〜19cm。㊀中央アジア〜ヒマラヤ, 中国, ミャンマー, ベトナム
¶原色鳥(p24/カ写)
世鳥大(p443/カ写)
世鳥卵(p181/カ写, カ図)

シロボシイロメガエル *Boophis albipunctatus*
マダガスカルガエル科(マラガシーガエル科)の両生類。体長3.3〜6cm。㊀マダガスカル南東部
¶カエル見(p64/カ写)
世両(p111/カ写)
爬両1800(p401/カ写)

シロボシガマトカゲ *Phrynocephalus luteoguttatus*
アガマ科の爬虫類。全長7〜8cm前後。㊀イラン, アフガニスタン, パキスタン, インド
¶**爬両1800**(p104/カ写)
爬両ビ(p86/カ写)

シロボシヒメキツツキ *Picumnus pygmaeus* 白星姫啄木鳥
キツツキ科の鳥。全長10cm。
¶地球(p479/カ写)

シロボシマシコ *Carpodacus rubicilla* 白星猿子
アトリ科の鳥。全長19〜21cm。㊀中央アジア
¶原色鳥(p47/カ写)

シロボシマブヤ *Trachylepis aureopunctata*
スキンク科の爬虫類。全長15cm前後。㊀マダガスカル南部
¶**爬両1800**(p204/カ写)
爬両ビ(p142/カ写)

シロマダラ *Dinodon orientale* 白斑
ナミヘビ科ナミヘビ亜科の爬虫類。日本固有種。全長35〜70cm。㊀日本
¶原爬両(No.78/カ写)
世爬(p195/カ写)
世文動(p290/カ写)
日カメ(p178/カ写)
爬両観(p148/カ写)
爬両飼(p30/カ写)
爬両1800(p296/カ写)
爬両ビ(p207/カ写)
野日爬(p38,67,182/カ写)

シロマダラウズラ *Cyrtonyx montezumae* 白斑鶉
ナンベイウズラ科(キジ科)の鳥。全長21〜23cm。㊀アリゾナ州南部, ニューメキシコ州, テキサス州, メキシコ北部
¶世鳥大(p111)
世美羽(p38/カ写, カ図)

鳥卵巣（p146/カ写, カ図）

シロムネエメラルドハチドリ *Amazilia edward* 白胸エメラルド蜂鳥
ハチドリ科ハチドリ亜科の鳥。全長8～11cm。
¶ハチドリ（p274/カ写）

シロムネオオハシ *Ramphastos tucanus* 白胸大嘴
オオハシ科の鳥。全長53～60cm。[分]南アメリカ北東部
¶世鳥卵（p143/カ写, カ図）
世鳥ネ（p239/カ写）
地球（p477/カ写）
鳥卵巣（p252/カ写, カ図）

シロメアマガエル *Agalychnis lemur*
アマガエル科の両生類。別名レムールアマガエル, レムールネコメガエル。体長3～5cm。[分]コスタリカ, パナマ
¶カエル見〔レムールアマガエル〕（p39/カ写）
世カエ（p268/カ写）
地球（p360/カ写）
爬両1800〔レムールネコメガエル〕（p380/カ写）

シロモンキノボリヒメガエル *Platypelis tuberifera*
ヒメガエル科の両生類。体長3～4cm。[分]マダガスカル東部
¶爬両1800（p407/カ写）

シワクビトカゲの1種(1) *Stenocercus* cf.*chrysopygus*
イグアナ科ヨウガントカゲ亜科の爬虫類。全長15～20cm前後。[分]ペルー西部
¶爬両1800（p86/カ写）

シワクビトカゲの1種(2) *Stenocercus* cf.*empetrus*
イグアナ科ヨウガントカゲ亜科の爬虫類。全長15～20cm前後。[分]ペルー北部
¶爬両1800（p86/カ写）

シワクビトカゲの1種(3) *Stenocercus* cf.*imitator*
イグアナ科ヨウガントカゲ亜科の爬虫類。全長25cm前後。[分]ペルー
¶爬両1800（p86/カ写）

シワクビトカゲの1種(4) *Stenocercus* cf. *melanopygus*
イグアナ科ヨウガントカゲ亜科の爬虫類。全長15～20cm前後。[分]ペルー北部
¶爬両1800（p86/カ写）

シワハイルカ *Steno bredanensis* 皺歯海豚
マイルカ科の哺乳類。体長2.1～2.6m。[分]世界中の熱帯～温帯
¶クイ百（p178/カ図）
くら哺（p97/カ写）
地球（p617/カ図）
日哺学フ（p243/カ写, カ図）

シワハダドリアガエル ⇒イッカクドリアガエルを見よ

シワビタイヘビ *Manolepis putnami*
ナミヘビ科ヒラタヘビ亜科の爬虫類。[分]メキシコ南東部
¶爬両1800（p287/カ写）

シンガプーラ Singapura
猫の一品種。体重2～4kg。シンガポールの原産。
¶ビ猫（p86/カ写）

シンシン *Kobus defassa*
ウシ科の哺乳類。体長177～235cm。[分]ケニア, タンザニア
¶世文動（p219/カ写）

シンシンウォーターバック *Kobus ellipsiprymnus defassa*
ウシ科の哺乳類。体高1～1.3m。
¶地球（p602/カ写）

シントウトガリネズミ *Sorex shinto* 神道尖鼠
トガリネズミ科の哺乳類。頭胴長59.0～72.5mm。[分]本州中部以北
¶くら哺（p31/カ写）
日哺改（p8/カ写）

ジン・ドー・ガエ ⇒コリア・ジンドー・ドッグを見よ

シンドサキュウヤモリ *Crossobamon orientalis*
ヤモリ科の爬虫類。全長5～7cm。[分]パキスタン, インド
¶爬両1800（p151/カ写）

ジンドンコノハガエル *Xenophrys jingdongensis*
コノハガエル科の両生類。体長6～8cm。[分]中国南部, ベトナム北部
¶カエル見（p15/カ写）
爬両1800（p361/カ写）

ジンドンハヤセガエル *Amolops tuberodepressus*
アカガエル科の両生類。体長5.6～7.5cm。[分]中国南部
¶カエル見（p86/カ写）
世両（p143/カ写）
爬両1800（p416/カ写）

シンネッタイムチオヘビ *Masticophis mentovarius*
ナミヘビ科ナミヘビ亜科の爬虫類。全長100～180cm。[分]メキシコ～パナマまでの中米, 南米大陸北西部
¶爬両1800（p302/カ写）

ジンバブエヨロイトカゲ *Cordylus rhodesianus*
ヨロイトカゲ科の爬虫類。全長10～16cm。[分]モザンビーク, ジンバブエ
¶爬両1800（p218/カ写）
爬両ビ（p152/カ写）

シンメンタール Simmenthal
牛の一品種。体高 オス155cm, メス140cm。スイスの原産。
¶世文動（p211/カ写）
日家（p68/カ図）

シンリンクチバシヘビ *Scaphiophis albopunctatus*
ナミヘビ科ナミヘビ亜科の爬虫類。全長90～130cm。㊎アフリカ大陸東部・中部・西部
¶爬両1800（p299/カ写）

シンリンヤドクガエル *Dendrobates sylvaticus*
ヤドクガエル科の両生類。別名シルバティカスヤドクガエル。体長3.5cm前後。㊎エクアドル, コロンビア
¶カエル見（p97/カ写）
世両（p159/カ写）
爬両1800〔シルバティカスヤドクガエル〕（p424/カ写）

【ス】

ズアオアトリ *Fringilla coelebs* 頭青花鶏, 頭蒼花鶏
アトリ科の鳥。別名チャフィンチ。全長15cm。㊎ヨーロッパ, 北アフリカ, 中東, シベリア
¶世鳥大〔チャフィンチ〕（p465/カ写）
世鳥卵（p220/カ写, カ図）
世鳥ネ（p321/カ写）
地球（p496/カ写）
鳥卵巣（p334/カ写, カ図）
鳥比（p177/カ写）
鳥650（p673/カ写）
日鳥山新（p328/カ写）
日鳥山増（p301/カ写）
フ日野新（p338/カ図）
フ日野増（p336/カ図）
フ野鳥（p380/カ図）

ズアオウチワインコ *Prioniturus discurus* 頭青団扇鸚哥
インコ科の鳥。全長27cm。㊎フィリピン, ホロ島（スールー諸島）
¶世鳥大（p260/カ写）

ズアオエメラルドハチドリ *Amazilia franciae* 頭青エメラルド蜂鳥
ハチドリ科ハチドリ亜科の鳥。全長8～11cm。
¶ハチドリ（p260/カ写）

ズアオサファイアハチドリ *Hylocharis grayi* 頭青サファイア蜂鳥
ハチドリ科ハチドリ亜科の鳥。全長10～11cm。
¶ハチドリ（p289/カ写）

ズアオホオジロ *Emberiza hortulana* 頭青頬白
ホオジロ科の鳥。全長16.5cm。
¶鳥比（p191/カ写）
鳥650（p702/カ写）
日ア鳥（p597/カ写）
日鳥山新（p359/カ写）
日鳥山増（p277/カ写）
フ日野新（p338/カ図）
フ日野増（p336/カ図）
フ野鳥（p396/カ図）

ズアオワタアシハチドリ *Eriocnemis glaucopoides* 頭青綿足蜂鳥
ハチドリ科ミドリフタオハチドリ亜科の鳥。全長9～10cm。
¶ハチドリ（p369）

ズアカアオバト *Treron formosae* 頭赤青鳩, 頭赤緑鳩
ハト科の鳥。全長35cm。㊎南西諸島, 台湾・フィリピン
¶くら鳥（p68/カ写）
原寸羽（p170/カ写）
四季鳥（p122/カ写）
巣と卵決（p237/カ写）
世文鳥（p171/カ写）
鳥比（p18/カ写）
鳥650（p101/カ写）
名鳥図（p146/カ写）
日ア鳥（p93/カ写）
日色鳥（p119/カ写）
日鳥識（p94/カ写）
日鳥巣（p106/カ写）
日鳥山新（p33/カ写）
日鳥山増（p79/カ写）
日野鳥新（p107/カ写）
日野鳥増（p403/カ写）
バード（p44/カ写）
羽根決（p200/カ写, カ図）
ひと目鳥（p138/カ写）
フ日野新（p200/カ図）
フ日野増（p200/カ図）
フ野鳥（p68/カ図）
野鳥学フ（p128/カ写）
野鳥山フ（p39,235/カ図, カ写）

ズアカアオバト〔亜種〕 *Treron formosae permagnus* 頭赤青鳩, 頭赤緑鳩
ハト科の鳥。
¶日野鳥新〔ズアカアオバト*〕（p107/カ写）

ズアカアリフウキンチョウ *Habia rubica* 頭赤蟻風琴鳥
ショウジョウコウカンチョウ科の鳥。全長18～20cm。㊎中央アメリカ
¶原色鳥（p20/カ写）

ズアカアリヤイロチョウ *Pittasoma rufopileatum* 頭赤蟻八色鳥
ジアリドリ科の鳥。全長16〜18cm。㊵アンデス山脈西側に位置するコロンビアとエクアドルの低地や山麓
¶**世鳥大**(p354)

ズアカイワバアガマ *Psammophilus dorsalis*
アガマ科の爬虫類。全長30cm前後。㊵インド南部
¶**爬両1800**(p104/カ写)
爬両ビ(p85/カ写)

ズアカガケツバメ *Petrochelidon ariel* 頭赤崖燕
ツバメ科の鳥。全長10〜12cm。㊵オーストラリア
¶**鳥卵巣**(p266/カ写, カ図)

ズアカカンムリウズラ *Callipepla gambelii* 頭赤冠鶉
ナンベイウズラ科(キジ科)の鳥。全長25cm。㊵アメリカ, メキシコ北部
¶**世鳥卵**(p70/カ写, カ図)
世鳥ネ(p27/カ写)
地球(p409/カ写)
鳥飼(p181/カ写)

ズアカキツツキ *Melanerpes erythrocephalus* 頭赤啄木鳥
キツツキ科の鳥。全長19〜23cm。㊵アメリカ東部, カナダ南部
¶**世鳥大**(p323/カ写)
地球(p480/カ写)

ズアカキヌバネドリ *Harpactes erythrocephalus* 頭赤絹羽鳥
キヌバネドリ科の鳥。全長31〜36cm。㊵ヒマラヤ, 中国〜スマトラ
¶**原色鳥**(p70/カ写)
世鳥大(p300/カ写)
世鳥ネ(p220/カ写)
地球(p472/カ写)

ズアカクチバシヘビ *Rhamphiophis rubropunctatus*
ナミヘビ科アレチヘビ亜科の爬虫類。全長140〜200cm。㊵アフリカ大陸北東部・東部
¶**世爬**(p222/カ写)
爬両1800(p335/カ写)
爬両ビ(p218/カ写)

ズアカコウヨウチョウ *Quelea erythrops* 頭赤紅葉鳥
ハタオリドリ科の鳥。全長11.5〜13cm。㊵東アフリカ
¶**世鳥ネ**(p313/カ写)

ズアカコシアカツバメ *Cecropis cucullata* 頭赤腰赤燕
ツバメ科の鳥。全長20cm。
¶**世鳥大**(p407/カ写)
世鳥ネ(p280/カ写)
地球(p489/カ写)

ズアカゴシキドリ *Eubucco bourcierii* 頭赤五色鳥
オオハシ科の鳥。全長17cm。㊵コスタリカ, パナマ, コロンビア, エクアドル, ベネズエラ西部, ペルー北部
¶**地球**(p478/カ写)

ズアカコバシハチドリ *Chalcostigma ruficeps* 頭赤小嘴蜂鳥
ハチドリ科ミドリフタオハチドリ亜科の鳥。全長10.5cm。
¶**ハチドリ**(p130/カ写)

ズアカサザイ *Zeledonia coronata* 頭赤鷦鷯
アメリカムシクイ科の鳥。全長12cm。
¶**世鳥大**(p470)

ズアカチメドリ *Stachyris ruficeps* 頭赤知目鳥
チメドリ科の鳥。全長12cm。㊵ヒマラヤ〜ミャンマー, インドシナ, ベトナム, 中国中部〜南部, 台湾・海南島
¶**世鳥大**(p419/カ写)

ズアカツグミヒタキ *Cossypha natalensis* 頭赤鶫鶲
ツグミ科の鳥。体長20cm。㊵南アフリカの北はソマリア, エチオピア南西部まで。西はカメルーンまで
¶**世鳥卵**(p178/カ写, カ図)

ズアカハエトリモドキ *Pseudotriccus ruficeps* 頭赤蠅取擬
タイランチョウ科の鳥。全長11cm。㊵コロンビア, エクアドル, ペルー, ボリビアと続くアンデス山脈
¶**世鳥大**(p342)

ズアカハゲチメドリ *Picathartes oreas* 頭赤禿知目鳥
ハゲチメドリ科の鳥。絶滅危惧II類。体長35cm。㊵アフリカ西部
¶**世鳥卵**(p189/カ写, カ図)
鳥絶(p198/カ図)

ズアカヒゲムシクイ *Dasyornis broadbenti* 頭赤髭虫食, 頭赤髭虫喰
ヒゲムシクイ科(オーストラリアムシクイ科)の鳥。全長24〜27cm。㊵オーストラリア南東部の一地区。オーストラリア南西部では絶滅したと思われる
¶**世鳥大**(p367/カ写)
世鳥卵(p198/カ写, カ図)

ズアカマシコ *Carpodacus cassinii* 頭赤猿子
アトリ科の鳥。全長16cm。
¶**世鳥大**(p466/カ写)

ズアカミユビゲラ *Dinopium javanense* 頭赤三趾啄木鳥
キツツキ科の鳥。全長28cm。㊵インド, インドシナ, マレーシア, ボルネオ島, フィリピン南西部
¶**地球**(p480/カ写)

ス

ズアカモズ *Lanius senator* 頭赤鵙
モズ科の鳥。全長17cm。㊐ヨーロッパ南部〜地中海沿岸, 小アジア, アフリカ北部, アラビア, イラン
¶**世鳥卵**(p170/カ写, カ図)

ズアカヤドクガエル *Dendrobates fantasticus* 頭赤矢毒蛙
ヤドクガエル科の両生類。体長1.6〜2.5cm。㊐ペルー
¶**カエル見**(p100/カ写)
世両(p161/カ写)
爬両1800(p424/カ写)
爬両ビ(p290/カ写)

ズアカヨコクビガメ *Podocnemis erythrocephala*
ヨコクビガメ科(ナンベイヨコクビガメ科)の爬虫類。甲長25〜30cm。㊐コロンビア, ベネズエラ, ブラジル北端部
¶**世カメ**(p79/カ写)
世爬(p60/カ写)
地球(p373/カ写)
爬両1800(p70/カ写)
爬両ビ(p50/カ写)

ズアカレーサー *Platyceps collaris*
ナミヘビ科ナミヘビ亜科の爬虫類。全長75〜85cm。㊐ブルガリア, トルコ, シリア, イスラエル, ヨルダン
¶**爬両1800**(p302/カ写)

スイギュウ *Bubalus bubalis* 水牛
ウシ科の哺乳類。体高1.5〜1.9m。㊐野生集団はネパール, インド, スリランカ, インドシナ, ボルネオに分布。家畜として東南アジア・エジプトで多く飼育される
¶**世文動**(p208/カ写)
地球(p600/カ写)
日家(p93/カ写)

スイス・ハウンド Swiss Hound
犬の一品種。別名シャン・クハ・スイス, シュヴァイツァー・ラウフフント, シュヴィーツ・ラウフフンド。体高 オス49〜59cm, メス47〜57cm。スイスの原産。
¶**最犬大**(p292/カ写)
新犬種〔スイス・ハウンド(中型)〕(p158/カ写)
新世犬〔シュヴィーツ・ラウフフンド〕(p216/カ写)
図世犬〔シュヴィーツ・ラウフフンド〕(p239/カ写)
ビ犬〔ラウフフント〕(p173/カ写)

スイレンクサガエル *Hyperolius pusillus*
クサガエル科の両生類。体長1.6〜2cm。㊐アフリカ大陸東部沿岸部
¶**かえる百**(p74/カ写)
カエル見(p53/カ写)
爬両1800(p392/カ写)

スイロク ⇒サンバーを見よ

スインホーキノボリトカゲ *Japalura swinhonis*
アガマ科の爬虫類。別名スウィンホーキノボリトカゲ。全長20〜30cm。㊐台湾
¶**爬両1800**(p99/カ写)
野日爬〔スウィンホーキノボリトカゲ〕(p27,121/カ写)

スウィーディッシュ・エルクハウンド ⇒イエムトフンドを見よ

スウィーディッシュ・ダックスブラッケ ⇒ドレーファーを見よ

スウィーディッシュ・ラップドッグ ⇒スウェディッシュ・ラップフンドを見よ

スウィーデュッシュ・キャトル・ドッグ ⇒スウェディッシュ・ヴァルフンドを見よ

スウィフトギツネ *Vulpes velox*
イヌ科の哺乳類。体長37〜54cm。㊐北アメリカのグレートプレーン
¶**絶百6**(p72/カ写)
世哺(p217/カ写)
地球(p563/カ写)
野生イヌ(p114/カ写, カ図)

スウィンホーキノボリトカゲ ⇒スインホーキノボリトカゲを見よ

スウィンホーハナサキガエル *Rana swinhoana*
アカガエル科の両生類。体長6〜10cm。㊐台湾
¶**爬両1800**(p413/カ写)

スウェディッシュ・ヴァルフンド Swedish Vallhund
犬の一品種。別名スウィーデュッシュ・キャトル・ドッグ, ヴェストゴータ・スペッツ, ヴェストゴーン・スピッツ, ヴェストヨータスペッツ。体高 オス33cm, メス31cm。スウェーデンの原産。
¶**最犬大**(p237/カ写)
新犬種〔ヴェストゴータ・スペッツ〕(p54/カ写)
新世犬〔スウェーディッシュ・バルフンド〕(p128/カ写)
図世犬〔スウェーディッシュ・バルフンド〕(p218/カ写)
ビ犬(p60/カ写)

スウェーディッシュ・エルクハウンド ⇒イエムトフンドを見よ

スウェーディッシュ・バルフンド ⇒スウェディッシュ・ヴァルフンドを見よ

スウェディッシュ・ホワイト・エルクハウンド Swedish White Elkhound
犬の一品種。別名スウェディッシュ・ホワイト・ムース・スピッツ, ホワイト・スウィーディッシュ・エルクハウンド, ホワイト・ムース・スピッツ, スベンスク・ヴィット・エリエフンド。体高 オス56cm, メス52cm。スウェーデンの原産。

¶最犬大（p233/カ写）
新犬種〔ホワイト・スウィーディッシュ・エルクハウンド〕（p165/カ写）

スウェディッシュ・ホワイト・ムース・スピッツ ⇒スウェディッシュ・ホワイト・エルクハウンドを見よ

スウェディッシュ・ラップフンド Swedish Lapphund
犬の一品種。別名スヴェンスク・ラップフンド，スウィーディッシュ・ラップ・ドッグ。体高 オス48cm，メス43cm。スウェーデンの原産。
¶最犬大（p239/カ写）
新犬種〔スウィーディッシュ・ラップドッグ〕（p146/カ写）
ビ犬（p109/カ写）

スウェーデンオンケツシュ Swedish Warmblood
スウェーデン温血種
馬の一品種。軽量馬。スウェーデンの原産。
¶アルテ馬〔スウェーデン温血種〕（p74/カ写）

スヴェンスク・ラップフンド ⇒スウェディッシュ・ラップフンドを見よ

スウォメンナョコイラ ⇒フィニッシュ・ハウンドを見よ

スオメンアヨコイラ ⇒フィニッシュ・ハウンドを見よ

スオメンコイラ ⇒フィニッシュ・ハウンドを見よ

スオメンピュスティコルヴァ ⇒フィニッシュ・スピッツを見よ

スオメンラピンコイラ ⇒フィニッシュ・ラップフンドを見よ

スカイ・テリア Skye Terrier
犬の一品種。体高25～26cm。イギリスの原産。
¶最犬大（p181/カ写）
新犬種（p32/カ写）
新世犬（p256/カ写）
図世犬（p165/カ写）
世文動（p147/カ写）
ビ犬（p217/カ写）

スカラップウロコオニキバシリ *Lepidocolaptes falcinellus* スカラップ鱗鬼木走
オニキバシリ科の鳥。全長19cm。
¶世鳥大（p357/カ写）
地球（p485/カ写）

スカーレットヘビ *Cemophora coccinea*
ナミヘビ科ナミヘビ亜科の爬虫類。全長35～81cm。㊀アメリカ合衆国東部～南部
¶爬両1800（p296/カ写）

スキアシガエル *Spea bombifrons*
トウブスキアシガエル科の両生類。全長4～6cm。
¶地球（p365/カ写）

スキッパーガエル *Euphlyctis cyanophlyctis*
ヌマガエル科の両生類。全長4～6.5cm。
¶地球（p363/カ写）

スキッパーキ Schipperke
犬の一品種。別名スキーパーケ，ベルジアン・バージ・ドッグ。体高25～33cm。ベルギーの原産。
¶アルテ犬（p132/カ写）
最犬大（p70/カ写）
新犬種（p55/カ写）
新世犬（p329/カ写）
図世犬（p83/カ写）
世文動〔スキーパーケ〕（p148/カ写）
ビ犬（p117/カ写）

ス

スキーパーケ ⇒スキッパーキを見よ

スキハナマブヤ *Trachylepis acutilabris*
スキンク科の爬虫類。全長10～13cm。㊀ナミビア，アンゴラ南部など
¶爬両1800（p203/カ写）
爬両ビ（p143/カ写）

スキハナミミズトカゲ *Amphisbaena microcephalum*
ミミズトカゲ科の爬虫類。全長30～40cm。㊀南米大陸中部・南東部
¶爬両1800（p246/カ写）

ズキンアザラシ *Cystophora cristata* 頭巾海豹
アザラシ科の哺乳類。絶滅危惧II類。体長2～2.7m。㊀北大西洋の高緯度のところ
¶世文動（p179/カ写）
世哺（p303/カ写）
地球（p571/カ写）
レ生（p165/カ写）

ズキンオマキザル *Sapajus cay*
オマキザル科の哺乳類。㊀南アメリカ北部
¶驚野動（p102/カ写）

ズキンカメレオン *Calumma cucullatum*
カメレオン科の爬虫類。全長29～30cm。㊀マダガスカル北東部
¶爬両1800（p120/カ写）

ズキンキバラフウキンチョウ *Buthraupis montana* 頭巾黄腹風琴鳥
フウキンチョウ科の鳥。全長21cm。㊀コンビア～ボリビア
¶原色鳥（p217/カ写）

ズキンヒメアリサザイ *Formicivora erythronotos* 頭巾姫蟻鷦鷯
アリドリ科の鳥。絶滅危惧IB類。体長11.5cm。㊀ブラジル（固有）
¶鳥絶（p180/カ図）

ズキンヘビ *Macroprotodon cucullatus*
ナミヘビ科ナミヘビ亜科の爬虫類。全長60cm前後。㊎イベリア半島南部〜アフリカ大陸北西部
¶**爬両1800**(p307/カ写)

スクウィレル・テリア ⇒ラット・テリアを見よ

スクーカム Skookum
猫の一品種。体重2.5〜4kg。アメリカ合衆国の原産。
¶**ビ猫**(p235/カ写)

ス

スクラブパイソン ⇒アメジストニシキヘビを見よ

ズグロウタイチメドリ *Heterophasia capistrata* 頭黒歌知目鳥
ヒタキ科の鳥。体長22cm。㊎パキスタン北部〜インド北部を経て中国南部までのヒマラヤ山脈
¶**鳥飼**(p111/カ写)

ズグロウロコハタオリ *Ploceus cucullatus* 頭黒鱗機織
ハタオリドリ科の鳥。体長15〜18cm。㊎アフリカ, サハラ砂漠以南で砂漠を除く
¶**世鳥ネ**(p314/カ写)
鳥卵巣(p342/カ写, カ図)

ズグロエボシドリ *Tauraco porphyreolopha* 頭黒烏帽子鳥
エボシドリ科の鳥。全長40〜46cm。
¶**世鳥大**(p273/カ写)

ズグロオオコノハズク *Otus atricapilla* 頭黒大木葉木菟
フクロウ科の鳥。全長22〜23cm。
¶**地球**(p464/カ写)

ズグロオオサンショウクイ *Coracina robusta* 頭黒大山椒喰
サンショウクイ科の鳥。全長28cm。㊎オーストラリア南東部
¶**世鳥卵**(p159/カ写, カ図)

ズグロガモ *Heteronetta atricapilla* 頭黒鴨
カモ科の鳥。全長35〜38cm。
¶**世鳥大**(p135)

ズグロカモメ *Larus saundersi* 頭黒鷗
カモメ科の鳥。絶滅危惧II類(環境省レッドリスト)。全長32cm。㊎中国北東部
¶**くら鳥**(p120/カ写)
原寸羽(p142/カ写)
四季鳥(p39/カ写)
絶鳥事(p7,110/カ写, モ図)
世文鳥(p150/カ写)
鳥比(p332/カ写)
鳥650(p316/カ写)
名鳥図(p103/カ写)
日ア鳥(p270/カ写)
日鳥識(p164/カ写)
日鳥水増(p279/カ写)
日野鳥新(p308/カ写)
日野鳥増(p150/カ写)
ぱっ鳥(p177/カ写)
羽根決(p371/カ写, カ図)
フ日野新(p92/カ図)
フ日野増(p92/カ図)
フ野鳥(p182/カ図)
野鳥山フ(p37,219/カ図, カ写)
山溪名鳥(p335/カ写)

ズグロコウライウグイス *Oriolus xanthornus* 頭黒高麗鶯
コウライウグイス科の鳥。全長23〜25cm。㊎インド, 東南アジア
¶**原色鳥**(p205/カ写)

ズグロサメクサインコ *Platycercus venustus* 頭黒褪草鸚哥
インコ科の鳥。全長28cm。㊎オーストラリア北部
¶**原色鳥**(p209/カ写)

ズグロシロハラインコ *Pionites melanocephalus* 頭黒白腹鸚哥
インコ科の鳥。大きさ23cm。㊎アマゾン川北部(ブラジル, コロンビア, ガイアナ, ベネズエラ, エクアドル, ペルー)
¶**鳥飼**(p146/カ写)

ズグロシロハラミズナギドリ *Pterodroma hasitata* 頭黒白腹水薙鳥
ミズナギドリ科の鳥。全長41cm。㊎大西洋西部の熱帯に生息。キューバ, ハイチ, ドミニカ共和国で繁殖
¶**地球**(p422/カ写)

ズグロダイカー *Cephalophus nigrifrons* 頭黒ダイカー
ウシ科の哺乳類。体高45〜58cm。㊎カメルーン〜アンゴラ, ザイール〜ケニア
¶**地球**(p601/カ写)

ズグロチャキンチョウ *Emberiza melanocephala* 頭黒茶金鳥
ホオジロ科の鳥。全長17cm。㊎ヨーロッパ, 中東
¶**四季鳥**(p39/カ写)
世鳥ネ(p334/カ写)
世文鳥(p253/カ写)
地球(p498/カ写)
鳥卵巣(p348/カ写, カ図)
鳥比(p204/カ写)
鳥650(p711/カ写)
日ア鳥(p606/カ写)
日色鳥(p109/カ写)
日鳥山新(p368/カ写)
日鳥山増(p286/カ写)
日野鳥新(p635/カ写)
日野鳥増(p576/カ写)

フ日野新(p272/カ図)
フ日野増(p272/カ図)
フ野鳥(p400/カ図)

ズグロトサカゲリ *Vanellus miles* 頭黒鶏冠鳧
チドリ科の鳥。全長35~38cm。㊀オーストラリア東部・北部, パプアニューギニア南部
¶世鳥大(p224/カ写)
世鳥ネ(p130/カ写)
地球(p445/カ写)
鳥卵巣(p177/カ写, カ図)

ズグロニシキヘビ *Aspidites melanocephalus* 頭黒錦蛇
ニシキヘビ科(ボア科)の爬虫類。別名ズグロパイソン, ブラックヘッドパイソン。全長平均175cm。㊀オーストラリア北部
¶世爬(p181/カ写)
世文動(p284/カ写)
世ヘビ〔ズグロパイソン〕(p60/カ写)
地球〔ズグロパイソン〕(p398/カ写)
爬両**1800**(p258/カ写)
爬両ビ(p192/カ写)

ズグロニジハチドリ *Aglaeactis pamela* 頭黒虹蜂鳥
ハチドリ科ミドリフタオハチドリ亜科の鳥。全長13cm。㊀ボリビア
¶ハチドリ(p158/カ写)

ズグロニセボア *Pseudoboa coronata* 頭黒偽ボア
ナミヘビ科ヒラタヘビ亜科の爬虫類。全長80~90cm。㊀南米大陸北部~北西部
¶爬両**1800**(p280/カ写)

ズグロパイソン ⇒ズグロニシキヘビを見よ

ズグロハイタカ *Accipiter gundlachi* 頭黒灰鷹
タカ科の鳥。絶滅危惧IB類。体長45~50cm。㊀キューバ(固有)
¶鳥絶(p136/カ図)

ズグロハゲコウ *Jabiru mycteria* 頭黒禿鸛
コウノトリ科の鳥。全長1.2~1.4m。㊀熱帯アメリカ
¶驚野動(p103/カ写)
世鳥大(p160/カ写)
世鳥ネ(p69/カ写)
地球(p425/カ写)

ズグロハゲミツスイ *Philemon corniculatus* 頭黒禿蜜吸
ミツスイ科の鳥。別名ボウズミツスイ。全長31~35cm。㊀ニューギニア南部, オーストラリア東部
¶世鳥大〔ボウズミツスイ〕(p365/カ写)
世鳥卵(p211/カ写, カ図)

ズグロハシナガミツスイ *Toxorhamphus poliopterus* 頭黒嘴長蜜吸
パプアハナドリ科の鳥。全長12.5cm。㊀ニューギニア
¶世鳥大(p371/カ写)

ズグロハタオリ *Ploceus melanocephalus* 頭黒機織
ハタオリドリ科の鳥。全長14cm。㊀アフリカ西部・中部
¶世鳥卵(p227/カ写, カ図)

ズグロホシアリドリ *Hylophylax naevioides* 頭黒星蟻鳥
アリドリ科の鳥。全長11~12cm。㊀コロンビア西部~エクアドル西部
¶世鳥大〔ズグリホシアリドリ〕(p352)

ス

ズグロマイコドリ *Piprites pileatus* 頭黒舞子鳥
マイコドリ科の鳥。絶滅危惧II類。全長11cm。㊀ブラジル南東部
¶絶百**6**(p74/カ図)

ズグロミゾゴイ *Gorsachius melanolophus* 頭黒溝五位
サギ科の鳥。全長47cm。㊀台湾, 中国南部, フィリピン, スラウェシ島, マレー半島, スマトラ島, ボルネオ島, インド, ニコバル諸島。日本では西表島, 石垣島, 黒島
¶くら鳥(p98/カ写)
四季鳥(p119/カ写)
世文鳥(p50/カ写)
鳥比(p260/カ写)
鳥**650**(p161/カ写)
名鳥図(p26/カ写)
日ア鳥(p139/カ写)
日鳥識(p116/カ写)
日鳥水増(p79/カ写)
日野鳥新(p147/カ写)
日野鳥増(p195/カ写)
ぱっ鳥(p91/カ写)
フ日野新(p108/カ図)
フ日野増(p108/カ図)
フ野鳥(p98/カ図)
山溪名鳥(p307/カ写)

ズグロミツドリ *Chlorophanes spiza* 頭黒蜜鳥
フウキンチョウ科の鳥。全長14cm。㊀中央アメリカ, アンデス山脈北部, ブラジル東部のアマゾン川流域
¶世色鳥(p63/カ写)
世色鳥〔ズグロミツドリ(メス)〕(p81/カ写)
世鳥大(p483/カ写)
地球(p498/カ写)

ズグロムクドリモドキ *Icterus graduacauda* 頭黒椋鳥擬
ムクドリモドキ科の鳥。全長21.5~24cm。㊀アメリカ南部~メキシコ
¶原色鳥(p200/カ写)

ズグロムシクイ *Sylvia atricapilla* 頭黒虫食, 頭黒虫喰
ウグイス科の鳥。全長13～15cm。㊕ユーラシア大陸・東はシベリアのイルトゥイシ川, イラン北部まで。北西アフリカ, 大西上洋の島々。地中海地方およびタンザニア以北のアフリカで越冬
¶**世鳥大**(p417/カ写)
世鳥卵(p193/カ写, カ図)
地球(p490/カ写)

ス

ズグロムナジロヒメウ *Phalacrocorax atriceps* 頭黒胸白姫鵜
ウ科の鳥。別名キバナウ。全長75cm。㊕南アメリカ南部, 南極海の島々, 南極半島
¶**驚野動**〔キバナウ〕(p369/カ写)
世鳥大(p179/カ写)

ズグロモズモドキ *Vireo atricapilla* 頭黒百舌擬
モズモドキ科の鳥。絶滅危惧II類。体長12cm。㊕アメリカ合衆国, メキシコ
¶**絶百6**(p76/カ写)
地球(p487/カ写)
鳥絶(p218/カ図)

ズグロヤイロチョウ *Pitta sordida* 頭黒八色鳥
ヤイロチョウ科の鳥。全長18.5cm。
¶**鳥比**(p78/カ写)
鳥650(p468/カ写)
日色鳥(p117/カ写)
フ日野新(p326/カ図)
フ日野増(p326/カ図)
フ野鳥(p270/カ図)

スゲヨシキリ *Acrocephalus schoenobaenus* 菅葦切
ウグイス科(ヨシキリ科)の鳥。全長13cm。㊕ヨーロッパ, 中央アジア
¶**世鳥大**(p414/カ写)
世鳥ネ(p285/カ写)
地球(p490/カ写)
鳥卵巣(p311/カ写, カ図)
鳥比(p123/カ写)
鳥650(p569/カ写)

スコッチ・テリア ⇒スコティッシュ・テリアを見よ

スコットランドイスカ *Loxia scotica*
アトリ科の鳥。㊕スコットランドの松林
¶**驚野動**(p143/カ写)
世鳥ネ(p322/カ写)

スコティッシュ・ディアーハウンド ⇒ディアハウンドを見よ

スコティッシュ・テリア Scottish Terrier
犬の一品種。別名スコッチ・テリア。体高25～28cm。イギリスの原産。
¶**最犬大**(p175/カ写)
新犬種〔スコッティッシュ・テリア〕(p35/カ写)
新世犬(p254/カ写)
図世犬(p162/カ写)
世文動(p146/カ写)
ビ犬(p189/カ写)

スコティッシュ・フォールド Scottish Fold
猫の一品種。体重2.5～6kg。イギリスおよびアメリカの原産。
¶**世文動**(p173/カ写)
ビ猫〔スコティッシュ・フォールド(ショートヘア)〕(p156/カ写)
ビ猫〔スコティッシュ・フォールド(ロングヘア)〕(p237/カ写)

スコヤカガーターヘビ *Thamnophis valida*
ナミヘビ科ユウダ亜科の爬虫類。全長40～80cm。㊕メキシコ北西部
¶**爬両1800**(p273/カ写)

スジイエヘビ *Lamprophis lineatus*
ナミヘビ科イエヘビ亜科の爬虫類。全長65～100cm。㊕アフリカ大陸西部
¶**爬両1800**(p333/カ写)

スジイルカ *Stenella coeruleoalba* 筋海豚
マイルカ科の哺乳類。体長1.8～2.5m。㊕世界中の熱帯と温帯
¶**クイ百**(p172/カ図)
くら哺(p96/カ写)
世文動(p127/カ写)
世哺(p188/カ図)
地球(p617/カ図)
日哺学フ(p241/カ写, カ図)

スジウネセガエル *Ptychadena porosissima*
アカガエル科の両生類。体長4cm前後。㊕サハラ以南のアフリカ大陸
¶**爬両1800**(p416/カ写)

スジオイシヤモリ ⇒キスジイシヤモリを見よ

スジオイヌ *Dusicyon vetulus*
イヌ科の哺乳類。頭胴長58.5～64cm。㊕ブラジル中部・中南部・中東部
¶**野生イヌ**(p128/カ写, カ図)

スジオオニオイガメ *Staurotypus triporcatus*
ドロガメ科オオニオイガメ亜科の爬虫類。別名ミツウネオオニオイガメ。甲長30～35cm。㊕メキシコ～ホンジュラスの大西洋側
¶**世カメ**(p149/カ写)
世爬(p50/カ写)
世文動(p242/カ写)
爬両1800(p57/カ写)
爬両ビ(p61/カ写)

スジオカサントウ *Ptyas fusca*
ナミヘビ科ナミヘビ亜科の爬虫類。全長200～250cm。㊕マレーシア, タイ, インドネシア, ブル

ネイなど
¶爬両1800 (p300/カ写)

スジオナメラ *Elaphe taeniura*
ナミヘビ科ナミヘビ亜科の爬虫類。別名ビューティースネーク。全長170～250cm。㊕中国南部, 台湾, インドシナ～マレー半島, ボルネオ島, 日本(先島諸島)など
¶世爬 (p211/カ写)
世文動 (p287/カ写)
世ヘビ (p88/カ写)
爬両1800 (p314～316/カ写)
爬両ビ (p228/カ写)

スジオブロンズヘビ *Dendrelaphis caudolineatus*
ナミヘビ科ナミヘビ亜科の爬虫類。全長120～140cm。㊕マレー半島, ミャンマー, インドネシア, フィリピンなど
¶爬両1800 (p290/カ写)

スジカブリヤブチメドリ *Turdoides caudata* 筋被籔知目鳥
チメドリ科の鳥。全長20～26cm。㊕イラン南部, デカン高原～東はバングラデシュまで
¶世鳥大 (p419)
世鳥卵 (p186/カ写, カ図)

スジクビコガシラスッポン *Chitra chitra*
スッポン科スッポン亜科の爬虫類。甲長100～130cm。㊕タイ, マレーシア, インドネシア(ジャワ島・スマトラ島)
¶世カメ (p167/カ写)
世爬 (p44/カ写)
爬両1800 (p51/カ写)
爬両ビ (p40/カ写)

スジプレートトカゲ *Gerrhosaurus nigrolineatus*
プレートトカゲ科の爬虫類。全長23～35cm。㊕アフリカ大陸中部・東部・南部
¶爬両1800 (p222/カ写)

スジヘラオヤモリ *Uroplatus lineatus*
ヤモリ科ヤモリ亜科の爬虫類。全長25～27cm。㊕マダガスカル東部
¶ゲッコー (p39/カ写)
世爬 (p109/カ写)
爬両1800 (p139/カ写)
爬両ビ (p109/カ写)

スジメアオナメラ *Elaphe frenata*
ナミヘビ科ナミヘビ亜科の爬虫類。全長80～110cm。㊕中国南部, ベトナム北部, 台湾, インド
¶世爬 (p209/カ写)
爬両1800 (p313/カ写)
爬両ビ (p224/カ写)

スジメクラスキンク *Typhlosaurus lineatus*
スキンク科の爬虫類。全長20cm前後。㊕南アフリカ共和国, ナミビア, ジンバブエ
¶爬両1800 (p208/カ写)

ススイロアホウドリ *Phoebetria fusca* 煤色阿房鳥, 煤色阿呆鳥, 煤色信天翁
アホウドリ科の鳥。絶滅危惧IB類。全長84～89cm。㊕南大西洋およびインド洋の島嶼。プリンスエドワード島, マリオン島, クローゼ諸島, ケルゲレン島, アムステルダム島, ゴフ島, トリスタンダクーニャ
¶世鳥大 (p145)
鳥絶 (p124/カ図)

ス

ススイロウミツバメ *Oceanodroma homochroa* 煤色海燕
ウミツバメ科の鳥。絶滅危惧IB類。体長20cm。㊕アメリカ合衆国カリフォルニア州, メキシコ沿岸
¶世鳥大 (p151/カ写)
鳥絶 (p125/カ図)

スズガエル ⇒チョウセンスズガエルを見よ

スズガモ *Aythya marila* 鈴鴨
カモ科の鳥。全長42～51cm。㊕高緯度ツンドラの湿地
¶くら鳥 (p90,92/カ写)
原寸羽 (p56/カ写)
里山鳥 (p187/カ写)
四季鳥 (p99/カ写)
世鳥大 (p132/カ写)
世鳥ネ (p48/カ写)
世文鳥 (p76/カ写)
鳥比 (p226/カ写)
鳥650 (p70/カ写)
名鳥図 (p57/カ写)
日ア鳥 (p56/カ写)
日カモ (p210/カ写, カ図)
日鳥識 (p82/カ写)
日鳥水増 (p144/カ写)
日野鳥新 (p68/カ写)
日野鳥増 (p76/カ写)
ぱっ鳥 (p51/カ写)
バード (p152/カ写)
羽根決 (p77/カ写, カ図)
ひと目鳥 (p47/カ写)
フ日野新 (p52/カ図)
フ日野増 (p52/カ図)
フ野鳥 (p42/カ図)
野鳥学フ (p224/カ写, カ図)
野鳥山フ (p20,119/カ図, カ写)
山溪名鳥 (p194/カ写)

ススケカモメ *Larus hemprichii* 煤け鷗
カモメ科の鳥。全長42～45cm。
¶地球 (p448/カ写)

スズメ *Passer montanus* 雀
スズメ科(ハタオリドリ科)の鳥。全長14～15cm。

㊕ユーラシア大陸。日本では全国の市街地・村落に棲む
¶くら鳥（p34/カ写）
原寸羽（p284/カ写）
里山鳥（p108/カ写）
四季鳥（p108/カ写）
巣と卵決（p200/カ写，カ図）
世鳥大（p453/カ写）
世鳥ネ（p312/カ写）
世文鳥（p266/カ写）
鳥卵巣（p331/カ写，カ図）
鳥比（p161/カ写）
鳥650（p655/カ写）
名鳥図（p236/カ写）
日ア鳥（p558/カ写）
日色鳥（p44/カ写）
日鳥識（p276/カ写）
日鳥巣（p294/カ写）
日鳥山新（p307/カ写）
日鳥山増（p325/カ写）
日野鳥新（p580/カ写）
日野鳥増（p610/カ写）
ぱっ鳥（p339/カ写）
バード（p10/カ写）
羽根決（p350/カ写，カ図）
ひと目鳥（p223/カ写）
フ日野新（p292/カ図）
フ日野増（p292/カ図）
フ野鳥（p368/カ図）
野鳥学フ（p6/カ写，カ図）
野鳥山フ（p57,364/カ図，カ写）
山溪名鳥（p195/カ写）

スズメフクロウ *Glaucidium passerinum* 雀梟
フクロウ科の鳥。全長16～17cm。㊕ユーラシア大陸中央
¶日ア鳥（p360/カ写）

スタイナーニセコガタキガエル *Pseudophilautus steineri*
アオガエル科の両生類。絶滅危惧IB類。㊕スリランカのナックルズ山脈域
¶レ生（p167/カ写）

スタイネガースライダー *Trachemys stejnegeri*
ヌマガメ科アミメガメ亜科の爬虫類。甲長18～23cm。㊕ヒスパニョーラ島，プエルトリコ，イナグア島，バハマ諸島など
¶世カメ（p214/カ写）
爬両1800（p35/カ写）

スタイネガーハスカイ *Pseudoxenodon stejnegeri*
ナミヘビ科ハスカイヘビ亜科の爬虫類。全長50cm前後。㊕中国南部，台湾
¶**爬両1800**（p331/カ写）

スタインダッハナーイシヤモリ *Lucasium steindachneri*
ヤモリ科イシヤモリ亜科の爬虫類。全長8cm前後。㊕オーストラリア東部
¶ゲッコー（p77/カ写）
爬両1800（p167/カ写）

スタインボック *Raphicerus campestris*
ウシ科の哺乳類。体高45～60cm。㊕アフリカ
¶世文動（p224/カ写）
世哺（p369/カ写）
地球（p605/カ写）

スタッフィー ⇒スタッフォードシャー・ブル・テリアを見よ

スタッフォードシャー・ブル・テリア
Staffordshire Bull Terrier
犬の一品種。別名スタッフィー（愛称）。体高35.5～40.5cm。イギリスの原産。
¶最犬大（p196/カ写）
新犬種（p95/カ写）
新世犬（p261/カ写）
図世犬（p166/カ写）
世文動〔スタッフォードシャー・ブルテリア〕（p147/カ写）
ビ犬（p215/カ写）

スタベイフーン ⇒シュタバイフーンを見よ

スタンダード・シュナウザー Standard Schnauzer
犬の一品種。体高45～50cm。ドイツの原産。
¶アルテ犬〔シュナウザー〕（p134/カ写）
最犬大（p103/カ写）
新犬種〔スタンダード・シュナウツァー〕（p126/カ写）
新世犬〔シュナウザー〕（p330/カ写）
図世犬〔ミニチュア・シュナウザー〔スタンダード〕〕（p114/カ写）
世文動（p147/カ写）
ビ犬（p45/カ写）

スタンダードチンチラ Standard Chinchilla
兎の一品種。フランスの原産。
¶うさぎ（p74/カ写）
新うさぎ（p80/カ写）

スタンダード・ピンシャー ⇒ピンシャーを見よ

スタンダード・プードル Standard Poodle
犬の一品種。体高38cm以上。ドイツの原産。
¶新犬種（p197/カ写）
世文動（p146/カ写）
ビ犬（p229/カ写）

スタンダードブレッド Standardbred
馬の一品種。別名アメリカン・トロッター。軽量馬。体高 平均145～160cm。アメリカ合衆国の原産。
¶アルテ馬（p160/カ写）
世文動〔アメリカン・トロッター〕（p187/カ写）

日家(p47/カ写)

スーダンチュウノガン *Neotis denhami* スーダン中野雁
ノガン科の鳥。㊀アフリカのサハラ砂漠以南
¶**世鳥卵**(p91/カ写, カ図)

スタンディングヒルヤモリ *Phelsuma standingi*
ヤモリ科ヤモリ亜科の爬虫類。全長21〜28cm。㊀マダガスカル南西部
¶**ゲッコー**(p43/カ写)
世爬(p112/カ写)
爬両1800(p142/カ写)
爬両ビ(p113/カ写)

スタンピー・テイル・キャトル・ドッグ ⇒オーストラリアン・スタンピー・テール・キャトル・ドッグを見よ

スタンフェルドカメレオン *Trioceros sternfeldi*
カメレオン科の爬虫類。全長14〜17cm。㊀タンザニア北部
¶**世爬**(p91/カ写)
爬両1800(p117/カ写)

スッポン *Pelodiscus sinensis* 鼈
スッポン科スッポン亜科の爬虫類。別名キョクトウスッポン, シナスッポン, ニホンスッポン。甲長30〜35cm。㊀中国中南部〜朝鮮半島, ロシア南東部, 日本, 東南アジアなど
¶**原爬両**〔ニホンスッポン〕(No.8/カ写)
世カメ〔シナスッポン〕(p174/カ写)
世爬〔キョクトウスッポン〕(p45/カ写)
世文動〔ニホンスッポン〕(p243/カ写)
地球〔ニホンスッポン〕(p373/カ写)
日カメ(p40/カ写)
爬両観(p129/カ写)
爬両飼(p147/カ写)
爬両1800〔キョクトウスッポン〕(p52/カ写)
爬両ビ〔キョクトウスッポン〕(p42/カ写)
野日爬〔ニホンスッポン〕(p17,48,83/カ写)

スッポンモドキ *Carettochelys insculpta* 鼈擬
スッポンモドキ科の爬虫類。絶滅危惧II類。甲長40〜50cm。㊀ニューギニア島, オーストラリア北部
¶**世カメ**(p180/カ写)
絶百6(p80/カ写)
世爬(p45/カ写)
世文動(p244/カ写)
地球(p374/カ写)
爬両1800(p53〜54/カ写)
爬両ビ(p62/カ写)

スティリアン・ラフヘアード・マウンテン・ハウンド ⇒コースヘアード・スタイリアン・ハウンドを見よ

ステップアガマ *Trapelus sanguinolentus*
アガマ科の爬虫類。全長25cm前後。㊀中央アジア〜ロシア南部
¶**爬両1800**(p104/カ写)

ステップナキウサギ *Ochotona pusilla*
ナキウサギ科の哺乳類。絶滅危惧II類。頭胴長14.5〜18.5cm。㊀ロシアのヴォルガ川上流〜南はウラル山脈南部にかけて, 東はカザフスタン北部のイルトゥイシ川上流部のステップ地帯を経て中国との国境付近にかけて
¶**絶百6**(p82/カ写, カ図)

ス

ステップヤマネコ *Felis silvestris ornata*
ネコ科の哺乳類。ヨーロッパヤマネコの亜種。体長40〜50cm。
¶**地球**(p580/カ写)

ステップレミング *Lagurus lagurus*
キヌゲネズミ科(ネズミ科)の哺乳類。体長8〜12cm。㊀ユーラシア
¶**世哺**(p165/カ写)
地球(p525/カ写)

ステラーカイギュウ *Hydrodamalis gigas* ステラー海牛
ジュゴン科の哺乳類。絶滅種。全頭胴長 メス7.5m。㊀北太平洋ベーリング海
¶**絶百6**(p84/カ図)
世文動(p184/カ図)

ステラーカケス *Cyanocitta stelleri* ステラー橿鳥, ステラー懸巣, ステラー掛子
カラス科の鳥。全長30〜34cm。㊀北アメリカ西部
¶**原色鳥**(p156/カ写)
世色鳥(p59/カ写)
世鳥大(p391/カ写)
世鳥ネ(p263/カ写)

ステルツナーガエル *Melanophryniscus stelzneri*
ヒキガエル科の両生類。別名シュテルツナークロヒキガエル。体長2.5〜3cm。㊀パラグアイ, ブラジル, アルゼンチン
¶**かえる百**(p48/カ写)
カエル見(p28/カ写)
世カエ(p166/カ写)
世文動(p325/カ写)
世両(p34/カ写)
爬両1800(p367/カ写)
爬両ビ(p243/カ写)

ストケスイワトカゲ *Egernia stokesii*
スキンク科の爬虫類。全長11〜28cm。㊀オーストラリア西部・中東部
¶**世爬**(p143/カ写)
世文動(p275/カ写)
爬両1800(p214/カ写)
爬両ビ(p150/カ写)

ストラウヒツエイモリ *Neurergus strauchii*
イモリ科の両生類。全長17〜19cm。㊕トルコ南部と東部〜イラン西部
¶**爬両1800**(p458/カ写)
爬両ビ(p313/カ写)

ストルツマンナンベイゼンマイトカゲ
Microlophus stolzmanni
イグアナ科ヨウガントカゲ亜科の爬虫類。全長15〜20cm前後。㊕ペルー北部
¶**爬両1800**(p87/カ写)

ス

ストローオオコウモリ *Eidolon helvum*
オオコウモリ科の哺乳類。体長14〜22cm。
¶**地球**(p551/カ写)

ストロベリーヤドクガエル ⇒イチゴヤドクガエルを見よ

ストーンシープ ⇒ドールビッグホーンを見よ

スナイロツメオワラビー *Onychogalea unguifera*
カンガルー科の哺乳類。体長70cm。
¶**世文動**(p49/カ写)
地球(p509/カ写)

スナイロヒメキツツキ *Picumnus limae* 砂色姫啄木鳥
キツツキ科の鳥。全長10cm。㊕ブラジル東部
¶**地球**(p479/カ写)

スナイロマユカマドドリ *Philydor lichtensteini* 砂色眉竈鳥
カマドドリ科の鳥。全長16cm。
¶**世鳥大**(p356/カ写)

スナイロワラビー *Macropus agilis*
カンガルー科の哺乳類。体長59〜105cm。
¶**地球**(p508/カ写)

スナオオトカゲ *Varanus gouldii*
オオトカゲ科の爬虫類。全長1.4m。㊕オーストラリア
¶**世文動**(p279/カ写)
地球(p389/カ写)
爬両1800(p234/カ写)

スナゴヘビ *Elaphe bairdi*
ナミヘビ科ナミヘビ亜科の爬虫類。全長120〜160cm。㊕アメリカ合衆国南部〜メキシコ
¶**世爬**(p214/カ写)
爬両1800(p320/カ写)
爬両ビ(p232/カ写)

スナドケイアシナガガマ *Leptophryne borbonica*
ヒキガエル科の両生類。体長2〜4cm。㊕インドネシア, タイ, マレーシア, ブルネイ
¶**カエル見**(p29/カ写)
爬両1800(p369/カ写)
爬両ビ(p244/カ写)

スナドリスベウロコヘビ *Liopholidophis sexlineatus*
ナミヘビ科マラガシーヘビ亜科の爬虫類。全長100〜130cm。㊕マダガスカル東部〜南東部
¶**爬両1800**(p339/カ写)

スナドリネコ *Prionailurus viverrinus* 漁猫
ネコ科の哺乳類。別名フィッシングキャット。絶滅危惧IB類。体長57〜115cm。㊕東南アジアの湿地帯
¶**世文動**(p168/カ写)
世哺(p279/カ写)
地球(p581/カ写)
野生ネコ(p32/カ写, カ図)
レ生(p171/カ写)

スナネコ *Felis margarita* 砂猫
ネコ科の哺乳類。絶滅危惧IB類。体長23〜31cm。㊕アフリカ, アジア
¶**世哺**(p277/カ写)
地球(p581/カ写)
野生ネコ(p96/カ写, カ図)

スナネズミ *Meriones unguiculatus* 砂鼠
ネズミ科の哺乳類。体長9〜18cm。㊕アジア
¶**世文動**(p114/カ写)
世哺(p160/カ写)
地球(p526/カ写)

スナバシリ *Cursorius cursor* 砂走
ツバメチドリ科の鳥。全長19〜21cm。㊕アフリカ北・東部〜パキスタン西部にかけての地域。北アフリカのものはサハラ砂漠のすぐ南で, 中東のものはアラビアで, 西南アジアのものはインド北西部でそれぞれ越冬
¶**世鳥大**(p234/カ写)
世鳥卵(p104/カ写, カ図)
地球(p448/カ写)

スナヒバリ *Ammomanes deserti* 砂雲雀
ヒバリ科の鳥。全長16cm。㊕アフリカ北部, アラビア半島, イラン, アフガニスタン〜インド北西部
¶**鳥卵巣**(p260/カ写, カ図)

スナメリ *Neophocaena phocaenoides* 砂滑
ネズミイルカ科の哺乳類。体長1.5〜2m。㊕インド洋, 太平洋
¶**クイ百**(p262/カ図)
くら哺(p104/カ写)
世文動(p125/カ写)
世哺(p183/カ図)
地球(p614/カ図)
日哺学フ(p234/カ写, カ図)

スニ *Neotragus moschatus*
ウシ科の哺乳類。別名ジャコウアンテロープ。体高30〜43cm。㊕アフリカ東南部
¶**世文動**(p224/カ写)
地球(p604/カ写)

スネトゲヤブガエル *Kurixalus odontotarsus*
アオガエル科の両生類。体長3～4cm。㊎中国南部, ベトナム北部
¶カエル見 (p50/カ写)
爬両1800 (p390/カ写)

スノーシュー Snowshoe
猫の一品種。体重2.5～5.5kg。アメリカ合衆国の原産。
¶ビ猫 (p112/カ写)

スパニッシュ・ウォーター・ドッグ Spanish Water Dog
犬の一品種。別名ペロ・デ・アグア・エスパニョール。体高 オス44～50cm, メス40～46cm。スペインの原産。
¶最犬大 (p361/カ写)
新犬種〔ペロ・デ・アグア・エスパニョール〕(p116/カ写)
ビ犬 (p232/カ写)

スパニッシュ・グレーハウンド Spanish Greyhound
犬の一品種。別名ガルゴ・エスパニョール, スパニッシュ・グレイハウンド。体高 オス62～70cm, メス60～68cm。スペインの原産。
¶最犬大 (p414/カ写)
新犬種〔ガルゴ・エスパニョール〕(p282/カ写)
ビ犬 (p133/カ写)

スパニッシュ・シープドッグ ⇒マヨルカ・シェパード・ドッグを見よ

スパニッシュ・ハウンド Spanish Hound
犬の一品種。別名サブエソ・エスパニョール。体高 オス52～57cm, メス48～53cm。スペインの原産。
¶最犬大 (p294/カ写)
新犬種〔サブエソ・エスパニョール〕(p148/カ写)
ビ犬 (p150/カ写)

スパニッシュ・ブルドッグ ⇒ペロ・デ・トロを見よ

スパニッシュ・ポインター Spanish Pointer
犬の一品種。別名ペルディゲーロ・デ・ブルゴス, ブルゴス・ポインティング・ドッグ。体高 オス62～67cm, メス59～64cm。スペインの原産。
¶最犬大〔ブルゴス・ポインティング・ドッグ〕(p334/カ写)
新犬種〔ペルディゲーロ・デ・ブルゴス〕(p270/カ写)
ビ犬 (p258/カ写)

スパニッシュ・マスティフ Spanish Mastiff
犬の一品種。別名マスティン・エスパニョール。体高 オス77cm以上, メス72cm以上。スペインの原産。
¶最犬大 (p148/カ写)
新犬種〔マスティン・エスパニョール〕(p310/カ写)
新世犬 (p127/カ写)
図世犬 (p128/カ写)
ビ犬 (p88/カ写)

スパニッシュリンクス ⇒スペインオオヤマネコを見よ

スハペンドゥス ⇒シャペンドースを見よ

スパーレルアカメアマガエル *Agalychnis spurrelli*
アマガエル科の両生類。別名スパーレルアカメガエル。体長4.8～7cm。㊎コロンビア, コスタリカ, エクアドル, パナマ
¶カエル見 (p39/カ写)
世カエ (p216/カ写)
世両 (p59/カ写)
爬両1800 (p379/カ写)

スパーレルアカメガエル ⇒スパーレルアカメアマガエルを見よ

スピクスハシリトカゲ *Cnemidophorus ocellifer*
テユー科の爬虫類。全長20～25cm。㊎南米大陸中部
¶爬両1800 (p196/カ写)

スピークセオレガメ *Kinixys spekii*
リクガメ科の爬虫類。甲長15～19cm。㊎アフリカ大陸東部～南部
¶爬両1800 (p16/カ写)

スピックスコノハズク *Otus choliba* スピックス木葉木菟
フクロウ科の鳥。全長21～25cm。
¶地球 (p464/カ写)

スピックススイツキコウモリ *Thyroptera tricolor*
スイツキコウモリ科の哺乳類。体長2.5～5.5cm。㊎メキシコ～中央アメリカ, 南アメリカ, トリニダード
¶地球 (p556/カ写)

スピックスヨザル *Aotus vociferans*
ヨザル科の哺乳類。㊎ブラジル北西部, コロンビア南東部, エクアドル南部, ペルー北東部
¶美サル (p37/カ写)

スピノーネ ⇒イタリアン・スピノーネを見よ

スピノーネ・イタリアーノ ⇒イタリアン・スピノーネを見よ

ズビロコヤスガエル *Craugastor megacephalus*
フトハラコヤスガエル科の両生類。全長3～7cm。
¶地球 (p353/カ写)

スフィンクス Sphynx
猫の一品種。体長35～50cm。カナダの原産。
¶地球 (p580/カ写)
ビ猫 (p168/カ写)

スプリンガー・スパニエル　⇒イングリッシュ・スプリンガー・スパニエルを見よ

スプリンガドール　⇒ラブラディンガーを見よ

スプリングサラマンダー　*Gyrinophilus porphyriticus*
アメリカサンショウウオ科(ムハイサラマンダー科)の両生類。別名イズミサラマンダー, イズミサンショウウオ。全長12～19cm。㊞アメリカ合衆国中東部～北東部
¶**世文動**(p315/カ写)
地球〔イズミサンショウウオ〕(p369/カ写)
爬両1800(p445/カ写)
爬両ビ(p307/カ写)

ス

スプリングボック　*Antidorcas marsupialis*
ウシ科の哺乳類。体高70～87cm。㊞アフリカ
¶**世文動**(p226/カ写)
世哺(p373/カ写)
地球(p604/カ写)

スベイザリトカゲ　*Delma* spp.
イザリトカゲ科の爬虫類。頭胴長6～12cm。㊞オーストラリア
¶**世文動**(p262/カ写)

スベイモリ　*Lissotriton vulgaris*
イモリ科の両生類。別名ナミイモリ。全長7～10cm。㊞イベリア半島, イタリア南部, スカンジナビア北部を除くヨーロッパ全域
¶**地球**(p367/カ写)
爬両1800(p455/カ写)
爬両ビ(p314/カ写)

スペインアイベックス　*Capra pyrenaica*
ウシ科の哺乳類。体長 オス130～140cm, メス100～110cm。㊞ピレネー山脈
¶**世文動**(p232/カ写)

スペインオオヤマネコ　*Lynx pardinus*　スペイン大山猫
ネコ科の哺乳類。別名イベリアオオヤマネコ, スパニッシュリンクス。絶滅危惧IA類。体長68～82cm。㊞スペイン, ポルトガル, ギリシャ, カルパチア山脈
¶**遺産世**〔イベリアオオヤマネコ〕(Mammalia No.35/カ写)
驚野動(p154/カ写)
絶百8(p18/カ写)
地球(p577/カ写)
野生ネコ(p106/カ写, カ図)

スベカラタケトカゲ　*Eugongylus albofasciolatus*
スキンク科の爬虫類。全長35～40cm前後。㊞ソロモン諸島など
¶**世爬**(p136/カ写)
爬両1800(p205/カ写)
爬両ビ(p144/カ写)

スベコブイモリ　*Paramesotriton labiatus*
イモリ科の両生類。全長11～13cm。㊞中国(広西チワン族自治区の一部)
¶**爬両1800**(p452/カ写)

スベコモチガマ　*Nectophrynoides viviparus*
ヒキガエル科の両生類。体長2～4cm。㊞アフリカ東部
¶**世文動**(p324/カ写)

スベスッポン　*Apalone mutica*
スッポン科スッポン亜科の爬虫類。甲長15～32cm。㊞アメリカ合衆国中部～南部, メキシコ北東部
¶**世カメ**(p177/カ写)
世爬(p42/カ写)
爬両1800(p53/カ写)
爬両ビ(p38/カ写)

スベスベタマオヤモリ　*Nephrurus laevissimus*
ヤモリ科の爬虫類。全長10cm前後。㊞オーストラリア西部
¶**ゲッコー**(p70/カ写)
爬両1800(p157/カ写)

スベセヒラタトカゲ　*Platysaurus guttatus*
ヨロイトカゲ科の爬虫類。頭胴長8～11cm。㊞アフリカ南東部
¶**世文動**(p272/カ写)

スベセヨロイトカゲ　*Cordylus polyzonus*
ヨロイトカゲ科の爬虫類。別名カルーヨロイトカゲ。全長18～22cm。㊞南アフリカ共和国, ナミビア
¶**爬両1800**(p220/カ写)

スベツブハダキガエル　*Theloderma licin*
アオガエル科の両生類。別名リシンツブハダキガエル。体長2.8～3cm。㊞マレーシア, タイ, ベトナム
¶**カエル見**(p50/カ写)
世両(p82/カ写)
爬両1800(p390/カ写)

スベトビヤモリ　*Ptychozoon lionotum*
ヤモリ科ヤモリ亜科の爬虫類。全長17～19cm。㊞タイ, ミャンマー, マレーシア, インド
¶**ゲッコー**(p29/カ写)
世文動(p260/カ写)
爬両1800(p134/カ写)

スベノドカメレオンモドキ　*Chamaeleolis chamaeleonides*
イグアナ科アノールトカゲ亜科の爬虫類。別名オオカメレオンモドキ。全長35cm前後。㊞キューバ
¶**爬両1800**(p84/カ写)

スベノドトゲオイグアナ　*Ctenosaura quinquecarinata*
イグアナ科イグアナ亜科の爬虫類。全長30～35cm。㊞ニカラグア, エルサルバドル, コスタリカ

¶世爬（p63/カ写）
爬両1800（p76/カ写）
爬両ビ（p66/カ写）

スベヒタイヘラオヤモリ *Uroplatus henkeli*
ヤモリ科ヤモリ亜科の爬虫類。絶滅危惧II類。全長26cm前後。㊐マダガスカル北部・西部
¶驚野動（p243/カ写）
ゲッコー（p36/カ写）
爬両1800（p137/カ写）

スベヒタイヘルメットイグアナ *Corytophanes cristatus*
イグアナ科バシリスク亜科の爬虫類。全長35cm前後。㊐メキシコ南部〜パナマ，コロンビアまで
¶世爬（p65/カ写）
世文動（p264/カ写）
地球（p385/カ写）
爬両1800（p78/カ写）
爬両ビ（p68/カ写）

スペングラーヤマガメ *Geoemyda spengleri*
アジアガメ科（イシガメ（バタグールガメ）科）の爬虫類。別名オナガヤマガメ，シュペングラーヤマガメ。甲長10〜15cm。㊐中国南部，ベトナム
¶世カメ（p298/カ写）
世爬（p34/カ写）
地球（p378/カ写）
爬両1800（p46/カ写）
爬両ビ（p32/カ写）

スペンサーアメガエル *Litoria spenceri*
アマガエル科の両生類。絶滅危惧IA類。頭胴長 オス24〜41mm，メス37〜51mm。㊐オーストラリア南東部
¶遺産世（Amphibia No.6/カ写）

スペンサーオオトカゲ *Varanus spenceri*
オオトカゲ科の爬虫類。全長100〜120cm。㊐オーストラリア北東部
¶爬両1800（p234/カ写）
爬両ビ（p164/カ写）

スベンスク・ヴィット・エリエフンド ⇒スウェディッシュ・ホワイト・エルクハウンドを見よ

スポットサラマンダー *Ambystoma maculatum*
マルクチサラマンダー科の両生類。別名キボシサラマンダー。全長15〜24cm。㊐カナダ南東部〜アメリカ合衆国東部
¶世文動（p314/カ写）
世両（p199/カ写）
爬両1800（p442/カ写）
爬両ビ（p304/カ写）

スポットレースランナー ⇒ニジイロハシリトカゲを見よ

スホルタイ ⇒ホルタイを見よ

スマトラアカニシキ ⇒スマトラブラッドパイソンを見よ

スマトラオランウータン *Pongo abelii*
ヒト科の哺乳類。絶滅危惧IA類。体高0.8〜1.8m。㊐インドネシアのスマトラ島北西部
¶遺産世（Mammalia No.15/カ写）
地球（p549/カ写）
美サル〔スマトラ・オランウータン〕（p119/カ写）

スマトラカモシカ *Capricornis sumatraensis*
ウシ科の哺乳類。体高76〜92cm。㊐インド北部，ネパール，ブータン，バングラデシュ，中国南部，インドシナ半島，マレー半島，スマトラ島
¶世文動（p230/カ写）
地球（p605/カ写）

スマトラコブラ *Naja sumatrana*
コブラ科の爬虫類。全長120〜160cm。㊐マレー半島，インドネシア，フィリピン
¶爬両1800（p339/カ写）

スマトラサイ *Dicerorhinus sumatrensis*
サイ科の哺乳類。絶滅危惧IA類。体高1.2〜1.5m。㊐南アジア，東南アジア
¶遺産世（Mammalia No.51/カ写）
絶百6（p6/カ写）
世文動（p191/カ写）
世哺（p321/カ写）
地球（p588/カ写）

スマトラブラッドパイソン *Python curtus curtus*
ニシキヘビ科の爬虫類。別名スマトラアカニシキ。全長最大2.0m。㊐インドネシア（スマトラ島の西側と隣接する島々）
¶世ヘビ（p73/カ写）

スミイロオヒキコウモリ *Tadarida latouchei* 墨色尾曳蝙蝠
オヒキコウモリ科の哺乳類。頭胴長67.3〜81.5mm。㊐奄美大島，口永良部島で拾得記録。与論島でも捕獲
¶くら哺（p54/カ写）
日哺改（p63/カ写）
日哺学フ（p180/カ写）

スミスウデナガガエル *Leptobrachium smithi*
コノハガエル科の両生類。体長6〜8cm。㊐インド北東部〜インドシナ半島，マレー半島
¶爬両1800（p361/カ写）

スミスセタカガメ *Pangshura smithii*
アジアガメ科（イシガメ（バタグールガメ）科）の爬虫類。甲長18〜20cm。㊐パキスタン，インド北西部，ネパール，バングラディシュ
¶世カメ（p241/カ写）
爬両1800（p36/カ写）
爬両ビ（p28/カ写）

スミスネズミ *Eothenomys smithii*
ネズミ科の哺乳類。別名カゲネズミ。頭胴長70～115mm。㊗本州の新潟・福島県以南, 九州・四国, 隠岐諸島島後
¶**くら哺**(p15/カ写)
世文動(p114/カ写)
日哺改(p129/カ写)
日哺学フ(p85/カ写)

ス

スミスヤモリ *Gekko smithii*
ヤモリ科ヤモリ亜科の爬虫類。全長25～35cm。㊗東南アジア一帯
¶**ゲッコー**(p17/カ写)
爬両1800(p128/カ写)

スミスヨルトカゲ *Lepidophyma smithii*
ヨルトカゲ科の爬虫類。全長18～25cm。㊗メキシコ南西部, グアテマラ, エルサルバドル
¶**爬両1800**(p225/カ写)
爬両ビ(p158/カ写)

スミレインコ *Pionus fuscus* 菫鸚哥
インコ科の鳥。大きさ26cm。㊗南アメリカ(ボリビア, ベネズエラ, コロンビア, ガイアナ, ブラジル)
¶**鳥飼**(p151/カ写)

スミレオエメラルドハチドリ *Amazilia viridigaster* 菫尾エメラルド蜂鳥
ハチドリ科ハチドリ亜科の鳥。全長8～9cm。
¶**ハチドリ**(p275/カ写)

スミレガシラハチドリ *Klais guimeti* 菫頭蜂鳥
ハチドリ科ハチドリ亜科の鳥。全長7.5～8.5cm。㊗中央アメリカ～南アメリカ
¶**ハチドリ**(p214/カ写)

スミレコンゴウインコ *Anodorhynchus hyacinthinus* 菫金剛鸚哥
インコ科の鳥。絶滅危惧IB類。全長100cm。㊗ブラジル, ボリビア, パラグアイ
¶**遺産世**(Aves No.27/カ写, モ図)
原色鳥(p167/カ写)
世色鳥(p57/カ写)
絶百2(p78/カ写)
世鳥大(p268/カ写)
世鳥ネ(p180/カ写)
世美羽(p60/カ写)
地球(p459/カ写)
鳥飼(p167/カ写)
鳥絶(p158/カ図)
鳥卵巣(p224/カ写, カ図)

スミレスナバシリ *Rhinoptilus chalcopterus* 菫砂走
ツバメチドリ科の鳥。全長25～29cm。㊗アフリカ中部・南部
¶**鳥卵巣**(p172/カ写, カ図)

スミレセンニョハチドリ *Heliothryx barroti* 菫仙女蜂鳥
ハチドリ科マルオハチドリ亜科の鳥。全長11.5～13cm。㊗中央アメリカ～コロンビア, エクアドル
¶**ハチドリ**(p71/カ写)

スミレヌレバカケス *Cyanocorax beecheii* 菫濡羽橿鳥, 菫濡羽懸巣, 菫濡羽掛子
カラス科の鳥。全長35～40cm。㊗メキシコ太平洋岸
¶**鳥卵巣**(p360/カ写, カ図)

スミレハチドリ *Amazilia violiceps* 菫蜂鳥
ハチドリ科ハチドリ亜科の鳥。全長10～11cm。
¶**ハチドリ**(p270/カ写)

スミレハラハチドリ *Juliamyia julie* 菫腹蜂鳥
ハチドリ科ハチドリ亜科の鳥。全長8～9cm。㊗パナマ, 南アメリカ
¶**ハチドリ**(p284/カ写)

スミレビタイテリハチドリ *Heliodoxa leadbeateri* 菫額照蜂鳥
ハチドリ科ミドリフタオハチドリ亜科の鳥。全長11～13cm。㊗南アメリカ北西部
¶**世鳥大**(p297/カ写)
ハチドリ(p198/カ写)

スミレビタイヤリハチドリ *Doryfera johannae* 菫額槍蜂鳥
ハチドリ科マルオハチドリ亜科の鳥。全長10～11cm。
¶**ハチドリ**(p62/カ写)

スミレフウキンチョウ *Euphonia violacea* 菫風琴鳥
ホオジロ科の鳥。全長12.5cm。㊗南アメリカ
¶**世鳥ネ**(p338/カ写)

スミレフタオハチドリ *Polyonymus caroli* 菫双尾蜂鳥
ハチドリ科ミドリフタオハチドリ亜科の鳥。全長11～13cm。㊗ペルー
¶**ハチドリ**(p114/カ写)

スミレボウシハチドリ *Thalurania glaucopis* 菫帽子蜂鳥
ハチドリ科ハチドリ亜科の鳥。全長8～12cm。
¶**世鳥大**(p296/カ写)
ハチドリ(p243/カ写)

スミレムネハチドリ *Sternoclyta cyanopectus* 菫胸蜂鳥
ハチドリ科ハチドリ亜科の鳥。全長12～13cm。㊗ベネズエラ
¶**ハチドリ**(p385)

スムース・コリー Smooth Collie
犬の一品種。体高 オス56～61cm, メス51～56cm。イギリスの原産。
¶**最犬大**(p43/カ写)

新犬種〔コリー(スムーズ)〕(p209/カ写)
新世犬〔コリー〕(p52/カ写)
図世犬〔ラフ・コリー/スムース・コリー〕(p64/カ写)
ビ犬(p54/カ写)

スムース・フォックス・テリア Smooth Fox Terrier
犬の一品種。別名フォックス・テリア・スムース。体重 オス7.5〜8kg, メス7〜7.5kg。イギリスの原産。
¶**アルテ犬**〔フォックス・テリア〕(p98/カ写)
最犬大(p165/カ写)
新犬種〔フォックス・テリア〕(p86/カ写)
新世犬〔フォックス・テリア・スムース〕(p236/カ写)
図世犬〔フォックス・テリア・スムース〕(p144/カ写)
地球(p565/カ写)
ビ犬〔フォックス・テリア〕(p209/カ写)

スモーラントシュトーヴァレ Smålandsstövare
犬の一品種。別名スモーランドステーバレー, スモーラント・ハウンド。体高 オス46〜54cm, メス42〜52cm。スウェーデンの原産。
¶**最犬大**〔スモーランドステーバレー〕(p306/カ写)
新犬種〔スモーラント・シュテーバレ〕(p140/カ写)
ビ犬(p155/カ写)

スモーラント・ハウンド ⇒スモーラントシュトーヴァレを見よ

スモール・ガスコーニュ・ブルー ⇒プティ・ブルー・ド・ガスコーニュを見よ

スモール・スイス・ハウンド Small Swiss Hound
犬の一品種。別名シュヴァイツァー・ニーダーラウフフント, プティ・シャン・クーラン・スイス, プティ・シャン・クハ・スイス。体高 オス35〜43cm, メス33〜40cm。スイスの原産。
¶**最犬大**(p273/カ写)
新犬種〔スイスの小型ハウンド〕(p74/カ写)
ビ犬〔ニーダーラウフフント〕(p174/カ写)

スモール・ミュンスターレンダー Small Munsterlander
犬の一品種。別名クライン・ミュンスターレンダー, ハイデヴァハテル。体高 オス54cm, メス52cm。ドイツの原産。
¶**最犬大**(p340/カ写)
新犬種〔クライナー(小型)・ミュンスターレンダー〕(p174/カ写)
ビ犬(p235/カ写)

スラウェシイボイノシシ *Sus celebensis*
イノシシ科の哺乳類。体高約60cm。㊊スラウェシ島と周辺の小島群
¶**世文動**(p194/カ写)

スラウェシメガネザル *Tarsius tarsier*
メガネザル科の哺乳類。絶滅危惧II類。頭胴長9.5〜14cm。㊊スラウェシ, サンギヘ, ペレン
¶**美サル**(p71/カ写)

スラスキ・ゴニッツ ⇒セルビアン・ハウンドを見よ

スラスキ・ロボニ・ゴニッツ ⇒セルビアン・トライカラー・ハウンドを見よ

スリカータ ⇒ミーアキャットを見よ

スリランカヒメアマガエル *Microhyla zeylanica*
ヒメアマガエル科(ジムグリガエル科)の爬虫類。体長約25mm。㊊スリランカ
¶**世カエ**(p490/カ写)

スルーギ Sloughi
犬の一品種。別名アラビアン・グレーハウンド。体高 オス66〜72cm, メス61〜68cm。モロッコの原産。
¶**最犬大**(p422/カ写)
新犬種(p285/カ写)
ビ犬(p137/カ写)

スレヴィンボウユビヤモリ *Stenodactylus slevini*
ヤモリ科の爬虫類。全長10cm前後。㊊アラビア半島
¶**爬両1800**(p151/カ写)

スレドニアジアツカヤ・オフチャルカ ⇒セントラル・アジア・シェパード・ドッグを見よ

スレンダーボア *Epicrates striatus*
ボア科の爬虫類。全長150〜250cm。㊊バハマ諸島, ヒスパニョーラ島など
¶**爬両1800**(p261/カ写)
爬両ビ(p181/カ写)

スレンダーロリス ⇒ホソロリスを見よ

スロヴァキアン・ハウンド ⇒ブラック・フォレスト・ハウンドを見よ

スロヴァキアン・ラフ・ビアデッド・ポインター ⇒スロヴァキアン・ラフヘアード・ポインターを見よ

スロヴァキアン・ラフヘアード・ポインター Slovakian Rough-haired Pointer
犬の一品種。別名スロベンスキー・ハルボスタルティ・スタバッツ・オハラ, スロヴァキアン・ラフ・ビアデッド・ポインター, スロヴェンスキー・フルボスルスティ・スタヴァチ, スロヴェンスキー・ポインター, ワイアーヘアード・スロヴァキアン・ポインター。体高 オス62〜68cm, メス57〜64cm。スロバキアの原産。
¶**最犬大**〔スロバキアン・ラフヘアード・ポインター〕(p327/カ写)
新犬種〔スロヴァキアン・ラフ・ビアデッド・ポインター〕(p267/カ写)
ビ犬(p253/カ写)

スロヴェンスキー・クヴァック ⇒スロベンスキー・チュバックを見よ

スロヴェンスキー・コポフ ⇒ブラック・フォレスト・ハウンドを見よ

スロヴェンスキ・チュヴァチ ⇒スロベンスキー・チュバックを見よ

スロヴェンスキー・フルボスルスティ・スタヴァチ ⇒スロヴァキアン・ラフヘアード・ポインターを見よ

スロヴェンスキー・ポインター ⇒スロヴァキアン・ラフヘアード・ポインターを見よ

スロバキアン・チュバック ⇒スロベンスキー・チュバックを見よ

スロバキアン・ハウンド ⇒ブラック・フォレスト・ハウンドを見よ

スロバキアン・ラフヘアード・ポインター ⇒スロヴァキアン・ラフヘアード・ポインターを見よ

スロベンスキ・コポ ⇒ブラック・フォレスト・ハウンドを見よ

スロベンスキー・チュバック Slovenský Cuvac
犬の一品種。別名スロバキアン・チュバック。体高オス62〜70cm, メス59〜65cm。スロバキアの原産。
¶**最犬大**(p95/カ写)
新犬種〔スロヴェンスキ・チュヴァチ〕(p312/カ写)
ビ犬〔スロヴェンスキー・クヴァック〕(p82/カ写)

スロベンスキー・ハルボスタルティ・スタバッツ・オハラ ⇒スロヴァキアン・ラフヘアード・ポインターを見よ

スローロリス *Nycticebus coucang*
ロリス科の哺乳類。別名スンダスローロリス。絶滅危惧II類。体高26〜38cm。㊎タイ南部マレー半島部, マレーシア半島部, シンガポール, インドネシア・スマトラ島およびその周辺の島嶼
¶**世文動**(p74/カ写)
世哺(p99/カ写)
地球(p535/カ写)
美サル〔スンダスローロリス〕(p65/カ写)

スローワーム ⇒ヒメアシナシトカゲを見よ

スワンプスネーク *Seminatrix pygaea*
ナミヘビ科ユウダ亜科の爬虫類。全長25〜45cm。㊎アメリカ合衆国南東部
¶**爬両1800**(p274/カ写)

スンダイボイノシシ *Sus verrucosus*
イノシシ科の哺乳類。頭胴長90〜160cm。㊎インドネシアのジャワ島, マドゥラ島, バウェアン島
¶**世文動**(p194/カ写)

スンダスローロリス ⇒スローロリスを見よ

スンダミゾコウモリ *Nycteris tragata*
ミゾコウモリ科の哺乳類。体長5〜6.5cm。
¶**地球**(p554/カ写)

スンバ Sumba
馬の一品種(ポニー)。体高122cm。インドネシアの原産。
¶**アルテ馬**(p264/カ写)

【セ】

セアオコバシハチドリ *Chalcostigma stanleyi* 背青小嘴蜂鳥
ハチドリ科ミドリフタオハチドリ亜科の鳥。全長12〜13cm。
¶**ハチドリ**(p131/カ写)

セアオヒタキ *Ficedula hodgsonii* 背青鶲
ヒタキ科の鳥。全長13〜14cm。㊎中国中南部〜東南アジア
¶**鳥比**(p160/カ写)

セアカアデガエル *Mantella betsileo*
マダガスカルガエル科(マラガシーガエル科)の両生類。別名セアカマダガスカルキンイロガエル, チャイロアデガエル。体長2〜2.8cm。㊎マダガスカル中部〜西部
¶**カエル見**(p67/カ写)
世カエ〔セアカマダガスカルキンイロガエル〕(p448/カ写)
世両(p106/カ写)
爬両1800(p399/カ写)

セアカイロメガエル *Boophis pyrrhus*
マダガスカルガエル科(マラガシーガエル科)の両生類。体長2.6〜3.7cm。㊎マダガスカル東部
¶**カエル見**(p62/カ写)
世両(p113/カ写)
爬両1800(p402/カ写)

セアカオーストラリアムシクイ *Malurus melanocephalus* 背赤オーストラリア虫喰
ヒタキ科の鳥。体長13cm。㊎オーストラリア北部や東部
¶**世鳥ネ**(p256/カ写)

セアカカマドドリ *Furnarius rufus* 背赤竈鳥
カマドドリ科の鳥。全長18〜20cm。㊎南アメリカ南東部
¶**世鳥大**(p355/カ写)
世鳥卵(p146/カ写, カ図)
世鳥ネ(p259/カ写)
地球(p485/カ写)
鳥卵巣(p369/カ図)

セアカカンムリアリドリ *Rhegmatorhina melanosticta* 背赤冠蟻鳥
アリドリ科の鳥。全長14～15cm。
¶**世色鳥**(p155/カ写)

セアカキノボリアリゲータートカゲ *Abronia lythrochila*
アンギストカゲ科の爬虫類。全長30cm前後。㊎メキシコ(チアパス州中部)
¶**爬両1800**(p230/カ写)

セアカゲラ *Dinopium psarodes* 背赤啄木鳥
キツツキ科の鳥。全長28cm。㊎スリランカ
¶**原色鳥**〔セアカゲラ(新称)〕(p52/カ写)

セアカサラマンダー ⇒セアカサンショウウオを見よ

セアカサンショウウオ *Plethodon cinereus*
アメリカサンショウウオ科(ムハイサラマンダー科)の両生類。別名セアカサラマンダー。全長7～12cm。㊎カナダ北東部～アメリカ合衆国北東部
¶**地球**(p368/カ写)
爬両1800〔セアカサラマンダー〕(p444/カ写)
爬両ビ〔セアカサラマンダー〕(p305/カ写)

セアカジョウビタキ *Phoenicurus erythronotus* 背赤常鶲
ヒタキ科(ツグミ科)の鳥。全長15cm。㊎シベリア南部～中央アジアにかけて繁殖
¶**鳥650**(p619/カ写)
日鳥山新(p269/カ写)
フ野鳥(p350/カ図)

セアカネズミキツネザル *Microcebus griseorufus*
コビトキツネザル科の哺乳類。体重50gほど。㊎マダガスカル南部～南西部沿岸
¶**美サル**(p158/カ写)

セアカノスリ *Buteo polyosoma* 背赤鵟
タカ科の鳥。全長46～53cm。
¶**地球**(p436/カ写)

セアカヒメアマガエル *Microhyla rubra*
ヒメアマガエル科(ジムグリガエル科)の爬虫類。体長38mm。㊎バングラデシュ，インド，ミャンマー，スリランカ
¶**世カエ**(p488/カ写)

セアカフウキンチョウ *Ramphocelus dimidiatus* 背赤風琴鳥
フウキンチョウ科の鳥。全長16cm。㊎パナマ，コロンビア，ペルー
¶**原色鳥**(p17/カ写)

セアカホオダレムクドリ *Philesturnus carunculatus* 背赤頬垂椋鳥
ホオダレムクドリ科の鳥。全長25cm。㊎ニュージーランド沖合の島々
¶**世鳥大**(p372/カ写)
世鳥卵(p233/カ写，カ図)

セアカマダガスカルキンイロガエル ⇒セアカアデガエルを見よ

セアカモズ *Lanius collurio* 背赤百舌，背赤鵙
モズ科の鳥。全長17～18cm。㊎ユーラシア大陸，南東ブリテン～西シベリア
¶**世鳥大**(p382/カ写)
世鳥卵(p169/カ写，カ図)
世鳥ネ(p267/カ写)
地球(p487/カ写)
鳥比(p82/カ写)
鳥650(p484/カ写)
日ア鳥(p406/カ写)
日鳥山新(p143/カ写)
日野鳥新(p452/カ写)
日野鳥増(p480/カ写)
フ日野新(p342/カ図)
フ野鳥(p280/カ図)

セアカヤドクガエル *Dendrobates reticulatus* 背赤矢毒蛙
ヤドクガエル科の両生類。体長1.5～2cm。㊎エクアドル，ペルー
¶**カエル見**(p102/カ写)
世両(p164/カ写)
爬両1800(p425/カ写)

セイウチ *Odobenus rosmarus* 海象
セイウチ科の哺乳類。絶滅危惧II類。体長2.3～3.6m。㊎北極海と沿岸域
¶**遺産世**(Mammalia No.36/カ写)
驚野動(p32/カ写)
世文動(p177/カ写)
世哺(p299/カ写)
地球(p570/カ写)
日哺改(p101/カ写)
日哺学フ(p48/カ写)

セイオウチョウ ⇒キマユカナリアを見よ

セイガイハチドリ *Phaeochroa cuvierii* 青灰蜂鳥
ハチドリ科ハチドリ亜科の鳥。全長11.5～13cm。㊎グアテマラ～コロンビア
¶**ハチドリ**(p218/カ写)

セイキインコ *Psephotus varius* 青輝鸚哥
インコ科の鳥。全長26～31cm。㊎オーストラリア南部
¶**世鳥大**(p258/カ写)
鳥飼(p137/カ写)

セイキチョウ *Uraeginthus bengalus* 青輝鳥
カエデチョウ科の鳥。全長13cm。㊎アフリカ西部～エチオピア，ザンビア
¶**鳥飼**(p88/カ写)

セ

セイキテリムク *Lamprotornis splendidus* 青輝照椋
ムクドリ科の鳥。全長30cm。㊀西・中央アフリカの森林帯
¶**世鳥ネ**(p297/カ写)
地球(p493/カ写)

セイキムクドリ *Lamprotornis chalybaeus* 青輝椋鳥
ムクドリ科の鳥。全長21〜24cm。㊀アフリカ西部
¶**原色鳥**(p164/カ写)
世鳥卵(p230/カ写, カ図)

セイケイ *Porphyrio porphyrio* 青鶏
クイナ科の鳥。全長38〜50cm。㊀ヨーロッパ, インドネシア, メラネシア, オーストラリア, ニュージーランド, アフリカ, マダガスカル, アジア南部, シリア, インド, フィリピン, ニューギニア, ミクロネシア
¶**世鳥大**(p210/カ写)
世鳥卵(p87/カ写, カ図)
世鳥ネ(p117/カ写)
鳥650(p744/カ写)
フ日野増(p320/カ図)

セイコウチョウ *Erythrura prasina* 青紅鳥
カエデチョウ科の鳥。全長14cm。㊀ミャンマー東部, インドシナ, マレー半島, スマトラ島, ボルネオ島
¶**鳥飼**(p78/カ写)

セイシェルサンコウチョウ *Terpsiphone corvina* セイシェル三光鳥
カササギヒタキ科の鳥。絶滅危惧IA類。体長20cm。㊀セイシェルのラ・ディーグ島
¶**鳥絶**〔セーシェルサンコウチョウ〕(p206/カ図)
レ生(p175/カ写)

セイシェルブロンズヤモリ *Ailuronyx seychellensis*
ヤモリ科ヤモリ亜科の爬虫類。全長15〜25cm。㊀セイシェル
¶**ゲッコー**(p44/カ写)
爬両1800(p143/カ写)
爬両ビ(p113/カ写)

セイシェルワ Seychellois
猫の一品種。体重4〜6.5kg。イギリスの原産。
¶**ビ猫**(p111/カ写)

セイタカコウ *Xenorhynchus asiaticus* 背高鸛
コウノトリ科の鳥。㊀南アジア, オーストラリア
¶**世鳥ネ**(p69/カ写)

セイタカシギ *Himantopus himantopus* 背高鷸, 背高鴫
セイタカシギ科の鳥。全長33〜40cm。㊀熱帯・亜熱帯・温帯に広く分布。日本では千葉県・愛知県などで繁殖・越冬
¶**くら鳥**(p117/カ写)
原寸羽(p127/カ写)
里山鳥(p130/カ写)
四季鳥(p33/カ写)
巣と卵決(p234/カ写, カ図)
世色鳥(p170/カ写)
世鳥大(p221/カ写)
世鳥卵(p101/カ写, カ図)
世文鳥(p140/カ写)
地球(p445/カ写)
鳥比(p284/カ写)
鳥650(p236/カ写)
名鳥図(p101/カ写)
日ア鳥(p203/カ写)
日色鳥(p164/カ写)
日鳥識(p140/カ写)
日鳥巣(p88/カ写)
日鳥水増(p262/カ写)
日野鳥新(p228/カ写)
日野鳥増(p320/カ写)
ぱっ鳥(p137/カ写)
バード(p123/カ写)
羽根決(p382/カ写, カ図)
ひと目鳥(p67/カ写)
フ日野新(p164/カ図)
フ日野増(p164/カ図)
フ野鳥(p140/カ図)
野鳥学フ(p213/カ写)
野鳥山フ(p34,208/カ図, カ写)
山溪名鳥(p196/カ写)

セイタカシギ〔亜種〕 *Himantopus himantopus himantopus* 背高鷸, 背高鴫
セイタカシギ科(チドリ科)の鳥。絶滅危惧II類(環境省レッドリスト)。
¶**絶鳥事**〔セイタカシギ〕(p7,100/カ写, モ図)
日鳥水増〔亜種セイタカシギ〕(p262/カ写)

セイタカノスリ *Geranospiza caerulescens* 背高鵟
タカ科の鳥。全長45〜51cm。㊀メキシコ〜アルゼンチン
¶**世鳥大**(p197/カ写)

セイドウショク Bronze 青銅色
シチメンチョウの一品種。別名ブロンズ。体重 オス12〜15kg, メス8〜10kg。アメリカ合衆国の原産。
¶**日家**〔青銅色〕(p222/カ写)

セイブキツネヘビ *Elaphe vulpina*
ナミヘビ科ナミヘビ亜科の爬虫類。全長100〜140cm。㊀アメリカ合衆国中部
¶**爬両1800**(p322/カ写)

セイブシシバナヘビ *Heterodon nasicus*
ナミヘビ科ヒラタヘビ亜科の爬虫類。別名ウエスタンホッグノーズスネーク。全長40〜85cm。㊀アメリカ合衆国中部〜南部, メキシコ北部
¶**世爬**(p190/カ写)
世文動(p290/カ写)

世ヘビ (p45/カ写)
地球 (p396/カ写)
爬両1800 (p283/カ写)
爬両ビ (p211/カ写)

セイブジムグリガエル ⇒プレーンズコクチガエルを見よ

セイブスキアシガエル ⇒ハモンドスキアシガエルを見よ

セイブスジトカゲ *Plestiodon skiltonianus*
スキンク科の爬虫類。全長16〜23cm。㊕カナダ南部〜アメリカ合衆国西部沿岸, メキシコ西北部
¶爬両1800 (p201/カ写)

セイブツケハナヘビ *Salvadora hexalepis*
ナミヘビ科ナミヘビ亜科の爬虫類。全長55〜110cm。㊕アメリカ合衆国南西部, メキシコ北西部
¶世爬 (p194/カ写)
爬両1800 (p293/カ写)
爬両ビ (p207/カ写)

セイブナミハリユビヤモリ *Stenodactylus sthenodactylus mauritanicus*
ヤモリ科ヤモリ亜科の爬虫類。ナミハリユビヤモリの亜種。全長8〜11cm。㊕アフリカ大陸北西部
¶ゲッコー〔ナミハリユビヤモリ (亜種セイブナミハリユビヤモリ)〕(p54/カ写)

セイブハナエグレヘビ *Gyalopion canum*
ナミヘビ科ナミヘビ亜科の爬虫類。全長20〜36cm。㊕アメリカ合衆国南部〜メキシコ北部
¶爬両1800 (p291/カ写)

セイブヒキガエル *Bufo boreas*
ヒキガエル科の両生類。絶滅危惧IB類。全長6〜12cm。㊕北アメリカ
¶絶百3 (p86/カ写)

セイブホソメクラヘビ *Leptotyphlops humilis*
ホソメクラヘビ科の爬虫類。全長18〜40cm。㊕北アメリカ南西部
¶世文動 (p286/カ写)

セイブホリネズミ *Thomomys bottae*
ホリネズミ科の哺乳類。体長13〜24cm。㊕北アメリカ
¶世哺 (p152/カ写)
地球 (p524/カ写)

セイブリボンヘビ *Thamnophis proximus*
ナミヘビ科ユウダ亜科の爬虫類。全長50〜120cm。㊕アメリカ合衆国中部〜メキシコ
¶爬両1800 (p274/カ写)

セイラン *Argusianus argus* 青鸞
キジ科の鳥。全長0.7〜2m。㊕カリマンタン島, スマトラ島, マレー半島, タイ
¶世色鳥 (p148/カ写)
世鳥大 (p116/カ写)
世鳥卵 (p75/カ写, カ図)
世美羽 (p9/カ写, カ図)
鳥卵巣 (p142/カ写, カ図)

セイロン Ceylon
猫の一品種。体重4〜7.5kg。スリランカの原産。
¶ビ猫 (p136/カ写)

セイロンオウギセッカ *Bradypterus palliseri* セイロン扇雪加
ウグイス科の鳥。㊕スリランカの山地
¶世鳥卵 (p190/カ写, カ図)

セイロンサンジャク *Urocissa ornata* セイロン山鵲
カラス科の鳥。全長42〜47cm。㊕スリランカ
¶世色鳥 (p54/カ写)

セイロンナミガタガエル *Lankanectes corrugatus*
アカガエル科の両生類。体長35〜70mm。㊕スリランカ
¶世カエ (p308/カ写)

セイロンパイプヘビ *Cylindrophis maculatus*
パイプヘビ科 (ミジカオヘビ科) の爬虫類。全長65cm。
¶世文動 (p282/カ写)
地球 (p396/カ写)

セイロンヤケイ *Gallus lafayettei* セイロン野鶏
キジ科の鳥。全長 オス66〜72cm, メス35cm。㊕スリランカ
¶日家 (p210/カ写)

セウネハコヨコクビガメ *Pelusios carinatus*
ヨコクビガメ科アフリカヨコクビガメ亜科の爬虫類。甲長20〜25cm。㊕コンゴ民主共和国西部, ガボン南東部, コンゴ
¶世カメ (p73/カ写)
爬両1800 (p70/カ写)

セオビサンドスネーク *Chilomeniscus stramineus*
ナミヘビ科ヒラタヘビ亜科の爬虫類。全長17〜25cm。㊕アメリカ合衆国南西部〜メキシコ北西部
¶爬両1800 (p282/カ写)
爬両ビ (p204/カ写)

セオビヨロイトカゲ *Cordylus vittifer*
ヨロイトカゲ科の爬虫類。全長12〜17cm。㊕南アフリカ共和国, アンゴラ, ボツワナ, スワジランド
¶爬両1800 (p219/カ写)
爬両ビ (p154/カ写)

セキショクヤケイ *Gallus gallus* 赤色野鶏
キジ科の鳥。全長 オス46〜60cm, メス43〜48cm。㊕東南アジア, 中国南部, 海南島, 南アジア
¶世鳥大 (p116/カ写)
世鳥卵 (p73/カ写, カ図)
世鳥ネ (p31/カ写)

地球 (p411/カ写)
鳥卵巣 (p135/カ写, カ図)
日家 (p208/カ写)

セキセイインコ *Melopsittacus undulatus* 背黄青鸚哥
インコ科の鳥。全長18～20cm。㊕オーストラリア
¶世鳥大 (p259/カ写)
世鳥ネ (p175/カ写)
世文鳥 (p276/カ写)
地球 (p457/カ写)
鳥飼 (p116/カ写)
鳥**650** (p744/カ写)
日鳥山新 (p383/カ写)
日鳥山増 (p350/カ写)
フ日野新 (p305/カ図)
フ日野増 (p305/カ図)

セキドウサキ *Pithecia aequatorialis*
サキ科の哺乳類。㊕エクアドル東部, ペルー北部
¶美サル (p41/カ写)

セグージョ・イタリアーノ (1) ⇒イタリアン・ハウンド・ショートヘアードを見よ

セグージョ・イタリアーノ (2) ⇒イタリアン・ハウンド・ラフヘアードを見よ

セグージョ・イタリアーノ・ア・ペロ・フォルテ ⇒イタリアン・ハウンド・ラフヘアードを見よ

セグージョ・イタリアーノ・ア・ペロ・ラゾ ⇒イタリアン・ハウンド・ショートヘアードを見よ

セグロアジサシ *Sterna fuscata* 背黒鰺刺
カモメ科の鳥。全長33～36cm。㊕熱帯・亜熱帯
¶原寸羽 (p148/カ写)
世鳥大 (p238/カ写)
世鳥ネ (p148/カ写)
世文鳥 (p159/カ写)
地球 (p450/カ写)
鳥卵巣 (p206/カ写, カ図)
鳥比 (p356/カ写)
鳥**650** (p345/カ写)
名鳥図 (p112/カ写)
日ア鳥 (p293/カ写)
日鳥識 (p176/カ写)
日鳥水増 (p322/カ写)
日野鳥新 (p331/カ写)
日野鳥増 (p169/カ写)
羽根決 (p384/カ写, カ図)
フ日野新 (p102/カ図)
フ日野増 (p102/カ図)
フ野鳥 (p196/カ図)
野鳥山フ (p35/カ図)

セグロイロオインコ *Touit melanonotus* 背黒色尾鸚哥
インコ科の鳥。絶滅危惧IB類。体長15cm。㊕ブラジル (固有)
¶鳥絶 (p161/カ図)

セグロウミヘビ *Pelamis platurus* 背黒海蛇
コブラ科の爬虫類。全長1～1.5m。㊕インド洋, 太平洋
¶原爬両 (No.115/カ写)
世文動 (p299/カ写)
日カメ (p246/カ写)
爬両飼 (p62)
野日爬 (p41,189/カ写)

セグロオオトカゲ *Varanus yuwonoi*
オオトカゲ科の爬虫類。全長140cm前後。㊕インドネシア (ハルマヘラ島)
¶世爬 (p157/カ写)
爬両**1800** (p236/カ写)
爬両ビ (p165/カ写)

セグロオオヤブモズ *Malaconotus alius* 背黒大藪鵙
ヤブモズ科の鳥。絶滅危惧IA類。体長22～24cm。㊕タンザニア (固有)
¶鳥絶 (p191/カ図)

セグロカッコウ *Cuculus micropterus* 背黒郭公
カッコウ科の鳥。全長33cm。㊕インド～東南アジア
¶世文鳥 (p172/カ図)
鳥比 (p23/カ写)
鳥**650** (p211/カ写)
日ア鳥 (p182/カ写)
日鳥識 (p130/カ写)
日鳥山新 (p40/カ写)
日鳥山増 (p81/カ写)
日野鳥新 (p203/カ写)
日野鳥増 (p409/カ写)
羽根決 (p371/カ写, カ図)
フ日野新 (p202/カ図)
フ日野増 (p202/カ図)
フ野鳥 (p124/カ図)

セグロカモメ *Larus argentatus* 背黒鷗
カモメ科の鳥。全長55～67cm。㊕北半球
¶くら鳥 (p122/カ写)
里山鳥 (p218/カ写)
四季鳥 (p80/カ写)
世鳥大 (p235/カ写)
世鳥卵 (p108/カ写, カ図)
世鳥ネ (p143/カ写)
世文鳥 (p146/カ写)
地球 (p448/カ写)
鳥比 (p344/カ写)
鳥**650** (p326/カ写)
名鳥図 (p107/カ写)

日ア鳥 (p280/カ写)
日鳥識 (p168/カ写)
日鳥水増 (p284/カ写)
日野鳥新 (p320/カ写)
日野鳥増 (p136/カ写)
ぱっ鳥 (p182/カ写)
バード (p154/カ写)
羽根決 (p172/カ写, カ図)
ひと目鳥 (p35/カ写)
フ日野新 (p86/カ図)
フ日野増 (p86/カ図)
フ野鳥 (p188/カ図)
野鳥学フ (p240/カ写)
野鳥山フ (p36,215/カ図, カ写)
山溪名鳥 (p198/カ写)

セグロカモメ〔亜種〕 *Larus argentatus vegae* 背黒鷗
カモメ科の鳥。
¶日野鳥新〔セグロカモメ*〕(p320/カ写)

セグロクマタカ *Spizaetus melanoleucus* 背黒熊鷹, 背黒角鷹
タカ科の鳥。全長51〜61cm。 ㊕中央・南アフリカ
¶世鳥大 (p203)

セグロサバクヒタキ *Oenanthe pleschanka* 背黒砂漠鶲
ヒタキ科の鳥。全長14.5cm。 ㊕ユーラシア大陸内陸部の黒海沿岸〜モンゴル
¶世文鳥 (p220/カ写)
鳥比 (p149/カ写)
鳥650 (p630/カ写)
日ア鳥 (p537/カ写)
日鳥識 (p270/カ写)
日鳥山新 (p283/カ写)
日鳥山増 (p192/カ写)
日野鳥新 (p561/カ写)
日野鳥増 (p499/カ写)
フ日野新 (p240/カ図)
フ日野増 (p240/カ図)
フ野鳥 (p354/カ図)

セグロサンショクヒタキ *Petroica rodinogaster* 背黒三色鶲
オーストラリアヒタキ科の鳥。全長11.5〜13cm。 ㊕オーストラリア南東部・タスマニア島
¶原色鳥 (p79/カ写)
世色鳥 (p18/カ写)

セグロジャッカル *Canis mesomelas*
イヌ科の哺乳類。頭胴長68〜74.5cm。 ㊕南・東アフリカ〜北はエチオピアまで
¶世文動 (p132/カ写)
世哺 (p229/カ写)
地球 (p564/カ写)
野生イヌ (p76/カ写, カ図)

セグロシロハラミズナギドリ *Pseudobulweria rostrata* 背黒白腹水薙鳥
ミズナギドリ科の鳥。 ㊕南太平洋〜メキシコ沿岸
¶**鳥650** (p746/カ写)

セグロセキレイ *Motacilla grandis* 背黒鶺鴒
セキレイ科の鳥。日本固有種。全長21cm。 ㊕北海道〜九州
¶くら鳥 (p43/カ写)
原寸羽 (p223/カ写)
里山鳥 (p51/カ写)
巣と卵決 (p110/カ写, カ図)
世文鳥 (p204/カ写)
鳥卵巣 (p268/カ写, カ図)
鳥比 (p168/カ写)
鳥650 (p660/カ写)
名鳥図 (p177/カ写)
日ア鳥 (p566/カ写)
日色鳥 (p167/カ写)
日鳥識 (p278/カ写)
日鳥巣 (p162/カ写)
日鳥山新 (p317/カ写)
日鳥山増 (p147/カ写)
日野鳥新 (p590/カ写)
日野鳥増 (p460/カ写)
ぱっ鳥 (p344/カ写)
バード (p126/カ写)
羽根決 (p258/カ写, カ図)
ひと目鳥 (p168/カ写)
フ日野新 (p222/カ図)
フ日野増 (p222/カ図)
フ野鳥 (p374/カ図)
野鳥学フ (p146/カ写)
野鳥山フ (p46,275/カ図, カ写)
山溪名鳥 (p200/カ写)

セグロトゲハシハチドリ *Ramphomicron dorsale* 背黒棘嘴蜂鳥
ハチドリ科ミドリフタオハチドリ亜科の鳥。絶滅危惧IB類。全長9〜10cm。
¶ハチドリ (p128/カ写)

セグロニセヨロイトカゲ *Pseudocordylus melanotus*
ヨロイトカゲ科の爬虫類。全長25〜30cm。 ㊕南アフリカ共和国, レソト
¶世爬 (p147/カ写)
爬両**1800** (p221/カ写)
爬両ビ (p155/カ写)

セグロフルマカモメ *Thalassoica antarctica* 背黒管鼻鷗
ミズナギドリ科の鳥。別名ナンキョクフルマカモメ。全長43cm。 ㊕南極大陸
¶世鳥大〔ナンキョクフルマカモメ〕(p148/カ写)
地球 (p422/カ写)

セグロミズナギドリ *Puffinus lherminieri* 背黒水薙鳥
ミズナギドリ科の鳥。全長30cm。(分)太平洋・大西洋・インド洋の熱帯地域の島で繁殖。日本では小笠原諸島の東島と南硫黄島で繁殖
¶**世文鳥**(p37/カ図)
地球(p422/カ写)
鳥比(p246/カ写)
鳥650(p130/カ写)
日ア鳥(p116/カ写)
日鳥水増(p49/カ写)
フ日野新(p74/カ図)
フ日野増(p74/カ図)
フ野鳥(p82/カ図)

セグロヤブモズ *Laniarius ferrugineus* 背黒籔百舌
モズ科の鳥。(分)アフリカのサハラ砂漠以南
¶**世鳥卵**(p168/カ写, カ図)

セーシェルアナツバメ *Collocalia elaphra* セーシェル穴燕
アマツバメ科の鳥。絶滅危惧II類。体長10～12cm。(分)セーシェル(固有)
¶**鳥絶**(p171/カ図)

セーシェルガエル *Sooglossus sechellensis* セーシェル蛙
セーシェルガエル科の両生類。別名コオイセーシェルガエル。体長11～40mm。(分)セーシェルのマヘ島とシルエット島
¶**世カエ**(p510)

セーシェルサンコウチョウ ⇒セイシェルサンコウチョウを見よ

セーシェルシキチョウ *Copsychus sechellarum* セーシェル四季鳥
ヒタキ科(ツグミ科)の鳥。絶滅危惧IB類。体長18～21cm。(分)セーシェル諸島
¶**遺産世**(Aves No.31/カ写)
絶百6(p94/カ写)
鳥絶(p202/カ図)

セジマミソサザイ *Ferminia cerverai* 背縞鷦鷯
ミソサザイ科の鳥。絶滅危惧IB類。体長16cm。(分)キューバ(固有)
¶**絶百6**(p96/カ写)
鳥絶(p193/カ図)

セジロアカゲラ *Picoides villosus* 背白赤啄木鳥
キツツキ科の鳥。全長18～26cm。(分)北アメリカ
¶**世鳥大**(p325/カ写)
世鳥ネ(p243/カ写)
地球(p481/カ写)

セジロカワセミ *Alcedo argentata* 背白翡翠
カワセミ科の鳥。絶滅危惧II類。体長14cm。(分)フィリピン(固有)
¶**鳥絶**(p174/カ図)

セジロコゲラ *Picoides pubescens* 背白小啄木鳥
キツツキ科の鳥。全長17cm。(分)北アメリカ
¶**世鳥ネ**(p243/カ写)

セジロゴシキドリ *Capito hypoleucus* 背白五色鳥
オオハシ科の鳥。絶滅危惧IB類。体長19cm。(分)コロンビア(固有)
¶**鳥絶**(p177/カ図)

セジロスカンク *Mephitis macroura* 背白スカンク
スカンク科の哺乳類。体長25～35cm。(分)アメリカ合衆国南西部
¶**地球**(p572/カ写)

セジロタヒバリ *Anthus gustavi* 背白田鷚, 背白田雲雀
セキレイ科の鳥。全長14cm。(分)シベリア北部, コマンドル諸島, ウスリー地方, 中国北東部
¶**四季鳥**(p64/カ写)
世文鳥(p205/カ図)
鳥比(p176/カ写)
鳥650(p670/カ写)
日ア鳥(p572/カ写)
日鳥識(p282/カ写)
日鳥山新(p323/カ写)
日鳥山増(p152/カ写)
日野鳥新(p597/カ写)
日野鳥増(p467/カ写)
フ日野新(p224/カ図)
フ日野増(p224/カ図)
フ野鳥(p378/カ図)

セジロツバメ *Cheramoeca leucosterna* 背白燕
ツバメ科の鳥。全長15cm。(分)オーストラリア南, 東, 西部
¶**世鳥大**(p405/カ写)

セスジアカネズミ ⇒セスジネズミを見よ

セスジイシヤモリ *Diplodactylus vittatus*
ヤモリ科イシヤモリ亜科の爬虫類。全長8～9cm。(分)オーストラリア南東部
¶**ゲッコー**(p74/カ写)
世爬(p120/カ写)
爬両1800(p166/カ写)
爬両ビ(p120/カ写)

セスジイタチキツネザル *Lepilemur dorsali*
イタチキツネザル科の哺乳類。体高26cm。
¶**地球**(p537/カ写)

セスジイロワケヤモリ *Gonatodes vittatus*
ヤモリ科チビヤモリ亜科の爬虫類。全長6～7cm。(分)ベネズエラ, コロンビア, トリニダード・トバゴなど
¶**ゲッコー**(p108/カ写)

セスジイワアガマ *Agama montana*
アガマ科の爬虫類。全長15～20cm。㊊タンザニア東部
¶**爬両1800**(p103/カ写)

セスジオマキトカゲモドキ *Aeluroscalabotes felinus multituberculatus*
ヤモリ科トカゲモドキ亜科の爬虫類。オマキトカゲモドキの亜種。全長18～21cm。㊊ボルネオ島, スマトラ島, スンダ列島
¶**ゲッコー**〔オマキトカゲモドキ(亜種セスジオマキトカゲモドキ)〕(p100/カ写)

セスジキノボリカンガルー *Dendrolagus goodfellowi*
カンガルー科の哺乳類。絶滅危惧IB類。体長55～77cm。㊊ニューギニア
¶**遺産世**(Mammalia No.2/カ写)
驚野動(p317/カ写)
絶百4(p56/カ写)
地球(p509/カ写)

セスジコヨシキリ *Acrocephalus sorghophilus* 背筋小葦切
ヨシキリ科の鳥。全長12～13cm。㊊繁殖地は中国の遼寧省, 河北省。越冬地は中国南部
¶**日鳥山新**(p221/カ写)
日鳥山増(p227/カ写)
フ野鳥(p326/カ図)

セスジスナガエル *Tomopterna cryptotis*
アカガエル科の両生類。体長4～6cm。㊊サハラ以南のアフリカ
¶**爬両1800**(p420/カ写)

セスジソバハラカナヘビ *Gastropholis vittata*
カナヘビ科の爬虫類。全長25～35cm。㊊ケニア～モザンビーク北部にかけての沿岸域
¶**爬両1800**(p190/カ写)

セスジツヤヘビ *Lygophis lineatus*
ナミヘビ科ヒラタヘビ亜科の爬虫類。全長40～50cm。㊊パナマ, 南米大陸北部～北西部・中部
¶**爬両1800**(p280/カ写)

セスジネズミ *Apodemus agrarius* 背筋鼠
ネズミ科の哺乳類。別名セスジアカネズミ。絶滅危惧IA類(環境省レッドリスト)。頭胴長130.1mm。㊊朝鮮半島, 中国の華南・華北・東北部, 台湾, ヨーロッパ大陸。日本では尖閣諸島の魚釣島
¶**くら哺**(p17/カ写)
絶事(p90/モ図)
日哺改(p135/カ写)
日哺学フ(p185/カ写)

セスジハウチワドリ *Prinia gracilis* 背筋羽団扇鳥
ウグイス科の鳥。全長11cm。㊊エジプト, ソマリア, アフガニスタン, パキスタン, インド
¶**世鳥大**〔ハイイロハウチワドリ〔Graceful Prinia〕〕(p410/カ写)
世鳥卵(p196/カ写, カ図)

セスジブキオトカゲ *Oplurus grandidieri*
イグアナ科マラガシートカゲ亜科の爬虫類。全長30～35cm。㊊マダガスカル南部
¶**世爬**(p66/カ写)
爬両1800(p79/カ写)
爬両ビ(p70/カ写)

セ

セスジミズヘビ *Enhydris bennettii*
ナミヘビ科ミズヘビ亜科の爬虫類。全長60cm前後。㊊中国南東部, 台湾, ベトナム, インドネシア
¶**爬両1800**(p267/カ写)

セスジムチモリヘビ *Mastigodryas dorsalis*
ナミヘビ科ナミヘビ亜科の爬虫類。全長90～120cm。㊊メキシコ, グアテマラ, ホンジュラス, ニカラグア
¶**爬両1800**(p303/カ写)

セター(1) Setter
犬の一タイプ。セター型。イギリス原産の狩猟犬。体高 オス61～66cm。
¶**アルテ犬**(p64/カ写)

セター(2) ⇒アイリッシュ・セターを見よ

セター(3) ⇒イングリッシュ・セターを見よ

セター(4) ⇒ゴードン・セターを見よ

セチュラギツネ *Dusicyon sechurae*
イヌ科の哺乳類。頭胴長約50cm。㊊ペルー北西部のセチュラ砂漠～エクアドル南西部の沿岸地方
¶**野生イヌ**(p134/カ図)

セッカ *Cisticola juncidis* 雪加, 雪下
セッカ科(ウグイス科)の鳥。全長10cm。㊊連続していないが, 地中海沿岸地方, フランス西部, サハラ以南のアフリカ, インド, スリランカ, 東南アジア, インドネシア, オーストラリア北部。日本では本州以南の低地～山地の草原にすみ, 冬はやや南下する
¶**くら鳥**(p53/カ写)
原寸羽(p255/カ写)
里山鳥(p62/カ写)
四季鳥(p110/カ写)
巣と卵決(p162/カ写, カ図)
世鳥大(p410/カ写)
世鳥卵(p194/カ写, カ図)
世文鳥(p235/カ写)
鳥卵巣(p304/カ写, カ図)
鳥比(p124/カ写)
鳥650(p574/カ写)
名鳥図(p207/カ写)
日ア鳥(p483/カ写)
日色鳥(p192/カ写)
日鳥識(p252/カ写)
日鳥巣(p240/カ写)

日鳥山新 (p225/カ写)
日鳥山増 (p245/カ写)
日野鳥新 (p518/カ写)
日野鳥増 (p533/カ写)
ぱっ鳥 (p297/カ写)
バード (p35/カ写)
羽根決 (p391/カ写, カ図)
ひと目鳥 (p199/カ写)
フ日野新 (p252/カ図)
フ日野増 (p252/カ図)
フ野鳥 (p324/カ図)
野鳥学フ (p29/カ写)
野鳥山フ (p51,323/カ図, カ写)
山溪名鳥 (p202/カ写)

セッカカマドドリ *Phleocryptes melanops* 雪加竈鳥
カマドドリ科の鳥。全長13cm。 ㊎チリ南部, ボリビア南部, ペルー, アルゼンチン
¶鳥卵巣 (p257/カ写, カ図)

セッター ⇒セター(1)を見よ

セッパリイルカ *Cephalorhynchus hectori* 背張海豚
マイルカ科の哺乳類。絶滅危惧IB類。成体体重 メス47kg, オス43kg。 ㊎ニュージーランド沿岸
¶クイ百 (p114/カ図)
世哺 (p191/カ図)
地球 (p616/カ図)

ゼテクフキヤヒキガエル *Atelopus zeteki*
ヒキガエル科の両生類。別名ゼテックフキヤガマ, ゼテクヤセヒキガエル, ツェテックフキヤガマ, ハーレクインガエル。絶滅危惧IA類(環境省レッドリスト)。頭胴長 乾性林：オス35〜40mm, メス45〜55mm 湿性林：オス38〜48mm, メス55〜63mm。 ㊎パナマ
¶遺産世〔ゼテックフキヤガマ〕(Amphibia No.8/カ写)
世カエ (p130/カ写)
地球 (p355/カ写)
爬両1800〔ツェテックフキヤガマ〕(p368/カ写)

ゼテクヤセヒキガエル ⇒ゼテクフキヤヒキガエルを見よ

ゼテックフキヤガマ ⇒ゼテクフキヤヒキガエルを見よ

ゼニガタアザラシ *Phoca vitulina* 銭形海豹
アザラシ科の哺乳類。体長1.2〜2m。 ㊎北太平洋, 北大西洋
¶遺産日 (哺乳類 No.11/カ写)
絶事 (p4,82/カ写, モ図)
世哺 (p305/カ写)
地球 (p571/カ写)
日哺改 (p103/カ写)

ゼニガタアザラシ〔亜種〕 *Phoca vitulina stejnegeri* 銭形海豹
アザラシ科の哺乳類。暗色型の亜種で, P.vitulinaと別種とする説もある。 ㊎千島〜北海道東部の岩礁地帯。分布南限は襟裳岬
¶くら哺〔ゼニガタアザラシ〕(p82/カ写)
世文動〔ゼニガタアザラシ〕(p177/カ写)
日哺学フ〔ゼニガタアザラシ〕(p40/カ写)

セネガルガエル *Kassina senegalensis*
クサガエル科の両生類。別名バブリングカッシナ。体長2.5〜4cm。 ㊎サハラ以南のアフリカ
¶カエル見 (p60/カ写)
世カエ (p394/カ写)
世文動 (p334/カ写)
世両 (p99/カ写)
爬両1800 (p398/カ写)
爬両ビ (p261/カ写)

セネガルカメレオン *Chamaeleo senegalensis*
カメレオン科の爬虫類。全長20〜25cm。 ㊎アフリカ大陸中西部〜中部
¶世文動 (p268/カ写)
爬両1800 (p111/カ写)

セネガルガラゴ ⇒ショウガラゴを見よ

セネガルフタスッポン *Cyclanorbis senegalensis*
スッポン科フタスッポン亜科の爬虫類。甲長35cm前後。 ㊎アフリカ西部〜中部
¶世カメ (p161/カ写)
爬両1800 (p50/カ写)
爬両ビ (p38/カ写)

セネガルホソメクラヘビ *Myriopholis rouxestevae*
ホソメクラヘビ科の爬虫類。全長30cm。
¶地球 (p398/カ写)

セネガンビアクラカケカベヤモリ *Tarentola ephippita senegambiae*
ヤモリ科ワレユビヤモリ亜科の爬虫類。クラカケカベヤモリの亜種。全長20cm。 ㊎セネガル, ギニアビサウ
¶ゲッコー〔クラカケカベヤモリ(亜種セネガンビアクラカケカベヤモリ)〕(p63/カ写)

セバストポール Sebastopol
ガチョウの愛玩・鑑賞用種。体重 オス5.5〜6.3kg, メス5.5kg。ヨーロッパ東部の原産。
¶日家 (p220/カ写)

セバタンビヘラコウモリ *Carollia perspicillata*
ヘラコウモリ科の哺乳類。体長5〜6.5cm。
¶地球 (p555/カ写)

ゼビュー ⇒インドコブウシを見よ

セブライト・バンダム Sebright Bantam
鶏の一品種(愛玩用)。体重 オス0.634kg, メス0.

623kg。イギリスの原産。
¶日家(p205/カ写)

セーブルアンテロープ *Hippotragus niger*
ウシ科の哺乳類。体高1.2〜1.4m。㊕アフリカ
¶世文動(p220/カ写)
世哺(p362/カ写)
地球(p602/カ写)

セボシミドリゲラ *Campethera cailliautii* 背星緑啄木鳥
キツツキ科の鳥。全長16cm。
¶世鳥大(p324)

セマダラタマリン *Saguinus fuscicollis*
オマキザル科の哺乳類。体高20〜27cm。㊕ブラジル, ボリビア, ペルー, エクアドル
¶地球(p541/カ写)

セマダラハナアテヘビ *Phyllorhynchus decurtatus*
ナミヘビ科ナミヘビ亜科の爬虫類。全長32〜58cm。㊕アメリカ合衆国南西部〜メキシコ北西部
¶爬両1800(p296/カ写)

セマダラヤドクガエル *Dendrobates galactonotus* 背斑矢毒蛙
ヤドクガエル科の両生類。全長3〜4cm。㊕ブラジル
¶カエル見(p103/カ写)
世両(p165/カ写)
地球(p359/カ写)
爬両1800(p425/カ写)

セマダラヤマノイエヘビ *Pseudoboodon gascae*
ナミヘビ科イエヘビ亜科の爬虫類。全長60cm前後。㊕エチオピア, エリトリア
¶爬両1800(p333/カ写)

セマルハコガメ *Cuora flavomarginata* 背丸箱亀
アジアガメ科(イシガメ(バタグールガメ)科)の爬虫類。天然記念物。甲長15〜17cm。㊕中国南部, 台湾, 日本(石垣島・西表島)
¶世カメ(p262/カ写)
世爬(p32/カ写)
世文動(p248/カ写)
地球(p378/カ写)
爬両観(p130/カ写)
爬両1800(p41/カ写)
爬両ビ(p30/カ写)

セマルハコガメ×ミナミイシガメ *Cuora flavomarginata × Mauremys mutica* 背丸箱亀×南石亀
セマルハコガメとミナミイシガメの交雑個体。
¶原爬両(No.20)
爬両飼(p150)

セミイルカ *Lissodelphis borealis* 背美海豚
マイルカ科の哺乳類。体長3m以下。㊕北太平洋の温帯
¶クイ百(p142/カ図)
くら哺(p97/カ写)
世哺(p190/カ図)
日哺学フ(p243/カ写, カ図)

セミオルナータシンリンヘビ *Meizodon semiornatus*
ナミヘビ科ナミヘビ亜科の爬虫類。全長40〜70cm。㊕アフリカ大陸南部〜東部
¶爬両1800(p294/カ写)

セ

セミクジラ(1) *Eubalaena japonica* 背美鯨
セミクジラ科の哺乳類。絶滅危惧。体長11〜18m。㊕北太平洋, 日本近海では夏にオホーツク海や三陸沖で見られる
¶クイ百(p74/カ図)
くら哺(p90/カ写)
日哺学フ(p210/カ写, カ図)

セミクジラ(2) ⇒タイセイヨウセミクジラを見よ

セミサンショウクイ *Coracina tenuirostris* 蟬山椒喰
サンショウクイ科の鳥。全長24〜27cm。㊕スラウェシ島, ニューギニア, オーストラリア北部・東部, ソロモン諸島
¶世鳥大(p379)

ゼメリングガゼル *Nanger soemmerringii*
ウシ科の哺乳類。体高60〜90cm。㊕ヌビア〜エリトリア, エチオピア, ソマリア
¶世文動(p227/カ写)
地球(p605/カ写)

セラダン ⇒ガウルを見よ

セラフィントラフアシナシイモリ *Geotrypetes seraphini*
アシナシイモリ科の両生類。別名トラフアシナシイモリ。全長28〜45cm。㊕アフリカ中部
¶世両(p224/カ写)
爬両1800〔トラフアシナシイモリ〕(p464/カ写)

セラムオオトカゲ *Varanus ceramboensis*
オオトカゲ科の爬虫類。全長110cm前後。㊕モルッカ諸島
¶爬両1800(p236/カ写)

セラムニシキヘビ *Morelia clastolepis*
ニシキヘビ科の爬虫類。全長250〜350cm。㊕インドネシア(セラム島など)
¶爬両1800(p254/カ写)

セリン *Serinus serinus*
アトリ科の鳥。体長12cm。㊕ヨーロッパの大陸地域のほとんど。地中海の島々, アフリカ北部, トルコ
¶世鳥卵(p221/カ写, カ図)
鳥卵巣(p334/カ写, カ図)

セ

セルカーク・レックス Selkirk Rex
猫の一品種。体重3〜5kg。アメリカ合衆国の原産。
¶ビ猫〔セルカーク・レックス(ショートヘア)〕(p174/カ写)
ビ猫〔セルカーク・レックス(ロングヘア)〕(p248/カ写)

セルビアン・トライカラー・ハウンド Serbian Tricolour Hound
犬の一品種。別名スラスキ・ロボニ・ゴニッツ，ユーゴスラビアン・トライカラー・ハウンド。体高 オス45〜55cm, メス44〜54cm。セルビアの原産。
¶最犬大(p299/カ写)
新犬種〔ユーゴスラビアン・トライカラー・ハウンド〕(p161/カ写)
ビ犬(p180/カ写)

セルビアン・ハウンド Serbian Hound
犬の一品種。別名スラスキ・ゴニッツ，セルブスキ・ゴニッチ。体高 オス46〜56cm, メス44〜54cm。セルビアの原産。
¶最犬大(p299/カ写)
新犬種〔セルブスキ・ゴニッチ〕(p162/カ写)
ビ犬(p180/カ写)

セルブスキ・ゴニッチ ⇒セルビアン・ハウンドを見よ

セル・フランセ Selle Français
馬の一品種。軽量馬。体高152〜170cm。フランスの原産。
¶アルテ馬(p72/カ写)
日家(p29/カ写)

セレベスウズラバト *Gallicolumba tristigmata* セレベス鶉鳩
ハト科の鳥。全長35cm。
¶地球(p454/カ写)

セレベスツカツクリ *Macrocephalon maleo* セレベス塚造
ツカツクリ科の鳥。全長55cm。㊎インドネシア
¶世鳥大(p108/カ写)
世鳥ネ(p24/カ写)
地球(p408/カ写)

セレベスリクガメ *Indotestudo forstenii*
リクガメ科の爬虫類。甲長22〜27cm。㊎インドネシア(スラウェシ島)
¶世カメ(p53/カ写)
爬両1800(p16/カ写)

セレベスレーサー ⇒ジャンセンラットスネークを見よ

セレンゲティ Serengeti
猫の一品種。体重3.5〜7kg。アメリカ合衆国の原産。
¶ビ猫(p148/カ写)

センカクモグラ *Mogera uchidai* 尖閣土竜
モグラ科の哺乳類。絶滅危惧IA類(環境省レッドリスト)。頭胴長13cm。㊎尖閣諸島の魚釣島
¶くら哺(p37/カ写)
絶事(p24/モ図)
日哺改(p20/カ写)
日哺学フ(p184/カ写)

センザンコウバクチヤモリ *Geckolepis maculata*
ヤモリ科ヤモリ亜科の爬虫類。別名オオバクチヤモリ。全長12〜14cm。㊎マダガスカル
¶ゲッコー(p35/カ写)
世爬(p104/カ写)
爬両1800(p136/カ写)
爬両ビ(p104/カ写)

センダイムシクイ *Phylloscopus coronatus* 仙台虫食, 仙台虫喰
ムシクイ科(ウグイス科)の鳥。全長13cm。㊎中央アジア，アフガニスタン。日本では九州以北の低山の落葉広葉樹林に夏鳥として渡来
¶くら鳥(p51/カ写)
原寸羽(p254/カ写)
里山鳥(p64/カ写)
四季鳥(p40/カ写)
巣と卵決(p158/カ写, カ図)
世文鳥(p234/カ写)
鳥卵巣(p316/カ写, カ図)
鳥比(p117/カ写)
鳥650(p554/カ写)
名鳥図(p206/カ写)
日ア鳥(p462/カ写)
日鳥識(p246/カ写)
日鳥巣(p234/カ写)
日鳥山新(p203/カ写)
日鳥山増(p242/カ写)
日野鳥新(p504/カ写)
日野鳥増(p530/カ写)
ぱっ鳥(p286/カ写)
バード(p71/カ写)
羽根決(p309/カ写, カ図)
ひと目鳥(p195/カ写)
フ日野新(p256/カ図)
フ日野増(p256/カ図)
フ野鳥(p314/カ図)
野鳥学フ(p78/カ写)
野鳥山フ(p51,320/カ図, カ写)
山溪名鳥(p204/カ写)

セントキルダモリアカネズミ *Apodemus sylvaticus hirtensis*
ネズミ科の哺乳類。頭胴長11〜13cm。㊎スコットランド西の沖に位置するセントキルダ列島のヒルタ島
¶絶百8(p24/カ写)

セント・クロイ・ヘアー・シープ Saint Croix Hair Sheep
羊の一品種。体重50～60kg。西アフリカ沖バージン諸島の原産。
¶日家(p127/カ写)

セント・バーナーズフント ⇒セント・バーナードを見よ

セント・バーナード Saint Bernard
犬の一品種。別名セント・バーナーズフント。体高オス70～90cm, メス65～80cm。スイスの原産。
¶アルテ犬(p164/カ写)
最犬大(p136/カ写)
新犬種(p335/カ写)
新世犬(p118/カ写)
図世犬(p126/カ写)
世文動(p146/カ写)
ビ犬(p76/カ写)

セントヒューバート・ジュラ・ハウンド Saint Hubert Jura Hound
犬の一品種。体高45～58cm。スイスの原産。
¶ビ犬(p140/カ写)

セントマーティンカブラオヤモリ *Thecadactylus oskrobapreinorum*
ヤモリ科ワレユビヤモリ亜科の爬虫類。別名クロブチカブラオヤモリ。全長15～20cm。㊀仏領セントマーティン島
¶ゲッコー(p66/カ写)
爬両1800(p155/カ写)

セント・ミゲェル・キャトル・ドッグ Saint Miguel Cattle Dog
犬の一品種。別名アゾレス・キャトル・ドッグ, カォ・フィラ・デ・サォ(サン)・ミゲル。体高 オス50～60cm, メス48～58cm。ポルトガルの原産。
¶最犬大(p131/カ写)
新犬種〔カォ・フィラ・デ・サォ・ミゲル〕(p199,200/カ写)
ビ犬〔カオ・フィラ・デ・サン・ミゲル〕(p89/カ写)

セントラル・アジア・シェパード・ドッグ Central Asia Shepherd Dog
犬の一品種。別名セントラル・エイジアン・シェパード・ドッグ, スレドニアジアツカヤ・オフチャルカ。体高 オス70cm以上, メス65cm以上。ロシアの原産。
¶最犬大(p154/カ写)
新犬種〔セントラル・エイジアン・シープドッグ〕(p325/カ写)
新世犬〔ロシアン・シープドッグ〕(p116/カ写)
図世犬(p103/カ写)
ビ犬〔セントラル・エイジアン・シェパード・ドッグ〕(p75/カ写)

セントラル・エイジアン・シェパード・ドッグ ⇒セントラル・アジア・シェパード・ドッグを見よ

セントラル・エイジアン・シープドッグ ⇒セントラル・アジア・シェパード・ドッグを見よ

セントルシアウィップテイル *Cnemidophorus vanzoi*
テユー科の爬虫類。絶滅危惧II類。体長 オス45cm, メス35cm。㊀カリブ海の小アンティル諸島南部のウィンドワード諸島
¶絶百7(p8/カ写)

セントルシアクロシトド *Melanospiza richardsoni* セントルシア黒鵐
ホオジロ科の鳥。絶滅危惧IB類。体長13～14cm。㊀セントルシア(固有)
¶鳥絶(p211/カ図)

【ソ】

ゾー Dzo
ヤクとコブウシの交雑種。アジアの高地と低地の中間地帯の原産。
¶日家(p92/カ写)

ソウカダ *Xenochrophis piscator*
ナミヘビ科ユウダ亜科の爬虫類。全長80～110cm。㊀中央アジア～南アジア, 東南アジア, 中国南部など
¶世ヘビ(p97/カ写)
爬両1800(p275/カ写)

ゾウゲカモメ *Pagophila eburnea* 象牙鷗
カモメ科の鳥。全長40～43cm。㊀高緯度北極圏の島々や海岸
¶世色鳥(p195/カ写)
世鳥大(p236/カ写)
世文鳥(p152/カ写)
地球(p449/カ写)
鳥650(p308/カ写)
日ア鳥(p264/カ写)
日色鳥(p135/カ写)
日鳥水増(p303/カ写)
日野鳥新(p304/カ写)
日野鳥増(p147/カ写)
フ日野新(p94/カ図)
フ日野増(p94/カ図)
フ野鳥(p178/カ図)

ソウゲンハヤブサ *Falco mexicanus* 草原隼
ハヤブサ科の鳥。全長37～47cm。㊀カナダ南西部・アメリカ西部・メキシコ北西部
¶世鳥大(p186/カ写)

ソウゲンライチョウ *Tympanuchus cupido* 草原雷鳥
キジ科(ライチョウ科)の鳥。絶滅危惧II類。全長41～47cm。㊀アメリカ合衆国中西部(固有)
¶世鳥大(p112/カ写)
世鳥卵(p68/カ写, カ図)

地球（p410/カ写）
鳥絶（p141/カ図）
鳥卵巣（p131/カ写，カ図）

ソウゲンワシ *Aquila nipalensis* 草原鷲
タカ科の鳥。全長60～81cm。㊕ユーラシアの北東～中国にかけての中緯度で繁殖
¶鳥比（p37/カ写）
鳥650（p730/カ写）
日ア鳥（p346/カ写）
日鳥山増（p43/カ写）
ワシ（p128/カ写）

ソウシチョウ *Leiothrix lutea* 想思鳥，相思鳥
チメドリ科（ヒタキ科）の鳥。全長15cm。㊕ヒマラヤ地方，ミャンマー，中国南部
¶里山鳥（p239/カ写）
巣と卵決（p220/カ写，カ図）
鳥飼（p109/カ写）
鳥比（p77/カ写）
鳥650（p741/カ写）
名鳥図（p246/カ写）
日ア鳥（p622/カ写）
日色鳥（p127/カ写）
日鳥識（p306/カ写）
日鳥巣（p316/カ写）
日鳥山新（p385/カ写）
日鳥山増（p352/カ写）
ぱっ鳥（p374/カ写）
バード（p25/カ写）
羽根決（p296/カ写，カ図）
ひと目鳥（p224/カ写）
フ日野新（p306/カ図）
フ日野増（p306/カ図）
フ野鳥（p318/カ図）

ゾウチョウ ⇒エピオルニスを見よ

ソコケ Sokoke
猫の一品種。体重3.5～6.5kg。ケニアの原産。
¶ビ猫（p139/カ写）

ソコトラタイヨウチョウ *Chalcomitra balfouri* ソコトラ太陽鳥
タイヨウチョウ科の鳥。全長15cm。
¶世鳥大（p450/カ写）

ソコロマネシツグミ *Mimodes graysoni* ソコロ真似師鶫
マネシツグミ科の鳥。全長25cm。㊕ソコロ島
¶世鳥大（p429）

ソデグロガラス *Zavattariornis stresemanni* 袖黒鴉，袖黒烏
カラス科の鳥。全長28cm。㊕エチオピア南部
¶世鳥卵（p244/カ写，カ図）

ソデグロヅル *Grus leucogeranus* 袖黒鶴
ツル科の鳥。絶滅危惧IA類。体長120～140cm。㊕ロシア，おもにシベリア（繁殖）（固有），中国（越冬）
¶くら鳥（p103/カ写）
四季鳥（p84/カ写）
世鳥大（p214/カ写）
世鳥ネ（p123/カ写）
世文鳥（p105/カ写）
鳥絶（p145/カ図）
鳥比（p269/カ写）
鳥650（p182/カ写）
名鳥図（p67/カ写）
日ア鳥（p158/カ写）
日色鳥（p168/カ写）
日鳥識（p122/カ写）
日鳥水増（p168/カ写）
日野鳥新（p180/カ写）
日野鳥増（p214/カ写）
ぱっ鳥（p106/カ写）
ひと目鳥（p109/カ写）
フ日野新（p120/カ図）
フ日野増（p120/カ図）
フ野鳥（p110/カ図）
山溪名鳥（p301/カ写）

ソデグロバト *Ducula bicolor* 袖黒鳩
ハト科の鳥。全長39～44cm。㊕フィリピン，マルク諸島，大スンダ列島，ボルネオ島
¶地球（p454/カ写）

ソトイワトカゲ *Egernia frerei*
スキンク科の爬虫類。全長40cm前後。㊕ニューギニア島，オーストラリア北東部
¶世爬（p143/カ写）
爬両1800（p213/カ写）
爬両ビ（p150/カ写）

ソノーラゴファースネーク *Pituophis catenifer affinis*
ナミヘビ科の爬虫類。全長1.2～1.5m，最大2.3m。㊕アメリカ（アリゾナ州，コロラド州，テキサス州，ニューメキシコ州），メキシコ（ソノーラ州）
¶世ヘビ（p43/カ写）

ソノラスキハナヘビ *Chionactis palarostris*
ナミヘビ科の爬虫類。全長25～40cm。㊕アメリカ合衆国のアリゾナ州南西部～メキシコのソノラ
¶世文動（p291/カ写）

ソノラドロガメ ⇒ヒゲナガドロガメを見よ

ソノラミドリヒキガエル *Bufo retiformis*
ヒキガエル科の両生類。体長4～5cm。㊕アメリカ合衆国，メキシコ北部
¶**爬両1800**（p365/カ写）

ソバオウワメヘビ *Helicops angulatus*
ナミヘビ科ヒラタヘビ亜科の爬虫類。全長50〜60cm。 ㊕南米大陸西部〜北部
¶**爬両1800**(p277/カ写)
爬両ビ(p196/カ写)

ソバージュネコメアマガエル ⇒ソバージュネコメガエルを見よ

ソバージュネコメガエル *Phyllomedusa sauvagii*
アマガエル科の両生類。別名ソバージュネコメアマガエル, ソバージュメズサアマガエル。体長6〜8cm。 ㊕パラグアイ, ブラジル, ボリビア, アルゼンチン
¶**かえる百**(p63/カ写)
カエル見(p40/カ写)
世カエ〔ソバージュネコメアマガエル〕(p270/カ写)
世両(p63/カ写)
爬両1800(p380/カ写)
爬両ビ(p250/カ写)

ソバージュババイヤモリ *Bavayia sauvagii*
ヤモリ科イシヤモリ亜科の爬虫類。全長11〜14cm前後。 ㊕ニューカレドニア
¶**ゲッコー**(p84/カ写)
爬両1800(p161/カ写)

ソバージュメズサアマガエル ⇒ソバージュネコメガエルを見よ

ソフィアモリドラゴン *Gonocephalus sophiae*
アガマ科の爬虫類。全長30〜35cm。 ㊕フィリピン
¶**爬両1800**(p96/カ写)

ソフトコーテッド・ウィートン・テリア Soft-coated Wheaten Terrier
犬の一品種。別名アイリッシュ・ソフトコーテッド・ウィートン・テリア。体高 オス46〜48cm, メスはやや小さい。アイルランドの原産。
¶**アルテ犬**〔アイリッシュ・ソフトコーテッド・ウィートン・テリア〕(p110/カ写)
最犬大〔アイリッシュ・ソフトコーテッド・ウィートン・テリア〕(p190/カ写)
新犬種(p112/カ写)
新世犬(p258/カ写)
図世犬〔アイリッシュ・ソフトコーテッド・ウィートン・テリア〕(p148/カ写)
世文動(p147/カ写)
ビ犬(p205/カ写)

ソボサンショウウオ *Hynobius shinichisatoi*
サンショウウオ科の両生類。全長16〜19cm。 ㊕大分県・熊本県・宮崎県の祖母傾山系
¶**野日両**(p25,63,126/カ写)

ソマリ Somali
猫の一品種。体重3.5〜5.5kg。アメリカ合衆国の原産。
¶**世文動**(p172/カ写)
ビ猫(p218/カ写)

ソマリアシャコ *Francolinus ochropectus* ソマリア鷓鴣
キジ科の鳥。絶滅危惧IA類。 ㊕ジブチのデイ森林とマブラ山脈の森林地帯
¶**レ生**(p179/カ写)

ソマリアトゲオアガマ *Uromastyx macfadyeni*
アガマ科の爬虫類。全長20〜30cm。 ㊕ソマリア北西部
¶**世爬**(p84/カ写)
爬両1800(p108/カ写)
爬両ビ(p87/カ写)

ソマリダチョウ *Struthio camelus molydophanes* ソマリ駝鳥
ダチョウ科の鳥。全長1.7〜2.7m。
¶**地球**(p407/カ写)

ソマリノロバ *Equus africanus somalicus*
ウマ科の哺乳類。体高1.3〜1.5m。
¶**地球**(p592/カ写)
日家(p56/カ写)

ソメワケクサガエル *Hyperolius pictus*
クサガエル科の両生類。体長2.3〜2.9cm。 ㊕ザンビア, タンザニア, マラウイ
¶**カエル見**(p54/カ写)
爬両1800(p392/カ写)

ソメワケササクレヤモリ *Paroedura picta*
ヤモリ科ヤモリ亜科の爬虫類。全長12〜15cm。 ㊕マダガスカル南部・中部
¶**ゲッコー**(p50/カ写)
世爬(p113/カ写)
爬両1800(p146/カ写)
爬両ビ(p114/カ写)

ソメワケダイカー *Cephalophus jentinki*
ウシ科の哺乳類。絶滅危惧II類。頭胴長135cm。 ㊕リベリアのいくつかの地域, コートジボワールの南西部, シエラレオネに限られる
¶**絶百7**(p14/カ写)

ソメワケヤドクガエル ⇒アイゾメヤドクガエルを見よ

ソライア・ポニー Sorraia Pony
馬の一品種。軽量馬。体高120〜130cm。イベリア半島の原産。
¶**アルテ馬**(p51/カ写)

ソライロカザリドリ *Cotinga cayana* 空色飾鳥
カザリドリ科の鳥。全長20cm。 ㊕アマゾン川流域
¶**原色鳥**(p131/カ写)
世色鳥(p47/カ写)

ソ

ソライロヒシメクサガエル *Heterixalus madagascariensis*
クサガエル科の両生類。別名マダガスカルクサガエル。体長2.2〜3cm。[分]マダガスカル東部
¶かえる百(p75/カ写)
カエル見(p59/カ写)
世カエ〔マダガスカルクサガエル〕(p384/カ写)
爬両**1800**(p396/カ写)
爬両ビ(p260/カ写)

ソライロフウキンチョウ *Thraupis episcopus* 空色風琴鳥
フウキンチョウ科の鳥。全長16〜18cm。[分]メキシコ〜ブラジル
¶原色鳥(p148/カ写)
世色鳥(p67/カ写)

ソライロボウシエメラルドハチドリ *Amazilia cyanocephala* 空色帽子エメラルド蜂鳥
ハチドリ科ハチドリ亜科の鳥。全長10〜11cm。
¶ハチドリ(p265/カ写)

ソラオビコブトカゲ ⇒プエーブラコブトカゲを見よ

ソリガメ *Chersina angulata*
リクガメ科の爬虫類。甲長20〜25cm前後。[分]ナミビア, 南アフリカ共和国
¶世カメ(p34/カ写)
世爬(p14/カ写)
爬両**1800**(p14〜15/カ写)
爬両ビ(p10/カ写)

ソリハシオオイシチドリ *Esacus recurvirostris* 反嘴大石千鳥
イシチドリ科の鳥。全長49〜55cm。[分]インド, 東南アジアの一部
¶地球〔オオイシチドリ〕(p444/カ写)
鳥卵巣(p171/カ写, カ図)

ソリハシシギ *Xenus cinereus* 反嘴鷸, 反嘴鴫
シギ科の鳥。全長23cm。[分]ユーラシア大陸北部
¶くら鳥(p115/カ写)
里山鳥(p215/カ写)
四季鳥(p36/カ写)
世文鳥(p134/カ写)
鳥卵巣(p189/カ写, カ図)
鳥比(p291/カ写)
鳥**650**(p269/カ写)
名鳥図(p93/カ写)
日ア鳥(p232/カ写)
日鳥識(p154/カ写)
日鳥水増(p240/カ写)
日野鳥新(p268/カ写)
日野鳥増(p276/カ写)
ぱっ鳥(p155/カ写)
バード(p140/カ写)
ひと目鳥(p77/カ写)
フ日野新(p148/カ図)
フ日野増(p148/カ図)
フ野鳥(p158/カ図)
野鳥学フ(p205/カ写)
野鳥山フ(p33,204/カ図, カ写)
山溪名鳥(p206/カ写)

ソリハシセイタカシギ *Recurvirostra avosetta* 反嘴背高鷸, 反嘴背高鴫
セイタカシギ科の鳥。全長42〜45cm。[分]ユーラシア大陸, イギリス諸島〜極東
¶驚野動(p149/カ写)
四季鳥(p36/カ写)
世鳥大(p224/カ写)
世鳥卵(p101/カ写, カ図)
世鳥ネ(p129/カ写)
世文鳥(p141/カ写)
地球(p445/カ写)
鳥卵巣(p168/カ写, カ図)
鳥比(p285/カ写)
鳥**650**(p237/カ写)
名鳥図(p101/カ写)
日ア鳥(p204/カ写)
日色鳥(p165/カ写)
日鳥識(p140/カ写)
日鳥水増(p261/カ写)
日野鳥新(p230/カ写)
日野鳥増(p319/カ写)
ぱっ鳥(p138/カ写)
羽根決(p370/カ写, カ図)
ひと目鳥(p67/カ写)
フ日野新(p164/カ図)
フ日野増(p164/カ図)
フ野鳥(p140/カ図)
野鳥学フ(p213/カ写)
山溪名鳥(p196/カ写)

ソリハシハチドリ *Opisthoprora euryptera* 反嘴蜂鳥
ハチドリ科ミドリフタオハチドリ亜科の鳥。全長9〜10cm。[分]コロンビア, エクアドル北西部
¶ハチドリ(p123/カ写)

ソリハナハブ *Porthidium nasutum*
クサリヘビ科の爬虫類。全長60cm。[分]メキシコ東南部〜エクアドル北部まで
¶地球(p398/カ写)

ゾリラ *Ictonyx striatus*
イタチ科の哺乳類。体長28〜38cm。[分]アフリカ
¶世文動(p158/カ写)
世哺(p255/カ写)
地球(p575/カ写)

ゾリラモドキ *Poecilogale albinucha*
イタチ科の哺乳類。体長24〜33cm。[分]アフリカ
¶世哺(p251/カ写)
地球(p575/カ写)

ソロモン・グランドボア ⇒ポールソンパシフィックボアを見よ

ソロモンツノガエル ⇒ハナトガリガエルを見よ

ソロモンミズナギドリ *Pterodroma becki* ソロモン水薙鳥
ミズナギドリ科の鳥。㊐南太平洋
¶**鳥650**(p747/カ写)

ソロモンミドリガエル *Palmatorappia solomonis*
アカガエル科の両生類。絶滅危惧II類。㊐太平洋のパプアニューギニア〜ソロモン諸島
¶**レ生**(p180/カ写)

ソロモンミドリチトカゲ *Prasinohaema virens*
スキンク科の爬虫類。全長15cm前後。㊐ニューギニア島東部, ソロモン諸島
¶**爬両1800**(p204/カ写)

【タ】

タイ Thai
猫の一品種。体重2.5〜5.5kg。ヨーロッパの原産。
¶**ビ猫**(p103/カ写)

ダイアデムシファカ *Propithecus diadema*
インドリ科の哺乳類。絶滅危惧IA類。㊐マダガスカル北東部〜東部
¶**美サル**(p131/カ写)

ダイアナモンキー *Cercopithecus diana*
オナガザル科の哺乳類。絶滅危惧II類。体高40〜55cm。㊐シエラレオネ, リベリア, コートジボワール, ガーナ, ギニアの南端
¶**世文動**(p82/カ写)
地球(p543/カ写)
美サル(p174/カ写)

ダイオウトカゲモドキ *Eublepharis fuscus*
ヤモリ科トカゲモドキ亜科の爬虫類。全長33cm。㊐インド西部
¶**ゲッコー**(p97/カ写)

タイガーキャット ⇒ジャガーネコを見よ

タイガーサラマンダー *Ambystoma mavortium*
トラフサンショウウオ科(マルクチサラマンダー科)の両生類。別名トラフサンショウウオ。全長18〜25cm。㊐カナダ南部〜アメリカ合衆国中部と南部, メキシコ北部
¶**世両**(p194/カ写)
地球〔トラフサンショウウオ〕(p369/カ写)
爬両1800(p440/カ写)
爬両ビ(p302/カ写)

タイガースネーク *Notechis scutatus*
コブラ科の爬虫類。全長1.2〜2.1m。㊐オーストラリア
¶**世文動**(p298/カ写)

タイガン Taigan
犬の一品種。別名キルギス・サイトハウンド。体高オス65cm以上, メス60cm以上。キルギスの原産。
¶**最犬大**(p419/カ写)
新犬種(p331/カ写)

タイコブラ *Naja kaouthia*
コブラ科の爬虫類。別名モノクルコブラ。全長150〜200cm。㊐中国南部〜東南アジア, インド北東部
¶**世ヘビ**(p108/カ写)
地球(p397/カ写)
爬両1800〔モノクルコブラ〕(p339/カ写)

ダイサギ *Ardea alba* 大鷺
サギ科の鳥。全長80〜100cm。㊐世界中
¶**くら鳥**(p101/カ写)
原寸羽(p37/カ写)
里山鳥(p174/カ写)
四季鳥(p109/カ写)
巣と卵決(p226/カ写, カ図)
世色鳥(p196/カ写)
世鳥大(p167/カ写)
世鳥ネ(p75/カ写)
世文鳥(p53/カ写)
地球(p426/カ写)
鳥卵巣(p67/カ写, カ図)
鳥比(p263/カ写)
鳥650(p170/カ写)
名鳥図(p30/カ写)
日ア鳥(p148/カ写)
日鳥識(p120/カ写)
日鳥巣(p20/カ写)
日鳥水増(p86/カ写)
日野鳥新(p156/カ写)
日野鳥増(p178/カ写)
ぱっ鳥(p98/カ写)
バード(p106/カ写)
ひと目鳥(p103/カ写)
フ日野新(p112/カ図)
フ日野増(p112/カ図)
フ野鳥(p104/カ図)
野鳥学フ(p182/カ写)
野鳥山フ(p15,87/カ図, カ写)
山溪名鳥(p159/カ写)

ダイサギ〔亜種〕 *Ardea alba alba* 大鷺
サギ科の鳥。別名オオダイサギ。
¶**名鳥図**〔亜種ダイサギ〕(p30/カ写)
日鳥水増〔亜種ダイサギ〕(p86/カ写)
日野鳥新〔ダイサギ*〕(p156/カ写)
日野鳥増〔ダイサギ*〕(p179/カ写)

タ

ダイシャクシギ *Numenius arquata* 大杓鷸, 大杓鴫
シギ科の鳥。全長50〜60cm。㊎ユーラシア大陸の北部や温帯域で繁殖。アフリカ, インド, 東南アジアで越冬
¶**くら鳥**(p119/カ写)
原寸羽(p120/カ写)
里山鳥(p216/カ写)
四季鳥(p66/カ写)
世鳥大(p229/カ写)
世鳥卵(p96/カ写, カ図)
世鳥ネ(p136/カ写)
世文鳥(p135/カ写)
鳥比(p297/カ写)
鳥650(p256/カ写)
名鳥図(p96/カ写)
日ア鳥(p220/カ写)
日鳥識(p148/カ写)
日鳥水増(p248/カ写)
日野鳥新(p250/カ写)
日野鳥増(p260/カ写)
ぱっ鳥(p146/カ写)
バード(p141/カ写)
羽根決(p156/カ写, カ図)
ひと目鳥(p82/カ写)
フ日野新(p156/カ図)
フ日野増(p156/カ図)
フ野鳥(p152/カ図)
野鳥学フ(p231/カ写)
野鳥山フ(p33,202/カ図, カ写)
山溪名鳥(p208/カ写)

タイシュウウマ Taishu Pony 対州馬
馬の一品種。別名タイシュウバ, ツシマウマ。日本在来馬。体高120〜130cm。長崎県対馬の原産。
¶**世文動**〔対州馬〕(p189/カ写)
日家〔対州馬〕(p16/カ写)

タイシュウバ ⇒タイシュウウマを見よ

ダイスヤマカガシ ⇒イチマツユウダを見よ

タイセイヨウカマイルカ *Lagenorhynchus acutus*
マイルカ科の哺乳類。成体体重 メス180kg, オス230kg。㊎冷温帯〜亜極圏
¶**クイ百**(p130/カ図)
地球(p616/カ図)

タイセイヨウガンヌメサラマンダー *Plethodon chlorobryonis*
ムハイサラマンダー科の両生類。全長11〜20cm。㊎アメリカ合衆国南東部
¶**爬両1800**(p443/カ写)

タイセイヨウセミクジラ *Eubalaena glacialis* 大西洋背美鯨
セミクジラ科の哺乳類。絶滅危惧IB類。体長13〜17m。㊎北大西洋
¶**遺産世**〔セミクジラ〕(Mammalia No.46/カ写)
クイ百(p70/カ図, カ写)
絶百5〔セミクジラ〕(p6/カ写, カ図)
世文動〔セミクジラ〕(p123/カ写)
世哺〔セミクジラ〕(p206/カ図)
レ生(p183/カ写)

タイセイヨウマダライルカ *Stenella frontalis*
マイルカ科の哺乳類。体長1.7〜2.3m。㊎大西洋の熱帯〜温帯の海域
¶**クイ百**(p174/カ図)
世哺(p187/カ図)
地球(p617/カ図)

ダイゼン *Pluvialis squatarola* 大膳
チドリ科の鳥。全長25〜30cm。㊎北極圏で繁殖, 冬には南下して海岸地帯に広く分布
¶**くら鳥**(p108/カ写)
里山鳥(p212/カ写)
四季鳥(p39/カ写)
世鳥大(p225/カ写)
世文鳥(p117/カ写)
地球(p445/カ写)
鳥卵巣(p178/カ写, カ図)
鳥比(p281/カ写)
鳥650(p226/カ写)
名鳥図(p75/カ写)
日ア鳥(p191/カ写)
日鳥識(p134/カ写)
日鳥水増(p198/カ写)
日野鳥新(p214/カ写)
日野鳥増(p238/カ写)
ぱっ鳥(p131/カ写)
バード(p135/カ写)
羽根決(p379/カ写, カ図)
ひと目鳥(p93/カ写)
フ日野新(p134/カ図)
フ日野増(p134/カ図)
フ野鳥(p132/カ図)
野鳥学フ(p209/カ写, カ図)
野鳥山フ(p28,172/カ図, カ写)
山溪名鳥(p210/カ写)

ダイトウウグイス *Cettia diphone restricta* 大東鶯
ウグイス科の鳥。ウグイスの亜種。絶滅種(環境省レッドリスト)。2000年代に再発見の報告がされた。体長約16cm。㊎大東諸島の南大東島, 琉球列島の沖縄本島
¶**絶鳥事**(p208/モ図)
名鳥図(p201/カ写)

ダイトウオオコウモリ *Pteropus dasymallus daitoensis* 大東大蝙蝠
オオコウモリ科の哺乳類。絶滅危惧IA類(環境省レッドリスト), 天然記念物。頭胴長22.1cm。㊎南大東島, 北大東島

¶遺産日（哺乳類 No.3/カ写）
くら哺（p40/カ写）
絶事（p1,28/カ写, モ図）
日哺学フ（p177/カ写）

ダイトウノスリ *Buteo buteo oshiroi* 大東鵟
タカ科の鳥。絶滅危惧IA類（環境省レッドリスト）。㊕南大東島
¶絶鳥事（p134/モ図）

ダイトウミソサザイ *Troglodytes troglodytes orii* 大東鷦鷯
キバシリ科の鳥。絶滅種（環境省レッドリスト）。体長約11cm。㊕大東諸島の南大東島
¶絶鳥事（p202/モ図）

ダイトウメジロ *Zosterops japonicus daitoensis* 大東目白
メジロ科の鳥。メジロの亜種。
¶日鳥山新（p211/カ写）

ダイトウヤマガラ *Parus varius orii* 大東山雀
シジュウカラ科の鳥。絶滅種（環境省レッドリスト）。体長14cm。㊕大東諸島の北大東島・南大東島
¶絶鳥事（p204/モ図）

タイハクオウム *Cacatua alba* 大白鸚鵡
オウム科の鳥。全長46cm。㊕ハルマヘラ島
¶鳥飼（p160/カ写）

タイパン *Oxyuranus scutellatus*
コブラ科の爬虫類。全長2m。㊕オーストラリア（東部・北部），ニューギニア南部
¶世文動（p298/カ写）
世ヘビ（p108/カ写）

タイ・バーンゲーオ・ドッグ Thai Bangkaew Dog
犬の一品種。体高 オス46〜55cm，メス41〜50cm。タイの原産。
¶最犬大（p256/カ写）

タイヘイヨウアカボウモドキ *Indopacetus pacificus* 太平洋赤坊擬
アカボウクジラ科の哺乳類。別名ロングマンオウギハクジラ。体長約7〜7.5m。㊕メキシコの西海岸〜アフリカの東海岸やアデン湾
¶クイ百（p214/カ図）
くら哺（p108/カ写）
日哺学フ（p219/カ写, カ図）

タイヘイヨウアマガエル ⇒タイヘイヨウコーラスアマガエルを見よ

タイヘイヨウオウギハクジラ *Mesoplodon bowdoini* 太平洋扇歯鯨
アカボウクジラ科の哺乳類。体長約4〜4.7m。㊕南半球の冷温帯
¶クイ百（p218/カ図）

タイヘイヨウコーラスアマガエル *Pseudacris regilla*
アマガエル科の両生類。別名タイヘイヨウアマガエル。体長19〜50mm。㊕北米西海岸沿いのカナダのブリティッシュ・コロンビア州〜バハ・カリフォルニアの先端
¶世カエ（p280/カ写）
爬両1800〔タイヘイヨウアマガエル〕（p374/カ写）

タイヘイヨウヒメウミガメ ⇒ヒメウミガメを見よ

タイマイ *Eretmochelys imbricata* 瑇瑁，玳瑁
ウミガメ科の爬虫類。絶滅危惧IA類。甲長60〜110cm。㊕熱帯と亜熱帯の水域
¶原爬両（No.24/カ写）
世カメ（p184/カ写）
絶事（p6,106/カ写, モ図）
絶百7（p18/カ写）
地球（p374/カ写）
日カメ（p53/カ写）
爬両飼（p154/カ写）
爬両1800（p58/カ写）
野日爬（p19,87/カ写）
レ生（p184/カ写）

タイミルセグロカモメ Taimyr Herring Gull
カモメ科の鳥。広義のセグロカモメの一亜種（Larus argentatus taimyrensis）としてや，ニシセグロカモメの一亜種（L.fuscus taimyrensis）としての分類のほか複数の考えがある。
¶日鳥水増（p282/カ写）

ダイヤミズベヘビ *Nerodia rhombifer*
ナミヘビ科ユウダ亜科の爬虫類。全長76〜160cm。㊕アメリカ合衆国中部〜メキシコ，グアテマラ，ベリーズ
¶爬両1800（p270/カ写）

ダイヤモンドカーペットパイソン *Morelia spilota spilota*
ニシキヘビ科の爬虫類。カーペットパイソンの亜種。全長1.6〜1.8m，最大3.0m。㊕オーストラリア（ニューサウスウェールズ州の沿岸）
¶世ヘビ（p68/カ写）

ダイヤモンドガメ *Malaclemys terrapin*
ヌマガメ科（セイヨウヌマガメ科）の爬虫類。別名キスイガメ，ダイヤモンドテラピン。甲長11〜28cm。㊕アメリカ合衆国北東部〜南部にかけての沿岸域
¶世カメ〔キスイガメ〕（p234/カ写）
世爬（p27/カ写）
世文動（p250/カ写）
地球〔ダイヤモンドテラピン〕（p375/カ写）
爬両1800（p28〜29/カ写）
爬両ビ（p24/カ写）

ダイヤモンドテラピン ⇒ダイヤモンドガメを見よ

ダイヨークシャー Large Yorkshire 大ヨークシャー
豚の一品種。別名ラージ・ホワイト。交雑豚。体重オス370kg(最大500kg以上), メス340kg。イギリスの原産。
¶**日家**〔大ヨークシャー〕(p99/カ写)

タイラ *Eira barbara*
イタチ科の哺乳類。頭胴長60〜68cm。㋔メキシコ, 中央アメリカ, パラグアイ, アルゼンチン, トリニダード
¶**世文動**(p158/カ写)

タイリクオオカミ *Canis lupus* 大陸狼
イヌ科の哺乳類。別名オオカミ, ハイイロオオカミ。絶滅危惧II類。頭胴長82〜160cm。㋔北アメリカ, グリーンランド, ユーラシア
¶**驚野動**〔ハイイロオオカミ〕(p37/カ写)
絶百3〔オオカミ〕(p28/カ写)
世文動〔オオカミ〕(p132/カ写)
世哺(p230/カ写)
日家〔オオカミ〕(p235/カ写)
野生イヌ〔ハイイロオオカミ〕(p8/カ写, カ図)

タイリクオオサンショウウオ ⇒チュウゴクオオサンショウウオを見よ

タイリクシマヘビ *Elaphe quatuorlineata* 大陸縞蛇
ナミヘビ科ナミヘビ亜科の爬虫類。全長100〜180cm。㋔イタリア南部, ヨーロッパ南東部
¶**世爬**(p203/カ写)
爬両1800(p309/カ写)
爬両ビ(p223/カ写)

タイリクスジオ *Elaphe taeniura taeniura* 大陸筋尾
ナミヘビ科の爬虫類。スジオナメラの亜種。㋔中国東部(北京, 安徽省, 福建省, 河北省, 湖南省, 江蘇省, 江西省, 浙江省など)
¶**世ヘビ**(p88/カ写)

タイリクノレンコウモリ *Myotis nattereri* 大陸暖簾蝙蝠
ヒナコウモリ科の哺乳類。体長4〜5cm。㋔アフリカ北西部〜ヨーロッパ〜アジア南西部
¶**地球**(p557/カ写)

タイリクモモンガ *Pteromys volans* 大陸鼯鼠
リス科の哺乳類。頭胴長15〜16cm。㋔ユーラシア北部
¶**日哺改**(p124/カ写)

タイリクヤチネズミ *Clethrionomys rufocanus* 大陸谷地鼠, 大陸野地鼠
ネズミ科の哺乳類。全長11〜12.6m。㋔スカンジナビア半島〜シベリア
¶**日哺改**(p125/カ写)

タイ・リッジバック Thai Ridgeback
犬の一品種。別名タイ・リッジバック・ドッグ。体高 オス56〜61cm, メス51〜56cm。タイの原産。
¶**最犬大**〔タイ・リッジバック・ドッグ〕(p259/カ写)
新犬種(p190/カ写)
ビ犬(p285/カ写)

タイワンアオヘビ *Cyclophiops major* 台湾青蛇
ナミヘビ科ナミヘビ亜科の爬虫類。全長75〜90cm。㋔台湾, 中国南部, ベトナム北部
¶**爬両1800**(p292/カ写)
爬両ビ(p204/カ写)

タイワンアマガサヘビ *Bungarus multicinctus*
コブラ科の爬虫類。全長70〜180cm。㋔台湾, 中国南部, インドシナ半島北部
¶**世文動**〔タイワンアマガサ〕(p296/カ写)
爬両1800(p340/カ写)

タイワンオオガシラ *Boiga kraepelini* 台湾大頭
ナミヘビ科ナミヘビ亜科の爬虫類。全長60〜150cm。㋔台湾, 中国南部〜南東部
¶**爬両1800**(p295/カ写)

タイワンキョン ⇒キョンを見よ

タイワンケン Taiwan Dog 台湾犬
犬の一品種。別名タイワンドッグ, フォルモーサ・マウンテン・ドッグ。体高 オス48〜52cm, メス43〜47cm。台湾の原産。
¶**最犬大**〔台湾ドッグ〕(p257/カ写)
新犬種〔台湾犬〕(p118/カ写)
ビ犬〔台湾犬〕(p86/カ写)

タイワンコブラ *Naja atra*
コブラ科の爬虫類。全長70〜160cm。㋔中国南東部, ベトナム北部, 台湾
¶**世文動**(p296/カ写)
爬両1800(p339/カ写)

タイワンザル *Macaca cyclopis* 台湾猿
オナガザル科の哺乳類。頭胴長 オス45〜55cm, メス40〜50cm。㋔台湾
¶**くら哺**(p8/カ写)
世文動(p89/カ写)
日哺改(p68/カ写)
日哺学フ(p158/カ写)

タイワンジカ *Cervus nippon taiouanus* 台湾鹿
シカ科の哺乳類。別名ハナシカ。頭胴長 オス40〜54cm, メス36〜45cm。㋔台湾
¶**日哺学フ**(p158/カ写)

タイワンジュズカケバト *Columba pulchricollis* 台湾数珠掛鳩
ハト科の鳥。全長39cm。㋔チベット, ネパール, アッサム, ミャンマー
¶**鳥卵巣**(p217/カ写, カ図)

タイワンショウドウツバメ *Riparia paludicola* 台湾小洞燕
ツバメ科の鳥。体長12cm。㋔アフリカ, インド〜

南アジア, 台湾, フィリピン
¶鳥比（p103/カ写）
鳥650（p521/カ写）
日鳥山新〔タイワンショウドツバメ〕（p177/カ写）
フ日野新（p328/カ図）
フ日野増（p326/カ図）
フ野鳥（p298/カ図）

タイワンスジオ *Elaphe taeniura friesi* 台湾筋尾
ナミヘビ科の爬虫類。スジオナメラの亜種。特定外来種。全長2.3m。 ㊵台湾。日本では沖縄島に帰化して生息
¶原爬両（No.74/カ写）
世ヘビ（p89/カ写）
日カメ（p173/カ写）
爬両飼（p26/カ写）
野日爬（p35,65,169/カ写）

タイワンセタカヘビ *Pareas formosensis*
ナミヘビ科セタカヘビ亜科の爬虫類。全長50〜60cm。 ㊵台湾
¶爬両1800（p332/カ写）

タイワンセッカ *Cisticola exilis* 台湾雪加
セッカ科の鳥。全長10cm。 ㊵インド, 中国南部, 台湾, フィリピン, タイ, ジャワ島, スラウェシ島, ニューギニア, ソロモン諸島, オーストラリア北部・南東部
¶世鳥大（p410/カ写）
鳥650（p751/カ写）

タイワントカゲ *Sphenomorphus taiwanensis* 台湾蜥蜴
スキンク科の爬虫類。全長12〜18cm。 ㊵台湾
¶爬両1800（p202/カ写）

タイワントゲネズミ *Niviventer coxingi* 台湾棘鼠
ネズミ科の哺乳類。頭胴長約17cm。 ㊵台湾, インドシナ北部
¶世文動（p115/カ写）

タイワンドッグ ⇒タイワンケンを見よ

タイワンハクセキレイ *Motacilla alba ocularis* 台湾白鶺鴒
セキレイ科の鳥。ハクセキレイの亜種。
¶世文鳥（p202/カ写）
名鳥図（p176/カ写）
日鳥山新（p315/カ写）
日鳥山増（p145/カ写）
日野鳥新（p589/カ写）
日野鳥増（p459/カ写）

タイワンハブ *Protobothrops mucrosquamatus* 台湾波布
クサリヘビ科の爬虫類。特定外来種。全長60〜120cm。 ㊵台湾, 中国南部, インドシナ半島, インド北部など
¶原爬両（No.102/カ写）
日カメ（p232/カ写）
爬両飼（p51/カ写）
爬両1800（p342/カ写）
野日爬（p42,195/カ写）

タイワンヒバリ *Alauda gulgula* 台湾雲雀
ヒバリ科の鳥。全長16cm。 ㊵中国東部, 台湾〜東南アジア, インド, 中東
¶鳥比（p98/カ写）
鳥650（p520/カ写）
日ア鳥（p437/カ写）
フ野鳥（p296/カ図）

タ

タイワンヒヨドリ *Hypsipetes amaurotis nagamichii* 台湾鵯
ヒヨドリ科の鳥。ヒヨドリの亜種。
¶名鳥図（p180/カ写）
日鳥山新（p187/カ写）
日鳥山増（p159/カ写）

タイワンヨタカ *Caprimulgus monticolus* 台湾夜鷹
ヨタカ科の鳥。全長20〜26cm。 ㊵台湾, インド, フィリピン, タイ, ボルネオ島, マレーシア
¶鳥卵巣（p235/カ写, カ図）

タイワンリス *Callosciurus erythraeus thaiwanensis* 台湾栗鼠
リス科の哺乳類。クリハラリスの亜種。頭胴長20〜26cm。 ㊵台湾南部。日本では東京都伊豆大島, 神奈川県江ノ島, 鎌倉市, 静岡県浜松市, 岐阜県金華山, 大阪府大阪城, 和歌山県友ケ島, 和歌山城, 兵庫県姫路城, 大分県高島
¶くら哺（p11/カ写）
世文動（p108/カ写）
日哺学フ（p157/カ写）

ダーウィンガエル ⇒ダーウィンハナガエルを見よ

ダーウィンギツネ *Lycalopex fulvipes*
イヌ科の哺乳類。別名チロエギツネ。絶滅危惧IA類。頭胴長約54.2cm。 ㊵チリ沖のチロエ島及びチリの一部
¶遺産世（Mammalia No.28/カ写）
野生イヌ（p136/カ図）
レ生（p185/カ写）

ダーウィンハナガエル *Rhinoderma darwinii*
マルハシガエル科（ダーウィンガエル科, ハナガエル科）の両生類。絶滅危惧II類。全長2〜3cm。 ㊵チリ最南部, アルゼンチン南部
¶遺産世（Amphibia No.10/カ写）
世カエ（p206/カ写）
世文動〔ダーウィンガエル〕（p325/カ写）
地球（p355/カ写）
レ生（p186/カ写）

ダーウィンレア *Rhea pennata*
レア科の鳥。全長92〜100cm。 ㊵南アンデス山脈,

パタゴニア
¶世鳥大（p104/カ写）
世鳥ネ（p19/カ写）
地球（p407/カ写）
鳥卵巣（p27/カ写，カ図）

ダウディンイロワケヤモリ *Gonatodes daudini*
ヤモリ科チビヤモリ亜科の爬虫類。全長4～6cm。㊙西インド諸島（ユニオン島）
¶ゲッコー（p108/カ写）

ダウンズジメンヘビ *Geophis immaculatus*
ナミヘビ科ヒラタヘビ亜科の爬虫類。全長35cm前後。㊙メキシコ南東部，グアテマラ
¶爬両1800（p282/カ写）

タ

タウンセンドチビヤモリ *Sphaerodactylus townsendi*
ヤモリ科チビヤモリ亜科の爬虫類。全長4～6cm。㊙プエルトリコ，バハマ諸島
¶ゲッコー（p104/カ写）

タカサゴクロサギ *Ixobrychus flavicollis* 高砂黒鷺
サギ科の鳥。全長58cm。㊙インド，東南アジア，台湾，中国南部，フィリピン，大スンダ列島，マルク諸島，オーストラリア
¶世文鳥（p48/カ図）
鳥比（p259/カ写）
鳥650（p159/カ写）
日ア鳥（p144/カ写）
日鳥水増（p73/カ写）
日野鳥新（p143/カ写）
日野鳥増（p197/カ写）
フ日野新（p108/カ図）
フ日野増（p108/カ図）
フ野鳥（p98/カ図）

タカサゴタカ *Accipiter badius* 高砂鷹
タカ科の鳥。全長25～35cm。㊙アジア，アフリカ
¶世鳥卵（p57/カ写，カ図）
地球〔タカサゴダカ〕（p437/カ写）

タカサゴナメラ *Elaphe mandarina*
ナミヘビ科ナミヘビ亜科の爬虫類。別名マンダリンラットスネーク。全長80～100cm。㊙中国南部，インド，インドシナ
¶世爬（p210/カ写）
世文動（p288/カ写）
世ヘビ（p85/カ写）
爬両1800（p314/カ写）
爬両ビ（p227/カ写）

タカサゴフクロウ *Strix nivicola* 高砂梟
フクロウ科の鳥。全長45～47cm。㊙ヒマラヤ周辺～中国東部，台湾
¶日ア鳥（p359/カ写）

タカサゴモズ *Lanius schach* 高砂百舌，高砂鵙
モズ科の鳥。体長25cm。㊙イラン，中央アジア～中国までの地域，東南アジア，フィリピン，インドネシア，ニューギニア
¶四季鳥（p99/カ写）
鳥卵巣（p282/カ写，カ図）
鳥比（p86/カ写）
鳥650（p486/カ写）
日ア鳥（p407/カ写）
日鳥識（p224/カ写）
日鳥山新（p147/カ写）
日鳥山増（p161/カ写）
日野鳥新（p452/カ写）
日野鳥増（p480/カ写）
フ日野新（p328/カ図）
フ日野増（p326/カ図）
フ野鳥（p280/カ図）

タカチホヘビ *Achalinus spinalis* 高千穂蛇
ナミヘビ科（タカチホヘビ科）の爬虫類。日本固有種。全長30～50cm。㊙日本，中国南東部，ベトナム北部
¶原爬両（No.81/カ写）
世爬（p183/カ写）
世文動（p295/カ写）
日カメ（p206/カ写）
爬両観（p148/カ写）
爬両飼（p33/カ写）
爬両1800（p266/カ写）
爬両ビ（p194/カ写）
野日爬（p32,61,152/カ写）

タカネサンショウウオ *Batrachuperus* spp.
サンショウウオ科の両生類。全長15～20cm。㊙中国
¶爬両ビ（p299/カ写）

タカネシマリス *Tamias alpinus*
リス科の哺乳類。㊙アメリカ南西部
¶驚野動（p56/カ写）

タカブシギ *Tringa glareola* 鷹斑鷸，鷹斑鴫
シギ科の鳥。全長20cm。㊙ユーラシア大陸北部
¶くら鳥（p114/カ写）
里山鳥（p126/カ写）
四季鳥（p30/カ写）
世文鳥（p132/カ写）
鳥卵巣（p188/カ写，カ図）
鳥比（p305/カ写）
鳥650（p266/カ写）
名鳥図（p91/カ写）
日ア鳥（p229/カ写）
日鳥識（p152/カ写）
日鳥水増（p238/カ写）
日野鳥新（p265/カ写）
日野鳥増（p275/カ写）

ぱっ鳥 (p153/カ写)
バード (p121/カ写)
ひと目鳥 (p75/カ写)
フ日野新 (p146/カ図)
フ日野増 (p146/カ図)
フ野鳥 (p158/カ図)
野鳥学フ (p153/カ写)
野鳥山フ (p31,195/カ図, カ写)
山溪名鳥 (p212/カ写)

タカヘ *Porphyrio hochstetteri*
クイナ科の鳥。別名ノトルニス。絶滅危惧IB類。全長63cm。㊊ニュージーランド(固有)
¶**絶百7** (p20/カ写)
世鳥大 (p210/カ写)
世鳥ネ (p117/カ写)
鳥絶 (p148/カ図)

タカラヤモリ *Gekko shibatai* 宝守宮
ヤモリ科ヤモリ亜科の爬虫類。日本固有種。全長10〜12.5cm。㊊宝島など
¶ゲッコー (p18/カ写)
原爬両 (No.29/カ写)
日カメ (p72/カ写)
爬両飼 (p89/カ写)
爬両1800 (p130/カ写)
野日爬 (p28,58,130/カ写)

ターキッシュ・アンゴラ Turkish Angora
猫の一品種。別名トルコ・アンゴラ。体重2.5〜5kg。トルコの原産。
¶世文動〔トルコ・アンゴラ〕(p172/カ写)
ビ猫 (p229/カ写)

ターキッシュ・カンガル・ドッグ ⇒カンガール・ドッグを見よ

ターキッシュ・ショートヘア Tukish Shorthair
猫の一品種。体重3〜8.5kg。トルコの原産。
¶ビ猫 (p128/カ写)

ターキッシュ・バン Turkish Van
猫の一品種。体重3〜8.5kg。トルコおよびイギリスの原産。
¶ビ猫 (p227/カ写)

ターキッシュ・バンケディシ Turkish Van Kedisi
猫の一品種。体重3〜8.5kg。トルコ東部の原産。
¶ビ猫 (p228/カ写)

ターキン *Budorcas taxicolor*
ウシ科の哺乳類。絶滅危惧II類。体高1〜1.3m。㊊中国のチベット自治区, 四川省, ブータン, インドのシッキム地方とアッサム地方北部, ミャンマー北部
¶**絶百7** (p22/カ写)
世文動 (p230/カ写)
地球 (p606/カ写)

タケアオハブ *Trimeresurus stejnegeri*
クサリヘビ科の爬虫類。全長60〜90cm。㊊中国南部〜インドシナ北部, 台湾など
¶**爬両1800** (p343/カ写)

タゲリ *Vanellus vanellus* 田計里, 田鳧
チドリ科の鳥。全長28〜31cm。㊊ヨーロッパ〜アジア
¶くら鳥 (p109/カ写)
原寸羽 (p110/カ写)
里山鳥 (p194/カ写)
四季鳥 (p102/カ写)
世鳥大 (p224/カ写)
世鳥卵 (p95/カ写, カ図)
世鳥ネ (p130/カ写)
世文鳥 (p118/カ写)
地球 (p445/カ写)
鳥卵巣 (p173/カ写, カ図)
鳥比 (p282/カ写)
鳥650 (p221/カ写)
名鳥図 (p79/カ写)
日ア鳥 (p189/カ写)
日色鳥 (p156/カ写)
日鳥識 (p134/カ写)
日鳥水増 (p200/カ写)
日野鳥新 (p208/カ写)
日野鳥増 (p232/カ写)
ぱっ鳥 (p128/カ写)
バード (p118/カ写)
羽根決 (p146/カ写, カ図)
ひと目鳥 (p91/カ写)
フ日野新 (p134/カ図)
フ日野増 (p134/カ図)
フ野鳥 (p130/カ図)
野鳥学フ (p164/カ写, カ図)
野鳥山フ (p28,175/カ図, カ写)
山溪名鳥 (p145/カ写)

タゴガエル *Rana tagoi* 田子蛙
アカガエル科の両生類。日本固有種。体長4〜4.5cm。㊊本州, 四国, 九州
¶かえる百 (p80/カ写)
カエル見 (p84/カ写)
原爬両 (No.127/カ写)
日カサ (p71/カ写)
爬両観 (p112/カ写)
爬両飼 (p177/カ写)
爬両1800 (p412/カ写)
野日両 (p34,78,155/カ写)

タシギ *Gallinago gallinago* 田鷸, 田鴫
シギ科の鳥。全長25〜27cm。㊊ユーラシア, アフリカ
¶くら鳥 (p116/カ写)
原寸羽 (p124/カ写)
里山鳥 (p129/カ写)

四季鳥 (p75/カ写)
世鳥大 (p228/カ写)
世鳥ネ (p135/カ写)
世文鳥 (p138/カ写)
地球 (p446/カ写)
鳥比 (p289/カ写)
鳥650 (p246/カ写)
名鳥図 (p99/カ写)
日ア鳥 (p209/カ写)
日鳥識 (p144/カ写)
日鳥水増 (p255/カ写)
日野鳥新 (p236/カ写)
日野鳥増 (p292/カ写)
ぱっ鳥 (p142/カ写)
バード (p122/カ写)
羽根決 (p166/カ写, カ図)
ひと目鳥 (p88/カ写)
フ日野新 (p160/カ図)
フ日野増 (p160/カ図)
フ野鳥 (p144/カ図)
野鳥学フ (p154/カ写)
野鳥山フ (p34,206/カ図, カ写)
山溪名鳥 (p214/カ写)

タシロヤモリ *Hemidactylus bowringii* 田代守宮
ヤモリ科ヤモリ亜科の爬虫類。全長9〜12cm。(分)東南アジア, インド, 台湾, 日本(奄美大島)
¶ゲッコー (p20/カ写)
原爬両 (No.36/カ写)
日カメ (p77/カ写)
爬両飼 (p87/カ写)
爬両1800 (p131/カ写)
野日爬 (p29,136/カ写)

タズィ ⇒タツィを見よ

タスキカメレオン *Furcifer balteatus*
カメレオン科の爬虫類。全長26〜44cm。(分)マダガスカル東部
¶爬両1800 (p125/カ写)

ダスキーサラマンダー *Desmognathus fuscus*
ムハイサラマンダー科の両生類。全長6〜14cm。(分)アメリカ合衆国北東部〜南部(フロリダ半島を除く)
¶世両 (p205/カ写)
爬両1800 (p446/カ写)

ダスキーティティ *Callicebus moloch*
サキ科(オマキザル科)の哺乳類。別名オラバッスティティ。体高27〜43cm。(分)ブラジル中央部・北東部のアマゾン流域
¶世文動 (p79/カ写)
世哺〔オラバッスティティ〕(p111/カ写)
地球 (p539/カ写)
美サル (p49/カ写)

ダスキールトン *Trachypithecus obscurus*
オナガザル科の哺乳類。準絶滅危惧。頭胴長42〜68cm。(分)インド北東部, バングラデシュ, ミャンマー南部・南西部
¶世文動 (p92/カ写)
美サル (p93/カ写)

タヅナツメオワラビー *Onychogalea fraenata*
カンガルー科の哺乳類。体長43〜71cm。(分)オーストラリア東部
¶地球 (p509/カ写)

タスマニアオオカミ ⇒フクロオオカミを見よ

タスマニアオグロバン *Tribonyx mortierii* タスマニア尾黒鷭
クイナ科の鳥。全長42cm。(分)タスマニア島
¶世鳥卵 (p83/カ写, カ図)

タスマニアクチバシクジラ *Tasmacetus shepherdi*
アカボウクジラ科の哺乳類。体長6〜7m。(分)南緯30度〜55度の冷温帯
¶クイ百 (p246/カ図)
地球 (p615/カ図)

タスマニアデビル *Sarcophilus harrisii*
フクロネコ科の哺乳類。絶滅危惧IB類。体長52〜80cm。(分)タスマニア
¶遺産世 (Mammalia No.3/カ写)
驚野動 (p340/カ写)
世文動 (p41/カ写)
世哺 (p62/カ写)
地球 (p505/カ写)
レ生 (p187/カ写)

タダミハコネサンショウウオ *Onychodactylus fuscus*
サンショウウオ科の両生類。(分)福島, 新潟
¶日カサ (p195)
野日両 (p27,66,134/カ写)

タタールスナボア ⇒ダッタンスナボアを見よ

ダチョウ *Struthio camelus* 駝鳥
ダチョウ科の鳥。全長1.7〜2.7m。(分)アフリカ全域
¶驚野動 (p234/カ写)
世鳥大 (p103/カ写)
世鳥卵 (p26/カ写, カ図)
世鳥ネ (p18/カ写)
世美羽 (p172/カ写, カ図)
地球 (p407/カ写)
鳥卵巣 (p24/カ写, カ図)

タツィ Tazi
犬の一品種。体高70cm。ロシアの原産。
¶新犬種 (p331/カ写)

ダックスブラッケ Dachsbracke
犬の一タイプ。短肢の狩猟犬。

¶新犬種(p82/カ写)

ダックスフンド Dachshund
犬の一品種。別名ダッケル, テッケル。体重上限9kg。ドイツの原産。
¶アルテ犬(p36/カ写)
最犬大(p202/カ写)
新犬種〔ダックスフント(スタンダード、ミニチュア、トーイ/カニンヒェン)〕(p42/カ写)
新世犬(p194/カ写)
図世犬(p174/カ写)
世文動〔ダックスフント〕(p141/カ写)
ビ犬(p170/カ写)

ダッケル ⇒ダックスフンドを見よ

ダッタンスナボア *Eryx tataricus*
ボア科スナボア亜科の爬虫類。別名タタールスナボア。全長50〜110cm。㊀カスピ海東部沿岸〜中央アジア, モンゴル, 中国西部など
¶世ヘビ〔タタールスナボア〕(p58/カ写)
爬両1800(p264/カ写)
爬両ビ(p183/カ写)

ダッチ Dutch
兎の一品種。オランダで発祥, イギリスで改良。体重2〜3kg。
¶うさぎ(p80/カ写)
新うさぎ(p86/カ写)
日家(p137/カ写)

ダッチ・ウォーター・スパニエル ⇒ヴェッターフーンを見よ

ダッチ・ウォームブラッド ⇒オランダオンケツシュを見よ

ダッチ・シェパード・ドッグ Dutch Shepherd Dog
犬の一品種。別名ダッチ・シープドッグ, ホランジェ・ヘルダースホント, ホランセ・ヘルデルホント。体高 オス57〜62cm, メス55〜60cm。オランダの原産。
¶最犬大(p68/カ写)
新犬種〔ダッチ・シープドッグ〕(p212/カ写)
新世犬(p54/カ写)
図世犬(p66/カ写)
ビ犬(p44/カ写)

ダッチ・シープドッグ(1) ⇒シャペンドースを見よ

ダッチ・シープドッグ(2) ⇒ダッチ・シェパード・ドッグを見よ

ダッチ・シュナウツァー ⇒ダッチ・スムースホンドを見よ

ダッチ・スパニエル ⇒ヴェッターフーンを見よ

ダッチ・スムースホンド Dutch Smoushond
犬の一品種。別名ダッチ・シュナウツァー, ダッチ・スモースホンド, ホランジェ・スモースホント, ホーランゼ・シュマウシュホンド。体高 オス37〜42cm, メス35〜40cm。オランダの原産。
¶最犬大(p110/カ写)
新犬種〔ホランジェ・スモースホント〕(p99/カ写)
ビ犬〔ダッチ・スモースホンド〕(p206/カ写)

ダッチ・スモースホンド ⇒ダッチ・スムースホンドを見よ

ダッチ・ブレッド ⇒ヘルデルラントを見よ

ダッチ・フローニンゲン Dutch Groningen
馬の一品種。軽量馬。体高157〜163cm。オランダの原産。
¶アルテ馬(p85/カ写)

ダッチ・ミニ Dutch Mini
豚の一品種。白黒模様のブタ。オランダの原産。
¶日家(p103/カ写)

タテガミオオカミ *Chrysocyon brachyurus* 鬣狼
イヌ科の哺乳類。準絶滅危惧。体長1〜1.3m。㊀アンデス東部の南アメリカ, アルゼンチン北部, ウルグアイ
¶遺産世(Mammalia No.26/カ写)
驚野動(p119/カ写)
絶百3(p30/カ写)
世文動(p135/カ写)
世哺(p222/カ写)
地球(p565/カ写)
野生イヌ(p146/カ写, カ図)

タテガミナマケモノ *Bradypus torquatus*
ミユビナマケモノ科(ナマケモノ科)の哺乳類。別名タテガミミツユビナマケモノ。絶滅危惧II類。体長45〜50cm。㊀ブラジル東部・北東部の大西洋岸
¶遺産世(Mammalia No.17/カ写)
絶百7〔タテガミミツユビナマケモノ〕(p24/カ写)
世哺(p131/カ写)
地球(p520/カ写)
レ生(p188/カ写)

タテガミハガクレトカゲ *Polychrus peruvianus*
イグアナ科アノールトカゲ亜科の爬虫類。全長50〜60cm。㊀ペルー北部, エクアドル
¶爬両1800(p85/カ写)
爬両ビ(p75/カ写)

タテガミフィジーイグアナ *Brachylophus vitiensis*
イグアナ科の爬虫類。絶滅危惧IA類。全長90cm。㊀フィジーのヤドゥアタバ島
¶絶百2(p56/カ写)

タテガミミツユビナマケモノ ⇒タテガミナマケモノを見よ

タテガミヤマアラシ *Hystrix cristata* 鬣豪猪
ヤマアラシ科の哺乳類。体長60〜100cm。

タ

¶世文動(p118/カ写)
地球(p528,531/カ写)

タテガミヨウガントカゲ *Tropidurus spinulosus*
イグアナ科ヨウガントカゲ亜科の爬虫類。全長35cm前後。㊎ブラジル, ボリビア, パラグアイ, アルゼンチン北部
¶世爬(p71/カ写)
爬両1800(p85/カ写)
爬両ビ(p75/カ写)

タ

タテゴトアザラシ *Pagophilus groenlandicus* 竪琴海豹
アザラシ科の哺乳類。体長1.7〜1.9m。㊎北極海, 北大西洋
¶驚野動(p31/カ写)
世文動(p179/カ写)
世哺(p304/カ写)
地球(p570/カ写)

タテゴトヘビ *Trimorphodon biscutatus*
ナミヘビ科ナミヘビ亜科の爬虫類。全長60〜120cm。㊎アメリカ合衆国南部, メキシコ〜コスタリカまでの中米
¶地球(p394/カ写)
爬両1800(p295/カ写)

タテジマキーウィ ⇒キーウィを見よ

タテジマクモカリドリ *Arachnothera magna* 縦縞蜘蛛狩鳥
タイヨウチョウ科の鳥。㊎ヒマラヤ地方〜ミャンマー, インドシナ半島
¶世鳥卵(p209/カ写, カ図)
鳥卵巣(p327/カ写, カ図)

タテジマフクロウ *Pseudoscops clamator* 縦縞梟
フクロウ科の鳥。全長36cm。㊎メキシコ〜ボリビア, ブラジル
¶地球(p465/カ写)

タテスジトールカヘビ *Toluca lineata*
ナミヘビ科ナミヘビ亜科の爬虫類。全長10〜25cm。㊎メキシコ中部
¶爬両1800(p293/カ写)

タテスジマブヤ *Eutropis multifasciata*
スキンク科の爬虫類。別名ミズベマブヤトカゲ。全長25〜35cm。㊎インド東部〜中国南部, 東南アジア, ニューギニアなど
¶世爬(p135/カ写)
世文動(p272/カ写)
地球〔ミズベマブヤトカゲ〕(p387/カ写)
爬両1800(p203/カ写)
爬両ビ(p142/カ写)

タテスジヤドクガエル *Minyobates fulguritus*
ヤドクガエル科の両生類。別名フルグリータスヤドクガエル。体長1.2〜1.5cm。㊎パナマ, コロンビア
¶カエル見(p103/カ写)
爬両1800(p425/カ写)

ダートムア Dartmoor
馬の一品種(ポニー)。体高122cm以下。イギリスの原産。
¶アルテ馬(p216/カ写)

タトラ・シェパード・ドッグ Tatra Shepherd Dog
犬の一品種。別名タトラ・マウンテン・シープドッグ, ポルスキー・オフチャレク・ポドハランスキー。体高 オス65〜70cm, メス60〜65cm。ポーランドの原産。
¶最犬大(p94/カ写)
新犬種〔ポルスキ・オフチャレク・ポダランスキ〕(p312/カ写)
ビ犬(p78/カ写)

タトラ・マウンテン・シープドッグ ⇒タトラ・シェパード・ドッグを見よ

タナジャンペアオオガシラ *Boiga tanahjampeana* タナジャンペア大頭
ナミヘビ科ナミヘビ亜科の爬虫類。全長150〜170cm。㊎インドネシア(タナジャンペア島)
¶爬両1800(p295/カ写)

タナマンガベイ *Cercocebus galeritus*
オナガザル科の哺乳類。別名アジルマンガベイ, タナリバークレステッドマンガベイ。絶滅危惧IB類。体高44〜63cm。㊎ケニアのタナ川流域の固有種
¶地球〔アジルマンガベイ〕(p543/カ写)
美サル(p198/カ写)

タナリバークレステッドマンガベイ ⇒タナマンガベイを見よ

タニサボテンカマドドリ *Asthenes pudibunda*
カマドドリ科の鳥。全長15〜17cm。
¶世鳥大(p355/カ写)

タニシトビ *Rostrhamus sociabilis* 田螺鳶
タカ科の鳥。全長36〜40cm。㊎フロリダ, キューバ, メキシコ東部〜アルゼンチン
¶世鳥大(p188/カ写)
地球(p436/カ写)

タニンバールニシキヘビ *Morelia nauta*
ニシキヘビ科の爬虫類。全長150〜180cm。㊎インドネシア(タニンバール諸島)
¶爬両1800(p254/カ写)
爬両ビ(p189/カ写)

タヌキ *Nyctereutes procyonoides* 狸
イヌ科の哺乳類。頭胴長46〜80cm。㊎ユーラシア
¶驚野動(p289/カ写)
くら哺(p60/カ写)
世哺(p226/カ写)
地球(p563/カ写)
日哺改(p74/カ写)

野生イヌ（p42/カ写）

ダヌーブクシイモリ *Triturus dobrogicus*
イモリ科の両生類。全長14〜16cm。㊕ヨーロッパ東部
¶世両（p218/カ写）
爬両1800（p456/カ写）
爬両ビ（p315/カ写）

タネコマドリ *Luscinia akahige tanensis* 種駒鳥
ヒタキ科（ツグミ科）の鳥。コマドリの亜種。日本固有亜種。㊕伊豆諸島，種子島，屋久島
¶名鳥図（p188/カ写）
日鳥山新（p262/カ写）
日鳥山増（p176/カ写）
日野鳥新（p550/カ写）
日野鳥増（p488/カ写）

タパジョスユミハチドリ *Phaethornis aethopyga*
タパジョス弓蜂鳥
ハチドリ科ユミハチドリ亜科の鳥。準絶滅危惧。全長9cm。
¶ハチドリ（p354）

タビー Tabby
猫の一タイプ。縞模様の配色パターンをもつ猫。多くの品種に共通して見られる。体長35〜50cm。
¶地球（p580/カ写）

タヒチヒタキ *Pomarea nigra* タヒチ鶲
カササギヒタキ科の鳥。絶滅危惧IA類。全長15cm。㊕タヒチ島の西海岸
¶レ生（p190/カ写）

ダビドナメラ *Elaphe davidi*
ナミヘビ科ナミヘビ亜科の爬虫類。全長90〜120cm。㊕中国東北部，北朝鮮
¶爬両1800（p309/カ写）

タヒバリ *Anthus rubescens* 田鷚，田雲雀
セキレイ科の鳥。全長15〜17cm。㊕南ヨーロッパの山岳地帯〜アジアを横断してバイカル湖。中央，東アジアの亜種は東南アジアや日本で越冬
¶くら鳥（p42/カ写）
原寸羽（p296/カ写）
里山鳥（p141/カ写）
四季鳥（p98/カ写）
世鳥大（p463/カ写）
世文鳥（p206/カ写）
鳥卵巣（p271/カ写，カ図）
鳥比（p175/カ写）
鳥650（p672/カ写）
名鳥図（p178/カ写）
日ア鳥（p575/カ写）
日鳥識（p282/カ写）
日鳥山新（p324/カ写）
日鳥山増（p154/カ写）
日野鳥新（p598/カ写）
日野鳥増（p468/カ写）
ぱっ鳥（p347/カ写）
バード（p127/カ写）
羽根決（p260/カ写，カ図）
ひと目鳥（p164/カ写）
フ日野新（p226/カ図）
フ日野増（p226/カ図）
フ野鳥（p378/カ図）
野鳥学フ（p144/カ写）
野鳥山フ（p47,278/カ図，カ写）
山溪名鳥（p281/カ写）

タービュレン Tervueren
犬の一品種。別名ベルジアン・テルビュレン。ベルジアン・シェパード・ドッグのバリエーションの一種。体高56〜66cm。ベルギーの原産。
¶最犬大〔ベルジアン・シェパード・ドッグ〔タービュレン〕〕（p66/カ写）
新世犬〔ベルジアン・シェパード〔タービュレン〕〕（p42/カ写）
世文動〔ベルジアン・テルビュレン〕（p138/カ写）
ビ犬（p41/カ写）

タベタカメレオン *Kinyongia tavetana*
カメレオン科の爬虫類。全長20〜25cm。㊕タンザニア，ケニア
¶世爬（p94/カ写）
爬両1800（p118/カ写）
爬両ビ（p94/カ写）

ダマガゼル *Nanger dama*
ウシ科の哺乳類。絶滅危惧IB類。体高90〜110cm。㊕モロッコ南部〜セネガルまでの西アフリカとマリ，ニジェール，チャド，スーダン
¶絶百7（p28/カ写）
世文動（p227/カ写）
地球（p605/カ写）

タマキカベヤモリ *Tarentola annularis*
ヤモリ科ワレユビヤモリ亜科の爬虫類。全長15〜18cm。㊕アフリカ大陸北部
¶ゲッコー（p62/カ写）
爬両1800（p154/カ写）
爬両ビ（p102/カ写）

タマゴガエル *Ctenophryne geayi*
ヒメガエル科の両生類。体長4〜6cm。㊕南米大陸北西部〜北部
¶カエル見（p74/カ写）
世両（p123/カ写）
爬両1800（p405/カ写）
爬両ビ（p272/カ写）

ダマジカ *Dama dama*
シカ科の哺乳類。体高75〜100cm。㊕ヨーロッパ，アジア
¶世文動（p205/カ写）

世哺 (p335/カ写)
地球 (p597/カ写)

タマシギ *Rostratula benghalensis* 玉鷸, 珠鷸, 玉鴫, 珠鴫
タマシギ科の鳥。全長23～26cm。㊕アフリカ, アジア, オーストラリア。日本では本州以南で繁殖, 越冬
¶くら鳥 (p117/カ写)
原寸羽 (p295/カ写)
里山鳥 (p93/カ写)
四季鳥 (p49/カ写)
巣と卵決 (p70/カ写, カ図)
世鳥大 (p226/カ写)
世鳥卵 (p94/カ写, カ図)
世美羽 (p49/カ写, カ図)
世文鳥 (p112/カ写)
地球 (p446/カ写)
鳥卵巣 (p167/カ写, カ図)
鳥比 (p286/カ写)
鳥650 (p298/カ写)
名鳥図 (p72/カ写)
日ア鳥 (p256/カ写)
日鳥識 (p162/カ写)
日鳥巣 (p76/カ写)
日鳥水増 (p185/カ写)
日野鳥新 (p298/カ写)
日野鳥増 (p318/カ写)
ぱっ鳥 (p171/カ写)
バード (p122/カ写)
羽根決 (p142/カ写, カ図)
ひと目鳥 (p90/カ写)
フ日野新 (p162/カ図)
フ日野増 (p162/カ図)
フ野鳥 (p174/カ図)
野鳥学フ (p156/カ写)
野鳥山フ (p29,166/カ図, カ写)
山溪名鳥 (p216/カ写)

タマラオ ⇒ミンドロスイギュウを見よ

ダマリスクス *Damaliscus lunatus*
ウシ科の哺乳類。別名トピ。体長1.2～2.1m。㊕アフリカ
¶世哺 (p365/カ写)

ダミューアマラガシーガエル *Blommersia domerguei*
マダガスカルガエル科 (マラガシーガエル科) の両生類。体長1.6～2.3cm。㊕マダガスカル東部
¶カエル見 (p65/カ写)
爬両1800 (p400/カ写)

タムダオスジトカゲ *Plestiodon tamdaoensis*
スキンク科の爬虫類。全長35cm前後。㊕ベトナム北部
¶爬両1800 (p200/カ写)

ダヤオアオガエル *Rhacophorus minimus*
アオガエル科の両生類。体長2.8～3.8cm。㊕中国広西省 (大瑤山)
¶カエル見 (p47/カ写)

ダヤンイモリ *Cynops orphicus*
イモリ科の両生類。別名オルフェウスイモリ。全長8～10cm。㊕中国 (広東省の一部など)
¶爬両1800 (p450/カ写)

タラポワン ⇒コビトグエノンを見よ

タラマンカウバヤガエル *Allobates talamancae*
ヤドクガエル科の両生類。体長2.4cm前後。㊕コスタリカ, パナマ, コロンビア, エクアドル
¶カエル見 (p106/カ写)
爬両1800 (p427/カ写)

タルシアネコメガエル *Phyllomedusa tarsius*
アマガエル科の両生類。別名キメアラネコメガエル。体長9.5～11cm。㊕コロンビア, エクアドル, ベネズエラ, ペルー
¶爬両1800 (p381/カ写)

ダルマインコ *Psittacula alexandri* 達磨鸚哥
インコ科の鳥。全長33cm。㊕ネパール～インド北部, アッサム, 中国南部, ミャンマー, インドシナ, アンダマン諸島, ジャワ島, バリ島, スマトラ島
¶世文鳥 (p277/カ写)
鳥飼 (p145/カ写)
鳥卵巣 (p223/カ写, カ図)

ダルマエナガ *Paradoxornis webbianus* 達磨柄長
ダルマエナガ科 (チメドリ科, ズグロムシクイ科) の鳥。全長11～13cm。㊕中国東北部～南は朝鮮, ミャンマーまで
¶世鳥大 (p420/カ写)
世鳥卵 (p188/カ写, カ図)
地球 (p490/カ写)
鳥卵巣 (p322/カ写, カ図)
鳥比 (p77/カ写)
鳥650 (p724/カ写)
日ア鳥 (p467/カ写)
日鳥山新 (p208/カ写)
日鳥山増 (p216/カ写)
フ日野新 (p332/カ図)
フ日野増 (p330/カ図)

ダルマガエル *Rana porosa* 達磨蛙
アカガエル科の両生類。体長3.5～9cm。㊕本州, 四国
¶カエル見 (p82/カ写)
世文動 (p331/カ写)
世両 (p138/カ写)
爬両1800 (p412/カ写)
爬両ビ (p276/カ写)

ダルマチアアカガエル *Rana dalmatina*
アカガエル科の両生類。別名ハネアカガエル。体長90mmまで。[分]ヨーロッパ中部・東部
¶世カエ(p332/カ写)

ダルマチアトガリハナカナヘビ *Dalmatolacerta oxycephala*
カナヘビ科の爬虫類。全長20cm前後。[分]クロアチア南部, ボスニア・ヘルツェゴビナ, モンテネグロ
¶爬両1800(p184/カ写)

ダルマティンスキ・パス ⇒ダルメシアンを見よ

ダルマワシ *Terathopius ecaudatus* 達磨鷲
タカ科の鳥。全長55〜70cm。[分]アフリカ, サハラ砂漠以南
¶世鳥大(p194/カ写)
世鳥ネ(p110/カ写)
地球(p437/カ写)
鳥卵巣(p105/カ写, カ図)

ダールムチヘビ *Platyceps najadum*
ナミヘビ科の爬虫類。全長1.4m。
¶地球(p396/カ写)

ダルメシアン Dalmatian
犬の一品種。別名ダルマティンスキ・パス。体長63〜79cm。クロアチア・ダルメシア地方の原産。
¶アルテ犬(p124/カ写)
最犬大(p263/カ写)
新犬種(p204/カ写)
新世犬(p314/カ写)
図世犬(p230/カ写)
世文動(p141/カ写)
地球(p565/カ写)
ビ犬(p286/カ写)

タワヤモリ *Gekko tawaensis* 多和守宮
ヤモリ科ヤモリ亜科の爬虫類。日本固有種。全長13cm前後。[分]近畿〜中国地方・九州・四国の一部
¶ゲッコー(p18/カ写)
原爬両(No.32/カ写)
日カメ(p70/カ写)
爬両観(p140/カ写)
爬両飼(p91/カ写)
爬両1800(p130/カ写)
野日爬(p28,57,127/カ写)

タン Tan
兎の一品種。イギリスの原産。
¶うさぎ(p172/カ写)
新うさぎ(p204/カ写)

ダンジョヒバカリ *Amphiesma vibakari danjoenes* 男女日計, 男女日量
ナミヘビ科の爬虫類。日本固有種。[分]長崎県男女群島・男島に特産
¶原爬両(No.87)
日カメ(p199/カ写)
野日爬(p36,176/カ写)

ダンスク・シュピッツ ⇒デニッシュ・スピッツを見よ

ダンスク・スヴェンスク・ガルトフント ⇒デニッシュ・スウェディッシュ・ファームドッグを見よ

ダンスク・スヴェンスク・ゴーシュフュンド ⇒デニッシュ・スウェディッシュ・ファームドッグを見よ

ダンダラカマイルカ *Lagenorhynchus cruciger*
マイルカ科の哺乳類。体長1.6〜1.8m。[分]亜南極圏〜南極圏
¶驚野動(p373/カ写)
クイ百(p136/カ図)
地球(p616/カ図)

ダンダラミミズトカゲ *Amphisbaena fuliginosa*
ミミズトカゲ科の爬虫類。全長30〜40cm。[分]南米大陸中部以北, パナマ
¶世爬(p164/カ写)
地球(p389/カ写)
爬両1800(p246/カ写)
爬両ビ(p173/カ写)

タンチョウ *Grus japonensis* 丹頂
ツル科の鳥。絶滅危惧II類(環境省レッドリスト), 特別天然記念物。全長1.4〜1.5m。[分]北日本, 中国, シベリアの一部
¶くら鳥(p103/カ写)
原寸羽(ポスター/カ写)
里山鳥(p234/カ写)
四季鳥(p110/カ写)
巣と卵決(p66/カ写, カ図)
絶鳥事(p5,74/カ写, モ図)
世鳥大(p213/カ写)
世鳥ネ(p123/カ写)
世文鳥(p103/カ写)
地球(p441/カ写)
鳥卵巣(p152/カ写, カ図)
鳥比(p269/カ写)
鳥650(p185/カ写)
名鳥図(p66/カ写)
日ア鳥(p159/カ写)
日色鳥(p5/カ写)
日鳥識(p124/カ写)
日鳥水増(p164/カ写)
日野鳥新(p176/カ写)
日野鳥増(p210/カ写)
ぱっ鳥(p109/カ写)
バード(p114/カ写)
羽根決(p126/カ写, カ図)
ひと目鳥(p107/カ写)
フ日野新(p120/カ図)

フ日野増（p120／カ図）
フ野鳥（p110／カ図）
野鳥学フ（p74／カ写）
野鳥山フ（p26,157／カ図, カ写）
山溪名鳥（p218／カ写）

ダンディ・ディンモント・テリア Dandie Dinmont Terrier
犬の一品種。体重8〜11kg。イギリスの原産。
¶アルテ犬（p96／カ写）
最犬大（p180／カ写）
新犬種〔ダンディー・ディンモント・テリア〕（p30／カ写）
新世犬（p235／カ写）
図世犬（p143／カ写）
世文動（p141／カ写）
ビ犬〔ダンディー・ディンモント・テリア〕（p217／カ写）

ダンドク *Lonchura striata swinhoei*
カエデチョウ科の鳥。全長11cm。㊎中国南部, 台湾
¶日家（p238／カ写）

タンビオタテドリ *Scytalopus magellanicus* 短尾尾立鳥
オタテドリ科の鳥。㊎アンデス山脈
¶世鳥卵（p148／カ写, カ図）

タンビヒメエメラルドハチドリ *Chlorostilbon poortmani* 短尾姫エメラルド蜂鳥
ハチドリ科ハチドリ亜科の鳥。全長6.5〜8.5cm。
¶ハチドリ（p211／カ写）

タンビヘラコウモリ *Carollia brevicauda* 短尾箆蝙蝠
ヘラコウモリ科の哺乳類。体長5〜6.5cm。
¶地球（p555／カ写）

タンビヨタカ *Lurocalis semitorquatus* 短尾夜鷹
ヨタカ科の鳥。全長22cm。
¶地球（p468／カ写）

タンヨクフトオヤモリ *Gehyra vorax*
ヤモリ科ヤモリ亜科の爬虫類。全長20〜25cm。㊎ニューギニア島, バヌアツ, フィジー, トンガなど
¶ゲッコー（p23／カ写）
爬両1800（p134／カ写）
爬両ビ（p102／カ写）

【チ】

チェコスロヴァキアン・ウルフドッグ Czechoslovakian Wolfdog
犬の一品種。別名チェコスロベンスキー・ヴルチャーク, チェスコスロヴェンスキ・ヴルチャック。体高 オス65cm, メス60cm。旧チェコスロバキアの原産。
¶最犬大〔チェコスロバキアン・ウルフドッグ〕（p73／カ写）
新犬種（p303／カ写）
ビ犬（p40／カ写）

チェコスロベンスキー・ヴルチャーク ⇒チェコスロヴァキアン・ウルフドッグを見よ

チェサピーク・ベイ・レトリーバー Chesapeake Bay Retriever
犬の一品種。体高 オス58〜66cm, メス53〜61cm。アメリカ合衆国の原産。
¶最犬大（p354／カ写）
新犬種〔チェサピーク・ベイ・リトリーバー〕（p246／カ写）
新世犬（p135／カ写）
図世犬（p268／カ写）
世文動（p140／カ写）
ビ犬（p263／カ写）

チェスキー・ストラカティ・ペス Český Strakatý Pes
犬の一品種。別名ボヘミアン・スポテッド・ドッグ, チェック・スポッテッド・ドッグ。体高40〜50cm。チェコの原産。
¶新犬種（p114／カ写）

チェスキー・テリア Cesky Terrier
犬の一品種。別名シェスキー・テリア, チェック・テリア, ボヘミアン・テリア。体高25〜32cm。チェコの原産。
¶最犬大（p182／カ写）
新犬種（p53／カ写）
新世犬〔シェスキー・テリア〕（p234／カ写）
図世犬〔シェスキー・テリア〕（p142／カ写）
ビ犬（p186／カ写）

チェスキー・フォーセク Český Fousek
犬の一品種。別名ボヘミアン・ラフヘアード・ポインター, ボヘミアン・ワイアーヘアード・ポインティング・グリフォン。体高 オス60〜66cm, メス58〜62cm。チェコの原産。
¶最犬大〔ボヘミアン・ワイアーヘアード・ポインティング・グリフォン〕（p328／カ写）
新犬種（p269／カ写）
ビ犬（p249／カ写）

チェスキー・ホルスキー・ペス Český Horský Pes
犬の一品種。別名ボヘミアン・マウンテンドッグ。体高 オス74〜84cm, メス62〜78cm。チェコの原産。
¶新犬種（p328／カ写）

チェスコスロヴェンスキ・ヴルチャック ⇒チェコスロヴァキアン・ウルフドッグを見よ

チェッカーガーターヘビ *Thamnophis marcianus*
ナミヘビ科ユウダ亜科の爬虫類。全長45～100cm。㊕アメリカ合衆国南西部, メキシコ～コスタリカまでの中米
¶世爬(p187/カ写)
爬両1800(p272/カ写)
爬両ビ(p200/カ写)

チェッカードジャイアント Checkered Giant
兎の一品種。ドイツの原産。
¶うさぎ(p68/カ写)
新うさぎ(p74/カ写)

チェック・スポッテッド・ドッグ ⇒チェスキー・ストラカティ・ペスを見よ

チェック・テリア ⇒チェスキー・テリアを見よ

チェビオット Cheviot
羊の一品種。体重 オス80～90kg, メス55～70kg。イギリスの原産。
¶日家(p125/カ写)

チェルネコ・デレトナ ⇒チルネコ・デル・エトナを見よ

チェーンキングスネーク ⇒イースタンキングスネークを見よ

チゲダイ *Equus hemionus hemionus*
ウマ科の哺乳類。アジアノロバの亜種。別名ジゲダイ, モンゴルノロバ, モウコノロバ。体高1.3m。
¶日家(p57/カ写)

チコハイイロギツネ *Dusicyon griseus*
イヌ科の哺乳類。頭胴長50～70cm。㊕南緯25度以南のチリ, アルゼンチン東部, パタゴニア
¶野生イヌ(p140/カ写, カ図)

チゴハヤブサ *Falco subbuteo* 稚児隼
ハヤブサ科の鳥。全長 オス34cm, メス37cm。㊕ヨーロッパ, アフリカ北西部, アジアで繁殖。アフリカ東・南部～ケープ州(南アフリカ)にかけておよびインド北部と中国南部にかけて越冬
¶くら鳥(p78/カ写)
原寸羽(p88/カ写)
里山鳥(p56/カ写)
四季鳥(p47/カ写)
世鳥大(p185/カ写)
世鳥ネ(p94/カ写)
世文鳥(p96/カ写)
鳥比(p69/カ写)
鳥650(p462/カ写)
名鳥図(p139/カ写)
日ア鳥(p388/カ写)
日鳥識(p216/カ写)
日鳥山新(p126/カ写)
日鳥山増(p55/カ写)
日野鳥新(p435/カ写)
日野鳥増(p365/カ写)
ぱっ鳥(p244/カ写)
バード(p29/カ写)
羽根決(p112/カ写, カ図)
ひと目鳥(p128/カ写)
フ日野新(p180/カ図)
フ日野増(p180/カ図)
フ野鳥(p268/カ図)
野鳥学フ(p57/カ写)
野鳥山フ(p25,142/カ図, カ写)
山溪名鳥(p267/カ写)
ワシ(p152/カ写)

チ

チゴモズ *Lanius tigrinus* 稚児百舌, 稚児鵙
モズ科の鳥。絶滅危惧IA類(環境省レッドリスト)。全長18cm。㊕ウスリー地方, 朝鮮半島, 中国北東部, 日本
¶くら鳥(p35/カ写)
里山鳥(p78/カ写)
四季鳥(p48/カ写)
巣と卵決(p119/カ写, カ図)
絶鳥事(p13,188/カ写, モ図)
世文鳥(p209/カ写)
鳥卵巣(p281/カ写, カ図)
鳥比(p83/カ写)
鳥650(p480/カ写)
名鳥図(p182/カ写)
日ア鳥(p402/カ写)
日鳥識(p222/カ写)
日鳥巣(p172/カ写)
日鳥山新(p141/カ写)
日鳥山増(p160/カ写)
日野鳥新(p447/カ写)
日野鳥増(p477/カ写)
ぱっ鳥(p250/カ写)
バード(p69/カ写)
フ日野新(p230/カ図)
フ日野増(p230/カ図)
フ野鳥(p278/カ図)
野鳥学フ(p46/カ写, カ図)
野鳥山フ(p48,286/カ図, カ写)
山溪名鳥(p323/カ写)

チシマウガラス *Phalacrocorax urile* 千島鵜烏, 千島鵜鴉
ウ科の鳥。絶滅危惧IA類(環境省レッドリスト)。全長71cm。㊕北海道東部～千島, アリューシャン列島
¶原寸羽(p294/カ写)
四季鳥(p42/カ写)
絶鳥事(p152/モ図)
世文鳥(p45/カ写)
地球(p429/カ写)
鳥比(p254/カ写)
鳥650(p149/カ写)

名鳥図 (p22/カ写)
日ア鳥 (p129/カ写)
日鳥識 (p110/カ写)
日鳥水増 (p69/カ写)
日野鳥新 (p138/カ写)
日野鳥増 (p32/カ写)
フ日野新 (p28/カ図)
フ日野増 (p28/カ図)
フ野鳥 (p92/カ図)
野鳥山フ (p12,77/カ図, カ写)
山溪名鳥 (p220/カ写)

チシマシギ *Calidris ptilocnemis* 千島鷸, 千島鴫
シギ科の鳥。全長21cm。㊕チュコト半島, アラスカ西部, アリューシャン列島, プリビロフ諸島, コマンドル諸島
¶世文鳥 (p123/カ写)
鳥比 (p308/カ写)
鳥650 (p286/カ写)
日ア鳥 (p248/カ写)
日鳥水増 (p215/カ写)
日野鳥新 (p288/カ写)
日野鳥増 (p312/カ写)
フ日野新 (p138/カ図)
フ日野増 (p138/カ図)
フ野鳥 (p168/カ図)
野鳥山フ (p180/カ写)

チヂレゲカラスフウチョウ *Manucodia comrii* 縮毛烏風鳥, 縮毛鴉風鳥
フウチョウ科の鳥。全長44cm。㊕ダントラカストー諸島
¶世鳥卵 (p238/カ写, カ図)

チズアマガエル *Hyla geographica*
アマガエル科の両生類。体長5.5～7.5cm。㊕南米大陸中部以北
¶世カエ (p232/カ写)
爬両1800 (p373/カ写)

チスイコウモリモドキ *Vampyrum spectrum*
ヘラコウモリ科の哺乳類。体長13.5～15cm。㊕北アメリカ, 中央アメリカ, 南アメリカ
¶世哺 (p90/カ写)

チーター *Acinonyx jubatus*
ネコ科の哺乳類。絶滅危惧II類。頭胴長112～150cm。㊕アフリカ, アジア南西部
¶遺産世 (Mammalia No.34/カ写)
驚野動 (p196/カ写)
絶百7 (p32/カ写)
世文動 (p171/カ写)
世哺 (p295/カ写)
地球 (p577/カ写)
野生ネコ (p62/カ写, カ図)
レ生 (p191/カ写)

チチカカカイツブリ ⇒コバネカイツブリを見よ

チチカカミズガエル *Telmatobius culeus*
ユビナガガエル科 (ミズガエル科) の両生類。絶滅危惧IA類。体長7.4～13cm。㊕ペルーとボリビアにまたがるチチカカ湖
¶遺産世 (Amphibia No.11/カ写)
カエル見 (p113/カ写)
世文動 (p322/カ写)
爬両1800 (p431/カ写)
レ生 (p192/カ写)

チチブコウモリ *Barbastella leucomelas* 秩父蝙蝠
ヒナコウモリ科の哺乳類。前腕長3.9～4.4cm。㊕イスラエル～コーカサス。日本では北海道, 本州中部以北, 四国
¶くら哺 (p51/カ写)
世文動 (p66/カ写)
日哺改 (p54/カ写)
日哺学フ (p117/カ写)

チチュウカイイシガメ *Mauremys leprosa*
アジアガメ科 (イシガメ (バタグールガメ) 科) の爬虫類。甲長18～20cm。㊕イベリア半島, アフリカ北西部
¶世カメ (p260/カ写)
世爬 (p39/カ写)
爬両1800 (p40～41/カ写)
爬両ビ (p36/カ写)

チチュウカイカメレオン *Chamaeleo chamaeleon*
カメレオン科の爬虫類。全長30cm。㊕地中海沿岸沿いのヨーロッパ, 北アフリカ, 西アジア
¶地球 (p380/カ写)
爬両1800 (p111/カ写)

チチュウカイモンクアザラシ *Monachus monachus*
アザラシ科の哺乳類。絶滅危惧IA類。体長2.4～2.8m。㊕地中海, 黒海, 大西洋
¶絶百2 (p14/カ写, カ図)
世文動 (p180/カ図)
世哺 (p300/カ写)

チヌーク Chinook
犬の一品種。別名シヌーク。体高53～66cm。アメリカ合衆国の原産。
¶新犬種〔シヌーク〕(p253/カ写)
ビ犬 (p105/カ写)

チビオオオトカゲ *Varanus brevicauda*
オオトカゲ科の爬虫類。全長23～25cm。㊕オーストラリア中央部
¶世爬 (p159/カ写)
爬両1800 (p239/カ写)
爬両ビ (p168/カ写)

チビオチンチラ *Chinchilla brevicaudata*
チンチラ科の哺乳類。絶滅危惧IA類。頭胴長20～

32cm。㋕ボリビア南部, チリ
¶**絶百7**(p34/カ図)

チビオハチドリ *Myrmia micrura*
ハチドリ科ハチドリ亜科の鳥。全長6〜6.5cm。㋕エクアドル, ペルー
¶**ハチドリ**(p321/カ写)

チビオムシクイ *Sylvietta brachyura*
ウグイス科の鳥。全長8cm。㋕西はセネガル〜東はソマリアまでのサハラ砂漠外縁のサヘル地帯。ウガンダ, ケニア, タンザニア
¶**世鳥大**(p416/カ写)

チビトガリネズミ *Sorex minutissimus* チビ尖鼠
トガリネズミ科の哺乳類。頭胴長45〜49mm。㋕ユーラシア北部など
¶**日哺改**(p5/カ写)

チビフクロモモンガ *Acrobates pygmaeus*
チビフクロモモンガ科(ブーラミス科)の哺乳類。体長6.5〜8cm。㋕オーストラリア
¶**世文動**(p45/カ写)
世哺(p69/カ写)
地球(p508/カ写)

チビフクロヤマネ *Cercartetus lepidus*
ブーラミス科の哺乳類。体長5〜6.5cm。㋕オーストラリア, タスマニア
¶**世哺**(p70/カ写)

チビマブヤ *Trachylepis variegata*
スキンク科の爬虫類。全長8〜10cm。㋕アフリカ大陸南部
¶**爬両1800**(p203/カ写)

チフチャフ *Phylloscopus collybita*
メボソムシクイ科(ムシクイ科)の鳥。全長11cm。㋕ヨーロッパ, 中央アジア, シベリア, 北アフリカ
¶**四季鳥**(p90/カ写)
世鳥大(p416/カ写)
世鳥ネ(p286/カ写)
鳥卵巣(p315/カ写, カ図)
鳥比(p110/カ写)
鳥650(p543/カ写)
日ア鳥(p451/カ写)
日鳥識(p244/カ写)
日鳥山新(p192/カ写)
日鳥山増(p232/カ写)
日野鳥新(p508/カ写)
日野鳥増(p524/カ写)
フ日野新(p334/カ図)
フ日野増(p332/カ図)
フ野鳥(p308/カ図)

チベタン・キュイ・アプソ Tibetan Kyi Apso
犬の一品種。体高56〜71cm。チベットの原産。
¶**ビ犬**(p82/カ写)

チベタン・スパニエル Tibetan Spaniel
犬の一品種。体高約25.4cm。チベットの原産。
¶**最犬大**(p397/カ写)
新犬種〔ティベタン・スパニエル〕(p27/カ写)
新世犬(p334/カ写)
図世犬(p323/カ写)
ビ犬(p283/カ写)

チベタン・テリア Tibetan Terrier
犬の一品種。体高 オス36〜41cm, メスはやや小さい。チベットの原産。
¶**最犬大**(p396/カ写)
新犬種〔ティベタン・テリア〕(p96/カ写)
新世犬(p335/カ写)
図世犬(p324/カ写)
世文動(p148/カ写)
ビ犬(p283/カ写)

チ

チベタン・マスティフ Tibetan Mastiff
犬の一品種。別名ド・キュイ。体高 オス66cm以上, メス61cm以上。チベットの原産。
¶**最犬大**(p132/カ写)
新犬種〔ティベタン・マスティフ〕(p327/カ写)
新世犬(p129/カ写)
図世犬(p129/カ写)
ビ犬(p81/カ写)

チベットガゼル *Procapra picticaudata*
ウシ科の哺乳類。体長91〜105cm。㋕チベット
¶**世文動**(p228)

チベットスナギツネ *Vulpes ferrilata* チベット砂狐
イヌ科の哺乳類。頭胴長57.5〜70cm。㋕チベット, ネパール
¶**野生イヌ**(p54/カ図)

チベットセッケイ *Tetraogallus tibetanus* チベット雪鶏
キジ科の鳥。全長53cm。㋕パミール高原, ヒマラヤの山岳, チベット高原
¶**世鳥卵**(p75/カ写, カ図)

チベットノロバ ⇒キャンを見よ

チマンゴカラカラ *Milvago chimango*
ハヤブサ科の鳥。㋕南アメリカ
¶**世鳥卵**(p64/カ写, カ図)

チモール Timor
馬の一品種(ポニー)。体高120cm以下。インドネシア・チモール島の原産。
¶**アルテ馬**(p262/カ写)

チモールキンカチョウ *Poephila guttata guttata* チモール錦華鳥
カエデチョウ科の鳥。キンカチョウの地方変異(亜種)。大きさ10cm。㋕小スンダ列島のロンボク島〜コモド島, チモール島
¶**鳥飼**(p71/カ写)

チモールナガクビガメ *Chelodina timorensis*
ヘビクビガメ科の爬虫類。甲長17cm前後。 ㊕東チモール東部
¶世カメ (p106/カ写)
爬両1800 (p64/カ写)

チモールナメラ *Elaphe subradiata*
ナミヘビ科ナミヘビ亜科の爬虫類。全長120〜160cm。 ㊕インドネシア, ブルネイ, マレーシア, タイなど
¶爬両1800 (p317/カ写)

チモールニシキヘビ *Python timorensis*
ボア科 (ニシキヘビ科) の爬虫類。別名チモールパイソン。全長1.2〜1.8m, 最大3.0m。 ㊕インドネシア (アドナラ島, フロレス島, ロンブレン島, ロンボク島)。チモール島には分布していないとされる
¶世文動 (p282/カ写)
世ヘビ〔チモールパイソン〕(p79/カ写)
爬両1800 (p253/カ写)
爬両ビ (p185/カ写)

チモールパイソン ⇒チモールニシキヘビを見よ

チモールブンチョウ *Lonchura fuscata* チモール文鳥
カエデチョウ科の鳥。大きさ13cm。 ㊕インドネシア (チモールと属島)
¶鳥飼 (p65/カ写)

チャアンテキヌス *Antechinus stuartii*
フクロネコ科の哺乳類。体長14〜25cm。
¶地球 (p505/カ写)

チャイニーズ・クレステッド・ドッグ Chinese Crested Dog
犬の一品種。有毛タイプをパウダー・パフという。体高 オス28〜33cm, メス23〜30cm。中国の原産。
¶最犬大 (p401/カ写)
新犬種 (p58/カ写)
新世犬 (p278/カ写)
図世犬 (p300/カ写)
ビ犬 (p281/カ写)

チャイニーズハムスター *Cricetulus triton*
ネズミ科の哺乳類。頭胴長約18cm。 ㊕アジア東部, ウスリー南部, 中国北部, 朝鮮半島北部
¶世文動 (p113/カ写)

チャイニーズ・ファイティング・ドッグ ⇒シャー・ペイを見よ

チャイニーズ・リー・ファ Chinese Li Hua
猫の一品種。体重4〜5kg。中国の原産。
¶ビ猫 (p77/カ写)

チャイロアデガエル ⇒セアカアデガエルを見よ

チャイロイエヘビ *Lamprophis fuliginosus*
ナミヘビ科イエヘビ亜科の爬虫類。別名ブラウンハウススネーク。全長65〜100cm。 ㊕モロッコ西部〜サハラ砂漠以南のアフリカ大陸
¶世爬 (p221/カ写)
世ヘビ〔ブラウンハウススネーク〕(p101/カ写)
爬両1800 (p333/カ写)
爬両ビ (p216/カ写)

チャイロインカハチドリ *Coeligena wilsoni* 茶色インカ蜂鳥
ハチドリ科ミドリフタオハチドリ亜科の鳥。全長11〜13cm。
¶ハチドリ (p161/カ写)

チャイロオウギセッカ *Bradypterus luteoventris* 茶色扇雪加
ウグイス科の鳥。全長12〜14cm。 ㊕インド, ブータン, ミャンマー, 中国, ベトナム
¶鳥卵巣 (p309/カ写, カ図)

チャイロオオカミヘビ *Lycodon effraenis*
ナミヘビ科ナミヘビ亜科の爬虫類。全長60〜70cm。 ㊕マレーシア, インドネシア, タイ
¶爬両1800 (p299/カ写)

チャイロオナガ *Dendrocitta vagabunda* 茶色尾長
カラス科の鳥。 ㊕インド, パキスタン, 東南アジア
¶世鳥卵 (p245/カ写, カ図)

チャイロキツネザル *Lemur fulvus* 茶色狐猿
キツネザル科の哺乳類。体長38〜50cm。 ㊕マダガスカル
¶世文動 (p72/カ写)
世哺 (p103/カ写)

チャイロキノボリ *Climacteris picumnus* 茶色木攀
キノボリ科の鳥。全長16〜18cm。 ㊕オーストラリア東部
¶世鳥大 (p360/カ写)
世鳥卵 (p207/カ写, カ図)
地球 (p485/カ写)

チャイロコガモ *Anas aucklandica* 茶色小鴨
カモ科の鳥。全長36〜46cm。 ㊕ニュージーランドの孤立した地域
¶世鳥大 (p131/カ写)

チャイロコツグミ *Catharus guttatus* 茶色小鶫
ツグミ科 (ヒタキ科) の鳥。全長16〜18cm。 ㊕北アメリカおよび中央アメリカ
¶世鳥大 (p437/カ写)
鳥650 (p751/カ写)

チャイロコミミバンディクート *Isoodon obesulus*
バンディクート科の哺乳類。体長28〜36cm。
¶世文動 (p43/カ写)
地球 (p505/カ写)

チャイロシマアシガエル *Mixophyes fasciolatus*
カメガエル科の両生類。体長80mm。 ㊕オースト

ラリア（クイーンズランド州とニューサウスウェールズ州の沿岸山地帯）
¶世カエ（p78/カ写）

チャイロタマゴヘビ *Dasypeltis inornata*
ナミヘビ科ナミヘビ亜科の爬虫類。全長50～80cm。[分]南アフリカ共和国, スワジランド
¶爬両1800（p293/カ写）

チャイロチュウヒワシ *Circaetus cinereus* 茶色沢鵟鷲
タカ科の鳥。全長71～76cm。
¶地球（p437/カ写）

チャイロツグミモドキ *Toxostoma rufum* 茶色鶫擬
マネシツグミ科の鳥。全長24～31cm。[分]アメリカ合衆国東部, カナダ南部～ロッキー山脈の麓の丘陵地帯
¶世鳥大（p429/カ写）

チャイロツルヘビ *Oxybelis aeneus*
ナミヘビ科ナミヘビ亜科の爬虫類。全長90～152cm。[分]アメリカ合衆国南端～中米, 南米大陸中部まで
¶爬両1800（p294/カ写）

チャイロトゲハムシクイ *Acanthiza pusilla* 茶色棘嘴虫喰
トゲハムシクイ科の鳥。全長10cm。[分]オーストラリアの沿岸, タスマニア島ほか沖合の島
¶世鳥大（p369/カ写）
世鳥卵（p199/カ写, カ図）

チャイロニジボア ⇒コロンビアレインボーボアを見よ

チャイロネズミドリ *Colius striatus* 茶色鼠鳥
ネズミドリ科の鳥。全長30～35cm。[分]アフリカ, サハラ砂漠以南, ナイジェリア～エチオピア, 南アフリカ
¶世鳥大（p300/カ写）
世鳥卵（p137/カ写, カ図）
世鳥ネ（p219/カ写）
地球（p472/カ写）
鳥卵巣（p241/カ写, カ図）

チャイロハチドリ *Colibri delphinae* 茶色蜂鳥
ハチドリ科マルオハチドリ亜科の鳥。全長11～12cm。[分]中央～南アメリカ
¶鳥650（p752/カ写）
ハチドリ（p65/カ写）

チャイロミズベヘビ *Nerodia taxispilota*
ナミヘビ科ユウダ亜科の爬虫類。全長76～175cm。[分]アメリカ合衆国東部～南東部
¶爬両1800（p270/カ写）

チャイロヤブモズ *Tchagra senegalus* 茶色籔百舌
ヤブモズ科（モズ科）の鳥。全長20～23cm。[分]サハラ以南のアフリカ, アフリカ北西部, アラビア南西部
¶世鳥大（p375/カ写）
世鳥卵（p167/カ写, カ図）
鳥卵巣（p284/カ写, カ図）

チャイロユミハチドリ *Phaethornis ruber* 茶色弓蜂鳥
ハチドリ科ユミハチドリ亜科の鳥。全長7.5～9cm。[分]コロンビア, ベネズエラ～ボリビア, ブラジル南部
¶ハチドリ（p355）

チャウシー Chausie
猫の一品種。体重5.5～10kg。アメリカ合衆国の原産。
¶ビ猫（p149/カ写）

チャウ・チャウ Chow Chow
犬の一品種。体高 オス48～56cm, メス46～51cm。中国の原産。
¶アルテ犬（p122/カ写）
最犬大（p254/カ写）
新犬種〔チャウチャウ〕（p170/カ写）
新世犬（p312/カ写）
図世犬（p186/カ写）
世文動（p140/カ写）
ビ犬（p113/カ写）

チャエリキクスズメ *Sporopipes frontalis* 茶襟菊雀
ハタオリドリ科の鳥。全長12cm。[分]サハラ砂漠南部～エチオピア, ケニアあたりまでのアフリカの熱帯域
¶世鳥大（p454/カ写）

チャカザリハチドリ *Lophornis delattrei* 茶飾蜂鳥
ハチドリ科ミドリフタオハチドリ亜科の鳥。全長6～7cm。
¶世鳥大（p295/カ写）
ハチドリ（p100/カ写）

チャガシラカモメ *Larus brunnicephalus* 茶頭鷗
カモメ科の鳥。全長41～45cm。[分]中央アジア～中国西部で繁殖
¶鳥比（p330/カ写）
鳥650（p314/カ写）
日ア鳥（p268/カ写）
日鳥水増（p275/カ写）
フ日野新（p316/カ図）
フ日野増（p316/カ図）
フ野鳥（p180/カ図）

チャガシラニシブッポウソウ *Coracias naevia* 茶頭西仏法僧
ブッポウソウ科の鳥。全長36～41cm。[分]エチオピア, セネガル, タンザニア～南アフリカ
¶世鳥ネ（p223/カ写）
地球（p473/カ写）

チャガシラハチドリ *Anthocephala floriceps* 茶頭蜂鳥
ハチドリ科ハチドリ亜科の鳥。絶滅危惧II類。全長8.5cm。㊎コロンビア
¶ハチドリ (p219/カ写)

チャガシラヒメドリ *Spizella passerina* 茶頭姫鳥
ホオジロ科の鳥。全長13〜14cm。㊎北アメリカ〜メキシコ
¶世鳥大 (p477/カ写)
世鳥卵 (p215/カ写, カ図)
世鳥ネ (p332/カ写)
地球 (p499/カ写)

チ

チャガシラミヤマテッケイ *Arborophila torqueola* 茶頭深山竹鶏
キジ科の鳥。全長29cm。㊎インド北・東部, チベット南部
¶世鳥大 (p114/カ写)

チャキンチョウ *Emberiza bruniceps* 茶金鳥
ホオジロ科の鳥。全長17cm。㊎キルギス, イラン, アルタイ
¶世文鳥 (p277/カ写)
鳥比 (p205/カ写)
鳥650 (p712/カ写)
日鳥山新 (p369/カ写)
日鳥山増 (p287/カ写)
日野鳥新 (p635/カ写)
日野鳥増 (p576/カ写)
フ日野新 (p338/カ図)
フ日野増 (p336/カ図)
フ野鳥 (p400/カ図)

チャクビモリクイナ *Aramides axillaris* 茶首森秧鶏, 茶首森水鶏
クイナ科の鳥。全長28〜30cm。㊎メキシコ, ホンジュラス, パナマ沿岸部
¶鳥卵巣 (p156/カ写, カ図)

チャクマヒヒ *Papio ursinus*
オナガザル科の哺乳類。体高50〜114cm。㊎アフリカ南部
¶世文動 (p86/カ写)
地球 (p544/カ写)

チャコアマガエル *Hyla raniceps*
アマガエル科の両生類。体長5〜7cm。㊎南米大陸中部以北
¶カエル見 (p34/カ写)
爬両1800 (p374/カ写)

チャコガエル *Chacophrys pierroti*
ユビナガガエル科の両生類。体長4.5〜5.5cm。㊎アルゼンチン, ボリビア
¶かえる百 (p35/カ写)
カエル見 (p111/カ写)
世両 (p178/カ写)
爬両1800 (p430/カ写)
爬両ビ (p294/カ写)

チャゴシエメラルドハチドリ *Amazilia tobaci* 茶腰エメラルド蜂鳥
ハチドリ科ハチドリ亜科の鳥。全長8〜11cm。
¶ハチドリ (p276/カ写)

チャコバゼットガエル ⇒マルメタピオカガエルを見よ

チャコヒメガエル ⇒ミュラーシロアリガエルを見よ

チャコペッカリー *Catagonus wagneri*
ペッカリー科の哺乳類。絶滅危惧IB類。体高90〜110cm。㊎パラグアイ西部, ボリビア南西部, アルゼンチン北部
¶世文動 (p197/カ図)
地球 (p594/カ写)
レ生 (p193/カ写)

チャコリクガメ *Chelonoidis chilensis*
リクガメ科の爬虫類。甲長30〜35cm。㊎ボリビア, アルゼンチン, パラグアイ
¶世カメ (p30/カ写)
世爬 (p11/カ写)
世文動 (p252/カ写)
爬両1800 (p13/カ写)
爬両ビ (p9/カ写)

チャズキンハチクイモドキ *Momotus mexicanus* 茶頭巾蜂食擬
ハチクイモドキ科の鳥。全長28cm。㊎メキシコ, グアテマラ
¶世鳥卵 (p139/カ写, カ図)

チャスジヌマチガエル *Limnodynastes peronii*
ヌマチガエル科の両生類。全長3〜6cm。㊎タスマニアとオーストラリア東部の沿岸域
¶世カエ (p70/カ写)
地球 (p359/カ写)

チャタムクイナ *Cabalus modestus*
クイナ科の鳥。㊎ニュージーランドのチャタム諸島
¶世鳥卵 (p83/カ写, カ図)

チャタムヒタキ *Petroica traversi*
サンショクヒタキ科の鳥。絶滅危惧IB類。体長15cm。㊎チャタム諸島 (固有)
¶鳥絶 (p206/カ図)

チャックウィルヨタカ *Caprimulgus carolinensis*
ヨタカ科の鳥。全長27〜34cm。㊎北アメリカ
¶世鳥大 (p290/カ写)
世鳥ネ (p205/カ写)

チャップマンシマウマ *Equus burchelli antiquorum*
ウマ科の哺乳類。体高1.3〜1.4m。
¶地球 (p592/カ写)

チャップマン・ホース ⇒クリーブランド・ベイを見よ

チャノドコバシタイヨウチョウ *Anthreptes malacensis* 茶喉小嘴太陽鳥
タイヨウチョウ科の鳥。全長12～13.5cm。㊟東南アジア
¶原色鳥（p230/カ写）

チャノドユミハチドリ *Phaethornis nattereri* 茶喉弓蜂鳥
ハチドリ科ユミハチドリ亜科の鳥。全長10cm。
¶ハチドリ（p354）

チャバウドコハダヘビ *Liophidium chabaudi*
ナミヘビ科マラガシーヘビ亜科の爬虫類。全長40～50cm。㊟マダガスカル南西部
¶爬両1800（p338/カ写）

チャパダスイリリハエトリ *Suiriri islerorum*
タイランチョウ科の鳥。全長16cm。
¶世鳥大（p341/カ写）

チャバネコウハシショウビン *Pelargopsis amauroptera* 茶羽鸛嘴翡翠
カワセミ科の鳥。全長37cm。㊟パキスタン，インド，ミャンマー，マレーシア
¶地球（p475/カ写）

チャバネシャクケイ *Penelope superciliaris* 茶羽舎久鶏
ホウカンチョウ科の鳥。全長55～73cm。㊟ブラジル，ボリビア，パラグアイ，アルゼンチン
¶鳥卵巣（p123/カ写，カ図）

チャバネヤブヒバリ *Mirafra assamica* 茶羽藪雲雀
ヒバリ科の鳥。㊟ヒマラヤ山麓西部～インド～スリランカ，ミャンマー東部
¶世鳥卵（p153/カ写，カ図）

チャバラアカゲラ *Dendrocopos hyperythrus* 茶腹赤啄木鳥
キツツキ科の鳥。全長24cm。㊟インド北部～インドシナを経由し中国東北部，ロシア沿海地方
¶鳥比（p64/カ写）
鳥650（p441/カ写）
日ア鳥（p376/カ写）
日色鳥（p17/カ写）
日鳥山新（p111/カ写）
フ日野新（p326/カ図）
フ野鳥（p260/カ図）

チャバライカル *Pheucticus melanocephalus* 茶腹桑鳲，茶腹斑鳩，茶腹鶍
ホオジロ科の鳥。全長18～21cm。㊟北アメリカ中部，太平洋岸
¶鳥卵巣（p349/カ写，カ図）

チャバラオオルリ *Niltava vivida* 茶腹大瑠璃
ヒタキ科の鳥。全長18～19cm。㊟インド～東南アジア北部，中国西南部までと台湾
¶鳥比（p160/カ写）
鳥650（p649/カ写）
日ア鳥（p553/カ写）
フ野鳥（p364/カ図）

チャバラケンバネハチドリ *Campylopterus rufusa* 茶腹剣羽蜂鳥
ハチドリ科ハチドリ亜科の鳥。全長13～15cm。
¶ハチドリ（p223/カ写）

チャバラサケイ *Pterocles exustus* 茶腹沙鶏
サケイ科の鳥。全長31～33cm。㊟アフリカ，南アジア
¶世鳥ネ（p158/カ写）
地球（p452/カ写）

チャバラセイコウチョウ *Erythrura hyperythra* 茶腹青紅鳥
カエデチョウ科の鳥。大きさ10cm。㊟マレー半島，カリマンタン島，スラウェシ島，ジャワ島～ロンボク島，スンバワ島，フローレス島，フィリピン
¶鳥飼（p78/カ写）

チャバラテリムク *Lamprotornis hildebrandti* 茶腹照椋
ムクドリ科の鳥。全長18cm。
¶地球（p493/カ写）

チャバラホウカンチョウ *Mitu mitu* 茶腹鳳冠鳥
ホウカンチョウ科の鳥。体長90cm。㊟ブラジル中部，ペルー東部，ボリビア北部にかけてのアマゾン流域。ブラジル東部の小さな個体群は絶滅した可能性がある
¶鳥卵巣（p125/カ写，カ図）

チャバラマユミソサザイ *Thryothorus ludovicianus* 茶腹眉鷦鷯
ミソサザイ科の鳥。全長12～14cm。㊟アメリカ合衆国，メキシコ
¶世鳥大（p425/カ写）
世鳥ネ（p292/カ写）

チャフィンチ ⇒ズアオアトリを見よ

チャボ Chabo 矮鶏
鶏の一品種。東南アジアから輸入された原品種を日本で改良。天然記念物。体重 オス0.73kg，メス0.61kg。
¶日家〔矮鶏〕（p182/カ写）

チャボウシスミレフウキンチョウ *Euphonia anneae* 茶帽子菫風琴鳥
アトリ科の鳥。全長11cm。㊟コスタリカ～パナマ
¶原色鳥（p222/カ写）

チャマダラソリハナヘビ *Lystrophis dorbignyi*
ナミヘビ科ヒラタヘビ亜科の爬虫類。全長30～50cm。㊟ブラジル南部，パラグアイ南部，アルゼンチン，ウルグアイ

¶爬両1800（p284/カ写）
爬両ビ（p212/カ写）

チャマダラヘビ *Psammodynastes pulverulentus*
ナミヘビ科イエヘビ亜科の爬虫類。全長30〜44cm。㊀インド北東部〜東南アジア, 中国南部
¶爬両1800（p334/カ写）

チャミミオオハシ ⇒チャミミチュウハシを見よ

チャミミチュウハシ *Pteroglossus castanotis* 茶耳中嘴
オオハシ科の鳥。全長37cm。㊀熱帯南アメリカ
¶世鳥大（p316/カ写）
世鳥ネ（p237/カ写）
地球〔チャミミオオハシ〕（p477/カ写）

チャムネエメラルドハチドリ *Amazilia amazilia* 茶胸エメラルド蜂鳥
ハチドリ科ハチドリ亜科の鳥。全長8〜11cm。
¶ハチドリ（p256/カ写）

チャムネテリハチドリ *Heliodoxa rubinoides* 茶胸照蜂鳥
ハチドリ科ミドリフタオハチドリ亜科の鳥。全長10〜13cm。
¶ハチドリ（p192/カ写）

チャムネフチオハチドリ *Boissonneaua matthewsii* 茶胸縁尾蜂鳥
ハチドリ科ミドリフタオハチドリ亜科の鳥。全長11.5〜12cm。
¶ハチドリ（p178/カ写）

チャールズマネシツグミ *Mimus trifasciatus* チャールズ真似師鶫
マネシツグミ科の鳥。絶滅危惧IA類。全長25cm。㊀ガラパゴス諸島のフロレアナ島では絶滅。ガードナー島とチャンピオン島に生息
¶鳥絶〔ガラパゴスマネシツグミ〔Floreana Mockingbird〕〕（p196/カ図）
レ生（p195/カ写）

チャーン Chan
鶏の一品種。体重 オス1.8kg, メス1.3kg。沖縄県の原産。
¶日家（p167/カ写）

チャン・アオ Zang Ao
犬の一品種であるチベタンマスティフの一種。チベットの原産。
¶最犬大（p133/カ写）

チュウオウチンパンジー *Pan troglodytes troglodytes* 中央チンパンジー
ヒト科の哺乳類。絶滅危惧IB類。㊀カメルーン南東部, 中央アフリカ共和国南西部, コンゴ民主共和国, 赤道ギニア, ガボン, コンゴ共和国北部, アンゴラ北部
¶美サル（p210/カ写）

チュウオウマダガスカルガエル *Mantidactylus opiparis* 中央マダガスカル蛙
マダガスカルガエル科の両生類。体長30〜40mm。㊀マダガスカル
¶世カエ（p460/カ写）

チュウゴクオオサンショウウオ *Andrias davidianus* 中国大山椒魚
オオサンショウウオ科の両生類。別名タイリクオオサンショウウオ。絶滅危惧IA類。全長50〜120cm。㊀中国の中部・南部・西南部
¶遺産世（Amphibia No.14/カ写）
原爬両（No.164/カ写）
爬両1800〔タイリクオオサンショウウオ〕（p438/カ写）
爬両ビ〔タイリクオオサンショウウオ〕（p301/カ写）
野日両（p16,103/カ写）
レ生（p196/カ写）

チュウゴクシュ Chinese Breed 中国種
イノシシ科の哺乳類。中国一帯で飼育されているブタの総称。体重80〜200kg。
¶世文動〔中国種〕（p196/カ写）

チュウゴクシュウダ *Elaphe carinata carinata* 中国臭蛇
ナミヘビ科の爬虫類。全長130〜250cm。㊀中国, 台湾, ベトナム北部。日本では尖閣諸島の魚釣島, 南小島, 北小島
¶原爬両〔シュウダ〕（No.75/カ写）
世ヘビ（p84/カ写）
日カメ〔シュウダ〕（p168/カ写）
爬両飼（p27/カ写）
野日爬〔シュウダ〕（p35,169/カ写）

チュウサギ *Egretta intermedia* 中鷺
サギ科の鳥。準絶滅危惧（環境省レッドリスト）。全長69cm。㊀インド, 東南アジア, フィリピン, スンダ列島, 日本
¶くら鳥（p101/カ写）
原寸羽（p36/カ写）
里山鳥（p89/カ写）
四季鳥（p104/カ写）
巣と卵決（p32/カ写, カ図）
絶鳥事（p11,154/カ写, モ図）
世文鳥（p53/カ写）
鳥卵巣（p68/カ写, カ図）
鳥比（p264/カ写）
鳥650（p172/カ写）
名鳥図（p32/カ写）
日ア鳥（p149/カ写）
日色鳥（p133/カ写）
日鳥識（p120/カ写）
日鳥巣（p22/カ写）
日鳥水増（p88/カ写）
日野鳥新（p160/カ写）
日野鳥増（p180/カ写）

ぱっ鳥(p99/カ写)
バード(p106/カ写)
羽根決(p38/カ写, カ図)
ひと目鳥(p102/カ写)
フ日野新(p110/カ図)
フ日野増(p110/カ図)
フ野鳥(p104/カ図)
野鳥学フ(p181/カ写)
野鳥山フ(p15,86/カ図, カ写)
山溪名鳥(p159/カ写)

チュウジシギ *Gallinago megala* 中地鷸, 中地鴫
シギ科の鳥。全長27cm。 ㊕シベリア中部
¶世美羽(p48/カ写, カ図)
世文鳥(p139/カ写)
鳥比(p289/カ写)
鳥**650**(p245/カ写)
名鳥図(p100/カ写)
日ア鳥(p207/カ写)
日鳥識(p144/カ写)
日鳥水増(p257/カ写)
日野鳥新(p235/カ写)
日野鳥増(p291/カ写)
羽根決(p159/カ写, カ図)
フ日野新(p160/カ図)
フ日野増(p160/カ図)
フ野鳥(p144/カ図)
山溪名鳥(p215/カ写)

チュウシャクシギ *Numenius phaeopus* 中杓鷸, 中杓鴫
シギ科の鳥。全長40〜42cm。 ㊕北アメリカ, ヨーロッパ, アジア
¶くら鳥(p119/カ写)
原寸羽(p122/カ写)
里山鳥(p128/カ写)
四季鳥(p36/カ写)
世鳥大(p229/カ写)
世鳥ネ(p136/カ写)
世文鳥(p136/カ写)
地球(p447/カ写)
鳥比(p296/カ写)
鳥**650**(p254/カ写)
名鳥図(p97/カ写)
日ア鳥(p218/カ写)
日鳥識(p148/カ写)
日鳥水増(p250/カ写)
日野鳥新(p248/カ写)
日野鳥増(p258/カ写)
ぱっ鳥(p145/カ写)
バード(p141/カ写)
羽根決(p155/カ写, カ図)
ひと目鳥(p81/カ写)
フ日野新(p158/カ図)
フ日野増(p158/カ図)
フ野鳥(p150/カ図)
野鳥学フ(p215/カ写, カ図)
野鳥山フ(p32,201/カ図, カ写)
山溪名鳥(p209/カ写)

チュウシャモ Chushamo 中軍鶏
鶏の一品種。天然記念物。体重 オス3.8kg, メス3kg。日本の原産。
¶日家〔大軍鶏/中軍鶏〕(p174/カ写)

チュウダイサギ *Ardea alba modesta* 中大鷺
サギ科の鳥。ダイサギの亜種。
¶くら鳥〔ダイサギ〔チュウダイサギ〕〕(p101/カ写)
名鳥図(p30/カ写)
日鳥水増(p86/カ写)
日野鳥新(p156/カ写)
日野鳥増(p178/カ写)
ぱっ鳥(p98/カ写)

チ

チュウダイズアカアオバト *Treron formosae medioximus* 中大頭赤青鳩
ハト科の鳥。 ㊕先島諸島
¶日野鳥新(p107/カ写)
日野鳥増(p403/カ写)

チュウヒ *Circus spilonotus* 沢鵟
タカ科の鳥。絶滅危惧IB類(環境省レッドリスト)。全長 オス48cm, メス58cm。 ㊕西ヨーロッパ〜東はアジア一帯, マダガスカル, カリマンタン, オーストラリア。日本では北海道, 本州
¶くら鳥(p74/カ写)
原寸羽(p82, ポスター/カ写)
里山鳥(p196/カ写)
四季鳥(p82/カ写)
巣と卵決(p58/カ写, カ図)
絶鳥事(p9,126/カ写, モ図)
世文鳥(p94/カ写)
鳥比(p40/カ写)
鳥**650**(p390/カ写)
名鳥図(p135/カ写)
日ア鳥(p332/カ写)
日鳥識(p192/カ写)
日鳥巣(p54/カ写)
日鳥山新(p60/カ写)
日鳥山増(p52/カ写)
日野鳥新(p366/カ写)
日野鳥増(p336/カ写)
ぱっ鳥(p204/カ写)
バード(p113/カ写)
羽根決(p377/カ写, カ図)
ひと目鳥(p123/カ写)
フ日野新(p176/カ図)
フ日野増(p176/カ図)
フ野鳥(p216/カ図)
野鳥学フ(p64/カ写)
野鳥山フ(p24,141/カ図, カ写)

山溪名鳥（p222/カ写）
ワシ（p56/カ写）

チュウヒダカ *Polyboroides typus* 沢鵟鷹
タカ科の鳥。全長60～66cm。㊀サハラ以南のアフリカ
¶世鳥大（p195/カ写）
世鳥卵（p63/カ写，カ図）
地球（p436/カ写）

チュウヒワシ *Circaetus gallicus* 沢鵟鷲
タカ科の鳥。全長62～67cm。㊀ヨーロッパ南・東部，アフリカ北西部，中近東，アジア南西部，インド
¶世鳥卵（p59/カ写，カ図）
地球（p437/カ写）

チュウベイカミツキガメ *Chelydra rossignonii* 中米噛付亀
カミツキガメ科の爬虫類。甲長30～35cm。㊀メキシコ太平洋側南部，グアテマラ北西部，ホンジュラス中西部
¶世カメ（p154/カ写）

チュウベイカワガメ ⇒メキシコカワガメを見よ

チュウベイクジャクガメ *Trachemys venusta* 中米孔雀亀
ヌマガメ科アミメガメ亜科の爬虫類。甲長25～45cm。㊀メキシコ南東部～パナマまでの中米，コロンビア北西部
¶世カメ（p216/カ写）
世爬（p24/カ写）
爬両1800（p34～35/カ写）
爬両ビ（p19/カ写）

チュウベイサンゴヘビ *Micrurus nigrocinctus* 中米珊瑚蛇
コブラ科の爬虫類。全長80cm。㊀太平洋岸はメキシコの東端～カリブ海側はベリーズ～コロンビアの北西端まで
¶地球（p397/カ写）

チュウベイツナギガエル ⇒ウスグロノドツナギガエルを見よ

チュウベイボウシヘビ *Tantilla melanocephala ruficeps*
ナミヘビ科の爬虫類。全長20cm。
¶地球（p396/カ写）

チュウベイメキシコアマガエル ⇒ウスグロノドツナギガエルを見よ

チュウヨークシャー Middle Yorkshire 中ヨークシャー
豚の一品種。体高70～80cm。イギリスの原産。
¶地球〔中ヨークシャー〕（p595/カ写）
日家〔中ヨークシャー〕（p95/カ写）

チュオラ・ブラッカ ⇒チロリアン・ブラッケを見よ

チュニジアバーバーカナヘビ *Timon pater*
カナヘビ科の爬虫類。全長40cm前後。㊀チュニジア，アルジェリア
¶爬両1800（p184/カ写）

チョウゲンボウ *Falco tinnunculus* 長元坊
ハヤブサ科の鳥。全長 オス33cm，メス39cm。㊀ユーラシア，アフリカ
¶くら鳥（p78/カ写）
原寸羽（p90/カ写）
里山鳥（p135/カ写）
四季鳥（p41/カ写）
巣と卵決（p59,230/カ写，カ図）
世鳥大（p184/カ写）
世鳥ネ（p93/カ写）
世文鳥（p98/カ写）
地球（p431/カ写）
鳥卵巣（p117/カ写，カ図）
鳥比（p72/カ写）
鳥650（p456/カ写）
名鳥図（p137/カ写）
日ア鳥（p385/カ写）
日鳥識（p214/カ写）
日鳥巣（p58/カ写）
日鳥山新（p123/カ写）
日鳥山増（p61/カ写）
日野鳥新（p430/カ写）
日野鳥増（p360/カ写）
ぱっ鳥（p242/カ写）
バード（p29/カ写）
羽根決（p108/カ写，カ図）
ひと目鳥（p129/カ写）
フ日野新（p182/カ図）
フ日野増（p182/カ図）
フ野鳥（p266/カ図）
野鳥学フ（p57/カ写）
野鳥山フ（p25,144/カ図，カ写）
山溪名鳥（p224/カ写）
ワシ（p138/カ写）

チョウゲンボウ〔亜種〕 *Falco tinnunculus interstinctus* 長元坊
ハヤブサ科の鳥。
¶日鳥山新〔亜種チョウゲンボウ〕（p123/カ写）
ワシ〔亜種チョウゲンボウ〕（p138/カ写）

チョウショウバト *Geopelia striata* 長嘯鳩
ハト科の鳥。全長23cm。㊀東南アジア
¶世鳥ネ（p163/カ写）
世文鳥（p276/カ写）
鳥飼（p176/カ写）

チョウセンアカガエル ⇒チョウセンヤマアカガエル(1)を見よ

チョウセンイタチ *Mustela sibirica* 朝鮮鼬
イタチ科の哺乳類。別名シベリアイタチ。頭胴長 オス32.5～43.5cm, メス28～33cm。㊉ユーラシア大陸北部, ヨーロッパ東部, ヒマラヤ北部～シベリア, 朝鮮半島, 中国, 台湾。日本での自然分布域は対馬のみ
¶**くら哺**(p65/カ写)
日哺改(p83/カ写)
日哺学フ(p165/カ写)

チョウセンウグイス *Cettia diphone borealis* 朝鮮鶯
ウグイス科の鳥。ウグイスの亜種。
¶**日鳥山新**(p188/カ写)
日鳥山増(p219/カ写)
日野鳥新(p497/カ写)

チョウセンオオタカ *Accipiter gentilis schvedowi* 朝鮮大鷹, 朝鮮蒼鷹
タカ科の鳥。オオタカの亜種。
¶**ワシ**〔亜種チョウセンオオタカ〕(p84/カ写)

チョウセンギュウ ⇒カンギュウを見よ

チョウセンコジネズミ *Crocidura shantungensis shantungensis* 朝鮮小地鼠
トガリネズミ科の哺乳類。別名アジアコジネズミ。全長6～6.9cm。㊉中国中北部・朝鮮半島。日本では対馬
¶**くら哺**(p32/カ写)

チョウセンゴジュウカラ *Sitta villosa* 朝鮮五十雀
ゴジュウカラ科の鳥。全長11～12cm。㊉中国中部～北部
¶**鳥比**(p92/カ写)
日ア鳥(p489/カ写)

チョウセンサンショウウオ *Hynobius leechii*
サンショウウオ科の両生類。全長8.5～11cm。㊉中国北東部, 朝鮮半島
¶**世文動**(p308/カ写)
爬両1800(p436/カ写)
爬両ビ(p301/カ写)

チョウセンシマリス *Tamias sibiricus barberi* 朝鮮縞栗鼠
リス科の哺乳類。シマリス(シベリアシマリス)の亜種。
¶**日哺学フ**(p161/カ写)

チョウセンスズガエル *Bombina orientalis* 朝鮮鈴蛙
スズガエル科の両生類。全長3～5cm。㊉中国東北部, 朝鮮半島, ロシア南部～東部
¶**かえる百**(p15/カ写)
カエル見(p9/カ写)
世カエ〔スズガエル〕(p34/カ写)
世文動(p318/カ写)
世両(p10/カ写)
地球〔スズガエル〕(p354/カ写)
爬両1800(p358/カ写)
爬両ビ(p238/カ写)

チョウセンタヒバリ ⇒ウスベニタヒバリを見よ

チョウセンチョウゲンボウ *Falco tinnunculus tinnunculus* 朝鮮長元坊
ハヤブサ科の鳥。チョウゲンボウの亜種。
¶**名鳥図**(p137/カ写)
ワシ(p138/カ写)

チョウセンホオジロ *Emberiza cioides castaneiceps* 朝鮮頬白
ホオジロ科の鳥。㊉朝鮮半島南部, 中国東部の一部で繁殖
¶**日野鳥新**(p629/カ写)
日野鳥増(p567/カ写)

チョウセンミフウズラ *Turnix tanki* 朝鮮三斑鶉
ミフウズラ科の鳥。全長14～17cm。㊉インド, ニコバル島, アンダマン島, ミャンマー, インドシナ, 中国東部, 朝鮮半島中部
¶**世鳥大**(p213/カ写)
地球(p439/カ写)
鳥卵巣(p148/カ写, カ図)

チョウセンメジロ *Zosterops erythropleurus* 朝鮮目白
メジロ科の鳥。体長11cm。㊉朝鮮北部, 中国
¶**世文鳥**(p246/カ図)
鳥比(p107/カ写)
鳥650(p560/カ写)
日ア鳥(p469/カ写)
日色鳥(p86/カ写)
日鳥山新(p212/カ写)
日鳥山増(p268/カ写)
日野鳥新(p509/カ写)
日野鳥増(p561/カ写)
フ日野新(p266/カ図)
フ日野増(p266/カ図)
フ野鳥(p316/カ図)

チョウセンヤマアカガエル$_{(1)}$ *Rana dybowskii* 朝鮮山赤蛙
アカガエル科の両生類。体長 オス5.2～6.4cm, メス5.8～8.4cm。
¶**原爬両**〔チョウセンアカガエル〕(No.133/カ写)
絶事(p176/モ図)

チョウセンヤマアカガエル$_{(2)}$ *Rana uenoi* 朝鮮山赤蛙
アカガエル科の両生類。Rana dybowskiiから対馬・朝鮮半島・済州島産の個体が新種のR.uenoiとして2014年に分離された。全長5～8.5cm。㊉対馬, 朝鮮半島
¶**日カサ**(p83/カ写)
野日両(p35,81,162/カ写)

チョウセンヤマネコ ⇒ツシマヤマネコを見よ

チ

チョウチョホソユビヤモリ *Cyrtodactylus papilionoides*
ヤモリ科の爬虫類。全長17～19cm。[分]タイ
¶**爬両1800**（p150/カ写）

チョバネスク・ロマネスク・コル ⇒ルーマニアン・レイヴン・シェパードを見よ

チョバネスク・ロマネスク・ド・ブコヴィナ ⇒ブコヴィナ・シェパード・ドッグを見よ

チョバネス・ロマネス・カルパティン ⇒カルパチアン・シェパード・ドッグを見よ

チョバネス・ロマネス・ミオリティック ⇒ルーマニアン・ミオリティック・シェパード・ドッグを見よ

チョボグチガエル *Kalophrynus pleurostigma*
ヒメアマガエル科（ジムグリガエル科）の両生類。別名コグチガエル。全長3～6cm。[分]フィリピン
¶**世カエ**（p478/カ写）
地球（p362/カ写）

チョルニー・テリア ⇒ロシアン・ブラック・テリアを見よ

チリイロワケイルカ *Cephalorhynchus eutropia*
マイルカ科の哺乳類。成体体重60～70kg。[分]チリのバルパライソ～ケープ岬
¶**クイ百**（p110/カ図）

チリキコヤスガエル *Pristimantis cruentus*
Strabomantidae科の両生類。全長1.5～2.5cm。
¶**地球**（p365/カ写）

チリークサカリドリ *Phytotoma rara*
カザリドリ科（クサカリドリ科）の鳥。全長18～20cm。[分]アルゼンチン西部
¶**世鳥大**（p338/カ写）
世鳥卵（p151/カ写，カ図）

チリーフラミンゴ *Phoenicopterus chilensis*
フラミンゴ科の鳥。全長1～1.3m。[分]南アメリカ
¶**世鳥ネ**（p66/カ写）
地球（p424/カ写）
鳥卵巣（p80/カ写，カ図）

チリメンナガクビガメ *Macrochelodina rugosa*
ヘビクビガメ科の爬虫類。別名ジーベンロックナガクビガメ。甲長25～30cm。[分]ニューギニア島南部，オーストラリア北部
¶**世カメ**（p112/カ写）
世爬（p56/カ写）
爬両1800（p64～65/カ写）
爬両ビ（p48/カ写）

チリヤマネコ ⇒コドコドを見よ

チリヤマビスカーチャ *Lagidium viscacia*
チンチラ科の哺乳類。体長30～45cm。
¶**地球**（p529/カ写）

チリヨツメガエル *Pleurodema thaul*
ユビナガガエル科の両生類。体長5cm。[分]チリ中部
¶**世カエ**（p114/カ写）

チリールリツバメ *Tachycineta meyeni* チリー瑠璃燕
ツバメ科の鳥。全長11～13cm。[分]チリ，アルゼンチン
¶**鳥卵巣**（p263/カ写，カ図）

チルー *Pantholops hodgsoni*
ウシ科の哺乳類。絶滅危惧IB類。体長170cm。[分]チベット，中国の青海省，四川省，インド
¶**絶百7**（p44/カ写）
世文動（p229/カ図）

チルドレンニシキヘビ *Antaresia childreni*
ニシキヘビ科の爬虫類。別名チルドレンパイソン。全長100cm前後。[分]オーストラリア北部
¶**世爬**（p182/カ写）
世ヘビ〔チルドレンパイソン〕（p59/カ写）
爬両1800（p258/カ写）
爬両ビ（p192/カ写）

チルドレンパイソン ⇒チルドレンニシキヘビを見よ

チルネコ・デル・エトナ Cirneco dell'Etna
犬の一品種。別名キルネコ・デルエトナ，シシリアン・ハウンド，チェルネコ・デレトナ。地中海沿岸の中型ハウンド。体高 オス46～50cm，メス42～46cm。イタリアの原産。
¶**最犬大**〔チェルネコ・デレトナ〕（p245/カ写）
新犬種〔チルネコ・デレトナ〕（p178/カ写）
新世犬（p192/カ写）
図世犬（p188/カ写）
ビ犬〔キルネコ・デルエトナ〕（p33/カ写）

チルネコ・デレトナ ⇒チルネコ・デル・エトナを見よ

チレニアカベカナヘビ *Podarcis tiliguerta*
カナヘビ科の爬虫類。全長20～25cm。[分]フランス（コルシカ島），イタリア（サルディーニャ島）など
¶**爬両1800**（p185/カ写）
爬両ビ（p129/カ写）

チロエオポッサム *Dromiciops gliroides*
ミクロビオテリウム科の哺乳類。体長8～13cm。[分]チリ中部～南部
¶**世文動**（p41）
地球（p503/カ写）

チロエギツネ ⇒ダーウィンギツネを見よ

チロリアン・ハウンド ⇒チロリアン・ブラッケを見よ

チロリアン・ブラッケ Tiroler Bracke
犬の一品種。別名オーストリアン・スムース・ブラッケ, チュオラ・ブラッカ, チロリアン・ハウンド, ティロリアン・ハウンド, ティローラー・ブラッケ。体高 オス44〜50cm, メス42〜48cm。オーストリアの原産。
¶**最犬大**〔ティロリアン・ハウンド〕(p295/カ写)
新犬種〔ティローラー・ブラッケ〕(p138/カ写)
新世犬(p217/カ写)
図世犬(p240/カ写)

チワウェーニョ ⇒チワワを見よ

チワワ Chihuahua
犬の一品種。別名チワウェーニョ。体長20〜30cm。メキシコの原産。
¶**アルテ犬**(p194/カ写)
最犬大(p374/カ写)
新犬種(p20/カ写)
新世犬(p274/カ写)
図世犬(p294/カ写)
世文動(p140/カ写)
地球(p565/カ写)
ビ犬(p282/カ写)

チワワシロハナキングヘビ ⇒チワワマウンテンキングスネークを見よ

チワワトカゲモドキ *Coleonyx brevis*
ヤモリ科トカゲモドキ亜科の爬虫類。全長10〜12cm。㊵アメリカ合衆国(テキサス州・ニューメキシコ州)
¶**ゲッコー**(p92/カ写)
爬両1800(p169/カ写)

チワワマウンテンキングスネーク *Lampropeltis pyromelana knoblochi*
ナミヘビ科の爬虫類。別名チワワシロハナキングヘビ。全長80cm〜1.3m。㊵メキシコ(チワワ州)
¶**世ヘビ**(p32/カ写)

チン Chin 狆
犬の一品種。別名ジャパニーズ・スパニエル, ジャパニーズ・チン。体高25cm前後でメスはやや小さい。日本の原産。
¶**アルテ犬**〔狆〕(p198/カ写)
最犬大〔狆〕(p400/カ写)
新犬種〔狆〕(p29/カ写)
新世犬〔ジャパニーズ・チン〕(p282/カ写)
図世犬〔狆〕(p298/カ写)
世文動(p143/カ写)
日家〔狆〕(p235/カ写)
ビ犬〔狆〕(p284/カ写)

チンガオオオクサガエル *Leptopelis brevirostris*
クサガエル科の両生類。体長4〜6.5cm。㊵カメルーン, ナイジェリア
¶**カエル見**(p57/カ写)
世両(p96/カ写)
爬両1800(p395/カ写)
爬両ビ(p260/カ写)

チンチラ *Chinchilla lanigera*
チンチラ科の哺乳類。絶滅危惧II類。体長22〜38cm。㊵南アメリカ
¶**世文動**(p121/カ写)
世哺(p179/カ写)

チンチラ〔ウサギ〕 Chinchilla
毛用のカイウサギの一品種。体重2〜3kg。フランスの原産。
¶**日家**(p136/カ写)

チンチラ属の一種 *Chinchilla* sp.
チンチラ科の哺乳類。体長22〜38cm。
¶**地球**(p529/カ写)

チンドケン ⇒コリア・ジンドー・ドッグを見よ

チンハイイボイモリ *Echinoriton chinhaiensis*
イモリ科の両生類。全長11〜15cm。㊵中国(浙江省の一部)
¶**爬両1800**(p455/カ写)

チンパンジー *Pan troglodytes*
ヒト科の哺乳類。別名ナミチンパンジー。絶滅危惧IB類。体高64〜94cm。㊵アフリカ西部・中央部
¶**驚野動**(p210/カ写)
絶百7(p46/カ写)
世文動(p95/カ写)
世哺(p126/カ写)
地球(p549/カ写)

【ツ】

ツィンギーオビトカゲ *Zonosaurus tsingy*
プレートトカゲ科の爬虫類。全長16cm前後。㊵マダガスカル北端部
¶**爬両1800**(p224/カ写)

ツヴェトナ・ボロンカ ⇒ボロンカを見よ

ツヴェルクシュナウツァー ⇒ミニチュア・シュナウザーを見よ

ツヴェルク・シュピッツ ⇒ポメラニアンを見よ

ツヴェルク・スピッツ ⇒ポメラニアンを見よ

ツヴェルク・ピンシャー ⇒ミニチュア・ピンシャーを見よ

ツェテックフキヤガマ ⇒ゼテクフキヤヒキガエルを見よ

ツォディロフトユビヤモリ *Pachydactylus tsodiloensis*
ヤモリ科ヤモリ亜科の爬虫類。全長8.5〜10.5cm。㋕ボツワナ北部（ツォディロ丘陵地）
¶**ゲッコー**（p25/カ写）

ツカツクリ *Megapodius freycinet* 塚造
ツカツクリ科の鳥。全長30〜43cm。㋕フィリピン・インドネシア東部〜メラネシア・オーストラリア北部, ニコバル諸島
¶**世鳥卵**（p67/カ写, カ図）
鳥卵巣（p119/カ写, カ図）

ツギオサラマンダー ⇒エスショルツサンショウウオを見よ

ツギオミカドヤモリ *Rhacodactylus leachianus*
ヤモリ科イシヤモリ亜科の爬虫類。全長35〜40cm。㋕ニューカレドニア
¶**ゲッコー**〔ツギオミカドヤモリ（基亜種）〕（p82/カ写）
世爬（p117/カ写）
爬両1800（p159/カ写）
爬両ビ（p118/カ写）

ツキノワグマ *Ursus thibetanus* 月輪熊
クマ科の哺乳類。別名ヒマラヤグマ。絶滅危惧II類。体長1.1〜1.9m。㋕イラン南東部〜南・東アジア, 日本, 韓国, ロシア極東部
¶**絶事**（p3,64/カ写, モ図）
世文動（p152/カ写）
世哺（p238/カ写）
地球（p567/カ写）
日哺改（p78/カ写）
レ生〔ヒマラヤグマ〕（p242/カ写）

ツキノワテリムク *Lamprotornis superbus* 月輪照椋
ムクドリ科の鳥。全長19cm。㋕北東アフリカ
¶**世鳥大**（p431/カ写）
世鳥ネ（p297/カ写）
世美羽（p95/カ写）

ツキヒメハエトリ *Sayornis phoebe* 月姫蠅取
タイランチョウ科の鳥。全長12〜16cm。㋕北アメリカ北・東部で繁殖。アメリカ合衆国南東・中南部〜メキシコにかけての地域で越冬
¶**世鳥大**（p343/カ写）

ツギホコウモリ *Mystacina tuberculata*
ツギホコウモリ科の哺乳類。絶滅危惧II類。体長6〜8cm。㋕ニュージーランド
¶**驚野動**（p355/カ写）
地球（p556/カ写）

ツクシガモ *Tadorna tadorna* 筑紫鴨
カモ科の鳥。絶滅危惧IB類（環境省レッドリスト）。全長58〜67cm。㋕西ヨーロッパ, 中央アジア。日本では九州北部に冬鳥として飛来
¶**里山鳥**（p204/カ写）
四季鳥（p87/カ写）
絶鳥事（p2,34/カ写, モ図）
世鳥大（p129/カ写）
世鳥ネ（p43/カ写）
世文鳥（p66/カ写）
地球（p415/カ写）
鳥比（p214/カ写）
鳥650（p46/カ写）
名鳥図（p46/カ写）
日ア鳥（p32/カ写）
日カモ（p34/カ写, カ図）
日鳥識（p72/カ写）
日鳥水増（p119/カ写）
日野鳥新（p43/カ写）
日野鳥増（p51/カ写）
ぱっ鳥（p36/カ写）
バード（p132/カ写）
羽根決（p52/カ写, カ図）
ひと目鳥（p51/カ写）
フ日野新（p38/カ図）
フ日野増（p38/カ図）
フ野鳥（p26/カ図）
野鳥学フ（p238/カ写）
野鳥山フ（p17,101/カ図, カ写）
山溪名鳥（p226/カ写）

ツクバハコネサンショウウオ *Onychodactylus tsukubaensis*
サンショウウオ科の両生類。㋕筑波山系
¶**日カサ**（p195/カ写）
野日両（p27,66,133/カ写）

ツグミ *Turdus naumanni* 鶫
ヒタキ科（ツグミ科）の鳥。全長24cm。㋕シベリア北部, カムチャツカ半島
¶**くら鳥**（p58/カ写）
原寸羽（p246/カ写）
里山鳥（p145/カ写）
四季鳥（p97/カ写）
世文鳥（p226/カ写）
鳥比（p136/カ写）
鳥650（p602/カ写）
名鳥図（p200/カ写）
日ア鳥（p510/カ写）
日色鳥（p188/カ写）
日鳥識（p260/カ写）
日鳥山新（p254/カ写）
日鳥山増（p210/カ写）
日野鳥新（p544/カ写）
日野鳥増（p514/カ写）
ぱっ鳥（p317/カ写）
バード（p19/カ写）
羽根決（p294/カ写, カ図）
ひと目鳥（p186/カ写）
フ日野新（p250/カ図）

フ日野増 (p250/カ図)
フ野鳥 (p342/カ図)
野鳥学フ (p50/カ写)
野鳥山フ (p53,309/カ図, カ写)
山溪名鳥 (p228/カ写)

ツグミ〔亜種〕 *Turdus naumanni eunomus* 鶫
ヒタキ科の鳥。
¶日鳥山新〔亜種ツグミ〕(p254/カ写)
日鳥山増〔亜種ツグミ〕(p210/カ写)
日野鳥新〔ツグミ*〕(p544/カ写)
日野鳥増〔ツグミ*〕(p514/カ写)

ツグミマイコドリ *Schiffornis turdina* 鶫舞子鳥
カザリドリ科の鳥。全長16cm。㊕メキシコ南部〜エクアドル西部, アマゾン川流域, ベネズエラ, ギアナ地方
¶世鳥大 (p338/カ写)

ツシマアカガエル *Rana tsushimensis* 対馬赤蛙
アカガエル科の両生類。日本固有種。体長3.1〜4.4cm。㊕対馬
¶カエル見 (p84/カ写)
原爬両 (No.125/カ写)
日カサ (p70/カ写)
爬両1800 (p412/カ写)
野日両 (p33,77,152/カ写)

ツシマウマ ⇒タイシュウウマを見よ

ツシマコゲラ *Dendrocopos kizuki kotataki* 対馬小啄木鳥
キツツキ科の鳥。コゲラの亜種。㊕長崎県対馬
¶日鳥山新 (p113/カ写)
日鳥山増 (p123/カ写)
日野鳥増 (p428/カ写)

ツシマサンショウウオ *Hynobius tsuensis* 対馬山椒魚
サンショウウオ科の両生類。日本固有種。全長10〜12cm。㊕長崎県対馬の固有種で上島・下島両島に生息
¶原爬両 (No.175/カ写)
日カサ (p187/カ写)
爬両飼 (p217/カ写)
野日両 (p21,58,115/カ写)

ツシマジカ *Cervus nippon pulchellus* 対馬鹿
シカ科の哺乳類。ニホンジカの亜種。全長76cm。㊕本州, 四国, 九州
¶日哺学フ (p169/カ写)

ツシマスベトカゲ *Scincella vandenburghi* 対馬滑蜥蜴
スキンク科(トカゲ科)の爬虫類。全長10cm。㊕対馬
¶原爬両 (No.51/カ写)
日カメ (p120/カ写)
爬両飼 (p106)
野日爬 (p23,103/カ写)

ツシマテン *Martes melampus tsuensis* 対馬貂
イタチ科の哺乳類。頭胴長45〜54.5cm。㊕朝鮮半島の一部。日本では対馬
¶くら哺 (p64/カ写)
日哺学フ (p164/カ写)

ツシマヒゲジドリ 対馬髯地鶏
鶏の一品種。体重 オス2.4kg, メス1.6kg。長崎県の原産。
¶日家〔対馬髯地鶏〕(p153/カ写)

ツ

ツシママムシ *Gloydius tsushimaensis* 対馬蝮
クサリヘビ科の爬虫類。日本固有種。全長40〜60cm。㊕対馬
¶原爬両 (No.98/カ写)
日カメ (p222/カ写)
爬両飼 (p47/カ写)
爬両1800 (p341/カ写)
野日爬 (p43,69,198/カ写)

ツシマヤマネコ *Prionailurus bengalensis euptilurus* 対馬山猫
ネコ科の哺乳類。ベンガルヤマネコの亜種。別名ヤマネコ, チョウセンヤマネコ。絶滅危惧IA類(環境省レッドリスト), 天然記念物。頭胴長43.8〜83cm。㊕アムール, 中国東北部, 朝鮮半島, 済州島。日本では長崎県対馬
¶遺産日 (哺乳類 No.9/カ写)
くら哺 (p56/カ写)
絶事 (p4,76/カ写, モ図)
日哺改 (p93/カ写)
日哺学フ (p163/カ写)
野生ネコ (p36/カ写, カ図)

ツチオオカミ ⇒アードウルフを見よ

ツチガエル *Rana rugosa* 土蛙
アカガエル科の両生類。体長4〜5cm。㊕日本, 朝鮮半島, 中国, ロシア
¶かえる百 (p81/カ写)
カエル見 (p85/カ写)
原爬両 (No.137/カ写)
世文動 (p331/カ写)
世両 (p139/カ写)
日カサ (p103/カ写)
爬両観 (p115/カ写)
爬両飼 (p184/カ写)
爬両1800 (p412/カ写)
爬両ビ (p277/カ写)
野日両 (p37,85,167/カ写)

ツチクジラ *Berardius bairdii* 槌鯨
アカボウクジラ科の哺乳類。別名ツチンボウ。体長11〜13m。㊕北太平洋の冷温帯
¶クイ百 (p208/カ図)
くら哺 (p108/カ写)

世文動 (p129/カ写)
地球 (p615/カ図)
日哺学フ (p218/カ写, カ図)

ツチスドリ *Grallina cyanoleuca* 土巣鳥
カササギヒタキ科(ツチスドリ科)の鳥。全長17〜38cm。 ㊀オーストラリア, ニューギニア南部の一部
¶世鳥大 (p389/カ写)
世鳥卵 (p234/カ写, カ図)
世鳥ネ (p277/カ写)
地球 (p489/カ写)

ツチブタ *Orycteropus afer* 土豚
ツチブタ科の哺乳類。体長1〜1.3m。 ㊀サハラ砂漠以南のアフリカ
¶驚野動 (p229/カ写)
世文動 (p182/カ写)
世哺 (p311/カ写)
地球 (p514/カ写)

ツチンボウ ⇒ツチクジラを見よ

ツツドリ *Cuculus saturatus* 筒鳥
カッコウ科の鳥。全長28〜34cm。 ㊀中央・東アジア
¶くら鳥 (p69/カ写)
原寸羽 (p174/カ写)
里山鳥 (p70/カ写)
四季鳥 (p25/カ写)
巣と卵決 (p82/カ写, カ図)
世鳥ネ (p185/カ写)
世文鳥 (p173/カ写)
地球 (p461/カ写)
鳥卵巣 (p228/カ写, カ図)
鳥比 (p23/カ写)
鳥650 (p212/カ写)
名鳥図 (p149/カ写)
日ア鳥 (p180/カ写)
日鳥識 (p130/カ写)
日鳥山新 (p41/カ写)
日鳥山増 (p83/カ写)
日野鳥新 (p202/カ写)
日野鳥増 (p408/カ写)
ぱっ鳥 (p120/カ写)
バード (p30/カ写)
羽根決 (p206/カ写, カ図)
ひと目鳥 (p142/カ写)
フ日野新 (p202/カ図)
フ日野増 (p202/カ図)
フ野鳥 (p124/カ図)
野鳥学フ (p121/カ写)
野鳥山フ (p40,237/カ図, カ写)
山溪名鳥 (p230/カ写)

ツナギトゲオイグアナ *Ctenosaura similis*
イグアナ科イグアナ亜科の爬虫類。全長1〜1.5m。 ㊀メキシコ〜パナマまでの中米, コロンビア(プロビデンシア島), アメリカ合衆国の一部(帰化)
¶地球 (p384/カ写)
爬両1800 (p75/カ写)
爬両ビ (p65/カ写)

ツナビ(1) ⇒オガワコマッコウを見よ

ツナビ(2) ⇒コマッコウを見よ

ツノウズラ *Oreortyx pictus* 角鶉
ナンベイウズラ科(キジ科)の鳥。全長26〜31cm。 ㊀アメリカ, メキシコ
¶世鳥ネ (p27/カ写)
世美羽 (p155/カ写)
地球 (p409/カ写)
鳥飼 (p181/カ写)

ツノオオバン *Fulica cornuta* 角大鷭
クイナ科の鳥。全長47cm。 ㊀ボリビア, ペルー, チリ, アルゼンチン
¶絶百7 (p50/カ写)

ツノガエルの飼育品種 *Ceratophrys* spp.
ユビナガガエル科の両生類。飼育下繁殖個体。体長7.5〜12cm。
¶カエル見 (p108/カ写)
世両 (p174/カ写)
爬両1800〔ツノガエルの品種〕(p429/カ写)

ツノガラガラヘビ *Crotalus cerastes*
クサリヘビ科の爬虫類。全長40〜80cm。 ㊀アメリカ合衆国南西部〜メキシコ北西部
¶世文動〔ツノガラガラ〕(p304/カ写)
爬両1800 (p343/カ写)

ツノサケビドリ *Anhima cornuta* 角叫鳥
サケビドリ科の鳥。全長80〜94cm。 ㊀コロンビア・ベネズエラ〜ボリビア南東部・ブラジル南部
¶世鳥大 (p122)

ツノシマクジラ *Balaenoptera omurai* 角島鯨
ナガスクジラ科の哺乳類。成体体重 推定20t以下。 ㊀インド太平洋
¶クイ百 (p98/カ図)
くら哺 (p89/カ写)
日哺学フ (p207/カ写, カ図)

ツノシャクケイ *Oreophasis derbianus* 角舎久鶏
ホウカンチョウ科の鳥。絶滅危惧IB類。全長75〜85cm。 ㊀メキシコ南東部
¶遺産世 (Aves No.18/カ写)
絶百7 (p52/カ写)
世鳥大 (p109/カ写)

ツノスナクサリヘビ ⇒サハラツノクサリヘビを見よ

ツノナシカメレオン *Trioceros incornutus*
カメレオン科の爬虫類。全長12～16cm。㊛タンザニア南部
¶**爬両1800**(p114/カ写)

ツノフクロアマガエル *Gastrotheca cornuta*
ツノアマガエル科の両生類。全長6.5～8cm。
¶**地球**(p358/カ写)

ツノホウセキハチドリ *Heliactin bilophus* 角宝石蜂鳥
ハチドリ科マルオハチドリ亜科の鳥。全長9.5～11cm。㊛スリナム, ブラジル, ボリビア
¶**ハチドリ**(p70/カ写)

ツノミカドヤモリ *Rhacodactylus auriculatus*
ヤモリ科イシヤモリ亜科の爬虫類。全長15cm前後。㊛ニューカレドニア
¶**ゲッコー**(p81/カ写)
世爬(p116/カ写)
爬両1800(p159/カ写)
爬両ビ(p118/カ写)

ツノメドリ *Fratercula corniculata* 角目鳥
ウミスズメ科の鳥。全長36～41cm。㊛北太平洋
¶**原寸羽**(p155/カ写)
四季鳥(p96/カ写)
世鳥ネ(p156/カ写)
世文鳥(p167/カ写)
鳥卵巣(p214/カ写, カ図)
鳥比(p375/カ写)
鳥650(p374/カ写)
名鳥図(p118/カ写)
日ア鳥(p317/カ写)
日色鳥(p176/カ写)
日鳥識(p184/カ写)
日鳥水増(p341/カ写)
日野鳥新(p355/カ写)
日野鳥増(p104/カ写)
フ日野新(p64/カ図)
フ日野増(p64/カ図)
フ野鳥(p208/カ図)

ツバメ *Hirundo rustica* 燕, 玄鳥
ツバメ科の鳥。全長15～19cm。㊛北アメリカ, ユーラシア
¶**くら鳥**(p36/カ写)
原寸羽(p221/カ写)
里山鳥(p20/カ写)
四季鳥(p110/カ写)
巣と卵決(p102/カ写, カ図)
世鳥大(p407/カ写)
世鳥卵(p157/カ写, カ図)
世鳥ネ(p280/カ写)
世文鳥(p198/カ写)
地球(p489/カ写)
鳥卵巣(p262/カ写, カ図)
鳥比(p100/カ写)
鳥650(p526/カ写)
名鳥図(p172/カ写)
日ア鳥(p440/カ写)
日色鳥(p152/カ写)
日鳥識(p240/カ写)
日鳥巣(p148/カ写)
日鳥山新(p180/カ写)
日鳥山増(p132/カ写)
日野鳥新(p486/カ写)
日野鳥増(p446/カ写)
ぱっ鳥(p272/カ写)
バード(p14/カ写)
羽根決(p250/カ写, カ図)
ひと目鳥(p158/カ写)
フ日野新(p218/カ図)
フ日野増(p218/カ図)
フ野鳥(p298/カ図)
野鳥学フ(p12/カ写, カ図)
野鳥山フ(p47,268/カ図, カ写)
山溪名鳥(p232/カ写)

ツバメオオガシラ *Chelidoptera tenebrosa* 燕大頭
オオガシラ科の鳥。全長15cm。㊛アンデス山脈東側の南アメリカ北部～ボリビア北部, ブラジル南部
¶**世鳥大**(p329/カ写)
世鳥卵(p142/カ写, カ図)
地球(p481/カ写)

ツバメカザリドリ *Phibalura flavirostris* 燕飾鳥
カザリドリ科の鳥。全長22cm。㊛パラグアイ, アルゼンチンやボリビア
¶**世鳥大**(p340/カ写)

ツバメタイランチョウ *Hirundinea ferruginea* 燕太蘭鳥
タイランチョウ科の鳥。全長16～19cm。㊛ベネズエラ～アルゼンチンにかけてのアンデス山脈の高地, ギアナ～ブラジル, ウルグアイ
¶**世鳥大**(p343/カ写)
地球(p484/カ写)

ツバメチドリ *Glareola maldivarum* 燕千鳥
ツバメチドリ科の鳥。全長25cm。㊛シベリア南部, モンゴル, 中国, 台湾, 東南アジア, インド。日本では数少ない夏鳥で九州・本州で局地的に繁殖
¶**里山鳥**(p130/カ写)
四季鳥(p20/カ写)
巣と卵決(p235/カ写, カ図)
世文鳥(p143/カ写)
鳥卵巣(p171/カ写, カ図)
鳥比(p283/カ写)
鳥650(p300/カ写)
名鳥図(p103/カ写)
日ア鳥(p188/カ写)
日色鳥(p91/カ写)

日鳥識（p162/カ写）
日鳥巣（p90/カ写）
日鳥水増（p267/カ写）
日野鳥新（p300/カ写）
日野鳥増（p251/カ写）
ぱっ鳥（p173/カ写）
羽根決（p383/カ写, カ図）
ひと目鳥（p90/カ写）
フ日野新（p144/カ図）
フ日野増（p144/カ図）
フ野鳥（p174/カ図）
野鳥学フ（p220/カ写）
野鳥山フ（p34,210/カ図, カ写）
山溪名鳥（p234/カ写）

ツバメトビ *Elanoides forficatus* 燕鳶
タカ科の鳥。全長50〜64cm。㊎アメリカ南東部, 中央アメリカ〜アルゼンチン
¶世鳥大（p187/カ写）
世鳥ネ（p99/カ写）
地球（p432/カ写）

ツバメハチドリ *Eupetomena macroura* 燕蜂鳥
ハチドリ科ハチドリ亜科の鳥。全長15〜17cm。㊎南アメリカ北部・中部
¶世鳥大（p294/カ写）
ハチドリ（p228/カ写）

ツバメフウキンチョウ *Tersina viridis* 燕風琴鳥
フウキンチョウ科の鳥。全長14cm。㊎パナマ, 南アメリカ
¶原色鳥（p147/カ写）
世鳥大（p482/カ写）

ツベルク・シュピッツ ⇒ポメラニアンを見よ

ツベルク・スピッツ ⇒ポメラニアンを見よ

ツベルク・ピンシャー ⇒ミニチュア・ピンシャーを見よ

ツマベニナメラ *Elaphe moellendorffi*
ナミヘビ科ナミヘビ亜科の爬虫類。別名メレンドルフネズミヘビ。全長160〜180cm。㊎中国, ベトナム北部
¶世爬（p210/カ写）
世ヘビ（p87/カ写）
地球〔メレンドルフネズミヘビ〕（p395/カ写）
爬両**1800**（p314/カ写）
爬両ビ（p227/カ写）

ツミ *Accipiter gularis* 雀鷹, 雀鷂
タカ科の鳥。別名エッサイ。全長 オス27cm, メス30cm。㊎アジア東部。日本では全国
¶くら鳥（p76/カ写）
原寸羽（p70/カ写）
里山鳥（p30/カ写）
四季鳥（p52/カ写）
巣と卵決（p48/カ写, カ図）
世文鳥（p87/カ写）
鳥卵巣（p107/カ写, カ図）
鳥比（p52/カ写）
鳥**650**（p400/カ写）
名鳥図（p126/カ写）
日ア鳥（p337/カ写）
日鳥識（p194/カ写）
日鳥巣（p42/カ写）
日鳥山新（p70/カ写）
日鳥山増（p28/カ写）
日野鳥新（p372/カ写）
日野鳥増（p340/カ写）
ぱっ鳥（p207/カ写）
バード（p41/カ写）
羽根決（p96/カ写, カ図）
ひと目鳥（p124/カ写）
フ日野新（p178/カ図）
フ日野増（p178/カ図）
フ野鳥（p220/カ図）
野鳥学フ（p56/カ写, カ図）
野鳥山フ（p22,134/カ図, カ写）
山溪名鳥（p236/カ写）
ワシ（p76/カ写）

ツミ〔亜種〕 *Accipiter gularis gularis* 雀鷹, 雀鷂
タカ科の鳥。
¶名鳥図〔亜種ツミ〕（p126/カ写）
日鳥山新〔亜種ツミ〕（p70/カ写）
日鳥山増〔亜種ツミ〕（p28/カ写）
日野鳥新〔ツミ*〕（p372/カ写）
ワシ〔亜種ツミ〕（p76/カ写）

ツメガエル ⇒アフリカツメガエルを見よ

ツメナガセキレイ *Motacilla flava* 爪長鶺鴒
セキレイ科の鳥。全長16〜17cm。㊎ユーラシア
¶原色鳥（p197/カ写）
四季鳥（p68/カ写）
巣と卵決（p243/カ写）
世鳥卵（p157/カ写, カ図）
世鳥ネ（p316/カ写）
世文鳥（p200/カ写）
地球（p495/カ写）
鳥卵巣（p267/カ写, カ図）
鳥比（p164/カ写）
鳥**650**（p662/カ写）
名鳥図（p174/カ写）
日ア鳥（p560/カ写）
日鳥識（p280/カ写）
日鳥巣（p156/カ写）
日鳥山新（p310/カ写）
日鳥山増（p140/カ写）
日野鳥新（p584/カ写）
日野鳥増（p454/カ写）
ぱっ鳥（p340/カ写）

ひと目鳥（p168／カ写）
フ日野新（p220／カ図）
フ日野増（p220／カ図）
フ野鳥（p372／カ図）
野鳥山フ（p46,273／カ図, カ写）
山溪名鳥（p124／カ写）

ツメナガセキレイ〔亜種〕 *Motacilla flava taivana* 爪長鶺鴒
セキレイ科の鳥。別名キマユツメナガセキレイ。
¶名鳥図〔亜種ツメナガセキレイ〕（p174／カ写）
日色鳥〔ツメナガセキレイ〕（p104／カ写）
日鳥山新〔亜種ツメナガセキレイ〕（p310／カ写）
日鳥山増〔亜種ツメナガセキレイ〕（p140／カ写）
日野鳥新〔ツメナガセキレイ*〕（p584／カ写）
日野鳥増〔ツメナガセキレイ*〕（p454／カ写）
ぱっ鳥〔亜種ツメナガセキレイ〕（p340／カ写）
野鳥学フ〔キマユツメナガセキレイ〕（p145／カ写）

ツメナガフクロマウス *Neophascogale lorentzii*
フクロネコ科の哺乳類。体長17～22cm。㊀ニューギニア
¶世哺（p61／カ写）

ツメナガホオジロ *Calcarius lapponicus* 爪長頬白
ホオジロ科（ツメナガホオジロ科）の鳥。全長14～16cm。㊀北極付近。南下してフランス北東部, 旧ソ連南部, アメリカ合衆国のニューメキシコ州およびテキサス州で越冬
¶原寸羽（p296／カ写）
四季鳥（p96／カ写）
世鳥大（p475／カ写）
世鳥卵（p214／カ写, カ図）
世鳥ネ（p333／カ写）
世文鳥（p256／カ写）
地球（p499／カ写）
鳥比（p188／カ写）
鳥650（p693／カ写）
日ア鳥（p592／カ写）
日鳥識（p294／カ写）
日鳥山新（p350／カ写）
日鳥山増（p296／カ写）
日野鳥新（p624／カ写）
日野鳥増（p584／カ写）
フ日野新（p280／カ図）
フ日野増（p278／カ図）
フ野鳥（p392／カ図）

ツメナシカワウソ *Aonyx capensis* 爪無獺, 爪無川獺
イタチ科の哺乳類。体長73～88cm。㊀アフリカ
¶世哺（p264／カ写）
地球（p575／カ写）

ツメバガン *Plectropterus gambensis* 爪羽雁
カモ科の鳥。全長75～100cm。㊀サハラ以南のアフリカ各地
¶世鳥大（p128／カ写）

ツメバケイ *Opisthocomus hoazin* 爪羽鶏
ツメバケイ科の鳥。別名ホーアチン, ホアジン。全長61～66cm。㊀ベネズエラ～ボリビア, ブラジル
¶世鳥大（p272／カ写）
世鳥卵（p78／カ写, カ図）
世鳥ネ（p182／カ写）
地球（p460／カ写）
鳥卵巣（p150／カ写, カ図）

ツメバゲリ *Vanellus spinosus* 爪羽計里, 爪羽鳧
チドリ科の鳥。全長25～27cm。㊀エジプト, エチオピア, セネガル, ナイジェリア, ケニア
¶世鳥大（p225／カ写）
地球（p445／カ写）

ツ

ツユダマセタカヘビ *Pareas margaritophorus*
ナミヘビ科セタカヘビ亜科の爬虫類。全長35～40cm。㊀中国南部, インドシナ～マレー半島西部
¶爬両1800（p332／カ写）
爬両ビ（p205／カ写）

ツリーイング・ウォーカー・クーンハウンド
Treeing Walker Coonhound
犬の一品種。体高 オス56～69cm, メス51～63.5cm。アメリカ合衆国の原産。
¶最犬大（p277／カ写）
ビ犬（p161／カ写）

ツリーイング・カー ⇒トゥリーイング・カーを見よ

ツリーイング・ファイスト ⇒トゥリーイング・ファイストを見よ

ツリスガラ *Remiz pendulinus* 吊巣雀, 釣巣雀
ツリスガラ科の鳥。全長11cm。㊀ヨーロッパ南部・東部, シベリア西部, 小アジア, 中央アジア～インド北西部, 中国北部, 朝鮮
¶くら鳥（p53／カ写）
里山鳥（p147／カ写）
四季鳥（p90／カ写）
巣と卵決（p221／カ写, カ図）
世鳥大（p404／カ写）
世鳥卵（p204／カ写, カ図）
世文鳥（p242／カ写）
地球（p488／カ写）
鳥卵巣（p321／カ写, カ図）
鳥比（p92／カ写）
鳥650（p502／カ写）
名鳥図（p213／カ写）
日ア鳥（p422／カ写）
日鳥識（p232／カ写）
日鳥山新（p162／カ写）
日鳥山増（p259／カ写）
日野鳥新（p470／カ写）
日野鳥増（p550／カ写）
ぱっ鳥（p263／カ写）

ひと目鳥 (p207/カ写)
フ日野新 (p266/カ図)
フ日野増 (p266/カ図)
フ野鳥 (p288/カ図)
野鳥学フ (p26/カ写)
野鳥山フ (p55,331/カ図, カ写)
山溪名鳥 (p238/カ写)

ツルクイナ *Gallicrex cinerea* 鶴水鶏, 鶴秧鶏
クイナ科の鳥。全長42cm。[分]朝鮮半島, 中国北東部〜南部, 台湾, フィリピン, スラウェシ島, ジャワ島, スマトラ島, インドシナ, インド, スリランカ。日本では先島諸島
¶原寸羽 (p104/カ写)
四季鳥 (p30/カ写)
世文鳥 (p109/カ写)
鳥卵巣 (p161/カ写, カ図)
鳥比 (p270/カ写)
鳥650 (p199/カ写)
名鳥図 (p70/カ写)
日ア鳥 (p170/カ写)
日鳥識 (p128/カ写)
日鳥水増 (p179/カ写)
日野鳥新 (p196/カ写)
日野鳥増 (p225/カ写)
羽根決 (p378/カ写, カ図)
フ日野新 (p126/カ図)
フ日野増 (p126/カ図)
フ野鳥 (p118/カ図)
野鳥学フ (p160/カ写)
山溪名鳥 (p135/カ写)

ツルシギ *Tringa erythropus* 鶴鷸, 鶴鴫
シギ科の鳥。全長32cm。[分]ユーラシア大陸
¶くら鳥 (p114/カ写)
里山鳥 (p47/カ写)
四季鳥 (p36/カ写)
世文鳥 (p128/カ写)
鳥卵巣 (p185/カ写, カ図)
鳥比 (p300/カ写)
鳥650 (p258/カ写)
名鳥図 (p89/カ写)
日ア鳥 (p223/カ写)
日色鳥 (p210/カ写)
日鳥識 (p150/カ写)
日鳥水増 (p231/カ写)
日野鳥新 (p254/カ写)
日野鳥増 (p264/カ写)
ぱっ鳥 (p148/カ写)
バード (p139/カ写)
羽根決 (p381/カ写, カ図)
ひと目鳥 (p78/カ写)
フ日野新 (p150/カ図)
フ日野増 (p150/カ図)
フ野鳥 (p154/カ図)
野鳥学フ (p211/カ写)
野鳥山フ (p31,190/カ図, カ写)
山溪名鳥 (p239/カ写)

ツルハシガラス *Corvus capensis* 鶴嘴鴉, 鶴嘴烏
カラス科の鳥。全長43〜50cm。[分]アフリカ東部・南部
¶世鳥卵 (p248/カ写, カ図)

ツルモドキ *Aramus guarauna* 鶴擬
ツルモドキ科の鳥。全長65〜70cm。[分]アメリカ合衆国南東部, アンティル諸島, メキシコ南部〜アンデス山脈東部, アルゼンチン北部
¶世鳥大 (p212/カ写)
世鳥卵 (p82/カ写, カ図)
地球 (p439/カ写)

ツロノスキ・プラニスキ・ゴニッツ ⇒モンテネグリン・マウンテン・ハウンドを見よ

ツンガラガエル *Engystomops pustulosus*
メダマガエル科の両生類。全長3〜4cm。
¶地球 (p361/カ写)

【テ】

デアリー・ショートホーン Dairy Shorthorn
牛の一品種。別名デイリー・ショートホーン, 乳用ショートホーン。体高 オス145cm, メス135cm。イギリス・イングランド地方の原産。
¶世文動〔乳用ショートホーン〕(p211/カ写)
日家 (p71)

ディアデマヘビ ⇒カンムリヘビを見よ

ディアハウンド Deerhound
犬の一品種。別名スコティッシュ・ディアーハウンド。体高 オス76cm以上, メス71cm以上。イギリスの原産。
¶最犬大 (p413/カ写)
新犬種 (p305/カ写)
新世犬〔ディアーハウンド〕(p193/カ写)
図世犬 (p332/カ写)
ビ犬 (p133/カ写)

テイオウヘラオヤモリ *Uroplatus giganteus*
ヤモリ科ヤモリ亜科の爬虫類。全長28〜32cm。[分]マダガスカル北端部
¶ゲッコー (p37/カ写)
爬両1800 (p138/カ写)

ティーガー ⇒ティゲルを見よ

ティゲル Tiger
犬の一品種。別名ティーガー。オールド・ジャーマン・ハーディングドッグ (シープドッグ) の一種。ドイツの原産。

¶最犬大 (p62/カ写)
新犬種〔ティーガー〕(p222/カ写(p220))

ディスパートゲオアガマ *Uromastyx dispar*
アガマ科の爬虫類。全長35〜50cm。㊎アフリカ大陸北西部〜中部
¶世爬 (p86/カ写)
爬両1800 (p109/カ写)
爬両ビ (p89/カ写)

ディバタグ *Ammodorcas clarkei*
ウシ科の哺乳類。頭胴長150〜170cm, 肩高80〜88cm。㊎エチオピア, ソマリア
¶世文動 (p226)

ティファニー Tiffanie
猫の一品種。体重3.5〜6.5kg。イギリスの原産。
¶ビ猫 (p210/カ写)

ティベタン・スパニエル ⇒チベタン・スパニエルを見よ

ティベタン・テリア ⇒チベタン・テリアを見よ

ティベタン・マスティフ ⇒チベタン・マスティフを見よ

テイラーアカミミガメ *Trachemys taylori*
ヌマガメ科の爬虫類。甲長18〜25cm。㊎メキシコ(コアウィラ州)
¶爬両1800 (p34/カ写)

テイラーカワリアガマ *Xenagama taylori*
アガマ科の爬虫類。全長6〜8cm。㊎ソマリア北部, エチオピア東部
¶世爬 (p83/カ写)
爬両1800 (p106/カ写)
爬両ビ (p86/カ写)

テイラートカゲモドキ *Hemitheconyx taylori*
ヤモリ科トカゲモドキ亜科の爬虫類。全長20cm前後。㊎エチオピア東部, ソマリア中部
¶ゲッコー (p99/カ写)
爬両1800 (p173/カ写)

デイリー・ショートホーン ⇒デアリー・ショートホーンを見よ

ティールヒメカメレオン *Brookesia thieli*
カメレオン科の爬虫類。全長6.2〜7.3cm。㊎マダガスカル東部
¶爬両1800 (p127/カ写)

ディレピスカメレオン *Chamaeleo dilepis*
カメレオン科の爬虫類。全長20〜35cm。㊎アフリカ大陸中西部〜東部・中部・南東部
¶世爬 (p87/カ写)
爬両1800 (p111/カ写)
爬両ビ (p90/カ写)

ティローラー・ブラッケ ⇒チロリアン・ブラッケを見よ

ティロリアン・ハウンド ⇒チロリアン・ブラッケを見よ

ディンゴ *Canis lupus dingo*
イヌ科の哺乳類。タイリクオオカミの亜種。絶滅危惧II類。体長72〜100cm。㊎アジア南東部, オーストラリア
¶驚野動 (p321/カ写)
新犬種 (p191/カ写)
世哺 (p227/カ写)
地球 (p564/カ写)
野生イヌ (p154/カ写, カ図)

テ

デインツリーリバーリングテイル *Pseudochirulus cinereus*
リングテイル科の哺乳類。体長35cm。
¶地球 (p507/カ写)

デカリヒメカメレオン *Brookesia decaryi*
カメレオン科の爬虫類。全長6.3〜8cm。㊎マダガスカル西部
¶世爬 (p100/カ写)
爬両1800 (p127/カ写)
爬両ビ (p99/カ写)

デカンアクマヤモリ *Geckoella deccanensis*
ヤモリ科の爬虫類。全長15〜18cm。㊎インド
¶爬両1800 (p148/カ写)
爬両ビ (p103/カ写)

テキサスアリゲータートカゲ *Gerrhonotus infernalis*
アンギストカゲ科の爬虫類。全長25〜50cm。㊎アメリカ合衆国南部
¶爬両1800 (p227/カ写)

テキサスオセロット *Leopardus pardalis albescens*
ネコ科の哺乳類。絶滅危惧IB類。頭胴長65〜85cm。㊎中央および南アメリカ, テキサス亜種はテキサス州の南西部と隣接するメキシコの一部
¶絶百7 (p54/カ図)

テキサスクーター *Pseudemys texana*
ヌマガメ科アミメガメ亜科の爬虫類。甲長19〜32cm。㊎アメリカ合衆国南部, メキシコ北部
¶世カメ (p203/カ写)
爬両1800 (p30/カ写)

テキサスゴファーガメ *Gopherus berlandieri*
リクガメ科の爬虫類。甲長20cm前後。㊎アメリカ合衆国南部(テキサス州南部), メキシコ北部
¶世カメ (p57/カ写)
爬両1800 (p17/カ写)
爬両ビ (p11/カ写)

テキサスチズガメ *Graptemys versa* テキサス地図亀
ヌマガメ科アミメガメ亜科の爬虫類。甲長8〜15cm。㊎アメリカ合衆国南部
¶**世カメ** (p227/カ写)
世爬 (p25/カ写)
爬両1800 (p25/カ写)
爬両ビ (p22/カ写)

テキサスハリトカゲ *Sceloporus olivaceus*
イグアナ科ツノトカゲ亜科の爬虫類。全長19〜28cm。㊎アメリカ合衆国南部, メキシコ北部
¶**爬両1800** (p81/カ写)
爬両ビ (p72/カ写)

テ

テキサスヒキガエル *Bufo speciosus*
ヒキガエル科の両生類。体長5〜9cm。㊎アメリカ合衆国南西部, メキシコ北部
¶**爬両1800** (p365/カ写)

テキサスヒメアマガエル ⇒プレーンズコクチガエルを見よ

テキサスラットスネーク *Elaphe obsoleta lindheimerii*
ナミヘビ科の爬虫類。全長90cm〜1.2m, 最大1.6m。㊎アメリカ(オクラホマ州, カンザス州, テキサス州, ミシシッピー州, ルイジアナ州)
¶**世ヘビ** (p40/カ写)

テキサス・ロングホーン Texas Longhon
ウシの一品種。体高1.2〜1.5m。
¶**地球** (p601/カ写)

テグー *Tupinambis teguixin*
テユー科の爬虫類。全長60〜105cm。㊎南アメリカ北部〜中央部
¶**驚野動** (p105/カ写)
世文動 (p269/カ写)

テグー(黒化型) *Tupinambis* sp.
テユー科の爬虫類。色彩変異/メラニスティック。全長60〜120cm。㊎南米大陸
¶**爬両1800** (p195/カ写)

デグー *Octodon degus*
デグー科の哺乳類。体長12〜19cm。㊎南アメリカ
¶**世哺** (p181/カ写)
地球 (p532/カ写)

テクセル Texel
羊の一品種。体重 オス120kg, メス85kg。オランダの原産。
¶**日家** (p125/カ写)

テクタセタカガメ *Pangshura tecta*
アジアガメ科(イシガメ(バタグールガメ)科)の爬虫類。甲長最大23cm。㊎インド北部, パキスタン, ネパール, バングラデシュ
¶**世カメ** (p243/カ写)
世文動 (p246/カ写)

デケイヘビ *Storeria dekayi*
ナミヘビ科ユウダ亜科の爬虫類。全長25〜50cm。㊎カナダ東部, アメリカ合衆国中部以東
¶**世文動** (p291/カ写)
爬両1800 (p274/カ写)

デコイ ⇒コール・ダックを見よ

デザートキングスネーク *Lampropeltis getula splendida*
ナミヘビ科の爬虫類。コモンキングスネークの亜種。全長最大1.1m。㊎アメリカ(テキサス州, アリゾナ州)メキシコ中央部など
¶**世ヘビ** (p25/カ写)

テヅカミネコメアマガエル ⇒テヅカミネコメガエルを見よ

テヅカミネコメガエル *Phyllomedusa hypochondrialis*
アマガエル科の両生類。別名テヅカミネコメアマガエル。全長4〜5cm。㊎南米中部以北
¶**かえる百** (p61/カ写)
カエル見 (p40/カ写)
世両 (p62/カ写)
地球〔テヅカミネコメアマガエル〕(p360/カ写)
爬両1800 (p380/カ写)
爬両ビ (p250/カ写)

テッケル ⇒ダックスフンドを見よ

テツバシメキシコインコ *Aratinga aurea* 鉄嘴メキシコ鸚哥
インコ科の鳥。全長23〜28cm。㊎ブラジル
¶**世鳥大** (p265/カ写)

デッピーキノボリアリゲータートカゲ ⇒デップキノボリアリゲータートカゲを見よ

デップキノボリアリゲータートカゲ *Abronia deppii*
アンギストカゲ科の爬虫類。全長25cm前後。㊎メキシコ南西部
¶**世爬** (p151/カ写)
爬両1800 (p229/カ写)
爬両ビ〔デッピーキノボリアリゲータートカゲ〕(p161/カ写)

デップハシリトカゲ *Aspidoscelis deppei*
テユー科の爬虫類。別名ナナスジランナー。全長20〜25cm。㊎メキシコ〜コスタリカ
¶**爬両1800** (p196/カ写)

テトラカヒヨドリ *Bernieria madagascariensis* テトラカ鵯
ヒヨドリ科の鳥。全長17〜20cm。
¶**世鳥大** (p412)

デニスアオガエル *Rhacophorus dennysi*
アオガエル科の両生類。体長6〜9cm。㊗中国, ミャンマー, ベトナム
¶**世両**(p79/カ写)
爬両1800(p387/カ写)
爬両ビ(p255/カ写)

デニッシュ・スウェディッシュ・ファームドッグ Danish-Swedish Farmdog
犬の一品種。別名ダンスク・スヴェンスク・ゴーシュフェンド, ダンスク・スヴェンスク・ガルトフント。体高 オス34〜37cm, メス32〜35cm。デンマークおよびスウェーデンの原産。
¶**最犬大**(p111/カ写)
新犬種〔ダンスク・スヴェンスク・ガルトフント〕(p76/カ写)
ビ犬〔デニッシュ=スウェディッシュ・ファームドッグ〕(p284/カ写)

デニッシュ・スピッツ Danish Spitz
犬の一品種。別名ダンスク・シュピッツ。体高 オス43〜49cm, メス39〜46cm。デンマークの原産。
¶**最犬大**(p217/カ写)

デーニッシュ・ブロホルマー ⇒ブロホルマーを見よ

テネシー・ウォーカー Tennessee Walker
馬の一品種。軽量馬。体高 平均150〜160cm。アメリカ合衆国の原産。
¶**アルテ馬**(p168/カ写)
日家(p47/カ写)

テネリフェ・ドッグ ⇒ビション・フリーゼを見よ

デブスジマブヤ *Trachylepis striata*
スキンク科の爬虫類。全長17〜24cm。㊗アフリカ大陸東部〜南部
¶**爬両1800**(p204/カ写)

デボン Devon
牛の一品種。別名ノース・デボン。大型の肉用種。体高 オス136cm, メス130cm。イギリスの原産。
¶**世文動**(p212/カ写)
日家(p65/カ図)

デボン・レックス Devon Rex
猫の一品種。体重2.5〜4kg。イギリスの原産。
¶**ビ猫**(p178/カ写)

デマレフチア *Capromys pilorides*
フチア科の哺乳類。絶滅危惧IB類。体長30〜43cm。㊗カリブ
¶**世哺**(p178/カ写)
地球(p532/カ写)

デマンシアヘビ *Demansia psammophis*
コブラ科の爬虫類。全長1.2m。
¶**地球**(p397/カ写)

デミドフガラゴ ⇒コビトガラゴを見よ

デミドフコビトガラゴ ⇒コビトガラゴを見よ

テミンクネコ ⇒アジアゴールデンキャットを見よ

デュエルマンヤドクガエル *Dendrobates duellmani*
ヤドクガエル科の両生類。体長1.8〜2cm。
㊗ペルー
¶**カエル見**(p102/カ写)
爬両1800(p425/カ写)

デュメリルイロメガエル ⇒ハイクチイロメガエルを見よ

デュメリルオオトカゲ *Varanus dumerilii*
オオトカゲ科の爬虫類。全長110〜130cm。㊗ミャンマー, タイ, マレー半島, インドネシア
¶**世爬**(p157/カ写)
爬両1800(p241/カ写)
爬両ビ(p167/カ写)

デュメリルボア *Acrantophis dumerili*
ボア科の爬虫類。全長125〜145cm。㊗マダガスカル中部以南
¶**地球**(p390/カ写)
爬両1800(p263/カ写)

デュメリルマダガスカルアオガエル ⇒ハイクチイロメガエルを見よ

デュランゴマウンテンゴファースネーク ⇒メキシコブルスネークを見よ

デュロック Duroc
豚の一品種。交雑豚。体重 オス380kg, メス300kg。アメリカ合衆国の原産。
¶**世文動**(p196/カ写)
日家(p98/カ写)

デュンケル ⇒ノルウェジアン・ハウンドを見よ

デラニヤガラオウギハクジラ *Mesoplodon hotaula*
アカボウクジラ科の哺乳類。㊗赤道付近のインド太平洋
¶**クイ百**(p232/カ図)

テリア・ブラジレイロ ⇒ブラジリアン・テリアを見よ

デリケトアメガエル ⇒ビハマアメガエルを見よ

テリノドエメラルドハチドリ *Amazilia fimbriata*
照喉エメラルド蜂鳥
ハチドリ科ハチドリ亜科の鳥。全長8〜12cm。
㊗南アメリカ北部, アンデス山脈の東側〜ボリビア南部およびブラジル南部
¶**ハチドリ**(p271/カ写)

テリハウズラバト *Geotrygon chrysia* 照羽鶉鳩
ハト科の鳥。全長27〜31cm。
¶**世鳥大**(p249/カ写)

地球(p455/カ写)

テリバネコウウチョウ *Molothrus bonariensis* 照羽香雨鳥
ムクドリモドキ科の鳥。㊗南アメリカ
¶世鳥卵(p219/カ写, カ図)

テリヒラハシ *Myiagra alecto* 照平嘴
カササギヒタキ科の鳥。全長17～19cm。
¶世鳥大(p389/カ写)

テリムクドリモドキ *Euphagus cyanocephalus* 照椋鳥擬
ムクドリモドキ科の鳥。全長21～23cm。㊗五大湖地方よりも西のカナダ南部とアメリカ合衆国西部で繁殖。北アメリカのカナダ南西部～フロリダ州, メキシコ中部までで越冬
¶世鳥大(p472/カ写)

テ

デリーンタマオヤモリ *Nephrurus deleani*
ヤモリ科の爬虫類。全長10～11cm。㊗オーストラリア(南オーストラリア州)
¶ゲッコー(p70/カ写)
爬両1800(p157/カ写)

デール・グッドブランダール Döle-Gudbrandsdal
馬の一品種。軽量馬。体高145～155cm。ノルウェーの原産。
¶アルテ馬(p105/カ写)

デールズ Dales
馬の一品種(ポニー)。別名デールズ・ポニー。体高142cm以下。イギリスの原産。
¶アルテ馬(p226/カ写)

テルスク Tersk
馬の一品種。軽量馬。ロシアの原産。
¶アルテ馬(p130/カ写)

デールズ・ポニー ⇒デールズを見よ

テレケィヨコクビガメ ⇒モンキヨコクビガメを見よ

デレマカメレオン *Trioceros deremensis*
カメレオン科の爬虫類。全長18～28cm。㊗タンザニア(ウルグル山・ウサンバラ山)
¶世爬(p90/カ写)
爬両1800(p113/カ写)

テワンテペクノウサギ *Lepus flaviguralis*
ウサギ科の哺乳類。絶滅危惧IB類。㊗南メキシコのオアハカ
¶レ生(p199/カ写)

テン *Martes melampus* 貂
イタチ科の哺乳類。別名ニホンテン。頭胴長 オス45～49cm, メス41～43cm。㊗アジア東部
¶驚野動(p289/カ写)
くら哺(p64/カ写)
世文動(p157/カ写)
日哺改(p80/カ写)

テングアフリカアカガエル *Ptychadena oxyrhynchus*
アカガエル科の両生類。体長6.2～8.5cm。㊗アフリカ東部・南部
¶世カエ(p320/カ写)

テングカメレオン *Furcifer antimena*
カメレオン科の爬虫類。全長15～32cm。㊗マダガスカル南部
¶爬両1800(p124/カ写)
爬両ビ(p95/カ写)

テングキノボリヘビ *Langaha madagascariensis*
ナミヘビ科マラガシーヘビ亜科の爬虫類。全長90～100cm。㊗マダガスカル
¶世爬(p223/カ写)
世ヘビ(p93/カ写)
爬両1800(p338/カ写)
爬両ビ(p202/カ写)

テングコウモリ *Murina hilgendorfi* 天狗蝙蝠
ヒナコウモリ科の哺乳類。前腕長4.1～4.6cm。㊗北東インド, 中国, 東シベリア。日本では北海道, 本州, 四国, 九州
¶くら哺(p52/カ写)
世文動(p67/カ写)
日哺改(p58/カ写)
日哺学フ(p126/カ写)

テングコガタキガエル *Philautus cuspis*
アオガエル科の両生類。体長3.8cmまで。㊗スリランカ
¶世カエ(p408/カ写)

テングザル *Nasalis larvatus* 天狗猿
オナガザル科の哺乳類。絶滅危惧IB類。体高54～76cm。㊗アジア南東部
¶遺産世(Mammalia No.9/カ写)
驚野動(p295/カ写)
絶百7(p58/カ写)
世文動(p93/カ写)
世哺(p121/カ写)
地球(p545/カ写)
美サル(p81/カ写)

テングヘビ *Rhynchophis boulengeri*
ナミヘビ科の爬虫類。別名ライノラットスネーク。全長100～120cm。㊗中国(広西省, 海南島), ベトナム北部
¶世爬(p198/カ写)
世ヘビ〔ライノラットスネーク〕(p101/カ写)
爬両1800(p303/カ写)
爬両ビ(p218/カ写)

テンジクニシキヘビ ⇒インディアンパイソンを見よ

テンジクネズミ *Cavia porcellus* 天竺鼠
テンジクネズミ科の哺乳類。別名モルモット。体長20～40cm。㊎ヨーロッパ，アメリカ合衆国
¶**世文動**(p119/カ写)
地球(p529/カ写)

デンショバト Homing Pigeon 伝書鳩
ハト科の鳥。別名カワラバト。カワラバトを通信に利用するため家禽化したものをいう。全長31～34cm。㊎元々ヨーロッパや中央アジア，北アフリカなどの乾燥地帯に分布
¶**鳥卵巣**(p216/カ写，カ図)

テンセンヒメレーサー *Eirenis lineomaculatus*
ナミヘビ科ナミヘビ亜科の爬虫類。全長30cm前後。㊎トルコ，シリア，イスラエル，レバノン
¶**爬両1800**(p291/カ写)

テンセンリオパ *Riopa punctata*
スキンク科の爬虫類。頭胴長6～8cm。㊎インド，スリランカ
¶**世文動**(p273/カ写)

テンターフィールド・テリア Tenterfield Terrier
犬の一品種。体高25.5～30.5cm。オーストラリアの原産。
¶**最犬大**(p170/カ写)
新犬種〔テンタフィールド・テリア〕(p50)

テントコウモリ *Uroderma bilobatum*
ヘラコウモリ科の哺乳類。体長6～6.5cm。㊎北アメリカ，中央アメリカ，南アメリカ
¶**世哺**(p90/カ写)
地球(p555/カ写)

テントセタカガメ *Pangshura tentoria*
アジアガメ科(イシガメ(バタグールガメ)科)の爬虫類。甲長18～25cm。㊎インド，バングラディシュ
¶**世カメ**(p244/カ写)
世爬(p30/カ写)
爬両1800(p36～37/カ写)

テントヤブガメ *Psammobates tentorius*
リクガメ科の爬虫類。甲長12～14cm。㊎南アフリカ共和国，ナミビア南部
¶**世カメ**(p37/カ写)
爬両1800(p16/カ写)

テンニョインコ *Polytelis alexandrae* 天女鸚哥
インコ科の鳥。全長40～47cm。㊎オーストラリア中部・西部の内陸部
¶**世色鳥**(p93/カ写)
地球(p458/カ写)
鳥飼(p142/カ写)

テンニョハチドリ *Oreonympha nobilis* 天女蜂鳥
ハチドリ科ミドリフタオハチドリ亜科の鳥。全長14～17cm。㊎ペルー
¶**世美羽**(p68/カ写，カ図)
ハチドリ(p135/カ写)

テンニンチョウ *Vidua macroura* 天人鳥
テンニンチョウ科(ハタオリドリ科)の鳥。全長11～32cm。㊎サハラ以南のアフリカ
¶**世鳥大**(p462/カ写)
世鳥ネ(p308/カ写)
世美羽(p136/カ写，カ図)
世文鳥(p279/カ写)
鳥飼(p97/カ写)
日鳥山新(p391/カ写)
日鳥山増(p357/カ写)
フ日野新(p305/カ図)
フ日野増(p305/カ図)

ト

テンペルカメレオン *Trioceros tempeli*
カメレオン科の爬虫類。全長18～23cm。㊎タンザニア南西部
¶**爬両1800**(p114/カ写)

デンマークオンケツシュ Danish Warmblood デンマーク温血種
馬の一品種。軽量馬。体高161～162cm。デンマークの原産。
¶**アルテ馬**〔デンマーク温血種〕(p74/カ写)

テンレック *Tenrec ecaudatus*
テンレック科の哺乳類。体長26～39cm。㊎マダガスカル
¶**世文動**(p56/カ写)
世哺(p80/カ写)
地球(p514/カ写)

【ト】

トイガー Toyger
猫の一品種。体重5.5～10kg。アメリカ合衆国の原産。
¶**ビ猫**(p141/カ写)

トイ・スピッツ ⇒ポメラニアンを見よ

ドイチェ・ヴァクテルフンド ⇒ジャーマン・スパニエルを見よ

ドイチェ・シェーファーフント ⇒ジャーマン・シェパード・ドッグを見よ

ドイチェ・ドッゲ ⇒グレート・デーンを見よ

ドイチェ・ブラッケ ⇒ジャーマン・ハウンドを見よ

ドイチェ・ヤクート・テリア ⇒ジャーマン・ハンティング・テリアを見よ

ドイチャー・ヴァハテルフント ⇒ジャーマン・スパニエルを見よ

ドイチャー・シェーファーフント ⇒ジャーマン・シェパード・ドッグを見よ

ドイチャー・シュピッツ ⇒ジャーマン・スピッツを見よ

ドイチャー・ピンシャー ⇒ピンシャーを見よ

ドイチャー・ボクサー ⇒ボクサーを見よ

ドイチャー・ヤークトテリア ⇒ジャーマン・ハンティング・テリアを見よ

ドイチュ・クッザール ⇒ジャーマン・ショートヘアード・ポインターを見よ

ドイチュ・クルツハール ⇒ジャーマン・ショートヘアード・ポインターを見よ

ドイチュ・シュティッヒェルハール ⇒ジャーマン・ラフヘアード・ポインターを見よ

ドイチュ・スティヘルハール ⇒ジャーマン・ラフヘアード・ポインターを見よ

ドイチュ・ドラタハール ⇒ジャーマン・ワイアーヘアード・ポインターを見よ

ドイチュ・ドラートハール ⇒ジャーマン・ワイアーヘアード・ポインターを見よ

ドイチュ・ラングハール ⇒ジャーマン・ロングヘアード・ポインターを見よ

ドイチュ・ランハール ⇒ジャーマン・ロングヘアード・ポインターを見よ

ドイッチェ・ブラケ ⇒ジャーマン・ハウンドを見よ

トイ・フォックス・テリア Toy Fox Terrier
犬の一品種。別名アメリカン・トイ・テリア。体高23～30cm。アメリカ合衆国の原産。
¶**新犬種**〔トーイ・フォックス・テリア〕(p41/カ写)
ビ犬 (p210/カ写)

トイ・マンチェスター・テリア Toy Manchester Terrier
犬の一品種。別名イングリッシュ・トイ・テリア，ブラック・アンド・タン・トイ・テリア。体高25～30cm。イギリスの原産。
¶**最犬大** (p193/カ写)
新犬種〔イングリッシュ・トーイ・テリア〕(p41/カ写)
新世犬 (p304/カ写)
図世犬 (p167/カ写)
ビ犬〔イングリッシュ・トイ・テリア〕(p211/カ写)

ドウイロテリオハチドリ *Metallura theresiae* 銅色照尾蜂鳥
ハチドリ科ミドリフタオハチドリ亜科の鳥。全長10～11cm。
¶**ハチドリ** (p141/カ写)

ドウイロトゲオハチドリ *Discosura letitiae* 銅色棘尾蜂鳥
ハチドリ科ミドリフタオハチドリ亜科の鳥。全長オス9cm。
¶**ハチドリ** (p362)

ドウイロハチドリ *Chalybura urochrysia* 銅色蜂鳥
ハチドリ科ハチドリ亜科の鳥。全長10.5～12cm。
¶**ハチドリ** (p238/カ写)

ドウイロヒメエメラルドハチドリ *Chlorostilbon russatus* 銅色姫エメラルド蜂鳥
ハチドリ科ハチドリ亜科の鳥。全長7～8.5cm。
¶**ハチドリ** (p375)

トウエントン Taoyuan Pig 桃園豚
豚の一品種。ブランド豚・中国豚。体重 オス100kg, メス85kg。台湾の原産。
¶**日家**〔桃園豚〕(p102/カ写)

トウオウナメラ *Elaphe sauromates*
ナミヘビ科ナミヘビ亜科の爬虫類。全長100～180cm。㊎東ヨーロッパ～北部中東域
¶**爬両1800** (p309/カ写)
爬両ビ (p223/カ写)

トウキョウサンショウウオ *Hynobius tokyoensis* 東京山椒魚
サンショウウオ科の両生類。絶滅危惧II類(環境省レッドリスト)。日本固有種。全長9～13cm。㊎関東地方
¶**遺産日** (両生類 No.4/カ写)
原爬両 (No.169/カ写)
絶事 (p13,162/カ写, モ図)
世文動 (p308/カ写)
世両 (p187/カ写)
日カサ (p178/カ写)
爬両観 (p124/カ写)
爬両飼 (p211/カ写)
爬両1800 (p434/カ写)
爬両ビ (p300/カ写)
野日両 (p19,53,108/カ写)

トウキョウダルマガエル *Rana porosa porosa* 東京達磨蛙
アカガエル科の両生類。日本固有亜種。体長 オス5.5～7cm, メス6～7cm。㊎仙台平野, 関東平野, 新潟県中部・南部, 長野県中部・北部
¶**かえる百** (p79/カ写)
原爬両 (No.135/カ写)
日カサ (p94/カ写)
爬両観 (p114/カ写)
爬両飼 (p182/カ写)

野日両（p36,84,163/カ写）

トウキョウトガリネズミ *Sorex minutissimus hawkeri* 東京尖鼠
トガリネズミ科の哺乳類。チビトガリネズミの亜種。絶滅危惧II類（環境省レッドリスト）。全長4.5〜4.9cm。[分]ユーラシア北部一帯および朝鮮半島の一部。日本では北海道の東部・北部
¶**くら哺**（p30/カ写）
絶事（p16/モ図）
世文動（p52/カ写）
日哺学フ（p24/カ写）

ドウキョウナメラ *Senticolis triaspis*
ナミヘビ科ナミヘビ亜科の爬虫類。全長70〜120cm。[分]アメリカ合衆国南部，メキシコ南東部〜コスタリカまで
¶**世爬**（p201/カ写）
爬両1800（p307/カ写）
爬両ビ（p222/カ写）

トウキョウマキゲ Makige Tokyo Frill 東京巻毛
アトリ科の鳥。カナリアの一品種。
¶**鳥飼**〔東京巻毛〕（p104/カ写）

ドウクツサラマンダー *Eurycea lucifuga*
ムハイサラマンダー科の両生類。全長8〜16cm。[分]アメリカ合衆国中東部
¶**世両**（p204/カ写）
爬両1800（p445/カ写）
爬両ビ（p306/カ写）

ドゥクモンキー *Pygathrix nemaeus*
オナガザル科の哺乳類。別名ドゥクラングール。絶滅危惧IB類。頭胴長 オス55〜63cm，メス59.7cm。[分]カンボジア東部，ラオス南部，ベトナム
¶**絶百7**（p60/カ写）
世文動（p93/カ写）

ドゥクラングール ⇒ドゥクモンキーを見よ

ドウグロタマリン *Leontopithecus chrysomelas*
オマキザル科（マーモセット科）の哺乳類。別名ドウグロライオンタマリン。絶滅危惧IB類。頭胴長22〜26cm。[分]ブラジル南東部のバイア州南部，大西洋岸の森林のみ
¶**地球**（p541/カ写）
美サル〔ドウグロライオンタマリン〕（p28/カ写）

ドウグロライオンタマリン ⇒ドウグロタマリンを見よ

ドウケヤドクガエル *Dendrobates lamasi*
ヤドクガエル科の両生類。体長2cm前後。[分]ペルー
¶**カエル見**（p100/カ写）
世両（p160/カ写）
爬両1800（p424/カ写）
爬両ビ（p289/カ写）

トウゾクカモメ *Stercorarius pomarinus* 盗賊鷗
トウゾクカモメ科の鳥。全長46〜51cm。[分]シベリア，アラスカ，カナダ
¶**四季鳥**（p80/カ写）
世鳥ネ（p152/カ写）
世文鳥（p144/カ写）
地球（p451/カ写）
鳥比（p368/カ写）
鳥650（p355/カ写）
名鳥図（p109/カ写）
日ア鳥（p303/カ写）
日鳥識（p178/カ写）
日鳥水増（p269/カ写）
日野鳥新（p342/カ写）
日野鳥増（p129/カ写）
ぱっ鳥（p191/カ写）
羽根決（p371/カ写，カ図）
ひと目鳥（p24/カ写）
フ日野新（p84/カ図）
フ日野増（p84/カ図）
フ野鳥（p200/カ図）
野鳥山フ（p37,211/カ図，カ写）
山溪名鳥（p240/カ写）

トゥーソントカゲモドキ *Coleonyx variegatus bogerli*
ヤモリ科トカゲモドキ亜科の爬虫類。バンドトカゲモドキの亜種。全長10〜13cm。[分]アメリカ合衆国南西部〜メキシコ北西部
¶**ゲッコー**〔バンドトカゲモドキ（亜種トゥーソントカゲモドキ）〕（p92/カ写）

トウテンコウ Totenko 東天紅
鶏の一品種。天然記念物。体重 オス2.25kg，メス1.8kg。高知県の原産。
¶**日家**〔東天紅〕（p150/カ写）

トウネン *Calidris ruficollis* 当年
シギ科の鳥。全長15cm。[分]シベリア北東部，アラスカの一部
¶**くら鳥**（p111/カ写）
原寸羽（p114/カ写）
里山鳥（p121/カ写）
四季鳥（p30/カ写）
世文鳥（p120/カ写）
鳥比（p314/カ写）
鳥650（p277/カ写）
名鳥図（p81/カ写）
日ア鳥（p240/カ写）
日鳥識（p156/カ写）
日鳥水増（p206/カ写）
日野鳥新（p276/カ写）
日野鳥増（p300/カ写）
ぱっ鳥（p160/カ写）
バード（p136/カ写）
羽根決（p380/カ写，カ図）

ひと目鳥（p68/カ写）
フ日野新（p136/カ図）
フ日野増（p136/カ図）
フ野鳥（p164/カ図）
野鳥学フ（p193/カ写）
野鳥山フ（p29,177/カ図, カ写）
山溪名鳥（p242/カ写）

ドウバネインコ *Pionus chalcopterus* 銅羽鸚哥
インコ科の鳥。大きさ28cm。㊎南アメリカ北西部（アンデス山脈西側, ベネズエラ, コロンビア, エクアドル, ペルー）
¶鳥飼（p152/カ写）

ト

ドウバラワタアシハチドリ *Eriocnemis cupreoventris* 銅腹綿足蜂鳥
ハチドリ科ミドリフタオハチドリ亜科の鳥。準絶滅危惧。全長9～10cm。
¶ハチドリ（p150/カ写）

トウブインディゴヘビ ⇒イースタンインディゴスネークを見よ

トウブキングヘビ ⇒イースタンキングスネークを見よ

トウブコクチガエル *Gastrophryne carolinensis*
ヒメアマガエル科（ジムグリガエル科, コクチガエル科）の両生類。別名トウブジムグリガエル。全長2～3.5cm。㊎アメリカ合衆国
¶カエル見（p74/カ写）
世文動（p330/カ写）
地球〔トウブジムグリガエル〕（p362/カ写）
爬両1800（p410/カ写）

トウブサンドスキンク *Scincus mitranus*
スキンク科の爬虫類。全長12～16cm。㊎アラビア半島中部～南部, パキスタン
¶爬両1800（p205/カ写）

トウブシシバナヘビ *Heterodon platirhinos*
ナミヘビ科ヒラタヘビ亜科の爬虫類。別名イースタンホッグノーズスネーク。全長50～110cm。㊎アメリカ合衆国中部～東部, カナダ南東部
¶世爬（p191/カ写）
世文動（p290/カ写）
世ヘビ（p45/カ写）
爬両1800（p284/カ写）
爬両ビ（p212/カ写）

トウブシマリス *Tamias striatus*
リス科の哺乳類。体長12～15cm。㊎北アメリカ
¶世哺（p146/カ写）
地球（p524/カ写）

トウブジムグリガエル ⇒トウブコクチガエルを見よ

トウブスキアシガエル ⇒ホルブルックスキアシガエルを見よ

トウブタイガーサラマンダー *Ambystoma tigrinum*
マルクチサラマンダー科の両生類。全長18～30cm。㊎カナダ南部～アメリカ合衆国東部
¶世両（p196/カ写）
爬両1800（p440/カ写）
爬両ビ（p303/カ写）

トウブドロガメ *Kinosternon subrubrum*
ドロガメ科ドロガメ亜科の爬虫類。甲長8～10cm。㊎アメリカ合衆国東部～南東部
¶世カメ（p126/カ写）
世爬（p46/カ写）
世文動（p242/カ写）
地球（p374/カ写）
爬両1800（p54/カ写）
爬両ビ（p60/カ写）

トウブナミハリユビヤモリ *Stenodactylus sthenodactylus sthenodactylus*
ヤモリ科ヤモリ亜科の爬虫類。全長8～11cm。㊎アフリカ大陸北東部
¶ゲッコー〔ナミハリユビヤモリ（基亜種トウブナミハリユビヤモリ）〕（p54/カ写）

トウブハイイロリス *Sciurus carolinensis* 東部灰色栗鼠
リス科の哺乳類。体長23～30cm。㊎北アメリカ, ヨーロッパ
¶世文動（p107/カ写）
世哺（p149/カ写）
地球（p523/カ写）

トウブヘビガタトカゲ *Ophisaurus ventralis*
アンギストカゲ科の爬虫類。別名トウブヘビトカゲ。全長45～100cm。㊎アメリカ合衆国東部
¶世爬（p152/カ写）
世文動〔トウブヘビトカゲ〕（p276/カ写）
爬両1800（p231/カ写）
爬両ビ（p162/カ写）

トウブヘビトカゲ ⇒トウブヘビガタトカゲを見よ

トウブミルクヘビ ⇒イースタンミルクスネークを見よ

トウブモグラ *Scalopus aquaticus*
モグラ科の哺乳類。体長11～17cm。
¶地球（p559/カ写）

トウブリボンヘビ *Thamnophis sauritus*
ナミヘビ科ユウダ亜科の爬虫類。全長45～100cm。㊎カナダ南東部～アメリカ合衆国東部・南東部
¶爬両1800（p273/カ写）

トウブワタオウサギ *Sylvilagus floridanus*
ウサギ科の哺乳類。体長38～49cm。㊎北アメリカ, 中央アメリカ, 南アメリカ
¶世文動（p104/カ写）
世哺（p138/カ写）

ドウボウシハチドリ *Elvira cupreiceps* 銅帽子蜂鳥
ハチドリ科ハチドリ亜科の鳥。全長7.5cm。
¶ハチドリ(p232/カ写)

ドウボウシユミハチドリ *Phaethornis subochraceus* 銅帽子弓蜂鳥
ハチドリ科ユミハチドリ亜科の鳥。全長11～12cm。
¶ハチドリ(p356)

トウホクサンショウウオ *Hynobius lichenatus* 東北山椒魚
サンショウウオ科の両生類。日本固有種。全長10～14cm。[分]関東地方北部～東北地方
¶原爬両(No.167/カ写)
世両(p188/カ写)
日カサ(p177/カ写)
爬両観(p124/カ写)
爬両飼(p209/カ写)
爬両1800(p436/カ写)
野日両(p18,53,107/カ写)

トウホクノウサギ *Lepus brachyurus angustidens* 東北野兎
ウサギ科の哺乳類。別名エチゴウサギ。頭胴長約49cm。[分]本州の山岳地帯,日本海沿岸の積雪地帯
¶くら哺(p25/カ写)
世文動(p103/カ写)
日哺学フ(p70/カ写)

トウホクヤチネズミ *Eothenomys andersoni andersoni* 東北谷地鼠,東北野地鼠
ネズミ科の哺乳類。頭胴長約10cm。[分]東北地方
¶くら哺(p15/カ写)
世文動(p112/カ写)

トウマル Tomaru 唐丸,蜀鶏
鶏の一品種。天然記念物。体重 オス3.75kg,メス2.8kg。新潟県の原産。
¶日家〔蜀鶏〕(p156/カ写)

ドゥメルグカラカネトカゲ *Chalcides parallelus*
トカゲ科の爬虫類。絶滅危惧IB類。[分]モロッコの北東部～アルジェリアの北西部までの北アフリカの海岸部,スペインのチャファリナス諸島
¶レ生(p201/カ写)

トゥリーイング・カー Treeing Cur
犬の一品種。体高45～70cm。アメリカ合衆国の原産。
¶新犬種(p128/カ写)

トゥリーイング・ファイスト Treeing Feist
犬の一品種。体高25～55cm。アメリカ合衆国の原産。
¶新犬種(p128/カ写)

ドゥリットアオガエル *Rhacophorus dulitensis*
アオガエル科の両生類。体長3.3～5cm。[分]ボルネオ島西部のサバ州とサラワク州,スマトラ島
¶世カエ(p422/カ写)

トゥルカナハコヨコクビガメ *Pelusios broadleyi*
ヨコクビガメ科アフリカヨコクビガメ亜科の爬虫類。別名ブロードレイハコヨコクビガメ。甲長14～15cm。[分]ケニア(トゥルカナ湖)
¶世カメ(p64/カ写)
世爬(p58/カ写)
爬両1800(p68/カ写)
爬両ビ(p53/カ写)

トゥールーズ(ジャイアント・デュラップ) Toulouse (Giant Dewlap)
ガチョウの一品種(フォアグラ用)。体重 オス13.6kg,メス10kg。イギリスの原産。
¶日家(p217/カ写)

トゥールーズ(ユーティリティー・トゥールーズ) Toulouse (Utility Toulouse)
ガチョウの一品種(フォアグラ用)。体重 オス12kg,メス9kg。フランスの原産。
¶日家(p217/カ写)

トゥンガラガエル *Physalaemus pustulosus*
ユビナガガエル科の両生類。体長3cm。[分]メキシコ南部～アマゾン川流域までの中南米
¶世カエ(p118/カ写)

ドゥンケル ⇒ノルウェジアン・ハウンドを見よ

トオスジヒメレーサー *Eirenis decemlineatus*
ナミヘビ科ナミヘビ亜科の爬虫類。全長50～60cm。[分]トルコ,アラビア半島北部
¶爬両1800(p291/カ写)
爬両ビ(p203/カ写)

トカゲノスリ *Kaupifalco monogrammicus* 蜥蜴鵟
タカ科の鳥。全長30～37cm。[分]サハラ以南のアフリカ
¶世鳥大(p195/カ写)
地球(p437/カ写)

トカラウマ Tokara Pony 吐噶喇馬
馬の一品種。日本在来馬。体高100～120cm。トカラ列島の原産。
¶世文動〔トカラ馬〕(p189/カ写)
日家〔トカラ馬〕(p14/カ写)

トカラジドリ 吐噶喇地鶏
鶏の一品種。近年絶滅した地鶏。トカラ列島の原産。
¶日家〔トカラ地鶏〕(p153/カ写)

トカラハブ *Protobothrops tokarensis* 吐噶喇波布
クサリヘビ科の爬虫類。準絶滅危惧(環境省レッドリスト)。日本固有種。全長60～110cm。[分]トカラ列島の宝島・小宝島
¶原爬両(No.101/カ写)
絶事(p156/モ図)

ト

日カメ(p233/カ写)
爬両飼(p50/カ写)
野日爬(p42,68,191/カ写)

トカラヤギ Tokara Goat 吐噶喇山羊
山羊の一品種。日本在来山羊。体高 オス60cm, メス50cm。トカラ列島の原産。
¶日家〔トカラ山羊〕(p113/カ写)

トガリエンビハチドリ *Doricha enicura* 尖燕尾蜂鳥
ハチドリ科ハチドリ亜科の鳥。全長8～12.5cm。
㊕中央アメリカ
¶ハチドリ(p387)

ト

トガリオインコ *Aratinga acuticaudata* 尖尾鸚哥
インコ科の鳥。全長33～38cm。
¶世鳥大(p265/カ写)

トガリツノハナトカゲ *Ceratophora stoddartii*
アガマ科の爬虫類。全長18～20cm。 ㊕スリランカ
¶爬両1800(p91/カ写)

トガリハシ *Oxyruncus cristatus* 尖嘴
カザリドリ科の鳥。全長17cm。 ㊕コスタリカ, パナマ, ベネズエラ南東部, ガイアナ, スリナム, ペルー東部, ブラジル東・南東部, パラグアイ
¶世鳥大(p339/カ写)

トガリハナフトユビヤモリ *Pachydactylus punctatus*
ヤモリ科の爬虫類。全長6～7cm。 ㊕アフリカ大陸南部
¶爬両1800(p133/カ写)

トガリプラニガーレ *Planigale tenuirostris*
フクロネコ科の哺乳類。体長5.5～6.5cm。
¶地球(p505/カ写)

トキ *Nipponia nippon* 朱鷺, 鴇
トキ科の鳥。絶滅危惧IB類, 日本国内野生絶滅, 特別天然記念物。体長55～57cm。 ㊕中国(日本)
¶遺産日(鳥類 No.2/カ写)
くら鳥(p97/カ写)
原寸羽(p295, ポスター/カ写)
里山鳥(p231/カ写)
四季鳥(p64/カ写)
巣と卵決(p38/カ写, カ図)
絶鳥事(p164/モ図)
世鳥大(p160)
世美羽(p86/カ写, カ図)
世文鳥(p58/カ写)
鳥絶(p129/カ図)
鳥卵巣(p78/カ写, カ図)
鳥比(p266/カ写)
鳥650(p176/カ写)
名鳥図(p37/カ写)
日ア鳥(p154/カ写)
日色鳥(p20,56/カ写)
日鳥識(p112/カ写)
日野鳥新(p167/カ写)
日野鳥増(p201/カ写)
バード(p110/カ写)
羽根決(p43/カ写, カ図)
ひと目鳥(p106/カ写)
フ日野新(p116/カ図)
フ日野増(p116/カ図)
フ野鳥(p108/カ図)
野鳥学フ(p68/カ写)
野鳥山フ(p15/カ図)
山溪名鳥(p244/カ写)

トキイロコンドル *Sarcoramphus papa* 鴇色コンドル
コンドル科の鳥。全長67～81cm。 ㊕メキシコ中部～アルゼンチン北部, トリニダード
¶世鳥大(p182/カ写)
世鳥卵(p53/カ写, カ図)
地球(p430/カ写)
鳥卵巣(p96/カ写, カ図)

トキイロヒキガエル *Schismaderma carens* 鴇色蟇
ヒキガエル科の両生類。体長7～9cm。 ㊕スワジランド, 南アフリカ共和国, タンザニア, コンゴ民主共和国
¶カエル見(p28/カ写)
世文動(p323/カ写)
世両(p36/カ写)
爬両1800(p368/カ写)
爬両ビ(p244/カ写)

トキハシゲリ *Ibidorhyncha struthersii* 朱鷺嘴計里, 朱鷺嘴鳧
トキハシゲリ科の鳥。全長38～41cm。 ㊕南アジア中央部
¶世鳥大(p221/カ写)
世鳥卵(p102/カ写, カ図)
地球(p444/カ写)

ド・キュイ ⇒チベタン・マスティフを見よ

トギレトゲオイグアナ *Ctenosaura hemilopha*
イグアナ科イグアナ亜科の爬虫類。全長100cm前後。 ㊕メキシコ北西部
¶爬両1800(p75/カ写)
爬両ビ(p65/カ写)

トギレヘルメットイグアナ *Corytophanes hernandesi*
イグアナ科バシリスク亜科の爬虫類。全長35cm前後。 ㊕メキシコ, ベリーズ, グアテマラ, ホンジュラス
¶世文動(p264/カ写)
爬両1800(p78/カ写)

トキワスズメ *Uraeginthus granatina* 常盤雀
カエデチョウ科の鳥。全長14cm。 ㊕アンゴラ, ザンビア以南

¶鳥飼（p89/カ写）

ドクアマガエル ⇒モトイドクアマガエルを見よ

トクチジドリ Tokuchi Native Fowl 徳地地鶏
鶏の一品種。体重 オス1.65kg, メス1.2kg。山口県の原産。
¶日家〔徳地地鶏〕（p152/カ写）

ドーグ・ド・ボルドー ⇒ボルドー・マスティフを見よ

トクノシマトゲネズミ *Tokudaia tokunoshimensis* 徳之島棘鼠
ネズミ科の哺乳類。絶滅危惧IB類（環境省レッドリスト）。トゲネズミのうち徳之島産のものは2006年に新種（トクノシマトゲネズミ）として記載された。頭胴長15.5cm。㊕徳之島
¶くら哺（p19/カ写）
日哺改〔アマミトゲネズミ〔トクノシマトゲネズミ〕〕（p132/カ写）
日哺学フ（p186/カ写）

トクモンキー *Macaca sinica*
オナガザル科の哺乳類。体高43～53cm。㊕スリランカ
¶世文動（p87/カ写）
地球（p542/カ写）

トゲアシイロメガエル *Boophis* sp. "calcaratus"
マダガスカルガエル科（マラガシーガエル科）の両生類。体長3.5～3.9cm。㊕マダガスカル東部
¶カエル見（p62/カ写）
爬両1800（p402/カ写）

トゲアシモリドラゴン *Hypsilurus spinipes*
アガマ科の爬虫類。頭胴長約11cm。㊕オーストラリアの東部海岸域
¶世文動（p266/カ写）

トゲアマガエル *Hyla lancasteri*
アマガエル科の両生類。体長2.7～3.8cm。㊕コスタリカ, パナマ西部
¶世カエ（p236/カ写）

トゲウミヘビ *Lapemis curtus* 棘海蛇
コブラ科の爬虫類。全長0.9～1.1m。㊕インド洋, 太平洋。日本には漂流による記録のみ
¶原爬両（No.116/カ写）
日カメ（p244/カ写）
爬両飼（p61）

トゲオオオトカゲ *Varanus acanthurus*
オオトカゲ科の爬虫類。全長50～60cm。㊕オーストラリア中部以北
¶世爬（p159/カ写）
世文動（p278/カ写）
爬両1800（p239/カ写）
爬両ビ（p168/カ写）

トゲオボウユビヤモリ *Cyrtopodion scabrum*
ヤモリ科の爬虫類。全長10cm前後。㊕アフリカ大陸北東部～アラビア半島, 西アジアなど
¶爬両1800（p151/カ写）

トゲオマイコドリ *Ilicura militaris* 刺尾舞子鳥
マイコドリ科の鳥。全長11～13cm。㊕ブラジル南東部の低地や山麓
¶世鳥大（p337/カ写）
地球（p483/カ写）

トゲカレハカメレオン *Rhampholeon spinosus*
カメレオン科の爬虫類。全長7～8cm。㊕タンザニア（ウサンバラ山）
¶爬両1800（p126/カ写）

トゲスキアシヒメガエル *Scaphiophryne spinosa*
ヒメガエル科の両生類。体長4～5cm。㊕マダガスカル東部
¶爬両1800（p407/カ写）

トゲスッポン *Apalone spinifera*
スッポン科スッポン亜科の爬虫類。甲長18～46cm。㊕アメリカ合衆国, メキシコ
¶世カメ（p179/カ写）
世爬（p42/カ写）
世文動（p243/カ写）
地球（p373/カ写）
爬両1800（p53/カ写）
爬両ビ（p38/カ写）

トゲチャクワラ *Sauromalus hispidus*
イグアナ科イグアナ亜科の爬虫類。全長60cm前後。㊕メキシコ（アンゲル・デ・ラ・ガルダ諸島）
¶世爬（p64/カ写）
爬両1800（p77/カ写）
爬両ビ（p67/カ写）

トゲツノヒメカメレオン *Brookesia therezieni*
カメレオン科の爬虫類。全長6.8～9cm。㊕マダガスカル東部
¶爬両1800（p127/カ写）

トゲネズミ *Tokudaia osimensis*
ネズミ科の哺乳類。天然記念物。頭胴長15cm。㊕奄美大島, 徳之島, 沖縄本島
¶世文動（p115/カ写）

トゲハシハチドリ *Ramphomicron microrhynchum* 棘嘴蜂鳥
ハチドリ科ミドリフタオハチドリ亜科の鳥。全長8～10cm。㊕ベネズエラやコロンビア～ボリビアまでのアンデス山脈
¶ハチドリ（p129/カ写）

トゲハダハナアマガエル ⇒トゲハダハナヅラアマガエルを見よ

トゲハダハナヅラアマガエル　*Scinax acuminatus*
アマガエル科の両生類。別名トゲハダハナアマガエル。体長5～6cm。㊞パラグアイ, ブラジル, アルゼンチン
¶**カエル見**〔トゲハダハナアマガエル〕(p41/カ写)
爬両1800(p382/カ写)
爬両ビ(p251/カ写)

トゲハナカメレオン　*Kinyongia oxyrhina*
カメレオン科の爬虫類。全長10～12cm。㊞タンザニア中部
¶**爬両1800**(p118/カ写)

トゲバンディクート　*Echymipera kalubu*
バンディクート科の哺乳類。体長20～50cm。㊞ニューギニア
¶**世哺**(p63/カ写)
地球(p505/カ写)

トゲヘラオヤモリ　*Uroplatus pietschmanni*
ヤモリ科ヤモリ亜科の爬虫類。全長12～14cm。㊞マダガスカル東部
¶**ゲッコー**(p39/カ写)
世爬(p109/カ写)
爬両1800(p139/カ写)
爬両ビ(p110/カ写)

トゲホップマウス　*Notomys alexis*
ネズミ科の哺乳類。体長9～18cm。㊞オーストラリア
¶**世哺**(p169/カ写)

トゲマダガスカルガエル　*Mantidactylus bicalcaratus*
マダガスカルガエル科の両生類。体長2.2～2.6cm。㊞マダガスカル東部
¶**世カエ**(p456/カ写)

トゲモモヘビクビガメ　*Acanthochelys pallidipectoris*
ヘビクビガメ科の爬虫類。甲長14～16cm。㊞アルゼンチン北部, パラグアイ南部
¶**世カメ**(p86/カ写)
世爬(p51/カ写)
爬両1800(p59/カ写)
爬両ビ(p43/カ写)

トゲヤマガメ　*Heosemys spinosa*
アジアガメ科(イシガメ(バタグールガメ)科)の爬虫類。甲長18～20cm。㊞マレー半島, スマトラ島, カリマンタン島, フィリピン南部など
¶**世カメ**(p282/カ写)
世爬(p35/カ写)
世文動(p247/カ写)
爬両1800(p44/カ写)
爬両ビ(p33/カ写)

ドゴ・アルゼンチーノ　⇒ドゴ・アルヘンティーノを見よ

ドゴ・アルヘンティーノ　Dogo Argentino
犬の一品種。別名ドゴ・アルゼンチーノ, アルゼンチニアン・マスティフ。体高 オス60～68cm, メス60～65cm。アルゼンチンの原産。
¶**最犬大**(p129/カ写)
新犬種〔ドゴ・アルゼンチーノ〕(p264/カ写)
新世犬(p87/カ写)
図世犬(p101/カ写)
ビ犬(p87/カ写)

ドゴ・ウルグアヨ　⇒シマロン・ウルグアヨを見よ

ドゴ・カナリオ　Dogo Canario
犬の一品種。別名カナリー・ドッグ, プレサ・カナリオ。体高 オス60～66cm, メス56～62cm。スペインの原産。
¶**最犬大**(p127/カ写)
新犬種(p198,199/カ写)
ビ犬(p87/カ写)

ドゴ・シマロン　⇒シマロン・ウルグアヨを見よ

トサイヌ　⇒トサトウケンを見よ

トサカゲリ　*Vanellus senegallus*　鶏冠鳧
チドリ科の鳥。全長35cm。㊞セネガル, ガボン, 中央アフリカ, スーダン南部, コンゴ, アンゴラ, ウガンダ, 南アフリカ
¶**鳥卵巣**(p174/カ写, カ図)

トサカムクドリ　*Creatophora cinerea*　鶏冠椋鳥
ムクドリ科の鳥。全長19～21cm。㊞エチオピア～ケープ州(南アフリカ), アンゴラ
¶**世鳥大**(p432/カ写)

トサカレンカク　*Irediparra gallinacea*　鶏冠蓮角
レンカク科の鳥。全長20～27cm。㊞フィリピン～オーストラリア
¶**世鳥ネ**(p133/カ写)
地球(p446/カ写)
鳥卵巣(p166/カ写, カ図)

トサクキン　Tosa Kukin　土佐九斤
鶏の一品種。体重 オス4.8kg, メス3.8kg。高知県の原産。
¶**日家**〔土佐九斤〕(p189/カ写)

トサジドリ　⇒コジドリを見よ

トサトウケン　Tosatouken　土佐闘犬
犬の一品種。別名トサイヌ, ジャパニーズ・マスティフ。四国犬とマスチフとの交配により作出された闘犬。体高 オス60cm以上, メス55cm以上。
¶**最犬大**〔土佐〕(p121/カ写)
新犬種〔土佐闘犬〕(p274/カ写)
新世犬〔土佐〕(p130/カ写)
図世犬〔土佐〕(p130/カ写)
世文動〔土佐犬〕(p149/カ写)
日家〔土佐闘犬〕(p234/カ写)

ビ犬〔土佐〕(p94/カ写)

ドサンコ ⇒ホッカイドウワシュを見よ

ドサンバ ⇒ホッカイドウワシュを見よ

ドーセット・ホーン Dorset Horn
羊の一品種。イギリスのドーセット州の原産。
¶**世文動**〔ドーゼット・ホーン〕(p236/カ写)
日家(p133/カ写)

トッケイヤモリ *Gekko gecko*
ヤモリ科ヤモリ亜科の爬虫類。全長40cm。 ㊕東南アジア広域, 中国南部
¶**ゲッコー**(p17/カ写)
世爬(p101/カ写)
世文動(p258/カ写)
地球(p384/カ写)
爬両1800(p128/カ写)
爬両ビ(p100/カ写)

トッゲンブルグ Toggenburg
山羊の一品種。乳用品種。体高 オス75～85cm, メス70～80cm。スイスのトッゲンブルグ谷の原産。
¶**世文動**〔トッケンブルグ〕(p233/カ写)
日家(p116/カ写)

トド *Eumetopias jubatus* 魹, 胡獱, 海馬
アシカ科の哺乳類。準絶滅危惧(環境省レッドリスト)。体長2～3.3m。 ㊕北太平洋沿岸
¶**遺産日**(哺乳類 No.10/カ写)
くら哺(p86/カ写)
絶事(p4,80/カ写, モ図)
絶百7(p72/カ写)
世文動(p174/カ写)
地球(p566/カ写)
日哺改(p100/カ写)
日哺学フ(p44/カ写)

ドードー *Raphus cucullatus*
ドードー科の鳥。絶滅種。全長約75cm。 ㊕インド洋のモーリシャス
¶**絶百7**(p74/カ図)

トナカイ *Rangifer tarandus*
シカ科の哺乳類。別名カリブー。絶滅危惧IB類。体高0.8～1.5m。 ㊕ヨーロッパ北部, シベリア, 北アメリカの北極周辺地域にあるツンドラやタイガ
¶**驚野動**(p26/カ写)
世文動(p204/カ写)
世哺(p341/カ写)
地球(p598/カ写)
レ生(p205/カ写)

トナリババイヤモリ ⇒ゲイタイナババイヤモリを見よ

トニャック ⇒トルニヤックを見よ

トノサマガエル *Pelophylax nigromaculatus* 殿様蛙
アカガエル科の両生類。体長4～9cm。 ㊕日本, 東アジア, ロシア東部
¶**かえる百**(p79/カ写)
カエル見(p83/カ写)
原爬両(No.134/カ写)
世文動(p331/カ写)
世両(p139/カ写)
日カサ(p92/カ写)
爬両観(p114/カ写)
爬両飼(p181/カ写)
爬両1800(p412/カ写)
爬両ビ(p276/カ写)
野日両(p36,82,164/カ写)

ドーパー Dorper
羊の一品種。南アフリカの原産。
¶**日家**(p128/カ写)

トパーズハチドリ *Topaza pella* トパーズ蜂鳥
ハチドリ科トパーズハチドリ亜科の鳥。全長21～23cm。 ㊕コロンビア, エクアドル, ブラジル
¶**原色鳥**(p40/カ写)
世鳥大(p295)
ハチドリ(p32/カ写)

ドバト *Columba livia* 土鳩
ハト科の鳥。従来はアフリカ北部から中東, 中央アジア, 中国西部の温帯に分布するカワラバトを元に作出された家禽が再び野生化したもの。全長31～35cm。 ㊕留鳥としてほぼ日本全土
¶**くら鳥**(p68/カ写)
原寸羽(p159/カ写)
里山鳥(p17/カ写)
巣と卵決(p79/カ写, カ図)
地球(p453/カ写)
鳥比〔カワラバト(ドバト)〕(p17/カ写)
鳥650〔ドバト(カワラバト)〕(p738/カ写)
名鳥図(p246/カ写)
日ア鳥〔ドバト(カワラバト)〕(p620/カ写)
日鳥識〔カワラバト(ドバト)〕(p94/カ写)
日鳥山新(p381/カ写)
日鳥山増(p350/カ写)
ぱっ鳥〔ドバト(カワラバト)〕(p377/カ写)
バード(p22/カ写)
ひと目鳥(p140/カ写)
フ日野新〔カワラバト(ドバト)〕(p200/カ図)
フ日野増〔カワラバト(ドバト)〕(p200/カ図)
フ野鳥〔ドバト(カワラバト)〕(p66/カ図)

ドーバントンホオヒゲコウモリ ⇒ドーベントンコウモリを見よ

トビ *Milvus migrans* 鳶, 鴟, 鵄
タカ科の鳥。全長55～60cm。 ㊕南ヨーロッパ, アフリカ・アジア各地, オーストラリア
¶**くら鳥**(p74/カ写)

原寸羽 (p64, ポスター/カ写)
里山鳥 (p12/カ写)
四季鳥 (p110/カ写)
巣と卵決 (p44/カ写)
世鳥大 (p189/カ写)
世鳥ネ (p109/カ写)
世文鳥 (p84/カ写)
地球 (p436/カ写)
鳥卵巣 (p99/カ写, カ図)
鳥比 (p29/カ写)
鳥**650** (p381/カ写)
名鳥図 (p124/カ写)
日ア鳥 (p321/カ写)
日色鳥 (p47/カ写)
日鳥識 (p188/カ写)
日鳥巣 (p38/カ写)
日鳥山新 (p54/カ写)
日鳥山増 (p21/カ写)
日野鳥新 (p360/カ写)
日野鳥増 (p328/カ写)
ぱっ鳥 (p200/カ写)
バード (p28,39/カ写)
羽根決 (p86/カ写, カ図)
ひと目鳥 (p119/カ写)
フ日野新 (p172/カ図)
フ日野増 (p172/カ図)
フ野鳥 (p210/カ図)
野鳥学フ (p66/カ写)
野鳥山フ (p23,128/カ図, カ写)
山溪名鳥 (p245/カ写)
ワシ (p26/カ写)

トピ(1) ⇒コリガムダマリスクスを見よ

トピ(2) ⇒ダマリスクスを見よ

トビウサギ *Pedetes capensis* 跳兎
トビウサギ科の哺乳類。絶滅危惧II類。体長27〜40cm。㊎アフリカ
¶世文動 (p111/カ写)
世哺 (p153/カ写)

トビリングテイル *Hemibelideus lemuroides*
リングテイル科の哺乳類。体長31〜40cm。㊎オーストラリア北東部
¶地球 (p506/カ写)

ドブネズミ *Rattus norvegicus* 溝鼠
ネズミ科の哺乳類。体長21〜29cm。㊎世界中
¶くら哺 (p18/カ写)
世文動 (p116/カ写)
世哺 (p170/カ写)
地球 (p527/カ写)
日哺改 (p139/カ写)
日哺学フ (p92/カ写)

ドーベルマン Dobermann
犬の一品種。別名ドーベルマン・ピンシャー, ドーベルマン・ピンシェル。体高 オス68〜72cm, メス63〜68cm。ドイツの原産。
¶アルテ犬 (p152/カ写)
最犬大 (p109/カ写)
新犬種 (p293/カ写)
新世犬 (p88/カ写)
図世犬 (p104/カ写)
世文動〔ドーベルマン・ピンシェル〕(p141/カ写)
ビ犬 (p176/カ写)

ドーベルマン・ピンシェル ⇒ドーベルマンを見よ

ドーベルマン・ピンシャー ⇒ドーベルマンを見よ

ドーベントンコウモリ *Myotis daubentonii* ドーベントン蝙蝠
ヒナコウモリ科の哺乳類。別名ドーバントンホオヒゲコウモリ。体長4〜6cm, 前腕長4cm。㊎ヨーロッパ〜シベリア東部, 中国東北部, サハリン。日本では北海道のみ
¶くら哺 (p48/カ写)
世文動 (p64/カ写)
世哺〔ドーバントンホオヒゲコウモリ〕(p93/カ写)
地球 (p557/カ写)
日哺改 (p37/カ写)

トーマストゲオアガマ *Uromastyx thomasi*
アガマ科の爬虫類。全長25cm前後。㊎オマーン, サウジアラビア南部
¶世爬 (p86/カ写)
爬両**1800** (p110/カ写)
爬両ビ (p89/カ写)

トーマスリーフモンキー *Presbytis thomasi*
オナガザル科の哺乳類。絶滅危惧II類。㊎インドネシアのスマトラ島北部
¶美サル (p85/カ写)

トマセットセーシェルガエル ⇒シマガエルを見よ

トマトガエル ⇒アカトマトガエルを見よ

トムソンガゼル *Eudorcas thomsonii*
ウシ科の哺乳類。体高53〜67cm。㊎アフリカ
¶世文動 (p228/カ写)
世哺 (p372/カ写)
地球 (p604/カ写)

トモエガモ *Anas formosa* 巴鴨
カモ科の鳥。絶滅危惧II類 (環境省レッドリスト)。全長39〜43cm。㊎東シベリア
¶くら鳥 (p87,88/カ写)
里山鳥 (p182/カ写)
四季鳥 (p90/カ写)
絶鳥事 (p2,36/カ写, モ図)
絶百**4** (p38/カ写)
世文鳥 (p68/カ写)

地球(p414/カ写)
鳥比(p222/カ写)
鳥650(p59/カ写)
名鳥図(p51/カ写)
日ア鳥(p46/カ写)
日色鳥(p50/カ写)
日カモ(p124/カ写, カ図)
日鳥識(p78/カ写)
日鳥水増(p126/カ写)
日野鳥新(p56/カ写)
日野鳥増(p60/カ写)
ぱっ鳥(p47/カ写)
バード(p99/カ写)
羽根決(p62/カ写, カ図)
ひと目鳥(p54/カ写)
フ日野新(p42/カ図)
フ日野増(p42/カ図)
フ野鳥(p36/カ図)
野鳥学フ(p168/カ写)
野鳥山フ(p19,106/カ図, カ写)
山溪名鳥(p246/カ写)

トラ *Panthera tigris* 虎
ネコ科の哺乳類。絶滅危惧IB類。頭胴長140〜280cm。㊀中央アジア, 東アジア, 南アジア
¶遺産世(Mammalia No.30/カ写)
絶百7(p78/カ写, カ図)
世文動(p170/カ写)
世哺(p292/カ写)
地球(p576,579/カ写)
野生ネコ(p8/カ写, カ図)
レ生(p206/カ写)

トラアシニセアルキガエル *Phlyctimantis boulengeri*
クサガエル科の両生類。体長4.2〜5cm。㊀アフリカ大陸中西部
¶カエル見(p60/カ写)
爬両1800(p398/カ写)

トラアシネコメアマガエル *Phylomedusa tomoptema*
アマガエル科の両生類。別名トラフメズサアマガエル, ヨコジマシロメアマガエル。体長7cmまで。㊀アマゾン川流域
¶世カエ(p272/カ写)

トライアンタ ⇒トリアンタを見よ

ドライスデール Drysdale
羊の一品種。ニュージーランドの原産。
¶日家(p129/カ写)

トラキアン・マスティフ ⇒カラカハンを見よ

トラケーネン Trakehnen
馬の一品種。軽量馬。体高160〜162cm。ポーランドの原産。
¶アルテ馬(p76/カ写)
世文動(p188/カ写)

トラジマネコメガエル *Phyllomedusa tomopterna*
アマガエル科の両生類。別名トラフネコメガエル。体長4.5〜5.5cm。㊀南米中部以北
¶かえる百(p62/カ写)
カエル見(p40/カ写)
世文動〔トラフネコメガエル〕(p327/カ写)
爬両1800(p380/カ写)
爬両ビ(p250/カ写)

トラツグミ *Zoothera dauma* 虎鶫
ツグミ科(ヒタキ科)の鳥。全長30cm。㊀東ヨーロッパ〜東は中国, 日本, 東南アジア, インドネシア, ニューギニア, オーストラリア東部・南部まで。北方のものは南に渡る
¶くら鳥(p59/カ写)
原寸羽(p240/カ写)
里山鳥(p81/カ写)
四季鳥(p88/カ写)
巣と卵決(p142/カ写, カ図)
世文鳥(p223/カ写)
鳥卵巣(p287/カ写, カ図)
鳥比(p130/カ写)
鳥650(p590/カ写)
名鳥図(p195/カ写)
日色鳥(p189/カ写)
日鳥識(p258/カ写)
日鳥巣(p200/カ写)
日鳥山新(p242/カ写)
日鳥山増(p198/カ写)
日野鳥新(p535/カ写)
日野鳥増(p503/カ写)
ぱっ鳥(p311/カ写)
バード(p58/カ写)
羽根決(p286/カ写, カ図)
ひと目鳥(p181/カ写)
フ日野新(p244/カ図)
フ日野増(p244/カ図)
フ野鳥(p336/カ図)
野鳥学フ(p123/カ写, カ図)
野鳥山フ(p52,304/カ図, カ写)
山溪名鳥(p247/カ写)

トラツグミ〔亜種〕 *Zoothera dauma aurea* 虎鶫
ヒタキ科の鳥。全長30cm。㊀シベリア南東部〜中国東北部, 朝鮮半島とインド東部〜中国南部, 東南アジアなど
¶日ア鳥〔トラツグミ〕(p500/カ写)
日鳥山新〔亜種トラツグミ〕(p242/カ写)
日鳥山増〔亜種トラツグミ〕(p199/カ写)
日野鳥新〔トラツグミ*〕(p535/カ写)
日野鳥増〔トラツグミ*〕(p503/カ写)

トラバースオウギハクジラ *Mesoplodon traversii*
アカボウクジラ科の哺乳類。㊕チリ, ニュージーランド
¶**クイ百** (p244/カ図)

トラバンコアリクガメ *Indotestudo travancorica*
リクガメ科の爬虫類。甲長30〜35cm。㊕インド南西部
¶**世カメ** (p54/カ写)
爬両1800 (p16/カ写)

トラフアシナシイモリ ⇒セラフィントラフアシナシイモリを見よ

ト

トラフアミーバ *Ameiva undulata*
テユー科の爬虫類。別名サザナミランナー。全長30〜35cm。㊕メキシコ南部〜コスタリカ
¶**爬両1800** (p196/カ写)
爬両ビ (p136/カ写)

トラフオオガシラ *Boiga dendrophia* 虎斑大頭
ナミヘビ科ナミヘビ亜科の爬虫類。別名マングローブヘビ。全長180〜250cm。㊕タイ, マレーシア, インドネシア, フィリピンなど
¶**爬両1800** (p295/カ写)

トラフガエル ⇒インダストラフガエルを見よ

トラフサギ *Tigrisoma lineatum* 虎斑鷺
サギ科の鳥。全長65〜75cm。㊕ホンジュラス東部〜パラグアイ, アルゼンチン北部
¶**世鳥大** (p164/カ写)

トラフサワヘビ *Opisthotropis balteata*
ナミヘビ科ユウダ亜科の爬虫類。全長80〜100cm。㊕ベトナム北部, カンボジア, 中国南部
¶**爬両1800** (p275/カ写)

トラフサンショウウオ ⇒タイガーサラマンダーを見よ

トラフシノビヘビ *Telescopus semiannulatus*
ナミヘビ科ナミヘビ亜科の爬虫類。全長50〜80cm。㊕アフリカ大陸中部〜南部
¶**爬両1800** (p295/カ写)

トラフズク *Asio otus* 虎斑木菟
フクロウ科の鳥。全長31〜40cm。㊕ヨーロッパ, 北アフリカの一部, 北アジア, 北アメリカで繁殖。最北端の種は南方へ渡り, アメリカや極東で繁殖地を越えるものもある。日本では本州中部地方以北の平地か低山の森林で繁殖
¶**くら鳥** (p73/カ写)
原寸羽 (p182/カ写)
里山鳥 (p164/カ写)
四季鳥 (p33/カ写)
世鳥大 (p285/カ写)
世文鳥 (p176/カ写)
地球 (p466/カ写)
鳥比 (p25/カ写)
鳥650 (p429/カ写)
名鳥図 (p155/カ写)
日ア鳥 (p362/カ写)
日鳥識 (p202/カ写)
日鳥山新 (p100/カ写)
日鳥山増 (p89/カ写)
日野鳥新 (p402/カ写)
日野鳥増 (p380/カ写)
ぱっ鳥 (p225/カ写)
バード (p48/カ写)
羽根決 (p214/カ写, カ図)
ひと目鳥 (p143/カ写)
フ日野新 (p188/カ図)
フ日野増 (p188/カ図)
フ野鳥 (p252/カ図)
野鳥学フ (p60/カ写, カ図)
野鳥山フ (p40,242/カ図, カ写)
山溪名鳥 (p248/カ写)

トラフネコメガエル ⇒トラジマネコメガエルを見よ

トラフネズミヘビ ⇒フミキリヘビを見よ

トラフハシリトカゲ *Aspidoscelis tigris*
テユー科の爬虫類。全長20〜30cm。㊕アメリカ合衆国, メキシコ
¶**爬両1800** (p196/カ写)

トラフフトユビヤモリ *Pachydactylus tigrinus*
ヤモリ科ヤモリ亜科の爬虫類。全長8〜9cm。㊕ジンバブエ, モザンビーク, 南アフリカ共和国, ボツワナ
¶**ゲッコー** (p24/カ写)
世爬 (p102/カ写)
爬両1800 (p133/カ写)
爬両ビ (p102/カ写)

トラフフリンジアマガエル *Cruziohyla calcarifer*
アマガエル科の両生類。別名アカハラアカメアマガエル, アカハラアカメガエル。体長5〜8.7cm (オスはメスよりずっと小さい)。㊕ホンジュラス東部〜コスタリカ, パナマ, コロンビア, エクアドル北部
¶**カエル見** (p37/カ写)
世カエ 〔アカハラアカメアマガエル〕 (p210/カ写)
世両 (p55/カ写)
地球 〔アカハラアカメガエル〕 (p360/カ写)

トラフメズサアマガエル ⇒トラアシネコメアマガエルを見よ

トランシルバニアン・ハウンド Transylvanian Hound
犬の一品種。別名エルデーイ・コポー, エルディ・コポ, ジーベンビュルガー・ブラッケ, トランシルヴァニアン・ハウンド, ハンガリアン・ハウンド。体高55〜65cm。ハンガリーの原産。

¶最犬大〔トランシルヴァニアン・ハウンド〕(p301/カ写)
新犬種〔エルデーイ・コポー/トランシルヴァニアン・ハウンド/ジーベンビュルガー・ブラッケ〕(p236/カ写)
ビ犬(p178/カ写)

トランスバールカメレオン *Bradypodion transvaalense*
カメレオン科の爬虫類。全長14〜18cm。㊕南アフリカ共和国
¶世爬(p95/カ写)
爬両1800(p117/カ写)
爬両ビ(p94/カ写)

トランスバールフトユビヤモリ *Pachydactylus affinis*
ヤモリ科ヤモリ亜科の爬虫類。全長8〜10cm。㊕南アフリカ共和国
¶ゲッコー(p26/カ写)
爬両1800(p133/カ写)

トランスペコスラットスネーク ⇒サバクナメラを見よ

トランスモンターノ・マスティフ Transmontano Mastiff
犬の一品種。別名カォ・デ・ガド・トランスモンターノ。体高 オス74〜84cm, メス66〜76cm。ポルトガルの原産。
¶最犬大(p147/カ写)
新犬種〔カォ・デ・ガド・トランスモンターノ〕(p309/カ写)

ドリアキノボリカンガルー *Dendrolagus dorianus*
カンガルー科の哺乳類。体長51〜81cm。㊕ニューギニア
¶世哺(p77/カ写)
地球(p509/カ写)

ドリアハリユビヤモリ *Stenodactylus doriae*
ヤモリ科ヤモリ亜科の爬虫類。全長10〜12.5cm。㊕アラビア半島
¶ゲッコー(p55/カ写)
爬両1800(p150/カ写)
爬両ビ(p106/カ写)

ドリアモリドラゴン *Gonocephalus doriae*
アガマ科の爬虫類。全長45cm前後。㊕インドネシア(カリマンタン島), マレーシア西部, タイ南部
¶世爬(p76/カ写)
爬両1800(p95/カ写)
爬両ビ(p79/カ写)

トリアンタ Thrianta
兎の一品種。別名トライアンタ。ドイツの原産。
¶うさぎ〔トライアンタ〕(p174/カ写)
新うさぎ(p208/カ写)

トリカラーホッグノーズスネーク ⇒サンゴソリハナヘビを見よ

トリニダードウバヤガエル *Colostethus trinitatis*
ヤドクガエル科の両生類。体長2.5〜3.3cm。㊕トリニダード島, ベネズエラ
¶世文動(p327/カ写)

トリニダードネコメアマガエル ⇒トリニダードネコメガエルを見よ

トリニダードネコメガエル *Phyllomedusa trinitatis*
アマガエル科の両生類。別名トリニダードネコメアマガエル。体長7〜9cm。㊕南米大陸北部, トリニダードなど
¶世カエ〔トリニダードネコメアマガエル〕(p274/カ写)
爬両1800(p381/カ写)

トリニダードヤドクガエル *Mannophryne trinitatis*
ヤドクガエル科の両生類。体長2.1〜2.5cm。㊕トリニダード・トバゴ, ベネズエラ
¶カエル見(p106/カ写)
爬両1800(p427/カ写)
爬両ビ(p292/カ写)

トリポリカワラヤモリ *Tropiocolotes tripolitanus*
ヤモリ科ヤモリ亜科の爬虫類。別名キタアフリカカワラヤモリ。全長6〜7cm。㊕アフリカ大陸北部
¶ゲッコー(p56/カ写)
爬両1800(p151/カ写)

ドリル *Mandrillus leucophaeus*
オナガザル科の哺乳類。絶滅危惧IB類。体高61〜77cm。㊕ナイジェリア南東部, カメルーン西部のきわめて限られた地域と赤道ギニアのビオコ島
¶絶百7(p84/カ図)
世文動(p85/カ写)
地球(p544/カ写)
美サル(p192/カ写)

トリンケットヘビ *Elaphe helena*
ナミヘビ科ナミヘビ亜科の爬虫類。全長120〜160cm。㊕スリランカ, インド, パキスタン, バングラデシュなど
¶地球(p396/カ写)
爬両1800(p317/カ写)

ドール *Cuon alpinus*
イヌ科の哺乳類。別名アカオオカミ。絶滅危惧IB類。頭胴長88〜113cm。㊕インド半島〜韓国, 中国, ロシア東部, マレーシア, ジャワ, インドネシア
¶驚野動(p277/カ写)
絶百7(p86/カ写)
世文動(p135/カ写)
世哺(p232/カ写)
地球(p565/カ写)
野生イヌ(p48/カ写, カ図)
レ生(p207/カ写)

トルアンドヒキガエル *Rhaebo haematiticus*
ヒキガエル科の両生類。全長4～8cm。
¶**地球**（p355/カ写）

ドルカスガゼル *Gazella dorcas*
ウシ科の哺乳類。体高53～65cm。㊕セネガル～モロッコ, 北アフリカ～イランを経てインド
¶**世文動**（p226/カ写）
地球（p604/カ写）

トルキスタンアガマ *Laudakia stoliczkana*
アガマ科の爬虫類。全長30cm前後。㊕中国北西部, モンゴル西部
¶**爬両1800**（p104/カ写）
爬両ビ（p85/カ写）

トルキスタンスキンクヤモリ *Teratoscincus scincus scincus*
ヤモリ科スキンクヤモリ亜科の爬虫類。全長20cm。㊕旧ソ連をカスピ海東沿岸～中国西部にかけておよびアフガニスタン北部, パキスタン北東部, イラン北部など
¶**ゲッコー**〔ウナジスキンクヤモリ（基亜種トルキスタンスキンクヤモリ）〕（p110/カ写）
地球（p384/カ写）

トルクメニスタントカゲモドキ *Eublepharis turcmenicus*
ヤモリ科トカゲモドキ亜科の爬虫類。別名トルクメントカゲモドキ。全長20～23cm。㊕トルクメニスタン南部, イラン北部
¶**ゲッコー**〔トルクメントカゲモドキ〕（p95/カ写）
爬両1800（p172/カ写）

トルクメントカゲモドキ ⇒トルクメニスタントカゲモドキを見よ

トルコ・アンゴラ ⇒ターキッシュ・アンゴラを見よ

トルコイシフウキンチョウ *Tangara mexicana* トルコ石風琴鳥
フウキンチョウ科の鳥。全長14cm。㊕アマゾン川流域
¶**原色鳥**（p145/カ写）
世色鳥（p49/カ写）

トルコクシイモリ ⇒ミナミクシイモリを見よ

トルコスジイモリ *Ommatotriton ophryticus*
イモリ科の両生類。全長10～17cm。㊕黒海沿岸～アラビア半島北部
¶**爬両ビ**（p315/カ写）

トルコナキヤモリ ⇒キタナキヤモリを見よ

トルコヤモリ ⇒キタナキヤモリを見よ

トルニヤック Tornjak
犬の一品種。別名トニヤック。体高 オス65～70cm, メス60～65cm。ボスニア・ヘルツェゴビナおよびクロアチアの原産。
¶**最犬大**〔トニャック〕（p149/カ写）
新犬種（p320/カ写）

ドールビッグホーン *Ovis dalli*
ウシ科の哺乳類。別名ストーンシープ。体高80～90cm。㊕アラスカ～カナダ北部
¶**世文動**（p235/カ写）
地球（p607/カ写）

トルーブアマガエルモドキ *Nymphargus truebae*
アマガエルモドキ科の両生類。㊕ペルー南部
¶**驚野動**（p89/カ写）

トルマリンテンシハチドリ *Heliangelus exortis* トルマリン天使蜂鳥
ハチドリ科ミドリフタオハチドリ亜科の鳥。全長10～11cm。
¶**ハチドリ**（p86/カ写）

トーレチビヤモリ *Sphaerodactylus torrei*
ヤモリ科チビヤモリ亜科の爬虫類。全長4～6cm。㊕キューバ, 小アンティル諸島, バハマ諸島
¶**ゲッコー**（p104/カ写）
爬両1800（p180/カ写）

ドレーファー Drever
犬の一品種。別名スウィーディッシュ・ダックスブラッケ, ドレーベル。体高 オス32～38cm, メス30～36cm。スウェーデンの原産。
¶**最犬大**〔ドレーベル〕（p267/カ写）
新犬種〔ドレーファー/スウィーディッシュ・ダックスブラッケ〕（p82/カ写）
ビ犬（p172/カ写）

ドレーベル ⇒ドレーファーを見よ

ドレンチェ・パトライジフント ⇒ドレンチェ・パートリッジ・ドッグを見よ

ドレンチェ・パトライスホント ⇒ドレンチェ・パートリッジ・ドッグを見よ

ドレンチェ・パートリッジ・ドッグ Drentsche Partridge Dog
犬の一品種。別名ドレンチェ・パトライジフント, ドレンチェ・パトライスホント。体高 オス58～63cm, メス55～60cm。オランダの原産。
¶**最犬大**（p346/カ写）
新犬種〔ドレンチェ・パトライスホント〕（p217/カ写）
ビ犬（p239/カ写）

ドロッツオル・マージャル・ビズラ ⇒ワイアーヘアード・ハンガリアン・ビズラを見よ

ドロートマスター Droughtmaster
牛の一品種（乳牛）。体高 オス140cm, メス130cm。オーストラリアの原産。
¶**日家**（p81/カ写）

ドロヘビ ⇒ヒムネドロヘビを見よ

ドワーフ　Dwarf
アナウサギの小型品種の総称。体長13〜18cm。
¶**地球**(p521/カ写)

ドワーフサイレン　⇒キタヒメサイレンを見よ

ドワーフパシフィックボア　⇒カリナータパシフィックボアを見よ

ドワーフピパ　⇒ヒメコモリガエルを見よ

ドワーフホト　Dwarf Hotot
兎の一品種。愛玩用ウサギ。体重1.36kg。ドイツの原産。
¶**うさぎ**(p84/カ写)
新うさぎ(p92/カ写)
日家〔ドワーフ・ホト〕(p138/カ写)

ドワーフマッドパピー　*Necturus punctatus*
ホライモリ科の両生類。全長11〜16cm。㊈アメリカ合衆国南東部
¶**爬両1800**(p439/カ写)

ドン　Don
馬の一品種。軽量馬。体高153cm。ロシアの原産。
¶**アルテ馬**(p134/カ写)

トンガツカツクリ　*Megapodius pritchardii*　トンガ塚造
ツカツクリ科の鳥。全長38cm。㊈トンガのニウアフォー島
¶**鳥卵巣**(p120/カ写, カ図)

トンキニーズ　Tonkinese
猫の一品種。体重2.5〜5.5kg。アメリカ合衆国の原産。
¶**ビ猫**(p90/カ写)

トンキンシシバナザル　*Rhinopithecus avunculus*
オナガザル科の哺乳類。絶滅危惧IA類。頭胴長 オス65cm, メス54cm。㊈ベトナム
¶**レ生**(p208/カ写)

ドングリキツツキ　*Melanerpes formicivorus*　団栗啄木鳥
キツツキ科の鳥。全長23cm。㊈北アメリカ西部〜コロンビア
¶**世鳥大**(p323/カ写)
世鳥ネ(p243/カ写)

ドンスコイ　Donskoy
猫の一品種。体重3.5〜7kg。ロシアの原産。
¶**ビ猫**(p170/カ写)

【ナ】

ナイチンゲール　⇒サヨナキドリを見よ

ナイトアノール　*Anolis equestris*
アノールトカゲ科(イグアナ科)の爬虫類。全長30〜45cm。㊈キューバ
¶**地球**(p385/カ写)
爬両1800(p83/カ写)

ナイリクナメハダタマオヤモリ　*Nephrurus levis levis*
ヤモリ科タマオヤモリ亜科の爬虫類。全長10〜12cm。㊈オーストラリア内陸部
¶**ゲッコー**〔ナメハダタマオヤモリ(基亜種ナイリクナメハダタマオヤモリ)〕(p68/カ写)

ナイリクニシキヘビ　*Morelia bredli*
ニシキヘビ科の爬虫類。全長180〜200cm。㊈オーストラリア内陸部
¶**爬両1800**(p257/カ写)
爬両ビ(p190/カ写)

ナイリクニンガウイ　*Ningaui ridei*
フクロネコ科の哺乳類。体長5〜7.5cm。㊈オーストラリア
¶**世哺**(p58/カ写)
地球(p505/カ写)

ナイルオオトカゲ　*Varanus niloticus*
オオトカゲ科の爬虫類。全長150〜160cm。㊈サハラ砂漠以南のアフリカ
¶**驚野動**(p226/カ写)
世爬(p161/カ写)
世文動(p280/カ写)
地球(p389/カ写)
爬両1800(p240/カ写)
爬両ビ(p170/カ写)

ナイルガエル　*Rana bedriagae*
アカガエル科の両生類。体長7〜9cm。㊈エジプト, ギリシャ, アラビア半島西部
¶**爬両1800**(p416/カ写)

ナイルスッポン　*Trionyx triunguis*
スッポン科スッポン亜科の爬虫類。甲長80〜90cm。㊈アラビア半島, 南部と北西部を除くアフリカ大陸, 地中海沿岸域など
¶**世カメ**(p175/カ写)
世爬(p44/カ写)
世文動(p243/カ写)
爬両1800(p52/カ写)
爬両ビ(p42/カ写)

ナイルスナボア　*Gongylophis colubrinus*
ボア科スナボア亜科の爬虫類。別名ケニアスナボア。全長45〜70cm。㊈アフリカ東部〜北東部, アラビア半島(イエメン)
¶**世爬**(p173/カ写)
世文動〔ケニアスナボア〕(p285/カ写)
世ヘビ〔ケニアスナボア〕(p55/カ写)
地球(p391/カ写)

爬両1800 (p263/カ写)
爬両ビ (p182/カ写)

ナイルタイヨウチョウ *Hedydipna platura* ナイル太陽鳥
タイヨウチョウ科の鳥。全長9～17cm。㊀セネガル～エジプト, エチオピア, ケニア北西部
¶世鳥大 (p450/カ写)

ナイルチドリ *Pluvianus aegyptius* ナイル千鳥
ツバメチドリ科の鳥。全長19～21cm。㊀アフリカ中部・西部・北東部
¶世鳥大 (p234/カ写)
世鳥卵 (p104/カ写, カ図)

ナイルリーチュエ *Kobus megaceros*
ウシ科の哺乳類。肩高94cm。㊀スーダン, エチオピア西部
¶世文動 (p219/カ写)

ナイルワニ *Crocodylus niloticus*
クロコダイル科の爬虫類。全長5m。㊀アフリカ, マダガスカル島西部
¶驚野動 (p191/カ写)
地球 (p401/カ写)

ナガエカサドリ *Cephalopterus penduliger* 長柄傘鳥
カザリドリ科の鳥。全長36～41cm。㊀コロンビア西部～エクアドル西部
¶世鳥大 (p340/カ写)

ナガクサガエル *Hyperolius nasutus*
クサガエル科の両生類。体長1.9cm前後。㊀アフリカ大陸西部～東部・南東部まで
¶爬両1800 (p392/カ写)

ナガズィ ⇒グルジアン・シェパードを見よ

ナガスクジラ *Balaenoptera physalus* 長須鯨
ナガスクジラ科の哺乳類。絶滅危惧IB類。体長18～22m。㊀世界的に分布。しかし温帯および南半球で最もよく見られる
¶クイ百 (p100/カ図)
くら哺 (p89/カ写)
絶百5 (p8/カ写, カ図)
世文動 (p124/カ写)
世哺 (p210/カ写, カ図)
地球 (p613/カ図)
日哺学フ (p203/カ写, カ図)

ナガハシハリモグラ(1) ⇒ヒガシミユビハリモグラを見よ

ナガハシハリモグラ(2) ⇒ミユビハリモグラ(1)を見よ

ナガハナヒョウトカゲ *Gambelia wislizenii*
イグアナ科クビワトカゲ亜科の爬虫類。全長22～38cm。㊀アメリカ合衆国南西部, メキシコ北部
¶世爬 (p65/カ写)
爬両1800 (p79/カ写)
爬両ビ (p69/カ写)

ナガレタゴガエル *Rana sakuraii* 流田子蛙
アカガエル科の両生類。日本固有種。体長3.8～6cm。㊀本州中央部
¶かえる百 (p81/カ写)
カエル見 (p84/カ写)
原爬両 (No.130/カ写)
日カサ (p74/カ写)
爬両観 (p112/カ写)
爬両飼 (p178/カ写)
爬両1800 (p412/カ写)
爬両ビ (p276/カ写)
野日両 (p34,79,158/カ写)

ナガレヒキガエル *Bufo torrenticola* 流蟇
ヒキガエル科の両生類。日本固有種。体長7～16cm。㊀北陸地方～紀伊半島
¶原爬両 (No.119/カ写)
世文動 (p322/カ写)
世両 (p29/カ写)
日カサ (p44/カ写)
爬両観 (p110/カ写)
爬両飼 (p169/カ写)
爬両1800 (p363/カ写)
野日両 (p31,71,143/カ写)

ナキアヒル Puddle Duck 鳴鶩
アヒルの一品種。日本在来アヒル。体重 オス1.9kg, メス1.5kg。日本の原産。
¶日家 (p212/カ写)

ナキイスカ *Loxia leucoptera* 鳴交啄, 鳴交嘴
アトリ科の鳥。体長17cm。㊀北アメリカ
¶世鳥ネ (p322/カ写)
世文鳥 (p262/カ写)
鳥比 (p182/カ写)
鳥650 (p687/カ写)
名鳥図 (p231/カ写)
日ア鳥 (p587/カ写)
日色鳥 (p23/カ写)
日鳥識 (p288/カ写)
日鳥山新 (p344/カ写)
日鳥山増 (p317/カ写)
日野鳥新 (p616/カ写)
日野鳥増 (p602/カ写)
フ日野新 (p286/カ図)
フ日野増 (p286/カ図)
フ野鳥 (p386/カ図)

ナキガオオマキザル *Cebus olivaceus*
オマキザル科の哺乳類。体高37～46cm。㊀南アメリカ北東部
¶地球 (p541/カ写)

ナキカラスフウチョウ *Phonygammus keraudrenii*
鳴烏風鳥, 鳴鴉風鳥
フウチョウ科の鳥。体長28cm。㊕ニューギニアおよび東方, 西方の島々(標高200～2000m), ヨーク岬半島の先端, オーストラリア北東部
¶**世鳥卵**(p238/カ写, カ図)
鳥卵巣(p357/カ写, カ図)

ナキサイチョウ *Bycanistes bucinator* 鳴犀鳥
サイチョウ科の鳥。全長58～65cm。㊕アフリカ東部・中央部
¶**世鳥大**(p314/カ写)
地球(p476/カ写)

ナキシャクケイ *Pipile pipile* 鳴舎久鶏
ホウカンチョウ科の鳥。全長67～71cm。㊕西インド諸島のトリニダード島
¶**鳥卵巣**(p123/カ写, カ図)

ナキツギオヤモリ *Underwoodisaurus milii*
ヤモリ科の爬虫類。全長13～15cm。㊕オーストラリア南部
¶**ゲッコー**(p72/カ写)
世爬(p115/カ写)
爬両1800(p158/カ写)
爬両ビ(p117/カ写)

ナキハクチョウ *Cygnus buccinator* 鳴白鳥, 鳴鵠
カモ科の鳥。全長1.5～1.8m。㊕アメリカ合衆国北西部, カナダ西部
¶**絶百7**(p92/カ写)
地球(p413/カ写)
鳥比(p213/カ写)
鳥650(p42/カ写)
日ア鳥(p29/カ写)
日鳥識(p70/カ写)
日鳥水増(p114/カ写)
日野鳥新(p42/カ写)
日野鳥増(p38/カ写)
フ日野新(p310/カ図)
フ日野増(p310/カ図)
フ野鳥(p24/カ図)
野鳥学フ(p191/カ写)

ナゲキバト *Zenaida macroura* 嘆鳩
ハト科の鳥。全長23～34cm。㊕アメリカとカナダの国境地帯～パナマ, カリブ諸島北部, バハマ諸島
¶**世鳥大**(p249/カ写)
世鳥ネ(p164/カ写)
地球(p454/カ写)

ナゴヤ Nagoya 名古屋
鶏の一品種。体重 オス3kg, メス2.5kg。愛知県の原産。
¶**日家**〔名古屋〕(p188/カ写)

ナゴヤダルマガエル *Pelophylax porosus brevipodus*
名古屋達磨蛙
アカガエル科の両生類。絶滅危惧IB類(環境省レッドリスト)。日本固有亜種。体長 オス3.5～6.2cm, メス3.7～7.3cm。㊕香川県・山陽地方の東部および近畿中部・東海・中部地方南部
¶**遺産日**(両生類 No.9/カ写, モ図)
原爬両(No.136/カ写)
絶事(p14,180/カ写, モ図)
日カサ(p93/カ写)
爬両観(p115/カ写)
爬両飼(p183/カ写)
野日両(p36,84,166/カ写)

ナゾガエル ⇒オビナゾガエルを見よ

ナゾメキヤドクガエル *Dendrobates mysteriosus*
ヤドクガエル科の両生類。体長2.2～2.9cm。
㊕ペルー
¶**カエル見**(p103/カ写)
世両(p166/カ写)
爬両1800(p425/カ写)

ナタージャックヒキガエル *Epidalea calamita*
ヒキガエル科の両生類。別名ハシリヒキガエル。体長7～9cmm。㊕北ヨーロッパ, 西ヨーロッパ, バルト地方まで
¶**世カエ**(p136/カ写)
絶百3(p88/カ写)
世文動〔ハシリヒキガエル〕(p324/カ写)
地球(p354/カ写)

ナタールセオレガメ *Kinixys natalensis*
リクガメ科の爬虫類。甲長12～15cm。㊕南アフリカ共和国北東部
¶**爬両1800**(p16/カ写)

ナッテラーネコゴエガエル *Physalaemus nattereri*
ユビナガガエル科の両生類。体長5～6cm。㊕ブラジル
¶**爬両1800**(p431/カ写)

ナツフウキンチョウ *Piranga rubra* 夏風琴鳥
ショウジョウコウカンチョウ科(ホオジロ科)の鳥。全長17cm。㊕北アメリカ南部, 中央アメリカ, 南アメリカ北西部
¶**原色鳥**(p12/カ写)
世色鳥(p6/カ写)
世鳥卵(p216/カ写, カ図)
世鳥ネ(p336/カ写)

ナトゥージウスアブラコウモリ *Pipstrellus nathusii* ナトゥージウス油蝙蝠
ヒナコウモリ科の哺乳類。体長4.5～5.5cm。
¶**地球**(p557/カ写)

ナナアマガエル *Hyla nana*
アマガエル科の両生類。体長3.5～3cm。㊕南米大

陸中部
¶**爬両1800**(p373/カ写)

ナナイロツヤヘビ *Liophis reginae*
ナミヘビ科ヒラタヘビ亜科の爬虫類。全長40〜55cm。[分]南米大陸中部以北
¶**爬両1800**(p279/カ写)

ナナイロフウキンチョウ *Tangara chilensis* 七色風琴鳥
フウキンチョウ科の鳥。全長12〜13cm。[分]アマゾン川流域
¶**原色鳥**(p135/カ写)
世色鳥(p46/カ写)

ナナイロメキシコインコ *Aratinga jandaya* 七色メキシコ鸚哥
インコ科の鳥。全長30cm。[分]ブラジル北東部
¶**地球**(p459/カ写)
鳥飼(p148/カ写)

ナナクサインコ *Platycercus eximius* 七草鸚哥
インコ科の鳥。全長30cm。[分]オーストラリア南東部
¶**地球**(p458/カ写)
鳥飼(p135/カ写)

ナナスジランナー ⇒デップハシリトカゲを見よ

ナナミゾサイチョウ *Aceros nipalensis* 七溝犀鳥
サイチョウ科の鳥。全長120cm。[分]ブータン, インド北東部, バングラデシュ, 中国の雲南省およびチベット自治区, ミャンマー〜インドシナ半島北部
¶**世鳥卵**(p141/カ写, カ図)

ナベクロヅル *Grus monacha* × *Grus grus* 鍋黒鶴
ツル科の鳥。ナベヅルとクロヅルの交雑個体。[分]鹿児島県出水市
¶**日鳥水増**〔'ナベクロヅル'〕(p165/カ写)
フ日野新〔ナベヅルとクロヅルの交雑〕(p118/カ図)
フ日野増〔ナベヅルとクロヅルの雑種〕(p118/カ図)

ナベコウ *Ciconia nigra* 鍋鸛
コウノトリ科の鳥。体長95〜100cm。[分]ユーラシア温帯域および南部, アフリカ南部
¶**原寸羽**(p295/カ写)
四季鳥(p88/カ写)
世鳥ネ(p68/カ写)
世文鳥(p57/カ写)
鳥卵巣(p74/カ写, カ図)
鳥比(p267/カ写)
鳥650(p140/カ写)
日ア鳥(p122/カ写)
日鳥識(p112/カ写)
日鳥水増(p98/カ写)
日野鳥新(p130/カ写)
日野鳥増(p200/カ写)
バード(p111/カ写)
フ日野新(p114/カ図)
フ日野増(p114/カ図)
フ野鳥(p88/カ図)
野鳥学フ(p69/カ写)

ナベヅル *Grus monacha* 鍋鶴
ツル科の鳥。絶滅危惧II類。全長100cm。[分]シベリア南東部。日本では鹿児島県, 山口県に渡来し越冬
¶**遺産日**(鳥類 No.6/カ写)
くら鳥(p102/カ写)
里山鳥(p235/カ写)
四季鳥(p91/カ写)
絶鳥事(p5,76/カ写, モ図)
世文鳥(p103/カ写)
鳥比(p268/カ写)
鳥650(p187/カ写)
名鳥図(p65/カ写)
日ア鳥(p161/カ写)
日鳥識(p124/カ写)
日鳥水増(p165/カ写)
日野鳥新(p178/カ写)
日野鳥増(p208/カ写)
ぱっ鳥(p111/カ写)
バード(p115/カ写)
ひと目鳥(p108/カ写)
フ日野新(p118/カ図)
フ日野増(p118/カ図)
フ野鳥(p112/カ図)
野鳥学フ(p72/カ写)
野鳥山フ(p27,158/カ図, カ写)
山溪名鳥(p301/カ写)

ナポリタン・マスティフ Neapolitan Mastiff
犬の一品種。別名イタリアン・マスティフ, マスティノ・ナポレターノ。体高 オス65〜75cm, メス60〜68cm。イタリアの原産。
¶**最犬大**(p124/カ写)
新犬種〔マスティノ・ナポレターノ〕(p297/カ写)
新世犬(p109/カ写)
図世犬(p117/カ写)
ビ犬(p92/カ写)

ナポレオン Napoleon
猫の一品種。体重3〜7.5kg。アメリカ合衆国の原産。
¶**ビ猫**(p236/カ写)

ナマカデバネズミ *Bathyergus janetta*
デバネズミ科の哺乳類。体長17.5〜33cm。[分]アフリカ南部
¶**地球**(p528/カ写)

ナマカフクラガエル *Breviceps namaquensis*
ヒメアマガエル科(ジムグリガエル科)の両生類。体長4.5cm。[分]南アフリカ(ナマカランドと西ケープ)
¶**世カエ**(p468/カ写)

ナマクアカメレオン ⇒ナマクワカメレオンを見よ

ナマクアスナカナヘビ *Pedioplanis namaquensis*
カナヘビ科の爬虫類。全長10～12cm。[分]南アフリカ共和国, ナミビア, アンゴラなど
¶**爬両1800** (p194/カ写)
爬両ビ (p134/カ写)

ナマクアヒラセリクガメ *Homopus solus*
リクガメ科の爬虫類。甲長9～10cm。[分]ナミビア南部
¶**爬両1800** (p15/カ写)

ナマクワカメレオン *Chamaeleo namaquensis*
カメレオン科の爬虫類。別名ナマクアカメレオン。全長20～23cm。[分]アンゴラ南部, ナミビア, 南アフリカ共和国
¶**世爬**〔ナマクアカメレオン〕(p87/カ写)
爬両1800 (p112/カ写)
爬両ビ (p90/カ写)

ナマケグマ *Melursus ursinus* 懶熊
クマ科の哺乳類。絶滅危惧II類。体長1.4～1.9m。[分]アジア南部
¶**驚野動** (p263/カ写)
絶百5 (p20/カ写)
世文動 (p150/カ写)
世哺 (p239/カ写)
地球 (p567/カ写)

ナミイモリ ⇒スベイモリを見よ

ナミエガエル *Limnonectes namiyei* 波江蛙
アカガエル科(ヌマガエル科)の両生類。絶滅危惧IB類(環境省レッドリスト)。日本固有種。体長8～12cm。[分]沖縄
¶**遺産日** (両生類 No.8/カ写)
原爬両 (No.140/カ写)
絶事 (p15,188/カ写, モ図)
世文動 (p332/カ写)
日カサ (p134/カ写)
爬両観 (p118/カ写)
爬両飼 (p191/カ写)
爬両1800 (p417/カ写)
爬両ビ (p280/カ写)
野日両 (p41,89,181/カ写)

ナミエヤマガラ *Parus varius namiyei* 波江山雀
シジュウカラ科の鳥。絶滅危惧IB類(環境省レッドリスト)。体長約14cm。[分]伊豆諸島の利島・新島・神津島
¶**絶鳥事** (p206/モ図)

ナミカブラオヤモリ ⇒キタカブラオヤモリを見よ

ナミカベカナヘビ *Podarcis muralis*
カナヘビ科の爬虫類。全長18～24cm。[分]北部を除くヨーロッパ広域, トルコ
¶**爬両1800** (p184/カ写)
爬両ビ (p129/カ写)

ナミカンムリトカゲ *Laemanctus longipes* 並冠蜥蜴
イグアナ科バシリスク亜科の爬虫類。全長50～60cm。[分]メキシコ南西部～ホンジュラス北西部, ニカラグア
¶**世爬** (p65/カ写)
世文動 (p264/カ写)
爬両1800 (p79/カ写)
爬両ビ (p68/カ写)

ナミクサビトカゲ *Sphenops sepsoides*
スキンク科の爬虫類。全長20cm前後。[分]チュニジア, リビア, エジプト, イスラエル
¶**爬両1800** (p207/カ写)
爬両ビ (p146/カ写)

ナミコブジサイチョウ ⇒ミナミジサイチョウを見よ

ナミシンジュメキガエル *Nyctixalus pictus*
アオガエル科の両生類。別名インドネシアキガエル。体長3～3.4cm。[分]マレーシア, インドネシア(スマトラ島・ボルネオ島)
¶**カエル見** (p48/カ写)
世カエ〔インドネシアキガエル〕(p406/カ写)
世両 (p81/カ写)
爬両1800 (p388/カ写)

ナミダスベウロコヘビ *Thamnosophis infrasignatus*
ナミヘビ科マラガシーヘビ亜科の爬虫類。全長65～85cm。[分]マダガスカル北部・東部・南東部
¶**爬両1800** (p338/カ写)

ナミチスイコウモリ *Desmodus rotundus* 並血吸蝙蝠
ヘラコウモリ科(チスイコウモリ科)の哺乳類。体長7～9.5cm。[分]中央アメリカ～南アメリカ
¶**驚野動** (p115/カ写)
世文動 (p63/カ写)
世哺 (p91/カ写)
地球 (p555/カ写)

ナミチンパンジー ⇒チンパンジーを見よ

ナミトゲハダヤモリ *Homonota horrida*
ヤモリ科ワレユビヤモリ亜科の爬虫類。全長14cm前後。[分]南米大陸中部
¶**爬両1800** (p153/カ写)

ナミトビトカゲ *Draco volans*
アガマ科の爬虫類。全長20～22cm。[分]東南アジア南部
¶**世爬** (p73/カ写)
爬両1800 (p90/カ写)
爬両ビ (p77/カ写)

ナミノボリユタトカゲ *Urosaurus ornatus*
イグアナ科ツノトカゲ亜科の爬虫類。全長12～

16cm。 ㊎アメリカ合衆国南部, メキシコ北部
¶**爬両1800** (p82/カ写)
爬両ビ (p73/カ写)

ナミハタノドトカゲ *Sitana ponticeriana*
アガマ科の爬虫類。全長15cm前後。 ㊎パキスタン～インド, ネパール, スリランカ
¶**爬両1800** (p104/カ写)

ナミハリトカゲ *Sceloporus undulatus*
イグアナ科ツノトカゲ亜科の爬虫類。別名エニシハリトカゲ。全長9～18cm。 ㊎アメリカ合衆国中部～東部・南部, メキシコ
¶**爬両1800** (p81/カ写)
爬両ビ (p73/カ写)

ナ

ナミハリネズミ *Erinaceus europaeus* 並針鼠
ハリネズミ科の哺乳類。別名ヨーロッパハリネズミ。体長20～30cm。 ㊎ヨーロッパ
¶**驚野動**〔ヨーロッパハリネズミ〕(p156/カ写)
世文動 (p56/カ写)
世哺 (p78/カ写)
地球 (p558/カ写)

ナミハリユビヤモリ *Stenodactylus sthenodactylus*
ヤモリ科の爬虫類。全長8～11cm。 ㊎アフリカ大陸北部, アラビア半島
¶**世爬** (p105/カ写)
爬両1800 (p150/カ写)
爬両ビ (p106/カ写)

ナミヒラタトカゲ *Platysaurus intermedius*
ヨロイトカゲ科の爬虫類。全長12～20cm。 ㊎モザンビーク, ジンバブエ, 南アフリカ共和国北部など
¶**爬両1800** (p221/カ写)
爬両ビ (p154/カ写)

ナミブイエヘビ *Lamprophis mentalis*
ナミヘビ科イエヘビ亜科の爬虫類。全長50～70cm。 ㊎ナミビア
¶**世爬** (p221/カ写)
爬両1800 (p333/カ写)
爬両ビ (p216/カ写)

ナミブグローブヤモリ *Chondrodactylus angulifer namibensis*
ヤモリ科ヤモリ亜科の爬虫類。グローブヤモリの亜種。全長7～8cm。 ㊎ナミビア西部
¶**ゲッコー**〔グローブヤモリ (亜種ナミブグローブヤモリ)〕(p28/カ写)

ナミマウスオポッサム *Marmosa murina*
オポッサム科の哺乳類。体長11～14cm。 ㊎南アメリカ
¶**世哺** (p57/カ写)
地球 (p504/カ写)

ナムダファトビガエル *Rhacophorus rhodopus*
アオガエル科の両生類。体長3～5.5cm。 ㊎中国南部, インドシナ半島北部
¶**カエル見** (p48/カ写)
爬両1800 (p387/カ写)

ナメハダタマオヤモリ *Nephrurus levis*
ヤモリ科イシヤモリ亜科の爬虫類。全長10～12cm。 ㊎オーストラリア
¶**世爬** (p114/カ写)
爬両1800 (p156/カ写)
爬両ビ (p117/カ写)

ナンアオリーブイエヘビ *Lamprophis inornata* 南アオリーブ家蛇
ナミヘビ科イエヘビ亜科の爬虫類。全長70～90cm。 ㊎南アフリカ共和国
¶**爬両1800** (p333/カ写)

ナンアサンショクツバメ *Petrochelidon spilodera* 南ア三色燕
ツバメ科の鳥。全長13～15cm。 ㊎ナミビア, ジンバブエ, 南アフリカ
¶**鳥卵巣** (p265/カ写, カ図)

ナンキョクアジサシ *Sterna vittata* 南極鯵刺
カモメ科の鳥。全長35～40cm。 ㊎南アメリカ南東部, 南アフリカ, 南極海の島々, 南極半島
¶**驚野動** (p369/カ写)
世鳥大 (p238/カ写)

ナンキョクオオトウゾクカモメ ⇒オオトウゾクカモメ$_{(1)}$を見よ

ナンキョクオットセイ *Arctocephalus gazella* 南極膃肭臍
アシカ科の哺乳類。体長1.3～2m。 ㊎南極海, 亜南極水域
¶**世文動** (p175/カ写)
地球 (p567/カ写)

ナンキョククジラドリ *Pachyptila desolata* 南極鯨鳥
ミズナギドリ科の鳥。全長17～20cm。 ㊎サウスシェトランド諸島, サウスジョージア島
¶**世鳥大** (p149/カ写)
地球 (p422/カ写)

ナンキョクフルマカモメ ⇒セグロフルマカモメを見よ

ナンキンオシ *Nettapus coromandelianus* 南京鴛
カモ科の鳥。全長33cm。 ㊎インド, 中国南部, フィリピン, マレー半島, スマトラ島, ボルネオ島, スラウェシ島, ニューギニア
¶**世文鳥** (p66/カ写)
鳥比 (p214/カ写)
鳥650 (p47/カ写)
日ア鳥 (p35/カ写)
日カモ (p49/カ写, カ図)
フ野鳥 (p28/カ図)

ナンキンシャモ Nankin Shamo 南京軍鶏
鶏の一品種。天然記念物。体重 オス0.937kg, メス0.75kg。日本の原産。
¶**日家**〔南京シャモ〕(p177/カ写)

ナンダ *Ptyas mucosus*
ナミヘビ科ナミヘビ亜科の爬虫類。全長250～320cm。㊕中央アジア～南アジア, 東南アジア, 中国南部など
¶**世文動**(p289/カ写)
世ヘビ(p96/カ写)
爬両1800(p299/カ写)
爬両ビ(p215/カ写)

ナンブウシ Nanbu 南部牛
牛の一品種。体高 オス128cm, メス118cm。東北地方の原産。
¶**日家**〔南部牛〕(p71/カ図)

ナンブシシバナヘビ *Heterodon simus*
ナミヘビ科ヒラタヘビ亜科の爬虫類。全長35～60cm。㊕アメリカ合衆国南東部
¶**爬両1800**(p284/カ写)
爬両ビ(p211/カ写)

ナンブヒキガエル *Bufo terrestris*
ヒキガエル科の両生類。体長4～9cm。㊕アメリカ合衆国南東部
¶**カエル見**(p27/カ写)
世カエ(p156/カ写)
世文動(p324/カ写)
世両(p32/カ写)
爬両1800(p365/カ写)
爬両ビ(p240/カ写)

ナンブヒョウガエル *Rana sphenocephala*
アカガエル科の両生類。別名ミナミヒョウガエル。体長5～12cm。㊕アメリカ合衆国
¶**カエル見**(p83/カ写)
世カエ〔ミナミヒョウガエル〕(p352/カ写)
爬両1800(p416/カ写)
爬両ビ(p279/カ写)

ナンブミズベヘビ *Nerodia fasciata*
ナミヘビ科ユウダ亜科の爬虫類。別名ミナミミズベヘビ。全長40～150cm。㊕アメリカ合衆国東部
¶**世爬**(p184/カ写)
世文動(p292/カ写)
地球〔ミナミミズベヘビ〕(p396/カ写)
爬両1800(p269～270/カ写)
爬両ビ(p197/カ写)

ナンベイウシガエル *Leptodactylus pentadactylus* 南米牛蛙
ユビナガガエル科(ミナミガエル科)の両生類。体長12～18cm。㊕南米北西部～北部
¶**かえる百**(p37/カ写)
カエル見(p113/カ写)
世カエ(p108/カ写)
世文動(p322/カ写)
世両(p181/カ写)
爬両1800(p431/カ写)
爬両ビ(p294/カ写)

ナンベイオナガヨタカ *Macropsalis creagra* 南米尾長夜鷹
ヨタカ科の鳥。全長34～76cm。㊕ブラジル南東部
¶**世鳥大**(p291/カ写)
地球(p468/カ写)

ナンベイカミツキガメ *Chelydra acutirostris* 南米嚙付亀
カミツキガメ科の爬虫類。甲長41cm。㊕ホンジュラス西部, コスタリカ, パナマ, コロンビアなど
¶**世カメ**(p155/カ写)

ナ

ナンベイタゲリ *Vanellus chilensis* 南米田計里, 南米田鳧
チドリ科の鳥。全長31～38cm。㊕南アメリカ, 主としてアンデス山脈の東側
¶**世鳥大**(p225/カ写)
世鳥ネ(p130/カ写)
鳥卵巣(p176/カ写, カ図)

ナンベイタシギ *Gallinago paraguaiae* 南米田鷸, 南米田鴫
シギ科の鳥。全長22～29cm。㊕ベネズエラ, コロンビア, ブラジル, ペルー, ボリビア, パラグアイ, アルゼンチンなど
¶**鳥卵巣**(p193/カ写, カ図)

ナンベイタマシギ *Nycticryphes semicollaris* 南米玉鷸, 南米珠鷸, 南米玉鴫, 南米珠鴫
タマシギ科の鳥。全長20cm。㊕パラグアイ, ウルグアイ, ブラジル南東部, アルゼンチン北部, チリ中央部
¶**鳥卵巣**(p168/カ写, カ図)

ナンベイヒメウ *Phalacrocorax brasilianus* 南米姫鵜
ウ科の鳥。全長58～73cm。㊕南アメリカの熱帯・亜熱帯
¶**鳥卵巣**(p63/カ写, カ図)

ナンベイヘビクビガメ ⇒ギザミネヘビクビガメを見よ

ナンベイヨシゴイ *Ixobrychus involucris* 南米葦五位, 南米葭五位
サギ科の鳥。㊕南アメリカ
¶**世鳥卵**(p40/カ写, カ図)

ナンベイレンカク *Jacana jacana* 南米蓮角
レンカク科の鳥。全長17～23cm。㊕パナマ～アルゼンチン中部, トリニダード島
¶**地球**(p446/カ写)

ナンヨウクイナ *Gallirallus philippensis* 南洋秧鶏, 南洋水鶏
クイナ科の鳥。全長28～33cm。 ㋳フィリピン諸島, スラウェシ島, ニューギニア, オーストラリア, ニュージーランド, 西太平洋の島々
¶世鳥大 (p209/カ写)
地球 (p439/カ写)

ナンヨウショウビン *Todiramphus chloris* 南洋翡翠
カワセミ科の鳥。全長25～28cm。 ㋳紅海～オーストラリア, ポリネシア
¶原寸羽 (p295/カ写)
世鳥大 (p306/カ写)
世鳥ネ (p226/カ写)
世文鳥 (p186/カ写)
地球 (p475/カ写)
鳥比 (p60/カ写)
鳥650 (p435/カ写)
日ア鳥 (p367/カ写)
日色鳥 (p32/カ写)
日鳥識 (p206/カ写)
日鳥山新 (p105/カ写)
日鳥山増 (p107/カ写)
日野鳥新 (p407/カ写)
日野鳥増 (p414/カ写)
フ日野新 (p206/カ図)
フ日野増 (p206/カ図)
フ野鳥 (p254/カ図)

ナンヨウセイコウチョウ *Erythrura trichroa* 南洋青紅鳥
カエデチョウ科の鳥。全長12cm。 ㋳クイーンズランド州 (オーストラリア) 北東部, インドネシア, 太平洋の島々, ニューギニア
¶世色鳥 (p82/カ写)
世鳥大 (p460/カ写)
鳥飼 (p79/カ写)

ナンヨウネズミ *Rattus exulans* 南洋鼠
ネズミ科の哺乳類。別名ポリネシアネズミ。頭胴長約12cm。 ㋳南太平洋諸島
¶くら哺 (p18/カ写)
世文動 (p116/カ写)
日哺改 (p141/カ写)
日哺学フ (p93/カ写)

ナンヨウマミジロアジサシ *Sterna lunata* 南洋眉白鰺刺
カモメ科の鳥。全長36cm。
¶世文鳥 (p158/カ写)
鳥650 (p343/カ写)
日ア鳥 (p287/カ写)
フ日野新 (p102/カ図)
フ日野増 (p102/カ図)
フ野鳥 (p194/カ図)

【ニ】

ニアラ *Tragelaphus angasii*
ウシ科の哺乳類。体高90～110cm。 ㋳アフリカ
¶世文動 (p215/カ写)
世哺 (p349/カ写)
地球 (p599/カ写)

ニイガタヤチネズミ *Eothenomys andersoni niigatae* 新潟谷地鼠, 新潟野地鼠
キヌゲネズミ科の哺乳類。頭胴長約10cm。 ㋳本州中部の山岳地帯
¶くら哺 (p15/カ写)
世文動 (p112/カ写)

ニオイガモ *Biziura lobata* 臭鴨
カモ科の鳥。全長55～66cm。 ㋳オーストラリア南部, タスマニア
¶世鳥大 (p135/カ写)

ニオイネズミカンガルー *Hypsiprymnodon moschatus*
ニオイネズミカンガルー科 (ネズミカンガルー科) の哺乳類。体長15～28cm。 ㋳オーストラリア
¶世文動 (p47)
世哺 (p70/カ写)
地球 (p509/カ写)

ニカラグアクジャクガメ *Trachemys emolli*
ヌマガメ科アミメガメ亜科の爬虫類。甲長28～35cm。 ㋳ニカラグア太平洋岸, コスタリカ北西部
¶世カメ (p218/カ写)
爬両1800 (p35/カ写)

ニカラグアマルジタサンショウウオ *Bolitoglossa striatula*
アメリカサンショウウオ科の両生類。全長8～13cm。
¶地球 (p368/カ写)

ニコバルツカツクリ *Megapodius nicobariensis* ニコバル塚造
ツカツクリ科の鳥。全長43cm。 ㋳ニコバル諸島
¶鳥卵巣 (p121/カ写, カ図)

ニコバルハナナガガエル *Rana nicobariensis*
アカガエル科の両生類。体長3.5～5cm。 ㋳ニコバル諸島, インドネシア, マレー半島など
¶爬両1800 (p415/カ写)

ニコルスカトリックガエル *Notaden nichollsi*
ヌマチガエル科の両生類。体長6cm。 ㋳オーストラリア中部
¶世カエ (p74/カ写)

ニシアオジタトカゲ *Tiliqua occipitalis* 西青舌蜥蜴
スキンク科の爬虫類。全長40〜45cm。㊎オーストラリア南西部
¶**爬両1800**(p211/カ写)

ニシアカアシチョウゲンボウ *Falco vespertinus* 西赤足長元坊
ハヤブサ科の鳥。㊎ヨーロッパ, アジア
¶**世鳥卵**(p65/カ写, カ図)

ニシアカガシラエボシドリ *Tauraco bannermani* 西赤頭烏帽子鳥
エボシドリ科の鳥。絶滅危惧IB類。全長43cm。㊎カメルーン西部
¶**絶百7**(p94/カ写)

ニシアカコロブス *Piliocolobus badius*
オナガザル科の哺乳類。絶滅危惧IB類。㊎シエラレオネ, ギニア南部, リベリア, コートジボワール西部
¶**美サル**(p197/カ写)

ニシアバヒ *Avahi occidentalis*
インドリ科の哺乳類。絶滅危惧IB類。頭胴長25〜28.5cm。㊎マダガスカル北西部のベツィブカ川の北東部
¶**美サル**(p127/カ写)

ニシアフリカキヌバネドリ *Apaloderma aequatoriale* 西阿弗利加絹羽鳥
キヌバネドリ科の鳥。㊎カメルーン〜ザイール北東部
¶**世鳥卵**(p138/カ写, カ図)

ニシアフリカコビトワニ *Osteolaemus tetraspis* 西阿弗利加小人鰐
クロコダイル科の爬虫類。全長1.5〜1.8m。㊎アフリカ大陸西部〜中部
¶**世文動**(p306/カ写)
地球(p400/カ写)
爬両1800(p347/カ写)

ニシアフリカトカゲモドキ *Hemitheconyx caudicinctus* 西阿弗利加蜥蜴擬
ヤモリ科の爬虫類。全長20〜25cm。㊎アフリカ大陸中西部沿岸国
¶**ゲッコー**(p98/カ写)
世爬(p124/カ写)
世文動(p261/カ写)
地球(p384/カ写)
爬両1800(p173/カ写)
爬両ビ(p124/カ写)

ニシアメリカオオコノハズク *Otus kennicottii* 西亜米利加大木葉木菟
フクロウ科の鳥。全長19〜25cm。㊎北アメリカ西部
¶**世鳥ネ**(p191/カ写)
地球(p463/カ写)

ニシアメリカフクロウ *Strix occidentalis* 西亜米利加梟
フクロウ科の鳥。別名ニシヨコジマフクロウ。全長47〜48cm。㊎北アメリカ西部
¶**絶百9**(p40/カ写)
世鳥ネ〔ニシヨコジマフクロウ〕(p195/カ写)
地球(p464/カ写)

ニシアンデスエメラルドハチドリ *Chlorostilbon melanorhynchus* 西アンデスエメラルド蜂鳥
ハチドリ科ハチドリ亜科の鳥。全長6〜9cm。
¶**世色鳥**(p73/カ写)
ハチドリ(p205/カ写)

ニジイロコバシハチドリ *Chalcostigma herrani* 虹色小嘴蜂鳥
ハチドリ科ミドリフタオハチドリ亜科の鳥。全長10〜12cm。
¶**ハチドリ**(p133/カ写)

ニジイロハシリトカゲ *Cnemidophorus lemniscatus* 虹色走蜥蜴
テユー科の爬虫類。別名スポットレースランナー。全長23〜25cm。㊎ベリーズ〜パナマまでの中米と南米大陸北西部(アメリカ合衆国・フロリダ州に帰化)
¶**世爬**(p132/カ写)
爬両1800(p195/カ写)
爬両ビ(p135/カ写)

ニシイワツバメ *Delichon urbicum* 西岩燕
ツバメ科の鳥。全長13〜14cm。㊎ヨーロッパ〜ロシア北東部・中国東北部まで。冬季はアフリカや東南アジアに渡る
¶**世鳥ネ**(p281/カ写)
鳥比(p102/カ写)
鳥650(p530/カ写)
日ア鳥(p443/カ写)
日鳥山新(p183/カ写)
フ野鳥(p300/カ図)

ニシイワハネジネズミ *Elephantulus rupestris* 西岩跳地鼠
ハネジネズミ科の哺乳類。体長12〜14cm。㊎ナミビアおよび南アフリカ共和国ケープ地方
¶**地球**(p512/カ写)

ニジインカハチドリ *Coeligena iris* 虹インカ蜂鳥
ハチドリ科ミドリフタオハチドリ亜科の鳥。全長12.5〜15cm。
¶**ハチドリ**(p163/カ写)

ニシウサンバラフタヅノカメレオン *Kinyongia multituberculata*
カメレオン科の爬虫類。全長30〜40cm。㊎タンザニア北東部(ウサンバラ山の西部)
¶**世爬**(p94/カ写)
爬両1800(p118/カ写)

ニシオウギタイランチョウ *Onychorhynchus occidentalis* 西扇太蘭鳥
タイランチョウ科の鳥。絶滅危惧II類。体長16～16.5cm。㊍エクアドル，ペルー
¶**絶百7**(p96/カ写，カ図)
鳥絶〔Pacific Royal Flycatcher〕(p185/カ図)

ニシオオノスリ *Buteo rufinus* 西大鵟
タカ科の鳥。全長50～65cm。㊍ヨーロッパ中・南東部～中央アジア，北アフリカ
¶**世鳥大**(p200/カ写)
世鳥ネ(p105/カ写)
地球(p433/カ写)

ニシオジロビタキ *Ficedula parva* 西尾白鶲
ヒタキ科の鳥。全長11～13cm。㊍スカンジナビア南部～東ヨーロッパ，ウクライナ，コーカサス地方までのユーラシア西部で繁殖
¶**四季鳥**(p91/カ写)
鳥比(p158/カ写)
鳥650(p645/カ写)
日ア鳥(p551/カ写)
日鳥識(p272/カ写)
日鳥山新(p299/カ写)
日野鳥新〔仮称ニシオジロビタキ〕(p572/カ写)
日野鳥増(p545/カ写)
フ日野新(p336/カ図)
フ野鳥(p362/カ図)

ニシカイガンガラガラヘビ *Crotalus oreganus*
クサリヘビ科の爬虫類。全長40～150cm。㊍アメリカ合衆国西部太平洋岸沿い
¶**爬両1800**(p343/カ写)

ニシカキネハリトカゲ *Sceloporus occidentalis*
イグアナ科ツノトカゲ亜科の爬虫類。全長15～20cm。㊍アメリカ合衆国南西部～メキシコ北西部
¶**爬両1800**(p81～82/カ写)

ニシガーツシュロマウス *Vandeleuria nilagirica*
ネズミ科の哺乳類。絶滅危惧IB類。㊍インドの西ガーツ山脈北部
¶**レ生**(p214/カ写)

ニシカナリアカナヘビ *Gallotia galloti*
カナヘビ科の爬虫類。全長35～40cm。㊍カナリア諸島(テネリーフェ島・パルマ島)
¶**世爬**(p130/カ写)
爬両1800(p189/カ写)
爬両ビ(p132/カ写)

ニシカナリアカラカネトカゲ *Chalcides viridanus*
スキンク科の爬虫類。全長15cm前後。㊍カナリア諸島
¶**爬両1800**(p206/カ写)

ニシカメルーンオオクサガエル *Leptopelis nordequatorialis*
サエズリガエル科の両生類。全長4～5.5cm。㊍アフリカ西部
¶**地球**(p352/カ写)

ニシガラガラヘビ *Crotalus viridis*
クサリヘビ科の爬虫類。全長1.2m。㊍北アメリカ
¶**地球**(p399/カ写)

ニシキカタトカゲ *Tracheloptychus petersi*
プレートトカゲ科の爬虫類。全長16～20cm。㊍マダガスカル南西部
¶**世爬**(p149/カ写)
爬両1800(p224/カ写)
爬両ビ(p157/カ写)

ニシキガメ *Chrysemys picta* 錦亀
ヌマガメ科(セイヨウヌマガメ科)の爬虫類。甲長11～25cm。㊍カナダ南部，アメリカ合衆国，メキシコ(チワワ州)
¶**世カメ**(p198/カ写)
世爬(p19/カ写)
世文動(p249/カ写)
地球(p375/カ写)
爬両1800(p22/カ写)
爬両ビ(p15/カ写)

ニジキジ *Lophophorus impejanus* 虹雉
キジ科(ニジキジ科)の鳥。全長63～72cm。㊍アフガニスタン東部，パキスタン北西部，チベット南部，ミャンマー
¶**世色鳥**(p33/カ写)
世鳥大(p115/カ写)
世鳥卵(p76/カ写，カ図)
世美羽(p74/カ写，カ図)
鳥卵巣(p136/カ写，カ図)

ニシキシロメアマガエル ⇒フタイロネコメガエルを見よ

ニシキスズメ *Pytilia melba* 錦雀
カエデチョウ科の鳥。全長12～13cm。㊍サハラ以南のアフリカ
¶**世鳥大**(p458/カ写)
地球(p494/カ写)
鳥飼(p90/カ写)

ニシキセタカガメ *Batagur kachuga*
アジアガメ科(イシガメ(バタグールガメ)科)の爬虫類。別名インドセタカガメ。甲長30～50cm。㊍ネパール，バングラディシュ，インド北東部
¶**世カメ**(p240/カ写)
世爬(p30/カ写)
爬両1800(p36/カ写)
爬両ビ(p28/カ写)

ニシキトゲオアガマ *Uromastyx ornata*
アガマ科の爬虫類。全長30～37cm。㊍エジプト東部, イスラエル, サウジアラビア, イエメン
¶**世爬**(p84/カ写)
爬両1800(p107/カ写)
爬両ビ(p87/カ写)

ニシキノボリハイラックス *Dendrohyrax dorsalis*
イワダヌキ科(ハイラックス科)の哺乳類。体長32～60cm。
¶**地球**(p515/カ写)

ニシキハコガメ *Terrapene ornata*
ヌマガメ科ヌマガメ亜科の爬虫類。甲長10～14cm。㊍アメリカ合衆国中部～南部, メキシコ北部
¶**世カメ**(p195/カ写)
世爬(p22/カ写)
地球(p375/カ写)
爬両1800(p32/カ写)
爬両ビ(p17/カ写)

ニシキバラマルガメ *Cyclemys atripons*
アジアガメ科(イシガメ(バタグールガメ)科)の爬虫類。別名マダラマルガメ。甲長19～21cm。㊍タイ南東部, カンボジア南西部
¶**世カメ**(p277/カ写)
爬両1800(p43/カ写)
爬両ビ〔マダラマルガメ〕(p32/カ写)

ニシキヒルデブラントガエル *Hildebrandtia ornata*
アカガエル科の両生類。体長4.5～6.5cm。㊍アフリカ大陸中部以南
¶**カエル見**(p89/カ写)
爬両1800(p420/カ写)

ニシキヒルヤモリ *Phelsuma ornata*
ヤモリ科ヤモリ亜科の爬虫類。全長10～11cm。㊍モーリシャス
¶**ゲッコー**(p43/カ写)
世爬(p112/カ写)
爬両1800(p143/カ写)
爬両ビ(p112/カ写)

ニシキビロードヤモリ *Oedura monilis*
ヤモリ科イシヤモリ亜科の爬虫類。全長16～20cm。㊍オーストラリア(ニューサウスウェールズ州・クイーンズランド州)
¶**ゲッコー**(p86/カ写)
世爬(p118/カ写)
爬両1800(p162/カ写)

ニシキフウキンチョウ *Tangara fastuosa* 錦風琴鳥
フウキンチョウ科(ホオジロ科)の鳥。絶滅危惧II類。体長13.5cm。㊍ブラジル(固有)
¶**遺産世**(Aves No.32/カ写)
原色鳥(p143/カ写)
絶百8(p6/カ写)
鳥絶(p215/カ図)

ニシキブロンズヘビ *Dendrelaphis formosus*
ナミヘビ科ナミヘビ亜科の爬虫類。全長120～140cm。㊍インドネシア, ブルネイ, マレーシア, タイなど
¶**爬両1800**(p290/カ写)
爬両ビ(p202/カ写)

ニシキマゲクビガメ *Emydura subglobosa*
ヘビクビガメ科の爬虫類。甲長18～25cm。㊍ニューギニア島南部, オーストラリア北部
¶**世カメ**(p120/カ写)
世爬(p57/カ写)
世文動〔ニシキマゲクビ〕(p240/カ写)
爬両1800(p67/カ写)
爬両ビ(p50/カ写)

ニシキメズサアマガエル ⇒フタイロネコメガエルを見よ

ニシキワタアシハチドリ *Eriocnemis mirabilis* 錦綿足蜂鳥
ハチドリ科ミドリフタオハチドリ亜科の鳥。全長8～9cm。㊍コロンビア南西部
¶**ハチドリ**(p370)

ニシクイガメ ⇒インドシナニシクイガメを見よ

ニシコウライウグイス *Oriolus oriolus* 西高麗鶯
コウライウグイス科の鳥。全長25cm。㊍ヨーロッパ, 中央アジア
¶**原色鳥**(p206/カ写)
世色鳥(p108/カ写)
世鳥大(p384/カ写)
世鳥ネ(p268/カ写)
地球(p487/カ写)
鳥卵巣(p340/カ写, カ図)

ニシコーカサスツール *Capra caucasica*
ウシ科の哺乳類。体長150～160cm。㊍カフカス(旧ソ連)
¶**世文動**(p232/カ写)

ニシコクマルガラス *Corvus monedula* 西黒丸烏, 西黒丸鴉
カラス科の鳥。全長33～39cm。㊍北端を除く西ヨーロッパ～ロシア中央部
¶**世鳥卵**(p248/カ写, カ図)
地球(p486/カ写)
鳥卵巣(p364/カ写, カ図)
鳥比(p89/カ写)
鳥650(p495/カ写)
日鳥山新(p155/カ写)
日鳥山増(p344/カ写)
日野鳥新(p461/カ写)
日野鳥増(p627/カ写)
フ日野新(p340/カ図)
フ日野増(p338/カ図)
フ野鳥(p284/カ図)

ニシゴリラ *Gorilla gorilla* 西ゴリラ
ヒト科の哺乳類。絶滅危惧IA類。体高1.3〜1.8m。㊕アフリカ中央部, ギニア湾沿岸
¶遺産世〔ローランドゴリラ(ニシゴリラ)〕(Mammalia No.13/カ写)
驚野動(p212/カ写)
地球(p549/カ写)

ニシシベリアハクセキレイ *Motacilla alba dukhunensis* 西シベリア白鶺鴒
セキレイ科の鳥。ハクセキレイの亜種。
¶日鳥山新(p316/カ写)

ニシシマバンディクート *Perameles bougainville*
バンディクート科の哺乳類。絶滅危惧IB類。頭胴長20〜30cm。㊕オーストラリア西部
¶絶百8(p8/カ写)

ニ

ニシズグロカモメ *Larus melanocephalus* 西頭黒鷗
カモメ科の鳥。全長36〜38cm。㊕黒海沿岸, ヨーロッパ
¶鳥卵巣(p201/カ写, カ図)

ニシスナメリ *Neophocaena phocaenoides* 西砂滑
ネズミイルカ科の哺乳類。成体体重40〜70kg。㊕インド洋と太平洋の熱帯と亜熱帯(イランやペルシャ湾〜東南アジア, 台湾海峡までの沿岸域)
¶クイ百(p264/カ図)

ニシセグロカモメ *Larus fuscus* 西背黒鷗
カモメ科の鳥。全長53cm。
¶世鳥ネ(p142/カ写)
鳥卵巣(p199/カ写, カ図)
鳥比〔ニシセグロカモメ(ホイグリンカモメ)〕(p352/カ写)
鳥650(p333/カ写)
日ア鳥(p283/カ写)
日鳥識(p170/カ写)
日野鳥新(p325/カ写)
フ日野新(p318/カ図)
フ日野増(p318/カ図)
フ野鳥(p190/カ図)

ニシダイヤガラガラヘビ *Crotalus atrox*
クサリヘビ科の爬虫類。全長2.1m。
¶地球(p399/カ写)

ニシタイランチョウ *Tyrannus verticalis* 西太蘭鳥
タイランチョウ科の鳥。全長19〜24cm。㊕カナダ南西部・アメリカ中南部, メキシコ北部
¶鳥卵巣(p258/カ写, カ図)

ニシチンパンジー *Pan troglodytes verus* 西チンパンジー
ヒト科の哺乳類。絶滅危惧IB類。㊕セネガル南部, マリ南西部, ギニアビサウ, ギニア, シエラレオネ, リベリア, コートジボワール, ガーナ, ナイジェリア南西部
¶美サル(p211/カ写)

ニシツノメドリ *Fratercula arctica* 西角目鳥
ウミスズメ科の鳥。全長26〜29cm。㊕北大西洋の西・東海岸
¶驚野動(p139/カ写)
世色鳥(p169/カ写)
世鳥大(p241/カ写)
世鳥卵(p123/カ写, カ図)
世鳥ネ(p156/カ写)
地球(p451/カ写)
鳥卵巣(p214/カ写, カ図)
鳥650(p747/カ写)

ニシツバメチドリ *Glareola pratincola* 西燕千鳥
ツバメチドリ科の鳥。別名ネズミツバメチドリ。全長22〜25cm。㊕地中海, インド, カスピ海, トルキスタンなどで繁殖。アフリカで越冬
¶世鳥大(p234/カ写)
世鳥卵(p105/カ写, カ図)
世鳥ネ(p141/カ写)
地球〔ネズミツバメチドリ〕(p448/カ写)
鳥卵巣(p173/カ写, カ図)

ニシツメガエル ⇒ネッタイツメガエルを見よ

ニシディアデムヘビ *Spalaerosophis diadema cliffordi*
ナミヘビ科の爬虫類。全長1.8m。
¶地球(p396/カ写)

ニシトウネン ⇒ヨーロッパトウネンを見よ

ニシナメハダタマオヤモリ *Nephrurus levis occidentalis*
ヤモリ科タマオヤモリ亜科の爬虫類。ナメハダタマオヤモリの亜種。全長10〜12cm。㊕オーストラリア西部
¶ゲッコー〔ナメハダタマオヤモリ(亜種ニシナメハダタマオヤモリ)〕(p69/カ写)

ニシニホントカゲ *Plestiodon japonicus*
トカゲ科の爬虫類。全長15〜27cm。㊕近畿地方以西の本州・四国・九州と周辺の島
¶爬両観(p132/カ写)
野日爬〔ニホントカゲ〕(p20,49,88/カ写)

ニシハイイロペリカン ⇒ハイイロペリカンを見よ

ニジハチドリ *Aglaeactis cupripennis* 虹蜂鳥
ハチドリ科ミドリフタオハチドリ亜科の鳥。全長12〜13cm。
¶ハチドリ(p155/カ写)

ニジバト ⇒ニジハバトを見よ

ニジハバト *Phaps chalcoptera* 虹羽鳩
ハト科の鳥。別名ニジバト。全長33〜36cm。㊕オーストラリア内陸
¶世鳥大〔ニジバト〕(p248/カ写)
世鳥ネ(p162/カ写)

世美羽 (p40/カ写, カ図)
地球 (p455/カ写)

ニシビロードキンクロ *Melanitta fusca* 西天鵞絨金黒
カモ科の鳥。㊎シベリア北西部～ヨーロッパ北部
¶日カモ (p245/カ図)

ニシフウキンチョウ *Piranga ludoviciana* 西風琴鳥
フウキンチョウ科(ショウジョウコウカンチョウ科)の鳥。全長17cm。㊎北アメリカ, 中央アメリカ
¶原色鳥 (p215/カ写)
世色鳥 (p105/カ写)
世鳥ネ (p336/カ写)
地球 (p498/カ写)

ニシフォークキツネザル *Phaner pallescens*
コビトキツネザル科の哺乳類。絶滅危惧IB類。体高22～30cm。㊎マダガスカル西部～南西部
¶地球 (p537/カ写)
美サル (p154/カ写)

ニシブッポウソウ *Coracias garrulus* 西仏法僧
ブッポウソウ科の鳥。全長29～32cm。㊎ヨーロッパの一部, 西アジア
¶原色鳥 (p173/カ写)
世鳥大 (p304/カ写)
世鳥ネ (p223/カ写)
地球 (p473/カ写)
鳥卵巣 (p246/カ写, カ図)
鳥650 (p750/カ写)

ニシフーロックテナガザル *Hoolock hoolock*
テナガザル科の哺乳類。絶滅危惧IB類。㊎バングラデシュ, インド北東部, ミャンマー北西部
¶美サル (p114/カ写)

ニシベンガルオオトカゲ *Varanus bengalensis*
オオトカゲ科の爬虫類。全長120～180cm。㊎東南アジア～南アジア, イラン南東部まで
¶爬両1800 (p241/カ写)

ニジボア *Epicrates cenchria*
ボア科ボア亜科の爬虫類。別名レインボーボア。全長1～2m。㊎南米大陸中部～北部
¶世爬 (p171/カ写)
世文動 (p284/カ写)
世ヘビ〔レインボーボア〕(p16/カ写)
地球 (p391/カ写)
爬両1800 (p260/カ写)
爬両ビ (p180/カ写)

ニシマキバドリ *Sturnella neglecta* 西牧場鳥
ムクドリモドキ科の鳥。体長24cm。㊎北アメリカ西部
¶世鳥ネ (p326/カ写)

ニジマブヤ *Trachylepis margaritifera*
スキンク科の爬虫類。全長22～28cm。㊎アフリカ大陸中東部
¶世爬 (p135/カ写)
爬両1800 (p203/カ写)
爬両ビ (p143/カ写)

ニジミズヘビ *Enhydris enhydris*
ナミヘビ科ミズヘビ亜科の爬虫類。全長50～80cm。㊎中国南部～東南アジア全域, インド東部など
¶爬両1800 (p267/カ写)

ニシミドリカナヘビ *Lacerta bilineata*
カナヘビ科の爬虫類。全長45cm前後。㊎ヨーロッパ西部・南部
¶爬両1800 (p182/カ写)

ニ

ニシムラサキエボシドリ *Musophaga violacea* 西紫烏帽子鳥
エボシドリ科の鳥。全長45～50cm。㊎アフリカ西部(セネガル～カメルーン)
¶地球 (p460/カ写)

ニシメガネザル *Cephalopachus bancanus*
メガネザル科の哺乳類。別名ボルネオメガネザル。絶滅危惧II類。体高8.5～16.5cm。㊎アジア南東部
¶驚野動 (p294/カ写)
世哺 (p97/カ写)
地球 (p535/カ写)
美サル (p69/カ写)

ニシモリタイランチョウ *Contopus sordidulus* 西森太蘭鳥
タイランチョウ科の鳥。全長14～16cm。㊎北アメリカ西部の森林や中央アメリカの山岳の森林で繁殖。南アメリカのペルー, ボリビアで越冬
¶世鳥大 (p346/カ写)

ニシヤナギムシクイ *Phylloscopus trochiloides* 西柳虫食, 西柳虫喰
ムシクイ科の鳥。全長10～11.5cm。㊎ユーラシア大陸
¶鳥比 (p112/カ写)

ニシヤモリ *Gekko* sp. 西守宮
ヤモリ科ヤモリ亜科の爬虫類。日本固有種。全長13～14cm。㊎九州西部など
¶ゲッコー (p18/カ写)
原爬両 (No.33/カ写)
日カメ (p73/カ写)
爬両飼 (p92/カ写)
爬両1800 (p130/カ写)
野日爬 (p28,57,128/カ写)

ニシユミハシハチドリ *Phaethornis longirostris* 西弓嘴蜂鳥
ハチドリ科ユミハチドリ亜科の鳥。全長13～16cm。
¶ハチドリ (p58/カ写)

ニショクアリドリ *Gymnopithys leucaspis* 二色蟻鳥
アリドリ科の鳥。全長14〜15cm。
¶**世鳥大**(p352/カ写)

ニシヨコジマフクロウ ⇒ニシアメリカフクロウを見よ

ニシローランドゴリラ *Gorilla gorilla gorilla* 西ローランドゴリラ
ヒト科の哺乳類。絶滅危惧IA類。身長最大2.1m。㊷カメルーン南部〜西部, 中央アフリカ共和国南西部, 赤道ギニア, ガボン, コンゴ共和国, アンゴラ北部, ナイジェリア南東部
¶**絶百5**(p78/カ写)
世文動〔ゴリラ〕(p95/カ写)
美サル(p205/カ写)

二

ニセサンゴヘビ *Erythrolamprus mimus*
ナミヘビ科の爬虫類。全長65cm。
¶**地球**(p395/カ写)

ニセセスジバナナガエル *Afrixalus paradorsalis*
クサガエル科の両生類。全長2.5〜3.5cm。
¶**地球**(p358/カ写)

ニセタイヨウチョウ *Neodrepanis coruscans* 偽太陽鳥
マミヤイロチョウ科(ヒロハシ科)の鳥。全長9〜11cm。㊷マダガスカル
¶**原色鳥**(p227/カ写)
世鳥大(p335/カ写)
地球(p482/カ写)

ニセチズガメ *Graptemys pseudogeographica* 偽地図亀
ヌマガメ科アミメガメ亜科の爬虫類。別名キタニセチズガメ。甲長14〜27cm。㊷アメリカ合衆国中北部
¶**世カメ**(p228/カ写)
世爬(p26/カ写)
地球〔キタニセチズガメ〕(p375/カ写)
爬両1800(p26/カ写)
爬両ビ(p22/カ写)

ニセフクロモモンガ *Distoechurus pennatus*
ブーラミス科の哺乳類。体長10.5〜13.5cm。㊷ニューギニア
¶**世哺**(p69/カ写)

ニセマツゲテングキノボリヘビ *Langaha pseudoalluaudi*
ナミヘビ科マラガシーヘビ亜科の爬虫類。全長90〜120cm。㊷マダガスカル南部・北部
¶**爬両1800**(p338/カ写)
爬両ビ(p202/カ写)

ニセヤブヒバリ *Heteromirafra ruddi* 偽藪雲雀
ヒバリ科の鳥。絶滅危惧II類。体長14cm。㊷南アフリカ(固有)
¶**鳥絶**(p189/カ図)

ニーダーラウフフント ⇒スモール・スイス・ハウンドを見よ

ニタリクジラ *Balaenoptera brydei*[*edeni*] 似鯨
ナガスクジラ科の哺乳類。体長9〜16m。㊷世界中
¶**クイ百**(p92/カ図)
くら哺(p88/カ写)
地球(p613/カ図)
日哺学フ(p206/カ写, カ図)

ニッケイハチドリ *Amazilia rutila* 肉桂蜂鳥
ハチドリ科ハチドリ亜科の鳥。全長10〜12cm。
¶**ハチドリ**(p255/カ写)

ニッケイフウキンチョウ *Schistochlamys ruficapillus* 肉桂風琴鳥
フウキンチョウ科の鳥。全長18cm。
¶**世鳥大**(p481/カ写)

ニビイロアリノハハヘビ *Madagascarophis meridionalis*
ナミヘビ科マラガシーヘビ亜科の爬虫類。全長70〜85cm。㊷マダガスカル
¶**爬両1800**(p336/カ写)

ニブイロコセイガイインコ *Trichoglossus euteles* 鈍色小青海鸚哥
オウム科の鳥。全長24cm。㊷ティモールなど
¶**地球**(p457/カ写)

ニブイロヒルヤモリ *Phelsuma dubia*
ヤモリ科ヤモリ亜科の爬虫類。全長14〜15cm。㊷ザンジバル諸島, タンザニア, コモロ諸島, マダガスカル
¶**ゲッコー**(p42/カ写)
爬両1800(p142/カ写)

ニホンアカガエル *Rana japonica* 日本赤蛙
アカガエル科の両生類。体長3.5〜7cm。㊷日本, 中国南部
¶**かえる百**(p80/カ写)
カエル見(p83/カ写)
原爬両(No.126/カ写)
世文動(p330/カ写)
世両(p137/カ写)
日カサ(p64/カ写)
爬両観(p111/カ写)
爬両飼(p176/カ写)
爬両1800(p411/カ写)
爬両ビ(p276/カ写)
野日両(p33,76,151/カ写)

ニホンアシカ *Zalophus japonicus* 日本海驢
アシカ科の哺乳類。絶滅種。カリフォルニアアシカの亜種。体長 オス2.4m, メス1.8m。㊷日本周辺の島で繁殖
¶**くら哺**(p112/カ写)

絶事(p78/モ図)
世文動(p174)
日哺改(p99/カ写)
日哺学フ(p53/カ図)

ニホンアナグマ *Meles anakuma* 日本穴熊
イタチ科の哺乳類。別名ササグマ, ムジナ。頭胴長 オス平均61cm, メス平均55cm。㊊本州, 四国, 九州
¶くら哺(p66/カ写)
日哺学フ(p140/カ写)

ニホンアマガエル *Hyla japonica* 日本雨蛙
アマガエル科の両生類。体長2〜4.5cm。㊊バイカル湖以東のロシア, モンゴル, 中国中部・北東部, 朝鮮半島, 済州島。国内では琉球列島を除く全国
¶かえる百(p78/カ写)
カエル見(p30/カ写)
原爬両(No.122/カ写)
世文動(p328/カ写)
世両(p38/カ写)
日カサ(p52/カ写)
爬両観(p105/カ写)
爬両飼(p172/カ写)
爬両**1800**(p370/カ写)
爬両ビ(p244/カ写)
野日両(p32,72,146/カ写)

ニホンアンゴラ Japanese Angola 日本アンゴラ
兎の一品種。毛用品種。日本の原産。
¶日家〔日本アンゴラ〕(p136/カ写)

ニホンイイズナ *Mustela nivalis namiyei* 日本飯綱
イタチ科の哺乳類。頭胴長 オス16cm, メス14cm。㊊東北北部
¶日哺学フ(p147/カ写)

ニホンイシガメ *Mauremys japonica* 日本石亀
アジアガメ科(イシガメ(バタグールガメ)科)の爬虫類。準絶滅危惧(環境省レッドリスト)。日本固有種。甲長14〜20cm。㊊本州・四国・九州およびその周辺の島嶼
¶遺産日(爬虫類 No.3/カ写)
原爬両(No.1/カ写)
世カメ(p254/カ写)
世爬(p38/カ写)
世文動(p247/カ写)
日カメ(p20/カ写)
爬両観(p128/カ写)
爬両飼(p138/カ写)
爬両**1800**(p39/カ写)
爬両ビ(p35/カ写)
野日爬(p14,46,72/カ写)

ニホンイタチ *Mustela itatsi* 日本鼬
イタチ科の哺乳類。日本固有種。頭胴長 オス28.8〜37cm, メス19.5〜25.5cm。㊊北海道〜屋久島
¶くら哺(p65/カ写)
世文動(p156/カ写)
日哺改〔イタチ〕(p82/カ写)
日哺学フ(p145/カ写)

ニホンイヌワシ *Aquila chrysaetos japonica* 日本狗鷲, 日本犬鷲
タカ科の鳥。イヌワシの亜種。絶滅危惧IB類(環境省レッドリスト), 天然記念物。全長81〜89cm。
¶遺産日〔イヌワシ〕(鳥類 No.4/カ写)
絶鳥事〔イヌワシ〕(p10,138/カ写, モ図)

ニホンイノシシ *Sus scrofa leucomystax* 日本猪
イノシシ科の哺乳類。体長120〜140cm。㊊本州, 九州, 四国, 淡路島
¶日哺学フ(p64/カ写)

ニホンイモリ ⇒アカハライモリを見よ

ニホンウサギ ⇒ノウサギを見よ

ニホンウサギコウモリ *Plecotus sacrimontis* 日本兎蝙蝠
ヒナコウモリ科の哺乳類。頭胴長4.2〜6cm。㊊北海道や東北以外では標高の高い地域に局地的に生息
¶くら哺(p51/カ写)
日哺学フ(p116/カ写)

ニホンウズラ Japanese Quail 日本鶉
キジ科の鳥。日本で家禽化。体重0.14kg。
¶日家〔日本鶉〕(p239/カ写)

ニホンオオカミ *Canis lupus hodophilax* 日本狼
イヌ科の哺乳類。別名ホンドオオカミ, ヤマイヌ。絶滅種。頭胴長95〜114cm。㊊本州, 四国, 九州
¶くら哺(p112/カ写)
絶事(p62/モ図)
日哺改〔オオカミ〕(p75/カ写)
日哺学フ(p52/カ図)
野生イヌ(p38/カ写, カ図)

ニホンカジカガエル ⇒カジカガエルを見よ

ニホンカナヘビ *Takydromus tachydromoides* 日本金蛇
カナヘビ科の爬虫類。日本固有種。全長16〜17cm。㊊北海道, 本州, 四国, 九州およびその属島と屋久島, 種子島, 中之島, 諏訪之瀬島など
¶原爬両(No.63/カ写)
世爬(p129/カ写)
世文動(p270/カ写)
日カメ(p124/カ写)
爬両観(p135/カ写)
爬両飼(p118/カ写)
爬両**1800**(p193/カ写)
爬両ビ(p131/カ写)
野日爬(p24,54,108/カ写)

ニ

ニホンカモシカ *Capricornis crispus* 日本氈鹿, 日本羚羊
ウシ科の哺乳類。特別天然記念物。頭胴長70～85cm。㊕本州, 四国, 九州
¶**遺産日**(哺乳類 No.13/カ写, モ図)
驚野動(p285/カ写)
くら哺(p76/カ写)
絶事〔カモシカ〕(p5,84/カ写, モ図)
世文動(p230/カ写)
日哺改〔カモシカ〕(p113/カ写)
日哺学フ(p56/カ写)

ニホンカワウソ *Lutra lutra nippon* 日本獺, 日本川獺
イタチ科の哺乳類。絶滅種。全長64.5～82cm。㊕高知県
¶**くら哺**(p112/カ写)
絶事(p70/カ写, モ図)
世文動(p160/カ写)
日哺学フ(p148/カ写)

ニホンカワネズミ ⇒カワネズミを見よ

ニホンキジ ⇒キジを見よ

ニホンザーネン Japanese Saanen 日本ザーネン
山羊の一品種。日本で改良されたヤギ。体高 オス85cm, メス75cm。日本の原産。
¶**日家**〔日本ザーネン〕(p114/カ写)

ニホンザル *Macaca fuscata* 日本猿
オナガザル科の哺乳類。体高47～60cm。㊕本州・四国・九州と周辺の島々, 鹿児島県の屋久島
¶**遺産日**(哺乳類 No.4-1/カ写)
驚野動(p287/カ写)
くら哺(p8/カ写)
絶百8(p10/カ写)
世文動(p90/カ写)
地球(p543/カ写)
日哺改(p66/カ写)
美サル(p97/カ写)

ニホンジカ *Cervus nippon* 日本鹿
シカ科の哺乳類。絶滅危惧IA類。体高50～95cm。㊕アジア。日本では北海道, 本州, 四国, 九州
¶**くら哺**(p72/カ写)
世文動(p206/カ写)
世哺(p338/カ写)
地球(p597/カ写)
日哺改(p110/カ写)

ニホンジネズミ ⇒ジネズミを見よ

ニホンスッポン ⇒スッポンを見よ

ニホンスピッツ Japanese Spitz 日本スピッツ
犬の一品種。別名ジャパニーズ・スピッツ。体高 オス30～38cm, メスはやや小さい。日本の原産。
¶**最犬大**〔日本スピッツ〕(p219/カ写)
新犬種〔日本スピッツ〕(p56/カ写)
新世犬〔日本スピッツ〕(p321/カ写)
図世犬〔日本スピッツ〕(p200/カ写)
世文動〔日本スピッツ〕(p149/カ写)
日家〔日本スピッツ〕(p234/カ写)
ビ犬〔日本スピッツ〕(p115/カ写)

ニホンスポーツホース Japanese Sport Horse 日本スポーツホース
馬の一品種。体高155～165cm。北海道・岩手県の原産。
¶**日家**〔日本スポーツホース〕(p28/カ写)

ニホンタンカクシュ Japanese Shorthorn 日本短角種
牛の一品種。体高 オス140～150cm, メス126～135cm。東北地方・北海道の原産。
¶**世文動**〔日本短角種〕(p213/カ写)
日家〔日本短角種〕(p70/カ写)

ニホンツキノワグマ *Ursus thibetanus japonicus* 日本月輪熊
クマ科の哺乳類。ツキノワグマの亜種。体長120～150cm。㊕本州, 四国, 九州
¶**くら哺**(p62/カ写)
世文動(p152/カ写)
日哺学フ(p134/カ写)

ニホンテリア Japanese Terrier 日本テリア
犬の一品種。別名ジャパニーズ・テリア。体高30～33cm。日本の原産。
¶**最犬大**〔日本テリア〕(p168/カ写)
新犬種〔日本テリア〕(p50/カ写)
新世犬〔日本テリア〕(p284/カ写)
図世犬〔日本テリア〕(p159/カ写)
日家〔日本テリア〕(p234/カ写)
ビ犬〔日本テリア〕(p210/カ写)

ニホンテン ⇒テンを見よ

ニホントカゲ(1) *Plestiodon japonicus* 日本石竜子, 日本蜥蜴
スキンク科(トカゲ科)の爬虫類。全長20～25cm。㊕北海道・本州・四国・九州および周辺の島, 南限は大隅諸島, 日本国外ではロシア沿海地方
¶**原爬両**(No.55/カ写)
世爬(p133/カ写)
世文動(p272/カ写)
日カメ(p100/カ写)
爬両飼(p110/カ写)
爬両1800(p198/カ写)
爬両ビ(p138/カ写)

ニホントカゲ(2) ⇒ニシニホントカゲを見よ

ニホンネコ Nihonneko 日本猫
日本の環境に適応した土着猫。体重4～8kg。日本の原産。
¶**日家**〔日本猫〕(p236/カ写)

ニホンノウサギ ⇒ノウサギを見よ

ニホンハクショクシュ Japanese White 日本白色種
兎の一品種。体重2.6〜5.6kg。日本の原産。
¶**日家**〔日本白色種〕(p134/カ写)

ニホンヒキガエル *Bufo japonicus* 日本蟇
ヒキガエル科の両生類。日本固有亜種。体長6〜18cm。㊀本州の近畿以西, 四国, 九州, 壱岐島, 五島列島, 屋久島, 種子島および東日本の一部
¶**かえる百**(p78/カ写)
カエル見(p26/カ写)
原爬両(No.117/カ写)
世文動(p322/カ写)
世両(p27/カ写)
日カサ(p28/カ写)
爬両観(p109/カ写)
爬両飼(p166/カ写)
爬両1800(p363/カ写)
爬両ビ(p239/カ写)
野日両(p30,70,142/カ写)

ニホンホソ Japan Hoso 日本細
アトリ科の鳥。カナリアの一品種。
¶**鳥飼**〔日本細〕(p105/カ写)

ニホンマムシ *Gloydius blomhoffii* 日本蝮
クサリヘビ科の爬虫類。日本固有種。全長45〜80cm。㊀北海道, 本州, 四国, 九州, さらに焼尻島, 天売島, 佐渡島, 隠岐島, 壱岐島, 五島列島, 屋久島, 種子島, 伊豆大島, 八丈島など
¶**原爬両**(No.97/カ写)
世文動(p302/カ写)
日カメ(p216/カ写)
爬両観〔マムシ〕(p156/カ写)
爬両飼(p46/カ写)
爬両1800(p341/カ写)
野日爬(p43,69,196/カ写)

ニホンモモンガ *Pteromys momonga* 日本鼯鼠, 日本小飛鼠
リス科の哺乳類。別名ホンドモモンガ。全長13.9〜19.5cm。㊀本州, 九州
¶**くら哺**(p10/カ写)
世文動〔ホンドモモンガ〕(p110/カ写)
日哺改(p123/カ写)
日哺学フ(p76/カ写)

ニホンヤマコウモリ ⇒ヤマコウモリを見よ

ニホンヤマネ ⇒ヤマネを見よ

ニホンヤモリ *Gekko japonicus* 日本守宮
ヤモリ科ヤモリ亜科の爬虫類。全長9〜14cm。㊀本州, 四国, 九州, 対馬。日本国外では朝鮮, 中国南部
¶**ゲッコー**(p16/カ写)
原爬両(No.26/カ写)
世爬(p101/カ写)
世文動(p257/カ写)
日カメ(p66/カ写)
爬両観(p140/カ写)
爬両飼(p82/カ写)
爬両1800(p129/カ写)
爬両ビ(p100/カ写)
野日爬(p28,57,124/カ写)

ニホンリス *Sciurus lis* 日本栗鼠
リス科の哺乳類。頭胴長18〜22cm。㊀本州, 四国, 淡路島
¶**くら哺**(p11/カ写)
世文動(p106/カ写)
日哺改(p119/カ写)
日哺学フ(p72/カ写)

ニュウナイスズメ *Passer rutilans* 入内雀
スズメ科(ハタオリドリ科)の鳥。全長14cm。㊀アフガニスタン以東のアジアの温帯。日本では本州中部, 北海道, 南千島の落葉広葉樹林で繁殖。暖地に移動して越冬
¶**くら鳥**(p34/カ写)
原寸羽(p283/カ写)
里山鳥(p40/カ写)
四季鳥(p91/カ写)
巣と卵決(p201/カ写, カ図)
世文鳥(p266/カ写)
鳥卵巣(p331/カ写, カ図)
鳥比(p161/カ写)
鳥650(p654/カ写)
名鳥図(p237/カ写)
日ア鳥(p557/カ写)
日鳥識(p276/カ写)
日鳥巣(p292/カ写)
日鳥山新(p306/カ写)
日鳥山増(p324/カ写)
日野鳥新(p578/カ写)
日野鳥増(p608/カ写)
ぱっ鳥(p338/カ写)
バード(p36/カ写)
ひと目鳥(p222/カ写)
フ日野新(p292/カ図)
フ日野増(p292/カ図)
フ野鳥(p368/カ図)
野鳥学フ(p80/カ写)
野鳥山フ(p57,363/カ図, カ写)
山溪名鳥(p249/カ写)

ニューギニアオオホソユビヤモリ *Cyrtodactylus irianjayaensis* ニューギニア大細指守宮
ヤモリ科ヤモリ亜科の爬虫類。全長25〜30cm。㊀ニューギニア島
¶**ゲッコー**(p53/カ写)
爬両1800(p150/カ写)

ニ

ニューギニアカブトガメ *Elseya novaeguineae*
ヘビクビガメ科の爬虫類。甲長40cm前後。
㊕ニューギニア島南部
¶世カメ(p115/カ写)
世爬(p57/カ写)
世文動(p240/カ写)
爬両1800(p65/カ写)
爬両ビ(p49/カ写)

ニューギニアグラウンドボア ⇒バイパーボアを見よ

ニューギニア・シンギング・ドッグ New Guinea Singing Dog
犬の一品種。ニューギニアでは野生または半家畜化され，動物園でも飼育される珍種。体高40～45cm。ニューギニアの原産。
¶ビ犬(p32/カ写)

ニューギニア・ツリーボア ⇒カリナータパシフィックボアを見よ

ニューギニアナガクビガメ *Chelodina novaeguineae*
ヘビクビガメ科の爬虫類。別名シロハナヒメナガクビガメ。甲長18～20cm。㊕インドネシア(イリアンジャヤ東端部)，パプアニューギニア南西部
¶世カメ(p103/カ写)
世爬(p55/カ写)
爬両1800(p63/カ写)
爬両ビ(p47/カ写)

ニューギニアホソユビヤモリ *Cyrtodactylus louisiadensis* ニューギニア細指守宮
ヤモリ科の爬虫類。全長34cm。㊕オセアニア
¶地球(p384/カ写)

ニューギニアワニ *Crocodylus novaeguinae* ニューギニア鰐
クロコダイル科の爬虫類。全長2.5～3.5m。
㊕ニューギニア島
¶爬両1800(p347/カ写)

ニュージーランド New Zealand
兎の一品種。アメリカ合衆国の原産。
¶うさぎ(p150/カ写)
新うさぎ(p180/カ写)

ニュージーランドアオバズク *Ninox novaeseelandiae* ニュージーランド青葉木菟
フクロウ科の鳥。全長30～35cm。㊕オーストラリア，ニューギニアおよびティモール島を含む諸島
¶世鳥ネ(p199/カ写)
地球(p466/カ写)

ニュージーランドアシカ *Phocarctos hookeri* ニュージーランド海驢
アシカ科の哺乳類。絶滅危惧II類。体長1.6～2.5m。
㊕ニュージーランド
¶世文動(p175)
世哺(p297/カ写)
地球(p566/カ写)

ニュージーランドオウギハクジラ *Mesoplodon hectori* ニュージーランド扇歯鯨
アカボウクジラ科の哺乳類。全長4～4.5m。㊕南半球
¶クイ百(p230/カ図)

ニュージーランドオットセイ *Arctocephalus forsteri* ニュージーランド膃肭臍
アシカ科の哺乳類。体長1.3～2.5m。㊕スリー・キングズ島～スチュアート島，マッコリー島，オーストラリア西部～南部
¶世文動(p176/カ写)
地球(p567/カ写)

ニュージーランドクイナ *Gallirallus australis* ニュージーランド秧鶏
クイナ科の鳥。絶滅危惧II類。体長46～60cm。
㊕ニュージーランド(固有)
¶鳥絶(p148/カ図)

ニュージーランドコマヒタキ *Petroica australis*
オーストラリアヒタキ科の鳥。全長19cm。
¶世鳥大(p398/カ写)

ニュージーランドツグミ *Turnagra capensis* ニュージーランド鶫
ニュージーランドツグミ科の鳥。絶滅種。
㊕ニュージーランド
¶世鳥卵(p204/カ写，カ図)

ニュージーランドバト *Hemiphaga novaeseelandiae* ニュージーランド鳩
ハト科の鳥。全長46～50cm。㊕ニュージーランド
¶世鳥大(p251)

ニュージーランド・ハンタウェイ New Zealand Huntaway
犬の一品種。体高 オス61～66cm，メス56～61cm。ニュージーランドの原産。
¶最犬大(p52/カ写)
ビ犬(p61/カ写)

ニュージーランド・ホワイト New Zealand White
兎の一品種。体重4.5～5kg。アメリカ合衆国の原産。
¶日家(p137/カ写)

ニュージーランドミズナギドリ ⇒ミナミオナガミズナギドリを見よ

ニュージーランドミツスイ *Anthornis melanura* ニュージーランド蜜吸
ミツスイ科の鳥。全長20cm。㊕ニュージーランド
¶世鳥大(p365/カ写)
世鳥卵(p212/カ写，カ図)
世鳥ネ(p261/カ写)

ニュージーランド・ロムニー New Zealand Romney
羊の一品種。体重40～50kg。ニュージーランドの原産。
¶日家（p124/カ写）

ニューハンプシャー・レッド New Hampshire Red
鶏の一品種（卵肉兼用種）。体重 オス3.6kg, メス2.95kg。アメリカ合衆国の原産。
¶日家（p196/カ写）

ニューファウンドランド ⇒ニューファンドランドを見よ

ニューファンドランド Newfoundland
犬の一品種。水中作業犬, 家庭犬。体高 オス71cm, メス66cm。カナダの原産。
¶アルテ犬（p160/カ写）
最犬大（p142/カ写）
新犬種（p301/カ写）
新世犬〔ニューファウンドランド〕（p110/カ写）
図世犬（p118/カ写）
世文動（p145/カ写）
ビ犬（p79/カ写）

ニュー・フォレスト・ポニー New Forest Pony
馬の一品種（ポニー）。体高142cm以下。イギリス・ハンプシャー南西部の原産。
¶アルテ馬（p234/カ写）

ニューブリテンオオトカゲ *Varanus finschi*
ニューブリテン大蜥蜴
オオトカゲ科の爬虫類。全長120cm前後。 ㊕ビスマルク諸島
¶爬両1800（p236/カ写）

ニューメキシコスキアシガエル *Spea multiplicata*
スキアシガエル科（アメリカスキアシガエル科）の両生類。体長6.5cm前後。 ㊕アメリカ合衆国中央南部, メキシコ北部
¶カエル見（p13/カ写）

ニューワールドパイソン ⇒メキシコパイソンを見よ

ニョオウインコ *Guaruba guarouba* 女王鸚哥
インコ科の鳥。全長34～36cm。 ㊕ブラジル
¶原色鳥（p210/カ写）

ニルガイ *Boselaphus tragocamelus*
ウシ科の哺乳類。体高1.2～1.5m。 ㊕アジア
¶世文動（p216/カ写）
世哺（p351/カ写）
地球（p599/カ写）

ニルギリタール *Hemitragus hylocrius*
ウシ科の哺乳類。絶滅危惧IB類。頭胴長150～175cm。 ㊕インド南部のニルギリ丘陵周辺
¶絶百8（p12/カ写）

ニルギリラングール *Presbytis johnii*
オナガザル科の哺乳類。頭胴長 オス50.8～64.5cm。 ㊕インド南西部の西ガーツ山脈
¶世文動（p92/カ写）

ニワカナヘビ *Lacerta agilis*
カナヘビ科の爬虫類。全長12～22cm。 ㊕ヨーロッパ西部～ロシア, モンゴル北西部まで
¶絶百4（p12/カ写）
世爬（p127/カ写）
爬両1800（p182/カ写）
爬両ビ（p128/カ写）

ニワカマドドリ *Anumbius annumbi* 庭竈鳥
カマドドリ科の鳥。全長19cm。 ㊕ブラジル, ウルグアイ, パラグアイ, アルゼンチン
¶世鳥大（p356）

ニワトリ *Gallus gallus* var. *domesticus* 鶏
キジ科の鳥を家禽化したもの。
¶巣と卵決（p64/カ写, カ図）

ニワムシクイ *Sylvia borin* 庭虫食, 庭虫喰
ズグロムシクイ科（ウグイス科）の鳥。全長13～15cm。 ㊕ヨーロッパのほぼ全域, エニセイ川以西の西シベリアで繁殖
¶世鳥卵（p193/カ写, カ図）
鳥卵巣（p313/カ写, カ図）

ニンニクガエル ⇒オリーブニンニクガエルを見よ

【ヌ】

ヌー *Connochaetes mearnsi*
ウシ科の哺乳類。体長1.5～2.4m。 ㊕アフリカ東部
¶驚野動（p198/カ写）

ヌゥボレオンキングスネーク ⇒ヌエボレオンキングスネークを見よ

ヌエボレオンキングスネーク *Lampropeltis mexicana thayeri*
ナミヘビ科の爬虫類。別名ヌゥボレオンキングスネーク。全長80～90cm。 ㊕メキシコ（ヌエボレオン州）
¶世ヘビ（p31/カ写）

ヌードマウス Nude Mouse
ネズミ科の哺乳類。マウスの突然変異。
¶世文動（p118/カ写）

ヌートリア *Myocastor coypus*
ヌートリア科の哺乳類。体長36～65cm。 ㊕南アメリカ
¶くら哺（p23/カ写）
世文動（p120/カ写）
世哺（p180/カ写）

地球 (p532/カ写)
日哺改 (p146/カ写)
日哺学フ (p159/カ写)

ヌビアアイベックス *Capra nubiana*
ウシ科の哺乳類。絶滅危惧IB類。体高60〜90cm。㊀イスラエル, ヨルダン, エジプトのシナイ半島, アラビア半島, スーダン北部
¶絶百8 (p14/カ写)
地球 (p606/カ写)

ヌビアミドリゲラ ⇒アフリカアオゲラを見よ

ヌマウズラ *Synoicus ypsilophorus* 沼鶉
キジ科の鳥。㊀オーストラリア, ニューギニア, タスマニア, 小スンダ列島
¶世鳥卵 (p74/カ写, カ図)
世鳥ネ (p29/カ写)

ヌマガエル *Fejervarya limnocharis* 沼蛙
アカガエル科 (ヌマガエル科) の両生類。体長4〜4.5cm。㊀中国, 台湾, 東南アジア, 日本など
¶かえる百 (p81/カ写)
カエル見 (p87/カ写)
原爬両 (No.141/カ写)
世カエ (p306/カ写)
世両 (p145/カ写)
日カサ (p130/カ写)
爬両観 (p115/カ写)
爬両飼 (p192/カ写)
爬両1800 (p418/カ写)
爬両ビ (p281/カ写)
野日両 (p41,89,179/カ写)

ヌマサイレン ⇒キタヒメサイレンを見よ

ヌマジカ(1) ⇒アメリカヌマジカを見よ

ヌマジカ(2) ⇒バラシンガジカを見よ

ヌマセンニュウ *Locustella luscinioides* 沼仙入
ウグイス科の鳥。㊀ヨーロッパ中央部・南部〜アジアで繁殖
¶世鳥卵 (p190/カ写, カ図)

ヌマチウサギ *Sylvilagus aquaticus* 沼地兎
ウサギ科の哺乳類。体長45〜55cm。㊀北アメリカ
¶世哺 (p138/カ写)

ヌマハコガメ *Terrapene coahuila*
ヌマガメ科ヌマガメ亜科の爬虫類。甲長12〜16cm。㊀メキシコ (クアトロシェネガス渓谷)
¶爬両1800 (p32/カ写)

ヌマヒメウソ *Sporophila palustris* 沼姫鷽
ホオジロ科の鳥。絶滅危惧IB類。体長10cm。㊀アルゼンチン, ウルグアイ, パラグアイ, ブラジル
¶鳥絶 (p212/カ図)

ヌママムシ *Agkistrodon piscivorus*
クサリヘビ科の爬虫類。全長70〜190cm。㊀アメリカ合衆国東部〜南部
¶世文動 (p302/カ写)

ヌマヨコクビガメ *Pelomedusa subrufa* 沼横頸亀
ヨコクビガメ科アフリカヨコクビガメ亜科の爬虫類。甲長20〜25cm。㊀北部沿岸地域以外のアフリカ大陸全域, マダガスカル
¶世カメ (p60/カ写)
世爬 (p58/カ写)
世文動〔ヌマヨコクビ〕(p239/カ写)
地球 (p372/カ写)
爬両1800 (p68/カ写)
爬両ビ (p52/カ写)

ヌマヨシキリ *Acrocephalus palustris* 沼葦切
ウグイス科の鳥。㊀ロシア中央部〜地中海のユーラシア大陸西部
¶世鳥卵 (p191/カ写, カ図)

ヌマワニ *Crocodylus palustris* 沼鰐
クロコダイル科の爬虫類。全長5m。㊀南アジア, パキスタン, ネパール, イラン
¶爬両1800 (p346/カ写)

ヌレバカケス *Cissilopha sanblasiana* 濡羽橿鳥, 濡羽懸巣, 濡羽掛子
カラス科の鳥。㊀メキシコ南部〜ベリーズ, グアテマラ北東部
¶世鳥卵 (p242/カ写, カ図)

【ネ】

ネイデルランド・コイケルホンディエ ⇒コーイケルホンディエを見よ

ネヴァ・マスカレード Neva Masquerade
猫の一品種。体重4.5〜9kg。ロシアの原産。
¶ビ猫 (p232/カ写)

ネオンキノボリトカゲ *Japalura chapaensis*
アガマ科の爬虫類。全長20〜25cm。㊀ベトナム北部
¶爬両ビ (p81/カ写)

ネグロスヒムネバト *Gallicolumba keayi* ネグロス緋胸鳩
ハト科の鳥。絶滅危惧IA類。体長30cm。㊀フィリピン (固有種)
¶鳥絶 (p156/カ図)

ネコ ⇒イエネコを見よ

ネコドリ *Ailuroedus crassirostris* 猫鳥
ニワシドリ科の鳥。全長26〜30cm。㊀オーストラリア東部

¶世鳥大(p358/カ写)
世鳥卵(p237/カ写, カ図)
世鳥ネ(p257/カ写)
地球(p485/カ写)
鳥卵巣(p355/カ写, カ図)

ネコマネドリ *Dumetella carolinensis* 猫真似鳥
マネシツグミ科の鳥。全長21～24cm。㊕アメリカ南東部, カリブ海域の一部, 中央アメリカ～パナマ
¶世鳥大(p428/カ写)
世鳥卵(p174/カ写, カ図)
世鳥ネ(p294/カ写)
地球(p492/カ写)
鳥卵巣(p278/カ写, カ図)

ネコメタピオカガエル *Lepidobatrachus llanensis*
ユビナガガエル科の両生類。別名ヤノスバゼットガエル, リャノバゼットガエル。体長6～9cm。㊕アルゼンチン
¶かえる百(p13/カ写)
カエル見(p112/カ写)
世カエ〔ヤノスバゼットガエル〕(p104/カ写)
爬両1800(p431/カ写)

ネザーランドドワーフ Netherland Dwarf
兎の一品種。愛玩用ウサギ。体重1～3kg。オランダの原産。
¶うさぎ(p142/カ写)
新うさぎ(p170/カ写)
日家〔ネザーランド・ドワーフ〕(p138/カ写)

ネズミイルカ *Phocoena phocoena* 鼠海豚
ネズミイルカ科の哺乳類。成体体重 メス45～100kg, オス35～75kg。㊕北大西洋と北太平洋の温帯域～亜北極圏
¶驚野動(p135/カ写)
クイ百(p268/カ図)
くら哺(p104/カ写)
絶百2(p66/カ写, カ図)
世哺(p182/カ図)
地球(p615/カ図)
日哺学フ(p235/カ写, カ図)

ネズミガシラハネナガインコ *Poicephalus senegalus* 鼠頭羽長鸚哥
インコ科の鳥。大きさ23～25cm。㊕アフリカ西部
¶鳥飼(p156/カ写)

ネズミクイ *Dasycercus cristicauda*
フクロネコ科の哺乳類。絶滅危惧II類。体長12～20cm。㊕オーストラリア西部・中部
¶絶百8(p28/カ写)
地球(p505/カ写)

ネズミセイオウチョウ ⇒コシジロカナリアを見よ

ネズミツバメチドリ ⇒ニシツバメチドリを見よ

ネッタイツメガエル *Xenopus tropicalis*
コモリガエル科(ピパ科)の両生類。別名ニシツメガエル。体長3～4cm。㊕アフリカ大陸西部
¶カエル見(p22/カ写)
世カエ(p56/カ写)
爬両1800(p362/カ写)

ネッタイトゲアガマ *Agama armata*
アガマ科の爬虫類。全長15～20cm。㊕タンザニア
¶爬両1800(p103/カ写)

ネッタイノボリユタトカゲ *Urosaurus bicarinatus*
イグアナ科ツノトカゲ亜科の爬虫類。全長12～16cm。㊕メキシコ北部～中部
¶爬両1800(p82/カ写)

ネッタイヨロイトカゲ *Cordylus tropidosternum*
ヨロイトカゲ科の爬虫類。全長10～16cm。㊕エチオピア南部～南アフリカ共和国
¶世爬(p146/カ写)
爬両1800(p218/カ写)
爬両ビ(p153/カ写)

ネ

ネーデルランド・シャーペンドース ⇒シャペンドースを見よ

ネバタゴガエル *Rana neba*
アカガエル科の両生類。全長4～5cm。㊕長野県南部, 静岡県・愛知県の一部
¶野日両(p35,79,159/カ写)

ネパールハクセキレイ *Motacilla alba alboides* ネパール白鶺鴒
セキレイ科の鳥。ハクセキレイの亜種。
¶日鳥山新(p316/カ写)
日鳥山増(p146/カ写)

ネブリナテリオハチドリ *Metallura odomae* ネブリナ照尾蜂鳥
ハチドリ科ミドリフタオハチドリ亜科の鳥。全長10～11cm。
¶ハチドリ(p140/カ写)

ネルソンハコガメ *Terrapene nelsoni*
セイヨウヌマガメ科の爬虫類。甲長10～15cm。㊕メキシコ北西部
¶世文動(p250/カ写)

ネルソンミルクヘビ *Lampropeltis triangulum nelsoni*
ナミヘビ科の爬虫類。ミルクスネークの亜種。全長90～100cm。㊕メキシコ中部, グアナフアト州～西へ太平洋岸まで, トレスマリアス諸島
¶世ヘビ(p35/カ写)

ネロサラマンダーヤモリ *Matoatoa spannringi*
ヤモリ科ヤモリ亜科の爬虫類。全長10cm前後。㊕マダガスカル南東部の一部
¶ゲッコー(p49/カ写)
爬両1800(p146/カ写)

ネンリンヤマガメ *Rhinoclemmys annulata*
イシガメ科の爬虫類。全長23cm。
¶地球(p378/カ写)

【ノ】

ノイヌ ⇒イヌを見よ

ノヴァ・スコシア・ダック・トーリング・レトリーバー Nova Scotia Duck Tolling Retriever
犬の一品種。体高 オス48～51cm, メス45～58cm。カナダの原産。
¶アルテ犬(p76/カ写)
最犬大(p355/カ写)
新犬種〔ノバ・スコシア・ダック・トリング・リトリーバー〕(p130/カ写)
新世犬〔ノヴァ・スコティア・ダック・トーリング・レトリーバー〕(p166/カ写)
図世犬(p280/カ写)
ビ犬(p244/カ写)

ノーウィッチ・テリア ⇒ノーリッチ・テリアを見よ

ノーウェイジアン・エルクハウンド・グレイ ⇒ノルウェジアン・エルクハウンド・グレーを見よ

ノーウェイジアン・エルクハウンド・ブラック ⇒ノルウェジアン・エルクハウンド・ブラックを見よ

ノーウェイジアン・パフィン・ドッグ ⇒ノルウェジアン・ルンデフンドを見よ

ノーウェイジアン・ビュードッグ ⇒ノルウェジアン・ブーフントを見よ

ノウサギ *Lepus brachyurus* 野兎
ウサギ科の哺乳類。別名ニホンウサギ, ニホンノウサギ。本州・四国・九州の平地から高山にすむ野生のウサギ。体重3kg。
¶くら哺(p25/カ写)
日家(p139/カ写)
日哺改〔ニホンノウサギ〕(p151/カ写)
日哺学フ(p68/カ写)

ノガン *Otis tarda* 鴇, 野雁
ノガン科の鳥。絶滅危惧II類。全長70～110cm。㊎ヨーロッパ, 北アフリカ, 温帯アジア
¶遺産世(Aves No.22/カ写, モ図)
驚野動(p283/カ写)
原寸羽(p294/カ写)
絶百8(p30/カ写)
世鳥大(p207/カ写)
世鳥ネ(p113/カ写)
世文鳥(p110/カ写)
地球(p438/カ写)
鳥卵巣(p163/カ写, カ図)
鳥比(p273/カ写)
鳥650(p202/カ写)
日ア鳥(p173/カ写)
日鳥水増(p183/カ写)
日野鳥新(p197/カ写)
日野鳥増(p216/カ写)
羽根決(p140/カ写, カ図)
フ日野新(p128/カ図)
フ日野増(p128/カ図)
フ野鳥(p120/カ図)

ノギハラハガクレトカゲ *Polychrus marmoratus*
イグアナ科アノールトカゲ亜科の爬虫類。全長35～40cm。㊎南米大陸北部
¶世爬(p70/カ写)
爬両1800(p84/カ写)
爬両ビ(p74/カ写)

ノギハラバシリスク *Basiliscus vittatus*
イグアナ科バシリスク亜科の爬虫類。全長60～70cm。㊎メキシコ～パナマまでの中米, アメリカ合衆国(帰化)
¶世爬(p64/カ写)
爬両1800(p78/カ写)
爬両ビ(p68/カ写)

ノグチゲラ *Sapheopipo noguchii* 野口啄木鳥
キツツキ科の鳥。絶滅危惧IA類(環境省レッドリスト), 特別天然記念物。全長31cm。㊎沖縄島北部
¶原寸羽(p296/カ写)
里山鳥(p236/カ写)
四季鳥(p117/カ写)
絶鳥事(p3,46/カ写, モ図)
世文鳥(p190/カ写)
鳥比(p65/カ写)
鳥650(p454/カ写)
名鳥図(p165/カ写)
日ア鳥(p383/カ写)
日色鳥(p18/カ写)
日鳥識(p212/カ写)
日鳥山新(p121/カ写)
日鳥山増(p115/カ写)
日野鳥新(p425/カ写)
日野鳥増(p435/カ写)
ぱっ鳥(p241/カ写)
バード(p57/カ写)
羽根決(p241/カ写, カ図)
ひと目鳥(p157/カ写)
フ日野新(p212/カ図)
フ日野増(p212/カ図)
フ野鳥(p264/カ図)
野鳥学フ(p115/カ写)
野鳥山フ(p45,260/カ図, カ写)
山溪名鳥(p250/カ写)

ノコハシハチドリ *Ramphodon naevius* 鋸嘴蜂鳥
ハチドリ科ユミハチドリ亜科の鳥。準絶滅危惧。全長14〜16cm。
¶ハチドリ(p39/カ写)

ノコヘリカブトガメ *Myuchelys latisternum*
ヘビクビガメ科の爬虫類。甲長20〜25cm。㊀オーストラリア北東部
¶世カメ(p116/カ写)
爬両1800(p66/カ写)
爬両ビ(p48/カ写)

ノコヘリカンムリトカゲ *Laemanctus serratus*
イグアナ科バシリスク亜科の爬虫類。全長70〜80cm。㊀メキシコ,グアテマラとホンジュラスの一部
¶爬両1800(p79/カ写)
爬両ビ(p69/カ写)

ノコヘリハコヨコクビガメ *Pelusios sinuatus*
ヨコクビガメ科アフリカヨコクビガメ亜科の爬虫類。甲長35〜40cm。㊀アフリカ大陸東部〜南東部
¶世カメ(p74/カ写)
世爬(p59/カ写)
爬両1800(p70/カ写)
爬両ビ(p55/カ写)

ノコヘリヒルヤモリ *Phelsuma serraticauda*
ヤモリ科ヤモリ亜科の爬虫類。全長13〜15cm。㊀マダガスカル東部
¶ゲッコー(p41/カ写)
爬両1800(p141/カ写)

ノコヘリマルガメ *Cyclemys dentata*
アジアガメ科(イシガメ(バタグールガメ)科)の爬虫類。甲長18〜20cm。㊀マレー半島南部,スマトラ島,ジャワ島,ボルネオ島と周囲の島々,フィリピン南西部
¶世カメ(p275/カ写)
世爬(p34/カ写)
世文動(p247/カ写)
地球(p378/カ写)
爬両1800(p43/カ写)
爬両ビ(p32/カ写)

ノコヘリヤブガメ *Psammobates oculifer*
リクガメ科の爬虫類。甲長13〜14cm。㊀南アフリカ共和国,ボツワナ,ナミビア,アンゴラ
¶世カメ(p36/カ写)
爬両1800(p16/カ写)
爬両ビ(p13/カ写)

ノゴマ *Luscinia calliope* 野駒
ヒタキ科(ツグミ科)の鳥。全長16cm。㊀シベリアで繁殖。アジアの熱帯地域で越冬。日本では主に北海道・南千島の平地〜高山帯までの低木林で繁殖
¶くら鳥(p57/カ写)
原寸羽(p234/カ写)
里山鳥(p60/カ写)
四季鳥(p25/カ写)
巣と卵決(p131/カ写,カ図)
世文鳥(p215/カ写)
鳥卵巣(p294/カ写,カ図)
鳥比(p141/カ写)
鳥650(p614/カ写)
名鳥図(p190/カ写)
日ア鳥(p523/カ写)
日色鳥(p79/カ写)
日鳥識(p264/カ写)
日鳥巣(p190/カ写)
日鳥山新(p265/カ写)
日鳥山増(p179/カ写)
日野鳥新(p552/カ写)
日野鳥増(p490/カ写)
ぱっ鳥(p320/カ写)
バード(p34/カ写)
羽根決(p278/カ写,カ図)
ひと目鳥(p178/カ写)
フ日野新(p236/カ図)
フ日野増(p236/カ図)
フ野鳥(p348/カ図)
野鳥学フ(p35/カ写)
野鳥山フ(p54,296/カ図,カ写)
山溪名鳥(p169/カ写)

ノ

ノジコ *Emberiza sulphurata* 野路子,野鵐
ホオジロ科の鳥。全長14cm。㊀本州中部で繁殖,中国東部,台湾,フィリピン北部で越冬
¶くら鳥(p38,41/カ写)
里山鳥(p38/カ写)
四季鳥(p20/カ写)
巣と卵決(p187/カ写,カ図)
世文鳥(p253/カ写)
鳥卵巣(p347/カ写,カ図)
鳥比(p198/カ写)
鳥650(p713/カ写)
名鳥図(p222/カ写)
日ア鳥(p608/カ写)
日鳥識(p300/カ写)
日鳥巣(p276/カ写)
日鳥山新(p370/カ写)
日鳥山増(p290/カ写)
日野鳥新(p644/カ写)
日野鳥増(p577/カ写)
ぱっ鳥(p369/カ写)
バード(p81/カ写)
羽根決(p393/カ写,カ図)
ひと目鳥(p210/カ写)
フ日野新(p272/カ図)
フ日野増(p272/カ図)
フ野鳥(p402/カ図)
野鳥学フ(p98/カ写)
野鳥山フ(p57,346/カ図,カ写)

山溪名鳥 (p13/カ写)

ノシボラハヤマビタイヘラオヤモリ *Uroplatus sikorae sameiti*
ヤモリ科ヤモリ亜科の爬虫類。ヤマビタイヘラオヤモリの亜種。全長15～18cm。㊎マダガスカル東部・北部の沿岸域
¶ゲッコー〔ヤマビタイヘラオヤモリ(亜種ノシボラハヤマビタイヘラオヤモリ)〕(p37/カ写)

ノシマンガベヒメカメレオン *Brookesia peyrierasi*
カメレオン科の爬虫類。全長38～43mm。㊎マダガスカル東部のノシマンガベ島とマランテトラ
¶世文動 (p268/カ写)

ノシュク・エリエフンド・グロ ⇒ノルウェジアン・エルクハウンド・グレーを見よ

ノ

ノシュク・エリエフンド・ソット ⇒ノルウェジアン・エルクハウンド・ブラックを見よ

ノシュク・ブーフンド ⇒ノルウェジアン・ブーフントを見よ

ノシュク・ルンデフンド ⇒ノルウェジアン・ルンデフンドを見よ

ノース・アメリカン・シェパード North American Shepherd
犬の一品種。別名ミニチュア・オーストラリアン・シェパード。オーストラリアン・シェパードを縮小して作出。体高34～46cm。アメリカ合衆国の原産。
¶ビ犬 (p284/カ写)

ノースウエストガーターヘビ *Thamnophis ordinoides*
ナミヘビ科ユウダ亜科の爬虫類。全長38～66cm。㊎カナダ南西部, アメリカ合衆国北西部
¶爬両1800 (p272/カ写)

ノースウエストサラマンダー *Ambystoma gracile*
マルクチサラマンダー科の両生類。全長15～25cm。㊎アメリカ合衆国北西部
¶世文動〔ノースウェストサラマンダー〕(p314/カ写)
爬両1800 (p441/カ写)
爬両ビ (p304/カ写)

ノース・スウェデイッシュ・ホース North Swedish Horse
馬の一品種。重量馬。体高153cm。スウェーデンの原産。
¶アルテ馬 (p203/カ写)

ノース・デボン ⇒デボンを見よ

ノスリ *Buteo buteo* 鵟
タカ科の鳥。全長50～57cm。㊎ヨーロッパ～アジア一帯, ベーリング海。日本では北海道～四国
¶くら鳥 (p74/カ写)
原寸羽 (p74/カ写)
里山鳥 (p134/カ写)
四季鳥 (p106/カ写)
巣と卵決 (p52/カ写, カ図)
世鳥大 (p200/カ写)
世文鳥 (p88/カ写)
地球 (p433/カ写)
鳥卵巣 (p110/カ写, カ図)
鳥比 (p55/カ写)
鳥650 (p408/カ写)
名鳥図 (p130/カ写)
日ア鳥 (p342/カ写)
日鳥識 (p198/カ写)
日鳥巣 (p46/カ写)
日鳥山新 (p78/カ写)
日鳥山増 (p34/カ写)
日野鳥新 (p380/カ写)
日野鳥増 (p348/カ写)
ぱっ鳥 (p212/カ写)
バード (p28,39/カ写)
羽根決 (p98/カ写, カ図)
ひと目鳥 (p121/カ写)
フ日野新 (p174/カ図)
フ日野増 (p174/カ図)
フ野鳥 (p224/カ図)
野鳥学フ (p65/カ写)
野鳥山フ (p23,136/カ図, カ写)
山溪名鳥 (p252/カ写)
ワシ (p98/カ写)

ノスリ〔亜種〕 *Buteo buteo japonicus* 鵟
タカ科の鳥。
¶日鳥山新〔亜種ノスリ〕(p78/カ写)
日鳥山増〔亜種ノスリ〕(p34/カ写)
日野鳥新〔ノスリ*〕(p380/カ写)
日野鳥増〔ノスリ*〕(p348/カ写)
ワシ〔亜種ノスリ〕(p98/カ写)

ノドアカカワガラス *Cinclus schulzi* 喉赤河烏, 喉赤河鴉, 喉赤川烏, 喉赤川鴉
カワガラス科の鳥。絶滅危惧II類。全長14～14.5cm。㊎アルゼンチン, ボリビア
¶遺産世 (Aves No.36/カ写)
絶百8 (p32/カ写)

ノドアカゴシキドリ *Megalaima mystacophanos* 喉赤五色鳥
ゴシキドリ科の鳥。全長23cm。
¶世鳥大 (p320/カ写)

ノドアカサンショクヒタキ *Petroica phoenicea* 喉赤三色鶲
オーストラリアヒタキ科の鳥。全長14cm。㊎オーストラリア南東部, タスマニア島
¶世色鳥 (p133/カ写)
世鳥大 (p398/カ写)

ノドアカタイヨウチョウ *Leptocoma calcostetha* 喉赤太陽鳥
タイヨウチョウ科の鳥。全長12～13cm。㊎東南ア

ジアの海岸沿いのマングローブ林
¶世色鳥（p36/カ写）

ノドアカツグミ *Turdus ruficollis ruficollis* 喉赤鶫
ヒタキ科の鳥。ノドグロツグミの亜種。全長23～26cm。㊕東シベリア南部のアルタイ・サヤン山脈～バイカル湖周辺で繁殖。日本では迷鳥として北海道・本州・南西諸島で記録
¶四季鳥（p68/カ写）
日鳥山新（p256/カ写）
日鳥山増（p208/カ写）
日野鳥新（p546/カ写）
日野鳥増（p512/カ写）

ノドアカハチドリ *Archilochus colubris* 喉赤蜂鳥
ハチドリ科ハチドリ亜科の鳥。全長8.5～9.5cm。㊕北アメリカ東部
¶世鳥大（p299/カ写）
世鳥ネ（p217/カ写）
世美羽（p69/カ写）
地球（p470/カ写）
ハチドリ（p331/カ写）

ノドアカミドリカザリドリ *Pipreola chlorolepidota* 喉赤緑飾鳥
カザリドリ科の鳥。全長13cm。
¶地球（p483/カ写）

ノドアカムジヒタキ *Alethe poliophrys* 喉赤無地鶲
ツグミ科の鳥。全長15cm。
¶世鳥大（p440/カ写）

ノドアカモリハタオリ *Malimbus nitens* 喉赤森機織
ハタオリドリ科の鳥。㊕ギニアビサウ～コンゴ盆地
¶世鳥卵（p227/カ写，カ図）

ノドグロアオジ *Emberiza cirlus* 喉黒青鵐，喉黒蒿雀
ホオジロ科の鳥。㊕ヨーロッパ
¶世鳥ネ（p334/カ写）
鳥卵巣（p344/カ写，カ図）

ノドグロカイツブリ *Tachybaptus novaehollandiae* 喉黒鳰
カイツブリ科の鳥。全長23～27cm。
¶世鳥大（p152/カ写）

ノドグロツグミ *Turdus ruficollis* 喉黒鶫
ヒタキ科の鳥。全長25cm。
¶世文鳥（p226/カ写）
鳥比（p138/カ写）
鳥**650**（p600/カ写）
日ア鳥（p514/カ写）
日鳥識（p262/カ写）
日鳥山新（p256/カ写）
日鳥山増（p208/カ写）
日野鳥新（p546/カ写）
日野鳥増（p512/カ写）
フ日野新（p248/カ図）
フ日野増（p248/カ図）
フ野鳥（p342/カ図）

ノドグロツグミ〔亜種〕 *Turdus ruficollis atrogularis* 喉黒鶫
ヒタキ科の鳥。㊕西シベリア低地，中央アジアで繁殖
¶日鳥山新〔亜種ノドグロツグミ〕（p256/カ写）
日鳥山増〔亜種ノドグロツグミ〕（p208/カ写）
日野鳥新〔ノドグロツグミ＊〕（p546/カ写）
日野鳥増〔ノドグロツグミ＊〕（p512/カ写）

ノドグロテリハチドリ *Heliodoxa schreibersii* 喉黒照蜂鳥
ハチドリ科ミドリフタオハチドリ亜科の鳥。全長12cm。
¶ハチドリ（p188/カ写）

ノ

ノドグロハチドリ *Archilochus alexandri* 喉黒蜂鳥
ハチドリ科ハチドリ亜科の鳥。全長8.5～9.5cm。
¶鳥卵巣（p239/カ写，カ図）
ハチドリ（p330/カ写）

ノドグロミツオシエ *Indicator indicator* 喉黒蜜教
ミツオシエ科の鳥。全長20cm。㊕アフリカの一部
¶世鳥大（p322/カ写）
世鳥卵（p143/カ写，カ図）
世鳥ネ（p242/カ写）
鳥卵巣（p256/カ写，カ図）

ノドグロミナミモリドラゴン *Hypsilurus nigrigularis*
アガマ科の爬虫類。全長45～60cm前後。㊕ニューギニア周辺
¶爬両**1800**（p97/カ写）

ノドグロムシクイ *Sylvia rueppelli* 喉黒虫食，喉黒虫喰
ウグイス科の鳥。全長13cm。㊕ギリシア～イスラエル南部にかけて繁殖する
¶世鳥大（p417/カ写）

ノドグロモズガラス *Cracticus nigrogularis* 喉黒鵙鴉，喉黒鵙烏
フエガラス科の鳥。全長32～35cm。㊕オーストラリアの乾燥地を除く全域
¶世鳥大（p377/カ写）
世鳥ネ（p262/カ写）

ノドグロモリハタオリ *Malimbus cassini* 喉黒森機織
ハタオリドリ科の鳥。㊕カメルーン，中央アフリカ共和国，コンゴ，ギニア，ガボン，ガーナ
¶鳥卵巣（p368/カ図）

ノドグロヤイロチョウ *Pitta versicolor* 喉黒八色鳥
ヤイロチョウ科の鳥。全長19～21cm。
¶世鳥大（p336/カ写）

ノドグロユミハチドリ *Phaethornis squalidus* 喉黒弓蜂鳥
ハチドリ科ユミハチドリ亜科の鳥。全長10～11cm。
¶ハチドリ (p43/カ写)

ノドゴエヒキガエル *Bufo gutturalis*
ヒキガエル科の両生類。体長5～9cm。㊀アフリカ大陸東部～南部
¶爬両1800 (p364/カ写)

ノドジマコバシチメドリ *Minla strigula* 喉縞小嘴知目鳥
チメドリ科の鳥。全長16～18.5cm。㊀ヒマラヤ地方, 東南アジア
¶世鳥大 (p419/カ写)

ノ

ノドジマユミハチドリ *Phaethornis rupurumii* 喉縞弓蜂鳥
ハチドリ科ユミハチドリ亜科の鳥。全長10～11cm。
¶ハチドリ (p44/カ写)

ノドジロアオヒヨドリ *Chlorocichla simplex* 喉白青鵯
ヒヨドリ科の鳥。㊀西アフリカ～ザイール
¶世鳥卵 (p164/カ写, カ図)

ノドジロアノール *Anolis luteogularis*
イグアナ科アノールトカゲ亜科の爬虫類。全長30～50cm。㊀キューバ西部
¶爬両1800 (p83/カ写)

ノドジロオウギビタキ *Rhipidura albicollis* 喉白扇鶲
オウギビタキ科 (ヒタキ科) の鳥。全長17～20cm。
¶世鳥大 (p386/カ写)
世鳥卵 (p200/カ写, カ図)

ノドジロオマキザル *Cebus capucinus* 喉白尾巻猿
オマキザル科の哺乳類。体高31～57cm。㊀コロンビア北部・西部までの中央アメリカ
¶地球 (p541/カ写)
美サル (p32/カ写)

ノドジロガモ *Speculanas specularis* 喉白鴨
カモ科の鳥。全長46～54cm。
¶地球 (p415/カ写)

ノドジロキノボリ *Climacteris leucophaea* 喉白木攀
キノボリ科の鳥。㊀オーストラリア東部・南東部
¶世鳥卵 (p208/カ写, カ図)

ノドジロキリハシ *Brachygalba albogularis* 喉白錐嘴
キリハシ科の鳥。全長15～16cm。㊀アマゾン川最上流部のジャングル
¶世色鳥 (p139/カ写)

ノドジログエノン *Cercopithecus albogularis*
オナガザル科の哺乳類。体高44～70cm。
¶地球 (p543/カ写)

ノドジロクサムラドリ *Atrichornis clamosus* 喉白叢鳥
クサムラドリ科の鳥。絶滅危惧II類。体長20cm。㊀オーストラリア南西部
¶絶百8 (p34/カ写)

ノドジロクロミズナギドリ *Procellaria aequinoctialis* 喉白黒水薙鳥
ミズナギドリ科の鳥。全長51～58cm。㊀亜南極海域
¶鳥卵巣 (p53/カ写, カ図)

ノドジロコマドリ *Irania gutturalis* 喉白駒鳥
ヒタキ科の鳥。全長18cm。㊀トルコ～アフガニスタン。アラビア, イラン～ケニア, タンザニア, ジンバブエに至る地域まで南下して越冬
¶世鳥大 (p442/カ写)

ノドジロシトド *Zonotrichia albicollis* 喉白鵐
ホオジロ科の鳥。全長15～17cm。㊀カナダやアメリカ合衆国北東部で繁殖。アメリカ合衆国やメキシコ北部で越冬
¶世鳥大 (p476/カ写)

ノドジロシロメジリハチドリ *Lampornis castaneoventris* 喉白白目尻蜂鳥
ハチドリ科ハチドリ亜科の鳥。全長10～12cm。
¶ハチドリ (p310/カ写)

ノドジロセスジムシクイ *Amytornis striatus* 喉白背筋虫食, 喉白背筋虫喰
オーストラリアムシクイ科の鳥。全長15～18cm。㊀オーストラリア内陸部
¶世鳥大 (p361/カ写)
地球 (p484/カ写)

ノドジロセンニョムシクイ *Gerygone olivacea* 喉白仙女虫食, 喉白仙女虫喰
トゲハシムシクイ科の鳥。全長10～12cm。㊀オーストラリア北部・東部。オーストラリア南東部にまで渡る
¶世鳥大 (p369/カ写)

ノドジロハチクイ *Merops albicollis* 喉白虫食, 喉白虫喰
ハチクイ科の鳥。全長20～32cm。㊀サハラ砂漠南部の狭い範囲で繁殖。アフリカ西部・中部まで南下して越冬
¶世鳥ネ (p231/カ写)
地球 (p475/カ写)

ノドジロハチドリ *Leucochloris albicollis* 喉白蜂鳥
ハチドリ科ハチドリ亜科の鳥。全長10～12cm。
¶世鳥大 (p297/カ写)
ハチドリ (p245/カ写)

ノドジロハリオアマツバメ *Chaetura vauxi* 喉白針尾雨燕
アマツバメ科の鳥。㊀アメリカ合衆国アラスカ州～カリフォルニア州, メキシコ南部, ユカタン半島

北部, パナマ東部, ベネズエラ北部
¶世鳥ネ(p210/カ写)

ノドジロヒバリチドリ *Thinocorus orbignyianus* 喉白雲雀千鳥
ツバメチドリ科の鳥。体長22cm。㊕アンデス山脈南部, 南アメリカ南端部
¶世鳥卵(p105/カ写, カ図)

ノドジロヒラハシタイランチョウ *Platyrinchus mystaceus* 喉白平嘴太蘭鳥
タイランチョウ科の鳥。全長10cm。㊕メキシコ南部〜アルゼンチンおよびボリビア, トリニダードトバゴ
¶世鳥大(p343/カ写)

ノドジロミユビナマケモノ *Bradypus tridactylus*
ミユビナマケモノ科の哺乳類。体長45〜76cm。
¶地球(p520/カ写)

ノドジロムシクイ *Sylvia communis* 喉白虫食, 喉白虫喰
ズグロムシクイ科(ウグイス科)の鳥。全長13〜15cm。㊕ヨーロッパ, アフリカ北部, 中東, 中央アジアの一部で繁殖。インドやアフリカの熱帯地域で越冬
¶世鳥大(p417/カ写)
鳥卵巣(p313/カ写, カ図)
鳥比(p119/カ写)
日ア鳥(p465/カ写)

ノドジロユミハチドリ *Phaethornis hispidus* 喉白弓蜂鳥
ハチドリ科ユミハチドリ亜科の鳥。全長13cm。
¶ハチドリ(p52/カ写)

ノドダレトゲオイグアナ *Ctenosaura palearis*
イグアナ科イグアナ亜科の爬虫類。全長60cm前後。㊕グアテマラ南東部
¶爬両1800(p75/カ写)

ノドチャミユビナマケモノ *Bradypus variegatus*
ミユビナマケモノ科の哺乳類。体長42〜80cm。
¶地球(p520/カ写)

ノドフオウギセッカ *Locustella thoracica* 喉斑扇雪加
センニュウ科の鳥。全長12cm。㊕インドシナ北部で越冬
¶日ア鳥(p471/カ写)

ノドフサザイチメドリ *Napothera brevicaudata* 喉斑鶺知目鳥
チメドリ科の鳥。㊕アッサムの丘陵地帯〜ミャンマーを経てインドシナ半島, マレーシア
¶世鳥卵(p186/カ写, カ図)

ノドフサハチドリ *Heliomaster furcifer* 喉房蜂鳥
ハチドリ科ハチドリ亜科の鳥。全長11〜13cm。
¶ハチドリ(p302/カ写)

ノドムラサキシロメジリハチドリ *Lampornis amethystinus* 喉紫白目尻蜂鳥
ハチドリ科ハチドリ亜科の鳥。全長11.5〜12.5cm。
¶ハチドリ(p305/カ写)

ノドモンドロヒキガエル ⇒ノドモンモリヒキガエルを見よ

ノドモンモリヒキガエル *Pelophryne misera*
ヒキガエル科の両生類。別名ノドモンドロヒキガエル。体長16〜23mm。㊕ボルネオ島・サバ州のキナバル山付近, サラワク州のムルット山
¶世カエ(p170/カ写)

ノトルニス ⇒タカヘを見よ

ノドワヒルヤモリ *Phelsuma guttata*
ヤモリ科ヤモリ亜科の爬虫類。全長13cm前後。㊕マダガスカル北東部
¶ゲッコー(p41/カ写)
爬両1800(p141/カ写)
爬両ビ(p112/カ写)

ノニウス Nonius
馬の一品種。軽量馬。体高153〜162cm。ハンガリーの原産。
¶アルテ馬(p124/カ写)
世文動〔ノーニウス〕(p187/カ写)

ノネコ ⇒イエネコを見よ

ノバ・スコシア・ダック・トリング・リトリーバー ⇒ノヴァ・スコシア・ダック・トーリング・レトリーバーを見よ

ノハラクサリヘビ *Vipera ursinii* 野原鎖蛇
クサリヘビ科の爬虫類。絶滅危惧II類。全長50cm以下。㊕フランス南部, イタリア中部, オーストリアなどから中央アジア・トルコ・イラン北部に断続的に分布
¶遺産世(Reptilia No.20/カ写)
世文動(p300/カ写)

ノハラツグミ *Turdus pilaris* 野原鶫
ツグミ科(ヒタキ科)の鳥。全長22〜27cm。㊕南ヨーロッパ
¶原寸羽(p248/カ写)
四季鳥(p99/カ写)
世鳥大(p439/カ写)
世鳥ネ(p304/カ写)
世文鳥(p227/カ図)
地球(p493/カ写)
鳥卵巣(p291/カ写, カ図)
鳥比(p139/カ写)
鳥650(p604/カ写)
日ア鳥(p515/カ写)
日鳥識(p262/カ写)
日鳥山新(p257/カ写)
日鳥山増(p209/カ写)

日野鳥新 (p547/カ写)
日野鳥増 (p513/カ写)
フ日野新 (p244/カ図)
フ日野増 (p244/カ図)
フ野鳥 (p344/カ図)

ノハラムシクイ *Calamanthus fuliginosus* 野原虫食, 野原虫喰
オーストラリアムシクイ科の鳥。㊎タスマニア島, オーストラリア南部～ニューサウスウェールズ
¶世鳥卵 (p199/カ写, カ図)

ノバリケン *Cairina moschata* 野蕃鴨
カモ科の鳥。全長66～84cm。㊎中央・南アメリカ
¶世鳥大 (p129/カ写)
世鳥ネ (p44/カ写)
鳥卵巣 (p88/カ写, カ図)
日家 (p215/カ写)

ノ

ノビタキ *Saxicola torquatus* 野鶲
ヒタキ科 (ツグミ科) の鳥。全長13cm。㊎ヨーロッパ, アフリカ, アジア
¶くら鳥 (p57/カ写)
原寸羽 (p238/カ写)
里山鳥 (p61/カ写)
四季鳥 (p58/カ写)
巣と卵決 (p136/カ写, カ図)
世鳥大 (p444/カ写)
世鳥ネ (p301/カ写)
世文鳥 (p218/カ写)
地球 (p492/カ写)
鳥卵巣 (p298/カ写, カ図)
鳥比 (p146/カ写)
鳥650 (p625/カ写)
名鳥図 (p193/カ写)
日ア鳥 (p531/カ写)
日色鳥 (p78/カ写)
日鳥識 (p268/カ写)
日鳥巣 (p196/カ写)
日鳥山新 (p278/カ写)
日鳥山増 (p186/カ写)
日野鳥新 (p558/カ写)
日野鳥増 (p496/カ写)
ぱっ鳥 (p324/カ写)
バード (p35/カ写)
ひと目鳥 (p179/カ写)
フ日野新 (p242/カ図)
フ日野増 (p242/カ図)
フ野鳥 (p352/カ図)
野鳥学フ (p34/カ写)
野鳥山フ (p54,300/カ図, カ写)
山溪名鳥 (p254/カ写)

ノーフォーク・テリア Norfolk Terrier
犬の一品種。体高25cm。イギリスの原産。
¶最犬大 (p178/カ写)
新犬種〔ノーフォーク・テリア、ノリッジ (ノーリッチ)・テリア〕(p24/カ写)
新世犬 (p252/カ写)
図世犬 (p160/カ写)
ビ犬 (p192/カ写)

ノーフォーク・ホーン Norfolk Horn
羊の一品種。イギリスの原産。
¶日家 (p131/カ写)

ノーブルコヤスガエル *Eleutherodactylus noblei*
ユビナガガエル科の両生類。体長43～66mm。㊎ホンジュラス～パナマまでの中米
¶世カエ (p96/カ写)

ノマウマ Noma Pony 野間馬
馬の一品種。日本在来馬。体高100～125cm。愛媛県今治市の原産。
¶日家〔野間馬〕(p18/カ写)

ノヤギ ⇒ベゾアーを見よ

ノラネコ ⇒イエネコを見よ

ノリーカー Noriker
馬の一品種。重量馬。体高160～170cm。オーストリアの原産。
¶アルテ馬 (p212/カ写)

ノリッジ Norwich
アトリ科の鳥。カナリアの一品種。
¶鳥飼 (p104/カ写)

ノリッジ・テリア ⇒ノーリッチ・テリアを見よ

ノーリッチ・テリア Norwich Terrier
犬の一品種。別名ノリッジ・テリア。体高25cm。イギリスの原産。
¶アルテ犬 (p106/カ写)
最犬大 (p179/カ写)
新犬種〔ノーフォーク・テリア、ノリッジ (ノーリッチ)・テリア〕(p24/カ写)
新世犬〔ノーウィッチ・テリア〕(p253/カ写)
図世犬〔ノーウィッチ・テリア〕(p161/カ写)
世文動〔ノリッジ・テリア〕(p145/カ写)
ビ犬 (p193/カ写)

ノルウェイジアン・パフィン・ドッグ ⇒ノルウェジアン・ルンデフンドを見よ

ノルウェジアン・エルクハウンド Norwegian Elkhound
犬の一品種。獣猟犬。体高49～52cm。ノルウェーの原産。
¶世文動 (p145/カ写)

ノルウェジアン・エルクハウンド・グレー Norwegian Elkhound Grey
犬の一品種。別名ノシュク・エリエフンド・グロ。体高 オス52cm, メス49cm。ノルウェーの原産。
¶最犬大 (p235/カ写)

新犬種〔ノーウェイジアン・エルクハウンド(グレイ)〕(p164/カ写)
新世犬〔エルクハウンド(ノルウェージャン・エルクハウンド)〔グレー〕〕(p198/カ写)
図世犬(p205/カ写)
ビ犬〔ノルウェジアン・エルクハウンド〔グレー〕〕(p110/カ写)

ノルウェジアン・エルクハウンド・ブラック Norwegian Elkhound Black
犬の一品種。別名ノシュク・エリエフンド・ソット。体高 オス46〜49cm, メス43〜46cm。ノルウェーの原産。
¶最犬大(p234/カ写)
新犬種〔ノーウェイジアン・エルクハウンド(ブラック)〕(p164/カ写)
ビ犬〔ブラック・ノルウェジアン・エルクハウンド〕(p110/カ写)

ノルウェジアン・ハウンド Norwegian Hound
犬の一品種。別名デュンケル, ドゥンケル。体高 オス50〜55cm, メス47〜53cm。ノルウェーの原産。
¶最犬大〔ノルウェージャン・ハウンド〕(p310/カ写)
新犬種〔ドゥンケル〕(p154/カ写)
ビ犬(p156/カ写)

ノルウェジアン・ブーフント Norwegian Buhund
犬の一品種。別名ノーウェイジアン・ビュードッグ, ノシュク・ブーフンド, ノルスク・ブーフント。体高 オス43〜47cm, メス41〜45cm。ノルウェーの原産。
¶最犬大〔ノルウェジアン・ブーフンド〕(p241/カ写)
新犬種〔ノーウェイジアン・ビュードッグ〕(p109/カ写)
ビ犬(p121/カ写)

ノルウェジアン・ルンデフンド Norwegian Lundehund
犬の一品種。別名ノシュク・ルンデフンド, ノルウェイジアン・パフィン・ドッグ, ノルスク・ルンデフント。体高 オス35〜38cm, メス32〜35cm。ノルウェーの原産。
¶最犬大(p240/カ写)
新犬種〔ノーウェイジアン・パフィン・ドッグ〕(p85/カ写)
ビ犬(p120/カ写)

ノルウェージャン・ハウンド ⇒ノルウェジアン・ハウンドを見よ

ノルウェージャン・フォレスト・キャット Norwegian Forest Cat
猫の一品種。体重3〜9kg。ノルウェーの原産。
¶ビ猫(p223/カ写)

ノルウェーレミング *Lemmus lemmus*
キヌゲネズミ科(ネズミ科)の哺乳類。体長7〜16cm。
¶世文動(p115/カ写)
地球(p525/カ写)

ノルスク・ブーフント ⇒ノルウェジアン・ブーフントを見よ

ノルスク・ルンデフント ⇒ノルウェジアン・ルンデフンドを見よ

ノルボッテン・スピッツ ⇒ノルボッテン・スペッツを見よ

ノルボッテン・スペッツ Norrbottenspets
犬の一品種。別名ノルボッテン・スピッツ, ノルディック・スピッツ。体高42〜45cm。スウェーデンの原産。
¶最犬大〔ノルボッテンスピッツ〕(p230/カ写)
新犬種(p102/カ写)
ビ犬〔ノルディック・スピッツ〕(p121/カ写)

ノルマン・コブ Norman Cob
馬の一品種。軽量馬。体高153〜168cm。フランス・ノルマンディー地方の原産。
¶アルテ馬(p108/カ写)
日家(p51/カ写)

ノレンコウモリ *Myotis nattereri* 暖簾蝙蝠
ヒナコウモリ科の哺乳類。前腕長3.8〜4.2cm。
㊎西ヨーロッパ, 北アフリカ, 東アジア。日本では北海道, 本州, 四国, 九州(生息記録は12の都道府県下に限られる)
¶くら哺(p46/カ写)
世文動(p65/カ写)
日哺改(p43/カ写)
日哺学フ(p111/カ写)

ノロ *Capreolus capreolus* 獐
シカ科の哺乳類。別名ノロジカ。体高65〜75cm。
㊎ヨーロッパ, アジア西部
¶驚野動〔ノロジカ〕(p153/カ写)
世文動(p204/カ写)
世哺(p339/カ写)
地球(p598/カ写)

ノロジカ ⇒ノロを見よ

【ハ】

ハイ *Sinomicrurus japonicus boettgeri*
コブラ科の爬虫類。日本固有種。全長30〜60cm。
㊎奄美諸島の徳之島, 沖縄諸島の具志川島・沖縄島・渡嘉敷島
¶原爬両(No.105/カ写)
日カメ(p240/カ写)
爬両観(p155/カ写)
爬両飼(p54/カ写)
野日爬(p39,186/カ写)

ハ

ハイイロアグーチ *Dasyprocta fuliginosa*
アグーチ科の哺乳類。頭胴長40～50cm。㊎ベネズエラ～ブラジル
¶**世文動**(p121/カ写)

ハイイロアザラシ *Halichoerus grypus* 灰色海豹
アザラシ科の哺乳類。絶滅危惧IB類。体長1.7～3.3m。㊎北大西洋,バルト海
¶**驚野動**(p135/カ写)
絶百2(p16/カ写)
世文動(p178/カ写)
世哺(p303/カ写)
地球(p570/カ写)

ハイイロアシゲハチドリ *Haplophaedia lugens* 灰色足毛蜂鳥
ハチドリ科ミドリフタオハチドリ亜科の鳥。準絶滅危惧。全長9～10cm。
¶**ハチドリ**(p145/カ写)

ハ

ハイイロアジサシ *Procelsterna cerulea* 灰色鰺刺
カモメ科の鳥。全長27cm。
¶**世文鳥**(p160/カ写)
鳥650(p729/カ写)
日ア鳥(p286/カ写)
フ日野新(p104/カ図)
フ日野増(p104/カ図)
フ野鳥(p176/カ図)

ハイイロアタマキツネザル *Eulemur cinereiceps*
キツネザル科の哺乳類。絶滅危惧IA類。㊎マダガスカル南東部
¶**美サル**(p137/カ写)

ハイイロアマガエル *Hyla versicolor*
アマガエル科の両生類。体長3～6cm。㊎アメリカ合衆国,カナダ
¶**かえる百**(p57/カ写)
カエル見(p31/カ写)
世両(p42/カ写)
爬両1800(p372/カ写)
爬両ビ(p245/カ写)

ハイイロアメリカフルーツコウモリ *Artibeus cinereus*
ヘラコウモリ科の哺乳類。体長7～10cm。
¶**地球**(p555/カ写)

ハイイロイワシャコ *Alectoris graeca* 灰色岩鷓鴣
キジ科の鳥。体長34～38cm。㊎ヨーロッパアルプス,旧ユーゴスラビア南東部,ギリシア,ブルガリア
¶**世鳥卵**(p71/カ写,カ図)

ハイイロウタイムシクイ *Iduna pallida* 灰色歌虫食,灰色歌虫喰
ウグイス科の鳥。全長13cm。㊎ポルトガル,アフリカ北部～中央アジアで繁殖。アフリカの熱帯地域で越冬
¶**世鳥大**(p415/カ写)

ハイイロウミツバメ *Oceanodroma furcata* 灰色海燕
ウミツバメ科の鳥。全長20cm。
¶**原寸羽**(p19/カ写)
世文鳥(p38/カ写)
鳥比(p250/カ写)
鳥650(p137/カ写)
日ア鳥(p121/カ写)
日鳥識(p104/カ写)
日鳥水増(p52/カ写)
日野鳥新(p128/カ写)
日野鳥増(p122/カ写)
羽根決(p22/カ写,カ図)
フ日野新(p78/カ図)
フ日野増(p78/カ図)
フ野鳥(p86/カ図)
野鳥学フ(p202/カ写)

ハイイロエボシカマドドリ *Pseudoseisura unirufa* 灰色烏帽子竈鳥
カマドドリ科の鳥。全長20cm。
¶**世鳥大**(p355/カ写)

ハイイロオウギビタキ *Rhipidura fuliginosa* 灰色扇鶲
オウギビタキ科の鳥。全長14～17cm。
¶**世鳥大**(p386/カ写)
世鳥ネ(p275/カ写)
鳥卵巣(p301/カ写,カ図)

ハイイロオウチュウ *Dicrurus leucophaeus* 灰色烏秋
オウチュウ科の鳥。全長29cm。
¶**鳥比**(p81/カ写)
鳥650(p475/カ写)
日ア鳥(p398/カ写)
日鳥山新(p137/カ写)
日鳥山増(p337/カ写)
フ日野新(p340/カ図)
フ日野増(p338/カ図)
フ野鳥(p274/カ図)

ハイイロオオカミ ⇒タイリクオオカミを見よ

ハイイロカエルガメ ⇒ヒラリーカエルガメを見よ

ハイイロカッコウ *Cuculus pallidus* 灰色郭公
カッコウ科の鳥。全長30～33cm。㊎オーストラリア
¶**世鳥ネ**(p185/カ写)
地球(p461/カ写)

ハイイロカモメ *Larus modestus* 灰色鷗
カモメ科の鳥。全長45～47cm。㊎チリ北部で繁殖。チリ,ペルー,エクアドルで越冬
¶**世鳥大**(p234)
世鳥卵(p107/カ写,カ図)

地球(p449/カ写)

ハイイロガン *Anser anser* 灰色雁
カモ科の鳥。全長75〜90cm。㊵ヨーロッパ
¶四季鳥(p82/カ写)
世鳥大(p123/カ写)
世鳥卵(p50/カ写, カ図)
世文鳥(p61/カ写)
地球(p412/カ写)
鳥卵巣(p85/カ写, カ図)
鳥比(p211/カ写)
鳥650(p30/カ写)
名鳥図(p43/カ写)
日ア鳥(p24/カ写)
日家〔ハイイロガン(キバシハイイロガン)〕(p219/カ写)
日鳥識(p66/カ写)
日鳥水増(p104/カ写)
日野鳥新(p27/カ写)
日野鳥増(p47/カ写)
フ日野新(p36/カ図)
フ日野増(p36/カ図)
フ野鳥(p18/カ図)

ハイイロギツネ *Urocyon cinereoargenteus* 灰色狐
イヌ科の哺乳類。頭胴長48.3〜68.5cm。㊵カナダ南部〜南へ中央アメリカを経て南アメリカの北西部
¶驚野動(p67/カ写)
世文動(p134/カ写)
世哺(p221/カ写)
地球(p563/カ写)
野生イヌ(p116/カ写, カ図)

ハイイロクスクス *Phalanger orientalis* 灰色クスクス
クスクス科の哺乳類。体長38〜48cm。㊵ニューギニア, ソロモン諸島
¶世哺(p66/カ写)

ハイイログマ *Ursus arctos horribilis* 灰色熊
クマ科の哺乳類。別名グリズリー。㊵北アメリカ北西部
¶驚野動(p36/カ写)
世文動(p151/カ写)

ハイイロコクジャク *Polyplectron bicalcaratum* 灰色小孔雀
キジ科の鳥。体長 オス75cm, メス55cm。㊵インド東部, ミャンマー, タイ, ラオス, ベトナム, 中国南西部
¶世美羽(p18/カ写, カ図)

ハイイロコノハズク *Otus ireneae* 灰色木葉木菟
フクロウ科の鳥。絶滅危惧IB類。全長15〜18cm。㊵ケニア, タンザニア
¶世鳥大(p279/カ写)
鳥絶(p168/カ図)

ハイイロサンショクヒタキ *Petroica rosea* 灰色三色鶲
オーストラリアヒタキ科の鳥。全長11〜12cm。㊵オーストラリア南東部
¶原色鳥(p78/カ写)
世色鳥(p19/カ写)

ハイイロジェントルキツネザル *Hapalemur griseus*
キツネザル科の哺乳類。絶滅危惧II類。体長40cm。㊵マダガスカル
¶世文動(p73/カ写)
世哺〔ジェントルキツネザル〕(p104/カ写)
美サル(p145/カ写)

ハイイロシギダチョウ *Tinamus tao* 灰色鷸駝鳥
シギダチョウ科の鳥。㊵南米北部
¶世鳥卵(p31/カ写, カ図)

ハイイロジネズミオポッサム *Monodelphis domestica* 灰色地鼠オポッサム
オポッサム科の哺乳類。体長10〜15cm。
¶地球(p504/カ写)

ハ

ハイイロショウネズミキツネザル ⇒ハイイロネズミキツネザルを見よ

ハイイロタチヨタカ *Nyctibius griseus* 灰色立夜鷹
タチヨタカ科の鳥。全長36〜41cm。㊵中央・南アメリカ北部
¶世鳥大(p289/カ写)
世鳥卵(p132/カ写, カ図)
世鳥ネ〔ジャマイカハイイロタチヨタカ〕(p203/カ写)
地球(p467/カ写)

ハイイロチビヤモリ *Sphaerodactylus cinereus*
ヤモリ科チビヤモリ亜科の爬虫類。全長4〜6cm。㊵ハイチ, キューバなど
¶ゲッコー(p104/カ写)
爬両1800(p179/カ写)

ハイイロチャツグミ *Catharus minimus* 灰色茶鶫
ヒタキ科の鳥。全長16〜17cm。㊵コリマ川周辺〜チュコト半島で繁殖
¶鳥比(p130/カ写)
鳥650(p592/カ写)
日ア鳥(p519/カ写)
日鳥山新(p245/カ写)
フ日野新(p330/カ図)
フ日野増(p328/カ図)
フ野鳥(p338/カ図)

ハイイロチュウヒ *Circus cyaneus* 灰色沢鵟
タカ科の鳥。全長42〜50cm。㊵北アメリカ, ユーラシア大陸
¶くら鳥(p74/カ写)
四季鳥(p82/カ写)
世鳥大(p195/カ写)
世鳥ネ(p108/カ写)

世文鳥（p93/カ写）
地球（p437/カ写）
鳥卵巣（p106/カ写, カ図）
鳥比（p44/カ写）
鳥650（p392/カ写）
名鳥図（p136/カ写）
日ア鳥（p334/カ写）
日鳥識（p192/カ写）
日鳥山新（p64/カ写）
日鳥山増（p48/カ写）
日野鳥新（p368/カ写）
日野鳥増（p334/カ写）
ぱっ鳥（p205/カ写）
ひと目鳥（p123/カ写）
フ日野新（p176/カ図）
フ日野増（p176/カ図）
フ野鳥（p218/カ図）
野鳥山フ（p24,141/カ図, カ写）
山溪名鳥（p223/カ写）
ワシ（p62/カ写）

ハイイロチュウヒ〔亜種〕 *Circus cyaneus cyaneus* 灰色沢鵟
タカ科の鳥。
¶ワシ〔亜種ハイイロチュウヒ〕（p62/カ写）

ハイイロツチスドリ *Struthidea cinerea* 灰色土巣鳥
オオツチスドリ科の鳥。全長29～32cm。[分]オーストラリア北部・東部
¶世鳥大（p395/カ写）
世鳥卵（p235/カ写, カ図）
地球（p489/カ写）

ハイイロネコ *Felis bieti*
ネコ科の哺乳類。頭胴長68.5～84cm。[分]中央アジア, 中国西部, モンゴル南部
¶野生ネコ（p48/カ図）

ハイイロネズミキツネザル *Microcebus murinus*
コビトキツネザル科の哺乳類。別名ハイイロショウネズミキツネザル, グレイネズミキツネザル。体高12～15cm。[分]マダガスカル西部～南西部沿岸
¶世文動〔ハイイロショウネズミキツネザル〕（p71/カ写）
地球〔グレイネズミキツネザル〕（p537/カ写）
美サル（p159/カ写）

ハイイロハッカ *Acridotheres ginginianus* 灰色八哥
ムクドリ科の鳥。別名キホホハッカ。全長23cm。[分]アフガニスタン, パキスタン, インド北部。日本では東京都・神奈川県などで記録
¶世文鳥〔キホホハッカ〕（p280/カ写）
フ野鳥（p334/カ図）

ハイイロヒナタガエル *Chiromantis xerampelina*
アオガエル科の両生類。別名ハイイロモリガエル。体長70～80mm。メスはオスより大きい。[分]アフリカ南部・東部, アンゴラ
¶カエル見（p48/カ写）
世カエ〔ハイイロモリガエル〕（p402/カ写）
世両（p80/カ写）
爬両1800（p388/カ写）
爬両ビ（p257/カ写）

ハイイロヒレアシシギ *Phalaropus fulicarius* 灰色鰭足鷸, 灰色鰭足鴫
シギ科（ヒレアシシギ科）の鳥。体長20～22cm。[分]中央アメリカ, 南アメリカ北部
¶原寸羽（p129/カ写）
四季鳥（p67/カ写）
世鳥卵（p102/カ写, カ図）
世鳥ネ（p140/カ写）
世文鳥（p142/カ写）
鳥卵巣（p191/カ写, カ図）
鳥比（p327/カ写）
鳥650（p296/カ写）
名鳥図（p102/カ写）
日ア鳥（p254/カ写）
日色鳥（p82/カ写）
日鳥識（p160/カ写）
日鳥水増（p264/カ写）
日野鳥新（p296/カ写）
日野鳥増（p284/カ写）
羽根決（p382/カ写, カ図）
ひと目鳥（p66/カ写）
フ日野新（p164/カ図）
フ日野増（p164/カ図）
フ野鳥（p172/カ図）
野鳥山フ（p34/カ図）
山溪名鳥（p18/カ写）

ハイイロブキオトカゲ *Oplurus fierinensis*
イグアナ科マラガシートカゲ亜科の爬虫類。全長30cm前後。[分]マダガスカル南西部
¶爬両1800（p79/カ写）

ハイイロペリカン *Pelecanus crispus* 灰色ペリカン
ペリカン科の鳥。絶滅危惧II類。全長160～180cm。[分]黒海周辺～モンゴル, 中国北西部で繁殖。ヨーロッパ南東部～インド, 中国南部で越冬。日本では迷鳥として本州・九州・南西諸島で記録
¶遺産世〔ニシハイイロペリカン〕（Aves No.6/カ写）
絶百8（p38/カ写）
世鳥ネ（p83/カ写）
世文鳥（p42/カ図）
鳥卵巣（p61/カ写, カ図）
鳥比（p257/カ写）
鳥650（p154/カ写）
日ア鳥（p133/カ写）
日鳥水増（p61/カ写）
日野鳥新（p140/カ写）
日野鳥増（p126/カ写）
フ日野新（p82/カ図）

フ日野増 (p82/カ図)
フ野鳥 (p94/カ図)
レ生〔ニシハイイロペリカン〕(p216/カ写)

ハイイロホオヒゲコウモリ *Myotis grisescens*
ヒナコウモリ科の哺乳類。絶滅危惧IB類。前腕長4.1～4.6cm。[分]アメリカ合衆国のオクラホマ州～ケンタッキー州, ジョージア州
¶絶百5 (p64/カ図)

ハイイロホシガラス *Nucifraga columbiana* 灰色星鴉, 灰色星烏
カラス科の鳥。全長30cm。[分]ブリティッシュ・コロンビア州(カナダ)～メキシコ北部に至る北アメリカ
¶世色鳥〔ハイイロホシガラス(ヒナ)〕(p163/カ写)
世鳥大 (p392)

ハイイロマウスオポッサム *Marmosa cinerea*
オポッサム科の哺乳類。頭胴長12～14cm。[分]スリナム～パラグアイ南部
¶世文動 (p39/カ写)

ハイイロマザマ *Mazama gouazoubira*
シカ科の哺乳類。体高55～70cm。[分]中央・南アメリカ, メキシコ～アルゼンチン
¶地球 (p598/カ写)

ハイイロマングース *Herpestes edwardsi*
マングース科の哺乳類。体長45～53cm。[分]アジア南西部・南部
¶驚野動 (p262/カ写)
世文動 (p163/カ写)
地球 (p586/カ写)

ハイイロミズナギドリ *Puffinus griseus* 灰色水薙鳥
ミズナギドリ科の鳥。全長40～46cm。
¶四季鳥 (p57/カ写)
世鳥大 (p150/カ写)
世鳥ネ (p61/カ写)
世文鳥 (p36/カ写)
鳥卵巣 (p56/カ写, カ図)
鳥比 (p247/カ写)
鳥650 (p124/カ写)
日ア鳥 (p114/カ写)
日鳥識 (p102/カ写)
日鳥水増 (p45/カ写)
日野鳥新 (p123/カ写)
日野鳥増 (p119/カ写)
フ日野新 (p72/カ図)
フ日野増 (p72/カ図)
フ野鳥 (p80/カ図)
山溪名鳥 (p83/カ写)

ハイイロミズヘビ ⇒オリーブミズヘビを見よ

ハイイロモズガラス *Cracticus torquatus* 灰色鵙鴉, 灰色鵙烏
フエガラス科の鳥。体長27cm。[分]砂漠地帯を除くオーストラリア
¶世鳥卵 (p235/カ写, カ図)

ハイイロモズツグミ *Colluricincla harmonica* 灰色百舌鶫
モズヒタキ科(モズツグミ科)の鳥。全長22～25cm。[分]オーストラリアやニューギニアの一部地域
¶世鳥大 (p385/カ写)
世鳥卵 (p203/カ写, カ図)
鳥卵巣 (p303/カ写, カ図)

ハイイロモリガエル ⇒ハイイロヒナタガエルを見よ

ハイイロモリツバメ *Artamus fuscus* 灰色森燕
モリツバメ科の鳥。[分]インド～東南アジア, 中国南部
¶世鳥卵 (p235/カ写, カ図)

ハイイロヤギュウ ⇒コープレイを見よ

ハイイロヤケイ *Gallus sonneratii* 灰色野鶏
キジ科の鳥。全長 オス43～62cm, メス37～44cm。[分]インド
¶世鳥ネ (p31/カ写)
世美羽 (p164/カ写, カ図)
日家 (p210/カ写)

ハイイロヤブヒバリ *Mirafra apiata* 灰色藪雲雀
ヒバリ科の鳥。全長12～15cm。[分]アフリカ南部
¶世鳥大 (p408/カ写)

ハイイロリングテイル *Pseudocheirus peregrinus*
リングテイル科(フクロモモンガ科)の哺乳類。体長30～35cm。[分]オーストラリア, タスマニア
¶世文動 (p46/カ写)
世哺 (p68/カ写)
地球 (p506/カ写)

バイエリッシャー・ゲバーグスシュバイシュフント ⇒バヴァリアン・マウンテン・ハウンドを見よ

バイエリッシャー・ゲビルクス・シュヴァイスフント ⇒バヴァリアン・マウンテン・ハウンドを見よ

ハイオビキングヘビ *Lampropeltis alterna*
ナミヘビ科ナミヘビ亜科の爬虫類。別名グレーバンドキングスネーク。全長90～120cm。[分]アメリカ(テキサス州), メキシコ(ドゥランゴ州, チワワ砂漠)
¶世爬 (p219/カ写)
世ヘビ〔グレーバンドキングスネーク〕(p30/カ写)
爬両1800 (p329/カ写)
爬両ビ (p234/カ写)

ハイカイガーターヘビ *Thamnophis elegans*
ナミヘビ科ユウダ亜科の爬虫類。全長45～100cm。
㊕アメリカ合衆国西部
¶爬両1800 (p272/カ写)

ハイガオメンフクロウ *Tyto glaucops* 灰顔面梟
メンフクロウ科の鳥。全長26～43cm。
¶地球 (p463/カ写)

バイカキノボリアトバ *Dryocalamus subannulatus*
ナミヘビ科ナミヘビ亜科の爬虫類。全長50cm前後。
㊕タイ南部, マレーシア, インドネシアなど
¶爬両1800 (p296/カ写)

ハイガシラアメリカムシクイ *Basileuterus griseiceps* 灰頭亜米利加虫喰
アメリカムシクイ科の鳥。絶滅危惧IB類。体長14cm。㊕ベネズエラ (固有)
¶鳥絶 (p216/カ図)

ハ

ハイガシラオオコウモリ *Pteropus poliocephalus*
オオコウモリ科の哺乳類。体長23～29cm。
¶地球 (p551/カ写)

ハイガシラオリーブハエトリ *Mionectes rufiventris* 灰頭オリーブ蝿取
タイランチョウ科の鳥。全長14cm。
¶世鳥大 (p342/カ写)

ハイガシラコゲラ *Dendrocopos canicapillus* 灰頭小啄木鳥
キツツキ科の鳥。全長14～16cm。㊕ヒマラヤ周辺～東南アジア, 北東アジア
¶日ア鳥 (p375/カ写)

ハイガシラショウビン *Halcyon leucocephala* 灰頭翡翠
カワセミ科の鳥。全長20cm。
¶世鳥大 (p306/カ写)
地球 (p474/カ写)

ハイガシラソライロフウキンチョウ *Thraupis sayaca* 灰頭空色風琴鳥
フウキンチョウ科の鳥。全長16～17cm。㊕ブラジル南部, アルゼンチン北東部, ウルグアイ, パラグアイ
¶原色鳥 (p150/カ写)

ハイガシラハギマシコ *Leucosticte tephrocotis* 灰頭萩猿子
アトリ科の鳥。全長15～17cm。
¶地球 (p496/カ写)

ハイガシラヒメカッコウ *Cacomantis variolosus* 灰頭姫郭公
カッコウ科の鳥。全長23cm。
¶世鳥大 (p275/カ写)
地球 (p461/カ写)

ハイガシラヒメシャクケイ *Ortalis cinereiceps* 灰頭姫舎久鶏
ホウカンチョウ科の鳥。全長46cm。
¶地球 (p409/カ写)

バイカダ *Lycodon ruhstrati*
ナミヘビ科ナミヘビ亜科の爬虫類。全長70～80cm。
㊕中国南部, ベトナム北部, 台湾, 日本
¶世爬 (p196/カ写)
爬両1800 (p298/カ写)
爬両ビ (p208/カ写)

バイカルアザラシ *Pusa sibirica*
アザラシ科の哺乳類。体長1.1～1.4m。㊕アジア
¶絶百2 (p18/カ写)
世文動 (p178/カ写)
世哺 (p304/カ写)
地球 (p571/カ写)

バイカルオウギセッカ *Bradypterus davidi* バイカル扇雪加
センニュウ科の鳥。全長12cm。㊕シベリア中東部～中国東北部
¶鳥比 (p122/カ写)

バイカルトガリネズミ *Sorex caecutiens* バイカル尖鼠
トガリネズミ科の哺乳類。頭胴長48～78mm。
㊕ユーラシア北部, 朝鮮半島, サハリン, 国後島, 色丹島, 北海道
¶日哺改 (p9/カ写)

ハイキョカベカナヘビ ⇒イタリアカベカナヘビを見よ

ハイクチイロメガエル *Boophis tephraeomystax*
マダガスカルガエル科 (マラガシーガエル科) の両生類。別名デュメリルイロメガエル, デュメリルマダガスカルアオガエル。体長35～50mm。メスはオスより大きい。㊕マダガスカル北部～東部
¶カエル見 (p62/カ写)
世カエ〔デュメリルマダガスカルアオガエル〕(p438/カ写)
爬両1800 (p402/カ写)

ハイズキンダルマエナガ *Paradoxornis przewalskii* 灰頭巾達磨柄長
チメドリ科の鳥。絶滅危惧II類。体長13～14.5cm。
㊕中国 (固有)
¶鳥絶 (p197)

ハイヅラハネジネズミ *Rhynchocyon udzungwensis* 灰面跳地鼠
ハネジネズミ科の哺乳類。絶滅危惧II類。㊕タンザニアのウズングワ山地
¶レ生 (p222/カ写)

ハイセノスリ *Leucopternis occidentalis* 灰背鵟
タカ科の鳥。絶滅危惧IB類。体長45～48cm。㊕エクアドル, ペルー

¶鳥絶〔Gray-backed Hawk〕(p136/カ図)

ハイタカ *Accipiter nisus* 灰鷹, 鷂
タカ科の鳥。全長28〜40cm。㊕ヨーロッパ, アフリカ北西部〜ベーリング海, ヒマラヤ。日本では北海道, 本州中部以北
¶くら鳥(p76/カ写)
原寸羽(p72/カ写)
里山鳥(p110/カ写)
四季鳥(p57/カ写)
巣と卵決(p50/カ写, カ図)
世鳥大(p196/カ写)
世鳥卵(p57/カ写, カ図)
世文鳥(p87/カ写)
地球(p437/カ写)
鳥比(p48/カ写)
鳥650(p402/カ写)
名鳥図(p127/カ写)
日ア鳥(p338/カ写)
日鳥識(p194/カ写)
日鳥巣(p44/カ写)
日鳥山新(p72/カ写)
日鳥山増(p30/カ写)
日野鳥新(p374/カ写)
日野鳥増(p342/カ写)
ぱっ鳥(p208/カ写)
バード(p41/カ写)
羽根決(p97/カ写, カ図)
ひと目鳥(p124/カ写)
フ日野新(p178/カ図)
フ日野増(p178/カ図)
フ野鳥(p222/カ図)
野鳥学フ(p130/カ写, カ図)
野鳥山フ(p23,135/カ図, カ写)
山溪名鳥(p255/カ写)
ワシ(p80/カ写)

ハイタカジュウイチ *Hierococcyx varius* 灰鷹十一
カッコウ科の鳥。全長33cm。
¶世鳥大(p274)

ハイチオオアマガエル *Hyla vasta*
アマガエル科の両生類。体長9〜13cm。㊕ハイチ, ドミニカ共和国
¶かえる百(p59/カ写)
カエル見(p34/カ写)
世両(p50/カ写)
爬両1800(p374/カ写)

ハイチスライダー *Trachemys decorata*
ヌマガメ科の爬虫類。別名イスパニオラスライダー。甲長20〜28cm。㊕ドミニカ共和国南西部, ハイチ南部
¶世カメ(p215/カ写)
爬両1800(p35/カ写)
爬両ビ(p20/カ写)

ハイチソレノドン *Solenodon paradoxus*
ソレノドン科の哺乳類。絶滅危惧IB類。体長28〜33cm。㊕ドミニカ共和国, ハイチのオット山地
¶世文動(p57/カ写)
世哺(p79/カ写)
地球(p559/カ写)
レ生(p220/カ写)

ハイチフチア *Plagiodontia aedium*
フチア科の哺乳類。絶滅危惧IB類。頭胴長31.2〜40.5cm。㊕ヒスパニオラ島(ドミニカ共和国およびハイチ)
¶レ生(p221/カ写)

ハイチボア *Epicrates striatus*
ボア科ボア亜科の爬虫類。全長1.2〜1.8m。㊕カリブ海の島々 ハイチ, バハマ等
¶世ヘビ(p15/カ写)

ハイツクバリガエル *Aglyptodactylus madagascariensis*
マダガスカルガエル科(マラガシーガエル科, アカガエル科)の両生類。別名マダガスカルハネガエル。体長45〜90mm。メスはオスよりずっと大きい。㊕マダガスカル
¶カエル見(p69/カ写)
世カエ〔マダガスカルハネガエル〕(p434/カ写)
爬両1800(p403/カ写)
爬両ビ(p283/カ写)

ハイデヴァハテル ⇒スモール・ミュンスターレンダーを見よ

ハイデンナキヤモリ *Hemidactylus robustus*
ヤモリ科ヤモリ亜科の爬虫類。全長10〜13cm。㊕パキスタン〜アラビア半島, アフリカ大陸北東部の紅海沿岸部
¶ゲッコー(p21/カ写)

ハイナンサンビームヘビ *Xenopeltis hainanensis*
サンビームヘビ科の爬虫類。全長80〜110cm。㊕中国南部, ベトナム北部
¶爬両1800(p251/カ写)

ハイナンジムヌラ *Hylomys hainanensis*
ハリネズミ科の哺乳類。絶滅危惧IB類。頭胴長12〜14.7cm。㊕中国の海南島
¶絶百8(p48/カ図)

ハイナントカゲモドキ *Goniurosaurus hainanensis*
ヤモリ科トカゲモドキ亜科の爬虫類。全長15〜18cm。㊕中国(海南島)
¶ゲッコー(p93/カ写)
世爬(p121/カ写)
爬両1800(p169/カ写)
爬両ビ(p123/カ写)

ハイノドユミハチドリ *Phaethornis griseogularis* 灰喉弓蜂鳥
ハチドリ科ユミハチドリ亜科の鳥。全長8～10cm。
¶ハチドリ (p48/カ写)

バイノトリノツメヤモリ *Heteronotia binoei*
ヤモリ科ヤモリ亜科の爬虫類。全長10～11cm。
㊕オーストラリア
¶ゲッコー (p59/カ写)
爬両1800 (p152/カ写)

バイパーボア *Candoia aspera*
ボア科ボア亜科の爬虫類。別名アダーボア, キメアラナンヨウボア, ニューギニアグラウンドボア。全長45～80cm。㊕ニューギニアの島々, ソロモン諸島, モルッカ諸島など
¶世爬 (p170/カ写)
世ヘビ (p52/カ写)
地球〔ニューギニアグラウンドボア〕(p391/カ写)
爬両1800 (p259/カ写)
爬両ビ (p178/カ写)

ハイバラエメラルドハチドリ *Amazilia tzacatl* 灰腹エメラルド蜂鳥
ハチドリ科ハチドリ亜科の鳥。全長9～11cm。
¶ハチドリ (p252/カ写)

ハイバラカッコウ *Cacomantis passerinus* 灰腹郭公
カッコウ科の鳥。全長24cm。
¶地球 (p461/カ写)

ハイバラケンバネハチドリ *Campylopterus largipennis* 灰腹剣羽蜂鳥
ハチドリ科ハチドリ亜科の鳥。全長13～15cm。
¶ハチドリ (p222/カ写)

ハイバラミズベハチドリ *Leucippus baeri* 灰腹水辺蜂鳥
ハチドリ科ハチドリ亜科の鳥。全長9～10cm。
¶ハチドリ (p247/カ写)

ハイバラメジロ *Zosterops palpebrosus* 灰腹目白
メジロ科の鳥。全長9cm。㊕南アジア
¶世鳥大 (p421)
世鳥卵 (p210/カ写, カ図)
世鳥ネ (p287/カ写)
鳥飼 (p108/カ写)

ハイムネクモカリドリ *Arachnothera affinis* 灰胸蜘蛛狩鳥
タイヨウチョウ科の鳥。全長18cm。㊕マレー半島, ボルネオ島, スマトラ島, ジャワ島, バリ島
¶地球 (p495/カ写)

ハイムネメジロ *Zosterops lateralis* 灰胸目白
メジロ科の鳥。全長9.5～12cm。㊕オーストラリア, タスマニア島, 南西太平洋の島々
¶世鳥大 (p422/カ写)
鳥卵巣 (p329/カ写, カ図)

ハイムネヤブドリ *Liocichla omeiensis* 灰胸藪鳥
チメドリ科の鳥。絶滅危惧II類。体長20.5cm。
㊕中国(固有)
¶鳥絶 (p198/カ図)

ハイユウヤドクガエル *Dendrobates histrionicus*
ヤドクガエル科の両生類。別名ベニモンヤドクガエル。体長4～5cm。㊕コロンビア, エクアドル
¶カエル見 (p97/カ写)
世カエ〔ベニモンヤドクガエル〕(p180/カ写)
世文動 (p326/カ写)
爬両1800 (p423/カ写)

ハイランダー〔ネコ〕 Highlander
猫の一品種。体重4.5～11kg。アメリカ合衆国の原産。
¶ビ猫〔ハイランダー(ショートヘア)〕(p158/カ写)
ビ猫〔ハイランダー(ロングヘア)〕(p240/カ写)

ハイランダー〔ヒツジ〕 Highlander
羊の一品種。イギリスの原産。
¶日家 (p128/カ写)

ハイランド〔ウシ〕 Highland
牛の一品種。小型の肉用種。体高 オス125cm, メス105cm。イギリスの原産。
¶世文動 (p212/カ写)
日家 (p83/カ写)

ハイランド〔ウマ〕 ⇒ハイランド・ポニーを見よ

ハイランド・ポニー Highland Pony
馬の一品種。別名ハイランド。体高142cm以下。スコットランドの原産。
¶アルテ馬〔ハイランド〕(p230/カ写)

ハイレグアデガエル *Mantella madagascariensis*
マダガスカルガエル科(マラガシーガエル科)の両生類。体長2.2～3cm。㊕マダガスカル中部の東岸と北部・南部
¶カエル見 (p65/カ写)
世両 (p102/カ写)
爬両1800 (p399/カ写)
爬両ビ (p262/カ写)

ハイレグアデガエルの近縁種 *Mantella* sp.aff. *madagascariensis*
マダガスカルガエル科の両生類。体長2.2～3cm。
㊕マダガスカル中部の東岸と北部・南部
¶爬両1800 (p399/カ写)

パインスネーク ⇒キタマツバヤシヘビを見よ

パインティンガー・ハウンド ⇒コースヘアード・スタイリアン・ハウンドを見よ

パインティンガー・ブラッケ ⇒コースヘアード・スタイリアン・ハウンドを見よ

パインヘビ *Pituophis melanoleucus*
ナミヘビ科ナミヘビ亜科の爬虫類。全長120～200cm。[分]カナダ南西部, アメリカ合衆国, メキシコ北部
¶**世爬**(p199/カ写)
地球(p394/カ写)
爬両1800(p305/カ写)
爬両ビ(p219/カ写)

バウアークチサケヤモリ *Eurydactylodes agricolae*
ヤモリ科イシヤモリ亜科の爬虫類。別名アグリコラクチサケヤモリ。全長12～15cm前後。[分]ニューカレドニア
¶**ゲッコー**(p87/カ写)
世爬(p119/カ写)
爬両1800(p162/カ写)
爬両ビ〔アグリコラクチサケヤモリ〕(p120/カ写)

ハヴァニーズ ⇒ハバニーズを見よ

バヴァリアン・マウンテン・セントハウンド ⇒バヴァリアン・マウンテン・ハウンドを見よ

バヴァリアン・マウンテン・ハウンド Bavarian Mountain Hound
犬の一品種。別名バイエリッシャー・ゲバーグスシュバイシュフント, バイエリッシャー・ゲビルクス・シュヴァイスフント, バヴァリアン・マウンテン・セントハウンド。体高 オス47～52cm, メス44～48cm。ドイツの原産。
¶**最犬大**〔バヴァリアン・マウンテン・セントハウンド〕(p312/カ写)
新犬種〔バイエリッシャー・ゲビルクス・シュヴァイスフント〕(p141/カ写)
ビ犬〔バヴェリアン・マウンテン・ハウンド〕(p175/カ写)

パーヴィスカブトガメ ⇒マニングカブトガメを見よ

バウェアンジカ *Axis kuhlii*
シカ科の哺乳類。絶滅危惧IB類。肩高60～70cm。[分]インドネシアのバウェアン島
¶**絶百8**(p50/カ写)

バヴェリアン・マウンテン・ハウンド ⇒バヴァリアン・マウンテン・ハウンドを見よ

ハウロコミナミウミヘビ *Aipysurus foliosquama*
コブラ科の爬虫類。絶滅危惧IA類。[分]オーストラリア北西沖
¶**レ生**(p223/カ写)

バオバブマブヤ *Trachylepis madagascariensis*
スキンク科の爬虫類。全長14～15cm。[分]マダガスカル東部
¶**爬両1800**(p204/カ写)

パカ *Cuniculus paca*
パカ科(アグーチ科)の哺乳類。体長60～80cm。[分]北アメリカ, 南アメリカ
¶**世文動**(p121/カ写)
世哺(p178/カ写)
地球(p532/カ写)

パーカーオオクサガエル *Leptopelis parkeri*
クサガエル科の両生類。体長3.4～5.6cm。[分]タンザニア
¶**カエル見**(p57/カ写)
世両(p96/カ写)
爬両1800(p395/カ写)
爬両ビ(p260/カ写)

パーカークサガエル *Hyperolius parkeri*
クサガエル科の両生類。体長2～2.5cm。[分]タンザニア, ケニアの沿岸部
¶**カエル見**(p53/カ写)
爬両1800(p392/カ写)
爬両ビ(p258/カ写)

パーカーナガクビガメ *Macrochelodina parkeri*
ヘビクビガメ科の爬虫類。甲長20～25cm。[分]オーストラリア南東部
¶**世カメ**(p113/カ写)
世爬(p56/カ写)
爬両1800(p65/カ写)
爬両ビ(p48/カ写)

パーカーヒキガエル *Bufo parkeri*
ヒキガエル科の両生類。体長3～4cm。[分]ケニア, タンザニア, マラウイ
¶**爬両1800**(p364/カ写)

パーカーヒルヤモリ *Phelsuma parkeri*
ヤモリ科ヤモリ亜科の爬虫類。全長12～14cm。[分]ザンジバル諸島(ペンバ島)
¶**ゲッコー**(p42/カ写)
爬両1800(p142/カ写)

パカラナ *Dinomys branickii*
パカラナ科の哺乳類。体長70～80cm。[分]ベネズエラ北西部～ボリビア西部にかけてのアンデス山脈の東部山麓, ペルーとブラジル西部のアマゾン川流域の低地帯
¶**世文動**(p120/カ写)
地球(p529/カ写)

パキスタンヒキガエル *Bufo surdus*
ヒキガエル科の両生類。体長5～6cm。[分]パキスタン, イラン
¶**爬両1800**(p364/カ写)

ハギマシコ *Leucosticte arctoa* 萩猿子
アトリ科の鳥。全長16cm。[分]アジア東部, 北アメリカ北西部。日本では北海道の高山で繁殖している模様
¶**くら鳥**(p47/カ写)
原寸羽(p277/カ写)

里山鳥 (p153/カ写)
四季鳥 (p76/カ写)
世文鳥 (p260/カ写)
鳥比 (p180/カ写)
鳥650 (p675/カ写)
名鳥図 (p229/カ写)
日ア鳥 (p580/カ写)
日色鳥 (p12/カ写)
日鳥識 (p286/カ写)
日鳥山新 (p336/カ写)
日鳥山増 (p309/カ写)
日野鳥新 (p608/カ写)
日野鳥増 (p594/カ写)
ぱっ鳥 (p352/カ写)
羽根決 (p339/カ写, カ図)
ひと目鳥 (p214/カ写)
フ日野新 (p284/カ図)
フ日野増 (p284/カ図)
フ野鳥 (p382/カ図)
野鳥山フ (p59,354/カ図, カ写)
山溪名鳥 (p81/カ写)

ハ

ハギマシコ〔亜種〕 *Leucosticte arctoa brunneonucha* 萩猿子
アトリ科の鳥。
¶日野鳥新〔ハギマシコ*〕(p608/カ写)
日野鳥増〔ハギマシコ*〕(p594/カ写)

パグ Pug
犬の一品種。別名モップス。体重6.3〜8.1kg。中国の原産。
¶アルテ犬 (p210/カ写)
最犬大 (p392/カ写)
新犬種 (p62/カ写)
新世犬 (p300/カ写)
図世犬 (p318/カ写)
世文動 (p149/カ写)
ビ犬 (p269/カ写)

パグガエル *Glyphoglossus molossus*
ヒメガエル科の両生類。体長6〜7cm。㊡カンボジア, ラオス, タイ, ミャンマー, ベトナム
¶かえる百 (p41/カ写)
カエル見 (p73/カ写)
世両 (p122/カ写)
爬両1800 (p405/カ写)
爬両ビ (p274/カ写)

ハクガン *Anser caerulescens* 白雁
カモ科の鳥。全長65〜75cm。㊡北アメリカ大陸の北極帯
¶驚野動 (p33/カ写)
くら鳥 (p95/カ写)
里山鳥 (p175/カ写)
四季鳥 (p71/カ写)
世鳥大 (p123/カ写)
世鳥ネ (p38/カ写)
世文鳥 (p62/カ写)
鳥比 (p210/カ写)
鳥650 (p32/カ写)
名鳥図 (p43/カ写)
日ア鳥 (p25/カ写)
日色鳥 (p142/カ写)
日鳥識 (p66/カ写)
日鳥水増 (p110/カ写)
日野鳥新 (p33/カ写)
日野鳥増 (p39/カ写)
ぱっ鳥 (p31/カ写)
羽根決 (p48/カ写, カ図)
フ日野新 (p32/カ図)
フ日野増 (p32/カ図)
フ野鳥 (p20/カ図)
山溪名鳥 (p256/カ写)

ハクガン〔亜種〕 *Anser caerulescens caerulescens* 白雁
カモ科の鳥。
¶日野鳥新〔ハクガン*〕(p33/カ写)

バークシャー Berkshire
豚の一品種。ブランド豚・黒豚。体重 オス250kg, メス200kg。イギリスの原産。
¶世文動〔バクシャー〕(p196/カ写)
日家 (p101/カ写)

ハクショク White 白色
シチメンチョウの一品種。別名ホワイト。体重 オス12〜15kg, メス7〜10kg。ヨーロッパの原産。
¶日家〔白色〕(p222/カ写)

ハクセキレイ *Motacilla alba* 白鶺鴒
セキレイ科の鳥。全長17〜20cm。㊡ヨーロッパ, アジア
¶くら鳥 (p43/カ写)
原寸羽 (p224/カ写)
里山鳥 (p140/カ写)
四季鳥 (p112/カ写)
巣と卵決 (p109/カ写, カ図)
世鳥ネ (p316/カ写)
世文鳥 (p202/カ写)
地球 (p495/カ写)
鳥卵巣 (p268/カ写, カ図)
鳥比 (p168/カ写)
鳥650 (p658/カ写)
名鳥図 (p176/カ写)
日ア鳥 (p564/カ写)
日色鳥 (p166/カ写)
日鳥識 (p278/カ写)
日鳥巣 (p160/カ写)
日鳥山新 (p314/カ写)
日鳥山増 (p144/カ写)
日野鳥新 (p588/カ写)

日野鳥増 (p458/カ写)
ぱっ鳥 (p342/カ写)
バード (p126/カ写)
羽根決 (p256/カ写, カ図)
ひと目鳥 (p166/カ写)
フ日野新 (p222/カ図)
フ日野増 (p222/カ図)
フ野鳥 (p374/カ図)
野鳥学フ (p147/カ写)
野鳥山フ (p47,274/カ図, カ写)
山溪名鳥 (p201/カ写)

ハクセキレイ〔亜種〕 *Motacilla alba lugens* 白鶺鴒
セキレイ科の鳥。
¶名鳥図〔亜種ハクセキレイ〕(p176/カ写)
日鳥山新〔亜種ハクセキレイ〕(p314/カ写)
日鳥山増〔亜種ハクセキレイ〕(p144/カ写)
日野鳥新〔ハクセキレイ*〕(p588/カ写)
日野鳥増〔ハクセキレイ*〕(p458/カ写)

ハクトウワシ *Haliaeetus leucocephalus* 白頭鷲
タカ科の鳥。全長71～96cm。㊕北アメリカ
¶驚野動 (p43/カ写)
世鳥大 (p190/カ写)
世鳥卵 (p61/カ写, カ図)
世鳥ネ (p102/カ写)
地球 (p432/カ写)
鳥卵巣 (p101/カ写, カ図)
鳥比 (p33/カ写)
鳥650 (p386/カ写)
日ア鳥 (p328/カ写)
日鳥山新 (p57/カ写)
フ野鳥 (p212/カ図)
ワシ (p38/カ写)

ハクニー Hackney
馬の一品種。軽量馬。体高150～153cm。イギリスの原産。
¶アルテ馬 (p98/カ写)
世文動 (p187/カ写)

ハクニー・ポニー Hackney Pony
馬の一品種。体高124～142cm。イングランドの原産。
¶日家 (p40/カ写)

ハクバサンショウウオ *Hynobius hidamontanus* 白馬山椒魚
サンショウウオ科の両生類。絶滅危惧IB類(環境省レッドリスト)。日本固有種。全長9～10cm。㊕中部の一部
¶原爬両 (No.170/カ写)
絶事 (p164/モ図)
日カサ (p181/カ写)
爬両飼 (p212/カ写)
爬両1800 (p435/カ写)
爬両ビ (p300/カ写)
野日両 (p19,54,111/カ写)

ハクビシン *Paguma larvata* 白鼻心, 白鼻芯
ジャコウネコ科の哺乳類。体長51～87cm。㊕インド, ネパール, チベット, 中国(河北以南), 陝西, 台湾, 海南島, ミャンマー, タイ, 西マレーシア, スマトラ, 北ボルネオ, 南アンダマン諸島。日本では本州, 四国
¶くら哺 (p58/カ写)
世文動 (p163/カ写)
地球 (p587/カ写)
日哺改 (p90/カ写)
日哺学フ (p149/カ写)

パグル Puggle
犬の一品種。パグとビーグルの交雑種。体高25～38cm。アメリカ合衆国の原産。
¶ビ犬 (p297/カ写)

ハ

ハグルマブキオトカゲ *Oplurus cyclurus*
イグアナ科マラガシートカゲ亜科の爬虫類。全長22～25cm。㊕マダガスカル南西部
¶爬両1800 (p79/カ写)
爬両ビ (p70/カ写)

ハグロシロハラミズナギドリ *Pterodroma nigripennis* 羽黒白腹水薙鳥
ミズナギドリ科の鳥。全長31cm。
¶鳥650 (p119/カ写)
日ア鳥 (p108/カ写)
日鳥水増 (p38/カ写)
フ日野新 (p70/カ図)
フ日野増 (p70/カ図)
フ野鳥 (p76/カ図)

ハグロツバメチドリ *Glareola nordmanni* 羽黒燕千鳥
ツバメチドリ科の鳥。全長24～28cm。㊕中央アジアで繁殖。アフリカのサハラ砂漠以南で越冬
¶地球 (p448/カ写)

ハグロドリ *Tityra cayana* 羽黒鳥
カザリドリ科の鳥。全長22cm。㊕コロンビア, ベネズエラ～アルゼンチン北部にかけての低地の降雨林
¶地球 (p483/カ写)

ハゲインコ *Pionopsitta vulturina* 禿鸚哥
インコ科の鳥。全長23cm。㊕ブラジル北東部
¶世鳥大 (p270)

ハゲウアカリ *Cacajao calvus*
オマキザル科の哺乳類。絶滅危惧IB類。体長38～57cm。㊕南アメリカ
¶世文動 (p79/カ写)
世哺 (p110/カ写)

ハゲガオホウカンチョウ　*Crax fasciolata*　禿顔鳳冠鳥
ホウカンチョウ科の鳥。全長84cm。㊕熱帯・亜熱帯の森
¶**世鳥ネ** (p25/カ写)
世美羽 (p137/カ写, カ図)
地球 (p408/カ写)

ハゲチメドリ　*Picathartes gymnocephalus*　禿知目鳥
ハゲチメドリ科の鳥。絶滅危惧II類。全長40cm。㊕ギニア, シエラレオネ～トーゴに至る西アフリカ
¶**絶百8** (p56/カ写)
世鳥大 (p399/カ写)

ハゲノドスズドリ　*Procnias nudicollis*　禿喉鈴鳥
カザリドリ科の鳥。全長27～28cm。㊕ブラジル東部～パラグアイ南東部にかけての山地
¶**世鳥大** (p340/カ写)
地球 (p483/カ写)

ハ

バゴット　Bagot
ヤギの一品種。体高70～100cm。スイスの原産。
¶**地球** (p606/カ写)

ハコネサンショウウオ　*Onychodactylus japonicus*　箱根山椒魚
サンショウウオ科の両生類。日本固有種。全長10～19cm。㊕本州その他地域
¶**原爬両** (No.184/カ写)
世文動 (p309/カ写)
日カサ (p195/カ写)
爬両観 (p126/カ写)
爬両飼 (p224/カ写)
爬両1800 (p436/カ写)
野日両 (p26,65,130/カ写)

ハコネサンショウウオモドキ　*Onychodactylus fischeri*　箱根山椒魚擬
サンショウウオ科の両生類。全長13～18cm。㊕中国, 韓国, 北朝鮮, ロシアの一部
¶**爬両1800** (p437/カ写)

ハゴロモインコ　*Aprosmictus erythropterus*　羽衣鸚哥
インコ科の鳥。全長30cm。
¶**世鳥大** (p260/カ写)
鳥飼 (p141/カ写)

ハゴロモガラス　*Agelaius phoeniceus*　羽衣鴉, 羽衣烏
ムクドリモドキ科の鳥。全長17～24cm。㊕北アメリカ～カリブ海域
¶**原色鳥** (p69/カ写)
世鳥大 (p473/カ写)
世鳥卵 (p218/カ写, カ図)
世鳥ネ (p327/カ写)
地球 (p496/カ写)
鳥卵巣 (p351/カ写, カ図)

ハゴロモシチホウ　*Lonchura cucullata*　羽衣七宝
カエデチョウ科の鳥。大きさ10cm。㊕アフリカ(サハラ砂漠以南の森林を除く広範囲)
¶**鳥飼** (p84/カ写)

ハゴロモヅル　*Anthropoides paradiseus*　羽衣鶴
ツル科の鳥。全長1～1.1m。㊕おもに南アフリカ共和国, 少数がナミビア, スワジランドに生息
¶**地球** (p441/カ写)

ハゴロモムシクイ　*Setophaga ruticilla*　羽衣虫食, 羽衣虫喰
アメリカムシクイ科の鳥。全長11～13cm。㊕アラスカ南東部～東はカナダ中央部, 南はアメリカ合衆国テキサス州～アメリカ合衆国東部までの地域で繁殖。アメリカ合衆国南端～ブラジルまでの地域で越冬
¶**世鳥大** (p469/カ写)
地球 (p497/カ写)

ハサミオハチドリ　*Hylonympha macrocerca*　鋏尾蜂鳥
ハチドリ科ハチドリ亜科の鳥。絶滅危惧IB類。全長12～19cm。㊕ベネズエラ北東部(固有)
¶**鳥絶** (p172/カ図)
ハチドリ (p292/カ写)

パサン　⇒ベゾアーを見よ

パジェロ　⇒コロコロを見よ

バシキール　Bashkir
馬の一品種。別名バシキルスキー。軽量馬。体高140cm。ロシア西部の原産。
¶**アルテ馬** (p138/カ写)

バシキルスキー　⇒バシキールを見よ

ハシグロアビ　*Gavia immer*　嘴黒阿比
アビ科の鳥。全長69～91cm。㊕北アメリカ北部, グリーンランド, アイスランド。南に渡って越冬
¶**世鳥大** (p143/カ写)
世鳥卵 (p34/カ写, カ図)
世鳥ネ (p55/カ写)
地球 (p420/カ写)
鳥卵巣 (p44/カ写, カ図)
鳥比 (p239/カ写)
鳥650 (p107/カ写)
日鳥水増 (p21/カ写)

ハシグロカッコウ　*Coccyzus erythropthalmus*　嘴黒郭公
ホトトギス科の鳥。体長30cm。㊕北アメリカ北東部
¶**世鳥ネ** (p187/カ写)

ハシグロクロハラアジサシ　*Chlidonias niger*　嘴黒黒腹鯵刺
カモメ科の鳥。全長22～24cm。㊕南ユーラシア, 北アメリカの中部で繁殖。主に赤道以北の熱帯で

越冬
¶世鳥大(p238/カ写)
世鳥卵(p116/カ写, カ図)
世文鳥(p154/カ写)
地球(p450/カ写)
鳥比(p364/カ写)
鳥650(p353/カ写)
日ア鳥(p301/カ写)
日鳥水増(p308/カ写)
日野鳥新(p339/カ写)
日野鳥増(p159/カ写)
フ日野新(p96/カ図)
フ日野増(p96/カ図)
フ野鳥(p198/カ図)

ハシグロゴシキドリ *Lybius guifsobalito* 嘴黒五色鳥
ハバシゴシキドリ科(オオハシ科)の鳥。全長23cm。㊎エチオピア〜タンザニア
¶原色鳥(p51/カ写)
地球(p478/カ写)

ハシグロナキマシコ *Rhodospiza obsoleta* 嘴黒鳴猿子
アトリ科の鳥。全長15cm。㊎中東, イラン, パキスタン北西部, 中央アジア, 中国西部などの地域にまばらに分布
¶世鳥大(p466/カ写)

ハシグロヒタキ *Oenanthe oenanthe* 嘴黒鶲
ヒタキ科の鳥。全長15〜16cm。㊎ユーラシアや北アメリカ北部で繁殖。アフリカで越冬
¶四季鳥(p123/カ写)
世鳥大(p444/カ写)
世文鳥(p219/カ写)
地球(p492/カ写)
鳥比(p149/カ写)
鳥650(p629/カ写)
日ア鳥(p535/カ写)
日鳥識(p270/カ写)
日鳥山新(p282/カ写)
日鳥山増(p191/カ写)
日野鳥新(p560/カ写)
日野鳥増(p498/カ写)
フ日野新(p240/カ図)
フ日野増(p240/カ図)
フ野鳥(p354/カ図)

ハシグロフキナガシハチドリ *Trochilus scitulus* 嘴黒吹流蜂鳥
ハチドリ科ハチドリ亜科の鳥。全長10.5〜35cm。
¶ハチドリ(p383)

ハシゴオオトカゲ *Varanus scalaris*
オオトカゲ科の爬虫類。全長58cm前後。㊎オーストラリア北部, ニューギニア島南部
¶**爬両1800**(p240/カ写)

ハシゴヘビ *Elaphe scalaris*
ナミヘビ科ナミヘビ亜科の爬虫類。全長120〜150cm。㊎スペイン, ポルトガル, フランス南部, イタリア
¶**爬両1800**(p318/カ写)

ハシジロアビ *Gavia adamsii* 嘴白阿比
アビ科の鳥。全長76〜91cm。㊎北極圏高緯度地方
¶世文鳥(p27/カ写)
地球(p420/カ写)
鳥卵巣(p45/カ写, カ図)
鳥比(p239/カ写)
鳥650(p108/カ写)
日ア鳥(p95/カ写)
日鳥識(p98/カ写)
日鳥水増(p22/カ写)
日野鳥新(p113/カ写)
日野鳥増(p21/カ写)
羽根決(p12/カ写, カ図)
フ日野新(p24/カ図)
フ日野増(p24/カ図)
フ野鳥(p70/カ図)
山溪名鳥(p35/カ写)

ハ

ハシジロキツツキ *Campephilus principalis* 嘴白啄木鳥
キツツキ科の鳥。絶滅危惧IA類。体長48〜53cm。㊎アメリカ合衆国, キューバ
¶**絶百8**(p58/カ写)
鳥絶(p176/カ図)
鳥卵巣(p255/カ写, カ図)

ハシナガイルカ *Stenella longirostris* 嘴長海豚
マイルカ科の哺乳類。成体体重75kg。㊎大西洋, インド洋および太平洋の熱帯, ならびに亜熱帯海域
¶驚野動(p303/カ写)
クイ百(p176/カ図)
くら哺(p97/カ写)
世哺(p187/カ図)
日哺学フ(p242/カ写, カ図)

ハシナガウグイス *Cettia diphone diphone* 嘴長鶯
ウグイス科の鳥。ウグイスの亜種。
¶名鳥図(p201/カ写)
日鳥山新(p188/カ写)
日鳥山増(p219/カ写)
日野鳥新(p497/カ写)
日野鳥増(p517/カ写)
野鳥学フ(p30/カ写)
野鳥山フ(p311/カ写)

ハシナガオニキバシリ *Drymornis bridgesii* 嘴長鬼木走
オニキバシリ科の鳥。㊎アルゼンチン, ボリビア, ブラジル, パラグアイ, ウルグアイ
¶世鳥卵(p146/カ写, カ図)

ハシナガクイナ ⇒ミナミクイナを見よ

ハシナガクモカリドリ *Arachnothera robusta* 嘴長蜘蛛狩鳥
タイヨウチョウ科の鳥。体長15cm。㊕マレーシア, スマトラ, カリマンタン
¶鳥卵巣 (p326/カ写, カ図)

ハシナガサイホウチョウ *Artisornis moreaui* 嘴長裁縫鳥
セッカ科の鳥。絶滅危惧IA類。㊕タンザニア北東部の東ウサンバラ山脈とモザンビーク北部のンジェシ高原
¶レ生 (p224/カ写)

ハシナガタイランチョウ *Todirostrum cinereum* 嘴長太蘭鳥
タイランチョウ科の鳥。全長10cm。㊕メキシコ南部～ペルー北西部, ボリビア, ブラジル南東部
¶世鳥大 (p343/カ写)
地球 (p484/カ写)

ハシナガヌマミソサザイ *Cistothorus palustris* 嘴長沼鷦鷯
ミソサザイ科の鳥。㊕北アメリカ。南はメキシコ中部まで
¶世鳥卵 (p173/カ写, カ図)

ハシナガハチドリ *Heliomaster longirostris* 嘴長蜂鳥
ハチドリ科ハチドリ亜科の鳥。全長10～12cm。
¶ハチドリ (p298/カ写)

ハシナガヒバリ *Alaemon alaudipes* 嘴長雲雀
ヒバリ科の鳥。全長18～20cm。㊕アフリカ北部, サハラ砂漠, アラビア～イラン, アフガニスタン
¶世鳥大 (p408/カ写)
世鳥卵 (p154/カ写, カ図)
地球 (p489/カ写)

ハシナガホソメクラヘビ *Leptotyphlops macrorhynchus*
ホソメクラヘビ科の爬虫類。全長18～21cm。㊕アフリカ大陸北部～アラビア半島を経てインド北西部まで
¶爬両1800 (p251/カ写)
爬両ビ (p178/カ写)

パーシバルアコンティアストカゲ ⇒サバンナダーツスキンクを見よ

ハシビロガモ *Anas clypeata* 嘴広鴨
カモ科の鳥。全長43～56cm。㊕ユーラシアおよび北アメリカの北極圏以南。冬は亜熱帯までの南に渡る。日本では北海道
¶くら鳥 (p87,89/カ写)
原寸羽 (p51/カ写)
里山鳥 (p185/カ写)
世鳥大 (p131/カ写)
世美羽 (p104/カ写)
世文鳥 (p72/カ写)
地球 (p414/カ写)
鳥比 (p220/カ写)
鳥650 (p55/カ写)
名鳥図 (p55/カ写)
日ア鳥 (p42/カ写)
日カモ (p103/カ写, カ図)
日鳥識 (p76/カ写)
日鳥水増 (p135/カ写)
日野鳥新 (p52/カ写)
日野鳥増 (p70/カ写)
ぱっ鳥 (p44/カ写)
バード (p98/カ写)
羽根決 (p72/カ写, カ図)
ひと目鳥 (p53/カ写)
フ日野新 (p40/カ図)
フ日野増 (p40/カ図)
フ野鳥 (p34/カ図)
野鳥学フ (p175/カ写)
野鳥山フ (p19,113/カ図, カ写)
山溪名鳥 (p257/カ写)

ハシビロコウ *Balaeniceps rex* 嘴広鸛
ハシビロコウ科の鳥。絶滅危惧II類。全長1.2～1.5m。㊕上ナイル川の谷, ケニア, タンザニアおよび近隣諸国
¶驚野動 (p190/カ写)
世鳥大 (p172/カ写)
世鳥卵 (p42/カ写, カ図)
世鳥ネ (p81/カ写)
地球 (p428/カ写)

パシフィック・グランドボア ⇒ポールソンパシフィックボアを見よ

パシフィック・ツリーボア ⇒カリナータパシフィックボアを見よ

ハシブトアカゲラ *Dendrocopos major brevirostris* 嘴太赤啄木鳥
キツツキ科の鳥。アカゲラの亜種。
¶名鳥図 (p166/カ写)
日鳥山新 (p116/カ写)
日鳥山増 (p120/カ写)

ハシブトアジサシ *Gelochelidon nilotica* 嘴太鯵刺
カモメ科の鳥。全長33～43cm。
¶四季鳥 (p62/カ写)
世鳥大 (p237/カ写)
世鳥卵 (p111/カ写, カ図)
世鳥ネ (p147/カ写)
世文鳥 (p155/カ写)
鳥卵巣 (p204/カ写, カ図)
鳥比 (p356/カ写)
鳥650 (p337/カ写)
日ア鳥 (p298/カ写)
日鳥識 (p172/カ写)

日鳥水増 (p310/カ写)
日野鳥新 (p326/カ写)
日野鳥増 (p162/カ写)
フ日野新 (p98/カ図)
フ日野増 (p98/カ図)
フ野鳥 (p192/カ図)

ハシブトウミガラス *Uria lomvia* 嘴太海烏, 嘴太海鴉
ウミスズメ科の鳥。全長46cm。
¶原寸羽 (p151/カ写)
四季鳥 (p92/カ写)
世文鳥 (p162/カ写)
鳥卵巣 (p210/カ写, カ図)
鳥比 (p370/カ写)
鳥**650** (p360/カ写)
名鳥図 (p114/カ写)
日ア鳥 (p307/カ写)
日鳥識 (p180/カ写)
日鳥水増 (p330/カ写)
日野鳥新 (p344/カ写)
日野鳥増 (p100/カ写)
羽根決 (p184/カ写, カ図)
フ日野新 (p60/カ図)
フ日野増 (p60/カ図)
フ野鳥 (p202/カ図)

ハシブトオオイシチドリ *Esacus magnirostris* 嘴太大石千鳥
イシチドリ科の鳥。全長53～57cm。㊎北オーストラリア, ニューギニア, ニューカレドニア, ソロモン諸島, フィリピン, インドネシア, アンダマン諸島などの海岸部
¶世鳥大 (p220/カ写)

ハシブトオオヨシキリ *Acrocephalus aedon* 嘴太大葦切
ヨシキリ科の鳥。全長18cm。㊎ロシアと中国東北部で繁殖
¶世鳥卵 (p191/カ写, カ図)
世文鳥 (p232/カ図)
鳥比 (p123/カ写)
鳥**650** (p572/カ写)
日ア鳥 (p482/カ写)
日鳥山新 (p223/カ写)
日鳥山増 (p229/カ写)
フ日野新 (p254/カ図)
フ日野増 (p254/カ図)
フ野鳥 (p324/カ図)

ハシブトカモメ *Larus pacificus* 嘴太鷗
カモメ科の鳥。全長50～67cm。㊎オーストラリア西部・南部の沿岸地域のみ
¶地球 (p449/カ写)

ハシブトガラ *Poecile palustris* 嘴太雀
シジュウカラ科の鳥。全長13cm。㊎ヨーロッパ, アジア東部。日本では北海道, 南千島
¶原寸羽 (p262/カ写)
四季鳥 (p76/カ写)
世鳥ネ (p271/カ写)
世文鳥 (p243/カ写)
鳥比 (p94/カ写)
鳥**650** (p504/カ写)
名鳥図 (p214/カ写)
日ア鳥 (p424/カ写)
日色鳥 (p198/カ写)
日鳥識 (p236/カ写)
日鳥山新 (p163/カ写)
日鳥山増 (p260/カ写)
日野鳥新 (p473/カ写)
日野鳥増 (p552/カ写)
ぱっ鳥 (p264/カ写)
バード (p75/カ写)
羽根決 (p392/カ写, カ図)
フ日野新 (p262/カ図)
フ日野増 (p262/カ図)
フ野鳥 (p288/カ図)
野鳥学フ (p83/カ写)
野鳥山フ (p332/カ写)
山渓名鳥 (p153/カ写)

ハシブトガラス *Corvus macrorhynchos* 嘴太烏, 嘴太鴉
カラス科の鳥。全長48～59cm。㊎アジア, アフガニスタン～日本, 南東方向にフィリピンまで
¶くら鳥 (p70/カ写)
原寸羽 (p293/カ写)
里山鳥 (p161/カ写)
四季鳥 (p106/カ写)
巣と卵決 (p216/カ写, カ図)
世鳥大 (p394/カ写)
世文鳥 (p274/カ写)
鳥卵巣 (p366/カ写, カ図)
鳥比 (p91/カ写)
鳥**650** (p499/カ写)
名鳥図 (p245/カ写)
日ア鳥 (p419/カ写)
日鳥識 (p230/カ写)
日鳥巣 (p312/カ写)
日鳥山新 (p159/カ写)
日鳥山増 (p348/カ写)
日野鳥新 (p466/カ写)
日野鳥増 (p632/カ写)
ぱっ鳥 (p261/カ写)
バード (p16/カ写)
羽根決 (p366/カ写, カ図)
ひと目鳥 (p231/カ写)
フ日野新 (p302/カ図)
フ日野増 (p302/カ図)
フ野鳥 (p286/カ図)
野鳥学フ (p21/カ写)

野鳥山フ（p62,375/カ図, カ写）
山溪名鳥（p259/カ写）

ハシブトガラス〔亜種〕 *Corvus macrorhynchos japonensis* 嘴太烏, 嘴太鴉
カラス科の鳥。
¶日鳥山新〔亜種ハシブトガラス〕（p159/カ写）
日鳥山増〔亜種ハシブトガラス〕（p348/カ写）
日野鳥新〔ハシブトガラス*〕（p466/カ写）
日野鳥増〔ハシブトガラス*〕（p632/カ写）

ハシブトゴイ *Nycticorax caledonicus* 嘴太五位
サギ科の鳥。全長58cm。㋖フィリピン, インドネシア, ニューギニア, オーストラリア
¶絶鳥事（p156/モ図）
世鳥ネ（p73/カ写）
世文鳥（p50/カ図）
鳥比（p263/カ写）
鳥650（p163/カ写）
フ日野新（p108/カ図）
フ日野増（p108/カ図）
フ野鳥（p98/カ図）

ハシブトスミレフウキンチョウ *Euphonia laniirostris* 嘴太菫風琴鳥
アトリ科（フウキンチョウ科）の鳥。全長10cm。㋖中央アメリカ, 南アメリカ北部
¶原色鳥（p223/カ写）
世鳥大（p483/カ写）
世鳥ネ（p338/カ写）

ハシブトハタオリ *Amblyospiza albifrons* 嘴太機織
ハタオリドリ科の鳥。体長17～19cm。㋖サハラ以南のアフリカの大部分
¶世鳥卵（p226/カ写, カ図）
鳥卵巣（p341/カ写, カ図）

ハシブトハナドリ *Dicaeum agile* 嘴太花鳥
ハナドリ科の鳥。㋖インドシナ半島～ミャンマー, マレーシア, ジャワ島, 小スンダ列島, インド, スリランカ
¶世鳥卵（p208/カ写, カ図）

ハシブトヒバリ *Ramphocoris clotbey* 嘴太雲雀
ヒバリ科の鳥。全長17～18cm。㋖アフリカ北西部, アラビア半島北部, シリアの砂漠
¶世鳥卵（p154/カ写, カ図）
鳥卵巣（p261/カ写, カ図）

ハシブトホオダレムクドリ *Callaeas cinereus* 嘴太頬垂椋鳥
ホオダレムクドリ科の鳥。絶滅危惧IB類。体長38cm。㋖ニュージーランド（固有）
¶世鳥大（p372/カ写）
鳥絶（p226）

ハシブトモズビタキ *Falcunculus frontatus* 嘴太百舌鶲
モズヒタキ科（モズカラ科）の鳥。全長18～19cm。㋖オーストラリア南東・南西・北西部
¶世鳥大（p381/カ写）

ハシブトルリハインコ *Forpus xanthopterygius* 嘴太瑠璃羽鸚哥
インコ科の鳥。全長13cm。
¶世鳥大（p269/カ写）

ハシボソカモメ *Larus genei* 嘴細鷗
カモメ科の鳥。全長43cm。㋖地中海西部～中央アジア, ペルシャ湾沿岸～パキスタン
¶鳥比（p330/カ写）
鳥650（p311/カ写）
日ア鳥（p266/カ写）
日鳥水増（p278/カ写）
日野鳥新（p305/カ写）
日野鳥増（p153/カ写）
フ日野新（p316/カ図）
フ日野増（p316/カ図）
フ野鳥（p180/カ図）

ハシボソガラス *Corvus corone* 嘴細烏, 嘴細鴉
カラス科の鳥。全長47～52cm。㋖ユーラシア。日本では九州以北
¶くら鳥（p70/カ写）
原寸羽（p292/カ写）
里山鳥（p161/カ写）
四季鳥（p111/カ写）
巣と卵決（p214/カ写, カ図）
世鳥大（p394/カ写）
世鳥ネ（p264/カ写）
世文鳥（p273/カ写）
地球（p486/カ写）
鳥卵巣（p365/カ写, カ図）
鳥比（p90/カ写）
鳥650（p498/カ写）
名鳥図（p244/カ写）
日ア鳥（p418/カ写）
日鳥識（p230/カ写）
日鳥巣（p310/カ写）
日鳥山新（p158/カ写）
日鳥山増（p347/カ写）
日野鳥新（p464/カ写）
日野鳥増（p630/カ写）
ぱっ鳥（p260/カ写）
バード（p16/カ写）
羽根決（p365/カ写, カ図）
ひと目鳥（p230/カ写）
フ日野新（p302/カ図）
フ日野増（p302/カ図）
フ野鳥（p286/カ図）
野鳥学フ（p20/カ写）
野鳥山フ（p62,374/カ図, カ写）

山溪名鳥（p258/カ写）

ハシボソキツツキ *Colaptes auratus* 嘴細啄木鳥
キツツキ科の鳥。全長28〜31cm。㊕北アメリカ，西インド，中央アメリカ
¶世鳥大（p326/カ写）
世鳥ネ（p246/カ写）
地球（p481/カ写）

ハシボソハゲワシ *Gyps tenuirostris* 嘴細禿鷲
タカ科の鳥。絶滅危惧IA類。㊕インド，バングラデシュ，東南アジア
¶レ生（p225/カ写）

ハシボソミズナギドリ *Puffinus tenuirostris* 嘴細水薙鳥
ミズナギドリ科の鳥。全長40〜45cm。㊕繁殖はオーストラリア南部，タスマニア。繁殖後は北太平洋に渡って越冬
¶くら鳥（p124/カ写）
原寸羽（p18/カ写）
四季鳥（p26/カ写）
世鳥大（p150/カ写）
世鳥ネ（p61/カ写）
世文鳥（p36/カ写）
鳥比（p247/カ写）
鳥650（p125/カ写）
名鳥図（p17/カ写）
日ア鳥（p115/カ写）
日鳥識（p102/カ写）
日鳥水増（p46/カ写）
日野鳥新（p124/カ写）
日野鳥増（p118/カ写）
ぱっ鳥（p79/カ写）
羽根決（p20/カ写，カ図）
ひと目鳥（p18/カ写）
フ日野新（p72/カ図）
フ日野増（p72/カ図）
フ野鳥（p80/カ図）
野鳥山フ（p11,71/カ図，カ写）
山溪名鳥（p83/カ写）

ハシボソヨシキリ *Acrocephalus paludicola* 嘴細葦切
ウグイス科の鳥。絶滅危惧II類。全長12〜13cm。㊕繁殖地はヨーロッパ東部のラトビア南部，リトアニア，ポーランド，ドイツ東部，ハンガリー，ウクライナ，ロシア西部。越冬地はアフリカ西部のサハラ砂漠南部
¶絶百8（p60/カ写）

ハシマガリチドリ *Anarhynchus frontalis* 嘴曲千鳥
チドリ科の鳥。絶滅危惧II類。全長20cm。㊕ニュージーランド（固有）
¶世鳥大（p226/カ写）
地球（p445/カ写）
鳥絶（p151/カ図）

パジャパヨルトカゲ *Lepidophyma pajapanensis*
ヨルトカゲ科の爬虫類。全長18〜20cm。㊕メキシコ（ベラクルス州・オアハカ州）
¶爬両1800（p225/カ写）

バシャムチオヘビ *Masticophis flagellum*
ナミヘビ科ナミヘビ亜科の爬虫類。全長90〜250cm。㊕アメリカ合衆国南西部〜南東部，メキシコ北部
¶爬両1800（p302/カ写）
爬両ビ（p213/カ写）

ハシリチメドリ *Orthonyx temminckii* 走知目鳥
ハシリチメドリ科の鳥。全長18〜20cm。
¶世鳥大（p370/カ写）

ハシリヒキガエル ⇒ナタージャックヒキガエルを見よ

ハジロアカハラヤブモズ *Laniarius atrococcineus* 羽白赤腹藪百舌
ヤブモズ科の鳥。全長22〜23cm。㊕南アフリカ
¶原色鳥（p49/カ写）
地球（p487/カ写）

ハジロウミバト *Cepphus grylle* 羽白海鳩
ウミスズメ科の鳥。全長30〜32cm。㊕極北
¶世鳥大（p242/カ写）
世鳥卵（p122/カ写，カ図）
世鳥ネ（p154/カ写）
地球（p451/カ写）
鳥比（p373/カ写）
鳥650（p364/カ写）

ハジロオオシギ *Tringa semipalmatus* 羽白大鷸，羽白大鴫
シギ科の鳥。全長33〜41cm。㊕北米で繁殖。北中米・南米で越冬
¶鳥卵巣（p188/カ写，カ図）

ハジロオーストラリアムシクイ *Malurus leucopterus* 羽白オーストラリア虫食
オーストラリアムシクイ科の鳥。全長11〜13.5cm。㊕オーストラリア
¶原色鳥（p106/カ写）

ハジロカイツブリ *Podiceps nigricollis* 羽白鸊鷉，羽白鳰
カイツブリ科の鳥。全長28〜34cm。㊕北アメリカ，ヨーロッパ，アジア，北部・南部アフリカ
¶くら鳥（p82/カ写）
四季鳥（p101/カ写）
世鳥ネ（p63/カ写）
世文鳥（p28/カ写）
地球（p423/カ写）
鳥卵巣（p46/カ写，カ図）
鳥比（p237/カ写）
鳥650（p90/カ写）
名鳥図（p11/カ写）

日ア鳥 (p81/カ写)
日鳥識 (p90/カ写)
日鳥水増 (p24/カ写)
日野鳥新 (p99/カ写)
日野鳥増 (p25/カ写)
ぱっ鳥 (p66/カ写)
バード (p142/カ写)
羽根決 (p372/カ写, カ図)
ひと目鳥 (p43/カ写)
フ日野新 (p26/カ図)
フ日野増 (p26/カ図)
フ野鳥 (p58/カ図)
野鳥学フ (p216/カ写)
野鳥山フ (p9,65/カ図, カ写)
山溪名鳥 (p97/カ写)

ハ

ハジロクロエリショウノガン *Afrotis afraoides* 羽白黒襟小鴇, 羽白黒襟小野雁
ノガン科の鳥。全長50cm。 ㊊アンゴラ, ボツワナ, レソトなど
¶世鳥大 (p207/カ写)

ハジロクロハラアジサシ *Chlidonias leucopterus* 羽白黒腹鯵刺
カモメ科の鳥。全長22cm。 ㊊ヨーロッパ南東部～中央アジア, 中国東北部
¶世文鳥 (p153/カ写)
鳥卵巣 (p204/カ写, カ図)
鳥比 (p364/カ写)
鳥650 (p352/カ写)
日ア鳥 (p300/カ写)
日鳥識 (p176/カ写)
日鳥水増 (p306/カ写)
日野鳥新 (p340/カ写)
日野鳥増 (p160/カ写)
フ日野新 (p96/カ図)
フ日野増 (p96/カ図)
フ野鳥 (p198/カ図)
野鳥山フ (p35,223/カ図, カ写)
山溪名鳥 (p141/カ写)

ハジロコチドリ *Charadrius hiaticula* 羽白小千鳥
チドリ科の鳥。全長18～20cm。 ㊊カナダ北東部～東シベリアまでの北極海沿岸
¶くら鳥 (p107/カ写)
四季鳥 (p63/カ写)
世鳥大 (p225/カ写)
世鳥卵 (p95/カ写, カ図)
世鳥ネ (p131/カ写)
世文鳥 (p113/カ写)
地球 (p445/カ写)
鳥比 (p274/カ写)
鳥650 (p227/カ写)
名鳥図 (p75/カ写)
日ア鳥 (p194/カ写)
日鳥識 (p136/カ写)
日鳥水増 (p187/カ写)
日野鳥新 (p216/カ写)
日野鳥増 (p240/カ写)
フ日野新 (p130/カ図)
フ日野増 (p130/カ図)
フ野鳥 (p134/カ図)

ハジロシジュウカラ *Parus nuchalis* 羽白四十雀
シジュウカラ科の鳥。絶滅危惧II類。体長12cm。 ㊊インド (固有)
¶鳥絶 (p194/カ図)

ハジロシャクケイ *Penelope albipennis* 羽白舎久鶏
ホウカンチョウ科の鳥。絶滅危惧IA類。体長85cm。 ㊊ペルー (固有)
¶鳥絶 (p143/カ図)

ハジロシロハラミズナギドリ *Pterodroma cookii* 羽白白腹水薙鳥
ミズナギドリ科の鳥。全長25～30cm。 ㊊ニュージーランド周辺の島で繁殖
¶世鳥大 (p149/カ写)
鳥650 (p115/カ写)
日ア鳥 (p109/カ写)

ハジロナキサンショウクイ *Lalage sueurii* 羽白鳴山椒喰
サンショウクイ科の鳥。全長18cm。 ㊊スラウェシ, 小スンダ列島, ジャワ, ニューギニア南東部, オーストラリア
¶世鳥大 (p380/カ写)
世鳥卵 (p160/カ写, カ図)

ハジロバト *Zenaida asiatica* 羽白鳩
ハト科の鳥。 ㊊アメリカ合衆国南西部～メキシコ, 中米, カリブ海
¶世鳥ネ (p164/カ写)

ハジロミズナギドリ *Pterodroma solandri* 羽白水薙鳥
ミズナギドリ科の鳥。全長49cm, 翼開張94cm。 ㊊オーストラリアのロード・ハウ島, フィリップ島
¶世文鳥 (p32/カ写)
鳥比 (p244/カ写)
鳥650 (p116/カ写)
日ア鳥 (p102/カ写)
日鳥水増 (p34/カ写)
日野鳥新 (p121/カ写)
日野鳥増 (p114/カ写)
フ日野新 (p312/カ図)
フ日野増 (p312/カ図)
フ野鳥 (p74/カ図)

ハジロミフウズラ *Ortyxelos meiffrenii* 羽白三斑鶉
ミフウズラ科の鳥。全長10～13cm。 ㊊サハラ以南のせまい帯状地帯
¶世鳥大 (p213)

ハジロヨタカ *Eleothreptus candicans* 羽白夜鷹
ヨタカ科の鳥。絶滅危惧IB類。体長20cm。㊎ボリビア, ブラジル, パラグアイ
¶**鳥絶**(p170/カ図)

ハジロラッパチョウ *Psophia leucoptera* 羽白喇叭鳥
ラッパチョウ科の鳥。全長45〜52cm。
¶**世鳥大**(p212)

ハスオビアオジタトカゲ *Tiliqua scincoides*
スキンク科の爬虫類。全長50〜60cm。㊎オーストラリア大陸, タニンバール諸島
¶**世爬**(p140/カ写)
爬両1800(p211/カ写)
爬両ビ(p148/カ写)

ハスオビビロードヤモリ *Oedura castelnaui*
ヤモリ科イシヤモリ亜科の爬虫類。全長15〜17cm。㊎オーストラリア(クイーンズランド州・ケープヨーク半島)
¶**ゲッコー**(p85/カ写)
世爬(p118/カ写)
爬両1800(p161/カ写)
爬両ビ(p119/カ写)

ハスオビブロンズヘビ *Dendrelaphis striatus*
ナミヘビ科ナミヘビ亜科の爬虫類。全長100cm前後まで。㊎インドネシア, マレーシア西部, タイ南部
¶**爬両1800**(p290/カ写)

バスク・シェパード Basque Shepherd
犬の一品種。別名エウスカル・アルツサイン・チャクーラ, パストール・ヴァスコ。牧羊犬。体高 ゴベイア46〜61cm, イレツア46〜63cm。バスク地方の原産。
¶**最犬大**(p81/カ写)
新犬種〔エウスカル・アルサイン・ツァクーラ〕(p223/カ写)

バスタールササクレヤモリ *Paroedura bastardi*
ヤモリ科ヤモリ亜科の爬虫類。全長8〜14cm。㊎マダガスカル西部・中部・南部
¶**ゲッコー**〔バスタルドササクレヤモリ〕(p51/カ写)
爬両1800(p146/カ写)
爬両ビ(p115/カ写)

バスタルドササクレヤモリ ⇒バスタールササクレヤモリを見よ

パストール・ヴァスコ ⇒バスク・シェパードを見よ

バスラーヤドクガエル *Epipedobates bassleri*
ヤドクガエル科の両生類。体長3.5〜4.5cm。㊎ペルー
¶**カエル見**(p106/カ写)
世両(p171/カ写)
爬両1800(p427/カ写)

バセー・アルテジャン・ノルマン Basset Artésian Normand
犬の一品種。別名アルティジャン・ノルマン・バセット, バセット・アルティジャン・ノルマン, バッセ・アルテジャン・ノルマン。体高30〜36cm。フランスの原産。
¶**最犬大**〔アルティジャン・ノルマン・バセット〕(p270/カ写)
新犬種(p71/カ写)
ビ犬〔バセット・アルティジャン・ノルマン〕(p149/カ写)

ハセイルカ *Delphinus capensis* はせ海豚
マイルカ科の哺乳類。成体体重150〜235kg。㊎大西洋, 太平洋, インド洋の熱帯および亜熱帯
¶**クイ百**(p116/カ図)
くら哺(p96/カ写)
日哺学フ(p239/カ写, カ図)

バセー・グリフォン・ヴァンデーン(1) ⇒グラン・バセット・グリフォン・ヴァンデーンを見よ

バセー・グリフォン・ヴァンデーン(2) ⇒プチ・バセット・グリフォン・ヴァンデーンを見よ

バセット・アルティジャン・ノルマン ⇒バセー・アルテジャン・ノルマンを見よ

バセット・ハウンド Basset Hound
犬の一品種。体長60cm。イギリスの原産。
¶**アルテ犬**(p26/カ写)
最犬大(p268/カ写)
新犬種(p69/カ写)
新世犬(p182/カ写)
図世犬(p222/カ写)
世文動(p137/カ写)
地球(p565/カ写)
ビ犬(p146/カ写)

バセット・フォーヴ・ド・ブルターニュ Basset Fauve de Bretagne
犬の一品種。別名バセー・フォーヴ・ド・ブルターニュ, バッセ・フォーヴ・ド・ブレターニュ, フォーン・ブリタニー・バセット。体高32〜38cm。フランスの原産。
¶**最犬大**〔フォーン・ブリタニー・バセット〕(p272/カ写)
新犬種〔バセー・フォーヴ・ド・ブルターニュ〕(p72/カ写)
新世犬(p186/カ写)
図世犬(p226/カ写)
ビ犬(p149/カ写)

バセー・ブルー・ド・ガスコーニュ Basset Bleu de Gascogne
犬の一品種。別名バッセ・ブルー・ド・ガスコーニュ, ブルー・ガスコーニュ・バセット。体高34〜38cm。フランスの原産。
¶**最犬大**〔ブルー・ガスコーニュ・バセット〕

(p272/カ写)
新犬種(p71/カ写)
ビ犬(p163/カ写)

パセリガエル *Pelodytes punctatus*
パセリガエル科(ツブガエル科)の両生類。全長3～5cm。㊍ヨーロッパ(フランス, スペイン北部, イタリア最北西部)
¶世カエ(p64/カ写)
世文動(p320/カ写)
地球(p362/カ写)

バセンジー Basenji
犬の一品種。別名コンゴ・ドッグ。体高 オス43cm, メス40cm。中央アフリカの原産。
¶アルテ犬(p22/カ写)
最犬大(p243/カ写)
新犬種〔バセンジ〕(p103/カ写)
新世犬(p180/カ写)
図世犬(p184/カ写)
世文動(p137/カ写)
ビ犬(p31/カ写)

ハ

パーソンカメレオン *Calumma parsonii*
カメレオン科の爬虫類。準絶滅危惧。全長70cm。㊍マダガスカル北部・東部
¶遺産世(Reptilia No.16/カ写)
世爬(p92/カ写)
地球(p380/カ写)
爬両1800(p119/カ写)
爬両ビ(p93/カ写)

パーソン・ラッセル・テリア Parson Russell Terrier
犬の一品種。体高 オス36cm, メス33cm。イギリスの原産。
¶最犬大(p163/カ写)
新犬種〔パーソン・ラッセル・テリア、ジャック・ラッセル・テリア〕(p51/カ写)
図世犬〔ジャック・ラッセル・テリア〔パーソン・ラッセル・テリア〕〕(p152/カ写)
ビ犬(p194/カ写)

ハダカオウーリーオポッサム *Caluromys philander*
オポッサム科の哺乳類。体長16～28cm。
¶地球(p503/カ写)

ハダカデバネズミ *Heterocephalus glaber* 裸出歯鼠
デバネズミ科の哺乳類。体長8～10cm。㊍アフリカ
¶世哺(p181/カ写)
地球(p528/カ写)

バタク Batak
馬の一品種(ポニー)。体高130cm。インドネシアのスマトラ島の原産。
¶アルテ馬(p260/カ写)

バタグールガメ *Batagur baska*
アジアガメ科(イシガメ(バタグールガメ)科)の爬虫類。別名ヨツユビカワガメ。甲長50～60cm。㊍インドシナ半島, マレー半島, インドネシア島嶼部
¶世カメ(p237/カ写)
爬両1800(p36/カ写)

パタゴニアウサギ ⇒マーラを見よ

パタゴニアオポッサム *Lestodelphys halli*
オポッサム科の哺乳類。体長13～14.5cm。㊍パタゴニア, モンテ砂漠の低地帯, アルゼンチン
¶地球(p504/カ写)
レ生(p228/カ写)

パタゴニアカイツブリ *Podiceps gallardoi* パタゴニア鸊鷉, パタゴニア鳰
カイツブリ科の鳥。絶滅危惧IB類。体長32cm。㊍チリ南部, アルゼンチン南西部
¶鳥絶(p123/カ図)

パタゴニアギツネ ⇒パンパスギツネを見よ

パタゴニアコダマヘビ *Philodryas patagoniensis*
ナミヘビ科ヒラタヘビ亜科の爬虫類。全長100cm前後。㊍ブラジル, ボリビア, パラグアイ, アルゼンチン
¶爬両1800(p286/カ写)

パタゴニアシギダチョウ *Tinamotis ingoufi* パタゴニア鷸駝鳥
シギダチョウ科の鳥。全長33～38cm。㊍パタゴニア
¶鳥卵巣(p37/カ写, カ図)

バタースビーヤブコノミ *Philothamnus battersbyi*
ナミヘビ科ナミヘビ亜科の爬虫類。全長50～80cm。㊍アフリカ大陸東部
¶爬両1800(p299/カ写)

パタスモンキー *Erythrocebus patas*
オナガザル科の哺乳類。体高60～88cm。㊍アフリカ
¶世文動(p84/カ写)
世哺(p117/カ写)
地球(p544/カ写)
美サル(p171/カ写)

ハダダトキ *Bostrychia hagedash*
トキ科の鳥。全長76～89cm。
¶世鳥卵(p45/カ写, カ図)
世鳥ネ(p77/カ写)
地球(p427/カ写)

パタデール・テリア Patterdale Terrier
犬の一品種。体高25～38cm。イギリスの原産。
¶最犬大(p195/カ写)
ビ犬(p213/カ写)

ハタネズミ *Microtus montebelli* 畑鼠
ネズミ科の哺乳類。頭胴長95〜136mm。 ㊊北・中央アメリカ, 北極〜ヒマラヤまでのユーラシア, 北アフリカ。日本では本州, 九州, 佐渡島, 能登島
¶**くら哺**(p16/カ写)
世文動(p114/カ写)
日哺改(p131/カ写)
日哺学フ(p82/カ写)

ハタノドトカゲの1種 *Sitana* sp.
アガマ科の爬虫類。インドにも分布するS. ponticeruanaと思われる。全長30cm前後。 ㊊パキスタン〜インド, ネパール
¶**爬両ビ**(p85/カ写)

バタフライ・スパニエル ⇒パピヨンを見よ

ハタホオジロ *Emberiza calandra* 畑頬白
ホオジロ科の鳥。 ㊊ヨーロッパ中部・南部〜地中海地方, 北アフリカ, カナリア諸島, 小アジア, イラン, イラク, アフガニスタン, キルギスタン
¶**世鳥卵**(p213/カ写, カ図)

バーチアノール *Anolis bartschi*
イグアナ科アノールトカゲ亜科の爬虫類。全長18〜20cm。 ㊊キューバ
¶**爬両1800**(p83/カ写)

バーチェルマダラカナヘビ *Mesalina burchelli*
カナヘビ科の爬虫類。頭胴長5〜6cm。 ㊊南アフリカ
¶**世文動**(p271/カ写)

ハチクイ *Merops ornatus* 蜂食, 蜂喰
ハチクイ科の鳥。体長21〜28cm。 ㊊オーストラリア, ニューギニア, 小スンダ列島
¶**世鳥大**(p311)
世文鳥(p187/カ写)
地球(p475/カ写)
鳥650(p438/カ写)
日ア鳥(p370/カ写)
日鳥山増(p111/カ写)
フ日野新(p208/カ図)
フ日野増(p208/カ図)
フ野鳥(p258/カ図)

ハチクイモドキ *Momotus momota* 蜂喰擬, 蜂食擬
ハチクイモドキ科の鳥。全長41cm。 ㊊メキシコ東部〜ペルー北西部, アルゼンチン北西部およびブラジル南東部。トリニダード, トバゴ両島
¶**世鳥大**(p310/カ写)
世美羽(p148/カ写, カ図)
地球(p475/カ写)

ハチクマ *Pernis ptilorhynchus* 八角鷹, 蜂角鷹, 蜂熊
タカ科の鳥。全長 オス約57cm, メス約60.5cm。 ㊊ヨーロッパ〜中国, 日本(本州以北), インド
¶**くら鳥**(p75/カ写)
里山鳥(p67/カ写)
四季鳥(p54/カ写)
巣と卵決(p42/カ写, カ図)
世鳥卵(p60/カ写, カ図)
世文鳥(p84/カ写)
鳥比(p30/カ写)
鳥650(p378/カ写)
名鳥図(p121/カ写)
日ア鳥(p324/カ写)
日鳥識(p188/カ写)
日鳥巣(p36/カ写)
日鳥山新(p50/カ写)
日鳥山増(p18/カ写)
日野鳥新(p358/カ写)
日野鳥増(p326/カ写)
ぱっ鳥(p199/カ写)
バード(p38,39/カ写)
羽根決(p84/カ写, カ図)
ひと目鳥(p120/カ写)
フ日野新(p172/カ図)
フ日野増(p172/カ図)
フ野鳥(p210/カ図)
野鳥学フ(p137/カ写)
野鳥山フ(p22,127/カ図, カ写)
山溪名鳥(p260/カ写)
ワシ(p18/カ写)

ハチジョウツグミ *Turdus naumanni naumanni* 八丈鶫
ツグミ科(ヒタキ科)の鳥。ツグミの亜種。
¶**名鳥図**(p200/カ写)
日鳥山新(p255/カ写)
日鳥山増(p210/カ写)
日野鳥新(p545/カ写)
日野鳥増(p515/カ写)
ぱっ鳥(p317/カ写)
羽根決(p295/カ写, カ図)
野鳥学フ(p50/カ写)
山溪名鳥(p229/カ写)

ハチマキジョウビタキ *Phoenicurus moussieri* 鉢巻常鶲
ヒタキ科(ツグミ科)の鳥。全長12cm。 ㊊モロッコ, アルジェリア, チェニジア
¶**世色鳥**(p131/カ写)
世鳥卵(p179/カ写, カ図)

ハチマキミツスイ *Melithreptus lunatus* 鉢巻蜜吸
ミツスイ科の鳥。全長13〜15cm。 ㊊オーストラリア東部・南西部(タスマニア島を除く)
¶**世鳥大**(p364/カ写)

ハチマキムシクイ *Trichocichla rufa* 鉢巻虫食, 鉢巻虫喰
ウグイス科の鳥。絶滅危惧IB類。体長17cm。 ㊊フィジー(固有)
¶**鳥絶**(p201/カ図)

ハッカチョウ *Acridotheres cristatellus* 八哥鳥
ムクドリ科の鳥。全長26.5cm。[分]中国中南部, 台湾, ラオス北部, ベトナム。日本でも各地で記録があり与那国島など先島諸島の記録は自然分布の可能性もある
¶**世文鳥**(p280/カ写)
鳥比(p129/カ写)
鳥650(p587/カ写)
名鳥図(p246/カ写)
日ア鳥(p622/カ写)
日鳥識(p256/カ写)
日鳥山新(p386/カ写)
日鳥山増(p359/カ写)
日野鳥増(p619/カ写)
フ日野新(p294/カ図)
フ日野増(p294/カ図)
フ野鳥(p334/カ図)

ハ

ハツカネズミ *Mus musculus* 二十日鼠
ネズミ科の哺乳類。体長7〜10cm。[分]極地方を除く世界中に生育, ペットや実験用動物として広く飼育
¶**くら哺**(p16/カ写)
世文動(p117/カ写)
世哺(p167/カ写)
地球(p527/カ写)
日家〔野生ハツカネズミ〕(p237/カ写)
日哺改(p143/カ写)
日哺学フ(p94/カ写)

ハッカン *Lophura nycthemera* 白鷴, 白閑
キジ科の鳥。体長 オス90〜127cm, メス55〜68cm。[分]中国南部, ミャンマー東部, インドシナ半島, 海南島
¶**世色鳥**(p174/カ写)
鳥卵巣(p138/カ写, カ図)

ハック Hack
馬の一品種。軽量馬。体高142〜153cm。イギリスの原産。
¶**アルテ馬**(p90/カ写)

バッセ・アルテジャン・ノルマン ⇒バセー・アルテジャン・ノルマンを見よ

バッセ・フォーヴ・ド・ブレターニュ ⇒バセット・フォーヴ・ド・ブルターニュを見よ

バッセ・ブルー・ド・ガスコーニュ ⇒バセー・ブルー・ド・ガスコーニュを見よ

ハッセルトウチワヤモリ *Ptyodactylus hasselquistii*
ヤモリ科ワレユビヤモリ亜科の爬虫類。別名マダラウチワヤモリ。全長16〜19cm。[分]アフリカ大陸北部〜中東
¶**ゲッコー**(p64/カ写)
爬両1800(p154/カ写)

ハッセルトウデナガガエル *Leptobrachium hasseltii*
コノハガエル科の両生類。体長6〜7cm。[分]中国, インド, 東南アジア
¶**カエル見**(p16/カ写)
世両(p20/カ写)
爬両1800(p361/カ写)
爬両ビ(p267/カ写)

ハツハナインコ *Agapornis taranta* 初花鸚哥
インコ科の鳥。全長16cm。[分]アフリカ
¶**鳥飼**(p130/カ写)

ハッブスオウギハクジラ *Mesoplodon carlhubbsi*
ハッブス扇歯鯨
アカボウクジラ科の哺乳類。体長5〜5.5m。[分]北大西洋の冷温帯
¶**クイ百**(p220/カ図)
くら哺(p109/カ写)
地球(p614/カ図)
日哺学フ(p220/カ写, カ図)

バテイレーサー *Hemorrhois hippocrepis*
ナミヘビ科ナミヘビ亜科の爬虫類。全長100〜120cm。[分]イベリア半島, サルディニア島, 北アフリカ西部など
¶**世爬**(p198/カ写)
世文動(p288/カ写)
爬両1800(p301/カ写)
爬両ビ(p217/カ写)

ハーテビースト *Alcelaphus buselaphus*
ウシ科の哺乳類。体高1.1〜1.5m。[分]アフリカ
¶**世哺**(p368/カ写)
地球(p603/カ写)

ハードウィッキートカゲモドキ ⇒ヒガシインドトカゲモドキを見よ

ハードウィッキーレーサー *Platyceps ventromaculatus*
ナミヘビ科ナミヘビ亜科の爬虫類。全長65cm前後。[分]西アジア〜南アジア西部
¶**爬両1800**(p302/カ写)

ハードウィック Herdewick
羊の一品種。イギリスの原産。
¶**日家**(p130/カ写)

ハドソンオオソリハシシギ ⇒アメリカオグロシギを見よ

ハドソントビハツカネズミ *Zapus hudsonius*
トビネズミ科の哺乳類。体長7〜11cm。
¶**地球**(p525/カ写)

ハートヘビガタトカゲ *Ophisaurus harti*
アンギストカゲ科の爬虫類。全長47〜65cm。[分]ベトナム北部, 中国南部, 台湾
¶**世爬**(p152/カ写)

爬両1800（p232/カ写）
爬両ビ（p162/カ写）

バードモアミズトカゲ *Tropidophorus berdmorei*
スキンク科の爬虫類。全長17～19cm。[分]中国（雲南省），ベトナム北部，ミャンマー東部，タイ北部
¶爬両1800（p216/カ写）

バトラーヒメガエル *Microhyla butleri*
ヒメガエル科の両生類。体長2～2.5cm。[分]中国南部～東南アジア，インド，台湾
¶カエル見（p71/カ写）

バートンイザリトカゲ ⇒バートンヒレアシトカゲを見よ

バートンヒレアシトカゲ *Lialis burtonis* バートン鰭足蜥蜴
ヒレアシトカゲ科（アシナシトカゲ科）の爬虫類。全長60cm。[分]オーストラリア，インドネシア
¶世爬（p126/カ写）
世文動〔バートンイザリトカゲ〕（p262/カ写）
地球（p385/カ写）
爬両1800（p181/カ写）
爬両ビ（p127/カ写）

パナイオオトカゲ *Varanus mabitang*
オオトカゲ科の爬虫類。絶滅危惧IB類。[分]フィリピンのパナイ島
¶レ生（p229/カ写）

ハナガサインコ *Northiella haematogaster* 花笠鸚哥
インコ科の鳥。全長26～30cm。
¶世鳥大（p258/カ写）

ハナガメ *Mauremys sinensis* 花亀
アジアガメ科（イシガメ（バタグールガメ）科）の爬虫類。甲長18～25cm。[分]中国南部，台湾，ベトナム北部
¶原爬両（No.11/カ写）
世カメ（p261/カ写）
世爬（p38/カ写）
世文動（p245/カ写）
爬両飼（p149/カ写）
爬両1800（p41/カ写）
爬両ビ（p35/カ写）

ハナガラマルスッポン *Pelochelys bibroni*
スッポン科スッポン亜科の爬虫類。別名ハナマルスッポン，ビブロンマルスッポン。甲長90～100cm。[分]ニューギニア島南部
¶世カメ（p169/カ写）
爬両1800（p52/カ写）
爬両ビ（p41/カ写）

ハナガラレーサー *Platyceps florulentus*
ナミヘビ科ナミヘビ亜科の爬虫類。全長110cm前後。[分]アフリカ大陸東部～北東部
¶爬両1800（p302/カ写）

ハナグマ ⇒アカハナグマを見よ

ハナゴンドウ *Grampus griseus* 花巨頭，鼻巨頭
マイルカ科の哺乳類。別名マツバイルカ。体長2.6～3.8m。[分]北緯60度～南緯60度の熱帯や温帯
¶クイ百（p126/カ図）
くら哺（p94/カ写）
世文動（p126/カ写）
世哺（p186/カ図）
地球（p616/カ図）
日哺学フ（p227/カ写，カ図）

ハナサキガエル *Rana narina* 鼻先蛙
アカガエル科の両生類。絶滅危惧IB類。日本固有種。体長4～7cm。[分]沖縄
¶遺産日（両生類 No.7/カ写）
カエル見（p85/カ写）
原爬両（No.144/カ写）
世両（p140/カ写）
日カサ（p117/カ写）
爬両観（p117/カ写）
爬両飼（p187/カ写）
爬両1800（p412/カ写）
爬両ビ（p277/カ写）
野日両（p39,87,172/カ写）

ハナシカ ⇒タイワンジカを見よ

ハナジロカマイルカ *Lagenorhynchus albirostris*
マイルカ科の哺乳類。成体体重 メス180～290kg，オス230～350kg。[分]北大西洋の温帯と亜熱帯
¶クイ百（p132/カ図）
世哺（p186/カ図）
地球（p616/カ図）

ハナジロハナグマ *Nasua narica* 鼻白鼻熊
アライグマ科の哺乳類。体長43～68cm。[分]アマゾン南東部，メキシコ，中央アメリカ，コロンビア西部およびエクアドル
¶地球（p572/カ写）

ハナジロヒゲサキ *Chiropotes albinasus*
オマキザル科の哺乳類。頭胴長38cm。[分]南アメリカ
¶世文動（p78）

ハナダイモリ *Cynops cyanurus*
イモリ科の両生類。全長8～10cm。[分]中国
¶世両（p211/カ写）
爬両1800（p450/カ写）
爬両ビ（p310/カ写）

ハナダカカメレオン *Calumma nasutum*
カメレオン科の爬虫類。全長10～11cm。[分]マダガスカル東部
¶爬両1800（p120/カ写）

ハ

ハナダカクサリヘビ *Vipera ammodytes*
クサリヘビ科クサリヘビ亜科の爬虫類。全長65cm。㊕ヨーロッパ南東部〜カフカズ地方まで
¶**世文動**(p300/カ写)
世ヘビ(p110/カ写)

ハナツノカメレオン *Furcifer rhinoceratus*
カメレオン科の爬虫類。絶滅危惧II類。全長12〜25cm。㊕マダガスカル南部
¶**遺産世**(Reptilia No.15/カ写)
爬両1800(p125/カ写)

ハナトガリガエル *Ceratobatrachus guentheri*
アカガエル科の両生類。別名ソロモンツノガエル。全長5〜8cm。㊕ソロモン諸島
¶**かえる百**(p53/カ写)
カエル見(p88/カ写)
世カエ〔ソロモンツノガエル〕(p304/カ写)
世両(p147/カ写)
地球〔ソロモンツノガエル〕(p354/カ写)
爬両1800(p419/カ写)
爬両ビ(p283/カ写)

ハ

バナナガエル ⇒オオバナナガエルを見よ

ハナナガサシオコウモリ *Rhynchonycteris naso*
サシオコウモリ科の哺乳類。体長3.5〜5cm。㊕北アメリカ, 南アメリカ
¶**世哺**(p85/カ写)
地球(p555/カ写)

ハナナガシロアゴガエル *Polypedates longinasus*
アオガエル科の両生類。全長4〜6cm。
¶**地球**(p364/カ写)

ハナナガドロガメ *Kinosternon acutum*
ドロガメ科ドロガメ亜科の爬虫類。甲長9〜12cm。㊕メキシコ南東部, グアテマラ北部, ベリーズ
¶**世カメ**(p138/カ写)
世爬(p48/カ写)
爬両1800(p55/カ写)
爬両ビ(p57/カ写)

ハナナガネズミカンガルー *Potorous tridactylus*
ネズミカンガルー科の哺乳類。体長34〜38cm。
¶**地球**(p509/カ写)

ハナナガバンディクート *Perameles nasuta*
バンディクート科の哺乳類。体長31〜42cm。
¶**世文動**(p43/カ写)
地球(p505/カ写)

ハナナガヘビ *Rhinocheilus lecontei*
ナミヘビ科ナミヘビ亜科の爬虫類。全長55〜100cm。㊕アメリカ合衆国西部, メキシコ北部
¶**地球**(p394/カ写)
爬両1800(p293/カ写)
爬両ビ(p206/カ写)

ハナナガヘラコウモリ *Anoura geoffroyi*
ヘラコウモリ科の哺乳類。体長6〜7.5cm。㊕北アメリカ, 中央アメリカ, 南アメリカ
¶**世文動**(p63/カ図)
世哺(p90/カ写)
地球(p555/カ写)

ハナナガムチヘビ *Ahaetulla nasuta*
ナミヘビ科ナミヘビ亜科の爬虫類。全長90〜120cm。㊕インド, インドシナ半島
¶**爬両1800**(p288/カ写)

バナナヤモリ *Gekko badenii*
ヤモリ科ヤモリ亜科の爬虫類。全長20〜25cm。㊕ベトナム
¶**ゲッコー**(p19/カ写)
世爬(p102/カ写)
爬両1800(p131/カ写)
爬両ビ(p100/カ写)

ハナニオイガエル *Odorrana schmackeri*
アカガエル科の両生類。体長5〜6cm。㊕中国南部
¶**カエル見**(p85/カ写)
世両(p141/カ写)
爬両1800(p413/カ写)

ハナヒメアマガエル ⇒ハナヒメガエルを見よ

ハナヒメガエル *Microhyla pulchra*
ヒメガエル科の両生類。別名ハナヒメアマガエル。体長2〜3cm。㊕中国南部, カンボジア, ラオス, タイなど
¶**カエル見**(p70/カ写)
世文動〔ハナヒメアマガエル〕(p329/カ写)
爬両1800(p404/カ写)

ハナブトオオトカゲ *Varanus salvadorii*
オオトカゲ科の爬虫類。全長250〜300cm。㊕ニューギニア島
¶**世文動**(p280/カ写)
爬両1800(p238/カ写)

ハナペシャヒルヤモリ ⇒ムクヒルヤモリを見よ

パナマスベオアルマジロ *Cabassous centralis*
アルマジロ科の哺乳類。体長30〜70cm。㊕中央アメリカ, 南アメリカ
¶**世哺**(p134/カ写)
地球(p517/カ写)

パナマノドジロフトオハチドリ *Selasphorus ardens* パナマ喉白太尾蜂鳥
ハチドリ科ハチドリ亜科の鳥。絶滅危惧II類。全長7cm。㊕パナマ西部と中部
¶**ハチドリ**(p389)

パナマヒダアシキノボリガエル *Ecnomiohyla rabborum*
アマガエル科の両生類。絶滅危惧IA類。㊕パナマ

中央部のエル・ヴァレ・デ・アントン付近の山々
¶レ生（p231/カ写）

パナマヒメエメラルドハチドリ *Chlorostilbon assimilis* パナマ姫エメラルド蜂鳥
ハチドリ科ハチドリ亜科の鳥。全長6.5～8.5cm。
¶ハチドリ（p204/カ写）

パナママンゴーハチドリ *Anthracothorax veraguensis* パナママンゴー蜂鳥
ハチドリ科マルオハチドリ亜科の鳥。全長11～12cm。
¶ハチドリ（p76/カ写）

パナマヨツメガエル *Pleurodema brachyops*
ユビナガガエル科の両生類。体長5～6cm。㊀パナマ～南米北部
¶カエル見（p112/カ写）
爬両1800（p430/カ写）
爬両ビ（p294/カ写）

ハナマルスッポン ⇒ハナガラマルスッポンを見よ

パナミントアリゲータートカゲ *Elgaria panamintina*
アンギストカゲ科の爬虫類。全長25～38cm。㊀アメリカ合衆国（カリフォルニア州東部）
¶爬両1800（p226/カ写）
爬両ビ（p159/カ写）

ハナモンマダガスカルガエル *Spinomantis elegans*
マダガスカルガエル科の両生類。全長5～6cm。
¶地球（p361/カ写）

バーニーズ・マウンテン・ドッグ Bernese Mountain Dog
犬の一品種。別名ベルナー・ゼネンフント，ベールナール・ゼネンフント，ベルナーゼ・フンド。体高オス64～70cm，メス58～66cm。スイスの原産。
¶アルテ犬（p144/カ写）
最犬大（p137/カ写）
新犬種〔ベルナー・ゼネンフント〕（p277/カ写）
新世犬（p80/カ写）
図世犬（p92/カ写）
世文動〔バーニーズ・マウンテンドッグ〕（p138/カ写）
ビ犬（p73/カ写）

ハヌマンラングール *Semnopithecus entellus*
オナガザル科の哺乳類。体高41～78cm。㊀ヒマラヤ山系～インド，スリランカ
¶驚野動（p259/カ写）
世文動（p92/カ写）
世哺（p120/カ写）
地球（p545/カ写）
美サル（p95/カ写）

ハネアカガエル ⇒ダルマチアアカガエルを見よ

ハネオツパイ *Ptilocercus lowii*
ハネオツパイ科（ツパイ科）の哺乳類。体長10～14cm。㊀東南アジア
¶世文動（p68/カ図）
地球（p533/カ写）

ハネナガインコ *Poicephalus robustus* 羽長鸚哥
オウム科の鳥。全長35～37cm。
¶地球（p458/カ写）

ハネナガミズナギドリ *Pterodroma macroptera* 羽長水薙鳥
ミズナギドリ科の鳥。㊀南太平洋の南回帰線以南の海域
¶鳥650（p746/カ写）

ハネビロノスリ *Buteo platypterus* 羽広鵟
タカ科の鳥。㊀アメリカ東部
¶世鳥ネ（p106/カ写）

ハノーヴァリアン・セントハウンド Hanoverian Scenthound
犬の一品種。別名ハノーバシャ・シュバイシュフント，ハノーヴィリアン・シュヴァイスフント，ハノーヴィリアン・ハウンド，ハノーファーシャー・シュヴァイスフント。体高 オス50～55cm，メス48～53cm。ドイツの原産。
¶最犬大（p313/カ写）
新犬種〔ハノーファーシャー・シュヴァイスフント〕（p168/カ写）
ビ犬〔ハノーヴィリアン・ハウンド〕（p175/カ写）

ハノーヴィリアン・シュヴァイスフント ⇒ハノーヴァリアン・セントハウンドを見よ

ハノーヴィリアン・ハウンド ⇒ハノーヴァリアン・セントハウンドを見よ

ハノーバー Hanoverian
馬の一品種。軽量馬。体高153～170cm。ドイツの原産。
¶アルテ馬（p78/カ写）
日家（p43/カ写）

ハノーバシャ・シュバイシュフント ⇒ハノーヴァリアン・セントハウンドを見よ

ハノーファーシャー・シュヴァイスフント ⇒ハノーヴァリアン・セントハウンドを見よ

バーバーオオクサガエル *Leptopelis barbouri*
クサガエル科の両生類。体長3.5～4cm。㊀タンザニア
¶カエル見（p57/カ写）
世両（p95/カ写）
爬両1800（p395/カ写）

ババハキングスネーク(1) *Lampropeltis getula conjuncta*
ナミヘビ科の爬虫類。コモンキングスネークの亜種。全長最大1.5m。㊀メキシコのバハカリフォル

ニア半島
¶世ヘビ(p28/カ写)

バハキングスネーク(2) *Lampropeltis getula nitida*
ナミヘビ科の爬虫類。コモンキングスネークの亜種。全長最大1.5m。㊎メキシコのバハカリフォルニア半島
¶世ヘビ(p28/カ写)

ハバシハチドリ *Androdon aequatorialis* 歯嘴蜂鳥
ハチドリ科マルオハチドリ亜科の鳥。全長12～14cm。
¶ハチドリ(p69/カ写)

ハハジマメグロ *Apalopteron familiare hahasima* 母島目黒
メジロ科(ミツスイ科)の鳥。絶滅危惧IB類(環境省レッドリスト),特別天然記念物。全長16cm。
㊎小笠原諸島
¶遺産日(鳥類 No.17/カ写)
絶鳥事(p186/モ図)
日野鳥新(p509/カ写)
日野鳥増〔メグロ*〔A.f.hahasima〕〕(p561/カ写)

バーバーチズガメ *Graptemys barbouri* バーバー地図亀
ヌマガメ科アミメガメ亜科の爬虫類。甲長9～33cm。㊎アメリカ合衆国南東部
¶世カメ(p222/カ写)
世爬(p25/カ写)
爬両1800(p25/カ写)
爬両ビ(p21/カ写)

バーバートカゲ *Plestiodon barbouri* バーバー蜥蜴,バーバー石竜子
トカゲ科(スキンク科)の爬虫類。日本固有種。全長18cm前後。㊎奄美諸島,沖縄諸島
¶原爬両(No.61/カ写)
日カメ(p114/カ写)
爬両観(p134/カ写)
爬両飼(p116/カ写)
爬両1800(p199/カ写)
野日爬(p21,50,93/カ写)

ババトラフガエル *Hoplobatrachus rugulosus*
アカガエル科の両生類。体長7～12.5cm。㊎中国,台湾,インドシナ,マレー半島など
¶カエル見(p88/カ写)
爬両1800(p418/カ写)
爬両ビ(p282/カ写)

ハバナ〔ウサギ〕 Havana
兎の一品種。オランダの原産。
¶うさぎ(p100/カ写)
新うさぎ(p112/カ写)

ハバナ〔ネコ〕 Havana
猫の一品種。別名ハバナ・ブラウン。体重2.5～4.5kg。イギリスおよびアメリカの原産。
¶世文動〔ハバナ・ブラウン〕(p173/カ写)
ビ猫(p102/カ写)

ハバナ・ブラウン ⇒ハバナ〔ネコ〕を見よ

ハバニーズ Havanese
犬の一品種。別名ハバネロ,ビション・アヴァネ,ビション・ハバニーズ。ビション・タイプの小型犬。体高23～27cm。地中海西端(改良国キューバ)の原産。
¶最犬大(p384/カ写)
新犬種〔ハヴァニーズ〕(p37/カ写)
ビ犬(p274/カ写)

ハバネロ ⇒ハバニーズを見よ

バーバーヒルヤモリ *Phelsuma barbouri*
ヤモリ科ヤモリ亜科の爬虫類。全長12～13cm。
㊎マダガスカル
¶ゲッコー(p41/カ写)
爬両1800(p141/カ写)

バハマイワイグアナ *Cyclura cychlura*
イグアナ科イグアナ亜科の爬虫類。全長100～130cm前後。㊎バハマ諸島
¶爬両1800(p77/カ写)

バハマハチドリ *Calliphlox evelynae* バハマ蜂鳥
ハチドリ科ハチドリ亜科の鳥。全長9～9.5cm。
¶ハチドリ(p322/カ写)

バハマヒメエメラルドハチドリ *Chlorostilbon bracei* バハマ姫エメラルド蜂鳥
ハチドリ科ハチドリ亜科の鳥。絶滅種。全長 オス9.5cm。
¶ハチドリ(p373)

バーバリーエイプ ⇒バーバリーマカクを見よ

バーバリーシープ *Ammotragus lervia*
ウシ科の哺乳類。絶滅危惧II類。体高75～112cm。
㊎アフリカ
¶絶百8(p78/カ写)
世文動〔バーバリシープ〕(p234/カ写)
世哺(p381/カ写)
地球(p606/カ写)

バーバリーマカク *Macaca sylvanus*
オナガザル科の哺乳類。別名バーバリーエイプ。絶滅危惧II類。体高45～70cm。㊎アルジェリア,モロッコ,イギリス領ジブラルタル(移入)
¶絶百8〔バーバリーエイプ〕(p76/カ写)
世文動〔バーバリーエープ〕(p87/カ写)
地球(p542/カ写)

パピヨン Papillon
犬の一品種。別名イパニエール・ナン・コンチネンタル,エパニョール・ナイン・コンチネンタル,コンチネンタル・トイ・スパニエル,バタフライ・スパニエル。体高約28cm。フランスおよびベルギー

の原産。
¶アルテ犬(p204/カ写)
最犬大(p386/カ写)
新犬種(p31/カ写)
新世犬(p292/カ写)
図世犬(p310/カ写)
世文動(p145/カ写)
ビ犬(p122/カ写)

パピヨン(ファレン)　⇒ファレーンを見よ

バビルサ　*Babyrousa babyrussa*
イノシシ科の哺乳類。別名バビルーサ。絶滅危惧II類。体高65～80cm。㊕インドネシア
¶遺産世(Mammalia No.58/カ写)
絶百8〔バビルーサ〕(p80/カ写)
世文動(p194/カ写)
世哺〔バビルーサ〕(p327/カ写)
地球〔バビルーサ〕(p595/カ写)

ハブ　*Protobothrops flavoviridis*　波布, 飯匙倩
クサリヘビ科の爬虫類。別名ホンハブ。日本固有種。全長100～160cm。㊕奄美諸島, 沖縄諸島
¶原爬両(No.99/カ写)
世文動〔ホンハブ〕(p303/カ写)
日カメ(p224/カ写)
爬両観(p155/カ写)
爬両飼(p48/カ写)
爬両1800〔ホンハブ〕(p341～342/カ写)
野日爬(p42,68,192/カ写)

バフ　Buff
シチメンチョウの一品種(観賞用)。体重 オス7～9kg, メス6～8kg。アメリカ合衆国の原産。
¶日家(p223/カ写)

パプアオナガフクロウ　*Uroglaux dimorpha*　パプア尾長梟
フクロウ科の鳥。全長30～33cm。㊕ニューギニア全域にまばらに分布。ヤーペン島にも分布
¶世鳥大(p285)

パプアカブトガメ　⇒ブランダーホルストカブトガメを見よ

パプアガマグチヨタカ　*Podargus papuensis*　パプア蝦蟇口夜鷹
ガマグチヨタカ科の鳥。体長50cm。㊕オーストラリア, ニューギニア
¶世鳥ネ(p201/カ写)

パフアダー　*Bitis arietans*
クサリヘビ科クサリヘビ亜科の爬虫類。全長150～180cm。㊕アフリカ大陸ほぼ全域, アラビア半島南部
¶世文動(p301/カ写)
世ヘビ(p108/カ写)
地球(p399/カ写)
爬両1800(p343/カ写)

パプアニシキヘビ　*Apodora papuana*
ニシキヘビ科の爬虫類。全長240～400cm。㊕ニューギニア島
¶世爬(p180/カ写)
爬両1800(p258/カ写)
爬両ビ(p191/カ写)

パプアニワシドリ　*Archboldia papuensis*　パプア庭師鳥
ニワシドリ科の鳥。全長37cm。㊕ニューギニア島
¶絶百8(p82/カ図)

パプアハゲミツスイ　*Philemon novaeguineae*　パプア禿蜜吸
ミツスイ科の鳥。㊕アルー諸島, パプア諸島西部, ニューギニア, オーストラリア
¶世鳥卵(p210/カ写, カ図)

バフイロムシクイ　*Phylloscopus subaffinis*　バフ色虫喰
ムシクイ科の鳥。全長10～11cm。㊕中国中部・東部とその周辺で繁殖。東南アジア北部～中部で越冬
¶鳥比(p118/カ写)

ハ

バフマユムシクイ　*Phylloscopus humei*　バフ眉虫喰
ムシクイ科の鳥。全長10～11cm。㊕アフガニスタン～ヒマラヤ周辺, ロシア中南部, 中国の河北省北部までの地域で繁殖
¶鳥比(p113/カ写)
日ア鳥(p461/カ写)

ハブモドキ　*Macropisthodon rudis*
ナミヘビ科ユウダ亜科の爬虫類。全長80～90cm。㊕中国南部, 台湾
¶世爬(p188/カ写)
世文動(p292/カ写)
爬両1800(p274/カ写)
爬両ビ(p210/カ写)

ハブモドキボア(1)　*Candoia carinata*
ボア科の爬虫類。全長50cm前後。㊕インドネシア, パプアニューギニア, バヌアツなど
¶爬両1800(p259/カ写)
爬両ビ(p179/カ写)

ハブモドキボア(2)　⇒カリナータパシフィックボアを見よ

ハブモドキボア(3)　⇒ポールソンパシフィックボアを見よ

ハフリンガー　Haflinger
馬の一品種。乗馬, 競技用。体高133～140cm。南オーストリアの原産。
¶アルテ馬(p252/カ写)
日家(p44/カ写)

バブリングカッシナ　⇒セネガルガエルを見よ

ハホアウー Hahoawu
犬の一品種。体重11～14kg。アフリカの原産。
¶**新犬種**(p192/カ写)

ハマシギ *Calidris alpina* 浜鷸, 浜鴫
シギ科の鳥。全長16～20cm。㊎北アメリカ, ヨーロッパ, アフリカ, アジア
¶**くら鳥**(p110/カ写)
原寸羽(p115/カ写)
里山鳥(p122/カ写)
四季鳥(p31/カ写)
世鳥大(p230/カ写)
世鳥ネ(p139/カ写)
世文鳥(p123/カ写)
地球(p446/カ写)
鳥卵巣(p196/カ写, カ図)
鳥比(p309/カ写)
鳥650(p287/カ写)
名鳥図(p83/カ写)
日ア鳥(p247/カ写)
日鳥識(p158/カ写)
日鳥水増(p216/カ写)
日野鳥新(p286/カ写)
日野鳥増(p310/カ写)
ぱっ鳥(p163/カ写)
バード(p136/カ写)
羽根決(p149/カ写, カ図)
ひと目鳥(p72/カ写)
フ日野新(p140/カ図)
フ日野増(p140/カ図)
フ野鳥(p168/カ図)
野鳥学フ(p198/カ写)
野鳥山フ(p29,181/カ図, カ写)
山溪名鳥(p262/カ写)

ハマヒバリ *Eremophila alpestris* 浜雲雀
ヒバリ科の鳥。全長14～17cm。㊎ユーラシアの北極圏および山地, アジア中・南西部, アトラス山脈, 北アメリカの大部分で繁殖。北方の亜種は繁殖地の南部で越冬。アンデス山脈には隔離されて移動しないものが生息
¶**四季鳥**(p72/カ写)
世鳥大(p409/カ写)
世鳥卵(p156/カ写, カ図)
世文鳥(p196/カ写)
地球(p489/カ写)
鳥卵巣(p262/カ写, カ図)
鳥比(p98/カ写)
鳥650(p517/カ写)
名鳥図(p170/カ写)
日ア鳥(p431/カ写)
日鳥識(p238/カ写)
日鳥山新(p176/カ写)
日鳥山増(p130/カ写)
日野鳥新(p482/カ写)
日野鳥増(p442/カ写)
フ日野新(p216/カ図)
フ日野増(p216/カ図)
フ野鳥(p296/カ図)
山溪名鳥(p264/カ写)

バーマン Birman
猫の一品種。体重4.5～8kg。ミャンマーおよびフランスの原産。
¶**世文動**(p172/カ写)
ビ猫(p213/カ写)

バーミーズ Burmèse
猫の一品種。ミャンマー土着のメスにシャムやアメリカン・ショートヘアを交配しアメリカで作出。のちイギリスに渡った。
¶**世文動**(p173/カ写)

バーミーズパイソン ⇒ビルマニシキヘビを見よ

バミューダミズナギドリ *Pterodroma cahow* バミューダ水薙鳥
ミズナギドリ科の鳥。絶滅危惧IB類。全長38cm。㊎非繁殖期は不明。バミューダ島東沖の5つの小島で繁殖
¶**絶百8**(p84/カ図)
世鳥大(p149)

バーミラ ⇒エイジアン・シェーデッドを見よ

ハミルトンガメ *Geoclemys hamiltonii*
アジアガメ科(イシガメ(バタグールガメ)科)の爬虫類。甲長20～35cm。㊎パキスタン南部, インド北部, バングラディシュ
¶**世カメ**(p246/カ写)
世文動(p246/カ写)
爬両1800(p37/カ写)

ハミルトン・シュテーバレ ⇒ハミルトン・ステバレを見よ

ハミルトンシュトーヴァレ ⇒ハミルトン・ステバレを見よ

ハミルトン・ステバレ Hamiltonstövare
犬の一品種。別名ハミルトン・ハウンド。体高 オス53～61cm, メス49～57cm。スウェーデンの原産。
¶**最犬大**〔ハミルトンステーバレー〕(p305/カ写)
新犬種〔ハミルトン・シュテーバレ〕(p156/カ写)
新世犬(p204/カ写)
図世犬〔ハミルトンステバレ〕(p233/カ写)
ビ犬〔ハミルトンシュトーヴァレ〕(p155/カ写)

ハミルトン・ハウンド ⇒ハミルトン・ステバレを見よ

ハミルトンムカシガエル *Leiopelma hamiltoni*
ムカシガエル科の両生類。絶滅危惧II類。体長3.5～4.3cm。㊎ニュージーランド
¶**絶百3**(p90/カ写)

パームシベット *Paradoxurus hermaphroditus*
ジャコウネコ科の哺乳類。別名マレージャコウネコ，マレーパームシベット。体長42～70cm。㊅アジア
¶**世文動**〔マレーパームシベット〕(p163/カ写)
世哺(p268/カ写)
地球(p587/カ写)

パームセーシェルガエル *Sooglossus pipilodryas*
セーシェルガエル科の両生類。体長11～40mm。㊅セーシェルのマヘ島とシルエット島
¶**世カエ**(p510)

ハモンドスキアシガエル *Spea hammondi*
スキアシガエル科（アメリカスキアシガエル科）の両生類。別名セイブスキアシガエル。体長4～6.5cm。㊅アメリカ合衆国南西部，メキシコ北部
¶**カエル見**(p13/カ写)
世文動〔セイブスキアシガエル〕(p320/カ写)
爬両1800(p359/カ写)
爬両ビ(p275/カ写)

ハヤクチイシヤモリ ⇒ギバーイシヤモリを見よ

ハヤブサ *Falco peregrinus* 隼
ハヤブサ科の鳥。全長34～58cm。㊅南極大陸を除く全地域
¶**驚野動**(p144/カ写)
くら鳥(p78/カ写)
原寸羽(p84/カ写)
里山鳥(p209/カ写)
四季鳥(p89/カ写)
巣と卵決(p59,229/カ写，カ図)
世鳥大(p186/カ写)
世鳥卵(p66/カ写，カ図)
世鳥ネ(p94/カ写)
世文鳥(p96/カ写)
地球(p431/カ写)
鳥卵巣(p118/カ写，カ図)
鳥比(p66/カ写)
鳥650(p466/カ写)
名鳥図(p138/カ写)
日ア鳥(p389/カ写)
日鳥識(p216/カ写)
日鳥巣(p56/カ写)
日鳥山新(p128/カ写)
日鳥山増(p56/カ写)
日野鳥新(p438/カ写)
日野鳥増(p368/カ写)
ぱっ鳥(p245/カ写)
バード(p39,130/カ写)
羽根決(p110/カ写，カ図)
ひと目鳥(p128/カ写)
フ日野新(p180/カ図)
フ日野増(p180/カ図)
フ野鳥(p268/カ図)
野鳥学フ(p228/カ写)
野鳥山フ(p25,143/カ図，カ写)
山溪名鳥(p266/カ写)
ワシ(p162/カ写)

ハヤブサ〔亜種〕 *Falco peregrinus japonensis* 隼
ハヤブサ科の鳥。絶滅危惧II類（環境省レッドリスト）。
¶**絶鳥事**〔ハヤブサ〕(p8,116/カ写，モ図)
日野鳥新〔ハヤブサ*〕(p438/カ写)
ワシ〔亜種ハヤブサ〕(p162/カ写)

ハユルミトカゲ *Chalarodon madagascariensis*
イグアナ科マラガシートカゲ亜科の爬虫類。全長20～25cm。㊅マダガスカル西部～南部
¶**世爬**(p66/カ写)
爬両1800(p79/カ写)
爬両ビ(p70/カ写)

ハラアカスジククリィヘビ *Oligodon ornatus*
ナミヘビ科ナミヘビ亜科の爬虫類。全長37～75cm。㊅中国南部，台湾
¶**爬両1800**(p290/カ写)

バライロガモ *Rhodonessa caryophyllacea* 薔薇色鴨
カモ科の鳥。全長62cm。㊅ネパール中部，インド北東部，ミャンマーに局地的に分布していたが絶滅した可能性がある
¶**世鳥卵**(p50/カ写，カ図)

バライロコセイインコ *Psittacula roseata* 薔薇色小青鸚哥
インコ科の鳥。大きさ30cm。㊅ヒマラヤ（アッサム～ミャンマー）
¶**鳥飼**(p144/カ写)

バライロムクドリ *Pastor roseus* 薔薇色椋鳥
ムクドリ科の鳥。全長18～19cm。㊅東ヨーロッパ～西アジア，インド
¶**原色鳥**(p85/カ写)
世鳥大(p432/カ写)
鳥比(p127/カ写)
鳥650(p585/カ写)
日ア鳥(p497/カ写)
日色鳥(p21/カ写)
日鳥山新(p238/カ写)
日鳥山増(p332/カ写)
日野鳥新(p529/カ写)
フ日野新(p340/カ図)
フ日野増(p338/カ図)
フ野鳥(p332/カ図)

バライロユミハチドリ *Phaethornis pretrei* 薔薇色弓蜂鳥
ハチドリ科ユミハチドリ亜科の鳥。全長13～15cm。
¶**世鳥大**(p294/カ写)
ハチドリ(p50/カ写)

バラエリフトオハチドリ *Selasphorus flammula*
薔薇襟太尾蜂鳥
ハチドリ科ハチドリ亜科の鳥。全長7.5～8cm。
¶ハチドリ（p348/カ写）

ハラオビカメレオン *Calumma gastrotaenia*
カメレオン科の爬虫類。全長12～14cm。㊕マダガスカル中央部・東部
¶**爬両1800**（p120/カ写）

ハラガケガメ *Claudius angustatus*
ドロガメ科オオニオイガメ亜科の爬虫類。甲長13～16cm。㊕メキシコ，グアテマラ北部，ベリーズ
¶世カメ（p151/カ写）
世爬（p50/カ写）
世文動（p242/カ写）
爬両1800（p57/カ写）
爬両ビ（p60/カ写）

ハ

パラグアイカイマン *Caiman yacare*
アリゲーター科の爬虫類。㊕南アメリカ中央部～南部
¶驚野動（p107/カ写）

パラグアイニジボア ⇒パラグアイレインボーボアを見よ

パラグアイレインボーボア *Epicrates cenchria crassus*
ボア科の爬虫類。レインボーボアの亜種。独立種とされることもある。別名パラグアイニジボア。全長100～180cm。㊕コスタリカ，パナマ，南米大陸北部
¶世ヘビ（p17/カ写）
爬両1800〔パラグアイニジボア〕（p261/カ写）

バラコアアノール *Anolis baracoae*
イグアナ科アノールトカゲ亜科の爬虫類。全長30～45cm。㊕キューバ東部
¶**爬両1800**（p83/カ写）

ハラジロカマイルカ *Lagenorhynchus obscurus*
マイルカ科の哺乳類。体長1.6～2.1m。㊕南アメリカ，アフリカ，ニュージーランド
¶クイ百（p140/カ図）
世哺（p185/カ図）
地球（p616/カ図）

バラシンガジカ *Rucervus duvaucelii*
シカ科の哺乳類。別名ヌマジカ。体高1.2～1.4m。㊕ネパール，インド
¶地球（p597/カ写）

パラスクテータスフトユビヤモリ *Pachydactylus parascutatus*
ヤモリ科ヤモリ亜科の爬虫類。全長8cm前後。㊕ナミビア北部
¶ゲッコー（p25/カ写）

ハラスジツルヘビ *Oxybelis fulgidus*
ナミヘビ科ナミヘビ亜科の爬虫類。全長120～170cm。㊕メキシコ南部～南米大陸中部まで
¶**爬両1800**（p294/カ写）

ハラスジヤマガメ *Rhinoclemmys funerea*
アジアガメ科（イシガメ（バタグールガメ）科）の爬虫類。甲長25～30cm。㊕ホンジュラス南部～パナマ
¶世カメ（p302/カ写）
爬両1800（p46/カ写）
爬両ビ（p25/カ写）

パラダイストビヘビ *Chrysopelea paradisi*
ナミヘビ科ナミヘビ亜科の爬虫類。全長90～120cm。㊕インド，東南アジア南部
¶世爬（p192/カ写）
爬両1800（p289/カ写）
爬両ビ（p201/カ写）

バラノドズキンフウキンチョウ *Nemosia rourei*
薔薇喉頭巾風琴鳥
フウキンチョウ科の鳥。絶滅危惧IA類。全長14cm。㊕ブラジルのエスピリトサント州
¶レ生（p232/カ写）

バラノドチビハチドリ *Chaetocercus bombus* 薔薇喉チビ蜂鳥
ハチドリ科ハチドリ亜科の鳥。絶滅危惧II類。全長6～7cm。㊕エクアドル，ペルー
¶ハチドリ（p316/カ写）

バラブキヌゲネズミ *Cricetulus barabensis* バラブ絹毛鼠
キヌゲネズミ科の哺乳類。体長7～12cm。
¶地球（p526/カ写）

バラマダラ *Dinodon rosozonatum*
ナミヘビ科ナミヘビ亜科の爬虫類。全長80cm前後。㊕中国南部，ベトナム
¶**爬両1800**（p298/カ写）

パラマンバアマガエルモドキ *Espadarana prosoblepon*
アマガエルモドキ科の両生類。全長2～3cm。
¶地球（p353/カ写）

バラムネアラレチョウ *Hypargos margaritatus* 薔薇胸霰鳥
カエデチョウ科の鳥。全長13cm。㊕モザンビーク～南アフリカ
¶原色鳥（p83/カ写）
世鳥大（p458/カ写）

バラムネオナガバト *Macropygia amboinensis* 薔薇胸尾長鳩
ハト科の鳥。全長38～43cm。㊕オーストラリアの東海岸，ニューギニア，インドネシア，フィリピン
¶地球（p453/カ写）

バラムネフウキンチョウ *Rhodinocichla rosea* 薔薇胸風琴鳥
フウキンチョウ科の鳥。全長19〜20cm。㊛メキシコ〜コスタリカ, パナマ, エクアドル, コロンビア
¶原色鳥(p19/カ写)

バーラル *Pseudois nayaur*
ウシ科の哺乳類。別名ブルーシープ。体高75〜90cm。㊛アジア
¶世文動(p234/カ写)
世哺(p379/カ写)
地球(p606/カ写)

ハラルドマイヤーオビトカゲ *Zonosaurus haraldmeieri*
プレートトカゲ科の爬虫類。全長30〜40cm。㊛マダガスカル北端部
¶爬両1800(p224/カ写)
爬両ビ(p156/カ写)

パラワンアナグマ *Mydaus marchei* パラワン穴熊
スカンク科の哺乳類。体長32〜49cm。㊛パラワン諸島, ブスアンガ諸島
¶地球(p572/カ写)

パラワンコクジャク *Polyplectron napoleonis* パラワン小孔雀
キジ科の鳥。全長40〜50cm。㊛フィリピンのパラワン島
¶世色鳥(p61/カ写)
世鳥大(p117/カ写)
世美羽(p14/カ写, カ図)
地球(p411/カ写)

パラワンツカツクリ *Megapodius cumingii* パラワン塚造
ツカツクリ科の鳥。別名フィリピンツカツクリ。全長32〜38cm。㊛フィリピン諸島, ボルネオ島北部, スラウェシ島
¶鳥卵巣(p122/カ写, カ図)

ハリアー Harrier
犬の一品種。別名ハーリア。体高48〜55cm。イギリスの原産。
¶最犬大〔ハーリア〕(p265/カ写)
新犬種〔ハーリア〕(p150/カ写)
新世犬(p202/カ写)
図世犬(p234/カ写)
世文動(p143/カ写)
ビ犬〔ハリア〕(p154/カ写)

バリウシ Bali Cattle バリ牛
牛の一品種。野牛バンテンを家畜化したもの。肩高メス111cm。バリ島の原産。
¶日家〔バリ牛〕(p92/カ写)

ハリオアマツバメ *Hirundapus caudacutus* 針尾雨燕
アマツバメ科の鳥。全長19〜23cm。㊛アジアやヒマラヤで繁殖。ニュージーランド以北で越冬。日本では本州中部以北の夏鳥
¶くら鳥(p37/カ写)
原寸羽(p198/カ写)
里山鳥(p74/カ写)
四季鳥(p50/カ写)
巣と卵決(p239/カ写)
世鳥大(p293/カ写)
世鳥ネ(p210/カ写)
世文鳥(p181/カ写)
鳥比(p104/カ写)
鳥650(p215/カ写)
名鳥図(p158/カ写)
日ア鳥(p185/カ写)
日鳥識(p132/カ写)
日鳥巣(p118/カ写)
日鳥山新(p45/カ写)
日鳥山増(p101/カ写)
日野鳥新(p205/カ写)
日野鳥増(p411/カ写)
ぱっ鳥(p125/カ写)
バード(p53/カ写)
羽根決(p228/カ写, カ図)
ひと目鳥(p132/カ写)
フ日野新(p204/カ図)
フ日野増(p204/カ図)
フ野鳥(p128/カ図)
野鳥学フ(p105/カ写)
野鳥山フ(p42,251/カ図, カ写)
山溪名鳥(p41/カ写)

ハリオカマドドリ *Aphrastura spinicauda* 針尾竈鳥
カマドドリ科の鳥。全長14cm。㊛チリ中央〜南方のアンデス山脈の標高が低い斜面や丈の低い森林
¶世鳥大(p355/カ写)

ハリオシギ *Gallinago stenura* 針尾鷸, 針尾鴫
シギ科の鳥。全長25cm。
¶原寸羽(p295/カ写)
世文鳥(p139/カ写)
鳥卵巣(p192/カ写, カ図)
鳥比(p288/カ写)
鳥650(p244/カ写)
名鳥図(p100/カ写)
日ア鳥(p208/カ写)
日鳥識(p144/カ写)
日鳥水増(p256/カ写)
日野鳥新(p234/カ写)
日野鳥増(p290/カ写)
フ日野新(p160/カ図)
フ日野増(p160/カ図)
フ野鳥(p144/カ図)
山溪名鳥(p215/カ写)

ハリオツバメ *Hirundo smithii* 針尾燕
ツバメ科の鳥。全長14cm。
¶世鳥大(p407/カ写)

ハ

ハリオハチクイ *Merops philippinus* 針尾蜂食, 針尾蜂喰
ハチクイ科の鳥。全長23cm。㊀インド～中国南部, 東南アジア, アンダマン諸島で繁殖, スリランカやインドネシアで越冬
¶**世鳥卵**〔ルリホオハチクイ〔Blue-tailed Bee-eater〕〕(p140/カ写, カ図)
鳥比〔ルリオハチクイ〕(p61/カ写)
鳥650 (p749/カ写)

ハリオハチドリ *Chaetocercus jourdanii* 針尾蜂鳥
ハチドリ科ハチドリ亜科の鳥。全長6～8cm。
¶**ハチドリ** (p386)

ハリオマイコドリ *Pipra filicauda* 針尾舞子鳥
マイコドリ科の鳥。全長10.7～11.5cm。㊀南アメリカ
¶**原色鳥** (p238/カ写)

バリケン Muscovy Duck 蕃鴨
カモ科の鳥。家禽。日本各地で野生化したものも見られる。体長 オス70cm, メス60cm。南アメリカの原産。
¶**鳥比** (p219/カ写)
日家 (p215/カ写)
日鳥識 (p74/カ写)
日鳥水増 (p344/カ写)
バード (p24/カ写)
フ日野新 (p306/カ図)
フ日野増 (p306/カ図)

ハリスコドロガメ *Kinosternon chimalhuaca*
ドロガメ科ドロガメ亜科の爬虫類。甲長12～14cm。㊀メキシコ南部(ハリスコ州・コリマ州)
¶**世カメ** (p134/カ写)
爬両1800 (p54/カ写)

ハリスレイヨウジリス *Ammospermophilus harrisii*
リス科の哺乳類。体長14～16cm。
¶**地球** (p525/カ写)

ハリテンレック *Setifer setosus*
テンレック科の哺乳類。体長15～21cm。㊀マダガスカル
¶**驚野動** (p241/カ写)
地球 (p514/カ写)

バリニーズ Balinese
猫の一品種。別名バリネーズ。体重2.5～5kg。アメリカ合衆国の原産。
¶**世文動**〔バリネーズ〕(p172/カ写)
ビ猫 (p206/カ写)
ビ猫〔バリニーズ(ジャバニーズ)〕(p207/カ写)

バリネーズ ⇒バリニーズを見よ

ハリハシハチドリ *Phaethornis philippii* 針嘴蜂鳥
ハチドリ科ユミハチドリ亜科の鳥。全長12cm。
¶**ハチドリ** (p357)

バリ・マウンテンドッグ Bail Mountain Dog
犬の一品種。バリ島の山岳地帯のパーリア犬。体高約50cm。インドネシアの原産。
¶**新犬種** (p190/カ写)

ハリモグラ *Tachyglossus aculeatus* 針土竜
ハリモグラ科の哺乳類。体長30～45cm。㊀オーストラリア, タスマニア, ニューギニア
¶**世文動** (p34/カ写)
世哺 (p54/カ写)
地球 (p502/カ写)

ハリモミライチョウ *Falcipennis canadensis*
キジ科(ライチョウ科)の鳥。全長39～40cm。㊀アラスカ西部～カナダ東部, アメリカ合衆国北部
¶**世鳥大** (p111/カ写)
世鳥卵 (p70/カ写, カ図)
世鳥ネ (p34/カ写)
地球 (p410/カ写)

ハリモモチュウシャク *Numenius tahitiensis* 針腿中杓
シギ科の鳥。別名ハリモモチュウシャクシギ。全長40～44cm。㊀繁殖地はアメリカ合衆国のアラスカ州南西部。越冬地は太平洋～オセアニアの島嶼
¶**世文鳥** (p137/カ写)
鳥比 (p296/カ写)
鳥650 (p255/カ写)
名鳥図〔ハリモモチュウシャクシギ〕(p97/カ写)
日ア鳥 (p219/カ写)
日鳥水増 (p251/カ写)
日野鳥新 (p249/カ写)
日野鳥増〔ハリモモチュウシャクシギ〕(p259/カ写)
フ日野新 (p158/カ図)
フ日野増 (p158/カ図)
フ野鳥〔ハリモモチュウシャクシギ〕(p150/カ図)

ハルアマガエル ⇒サエズリアマガエルを見よ

バルウィー ⇒バルベを見よ

バルカンヘビガタトカゲ *Pseudopus apodus*
アンギストカゲ科の爬虫類。別名ヨーロッパアシナシトカゲ, ヨーロッパヘビトカゲ。全長100～120cm。㊀ヨーロッパ東部, トルコ, ロシア, 中東など
¶**世爬** (p151/カ写)
世文動〔ヨーロッパヘビトカゲ〕(p276/カ写)
地球〔ヨーロッパアシナシトカゲ〕(p388/カ写)
爬両1800 (p231/カ写)
爬両ビ (p161/カ写)

バルカンレーサー *Hierophis gemonensis*
ナミヘビ科ナミヘビ亜科の爬虫類。全長90～110cm。㊀イタリア北東部～バルカン半島
¶**地球** (p396/カ写)
爬両1800 (p302/カ写)

パルソンボア *Candoia paulsoni*
ボア科の爬虫類。全長60〜75cm。 ㊍インドネシア(ハルマヘラ), ソロモン諸島など
¶**爬両1800** (p259/カ写)

バルディジアーノ Bardigiano
馬の一品種。イタリアの北部アペニン地方原産の山岳ポニーの系統。
¶**アルテ馬** (p210/カ写)

パルテロミズトカゲ *Tropidophorus partelloi*
スキンク科の爬虫類。全長25cm前後。 ㊍フィリピン(ミンダナオ島)
¶**爬両1800** (p216/カ写)

ハルデン・シュテーバレ ⇒ハルデン・ハウンドを見よ

ハルデンシュトーヴァレ ⇒ハルデン・ハウンドを見よ

ハルデンステーバレー ⇒ハルデン・ハウンドを見よ

ハルデン・ハウンド Halden Hound
犬の一品種。別名ハルデンステーバレー, ハルデンシュトーヴァレ, ハルデン・シュテーバレ。体高 オス52〜60cm, メス50〜58cm。ノルウェーの原産。
¶**最犬大** (p309/カ写)
新犬種 〔ハルデン・シュテーバレ〕 (p154/カ写)
ビ犬 〔ハルデンシュトーヴァレ〕 (p155/カ写)

ハルト・ポルスキ ⇒ウインドフンドを見よ

ハルドンアガマ *Laudakia stellio*
アガマ科の爬虫類。全長35〜45cm。 ㊍アラビア半島, エジプト, ギリシャ, トルコ
¶**世爬** (p82/カ写)
爬両1800 (p104/カ写)
爬両ビ (p84/カ写)

バルバトスアノール *Anolis extremus*
イグアナ科アノールトカゲ亜科の爬虫類。全長18cm前後。 ㊍小アンティル諸島(バルバトス島・セントルシア・バミューダ)
¶**爬両1800** (p83/カ写)

バルバド・ダ・テルセイラ Barbado Da Terceira
犬の一品種。体高 オス56cm, メス53cm。ポルトガルの原産。
¶**最犬大** (p84/カ写)
新犬種 (p137/カ写)

バルビー ⇒バルベを見よ

バルブ Barb
馬の一品種。軽量馬。体高142〜152cm。モロッコの原産。
¶**アルテ馬** (p44/カ写)

バルベ Barbet
犬の一品種。別名バルビー, バルウィー, フレンチ・ウォーター・ドッグ, グリフォン・ダレー・ア・ポワール・レノー。体高 オス58〜65cm, メス53〜61cm。フランスの原産。
¶**最犬大** (p358/カ写)
新犬種 (p180/カ写)
ビ犬 〔フレンチ・ウォーター・ドッグ〕 (p229/カ写)

ハルマヘラニシキヘビ *Morelia tracyae*
ニシキヘビ科の爬虫類。全長250〜400cm。 ㊍インドネシア(ハルマヘラ島など)
¶**爬両1800** (p254/カ写)

ハルマヘラホカケトカゲ *Hydrosaurus weberi*
アガマ科の爬虫類。全長80〜100cm。 ㊍インドシナ(ハルマヘラ島)
¶**爬両1800** (p99/カ写)

ハ

パルマヤブワラビー *Macropus parma*
カンガルー科の哺乳類。体長45〜53cm。 ㊍オーストラリア
¶**驚野動** 〔パルマワラビー〕 (p337/カ写)
世哺 (p76/カ写)
地球 (p508/カ写)

パルマワラビー ⇒パルマヤブワラビーを見よ

ハレクイン Harlequin
兎の一品種。フランスの原産。
¶**うさぎ** (p96/カ写)
新うさぎ (p108/カ写)

ハーレクイーンアデガエル ⇒コワンアデガエルを見よ

ハーレクインガエル ⇒ゼテクフキヤヒキガエルを見よ

ハーレラドロガメ *Kinosternon herrerai*
ドロガメ科ドロガメ亜科の爬虫類。甲長14〜16cm。 ㊍メキシコ北部大西洋岸〜中部
¶**世カメ** (p132/カ写)
世爬 (p47/カ写)
爬両1800 (p54/カ写)
爬両ビ (p58/カ写)

ハロウェルアマガエル *Hyla hallowellii* ハロウェル雨蛙
アマガエル科の両生類。日本固有種。体長3〜4cm。 ㊍南西諸島
¶**カエル見** (p31/カ写)
原爬両 (No.123/カ写)
世両 (p40/カ写)
日カサ 〔ハロウエルアマガエル〕 (p62/カ写)
爬両観 (p105/カ写)
爬両飼 (p174/カ写)
爬両1800 (p371/カ写)
野日両 〔ハロウエルアマガエル〕 (p32,76,150/カ写)

パロットヘビ *Leptophis ahaetulla*
ナミヘビ科の爬虫類。㋕中央アメリカ〜南アメリカ
¶驚野動（p105/カ写）

パロミノ〔ウサギ〕 Palomino
兎の一品種。アメリカ合衆国の原産。
¶うさぎ（p152/カ写）
新うさぎ（p182/カ写）

パロミノ〔ウマ〕 Palomino
馬の一品種。軽量馬。体高141〜160cm。アメリカ合衆国の原産。
¶アルテ馬（p184/カ写）

バロンアデガエル *Mantella baroni*
マダガスカルガエル科（マラガシーガエル科）の両生類。体長2.2〜3cm。㋕マダガスカル東部〜南東部
¶カエル見（p65/カ写）
世両（p103/カ写）
爬両**1800**（p399/カ写）

ハ

バロンコダマヘビ *Philodryas baroni*
ナミヘビ科ヒラタヘビ亜科の爬虫類。全長100〜130cm。㋕南米大陸中部
¶世爬（p191/カ写）
爬両**1800**（p285/カ写）
爬両ビ（p218/カ写）

ハワイガラス *Corvus hawaiiensis* ハワイ鴉，ハワイ烏
カラス科の鳥。絶滅危惧IA類。全長48cm。㋕アメリカ合衆国ハワイ州のハワイ島
¶絶百**8**（p90/カ写）

ハワイガン *Branta sandvicensis* ハワイ雁
カモ科の鳥。絶滅危惧II類。全長56〜71cm。㋕ハワイ島（固有）
¶遺産世（Aves No.12/カ写）
絶百**8**（p92/カ写）
世鳥大（p126/カ写）
世鳥ネ（p39/カ写）
地球（p412/カ写）
鳥絶（p131/カ図）
鳥卵巣（p86/カ写，カ図）

ハワイシロハラミズナギドリ *Pterodroma sandwichensis* ハワイ白腹水薙鳥
ミズナギドリ科の鳥。全長43cm。㋕ハワイ諸島近郊の沖合に生息
¶日ア鳥（p106/カ写）
フ日野新（p70/カ図）
フ日野増（p70/カ図）
フ野鳥（p76/カ図）

ハワイセグロミズナギドリ *Puffinus newelli* ハワイ背黒水薙鳥
ミズナギドリ科の鳥。全長32〜35cm。㋕ハワイ諸島で繁殖
¶鳥比（p246）
日鳥水増（p50/カ写）

ハワイヒタキ *Chasiempis sandwichensis* ハワイ鶲
カササギヒタキ科の鳥。絶滅危惧IB類。全長14cm。㋕ハワイ（固有）
¶世鳥大（p388/カ写）
鳥絶（p205/カ図）

ハワイモンクアザラシ *Monachus schauinslandi* ハワイモンク海豹
アザラシ科の哺乳類。絶滅危惧IB類。体長2〜2.4m。㋕ハワイ諸島やハワイ環礁
¶遺産世（Mammalia No.39/カ写）
絶百**2**（p20/カ写）
世文動（p180/カ写）
地球（p570/カ写）
レ生（p235/カ写）

バワンリントカゲモドキ *Goniurosaurus bawanglingensis* バワンリン蜥蜴擬
ヤモリ科トカゲモドキ亜科の爬虫類。別名クロブチトカゲモドキ。全長15cm前後。㋕中国（海南島）
¶ゲッコー（p94/カ写）
爬両**1800**（p169/カ写）

バン *Gallinula chloropus* 鷭
クイナ科の鳥。全長30〜38cm。㋕アフリカ，ヨーロッパ，ジャワ島
¶くら鳥（p84/カ写）
原寸羽（p98/カ写）
里山鳥（p92/カ写）
四季鳥（p112/カ写）
巣と卵決（p68/カ写，カ図）
世鳥大（p211/カ写）
世鳥卵（p84/カ写，カ図）
世鳥ネ（p118/カ写）
世文鳥（p108/カ写）
地球（p440/カ写）
鳥卵巣（p162/カ写，カ図）
鳥比（p270/カ写）
鳥**650**（p200/カ写）
名鳥図（p71/カ写）
日ア鳥（p171/カ写）
日色鳥（p217/カ写）
日鳥識（p128/カ写）
日鳥巣（p72/カ写）
日鳥水増（p180/カ写）
日野鳥新（p192/カ写）
日野鳥増（p226/カ写）
ぱっ鳥（p116/カ写）
バード（p116/カ写）
羽根決（p138/カ写，カ図）
ひと目鳥（p110/カ写）
フ日野新（p122/カ図）
フ日野増（p122/カ図）
フ野鳥（p118/カ図）

野鳥学フ（p162/カ写（p162），カ図（p163））
野鳥山フ（p27,164/カ図, カ写）
山溪名鳥（p268/カ写）

バンガイヒタキ *Eutrichomyias rowleyi*
カササギヒタキ科の鳥。全長18cm。㊕インドネシアのサンギヘ島
¶世鳥大（p387）

ハンガリアン・ヴィズラ(1) ⇒ショートヘアード・ハンガリアン・ビズラを見よ

ハンガリアン・ヴィズラ(2) ⇒ワイアーヘアード・ハンガリアン・ビズラを見よ

ハンガリアン・クーバース ⇒クーバースを見よ

ハンガリアン・グレーハウンド Hungarian Greyhound
犬の一品種。別名ハンガリアン・グレイハウンド，マジャール・アガール，マジャール・アジャール。体高 オス65〜70cm，メス62〜67cm。ハンガリーの原産。
¶最犬大（p415/カ写）
新犬種〔マジャール・アガール〕（p283/カ写）
新世犬（p205/カ写）
図世犬（p333/カ写）
ビ犬（p130/カ写）

ハンガリアン・シェパード・テリア ⇒プーミーを見よ

ハンガリアン・ショートヘアード・ポインティング・ドッグ ⇒ショートヘアード・ハンガリアン・ビズラを見よ

ハンガリアン・ハウンド ⇒トランシルバニアン・ハウンドを見よ

ハンガリアン・ビズラ ⇒ショートヘアード・ハンガリアン・ビズラを見よ

ハンガリアン・プーリー ⇒プーリーを見よ

ハンガリアン・ポインター ⇒ショートヘアード・ハンガリアン・ビズラを見よ

ハンガリアン・ワイアーヘアード・ポインティング・ドッグ ⇒ワイアーヘアード・ハンガリアン・ビズラを見よ

バンクーバーマーモット *Marmota vancouverensis*
リス科の哺乳類。絶滅危惧IA類。頭胴長41〜46cm。㊕カナダのバンクーバー島
¶レ生（p236/カ写）

パンケーキガメ *Malacochersus tornieri*
リクガメ科の爬虫類。別名パンケーキリクガメ。甲長15cm。㊕ケニア，タンザニア，ザンビア
¶世カメ（p38/カ写）
世爬（p13/カ写）
世文動（p252/カ写）
地球〔パンケーキリクガメ〕（p379/カ写）
爬両1800（p14/カ写）
爬両ビ（p9/カ写）

パンケーキリクガメ ⇒パンケーキガメを見よ

バンケン *Centropus bengalensis* 蕃鵑，蛮鵑
カッコウ科の鳥。全長42cm。
¶鳥比（p19/カ写）
鳥650（p204/カ写）
日ア鳥（p174/カ写）
日鳥山新（p34/カ写）
日鳥山増（p86/カ写）
フ日野新（p326/カ図）
フ日野増（p324/カ図）
フ野鳥（p120/カ図）

パンサーカメレオン *Furcifer pardalis*
カメレオン科の爬虫類。全長30〜40cm。㊕マダガスカル北部・東部，レユニオン島
¶驚野動（p242/カ写）
世爬（p98/カ写）
地球（p380,382/カ写）
爬両1800（p121〜122/カ写）
爬両ビ（p96/カ写）

バンゾリニーヤドクガエル *Dendrobates vanzolinii*
ヤドクガエル科の両生類。体長1.6〜1.9cm。㊕ブラジル，ペルー
¶カエル見（p101/カ写）
世両（p163/カ写）
爬両1800（p424/カ写）
爬両ビ（p290/カ写）

ハンター Hunter
馬の一品種。軽量馬。体高160〜162cm。アイルランド・イギリス・アメリカ合衆国の原産。
¶アルテ馬（p86/カ写）

バンダイハコネサンショウウオ *Onychodactylus intermedius* 磐梯箱根山椒魚
サンショウウオ科の両生類。㊕磐梯山周辺
¶日カサ（p195/カ写）
野日両（p27,64,132/カ写）

バンテン *Bos javanicus*
ウシ科の哺乳類。絶滅危惧IB類。体高1.6〜1.7m。㊕東南アジアのミャンマー〜インドネシア
¶絶百9（p8/カ写）
世文動（p210/カ写）
世哺（p353/カ写）
地球（p600/カ写）
レ生（p237/カ写）

ハントウアカネズミ *Apodemus peninsulae*
ネズミ科の哺乳類。頭胴長約10cm。㊕北海道など
¶世文動（p117/カ写）
日哺改（p136/カ写）

ハンドウイルカ *Tursiops truncatus* 半道海豚
マイルカ科の哺乳類。別名バンドウイルカ。成体体重 最大はメス260kg, オス650kg。㊀温帯～熱帯にかけて水温約10～32度の海域
¶クイ百(p182/カ図)
くら哺(p98/カ写)
世文動〔バンドウイルカ〕(p127/カ写)
世哺〔バンドウイルカ〕(p189/カ図)
地球(p617/カ図)
日哺学フ(p244/カ写, カ図)

バンドククリィヘビ *Oligodon fasciolatus*
ナミヘビ科ナミヘビ亜科の爬虫類。全長80～100cm。㊀ラオス～ベトナム, タイ, ミャンマーなど
¶爬両1800(p290/カ写)

バンドトカゲモドキ *Coleonyx variegatus*
ヤモリ科トカゲモドキ亜科の爬虫類。全長9～12cm。㊀アメリカ合衆国南西部, メキシコ
¶世爬(p121/カ写)
世文動(p261/カ写)
地球(p384/カ写)
爬両1800(p168/カ写)
爬両ビ(p122/カ写)

バンドリ ⇒ムササビを見よ

バンバ Banba 輓馬
馬の一品種。日本の半血馬。体高165～187cm。北海道の原産。
¶日家〔輓馬〕(p22/カ写)

パンパスギツネ *Lycalopex gymnocercus*
イヌ科の哺乳類。別名アザライヌ, パタゴニアギツネ, パンパスハイイロギツネ。体長50～74cm。㊀ブラジル南東部～パラグアイ, ウルグアイ, アルゼンチン北部
¶地球(p563/カ写)
野生イヌ(p138/カ写, カ図)

パンパスキャット ⇒コロコロを見よ

パンパスジカ *Ozotoceros bezoarticus*
シカ科の哺乳類。体高70～75cm。㊀ブラジル, アルゼンチン, パラグアイ, ボリビア
¶世文動(p202/カ写)
地球(p598/カ写)

パンパステンジクネズミ *Cavia aperea*
テンジクネズミ科の哺乳類。体長20～40cm。㊀南アメリカ
¶世哺(p176/カ写)
地球(p529/カ写)

パンパスハイイロギツネ ⇒パンパスギツネを見よ

バンビーノ Bambino
猫の一品種。体重2～4kg。アメリカ合衆国の原産。
¶ビ猫(p155/カ写)

ハンプシャー Hampshire
豚の一品種。白黒模様のブタ。体重 オス300kg, メス250kg。アメリカ合衆国の原産。
¶世文動(p196/カ写)
日家(p103/カ写)

ハンプトンセタカヘビ *Pareas hamptoni*
ナミヘビ科セタカヘビ亜科の爬虫類。全長45～50cm。㊀ミャンマー, ベトナム, 中国南部など
¶爬両1800(p332/カ写)

ハンブルグ Hamburgh
鶏の一品種。体重 オス2.2kg, メス1.8kg。オランダおよびイギリスの原産。
¶日家(p206/カ写)

【ヒ】

ビアデッド・コリー Bearded Collie
犬の一品種。別名ベアデッド・コリー。体高 オス53～56cm, メス51～53cm。イギリスの原産。
¶アルテ犬(p174/カ写)
最犬大(p55/カ写)
新犬種(p171/カ写)
新世犬(p40/カ写)
図世犬(p50/カ写)
世文動〔ベアデッド・コリー〕(p138/カ写)
ビ犬(p57/カ写)

ビイィ ⇒ビリーを見よ

ヒイロサンショウクイ *Pericrocotus flammeus* 緋色山椒喰
サンショウクイ科の鳥。全長20～22cm。㊀インド亜大陸, 中国南部と東南アジアのほぼ全域
¶世鳥大(p380/カ写)
世鳥卵(p162/カ写, カ図)

ヒイロタイヨウチョウ *Aethopyga mystacalis* 緋色太陽鳥
タイヨウチョウ科の鳥。㊀インドネシアのジャワ島
¶世美羽(p84/カ写, カ図)

ヒイロニシキヘビ ⇒アカニシキヘビを見よ

ヒイロフキヤガエル ⇒アシグロフキヤガエルを見よ

ヒイロヤドクガエル ⇒アシグロフキヤガエルを見よ

ヒインコ *Eos bornea* 緋鸚哥
インコ科の鳥。全長31cm。㊀インドネシア
¶原色鳥(p55/カ写)
世色鳥(p27/カ写)

世鳥大(p256/カ写)

ピエトレン Pietrain
豚の一品種。体高60〜80cm。ベルギーの原産。
¶地球(p595/カ写)

ヒオウギインコ *Deroptyus accipitrinus* 緋扇鸚哥
インコ科の鳥。全長36cm。㊕アマゾン川以北の南アメリカ,コロンビア南東部およびペルー北東部
¶世鳥大(p271/カ写)
世美羽(p62/カ写,カ図)
地球(p458/カ写)
鳥飼(p155/カ写)

ヒオドシジュケイ *Tragopan satyra* 緋縅綬鶏
キジ科の鳥。全長60〜70cm。
¶世色鳥(p134/カ写)
世鳥大(p115/カ写)
地球(p411/カ写)
鳥卵巣(p137/カ写,カ図)

ヒガシアオジタトカゲ *Tiliqua scincoides scincoides* 東青舌蜥蜴
スキンク科の爬虫類。ハスオビアオジタトカゲの亜種。全長72cm。㊕オーストラリア南部・東部
¶地球(p387/カ写)

ヒガシアフリカトカゲモドキ *Holodactylus africanus* 東阿弗利加蜥蜴擬
ヤモリ科トカゲモドキ亜科の爬虫類。全長11〜14cm。㊕タンザニア,ケニア,エチオピア,ソマリア
¶ゲッコー(p99/カ写)
世爬(p124/カ写)
爬両1800(p173/カ写)
爬両ビ(p124/カ写)

ヒガシアメリカオオコノハズク *Megascops asio* 東亜米利加大木葉木菟
フクロウ科の鳥。全長16〜25cm。㊕カナダ南部〜東部,アメリカ東部および中央〜南部〜北東メキシコ
¶世鳥大(p279/カ写)
世鳥ネ(p191/カ写)
地球(p463/カ写)

ヒガシイワゴジュウカラ *Sitta tephronota* 東岩五十雀
ゴジュウカラ科の鳥。㊕中央アジア〜南はイランまで
¶世鳥卵(p206/カ写,カ図)

ヒガシインドトカゲモドキ *Eublepharis hardwickii* 東印度蜥蜴擬
ヤモリ科トカゲモドキ亜科の爬虫類。別名ハードウィッキートカゲモドキ。全長20cm前後。㊕インド東部
¶ゲッコー(p97/カ写)
爬両1800(p172/カ写)

ヒガシウォータードラゴン *Physignathus lesueurii*
アガマ科の爬虫類。全長50〜70cm。㊕オーストラリア東部
¶驚野動(p342/カ写)
世爬(p78/カ写)
世文動(p266/カ写)
地球(p381/カ写)
爬両1800(p100/カ写)
爬両ビ(p82/カ写)

ヒガシオオバナナガエル *Afrixalus fornasini*
クサガエル科の両生類。体長3〜4.2cm。㊕アフリカ大陸東部〜南東部
¶カエル見(p55/カ写)
世両(p91/カ写)
爬両1800(p392/カ写)
爬両ビ(p259/カ写)

ヒガシオオヒルヤモリ *Phelsuma madagascariensis madagascariensis*
ヤモリ科ヤモリ亜科の爬虫類。全長22〜28cm。㊕マダガスカル北東部
¶ゲッコー〔オオヒルヤモリ(基亜種ヒガシオオヒルヤモリ)〕(p40/カ写)

ヒガシオナガフウチョウ *Astrapia rothschildi* 東尾長風鳥
フウチョウ科の鳥。㊕ニューギニア東部のフオン半島
¶世鳥卵(p240/カ写,カ図)

ヒガシキバラヒタキ *Eopsaltria australis* 東黄腹鶲
オーストラリアヒタキ科(サンショクヒタキ科)の鳥。全長15cm。㊕オーストラリア東部・南東部
¶世鳥大(p398/カ写)
地球(p488/カ写)
鳥卵巣(p285/カ写,カ図)

ヒガシキバラマルガメ *Cyclemys pulchristriata* 東黄腹丸亀
アジアガメ科(イシガメ(バタグールガメ)科)の爬虫類。甲長19〜21cm。㊕ベトナム中部〜南部,カンボジア東部
¶世カメ(p278/カ写)
爬両1800(p43/カ写)

ヒガシゴリラ *Gorilla beringei* 東ゴリラ
ヒト科の哺乳類。絶滅危惧IB類。体高1.5〜1.8m。㊕アフリカ中央部
¶遺産世〔マウンテンゴリラ(ヒガシゴリラ)〕(Mammalia No.12/カ写,モ図)
世哺(p128/カ写)
地球(p549/カ写)

ヒガシシシバナコブラ *Aspidelaps scutatus fulafulus*
コブラ科の爬虫類。全長75cm。
¶地球(p397/カ写)

ヒ

ヒガシシナアジサシ *Sterna bernsteini* 東支那鰺刺
カモメ科の鳥。絶滅危惧IA類。全長38～42cm。㊕中国の浙江省・福建省
¶レ生(p238/カ写)

ヒガシシマバンディクート *Perameles gunnii*
バンディクート科の哺乳類。絶滅危惧IA類。体長27～35cm。㊕オーストラリア, タスマニア
¶世哺(p63/カ写)
地球(p505/カ写)

ヒガシダイヤガラガラ *Crotalus adamanteus*
クサリヘビ科マムシ亜科の爬虫類。全長80～240cm。㊕アメリカ合衆国東南部
¶世ヘビ(p111/カ写)

ヒガシチンパンジー *Pan troglodytes schweinfurthii* 東チンパンジー
ヒト科の哺乳類。絶滅危惧IB類。㊕中央アフリカ共和国東部, 南スーダン南西部, コンゴ民主共和国北部・東部, ウガンダ西部, ルワンダ, ブルンジ, タンザニア西部
¶美サル(p207/カ写)

ヒガシトビウサギ *Pedetes surdaster* 東跳兎
トビウサギ科の哺乳類。体長35～43cm。㊕アフリカのセレンゲティ平原
¶地球(p528/カ写)

ヒガシナガクビガメ ⇒オーストラリアナガクビガメを見よ

ヒガシニホントカゲ *Plestiodon finitimus* 東日本蜥蜴
トカゲ科の爬虫類。全長約20～25cm。㊕本州(中部以東)
¶爬両観(p132/カ写)
野日爬(p20,50,91/カ写)

ヒガシハイイロエボシドリ *Crinifer zonurus* 東灰色烏帽子鳥
エボシドリ科の鳥。全長50cm。
¶地球(p460/カ写)

ヒガシヒメアメガエル *Litoria fallax*
アマガエル科の両生類。体長2.2～3.2cm。㊕オーストラリア
¶カエル見(p42/カ写)
爬両1800(p383/カ写)
爬両ビ(p253/カ写)

ヒガシフーロックテナガザル *Hoolock leuconedys*
テナガザル科の哺乳類。絶滅危惧II類。㊕インド北東部, ミャンマー東部, 中国南部
¶美サル(p115/カ写)

ヒガシベンガルオオトカゲ *Varanus nebulosus*
オオトカゲ科の爬虫類。全長120～180cm。㊕東南アジア
¶爬両1800(p241/カ写)

ヒガシマキバドリ *Sturnella magna* 東牧場鳥
ムクドリモドキ科の鳥。全長19～26cm。㊕北アメリカ, メキシコ, 南アメリカ北部
¶世鳥大(p472/カ写)
世鳥ネ(p326/カ写)
地球(p496/カ写)

ヒガシミユビハリモグラ *Zaglossus bartoni* 東三指針土竜
ハリモグラ科の哺乳類。別名ナガハシハリモグラ, ミユビハリモグラ。体長60～100cm。㊕ニューギニア東部
¶驚野動〔ナガハシハリモグラ〕(p315/カ写)
世哺〔ミユビハリモグラ〕(p55/カ写)
地球(p502/カ写)

ヒガシメンフクロウ *Tyto longimembris* 東面梟
メンフクロウ科の鳥。全長46cm。
¶鳥比(p27/カ写)
フ日野新(p188/カ図)
フ野鳥(p252/カ図)

ヒガシユミハシハチドリ ⇒ユミハシハチドリを見よ

ヒガシローランドゴリラ *Gorilla beringei graueri*
ヒト科の哺乳類。絶滅危惧IA類。㊕コンゴ民主共和国東部
¶美サル(p204/カ写)

ヒガラ *Periparus ater* 日雀
シジュウカラ科の鳥。全長11cm。㊕イギリス～日本に至るユーラシア大陸, アフリカ北部
¶くら鳥(p44/カ写)
原寸羽(p263/カ写)
里山鳥(p166/カ写)
四季鳥(p19/カ写)
巣と卵決(p176/カ写, カ図)
世鳥大(p403/カ写)
世鳥ネ(p270/カ写)
世文鳥(p244/カ写)
鳥卵巣(p319/カ写, カ図)
鳥比(p94/カ写)
鳥650(p510/カ写)
名鳥図(p215/カ写)
日ア鳥(p426/カ写)
日色鳥(p201/カ写)
日鳥識(p236/カ写)
日鳥巣(p256/カ写)
日鳥山新(p166/カ写)
日鳥山増(p262/カ写)
日野鳥新(p478/カ写)
日野鳥増(p551/カ写)
ぱっ鳥(p267/カ写)
バード(p74/カ写)
羽根決(p315/カ写, カ図)
ひと目鳥(p202/カ写)

フ日野新（p262/カ図）
フ日野増（p262/カ図）
フ野鳥（p290/カ図）
野鳥学フ（p82/カ写，カ図）
野鳥山フ（p60,333/カ図，カ写）
山溪名鳥（p153/カ写）

ヒカリワタアシハチドリ *Eriocnemis vestita* 光綿足蜂鳥
ハチドリ科ミドリフタオハチドリ亜科の鳥。全長9〜10cm。㊕ベネズエラ北西部〜エクアドル東部およびペルー北部
¶ハチドリ（p148/カ写）

ピカルディ・シープドッグ Picardy Sheepdog
犬の一品種。別名ベルジェ・ド・ピカルディー，ベルジェ・ピカール。体高 オス60〜65cm，メス55〜60cm。フランスの原産。
¶最犬大（p74/カ写）
新犬種〔ベルジェ・ド・ピカルディー〕（p244/カ写）
ビ犬（p44/カ写）

ピカルディ・スパニエル Picardy Spaniel
犬の一品種。別名イパーニエル・ピカー，エパニュール・ピカール。長毛ポインティング・ドッグ。体高 オス55〜62cm，メス55〜60cm。フランスの原産。
¶最犬大（p343/カ写）
新犬種〔エパニュール・ピカール〕（p224/カ写）
ビ犬（p239/カ写）

ヒクイドリ *Casuarius casuarius* 火喰鳥
ヒクイドリ科の鳥。別名オオヒクイドリ。絶滅危惧II類。全長1.3〜1.8m。㊕ニューギニア島のインドネシア領パプア州，パプアニューギニア
¶遺産世（Aves No.1/カ写）
絶百9（p10/カ写，カ図）
世鳥大（p105/カ写）
世鳥卵（p28/カ写，カ図）
世鳥ネ（p20/カ写）
世美羽（p174/カ写，カ図）
地球〔オオヒクイドリ〕（p407/カ写）
鳥絶（p120/カ図）
鳥卵巣（p28/カ写，カ図）

ヒクイナ *Porzana fusca* 緋水鶏，緋秧鶏
クイナ科の鳥。全長21〜27cm。㊕アジア東部〜インド，ボルネオ，スラウェシ。日本では全国
¶くら鳥（p84/カ写）
原寸羽（p103/カ写）
里山鳥（p90/カ写）
四季鳥（p51/カ写）
巣と卵決（p67/カ写，カ図）
世鳥卵（p86/カ写，カ図）
世文鳥（p106/カ写）
地球（p440/カ写）
鳥卵巣（p160/カ写，カ図）
鳥比（p272/カ写）
鳥650（p197/カ写）
名鳥図（p69/カ写）
日ア鳥（p168/カ写）
日鳥識（p128/カ写）
日鳥巣（p68/カ写）
日鳥水増（p176/カ写）
日野鳥新（p191/カ写）
日野鳥増（p221/カ写）
ぱっ鳥（p115/カ写）
バード（p117/カ写）
ひと目鳥（p112/カ写）
フ日野新（p124/カ図）
フ日野増（p124/カ図）
フ野鳥（p116/カ図）
野鳥学フ（p149/カ写，カ図）
野鳥山フ（p27,162/カ図，カ写）

ヒ

ヒクイナ〔亜種〕 *Porzana fusca erythrothorax* 緋水鶏，緋秧鶏
クイナ科の鳥。絶滅危惧II類（環境省レッドリスト）。
¶絶鳥事〔ヒクイナ〕（p6,84/カ写，モ図）
日鳥水増〔亜種ヒクイナ〕（p176/カ写）
日野鳥新〔ヒクイナ*〕（p191/カ写）
日野鳥増〔ヒクイナ*〕（p221/カ写）

ピクシーボブ Pixiebob
猫の一品種。体重4〜8kg。アメリカ合衆国の原産。
¶ビ猫〔ピクシーボブ（ショートヘア）〕（p166/カ写）
ビ猫〔ピクシーボブ（ロングヘア）〕（p244/カ写）

ビクトリアアカミミマゲクビガメ ⇒アカミミマゲクビガメを見よ

ビクトリアアシナシイモリ *Herpele squalostoma*
アシナシイモリ科の両生類。全長40〜60cm。㊕アフリカ中部
¶爬両1800（p463/カ写）

ビクトリアペンギン ⇒キマユペンギンを見よ

ビクトリアモリガエル *Astylosternus diadematus*
サエズリガエル科（ネズナキガエル科）の両生類。体長6〜8cm。㊕カメルーン，ナイジェリア
¶カエル見（p25/カ写）
爬両1800（p362/カ写）

ビクーナ ⇒ビクーニャを見よ

ビクーニャ *Vicugna vicugna*
ラクダ科の哺乳類。別名ビクーナ。絶滅危惧IB類。体高75〜85cm。㊕南アメリカ
¶遺産世（Mammalia No.57/カ写）
驚野動（p110/カ写）
絶百9（p12/カ写）
世文動〔ビクーナ〕（p199/カ写）
世哺（p330/カ写）

地球 (p609/カ写)

ヒグマ *Ursus arctos* 羆
クマ科の哺乳類。体長1.5～2.8m。 ㊕北アメリカ, ヨーロッパ, アジア
¶絶百5 (p22/カ写)
世文動 (p150/カ写)
世哺 (p236/カ写)
地球 (p566/カ写)
日哺改 (p77/カ写)

ピグミーウサギ *Brachylagus idahoensis*
ウサギ科の哺乳類。体長22～29cm。 ㊕北アメリカ
¶世哺 (p138/カ写)

ピグミー・ゴート Pigmmy Goat
山羊の一品種。体高40～60cm。アフリカの原産。
¶世文動 (p233/カ写)
日家 (p117/カ写)

ヒ

ピグミースローロリス *Nycticebus pygmaeus*
ロリス科の哺乳類。別名レッサースローロリス。絶滅危惧II類。体高15～25cm。 ㊕ラオス, ベトナム, カンボジア東部
¶地球 (p535/カ写)
美サル〔レッサースローロリス〕(p66/カ写)

ピグミーチンパンジー ⇒ボノボを見よ

ピグミーツパイ *Tupaia minor*
ツパイ科の哺乳類。体長11.5～13.5cm。 ㊕アジア
¶世哺 (p96/カ写)

ピグミーマーモセット *Callithrix*[*Cebuella*] *pygmaea*
マーモセット科 (オマキザル科) の哺乳類。体高12～15cm。 ㊕南アメリカ
¶驚野動 (p92/カ写)
世文動 (p76/カ写)
世哺 (p114/カ写)
地球 (p540/カ写)
美サル (p11/カ写)

ビーグル Beagle
犬の一品種。体高33～40cm。イギリスの原産。
¶アルテ犬 (p28/カ写)
最犬大 (p264/カ写)
新犬種 (p88/カ写)
新世犬 (p184/カ写)
図世犬 (p224/カ写)
世文動 (p138/カ写)
ビ犬 (p152/カ写)

ビーグル・ハーリア Beagle Harrier
犬の一品種。体高45～50cm。フランスの原産。
¶最犬大 (p265/カ写)
新犬種 (p150/カ写)
ビ犬〔ビーグル・ハリア〕(p154/カ写)

ヒゲイノシシ *Sus barbatus*
イノシシ科の哺乳類。体高71～81cm。 ㊕マレイ半島, スマトラ島, ジャワ島, ボルネオ島およびパラワン島
¶世文動 (p193/カ写)
地球 (p595/カ写)

ヒゲガビチョウ *Garrulax cineraceus* 髭画眉鳥
チメドリ科の鳥。全長23～25cm。 ㊕インド～ミャンマー, 中国中部・南部。日本では愛媛県, 高知県
¶日鳥山新 (p385/カ写)
フ野鳥 (p318/カ図)

ヒゲガラ *Panurus biarmicus* 髭雀, 鬚雀
ヒゲガラ科 (チメドリ科) の鳥。全長16～17cm。 ㊕西ヨーロッパ, トルコ, イラン～アジアを含み中国東北部まで
¶世色鳥 (p137/カ写)
世鳥大 (p420/カ写)
世鳥卵 (p188/カ写, カ図)
世文鳥 (p228/カ図)
地球 (p491/カ写)
鳥比 (p76/カ写)
鳥650 (p503/カ写)
日ア鳥 (p430/カ写)
日色鳥 (p90/カ写)
日鳥山新 (p170/カ写)
日鳥山増 (p215/カ写)
羽根決 (p298/カ写, カ図)
フ日野新 (p250/カ図)
フ日野増 (p250/カ図)
フ野鳥 (p292/カ図)

ヒゲカレハカメレオン *Rieppeleon brevicaudatus*
カメレオン科の爬虫類。別名ヒゲコノハカメレオン。全長5～8cm。 ㊕タンザニア南東部, マラウイ, モザンビーク
¶世爬 (p100/カ写)
地球〔ヒゲコノハカメレオン〕(p380/カ写)
爬両1800 (p126/カ写)
爬両ビ (p98/カ写)

ヒゲゴシキドリ *Lybius dubius* 髭五色鳥
オオハシ科 (ハバシゴシキドリ科) の鳥。全長26cm。 ㊕西アフリカ, サハラ砂漠以南近郊
¶世鳥大 (p321/カ写)
世鳥ネ (p241/カ写)
地球 (p478/カ写)

ヒゲコノハカメレオン ⇒ヒゲカレハカメレオンを見よ

ヒゲサキ(1) *Chiropotes chiropotes*
サキ科の哺乳類。クロヒゲサキに比べ, 体毛の色がやや薄く茶色味がかっている。 ㊕ブラジル北部, ベネズエラ南部
¶美サル (p45/カ写)

ヒゲサキ(2)　⇒クロヒゲサキを見よ

ヒゲジアリドリ　*Grallaria alleni*　髭地蟻鳥
アリドリ科(ジアリドリ科)の鳥。全長18cm。
㊎コロンビア
¶**世鳥大**(p354/カ写)
地球(p484/カ写)

ヒゲシャクケイ　*Penelope barbata*　髭舎久鶏
ホウカンチョウ科の鳥。全長55cm。㊎エクアドル南部～ペルー北西部
¶**地球**(p409/カ写)

ヒゲドリ　*Procnias tricarunculatus*　髭鳥
カザリドリ科の鳥。絶滅危惧II類。体長26～31cm。
㊎コスタリカ, パナマ, ニカラグア, ホンジュラス
¶**絶百9**(p14/カ写)
世鳥大(p340/カ写)
鳥絶(p187/カ図)

ヒゲナガドロガメ　*Kinosternon sonoriense*
ドロガメ科ドロガメ亜科の爬虫類。別名ソノラドロガメ。甲長14～16cm。㊎アメリカ合衆国南西部(アリゾナ州・ニューメキシコ州), メキシコ北西部
¶**世カメ**(p131/カ写)
世爬(p47/カ写)
爬両1800(p54/カ写)

ヒゲペンギン　*Pygoscelis antarcticus*
ペンギン科の鳥類。全長67～72cm。㊎南極
¶**世鳥ネ**(p52/カ写)
地球(p417/カ写)

ヒゲミズヘビ　*Erpeton tentaculatum*
ナミヘビ科ミズヘビ亜科の爬虫類。全長40～80cm。
㊎タイ, カンボジア, ベトナム
¶**世爬**(p183/カ写)
世文動(p295/カ写)
世ヘビ(p104/カ写)
爬両1800(p267/カ写)
爬両ビ(p195/カ写)

ヒゲムシクイ　*Dasyornis brachypterus*　髭虫食, 髭虫喰
ヒゲムシクイ科の鳥。絶滅危惧IB類。体長18～22cm。㊎オーストラリア(固有)
¶**世鳥大**(p367)
鳥絶(p204/カ図)

ヒゲワシ　*Gypaetus barbatus*　鬚鷲
タカ科の鳥。全長1～1.3m。㊎南ヨーロッパ, 南アジア, アフリカ
¶**鷲野動**(p183/カ写)
世鳥大(p190/カ写)
世鳥卵(p56/カ写, カ図)
世鳥ネ(p100/カ写)
地球(p433/カ写)
鳥卵巣(p100/カ写, カ図)

ヒーゲン・フンド　⇒ヒューゲン・ハウンドを見よ

ヒゴチャボ　Higo Chabo　肥後矮鶏
鶏の一品種。体重 オス0.85kg, メス0.67kg。熊本県の原産。
¶**日家**〔肥後矮鶏〕(p186/カ写)

ヒシクイ　*Anser fabalis*　鴻, 菱喰, 菱食
カモ科の鳥。天然記念物。全長85～95cm。
¶**くら鳥**(p94/カ写)
原寸羽(p294/カ写)
里山鳥(p223/カ写)
四季鳥(p89/カ写)
世鳥ネ(p37/カ写)
世文鳥(p62/カ写)
鳥卵巣(p84/カ写, カ図)
鳥比(p208/カ写)
鳥650(p26/カ写)
名鳥図(p42/カ写)
日ア鳥(p21/カ写)
日鳥識(p66/カ写)
日鳥水増(p108/カ写)
日野鳥新(p28/カ写)
日野鳥増(p42/カ写)
ぱっ鳥(p29/カ写)
バード(p94/カ写)
羽根決(p45/カ写, カ図)
ひと目鳥(p65/カ写)
フ日野新(p36/カ図)
フ日野増(p36/カ図)
フ野鳥(p18/カ図)
野鳥学フ(p189/カ写)
野鳥山フ(p17,96/カ図, カ写)
山溪名鳥(p270/カ写)

ヒ

ヒシクイ〔亜種〕　*Anser fabalis serrirostris*　鴻, 菱喰, 菱食
カモ科の鳥。絶滅危惧II類(環境省レッドリスト), 天然記念物。
¶**絶鳥事**〔ヒシクイ〕(p1,24/カ写, モ図)
名鳥図〔亜種ヒシクイ〕(p42/カ写)
日鳥水増〔亜種ヒシクイ〕(p108/カ写)
日野鳥新〔ヒシクイ*〕(p28/カ写)
ぱっ鳥〔亜種ヒシクイ〕(p29/カ写)

ヒシモンホソヤブヘビ　*Oxyrhopus rhombifer*
ナミヘビ科ヒラタヘビ亜科の爬虫類。全長70～90cm。㊎ブラジル, ペルー, ボリビア, パラグアイ, アルゼンチンなど
¶**爬両1800**(p286/カ写)

ヒシモンユウダ　*Sinonatrix aequifasciata*
ナミヘビ科ユウダ亜科の爬虫類。全長90～100cm。
㊎中国, ベトナム北部
¶**爬両1800**(p274/カ写)

ビジョスズメ *Pytilia afra* 美女雀
カエデチョウ科の鳥。全長12cm。[分]アフリカ
¶鳥飼(p92/カ写)

ビジョハチドリ *Goethalsia bella* 美女蜂鳥
ハチドリ科ハチドリ亜科の鳥。準絶滅危惧。全長8.5〜9.5cm。
¶ハチドリ(p383)

ビション・アヴァネ ⇒ハバニーズを見よ

ビション・ア・ポエル・フリーゼ ⇒ビション・フリーゼを見よ

ビション・ア・ポワル・フリゼ ⇒ビション・フリーゼを見よ

ビション・ハバニーズ ⇒ハバニーズを見よ

ビション・フリーゼ Bichon Frise
犬の一品種。別名テネリフェ・ドッグ, ビション・ア・ポエル・フリーゼ, ビション・ア・ポワル・フリゼ, ビション・フリッセ。体高30cm。フランスおよびベルギーの原産。
¶アルテ犬(p192/カ写)
最犬大(p381/カ写)
新犬種〔ビション・ア・ポワル・フリゼ〕(p39/カ写)
新世犬(p268/カ写)
図世犬(p286/カ写)
世文動〔ビーション・フリーゼ〕(p138/カ写)
ビ犬(p271/カ写)

ビション・フリッセ ⇒ビション・フリーゼを見よ

ビション・ヨーキー Bichon Yorkie
犬の一品種。ビション・フリーセとヨークシャー・テリアの交雑種。体高23〜31cm。
¶ビ犬(p292/カ写)

ヒジリガメ *Heosemys annandalii* 聖亀
アジアガメ科(イシガメ(バタグールガメ)科)の爬虫類。甲長40〜50cm。[分]タイ南部, カンボジア, ラオス南部, ベトナム南部, マレーシア北部
¶世カメ(p285/カ写)
世爬(p34/カ写)
世文動(p246/カ写)
爬両1800(p43〜44/カ写)
爬両ビ(p33/カ写)

ヒジリショウビン *Todiramphus sanctus* 聖翡翠
カワセミ科の鳥。全長22cm。[分]東南アジア, オーストラリア
¶世鳥大(p306/カ写)
世鳥ネ(p226/カ写)

ヒスイインコ *Psephotus chrysopterygius dissimilis* 翡翠鸚哥
インコ科の鳥。体長27cm。[分]オーストラリア北東部のヨーク岬半島の草原地帯
¶世美羽(p64/カ写)
鳥飼(p138/カ写)

ビーズイシヤモリ ⇒ビーズヤモリを見よ

ヒスイトビガエル *Rhacophorus prominanus*
アオガエル科の両生類。体長4.5〜7.5cm。[分]マレーシア, タイ
¶カエル見(p47/カ写)
世両(p77/カ写)
爬両1800(p387/カ写)
爬両ビ(p254/カ写)

ビスカーチャ *Lagostomus maximus*
チンチラ科の哺乳類。絶滅危惧IB類。体長47〜66cm。[分]南アメリカ
¶世文動(p121/カ写)
世哺(p178/カ写)

ビーズヤモリ *Lucasium damaeum*
ヤモリ科イシヤモリ亜科の爬虫類。別名ビーズイシヤモリ。全長8〜10cm。[分]オーストラリア
¶ゲッコー〔ビーズイシヤモリ〕(p76/カ写)
爬両1800(p167/カ写)
爬両ビ(p121/カ写)

ビズラ ⇒ショートヘアード・ハンガリアン・ビズラを見よ

ビセイインコ *Psephotus haematonotus* 美声鸚哥
インコ科の鳥。全長25〜28cm。[分]オーストラリア南東部の1250m以下の草原, 農地に生息
¶世鳥大(p258/カ写)
鳥飼(p137/カ写)

ビセンテヤドクガエル *Dendrobates vicentei*
ヤドクガエル科の両生類。体長2cm前後。[分]パナマ
¶カエル見(p97/カ写)
爬両1800(p424/カ写)
爬両ビ(p288/カ写)

ヒソミユビナガガエル ⇒クチヒゲユビナガガエルを見よ

ヒダサンショウウオ *Hynobius kimurae* 飛驒山椒魚
サンショウウオ科の両生類。日本固有種。全長8〜20cm。[分]関東地方以西の本州
¶原爬両(No.177/カ写)
世文動(p309/カ写)
日カサ(p191/カ写)
爬両観(p125/カ写)
爬両飼(p219/カ写)
爬両1800(p435/カ写)
爬両ビ(p300/カ写)
野日両(p22,59,120/カ写)

ビダシャイムカメレオン *Trioceros wiedersheimi*
カメレオン科の爬虫類。別名ヴィダシャイムカメレオン。全長15cm前後。[分]カメルーン, ナイジェリア

¶世爬（p91/カ写）
爬両1800（p115/カ写）
爬両ビ〔ヴィダシャイムカメレオン〕（p92/カ写）

ピーターズツメガエル *Xenopus petersii*
コモリガエル科（ピパ科）の両生類。体長4.5～13cm。㊀アフリカ大陸中部～南西部・南東部
¶カエル見（p22/カ写）

ピーターズメダマガメ *Morenia petersi*
アジアガメ科（イシガメ（バタグールガメ）科）の爬虫類。別名ピーターズモレニアガメ。甲長15～20cm。㊀インド北東部，バングラディシュ
¶世カメ（p248/カ写）
世爬（p31/カ写）
爬両1800（p37/カ写）
爬両ビ（p28/カ写）

ピーターズモレニアガメ ⇒ピーターズメダマガメを見よ

ヒダヘラコウモリ *Centurio senex*
ヘラコウモリ科の哺乳類。㊀南アメリカのメキシコ～コロンビア，ベネズエラまでの熱帯林
¶レ生（p241/カ写）

ピーターボールド Peterbald
猫の一品種。体重3.5～7kg。ロシアの原産。
¶ビ猫（p171/カ写）

ピーターミモダエトカゲ *Lygosoma afrum*
スキンク科の爬虫類。全長15～20cm。㊀アフリカ大陸東部～南部
¶爬両1800（p207/カ写）

ピチアルマジロ *Zaedyus pichiy*
アルマジロ科の哺乳類。体長26～33cm。㊀南アメリカ
¶世哺（p134/カ写）
地球（p517/カ写）

ビッグホーン *Ovis canadensis*
ウシ科の哺乳類。別名オオツノヒツジ。絶滅危惧II類。体高75～105cm。㊀北アメリカ中央部
¶驚野動〔オオツノヒツジ〕（p53/カ写）
世文動（p235/カ写）
世哺（p380/カ写）
地球（p607/カ写）

ピッコロ・レブリアーロ・イタリアーノ ⇒イタリアン・グレーハウンドを見よ

ピッコロ・レブリエロ・イタリアーノ ⇒イタリアン・グレーハウンドを見よ

ヒトコブラクダ *Camelus dromedarius* 単峰駱駝
ラクダ科の哺乳類。体高1.7～2m。㊀アフリカ，アジア
¶世文動（p199/カ写）
世哺（p332/カ写）
地球（p609/カ写）

ヒトヅラオオバガエル *Plethodontohyla tuberata*
ヒメガエル科の両生類。体長3.5～4cm。㊀マダガスカル
¶かえる百（p39/カ写）
カエル見（p75/カ写）
世両（p125/カ写）
爬両1800（p406/カ写）
爬両ビ（p269/カ写）

ヒドリガモ *Anas penelope* 緋鳥鴨
カモ科の鳥。全長49cm。㊀ユーラシア大陸やアイスランドで繁殖
¶くら鳥（p86,88/カ写）
原寸羽（p54/カ写）
里山鳥（p183/カ写）
世美羽（p104/カ写）
世文鳥（p70/カ写）
鳥卵巣（p89/カ写，カ図）
鳥比（p216/カ写）
鳥650（p52/カ写）
名鳥図（p52/カ写）
日ア鳥（p40/カ写）
日カモ（p65/カ写，カ図）
日鳥識（p74/カ写）
日鳥水増（p129/カ写）
日野鳥新（p60/カ写）
日野鳥増（p54/カ写）
ぱっ鳥（p40/カ写）
バード（p99/カ写）
羽根決（p67/カ写，カ図）
ひと目鳥（p57/カ写）
フ日野新（p46/カ図）
フ日野増（p46/カ図）
フ野鳥（p30/カ図）
野鳥学フ（p174/カ写）
野鳥山フ（p19,109/カ図，カ写）
山溪名鳥（p272/カ写）

ビードロアマガエルモドキ *Hyalinobatrachium colymbiphyllum*
アマガエルモドキ科の両生類。体長2～3cm。㊀コスタリカ
¶世文動（p329/カ写）

ヒナイドリ Hinaidori 比内鶏
鶏の一品種。天然記念物。体重 オス3kg，メス2.3kg。秋田県の原産。
¶日家〔比内鶏〕（p164/カ写）

ヒナコウモリ *Vespertilio sinensis* 雛蝙蝠
ヒナコウモリ科の哺乳類。前腕長4.7～5.4cm。㊀東シベリア，東中国，台湾。日本では北海道，本州，四国，九州
¶くら哺（p50/カ写）
世文動（p66/カ写）

日哺改（p52/カ写）
日哺学フ（p122/カ写）

ヒナタガマトカゲ *Phrynocephalus helioscopus*
アガマ科の爬虫類。全長12cm前後。㊕西アジア～中央アジア，中国西部等
¶**爬両1800**（p106/カ写）

ビナンスズメ *Pytilia phoenicoptera* 美男雀
カエデチョウ科の鳥。全長12cm。㊕アフリカ西部～中部
¶鳥飼（p92/カ写）

ヒノデハナガサインコ *Psephotus haematogaster haematorrhous* 日の出花笠鸚哥
インコ科の鳥。ハナガサインコの亜種。大きさ30cm。㊕オーストラリア（クイーンズランド州，ニューサウスウェールズ州）
¶鳥飼（p138/カ写）

ヒ

ヒノドゴシキドリ *Megalaima rubricapillus* 緋喉五色鳥
オオハシ科の鳥。全長20cm。
¶地球（p478/カ写）

ヒノドテリオハチドリ *Metallura eupogon* 緋喉照尾蜂鳥
ハチドリ科ミドリフタオハチドリ亜科の鳥。全長11cm。
¶ハチドリ（p367）

ヒノドテンシハチドリ *Heliangelus micraster* 緋喉天使蜂鳥
ハチドリ科ミドリフタオハチドリ亜科の鳥。全長10～11cm。
¶ハチドリ（p88/カ写）

ヒノドハチドリ *Panterpe insignis* 緋喉蜂鳥
ハチドリ科ハチドリ亜科の鳥。全長10.5～11cm。
¶ハチドリ（p296/カ写）

ヒノマルチョウ *Erythrura psittacea* 日の丸鳥
カエデチョウ科の鳥。全長12cm。㊕ニューカレドニア島
¶世色鳥（p84/カ写）
地球（p494/カ写）
鳥飼（p79/カ写）

ヒノマルテリハチドリ *Heliodoxa gularis* 日の丸照蜂鳥
ハチドリ科ミドリフタオハチドリ亜科の鳥。絶滅危惧II類。全長11～12cm。
¶ハチドリ（p371）

ピパ ⇒ヒラタコモリガエルを見よ

ヒバカリ(1) *Amphiesma vibakari* 日計，日量
ナミヘビ科ユウダ亜科の爬虫類。全長40～50cm。㊕日本，中国北西部，ロシア
¶世爬（p186/カ写）
世文動（p293/カ写）
爬両1800（p268/カ写）
爬両ビ（p199/カ写）

ヒバカリ(2) *Amphiesma vibakari vibakari* 日計，日量
ナミヘビ科の爬虫類。日本固有亜種。全長40～60cm。㊕本州，四国，九州，佐渡島，壱岐，隠岐，五島列島，大隅諸島など
¶原爬両（No.86/カ写）
日カメ（p196/カ写）
爬両観（p146/カ写）
爬両飼（p36/カ写）
野日爬（p36,65,174/カ写）

ビーバー属の一種 *Castor* sp.
ビーバー科の哺乳類。体長0.8～1.2m。
¶地球（p524/カ写）

ピパ・パルヴァ ⇒ヒメコモリガエルを見よ

ピパ・ピパ ⇒ヒラタコモリガエルを見よ

ビハマアメガエル *Litoria gracilenta*
アマガエル科の両生類。別名デリケトアメガエル。体長3.5～4.5cm。㊕オーストラリア，パプアニューギニア
¶カエル見（p43/カ写）
爬両1800（p384/カ写）

ヒバリ *Alauda arvensis* 雲雀，告天子
ヒバリ科の鳥。全長16～19cm。㊕ユーラシア大陸一帯の草地，北アフリカ
¶くら鳥（p42/カ写）
原寸羽（p219/カ写）
里山鳥（p19/カ写）
四季鳥（p113/カ写）
巣と卵決（p100/カ写，カ図）
世鳥大（p409/カ写）
世鳥卵（p156/カ写，カ図）
世鳥ネ（p278/カ写）
世文鳥（p196/カ写）
地球（p489/カ写）
鳥卵巣（p260/カ写，カ図）
鳥比（p97/カ写）
鳥650（p518/カ写）
名鳥図（p170/カ写）
日ア鳥（p436/カ写）
日色鳥（p191/カ写）
日鳥識（p238/カ写）
日鳥巣（p144/カ写）
日鳥山新（p175/カ写）
日鳥山増（p129/カ写）
日野鳥新（p483/カ写）
日野鳥増（p443/カ写）
ぱっ鳥（p270/カ写）
バード（p32/カ写）
羽根決（p252/カ写，カ図）

ひと目鳥 (p163/カ写)
フ日野新 (p216/カ図)
フ日野増 (p216/カ図)
フ野鳥 (p296/カ図)
野鳥学フ (p37/カ写)
野鳥山フ (p46,266/カ図, カ写)
山溪名鳥 (p274/カ写)

ヒバリシギ *Calidris subminuta* 雲雀鴫, 雲雀鷸
シギ科の鳥。全長15cm。 ㊎千島列島北部およびシベリアで局地的に繁殖。東南アジア〜オーストラリアで越冬
¶くら鳥 (p111/カ写)
里山鳥 (p121/カ写)
四季鳥 (p29/カ写)
世文鳥 (p120/カ写)
鳥卵巣 (p195/カ写, カ図)
鳥比 (p320/カ写)
鳥650 (p280/カ写)
名鳥図 (p81/カ写)
日ア鳥 (p242/カ写)
日鳥識 (p156/カ写)
日鳥水増 (p208/カ写)
日野鳥新 (p280/カ写)
日野鳥増 (p304/カ写)
ぱっ鳥 (p161/カ写)
ひと目鳥 (p69/カ写)
フ日野新 (p136/カ図)
フ日野増 (p136/カ図)
フ野鳥 (p164/カ図)
野鳥学フ (p192/カ写)
野鳥山フ (p29,178/カ図, カ写)
山溪名鳥 (p275/カ写)

ヒバリツメナガホオジロ *Calcarius pictus* 雲雀爪長頬白
ツメナガホオジロ科の鳥。 ㊎アラスカ〜カナダ
¶鳥650 (p751/カ写)

ヒバリモドキ *Cincloramphus cruralis* 雲雀擬
ウグイス科の鳥。全長18〜24cm。 ㊎オーストラリア
¶世鳥大 (p413/カ写)
世鳥ネ (p284/カ写)
地球 (p490/カ写)

ビハンイモリ *Paramesotriton caudopunctatus*
イモリ科の両生類。全長11〜13cm。 ㊎中国南部
¶世両 (p212/カ写)
爬両1800 (p451/カ写)
爬両ビ (p311/カ写)

ビーファロ Beefalo
牛の一品種。アメリカバイソンとウシを交配して作出。
¶日家 (p85/カ写)

ビーフ・ショートホーン Beef Shorthorn
牛の一品種。体高 オス146cm, メス140cm。イギリスの原産。
¶世文動〔ショートホーン〕(p211/カ写)
日家 (p71/カ図)

ヒプナレマムシ *Hypnale hypnale*
クサリヘビ科の爬虫類。全長40〜50cm。 ㊎インド南部, スリランカ
¶世文動 (p301/カ写)

ビブロンボア *Candoia bibroni*
ボア科ボア亜科の爬虫類。別名マルハナボア。全長120〜150cm。 ㊎西サモア, ソロモン諸島, ニューカレドニアなど
¶世ヘビ (p50/カ写)
爬両1800 (p259/カ写)

ビブロンマルスッポン ⇒ハナガラマルスッポンを見よ

ヒマダラトゲオイグアナ *Ctenosaura defensor*
イグアナ科イグアナ亜科の爬虫類。別名ユカタントゲオイグアナ。全長18〜25cm。 ㊎メキシコ (ユカタン半島)
¶爬両1800 (p76/カ写)

ヒマラヤアナツバメ *Aerodramus brevirostris* ヒマラヤ窟燕, ヒマラヤ穴燕
アマツバメ科の鳥。全長13〜14cm。 ㊎ヒマラヤ周辺〜インドシナ, 中国中部・東部
¶鳥比 (p105/カ写)
鳥650 (p220/カ写)
日ア鳥 (p184/カ写)
日鳥山新 (p44/カ写)
日鳥山増 (p100/カ写)
日野鳥新 (p207/カ写)
日野鳥増 (p414/カ写)
フ日野新 (p324/カ図)
フ野鳥 (p128/カ図)

ヒマラヤグマ ⇒ツキノワグマを見よ

ヒマラヤセッケイ *Tetraogallus himalayensis* ヒマラヤ雪鶏
キジ科の鳥。全長54〜72cm。 ㊎アフガニスタン東部〜東はネパール西部, 中国北西部
¶世鳥大 (p112/カ写)

ヒマラヤタール *Hemitragus jemlahicus*
ウシ科の哺乳類。絶滅危惧II類。体高60〜90cm。 ㊎アジア
¶世文動 (p231/カ写)
世哺 (p377/カ写)
地球 (p606/カ写)

ヒマラヤン〔ウサギ〕 Himalayan
兎の一品種。愛玩用ウサギ。体重1.58〜3kg。ヒマラヤの原産。

¶うさぎ (p102/カ写)
新うさぎ (p114/カ写)
日家 (p138/カ写)

ヒマラヤン〔ネコ〕 Himalayan
猫の一品種。ペルシャネコとシャムネコを交配して作出された長毛種のネコ。体重3.5〜7kg。アメリカ合衆国の原産。
¶世文動 (p171/カ写)
ビ猫〔ペルシャ(カラーポイント/ヒマラヤン)〕(p205/カ写)

ヒマラヤン・シープドッグ Himalayan Sheepdog
犬の一品種。別名ボーティア。体高51〜55cm。
¶ビ犬 (p285/カ写)

ヒミズ *Urotrichus talpoides* 日不見
モグラ科の哺乳類。頭胴長89〜104mm。㊎本州, 四国, 九州, 淡路島, 小豆島, 隠岐諸島, 対馬, 五島列島
¶くら哺 (p35/カ写)
世文動 (p55/カ写)
日哺改 (p18/カ写)
日哺学フ (p101/カ写)

ヒムネオオハシ *Ramphastos vitellinus* 緋胸大嘴
オオハシ科の鳥。全長48cm。㊎熱帯南アメリカ
¶世鳥ネ (p238/カ写)
地球 (p477/カ写)

ヒムネキキョウインコ *Neophema splendida* 緋胸桔梗鸚哥
インコ科の鳥。全長19〜22cm。㊎オーストラリア南西部〜南東部
¶鳥飼 (p139/カ写)

ヒムネタイヨウチョウ *Chalcomitra senegalensis* 緋胸太陽鳥
タイヨウチョウ科の鳥。全長13〜15cm。㊎アフリカ, サハラ砂漠以南の一部
¶原色鳥 (p36/カ写)
世鳥ネ (p317/カ写)
地球 (p495/カ写)
鳥卵巣 (p323/カ写, カ図)

ヒムネドロヘビ *Farancia abacura*
ナミヘビ科ヒラタヘビ亜科の爬虫類。別名ドロヘビ。全長2.1m。㊎アメリカ合衆国南部〜東部
¶地球〔ドロヘビ〕(p395/カ写)
爬両1800 (p277/カ写)
爬両ビ (p196/カ写)

ヒムネハチドリ *Topaza pyra* 緋胸蜂鳥
ハチドリ科トパーズハチドリ亜科の鳥。全長15〜19cm。
¶ハチドリ (p33/カ写)

ヒムネバト *Gallicolumba luzonica* 緋胸鳩
ハト科の鳥。全長30cm。㊎ルソン島およびポリリョ島(フィリピン)
¶世鳥大 (p250/カ写)

ヒメアオノスリ *Leucopternis plumbeus* 姫青鵟
タカ科の鳥。全長35cm。
¶世鳥大 (p198)

ヒメアカクロサギ *Egretta caerulea* 姫赤黒鷺
サギ科の鳥。全長58〜63cm。
¶地球 (p426/カ写)

ヒメアカゲラ *Dendrocopos medius* 姫赤啄木鳥
キツツキ科の鳥。全長20〜22cm。
¶地球 (p481/カ写)

ヒメアカマザマ *Mazama rufina*
シカ科の哺乳類。体長約95cm。㊎南アメリカの北部〜中部
¶世文動 (p203)

ヒメアゴヒゲトカゲ *Phoxophrys nigrilabris*
アガマ科の爬虫類。全長30cm前後。㊎オーストラリア北西部
¶爬両1800 (p102/カ写)

ヒメアシナガウミツバメ *Garrodia nereis* 姫足長海燕
ウミツバメ科の鳥。全長17.5cm。
¶鳥650 (p139/カ写)

ヒメアシナシトカゲ *Anguis fragilis*
アシナシトカゲ科(アンギストカゲ科)の爬虫類。別名スローワーム。全長40〜50cm。㊎ヨーロッパ, 旧ソ連諸国, 北アフリカの一部など
¶世爬 (p151/カ写)
地球 (p388/カ写)
爬両1800 (p231/カ写)
爬両ビ (p162/カ写)

ヒメアマガエル(1) *Microhyla okinavensis* 姫雨蛙
ヒメアマガエル科(ヒメガエル科)の両生類。体長オス2.2〜2.6cm, メス2.4〜3.2cm。㊎奄美大島以南の琉球列島
¶カエル見〔リュウキュウヒメガエル(ヒメアマガエル)〕(p70/カ写)
原爬両 (No.159/カ写)
日カサ (p164/カ写)
爬両観 (p119/カ写)
爬両飼 (p201/カ写)
爬両1800〔リュウキュウヒメガエル(ヒメアマガエル)〕(p404/カ写)
野日両 (p45,96,191/カ写)

ヒメアマガエル(2) *Microhyla ornata* 姫雨蛙
ヒメアマガエル科(ヒメガエル科)の両生類。体長2〜3cm。㊎奄美諸島以南の琉球列島, 台湾, 中国南部, 東南アジア
¶かえる百 (p83/カ写)
世文動 (p329/カ写)

世両〔リュウキュウヒメガエル(ヒメアマガエル)〕(p118/カ写)
爬両ビ〔ヒメガエル〕(p268/カ写)

ヒメアマツバメ　*Apus nipalensis*　姫雨燕
アマツバメ科の鳥。全長13cm。[分]アフリカ, 中東～インド, 中国南部, フィリピン, ボルネオ島, 大スンダ列島など。日本では本州に局地的(おもに市街地)に分布
¶くら鳥(p37/カ写)
原寸羽(p199/カ写)
四季鳥(p50/カ写)
巣と卵決(p239/カ写)
世文鳥(p182/カ写)
鳥卵巣(p237/カ写, カ図)
鳥比(p104/カ写)
鳥650(p217/カ写)
名鳥図(p157/カ写)
日ア鳥(p187/カ写)
日鳥識(p132/カ写)
日鳥巣(p120/カ写)
日鳥山新(p47/カ写)
日鳥山増(p102/カ写)
日野鳥新(p207/カ写)
日野鳥増(p413/カ写)
ぱっ鳥(p127/カ写)
バード(p15/カ写)
羽根決(p386/カ写, カ図)
ひと目鳥(p132/カ写)
フ日野新(p204/カ図)
フ日野増(p204/カ図)
フ野鳥(p128/カ図)
野鳥学フ(p15/カ写)
野鳥山フ(p42,250/カ図, カ写)
山溪名鳥(p41/カ写)

ヒメアリクイ　*Cyclopes didactylus*　姫蟻食, 姫蟻喰
ヒメアリクイ科の哺乳類。体長18～22cm。[分]中央アメリカ～南アメリカ北部
¶驚野動(p86/カ写)
世文動(p97/カ写)
世哺(p132/カ写)
地球(p520/カ写)
レ生(p244/カ写)

ヒメアルマジロ　*Chlamyphorus truncatus*
アルマジロ科の哺乳類。体長9～11.5cm。[分]アルゼンチン中部の乾燥した地域
¶世文動(p98/カ図)
地球(p517/カ写)
レ生(p245/カ写)

ヒメイソヒヨ　*Monticola gularis*　姫磯鵯
ヒタキ科の鳥。全長18cm。
¶原寸羽(p296/カ写)
四季鳥(p29/カ写)
世文鳥(p221/カ図)
鳥比(p151/カ写)
鳥650(p634/カ写)
名鳥図(p194/カ写)
日ア鳥(p539/カ写)
日鳥山新(p286/カ写)
日鳥山増(p196/カ写)
日野鳥新(p563/カ写)
日野鳥増(p501/カ写)
フ日野新(p242/カ図)
フ日野増(p242/カ図)
フ野鳥(p356/カ図)

ヒメイヌワシ　*Hieraaetus wahlbergi*　姫犬鷲
タカ科の鳥。全長55～60cm。
¶世鳥大(p203/カ写)

ヒメイワシャコ　*Ammoperdix griseogularis*　姫岩鷓鴣
キジ科の鳥。体長24cm。[分]旧ソ連南部, イラン～インド北西部
¶世鳥卵(p71/カ写, カ図)

ヒメウ　*Phalacrocorax pelagicus*　姫鵜
ウ科の鳥。絶滅危惧IB類(環境省レッドリスト)。全長73cm。[分]太平洋の亜寒帯, 寒帯, チュコート海
¶くら鳥(p85/カ写)
原寸羽(p24/カ写)
里山鳥(p201/カ写)
四季鳥(p102/カ写)
絶鳥事(p10,150/カ写, モ図)
世文鳥(p44/カ写)
鳥卵巣(p64/カ写, カ図)
鳥比(p254/カ写)
鳥650(p148/カ写)
名鳥図(p21/カ写)
日ア鳥(p128/カ写)
日鳥識(p110/カ写)
日鳥水増(p68/カ写)
日野鳥新(p139/カ写)
日野鳥増(p33/カ写)
ぱっ鳥(p84/カ写)
ひと目鳥(p40/カ写)
フ日野新(p28/カ図)
フ日野増(p28/カ図)
フ野鳥(p92/カ図)
野鳥学フ(p244/カ写)
野鳥山フ(p12,76/カ図, カ写)
山溪名鳥(p220/カ写)

ヒメウォンバット　*Vombatus ursinus*
ウォンバット科の哺乳類。体長70～120cm。[分]オーストラリア
¶驚野動(p337/カ写)
世文動(p51/カ写)
世哺(p64/カ写)
地球(p506/カ写)

ヒメウズラ　*Excalfactoria chinensis*　姫鶉
キジ科の鳥。体長14cm。㊕インド西部, 東南アジア, フィリピン, インドネシア, ニューギニア, オーストラリア北東部
¶**世鳥卵**(p74/カ写, カ図)
鳥飼(p179/カ写)
鳥卵巣(p133/カ写, カ図)

ヒメウズラシギ　*Calidris bairdii*　姫鶉鷸, 姫鶉鴫
シギ科の鳥。全長15cm。
¶**世鳥卵**(p100/カ写, カ図)
世文鳥(p121/カ写)
鳥比(p318/カ写)
鳥650(p282/カ写)
日ア鳥(p243/カ写)
日鳥水増(p212/カ写)
日野鳥新(p282/カ写)
日野鳥増(p306/カ写)
フ日野新(p138/カ図)
フ日野増(p138/カ図)
フ野鳥(p166/カ図)

ヒメウタイムシクイ　*Iduna caligata*　姫歌虫食, 姫歌虫喰
ヨシキリ科の鳥。全長11～12.5cm。㊕ロシア西部～シベリア中部にかけて繁殖
¶**世鳥卵**(p192/カ写, カ図)
鳥比(p122/カ写)
鳥650(p573/カ写)
日ア鳥(p481/カ写)
日鳥山新(p224/カ写)
フ日野新(p334/カ図)
フ日野増(p332/カ図)
フ野鳥(p324/カ図)

ヒメウタスズメ　*Melospiza lincolnii*　姫歌雀
ホオジロ科の鳥。㊕北アメリカ
¶**鳥比**(p205/カ写)
鳥650(p752/カ写)

ヒメウミガメ　*Lepidochelys olivacea*　姫海亀
ウミガメ科の爬虫類。別名オリーブヒメウミガメ, タイヘイヨウヒメウミガメ。甲長50～70cm。㊕インド洋, 太平洋, 大西洋
¶**原爬両**(No.23/カ写)
世カメ(p183/カ写)
地球(p374/カ写)
日カメ(p54/カ写)
爬両飼(p153/カ写)
爬両1800〔オリーブヒメウミガメ〕(p58/カ写)
野日爬(p18,85/カ写)

ヒメウミスズメ　*Alle alle*　姫海雀
ウミスズメ科の鳥。全長17～19cm。㊕北極海沿岸
¶**世鳥大**(p242/カ写)
世鳥卵(p118/カ写, カ図)
世鳥ネ(p153/カ写)
地球(p451/カ写)
鳥比(p374/カ写)
鳥650(p358/カ写)
日ア鳥(p317/カ写)
日鳥水増(p328/カ写)
フ日野新(p310/カ図)
フ日野増(p310/カ図)
フ野鳥(p202/カ図)

ヒメウミツバメ　*Hydrobates pelagicus*　姫海燕
ウミツバメ科の鳥。全長15cm。㊕大西洋北東部や地中海西部にある島で繁殖。冬は海洋へと分散する
¶**世鳥大**(p151)
世鳥卵(p36/カ写, カ図)
鳥卵巣(p56/カ写, カ図)

ヒメエンビアマツバメ　*Tachornis furcata*　姫燕尾雨燕
アマツバメ科の鳥。全長10cm。
¶**世鳥大**(p293)

ヒメオウギワシ　*Morphnus guianensis*　姫扇鷲
タカ科の鳥。全長71～84cm。㊕ホンジュラス～アルゼンチン北部
¶**世鳥大**(p201/カ写)

ヒメオウゴンイカル　*Pheucticus chrysogaster*　姫黄金鵤
ショウジョウコウカンチョウ科の鳥。全長21.5cm。㊕コロンビア～ペルー
¶**原色鳥**(p236/カ写)

ヒメオウチュウ　*Dicrurus aeneus*　姫烏秋
オウチュウ科の鳥。全長21～24cm。㊕インド～東南アジア, 台湾
¶**世鳥卵**(p233/カ写, カ図)
鳥比(p81/カ写)
鳥650(p750/カ写)

ヒメオニキバシリ　*Sittasomus griseicapillus*　姫鬼木走
オニキバシリ科の鳥。全長13～20cm。
¶**世鳥大**(p357/カ写)

ヒメガエル　⇒ヒメアマガエル(2)を見よ

ヒメカエルガメ　*Phrynops gibbus*
ヘビクビガメ科の爬虫類。別名ギバタートル。甲長18～20cm。㊕南米大陸北西部～北部
¶**世カメ**(p91/カ写)
世爬(p52/カ写)
爬両1800(p61/カ写)
爬両ビ(p44/カ写)

ヒメカザリオウチュウ　*Dicrurus remifer*　姫飾烏秋
オウチュウ科の鳥。㊕インド北部～中国, 東南アジア
¶**世美羽**(p108/カ写)

ヒメカッコウ *Cacomantis merulinus* 姫郭公
カッコウ科の鳥。全長19〜21cm。㊋迷鳥として石川県・宝島で記録
¶**鳥比**(p21/カ写)

ヒメカモメ *Larus minutus* 姫鷗
カモメ科の鳥。全長26cm。
¶**世色鳥**(p172/カ写)
世鳥卵(p109/カ写, カ図)
世鳥ネ(p145/カ写)
鳥比(p329/カ写)
鳥650(p317/カ写)
日ア鳥(p271/カ写)
フ日野新(p92/カ図)
フ日野増(p92/カ図)
フ野鳥(p182/カ図)

ヒメキクガシラコウモリ *Rhinolophus hipposideros*
キクガシラコウモリ科の哺乳類。絶滅危惧II類。体長3.5〜4.5cm。㊋ヨーロッパ, アフリカ, アジア
¶**世哺**(p89/カ写)
地球(p554/カ写)

ヒメキジミチバシリ *Dromococcyx pavoninus* 姫雉道走
カッコウ科の鳥。全長28cm。
¶**地球**(p462/カ写)

ヒメキスジフキヤガエル *Phyllobates lugubris*
ヤドクガエル科の両生類。全長2〜2.5cm。㊋コスタリカ, パナマ
¶**カエル見**(p104/カ写)
世両(p167/カ写)
地球(p358/カ写)
爬両1800(p427/カ写)

ヒメキンヒワ *Spinus psaltria* 姫金鶸
アトリ科の鳥。全長9〜11cm。㊋北アメリカ
¶**原色鳥**(p182/カ写)
世鳥ネ(p320/カ写)

ヒメクイナ *Porzana pusilla* 姫水鶏, 姫秧鶏
クイナ科の鳥。全長17〜19cm。㊋ユーラシアの温帯, アフリカ南部, マダガスカル, オーストラリア, ニュージーランド。日本では四国, 本州, 北海道
¶**世鳥大**(p210/カ写)
世文鳥(p106/カ写)
鳥卵巣(p160/カ写, カ図)
鳥比(p272/カ写)
鳥650(p195/カ写)
日ア鳥(p167/カ写)
日鳥水増(p175/カ写)
日野鳥新(p190/カ写)
日野鳥増(p222/カ写)
羽根決(p134/カ写, カ図)
フ日野新(p124/カ図)
フ日野増(p124/カ図)
フ野鳥(p116/カ図)
野鳥学フ(p149/カ図)
山溪名鳥(p135/カ写)

ヒメクジラドリ *Pachyptila turtur* 姫鯨鳥
ミズナギドリ科の鳥。全長23〜28cm。㊋南半球にある大陸の海岸で繁殖する。冬は海で過ごす
¶**世鳥大**(p149/カ写)

ヒメクビワガビチョウ *Garrulax monileger* 姫首輪画眉鳥
チメドリ科の鳥。㊋ヒマラヤ地方〜東南アジア
¶**世鳥卵**(p186/カ写, カ図)

ヒメクビワカモメ *Rhodostethia rosea* 姫首輪鷗
カモメ科の鳥。全長38〜40cm。㊋シベリアの北極圏, カナダ, グリーンランド
¶**世鳥大**(p236/カ写)
世鳥卵(p110/カ写, カ図)
世文鳥(p152/カ写)
地球(p449/カ写)
鳥卵巣(p202/カ写, カ図)
鳥比(p328/カ写)
鳥650(p310/カ写)
名鳥図(p109/カ写)
日ア鳥(p265/カ写)
日鳥識(p164/カ写)
日鳥水増(p304/カ写)
日野鳥新(p304/カ写)
日野鳥増(p154/カ写)
フ日野新(p94/カ図)
フ日野増(p94/カ図)
フ野鳥(p180/カ図)

ヒ

ヒメクマタカ *Hieraaetus pennatus* 姫熊鷹, 姫角鷹
タカ科の鳥。体長46〜53cm。㊋アフリカ北西部, ヨーロッパ南西部, ヨーロッパ南東部〜東はアジアにも入り込んで繁殖。ヨーロッパのものはほとんどがサハラ以南のアフリカ, アジアのものはほとんどがインドで越冬
¶**鳥卵巣**(p114/カ写, カ図)

ヒメクールガエル ⇒ヒロズドリアガエルを見よ

ヒメクロアジサシ *Anous minutus* 姫黒鰺刺
カモメ科の鳥。全長39cm。
¶**世文鳥**(p161/カ写)
鳥比(p355/カ写)
鳥650(p302/カ写)
日ア鳥(p285/カ写)
日鳥水増(p326/カ写)
フ日野新(p104/カ図)
フ日野増(p104/カ図)
フ野鳥(p176/カ図)

ヒメクロウミツバメ *Oceanodroma monorhis* 姫黒海燕
ウミツバメ科の鳥。全長19cm。㊋日本, 朝鮮半島,

中国黄海の沿岸の島
¶世文鳥（p39/カ写）
鳥卵巣（p57/カ写, カ図）
鳥比（p250/カ写）
鳥650（p134/カ写）
日ア鳥（p120/カ写）
日鳥水増（p54/カ写）
日野鳥新（p127/カ写）
日野鳥増（p121/カ写）
羽根決（p373/カ写, カ図）
フ日野新（p78/カ図）
フ日野増（p78/カ図）
フ野鳥（p84/カ図）
山溪名鳥（p161/カ写）

ヒメクロクイナ *Laterallus jamaicensis* 姫黒秧鶏, 姫黒水鶏
クイナ科の鳥。全長10〜15cm。
¶地球（p439/カ写）

ヒメコウテンシ *Calandrella cinerea* 姫告天子
ヒバリ科の鳥。全長14cm。 ㋳南ヨーロッパ
¶四季鳥（p21/カ写）
世鳥卵（p155/カ写, カ図）
世鳥ネ（p278/カ写）
世文鳥（p195/カ写）
鳥比（p96/カ写）
鳥650（p515/カ写）
名鳥図（p169/カ写）
日ア鳥（p434/カ写）
日鳥識（p238/カ写）
日鳥山新（p173/カ写）
日鳥山増（p127/カ写）
日野鳥新（p480/カ写）
日野鳥増（p440/カ写）
フ日野新（p216/カ図）
フ日野増（p216/カ図）
フ野鳥（p294/カ図）
山溪名鳥（p276/カ写）

ヒメコガネゲラ *Dinopium benghalense* 姫黄金啄木鳥
キツツキ科の鳥。全長26〜29cm。
¶世鳥大（p328/カ写）

ヒメゴジュウカラ *Sitta pygmaea* 姫五十雀
ゴジュウカラ科の鳥。 ㋳北アメリカ西部
¶世鳥ネ（p290/カ写）

ヒメコノハガエル *Xenophrys minor*
コノハガエル科の両生類。体長3.2〜4.8cm。 ㋳中国南部, ベトナム北西部
¶カエル見（p15/カ写）

ヒメコノハドリ *Aegithina tiphia* 姫木葉鳥
ヒメコノハドリ科の鳥。全長13〜14cm。 ㋳インド, スリランカ〜東南アジア, ジャワ, カリマンタン
¶世鳥大（p378/カ写）
世鳥卵（p166/カ写, カ図）
地球（p486/カ写）

ヒメコバネヒタキ *Brachypteryx leucophrys* 姫小羽鶲
ツグミ科の鳥。 ㋳ヒマラヤ地方, 中国南部〜インドネシアのチモール島
¶世鳥卵（p175/カ写, カ図）

ヒメコミミトガリネズミ *Cryptotis parva*
トガリネズミ科の哺乳類。体長5〜8cm。 ㋳アメリカ合衆国東部, エクアドル, スリナム
¶地球（p560/カ写）

ヒメコモリガエル *Pipa parva*
ピパ科（コモリガエル科）の両生類。別名コガタピパ, ドワーフピパ, ピパ・パルヴァ。全長2.5〜4.5cm。 ㋳コロンビア北部, ベネズエラ北西部
¶かえる百（p19/カ写）
カエル見（p21/カ写）
世カエ〔コガタピパ〕（p52/カ写）
世両（p23/カ写）
地球〔コガタピパ〕（p362/カ写）
爬両1800（p362/カ写）
爬両ビ（p296/カ写）

ヒメコンゴウインコ *Ara severa* 姫金剛鸚哥
インコ科の鳥。大きさ46cm。 ㋳南アメリカ北部の広範囲（パナマ〜コロンビア, ベネズエラ, スリナム, ガイアナ, ボリビア, ブラジル）
¶鳥飼（p166/カ写）

ヒメコンドル *Cathartes aura* 姫コンドル
コンドル科の鳥。全長64〜81cm。 ㋳カナダ南部〜南アメリカ, フォークランド諸島
¶驚野動（p56/カ写）
世鳥大（p182/カ写）
世鳥卵（p52/カ写, カ図）
世鳥ネ（p90/カ写）
地球（p430/カ写）
鳥卵巣（p98/カ写, カ図）

ヒメサイレン ⇒キタヒメサイレンを見よ

ヒメササクレヤモリ *Paroedura androyensis*
ヤモリ科ヤモリ亜科の爬虫類。全長6〜8cm。 ㋳マダガスカル南部
¶ゲッコー（p51/カ写）
爬両1800（p147/カ写）
爬両ビ（p115/カ写）

ヒメサバクガラス *Pseudopodoces humilis* 姫砂漠鴉, 姫砂漠烏
カラス科の鳥。 ㋳中国西部, チベット, シッキム, インド
¶世鳥卵（p246/カ写, カ図）

ヒメシジュウカラガン *Branta hutchinsii minima* 姫四十雀雁
カモ科の鳥。シジュウカラガンの亜種。
¶名鳥図（p40/カ写）
日鳥水増（p102/カ写）
日野鳥新（p36/カ写）
日野鳥増（p48/カ写）

ヒメショウビン *Ispidina picta* 姫翡翠
カワセミ科の鳥。全長12～13cm。㊐熱帯アフリカ
¶世鳥大（p307/カ写）
地球（p474/カ写）

ヒメシロハラミズナギドリ *Pterodroma longirostris* 姫白腹水薙鳥
ミズナギドリ科の鳥。全長25cm。
¶世文鳥（p33/カ写）
日ア鳥（p107/カ写）
日鳥水増（p39/カ写）
フ日野新（p70/カ図）
フ日野増（p70/カ図）
フ野鳥（p78/カ図）

ヒメセンダイムシクイ *Phylloscopus claidoa* 姫仙台虫食, 姫仙台虫喰
ムシクイ科の鳥。全長5～12cm。㊐中国東部
¶鳥比（p110/カ写）

ヒメソコトラヤモリ *Haemodracon trachyrhinus*
ヤモリ科ワレユビヤモリ亜科の爬虫類。全長4～6cm。㊐イエメン（ソコトラ島）
¶ゲッコー（p65/カ写）
爬両1800（p153/カ写）

ヒメソリハシハチドリ *Avocettula recurvirostris* 姫反嘴蜂鳥
ハチドリ科マルオハチドリ亜科の鳥。全長8～10cm。
¶ハチドリ（p360）

ヒメチョウゲンボウ *Falco naumanni* 姫長元坊
ハヤブサ科の鳥。絶滅危惧II類。全長29～32cm。㊐ヨーロッパ～中央アジアで繁殖。アフリカ大陸の中部～南部で越冬
¶絶百7（p36/カ写）
世鳥卵（p65/カ写, カ図）
世鳥ネ（p93/カ写）
世文鳥（p97/カ写）
鳥比（p71/カ写）
鳥650（p455/カ写）
日ア鳥（p384/カ写）
日鳥山新（p122/カ写）
日鳥山増（p60/カ写）
フ日野新（p182/カ図）
フ日野増（p182/カ図）
フ野鳥（p266/カ図）
ワシ（p136/カ写）

ヒメツバメチドリ *Glareola lactea* 姫燕千鳥
ツバメチドリ科の鳥。全長17～19cm。
¶地球（p448/カ写）

ヒメツメガエル *Hymenochirus* spp.
ピパ科の両生類。体長2～4cm。㊐カメルーン, ガボン, ザイール
¶世文動（p319/カ写）

ヒメトガリネズミ *Sorex gracillimus* 姫尖鼠
トガリネズミ科の哺乳類。頭胴長49～58mm。㊐ロシア沿海地方, サハリン。日本では北海道本島, 利尻島, 礼文島
¶くら哺（p30/カ写）
日哺改（p7/カ写）
日哺学フ（p27/カ写）

ヒ

ヒメトゲオイワトカゲ *Egernia depressa*
スキンク科の爬虫類。全長7～17cm。㊐オーストラリア西部
¶世爬（p144/カ写）
爬両1800（p214/カ写）
爬両ビ（p151/カ写）

ヒメトマトガエル *Dyscophus insularis*
ヒメガエル科の両生類。別名アミメトマトガエル。体長4～5cm。㊐マダガスカル西部
¶かえる百（p38/カ写）
カエル見（p76/カ写）
世カエ〔アミメトマトガエル〕（p474/カ写）
世両（p125/カ写）
爬両1800（p407/カ写）
爬両ビ（p270/カ写）

ヒメドリ *Spizella pusilla* 姫鳥
ホオジロ科の鳥。㊐アメリカ東部
¶世鳥ネ（p332/カ写）

ヒメナンダ *Ptyas korros*
ナミヘビ科ナミヘビ亜科の爬虫類。全長80～200cm。㊐中国南部, 東南アジア一帯
¶爬両1800（p300/カ写）

ヒメニオイガメ *Sternotherus minor*
ドロガメ科ドロガメ亜科の爬虫類。甲長9～14cm。㊐アメリカ合衆国南東部
¶世カメ（p146/カ写）
世爬（p49/カ写）
世文動（p242/カ写）
爬両1800（p56/カ写）
爬両ビ（p56/カ写）

ピメニコス・ヘレニコス ⇒ヘレニック・シェパード・ドッグを見よ

ヒメヌマチウサギ *Sylvilagus palustris*
ウサギ科の哺乳類。体長42～44cm。㊐フロリダ～バージニア南部

¶地球(p522/カ写)

ヒメネズミ *Apodemus argenteus* 姫鼠
ネズミ科の哺乳類。頭胴長72～100mm。㋷北海道, 本州, 四国, 九州の全域, 淡路島, 小豆島, 佐渡島, 隠岐, 対馬, 五島列島, 種子島, 屋久島
¶くら哺(p17/カ写)
世文動(p116/カ写)
日哺改(p138/カ写)
日哺学フ(p87/カ写)

ヒメノガン *Tetrax tetrax* 姫鴇, 姫野雁
ノガン科の鳥。全長40～45cm。㋷南ヨーロッパ, アフリカ北西部～東は中央アジア
¶世鳥大(p207/カ写)
世鳥卵(p90/カ写, カ図)
世文鳥(p110/カ図)
地球(p438/カ写)
鳥卵巣(p164/カ写, カ図)
鳥**650**(p203/カ写)
フ日野新(p128/カ図)
フ日野増(p128/カ図)
フ野鳥(p120/カ図)

ヒメハイイロチュウヒ *Circus pygargus* 姫灰色沢鵟
タカ科の鳥。全長43～47cm。㋷西ヨーロッパ～モンゴル西部, トルコ, イラン北部
¶世鳥卵(p57/カ写, カ図)
地球(p437/カ写)
鳥**650**(p748/カ写)

ヒメハゲミツスイ *Philemon citreogularis* 姫禿蜜吸
ミツスイ科の鳥。㋷オーストラリア, バンダ海諸島, ニューギニア
¶世鳥卵(p211/カ写, カ図)

ヒメハコヨコクビガメ *Pelusios nanus*
ヨコクビガメ科アフリカヨコクビガメ亜科の爬虫類。甲長9～11cm。㋷ザンビア北部, アンゴラ, コンゴ民主共和国南部
¶世カメ(p66/カ写)
爬両**1800**(p69/カ写)
爬両ビ(p54/カ写)

ヒメハジロ *Bucephala albeola* 姫羽白
カモ科の鳥。全長33～40cm。
¶世文鳥(p81/カ写)
地球(p414/カ写)
鳥比(p232/カ写)
鳥**650**(p80/カ写)
名鳥図(p61/カ写)
日ア鳥(p69/カ写)
日カモ(p260/カ写, カ図)
日鳥識(p86/カ写)
日鳥水増(p156/カ写)
日野鳥新(p86/カ写)
日野鳥増(p92/カ写)
フ日野新(p50/カ図)
フ日野増(p50/カ図)
フ野鳥(p48/カ図)
野鳥学フ(p225/カ写)

ヒメハチドリ *Selasphorus calliope* 姫蜂鳥
ハチドリ科ハチドリ亜科の鳥。全長7～9cm。㋷北アメリカ
¶世鳥ネ(p217/カ写)
地球(p471/カ写)
ハチドリ(p342/カ写)

ヒメハブ *Ovophis okinavensis* 姫波布
クサリヘビ科の爬虫類。日本固有種。全長30～80cm。㋷沖縄諸島
¶原爬両(No.103/カ写)
世文動(p303/カ写)
日カメ(p234/カ写)
爬両観(p154/カ写)
爬両飼(p52/カ写)
爬両**1800**(p341/カ写)
野日爬(p43,69,200/カ写)

ヒメハマシギ *Calidris mauri* 姫浜鷸, 姫浜鴫
シギ科の鳥。全長16cm。
¶世文鳥(p119/カ写)
鳥比(p310/カ写)
鳥**650**(p276/カ写)
日ア鳥(p238/カ写)
日鳥水増(p201/カ写)
日野鳥新(p281/カ写)
日野鳥増(p306/カ写)
フ日野新(p140/カ図)
フ日野増(p140/カ図)
フ野鳥(p162/カ図)

ヒメハヤブサ ⇒コビトハヤブサを見よ

ヒメハリテンレック *Echinops telfairi*
テンレック科の哺乳類。体長10～15cm。
¶地球(p514/カ写)

ヒメヒキガエル *Bufo parvus*
ヒキガエル科の両生類。体長3～3.5cm。㋷カンボジア, マレーシア, タイ, ミャンマー, インドネシア
¶爬両**1800**(p364/カ写)

ヒメヒシクイ *Anser fabalis curtus* 姫鴻, 姫菱喰, 姫菱食
カモ科の鳥。ヒシクイの亜種。
¶日野鳥新(p29/カ写)

ヒメヒナコウモリ *Vespertilio murinus* 姫雛蝙蝠
ヒナコウモリ科の哺乳類。別名ヨーロッパヒナコウモリ。体長5～6.5cm。㋷ヨーロッパ～西アジア・中央アジア・東アジア
¶くら哺(p50/カ写)
地球〔ヨーロッパヒナコウモリ〕(p557/カ写)

日哺改（p53/カ写）
日哺学フ（p29/カ写）

ヒメヒミズ *Dymecodon pilirostris* 姫日不見
モグラ科の哺乳類。頭胴長70～84mm。㊎本州，四国，九州
¶くら哺（p35/カ写）
世文動（p55/カ写）
日哺改（p17/カ写）
日哺学フ（p100/カ写）

ヒメフクロウインコ *Geopsittacus occidentalis* 姫梟鸚哥
インコ科の鳥。絶滅危惧IA類。体長23cm。㊎オーストラリア中央部の乾燥および半乾燥地帯
¶絶百2（p80/カ図）

ヒメホオヒゲコウモリ *Myotis ikonnikovi* 姫頬髭蝙蝠
ヒナコウモリ科の哺乳類。前腕長3.3～3.6cm。㊎シベリア東部，朝鮮半島北部，サハリン。日本では北海道，中国地方を除く本州
¶くら哺（p47/カ写）
日哺改（p39/カ写）
日哺学フ（p113/カ写）

ヒメホリカワコウモリ ⇒キタクビワコウモリを見よ

ヒメマイコドリ *Machaeropterus regulus* 姫舞子鳥
マイコドリ科の鳥。全長9～10cm。㊎南アメリカ東部・西部
¶世鳥ネ（p253/カ写）
地球（p483/カ写）

ヒメマルオハチドリ *Polytmus theresiae* 姫丸尾蜂鳥
ハチドリ科マルオハチドリ亜科の鳥。全長9～10cm。
¶ハチドリ（p72/カ写）

ヒメミズナギドリ *Puffinus assimilis* 姫水薙鳥
ミズナギドリ科の鳥。体長25～30cm。㊎北・南大西洋，南太平洋，インド洋。大西洋の島々，アンティポディーズ諸島で繁殖
¶日鳥水増（p48/カ写）

ヒメミツヅノカメレオン *Trioceros fuelleborni*
カメレオン科の爬虫類。全長22cm前後。㊎タンザニア南部
¶爬両1800（p114/カ写）

ヒメミツユビカワセミ *Alcedo pusilla* 姫三趾翡翠
カワセミ科の鳥。全長12～13cm。㊎オーストラリア北部，ニューギニアの海岸
¶世鳥大（p308/カ写）
世鳥ネ（p227/カ写）
地球（p474/カ写）

ヒメミフウズラ *Turnix sylvatica* 姫三斑鶉
ミフウズラ科の鳥。体長13～15cm。㊎スペイン南部，アフリカ，南・東南アジア，インドネシア，フィリピン
¶世鳥卵（p78/カ写，カ図）

ヒメミユビトビネズミ *Jaculus jaculus*
トビネズミ科の哺乳類。体長9～16cm。㊎アフリカ，アジア
¶世哺（p173/カ写）
地球（p525/カ写）

ヒメモリバト *Columba oenas* 姫森鳩
ハト科の鳥。全長33cm。㊎ヨーロッパ～カザフ地方，バルハシ湖付近
¶世鳥ネ（p159/カ写）
鳥650（p94/カ写）
日ア鳥（p86/カ写）
日鳥山新（p26/カ写）
日鳥山増（p71/カ写）
日野鳥新（p102/カ写）
日野鳥増（p394/カ写）
フ日野新（p324/カ図）
フ日野増（p324/カ図）
フ野鳥（p64/カ図）

ヒ

ヒメヤスリヘビ *Acrochordus granulatus*
ヤスリヘビ科の爬虫類。全長50～60cm。㊎東南アジア，中国南部，インド，オセアニア地域
¶世爬（p167/カ写）
爬両1800（p250/カ写）
爬両ビ（p177/カ写）

ヒメヤチネズミ *Clethrionomys rutilus* 姫谷地鼠，姫野地鼠
ネズミ科の哺乳類。頭胴長約10cm。㊎ユーラシア北部，北アメリカ北部
¶世文動（p112/カ写）
日哺改（p127/カ写）

ヒメヤマセミ *Ceryle rudis* 姫山翡翠，姫山魚狗
カワセミ科の鳥。全長28～29cm。㊎アフリカの大部分，中東，インド，東南アジア
¶世鳥大（p309/カ写）
世鳥ネ（p229/カ写）
地球（p474/カ写）

ヒメヨシゴイ *Ixobrychus minutus* 姫葭五位
サギ科の鳥。別名コヨシゴイ。全長27～38cm。
¶世鳥大〔コヨシゴイ〕（p165/カ写）
世鳥卵（p40/カ写，カ図）
世鳥ネ（p72/カ写）
地球（p426/カ写）

ヒメラケットハチドリ *Discosura longicaudus* 姫ラケット蜂鳥
ハチドリ科ミドリフタオハチドリ亜科の鳥。全長8～10cm。㊎ベネズエラ南部やギアナに分布する個

体群とブラジル東部に分布する個体群がいる
¶ハチドリ（p363）

ヒメレンジャク *Bombycilla cedrorum* 姫連雀
レンジャク科の鳥。体長18cm。㊗カナダやアメリカ合衆国の大部分の地域で繁殖。冬期はカナダ南部〜南アメリカ北部に分布域を広げる
¶**世鳥ネ**（p274/カ写）
世美羽（p163/カ写）

ヒモハクジラ *Mesoplodon layardii*
アカボウクジラ科の哺乳類。体長5〜6.2m。㊗南緯35度〜60度の冷温帯の海域
¶**クイ百**（p234/カ図）
世哺（p200/カ図）
地球（p614/カ図）

ヒャクメオオトカゲ *Varanus panoptes*
オオトカゲ科の爬虫類。全長140〜160cm。㊗オーストラリア，ニューギニア島
¶**世爬**（p154/カ写）
地球（p389/カ写）
爬両1800（p234/カ写）
爬両ビ（p164/カ写）

ヒャッポダ *Deinagkistrodon acutus* 百歩蛇
クサリヘビ科マムシ亜科の爬虫類。全長80〜120cm。㊗台湾，中国南部，ベトナム北部
¶**世文動**（p302/カ写）
世ヘビ（p112/カ写）

ヒャン *Sinomicrurus japonicus japonicus*
コブラ科の爬虫類。日本固有種。全長30〜60cm。㊗奄美大島，加計呂麻島，与路島，請島
¶**原爬両**（No.104/カ写）
日カメ（p238/カ写）
爬両飼（p53）
野日爬（p39,186/カ写）

ヒューゲン・ハウンド Hygen Hound
犬の一品種。別名ヒーゲン・フンド，ヒューゲン・フント。体高 オス50〜58cm，メス47〜55cm。ノルウェーの原産。
¶**最犬大**（p309/カ写）
新犬種（p154/カ写）
ビ犬（p156/カ写）

ヒューゲン・フント ⇒ヒューゲン・ハウンドを見よ

ビューティースネーク ⇒スジオナメラを見よ

ピューマ *Puma concolor*
ネコ科の哺乳類。別名クーガー，アメリカライオン，マウンテンライオン。頭胴長 オス105〜180cm，メス96.6〜151.7cm。㊗北アメリカ西部・南部，中央アメリカ，南アメリカ
¶**驚野動**（p62/カ写）
世文動（p165/カ写）
世哺（p286/カ写）
地球（p582/カ写）
野生ネコ（p114/カ写，カ図）

ビュラックムクドリモドキ *Icterus bullockii* ビュラック椋鳥擬
ムクドリモドキ科の鳥。㊗ロッキー山脈西部〜メキシコ
¶**世鳥卵**〔ビュラックムクドリモドキ（ボルチモアムクドリモドキ）〕（p218/カ写，カ図）

ビューロウスオオアマガエルモドキ *Centrolene ballux*
アマガエルモドキ科の両生類。絶滅危惧IA類。㊗エクアドルのサロヤ河谷にある湿気の多い山林とコロンビアの太平洋側斜面
¶**レ生**（p246/カ写）

ヒョウ *Panthera pardus* 豹
ネコ科の哺乳類。頭胴長91〜191cm。㊗アフリカ，アジア
¶**驚野動**（p214/カ写）
絶百9（p18/カ写）
世文動（p170/カ写）
世哺（p290/カ写）
地球（p576/カ写）
野生ネコ（p80/カ写，カ図）

ヒョウアザラシ *Hydrurga leptonyx* 豹海豹
アザラシ科の哺乳類。体長2.5〜3.4m。㊗南極海，亜南極圏の海域
¶**驚野動**（p371/カ写）
世文動（p181/カ写）
世哺（p301/カ写）
地球（p570/カ写）

ヒョウガエル *Rana pipiens* 豹蛙
アカガエル科の両生類。別名キタヒョウガエル，ヒョウモンガエル。体長11cm。メスはオスより大きい。㊗カナダ〜アメリカ合衆国中部
¶**世カエ**（p348/カ写）
世文動〔キタヒョウガエル〕（p332/カ写）

ヒョウトビガエル ⇒アカマクトビガエルを見よ

ヒョウモンウワメヘビ *Helicops leopardinus*
ナミヘビ科ヒラタヘビ亜科の爬虫類。全長30〜38cm。㊗南米大陸中部以北
¶**爬両1800**（p277/カ写）

ヒョウモンガエル ⇒ヒョウガエルを見よ

ヒョウモンガメ *Stigmochelys pardalis* 豹紋亀
リクガメ科の爬虫類。甲長50〜60cm。㊗アフリカ東部〜南部
¶**驚野動**（p226/カ写）
世カメ（p31/カ写）
世爬（p10/カ写）
世文動（p251/カ写）

爬両1800 (p12/カ写)
爬両ビ (p7/カ写)

ヒョウモンシチメンチョウ *Meleagris ocellata* 豹紋七面鳥
シチメンチョウ科の鳥。㊕中央アメリカ
¶世鳥ネ (p35/カ写)
世美羽 (p27/カ写, カ図)

ヒョウモントカゲモドキ *Eublepharis macularius* 豹紋蜥蜴擬
ヤモリ科トカゲモドキ亜科の爬虫類。全長20～28cm。㊕アフガニスタン南東部, パキスタン, インド西部, イラン, イラク
¶ゲッコー (p96/カ写)
世爬 (p122/カ写)
世文動 (p261/カ写)
地球 (p384/カ写)
爬両1800 (p170～171/カ写)
爬両ビ (p125/カ写)

ヒョウモンナキヤモリ *Hemidactylus maculatus* 豹紋鳴守宮
ヤモリ科ヤモリ亜科の爬虫類。全長20～28cm。㊕インド
¶ゲッコー (p21/カ写)
爬両1800 (p132/カ写)

ヒョウモンナメラ *Elaphe situla*
ナミヘビ科ナミヘビ亜科の爬虫類。全長120～150cm。㊕ヨーロッパ南部～東部, ロシア, トルコなど
¶絶百9 (p22/カ写)
世爬 (p203/カ写)
爬両1800 (p317/カ写)
爬両ビ (p223/カ写)

ヒョウモンヘリユビカナヘビ *Acanthodactylus pardalis*
カナヘビ科の爬虫類。全長13～15cm。㊕アルジェリア, エジプト北部, イスラエル, ヨルダンなど
¶爬両1800 (p194/カ写)
爬両ビ (p132/カ写)

ヒヨクドリ *Cicinnurus regius* 比翼鳥
フウチョウ科の鳥。全長16cm。㊕ニューギニア
¶原色鳥 (p10/カ写)
世鳥大 (p397/カ写)
世美羽 (p118/カ写, カ図)

ヒヨドリ *Hypsipetes amaurotis* 鵯
ヒヨドリ科の鳥。全長28cm。㊕日本, 台湾, 中国南部
¶くら鳥 (p59/カ写)
原寸羽 (p228/カ写)
里山鳥 (p102/カ写)
四季鳥 (p111/カ写)
巣と卵決 (p116/カ写, カ図)
世文鳥 (p208/カ写)
鳥卵巣 (p272/カ写, カ図)
鳥比 (p106/カ写)
鳥650 (p534/カ写)
名鳥図 (p180/カ写)
日ア鳥 (p445/カ写)
日色鳥 (p206/カ写)
日鳥識 (p242/カ写)
日鳥巣 (p170/カ写)
日鳥山新 (p186/カ写)
日鳥山増 (p158/カ写)
日野鳥新 (p492/カ写)
日野鳥増 (p472/カ写)
ぱっ鳥 (p278/カ写)
バード (p20/カ写)
羽根決 (p262/カ写, カ図)
ひと目鳥 (p170/カ写)
フ日野新 (p228/カ図)
フ日野増 (p228/カ図)
フ野鳥 (p304/カ図)
野鳥学フ (p17/カ写)
野鳥山フ (p48,282/カ図, カ写)
山溪名鳥 (p278/カ写)

ヒヨドリ〔亜種〕 *Hypsipetes amaurotis amaurotis* 鵯
ヒヨドリ科の鳥。
¶日鳥山新〔亜種ヒヨドリ〕(p186/カ写)
日鳥山増〔亜種ヒヨドリ〕(p158/カ写)
日野鳥新〔ヒヨドリ*〕(p492/カ写)
日野鳥増〔ヒヨドリ*〕(p472/カ写)

ヒラオオビトカゲ *Zonosaurus laticaudatus*
プレートトカゲ科の爬虫類。全長35～40cm。㊕マダガスカル西部・南部・北西部
¶爬両1800 (p222/カ写)
爬両ビ (p156/カ写)

ヒラオツノトカゲ *Phrynosoma mcallii*
イグアナ科の爬虫類。全長11～13cm。㊕カリフォルニア州南東部, ソノラ砂漠のかかるアリゾナ州南東部 (アメリカ), バハ・カリフォルニア州 (メキシコ)
¶絶百7 (p66/カ図)

ヒラオミズアシナシイモリ *Typhlonectes compressicauda*
ミズアシナシイモリ科の両生類。全長25～60cm。㊕南米大陸北部～北西部
¶爬両1800 (p464/カ写)

ヒラオミズトカゲ ⇒ベッカーミズトカゲを見よ

ヒラオヤモリ *Cosymbotus platyurus*
ヤモリ科の爬虫類。全長12cm。㊕インド, ミャンマー, タイ, ラオス, カンボジア, インドネシア, フィリピン, マレーシア, ニューギニアなど

¶世文動(p260/カ写)

ヒラオリクガメ *Pyxis planicauda*
リクガメ科の爬虫類。甲長10~13cm。㊕マダガスカル西部
¶世カメ(p44/カ写)
爬両1800(p21/カ写)

ヒラズアガマ *Agama planiceps*
アガマ科の爬虫類。全長22~30cm。㊕ナミビア，カメルーン
¶爬両ビ(p84/カ写)

ヒラズボウシヘビ *Tantilla gracilis*
ナミヘビ科ナミヘビ亜科の爬虫類。全長18~24cm。㊕アメリカ合衆国南部~メキシコ北部
¶爬両1800(p291/カ写)

ヒラズマントガエル *Guibemantis depressiceps*
マダガスカルガエル科(マラガシーガエル科)の両生類。体長3~3.5cm。㊕マダガスカル東部
¶カエル見(p68/カ写)
爬両1800(p403/カ写)

ヒラセガメ *Cuora mouhotii*
アジアガメ科(イシガメ(バタグールガメ)科)の爬虫類。甲長16~18cm。㊕中国南部~ベトナム南部，インド北東部
¶世カメ(p266/カ写)
世爬(p32/カ写)
世文動(p247/カ写)
爬両1800(p42/カ写)
爬両ビ(p30/カ写)

ヒラタコモリガエル *Pipa pipa*
コモリガエル科(ピパ科)の両生類。別名コモリガエル，ヒラタピパ，ピパ・ピパ。体長12~15cm。㊕南米中部以北
¶かえる百(p19/カ写)
カエル見(p20/カ写)
世カエ〔ピパ〕(p54/カ写)
世文動〔ヒラタピパ〕(p319/カ写)
世両(p22/カ写)
爬両1800(p362/カ写)
爬両ビ(p296/カ写)

ヒラタスッポン *Dogania subplana*
スッポン科スッポン亜科の爬虫類。甲長30~35cm。㊕ミャンマー南部~マレーシア西部，フィリピン，インドネシアなど
¶世カメ(p172/カ写)
世爬(p44/カ写)
世文動(p242/カ写)
爬両1800(p51/カ写)
爬両ビ(p40/カ写)

ヒラタニオイガメ *Sternotherus depressus*
ドロガメ科ドロガメ亜科の爬虫類。甲長8~10cm。㊕アメリカ合衆国(アラバマ州)
¶世カメ(p148/カ写)
爬両1800(p57/カ写)
爬両ビ(p56/カ写)

ヒラタピパ ⇒ヒラタコモリガエルを見よ

ヒラタヘビクビガメ *Platemys platycephala*
ヘビクビガメ科の爬虫類。別名プラテミスヘビクビガメ。甲長14~16cm。㊕太平洋沿岸を除く南米大陸北部
¶世カメ(p102/カ写)
世爬(p54/カ写)
世文動〔ヒラタヘビクビ〕(p240/カ写)
爬両1800(p62/カ写)
爬両ビ(p46/カ写)

ヒラタヤマガメ *Heosemys depressa*
アジアガメ科(イシガメ(バタグールガメ)科)の爬虫類。甲長22~25cm。㊕ミャンマー
¶世カメ(p284/カ写)
爬両1800(p44/カ写)
爬両ビ(p33/カ写)

ヒラチズガメ *Graptemys geographica*
ヌマガメ科アミメガメ亜科の爬虫類。甲長11~24cm。㊕カナダ南部，アメリカ合衆国中部~北東部
¶世カメ(p221/カ写)
世爬(p24/カ写)
爬両1800(p26/カ写)
爬両ビ(p22/カ写)

ヒラハシ *Myiagra oceanica* 平嘴
ヒタキ科の鳥。㊕トラック諸島，カロリン諸島
¶世鳥卵(p200/カ写，カ図)

ヒラハシハチドリ *Cyanophaia bicolor* 平嘴蜂鳥
ハチドリ科ハチドリ亜科の鳥。全長9~11cm。
¶ハチドリ(p377)

ヒラユビイモリ *Lissotriton helveticus*
イモリ科の両生類。全長8~9cm。㊕ヨーロッパ西部
¶爬両1800(p455/カ写)

ヒラユビニオイガエル *Rana grahami*
アカガエル科の両生類。体長4~7cm。㊕中国南部，ベトナム北部
¶爬両1800(p413/カ写)

ヒラリーカエルガメ *Phrynops hilarii*
ヘビクビガメ科の爬虫類。別名ハイイロカエルガメ。甲長32~35cm。㊕ブラジル南部，ウルグアイ，アルゼンチン北部
¶世カメ(p93/カ写)
世爬(p52/カ写)
世文動(p241/カ写)
爬両1800(p61/カ写)

爬両ビ (p45/カ写)

ビリー Billy
犬の一品種。別名ビイィ。大型ハウンド。体高 オス60～70cm, メス58～62cm。フランスの原産。
¶**最犬大** (p281/カ写)
新犬種 (p289/カ写)
ビ犬 (p166/カ写)

ピルバライワバオオトカゲ *Varanus pilbarensis*
オオトカゲ科の爬虫類。全長40～50cm。㊀オーストラリア西部
¶**世爬** (p160/カ写)
爬両1800 (p240/カ写)

ピルバラナメハダタマオヤモリ *Nephrurus levis pilbarensis*
ヤモリ科タマオヤモリ亜科の爬虫類。ナメハダタマオヤモリの亜種。全長10～12cm。㊀オーストラリア北西部
¶**ゲッコー**〔ナメハダタマオヤモリ(亜種ピルバラナメハダタマオヤモリ)〕(p69/カ写)

ビルマオオセダカガメ *Batagur trivittata*
イシガメ科の爬虫類。絶滅危惧IB類。背甲長最大58cm。㊀ミャンマーの大河流域一帯
¶**レ生** (p248/カ写)

ビルマカラヤマドリ *Syrmaticus humiae* ビルマ唐山鳥
キジ科の鳥。全長 オス90cm, メス60cm。㊀インド北東部, ミャンマー北部, 中国南部, タイ北東部
¶**鳥卵巣** (p139/カ写, カ図)

ビルマキヌバネドリ *Harpactes wardi* ビルマ絹羽鳥
キヌバネドリ科の鳥。全長38cm。㊀インド東部～ミャンマー北部, 中国の雲南省, ベトナム北部
¶**世色鳥** (p135/カ写)

ビルマコガタジムグリガエル *Calluella guttulata*
ヒメガエル科の両生類。体長4～5cm。㊀タイ, ミャンマー, ラオス, ベトナム
¶**かえる百** (p42/カ写)
カエル見 (p72/カ写)
世両 (p121/カ写)
爬両1800 (p405/カ写)
爬両ビ (p268/カ写)

ビルマスジオ ⇒ブルービューティーを見よ

ビルマニシキヘビ *Python bivittatus*
ニシキヘビ科の爬虫類。別名バーミーズパイソン。絶滅危惧II類。全長300～400cm。㊀ネパール南部, インド, 東南アジア
¶**遺産世** (Reptilia No.18/カ写)
世ヘビ〔バーミーズパイソン〕(p75/カ写)
爬両1800 (p253/カ写)

ビルマハコスッポン *Lissemys scutata*
スッポン科フタスッポン亜科の爬虫類。甲長22～25cm。㊀タイ, ミャンマー
¶**世カメ** (p165/カ写)
爬両1800 (p50/カ写)
爬両ビ (p39/カ写)

ビルマホシガメ *Geochelone platynota*
リクガメ科の爬虫類。甲長35cm前後。㊀ミャンマー
¶**世カメ** (p26/カ写)
世爬 (p12/カ写)
爬両1800 (p13/カ写)
爬両ビ (p9/カ写)

ヒル・ラドナー Hill Radnor
羊の一品種。イギリスの原産。
¶**日家** (p131/カ写)

ヒ

ヒレアシトウネン *Calidris pusilla* 鰭足当年
シギ科の鳥。全長13～15cm。㊀カナダ, アラスカで繁殖
¶**鳥比** (p314/カ写)

ヒレナガゴンドウ *Globicephala melas* 鰭長巨頭
マイルカ科の哺乳類。別名マゴンドウクジラ。成体体重 メスは最大1.3t, オスは最大2.3t。㊀冷温帯～亜極圏
¶**クイ百** (p124/カ図)
地球〔マゴンドウクジラ〕(p617/カ図)
日哺学フ (p228/カ写, カ図)

ピレニアン・シープドッグ Pyrenean Sheepdog
犬の一品種。別名ベルジェ・デ・ピレネー。体高38～54cm。フランスの原産。
¶**最犬大** (p80/カ写)
新犬種 (p107/カ写)
ビ犬 (p50/カ写)

ピレニアン・シープドッグ・スムースフェイスド Pyrenean Sheepdog Smooth Faced
犬の一品種。別名シャン・ド・ベルジェ・デ・ピレネー・ア・ファセ・ラース, ベルジェ・ド・ピレネー・ア・ファス・ラス。体高 オス40～54cm, メス40～52cm。フランスの原産。
¶**最犬大**〔ピレニアン・シープドッグ(スムースフェイス)〕(p80/カ写)
新犬種〔ピレニアン・シープドッグ、ファス・ラス/ベルジェ・ド・ピレネー・ア・ファス・ラス〕(p107/カ写)

ピレニアン・シープドッグ・ロングヘアード Pyrenean Sheepdog Long-haired
犬の一品種。別名シャン・ド・ベルジェ・デ・ピレネー・ア・ポイ・ロン, ベルジェ・ド・ピレネー・ア・ポワル・ロン。体高 オス40～48cm, メス38～46cm。フランスの原産。
¶**最犬大**〔ピレニアン・シープドッグ(ロングヘアー)〕(p80/カ写)

新犬種〔ピレニアン・シープドッグ、ロングヘアード/ベルジェ・ド・ピレネー・ア・ポワル・ロン〕(p107/カ写)
新世犬〔ピレニアン・シープドッグ〕(p66/カ写)
図世犬〔ピレニアン・シープドッグ〔ロング〕〕(p80/カ写)

ピレニアン・マウンテンドッグ ⇒グレート・ピレニーズを見よ

ピレニアン・マスティフ Pyrenean Mastiff
犬の一品種。別名マスティン・デ・ピレニーオ,マスティン・デ・ロス・ピリネオス。体高 オス77cm以上,メス72cm以上。スペインの原産。
¶最犬大(p135/カ写)
新犬種〔マスティン・デ・ロス・ピリネオス〕(p310/カ写)
図世犬(p121/カ写)
ビ犬(p78/カ写)

ヒ

ヒレニウスカメレオン *Calumma hilleniusi*
カメレオン科の爬虫類。全長14～15cm。㊕マダガスカル中央部
¶世爬(p93/カ写)
爬両1800(p120/カ写)

ピレネーデスマン *Galemys pyrenaicus*
モグラ科の哺乳類。体長11～16cm。㊕西ヨーロッパ
¶地球(p559/カ写)

ヒレンジャク *Bombycilla japonica* 緋連雀
レンジャク科の鳥。全長18cm。㊕シベリア東南部,中国北東部,サハリン北部で繁殖。サハリン南部,日本,朝鮮半島,中国南東部へ渡る
¶くら鳥(p62/カ写)
原寸羽(p233/カ写)
里山鳥(p25/カ写)
四季鳥(p79/カ写)
世鳥ネ(p274/カ写)
世文鳥(p211/カ写)
鳥比(p125/カ写)
鳥650(p576/カ写)
名鳥図(p185/カ写)
日ア鳥(p487/カ写)
日色鳥(p89/カ写)
日鳥識(p248/カ写)
日鳥山新(p228/カ写)
日鳥山増(p169/カ写)
日野鳥新(p522/カ写)
日野鳥増(p483/カ写)
ぱっ鳥(p301/カ写)
バード(p69/カ写)
羽根決(p268/カ写,カ図)
ひと目鳥(p173/カ写)
フ日野新(p232/カ図)
フ日野増(p232/カ図)
フ野鳥(p326/カ図)
野鳥学フ(p103/カ写)
野鳥山フ(p49,289/カ図,カ写)
山溪名鳥(p131/カ写)

ヒロオウミヘビ *Laticauda laticaudata* 広尾海蛇
コブラ科の爬虫類。全長70～120cm。㊕南西諸島,台湾,中国～南太平洋,インド洋東部
¶原爬両(No.109/カ写)
日カメ(p244/カ写)
爬両飼(p58/カ写)
野日爬(p40,189/カ写)

ヒロオコノハヤモリ *Phyllurus platurus*
ヤモリ科の爬虫類。全長16～18cm。㊕オーストラリア(ニューサウスウエールズ州)
¶ゲッコー(p71/カ写)
世爬(p119/カ写)
世文動(p260/カ写)
爬両1800(p158/カ写)
爬両ビ(p122/カ写)

ヒロオビオオカミヘビ *Lycodon fasciatus*
ナミヘビ科ナミヘビ亜科の爬虫類。全長65～110cm。㊕中国南西部,インドシナ半島中部以北など
¶爬両1800(p299/カ写)

ヒロオビナキヤモリ *Hemidactylus fasciatus*
ヤモリ科の爬虫類。全長16～18cm。㊕リベリア～コンゴ民主共和国
¶爬両1800(p132/カ写)

ヒロオビフィジーイグアナ *Brachylophus fasciatus*
イグアナ科の爬虫類。別名フィジーイグアナ。絶滅危惧IB類。全長80cm前後。㊕フィジー諸島,トンガ諸島
¶遺産世(Reptilia No.13/カ写)
世文動〔フィジーイグアナ〕(p262/カ写)
爬両1800(p76/カ写)

ヒロオヒルヤモリ *Phelsuma laticauda*
ヤモリ科ヤモリ亜科の爬虫類。全長13～14cm。㊕マダガスカル北部,コモロ諸島
¶ゲッコー(p41/カ写)
世爬(p110/カ写)
爬両1800(p140/カ写)
爬両ビ(p110/カ写)

ヒロクチミズタメガエル *Cyclorana novaehollandiae*
アマガエル科の両生類。体長70～100mm。㊕オーストラリアのクイーンズランド州とニューサウスウェールズ州北部の大部分
¶世カエ(p220/カ写)

ヒロクチミズヘビ *Homalopsis buccata*
ナミヘビ科ミズヘビ亜科の爬虫類。全長100～

130cm。 ㊎インド, 東南アジア全域
¶世爬(p183/カ写)
世ヘビ(p105/カ写)
爬両1800(p267/カ写)
爬両ビ(p194/カ写)

ヒロズトカゲ *Plestiodon laticeps*
スキンク科の爬虫類。全長16～32cm。 ㊎アメリカ合衆国南東部
¶世爬(p134/カ写)
爬両1800(p200/カ写)
爬両ビ(p139/カ写)

ヒロズドリアガエル *Limnonectes laticeps*
アカガエル科の両生類。別名ヒメクールガエル。体長3～5cm。 ㊎インド北東部, インドシナ半島北西部, インドネシアなど
¶カエル見(p87/カ写)
爬両1800(p417/カ写)

ヒロズハナヅラアマガエル *Scinax ruber*
アマガエル科の両生類。体長4～4.5cm。 ㊎南米大陸北部
¶カエル見(p41/カ写)
爬両1800(p382/カ写)

ビロードキンクロ *Melanitta fusca* 天鵞絨金黒
カモ科の鳥。全長55cm。 ㊎北アメリカ北西部・西部・東部, ヨーロッパ, アジア北西部・東部
¶くら鳥(p90,92/カ写)
原寸羽(p59/カ写)
四季鳥(p77/カ写)
世文鳥(p78/カ写)
鳥比(p230/カ写)
鳥650(p76/カ写)
名鳥図(p59/カ写)
日ア鳥(p62/カ写)
日色鳥(p214/カ写)
日カモ(p244/カ写, カ図)
日鳥識(p84/カ写)
日鳥水増(p149/カ写)
日野鳥新(p78/カ写)
日野鳥増(p88/カ写)
ぱっ鳥(p53/カ写)
ひと目鳥(p45/カ写)
フ日野新(p56/カ図)
フ日野増(p56/カ図)
フ野鳥(p46/カ図)
野鳥学フ(p226/カ写)
野鳥山フ(p19,117/カ図, カ写)
山溪名鳥(p280/カ写)

ビロードキンクロ〔亜種〕 *Melanitta deglandi stejnegeri* 天鵞絨金黒
カモ科の鳥。 ㊎シベリア東部
¶日カモ〔亜種ビロードキンクロ〕(p244/カ写, カ図)

ビロードテンシハチドリ *Heliangelus strophianus* 天鵞絨天使蜂鳥
ハチドリ科ミドリフタオハチドリ亜科の鳥。全長10～11cm。
¶地球(p471/カ写)
ハチドリ(p84/カ写)

ビロードハチドリ *Lafresnaya lafresnayi* 天鵞絨蜂鳥
ハチドリ科ミドリフタオハチドリ亜科の鳥。全長11.5～12cm。
¶ハチドリ(p170/カ写)

ビロードマミヤイロチョウ *Philepitta castanea* 天鵞絨眉八色鳥
マミヤイロチョウ科の鳥。全長14～17cm。
¶世鳥大(p335/カ写)
世鳥卵(p152/カ写, カ図)

ビロードムシクイ *Lamprolia victoriae* 天鵞絨虫食, 天鵞絨虫喰
カササギヒタキ科の鳥。全長12cm。 ㊎フィジー諸島
¶世鳥大(p389)
世鳥卵(p196/カ写, カ図)

ヒ

ヒロハシサギ *Cochlearius cochlearius* 広嘴鷺
サギ科の鳥。全長45～50cm。 ㊎メキシコ～北アルゼンチン
¶世鳥大(p165/カ写)
世鳥卵(p42/カ写, カ図)
世鳥ネ(p74/カ写)
地球(p426/カ写)

ヒロハシムシクイ *Clytomyias insignis* 広嘴虫食, 広嘴虫喰
オーストラリアムシクイ科の鳥。全長14cm。 ㊎ニューギニア
¶世鳥大(p360/カ写)

ヒロバナジェントルキツネザル *Prolemur simus*
キツネザル科の哺乳類。絶滅危惧IA類。体高40～42cm。
¶地球(p536/カ写)
美サル(p147/カ写)

ヒロラ *Beatragus hunteri*
ウシ科の哺乳類。別名ヒロラダマリスクス。絶滅危惧IA類。頭胴長160～200cm。 ㊎ケニア東部, ソマリア南部
¶世文動〔ヒロラダマリスクス〕(p222/カ写)
レ生(p250/カ写)

ヒロラダマリスクス ⇒ヒロラを見よ

ヒワコンゴウインコ *Ara ambiguus* 鶸金剛鸚哥
インコ科の鳥。絶滅危惧IB類。体長85～90cm。 ㊎グアテマラ, ホンジュラス, ニカラグア, コスタリカ, パナマ, コロンビア, エクアドル
¶世美羽(p60/カ写)

鳥絶（p159/カ図）

ヒワミツドリ *Dacnis cayana* 鶸蜜鳥
フウキンチョウ科の鳥。全長11〜12cm。㊕中央アメリカ〜南アメリカ
¶原色鳥（p108/カ写）
世色鳥〔ヒワミツドリ（メス）〕（p83/カ写）

ピンクミットサラマンダー *Bolitoglossa mexicana*
ムハイサラマンダー科の両生類。全長14〜16cm。㊕メキシコ, グアテマラ, ホンジュラス
¶爬両1800（p447/カ写）

ピンシャー Pinscher
犬の一品種。別名ジャーマン・ピンシャー, スタンダード・ピンシャー, ドイチャー・ピンシャー。体高45〜50cm。ドイツの原産。
¶最犬大〔ジャーマン・ピンシャー〕（p108/カ写）
新犬種（p127/カ写）
新世犬（p112/カ写）
図世犬（p120/カ写）
ビ犬〔ジャーマン・ピンシャー〕（p218/カ写）

ビンズイ *Anthus hodgsoni* 便鸐, 便追, 木鸐
セキレイ科の鳥。全長15cm。㊕アジアの温帯, 亜寒帯で繁殖。インド, ボルネオ島など熱帯に渡って越冬。日本では四国以北の山地で繁殖
¶くら鳥（p42/カ写）
原寸羽（p226/カ写）
里山鳥（p76/カ写）
四季鳥（p53/カ写）
巣と卵決（p112/カ写, カ図）
世文鳥（p205/カ写）
鳥卵巣（p270/カ写, カ図）
鳥比（p173/カ写）
鳥650（p669/カ写）
名鳥図（p177/カ写）
日ア鳥（p571/カ写）
日鳥識（p282/カ写）
日鳥巣（p164/カ写）
日鳥山新（p322/カ写）
日鳥山増（p151/カ写）
日野鳥新（p594/カ写）
日野鳥増（p464/カ写）
ぱっ鳥（p345/カ写）
バード（p68/カ写）
羽根決（p389/カ写, カ図）
ひと目鳥（p164/カ写）
フ日野新（p226/カ図）
フ日野増（p226/カ図）
フ野鳥（p378/カ図）
野鳥学フ（p36/カ写）
野鳥山フ（p47,277/カ図, カ写）
山溪名鳥（p281/カ写）

ピンタゾウガメ *Chelonoidis abingdonii*
リクガメ科の爬虫類。野生絶滅。㊕ガラパゴス
¶レ生（p251/カ写）

ピント Pinto
馬の一品種。別名ペイント, ピント・ホース。軽量馬。体高1.5〜1.6m。アメリカ合衆国の原産。
¶アルテ馬（p182/カ写）
地球〔ペイント〕（p593/カ写）
日家〔ピント・ホース〕（p46/カ写）

ピント・ホース ⇒ピントを見よ

ビントロング *Arctictis binturong*
ジャコウネコ科の哺乳類。体長61〜97cm。㊕アジア
¶世文動（p162/カ写）
世哺（p268/カ写）
地球（p587/カ写）

【フ】

ファイアサラマンダー *Salamandra salamandra*
イモリ科の両生類。別名マダラサラマンドラ。全長18〜28cm。㊕ヨーロッパ〜イラン, アフリカ北部まで
¶世文動（p312/カ写）
世両（p220/カ写）
地球〔マダラサラマンドラ〕（p367/カ写）
爬両1800（p459〜460/カ写）
爬両ビ（p316/カ写）

ファイアースキンク *Lepidothyris fernandi*
スキンク科の爬虫類。全長35cm。㊕アフリカ西部・中央部
¶地球（p386/カ写）

ファイスト ⇒ラット・テリアを見よ

プアーウィルヨタカ *Phalaenoptilus nuttallii* プアーウィル夜鷹
ヨタカ科の鳥。全長19〜21cm。㊕カナダ西部, アメリカ
¶世鳥大（p290/カ写）
世鳥ネ（p205/カ写）
地球（p467/カ写）

ファットテイル Fat-tailed Sheep
ヒツジの一品種。体高65〜110cm。
¶地球（p607/カ写）

ファデランス *Bothrops lanceolatus*
クサリヘビ科の爬虫類。全長120〜210cm。㊕西インド諸島のマルティニーク島
¶世文動（p304/カ写）

ファビアンヤマイグアナ *Liolaemus fabiani*
イグアナ科の爬虫類。㊕チリ（アタカマ塩原）
¶驚野動（p113/カ写）

ブーアブール ⇒ボーアボールを見よ

ファブロール Faverolles
鶏の一品種。体重 オス3.6～4kg, メス3～3.5kg。フランスの原産。
¶日家(p206/カ写)

ファーベルアマガエル ⇒ケントウシアマガエルを見よ

ブーアボール ⇒ボーアボールを見よ

ファラオ・ハウンド Pharaoh Hound
犬の一品種。別名ケルブ・タル・フェネック。地中海沿岸の中型ハウンド。体高 オス56～63.5cm, メス53～61cm。マルタの原産。
¶最犬大(p244/カ写)
新犬種(p178/カ写)
新世犬(p212/カ写)
図世犬(p207/カ写)
ビ犬(p32/カ写)

ファラオワシミミズク *Bubo ascalaphus* ファラオ鷲木菟, ファラオ鷲梟
フクロウ科の鳥。全長45～50cm。
¶地球(p464/カ写)

ファラベラ Falabella
馬の一品種(ポニー)。体高76cm以下。アルゼンチンの原産。
¶アルテ馬(p246/カ写)

ファレーヌ ⇒ファレーンを見よ

ファレーン Phalene
犬の一品種。別名ファレーヌ, エパニョール・ナイン・コンチネンタル・ファーレーヌ。パピヨンの垂れ耳のタイプ。立ち耳パピヨンと別種とする国もある。体高約28cm。フランスおよびベルギーの原産。
¶最犬大(p387/カ写)
新世犬〔パピヨン(ファレン)〕(p292/カ写)

ファンシー ⇒ファンタジーツノガエルを見よ

ファンダイクカワガエル *Afrana vandijki*
アカガエル科の両生類。体長55mm。㊎南アフリカ
¶世カエ(p300/カ写)

ファンタジーツノガエル *Ceratophrys* var.
ユビナガガエル科の両生類。クランウェルツノガエルとアマゾンツノガエルの交雑個体。別名ファンタジー, ファンシー(品種名)。体長100～150mm。
¶かえる百(p34/カ写)

ファンタスティクスチビヤモリ *Sphaerodactylus fantasticus*
ヤモリ科チビヤモリ亜科の爬虫類。全長4～6cm。㊎小アンティル諸島
¶ゲッコー(p105/カ写)

ファンタスティッククサガエル *Hyperolius phantasticus*
クサガエル科の両生類。体長2.7～3.7cm。㊎カメルーン, コンゴ, コンゴ民主共和国, ガボン, 中央アフリカ共和国
¶カエル見(p54/カ写)

フィーオーゲル ⇒オーストリアン・ブラック・アンド・タン・ハウンドを見よ

フィジーイグアナ ⇒ヒロオビフィジーイグアナを見よ

フィジーオオエダアシガエル *Platymantis vitianus*
ソロモンツノガエル科の両生類。全長2.5～11cm。
¶地球(p354/カ写)

フィッシャー *Martes pennanti*
イタチ科の哺乳類。体長45～65cm。㊎北アメリカ
¶世哺(p254/カ写)
地球(p574/カ写)

フ

フィッシャーエボシドリ *Tauraco fischeri* フィッシャー烏帽子鳥
エボシドリ科の鳥。全長40cm。
¶世鳥大(p273/カ写)

フィッシャーカメレオン *Kinyongia fischeri*
カメレオン科の爬虫類。全長15～40cm。㊎タンザニア
¶爬両ビ(p94/カ写)

フィッシングキャット ⇒スナドリネコを見よ

フィッツィンガーコヤスガエル *Craugastor fitzingeri*
フトハラコヤスガエル科の両生類。全長2.5～5.5cm。
¶地球(p353/カ写)

フィニッシュ・スピッツ Finnish Spitz
犬の一品種。別名スオメンピュスティコルヴァ。体高 オス47±3cm, メス42±3cm。フィンランドの原産。
¶アルテ犬(p40/カ写)
最犬大(p229/カ写)
新犬種(p125/カ写)
新世犬(p318/カ写)
図世犬(p191/カ写)
ビ犬(p108/カ写)

フィニッシュ・ハウンド Finnish Hound
犬の一品種。別名スオメンアヨコイラ, スオメンコイラ, スウォメンナョコイラ, フィンスク・シュトーヴァレ。体高 オス55～61cm, メス52～58cm。フィンランドの原産。
¶最犬大(p304/カ写)
新犬種(p156/カ写)
ビ犬(p156/カ写)

フィニッシュ・ラップドッグ　⇒フィニッシュ・ラップフンドを見よ

フィニッシュ・ラップフンド　Finnish Lapphund
犬の一品種。別名スオメンラピンコイラ，フィニッシュ・ラップドッグ。体高 オス49±3cm，メス44±3cm。フィンランドの原産。
¶**最犬大**（p239/カ写）
新犬種〔スオメンラピンコイラ〕（p146/カ写）
新世犬（p99/カ写）
図世犬（p190/カ写）
ビ犬（p109/カ写）

フィニッシュ・ランドレース　Finnish Landrace
羊の一品種。別名フィン。体重 オス80〜110kg，メス55〜85kg。フィンランドの原産。
¶**日家**（p125/カ写）

フィヨルド　Fjord
馬の一品種（ポニー）。体高130〜140cm。ノルウェーの原産。
¶**アルテ馬**（p254/カ写）

フィラ・ブラジレイロ　Fila Brasileiro
犬の一品種。別名ブラジリアン・ガード・ドッグ。体高 オス65〜75cm，メス60〜70cm。ブラジルの原産。
¶**最犬大**〔ブラジリアン・ガード・ドッグ〕（p128/カ写）
新犬種（p298/カ写）
ビ犬（p87/カ写）

フイリアザラシ　⇒ワモンアザラシを見よ

フイリコチュウハシ　*Selenidera maculirostris*　斑入小中嘴
オオハシ科の鳥。全長35cm。㊎南アメリカ
¶**世鳥大**（p317/カ写）
世鳥ネ（p236/カ写）
地球（p477/カ写）

フィリピンオナガバト　*Macropygia tenuirostris*　フィリピン尾長鳩
ハト科の鳥。全長40cm。㊎フィリピン，台湾
¶**鳥比**〔オナガバト〕（p17/カ写）

フィリピンクマタカ　*Spizaetus philippensis*　フィリピン熊鷹，フィリピン角鷹
タカ科の鳥。全長64〜69cm。㊎フィリピン
¶**世鳥大**（p203/カ写）

フィリピンジムグリガエル　⇒カザリジムグリガエルを見よ

フィリピンツカツクリ　⇒パラワンツカツクリを見よ

フィリピンヒゲイノシシ　⇒ヴィサヤイボイノシシを見よ

フィリピンヒメミフウズラ　*Turnix worcesteri*　フィリピン姫三斑鶉
ミフウズラ科の鳥。全長14cm。㊎フィリピンのルソン島
¶**鳥卵巣**（p147/カ写，カ図）

フィリピンヒヨケザル　*Cynocephalus volans*
ヒヨケザル科の哺乳類。絶滅危惧II類。体長34〜42cm。㊎フィリピンのミンダナオ島，バシラン島，サマール島，ボホール島
¶**絶百9**（p30/カ図）
地球（p533/カ写）

フィリピンペリカン　⇒ホシバシペリカンを見よ

フィリピンホカケトカゲ　*Hydrosaurus pustulatus*
アガマ科の爬虫類。絶滅危惧II類。全長90〜100cm。㊎フィリピン
¶**遺産世**（Reptilia No.17/カ写）
世爬（p77/カ写）
世文動（p266/カ写）
爬両1800（p99/カ写）
爬両ビ（p82/カ写）
レ生（p254/カ写）

フィリピンホソユビヤモリ　*Cyrtodactylus philippinicus*　フィリピン細指守宮
ヤモリ科ヤモリ亜科の爬虫類。全長20〜24cm。㊎フィリピン
¶**ゲッコー**（p53/カ写）
爬両1800（p149/カ写）

フィリピンメガネザル　*Tarsius syrichta*　フィリピン眼鏡猿
メガネザル科の哺乳類。準絶滅危惧。体高8.5〜16cm。㊎フィリピン諸島南東部
¶**世文動**（p76/カ写）
地球（p535/カ写）
美サル（p70/カ写）

フィリピンヤマガメ　*Siebenrockiella leytensis*　フィリピン山亀
アジアガメ科（イシガメ（バタグールガメ）科）の爬虫類。別名レイテヤマガメ。甲長20〜25cm。㊎フィリピン（パラワン島とその周辺）
¶**世カメ**（p295/カ写）
爬両1800（p45/カ写）
爬両ビ（p34/カ写）

フィリピンヨタカ　*Caprimulgus (macrurus) manillensis*　フィリピン夜鷹
ヨタカ科の鳥。㊎フィリピン諸島
¶**世鳥卵**〔フィリピンヨタカ（オビロヨタカ）〕（p135/カ写，カ図）

フィリピンワシ　*Pithecophaga jefferyi*　フィリピン鷲
タカ科の鳥。別名サルクイワシ。絶滅危惧IA類。全長86〜102cm。㊎ルソン島，サマール島，レイテ島，ミンダナオ島（フィリピン）

フ

¶遺産世(Aves No.15/カ写)
絶百10(p94/カ写)
世鳥大(p201/カ写)
世鳥ネ(p111/カ写)
鳥絶(p138/カ図)
レ生〔サルクイワシ〕(p143/カ写)

フィリピンワニ *Crocodylus mindorensis* フィリピン鰐
クロコダイル科の爬虫類。絶滅危惧IA類。㊎フィリピン
¶世文動(p306/カ写)
レ生(p255/カ写)

フイリマングース *Herpestes auropunctatus* 斑入マングース
マングース科の哺乳類。頭胴長30～40cm。㊎南アジア(インドなど),外来種として奄美大島・沖縄島などに定着
¶くら哺(p58/カ写)

フィールド・スパニエル Field Spaniel
犬の一品種。体高45.7cm。イギリスの原産。
¶最犬大(p370/カ写)
新犬種(p92/カ写)
新世犬(p147/カ写)
図世犬(p270/カ写)
ビ犬(p223/カ写)

フィン ⇒フィニッシュ・ランドレースを見よ

フィンスク・シュトーヴァレ ⇒フィニッシュ・ハウンドを見よ

フウチョウモドキ *Sericulus chrysocephalus* 風鳥擬
ニワシドリ科の鳥。全長24.5cm。㊎オーストラリア
¶原色鳥(p207/カ写)
世鳥卵(p237/カ写,カ図)
鳥卵巣(p356/カ写,カ図)

フェイックヒメボア *Tropidophis feicki*
ドワーフボア科の爬虫類。全長40～45cm。
㊎キューバ
¶爬両1800(p265/カ写)

フエガラス *Strepera graculina* 笛烏,笛鴉
フエガラス科の鳥。全長41～45cm。㊎東オーストラリア
¶世鳥大(p377)
世鳥卵(p236/カ写,カ図)
世鳥ネ(p262/カ写)

フエコチドリ *Charadrius melodus* 笛小千鳥
チドリ科の鳥。絶滅危惧II類。全長17～18cm。
㊎カナダとアメリカのグレートプレーンズ北部ほかで繁殖
¶絶百9(p32/カ写)

フェネック ⇒フェネックギツネを見よ

フェネックギツネ *Vulpes zerda*
イヌ科の哺乳類。別名フェネック。体長33～41cm。
㊎北アフリカのモロッコ～東のアラビアまで
¶世文動〔フェネック〕(p134/カ写)
世哺(p216/カ写)
地球(p563/カ写)
野生イヌ(p58/カ写,カ図)

フェノールヘットヒキガエル *Bufo fenoulheti*
ヒキガエル科の両生類。体長3～4cm。㊎アフリカ大陸南部
¶爬両1800(p364/カ写)

フエフキカロテス *Calotes liolepis*
アガマ科の爬虫類。全長25～35cm。㊎スリランカ
¶爬両1800(p93/カ写)

プエーブラコブトカゲ *Xenosaurus rectocollaris*
コブトカゲ科の爬虫類。別名ソラオビコブトカゲ。全長25cm前後。㊎メキシコ(プエーブラ州)
¶爬両1800(p233/カ写)

プエブランミルクスネーク *Lampropeltis triangulum campbelli*
ナミヘビ科の爬虫類。ミルクスネークの亜種。全長最大90cm。㊎メキシコ(プエブラ州,モレーロス州)
¶世ヘビ(p33/カ写)

フェル Fell
馬の一品種(ポニー)。体高140cm以下。イギリスの原産。
¶アルテ馬(p228/カ写)

フェル・テリア Fell Terrier
犬の一品種。イングランドからスコットランド南部を含めた地域のテリアの総称。地域によりレイクランドやパタデールと呼ぶこともある。イギリスの原産。
¶最犬大(p185/カ写)
新犬種〔フェル・テリア/ワーキング・テリア〕(p78/カ写)

プエルトリココビトドリ *Todus mexicanus* プエルトリコ小人鳥
コビトドリ科の鳥。㊎プエルトリコの森
¶世鳥ネ(p230/カ写)

プエルトリコヒメエメラルドハチドリ *Chlorostilbon maugaeus* プエルトリコ姫エメラルド蜂鳥
ハチドリ科ハチドリ亜科の鳥。全長7～10cm。
¶ハチドリ(p375)

プエルトリコヨタカ *Caprimulgus noctitherus* プエルトリコ夜鷹
ヨタカ科の鳥。絶滅危惧IA類。全長22～22.5cm。
㊎プエルトリコ南西部
¶レ生(p257/カ写)

フ

フェルナンデスベニイタダキハチドリ *Sephanoides fernandensis* フェルナンデス紅頂蜂鳥
ハチドリ科ミドリフタオハチドリ亜科の鳥。絶滅危惧IA類。全長10.5～12cm。㊊チリのフアン・フェルナンデス諸島
¶**絶百8**（p64/カ写）
ハチドリ（p92/カ写）

フォークカメレオン *Calumma furcifer*
カメレオン科の爬虫類。全長12～15cm。㊊マダガスカル中東部
¶**爬両1800**（p120/カ写）
爬両ビ（p93/カ写）

フォークコビトキツネザル *Phaner furcifer*
フォーク小人狐猿
コビトキツネザル科の哺乳類。頭胴長24cm。㊊マダガスカル島
¶**世文動**（p71/カ図）

フォークランドオオカミ *Dusicyon australis*
フォークランド狼
イヌ科の哺乳類。絶滅種。頭胴長90～100cm。㊊フォークランド諸島
¶**絶百3**（p32/カ図）
野生イヌ（p144/カ図）

フォークランドカラカラ *Phalcoboenus australis*
ハヤブサ科の鳥。全長53～62cm。㊊南米のフォークランド諸島
¶**世鳥卵**（p64/カ写, カ図）
地球（p431/カ写）

フォークランドツグミ *Turdus falcklandii* フォークランド鶫
ツグミ科（ヒタキ科）の鳥。全長23～27cm。㊊チリ, アルゼンチン, フォークランド諸島, フアン・フェルナンデス諸島
¶**世鳥大**（p439/カ写）
鳥卵巣（p292/カ写, カ図）

フォックス・テリア・スムース ⇒スムース・フォックス・テリアを見よ

フォックス・テリア・ワイアー ⇒ワイアー・フォックス・テリアを見よ

フォックス・テリア・ワイヤー ⇒ワイアー・フォックス・テリアを見よ

フォックス・パウリスティーニャ ⇒ブラジリアン・テリアを見よ

フォックスハウンド ⇒イングリッシュ・フォックスハウンドを見よ

フォッサ *Cryptoprocta ferox*
マダガスカルマングース科の哺乳類。絶滅危惧II類。体長60～80cm。㊊マダガスカル
¶**驚野動**（p237/カ写）
絶百9（p34/カ写）
世文動（p162/カ写）
世哺（p270/カ写）
地球（p583/カ写）
レ生（p258/カ写）

フォードボア *Epicrates fordi*
ボア科の爬虫類。全長120cmまで。㊊ヒスパニョーラ島
¶**爬両1800**（p261/カ写）

フォラーアカガエル *Rana forreri*
アカガエル科の両生類。体長65～114mm。㊊メキシコ～コスタリカ
¶**世カエ**（p340/カ写）

フォルモーサ・マウンテン・ドッグ ⇒タイワンケンを見よ

フォレストフレームスネーク *Oxyrhopus petola*
ナミヘビ科の爬虫類。全長1.1m。
¶**地球**（p395/カ写）

フォーン・ブリタニー・バセット ⇒バセット・フォーヴ・ド・ブルターニュを見よ

フキナガシタイランチョウ *Gubernetes yetapa* 吹流太蘭鳥
タイランチョウ科の鳥。全長35～42cm。
¶**世鳥大**（p342/カ写）

フキナガシハチドリ *Trochilus polytmus* 吹流蜂鳥
ハチドリ科ハチドリ亜科の鳥。全長11～30cm。㊊ジャマイカ
¶**世鳥大**（p295）
ハチドリ（p278/カ写）

フキナガシフウチョウ *Pteridophora alberti* 吹流風鳥
フウチョウ科の鳥。体長22cm。㊊ニューギニアの中央山脈（標高1500～2850m）
¶**世美羽**（p130/カ写, カ図）

フキナガシヨタカ *Macrodipteryx vexillarius* 吹流夜鷹
ヨタカ科の鳥。㊊アフリカ
¶**世鳥卵**（p136/カ写, カ図）
世鳥ネ（p207/カ写）
鳥卵巣（p235/カ写, カ図）

プークー *Kobus vardonii*
ウシ科の哺乳類。体高77～83cm。㊊アフリカ
¶**世文動**（p218/カ写）
世哺（p360/カ写）
地球（p602/カ写）

ブークアンオックス ⇒サオラを見よ

フクスケアノール *Anolis cybotes*
イグアナ科アノールトカゲ亜科の爬虫類。全長18～20cm。㊊イスパニョーラ島（ハイチ・ドミニカ共和国）

¶爬両1800（p83/カ写）

フクメンヤドクガエル *Dendrobates benedicta*
ヤドクガエル科の両生類。体長2cm前後。㊎ペルー
¶カエル見（p101/カ写）
爬両1800（p425/カ写）

フクラミヘビ *Pseustes poecilonotus*
ナミヘビ科ナミヘビ亜科の爬虫類。全長210cm前後。㊎メキシコ南部〜ボリビアまでの中南米
¶爬両1800（p300/カ写）

フクロアマガエル *Gastrotheca* sp. 袋雨蛙
アマガエル科の両生類。体長5〜8cm。㊎南米北部
¶かえる百（p66/カ写）
世文動（p329/カ写）
爬両ビ（p252/カ写）

フクロアリクイ *Myrmecobius fasciatus* 袋蟻食, 袋蟻喰
フクロアリクイ科の哺乳類。絶滅危惧II類。体長20〜28cm。㊎オーストラリア
¶絶百9（p36/カ写）
世文動（p42/カ写）
世哺（p62/カ写）
地球（p504/カ写）

フクロウ *Strix uralensis* 梟
フクロウ科の鳥。全長60〜62cm。㊎ユーラシアの亜寒帯, 温帯の高地, サハリン, 日本
¶くら鳥（p72/カ写）
原寸羽（p194/カ写）
里山鳥（p32/カ写）
四季鳥（p105/カ写）
巣と卵決（p84/カ写, カ図）
世鳥大（p282/カ写）
世文鳥（p180/カ写）
地球（p464/カ写）
鳥卵巣（p233/カ写, カ図）
鳥比（p24/カ写）
鳥650（p426/カ写）
名鳥図（p150/カ写）
日ア鳥（p358/カ写）
日鳥識（p202/カ写）
日鳥巣（p114/カ写）
日鳥山新（p94/カ写）
日鳥山増（p96/カ写）
日野鳥新（p398/カ写）
日野鳥増（p378/カ写）
ぱっ鳥（p222/カ写）
バード（p48/カ写）
羽根決（p224/カ写, カ図）
ひと目鳥（p147/カ写）
フ日野新（p188/カ図）
フ日野増（p188/カ図）
フ野鳥（p250/カ図）
野鳥学フ（p132/カ写）
野鳥山フ（p41,248/カ図, カ写）
山溪名鳥（p282/カ写）

フクロウ〔亜種〕 *Strix uralensis hondoensis* 梟
フクロウ科の鳥。
¶日野鳥新〔フクロウ*〕（p398/カ写）
日野鳥増〔フクロウ*〕（p378/カ写）

フクロウオウム *Strigops habroptila* 梟鸚鵡
インコ科（フクロウオウム科）の鳥。絶滅危惧IA類。体長58〜64cm。㊎ニュージーランドのコッドフィシュ島とアンカー島
¶驚野動（p356/カ写）
絶百3（p12/カ写）
世鳥大（p254/カ写）
世鳥ネ（p170/カ写）
世美羽（p177/カ写, カ図）
地球（p456/カ写）
鳥絶（p165/カ図）
鳥卵巣（p227/カ写, カ図）

フクロウグエノン *Cercopithecus hamlyni*
オナガザル科の哺乳類。絶滅危惧II類。頭胴長56cm。㊎ザイール〜ルワンダ北西部
¶世文動（p82/カ写）
美サル（p180/カ写）

フクロオオカミ *Thylacinus cynocephalus* 袋狼
フクロオオカミ科の哺乳類。別名タスマニアオオカミ。絶滅種。頭胴長100〜130cm。㊎タスマニア南西部
¶絶百9（p44/カ写, カ図）
世文動（p42/カ写）

フクロギツネ *Trichosurus vulpecula* 袋狐
クスクス科の哺乳類。体長35〜58cm。㊎オーストラリア, タスマニア
¶世文動（p44/カ写）
世哺（p66/カ写）

フクロシマリス *Dactylopsila trivirgata* 袋縞栗鼠
フクロモモンガ科の哺乳類。体長24〜28cm。㊎オーストラリア, ニューギニア
¶世文動（p46/カ写）
世哺（p67/カ写）
地球（p507/カ写）

フクロテナガザル *Symphalangus syndactylus* 袋手長猿
テナガザル科の哺乳類。別名シアマン。絶滅危惧IB類。体高71〜90cm。㊎東南アジア
¶世文動（p94/カ写）
世哺（p123/カ写）
地球（p548/カ写）
美サル（p113/カ写）

フクロトビネズミ *Antechinomys laniger* 袋飛鼠
フクロネコ科の哺乳類。絶滅危惧II類。体長7〜

フ

10cm。 ㋕オーストラリア
¶世文動 (p42/カ図)
世哺 (p59/カ写)
地球 (p505/カ写)

フクロネコ *Dasyurus viverrinus* 袋猫
フクロネコ科の哺乳類。体長28～45cm。 ㋕タスマニア
¶世文動 (p41/カ写)
世哺 (p61/カ写)

フクロミツスイ *Tarsipes rostratus* 袋蜜吸
フクロミツスイ科の哺乳類。体長6.5～9cm。 ㋕オーストラリア
¶世文動 (p51/カ写)
世哺 (p69/カ写)
地球 (p508/カ写)

フ

フクロムササビ *Petauroides volans* 袋鼯鼠
リングテイル科の哺乳類。体長35～48cm。 ㋕オーストラリア
¶世文動 (p47/カ写)
世哺 (p68/カ写)
地球 (p507/カ写)

フクロモグラ *Notoryctes typhlops* 袋土竜
フクロモグラ科の哺乳類。絶滅危惧IB類。体長13～14.5cm。 ㋕オーストラリア
¶驚野動 (p329/カ写)
絶百9 (p46/カ写, カ図)
世文動 (p43/カ写)
世哺 (p64/カ写)
地球〔ミナミフクロモグラ〕(p503/カ写)

フクロモモンガ *Petaurus breviceps*
フクロモモンガ科の哺乳類。体長15～21cm。 ㋕アジア南東部, ニューギニア, オーストラリア北部～東部
¶驚野動 (p316/カ写)
世文動 (p46/カ写)
地球 (p507/カ写)

フクロモモンガダマシ *Gymnobelideus leadbeateri*
フクロモモンガ科の哺乳類。絶滅危惧IB類。頭胴長最大15cm。 ㋕オーストラリアのビクトリア州の中央高地
¶絶百9 (p48/カ写)
世哺 (p67/カ写)
地球 (p507/カ写)

フクロヤマネ *Cercartetus nanus* 袋山鼠
ブーラミス科の哺乳類。頭胴長9～10cm。 ㋕オーストラリア南東部, タスマニア
¶世文動 (p45/カ写)

ブコヴィナ・シェパード・ドッグ Bucovina Shepherd Dog
犬の一品種。別名サウスイースタン・ヨーロピアン・シェパード, チョバネスク・ロマネスク・ド・ブコヴィナ。体高 オス68～78cm, メス64～72cm。ルーマニアの原産。
¶最犬大 (p157/カ写)
ビ犬〔ルーマニアン・シェパード・ドッグ〕(p70/カ写)

プー・コック・リッジバック・ドッグ Phu Quoc Ridgeback Dog
犬の一品種。体高 オス48～54cm, メス45～50cm。ベトナムの原産。
¶最犬大 (p258/カ写)

ブコビンモグラネズミ *Spalax graecus*
ネズミ科の哺乳類。絶滅危惧II類。頭胴長15～27cm。 ㋕ルーマニア, ウクライナ
¶絶百8 (p26/カ写)

フサエリショウノガン *Chlamydotis undulata* 房襟小鴇, 房襟小野雁
ノガン科の鳥。絶滅危惧II類。全長55～75cm。 ㋕カナリア諸島, アフリカ北部, イスラエル, パレスチナ, レバノン, アラビア半島, パキスタン, イラン, アフガニスタン
¶世鳥大 (p207/カ写)
世鳥卵〔フサエリショノガン〕(p91/カ写, カ図)
地球 (p438/カ写)
鳥絶 (p149/カ図)

フサオオリンゴ *Bassaricyon gabbii*
アライグマ科の哺乳類。体長35～49cm。 ㋕中央アメリカ, 南アメリカ
¶世文動 (p155/カ写)
世哺 (p245/カ写)
地球 (p573/カ写)

フサオネズミカンガルー *Bettongia penicillata*
ネズミカンガルー科の哺乳類。体長30～38cm。 ㋕オーストラリア
¶世哺 (p71/カ写)
地球 (p509/カ写)

フサオマキザル *Sapajus paella* 房尾巻猿
オマキザル科の哺乳類。別名クロボウシオマキザル。体長33～42cm。 ㋕コロンビア東中部, ベネズエラ南部, ブラジル
¶世文動〔クロボウシオマキザル〕(p80/カ写)
世哺 (p112/カ写)
美サル (p33/カ写)

フサグレイラングール *Semnopithecus priam*
オナガザル科の哺乳類。体高61cm。
¶地球 (p545/カ写)

フサホロホロチョウ *Acryllium vulturinum* 総珠鶏
ホロホロチョウ科の鳥。全長61～71cm。 ㋕サハラ以南のアフリカ
¶世鳥大 (p110/カ写)
世鳥卵 (p77/カ写, カ図)

世鳥ネ（p26/カ写）
地球（p409/カ写）
鳥卵巣（p147/カ写, カ図）

フサユビカナヘビ *Acanthodactylus erythrurus*
カナヘビ科の爬虫類。全長7.5cm。[分]ヨーロッパ, アフリカ
¶地球（p386/カ写）

フジイロハチドリ *Boissonneaua jardini* 藤色蜂鳥
ハチドリ科ミドリフタオハチドリ亜科の鳥。全長11〜12cm。
¶ハチドリ（p179/カ写）

フジイロムシクイ *Leptopoecile sophiae* 藤色虫食, 藤色虫喰
ウグイス科の鳥。体長11cm。[分]パキスタン, 北西インド, ネパール, シッキム州（インド）, 天山山脈〜四川省に至る中国
¶世鳥卵（p197/カ写, カ図）

フシオイシヤモリ *Strophurus strophurus*
ヤモリ科イシヤモリ亜科の爬虫類。全長12cm前後。[分]オーストラリア西部
¶ゲッコー（p79/カ写）
爬両1800（p165/カ写）

フジノドシロメジリハチドリ *Lampornis calolaemus* 藤喉白目尻蜂鳥
ハチドリ科ハチドリ亜科の鳥。全長10〜11.5cm。
¶ハチドリ（p308/カ写）

フジノドテリオハチドリ *Metallura baroni* 藤喉照尾蜂鳥
ハチドリ科ミドリフタオハチドリ亜科の鳥。絶滅危惧IB類。全長10〜11cm。[分]エクアドル南部
¶ハチドリ（p139/カ写）

フジノドテンシハチドリ *Heliangelus viola* 藤喉天使蜂鳥
ハチドリ科ミドリフタオハチドリ亜科の鳥。全長11〜12cm。
¶ハチドリ（p89/カ写）

フジノドハチドリ *Calliphlox mitchellii* 藤喉蜂鳥
ハチドリ科ハチドリ亜科の鳥。全長6〜8cm。
¶ハチドリ（p326/カ写）

プシバルスキーウマ ⇒モウコノウマを見よ

プシバルスキーガマトカゲ *Phrynocephalus przewalskii*
アガマ科の爬虫類。全長10〜12cm。[分]中国北部
¶爬両1800（p105/カ写）

プシバルスキースキンクヤモリ *Teratoscincus przewalskii*
ヤモリ科スキンクヤモリ亜科の爬虫類。全長15cm前後。[分]中国, モンゴル南部
¶驚野動（p283/カ写）
ゲッコー（p111/カ写）
爬両1800（p178/カ写）

プシバルスキーソウゲンカナヘビ *Eremias przewalskii*
カナヘビ科の爬虫類。全長18〜20cm。[分]中央アジア, 中国北部など
¶爬両1800（p194/カ写）
爬両ビ（p132/カ写）

ブジョンヌイ Budenny
馬の一品種。軽量馬。体高160cm。ロシアの原産。
¶アルテ馬（p130/カ写）

プーズー *Pudu pudu*
シカ科の哺乳類。絶滅危惧II類。体高35〜45cm。[分]南アメリカ
¶世文動（p202/カ写）
世哺（p340/カ写）
地球（p598/カ写）

プソーヴァヤ・ボルザーヤ ⇒ボルゾイを見よ

ブタ *Sus domesticus* 豚
イノシシを家畜化したもの。
¶日哺学フ〔ブタとイノブタ〕（p160/カ写）

フタイロセマクチガエル *Elachistocleis ovalis*
ヒメガエル科の両生類。体長2.3〜3cm。[分]ベネズエラ南部〜ブラジル, ボリビア
¶カエル見（p74/カ写）
爬両1800（p406/カ写）
爬両ビ（p272/カ写）

フタイロタマリン *Saguinus bicolor*
オマキザル科（マーモセット科）の哺乳類。別名マダラタマリン。絶滅危惧IB類。体高21〜28cm。[分]ブラジルのアマゾン
¶世文動〔マダラタマリン〕（p77/カ図）
地球（p540/カ写）
美サル（p21/カ写）
レ生（p262/カ写）

フタイロネコメアマガエル ⇒フタイロネコメガエルを見よ

フタイロネコメガエル *Phyllomedusa bicolor*
アマガエル科の両生類。別名ニシキシロメアマガエル, ニシキメズサアマガエル, フタイロネコメアマガエル。体長90〜120mm。メスはオスより大きい。[分]ガイアナ, ベネズエラ, コロンビア, ボリビア, ペルー, ブラジルの一部のアマゾン川流域
¶かえる百（p62/カ写）
カエル見（p39/カ写）
世カエ〔フタイロネコメアマガエル〕（p266/カ写）
世両（p61/カ写）
爬両1800（p380/カ写）
爬両ビ（p250/カ写）

フタイロヒタキ *Myiagra inquieta* 二色鶲
カササギヒタキ科の鳥。全長20cm。
¶**世鳥大**(p389/カ写)

フタイロマブヤ *Trachylepis dichroma*
スキンク科の爬虫類。全長20〜25cm。㊎ケニア, タンザニア北部
¶**爬両1800**(p204/カ写)

フタイロムスラーナ *Mussurana bicolor*
ナミヘビ科ヒラタヘビ亜科の爬虫類。全長100cmまで。㊎ブラジル, パラグアイ, アルゼンチン
¶**爬両1800**(p281/カ写)

フタウネヒキガエル *Bufo biporcatus*
ヒキガエル科の両生類。体長6〜8cm。㊎インドネシア
¶**爬両1800**(p364/カ写)

フ

ブタオザル *Macaca nemestrina* 豚尾猿
オナガザル科の哺乳類。体高47〜60cm。㊎インド東部〜インドシナ半島, スマトラ島, カリマンタン島
¶**世文動**(p88/カ写)
地球(p543/カ写)

フタオビアルキバト *Claravis godefrida* 双帯歩鳩
ハト科の鳥。絶滅危惧IA類。体長19〜23cm。㊎アルゼンチン, ブラジル, パラグアイ
¶**鳥絶**(p154/カ図)

フタオビサケイ *Pterocles bicinctus* 双帯沙鶏
サケイ科の鳥。全長25〜28cm。
¶**地球**(p452/カ写)

フタオビスナバシリ *Rhinoptilus africanus* 双帯砂走
ツバメチドリ科の鳥。㊎大きく分けてエチオピアとソマリア, ケニアとタンザニア, アンゴラ〜南アフリカの3集団
¶**世鳥卵**〔クビワスナバシリ〔Two-banded Courser〕〕(p104/カ写, カ図)

フタオビチドリ *Charadrius vociferus* 双帯千鳥
チドリ科の鳥。全長23〜27cm。㊎北・中央・南アメリカ
¶**世鳥大**(p226/カ写)
世鳥ネ(p132/カ写)
地球(p445/カ写)
鳥650(p748/カ写)

フタオビヤナギムシクイ ⇒ヤナギムシクイを見よ

ブタオラングール *Simias concolor*
オナガザル科の哺乳類。絶滅危惧IA類。㊎インドネシアのメンタワイ諸島
¶**美サル**(p84/カ写)

ブタゲモズ *Pityriasis gymnocephala* 豚毛鵙
ブタゲモズ科の鳥。全長25cm。㊎カリマンタン(ボルネオ)島
¶**世鳥大**(p379)

ブタゴエガエル *Rana grylio*
アカガエル科の両生類。体長8〜16cm。㊎アメリカ合衆国南東部
¶**世文動**(p333/カ写)
爬両1800(p416/カ写)

フタコブラクダ *Camelus bactrianus* 双峰駱駝
ラクダ科の哺乳類。絶滅危惧IA類。体高1.8〜2.3m。㊎アジア中央部
¶**驚野動**(p281/カ写)
絶百9(p50/カ写)
世文動(p199/カ写)
世哺(p333/カ写)
地球(p609,610/カ写)

フタスジカメレオン *Trioceros bitaeniatus*
カメレオン科の爬虫類。全長11〜14cm。㊎アフリカ東部
¶**爬両1800**(p117/カ写)

フタヅメスナチモグリ *Voeltzkoiwa fierinensis*
スキンク科の爬虫類。全長10〜14cm。㊎マダガスカル南西部
¶**爬両1800**(p209/カ写)

フタツハバシゴシキドリ *Lybius bidentatus* 二歯嘴五色鳥
ハバシゴシキドリ科の鳥。全長23cm。㊎西アフリカ, アフリカ中央部
¶**原色鳥**(p50/カ写)

ブタバナアナグマ *Arctonyx collaris*
イタチ科の哺乳類。体長55〜70cm。㊎アジア
¶**世哺**(p260/カ写)
地球(p574/カ写)

フタホシヤモリ *Gekko monachus*
ヤモリ科ヤモリ亜科の爬虫類。全長20cm前後まで。㊎マレー半島, インドネシア, フィリピンなど
¶**ゲッコー**(p17/カ写)
爬両1800(p129/カ写)

フタモンナメラ *Elaphe bimaculata*
ナミヘビ科ナミヘビ亜科の爬虫類。全長60〜80cm。㊎中国南東部
¶**世爬**(p203/カ写)
世ヘビ(p84/カ写)
爬両1800(p308/カ写)
爬両ビ(p223/カ写)

フタユビアンヒューマ *Amphiuma means*
アンヒューマ科の両生類。全長45〜110cm。㊎アメリカ合衆国南東部
¶**世文動**〔フタユビアンフューマ〕(p313/カ写)
世両(p193/カ写)
爬両1800(p439/カ写)

フタユビナマケモノ *Choloepus didactylus*
フタユビナマケモノ科の哺乳類。体長53〜74cm。㊎南アメリカ
¶**世哺**(p130/カ写)
地球(p520/カ写)

ブータンターキン *Budorcas whitei*
ウシ科の哺乳類。絶滅危惧II類。㊎アジア南部
¶**驚野動**(p267/カ写)

ブチアマガエル *Hyla punctata*
アマガエル科の両生類。体長2.5〜4.5cm。㊎南米中部以北
¶**かえる百**(p58/カ写)
カエル見(p34/カ写)
世カエ(p240/カ写)
世両(p48/カ写)
爬両1800(p373/カ写)
爬両ビ(p247/カ写)

プチ・アングロ・フランセ ⇒アングロ=フランセ・ド・プチ・ヴェヌリーを見よ

ブチイシガメ *Actinemys marmorata*
ヌマガメ科ヌマガメ亜科の爬虫類。甲長12〜18cm。㊎アメリカ合衆国西部, メキシコ(バハカリフォルニア半島)
¶**世カメ**(p189/カ写)
世爬(p17/カ写)
爬両1800(p23/カ写)
爬両ビ(p14/カ写)

ブチイモリ *Notophthalmus viridescens*
イモリ科の両生類。全長6.5〜14cm。㊎カナダ南東部〜アメリカ合衆国東部
¶**世文動**(p312/カ写)
世両(p216/カ写)
地球(p367/カ写)
爬両1800(p455/カ写)
爬両ビ(p312/カ写)

フチオハチドリ *Boissonneaua flavescens* 縁尾蜂鳥
ハチドリ科ミドリフタオハチドリ亜科の鳥。全長11cm。
¶**地球**(p470/カ写)
ハチドリ(p176/カ写)

ブチガシラムチヘビ *Ahaetulla fasciolata*
ナミヘビ科ナミヘビ亜科の爬虫類。全長100〜140cm。㊎インドネシア, マレーシア, ブルネイなど
¶**爬両1800**(p288/カ写)

ブチクスクス *Spilocuscus maculatus*
クスクス科の哺乳類。体長35〜65cm。㊎パプアニューギニア, オーストラリア北部
¶**驚野動**(p315/カ写)
世文動(p44/カ写)
地球(p507/カ写)

ブチコモチヤモリ *Hoplodactylus maculatus*
ヤモリ科イシヤモリ亜科の爬虫類。全長14cm。㊎ニュージーランド
¶**ゲッコー**(p88/カ写)

ブチサンショウウオ *Hynobius naevius* 斑山椒魚
サンショウウオ科の両生類。日本固有種。全長80〜130mm。㊎鈴鹿山脈以西の本州, 四国, 九州
¶**原爬両**(No.178/カ写)
日カサ(p190/カ写)
爬両飼(p220/カ写)
野日両(p23,60,121/カ写)

フチゾリリクガメ *Testudo marginata*
リクガメ科の爬虫類。別名マルギナータリクガメ。甲長30〜35cm。㊎ギリシャ, アルバニア南部, トルコ, イタリア
¶**世カメ**(p45/カ写)
爬両1800(p20/カ写)
爬両ビ(p13/カ写)

ブチトビトカゲ *Draco maculatus*
アガマ科の爬虫類。全長20cm前後。㊎中国南部〜インドシナ, インドまで
¶**爬両1800**(p90/カ写)

フチドリアマガエル *Hyla leucophyllata*
アマガエル科の両生類。体長3〜4cm。㊎南米北部〜北西部
¶**かえる百**(p58/カ写)
カエル見(p32/カ写)
世両(p45/カ写)
爬両1800(p372/カ写)
爬両ビ(p246/カ写)

フチドリキガエル *Rhacophorus appendiculatus*
アオガエル科の両生類。体長30〜50mm。㊎マレー半島, ボルネオ島, スマトラ島, フィリピン
¶**世カエ**(p420/カ写)

フチドリツヤヘビ *Lygophis anomalus*
ナミヘビ科ヒラタヘビ亜科の爬虫類。全長40〜50cm。㊎ブラジル南部, ウルグアイ, パラグアイ, アルゼンチン北部
¶**爬両1800**(p280/カ写)

フチドリバナナガエル *Afrixalus dorsalis*
クサガエル科の両生類。体長2.5〜2.9cm。㊎赤道沿いの西部〜中部アフリカ
¶**カエル見**(p54/カ写)
世両(p90/カ写)
爬両1800(p392/カ写)
爬両ビ(p258/カ写)

ブチハイエナ *Crocuta crocuta*
ハイエナ科の哺乳類。体長1〜1.7m。㊎アフリカ

¶絶百8 (p42/カ写)
世文動 (p164/カ写)
世哺 (p274/カ写)
地球 (p582/カ写)

プチ・バセット・グリフォン・ヴァンデーン Petit Basset Griffon Vendeen
犬の一品種。別名プチ・バッセ・グリフォン・バンデーン。体高34～38cm。フランスの原産。
¶アルテ犬〔バセー・グリフォン・ヴァンデォン〕(p24/カ写)
最犬大〔プチ・バセット・グリフォン・バンデーン〕(p271/カ写)
新犬種〔バセー・グリフォン・ヴァンデーン〕(p72/カ写)
新世犬〔プチ・バセット・グリフォン・ヴァンデアン〕(p211/カ写)
図世犬〔プチ・バセット・グリフォン・バンデーン〕(p237/カ写)
ビ犬 (p148/カ写)

プチ・バッセ・グリフォン・バンデーン ⇒プチ・バセット・グリフォン・ヴァンデーンを見よ

ブチバネトビトカゲ *Draco spilopterus*
アガマ科の爬虫類。頭胴長約9cm。㊕スンダ列島, フィリピン, ボルネオ
¶世文動 (p266/カ写)

ブチハラクサガエル *Hyperolius bolifambae*
クサガエル科の両生類。体長2.1～3.3cm。㊕カメルーン
¶かえる百 (p74/カ写)

ブチハラプレートテユー *Petracola ventrimaculatus*
ピグミーテユー科(メガネトカゲ科)の爬虫類。全長9～10cm。㊕ペルー北部
¶爬両1800 (p196/カ写)
爬両ビ (p137/カ写)

ブチハラヘビクビガメ *Acanthochelys radiolata*
ヘビクビガメ科の爬虫類。甲長16～18cm。㊕ブラジル
¶世カメ (p87/カ写)
爬両1800 (p59/カ写)

ブチハラヤドクガエル *Dendrobates ventrimaculatus*
ヤドクガエル科の両生類。体長1.8～2cm。㊕ペルー
¶カエル見 (p101/カ写)
世両 (p162/カ写)
爬両1800 (p425/カ写)
爬両ビ (p290/カ写)

ブチフトイモリ *Pachytriton brevipes*
イモリ科の両生類。全長15～19cm。㊕中国東部～南部
¶地球〔ゴマフフトイモリ〕(p367/カ写)
爬両1800 (p455/カ写)

プチ・ブラバンソン Petit Brabancon
犬の一品種。体重3.5～6kg。ベルギーの原産。
¶最犬大 (p398/カ写)
新犬種〔ベルギーのグリフォン(ブリュッセル・グリフォン、ベルジアン・グリフォン、プティ・ブラバンソン)〕(p46/カ写)
図世犬〔ブリュッセル・グリフォン〔プチ・ブラバンソン〕〕(p288/カ写)
ビ犬〔ブリュッセル・グリフォン〔プチ・ブラバンソン〕〕(p266/カ写)

プチ・ブルー・ド・ガスコーニュ ⇒プティ・ブルー・ド・ガスコーニュを見よ

ブチモモアマガエル *Hyla fasciata*
アマガエル科の両生類。体長4～5cm。㊕エクアドル, ペルー, ボリビア
¶カエル見 (p34/カ写)
爬両1800 (p374/カ写)

ブチリンサン *Prionodon pardicolor*
ジャコウネコ科の哺乳類。体長37～43cm。㊕アジア
¶世哺 (p267/カ写)

フックス Fuchs
犬の一品種。オールド・ジャーマン・ハーディングドッグ(シープドッグ)の一種。体高50cm。ドイツの原産。
¶最犬大 (p61/カ写)
新犬種 (p222/カ写(p221))

フッケンオオカミヘビ *Lycodon futsingensis*
ナミヘビ科ナミヘビ亜科の爬虫類。全長60～70cm。㊕中国南部, ベトナム
¶爬両1800 (p299/カ写)

ブッシュバック *Tragelaphus scriptus*
ウシ科の哺乳類。体高60～100cm。㊕アフリカ
¶世文動 (p215/カ写)
世哺 (p349/カ写)
地球 (p599/カ写)

ブッシュマスター *Lachesis muta*
クサリヘビ科の爬虫類。全長200～300cm。㊕南米大陸中部以北
¶爬両1800 (p343/カ写)

ブッポウソウ *Eurystomus orientalis* 仏法僧
ブッポウソウ科の鳥。絶滅危惧IB類(環境省レッドリスト)。全長27～30cm。㊕オーストラリア北・東部, ニューギニア, 東南アジア, インド, 中国。日本では本州, 四国, 九州の夏鳥
¶遺産日 (鳥類 No.12/カ写)
くら鳥 (p61/カ写)
原寸羽 (p206/カ写)
里山鳥 (p73/カ写)
四季鳥 (p45/カ写)
巣と卵決 (p241/カ写, カ図)

絶鳥事（p3,48/カ写, モ図）
世鳥大（p305/カ写）
世文鳥（p188/カ写）
地球（p473/カ写）
鳥卵巣（p247/カ写, カ図）
鳥比（p60/カ写）
鳥650（p439/カ写）
名鳥図（p162/カ写）
日ア鳥（p371/カ写）
日色鳥（p38/カ写）
日鳥識（p206/カ写）
日鳥巣（p130/カ写）
日鳥山新（p109/カ写）
日鳥山増（p112/カ写）
日野鳥新（p414/カ写）
日野鳥増（p424/カ写）
ぱっ鳥（p233/カ写）
バード（p52/カ写）
羽根決（p236/カ写, カ図）
ひと目鳥（p149/カ写）
フ日野新（p208/カ図）
フ日野増（p208/カ図）
フ野鳥（p258/カ図）
野鳥学フ（p117/カ写, カ図）
野鳥山フ（p42,256/カ図, カ写）
山溪名鳥（p283/カ写）

プティ・シャン・クハ・スイス ⇒スモール・スイス・ハウンドを見よ

プティ・シャン・クーラン・スイス ⇒スモール・スイス・ハウンドを見よ

プティ・シャン・リオン ⇒ローシェンを見よ

プティ・シャン・リヨン ⇒ローシェンを見よ

プティ・ブルー・ド・ガスコーニュ Petit Bleu de Gascogne
犬の一品種。別名スモール・ガスコーニュ・ブルー。体高 オス52～58cm, メス50～56cm。フランスの原産。
¶最犬大〔スモール・ガスコーニュ・ブルー〕（p286/カ写）
新犬種（p152/カ写）
ビ犬〔プチ・ブルー・ド・ガスコーニュ〕（p163/カ写）

フーディンイモリ *Cynops fudingensis*
イモリ科の両生類。全長7～9cm。㊀中国（福建省福鼎市）
¶**爬両1800**（p451/カ写）

プーデルポインター ⇒プードル・ポインターを見よ

フトアゴヒゲトカゲ *Pogona vitticeps*
アガマ科の爬虫類。全長40cm前後。㊀オーストラリア中部
¶世爬（p81/カ写）
世文動〔フトアゴヒゲ〕（p267/カ写）
地球（p381/カ写）
爬両1800（p102/カ写）
爬両ビ（p83/カ写）

フトアマガエル *Pachymedusa dacnicolor*
アマガエル科の両生類。別名メキシコフトアマガエル, フトメズサアマガエル。体長80～100mm。メスはオスよりずっと大きい。㊀メキシコの太平洋側のみ
¶かえる百（p64/カ写）
カエル見（p40/カ写）
世カエ〔フトメズサアマガエル〕（p262/カ写）
世文動（p327/カ写）
世両（p65/カ写）
爬両1800（p381/カ写）
爬両ビ（p249/カ写）

ブドウイロマシコ *Carpodacus vinaceus* 葡萄色猿子
アトリ科の鳥。全長13～16cm。㊀ネパール, インド, 中国, ミャンマー
¶原色鳥〔ブドウイロマシコ（新称）〕（p46/カ写）

フトオコビトキツネザル *Cheirogaleus medius* 太尾小人狐猿
コビトキツネザル科の哺乳類。体長17～26cm。㊀マダガスカル
¶世哺（p101/カ写）
美サル（p157/カ写）

フトオハチドリ *Selasphorus platycercus* 太尾蜂鳥
ハチドリ科ハチドリ亜科の鳥。全長9～10cm。
¶ハチドリ（p341/カ写）

フトクシトカゲ *Acanthosaura coronata*
アガマ科の爬虫類。全長22～25cm。㊀ベトナム南部, カンボジア南部, ラオス南部
¶**爬両1800**（p91/カ写）
爬両ビ（p78/カ写）

フトクシミミトカゲ *Ctenotus robustus*
スキンク科の爬虫類。頭胴長8～12cm。㊀オーストラリアの北部・東部・東南部
¶世文動（p274/カ写）

フトクビスジホソオドラゴン *Tympanocryptis lineata pinguicolla*
アガマ科の爬虫類。絶滅危惧II類。全長22cm。㊀オーストラリアのニューサウスウェールズ州と首都特別地域の限定された場所
¶**絶百9**（p52/カ写）

フトサンショウウオ *Pachyhynobius shangchengensis*
サンショウウオ科の両生類。全長17～18cm。㊀中国
¶世両（p189/カ写）
爬両1800（p437/カ写）
爬両ビ（p299/カ写）

フ

フトスジアシビキトカゲ *Ophiodes intermedius*
アンギストカゲ科の爬虫類。全長40～50cm。㊀ボリビア, パラグアイ, アルゼンチン
¶**爬両1800**(p232/カ写)

フトチャクワラ ⇒キタチャクワラを見よ

フトハシテリカッコウ *Chrysococcyx russatus* 太嘴照郭公
カッコウ科の鳥。㊀オーストラリアのクイーンズランド
¶**世美羽**(p72/カ写, カ図)

フトババイヤモリ *Bavayia robusta*
ヤモリ科イシヤモリ亜科の爬虫類。全長18cm前後。㊀ニューカレドニア
¶**ゲッコー**(p83/カ写)
世爬(p118/カ写)
爬両1800(p160/カ写)
爬両ビ(p119/カ写)

フトヒゲカメレオンモドキ *Chamaeleolis barbatus*
イグアナ科アノールトカゲ亜科の爬虫類。全長30cm前後。㊀キューバ
¶**世爬**(p70/カ写)
爬両1800(p83～84/カ写)
爬両ビ(p74/カ写)

フトマユチズガメ *Graptemys ouachitensis*
ヌマガメ科アミメガメ亜科の爬虫類。甲長10～24cm。㊀アメリカ合衆国中南部
¶**世カメ**(p230/カ写)
爬両1800(p26/カ写)

フトミモダエトカゲ *Lygosoma corpulentum*
スキンク科の爬虫類。全長30cm前後。㊀ベトナム南部
¶**爬両1800**(p207/カ写)

フトメズサアマガエル ⇒フトアマガエルを見よ

プードル Poodle
犬の一品種。別名カニシェ, カニシュ。家庭犬, 愛玩犬。サイズによりスタンダード・プードル, ミニチュア・プードル, トイ・プードルに分けられる。体高 スタンダード：45～60cm, ミディアム：35～45cm, ミニチュア：28～35cm, トイ：24～28cm。フランスおよび中欧の原産。
¶**アルテ犬**(p130/カ写)
最犬大(p378/カ写)
新犬種〔プードル(トーイ～ミディアム)〕(p80/カ写)
新世犬(p326/カ写)
図世犬(p314/カ写)
ビ犬(p277/カ写)

プードル(コーデッド・コート) ⇒コーデッド・プードルを見よ

プードル・ポインター Pudelpointer
犬の一品種。別名プーデルポインター。体高 オス60～68cm, メス55～63cm。ドイツの原産。
¶**最犬大**(p330/カ写)
新犬種〔プーデル・ポインター〕(p268/カ写)
ビ犬〔プーデルポインター〕(p253/カ写)

フトワキイロメジロ *Zosterops poliogastrus* 太輪黄色目白
メジロ科の鳥。全長11cm。㊀アフリカ北東部
¶**地球**(p491/カ写)

ブービエ・デ・アルデンヌ Bouvier des Ardennes
犬の一品種。別名ブビエー・デ・ザルデンヌ。体高 オス56～62cm, メス52～56cm。ベルギーの原産。
¶**最犬大**(p75/カ写)
新犬種〔ブビエー・デ・ザルデンヌ〕(p257/カ写)
ビ犬(p48/カ写)

ブビエー・デ・ザルデンヌ ⇒ブービエ・デ・アルデンヌを見よ

ブービエ・デ・フランダース Bouvier des Flandres
犬の一品種。別名ブビエー・デ・フランドル, ベルジアン・キャトル・ドッグ。体高 オス62～68cm, メス59～65cm。ベルギーおよびフランスの原産。
¶**アルテ犬**(p146/カ写)
最犬大(p79/カ写)
新犬種〔ブビエー・デ・フランドル〕(p256/カ写)
新世犬(p46/カ写)
図世犬(p56/カ写)
ビ犬(p47/カ写)

ブビエー・デ・フランドル ⇒ブービエ・デ・フランダースを見よ

プフェッファーカメレオン *Trioceros pfefferi*
カメレオン科の爬虫類。全長20cm前後。㊀カメルーン南西部
¶**世爬**(p90/カ写)
爬両1800(p116/カ写)

プーミー Pumi
犬の一品種。別名ハンガリアン・シェパード・テリア。体高 オス41～47cm, メス38～44cm。ハンガリーの原産。
¶**最犬大**(p89/カ写)
新犬種(p104/カ写)
新世犬(p65/カ写)
図世犬(p79/カ写)
ビ犬(p65/カ写)

フミキリヘビ *Spilotes pullatus*
ナミヘビ科ナミヘビ亜科の爬虫類。別名トラフネズミヘビ。全長2m。㊀メキシコ南部～アルゼンチンまでの中南米
¶**世爬**(p197/カ写)
地球〔トラフネズミヘビ〕(p396/カ写)
爬両1800(p300/カ写)

爬両ビ（p215/カ写）

ブームスラング *Dispholidus typus*
ナミヘビ科の爬虫類。全長1.5〜2m。㊎アフリカ
¶世文動（p295/カ写）

ブユムシクイ *Polioptila caerulea*
ブユムシクイ科の鳥。体長11.5〜13cm。㊎アメリカ合衆国東部とカナダ南東部〜カリフォルニアやメキシコまで
¶世鳥大（p426/カ写）
世鳥卵（p189/カ写, カ図）
地球（p490/カ写）

フヨウチョウ *Neochmia temporalis* 芙蓉鳥
カエデチョウ科の鳥。全長11cm。㊎オーストラリア東部。移入された個体群がオーストラリア南西部と南太平洋（ソシエテ諸島とマルキーズ諸島）にいる
¶世鳥大（p460/カ写）
鳥飼（p72/カ写）

プライスコガタアシナシイモリ *Parvicaecilia pricei*
アシナシイモリ科の両生類。全長18cm前後。㊎コロンビア
¶爬両1800（p463/カ写）

ブラウンアノール *Anolis sagrei*
イグアナ科アノールトカゲ亜科の爬虫類。全長13〜21cm。㊎メキシコ〜コスタリカにかけての中米, カリブ諸国
¶爬両1800（p83/カ写）

ブラウンキーウィ ⇒キーウィを見よ

ブラウンキツネザル *Eulemur fulvus* ブラウン狐猿
キツネザル科の哺乳類。準絶滅危惧。㊎マダガスカル北部〜北西部・中東部
¶美サル（p139/カ写）

ブラウン・スイス Brown Swiss
牛の一品種（乳牛）。体高 オス145cm, メス132cm。スイスの原産。
¶世文動（p211/カ写）
日家（p79/カ写）

ブラウンスナボア *Eryx johnii*
ボア科スナボア亜科の爬虫類。別名ジョニースナボア。全長90〜100cm。㊎イラン, アフガニスタン, パキスタン, インド
¶世爬（p173/カ写）
世ヘビ（p57/カ写）
爬両1800（p263/カ写）
爬両ビ（p182/カ写）

ブラウンティティ *Callicebus brunneus*
サキ科の哺乳類。㊎ブラジルのブラジル盆地南部, ペルー南東部, ボリビア北部
¶美サル（p48/カ写）

ブラウンネズミキツネザル *Microcebus rufus* ブラウン鼠狐猿
コビトキツネザル科の哺乳類。体高10〜20cm。
¶地球（p537/カ写）

ブラウンハウススネーク ⇒チャイロイエヘビを見よ

プラーガー・ラトラー ⇒プラシュスキー・クリサジークを見よ

ブラク・サンジェルマン ⇒サンジェルマン・ポインターを見よ

ブラク・デュ・ブルボネ ⇒ブルボネ・ポインティング・ドッグを見よ

ブラク・ド・アリエージュ ⇒アリエージュ・ポインティング・ドッグを見よ

ブラク・ドーヴェルニュ ⇒オーヴェルニュ・ポインターを見よ

ブラク・ドゥベアーネ ⇒オーヴェルニュ・ポインターを見よ

ブラク・ドゥ・ボルボネ ⇒ブルボネ・ポインティング・ドッグを見よ

ブラク・ド・ラリエージュ ⇒アリエージュ・ポインティング・ドッグを見よ

ブラク・フランセ・ティブ・ガスコーニュ ⇒フレンチ・ポインティング・ドッグ（ガスコーニュ・タイプ）を見よ

ブラク・フランセ・ティブ・ピレネー ⇒フレンチ・ポインティング・ドッグ（ピレニアン・タイプ）を見よ

ブラコニエヒレアシスキンク *Pygomeles braconnieri*
スキンク科の爬虫類。全長16〜20cm。㊎マダガスカル南東部
¶爬両1800（p209/カ写）

プラシャードナキヤモリ *Hemidactylus prashadi*
ヤモリ科ヤモリ亜科の爬虫類。全長25〜30cm。㊎インド
¶ゲッコー（p21/カ写）
爬両1800（p132/カ写）

プラシュスキー・クリサジーク Pražský Krysařík
犬の一品種。別名プラッキー・クリサリク, プラーガー・ラトラー, プラハ・ラットラー。体高20〜23cm。チェコの原産。
¶最犬大（p377/カ写）
新犬種〔プラハ・ラットラー〕（p40/カ写）

ブラジリアン・ガード・ドッグ ⇒フィラ・ブラジレイロを見よ

ブラジリアン・テリア Brazilian Terrier
犬の一品種。別名テリア・ブラジレイロ, フォック

ス・パウリスティーニャ。体高 オス35〜40cm, メス33〜38cm。ブラジルの原産。
¶最犬大(p167/カ写)
新犬種(p87/カ写)
ビ犬(p210/カ写)

ブラジルカイマン ⇒シュナイダームカシカイマンを見よ

ブラジルコノハユビヤモリ *Phyllopezus pollicaris*
ヤモリ科ワレユビヤモリ亜科の爬虫類。全長15cm前後。㊀南米大陸東部〜中南部
¶爬両1800(p153/カ写)

ブラジルコビトドリモドキ *Hemitriccus kaempferi*
ブラジル小人鳥擬
タイランチョウ科の鳥。絶滅危惧IB類。体長10cm。㊀ブラジル(固有)
¶鳥絶(p185/カ図)

フ

ブラジルツノガエル(1) *Ceratophrys aurita*
ユビナガガエル科の両生類。体長18〜20cm。㊀ブラジル東部
¶カエル見(p111/カ写)
爬両1800(p430/カ写)

ブラジルツノガエル(2) ⇒アマゾンツノガエルを見よ

ブラジルナッツヤドクガエル *Adelphobates castaneoticus*
ヤドクガエル科の両生類。全長2〜2.5cm。
¶地球(p359/カ写)

ブラジルヘビクビガメ *Hydromedusa maximiliani*
ヘビクビガメ科の爬虫類。甲長18〜20cm。㊀ブラジル南東部
¶世カメ(p89/カ写)
世爬(p52/カ写)
爬両1800(p60/カ写)
爬両ビ(p44/カ写)

ブラジルレインボーボア *Epicrates cenchria cenchria*
ボア科ボア亜科の爬虫類。レインボーボアの亜種。全長1.8m。㊀ガイアナ, パラグアイ, ブラジル, ベネズエラ
¶世ヘビ(p16/カ写)

プラッキー・クリサリク ⇒プラシュスキー・クリサジークを見よ

ブラック・アンド・タン・クーンハウンド Black and Tan Coonhound
犬の一品種。別名アメリカン・ブラック・アンド・タン・クーンハウンド。体高 オス63.5〜68.5cm, メス58〜63.5cm。アメリカ合衆国の原産。
¶アルテ犬(p30/カ写)
最犬大(p276/カ写)
新犬種(p238/カ写)
新世犬(p187/カ写)
図世犬(p227/カ写)
世文動(p138/カ写)
ビ犬(p160/カ写)

ブラック・アンド・タン・テリア ⇒マンチェスター・テリアを見よ

ブラック・アンド・タン・トイ・テリア ⇒トイ・マンチェスター・テリアを見よ

ブラック・ウエルシュ・マウンテン Black Welsh Mountain
羊の一品種。イギリスの原産。
¶日家(p130/カ写)

ブラックタマリン ⇒アカテタマリンを見よ

ブラック・デビル ⇒アッフェンピンシャーを見よ

ブラックテールクリボー *Drymarchon corais melanurus*
ナミヘビ科の爬虫類。別名オグロクリボー。全長1.5〜2.4m, 最大2.7m。㊀メキシコのベラクルス州〜中米, 南米の北西部
¶世ヘビ(p42/カ写)

ブラック・ノルウェジアン・エルクハウンド ⇒ノルウェジアン・エルクハウンド・ブラックを見よ

ブラックバック *Antilope cervicapra*
ウシ科の哺乳類。絶滅危惧II類。体高60〜85cm。㊀アジア南部
¶驚野動(p257/カ写)
絶百9(p56/カ写)
世文動(p225/カ写)
世哺(p370/カ写)
地球(p604/カ写)

ブラックフェイス Blackface
羊の一品種。イギリスの原産。
¶日家(p131/カ写)

ブラック・フォレスト・ハウンド Black Forest Hound
犬の一品種。別名スロヴァキアン・ハウンド, スロヴェンスキー・コポフ, スロヴェンスキ・コポ。体高 オス45〜50cm, メス40〜45cm。スロバキアの原産。
¶最犬大〔スロバキアン・ハウンド〕(p302/カ写)
新犬種〔スロヴェンスキ・コポフ〕(p140/カ写)
ビ犬(p178/カ写)

ブラックヘッドパイソン ⇒ズグロニシキヘビを見よ

ブラックマンガベイ *Lophocebus aterrimus*
オナガザル科の哺乳類。体高38〜89cm。㊀ザイール
¶世文動(p85/カ写)
地球(p544/カ写)

ブラックマンバ *Dendroaspis polylepis*
コブラ科の爬虫類。全長200〜300cm。㊊アフリカ東部・南部
¶**驚野動**(p207/カ写)
世文動(p299/カ写)
爬両1800(p340/カ写)

ブラック・メリノ Black Merino
羊の一品種。ポルトガルの原産。
¶**日家**(p128/カ写)

ブラックラットスネーク *Elaphe obsoleta obsoleta*
ナミヘビ科の爬虫類。全長1.2〜1.6m, 最大2.56m。㊊アメリカ東部・北部・中部, カナダ(オンタリオ州)
¶**世ヘビ**(p38/カ写)

ブラック・ロシアン・テリア ⇒ロシアン・ブラック・テリアを見よ

ブラック・ロムニー Black Romney
羊の一品種。ニュージーランドの原産。
¶**日家**(p129/カ写)

ブラッコ・イタリアーノ Bracco Italiano
犬の一品種。別名イタリアン・ポインター, イタリアン・ポインティング・ドッグ。体高 オス58〜67cm, メス55〜62cm。イタリアの原産。
¶**アルテ犬**(p58/カ写)
最犬大(p332/カ写)
新犬種(p270/カ写)
ビ犬(p252/カ写)

ブラッコ・スピノーゾ ⇒イタリアン・スピノーネを見よ

ブラッザグエノン ⇒ブラッザモンキーを見よ

ブラッザモンキー *Cercopithecus neglectus*
オナガザル科の哺乳類。別名ブラッザグエノン。体高40〜64cm。㊊カメルーン南部, 中央アフリカ共和国南部, 赤道ギニア, ガボン, コンゴ共和国, コンゴ民主共和国, ウガンダ, ケニア, エチオピア南西部, アンゴラ南部〜北東部
¶**世文動**(p83/カ写)
世哺(p118/カ写)
地球(p543/カ写)
美サル〔ブラッザグエノン〕(p175/カ写)

フラットコーテッド・レトリーバー Flat-coated Retriever
犬の一品種。体高 オス59〜61.5cm, メス56.5〜59cm。イギリスの原産。
¶**最犬大**(p352/カ写)
新犬種〔フラットコーテッド・リトリーバー〕(p207/カ写)
新世犬(p148/カ写)
図世犬(p271/カ写)
ビ犬(p262/カ写)

ブラッドハウンド Bloodhound
犬の一品種。別名シャン・ド・サン・ユベール。体高 オス68cm, メス62cm。ベルギーの原産。
¶**アルテ犬**(p32/カ写)
最犬大(p280/カ写)
新犬種(p250/カ写)
新世犬(p188/カ写)
図世犬(p228/カ写)
世文動(p138/カ写)
ビ犬(p141/カ写)

フラットヘッデッドキャット ⇒マライヤマネコを見よ

プラテミスヘビクビガメ ⇒ヒラタヘビクビガメを見よ

プラトーアカミミガメ *Trachemys gaigeae*
ヌマガメ科アミメガメ亜科の爬虫類。甲長18〜22cm。㊊アメリカ合衆国(ニューメキシコ州・テキサス州), メキシコ北部
¶**世カメ**(p210/カ写)
爬両1800(p33/カ写)
爬両ビ(p18/カ写)

プラトータイガーサラマンダー *Ambystoma velasci*
マルクチサラマンダー科の両生類。全長15〜25cm。㊊メキシコ
¶**爬両1800**(p441/カ写)
爬両ビ(p303/カ写)

プラハ・ラットラー ⇒プラシュスキー・クリサジークを見よ

ブラバント ⇒ベルギーバンバを見よ

ブラマ Brahma
鶏の一品種(肉用種)。体重 オス4.6〜6kg(最大7.8kg), メス3.2〜4.1kg。アメリカ合衆国もしくはインドの原産。
¶**日家**(p199/カ写)

ブラーマン Brahman
牛の一品種(乳牛)。体高1.2〜1.4m。アメリカ合衆国の原産。
¶**地球**(p601/カ写)
日家(p80/カ写)

ブーラミス *Burramys parvus*
ブーラミス科の哺乳類。別名マウンテンピグミーポッサム。絶滅危惧IA類。体長10〜13cm。㊊オーストラリア南東部の山頂部
¶**絶百9**(p58/カ写)
世文動(p45/カ図)
地球(p506/カ写)
レ生〔マウンテンピグミーポッサム〕(p290/カ写)

ブラーミニメクラヘビ *Ramphotyphlops braminus* ブラーミニ盲蛇
メクラヘビ科の爬虫類。全長12～15cm。㊅日本を含むアジア, オセアニア, アフリカ, 中米, 北米の一部
¶**原爬両**(No.69/カ写)
世爬(p167/カ写)
世文動(p286/カ写)
日カメ(p148/カ写)
爬両観(p154/カ写)
爬両飼(p44/カ写)
爬両1800(p250/カ写)
爬両ビ(p177/カ写)
野日爬(p32,150/カ写)

ブラリナトガリネズミ *Blarina brevicauda* ブラリナ尖鼠
トガリネズミ科の哺乳類。北アメリカの東部の森林や低木林にごくふつうに見られる尾の短いトガリネズミ。体長8～12cm。㊅北アメリカ
¶**世哺**(p82/カ写)
地球(p560/カ写)

フ

ブランキエロ・シチリアーノ Branchiero Siciliano
犬の一品種。体高 オス約70cm。イタリアの原産。
¶**新犬種**(p265)

フランケオナシケンショウコウモリ *Epomops franqueti*
オオコウモリ科の哺乳類。体長11～18cm。㊅アフリカ
¶**世哺**(p86/カ写)
地球(p550/カ写)

ブーランジェアシナシイモリ *Boulengerula boulengeri*
アシナシイモリ科の両生類。全長20～28cm。㊅タンザニア
¶**爬両1800**(p464/カ写)

ブランジェアマガエル *Scinax boulengeri*
アマガエル科の両生類。全長3.5～5.5cm。㊅ニカラグア～パナマにかけてのカリブ海沿岸及びコスタリカ～パナマ東部にかけての太平洋岸
¶**地球**(p360/カ写)

ブーランジェオオキノボリヒメアマガエル ⇒オオキノボリヒメガエルを見よ

ブランジェツツカナヘビ *Nucras boulengeri*
カナヘビ科の爬虫類。別名ブランジェヤブチカナヘビ。全長15～18cm。㊅ウガンダ, ケニア, タンザニア
¶**爬両1800**(p194/カ写)
爬両ビ〔ブランジェヤブチカナヘビ〕(p133/カ写)

ブーランジェヒバァ *Amphiesma boulengeri*
ナミヘビ科ユウダ亜科の爬虫類。全長50～60cm。㊅中国南東部, ベトナム北部, カンボジア
¶**爬両1800**(p269/カ写)

ブーランジェマダガスカルガエル *Mantidactylus boulengeri*
マダガスカルガエル科の両生類。体長25～30mm。㊅マダガスカル
¶**世カエ**(p458/カ写)

ブランジェムネトゲガエル *Paa boulengeri*
アカガエル科の両生類。体長5～10cm。㊅中国
¶**爬両1800**(p417/カ写)
爬両ビ(p280/カ写)

ブランジェヤブガエル *Kurixalus verrucosus*
アオガエル科の両生類。体長3～4cm。㊅インド, ミャンマー, ベトナム
¶**爬両1800**(p390/カ写)

ブランジェヤブチカナヘビ ⇒ブランジェツツカナヘビを見よ

フランス・ブラン・エ・オランジュ ⇒フレンチ・ホワイト・アンド・オレンジ・ハウンドを見よ

フランセ・トリコロール Français Tricolore
犬の一品種。別名フレンチ・トリコロール・ハウンド, シャン・フランセ・トリコロール, フレンチ・ハウンド=トリコロール。大型ハウンド。体高 オス62～72cm, メス60～68cm。フランスの原産。
¶**最犬大**〔フレンチ・トリコロール・ハウンド〕(p283/カ写)
新犬種(p290/カ写)
ビ犬(p167/カ写)

フランセ・ブラン・エ・オランジュ ⇒フレンチ・ホワイト・アンド・オレンジ・ハウンドを見よ

フランセ・ブラン・エ・ノワール Français Branc et Noir
犬の一品種。別名フレンチ・ホワイト・アンド・ブラック・ハウンド。体高 オス65～72cm, メス62～68cm。フランスの原産。
¶**最犬大**〔フレンチ・ホワイト・アンド・ブラック・ハウンド〕(p282/カ写)
新犬種(p290/カ写)
ビ犬(p168/カ写)

ブランダーホルストカブトガメ *Elseya branderhorsti*
ヘビクビガメ科の爬虫類。別名パプアカブトガメ。甲長40cm前後。㊅ニューギニア島南部
¶**世カメ**(p114/カ写)
世爬(p57/カ写)
爬両1800(p65/カ写)

ブランディングオオガシラモドキ *Toxicodryas blandingii* ブランディング大頭擬
ナミヘビ科ナミヘビ亜科の爬虫類。全長180cm前後。㊅アフリカ大陸西部沿岸～中部
¶**爬両1800**(p296/カ写)

ブランディングガメ　*Emydoidea blandingii*
ヌマガメ科ヌマガメ亜科の爬虫類。甲長13〜28cm。㊊カナダ, アメリカ合衆国北部
¶**世カメ**（p188/カ写）
世爬（p18/カ写）
地球（p375/カ写）
爬両1800（p24/カ写）
爬両ビ（p15/カ写）

ブランデホト　Blanc De Hotot
兎の一品種。別名ブランドゥオト, ブランドゥホト。フランスの原産。
¶**うさぎ**〔ブラン ドゥ ホト〕（p58/カ写）
新うさぎ（p64/カ写）

ブランドゥオト　⇒ブランデホトを見よ

ブランドゥホト　⇒ブランデホトを見よ

ブランドル・ブラッケ　⇒オーストリアン・ブラック・アンド・タン・ハウンドを見よ

ブランビー　Brumby
馬の一品種。軽量馬。オーストラリアの原産。
¶**アルテ馬**〔オーストラリアのブランビー〕（p145/カ写）

ブランフォードギツネ　*Vulpes cana*
イヌ科の哺乳類。体長38〜50cm。㊊中近東, アラビア半島, アフガニスタン〜イラン北東部, トルキスタン, パキスタン
¶**世哺**（p217/カ写）
地球（p562/カ写）
野生イヌ（p64/カ写, カ図）

プーリー　Puli
犬の一品種。別名ハンガリアン・プーリー。体高 オス39〜45cm, メス36〜42cm。ハンガリーの原産。
¶**最犬大**（p90/カ写）
新犬種（p108/カ写）
新世犬（p64/カ写）
図世犬（p78/カ写）
ビ犬〔ハンガリアン・プーリー〕（p65/カ写）

ブリアード　Briard
犬の一品種。別名ブリアール, ベルジェ・ド・ブリー。体高 オス62〜68cm, メス56〜64cm。フランスの原産。
¶**最犬大**（p78/カ写）
新犬種〔ベルジェ・ド・ブリー〕（p255/カ写）
新世犬（p48/カ写）
図世犬（p58/カ写）
世文動（p139/カ写）
ビ犬（p55/カ写）

フリーアー・ドッグ　⇒アイスランド・シープドッグを見よ

ブリアール　⇒ブリアードを見よ

フーリエントカゲモドキ　*Goniurosaurus huuliensis*
ヤモリ科トカゲモドキ亜科の爬虫類。全長17〜20cm。㊊ベトナム北東部
¶**ゲッコー**（p94/カ写）
爬両1800（p169/カ写）

フリオゾー　Furioso
馬の一品種。別名フリオゾー・ノース・スター。軽量馬。体高160cm以上。ハンガリーの原産。
¶**アルテ馬**（p122/カ写）

フリオゾー・ノース・スター　⇒フリオゾーを見よ

ブリケ・グリフォン・ヴァンデーン　Briquet Griffon Vendéen
犬の一品種。別名ブリケ・グリフォン・バンデーン, ミディアム・グリフォン・バンデーン。体高 オス50〜55cm, メス48〜53cm。フランスの原産。
¶**最犬大**〔ミディアム・グリフォン・バンデーン〕（p291/カ写）
新犬種（p152/カ写）
ビ犬（p145/カ写）

ブリケ・グリフォン・バンデーン　⇒ブリケ・グリフォン・ヴァンデーンを見よ

フリージアン　Friesian
馬の一品種。軽量馬。体高152〜160cm。オランダ北部フリースラントの原産。
¶**アルテ馬**（p104/カ写）
日家（p50/カ写）

フリージアン・ウォーター・ドッグ　⇒ヴェッターフーンを見よ

フリージャン・ウォーター・ドッグ　⇒ヴェッターフーンを見よ

フリージャン・ポインティング・ドッグ　⇒シュタバイフーンを見よ

ブリスガエル　*Rana blythii*
アカガエル科の両生類。体長12〜20cm。㊊東南アジア
¶**爬両1800**（p415/カ写）
爬両ビ（p278/カ写）

ブリタニー　⇒ブリタニー・スパニエルを見よ

ブリタニアペティート　Britannia Petite
兎の一品種。イギリスの原産。
¶**うさぎ**（p60/カ写）
新うさぎ（p66/カ写）

ブリタニー・スパニエル　Brittany Spaniel
犬の一品種。別名ブリタニー, イパーニエル・ブルトン, エパニュール・ブルトン。体高 オス48〜51cm, メス47〜50cm。フランスの原産。
¶**アルテ犬**（p70/カ写）
最犬大（p342/カ写）
新犬種〔エパニュール・ブルトン〕（p124/カ写）

新世犬(p134/カ写)
図世犬(p248/カ写)
世文動〔ブリッタニー・スパニール〕(p139/カ写)
ビ犬〔ブリタニー〕(p234/カ写)

ブリティッシュ・アルパイン British Alpine
山羊の一品種。乳用品種。体高 オス70cm, メス65cm。イギリスの原産。
¶日家(p116/カ写)

ブリティッシュ・ショートヘア British Shorthair
猫の一品種。体重4~8kg。イギリスの原産。
¶ビ猫〔ブリティッシュ・ショートヘア(セルフ)〕(p118/カ写)
ビ猫〔ブリティッシュ・ショートヘア(カラーポインテッド)〕(p120/カ写)
ビ猫〔ブリティッシュ・ショートヘア(バイカラー)〕(p121/カ写)
ビ猫〔ブリティッシュ・ショートヘア(スモーク)〕(p124/カ写)
ビ猫〔ブリティッシュ・ショートヘア(タビー)〕(p125/カ写)
ビ猫〔ブリティッシュ・ショートヘア(ティップト)〕(p126/カ写)
ビ猫〔ブリティッシュ・ショートヘア(トーティ)〕(p127/カ写)

ブリティッシュ・フリースランド British Friesland
羊の一品種。イギリスの原産。
¶日家(p131/カ写)

プリマス・ロック Plymouth Rock
鶏の一品種(卵肉兼用種)。体重 オス3.85~4.8kg, メス2.7~3.4kg。アメリカ合衆国の原産。
¶日家(p197/カ写)

プリメラ Primera
羊の一品種。イギリスの原産。
¶日家(p128/カ写)

ブリュッセル・グリフォン Brussels Griffon
犬の一品種。別名グリフォン・ブリュッセル, ブリュッセロイズ・グリフォン。体重3.5~6kg。ベルギーの原産。
¶最犬大(p398/カ写)
新犬種〔ベルギーのグリフォン(ブリュッセル・グリフォン、ベルジアン・グリフォン、プティ・ブラバンソン)〕(p46/カ写)
新世犬(p270/カ写)
図世犬(p288/カ写)
世文動〔ブリュッセロイズ・グリフォン〕(p139/カ写)
ビ犬(p266/カ写)

ブリュッセル・グリフォン(プチ・ブラバンソン) ⇒プチ・ブラバンソンを見よ

ブリュッセル・グリフォン(ベルジアン・グリフォン) ⇒ベルジアン・グリフォンを見よ

ブリュッセロイズ・グリフォン ⇒ブリュッセル・グリフォンを見よ

ブリュード・メイヌ Bleu du Maine
羊の一品種。フランスの原産。
¶日家(p130/カ写)

フリルホオヒゲコウモリ *Myotis thysanodes*
ヒナコウモリ科の哺乳類。体長8~9.5cm。
¶地球(p557/カ写)

フリンジヘラオヤモリ *Uroplatus fimbriatus*
ヤモリ科ヤモリ亜科の爬虫類。全長25~30cm。
㊎マダガスカル東部
¶ゲッコー(p37/カ写)
世爬(p109/カ写)
爬両1800(p137/カ写)
爬両ビ(p109/カ写)

フリンジマントガエル *Spinomantis aglavei*
マダガスカルガエル科(マラガシーガエル科)の両生類。別名イバラマントガエル。体長4.1~5cm。
㊎マダガスカル東部
¶かえる百(p52/カ写)
カエル見(p68/カ写)
爬両1800(p402/カ写)
爬両ビ(p264/カ写)

ブルーイグアナ ⇒グランドケイマンイワイグアナを見よ

ブルイジンミナミモリドラゴン *Hypsilurus bruijnii*
アガマ科の爬虫類。全長45~60cm前後。㊎ニューギニア島
¶爬両1800(p97/カ写)

ブルインコ *Charmosyna toxopei*
インコ科の鳥。絶滅危惧IA類。体長16cm。㊎インドネシア(固有)
¶鳥絶(p162/カ図)

フルヴァツキ・オフチャル ⇒クロアチアン・シープドッグを見よ

フルエドリ *Cinclocerthia ruficauda* 震鳥
マネシツグミ科の鳥。全長25cm。㊎小アンティル島
¶世鳥大(p429)

ブルー・ガスコーニュ・グリフォン Blue Gascony Griffon
犬の一品種。別名グリフォン・ブルー・ド・ガスコーニュ。体高 オス50~57cm, メス48~55cm。フランスの原産。
¶最犬大(p289/カ写)
新犬種〔グリフォン・ブルー・ド・ガスコーニュ〕(p152/カ写)
ビ犬(p163/カ写)

ブルー・ガスコーニュ・バセット ⇒バセー・ブルー・ド・ガスコーニュを見よ

ブルガリアン・ハウンド Bulgarian Hound
犬の一品種。ブラッケ・タイプの国産小型ハウンドから作出。体高 オス54〜58cm, メス50〜54cm。ブルガリアの原産。
¶**新犬種**(p236)

ブルークナキヤモリ *Hemidactylus brookii*
ヤモリ科ヤモリ亜科の爬虫類。別名ブルックナキヤモリ。全長15cm。㊀アフリカ大陸広域, 東南アジア, 中南米など
¶**ゲッコー**(p21/カ写)
地球〔ブルックナキヤモリ〕(p384/カ写)
爬両1800(p132/カ写)

ブルークミズトカゲ *Tropidophorus brookei*
スキンク科の爬虫類。全長20cm前後。㊀ボルネオ島
¶**爬両1800**(p216/カ写)

フルグリータスヤドクガエル ⇒タテスジヤドクガエルを見よ

ブルゴス・ポインティング・ドッグ ⇒スパニッシュ・ポインターを見よ

ブルーシープ ⇒バーラルを見よ

プルジョワルスキーウマ ⇒モウコノウマを見よ

ブルスネーク *Pituophis sayi*
ナミヘビ科の爬虫類。全長1.3〜1.8m(最大2.5m)。㊀カナダ南部〜アメリカ中央部, メキシコ北部まで
¶**世ヘビ**(p44/カ写)

ブルーダイカー *Philantomba monticola*
ウシ科の哺乳類。別名アオダイカー。体高32〜41cm。㊀ナイジェリア〜ガボン, ケニア, 南アフリカ
¶**世文動**(p216/カ写)
地球〔アオダイカー〕(p601/カ写)

ブルックスキングスネーク ⇒サウスフロリダキングスネークを見よ

ブルックナキヤモリ ⇒ブルークナキヤモリを見よ

ブルーティック・クーンハウンド Bluetick Coonhound
犬の一品種。体高 オス63.5〜68.5cm, メス58〜63.5cm。アメリカ合衆国の原産。
¶**最犬大**(p277/カ写)
ビ犬(p161/カ写)

ブル・テリア Bull Terrier
犬の一品種。体高53〜56cm。イギリスの原産。
¶**アルテ犬**(p92/カ写)
最犬大(p198/カ写)
新犬種(p169/カ写)
新世犬(p230/カ写)
図世犬(p139/カ写)
世文動〔ブルテリア〕(p140/カ写)
ビ犬(p197/カ写)

ブルドッグ Bulldog
犬の一品種。別名イングリッシュ・ブルドッグ。家庭犬。体重 オス25kg, メス23kg。イギリスの原産。
¶**アルテ犬**(p120/カ写)
最犬大(p112/カ写)
新犬種(p89/カ写)
新世犬(p308/カ写)
図世犬(p98/カ写)
世文動(p139/カ写)
ビ犬(p95/カ写)

ブルドッグ・フランセ ⇒フレンチ・ブルドッグを見よ

フ

ブルトン Breton
馬の一品種。重量馬。小型148〜152cm, 大型152〜170cm。フランス・ブルターニュ地方の原産。
¶**アルテ馬**(p200/カ写)
世文動(p188/カ写)
日家(p25/カ写)

ブルーノイシアタマガエル *Aparasphenodon brunoi*
アマガエル科の両生類。体長7〜9cm。㊀ブラジル
¶**世文動**(p328/カ写)

ブルーノ・ジュラ・ハウンド Bruno Jura Hound
犬の一品種。体高45〜57cm。スイスのジュラ山脈地方の原産。
¶**ビ犬**(p140/カ写)

ブルー・ピカルディ・スパニエル Blue Picardy Spaniel
犬の一品種。別名イパーニエル・ブルー・ド・ピカルディ, エパニュール・ブルー・ド・ピカルディ。長毛ポインティング・ドッグ。体高 オス57〜60cm, メスはやや小さい。フランスの原産。
¶**最犬大**(p343/カ写)
新犬種〔エパニュール・ブルー・ド・ピカルディー〕(p225/カ写)
ビ犬(p239/カ写)

ブルービューティー *Elaphe taeniura* ssp.
ナミヘビ科の爬虫類。スジオナメラの亜種。別名ビルマスジオ, ベトナムスジオ。㊀タイの西側と隣接したミャンマー
¶**世ヘビ**(p91/カ写)

ブル・ボクサー Bull Boxer
犬の一品種。ボクサーとスタッフォードシャー・ブル・テリアとの交雑種。体高 41〜53cm。
¶**ビ犬**(p292/カ写)

ブルボネ・ポインティング・ドッグ Bourbonnais Pointing Dog
犬の一品種。別名ブラク・デュ・ブルボネ, ブラク・ドゥ・ボルボネ。体高 オス51～57cm, メス48～55cm。フランスの原産。
¶最犬大 (p336/カ写)
新犬種〔ブラク・デュ・ブルボネ〕(p229,230/カ写)
ビ犬 (p257/カ写)

フルマカモメ *Fulmarus glacialis* 管鼻鷗, 古間鷗
ミズナギドリ科の鳥。全長43～52cm。㊎大西洋北部・太平洋北部の沿岸
¶原寸羽 (p16/カ写)
四季鳥 (p42/カ写)
世鳥大 (p148/カ写)
世鳥卵 (p36/カ写, カ図)
世鳥ネ (p58/カ写)
世文鳥 (p32/カ写)
地球 (p421/カ写)
鳥卵巣 (p51/カ写, カ図)
鳥比 (p241/カ写)
鳥650 (p114/カ写)
名鳥図 (p16/カ写)
日ア鳥 (p101/カ写)
日鳥識 (p100/カ写)
日鳥水増 (p33/カ写)
日野鳥新 (p120/カ写)
日野鳥増 (p113/カ写)
ぱっ鳥 (p76/カ写)
バード (p147/カ写)
羽根決 (p372/カ写, カ図)
フ日野新 (p68/カ図)
フ日野増 (p68/カ図)
フ野鳥 (p74/カ図)
野鳥学フ (p245/カ写)
野鳥山フ (p71/カ写)
山溪名鳥 (p284/カ写)

ブルマスティフ Bullmastiff
犬の一品種。体高 オス64～69cm, メス61～66cm。イギリスの原産。
¶アルテ犬〔ブル・マスティフ〕(p150/カ写)
最犬大 (p115/カ写)
新犬種〔ブル・マスティフ〕(p259/カ写)
新世犬 (p84/カ写)
図世犬 (p100/カ写)
世文動〔ブルマスチフ〕(p139/カ写)
ビ犬 (p94/カ写)

ブルーモンキー *Cercopithecus mitis*
オナガザル科の哺乳類。体高49～66cm。㊎アンゴラ北西部～エチオピア南西部, 南アフリカ
¶世文動 (p82/カ写)
地球 (p543/カ写)
美サル (p178/カ写)

ブールーラ・ドーセット Booroola Dorset
羊の一品種。オーストラリアの原産。
¶日家 (p131,133/カ写)

ブルーリッジフタスジサンショウウオ *Eurycea wilderae*
アメリカサンショウウオ科の両生類。全長7～11cm。
¶地球 (p368/カ写)

フレイザーヒレアシトカゲ *Delma fraseri*
ヒレアシトカゲ科の爬虫類。全長12cm。㊎オーストラリア
¶地球 (p385/カ写)

ブレークウェイクビモンヘビ *Plagiopholis blakewayi*
ナミヘビ科ハスカイヘビ亜科の爬虫類。全長28～49cm。㊎ミャンマー, タイ北部, 中国南部
¶爬両1800 (p331/カ写)

ブレコン・バフ Brecon Buff
ガチョウの肉用種。体重 オス7～9kg, メス6～8kg。イギリスの原産。
¶日家 (p218/カ写)

プレサ・カナリオ ⇒ドゴ・カナリオを見よ

フレーザーツメガエル *Xenopus fraseri*
コモリガエル科(ピパ科)の両生類。全長3～5cm。㊎アフリカ大陸中央部
¶カエル見 (p22/カ写)
地球 (p362/カ写)
爬両1800 (p362/カ写)
爬両ビ (p297/カ写)

ブレスボック *Damaliscus dorcas phillipsi*
ウシ科の哺乳類。体長約180cm。㊎南アフリカ
¶世文動 (p222/カ写)

フレデリクスボルグ Frederiksborg
馬の一品種。軽量馬。体高153～160cm。デンマークの原産。
¶アルテ馬 (p114/カ写)

ブレードカメレオン *Calumma gallus*
カメレオン科の爬虫類。全長9.5～11cm。㊎マダガスカル東部
¶爬両1800 (p120/カ写)
爬両ビ (p93/カ写)

プレボストリス ⇒ミケリスを見よ

フレミッシュジャイアント Flemish Giant
兎の一品種。体重7kg以上。ヨーロッパの原産。
¶うさぎ (p90/カ写)
新うさぎ (p100/カ写)
日家〔フレミッシュ・ジャイアント〕(p137/カ写)

プレーリーキングスネーク ⇒プレーリーキングヘビを見よ

プレーリーキングヘビ *Lampropeltis calligaster*
ナミヘビ科ナミヘビ亜科の爬虫類。別名プレーリーキングスネーク。全長1.0m。㊓アメリカ合衆国南東部
¶世ヘビ〔プレーリーキングスネーク〕(p29/カ写)
爬両1800 (p330/カ写)
爬両ビ (p234/カ写)

プレーリーサイレン ⇒ミナミヒメサイレンを見よ

プレーンズガーターヘビ *Thamnophis radix*
ナミヘビ科ユウダ亜科の爬虫類。全長50〜100cm。㊓カナダ南部, アメリカ合衆国中央部
¶世爬 (p186/カ写)
爬両1800 (p272/カ写)
爬両ビ (p199/カ写)

プレーンズコクチガエル *Gastrophryne olivacea*
コクチガエル科(ジムグリガエル科, ヒメガエル科)の両生類。別名テキサスヒメアマガエル, セイブジムグリガエル。体長2.3〜3cm。㊓北米のネブラスカ州〜メキシコ湾岸, アリゾナ州〜ニューメキシコ州の低地
¶カエル見 (p74/カ写)
世カエ〔セイブジムグリガエル〕(p476/カ写)
爬両1800 (p410/カ写)
爬両ビ (p274/カ写)

プレーンズコーンスネーク *Elaphe emoryi*
ナミヘビ科ナミヘビ亜科の爬虫類。全長80〜120cm。㊓アメリカ合衆国中西部〜メキシコ北部
¶世爬 (p214/カ写)
爬両1800 (p320/カ写)
爬両ビ (p230/カ写)

プレーンスナカナヘビ *Pedioplanis inornata*
カナヘビ科の爬虫類。全長9〜10cm。㊓南アフリカ共和国
¶爬両1800 (p194/カ写)

プレーンズヒキガエル *Bufo cognatus*
ヒキガエル科の両生類。体長5〜11cm。㊓カナダ南部, アメリカ合衆国中部, メキシコ北部
¶爬両1800 (p365/カ写)
爬両ビ (p242/カ写)

フレンチアンゴラ French Angora
兎の一品種。トルコの原産。
¶うさぎ (p44/カ写)
新うさぎ (p48/カ写)

フレンチ・ウォーター・ドッグ ⇒バルベを見よ

フレンチ・ガスコニー・ポインター ⇒フレンチ・ポインティング・ドッグ(ガスコーニュ・タイプ)を見よ

フレンチ・スパニエル French Spaniel
犬の一品種。別名イパーニエル・フランセ, エパニュール・フランセ。長毛ポインティング・ドッグ。体高 オス56〜61cm, メス55〜59cm。フランスの原産。
¶最犬大 (p344/カ写)
新犬種〔エパニュール・フランセ〕(p224/カ写)
ビ犬 (p240/カ写)

フレンチ・トリコロール・ハウンド ⇒フランセ・トリコロールを見よ

フレンチ・トロッター French Trotter
馬の一品種。軽量馬。体高162cm。ノルマンディーの原産。
¶アルテ馬 (p102/カ写)

フレンチ・ハウンド=トリコロール ⇒フランセ・トリコロールを見よ

フレンチ・ピレニアン・ポインター ⇒フレンチ・ポインティング・ドッグ(ピレニアン・タイプ)を見よ

フレンチ・ブルドッグ French Bulldog
犬の一品種。別名ブルドッグ・フランセ。家庭犬。体重8〜14kg。フランスの原産。
¶最犬大 (p391/カ写)
新犬種 (p63/カ写)
新世犬 (p317/カ写)
図世犬 (p302/カ写)
世文動 (p142/カ写)
ビ犬 (p267/カ写)

フレンチ・ポインター(1) ⇒フレンチ・ポインティング・ドッグ(ガスコーニュ・タイプ)を見よ

フレンチ・ポインター(2) ⇒フレンチ・ポインティング・ドッグ(ピレニアン・タイプ)を見よ

フレンチ・ポインティング・ドッグ(ガスコーニュ・タイプ) French Pointing Dog (Gascogne type)
犬の一品種。別名フレンチ・ガスコニー・ポインター, フレンチ・ポインター, ブラク・フランセ・ティプ・ガスコーニュ。体高 オス58〜69cm, メス56〜68cm。フランスの原産。
¶最犬大 (p337/カ写)
新犬種〔ブラク・フランセ〕(p229,230/カ写)
ビ犬〔フレンチ・ガスコニー・ポインター〕(p258/カ写)

フレンチ・ポインティング・ドッグ(ピレニアン・タイプ) French Pointing Dog (Pyrenean type)
犬の一品種。別名フレンチ・ポインター, ブラク・フランセ・ティプ・ピレネー。体高 オス47〜58cm, メス47〜56cm。フランスの原産。
¶最犬大 (p337/カ写)
新犬種〔ブラク・フランセ〕(p229,230/カ写)
ビ犬〔フレンチ・ピレニアン・ポインター〕

フ

(p256/カ写)

フレンチ・ホワイト・アンド・オレンジ・ハウンド French White and Orange Hound
犬の一品種。別名フランス・ブラン・エ・オランジュ。大型ハウンド。体高62～70cm。フランスの原産。
¶**最犬大**(p282/カ写)
新犬種〔フランセ・ブラン・エ・オランジュ〕(p290)
ビ犬〔フランセ・ブラン・エ・オランジュ〕(p169/カ写)

フレンチ・ホワイト・アンド・ブラック・ハウンド ⇒フランセ・ブラン・エ・ノワールを見よ

フレンチロップ French Lop
兎の一品種。体重5kg以上。フランスの原産。
¶**うさぎ**(p124/カ写)
新うさぎ(p148/カ写)
日家〔フレンチ・ロップ〕(p137/カ写)

フ

プレーントカゲ *Plestiodon obsoletus*
スキンク科の爬虫類。全長16～35cm。㊗アメリカ合衆国中部～南西部, メキシコ北部
¶**爬両1800**(p201/カ写)
爬両ビ(p139/カ写)

プレーンハナヅラアマガエル *Scinax cruentommus*
アマガエル科の両生類。体長2.5～3cm。㊗エクアドル, ペルー, ボリビア
¶**カエル見**(p41/カ写)
爬両1800(p382/カ写)

プロサーパインイワワラビー *Petrogale persephone*
カンガルー科の哺乳類。絶滅危惧IB類。頭胴長 オス50.1～64cm, メス52.6～63cm。㊗オーストラリア北東部
¶**絶百9**(p62/カ図)

ブロセトカゲユビヤモリ *Saurodactylus brosseti*
ヤモリ科の爬虫類。全長4～6cm。㊗モロッコ西部, 西サハラ
¶**世爬**(p105/カ写)
爬両1800(p150/カ写)
爬両ビ(p106/カ写)

フーロックテナガザル *Bunopithecus hoolock*
テナガザル科の哺乳類。体高45～64cm。㊗アッサム, ミャンマー, バングラデシュ
¶**世文動**(p94/カ写)
地球(p548/カ写)

ブロッチキングスネーク *Lampropeltis getula getula × Lampropeltis getula floridana*
ナミヘビ科の爬虫類。コモンキングスネークの亜種の自然交雑種。別名ゴイニキングスネーク。全長最大1.5m。㊗アメリカ(フロリダ北西部)
¶**世ヘビ**(p25/カ写)

プロット・ハウンド Plott Hound
犬の一品種。別名プロット。体高 オス51～63.5cm, メス51～58.5cm。アメリカ合衆国の原産。
¶**最犬大**(p278/カ写)
新犬種(p239/カ写)
ビ犬(p157/カ写)

ブロードレイハコヨコクビガメ ⇒トゥルカナハコヨコクビガメを見よ

ブロホルマー Broholmer
犬の一品種。体高 オス75cm, メス70cm。デンマークの原産。
¶**最犬大**(p119/カ写)
新犬種(p299/カ写)
ビ犬(p94/カ写)

ブロメリアキノボリテグー *Anadia ocellata*
ピグミーテグー科の爬虫類。全長8cm。
¶**地球**(p387/カ写)

フロリダアオミズベヘビ *Nerodia floridana*
ナミヘビ科ユウダ亜科の爬虫類。全長76～188cm。㊗アメリカ合衆国南東部
¶**爬両1800**(p270/カ写)

フロリダアカハラガメ *Pseudemys nelsoni*
ヌマガメ科アミメガメ亜科の爬虫類。甲長20～34cm。㊗アメリカ合衆国(ジョージア州南部・フロリダ州)
¶**世カメ**(p205/カ写)
世爬(p20/カ写)
地球(p375/カ写)
爬両1800(p30/カ写)
爬両ビ(p16/カ写)

フロリダアマガエル ⇒ホエアマガエルを見よ

フロリダスッポン *Apalone ferox*
スッポン科の爬虫類。甲長16～50cm。㊗アメリカ合衆国南東部
¶**世カメ**(p176/カ写)
世爬(p42/カ写)
世文動(p243/カ写)
爬両1800(p52/カ写)
爬両ビ(p38/カ写)

フロリダハリトカゲ *Sceloporus woodi*
イグアナ科ツノトカゲ亜科の爬虫類。全長9～13cm。㊗アメリカ合衆国(フロリダ半島)
¶**爬両1800**(p82/カ写)

フロリダピューマ *Puma concolor coryi*
ネコ科の哺乳類。絶滅危惧IA類。頭胴長100～130cm。㊗アメリカ合衆国フロリダ州の中南部
¶**絶百9**(p64/カ写)

フロリダホワイト Florida White
兎の一品種。アメリカ合衆国の原産。

¶うさぎ(p94/カ写)
新うさぎ(p106/カ写)

フロリダマナティー *Trichechus manatus latirostris*
マナティー科の哺乳類。絶滅危惧II類。体長3～4.6m。㊌メキシコ湾沿岸～北はノースカロライナ州まで
¶**絶百9**(p66/カ写)
地球(p515/カ写)

フロリダミミズトカゲ *Rhineura floridana*
フロリダミミズトカゲ科の爬虫類。全長18～40cm。㊌アメリカ合衆国(フロリダ半島)
¶**爬両1800**(p247/カ写)
爬両ビ(p174/カ写)

プロンクヒルヤモリ *Phelsuma pronki*
ヤモリ科ヤモリ亜科の爬虫類。全長10～11cm。㊌マダガスカル中央部
¶**ゲッコー**(p42/カ写)
爬両1800(p141/カ写)
爬両ビ(p112/カ写)

プロングホーン *Antilocapra americana*
プロングホーン科の哺乳類。体高81～104cm。㊌北アメリカ西部・中央部
¶**驚野動**(p45/カ写)
世文動(p207/カ写)
世哺(p344/カ写)
地球(p598/カ写)

ブロンズ ⇒セイドウショクを見よ

ブロンズアカハシハチドリ *Cynanthus sordidus*
ブロンズ赤嘴蜂鳥
ハチドリ科ハチドリ亜科の鳥。全長9～10cm。
¶**ハチドリ**(p376)

ブロンズインカハチドリ *Coeligena coeligena* ブロンズインカ蜂鳥
ハチドリ科ミドリフタオハチドリ亜科の鳥。全長13～15cm。
¶**ハチドリ**(p159/カ写)

ブロンズエメラルドハチドリ *Amazilia saucerottei*
ブロンズエメラルド蜂鳥
ハチドリ科ハチドリ亜科の鳥。全長8～11cm。
¶**ハチドリ**(p268/カ写)

ブロンズオナガタイヨウチョウ *Nectarinia kilimensis* ブロンズ尾長太陽鳥
タイヨウチョウ科の鳥。全長12～22cm。㊌ザイール東部やウガンダ～モザンビークにかけてのアフリカ東部の山岳地帯
¶**世鳥大**(p451/カ写)
世美羽(p83/カ写, カ図)

ブロンズオビトカゲ *Zonosaurus aeneus* ブロンズ帯蜥蜴
プレートトカゲ科の爬虫類。全長25cm前後。㊌マダガスカル東部
¶**爬両1800**(p223/カ写)

ブロンズガエル *Rana clamitans* ブロンズ蛙
アカガエル科の両生類。体長5～10cm。㊌カナダ，アメリカ合衆国東部
¶**爬両1800**(p416/カ写)

ブロンズトキ *Plegadis falcinellus* ブロンズ朱鷺
トキ科の鳥。全長55～65cm。㊌北・中央アメリカ，南ヨーロッパ，アフリカ，アジア，オーストラリア
¶**世鳥大**(p161/カ写)
世鳥卵(p46/カ写, カ図)
世鳥ネ(p77/カ写)
地球(p427/カ写)
鳥比(p267/カ写)
鳥650(p179/カ写)
日ア鳥(p155/カ写)

ブロンズハチドリ *Glaucis aeneus* ブロンズ蜂鳥
ハチドリ科ユミハチドリ亜科の鳥。全長8.5cm以上。
¶**ハチドリ**(p40/カ写)

ブロンズミドリカッコウ *Chrysococcyx caprius* ブロンズ緑郭公
カッコウ科の鳥。全長17～19cm。㊌サハラ砂漠以南のアフリカ
¶**地球**(p461/カ写)

ブーロンネ Boulonnais
馬の一品種。重量馬。体高153～163cm。フランス北西部の原産。
¶**アルテ馬**(p202/カ写)
世文動(p188/カ写)

プンゲヒラタトカゲ *Platysaurus pungweensis*
ヨロイトカゲ科の爬虫類。全長14～16cm。㊌ジンバブエ東部とモザンビーク中部の国境付近
¶**爬両1800**(p221/カ写)

ブンチョウ *Lonchura oryzivora* 文鳥
カエデチョウ科の鳥。全長16～17cm。㊌ジャワ島，バリ島。アフリカ，中国，南アジアおよびハワイには移入
¶**世色鳥**(p167/カ写)
世鳥大(p461/カ写)
世鳥ネ(p310/カ写)
世文鳥(p279/カ写)
地球(p494/カ写)
鳥飼(p64/カ写)
鳥650(p745/カ写)
日家(p238/カ写)
フ日野新(p304/カ図)
フ日野増(p304/カ図)

フンボルトウーリーモンキー *Lagothrix lagotricha*
クモザル科(オマキザル科)の哺乳類。絶滅危惧II類。体高40～69cm。㊌南アメリカ

¶世文動（p81/カ写）
世哺（p107/カ写）
地球（p538/カ写）
美サル（p57/カ写）

フンボルトサファイアハチドリ *Hylocharis humboldtii* フンボルトサファイア蜂鳥
ハチドリ科ハチドリ亜科の鳥。全長11cm。
¶ハチドリ（p384）

フンボルトスカンク *Conepatus humboldtii*
スカンク科の哺乳類。絶滅危惧II類。体長20～32cm。[分]南アメリカ
¶世哺（p258/カ写）
地球（p572/カ写）

フンボルトペンギン *Spheniscus humboldti*
ペンギン科の鳥類。全長65～70cm。[分]ペルーとチリの沿岸部～南緯40度にかけて
¶世鳥ネ（p53/カ写）
地球（p417/カ写）
鳥卵巣（p42/カ写, カ図）

へ

【へ】

ベアデッド・コリー ⇒ビアデッド・コリーを見よ

ベアードバク *Tapirus bairdii*
バク科の哺乳類。絶滅危惧II類。体高0.8～1.2m。[分]北アメリカ, 中央アメリカ, 南アメリカ
¶絶百8（p52/カ写）
世文動（p190/カ写）
世哺（p323/カ写）
地球（p589/カ写）

ベイカートゲオイグアナ *Ctenosaura bakeri*
イグアナ科の爬虫類。絶滅危惧IA類。[分]ホンジュラスのウティラ島
¶レ生（p270/カ写）

ベイキャット ⇒ボルネオヤマネコを見よ

ベイサオリックス *Oryx beisa*
ウシ科の哺乳類。体高1～1.25m。
¶世文動（p220/カ写）
地球（p602/カ写）

ヘイチスイギュウ ⇒アノアを見よ

ヘイモンズヒメガエル *Microhyla heymonsi*
ヒメガエル科の両生類。体長2～3cm。[分]中国, インド, 東南アジア, 台湾
¶カエル見（p71/カ写）
爬両1800（p404/カ写）

ベイラ *Dorcatragus megalotis*
ウシ科の哺乳類。頭胴長70～87cm。[分]ソマリア, エチオピアのごく限られた地域
¶世文動（p225）

ペイント ⇒ピントを見よ

ヘーガーカエルガメ ⇒ヘーゲカエルガメを見よ

ヘキサン *Cissa chinensis* 碧鵲
カラス科の鳥。全長38cm。[分]インド北部～中国南部, マレーシア, スマトラ島, カリマンタン島
¶世鳥大（p392）
世鳥卵（p244/カ写, カ図）

ヘキチョウ *Lonchura maja* 碧鳥
カエデチョウ科の鳥。全長10.5cm。[分]タイ, マレー半島, スンダ列島
¶世文鳥（p279/カ写）
鳥飼（p83/カ写）
鳥650（p745/カ写）
日鳥山新（p390/カ写）
日鳥山増（p355/カ写）
フ日野新（p304/カ図）
フ日野増（p304/カ図）

ペキニーズ Pekingese
犬の一品種。体重 オス5kg以下, メス5.4kg以下。中国の原産。
¶アルテ犬（p206/カ写）
最犬大（p393/カ写）
新犬種（p28/カ写）
新世犬（p296/カ写）
図世犬（p312/カ写）
世文動（p145/カ写）
ビ犬（p270/カ写）

ペキン Pekin 北京
アヒルの一品種。体重2.7～3.0kg（中国改良ペキン）。中国の原産。
¶日家（p213/カ写）

ペキン・バンタム Pekin Bantam
鶏の一品種（愛玩用）。体重 オス0.68～0.79kg, メス0.57～0.68kg。中国の原産。
¶日家（p205/カ写）

ペグーホソユビヤモリ *Cyrtodactylus peguensis* ペグー細指守宮
ヤモリ科ヤモリ亜科の爬虫類。全長15～18cm。[分]タイ, マレーシア西部, ミャンマー
¶ゲッコー（p52/カ写）
世文動（p260/カ写）
爬両1800（p150/カ写）
爬両ビ（p104/カ写）

ヘーゲカエルガメ *Phrynops vanderhaegei*
ヘビクビガメ科の爬虫類。別名ヘーガーカエルガメ, ヴァンデルヘーゲカエルガメ。甲長23～24cm。[分]ブラジル南部, パラグアイ, アルゼンチン
¶世カメ〔ヴァンデルヘーゲカエルガメ〕（p92/カ写）

爬両1800（p61/カ写）
爬両ビ（p44/カ写）

ヘーゲンアオハブ *Trimeresurus hageni*
クサリヘビ科の爬虫類。全長75～95cm。㊀インドネシア, マレーシア西部, タイ南部
¶爬両1800（p342/カ写）

ベーコンミズトカゲ *Tropidophorus baconi*
スキンク科の爬虫類。全長25cm前後。㊀インドネシア（セレベス島）
¶世爬（p145/カ写）
爬両1800（p215/カ写）
爬両ビ（p151/カ写）

ヘサキリクガメ *Astrochelys yniphora*
リクガメ科の爬虫類。絶滅危惧IA類。甲長40cm前後。㊀マダガスカル北西部の乾燥低木地帯
¶世カメ（p32/カ写）
絶百4（p26/カ写）
爬両1800（p14/カ写）
レ生（p271/カ写）

ベゾアー *Capra aegagrus*
ウシ科の哺乳類。野生ヤギ。別名ノヤギ, パサン, パザン。絶滅危惧II類。飼育ヤギの原種とされる。体高70～110cm。㊀西アジア, クレタ島, エーゲ海の島など
¶世文動〔パザン〕（p232/カ写）
世哺〔パサン〕（p378/カ写）
日家（p118/カ写）

ベチレオヒシメクサガエル *Heterixalus betsileo*
クサガエル科の両生類。別名サバナマダガスカルクサガエル。体長1.8～2.9cm。㊀マダガスカル
¶カエル見（p59/カ写）
世カエ〔サバナマダガスカルクサガエル〕（p382/カ写）
爬両1800（p396/カ写）
爬両ビ（p260/カ写）

ベッカーミズトカゲ *Tropidophorus beccarii*
スキンク科の爬虫類。別名ヒラオミズトカゲ。全長20cm前後。㊀ボルネオ島
¶世文動〔ヒラオミズトカゲ〕（p274/カ写）
爬両1800（p216/カ写）

ベッコウサンショウウオ *Hynobius stejnegeri* 鼈甲山椒魚
サンショウウオ科の両生類。日本固有種。全長85～145mm。㊀熊本, 宮崎, 鹿児島各県
¶原爬両（No.181/カ写）
日カサ（p192/カ写）
爬両飼（p222/カ写）
野日両（p24,61,123/カ写）

ベッコウムツアシガメ *Manouria impressa*
リクガメ科の爬虫類。別名インプレッサムツアシガメ。甲長25cm前後。㊀ミャンマー, マレーシア, カンボジア, タイ, 中国南部
¶世カメ〔インプレッサムツアシガメ〕（p56/カ写）
世文動〔ベッコウムツアシ〕（p250/カ写）
爬両1800（p17/カ写）
爬両ビ（p11/カ写）

ペッターカメレオン *Furcifer petteri*
カメレオン科の爬虫類。全長13～15cm。㊀マダガスカル北部
¶爬両1800（p125/カ写）

ベトガーカメレオン *Calumma boettgeri*
カメレオン科の爬虫類。全長10～13cm。㊀マダガスカル北部
¶爬両1800（p120/カ写）
爬両ビ（p94/カ写）

ベドガーヒシメクサガエル *Heterixalus boettgeri*
クサガエル科の両生類。体長2.2～2.9cm。㊀マダガスカル南部
¶カエル見（p59/カ写）
爬両1800（p397/カ写）

ベドガーヒメツメガエル *Hymenochirus boettgeri*
コモリガエル科（ピパ科）の両生類。別名コンゴツメガエル, ボエットガーツメガエル。体長2.5～3cm。㊀コンゴ民主共和国, カメルーン, ナイジェリア
¶かえる百（p18/カ写）
カエル見（p22/カ写）
世カエ〔コンゴツメガエル〕（p50/カ写）
世両（p25/カ写）
爬両1800（p362/カ写）
爬両ビ（p297/カ写）

ベトナムオオアオガエル *Rhacophorus maximus*
アオガエル科の両生類。体長8～12cm。㊀中国, インド, ベトナム, タイ
¶カエル見（p47/カ写）
世両（p79/カ写）
爬両1800（p388/カ写）

ベトナムクシトカゲ *Acanthosaura capra*
アガマ科の爬虫類。全長25～30cm。㊀ベトナム, ラオス, カンボジア
¶世爬（p73/カ写）
爬両1800（p91/カ写）

ベトナムコブイモリ *Paramesotriton deloustali*
イモリ科の両生類。全長18～20cm。㊀ベトナム北部
¶爬両1800（p451/カ写）
爬両ビ（p310/カ写）

ベトナムスジオ ⇒ブルービューティーを見よ

ベトナムバタフライアガマ *Leiolepis guttata*
アガマ科の爬虫類。全長40～60cm。㊀ベトナム
¶爬両1800（p107/カ写）

ペトリハリユビヤモリ *Stenodactylus petrii*
ヤモリ科ヤモリ亜科の爬虫類。全長10〜12cm。㊕アフリカ大陸北部, シナイ半島
¶**ゲッコー**(p55/カ写)
爬両1800(p151/カ写)

ベドリントン・テリア Bedlington Terrier
犬の一品種。家庭犬。体高約41cm。イギリスの原産。
¶**アルテ犬**(p88/カ写)
最犬大(p191/カ写)
新犬種(p97/カ写)
新世犬(p226/カ写)
図世犬(p136/カ写)
世文動(p138/カ写)
ビ犬(p203/カ写)

へ

ベニアジサシ *Sterna dougallii* 紅鰺刺
カモメ科の鳥。絶滅危惧II類(環境省レッドリスト)。全長33〜43cm。㊕どの大陸の海岸でも繁殖。非繁殖期には分布域内で渡りをする
¶**くら鳥**(p124/カ写)
原寸羽(p146/カ写)
四季鳥(p121/カ写)
絶鳥事(p112/モ図)
世鳥大(p238/カ写)
世文鳥(p156/カ写)
地球(p450/カ写)
鳥比(p359/カ写)
鳥650(p346/カ写)
名鳥図(p112/カ写)
日ア鳥(p294/カ写)
日鳥識(p174/カ写)
日鳥水増(p315/カ写)
日野鳥新(p334/カ写)
日野鳥増(p166/カ写)
ぱっ鳥(p187/カ写)
フ日野新(p100/カ図)
フ日野増(p100/カ図)
フ野鳥(p196/カ図)
野鳥山フ(p35,224/カ図, カ写)
山溪名鳥(p285/カ写)

ベニアマガサ *Bungarus flaviceps*
コブラ科の爬虫類。全長160〜185cm。㊕インドシナ半島, マレー半島, インドネシア
¶**世文動**(p297/カ写)

ベニイタダキ *Coryphospingus cucullatus* 紅頂
フウキンチョウ科の鳥。全長13.5cm。㊕南アメリカ
¶**原色鳥**(p21/カ写)

ベニイタダキハチドリ *Sephanoides sephanoides* 紅頂蜂鳥
ハチドリ科ミドリフタオハチドリ亜科の鳥。全長10〜10.5cm。㊕チリおよびアルゼンチン西部で繁殖, アルゼンチン東部で越冬
¶**ハチドリ**(p91/カ写)

ベニイロフラミンゴ *Phoenicopterus ruber* 紅色フラミンゴ
フラミンゴ科の鳥。別名カリブフラミンゴ。全長1.2〜1.4m。
¶**世色鳥**(p127/カ写)
地球〔カリブフラミンゴ〕(p424/カ写)

ベニエリフウキンチョウ *Ramphocelus sanguinolentus* 紅襟風琴鳥
フウキンチョウ科の鳥。全長17cm。㊕メキシコ, ホンジュラス, コスタリカ
¶**原色鳥**(p14/カ写)

ベニオーストラリアヒタキ *Epthianura tricolor* 紅オーストラリア鶲
ミツスイ科の鳥。全長11〜13cm。㊕オーストラリア
¶**原色鳥**(p25/カ写)
世鳥大(p366/カ写)

ベニオマダガスカルスキンク *Madascincus* sp. "vitreus"
スキンク科の爬虫類。全長8cm前後。㊕マダガスカル西部・南部・北西部
¶**爬両1800**(p209/カ写)

ベニガオザル *Macaca arctoides* 紅顔猿
オナガザル科の哺乳類。絶滅危惧II類。体高49〜70cm。㊕インド東部〜中国南部, タイ西部, ベトナム
¶**世文動**(p89/カ写)
地球(p542/カ写)
美サル(p105/カ写)

ベニカザリドリ *Haematoderus militaris* 紅飾鳥
カザリドリ科の鳥。全長33〜35cm。㊕北東アマゾン
¶**原色鳥**(p84/カ写)

ベニガシラヒメアオバト *Ptilinopus porphyreus* 紅頭姫青鳩
ハト科の鳥。全長29cm。㊕スマトラ島, ジャワ島, バリ島
¶**原色鳥**(p95/カ写)

ベニキジ *Ithaginis cruentus* 紅雉
キジ科の鳥。全長44〜48cm。㊕ヒマラヤ
¶**原色鳥**(p66/カ写)
世鳥大(p115/カ写)

ベニクシトカゲ *Acanthosaura lepidogaster*
アガマ科の爬虫類。全長27cm前後。㊕中国南部, ベトナム, ラオス, タイ, ミャンマー
¶**世爬**(p73/カ写)
爬両1800(p91/カ写)
爬両ビ(p77/カ写)

ベニコンゴウインコ *Ara chloroptera* 紅金剛鸚哥
インコ科の鳥。全長90〜95cm。㊀南アメリカ北部・中央部
¶世鳥大(p264/カ写)
世美羽(p60/カ写)
鳥飼(p165/カ写)
鳥卵巣(p226/カ写, カ図)

ベニジュケイ *Tragopan temminckii* 紅綬鶏
キジ科の鳥。全長58〜64cm。㊀チベット, 中国中部, インド北東部, ミャンマー, ベトナム北部
¶絶百9(p68/カ写)
世鳥大(p115)

ベニスズメ *Amandava amandava* 紅雀
カエデチョウ科の鳥。移入種。全長9cm。㊀九州・四国・本州で繁殖
¶巣と卵決(p222/カ写, カ図)
世色鳥(p13/カ写)
世文鳥(p278/カ写)
鳥飼(p80/カ写)
鳥卵巣(p332/カ写, カ図)
鳥比(p162/カ写)
鳥650(p745/カ写)
名鳥図(p247/カ写)
日鳥巣(p318/カ写)
日鳥山新(p389/カ写)
日鳥山増(p353/カ写)
フ日野新(p304/カ図)
フ日野増(p304/カ図)
フ野鳥(p370/カ図)

ベニタイランチョウ *Pyrocephalus rubinus* 紅太蘭鳥
タイランチョウ科の鳥。全長13〜14cm。㊀アメリカ〜アルゼンチン, ガラパゴス諸島
¶原色鳥(p11/カ写)
世色鳥(p17/カ写)
世鳥大(p346/カ写)
世鳥卵(p149/カ写, カ図)
世鳥ネ(p255/カ写)
地球(p484/カ写)

ベニトカゲ *Mochlus fernandi*
スキンク科の爬虫類。全長20〜35cm。㊀アフリカ大陸中西部・中部・中東部
¶世爬(p135/カ写)
爬両1800(p202/カ写)
爬両ビ(p141/カ写)

ベニトビヘビ *Chrysopelea pelias*
ナミヘビ科ナミヘビ亜科の爬虫類。全長50〜60cm。㊀インドネシア, ブルネイ, マレーシア, タイなど
¶世爬(p192/カ写)
地球(p395/カ写)
爬両1800(p289/カ写)
爬両ビ(p201/カ写)

ベニナメラ *Elaphe porphyracea*
ナミヘビ科ナミヘビ亜科の爬虫類。全長80〜90cm。㊀中国南部, 台湾, インド〜インドシナ, マレー半島など
¶世爬(p208/カ写)
世ヘビ(p86/カ写)
爬両1800(p312〜313/カ写)
爬両ビ(p226/カ写)

ベニノジコ *Foudia madagascariensis* 紅野路子
ハタオリドリ科の鳥。全長13cm。㊀マダガスカル
¶原色鳥(p28/カ写)
鳥卵巣(p343/カ写, カ図)

ベニバシガモ *Netta peposaca* 紅嘴鴨
カモ科の鳥。全長55〜56cm。
¶地球(p415/カ写)

ベニハシガラス *Pyrrhocorax pyrrhocorax* 紅嘴鴉, 紅嘴烏
カラス科の鳥。全長39cm。㊀西ヨーロッパ, アジア南部〜中国
¶世鳥大(p393/カ写)
世鳥卵(p247/カ写, カ図)
日ア鳥(p414/カ写)

へ

ベニバシゴジュウカラモズ *Hypositta corallirostris* 紅嘴五十雀鵙
オオハシモズ科の鳥。全長14cm。㊀マダガスカル島東部
¶世鳥大(p377/カ写)

ベニハチクイ ⇒ミナミベニハチクイを見よ

ベニバト *Streptopelia tranquebarica* 紅鳩
ハト科の鳥。全長22cm。
¶四季鳥(p96/カ写)
世文鳥(p170/カ写)
鳥比(p17/カ写)
鳥650(p98/カ写)
名鳥図(p145/カ写)
日ア鳥(p90/カ写)
日鳥識(p96/カ写)
日鳥山新(p30/カ写)
日鳥山増(p76/カ写)
日野鳥新(p106/カ写)
日野鳥増(p400/カ写)
フ日野新(p198/カ図)
フ日野増(p198/カ図)
フ野鳥(p66/カ図)

ベニバネタイヨウチョウ *Nectarinia rufipennis* 紅羽太陽鳥
タイヨウチョウ科の鳥。絶滅危惧II類。体長12cm。㊀タンザニア(固有)
¶鳥絶〔Rufous-winged Sunbird〕(p210/カ図)

ベニバラウソ *Pyrrhula pyrrhula cassinii* 紅腹鷽
アトリ科の鳥。ウソの亜種。㊕まれな冬鳥として北海道・本州で記録される
¶**鳥飼**(p101/カ写)
日鳥山新(p347/カ写)
日鳥山増(p319/カ写)
日野鳥新(p621/カ写)
日野鳥増(p605/カ写)
山溪名鳥(p55/カ写)

ベニバラハリトカゲ *Sceloporus variabilis*
イグアナ科ツノトカゲ亜科の爬虫類。別名モモバラハリトカゲ。全長9～14cm。㊕アメリカ合衆国(テキサス南部), メキシコ, ベリーズ北部, グアテマラ～コスタリカ
¶**爬両1800**(p82/カ写)

ベニハワイミツスイ *Vestiaria coccinea* 紅ハワイ蜜吸
アトリ科(ハワイミツスイ科)の鳥。別名イーウィ。絶滅危惧II類。全長15cm。㊕ハワイ(固有)
¶**原色鳥**(p9/カ写)
世色鳥(p120/カ写)
世鳥大(p468)
世鳥ネ(p323/カ写)
地球(p497/カ写)
鳥絶(p221/カ図)

ベニビタイガラ *Cephalopyrus flammiceps* 紅額雀
ツリスガラ科の鳥。㊕ヒマラヤ地方の山地～中国西部, タイ北西部, ラオス
¶**世鳥卵**(p205/カ写, カ図)

ベニビタイキンランチョウ *Euplectes hordeaceus* 紅額金襴鳥
ハタオリドリ科の鳥。㊕セネガル～スーダン南部, 南はアンゴラとジンバブエまで
¶**世鳥卵**(p229/カ写, カ図)

ベニビタイヒメアオバト *Ptilinopus regina* 紅額姫青鳩, 紅額姫緑鳩
ハト科の鳥。全長22～24cm。
¶**世鳥大**(p251/カ写)

ベニヒワ *Carduelis flammea* 紅鶸
アトリ科の鳥。全長12～15cm。㊕北極付近, イギリス, 中央ヨーロッパ
¶**原寸羽**(p276/カ写)
四季鳥(p85/カ写)
世鳥大(p466/カ写)
世文鳥(p260/カ写)
鳥比(p179/カ写)
鳥650(p684/カ写)
名鳥図(p228/カ写)
日ア鳥(p579/カ写)
日色鳥(p14,49/カ写)
日鳥識(p290/カ写)
日鳥山新(p334/カ写)
日鳥山増(p306/カ写)
日野鳥新(p606/カ写)
日野鳥増(p592/カ写)
ぱっ鳥(p351/カ写)
羽根決(p393/カ写, カ図)
ひと目鳥(p216/カ写)
フ日野新(p282/カ図)
フ日野増(p282/カ図)
フ野鳥(p382/カ図)
野鳥学フ(p88/カ写)
野鳥山フ(p59,353/カ図, カ写)
山溪名鳥(p113/カ写)

ベニフウキンチョウ *Ramphocelus bresilia* 紅風琴鳥
フウキンチョウ科の鳥。全長18cm。㊕ブラジル
¶**原色鳥**(p5/カ写)

ベニフウチョウ *Paradisaea rubra* 紅風鳥
フウチョウ科の鳥。全長31～35cm。㊕ワイゲオ島, バタンタ島, ゲミエン島, サオネク島
¶**世美羽**(p127/カ写)
鳥卵巣(p358/カ写, カ図)

ベニヘラサギ *Platalea ajaja* 紅箆鷺
トキ科の鳥。全長68.5～86.5cm。㊕北アメリカ南部, カリブ海, 南アメリカ
¶**驚野動**(p104/カ写)
原色鳥(p89/カ写)
世色鳥(p10/カ写)
世鳥大(p161/カ写)
世鳥卵(p46/カ写, カ図)
世鳥ネ(p78/カ写)
地球(p427/カ写)

ベニマシコ *Uragus sibiricus* 紅猿子
アトリ科の鳥。全長15cm。㊕アジアの亜寒帯で繁殖。やや南下して越冬。日本では青森県以北の平地の低木林・林縁などで繁殖
¶**くら鳥**(p47/カ写)
原寸羽(p279/カ写)
里山鳥(p154/カ写)
四季鳥(p53/カ写)
巣と卵決(p194/カ写, カ図)
世文鳥(p263/カ写)
鳥卵巣(p337/カ写, カ図)
鳥比(p180/カ写)
鳥650(p676/カ写)
名鳥図(p232/カ写)
日ア鳥(p581/カ写)
日色鳥(p10/カ写)
日鳥識(p286/カ写)
日鳥巣(p286/カ写)
日鳥山新(p338/カ写)
日鳥山増(p314/カ写)
日野鳥新(p610/カ写)
日野鳥増(p596/カ写)

ぱっ鳥 (p353/カ写)
バード (p78/カ写)
羽根決 (p344/カ写, カ図)
ひと目鳥 (p216/カ写)
フ日野新 (p288/カ図)
フ日野増 (p288/カ図)
フ野鳥 (p384/カ図)
野鳥学フ (p38/カ写)
野鳥山フ (p59,358/カ図, カ写)
山溪名鳥 (p81/カ写)

ベニマダラフキヤヒキガエル *Atelopus barbotini*
ヒキガエル科の両生類。全長2.5〜4cm。
¶地球 (p355/カ写)

ベニモンイロメガエル *Boophis rappioides*
マダガスカルガエル科 (マラガシーガエル科) の両生類。体長2〜3.5cm。(分)マダガスカル東部・南東部
¶かえる百 (p71/カ写)
カエル見 (p64/カ写)
世両 (p111/カ写)
爬両1800 (p401/カ写)
爬両ビ (p264/カ写)

ベニモンマダガスカルアオガエル *Boophis rappiodes*
マダガスカルガエル科の両生類。別名ベニモンマダガスカルモリガエル。体長23〜34mm。メスはオスより大きい。(分)マダガスカル
¶世カエ (p436/カ写)

ベニモンマダガスカルモリガエル ⇒ベニモンマダガスカルアオガエルを見よ

ベニモンヤドクガエル ⇒ハイユウヤドクガエルを見よ

ペニンシュラクーター *Pseudemys peninsularis*
ヌマガメ科アミメガメ亜科の爬虫類。甲長19〜40cm。(分)アメリカ合衆国 (フロリダ半島)
¶世カメ (p202/カ写)
世爬 (p19/カ写)
爬両1800 (p29/カ写)
爬両ビ (p15/カ写)

ベネズエラフタオハチドリ *Aglaiocercus berlepschi* ベネズエラ双尾蜂鳥
ハチドリ科ミドリフタオハチドリ亜科の鳥。絶滅危惧IB類。全長9〜22cm。
¶ハチドリ (p365)

ヘーネルカメレオン *Trioceros hoehnelii*
カメレオン科の爬虫類。全長16〜17cm。(分)ケニア, ウガンダ
¶世爬 (p90/カ写)
爬両1800 (p116/カ写)
爬両ビ (p92/カ写)

ヘーネルヤドクガエル *Epipedobates hahneli*
ヤドクガエル科の両生類。体長2〜2.5cm。(分)ボリビア, ブラジル, ペルー
¶カエル見 (p106/カ写)
爬両1800 (p427/カ写)

ヘビウ ⇒アメリカヘビウを見よ

ヘビクイワシ *Sagittarius serpentarius* 蛇喰鷲
ヘビクイワシ科の鳥。絶滅危惧II類。全長1.3〜1.5m。(分)アフリカ, サハラ砂漠以南
¶驚野動 (p206/カ写)
世鳥大 (p186/カ写)
世鳥卵 (p53/カ写, カ図)
世鳥ネ (p96/カ写)
地球 (p431/カ写)
鳥卵巣 (p116/カ写, カ図)

ベファレン Beveren
兎の一品種。ベルギーの原産。
¶うさぎ (p56/カ写)
新うさぎ (p62/カ写)

ヘブリデーン Hebridean
羊の一品種。イギリスの原産。
¶日家 (p128/カ写)

ベーメイロメガエル *Boophis boehmei*
マダガスカルガエル科 (マラガシーガエル科) の両生類。体長2.5〜3.5cm。(分)マダガスカル東部
¶カエル見 (p63/カ写)
世両 (p113/カ写)
爬両1800 (p402/カ写)

ベーメオオカミヘビ *Lycodon synaptor*
ナミヘビ科ナミヘビ亜科の爬虫類。別名クンミンオオカミヘビ。全長70cm前後。(分)中国 (雲南省)
¶爬両1800 (p299/カ写)

ベーメオオヒルヤモリ *Phelsuma madagascariensis boehmei*
ヤモリ科ヤモリ亜科の爬虫類。オオヒルヤモリの亜種。全長22〜28cm。(分)マダガスカル東部
¶ゲッコー〔オオヒルヤモリ (亜種ベーメオオヒルヤモリ)〕(p40/カ写)

ベーメカメレオン *Kinyongia boehmei*
カメレオン科の爬虫類。全長16〜19cm。(分)ケニア南東部 (テイタ山脈)
¶爬両1800 (p118/カ写)

ヘラクチガエル *Triprion spatulatus*
アマガエル科の両生類。体長7〜10cm。(分)メキシコ南部
¶世文動 (p329/カ写)

ベラクルスイワバハリトカゲ *Sceloporus aureolus*
イグアナ科ツノトカゲ亜科の爬虫類。全長21〜28cm。(分)メキシコ南部 (ベラクルス州・プエーブ

ラ州)
¶**爬両1800**(p81/カ写)

ヘラサギ *Platalea leucorodia* 箆鷺
トキ科の鳥。全長70～95cm。㋖ユーラシア温帯域および南部,インド,アフリカ西・北東部の熱帯域
¶**くら鳥**(p97/カ写)
里山鳥(p173/カ写)
四季鳥(p100/カ写)
世鳥大(p161/カ写)
世鳥ネ(p78/カ写)
世文鳥(p58/カ写)
地球(p427/カ写)
鳥卵巣(p79/カ写,カ図)
鳥比(p266/カ写)
鳥650(p180/カ写)
名鳥図(p35/カ写)
日ア鳥(p156/カ写)
日鳥識(p112/カ写)
日鳥水増(p99/カ写)
日野鳥新(p170/カ写)
日野鳥増(p202/カ写)
ぱっ鳥(p102/カ写)
ひと目鳥(p105/カ写)
フ日野新(p116/カ図)
フ日野増(p116/カ図)
フ野鳥(p108/カ図)
野鳥学フ(p237/カ写)
野鳥山フ(p15,92/カ図,カ写)
山渓名鳥(p286/カ写)

ヘラジカ *Alces alces* 箆鹿
シカ科の哺乳類。体高1.8～2.1m。㋖北アメリカ北部,ヨーロッパ北部,アジア北部・東部
¶**驚野動**(p39/カ写)
世文動(p204/カ写)
世哺(p342/カ写)
地球(p598/カ写)

ヘラシギ *Eurynorhynchus pygmeus* 箆鷸,箆鴫
シギ科の鳥。絶滅危惧IA類。全長14～16cm。㋖ロシア(繁殖・固有),バングラデシュとミャンマー(越冬)
¶**遺産世**(Aves No.23/カ写)
里山鳥(p213/カ写)
四季鳥(p63/カ写)
絶鳥事(p7,98/カ写,モ図)
絶百6(p32/カ写)
世鳥大(p231/カ写)
世文鳥(p126/カ写)
地球(p447/カ写)
鳥絶(p150/カ図)
鳥比(p322/カ写)
鳥650(p289/カ写)
名鳥図(p86/カ写)
日ア鳥(p249/カ写)
日鳥識(p160/カ写)
日鳥水増(p222/カ写)
日野鳥新(p289/カ写)
日野鳥増(p313/カ写)
ぱっ鳥(p164/カ写)
ひと目鳥(p70/カ写)
フ日野新(p142/カ図)
フ日野増(p142/カ図)
フ野鳥(p170/カ図)
野鳥学フ(p192/カ写)
野鳥山フ(p31,186/カ図,カ写)
山渓名鳥(p287/カ写)
レ生(p274/カ写)

ペラジックヤモリ *Nactus pelagicus*
ヤモリ科の爬虫類。全長10～16cm。㋖ニューカレドニア,フィジー,ソロモン諸島,西サモアなど
¶**爬両1800**(p150/カ写)
爬両ビ(p116/カ写)

ベラスケスアリゲータートカゲ *Elgaria velazquezi*
アンギストカゲ科の爬虫類。全長25～40cm。㋖メキシコ(バハカリフォルニア半島)
¶**爬両1800**(p226/カ写)

ベラランダカメレオン *Furcifer belalandaensis*
カメレオン科の爬虫類。全長22cm前後。㋖マダガスカル南西部
¶**爬両1800**(p123/カ写)

ヘリグロヒキガエル *Bufo melanostictus*
ヒキガエル科の両生類。体長8～11cm。㋖中国南部,東南アジア
¶**世カエ**(p144/カ写)
世文動(p323/カ写)
爬両1800(p364/カ写)
爬両ビ(p240/カ写)

ヘリグロヒメトカゲ *Ateuchosaurus pellopleurus*
縁黒姫蜥蜴
スキンク科(トカゲ科)の爬虫類。日本固有種。全長8～12cm。㋖奄美諸島,沖縄諸島など
¶**原爬両**(No.53/カ写)
世爬(p134/カ写)
世文動(p273/カ写)
日カメ(p115/カ写)
爬両観(p134/カ写)
爬両飼(p108/カ写)
爬両1800(p201/カ写)
爬両ビ(p140/カ写)
野日爬(p23,104/カ写)

ベリーズアカガエル *Rana vaillanti*
アカガエル科の両生類。体長67～125mm。メスはオスより大きい。㋖メキシコ～エクアドルまでの中南米
¶**世カエ**(p360/カ写)

ヘリスジヒルヤモリ *Phelsuma lineata*
ヤモリ科ヤモリ亜科の爬虫類。全長11～14cm。
㊎マダガスカル
¶ゲッコー(p41/カ写)
世爬(p110/カ写)
爬両1800(p140/カ写)
爬両ビ(p111/カ写)

ペリネウシサシヘビ *Ithycyphus perineti*
ナミヘビ科マラガシーヘビ亜科の爬虫類。全長120～150cm。㊎マダガスカル東部・北部
¶爬両1800(p338/カ写)

ペリンオウギハクジラ *Mesoplodon perrini* ペリン扇歯鯨
アカボウクジラ科の哺乳類。㊎北太平洋東部
¶クイ百(p238/カ図)

ベーリングユキホオジロ *Plectrophenax hyperboreus* ベーリング雪頬白
ホオジロ科の鳥。㊎ベーリング諸島
¶鳥650(p752/カ写)

ペールアガマ *Trapelus pallidus*
アガマ科の爬虫類。全長15cm前後。㊎エジプト, シリア, イスラエル
¶爬両1800(p103/カ写)

ペルーヴィアン・インカ・オーキッド ⇒ペルービアン・インカ・オーキッドを見よ

ペルーヴィアン・ヘアレス・ドッグ ⇒ペルービアン・ヘアレス・ドッグを見よ

ペルーオウギハクジラ *Mesoplodon peruvianus* ペルー扇歯鯨
アカボウクジラ科の哺乳類。体長約3.4～3.7m。
㊎太平洋
¶クイ百(p240/カ図)

ベルーガ ⇒シロイルカを見よ

ペルーカツオドリ *Sula variegata* ペルー鰹鳥
カツオドリ科の鳥。全長71～76cm。㊎ペルーおよびチリ北部の沿岸
¶世鳥大(p177/カ写)

ベルガマスコ Bergamasco
犬の一品種。別名カネ・ダ・パストーレ・ベルガマスコ, ベルガマスコ・シープドッグ。体高 オス60cm, メス56cm。イタリアの原産。
¶最犬大(p91/カ写)
新犬種(p211/カ写)
新世犬〔ベルガマスコ・シープドッグ〕(p44/カ写)
図世犬〔ベルガマスコ・シープドッグ〕(p52/カ写)
ビ犬(p64/カ写)

ベルガマスコ・シープドッグ ⇒ベルガマスコを見よ

ベルギーオンケツシュ Belgian Warmblood ベルギー温血種
馬の一品種。軽量馬。体高162cm。ベルギーの原産。
¶アルテ馬〔ベルギー温血種〕(p62/カ写)

ベルギーバンバ Belgian Draught ベルギー輓馬
馬の一品種。別名ブラバント。重量馬。体高162～170cm。ベルギーの原産。
¶アルテ馬〔ベルギー輓馬〕(p208/カ写)

ペルークロクモザル *Ateles chamek*
クモザル科の哺乳類。絶滅危惧IB類。㊎ブラジルアマゾン流域, ペルー北東部, ボリビア北部～中央部
¶美サル(p55/カ写)

ペルーケナガアルマジロ *Chaetophractus nationi*
アルマジロ科の哺乳類。体長22～40cm。㊎ボリビア, チリ北部
¶地球(p517/カ写)

ベルサラマンダー *Pseudoeurycea bellii*
ムハイサラマンダー科の両生類。全長25～30cm。
㊎メキシコ
¶世両(p206/カ写)
爬両1800(p447/カ写)
爬両ビ(p306/カ写)

ペルシア ⇒ペルシャを見よ

ペルシアスズメ ⇒ペルシャスズメを見よ

ベルジアン Belgian
馬の一品種。体高160～180cm。ベルギーの原産。
¶世文動(p188/カ写)
日家(p25/カ写)

ベルジアン・キャトル・ドッグ ⇒ブービエ・デ・フランダースを見よ

ベルジアン・グリフォン Belgian Griffon
犬の一品種。別名グリフォン・ベルジェ。体重3.5～6kg。ベルギーの原産。
¶最犬大(p398/カ写)
新犬種〔ベルギーのグリフォン(ブリュッセル・グリフォン、ベルジアン・グリフォン、プティ・ブラバンソン)〕(p46/カ写)
図世犬〔ブリュッセル・グリフォン〔ベルジアン・グリフォン〕〕(p288/カ写)

ベルジアン・シェパード Belgian Shepherd
犬の一品種。別名ベルジアン・シープドッグ, シャン・ド・ベルジェ・ベルジュ。体高 オス62cm, メス58cm。ベルギーの原産。
¶アルテ犬〔ベルジアン・シェパード・ドッグ〕(p172/カ写)
最犬大〔ベルジアン・シェパード・ドッグ〕(p66/カ写)
新犬種〔ベルジアン・シープドッグ〕(p214/カ写)
新世犬(p42/カ写)
図世犬〔ベルジアン・シェパード・ドッグ〕(p60/カ写)

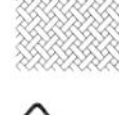
へ

ベルジアン・シェパード(グローネンダール) ⇒グローネンダールを見よ

ベルジアン・シェパード(タービュレン) ⇒タービュレンを見よ

ベルジアン・シェパード(マリノワ) ⇒マリノアを見よ

ベルジアン・シェパード(ラークノワ) ⇒ラケノアを見よ

ベルジアン・シェパード・ドッグ ⇒ベルジアン・シェパードを見よ

ベルジアン・シープドッグ ⇒ベルジアン・シェパードを見よ

ベルジアン・テルビュレン ⇒タービュレンを見よ

ベルジアン・バージ・ドッグ ⇒スキッパーキを見よ

へ

ベルジアンヘア Belgian Hare
兎の一品種。肉用品種。体重2.7〜4.5kg。ベルギーの原産。
¶うさぎ(p54/カ写)
新うさぎ(p60/カ写)
日家〔ベルジアン・ヘアー〕(p137/カ写)

ベルジアン・マスティフ Belgian Mastiff
犬の一品種。別名シェン・ド・トレ・ベルジェ, マタン・ド・トレ・ベルジェ。体高 オス70〜80cm, メス64〜72cm。ベルギーの原産。
¶最犬大(p120/カ写)

ベルジェ・デ・ザルプ ⇒ベルジェ・ド・サボイを見よ

ベルジェ・デ・ピレネー ⇒ピレニアン・シープドッグを見よ

ベルジェ・ド・サヴォワ ⇒ベルジェ・ド・サボイを見よ

ベルジェ・ド・サボイ Berge de Savoy
犬の一品種。別名サヴォイ・シープドッグ, サヴォイ・シェパード・ドッグ, サボイ・シープドッグ, サボイ・シェパード・ドッグ, ベルジェ・ド・サヴォワ, ベルジェ・デ・ザルプ。体高47〜55cm。フランスの原産。
¶新犬種〔ベルジェ・デ・ザルプ〕(p173/カ写)

ベルジェ・ド・ピカルディー ⇒ピカルディ・シープドッグを見よ

ベルジェ・ド・ピレネー・ア・ファス・ラス ⇒ピレニアン・シープドッグ・スムースフェイスドを見よ

ベルジェ・ド・ピレネー・ア・ポワル・ロン ⇒ピレニアン・シープドッグ・ロングヘアードを見よ

ベルジェ・ド・ブリー ⇒ブリアードを見よ

ベルジェ・ド・ボース ⇒ボースロンを見よ

ベルジェ・ピカール ⇒ピカルディ・シープドッグを見よ

ベルジェ・ブラン・スイス ⇒ホワイト・スイス・シェパード・ドッグを見よ

ペルジゲーロ・ポルトゲース ⇒ポーチュギース・ポインティング・ドッグを見よ

ペルシャ Persian Cat
猫の一品種。体長35〜50cm。イギリスほかの原産。
¶世文動〔ペルシア〕(p171/カ写)
地球(p580/カ写)
ビ猫〔ペルシャ(セルフ)〕(p186/カ写)
ビ猫〔ペルシャ(カメオ)〕(p189/カ写)
ビ猫〔ペルシャ(チンチラ・シルバー)〕(p190/カ写)
ビ猫〔ペルシャ(チンチラ・ゴールデン)〕(p191/カ写)
ビ猫〔ペルシャ(ピューター)〕(p192/カ写)
ビ猫〔ペルシャ(カメオ・バイカラー)〕(p193/カ写)
ビ猫〔ペルシャ(シェーデッド・シルバー)〕(p194/カ写)
ビ猫〔ペルシャ(シルバー・タビー)〕(p195/カ写)
ビ猫〔ペルシャ(スモーク)〕(p196/カ写)
ビ猫〔ペルシャ(スモーク・バイカラー)〕(p197/カ写)
ビ猫〔ペルシャ(タビー、トーティ・タビー)〕(p198/カ写)
ビ猫〔ペルシャ(タビー・アンド・ホワイト)〕(p199/カ写)
ビ猫〔ペルシャ(トーティ、トーティ・アンド・ホワイト)〕(p203/カ写)
ビ猫〔ペルシャ(バイカラー)〕(p204/カ写)

ペルシャスキンクヤモリ *Teratoscincus scincus keyserlingii*
ヤモリ科スキンクヤモリ亜科の爬虫類。ウナジスキンクヤモリの亜種。全長15〜20cm。㊕中央アジア〜西アジア, 中国西部
¶ゲッコー〔ウナジスキンクヤモリ(亜種ペルシャスキンクヤモリ)〕(p110/カ写)

ペルシャスズメ *Passer moabiticus* ペルシャ雀
スズメ科(ハタオリドリ科)の鳥。全長12cm。㊕ヨルダン渓谷, 死海地方, イラク, アフガニスタン
¶世鳥大(p452)
世鳥卵〔ペルシアスズメ〕(p224/カ写, カ図)

ペルシャトゲオヤモリ *Pristurus rupestris*
ヤモリ科チビヤモリ亜科の爬虫類。全長6〜8cm。㊕イラン, アラビア半島南部, アフリカ大陸東部
¶ゲッコー(p106/カ写)

ペルシャナメラ *Elaphe persica*
ナミヘビ科ナミヘビ亜科の爬虫類。全長70〜90cm。㊕イラン北部, アゼルバイジャン南部
¶世爬(p202/カ写)

爬両1800（p317/カ写）
爬両ビ（p223/カ写）

ペルシャノロバ ⇒オナガーを見よ

ペルシュロン Percheron
馬の一品種。重量馬。小型150～162cm, 大型162～180cm。フランスの原産。
¶アルテ馬（p194/カ写）
世文動（p188/カ写）
日家（p24/カ写）

ベルセオレガメ *Kinixys belliana*
リクガメ科の爬虫類。甲長15～20cm。㊕アフリカのサハラ砂漠以南, マダガスカル
¶世カメ（p39/カ写）
世爬（p13/カ写）
世文動（p252/カ写）
爬両1800（p16/カ写）
爬両ビ（p10/カ写）

ヘルタ・ポインター Hertha Pointer
犬の一品種。デンマークの原産。
¶新犬種（p263/カ写）

ベルツノガエル *Ceratophrys ornata*
ツノガエル科（ユビナガガエル科）の両生類。全長9～14cm。㊕南アメリカ南東部
¶かえる百（p22/カ写）
カエル見（p107/カ写）
驚野動（p121/カ写）
世カエ（p88/カ写）
世文動（p322/カ写）
世両（p172/カ写）
地球（p353/カ写）
爬両1800（p428/カ写）
爬両ビ（p292/カ写）

ベルツビル・スモール・ホワイト Beltsville Small White
シチメンチョウの一品種。体重 オス8～10kg, メス4～6kg。アメリカ合衆国の原産。
¶日家（p223/カ写）

ペルディゲイル・ポルトゥゲース ⇒ポーチュギース・ポインティング・ドッグを見よ

ペルディゲイロ・ポルトゲース ⇒ポーチュギース・ポインティング・ドッグを見よ

ペルディゲーロ・ガレゴ Perdigueiro Galego
犬の一品種。体高 オス55～60cm, メス50～55cm。スペインの原産。
¶新犬種（p201）

ペルディゲーロ・デ・ブルゴス ⇒スパニッシュ・ポインターを見よ

ベルテッド・ギャロウェイ Belted Galloway
牛の一品種（肉牛）。体高 オス140cm, メス127cm。イギリスの原産。
¶日家（p83/カ写）

ヘルデルラント Gelderlander
馬の一品種。別名ゲルダーランド, ダッチ・ブレッド。軽量馬。体高152～162cm。オランダの原産。
¶アルテ馬（p112/カ写）
日家〔ダッチ・ブレッド〕（p42/カ写）

ベルナー・ゼネンフント ⇒バーニーズ・マウンテン・ドッグを見よ

ベルナーゼ・フンド ⇒バーニーズ・マウンテン・ドッグを見よ

ベルナメラ *Elaphe bella*
ナミヘビ科ナミヘビ亜科の爬虫類。全長80～100cm。㊕中国南部, ベトナム, ミャンマー, インド北部
¶爬両1800（p313/カ写）

ベールナール・ゼネンフント ⇒バーニーズ・マウンテン・ドッグを見よ

ベルナルドアデガエル *Mantella bernhardi*
マラガシーガエル科の両生類。体長2cm。㊕マダガスカル南東部
¶カエル見（p67/カ写）

ベルニアキバシリヘビ *Dromicodryas bernieri*
ナミヘビ科マラガシーヘビ亜科の爬虫類。全長90～110cm。㊕マダガスカル
¶爬両1800（p338/カ写）

ペルーニジフウキンチョウ *Iridosornis reinhardti*
ペルー虹風琴鳥
フウキンチョウ科の鳥。全長14cm。㊕ペルー
¶原色鳥（p140/カ写）
世色鳥（p48/カ写）

ベルバタフライアガマ *Leiolepis belliana*
アガマ科の爬虫類。全長35～50cm。㊕東南アジア
¶世爬（p84/カ写）
爬両1800（p106/カ写）
爬両ビ（p87/カ写）

ペルービアン・インカ・オーキッド Peruvian Inca Orchid
犬の一品種。体高50～65cm。ペルーの原産。
¶ビ犬〔ペルーヴィアン・インカ・オーキッド〕（p35/カ写）

ペルビアン・パソ Peruvian Paso
馬の一品種。軽量馬。体高140～150cm。ペルーの原産。
¶アルテ馬（p170/カ写）

ペルービアン・ヘアレス・ドッグ Peruvian Hairless Dog
犬の一品種。別名インカ・ヘアレス・ドッグ, ペロ・シン・ペロ・デル・ペル。体高 ラージ51～

65cm, ミディアム41〜50cm, ミニチュア25〜40cm。ペルーの原産。
¶**最犬大**(p251/カ写)
新犬種〔ペルーヴィアン・ヘアレス・ドッグ〕(p58/カ写)
新世犬〔ペルービアン・ヘアレス〕(p295/カ写)
図世犬(p206/カ写)
ビ犬〔ペルーヴィアン・ヘアレス・ドッグ〕(p36/カ写)

ヘールフィンクミナミモリドラゴン *Hypsilurus geelvinkianus*
アガマ科の爬虫類。全長45〜60cm前後。[分]インドネシア(イリアンジャヤ)
¶**爬両1800**(p97/カ写)

ペルーフキヤヒキガエル *Atelopus peruensis*
ヒキガエル科の両生類。別名ペルーヤセヒキガエル, カワリフキヤガマ。体長25〜30mm。[分]ペルー
¶**かえる百**〔カワリフキヤガマ〕(p48/カ写)
世カエ(p126/カ写)

へ

ベルベットフトユビヤモリ *Pachydactylus bicolor*
ヤモリ科ヤモリ亜科の爬虫類。全長9〜11cm。[分]ナミビア
¶**ゲッコー**(p26/カ写)
爬両1800(p133/カ写)

ベルベットモンキー *Chlorocebus pygerythrus*
オナガザル科の哺乳類。体高35〜66cm。[分]アフリカ東部・南部
¶**驚野動**(p201/カ写)
地球(p544/カ写)
美サル(p183/カ写)

ヘルベンダー *Cryptobranchus alleganiensis*
オオサンショウウオ科の両生類。別名アメリカオオサンショウウオ。全長30〜75cm。[分]アメリカ合衆国中東部
¶**世文動**(p310/カ写)
世両(p190/カ写)
地球〔アメリカオオサンショウウオ〕(p368/カ写)
爬両1800(p438/カ写)
爬両ビ(p301/カ写)

ペルーマダラオハチドリ *Phlogophilus harterti* ペルー斑尾蜂鳥
ハチドリ科ミドリフタオハチドリ亜科の鳥。準絶滅危惧。全長7〜7.5cm。
¶**ハチドリ**(p365)

ヘルマンリクガメ *Testudo hermanni*
リクガメ科の爬虫類。甲長15〜35cm。[分]スペイン, イタリア, フランス南部〜トルコ西部
¶**世カメ**(p46/カ写)
世爬(p16/カ写)
世文動(p252/カ写)
地球(p379/カ写)
爬両1800(p20/カ写)
爬両ビ(p12/カ写)

ヘルメットガエル *Caudiverbera caudiverbera*
ユビナガガエル科の両生類。体長8.5〜15cm。[分]チリ
¶**かえる百**(p14/カ写)
カエル見(p113/カ写)
世両(p180/カ写)
爬両1800(p431/カ写)
爬両ビ(p295/カ写)

ヘルメットハチドリ *Oxypogon guerinii* ヘルメット蜂鳥
ハチドリ科ミドリフタオハチドリ亜科の鳥。全長11〜13cm。[分]ベネズエラ北西部, コロンビア北・中部
¶**ハチドリ**(p134/カ写)

ヘルメットマイコドリ *Antilophia galeata* ヘルメット舞子鳥
マイコドリ科の鳥。全長15cm。[分]ブラジル南部・パラグアイ北東部
¶**世鳥大**(p337/カ写)

ヘルメットモズ *Euryceros prevostii* ヘルメット百舌
オオハシモズ科の鳥。絶滅危惧II類。全長28〜31cm。[分]マダガスカル島北東部
¶**遺産世**(Aves No.30/カ写)
絶百9(p78/カ写)
世鳥大(p376/カ写)

ヘルメットヤモリ *Geckonia chazaliae* ヘルメット守宮
ヤモリ科ワレユビヤモリ亜科の爬虫類。全長7〜9cm。[分]モロッコ南部, モーリタニア, 西サハラ
¶**ゲッコー**(p63/カ写)
世爬(p106/カ写)
爬両1800(p154/カ写)
爬両ビ(p107/カ写)

ペルーモグリウミツバメ *Pelecanoides garnotii* ペルー潜海燕
モグリウミツバメ科の鳥。絶滅危惧IB類。体長22cm。[分]ペルーとチリ沖の4つの小島
¶**鳥絶**(p126/カ図)

ベルモリドラゴン *Gonocephalus bellii*
アガマ科の爬虫類。全長25〜45cm。[分]タイ, インドネシア(ボルネオ), マレーシア西部
¶**世爬**(p76/カ写)

ペルーヤセヒキガエル ⇒ペルーフキヤヒキガエルを見よ

ペルーユミハチドリ *Phaethornis koepckeae* ペルー弓蜂鳥
ハチドリ科ユミハチドリ亜科の鳥。準絶滅危惧。全長12〜14cm。
¶**ハチドリ**(p56/カ写)

ペレスハナナガガエル *Edalorhina perezi*
ユビナガガエル科の両生類。別名ペレスマツゲガエル。体長30mm。㊕コロンビア〜ボリビアまでのアマゾン川流域
¶**世カエ**(p90/カ写)

ペレスマツゲガエル ⇒ペレスハナナガガエルを見よ

ペレスワライアカガエル ⇒ペレスワライガエルを見よ

ペレスワライガエル *Rana perezi*
アカガエル科の両生類。別名ペレスワライアカガエル。体長100mmまで。㊕フランス南部, スペイン, ポルトガル
¶**世カエ**(p346/カ写)

ヘレニコス・イクニラティス ⇒ヘレニック・ハウンドを見よ

ヘレニック・シェパード・ドッグ Hellenic Shepherd Dog
犬の一品種。別名グリーク・シープドッグ, ピメニコス・ヘレニコス。体高60〜75cm。ギリシャの原産。
¶**新犬種**〔ピメニコス・ヘレニコス〕(p320/カ写)
ビ犬(p69/カ写)

ヘレニック・ハウンド Hellenic Hound
犬の一品種。別名エルリコス・イニアンティス, ヘレニコス・イクニラティス。体高 オス47〜55cm, メス45〜53cm。ギリシャの原産。
¶**最犬大**(p300/カ写)
新犬種〔ヘレニコス・イクニラティス〕(p148/カ写)
ビ犬(p181/カ写)

ヘレフォシュフンド Hälleforshund
犬の一品種。別名ヘレフォルス・フント。体高 オス55〜63cm, メス52〜60cm。スウェーデンの原産。
¶**最犬大**(p232/カ写)
新犬種〔ヘレフォルス・フント〕(p165/カ写)

ヘレフォード Hereford
家畜ウシの一品種(肉牛)。体高1.2〜1.5m。イギリスの原産。
¶**世文動**(p211/カ写)
地球(p601/カ写)
日家(p82/カ写)

ヘレフォルス・フント ⇒ヘレフォシュフンドを見よ

ベレムコモリガエル *Pipa snethlageae*
コモリガエル科(ピパ科)の両生類。別名レッサーピパ。体長6〜9cm。㊕ブラジル, コロンビア, ペルーのアマゾン川水域
¶**カエル見**(p21/カ写)
世両(p23/カ写)
爬両1800(p362/カ写)

ペレンティーオオトカゲ *Varanus giganteus*
オオトカゲ科の爬虫類。全長190cm前後。㊕オーストリア中部
¶**地球**(p389/カ写)
爬両1800(p234/カ写)

ペレンデール Perendale
羊の一品種。体重40〜50kg。ニュージーランドの原産。
¶**日家**(p124/カ写)

ヘレントビガエル *Rhacophorus helenae*
アオガエル科の両生類。体長7.2〜9.1cm。㊕ベトナム南部
¶**カエル見**(p48/カ写)

ベーレンニシキヘビ *Morelia boeleni*
ニシキヘビ科の爬虫類。別名ベーレンパイソン。全長180〜250cm。㊕インドネシア(ニューギニア島のイリアンジャヤ), パプアニューギニア(ニューギニア島)
¶**世爬**(p180/カ写)
世ヘビ〔ベーレンパイソン〕(p66/カ写)
爬両1800(p257/カ写)
爬両ビ(p190/カ写)

ベーレンパイソン ⇒ベーレンニシキヘビを見よ

へ

ベローシファカ *Propithecus verreauxi*
インドリ科の哺乳類。絶滅危惧IB類。体高40〜50cm。㊕マダガスカル南西部・南部
¶**驚野動**(p240/カ写)
世文動(p73/カ写)
世哺(p105/カ写)
地球(p537/カ写)
美サル(p135/カ写)

ペロ・シマロン ⇒シマロン・ウルグアヨを見よ

ペロ・シン・ペロ・デル・ペル ⇒ペルービアン・ヘアレス・ドッグを見よ

ペロ・デ・アグア・エスパニョール ⇒スパニッシュ・ウォーター・ドッグを見よ

ペロ・デ・トロ Perro de Toro
犬の一品種。別名スパニッシュ・ブルドッグ。体高50〜60cm。スペインの原産。
¶**新犬種**(p199)

ペロ・デ・パストール・カタラン ⇒カタロニアン・シープドッグを見よ

ペロ・デ・パストール・ガラフィアーノ ⇒ガラフィアーノ・シェパードを見よ

ペロ・デ・パストール・マジョルキン ⇒マヨルカ・シェパード・ドッグを見よ

ペロ・ドゴ・マジョルキン ⇒マヨルカ・マスティフを見よ

ペロ・ドゴ・マヨルカン ⇒マヨルカ・マスティフを見よ

ペロ・ラトネーロ・アンダルース ⇒アンダルシアン・マウス・ハンティング・テリアを見よ

ベンガル Bengal
猫の一品種。体重5.5～10kg。アメリカ合衆国の原産。
¶**ビ猫**(p142/カ写)

ベンガルアジサシ *Sterna bengalensis* ベンガル鰺刺
カモメ科の鳥。全長35～37cm。
¶**世鳥卵**(p115/カ写, カ図)
地球(p450/カ写)
鳥比(p357/カ写)
鳥650(p340/カ写)
日ア鳥(p287/カ写)
日鳥水増(p314/カ写)
フ野鳥(p192/カ図)

ベンガルオオトカゲ *Varanus bengalensis* ベンガル大蜥蜴
オオトカゲ科の爬虫類。頭胴長22～75cm。[分]南アジア, 東南アジア
¶**世文動**(p278/カ写)

ベンガルギツネ *Vulpes bengalensis* ベンガル狐
イヌ科の哺乳類。体長39～57cm。[分]インド～ネパール, パキスタン
¶**地球**(p562/カ写)
野生イヌ(p56/カ写, カ図)

ベンガルショウノガン *Houbaropsis bengalensis* ベンガル小野雁, ベンガル小鴇
ノガン科の鳥。絶滅危惧IA類。体長66～68cm。[分]インド亜大陸, ガンボジアやベトナム
¶**世鳥卵**(p92/カ写, カ図)
レ生(p277/カ写)

ベンガルトラ *Panthera tigris tigris* ベンガル虎
ネコ科の哺乳類。絶滅危惧IB類。[分]アジア南部, 東アジア
¶**驚野動**(p261/カ写)

ベンガルハゲワシ *Gyps bengalensis* ベンガル禿鷲
タカ科の鳥。絶滅危惧IA類。[分]インド亜大陸
¶**レ生**(p278/カ写)

ベンガルヤマネコ *Prionailurus bengalensis* ベンガル山猫
ネコ科の哺乳類。別名レパードキャット。体長45～75cm。[分]東南アジア, 南アジア
¶**くら哺**〔ヤマネコ(ベンガルヤマネコ)〕(p56/カ写)
世文動(p168/カ写)
地球(p581/カ写)
日哺改(p92/カ写)
野生ネコ(p28/カ写, カ図)

ヘンゲアガマ *Trapelus mutabilis*
アガマ科の爬虫類。全長20cm前後。[分]アフリカ北部, アラビア半島北部
¶**爬両1800**(p103/カ写)

ヘンゲイロメガエル *Boophis picturatus*
マダガスカルガエル科(マラガシーガエル科)の両生類。体長2.5～3.3cm。[分]マダガスカル東部・南東部
¶**カエル見**(p62/カ写)
世両(p114/カ写)
爬両1800(p402/カ写)

ヘンゲハコヨコクビガメ *Pelusios rhodesianus*
ヨコクビガメ科アフリカヨコクビガメ亜科の爬虫類。甲長22～24cm。[分]アフリカ大陸中南部
¶**世カメ**(p72/カ写)
爬両1800(p70/カ写)
爬両ビ(p54/カ写)

ヘンソウアオガエル *Rhacophorus angulirostris*
アオガエル科の両生類。体長31～51mm。[分]ボルネオ島, スマトラ島
¶**世カエ**(p418/カ写)

ヘンディーウーリーモンキー *Oreonax flavicauda*
クモザル科の哺乳類。絶滅危惧IA類。頭胴長60～75cm。[分]ペルー北部に局地的
¶**美サル**(p59/カ写)

ベントトゲオアガマ *Uromastyx benti*
アガマ科の爬虫類。別名イエメントゲオアガマ。全長35～40cm。[分]イエメン, オマーン南西部
¶**爬両1800**(p107/カ写)

ヘンドリクソンウデナガガエル *Leptobrachium hendricksoni*
コノハガエル科の両生類。体長5～6cm。[分]インドネシア, マレーシア
¶**かえる百**(p45/カ写)
カエル見(p16/カ写)
世両(p20/カ写)
爬両1800(p361/カ写)
爬両ビ(p267/カ写)

ペントンヒキガエル *Bufo pentoni*
ヒキガエル科の両生類。体長5.5～9.5cm。[分]アフリカ大陸西部沿岸域
¶**爬両1800**(p363/カ写)

ペンブローク・ウェルシュ・コルギー ⇒ウェルシュ・コーギー・ペンブロークを見よ

へ

【ホ】

ボーア Boer
山羊の一品種。肉用品種。体高70〜100cm。南アフリカの原産。
¶日家(p117/カ写)

ボアコンストリクター *Boa constrictor*
ボア科ボア亜科の爬虫類。全長2〜3m。㊕メキシコ〜パナマまでの中米, 南米大陸アルゼンチン以北, 小アンチル諸島など
¶世爬(p172/カ写)
世文動(p284/カ写)
世ヘビ(p10/カ写)
地球(p392/カ写)
爬両1800(p262〜263/カ写)
爬両ビ(p181/カ写)

ホアジン ⇒ツメバケイを見よ

ホーアチン ⇒ツメバケイを見よ

ポアトー Poitou Ass
ロバの一品種。体高140〜150cm。フランスの原産。
¶世文動(p186/カ写)

ポアトヴァン Poitevin
馬の一品種。重量馬。体高160〜162cm。フランスのポアトゥ地方の原産。
¶アルテ馬(p204/カ写)

ボーアボール Boerboel
犬の一品種。別名ブーアブール, ブーアボール, サウスアフリカン・マスティフ。体高 オス66cm, メス61cm。南アフリカの原産。
¶最犬大(p124/カ写)
新犬種(p247/カ写)
ビ犬(p88/カ写)

ボイヴィンネコツメヤモリ *Blaesodactylus boivini*
ヤモリ科ヤモリ亜科の爬虫類。全長25〜30cm。㊕マダガスカル北部
¶ゲッコー(p34/カ写)
世爬(p104/カ写)
爬両1800(p136/カ写)

ボイキン・スパニエル Boykin Spaniel
犬の一品種。体高 オス39〜45cm, メス35〜41cm。アメリカ合衆国の原産。
¶新犬種(p116)
ビ犬(p223/カ写)

ホイグリンカモメ(1) *Larus heuglini* ホイグリン鷗
カモメ科の鳥。全長55cm。㊕日本全国, 西日本・九州に多い
¶日野鳥増(p140/カ写)

ホイグリンカモメ(2) ⇒ニシセグロカモメを見よ

ホイップアーウィルヨタカ *Caprimulgus vociferus*
ホイップアーウィル夜鷹
ヨタカ科の鳥。全長22〜27cm。㊕アメリカ東部, カナダ南部, さらにアメリカ南西部とメキシコでも繁殖, 越冬はメキシコ〜パナマまでの中央アメリカ一帯
¶世鳥大(p290)

ホイペット ⇒ウィペットを見よ

ポインター(イングリッシュ・ポインター) ⇒イングリッシュ・ポインターを見よ

ポインター(ジャーマン・ショートヘアード・ポインター) ⇒ジャーマン・ショートヘアード・ポインターを見よ

ポインター(ジャーマン・ワイアーヘアード・ポインター) ⇒ジャーマン・ワイアーヘアード・ポインターを見よ

ホウアカトキ ⇒ホオアカトキを見よ

ホウオウジャク *Vidua paradisaea* 鳳凰雀
テンニンチョウ科(ハタオリドリ科)の鳥。全長12〜38cm。㊕東アフリカ〜南アフリカ
¶世鳥ネ(p308/カ写)
世美羽(p134/カ写, カ図)
世文鳥(p279/カ写)
地球(p494/カ写)
鳥飼(p96/カ写)
鳥比(p162/カ写)

ホウコウチョウ ⇒ホオコウチョウを見よ

ボウシイシヤモリ *Diplodactylus galeatus*
ヤモリ科イシヤモリ亜科の爬虫類。全長6〜7.5cm。㊕オーストラリア中央部
¶ゲッコー(p75/カ写)
世爬(p120/カ写)
爬両1800(p166/カ写)
爬両ビ(p121/カ写)

ボウシオオガシラ *Boiga nigriceps* 帽子大頭
ナミヘビ科ナミヘビ亜科の爬虫類。全長150〜175cm。㊕中国南部, タイ, マレーシア, インドネシア
¶世ヘビ(p82/カ写)
爬両1800(p295/カ写)

ボウシゲラ *Mulleripicus pulverulentus* 帽子啄木鳥
キツツキ科の鳥。全長50cm。㊕北インド〜中国南西部, タイ, ベトナム, マレーシア, インドネシア
¶世鳥大(p328)

ボウシテナガザル *Hylobates pileatus* 帽子手長猿
テナガザル科の哺乳類。体高44〜64cm。㊕タイ, カンボジア
¶地球(p548/カ写)

ボウシトカゲモドキ　*Coleonyx mitratus*
ヤモリ科トカゲモドキ亜科の爬虫類。全長18～19cm。㊀グアテマラ～パナマ
¶ゲッコー (p92/カ写)
世爬 (p120/カ写)
爬両1800 (p168/カ写)
爬両ビ (p122/カ写)

ボウシムナオビハチドリ　*Augastes lumachella*　帽子胸帯蜂鳥
ハチドリ科マルオハチドリ亜科の鳥。準絶滅危惧。全長8cm。
¶地球 (p470/カ写)
ハチドリ (p64/カ写)

ホウシャガメ　*Astrochelys radiata*　放射亀
リクガメ科の爬虫類。絶滅危惧IA類。甲長40cm前後。㊀マダガスカル
¶遺産世 (Reptilia No.5/カ写)
世カメ (p33/カ写)
地球 (p378/カ写)
爬両1800 (p14/カ写)

ホ

ホウシャナメラ　*Elaphe radiata*
ナミヘビ科ナミヘビ亜科の爬虫類。全長180～200cm。㊀東南アジア, 南アジア
¶世ヘビ (p87/カ写)
爬両1800 (p317/カ写)

ボウシラングール　*Presbytis pileatus*
オナガザル科の哺乳類。頭胴長 オス53.3～71cm, メス49～66cm。㊀バングラデシュ東部およびインド北東部のアッサム州のジャムナ川とマナス川東部, ミャンマー北部および西部
¶世文動 (p93/カ写)

ボウズミツスイ　⇒ズグロハゲミツスイを見よ

ホウセキカナヘビ　*Timon lepidus*
カナヘビ科の爬虫類。全長36～60cm。㊀イベリア半島, フランス南部, イタリア北西部
¶驚野動 (p157/カ写)
世爬 (p127/カ写)
世文動 (p270/カ写)
地球 (p386/カ写)
爬両1800 (p183/カ写)
爬両ビ (p129/カ写)

ホウセキドリ　*Pardalotus punctatus*　宝石鳥
ホウセキドリ科の鳥。全長8～10cm。㊀オーストラリア南部・東部
¶地球 (p486/カ写)

ホウセキハチドリ　*Heliodoxa aurescens*　宝石蜂鳥
ハチドリ科ミドリフタオハチドリ亜科の鳥。全長11～12cm。
¶ハチドリ (p190/カ写)

ホウロクシギ　*Numenius madagascariensis*　焙烙鷸, 焙烙鴫
シギ科の鳥。絶滅危惧II類 (環境省レッドリスト)。全長63cm。
¶くら鳥 (p119/カ写)
原寸羽 (p121/カ写)
里山鳥 (p215/カ写)
四季鳥 (p65/カ写)
絶鳥事 (p6,92/カ写, モ図)
世文鳥 (p136/カ写)
鳥比 (p297/カ写)
鳥650 (p257/カ写)
名鳥図 (p95/カ写)
日ア鳥 (p221/カ写)
日鳥識 (p148/カ写)
日鳥水増 (p249/カ写)
日野鳥新 (p252/カ写)
日野鳥増 (p262/カ写)
ぱっ鳥 (p147/カ写)
羽根決 (p158/カ写, カ図)
ひと目鳥 (p82/カ写)
フ日野新 (p156/カ図)
フ日野増 (p156/カ図)
フ野鳥 (p152/カ図)
野鳥山フ (p33,203/カ図, カ写)
山溪名鳥 (p288/カ写)

ホエアマガエル　*Hyla gratiosa*
アマガエル科の両生類。別名フロリダアマガエル。体長5～7cm。㊀アメリカ合衆国南東部
¶かえる百 (p56/カ写)
カエル見 (p32/カ写)
世カエ〔フロリダアマガエル〕(p234/カ写)
世文動 (p328/カ写)
世両 (p44/カ写)
爬両1800 (p372/カ写)
爬両ビ (p245/カ写)

ホエジカ　*Muntiacus muntjak*　吠鹿
シカ科の哺乳類。別名インドキョン。体高40～65cm。㊀アジア南部・南東部
¶驚野動〔インドキョン〕(p258/カ写)
世文動 (p201/カ写)
地球 (p596/カ写)

ボエットガーツメガエル　⇒ベドガーヒメツメガエルを見よ

ホオアカ　*Emberiza fucata*　頰赤
ホオジロ科の鳥。全長16cm。㊀ヒマラヤ～中国南部, シベリア南部～朝鮮半島, 日本などで繁殖。おもに東南アジアで越冬
¶くら鳥 (p39/カ写)
原寸羽 (p266/カ写)
里山鳥 (p29/カ写)
四季鳥 (p22/カ写)

巣と卵決（p185/カ写, カ図）
世文鳥（p249/カ写）
鳥卵巣（p345/カ写, カ図）
鳥比（p192/カ写）
鳥650（p704/カ写）
名鳥図（p220/カ写）
日ア鳥（p600/カ写）
日鳥識（p296/カ写）
日鳥巣（p272/カ写）
日鳥山新（p361/カ写）
日鳥山増（p280/カ写）
日野鳥新（p634/カ写）
日野鳥増（p568/カ写）
ぱっ鳥（p363/カ写）
バード（p33/カ写）
ひと目鳥（p209/カ写）
フ日野新（p268/カ図）
フ日野増（p268/カ図）
フ野鳥（p396/カ図）
野鳥学フ（p42/カ写, カ図）
野鳥山フ（p56,341/カ図, カ写）
山溪名鳥（p291/カ写）

ホオアカオナガゴシキドリ *Trachyphonus erythrocephalus* 頰赤尾長五色鳥
オオハシ科（ハバシゴシキドリ科）の鳥。全長20～23cm。 ㊕エチオピア東部, ケニア, タンザニア北部
¶世鳥大（p321/カ写）
世美羽（p97/カ写, カ図）
地球（p479/カ写）

ホオアカカエデチョウ ⇒ホオコウチョウを見よ

ホオアカテナガザル ⇒キホオテナガザルを見よ

ホオアカトキ *Geronticus eremita* 頰赤朱鷺
トキ科の鳥。絶滅危惧IA類。体長71～79cm。 ㊕北アフリカ～イラク
¶**絶百9**（p84/カ写）
世鳥卵〔ホウアカトキ〕（p45/カ写, カ図）
鳥卵巣（p77/カ写, カ図）

ホオアカドロガメ *Kinosternon cruentatum*
ドロガメ科の爬虫類。甲長13～15cm。 ㊕メキシコ～ニカラグア北東部
¶爬両ビ（p60/カ写）

ホオカザリハチドリ *Lophornis ornatus* 頰飾蜂鳥
ハチドリ科ミドリフタオハチドリ亜科の鳥。全長6.5～7cm。 ㊕トリニダード, 南アメリカ北部
¶世色鳥（p74/カ写）
世美羽（p68/カ写, カ図）
ハチドリ（p98/カ写）

ホオグロオーストラリアムシクイ ⇒ライラックムシクイを見よ

ホオグロモリツバメ *Artamus personatus* 頰黒森燕
モリツバメ科の鳥。全長19cm。 ㊕オーストラリア
¶世鳥大（p378/カ写）
地球（p486/カ写）

ホオグロヤモリ *Hemidactylus frenatus* 頰黒守宮
ヤモリ科ヤモリ亜科の爬虫類。全長9～13cm。 ㊕奄美大島以南, 琉球列島, 東南アジアなど
¶ゲッコー（p20/カ写）
原爬両（No.35/カ写）
世爬（p102/カ写）
世文動（p259/カ写）
日カメ（p78/カ写）
爬両観（p141/カ写）
爬両飼（p85/カ写）
爬両1800（p131/カ写）
爬両ビ（p100/カ写）
野日爬（p29,134/カ写）

ホオコウチョウ *Estrilda melpoda* 頰紅鳥
カエデチョウ科の鳥。別名ホウコウチョウ, ホオアカカエデチョウ。全長9.5cm。
¶世文鳥（p278/カ写）
鳥飼（p86/カ写）
日鳥山増（p354/カ写）
フ日野新〔ホオアカカエデチョウ〕（p304/カ図）
フ日野増〔ホウコウチョウ〕（p304/カ図）

ホオコケツノガエル *Ceratophrys stolzmanni*
ユビナガガエル科の両生類。体長8cm前後。 ㊕エクアドル, ペルー
¶カエル見（p111/カ写）
世両（p177/カ写）
爬両1800（p430/カ写）

ホ

ホオジロ *Emberiza cioides* 頰白
ホオジロ科の鳥。全長17cm。 ㊕シベリア南部～アムール川, 中国東北地方, 朝鮮半島, 日本
¶くら鳥（p38,40/カ写）
原寸羽（p265/カ写）
里山鳥（p28/カ写）
四季鳥（p112/カ写）
巣と卵決（p184/カ写, カ図）
世文鳥（p248/カ写）
鳥卵巣（p344/カ写, カ図）
鳥比（p190/カ写）
鳥650（p700/カ写）
名鳥図（p219/カ写）
日ア鳥（p596/カ写）
日色鳥（p190/カ写）
日鳥識（p296/カ写）
日鳥巣（p268/カ写）
日鳥山新（p357/カ写）
日鳥山増（p275/カ写）
日野鳥新（p628/カ写）
日野鳥増（p566/カ写）

ばっ鳥（p362/カ写）
バード（p19/カ写）
羽根決（p326/カ写, カ図）
ひと目鳥（p208/カ写）
フ日野新（p268/カ図）
フ日野増（p268/カ図）
フ野鳥（p394/カ図）
野鳥学フ（p41/カ写）
野鳥山フ（p56,340/カ図, カ写）
山溪名鳥（p290/カ写）

ホオジロ〔亜種〕 *Emberiza cioides ciopsis* 頬白
ホオジロ科の鳥。
¶日野鳥新〔ホオジロ*〕（p628/カ写）
日野鳥増〔ホオジロ*〕（p566/カ写）

ホオジロアリモズ *Biatas nigropectus* 頬白蟻鵙
アリドリ科（アリモズ科）の鳥。絶滅危惧II類。体長18cm。㊕アルゼンチン, ブラジル
¶世鳥大（p350/カ写）
地球（p484/カ写）
鳥絶（p181/カ図）

ホオジロオナガガモ *Anas bahamensis* 頬白尾長鴨
カモ科の鳥。全長38～51cm。
¶地球（p414/カ写）

ホオジロカマドドリ *Xenops minutus* 頬白竈鳥
カマドドリ科の鳥。全長11cm。㊕メキシコ南東部～エクアドル西部。さらにアンデス山脈東側のアルゼンチン北部, パラグアイ, ブラジル南部
¶世鳥大（p356/カ写）

ホオジロガモ *Bucephala clangula* 頬白鴨
カモ科の鳥。全長42～50cm。㊕ユーラシア, 北アメリカの北部。冬は南に渡る
¶くら鳥（p91,92/カ写）
里山鳥（p188/カ写）
世鳥大（p134/カ写）
世文鳥（p80/カ写）
鳥比（p233/カ写）
鳥650（p79/カ写）
名鳥図（p61/カ写）
日ア鳥（p68/カ写）
日色鳥（p162/カ写）
日カモ（p264/カ写, カ図）
日鳥識（p86/カ写）
日鳥水増（p152/カ写）
日野鳥新（p84/カ写）
日野鳥増（p90/カ写）
ばっ鳥（p56/カ写）
バード（p150/カ写）
羽根決（p74/カ写, カ図）
ひと目鳥（p48/カ写）
フ日野新（p50/カ図）
フ日野増（p50/カ図）
フ野鳥（p48/カ図）
野鳥学フ（p225/カ写）
野鳥山フ（p21,122/カ図, カ写）
山溪名鳥（p292/カ写）

ホオジロカンムリヅル *Balearica regulorum* 頬白冠鶴
ツル科の鳥。絶滅危惧IB類。全長1.1m。㊕ウガンダ, ケニア～南アフリカ
¶驚野動（p189/カ写）
世鳥大（p214/カ写）
世鳥ネ（p120/カ写）
世美羽（p138/カ写, カ図）
地球（p441,443/カ写）
鳥卵巣（p154/カ写, カ図）

ホオジロクロガメ *Siebenrockiella crassicollis*
アジアガメ科（イシガメ（バタグールガメ）科）の爬虫類。甲長18～20cm。㊕東南アジア
¶世カメ（p294/カ写）
世爬（p31/カ写）
爬両1800（p45/カ写）
爬両ビ（p29/カ写）

ホオジロシマアカゲラ *Picoides borealis* 頬白島赤啄木鳥
キツツキ科の鳥。絶滅危惧II類。体長18cm。㊕アメリカ南東部
¶絶百9（p86/カ写）

ホオジロハクセキレイ *Motacilla alba leucopsis* 頬白白鶺鴒
セキレイ科の鳥。ハクセキレイの亜種。
¶名鳥図（p176/カ写）
日鳥山新（p315/カ写）
日鳥山増（p145/カ写）
日野鳥新（p589/カ写）
日野鳥増（p459/カ写）
山溪名鳥（p201/カ写）

ホオジロムクドリ *Gracupica contra* 頬白椋鳥
ムクドリ科の鳥。外来種とされる。全長23cm。㊕東京都などで記録
¶世文鳥（p280/カ写）
日鳥山新（p388/カ写）
フ野鳥（p334/カ図）

ホオスジドラゴン *Lophognathus temporalis*
アガマ科の爬虫類。全長40cm前後。㊕インドネシア（イリアンジャヤ）, ニューギニア, オーストラリア
¶爬両1800（p97/カ写）

ホオダレサンショウクイ *Campephaga lobata* 頬垂山椒喰
サンショウクイ科の鳥。絶滅危惧II類。体長21cm。㊕西アフリカ
¶鳥絶（p192）

ホオダレムクドリ *Heteralocha acutirostris* 頬垂椋鳥
ホオダレムクドリ科の鳥。絶滅種。頭胴長25〜30cm。㊞ニュージーランドの北島
¶**絶百9** (p88/カ図)

ホオヒゲモズモドキ *Vireo altiloquus* 頬髭百舌擬
モズモドキ科の鳥。㊞フロリダ, カリブ海諸島
¶**世鳥卵** (p216/カ写, カ図)

ホオミドリウロコインコ *Pyrrhura molinae* 頬緑鱗鸚哥
インコ科の鳥。㊞南アメリカ
¶**世美羽** (p64/カ写)

ホカケカメレオン *Trioceros cristatus*
カメレオン科の爬虫類。全長26〜29cm。㊞アフリカ中西部
¶**世爬** (p91/カ写)
爬両1800 (p116/カ写)
爬両ビ (p92/カ写)

ボカージュカベカナヘビ *Podarcis bocagei*
カナヘビ科の爬虫類。全長18〜20cm。㊞スペイン, ポルトガル
¶**爬両1800** (p185/カ写)

ホクオウクシイモリ *Triturus cristatus*
イモリ科の両生類。別名キタクシイモリ, クシイモリ。全長 オス10〜14cm, メス10〜16cm。㊞ヨーロッパ, アジア中央部
¶**驚野動** (p170/カ写)
絶百9 (p90/カ写)
地球〔クシイモリ〕(p367/カ写)
爬両1800 (p455/カ写)

ボクサー Boxer
犬の一品種。別名ドイチャー・ボクサー。体高 オス57〜63cm, メス53〜59cm。ドイツの原産。
¶**アルテ犬** (p148/カ写)
最犬大 (p116/カ写)
新犬種 (p240/カ写)
新世犬 (p82/カ写)
図世犬 (p96/カ写)
世文動 (p139/カ写)
ビ犬 (p90/カ写)

ホクブミズベヘビ *Nerodia sipedon*
ナミヘビ科ユウダ亜科の爬虫類。別名キタミズベヘビ。全長1.4m。㊞カナダ南東部〜アメリカ合衆国南部まで
¶**地球** (p395/カ写)
爬両1800〔キタミズベヘビ〕(p270/カ写)

ホクベイカミツキガメ *Chelydra serpentina serpentina* 北米嚙付亀
カミツキガメ科の爬虫類。甲長 メスオス共約40cm前後。㊞本州, 九州, 四国, 沖縄県など
¶**原爬両** (No.9/カ写)
爬両飼 (p148/カ写)

ホーグモードフキヤガマ *Atelopus hoogmoedi*
ヒキガエル科の両生類。体長2.5cm前後。㊞仏領ギアナ, ガイアナ共和国, スリナム, ブラジル北西部
¶**カエル見** (p29/カ写)

ホクリクサンショウウオ *Hynobius takedai* 北陸山椒魚
サンショウウオ科の両生類。日本固有種。全長10cm前後。㊞石川県・富山県
¶**原爬両** (No.171/カ写)
世文動 (p309/カ写)
日カサ (p180/カ写)
爬両飼 (p213/カ写)
爬両1800 (p435/カ写)
野日両 (p20,54,112/カ写)

ボゴタテンシハチドリ *Heliangelus zusii* ボゴタ天使蜂鳥
ハチドリ科ミドリフタオハチドリ亜科の鳥。全長12cm。㊞コロンビア
¶**ハチドリ** (p362)

ポサヴァッツ・ハウンド Posavatz Hound
犬の一品種。別名ポサヴスキ・ゴニッチ, ポザスキ・ゴニッツ。体高46〜58cm。クロアチアの原産。
¶**最犬大** (p298/カ写)
新犬種〔ポサフキ・ゴニッチ〕(p162/カ写)
ビ犬 (p178/カ写)

ポサヴスキ・ゴニッチ ⇒ポサヴァッツ・ハウンドを見よ

ホーサーシロクチニシキヘビ *Leiopython hoserae*
ニシキヘビ科の爬虫類。全長150〜200cm。㊞ニューギニア島南東部
¶**爬両1800** (p258/カ写)

ポザスキ・ゴニッツ ⇒ポサヴァッツ・ハウンドを見よ

ポサフキ・ゴニッチ ⇒ポサヴァッツ・ハウンドを見よ

ボサンスキ・オストロラキ・ゴニッツ・バラック ⇒ボスニアン・ラフコーテッド・ハウンドを見よ

ホシガラス *Nucifraga caryocatactes* 星烏, 星鴉
カラス科の鳥。全長33cm。㊞ヨーロッパ, アジアの亜寒帯, 高山。日本では四国以北の亜高山帯針葉樹林・ハイマツ林に棲む。冬はやや低地に下りる
¶**くら鳥** (p63/カ写)
里山鳥 (p119/カ写)
四季鳥 (p29/カ写)
巣と卵決 (p212/カ写, カ図)
世鳥大 (p392/カ写)
世鳥卵 (p246/カ写, カ図)
世文鳥 (p272/カ写)

鳥卵巣（p362/カ写, カ図）
鳥比（p88/カ写）
鳥650（p494/カ写）
名鳥図（p242/カ写）
日ア鳥（p415/カ写）
日色鳥（p170/カ写）
日鳥識（p228/カ写）
日鳥巣（p308/カ写）
日鳥山新（p154/カ写）
日鳥山増（p343/カ写）
日野鳥新（p459/カ写）
日野鳥増（p625/カ写）
ぱっ鳥（p257/カ写）
バード（p90/カ写）
羽根決（p364/カ写, カ図）
ひと目鳥（p228/カ写）
フ日野新（p300/カ図）
フ日野増（p300/カ図）
フ野鳥（p284/カ図）
野鳥学フ（p126/カ写, カ図）
野鳥山フ（p61,371/カ図, カ写）
山溪名鳥（p293/カ写）

ホ

ホシキバシリ *Salpornis spilonotus* 星木走
ホシキバシリ科の鳥。体長13cm。㊵サハラ以南のアフリカおよびインド
¶世鳥卵（p207/カ写, カ図）

ホシクズフトユビヤモリ *Pachydactylus atorquatus*
ヤモリ科ヤモリ亜科の爬虫類。全長8～10cm。㊵南アフリカ共和国
¶ゲッコー（p25/カ写）
爬両1800（p133/カ写）

ホシゴイ ⇒ゴイサギを見よ

ホシニラミスナボア *Eryx jayakari*
ボア科の爬虫類。別名アラビアスナボア。全長25～40cm。㊵アラビア半島東部～南部
¶世爬（p174/カ写）
爬両1800（p263/カ写）
爬両ビ（p183/カ写）

ホシノドミズベハチドリ *Leucippus taczanowskii* 星喉水辺蜂鳥
ハチドリ科ハチドリ亜科の鳥。全長11.5～12.5cm。
¶ハチドリ（p248/カ写）

ホシバシペリカン *Pelecanus philippensis* 星嘴ペリカン
ペリカン科の鳥。別名フィリピンペリカン。全長1.3～1.5m。㊵インド, スリランカ, カンボジア
¶地球〔フィリピンペリカン〕（p429/カ写）
鳥比（p257/カ写）
鳥650（p153/カ写）
日ア鳥（p132/カ写）
フ野鳥（p94/カ図）

ホシハジロ *Aythya ferina* 星羽白
カモ科の鳥。全長 オス48cm, メス43cm。㊵ユーラシア大陸。日本では北海道
¶くら鳥（p90,92/カ写）
原寸羽（p55/カ写）
里山鳥（p186/カ写）
四季鳥（p88/カ写）
世鳥大（p132/カ写）
世文鳥（p72/カ写）
鳥比（p224/カ写）
鳥650（p64/カ写）
名鳥図（p58/カ写）
日ア鳥（p50/カ写）
日カモ（p171/カ写, カ図）
日鳥識（p80/カ写）
日鳥水増（p137/カ写）
日野鳥新（p67/カ写）
日野鳥増（p73/カ写）
ぱっ鳥（p49/カ写）
バード（p101/カ写）
ひと目鳥（p48/カ写）
フ日野新（p48/カ図）
フ日野増（p48/カ図）
フ野鳥（p38/カ図）
野鳥学フ（p171/カ写）
野鳥山フ（p19,114/カ図, カ写）
山溪名鳥（p294/カ写）

ホシバナモグラ *Condylura cristata* 星鼻土竜
モグラ科の哺乳類。体長15～20cm。㊵北アメリカ
¶世哺（p82/カ写）
地球（p559/カ写）

ホシフクサマウス *Lemniscomys striatus*
ネズミ科の哺乳類。体長9～14cm。㊵西アフリカ, アフリカ南部～東アフリカ
¶地球（p527/カ写）

ホシベニヘビ *Calliophis maculiceps*
コブラ科の爬虫類。全長30～50cm。㊵ミャンマー～インドシナ半島, マレー半島
¶世文動（p297/カ写）

ホシボシタマオヤモリ *Nephrurus stellatus*
ヤモリ科の爬虫類。全長10cm前後。㊵オーストラリア南部
¶ゲッコー（p70/カ写）
爬両1800〔ホシボシヤマオヤモリ〕（p157/カ写）

ホシムクドリ *Sturnus vulgaris* 星椋鳥
ムクドリ科の鳥。全長21～22cm。㊵ヨーロッパ, 北アフリカ, アジア
¶四季鳥（p89/カ写）
世鳥大（p432/カ写）
世鳥卵（p230/カ写, カ図）
世鳥ネ（p296/カ写）

世文鳥（p268/カ写）
地球（p493/カ写）
鳥卵巣（p353/カ写, カ図）
鳥比（p128/カ写）
鳥650（p586/カ写）
名鳥図（p238/カ写）
日ア鳥（p498/カ写）
日色鳥（p157/カ写）
日鳥識（p256/カ写）
日鳥山新（p239/カ写）
日鳥山増（p331/カ写）
日野鳥新（p532/カ写）
日野鳥増（p614/カ写）
ぱっ鳥（p308/カ写）
羽根決（p393/カ写, カ図）
フ日野新（p294/カ図）
フ日野増（p294/カ図）
フ野鳥（p332/カ図）
山溪名鳥（p317/カ写）

ホシムネヒメアリサザイ *Myrmotherula gularis* 星胸姫蟻鷦鷯
アリドリ科の鳥。全長8.5～9.5cm。
¶世鳥大（p350/カ写）

ホシヤブガメ *Psammobates geometricus*
リクガメ科の爬虫類。絶滅危惧IB類。背甲長最大16.5cm。㊀南アフリカ共和国
¶**絶百4**（p28/カ写）

ホシワキアカトウヒチョウ *Pipilo maculatus*
ホオジロ科の鳥。全長22cm。
¶世鳥大（p480/カ写）
地球（p498/カ写）

ホースガエル *Rana hosii*
アカガエル科の両生類。体長4.5～10cm。㊀マレーシア, タイ
¶カエル見（p85/カ写）
世カエ（p342/カ写）
爬両1800（p414/カ写）

ボスカヘリユビカナヘビ *Acanthodactylus boskianus*
カナヘビ科の爬虫類。全長15～18cm。㊀アフリカ大陸北部, 中東
¶世爬（p131/カ写）
世文動（p270/カ写）
爬両1800（p194/カ写）
爬両ビ（p132/カ写）

ホースキノボリヒキガエル ⇒マレーキノボリガマを見よ

ボストン・テリア Boston Terrier
犬の一品種。体重6.8kgまで, 6.8～9kg,9～11.35kgのクラスに分割。アメリカ合衆国の原産。
¶アルテ犬（p118/カ写）
最犬大（p390/カ写）
新犬種（p101/カ写）
新世犬（p310/カ写）
図世犬（p290/カ写）
世文動（p139/カ写）
ビ犬（p196/カ写）

ボスニアン・コースヘアード・ハウンド ⇒ボスニアン・ラフコーテッド・ハウンドを見よ

ボスニアン・バラック ⇒ボスニアン・ラフコーテッド・ハウンドを見よ

ボスニアン・ラフコーテッド・ハウンド Bosnian Rough-coated Hound
犬の一品種。別名ボスニアン・ラフヘアード・ハウンド, ボスニアン・コースヘアード・ハウンド, ボサンスキ・オストロラキ・ゴニッツ・バラック, ボスニアン・バラック。体高46～56cm。ボスニアの原産。
¶最犬大〔ボスニアン・コースヘアード・ハウンド〕（p298/カ写）
新犬種〔ボスニアン・ラフヘアード・ハウンド〕（p162/カ写）
ビ犬（p179/カ写）

ボスニアン・ラフヘアード・ハウンド ⇒ボスニアン・ラフコーテッド・ハウンドを見よ

ホズマーイワトカゲ *Egernia hosmeri*
スキンク科の爬虫類。全長29～35cm。㊀オーストラリア北東部
¶世爬（p144/カ写）
爬両1800（p215/カ写）

ボースロン Beauceron
犬の一品種。別名ベルジェ・ド・ボース。体高 オス65～70cm, メス61～68cm。フランスの原産。
¶最犬大（p76/カ写）
新犬種〔ベルジェ・ド・ボース〕（p275/カ写）
ビ犬（p86/カ写）

ホソアオジタトカゲ *Cyclodomorphus* sp. 細青舌蜥蜴
スキンク科の爬虫類。全長16～40cm。㊀オーストラリア
¶世爬（p141/カ写）
爬両1800〔ホソアオジタトカゲ属の1種〕（p212/カ写）
爬両ビ（p148/カ写）

ホソオオトカゲ ⇒ミドリホソオオトカゲを見よ

ホソオクモネズミ *Phloeomys cumingi*
ネズミ科の哺乳類。体長28～48cm。㊀フィリピンのルソン島と周辺島嶼
¶地球（p527/カ写）

ホソオハチドリ *Microstilbon burmeisteri* 細尾蜂鳥
ハチドリ科ハチドリ亜科の鳥。全長7～9cm。
¶ハチドリ（p387）

ホ

ホソオビアオジタトカゲ *Tiliqua multifasciata* 細帯青舌蜥蜴
スキンク科の爬虫類。全長40～45cm。㊕オーストラリア中部
¶世爬(p141/カ写)
爬両1800(p211/カ写)
爬両ビ(p148/カ写)

ホソオヒメエメラルドハチドリ *Chlorostilbon stenurus* 細尾姫エメラルド蜂鳥
ハチドリ科ハチドリ亜科の鳥。全長7.5～9cm。
¶ハチドリ(p376)

ホソオライチョウ *Tympanuchus phasianellus* 細尾雷鳥
キジ科の鳥。全長41～47cm。
¶地球(p410/カ写)

ホソカメレオン *Kinyongia tenuis*
カメレオン科の爬虫類。全長10～12cm。㊕タンザニア北東部, ケニア南東部
¶爬両1800(p118/カ写)

ホソカメレオンモドキ *Chamaeleolis porcus*
イグアナ科アノールトカゲ亜科の爬虫類。全長30cm前後。㊕キューバ
¶爬両1800(p84/カ写)

ホソツラガーターヘビ *Thamnophis rufipunctatus*
ナミヘビ科ユウダ亜科の爬虫類。全長45～85cm。㊕アメリカ合衆国南西部, メキシコ北西部
¶爬両1800(p273/カ写)

ホソツラナメラ *Gonyosoma oxycephalum*
ナミヘビ科ナミヘビ亜科の爬虫類。全長150～230cm。㊕インド, 東南アジア
¶世爬(p201/カ写)
世文動(p288/カ写)
世ヘビ(p92/カ写)
地球(p396/カ写)
爬両1800(p307/カ写)
爬両ビ(p221/カ写)

ホソフタオハチドリ *Thaumastura cora* 細双尾蜂鳥
ハチドリ科ハチドリ亜科の鳥。全長7～13cm。
¶ハチドリ(p314/カ写)

ホソマングース *Galerella sanguinea*
マングース科の哺乳類。体長32～34cm。㊕サハラ以南のアフリカ
¶地球(p586/カ写)

ホソユビナガガエル *Leptodactylus gracilis*
ユビナガガエル科の両生類。体長5～7cm。㊕南米大陸中部
¶爬両1800(p431/カ写)

ホソロリス *Loris tardigradus*
ロリス科の哺乳類。別名アカスレンダーロリス, スレンダーロリス。絶滅危惧IB類。体長17～26cm。㊕インドおよびスリランカ
¶絶百6〔スレンダーロリス〕(p90/カ写)
世文動(p74/カ写)
世哺(p98/カ写)
地球(p535/カ写)
美サル〔アカスレンダーロリス〕(p67/カ写)

ボーダー・コリー Border Collie
犬の一品種。体高 オス53cm, メスはやや小さい。イギリスの原産。
¶アルテ犬(p169,174/カ写)
最犬大(p36/カ写)
新犬種(p142/カ写)
新世犬(p50/カ写)
図世犬(p54/カ写)
世文動(p139/カ写)
ビ犬(p51/カ写)

ボーダー・テリア Border Terrier
犬の一品種。家庭犬。体重 オス5.9～7.1kg, メス5.1～6.4kg。イギリスの原産。
¶アルテ犬(p90/カ写)
最犬大(p183/カ写)
新犬種(p68/カ写)
新世犬(p229/カ写)
図世犬(p138/カ写)
世文動(p138/カ写)
ビ犬(p207/カ写)

ポタモガーレ *Potamogale velox*
テンレック科の哺乳類。絶滅危惧IB類。体長29～35cm。㊕西アフリカ, 中央アフリカ
¶絶百9(p92/カ図)
世文動(p56/カ写)

ボーダー・レスター Border Leicester
羊の一品種。体重 オス100～125kg, メス80～100kg。イギリスの原産。
¶日家(p123/カ写)

ボタンインコ *Agapornis lilianae* 牡丹鸚哥
インコ科の鳥。全長13.5cm。㊕ザンビア北部, タンザニア南西部のアカシアが生えるサバンナ, 渓谷に生息
¶鳥飼(p124/カ写)

ボタンカメレオン *Furcifer verrucosus*
カメレオン科の爬虫類。全長51cm。㊕東部と北端部を除くマダガスカル全土
¶世爬(p96/カ写)
地球(p380/カ写)
爬両1800(p122/カ写)

ボーダンノドツナギガエル *Smilisca baudinii*
アマガエル科の両生類。体長7.5～9cm。㊕中米
¶かえる百(p66/カ写)
カエル見(p41/カ写)

世両(p66/カ写)
爬両1800(p382/カ写)
爬両ビ(p251/カ写)

ボタンバト *Ptilinopus jambu* 牡丹鳩
ハト科の鳥。全長22～28cm。㊀マレー半島, スマトラ島, カリマンタン島
¶原色鳥(p94/カ写)
鳥飼(p177/カ写)

ボタンフトユビヤモリ *Chondrodactylus fitzsimoni*
ヤモリ科ヤモリ亜科の爬虫類。全長13～19cm。㊀アンゴラ南西部, ナミビア北端部
¶ゲッコー(p28/カ写)

ポーチ *Rhinophrynus dorsalis*
ポーチ科(メキシコジムグリガエル科)の両生類。別名メキシコジムグリガエル。体長5～8cm。㊀アメリカ合衆国南端部, メキシコ～コスタリカ北西部
¶カエル見(p23/カ写)
世カエ〔メキシコジムグリガエル〕(p66/カ図)
世文動(p319/カ写)
世両(p26/カ写)
地球〔メキシコジムグリガエル〕(p365/カ写)
爬両1800(p362/カ写)
爬両ビ(p297/カ写)

ポーチュギース・ウォーター・ドッグ
Portuguese Water Dog
犬の一品種。別名ポルトガル・ウォーター・ドッグ, カオ・デ・アグア, カオ・デ・アグア・ポルトゲース。体高 オス50～57cm, メス43～52cm。ポルトガルの原産。
¶最犬大〔ポーチュギーズ・ウォーター・ドッグ〕(p359/カ写)
新犬種〔カォ・デ・アグア・ポルトゲース〕(p175/カ写)
新世犬(p168/カ写)
図世犬(p281/カ写)
ビ犬(p228/カ写)

ポーチュギース・ウォッチドッグ ⇒ラフェイロ・ド・アレンテージョを見よ

ポーチュギース・ウォーレン・ハウンド ⇒ポデンゴ・ポーチュギースを見よ

ポーチュギース・キャトル・ドッグ ⇒カストロ・ラボレイロ・ドッグを見よ

ポーチュギース・シープドッグ Portuguese Sheepdog
犬の一品種。別名ポルトガル・シープドッグ, カォ・ダ・セラ・デ・アイレス, モンキー・ドッグ。体高 オス45～55cm, メス42～52cm。ポルトガルの原産。
¶最犬大(p83/カ写)
新犬種〔カォ・ダ・セラ・デ・アイレス〕(p167/カ写)
ビ犬(p50/カ写)

ポーチュギース・ハウンド ⇒ポデンゴ・ポーチュギースを見よ

ポーチュギース・ポインティング・ドッグ
Portuguese Pointing Dog
犬の一品種。別名ポルトガル・ポインター, ペルジゲーロ・ポルトゲース, ペルディゲイル・ポルトゥゲース。体高 オス56cm, メス52cm。ポルトガルの原産。
¶最犬大〔ポーチュギーズ・ポインティング・ドッグ〕(p335/カ写)
新犬種〔ペルディゲイロ・ポルトゲース/ポルトガル・ポインター〕(p200/カ写)
ビ犬(p249/カ写)

ポーチュギース・ポデンゴ ⇒ポデンゴ・ポーチュギースを見よ

ホッカイドウイヌ Hokkaido Dog 北海道犬
犬の一品種。別名アイヌケン。天然記念物。体高 オス48.5～51.5cm, メス45.5～48.5cm。北海道の原産。
¶最犬大〔北海道〕(p209/カ写)
新犬種〔北海道犬〕(p134/カ写)
新世犬〔北海道〕(p98/カ写)
図世犬〔北海道〕(p193/カ写)
世文動〔北海道犬〕(p149/カ写)
日家〔北海道犬〕(p230/カ写)
ビ犬〔北海道〕(p110/カ写)

ホッカイドウワシュ Hokkaido Pony 北海道和種
馬の一品種。別名ドサンコ, ドサンバ。日本在来馬。体高123～135cm。北海道の原産。
¶アルテ馬〔北海道和種〕(p266/カ写)
世文動〔北海道和種馬(道産子)〕(p189/カ写)
日家〔北海道和種(道産子、土産馬)〕(p20/カ写)

ホッキョクオオカミ *Canis lupus arctcos* 北極狼
イヌ科の哺乳類。体長1.1～1.4m。
¶地球(p564/カ写)

ホッキョクギツネ *Vulpes lagopus* 北極狐
イヌ科の哺乳類。体長50～75cm。㊀カナダ北部, アラスカ, グリーンランド, ヨーロッパ北部, アジア北部
¶驚野動(p27/カ写)
世文動(p133/カ写)
世哺(p220/カ写)
地球(p562/カ写)
野生イヌ(p30/カ写, カ図)

ホッキョククジラ *Balaena mysticetus* 北極鯨
セミクジラ科の哺乳類。体長14～18m。㊀北極圏
¶クイ百(p76/カ図)
世哺(p204/カ写, カ図)
地球(p612/カ図)
日哺学フ(p211/カ写, カ図)

ホ

ホッキョクグマ *Ursus maritimus* 北極熊
クマ科の哺乳類。絶滅危惧II類。体長1.8〜2.8m。
㊎北極の氷に覆われた水域
¶**遺産世**(Mammalia No.22/カ写)
驚野動(p29/カ写)
絶百5(p24/カ写)
世文動(p150/カ写)
世哺(p235/カ写)
地球(p567,568/カ写)
レ生(p281/カ写)

ホッキョクノウサギ *Lepus arcticus* 北極野兎
ウサギ科の哺乳類。体長55〜70cm。 ㊎北極
¶**世哺**(p141/カ写)
地球(p522/カ写)

ホッグジカ *Axis porcinus*
シカ科の哺乳類。絶滅危惧IB類。体高61〜70cm。
㊎パキスタン〜中国南部
¶**世文動**(p205/カ写)
地球(p597/カ写)
レ生(p282/カ写)

ホ

ボッタイロメガエル *Boophis bottae*
マダガスカルガエル科の両生類。体長2.1〜3.5cm。
㊎マダガスカル東部
¶**爬両1800**(p401/カ写)

ホッテントットキンモグラ *Amblysomus hottentotus*
キンモグラ科の哺乳類。体長11.5〜14.5cm。
¶**地球**(p513/カ写)

ポットー *Perodicticus potto*
ロリス科の哺乳類。別名ポト。体高30〜40cm。
㊎アフリカ
¶**世文動**(p75/カ写)
世哺(p99/カ写)
地球(p535/カ写)
美サル〔ポト〕(p167/カ写)

ポットベリー Potbelly
豚の一品種。体重20〜40kg。ベトナムの原産。
¶**日家**(p104/カ写)

ボーティア ⇒ヒマラヤン・シープドッグを見よ

ボデゲーロ・アンダルース ⇒アンダルシアン・マウス・ハンティング・テリアを見よ

ポデンコ・アンダルース Podenco Andaluz
犬の一品種。別名アンダルシアン・ポデンコ。地中海沿岸の中型ハウンド。体高 ラージ：オス54〜64cm, メス53〜61cm ミディアム：オス43〜53cm, メス42〜52cm スモール：オス35〜42cm, メス32〜41cm。スペインの原産。
¶**最犬大**(p248/カ写)
新犬種(p178)

ポデンゴ・イビセンコ ⇒イビザン・ハウンドを見よ

ポデンコ・カナリオ Podenco Canario
犬の一品種。別名ポデンゴ・カナリオ, カナリアン・ウォーレン・ハウンド。体高 オス55〜64cm, メス53〜60cm。スペインの原産。
¶**最犬大**〔カナリアン・ポデンコ〕(p246/カ写)
新犬種(p286/カ写)
ビ犬〔カナリアン・ウォーレン・ハウンド〕(p33/カ写)

ポデンゴ・ポーチュギース Podengo Portuguese
犬の一品種。別名ポーチュギース・ウォーレン・ハウンド, ポーチュギース・ハウンド, ポデンゴ・ポルトゲース。地中海沿岸の中型ハウンド。体高 ラージ55〜70cm, ミディアム40〜54cm, スモール20〜30cm。ポルトガルの原産。
¶**最犬大**(p250/カ写)
新犬種〔ポデンゴ・ポルトゲース・ペケーノ〕(p44/カ写)
新犬種〔ポデンゴ・ポルトゲース・メディオ〕(p177/カ写)
新犬種〔ポデンゴ・ポルトゲース・グランデ〕(p286/カ写)
新世犬(p113/カ写)
図世犬(p214/カ写)
ビ犬〔ポーチュギース・ポデンゴ〕(p34/カ写)

ポデンゴ・ポルトゲース ⇒ポデンゴ・ポーチュギースを見よ

ポデンゴ・ポルトゲース・グランデ ⇒ポデンゴ・ポーチュギースを見よ

ポデンゴ・ポルトゲース・ペケーノ ⇒ポデンゴ・ポーチュギースを見よ

ポデンゴ・ポルトゲース・メディオ ⇒ポデンゴ・ポーチュギースを見よ

ポト ⇒ポットーを見よ

ポトク Pottok
馬の一品種(ポニー)。体高 ピーバルド：111〜130cm, ダブル：122〜142cm。フランスのバスク地方の原産。
¶**アルテ馬**(p249/カ写)

ホドスキー・ペス ⇒ボヘミアン・シェパードを見よ

ホトトギス *Cuculus poliocephalus* 郭公, 子規, 時鳥, 杜鵑, 不如帰, 蜀魂, 霍公鳥
カッコウ科の鳥。全長25cm。 ㊎ヒマラヤ〜ウスリー, マレー半島, ボルネオ島, 大スンダ列島, マダガスカル島で繁殖。日本では九州以北の夏鳥
¶**くら鳥**(p69/カ写)
原寸羽(p176/カ写)
里山鳥(p71/カ写)
四季鳥(p40/カ写)
巣と卵決(p82/カ写, カ図)

世鳥大（p274/カ写）
世文鳥（p174/カ写）
鳥比（p22/カ写）
鳥650（p210/カ写）
名鳥図（p149/カ写）
日ア鳥（p179/カ写）
日色鳥（p203/カ写）
日鳥識（p130/カ写）
日鳥山新（p39/カ写）
日鳥山増（p84/カ写）
日野鳥新（p199/カ写）
日野鳥増（p405/カ写）
ぱっ鳥（p119/カ写）
バード（p50/カ写）
羽根決（p208/カ写, カ図）
ひと目鳥（p140/カ写）
フ日野新（p202/カ図）
フ日野増（p202/カ図）
フ野鳥（p124/カ図）
野鳥学フ（p118/カ写）
野鳥山フ（p41,240/カ図, カ写）
山溪名鳥（p295/カ写）

ボナパルトカモメ *Larus philadelphia* ボナパルト鷗
カモメ科の鳥。全長28〜30cm。
¶世鳥ネ（p145/カ写）
地球（p449/カ写）
鳥比（p331/カ写）
鳥650（p313/カ写）
日ア鳥（p267/カ写）
日鳥水増（p274/カ写）
日野鳥新（p305/カ写）
日野鳥増（p153/カ写）
フ日野新（p314/カ図）
フ日野増（p314/カ図）
フ野鳥（p180/カ図）

ポニー・オブ・アメリカ Pony of the Americas
馬の一品種。体高112〜132cm。
¶アルテ馬（p243/カ写）

ホネナガキガエル ⇒アイフィンガーガエルを見よ

ボネリークマタカ *Hieraaetus fasciatus* ボネリー熊鷹, ボネリー角鷹
タカ科の鳥。全長55〜72cm。
¶地球（p432/カ写）

ホノオアリドリ *Phlegopsis nigromaculata* 炎蟻鳥
アリドリ科の鳥。全長17〜18cm。 ㋤アマゾン川流域
¶世鳥大（p352/カ写）

ホノオフウキンチョウ *Piranga bidentata* 炎風琴鳥
ショウジョウコウカンチョウ科の鳥。全長18〜19cm。 ㋤メキシコ〜パナマ
¶世色鳥（p128/カ写）

ボノボ *Pan paniscus*
ヒト科の哺乳類。別名ピグミーチンパンジー。絶滅危惧IB類。体高70〜83cm。 ㋤アフリカ中央部（コンゴ川左岸）
¶遺産世（Mammalia No.14/カ写）
絶百7〔ピグミーチンパンジー〕（p48/カ写）
世文動〔ピグミーチンパンジー〕（p95/カ写）
世哺〔ピグミーチンパンジー〕（p127/カ写）
地球（p549/カ写）
美サル（p215/カ写）

ホーファヴァルト ⇒ホフヴァルトを見よ

ホフヴァルト Hovawart
犬の一品種。体高 オス63〜70cm, メス58〜65cm。ドイツの原産。
¶最犬大（p141/カ写）
新犬種〔ホーファヴァルト〕（p276/カ写）
ビ犬（p82/カ写）

ボブキャット *Lynx rufus*
ネコ科の哺乳類。別名アカオオヤマネコ。体長65〜105cm。 ㋤南カナダ, アメリカ, メキシコ
¶驚野動（p37/カ写）
世文動（p166/カ写）
世哺（p282/カ写）
地球（p577/カ写）
野生ネコ（p122/カ写, カ図）

ボブテイル ⇒オールド・イングリッシュ・シープドッグを見よ

ボブテイル・シープドッグ ⇒オールド・イングリッシュ・シープドッグを見よ

ボブ・テール ⇒オールド・イングリッシュ・シープドッグを見よ

ポープヒバァ *Amphiesma popei*
ナミヘビ科ユウダ亜科の爬虫類。全長50〜60cm。 ㋤中国南部, ベトナム北部
¶**爬両1800**（p269/カ写）

ホフマンナマケモノ *Choloepus hoffmanni*
ナマケモノ科の哺乳類。 ㋤中央アメリカ, 南アメリカ北部・西部
¶驚野動（p79/カ写）
世文動（p97/カ写）

ボヘミアン・シェパード Bohemian Shepherd
犬の一品種。別名ボヘミアン・シープドッグ, ホドスキー・ペス。体高 オス51〜56cm, メス48〜53cm。チェコの原産。
¶最犬大（p71/カ写）
新犬種〔ホドスキ・ペス〕（p223/カ写）

ボヘミアン・シープドッグ ⇒ボヘミアン・シェパードを見よ

ボヘミアン・スポテッド・ドッグ　⇒チェスキー・ストラカティ・ペスを見よ

ボヘミアン・テリア　⇒チェスキー・テリアを見よ

ボヘミアン・マウンテンドッグ　⇒チェスキー・ホルスキー・ペスを見よ

ボヘミアン・ラフヘアード・ポインター　⇒チェスキー・フォーセクを見よ

ボヘミアン・ワイアーヘアード・ポインティング・グリフォン　⇒チェスキー・フォーセクを見よ

ボボリンク　*Dolichonyx oryzivorus*
ムクドリモドキ科の鳥。全長15～20cm。㊎カナダ南部～アメリカ合衆国中央部で繁殖。南アメリカ，主にアルゼンチン北部で越冬
¶**世鳥大**（p473/カ写）
地球（p496/カ写）

ホ

ボホールリードバック　*Redunca redunca*
ウシ科の哺乳類。体高65～89cm。㊎アフリカ
¶**世哺**（p361/カ写）
地球（p601/カ写）

ホームセオレガメ　*Kinixys homeana*
リクガメ科の爬虫類。甲長18cm前後。㊎アフリカ西部～中部
¶**世カメ**（p40/カ写）
世爬（p13/カ写）
爬両1800（p16/カ写）
爬両ビ（p10/カ写）

ポメラニアン　Pomeranian
犬の一品種。別名ツヴェルク・スピッツ，ツヴェルク・シュピッツ，トイ・スピッツ。体高20±2cm。ドイツの原産。
¶**アルテ犬**（p208/カ写）
最犬大（p213/カ写）
新犬種（p21/カ写）
新世犬（p298/カ写）
図世犬（p208/カ写）
世文動（p146/カ写）
ビ犬（p118/カ写）

ポメラニアンガチョウ　Pomeranian Goose
ガチョウの一品種（卵肉兼用種）。別名サドルバック。体重 オス7～8kg，メス6～7kg。ドイツの原産。
¶**日家**〔ポメラニアン（サドルバック）〕（p218/カ写）

ホライモリ　*Proteus anguinus*　洞井守，洞螈
ホライモリ科の両生類。別名オルム。絶滅危惧II類。全長20～30cm。㊎ヨーロッパ
¶**遺産世**〔オルム〕（Amphibia No.12/カ写，モ図）
絶百9（p94/カ写）
世文動（p313/カ写）
地球（p369/カ写）

ホランジェ・スモースホント　⇒ダッチ・スムースホンドを見よ

ホランジェ・ヘルダースホント　⇒ダッチ・シェパード・ドッグを見よ

ホーランゼ・シュマウシュホンド　⇒ダッチ・スムースホンドを見よ

ホランセ・ヘルデルホント　⇒ダッチ・シェパード・ドッグを見よ

ポーランド・チャイナ　Poland China
豚の一品種。体重200～450kg。アメリカの原産。
¶**世文動**（p196/カ写）

ホーランドロップ　Holland Lop
兎の一品種。オランダの原産。
¶**うさぎ**（p104/カ写）
新うさぎ（p116/カ写）

ホリダムツブハダキガエル　*Theloderma horridum*
アオガエル科の両生類。体長3.3～4.3cm。㊎タイ，マレーシア，インドネシア
¶**カエル見**（p50/カ写）
爬両1800（p390/カ写）

ポーリッシュ〔ウサギ〕　Polish
兎の一品種。愛玩用ウサギ。体重1～2kg。イギリスもしくはドイツの原産。
¶**うさぎ**（p154/カ写）
新うさぎ（p184/カ写）
日家（p138/カ写）

ポーリッシュ〔ニワトリ〕　Polish
鶏の一品種（愛玩用）。体重 オス2.2～2.4kg，メス1.5～2kg。ヨーロッパの原産。
¶**日家**（p204/カ写）

ポーリッシュ・グレーハウンド　⇒ウインドフンドを見よ

ポーリッシュ・ハウンド　Polish Hound
犬の一品種。別名オガール・ポルスキ。体高 オス56～65cm，メス55～60cm。ポーランドの原産。
¶**最犬大**（p303/カ写）
新犬種〔オガール・ポルスキ/ポーリッシュ・ハウンド〕（p237/カ写）
ビ犬（p178/カ写）

ポーリッシュ・ハンティング・ドッグ　Polish Hunting Dog
犬の一品種。別名ゴンチェ・ポルスキ。体高 オス55～59cm，メス50～55cm。ポーランドの原産。
¶**最犬大**（p303/カ写）

ポーリッシュ・ローランド・シープドッグ　Polish Lowland Sheepdog
犬の一品種。別名ポーリッシュ・ローランド・シープドッグ，ポルスキー・オフチャレク・ニジンニ，ポルスキー・オフチャレク・ニツィニー。体高 オ

ス45〜50cm, メス42〜47cm。ポーランドの原産。
¶**最犬大** (p57/カ写)
新犬種〔ポルスキ・オフチャレク・ニジンニ〕(p122/カ写)
新世犬 (p62/カ写)
図世犬 (p76/カ写)
ビ犬 (p57/カ写)

ポリネシアネズミ ⇒ナンヨウネズミを見よ

ボリビアリスザル *Saimiri boliviensis*
オマキザル科の哺乳類。体高27〜32cm。㊕南アメリカ
¶**世哺** (p112/カ写)
地球 (p541/カ写)
美サル (p34/カ写)

ボリビアンボア *Boa constrictor amarali*
ボア科ボア亜科の爬虫類。ボアコンストリクターの亜種。別名アマラリ。全長2.0m。㊕ブラジル南部, ボリビア南東部
¶**世ヘビ** (p12/カ写)

ボリファンバクサガエル *Hyperolius bolifambae*
クサガエル科の両生類。全長2〜3.5cm。㊕アフリカ西部の低木林
¶**地球** (p359/カ写)

ボーリンミモダエトカゲ *Lygosoma bowringii*
スキンク科の爬虫類。全長12〜15cm。㊕東南アジア広域
¶**爬両1800** (p207/カ写)

ポルスキー・オフチャレク・ニジンニ ⇒ポーリッシュ・ローランド・シープドッグを見よ

ポルスキー・オフチャレク・ニツィニー ⇒ポーリッシュ・ローランド・シープドッグを見よ

ポルスキ・オフチャレク・ポダランスキ ⇒タトラ・シェパード・ドッグを見よ

ポルスキー・オフチャレク・ポドハランスキー ⇒タトラ・シェパード・ドッグを見よ

ホルスタイナー ⇒ホルスタイン〔ウマ〕を見よ

ホルスタイン〔ウシ〕 Holstein
牛の一品種(乳牛)。体高 オス152cm, メス140cm。オランダ(フリースランド州)およびドイツ(ホルスタイン地方)の原産。
¶**世文動** (p211/カ写)
日家 (p76/カ写)

ホルスタイン〔ウマ〕 Holstein
馬の一品種。別名ホルスタイナー。軽量馬。体高160〜173cm。ドイツの原産。
¶**アルテ馬** (p82/カ写)
日家〔ホルスタイナー〕(p43/カ写)

ホルストガエル *Rana holsti* ホルスト蛙
アカガエル科の両生類。天然記念物。日本固有種。体長10〜11cm。㊕沖縄北部・渡嘉敷島
¶**かえる百** (p84/カ写)
原爬両 (No.149/カ写)
日カサ (p124/カ写)
爬両観 (p118/カ写)
爬両飼 (p190/カ写)
爬両1800 (p415/カ写)
野日両 (p40,88,177/カ写)

ホルストマブヤ *Trachylepis gravenhorstii*
スキンク科の爬虫類。全長15〜20cm。㊕マダガスカル
¶**爬両1800** (p204/カ写)

ホルスフィールドリクガメ ⇒ヨツユビリクガメを見よ

ポルスレーヌ Porcelaine
犬の一品種。別名ポルセレーヌ。体高 オス55〜58cm, メス53〜56cm。フランスの原産。
¶**最犬大** (p288/カ写)
新犬種 (p202/カ写)
ビ犬 (p154/カ写)

ポルセレーヌ ⇒ポルスレーヌを見よ

ボルゾイ Borzoi
犬の一品種。別名ボルゾイ・ロシアン・ハンティング・サイトハウンド, プソーヴァヤ・ボルザーヤ, ルスカヤ・ソヴァヤ・ボルゾイ, ロシアン・ウルフハウンド。獣猟犬。体高 オス75〜85cm, メス68〜78cm。ロシアの原産。
¶**アルテ犬** (p34/カ写)
最犬大 (p417/カ写)
新犬種 (p333/カ写)
新世犬 (p190/カ写)
図世犬 (p328/カ写)
世文動 (p139/カ写)
ビ犬 (p132/カ写)

ボルゾイ・ロシアン・ハンティング・サイトハウンド ⇒ボルゾイを見よ

ポールソンパシフィックボア *Candoia carinata paulsoni*
ボア科ボア亜科の爬虫類。別名ソロモン・グランドボア, ハブモドキボア, パシフィック・グランドボア。全長 オス60〜90cm, メス120〜150cm。㊕ソロモン諸島, ニューギニア島とその周辺のインドネシアの島々など
¶**世ヘビ** (p51/カ写)

ホルタイ Chortai
犬の一品種。別名ホルターヤ, ホルト, スホルタイ, イースタン・グレイハウンド。体高75cm。ロシアの原産。
¶**新犬種** (p330/カ写)

ホ

ホルターヤ ⇒ホルタイを見よ

ボルチモアムクドリモドキ *Icterus galbula* ボルチモア椋鳥擬
ムクドリモドキ科の鳥。全長18〜20cm。㊎北アメリカ北部で繁殖。南アメリカ中央部・北部で越冬
¶世色鳥(p129/カ写)
世鳥大(p472/カ写)
地球(p496/カ写)

ホルト ⇒ホルタイを見よ

ポルトガル・ウォーター・ドッグ ⇒ポーチュギース・ウォーター・ドッグを見よ

ポルトガル・シープドッグ ⇒ポーチュギース・シープドッグを見よ

ポルトガル・ポインター ⇒ポーチュギース・ポインティング・ドッグを見よ

ホ

ポール・ドーセット Poll Dorset
羊の一品種。体重70〜110kg。オーストラリアの原産。
¶日家(p124/カ写)

ボルドー・マスティフ Bordeaux Mastiff
犬の一品種。別名ドーグ・ド・ボルドー。体高 オス60〜68cm, メス58〜66cm。フランスの原産。
¶最犬大(p123/カ写)
新犬種(p254/カ写)
新世犬(p86/カ写)
図世犬(p95/カ写)
ビ犬(p89/カ写)

ボルトンサルアシヤモリ *Rhoptropus boultoni*
ヤモリ科の爬虫類。全長11〜13cm。㊎ナミビア, アンゴラ南部
¶爬両1800(p148/カ写)

ボールニシキヘビ *Python regius*
ニシキヘビ科の爬虫類。別名ボールパイソン。全長120〜180cm。㊎アイボリーコースト, ウガンダ, ガーナ, カメルーン, ガンビア, ザイール, シェラレオネ, スーダン, セネガル, トーゴ, ナイジェリア, ベニン
¶世爬(p176/カ写)
世文動(p283/カ写)
世ヘビ〔ボールパイソン〕(p70/カ写)
爬両1800(p253/カ写)
爬両ビ(p186/カ写)

ボルネオアカニシキ ⇒ボルネオブラッドパイソンを見よ

ボルネオオランウータン *Pongo pygmaeus*
ヒト科の哺乳類。絶滅危惧IA類。体高0.8〜1.5m。㊎アジア南東部(ボルネオ)
¶驚野動(p297/カ写)
絶百3〔オランウータン〕(p60/カ写)
世文動〔オランウータン〕(p95/カ写)
世哺(p124/カ写)
地球(p549/カ写)
美サル〔ボルネオ・オランウータン〕(p117/カ写)

ボルネオカグヤヒメガエル *Metaphrynella sundana*
ヒメアマガエル科(ジムグリガエル科)の爬虫類。体長19〜25mm。㊎ボルネオ島
¶世カエ(p484/カ写)

ボルネオカワガメ *Orlitia borneensis*
アジアガメ科(イシガメ(バタグールガメ)科)の爬虫類。甲長60〜70cm。㊎マレーシア(マレー半島), インドネシア(スマトラ島・ボルネオ島など)
¶世カメ(p249/カ写)
世爬(p29/カ写)
爬両1800(p38/カ写)
爬両ビ(p27/カ写)

ボルネオスジオ *Elaphe taeniura grabowskyi*
ナミヘビ科の爬虫類。スジオナメラの亜種。㊎マレーシア(ボルネオ島), インドネシア(スマトラ島, ボルネオ島)
¶世ヘビ(p90/カ写)

ボルネオテイボクアガマ *Phoxophrys borneensis*
アガマ科の爬虫類。全長35cm前後。㊎ボルネオ島
¶爬両1800(p94/カ写)

ボルネオハイナシガエル *Barbourula kalimantanensis*
スズガエル科の両生類。絶滅危惧IB類。㊎インドネシアのカプアス川流域
¶レ生(p285/カ写)

ボルネオブラッドパイソン *Python curtus breitensteini*
ニシキヘビ科の爬虫類。別名ボルネオアカニシキ。全長最大2.0m。㊎インドネシア(ボルネオ島), マレーシア(ボルネオ島)
¶世ヘビ(p73/カ写)

ボルネオメガネザル ⇒ニシメガネザルを見よ

ボルネオヤマウデナガガエル *Leptobrachium montanum*
コノハガエル科の両生類。体長46〜65mm。㊎ボルネオ島
¶世カエ(p42/カ写)

ボルネオヤマネコ *Catopuma badia* ボルネオ山猫
ネコ科の哺乳類。別名ベイキャット。体長53〜67cm。㊎ボルネオ
¶地球(p577/カ写)
野生ネコ(p50/カ図)

ボールパイソン ⇒ボールニシキヘビを見よ

ボルピノ・イタリアーノ ⇒イタリアン・ボルピノを見よ

ホルブルックスキアシガエル *Scaphiopus holbrooki*
スキアシガエル科の両生類。別名トウブスキアシガエル, ホルブロックスキアシガエル。体長4.5〜8cm。 ㊎アメリカ合衆国の中南部〜東部
¶**かえる百**〔ホルブロックスキアシガエル〕(p44/カ写)
カエル見(p12/カ写)
世文動〔トウブスキアシガエル〕(p320/カ写)
世両〔ホルブルックススキアシガエル〕(p15/カ写)
爬両1800(p359/カ写)
爬両ビ(p275/カ写)

ホルブロックスキアシガエル ⇒ホルブルックスキアシガエルを見よ

ポールワース Polwarth
羊の一品種。オーストラリアの原産。
¶**日家**(p129/カ写)

ボロニーズ Bolognese
犬の一品種。別名ボロネーゼ。ビション・タイプの小型犬。体高 オス27〜30cm, メス25〜28cm。イタリアの原産。
¶**最犬大**(p383/カ写)
新犬種〔ボロネーゼ〕(p36/カ写)
ビ犬(p274/カ写)

ボロネーゼ ⇒ボロニーズを見よ

ポロ・ポニー Polo Pony
馬の一品種。軽量馬。体高151cm。アルゼンチンの原産。
¶**アルテ馬**(p178/カ写)

ホロホロチョウ *Numida meleagris* 珠鶏
ホロホロチョウ科の鳥。全長53〜63cm。 ㊎サハラ砂漠以南のアフリカ
¶**驚野動**(p206/カ写)
世鳥大(p110/カ写)
世鳥ネ(p26/カ写)
鳥卵巣(p146/カ写, カ図)
日家(p224/カ写)

ボロンカ Bolonka
犬の一品種。別名ルスカヤ・ツベトナヤ・ボロンカ, ボロンカ・ツヴェトナ, ツヴェトナ・ボロンカ。体高26cmまで。ロシアの原産。
¶**最犬大**(p385/カ写)

ボロンカ・ツヴェトナ ⇒ボロンカを見よ

ホワイト〔シチメンチョウ〕 ⇒ハクショクを見よ

ホワイトアマガエル ⇒イエアメガエルを見よ

ホワイト・サフォーク White Suffolk
羊の一品種。オーストラリアの原産。
¶**日家**(p121/カ写)

ホワイト・スイス・シェパード・ドッグ White Swiss Shepherd Dog
犬の一品種。別名ベルジェ・ブラン・スイス。体高 オス58〜66cm, メス53〜61cm。スイスの原産。
¶**最犬大**(p64/カ写)
新犬種(p219/カ写)
ビ犬(p74/カ写)

ホワイト・スウィーディッシュ・エルクハウンド ⇒スウェディッシュ・ホワイト・エルクハウンドを見よ

ホワイト・ムース・スピッツ ⇒スウェディッシュ・ホワイト・エルクハウンドを見よ

ホワイトリップパイソン ⇒シロクチニシキヘビを見よ

ポワトヴァン Poitevin
犬の一品種。大型ハウンド。体高 オス62〜72cm, メス60〜70cm。フランスの原産。
¶**最犬大**(p281/カ写)
新犬種(p289/カ写)
ビ犬(p166/カ写)

ポン・オードゥメール・スパニエル ⇒ポンオードメル・スパニエルを見よ

ポンオードメル・スパニエル Pont-Audemer Spaniel
犬の一品種。別名ポン・オードゥメール・スパニエル, イパーニエル・ド・ポン・オードメール, エスパニュール・ド・ポンオードメル。体高52〜58cm。フランスの原産。
¶**最犬大**〔ポン・オードメール・スパニエル〕(p345/カ写)
新犬種〔エパニュール・デュ・ポン・オードゥメール〕(p182/カ写)
新世犬(p167/カ写)
図世犬(p255/カ写)
ビ犬〔ポン・オードメール・スパニエル〕(p236/カ写)

ホンカロテス *Calotes calotes*
アガマ科の爬虫類。全長25〜35cm。 ㊎インド南部, スリランカ
¶**世文動**(p265/カ写)
爬両1800(p93/カ写)

ホンケワタガモ *Somateria mollissima* 本毛綿鴨
カモ科の鳥。体長50〜71cm。 ㊎北アメリカ, ヨーロッパ, アジア
¶**世鳥卵**(p49/カ写, カ図)
世鳥ネ(p49/カ写)
鳥650(p727/カ写)
日ア鳥(p61/カ写)
日カモ(p229/カ写, カ図)
フ野鳥(p44/カ図)

ボンゴ *Tragelaphus eurycerus*
ウシ科の哺乳類。体高1.1〜1.3m。 ㊎アフリカ

¶世文動（p216/カ写）
世哺（p349/カ写）
地球（p599/カ写）

ホンコンコブイモリ *Paramesotriton hongkongensis*
イモリ科の両生類。全長10～14cm。㊕中国（広東省沿岸部・香港）
¶爬両1800（p451/カ写）
爬両ビ（p310/カ写）

ホンコンヒメヘビ *Calamaria septentrionalis*
ナミヘビ科ヒメヘビ亜科の爬虫類。全長25cm前後。㊕中国南部，ベトナム北部
¶爬両1800（p276/カ写）

ホンコンフタアシトカゲ *Dibamus bogadeki*
フタアシトカゲ科の爬虫類。全長20cm前後。㊕中国（香港）
¶爬両1800（p243/カ写）

ホ

ホンシュウジカ *Cervus nippon centralis* 本州鹿
シカ科の哺乳類。ニホンジカの亜種。頭胴長130～160cm。㊕東北や北陸など積雪の多い地域を除く本州
¶日哺学フ（p60/カ写）

ホンシュウトガリネズミ *Sorex shinto shinto* 本州尖鼠
トガリネズミ科の哺乳類。シントウトガリネズミの亜種。頭胴長52～76mm。㊕本州
¶日哺学フ（p96/カ写）

ホンジュラスエメラルドハチドリ *Amazilia luciae* ホンジュラスエメラルド蜂鳥
ハチドリ科ハチドリ亜科の鳥。絶滅危惧IB類。全長9～10cm。㊕ホンジュラス中部・北部
¶ハチドリ（p382）

ホンジュランミルクスネーク *Lampropeltis triangulum hondurensis*
ナミヘビ科の爬虫類。ミルクスネークの亜種。全長最大1.2m。㊕コスタリカ，ニカラグア，ホンジュラス
¶世ヘビ（p34/カ写）

ホンセイインコ *Psittacula krameri* 本青鸚哥
インコ科の鳥。全長38～42cm。㊕熱帯アフリカ，南アジア，中国
¶世鳥大（p262/カ写）
世鳥卵（p125/カ写，カ図）
世鳥ネ（p177/カ写）
地球（p458/カ写）
鳥飼（p143/カ写）
鳥比（p76/カ写）
鳥650（p744/カ写）
日ア鳥（p620/カ写）
日鳥識（p306/カ写）
日鳥山新（p383/カ写）
日鳥山増（p351/カ写）
ぱっ鳥（p376/カ写）
フ日野新（p305/カ図）
フ日野増（p305/カ図）
フ野鳥（p270/カ図）

ボンテブレスボック *Damaliscus dorcas*
ウシ科の哺乳類。絶滅危惧II類。体長1.2～2.1m。㊕アフリカ
¶世哺（p364/カ写）

ボンテボック *Damaliscus pygargus*
ウシ科の哺乳類。体高80～100cm。㊕アフリカ南部に分布していたがほぼ絶滅。保護区で見られるのみ
¶世文動（p222/カ写）
地球（p603/カ写）

ホントウアカヒゲ *Luscinia komadori namiyei* 本島赤髭
ヒタキ科の鳥。アカヒゲの亜種。絶滅危惧IB類（環境省レッドリスト），天然記念物。全長14cm。㊕沖縄本島，慶良間諸島
¶絶鳥事（p14,200/カ写，モ図）
名鳥図（p189/カ写）
日鳥山新（p263/カ写）
日鳥山増（p177/カ写）
日野鳥新（p549/カ写）
日野鳥増（p489/カ写）
ぱっ鳥（p319/カ写）
山溪名鳥（p27/カ写）

ホンドオオカミ ⇒ニホンオオカミを見よ

ホンドオコジョ *Mustela erminea nippon*
イタチ科の哺乳類。別名ヤマイタチ。準絶滅危惧（環境省レッドリスト）。体長 オス18～20cm，メス14～17cm。㊕本州中部以北
¶遺産日（哺乳類 No.6/カ写，モ図）
日哺学フ（p146/カ写）

ホンドギツネ *Vulpes vulpes japonica* 本土狐
イヌ科の哺乳類。アカギツネの亜種。頭胴長52～76cm。㊕本州，四国，九州
¶世文動（p133/カ写）
日哺学フ〔ホンドキツネ〕（p136/カ写）

ホンドザル *Macaca fuscata fuscata* 本土猿
オナガザル科の哺乳類。ニホンザルの亜種。頭胴長 オス53～60cm，メス47～55cm。㊕北海道，佐渡島，対馬，沖縄などを除く日本全国
¶日哺学フ（p132/カ写）

ホンドタヌキ *Nyctereutes procyonoides viverrinus* 本土狸
イヌ科の哺乳類。タヌキの亜種。頭胴長50～68cm。㊕ユーラシアに広く分布。日本では本州，四国，九州
¶世文動（p134/カ写）
日哺学フ（p138/カ写）

ホンドテン *Martes melampus melampus* 本土貂
イタチ科の哺乳類。頭胴長 オス45～49cm, メス41～43cm。㊕本州, 四国, 九州
¶**日哺学フ** (p142/カ写)

ホンドモモンガ ⇒ニホンモモンガを見よ

ボンネットモンキー *Macaca radiata*
オナガザル科の哺乳類。体高35～60cm。㊕インド南部
¶**世文動** (p88/カ写)
地球 (p543/カ写)
美サル (p104/カ写)

ホンハブ ⇒ハブを見よ

ボンベイ Bombay
猫の一品種。体重2.5～5kg。アメリカ合衆国の原産。
¶**ビ猫** (p84/カ写)

ホンマブヤ *Mabuya mabouya*
スキンク科の爬虫類。全長25cm前後。㊕ドミニカ, 小アンティル諸島
¶**爬両1800** (p203/カ写)

【マ】

マイルカ *Delphinus delphis* 真海豚
マイルカ科の哺乳類。成体体重150～200kg。㊕大西洋と太平洋の暖熱帯～冷温帯
¶**クイ百** (p118/カ図)
くら哺 (p96/カ写)
世文動 (p127/カ写)
世哺 (p189/カ図)
地球 (p616/カ図)
日哺学フ (p238/カ写, カ図)

マイルズラバーフロッグ *Craugastor milesi*
クラウガストル科の両生類。絶滅危惧IA類。㊕ホンジュラス
¶**レ生** (p288/カ写)

マウス *Mus musculus domesticus*
ハツカネズミの畜用品種。頭胴長約7cm。ヨーロッパの原産。
¶**世文動** (p118/カ写)

マウンテン・カー Mountain Cur
犬の一品種。体高41～66cm。北アメリカの原産。
¶**ビ犬** (p181/カ写)

マウンテンガゼル *Gazella gazella*
ウシ科の哺乳類。体高60～70cm。㊕アラビア半島, パレスチナ
¶**世文動** (p228/カ写)
地球 (p604/カ写)

マウンテンキャット ⇒アンデスネコを見よ

マウンテンゴリラ *Gorilla beringei beringei*
ヒト科の哺乳類。絶滅危惧IA類。体長1.3～1.9m。㊕中央アフリカ, 東アフリカ
¶**絶百5** (p80/カ写)
世文動〔ゴリラ〕(p95/カ写)
美サル (p201/カ写)

マウンテンチキン *Leptodactylus fallax*
ユビナガガエル科の両生類。絶滅危惧IA類。㊕ドミニカ, モントセラト島
¶**レ生** (p289/カ写)

マウンテンニアラ *Tragelaphus buxtoni*
ウシ科の哺乳類。絶滅危惧IB類。頭胴長 オス2.4～2.6m, メス1.9～2.0m。㊕エチオピアの南東部のバレ山地のみ
¶**驚野動** (p179/カ写)
絶百10 (p6/カ写)

マ

マウンテンピグミーポッサム ⇒ブーラミスを見よ

マウンテンフクロギツネ *Trichosurus cunninghami*
クスクス科の哺乳類。体長40～50cm。
¶**地球** (p507/カ写)

マウンテンライオン ⇒ピューマを見よ

マエカケカザリドリ *Querula purpurata* 前掛飾鳥
カザリドリ科の鳥。全長28～30cm。㊕コスタリカ～ボリビア北部, 南アメリカ, ブラジルのアマゾン川流域
¶**地球** (p483/カ写)

マエガミジカ *Elaphodus cephalophus* 前髪鹿
シカ科の哺乳類。体高50～70cm。㊕中国南部・南東部・中央部, ミャンマー北東部
¶**世文動** (p201/カ写)
地球 (p597/カ写)

マガイイツスジトカゲ *Plestiodon inexpectatus*
スキンク科の爬虫類。全長14～20cm。㊕アメリカ合衆国南東部 (フロリダ半島)
¶**爬両1800** (p200/カ写)

マガモ *Anas platyrhynchos* 真鴨
カモ科の鳥。全長50～65cm。㊕北半球
¶**くら鳥** (p87,89/カ写)
原寸羽 (p44/カ写)
里山鳥 (p179/カ写)
四季鳥 (p112/カ写)
巣と卵決 (p39,228/カ写, カ図)
世鳥大 (p131/カ写)
世鳥卵 (p49/カ写, カ図)
世鳥ネ (p46/カ写)
世美羽 (p104/カ写)

世文鳥 (p67/カ写)
地球 (p414/カ写)
鳥卵巣 (p91/カ写, カ図)
鳥比 (p217/カ写)
鳥650 (p54/カ写)
名鳥図 (p49/カ写)
日ア鳥 (p36/カ写)
日色鳥 (p51/カ写)
日家 (p214/カ写)
日カモ (p82/カ写, カ図)
日鳥識 (p76/カ写)
日鳥巣 (p30/カ写)
日鳥水増 (p121/カ写)
日野鳥新 (p48/カ写)
日野鳥増 (p64/カ写)
ぱっ鳥 (p42/カ写)
バード (p96/カ写)
羽根決 (p56/カ写, カ図)
ひと目鳥 (p52/カ写)
フ日野新 (p40/カ図)
フ日野増 (p40/カ図)
フ野鳥 (p30/カ図)
野鳥学フ (p186/カ写)
野鳥山フ (p18,102/カ図, カ写)
山溪名鳥 (p296/カ写)

マカロニペンギン *Eudyptes chrysolophus*
ペンギン科の鳥類。全長70cm。 ㊕亜南極, 南アメリカ
¶世鳥大 (p139/カ写)
地球 (p416/カ写)

マガン *Anser albifrons* 真雁
カモ科の鳥。天然記念物。全長64～78cm。 ㊕北極圏。冬は温帯までの南に渡る
¶くら鳥 (p94/カ写)
原寸羽 (p294/カ写)
里山鳥 (p222/カ写)
四季鳥 (p72/カ写)
絶鳥事 (p1,26/カ写, モ図)
世鳥大 (p122/カ写)
世文鳥 (p61/カ写)
鳥卵巣 (p85/カ写, カ図)
鳥比 (p209/カ写)
鳥650 (p28/カ写)
名鳥図 (p41/カ写)
日ア鳥 (p22/カ写)
日鳥識 (p68/カ写)
日鳥水増 (p105/カ写)
日野鳥新 (p30/カ写)
日野鳥増 (p44/カ写)
ぱっ鳥 (p30/カ写)
バード (p94/カ写)
羽根決 (p44/カ写, カ図)
ひと目鳥 (p63/カ写)
フ日野新 (p34/カ図)
フ日野増 (p34/カ図)
フ野鳥 (p20/カ図)
野鳥学フ (p188/カ写)
野鳥山フ (p16,95/カ図, カ写)
山溪名鳥 (p298/カ写)

マキエチドリ *Peltohyas australis*
チドリ科の鳥。全長19～23cm。
¶世鳥大 (p226/カ写)
地球 (p445/カ写)

マキノセンニュウ *Locustella lanceolata* 牧野仙入
センニュウ科(ウグイス科)の鳥。全長12cm。 ㊕西シベリア～オホーツク海沿岸, カムチャツカ, サハリン, 北海道, 千島列島で繁殖。インドシナ, マレー半島, ボルネオ, 大スンダ列島などに渡って越冬
¶くら鳥 (p53/カ写)
原寸羽 (p251/カ写)
四季鳥 (p54/カ写)
巣と卵決 (p153,248/カ写, カ図)
世文鳥 (p231/カ写)
鳥卵巣 (p310/カ写, カ図)
鳥比 (p121/カ写)
鳥650 (p561/カ写)
名鳥図 (p203/カ写)
日ア鳥 (p475/カ写)
日鳥識 (p250/カ写)
日鳥巣 (p224/カ写)
日鳥山新 (p213/カ写)
日鳥山増 (p224/カ写)
日野鳥新 (p511/カ写)
日野鳥増 (p519/カ写)
ぱっ鳥 (p290/カ写)
ひと目鳥 (p199/カ写)
フ日野新 (p254/カ図)
フ日野増 (p254/カ図)
フ野鳥 (p320/カ図)
野鳥学フ (p33/カ写)
野鳥山フ (p50,315/カ図, カ写)
山溪名鳥 (p67/カ写)

マキバシギ *Bartramia longicauda* 牧場鷸, 牧場鴫
シギ科の鳥。全長26～32cm。 ㊕アラスカ, 北アメリカ中部で繁殖
¶世鳥卵 (p97/カ写, カ図)
鳥卵巣 (p185/カ写, カ図)

マキバタヒバリ *Anthus pratensis* 牧場田鷚, 牧場田雲雀
セキレイ科の鳥。全長15cm。 ㊕グリーンランド～中央アジアにかけて。一部の鳥はアフリカ北部に渡る
¶世鳥大 (p463/カ写)
鳥卵巣 (p269/カ写, カ図)
鳥比 (p176/カ写)

マ

鳥650 (p667/カ写)
日ア鳥 (p567/カ写)
日鳥山新 (p320/カ写)
日鳥山増 (p155/カ写)
日野鳥新 (p595/カ写)
日野鳥増 (p465/カ写)
フ日野新 (p328/カ図)
フ日野増 (p326/カ図)
フ野鳥 (p376/カ図)

マキバドリモドキ *Tmetothylacus tenellus* 牧場鳥擬
セキレイ科の鳥。全長14～16cm。㊕アフリカの角(ソマリア)～タンザニア
¶世鳥大 (p463/カ写)
地球 (p495/カ写)

マクウォーリーマゲクビガメ ⇒マックォーリーマゲクビガメを見よ

マクジャク *Pavo muticus* 真孔雀
キジ科の鳥。絶滅危惧IB類。体長 オス244cm, メス100～110cm。㊕ベトナム(中西部), カンボジア, ミャンマー, タイ(西部と北部), 中国(雲南), ラオス(南部), インドネシア(ジャワ島)
¶世鳥ネ (p32/カ写)
世美羽 (p36/カ写)
鳥絶 (p139/カ図)
鳥卵巣 (p143/カ写, カ図)

マクスウェルダイカー *Philantomba maxwellii*
ウシ科の哺乳類。体高35～42cm。㊕ナイジェリア～ガンビア, セネガル
¶地球 (p601/カ写)

マクラクランフトユビヤモリ *Pachydactylus mclachlani*
ヤモリ科ヤモリ亜科の爬虫類。全長10cm前後。㊕ナミビア
¶ゲッコー (p27/カ写)
爬両1800 (p133/カ写)

マクロットニシキヘビ *Liasis mackloti*
ニシキヘビ科の爬虫類。全長70～200cm。㊕ニューギニア島, チモール諸島など
¶世爬 (p180/カ写)
爬両1800 (p258/カ写)
爬両ビ (p191/カ写)

マクロットパイソン *Liasis mackloti mackloti*
ニシキヘビ科の爬虫類。別名マングローブニシキヘビ。全長1.5～2.1m。㊕インドネシア(ニューギニア島や小スンダ列島), オーストラリア北部, パプアニューギニアなど
¶世ヘビ (p63/カ写)

マクワリマゲクビガメ ⇒マックォーリーマゲクビガメを見よ

マーゲイ *Leopardus wiedii*
ネコ科の哺乳類。絶滅危惧II類。体長43～79cm。㊕北アメリカ, 中央アメリカ, 南アメリカ
¶世文動 (p168/カ写)
世哺 (p280/カ写)
地球 (p583/カ写)
野生ネコ (p138/カ写, カ図)

マゲジカ *Cervus nippon mageshimae* 馬毛鹿
シカ科の哺乳類。ニホンジカの亜種。頭胴長 オス112～135cm, メス103～130cm。㊕馬毛島
¶日哺学フ (p191/カ写)

マコードナガクビガメ *Chelodina mccordi*
ヘビクビガメ科の爬虫類。甲長18～20cm。㊕インドネシア(ロテ島)
¶世カメ〔マッコードナガクビガメ〕(p104/カ写)
世爬〔マッコードナガクビガメ〕(p55/カ写)
爬両1800〔マッコードナガクビガメ〕(p63/カ写)
爬両ビ (p47/カ写)

マコードハコガメ *Cuora mccordi*
アジアガメ科(イシガメ(バタグールガメ)科)の爬虫類。甲長14～15cm。㊕中国(江西省・壮族自治区)
¶世カメ (p273/カ写)
爬両1800 (p43/カ写)
爬両ビ (p31/カ写)

マーコール *Capra falconeri*
ウシ科の哺乳類。野生ヤギ。絶滅危惧IB類。体高オス86～115cm, メス65～70cm。㊕トルコ南東部, アフガニスタン, カシミール, パンジャブ, ヒマラヤ
¶絶百10 (p10/カ写)
世文動 (p233/カ写)
世哺 (p379/カ写)
地球 (p606/カ写)
日家 (p118/カ写)

マゴンドウクジラ ⇒ヒレナガゴンドウを見よ

マサイキリン *Giraffa camelopardalis tippelskirchi*
キリン科の哺乳類。体高2.5～3.6m。
¶地球 (p608/カ写)

マサイヨロイトカゲ *Cordylus beraduccii*
ヨロイトカゲ科の爬虫類。全長8～12cm。㊕ケニア南部, タンザニア北部
¶爬両1800 (p219/カ写)
爬両ビ (p153/カ写)

マサソーガ *Sistrurus catenatus*
クサリヘビ科の爬虫類。全長46～100cm。㊕カナダのオンタリオ州南部～メキシコ北東部
¶世文動 (p304/カ写)

マサフエラハリオカマドドリ　*Aphrastura masafuerae*　マサフエラ針尾竈鳥
カマドドリ科の鳥。絶滅危惧IA類。全長16.5cm。㊕チリ（固有）
¶**鳥絶**（p179/カ図）

マジャール・アガール　⇒ハンガリアン・グレーハウンドを見よ

マジャール・アジャール　⇒ハンガリアン・グレーハウンドを見よ

マジャール・ヴィジュラ(1)　⇒ショートヘアード・ハンガリアン・ビズラを見よ

マジャール・ヴィジュラ(2)　⇒ワイアーヘアード・ハンガリアン・ビズラを見よ

マジョルカサンバガエル　*Alytes muletensis*
サンバガエル科（スズガエル科，ミミナシガエル科）の両生類。別名マロルカサンバガエル，マヨルカサンバガエル。絶滅危惧II類。体長3～4cm。㊕バレアラス諸島のマジョルカ島
¶**遺産世**（Amphibia No.1/カ写）
カエル見（p10/カ写）
世カエ（p38/カ写）
絶百3（p92/カ写）
レ生〔マロルカサンバガエル〕（p304/カ写）

マスカレンガエル　*Ptychadena mascareniensis*
アカガエル科（アフリカアカガエル科）の両生類。全長4.5～7cm。㊕北西部を除くアフリカ大陸全土，マダガスカル
¶**カエル見**（p86/カ写）
世カエ（p318/カ写）
地球（p364/カ写）
爬両1800（p416/カ写）

マスクゼンマイトカゲ　*Leiocephalus personatus*
イグアナ科ヨウガントカゲ亜科の爬虫類。全長15～20cm前後。㊕イスパニョーラ島（ハイチ・ドミニカ共和国）
¶**世爬**（p70/カ写）
爬両1800（p85/カ写）
爬両ビ（p75/カ写）

マスクラット　*Ondatra zibethicus*
キヌゲネズミ科（ネズミ科）の哺乳類。体長23～33cm。㊕北アメリカ，ユーラシア
¶**くら哺**（p16/カ写）
世文動（p114/カ写）
世哺（p164/カ写）
地球（p525/カ写）
日哺改（p130/カ写）
日哺学フ（p159/カ写）

マスチフ　⇒マスティフを見よ

マスティノ・ナポレターノ　⇒ナポリタン・マスティフを見よ

マスティフ　Mastiff
犬の一品種。別名オールド・イングリッシュ・マスティフ，マスチフ。体高70～76cm。イギリスの原産。
¶**アルテ犬**（p158/カ写）
最犬大（p114/カ写）
新犬種（p300/カ写）
新世犬（p108/カ写）
図世犬（p116/カ写）
世文動〔マスチフ〕（p145/カ写）
ビ犬（p93/カ写）

マスティン・エスパニョール　⇒スパニッシュ・マスティフを見よ

マスティン・デ・ピレニーオ　⇒ピレニアン・マスティフを見よ

マスティン・デ・ロス・ピリネオス　⇒ピレニアン・マスティフを見よ

マゼランカモメ　*Leucophaeus scoresbii*　マゼラン鷗
カモメ科の鳥。全長42～44cm。
¶**地球**（p449/カ写）

マゼランチドリ　*Pluvianellus socialis*　マゼラン千鳥
サヤハシチドリ科（マゼランチドリ科）の鳥。全長20～22cm。㊕チリ，アルゼンチン南部
¶**世鳥大**（p220/カ写）
世鳥ネ（p126/カ写）
地球（p444/カ写）

マゼランペンギン　*Spheniscus magellanicus*
ペンギン科の鳥類。全長61～76cm。㊕チリ～ブラジルにかけての南アメリカ南部の沿岸
¶**世鳥大**（p142/カ写）
世美羽（p176/カ写）
地球（p417/カ写）
鳥卵巣（p43/カ写，カ図）

マソベササクレヤモリ　*Paroedura masobe*
ヤモリ科ヤモリ亜科の爬虫類。全長16～20cm。㊕マダガスカル東部
¶**ゲッコー**（p51/カ写）
世爬（p113/カ写）
爬両1800（p148/カ写）
爬両ビ（p116/カ写）

マタオヨタカ　*Hydropsalis climacocerca*
ヨタカ科の鳥。全長23～28cm。
¶**地球**（p468/カ写）

マダガスカルアデガエル　⇒ミナミマダガスカルキンイロガエルを見よ

マダガスカルオウチュウ　*Dicrurus forficatus*　マダガスカル烏秋
オウチュウ科の鳥。全長26cm。㊕マダガスカル島，コモロ諸島の一部
¶**世色鳥**（p183/カ写）

世鳥大（p385/カ写）
地球（p487/カ写）

マダガスカルオオシシバナヘビ ⇒オオブタバナスベヘビを見よ

マダガスカルオオタカ *Accipiter henstii* マダガスカル大鷹
タカ科の鳥。全長52〜62cm。[分]マダガスカル島
¶鳥卵巣（p108/カ写, カ図）

マダガスカルオビトカゲ *Zonosaurus madagascariensis*
カタトカゲ科（プレートトカゲ科）の爬虫類。別名カムロオビトカゲ。全長36cm。[分]南西部を除くマダガスカル
¶地球（p387/カ写）
爬両1800〔カムロオビトカゲ〕（p224/カ写）

マダガスカルカンムリサギ *Ardeola idea* マダガスカル冠鷺
サギ科の鳥。全長45〜48cm。[分]マダガスカルとアルダブラ島で繁殖
¶鳥卵巣（p70/カ写, カ図）

マダガスカルキンイロガエル ⇒キンイロアデガエルを見よ

マダガスカルクサガエル ⇒ソライロヒシメクサガエルを見よ

マダガスカルコノハズク *Otus rutilus* マダガスカル木葉木菟
フクロウ科の鳥。全長22〜24cm。
¶地球（p463/カ写）

マダガスカルサギ *Ardea humbloti* マダガスカル鷺
サギ科の鳥。絶滅危惧IB類。体長100〜105cm。[分]マダガスカル（固有）
¶鳥絶（p129/カ図）

マダガスカルサンコウチョウ *Terpsiphone mutata* マダガスカル三光鳥
カササギヒタキ科の鳥。全長30cm。[分]マダガスカル島固有
¶世色鳥（p119/カ写）

マダガスカルシマクイナ *Sarothrura insularis* マダガスカル縞秧鶏, マダガスカル縞水鶏
クイナ科の鳥。全長13〜15cm。[分]マダガスカル島
¶鳥卵巣（p158/カ写, カ図）

マダガスカルジャコウネコ *Fossa fossana* マダガスカル麝香猫
マダガスカルマングース科の哺乳類。体長40〜45cm。[分]マダガスカル東部
¶地球（p583/カ写）

マダガスカルスナガエル *Laliostoma labrosum*
マダガスカルガエル科（マラガシーガエル科, アカガエル科）の両生類。体長4〜6cm。[分]マダガスカル西部
¶カエル見（p69/カ写）
世カエ（p444/カ写）
爬両1800（p403/カ写）
爬両ビ（p283/カ写）

マダガスカルツリーフロッグ ⇒シロクチイロメガエルを見よ

マダガスカルハネガエル ⇒ハイツクバリガエルを見よ

マダガスカルヒルヤモリ ⇒オオヒルヤモリを見よ

マダガスカルフルーツコウモリ *Pteropus rufus*
オオコウモリ科の哺乳類。絶滅危惧II類。[分]マダガスカル
¶遺産世（Mammalia No.4/カ写）

マダガスカルブロンドホッグノーズスネーク ⇒ムジブタバナスベヘビを見よ

マダガスカルボア *Acrantophis madagascariensis*
ボア科の爬虫類。絶滅危惧II類。頭胴長220〜290cm。[分]マダガスカル北部・北西部, 中央高地
¶絶百9（p82/カ写）
世文動（p284/カ写）

マダガスカルホッグノーズスネーク ⇒オオブタバナスベヘビを見よ

マダガスカルミフウズラ *Turnix nigricollis* マダガスカル三斑鶉
ミフウズラ科の鳥。全長14〜16cm。[分]マダガスカル
¶鳥卵巣（p149/カ写, カ図）

マダガスカルメジロガモ *Aythya innotata* マダガスカル目白鴨
カモ科の鳥。絶滅危惧IA類。全長45〜56cm。[分]マダガスカル北西部の高地
¶レ生（p295/カ写）

マダガスカルメンフクロウ *Tyto soumagnei* マダガスカル面梟
メンフクロウ科の鳥。絶滅危惧II類。体長30cm。[分]マダガスカル（固有）
¶絶百9（p42/カ図）
鳥絶（p169/カ図）

マダガスカルヨコクビガメ *Erymnochelys madagascariensis*
ヨコクビガメ科の爬虫類。甲長40〜45cm。[分]マダガスカル
¶世カメ（p83/カ写）
世爬（p60/カ写）
爬両1800（p70/カ写）
爬両ビ（p55/カ写）

マダガスカルヨタカ *Caprimulgus madagascariensis* マダガスカル夜鷹
ヨタカ科の鳥。全長21cm。

¶**地球**(p468/カ写)

マダガスカルルーセットオオコウモリ *Rousettus madagascariensis*
オオコウモリ科の哺乳類。準絶滅危惧。前腕長6.5〜7.6cm。[分]マダガスカル
¶**レ生**(p296/カ写)

マダガスカルルリバト *Alectroenas madagascariensis* マダガスカル瑠璃鳩
ハト科の鳥。全長25〜28cm。[分]マダガスカル
¶**世鳥大**(p251/カ写)

マタマタ *Chelus fimbriatus*
ヘビクビガメ科の爬虫類。甲長40〜45cm。[分]南米大陸中部以北
¶**世カメ**(p100/カ写)
世爬(p51/カ写)
世文動(p241/カ写)
地球(p372/カ写)
爬両1800(p59〜60/カ写)
爬両ビ(p43/カ写)

マダムベルテネズミキツネザル *Microcebus berthae*
コビトキツネザル科の哺乳類。絶滅危惧IB類。[分]マダガスカル
¶**驚野動**(p237/カ写)

マダラアオジタトカゲ *Tiliqua nigrolutea* 斑青舌蜥蜴
スキンク科の爬虫類。全長40cm前後。[分]オーストラリア南東部
¶**世文動**(p274/カ写)
爬両1800(p212/カ写)

マダラアグーチ *Dasyprocta punctata*
アグーチ科の哺乳類。体長41〜62cm。
¶**地球**(p532/カ写)

マダラアナホリガエル *Hemisus marmoratus* 斑穴堀蛙
アナホリガエル科の両生類。別名マダラクチボソガエル。体長3〜5cm。[分]アフリカ大陸中部・南部
¶**かえる百**(p39/カ写)
カエル見(p79/カ写)
世カエ〔マダラクチボソガエル〕(p378/カ写)
世両(p134/カ写)
爬両1800(p410/カ写)
爬両ビ(p297/カ写)

マダラアマガエル *Hyla marmorata* 斑雨蛙
アマガエル科の両生類。体長4.5〜5.5cm。[分]南米大陸北部〜北西部
¶**かえる百**(p58/カ写)
カエル見(p32/カ写)
世両(p46/カ写)
爬両1800(p372/カ写)
爬両ビ(p247/カ写)

マダラアリゲータートカゲ ⇒マダラキノボリアリゲータートカゲを見よ

マダライタチ *Vormela peregusna* 斑鼬
イタチ科の哺乳類。絶滅危惧II類。体長33〜35cm。[分]ユーラシア
¶**世哺**(p252/カ写)

マダライモリ *Triturus marmoratus* 斑井守, 斑蠑
イモリ科の両生類。全長10〜14cm。[分]フランス, ポルトガル, スペイン
¶**世文動**(p311/カ写)
世両(p218/カ写)
地球(p367/カ写)
爬両1800(p456/カ写)
爬両ビ(p315/カ写)

マダライルカ *Stenella attenuata* 斑海豚
マイルカ科の哺乳類。別名アラリイルカ。体長1.6〜2.6m。[分]世界中の熱帯・亜熱帯・温帯
¶**クイ百**(p168/カ図)
くら哺(p96/カ写)
世哺(p188/カ図)
日哺学フ(p240/カ写, カ図)

マダラウズラ *Odontophorus guttatus* 斑鶉
ナンベイウズラ科の鳥。全長23〜27cm。[分]メキシコ南東部, グアテマラ, ホンジュラス, コスタリカ, ニカラグア, パナマ諸島西部
¶**鳥卵巣**(p145/カ写, カ図)

マダラウチワヤモリ ⇒ハッセルトウチワヤモリを見よ

マダラウミスズメ (1) *Brachyramphus marmoratus* 斑海雀
ウミスズメ科の鳥。絶滅危惧IB類。全長24〜25cm。[分]北アメリカ北部の太平洋沿岸
¶**世鳥ネ**(p153/カ写)
世文鳥(p164/カ写)
地球(p451/カ写)
鳥絶(p153/カ図)
鳥650〔アメリカマダラウミスズメ〕(p747/カ写)
日鳥水増(p333/カ写)

マダラウミスズメ (2) *Brachyramphus perdix* 斑海雀
ウミスズメ科の鳥。北米の亜種は近年は別種(B. marmoratus)として扱うことが多い。全長24.5cm。[分]カムチャツカ, オホーツク沿岸〜サハリン, 千島列島で繁殖。冬季は朝鮮半島, 日本北部まで一部の個体が南下
¶**鳥比**(p374/カ写)
鳥650(p366/カ写)
日ア鳥(p312/カ写)
日鳥識(p182/カ写)
日野鳥新(p348/カ写)
日野鳥増(p104/カ写)
フ日野新(p62/カ図)

フ日野増（p62/カ図）
フ野鳥（p204/カ図）
野鳥学フ（p203/カ写）

マダラウミヘビ *Hydrophis cyanocinctus* 斑海蛇
コブラ科の爬虫類。㊎東アジア沿岸～ペルシア湾まで。日本では南西諸島沿岸・本州でもまれに見つかる
¶原爬両（No.112/カ写）
日カメ（p246/カ写）
爬両飼（p60）
野日爬（p41,190/カ写）

マダラオハチドリ *Phlogophilus hemileucurus* 斑尾蜂鳥
ハチドリ科ミドリフタオハチドリ亜科の鳥。絶滅危惧II類。全長7～7.5cm。
¶ハチドリ（p106/カ写）

マダラオヨタカ *Caprimulgus maculicaudus* 斑尾夜鷹
ヨタカ科の鳥。全長20cm。
¶地球（p468/カ写）

マダラカンムリカッコウ *Clamator glandarius* 斑冠郭公
カッコウ科の鳥。全長35～40cm。㊎南ヨーロッパ, 南アフリカ
¶世鳥大（p274/カ写）
世鳥卵（p127/カ写, カ図）
世鳥ネ（p184/カ写）
地球（p461/カ写）
鳥卵巣（p228/カ写, カ図）

マダラキノボリアリゲータートカゲ *Abronia taeniata*
アンギストカゲ科の爬虫類。別名マダラアリゲータートカゲ。全長25～30cm。㊎メキシコ東部
¶**爬両1800**（p228/カ写）
爬両ビ〔マダラアリゲータートカゲ〕（p161/カ写）

マダラクチボソガエル ⇒マダラアナホリガエルを見よ

マダラサラマンドラ ⇒ファイアサラマンダーを見よ

マダラシギダチョウ *Nothura maculosa* 斑鷸駝鳥
シギダチョウ科の鳥。全長24～26cm。㊎ブラジル南部, パラグアイ, アルゼンチン
¶鳥卵巣（p36/カ写, カ図）

マダラシロハラミズナギドリ *Pterodroma inexpectata* 斑白腹水薙鳥
ミズナギドリ科の鳥。全長36cm。
¶鳥比（p244/カ写）
日ア鳥（p108/カ写）
フ日野新（p312/カ図）
フ日野増（p312/カ図）
フ野鳥（p76/カ図）

マダラスカンク *Spilogale putorius*
スカンク科（イタチ科）の哺乳類。体長23～33cm。㊎北アメリカ
¶世文動（p159/カ写）
世哺（p258/カ写）
地球（p572/カ写）

マダラスキアシヒメアマガエル ⇒マダラスキアシヒメガエルを見よ

マダラスキアシヒメガエル *Scaphiophryne marmorata*
ヒメガエル科の両生類。別名マダラスキアシヒメアマガエル。体長3.2～4.4cm。㊎マダガスカル東部
¶カエル見（p76/カ写）
世カエ〔マダラスキアシヒメアマガエル〕（p500/カ写）
世両（p127/カ写）
爬両1800（p407/カ写）
爬両ビ（p271/カ写）

マ

マダラスナボア *Eryx miliaris*
ボア科スナボア亜科の爬虫類。全長30～45cm。㊎西アジア北部～中央アジア, ロシア南部, 中国西部など
¶世ヘビ（p58/カ写）
爬両1800（p263/カ写）

マダラタイランチョウ *Fluvicola nengeta* 斑太蘭鳥
タイランチョウ科の鳥。全長15cm。㊎エクアドル西部, あるいはペルーとブラジル東部の2つの個体群がある
¶世鳥大（p347/カ写）

マダラタマリン ⇒フタイロタマリンを見よ

マダラチュウヒ *Circus melanoleucos* 斑沢鵟
タカ科の鳥。全長43～50cm。㊎シベリア東部～モンゴル地方, 朝鮮北部, ミャンマー北部。冬は南に渡る
¶世鳥大（p195/カ写）
世文鳥（p93/カ写）
鳥比（p46/カ写）
鳥650（p396/カ写）
名鳥図（p136/カ写）
日ア鳥（p331/カ写）
日鳥識（p192/カ写）
日鳥山新（p66/カ写）
日鳥山増（p50/カ写）
日野鳥新（p369/カ写）
日野鳥増（p335/カ写）
フ日野新（p176/カ図）
フ日野増（p176/カ図）
フ野鳥（p218/カ図）
ワシ（p68/カ写）

マダラトカゲモドキ *Goniurosaurus kuroiwae orientalis* 斑蜥蜴擬
トカゲモドキ科の爬虫類。日本固有亜種。㊎伊江

島, 渡嘉敷島, 渡名喜島, 阿嘉島
¶原爬両(No.41/カ写)
日カメ(p89/カ写)
爬両飼(p96/カ写)
野日爬(p31,148/カ写)

マダラニシキヘビ *Antaresia maculosa*
ニシキヘビ科の爬虫類。全長1.4m。㊚オーストラリア北東部
¶世爬(p182/カ写)
地球(p399/カ写)
爬両1800(p258/カ写)
爬両ビ(p193/カ写)

マダラニワシドリ *Chlamydera maculata* 斑庭師鳥
ニワシドリ科の鳥。全長25〜30cm。㊚オーストラリア東部の内陸部と沿岸の一部
¶世鳥大(p359/カ写)

マダラハゲワシ *Gyps rueppelli* 斑禿鷲
タカ科の鳥。全長85〜97cm。㊚セネガル〜ナイジェリア北部, スーダン, エチオピア西部, ウガンダ, ケニア, タンザニア北部
¶世鳥大(p191/カ写)
地球(p433,434/カ写)
鳥卵巣(p103/カ写, カ図)

マダラヒタキ *Ficedula hypoleuca* 斑鶲
ヒタキ科の鳥。全長13cm。㊚ヨーロッパの大部分, 西アジア〜エニセイ川にかけての地域, アフリカ北西部。タンザニア以北のアフリカで越冬
¶世鳥大(p445/カ写)
地球(p493/カ写)
鳥比(p155/カ写)
鳥650(p643/カ写)
日ア鳥(p545/カ写)
日鳥山新(p293/カ写)
日鳥山増(p246/カ写)
日野鳥新(p573/カ写)
フ日野新(p336/カ図)
フ日野増(p334/カ図)
フ野鳥(p360/カ図)

マダラヒメボア *Tropidophis haetianus*
ドワーフボア科の爬虫類。全長35〜55cm。㊚キューバ, イスパニョーラ島, ジャマイカ
¶世文動(p286/カ写)
爬両1800(p265/カ写)
爬両ビ(p193/カ写)

マダラフウセンガエル *Uperodon systoma*
ヒメアマガエル科(ジムグリガエル科)の爬虫類。体長51mm。㊚パキスタン, バングラデシュ, インド, スリランカ
¶世カエ(p502/カ写)

マダラフルマカモメ *Daption capense* 斑管鼻鷗, 斑古間鷗
ミズナギドリ科の鳥。全長39〜40cm。㊚南半球の海洋, 南アメリカ西岸。南半球洋上の島々で繁殖
¶世鳥大(p150/カ写)
地球(p422/カ写)
鳥卵巣(p52/カ写, カ図)
鳥650(p113/カ写)

マダラマルガメ ⇒ニシキバラマルガメを見よ

マダラムネトゲガエル *Paa maculosa*
アカガエル科の両生類。体長10cm前後。㊚中国南部
¶カエル見(p86/カ写)
世両(p144/カ写)
爬両1800(p417/カ写)

マダラヤドクガエル *Dendrobates auratus*
ヤドクガエル科の両生類。別名ミドリヤドクガエル。全長2.5〜6cm。㊚ホンジュラス〜コロンビアまでの中南米
¶かえる百(p49/カ写)
カエル見(p95/カ写)
世カエ〔ミドリヤドクガエル〕(p176/カ写)
世文動(p326/カ写)
世両(p152/カ写)
地球〔ミドリヤドクガエル〕(p359/カ写)
爬両1800(p422〜423/カ写)
爬両ビ(p286/カ写)

マダラヤブコノミ *Philothamnus punctatus*
ナミヘビ科ナミヘビ亜科の爬虫類。全長75cm前後。㊚アフリカ大陸東部
¶爬両1800(p299/カ写)

マダンガメジロ *Madanga ruficollis* マダンガ目白
メジロ科の鳥。絶滅危惧IB類。体長13cm。㊚インドネシア(ブル島)(固有)
¶鳥絶(p207/カ図)

マタン・ド・トレ・ベルジェ ⇒ベルジアン・マスティフを見よ

マツカケス *Gymnorhinus cyanocephalus* 松橿鳥, 松懸巣, 松掛子
カラス科の鳥。全長25〜28cm。㊚北アメリカ南西部
¶世鳥大(p391/カ写)
世鳥ネ(p263/カ写)

マツカサトカゲ *Tiliqua rugosa* 松毬蜥蜴
スキンク科の爬虫類。全長30〜40cm。㊚オーストラリア南部・東部・南西部
¶世爬(p142/カ写)
世文動(p275/カ写)
爬両1800(p212〜213/カ写)
爬両ビ(p149/カ写)

マツカサヤモリ *Teratolepis fasciata* 松毬守宮
ヤモリ科ヤモリ亜科の爬虫類。全長7～8cm。[分]パキスタン西部, インド
¶**ゲッコー**(p21/カ写)
世爬(p106/カ写)
爬両1800(p132/カ写)
爬両ビ(p107/カ写)

マックォーリーマゲクビガメ *Emydura macquarii*
ヘビクビガメ科の爬虫類。別名マクウォーリーマゲクビガメ, マクワリマゲクビガメ。甲長15～35cm。[分]オーストラリア東部
¶**世カメ**(p118/カ写)
爬両1800(p67/カ写)
爬両ビ(p50/カ写)

マツゲイシヤモリ *Strophurus ciliaris*
ヤモリ科イシヤモリ亜科の爬虫類。全長14～16cm。[分]オーストラリア中部・北部・北西部
¶**ゲッコー**(p78/カ写)
世爬(p119/カ写)
爬両1800(p164/カ写)
爬両ビ(p120/カ写)

マッコウクジラ *Physeter macrocephalus* 抹香鯨
マッコウクジラ科の哺乳類。絶滅危惧II類。体長11～20m。[分]世界中
¶**遺産世**(Mammalia No.47/カ写)
クイ百(p186/カ図, カ写)
くら哺(p106/カ写)
絶百5(p10/カ写, カ図)
世文動(p128/カ写)
世哺(p202/カ写, カ図)
地球(p614/カ図)
日哺学フ(p214/カ写, カ図)

マッコードナガクビガメ ⇒マコードナガクビガメを見よ

マッタシワニオテユー *Neusticurus ecpleopus*
テユー科の爬虫類。頭胴長5～7cm。[分]コロンビア南部～ボリビア中央部
¶**世文動**(p269/カ写)

マツテン *Martes martes*
イタチ科の哺乳類。体長45～58cm。[分]ヨーロッパ～アジア北部・西部
¶**驚野動**(p165/カ写)
絶百10(p14/カ写)
地球(p574/カ写)

マッドサラマンダー *Pseudotriton montanus*
ムハイサラマンダー科の両生類。全長7～19cm。[分]アメリカ合衆国東部～南東部
¶**爬両1800**(p446/カ写)

マッドパピー *Necturus maculosus*
ホライモリ科の両生類。別名コモンマッドパピー。全長20～50cm。[分]カナダ, アメリカ合衆国
¶**世文動**(p313/カ写)
世両〔コモンマッドパピー〕(p192/カ写)
地球(p369/カ写)
爬両1800〔コモンマッドパピー〕(p439/カ写)

マツノキヒワ *Carduelis pinus* 松の木鶸
アトリ科の鳥。全長13cm。
¶**世鳥大**(p465/カ写)

マツバイルカ ⇒ハナゴンドウを見よ

マツバヤシアマガエル *Hyla femoralis*
アマガエル科の両生類。体長2.5～4.4cm。[分]アメリカ合衆国南東部
¶**カエル見**(p32/カ写)
爬両1800(p372/カ写)

マーティーミズモグリ *Hydrops martii*
ナミヘビ科ヒラタヘビ亜科の爬虫類。全長70～100cm。[分]ペルー東部, コロンビア, ブラジル, エクアドルなど
¶**爬両1800**(p277/カ写)
爬両ビ(p197/カ写)

マデイラカナヘビ *Teira dugesii*
カナヘビ科の爬虫類。全長18cm前後。[分]ポルトガル領マデイラ諸島
¶**爬両1800**(p188/カ写)

マドゥラ Madura Cattle
牛の一品種。バリ牛とコブウシの交雑種。インドネシア・マドゥラ島の原産。
¶**日家**(p92/カ写)

マトグロッソコダマヘビ ⇒ミランダコダマヘビを見よ

マドラスツパイ *Anathana ellioti*
ツパイ科の哺乳類。体長17～20cm。[分]アジア
¶**世哺**(p96/カ写)

マナウストゲハダアマガエル *Osteocephalus taurinus*
アマガエル科の両生類。全長7～10cm。
¶**地球**(p360/カ写)

マナヅル *Grus vipio* 真鶴, 真那鶴, 真名鶴
ツル科の鳥。全長127cm。[分]繁殖地は中国東北部を中心にモンゴル北東部, ロシアのアムール川およびウスリー川沿いにかけて。越冬地は長江下流域, 朝鮮半島の非武装地帯付近, 鹿児島県の出水平野
¶**くら鳥**(p102/カ写)
里山鳥(p235/カ写)
四季鳥(p85/カ写)
世鳥ネ(p122/カ写)
世文鳥(p104/カ写)
鳥比(p268/カ写)
鳥650(p184/カ写)

名鳥図 (p64/カ写)
日ア鳥 (p162/カ写)
日鳥識 (p122/カ写)
日鳥水増 (p167/カ写)
日野鳥新 (p174/カ写)
日野鳥増 (p212/カ写)
ぱっ鳥 (p108/カ写)
バード (p115/カ写)
ひと目鳥 (p108/カ写)
フ日野新 (p120/カ図)
フ日野増 (p120/カ図)
フ野鳥 (p112/カ図)
野鳥学フ (p73/カ写)
野鳥山フ (p27,159/カ図, カ写)
山溪名鳥 (p300/カ写)

マニングカブトガメ *Myuchelys purvisi*
ヘビクビガメ科の爬虫類。別名パーヴィスカブトガメ。甲長18～20cm。 [分]オーストラリア南東部
¶世カメ (p117/カ写)
爬両**1800** (p66/カ写)
爬両ビ (p49/カ写)

マヌルネコ *Felis manul*
ネコ科の哺乳類。別名モウコヤマネコ。体長46～65cm。 [分]イラン～中国西部
¶世文動 (p166/カ写)
地球 (p581/カ写)
野生ネコ (p46/カ写, カ図)

マネシツグミ *Mimus polyglottos* 真似師鶫
マネシツグミ科の鳥。全長21～26cm。 [分]北アメリカ, メキシコの大部分
¶世鳥大 (p428/カ写)
世鳥卵 (p174/カ写, カ図)
世鳥ネ (p295/カ写)
地球 (p492/カ写)

マネシヤドクガエル *Dendrobates imitator*
ヤドクガエル科の両生類。体長3.5cm前後。 [分]エクアドル, コロンビア
¶カエル見 (p100/カ写)
世両 (p160/カ写)
地球 (p358/カ写)
爬両**1800** (p424/カ写)
爬両ビ (p290/カ写)

マネト Maneto
犬の一品種。体高30～35cm。スペインの原産。
¶最犬大 (p249/カ写)

マハジュンガアデガエル *Mantella nigricans*
マダガスカルガエル科 (マラガシーガエル科) の両生類。体長2.7cm前後。 [分]マダガスカル北部
¶カエル見 (p65/カ写)
世両 (p105/カ写)
爬両**1800** (p399/カ写)
爬両ビ (p263/カ写)

マービーサラマンダー *Ambystoma mabeei*
マルクチサラマンダー科の両生類。全長7～10cm。 [分]アメリカ合衆国南東部
¶爬両**1800** (p442/カ写)
爬両ビ (p305/カ写)

マヒワ *Carduelis spinus* 真鶸
アトリ科の鳥。全長13cm。 [分]北アメリカ, メキシコの山地で繁殖, 冬期は多くの個体群がこの範囲内で南に渡る
¶くら鳥 (p46/カ写)
原寸羽 (p275/カ写)
里山鳥 (p152/カ写)
四季鳥 (p96/カ写)
世文鳥 (p259/カ写)
鳥比 (p178/カ写)
鳥**650** (p683/カ写)
名鳥図 (p228/カ写)
日ア鳥 (p578/カ写)
日色鳥 (p48/カ写)
日鳥識 (p290/カ写)
日鳥山新 (p331/カ写)
日鳥山増 (p308/カ写)
日野鳥新 (p604/カ写)
日野鳥増 (p589/カ写)
ぱっ鳥 (p350/カ写)
バード (p77/カ写)
羽根決 (p338/カ写, カ図)
ひと目鳥 (p214/カ写)
フ日野新 (p282/カ図)
フ日野増 (p282/カ図)
フ野鳥 (p382/カ図)
野鳥学フ (p88/カ写)
野鳥山フ (p58,352/カ図, カ写)
山溪名鳥 (p113/カ写)

マブヤトカゲの1種 *Trachylepis* cf.*aurata*
スキンク科の爬虫類。全長25～30cm。 [分]ギリシャ～トルコ, アラビア半島, 中央アジア
¶爬両**1800** (p203/カ写)

マーブルキャット *Pardofelis marmorata*
ネコ科の哺乳類。別名マーブルドキャット。絶滅危惧II類。体長45～62cm。 [分]インド北部, ネパール～東南アジア, ボルネオ, スマトラ
¶世文動 (p167/カ写)
世哺 (p280/カ写)
地球 (p581/カ写)
野生ネコ〔マーブルドキャット〕(p44/カ写, カ図)
レ生 (p297/カ写)

マーブルサラマンダー *Ambystoma opacum*
マルクチサラマンダー科 (トラフサンショウウオ科) の両生類。別名マーブルサンショウウオ。全長9～11cm。 [分]アメリカ合衆国東部～南部

マーブルサンショウウオ ⇒マーブルサラマンダーを見よ

マーブルドキャット ⇒マーブルキャットを見よ

マーブルビロードヤモリ *Oedura marmorata*
ヤモリ科イシヤモリ亜科の爬虫類。全長20cm前後。㋔オーストラリア北東部・西部

マホガニーガエル ⇒アワレガエルを見よ

マホガニーフクロモモンガ *Petaurus gracilis*
フクロモモンガ科の哺乳類。絶滅危惧IB類。頭胴長 オス24.7〜26.5cm, メス21.5〜26.1cm。㋔オーストラリア北東部

マホレーロ・カナリオ Majorero Canario
犬の一品種。体高 オス56cm, メス54cm。スペインの原産。

マミジロ *Zoothera sibirica* 眉白
ヒタキ科（ツグミ科）の鳥。全長23cm。㋔アジア中北部〜サハリン, 日本で繁殖。中国南部, インドシナに渡って越冬

マミジロアジサシ *Sterna anaethetus* 眉白鯵刺
カモメ科の鳥。全長30〜32cm。㋔熱帯・亜熱帯の海に分布（ハワイ諸島など大陸から遠い島にはいない）。日本では八重山列島で繁殖

マ

マミジロアメリカムシクイ *Vermivora peregrina* 眉白亜米利加虫食
アメリカムシクイ科の鳥。全長12cm。

マミジロイカル *Saltator maximus* 眉白桑鳲, 眉白斑鳩, 眉白鵤
コウカンチョウ科の鳥。全長21cm。㋔中央アメリカ, 南アメリカ北部・東部

マミジロキクイタダキ *Regulus ignicapillus* 眉白菊戴
キクイタダキ科の鳥。㋔ヨーロッパ

マミジロキビタキ *Ficedula zanthopygia* 眉白黄鶲
ヒタキ科の鳥。全長13cm。㋔モンゴル高原, ウスリー, 朝鮮半島で繁殖。マレー半島などへ渡って越冬

フ日野新（p258/カ図）
フ日野増（p258/カ図）
フ野鳥（p360/カ図）

マミジロクイナ *Porzana cinerea* 眉白水鶏, 眉白秧鶏
クイナ科の鳥。全長18～22cm。㊵フィリピン, マレー半島, インドシナ, ニューギニア, オーストラリア北部, ミクロネシア, メラネシア。日本の硫黄列島の亜種は絶滅
¶絶鳥事（p86/モ図）
世文鳥（p107/カ図）
地球（p440/カ写）
鳥卵巣（p159/カ写, カ図）
鳥650（p198/カ写）
フ日野新（p124/カ図）
フ日野増（p124/カ図）
フ野鳥（p118/カ図）

マミジロゲリ *Vanellus gregarius* 眉白鳧, 眉白計里
チドリ科の鳥。絶滅危惧IA類。全長27～30cm。㊵ロシア, カザフスタン
¶鳥卵巣（p175/カ写, カ図）
レ生（p299/カ写）

マミジロコガラ *Poecile gambeli* 眉白小雀
シジュウカラ科の鳥。㊵アメリカ西部
¶驚野動（p56/カ写）
世鳥ネ（p269/カ写）

マミジロシトド *Coryphaspiza melanotis* 眉白鵐
ホオジロ科の鳥。全長14cm。㊵ペルーの南東部と東部, ボリビア北部, ブラジル中央部と南東部, パラグアイ東部, アルゼンチン北部
¶地球（p498/カ写）

マミジロスズメハタオリ *Plocepasser mahali* 眉白雀機織
ハタオリドリ科の鳥。体長16～18cm。㊵エチオピア～南アフリカ
¶鳥卵巣（p369/カ図）

マミジロタヒバリ *Anthus richardi* 眉白田鷚, 眉白田雲雀
セキレイ科の鳥。全長18cm。㊵中央アジア～シベリアを経てオホーツク沿岸まで, モンゴル, 中国東部で繁殖
¶四季鳥（p68/カ写）
世鳥大（p463/カ写）
世鳥卵（p158/カ写, カ図）
世文鳥（p204/カ写）
鳥比（p172/カ写）
鳥650（p664/カ写）
日ア鳥（p568/カ写）
日鳥識（p280/カ写）
日鳥山新（p318/カ写）
日鳥山増（p148/カ写）
日野鳥新（p592/カ写）
日野鳥増（p462/カ写）
フ日野新（p224/カ図）
フ日野増（p224/カ図）
フ野鳥（p376/カ図）

マミジロツメナガセキレイ *Motacilla flava simillima* 眉白爪長鶺鴒
セキレイ科の鳥。ツメナガセキレイの亜種。
¶名鳥図（p174/カ写）
日色鳥（p105/カ写）
日鳥山新（p311/カ写）
日鳥山増（p141/カ写）
日野鳥新（p584/カ写）
日野鳥増（p454/カ写）
ぱっ鳥（p340/カ写）
山溪名鳥（p124/カ写）

マミジロテリカッコウ *Chrysococcyx basalis* 眉白照郭公
カッコウ科の鳥。全長17cm。
¶世鳥大（p275/カ写）

マミジロノビタキ *Saxicola rubetra* 眉白野鶲
ヒタキ科の鳥。全長12～14cm。
¶世鳥ネ（p301/カ写）
鳥卵巣（p297/カ写, カ図）
鳥比（p147/カ写）
鳥650（p624/カ写）
日ア鳥（p532/カ写）
日鳥山新（p276/カ写）
フ日野新（p330,342/カ図）
フ野鳥（p352/カ図）

マミジロバンケン *Centropus superciliosus* 眉白蕃鵑, 眉白蛮鵑
ホトトギス科の鳥。全長36～42cm。㊵スーダンのナイル川流域～アフリカ東部, アンゴラ, ジンバブエ, 南アフリカにまで分布
¶世鳥大（p276/カ写）

マミジロマシコ *Carpodacus thura* 眉白猿子
アトリ科の鳥。全長17～18cm。㊵ヒマラヤ山脈
¶原色鳥（p81/カ写）

マミジロマルハシ *Pomatorhinus schisticeps* 眉白丸嘴
チメドリ科の鳥。㊵ヒマラヤ地方～ミャンマー, 南アジア, インドシナ半島～マレーシア
¶世鳥卵（p185/カ写, カ図）

マミジロミツドリ *Coereba flaveola* 眉白蜜鳥
マミジロミツドリ科の鳥。全長10.5～11cm。㊵中央アメリカ, 西インド諸島, 南アメリカ
¶原色鳥（p228/カ写）
世鳥大（p473/カ写）

マミジロモリゲラ *Piculus aurulentus*
キツツキ科の鳥。全長22cm。
¶世鳥大（p326/カ写）

マミジロヤブムシクイ *Sericornis frontalis* 眉白籔虫食, 眉白籔虫喰
トゲハシムシクイ科の鳥。全長11～14cm。㊕オーストラリア西部・南部・東部, タスマニア島
¶**世鳥大**(p368/カ写)
地球(p486/カ写)

マミジロユミハチドリ *Phaethornis stuarti* 眉白弓蜂鳥
ハチドリ科ユミハチドリ亜科の鳥。全長9cm。
¶**ハチドリ**(p356)

マミチャジナイ *Turdus obscurus* 眉茶鶫, 眉茶鶇
ヒタキ科(ツグミ科)の鳥。全長22cm。
¶**くら鳥**(p58,60/カ写)
原寸羽(p245/カ写)
里山鳥(p105/カ写)
四季鳥(p42/カ写)
世文鳥(p226/カ写)
鳥卵巣(p291/カ写, カ図)
鳥比(p133/カ写)
鳥650(p596/カ写)
名鳥図(p199/カ写)
日ア鳥(p506/カ写)
日鳥識(p260/カ写)
日鳥山新(p249/カ写)
日鳥山増(p207/カ写)
日野鳥新(p540/カ写)
日野鳥増(p510/カ写)
ぱっ鳥(p313/カ写)
ひと目鳥(p185/カ写)
フ日野新(p246/カ図)
フ日野増(p246/カ図)
フ野鳥(p340/カ図)
野鳥学フ(p51/カ写)
野鳥山フ(p53,303/カ図, カ写)
山溪名鳥(p303/カ写)

マミハウチワドリ(1) *Prinia inornata* 眉羽団扇鳥
セッカ科(ウグイス科)の鳥。別名アジアマミハウチワドリ。全長10～12cm。㊕インド～中国南部, 東南アジアに留鳥として分布
¶**世鳥卵**〔アジアマミハウチワドリ〕(p196/カ写, カ図)
鳥卵巣(p305/カ写, カ図)
鳥比(p124/カ写)
鳥650(p733/カ写)

マミハウチワドリ(2) *Prinia subflava* 眉羽団扇鳥
セッカ科(ウグイス科)の鳥。㊕アフリカのサハラ砂漠の南側
¶**世鳥卵**(p195/カ写, カ図)

マムシ ⇒ニホンマムシを見よ

マメクロクイナ *Atlantisia rogersi* 豆黒秧鶏, 豆黒水鶏
クイナ科の鳥。絶滅危惧II類。体長17cm。㊕イナクセシブル島(固有)
¶**世鳥卵**(p84/カ写, カ図)
鳥絶(p146/カ図)

マメハチドリ *Mellisuga helenae* 豆蜂鳥
ハチドリ科ハチドリ亜科の鳥。準絶滅危惧。全長5～6cm。㊕キューバ
¶**原色鳥**(p77/カ写)
絶百8(p66/カ写)
世鳥大(p298/カ写)
世鳥ネ(p216/カ写)
地球(p471/カ写)
鳥卵巣(p241/カ写, カ図)
ハチドリ(p333/カ写)

マメブチ Mamebuchi 豆斑
ハツカネズミの一品種。体長5～7cm。日本の原産。
¶**日家**〔豆斑〕(p237/カ写)

マメルリハインコ *Forpus coelestis* 豆瑠璃羽鸚哥
インコ科の鳥。全長12～14cm。㊕南アフリカ(エクアドル～ペルー)
¶**地球**(p459/カ写)
鳥飼〔マメルリハ〕(p132/カ写)

マ

マーモット属の一種 *Marmota* sp.
リス科の哺乳類。体長35～50cm。
¶**地球**(p525/カ写)

マモノミカドヤモリ *Rhacodactylus chahoua*
ヤモリ科イシヤモリ亜科の爬虫類。全長22～25cm。㊕ニューカレドニア
¶**ゲッコー**(p81/カ写)
世爬(p117/カ写)
爬両1800(p160/カ写)
爬両ビ(p118/カ写)

マユグロアホウドリ *Thalassarche melanophrys* 眉黒阿房鳥, 眉黒阿呆鳥, 眉黒信天翁
アホウドリ科の鳥。全長80～95cm。㊕南の海, 南大西洋, 太平洋, インド洋の島々
¶**世鳥大**(p145/カ写)
世鳥ネ(p57/カ写)
地球(p421/カ写)
鳥650(p746/カ写)

マユグロムシクイ *Phylloscopus ricketti* 眉黒虫食, 眉黒虫喰
ムシクイ科の鳥。全長10～11cm。㊕中国中南部で繁殖
¶**鳥比**(p118/カ写)
日ア鳥(p464/カ写)

マユジロコバネヒタキ *Brachypteryx cruralis* 眉白小羽鶲
ツグミ科の鳥。㊕ネパール～シッキム, ブータン, アッサム, 東南アジア, 中国南西部
¶**世鳥卵**〔マユジロコバネヒタキ(コバネヒタキ)〕(p176/カ写, カ図)

マユダカトカゲ *Uranoscodon superciliosus*
イグアナ科ヨウガントカゲ亜科の爬虫類。全長45cm前後。[分]南米大陸北部
¶**世爬** (p71/カ写)
爬両1800 (p88/カ写)
爬両ビ (p76/カ写)

マユダカヒメカメレオン *Brookesia superciliaris*
カメレオン科の爬虫類。全長6.7〜9.5cm。[分]マダガスカル東部
¶**世爬** (p100/カ写)
爬両1800 (p127/カ写)
爬両ビ (p99/カ写)

マヨルカサンバガエル ⇒マジョルカサンバガエルを見よ

マヨルカ・シェパード・ドッグ Majorca Shepherd Dog
犬の一品種。別名スパニッシュ・シープドッグ, カ・デ・ベスチャ, カ・デ・ベスティアール, ベロ・デ・パストール・マジョルキン。体高 オス66〜73cm, メス62〜68cm。スペインの原産。
¶**最犬大** (p86/カ写)
新犬種〔カ・デ・ベスティアール〕(p294/カ写)
ビ犬〔マヨルカン・シェパード・ドッグ〕(p86/カ写)

マヨルカ・マスティフ Majorca Mastiff
犬の一品種。別名カ・デ・ブー, ペロ・ドゴ・マジョルキン, ペロ・ドゴ・マヨルカン。体高 オス55〜58cm, メス52〜55cm。スペイン・バレアレス諸島の原産。
¶**最犬大** (p126/カ写)
新犬種〔ペロ・ドゴ・マヨルカン〕(p198/カ写)
ビ犬〔マヨルカン・マスティフ〕(p86/カ写)

マヨルカン・シェパード・ドッグ ⇒マヨルカ・シェパード・ドッグを見よ

マヨルカン・マスティフ ⇒マヨルカ・マスティフを見よ

マーラ *Dolichotis patagonum*
テンジクネズミ科の哺乳類。別名パタゴニアウサギ。体長43〜78cm。[分]南アメリカ
¶**驚野動** (p117/カ写)
世文動 (p119/カ写)
世哺 (p176/カ写)

マライヤマネコ *Prionailurus planiceps* マライ山猫
ネコ科の哺乳類。別名フラットヘッデッドキャット, マレーヤマネコ。絶滅危惧II類。体長45〜52cm。[分]タイ南部〜マレー半島, スマトラ, ボルネオ
¶**世哺** (p279/カ写)
地球 (p581/カ写)
野生ネコ〔マレーヤマネコ〕(p40/カ写, カ図)

マラカイトハリトカゲ *Sceloporus malachiticus*
イグアナ科(イグアナ科ツノトカゲ亜科)の爬虫類。全長18〜24cm。[分]メキシコ南部〜パナマまでの中米
¶**世爬** (p68/カ写)
地球 (p385/カ写)
爬両1800 (p81/カ写)
爬両ビ (p72/カ写)

マラガシーモリヘビ属の1種 *Compsophis* sp.
ナミヘビ科マラガシーヘビ亜科の爬虫類。全長30〜90cm。[分]マダガスカル
¶**爬両1800** (p337/カ写)

マーラ属の一種 *Dolichotis* sp.
テンジクネズミ科の哺乳類。体長69〜75cm。
¶**地球** (p529/カ写)

マラヤホソウデナガガエル *Leptolalax heteropus*
コノハガエル科の両生類。体長2.4〜3.6cm。[分]マレー半島
¶**カエル見** (p17/カ写)

マラヤンブラッドパイソン *Python curtus brongersmai*
ニシキヘビ科の爬虫類。別名マレーアカニシキ。全長最大2.75m。[分]タイ南部, マレーシア, シンガポール, インドネシア(スマトラ島の東側と隣接する島々)
¶**世ヘビ** (p73/カ写)

マリアナツカツクリ *Megapodius laperouse* マリアナ塚造
ツカツクリ科の鳥。全長38cm。[分]アメリカ合衆国領北マリアナ諸島, パラオ
¶**鳥卵巣** (p120/カ写, カ図)

マリネズミ ⇒ヤマネを見よ

マリノア Malinois
犬の一品種。別名マリノワ。ベルジアン・シェパード・ドッグのバリエーションの一種。体高56〜66cm。ベルギーの原産。
¶**最犬大**〔ベルジアン・シェパード・ドッグ〔マリノア〕〕(p66/カ写)
新世犬〔ベルジアン・シェパード〔マリノワ〕〕(p42/カ写)
ビ犬 (p41/カ写)

マリノワ ⇒マリノアを見よ

マルオアマガサヘビ *Bungarus fasciatus*
コブラ科の爬虫類。全長1.5〜2.3m。[分]アジア
¶**世文動**〔マルオアマガサ〕(p297/カ写)

マルオセッカ *Eremiornis carteri* 丸尾雪加
ウグイス科の鳥。全長15cm。[分]オーストラリア北部・西部の内陸地
¶**世鳥大** (p413/カ写)
世鳥ネ (p284/カ写)

マルオツノトカゲ *Phrynosoma modestum*
イグアナ科ツノトカゲ亜科の爬虫類。全長8～10cm。㊵アメリカ合衆国南部, メキシコ北部
¶**爬両1800**(p80/カ写)
爬両ビ(p71/カ写)

マルオハチドリ *Polytmus guainumbi* 丸尾蜂鳥
ハチドリ科マルオハチドリ亜科の鳥。全長9.5～10cm。㊵ベネズエラ～ブラジル南部
¶**ハチドリ**(p359)

マルオヨタカ *Caprimulgus sericocaudatus* 丸尾夜鷹
ヨタカ科の鳥。全長24～30cm。
¶**世鳥大**(p290/カ写)

マルガシラツルヘビ *Imantodes cenchoa*
ナミヘビ科の爬虫類。全長1.3m。㊵メキシコ南部～パラグアイ, ボリビア, アルゼンチン北部まで
¶**地球**(p395/カ写)

マルキーシェ ⇒マルキースィエを見よ

マルキースィエ Markiesje
犬の一品種。別名マルキーシェ。体高35cm以下。オランダの原産。
¶**最犬大**〔マルキーシェ〕(p403/カ写)
新犬種(p66/カ写)

マルギナータリクガメ ⇒フチゾリリクガメを見よ

マルコーヴァ
犬の一品種。体高 オス63～68cm, メス58～63cm。
¶**新犬種**(p258/カ写)

マルスッポン ⇒カントールマルスッポンを見よ

マルチーズ Maltese
犬の一品種。体高 オス21～25cm, メス20～23cm。中央地中海沿岸地域の原産。
¶**アルテ犬**(p200/カ写)
最犬大(p380/カ写)
新犬種(p38/カ写)
新世犬(p288/カ写)
図世犬(p308/カ写)
世文動(p144/カ写)
ビ犬(p274/カ写)

マルチーズ・ポケット・ドッグ ⇒ケルブ・タル・ブを見よ

マルチニークコヤスガエル *Eleutherodactylus martinicensis*
ユビナガガエル科の両生類。体長47mm。㊵小アンティル諸島, 西インド諸島
¶**世カエ**(p94/カ写)

マルティンキノボリアリゲータートカゲ *Abronia martindelcampoi*
アンギストカゲ科の爬虫類。全長25～30cm。㊵メキシコ(グェレロ州)
¶**爬両1800**(p229/カ写)

マルテカメレオン *Calumma malthe*
カメレオン科の爬虫類。全長28～31cm。㊵マダガスカル北東部
¶**世爬**(p93/カ写)
爬両1800(p120/カ写)

マルテンスウキガエル *Occidozyga martensii*
ヌマガエル科の両生類。全長1.5～2cm。
¶**地球**(p363/カ写)

マルハシ *Pomatorhinus erythrogenys* 丸嘴
チメドリ科の鳥。全長22～26cm。
¶**世鳥大**(p418/カ写)

マルハシツグミモドキ *Toxostoma curvirostre* 丸嘴鶫擬
マネシツグミ科の鳥。全長27cm。㊵アメリカ合衆国南西部の内陸部やメキシコの広い地域
¶**世鳥大**(p429/カ写)
地球(p492/カ写)

マ

マルハシミツドリ *Conirostrum cinereum* 丸嘴蜜鳥
フウキンチョウ科の鳥。全長12cm。
¶**世鳥大**(p483/カ写)

マルハナヒョウトカゲ *Gambelia silus*
イグアナ科の爬虫類。絶滅危惧IB類。全長33cmに達する。㊵カリフォルニアのサンホアキン谷
¶**絶百7**(p68/カ写)

マルハナボア ⇒ビブロンボアを見よ

マルミミゾウ *Loxodonta cyclotis* 丸耳象
ゾウ科の哺乳類。絶滅危惧II類。体長体高2～2.5m。㊵西アフリカ, 中央アフリカ
¶**遺産世**(Mammalia No.42/カ写)
地球(p516/カ写)

マルメタピオカガエル *Lepidobatrachus laevis*
ユビナガガエル科の両生類。別名チャコバゼットガエル。全長4～10cm。㊵アルゼンチン, ボリビア, パラグアイ
¶**かえる百**(p12/カ写)
カエル見(p112/カ写)
世カエ〔チャコバゼットガエル〕(p102/カ写)
世両(p179/カ写)
地球〔チャコバゼットガエル〕(p353/カ写)
爬両1800(p430/カ写)
爬両ビ(p294/カ写)

マルワリ Marwari
馬の一品種。軽量馬。体高143～152cm。インド西部の原産。
¶**アルテ馬**(p142/カ写)

マレーアオムチヘビ *Ahaetulla mycterizans*
ナミヘビ科ナミヘビ亜科の爬虫類。全長70～90cm。㊵マレー半島, インドネシア(ジャワ島・スマトラ

島)
¶**爬両1800**(p288/カ写)

マレーアカニシキ ⇒マラヤンブラッドパイソンを見よ

マレーアナツバメ ⇒ジャワアナツバメを見よ

マレーウオミミズク *Ketupa ketupu* マレー魚木菟
フクロウ科の鳥。全長46〜47cm。㊕東南アジア
¶**世鳥ネ**(p194/カ写)
地球(p465/カ写)

マレーウロコヒゲトビトカゲ *Draco formosus*
アガマ科の爬虫類。全長20cm前後。㊕タイ南部,マレーシア西部
¶**爬両1800**(p90/カ写)
爬両ビ(p77/カ写)

マレーオオヒキガエル ⇒キメアラヒキガエルを見よ

マレーガビアル *Tomistoma schlegeli*
クロコダイル科の爬虫類。全長3〜5m。㊕ボルネオ,スマトラ,マレー半島
¶**世文動**(p306/カ写)

マ

マレーキノウロガエル *Metaphrynella pollicaris*
ヒメガエル科(ヒメアマガエル科,ジムグリガエル科)の爬虫類。別名カグヤヒメガエル。体長29〜40mm。㊕マレー半島
¶**カエル見**(p73/カ写)
世カエ〔カグヤヒメガエル〕(p482/カ写)

マレーキノボリガマ *Pedostibes hosii*
ヒキガエル科の両生類。別名ホースキノボリヒキガエル,マレーキノボリヒキガエル。体長 オス53〜78mm,メス89〜105mm。㊕タイ,マレーシア,インドネシア
¶**かえる百**(p48/カ写)
カエル見(p29/カ写)
世カエ〔マレーキノボリヒキガエル〕(p168/カ写)
世文動(p324/カ写)
世両(p37/カ写)
地球〔マレーキノボリヒキガエル〕(p354/カ写)
爬両1800(p369/カ写)
爬両ビ(p244/カ写)

マレーキノボリヒキガエル ⇒マレーキノボリガマを見よ

マレークシトカゲ *Acanthosaura armata*
アガマ科の爬虫類。全長30cm前後。㊕マレー半島,インドシナ半島
¶**爬両1800**(p90/カ写)

マレーグマ *Helarctos malayanus*
クマ科の哺乳類。絶滅危惧II類。体長1〜1.5m。㊕東南アジアの大陸部,スマトラおよびボルネオの森林部
¶**世文動**(p150/カ写)
世哺(p238/カ写)
地球(p567/カ写)
レ生(p302/カ写)

マレー・グレー Murray Grey
牛の一品種(肉牛)。体高 オス152cm,メス140cm。オーストラリアの原産。
¶**日家**(p83/カ写)

マレーコオロギヒキガエル *Ansonia malayana*
ヒキガエル科の両生類。体長20〜27mm。㊕マレー半島とタイ南部の丘陵地
¶**世カエ**(p124/カ写)

マレーコノハガエル *Xenophrys aceras*
コノハガエル科の両生類。体長6〜8cm。㊕マレーシア,タイ
¶**カエル見**(p15/カ写)
世両(p18/カ写)
爬両1800(p361/カ写)
爬両ビ(p266/カ写)

マレージャコウネコ ⇒パームシベットを見よ

マレースジオ *Elaphe taeniura ridleyi*
ナミヘビ科の爬虫類。スジオナメラの亜種。別名ケープラットスネーク。㊕タイ南部,マレーシア
¶**世ヘビ**(p90/カ写)

マレーセンザンコウ *Manis javanica*
センザンコウ科の哺乳類。別名ジャワセンザンコウ,ジャワパンゴリン。絶滅危惧IA類。体長50〜65cm。㊕インドシナ半島南部〜マレー半島ほか
¶**遺産世**〔ジャワセンザンコウ〕(Mammalia No.19/カ写)
地球(p561/カ写)

マレーツブハダキガエル *Theloderma leprosum*
アオガエル科の両生類。体長7〜8cm。㊕インドネシア,マレーシア
¶**カエル見**(p50/カ写)
爬両1800(p390/カ写)

マレートビガエル ⇒レインワードトビガエルを見よ

マレートビトカゲ *Draco volans*
アガマ科の爬虫類。全長15〜20cm。㊕アジア南東部
¶**驚野動**(p298/カ写)

マレーニシクイガメ *Malayemys macrocephala*
アジアガメ科(イシガメ(バタグールガメ)科)の爬虫類。甲長15〜20cm。㊕タイ西部,マレーシア
¶**世カメ**(p250/カ写)
世爬(p31/カ写)
爬両1800(p38/カ写)
爬両ビ(p29/カ写)

マレーバク *Tapirus indicus*
バク科の哺乳類。絶滅危惧IB類。体高90〜105cm。[分]インドネシア, ミャンマー, マレー半島, タイ
¶**絶百8** (p54/カ図)
世文動 (p190/カ写)
世哺 (p323/カ写)
地球 (p589/カ写)
レ生 (p303/カ写)

マレーハコガメ *Cuora amboinensis*
アジアガメ科(イシガメ(バタグールガメ)科)の爬虫類。甲長18〜20cm。[分]東南アジア広域, インド北東部
¶**世カメ** (p268/カ写)
世爬 (p33/カ写)
爬両1800 (p42〜43/カ写)
爬両ビ (p30/カ写)

マレーパームシベット ⇒パームシベットを見よ

マレーハラボシガエル *Chaperina fusca*
ヒメガエル科の両生類。体長2〜2.3cm。[分]マレーシア, インドネシア, タイ, フィリピンなど
¶**カエル見** (p73/カ写)
爬両1800 (p405/カ写)

マレーヒヨケザル *Cynocephalus variegatus*
ヒヨケザル科の哺乳類。体長34〜42cm。[分]アジア
¶**世文動** (p57/カ写)
世哺 (p95/カ写)
地球 (p533/カ写)

マレーホソユビヤモリ *Cyrtodactylus pulchellus* マレー細指守宮
ヤモリ科ヤモリ亜科の爬虫類。全長20〜26cm。[分]ミャンマ, タイ, マレーシア, シンガポール
¶**ゲッコー** (p53/カ写)
爬両1800 (p149/カ写)

マレーマ・シープドッグ ⇒マレンマ・シープドッグを見よ

マレーマムシ *Calloselasma rhodostoma* マレー蝮
クサリヘビ科の爬虫類。全長1m。[分]アジア
¶**地球** (p399/カ写)

マレーミツユビコゲラ *Sasia abnormis* マレー三指小啄木鳥
キツツキ科の鳥。全長9cm。[分]ミャンマー, タイ〜マレー半島を経てスマトラ, カリマンタン, ジャワ西部その他のインドネシアの島々
¶**世色鳥** (p124/カ写)
世鳥大 (p322)

マレーヤマネコ ⇒マライヤマネコを見よ

マレンマ=アブルッツィ・シープドッグ ⇒マレンマ・シープドッグを見よ

マレンマ・シープドッグ Maremma Sheepdog
犬の一品種。別名カネ・ダ・パストーレ・マレンマーノ・アヴレツエーゼ, マレンマーノ・アブリュツァーノ, マレンマ=アブルッツィ・シープドッグ。体高 オス65〜73cm, メス60〜68cm。イタリアの原産。
¶**最犬大** (p96/カ写)
新犬種〔カネ・ダ・パストーレ・マレンマーノ=アブルッツェーゼ〕(p312/カ写)
新世犬〔マレーマ・シープドッグ〕(p58/カ写)
図世犬 (p72/カ写)
ビ犬 (p69/カ写)

マレンマーナ Maremmana
馬の一品種。軽量馬。体高152〜153cm。イタリアのマレンマ地方の原産。
¶**アルテ馬** (p116/カ写)

マレンマーノ・アブリュツァーノ ⇒マレンマ・シープドッグを見よ

マロルカサンバガエル ⇒マジョルカサンバガエルを見よ

マンガリッツァ Mangalitsa
豚の一品種。ハンガリーの原産。
¶**日家** (p109/カ写)

マンクス Manx
猫の一品種。体長35〜50cm。イギリスの原産。
¶**世文動** (p173/カ写)
地球 (p580/カ写)
ビ猫 (p165/カ写)

マングースキツネザル *Eulemur mongoz*
キツネザル科の哺乳類。絶滅危惧IA類。体高32〜37cm。[分]マダガスカル北西部のアンツヒヒ〜マハバビ川, コモロのモヘリ島とアンジュアン島
¶**世文動** (p72/カ写)
地球 (p536/カ写)
美サル (p144/カ写)

マンクスミズナギドリ *Puffinus puffinus* マンクス水薙鳥
ミズナギドリ科の鳥。全長30〜35cm。[分]北大西洋沿岸
¶**世鳥大** (p151/カ写)
世鳥ネ (p61/カ写)
鳥650 (p127/カ写)
日鳥水増 (p47/カ写)

マンクス・ロフタン Manx Loaghtan
ヒツジの一品種。体高65〜80cm。イギリス・マン島の原産。
¶**地球** (p607/カ写)
日家 (p133/カ写)

マングローブエメラルドハチドリ *Amazilia boucardi*
ハチドリ科ハチドリ亜科の鳥。絶滅危惧IB類。全長9～11cm。㊕コスタリカ（固有）
¶**鳥絶**（p171/カ図）
ハチドリ（p262/カ写）

マングローブオオトカゲ *Varanus indicus*
オオトカゲ科の爬虫類。全長100～130cm。㊕ニューギニア島と周囲の島々，オーストラリア北東部
¶**世爬**（p155/カ写）
爬両1800（p235/カ写）
爬両ビ（p165/カ写）

マングローブニシキヘビ ⇒マクロットパイソンを見よ

マングローブフィンチ *Camarhynchus heliobates*
ホオジロ科の鳥。絶滅危惧IA類。全長14cm。㊕エクアドルのガラパゴス諸島
¶**絶百10**（p18/カ図）

ミ

マングローブヘビ ⇒トラフオオガシラを見よ

マンシャンコノハガエル *Xenophrys mangshanensis*
コノハガエル科の両生類。体長6～8cm。㊕中国（湖南省）
¶**カエル見**（p15/カ写）
爬両1800（p361/カ写）

マンシャンサワヘビ *Opisthotropis cheni*
ナミヘビ科ユウダ亜科の爬虫類。全長40～50cm。㊕中国南部
¶**爬両1800**（p275/カ写）

マンシャンハブ *Protobothrops mangshanensis*
クサリヘビ科の爬虫類。全長180～200cm。㊕中国（湖南省）
¶**爬両1800**（p342/カ写）

マンシュウイナダヨシキリ *Acrocephalus tangorum*
満州稲田葦切
ヨシキリ科の鳥。別名コクリュウコウイナダヨシキリ。㊕アムール川流域
¶**鳥650**（p752/カ写）

マンシュウハリネズミ ⇒アムールハリネズミを見よ

マンゼイアオメモリドラゴン *Gonocephalus lacunosus*
アガマ科の爬虫類。全長30～40cm。㊕インドネシア（スマトラ島北部）
¶**爬両1800**（p96/カ写）
爬両ビ（p80/カ写）

マンダリンラットスネーク ⇒タカサゴナメラを見よ

マンダレイ Mandalay
猫の一品種。体重3.5～6.5kg。ニュージーランドの原産。
¶**ビ猫**（p89/カ写）

マンチェスター・テリア Manchester Terrier
犬の一品種。別名ブラック・アンド・タン・テリア。体高 オス41cm，メス38cm。イギリスの原産。
¶**アルテ犬**（p104/カ写）
最犬大（p192/カ写）
新犬種（p98/カ写）
新世犬（p250/カ写）
図世犬（p158/カ写）
世文動（p144/カ写）
ビ犬（p212/カ写）

マンチカン Munchkin
猫の一品種。体重2.5～4kg。アメリカ合衆国の原産。
¶**ビ猫**〔マンチカン（ショートヘア）〕（p150/カ写）
ビ猫〔マンチカン（ロングヘア）〕（p233/カ写）

マントヒヒ *Papio hamadryas*
オナガザル科の哺乳類。体高61～76cm。㊕アフリカ東部，アジア南西部
¶**驚野動**（p249/カ写）
世文動（p86/カ写）
地球（p544/カ写）
美サル（p185/カ写）

マントホエザル *Alouatta palliata*
クモザル科（オマキザル科）の哺乳類。体高48～68cm。㊕ベラクルス南部～コロンビアの北端を経てエクアドル
¶**世文動**（p81）
地球（p538/カ写）

マンドリル *Mandrillus sphinx*
オナガザル科の哺乳類。絶滅危惧II類。体高63～81cm。㊕アフリカ
¶**驚野動**（p213/カ写）
世文動（p85/カ写）
世哺（p116/カ写）
地球（p544,546/カ写）
美サル（p191/カ写）

【ミ】

ミーアキャット *Suricata suricatta*
マングース科の哺乳類。別名スリカータ。体長24～35cm。㊕アフリカ
¶**驚野動**（p232/カ写）
世文動（p162/カ写）
世哺（p271/カ写）
地球（p586/カ写）

ミイロヤドクガエル *Epipedobates tricolor*
ヤドクガエル科の両生類。体長1.6～2.7cm。㊕エクアドル
¶**かえる百**(p50/カ写)
カエル見(p105/カ写)
世カエ(p194/カ写)
世両(p170/カ写)
爬両1800(p427/カ写)
爬両ビ(p292/カ写)

ミエジドリ ⇒ショウジョウジドリを見よ

ミオリティッチ・シープドッグ ⇒ルーマニアン・ミオリティック・シェパード・ドッグを見よ

ミカゲコノハヤモリ *Saltuarius wyberba*
ヤモリ科イシヤモリ亜科の爬虫類。全長18cm前後。㊕オーストラリア東部
¶**爬両1800**(p158/カ写)

ミカゲハリトカゲ *Sceloporus orcutti*
イグアナ科ツノトカゲ亜科の爬虫類。全長19～27cm。㊕アメリカ合衆国(カリフォルニア州南部), メキシコ(バハカリフォルニア半島)
¶**世文動**(p263/カ写)
爬両1800(p81/カ写)
爬両ビ(p72/カ写)

ミカゲヨアソビトカゲ *Xantusia henshawi*
ヨルトカゲ科の爬虫類。全長10～15cm。㊕アメリカ合衆国(カリフォルニア州南部), メキシコ(バハカリフォルニア北部)
¶**爬両1800**(p225/カ写)

ミカヅキインコ *Polytelis swainsonii* 三日月鸚哥
インコ科の鳥。全長40cm。㊕オーストラリア南東部
¶**世鳥大**(p261/カ写)
地球(p458/カ写)
鳥飼(p142/カ写)

ミカヅキシマアジ *Anas discors* 三日月縞味
カモ科の鳥。全長39cm。
¶**鳥比**(p221/カ写)
鳥650(p56/カ写)
日ア鳥(p44/カ写)
日カモ(p97/カ写, カ図)
日鳥水増(p134/カ写)
フ日野新(p310/カ図)
フ日野増(p310/カ図)
フ野鳥(p32/カ図)

ミカドガン *Anser canagicus* 帝雁
カモ科の鳥。全長66～89cm。㊕アラスカ, シベリア北東部の沿岸のツンドラで繁殖。アメリカ合衆国西部, カムチャツカまで南下し越冬
¶**世鳥ネ**(p38/カ写)
世文鳥(p63/カ写)
地球(p413/カ写)
鳥比(p210/カ写)
鳥650(p29/カ写)
日ア鳥(p26/カ写)
日鳥水増(p111/カ写)
フ日野新(p34/カ図)
フ日野増(p34/カ図)
フ野鳥(p22/カ図)

ミカドキジ *Syrmaticus mikado* 帝雉
キジ科の鳥。全長 オス87cm。
¶**鳥卵巣**(p139/カ写, カ図)
羽根決(p377/カ写, カ図)

ミカドスズメ *Vidua regia* 帝雀
テンニンチョウ科の鳥。体長 オス30cm, メス13cm。㊕アフリカ南部の一部地域
¶**世鳥ネ**(p308/カ写)
世美羽(p132/カ写, カ図)

ミカドネズミ *Myodes rutilus mikado* 御門鼠, 帝鼠
ネズミ科の哺乳類。ヒメヤチネズミの亜種。頭胴長80～107mm。㊕北海道本島のみ
¶**くら哺**(p14/カ写)
日哺学フ(p20/カ写)

ミカドバト *Ducula aenea* 帝鳩
ハト科の鳥。全長40～47cm。㊕インド, 東南アジア, フィリピン, インドネシア, ニューギニア
¶**世鳥大**(p251/カ写)
地球(p454/カ写)

ミカドヒラタトカゲ *Platysaurus imperator*
ヨロイトカゲ科の爬虫類。全長20～28cm。㊕ジンバブエ, モザンビーク
¶**世爬**(p147/カ写)
爬両1800(p220/カ写)
爬両ビ(p154/カ写)

ミカワ Mikawa 三河
鶏の一品種。体重 オス2.8kg, メス2.3kg。愛知県の原産。
¶**日家**〔三河〕(p190/カ写)

ミーカンリングアシナシイモリ *Siphonops annulatus*
アシナシイモリ科の両生類。全長28～45cm。㊕南米北部～中部
¶**爬両1800**(p464/カ写)

ミケヘビ *Spalerosophis atriceps*
ナミヘビ科ナミヘビ亜科の爬虫類。別名ロイヤルディアデマスネーク。全長1.2～1.5m。㊕インド, パキスタン, スリランカ
¶**世ヘビ**〔ロイヤルディアデマスネーク〕(p100/カ写)
爬両1800(p300/カ写)
爬両ビ(p216/カ写)

ミケリス　*Callosciurus prevostii*　三毛栗鼠
リス科の哺乳類。別名プレボストリス。体長13〜28cm。㊉東南アジア
¶**世文動**(p108/カ写)
世哺(p151/カ写)
地球(p523/カ写)

ミコアイサ　*Mergellus albellus*　神子秋沙, 巫子秋沙
カモ科の鳥。全長35〜44cm。㊉ユーラシア北部で繁殖。インド北部や中国南東部あたりまで南下し越冬
¶**くら鳥**(p91,93/カ写)
里山鳥(p190/カ写)
四季鳥(p91/カ写)
世鳥大(p134/カ写)
世鳥ネ(p50/カ写)
世文鳥(p81/カ写)
地球(p415/カ写)
鳥比(p234/カ写)
鳥650(p82/カ写)
名鳥図(p62/カ写)
日ア鳥(p70/カ写)
日色鳥(p93/カ写)
日カモ(p272/カ写, カ図)
日鳥識(p88/カ写)
日鳥水増(p157/カ写)
日野鳥新(p92/カ写)
日野鳥増(p94/カ写)
ぱっ鳥(p57/カ写)
バード(p102/カ写)
羽根決(p82/カ写, カ図)
ひと目鳥(p49/カ写)
フ日野新(p58/カ図)
フ日野増(p58/カ図)
フ野鳥(p50/カ図)
野鳥学フ(p169/カ写)
野鳥山フ(p20,123/カ図, カ写)
山溪名鳥(p59/カ写)

ミサキウマ　Misaki Pony　御崎馬
馬の一品種。天然記念物。日本在来馬。体高130〜135cm。宮崎県都井岬の原産。
¶**世文動**〔御崎馬〕(p189/カ写)
日家〔御崎馬〕(p15/カ写)

ミサゴ　*Pandion haliaetus*　鶚
タカ科(ミサゴ科)の鳥。準絶滅危惧(環境省レッドリスト)。全長50〜66cm。㊉北アメリカ, ユーラシア, アフリカ, オーストラリア
¶**くら鳥**(p75/カ写)
原寸羽(p62, ポスター/カ写)
里山鳥(p91/カ写)
四季鳥(p58/カ写)
巣と卵決(p43,228/カ写)
絶鳥事(p8,120/カ写, モ図)
世鳥大(p187/カ写)
世鳥卵(p63/カ写, カ図)
世鳥ネ(p97/カ写)
世文鳥(p83/カ写)
地球(p431/カ写)
鳥卵巣(p98/カ写, カ図)
鳥比(p28/カ写)
鳥650(p376/カ写)
名鳥図(p120/カ写)
日ア鳥(p320/カ写)
日鳥識(p188/カ写)
日鳥巣(p34/カ写)
日鳥山新(p49/カ写)
日野鳥新(p356/カ写)
日野鳥増(p324/カ写)
ぱっ鳥(p198/カ写)
バード(p39,130/カ写)
羽根決(p83/カ写, カ図)
ひと目鳥(p118/カ写)
フ日野新(p166/カ図)
フ日野増(p166/カ図)
フ野鳥(p210/カ図)
野鳥学フ(p229/カ写, カ図)
野鳥山フ(p22,126/カ図, カ写)
山溪名鳥(p304/カ写)
ワシ(p14/カ写)

ミサゴノスリ　*Busarellus nigricollis*　鶚鵟
タカ科の鳥。全長45〜50cm。㊉メキシコ〜南はアルゼンチン
¶**世鳥大**(p198/カ写)
地球(p436/カ写)

ミサミスミズトカゲ　*Tropidophorus misaminius*
スキンク科の爬虫類。全長15〜20cm。㊉フィリピン
¶**爬両1800**(p216/カ写)

ミジカツノトカゲ　*Phrynosoma douglassi*
イグアナ科の爬虫類。頭胴長6〜10cm。㊉北アメリカ西部
¶**世文動**(p264/カ写)

ミジカツノユウジョハチドリ　*Lophornis brachylophus*　短角遊女蜂鳥
ハチドリ科ミドリフタオハチドリ亜科の鳥。絶滅危惧IA類。全長7〜7.5cm。
¶**ハチドリ**(p364)

ミシシッピアカミミガメ　*Trachemys scripta elegans*　ミシシッピ赤耳亀
ヌマガメ科アミメガメ亜科の爬虫類。全長28cm。㊉メキシコ最北部, アメリカ合衆国(ニューメキシコ東部〜アラバマ)。日本では本州, 四国, 九州, 沖縄島などに定着。近年は石垣島や北海道でも見つかっている
¶**原爬両**〔ミシシッピーアカミミガメ〕(No.7/カ写)
世カメ〔亜種ミシシッピアカミミガメ〕(p209/カ写)

地球（p375/カ写）
日カメ（p36/カ写）
爬両観（p131/カ写）
爬両飼（p146/カ写）
野日爬（p16,48,80/カ写）

ミシシッピチズガメ *Graptemys kohnii* ミシシッピ地図亀
ヌマガメ科アミメガメ亜科の爬虫類。甲長13～26cm。㊕アメリカ合衆国中南部
¶世カメ（p229/カ写）
爬両1800（p26/カ写）

ミシシッピートビ *Ictinia mississippiensis* ミシシッピー鳶
タカ科の鳥。全長34～37cm。
¶世鳥大（p188）
地球（p436/カ写）

ミシシッピニオイガメ *Sternotherus odoratus*
ドロガメ科の爬虫類。甲長8～14cm。㊕アメリカ合衆国東部～南部
¶世カメ（p144/カ写）
世爬（p49/カ写）
地球（p374/カ写）
爬両1800（p56/カ写）
爬両ビ（p57/カ写）

ミシシッピーヌメサンショウウオ *Plethodon mississippi*
アメリカサンショウウオ科の両生類。全長11.5～21cm。
¶地球（p368/カ写）

ミシマウシ Mishima Cattle 見島牛
牛の一品種。日本在来牛。体高 オス122cm, メス115cm。山口県萩市見島の原産。
¶日家〔見島牛〕（p61/カ写）

ミシマヨザル *Aotus trivirgatus*
ヨザル科の哺乳類。体高24～48cm。
¶地球（p539/カ写）

ミシュテカキノボリアリゲータートカゲ *Abronia mixteca*
アンギストカゲ科の爬虫類。全長25～30cm。㊕メキシコ南西部
¶爬両1800（p228/カ写）

ミズアシナシイモリ *Typhlonectes* spp.
ミズアシナシイモリ科の両生類。全長25～60cm。㊕南米大陸～北西部
¶世文動（p336/カ写）
爬両ビ（p320/カ写）

ミズイロフウキンチョウ *Tangara cabanisi* 水色風琴鳥
フウキンチョウ科の鳥。絶滅危惧IB類。体長15cm。㊕メキシコ, グアテマラ
¶鳥絶（p214/カ図）

ミズオオトカゲ *Varanus salvator*
オオトカゲ科の爬虫類。全長50～210cm。㊕東南アジア一帯, インド, 中国南部など
¶世爬（p158/カ写）
世文動（p279/カ写）
地球（p388/カ写）
爬両1800（p239/カ写）
爬両ビ（p166/カ写）

ミズオポッサム *Chironectes minimus*
オポッサム科の哺乳類。体長26～40cm。㊕南アメリカ北部・中部
¶世文動（p38/カ図）
世哺（p57/カ写）
地球（p504/カ写）

ミズガエル属の1種 *Telmatobius* sp.
ユビナガガエル科の両生類。体長5～8cm。㊕南米大陸中部
¶爬両1800（p431/カ写）

ミ

ミズカキイロメガエル *Boophis madagascariensis*
マダガスカルガエル科（マラガシーガエル科）の両生類。体長6～8cm。㊕マダガスカル中東部～南部
¶カエル見（p63/カ写）
世両（p114/カ写）
爬両1800（p402/カ写）

ミズカキチドリ *Charadrius semipalmatus* 蹼千鳥
チドリ科の鳥。全長17～19cm。㊕アラスカ, カナダ
¶世鳥ネ（p132/カ写）
鳥卵巣（p179/カ写, カ図）
鳥比（p274/カ写）
鳥650（p228/カ写）
日鳥水増（p188/カ写）
フ野鳥（p134/カ図）

ミズカキホソユビヤモリ *Cyrtodactylus brevipalmatus* 蹼細指守宮
ヤモリ科の爬虫類。全長14～16cm。㊕タイ, マレーシア（？）
¶爬両ビ（p104/カ写）

ミズカキヤモリ *Palmatogecko rangei* 蹼守宮
ヤモリ科ヤモリ亜科の爬虫類。全長11～13cm。㊕南アフリカ共和国, ナミビア, アンゴラ南部
¶ゲッコー（p27/カ写）
世爬（p107/カ写）
爬両1800（p134/カ写）
爬両ビ（p108/カ写）

ミズギワアノール *Anolis vermiculatus*
イグアナ科アノールトカゲ亜科の爬虫類。全長18～25cm。㊕キューバ
¶爬両1800（p83/カ写）

ミズコブラ *Boulengerina annulata*
コブラ科の爬虫類。全長1.4〜2.7m。㊕アフリカ
¶**世文動**(p298/カ写)

ミズコブラモドキ *Hydrodynastes gigas*
ナミヘビ科の爬虫類。全長1.5〜2m。㊕南米大陸中部と北部沿岸部
¶**世ヘビ**(p46/カ写)
地球(p395/カ写)
爬両1800(p282/カ写)
爬両ビ(p214/カ写)

ミスジアンドロンゴスキンク *Androngo trivittatus*
スキンク科の爬虫類。全長25〜30cm。㊕マダガスカル南部
¶**爬両1800**(p208/カ写)

ミスジオナガサンショウウオ ⇒ミスジサラマンダーを見よ

ミスジサラマンダー *Eurycea guttolineata*
ムハイサラマンダー科(アメリカサンショウウオ科)の両生類。別名ミスジオナガサンショウウオ。全長10〜16cm。㊕アメリカ合衆国東南部
¶**世両**(p203/カ写)
地球〔ミスジオナガサンショウウオ〕(p368/カ写)
爬両1800(p444/カ写)
爬両ビ(p306/カ写)

ミスジジネズミオポッサム *Monodelphis americano* 三筋地鼠オポッサム
オポッサム科の哺乳類。頭胴長8〜13cm。㊕ブラジル南部
¶**世文動**(p39)

ミスジチドリ *Charadrius tricollaris* 三筋千鳥
チドリ科の鳥。全長16〜20cm。㊕エチオピア, タンザニア, ガボン, 南アフリカ, マダガスカルなど
¶**鳥卵巣**(p181/カ写, カ図)

ミスジドロガメ *Kinosternon baurii*
ドロガメ科ドロガメ亜科の爬虫類。甲長8〜12cm。㊕アメリカ合衆国南東部
¶**世カメ**(p128/カ写)
世爬(p46/カ写)
爬両1800(p54/カ写)
爬両ビ(p57/カ写)

ミスジハコガメ *Cuora trifasciata*
アジアガメ科(イシガメ(バタグールガメ)科)の爬虫類。絶滅危惧IA類。甲長18〜20cm。㊕中国南部, ラオス, ベトナム北部, カンボジア
¶**遺産世**(Reptilia No.7/カ写)
世カメ(p270/カ写)
絶百4(p30/カ写)
世爬(p33/カ写)
世文動(p248/カ写)
地球(p378/カ写)
爬両1800(p43/カ写)
爬両ビ(p31/カ写)

ミスジフクロマウス *Myoictis melas*
フクロネコ科の哺乳類。体長17〜25cm。
¶**地球**(p505/カ写)

ミスジマブヤ *Trachylepis occidentalis*
スキンク科の爬虫類。全長20〜23cm。㊕ナミビア, ボツワナ, アンゴラ, 南アフリカ共和国
¶**爬両1800**(p203/カ写)

ミスジヤドクガエル *Ameerega trivittata*
ヤドクガエル科の両生類。体長 オス31.5〜42mm, メス49.5mm。㊕エクアドル
¶**カエル見**(p105/カ写)
世両(p170/カ写)
地球(p358/カ写)
爬両1800(p427/カ写)
爬両ビ(p292/カ写)

ミズタヒバリ ⇒サメイロタヒバリを見よ

ミズタマケイコクガエル *Staurois natator*
アカガエル科の両生類。体長3〜5cm。㊕マレーシア, フィリピン
¶**爬両1800**(p416/カ写)

ミズテンレック *Limnogale mergulus*
テンレック科の哺乳類。絶滅危惧II類。体長12〜17cm。㊕マダガスカルの東部湿潤林と中央高地
¶**絶百10**(p20/カ図)
レ生(p307/カ写)

ミズトガリネズミ *Neomys fodiens* 水尖鼠
トガリネズミ科の哺乳類。体長6〜10cm。㊕ユーラシア
¶**世哺**(p81/カ写)
地球(p560/カ写)

ミズナメラ ⇒コモチナメラを見よ

ミズニシキヘビ *Liasis fuscus*
ニシキヘビ科の爬虫類。別名ウォーターパイソン(流通名)。全長1.5〜2.0m, 最大3.0m。㊕インドネシア(ニューギニア島), オーストラリア北部, 東チモール, パプアニューギニアなど
¶**世爬**(p180/カ写)
世文動(p283/カ写)
世ヘビ〔ウォーターパイソン〕(p64/カ写)
爬両1800(p258/カ写)
爬両ビ(p191/カ写)

ミズハタネズミ *Arvicola amphibius* 水畑鼠
キヌゲネズミ科(ネズミ科)の哺乳類。体長12〜23cm。㊕ユーラシア
¶**世哺**(p164/カ写)
地球(p525/カ写)

ミズベハチドリ *Leucippus fallax* 水辺蜂鳥
ハチドリ科ハチドリ亜科の鳥。全長8.5〜9cm。
¶ハチドリ (p246/カ写)

ミズベマネシツグミ *Donacobius atricapillus* 水辺真似師鶫
ミソサザイ科 (マネシツグミ科) の鳥。全長22cm。
㊕パナマ東部〜ボリビア, アルゼンチン北部
¶世鳥大 (p425/カ写)
世鳥卵 (p174/カ写, カ図)

ミズベマブヤトカゲ ⇒タテスジマブヤを見よ

ミズマメジカ *Hyemoschus aquaticus*
マメジカ科の哺乳類。体高30〜40cm。 ㊕アフリカ西部〜中部
¶世文動 (p200/カ写)
地球 (p596/カ写)

ミズラモグラ *Euroscaptor mizura* 角髪鼹鼠, 角髪土竜
モグラ科の哺乳類。準絶滅危惧 (環境省レッドリスト)。頭胴長8〜10.7cm。 ㊕青森県〜広島県までの本州の山地
¶くら哺 (p35/カ写)
絶事 (p22/モ図)
世文動 (p56/カ写)
日哺改 (p19/カ写)
日哺学フ (p102/カ写)

ミズーリ・フォックス・トロッター Missouri Fox Trotter
馬の一品種。軽量馬。体高140〜160cm。北アメリカの原産。
¶アルテ馬 (p166/カ写)

ミゾゴイ *Gorsachius goisagi* 溝五位
サギ科の鳥。絶滅危惧IB類 (環境省レッドリスト)。全長49cm。 ㊕繁殖地は本州〜九州にかけて。越冬地は台湾やフィリピン
¶くら鳥 (p98/カ写)
原寸羽 (p28/カ写)
里山鳥 (p66/カ写)
四季鳥 (p124/カ写)
巣と卵決 (p24/カ写, カ図)
絶鳥事 (p11,158/カ写, モ図)
世文鳥 (p49/カ写)
鳥比 (p260/カ写)
鳥650 (p160/カ写)
名鳥図 (p26/カ写)
日ア鳥 (p138/カ写)
日鳥識 (p116/カ写)
日鳥巣 (p12/カ写)
日鳥水増 (p78/カ写)
日野鳥新 (p146/カ写)
日野鳥増 (p194/カ写)
ぱっ鳥 (p90/カ写)
バード (p51/カ写)
羽根決 (p32/カ写, カ図)
ひと目鳥 (p99/カ写)
フ日野新 (p108/カ図)
フ日野増 (p108/カ図)
フ野鳥 (p98/カ図)
野鳥学フ (p133/カ写)
野鳥山フ (p13,81/カ図, カ写)
山溪名鳥 (p306/カ写)

ミソサザイ *Troglodytes troglodytes* 三十三才, 鷦鷯
ミソサザイ科の鳥。全長10cm。 ㊕ヨーロッパ, 北アフリカ, アジア
¶くら鳥 (p45/カ写)
原寸羽 (p234/カ写)
里山鳥 (p53/カ写)
四季鳥 (p22/カ写)
巣と卵決 (p124/カ写, カ図)
世鳥大 (p425/カ写)
世鳥卵 (p173/カ写, カ図)
世鳥ネ (p292/カ写)
世文鳥 (p212/カ写)
地球 (p491/カ写)
鳥卵巣 (p277/カ写, カ図)
鳥比 (p98/カ写)
鳥650 (p579/カ写)
名鳥図 (p186/カ写)
日ア鳥 (p491/カ写)
日色鳥 (p183/カ写)
日鳥識 (p256/カ写)
日鳥巣 (p180/カ写)
日鳥山新 (p232/カ写)
日鳥山増 (p171/カ写)
日野鳥新 (p526/カ写)
日野鳥増 (p485/カ写)
ぱっ鳥 (p304/カ写)
バード (p61/カ写)
羽根決 (p271/カ写, カ図)
ひと目鳥 (p175/カ写)
フ日野新 (p234/カ図)
フ日野増 (p234/カ図)
フ野鳥 (p328/カ図)
野鳥学フ (p143/カ写)
野鳥山フ (p49,291/カ図, カ写)
山溪名鳥 (p308/カ写)

ミソサザイ〔亜種〕 *Troglodytes troglodytes fumigatus* 三十三才, 鷦鷯
ミソサザイ科の鳥。
¶日野鳥新〔ミソサザイ*〕 (p526/カ写)

ミソサザイモドキ *Chamaea fasciata* 三十三才擬, 鷦鷯擬
チメドリ科 (ウグイス科) の鳥。全長14〜16cm。
㊕アメリカ合衆国のオレゴン州西部〜南はバハカリフォルニア北部まで
¶世鳥大 (p419/カ写)

ミ

世鳥卵(p187/カ写, カ図)
地球(p490/カ写)

ミゾハシカッコウ *Crotophaga sulcirostris* 溝嘴郭公
カッコウ科の鳥。全長33cm。㊅アメリカ合衆国南西部〜南アメリカ北部
¶世鳥大(p276/カ写)
地球(p462/カ写)

ミゾヤマガメ *Rhinoclemmys areolata*
アジアガメ科(イシガメ(バタグールガメ)科)の爬虫類。甲長18〜20cm。㊅メキシコ, ベリーズ, グアテマラ東部
¶世カメ(p300/カ写)
爬両1800(p46/カ写)

ミダスアマガエルモドキ *Cochranella midas*
アマガエルモドキ科の両生類。別名ガラスガエル。体長19.5〜25mm。㊅南米, アマゾン川流域のエクアドルとペルー
¶世カエ(p294/カ写)

ミダスタマリン ⇒アカテタマリンを見よ

ミタン ⇒ガヤールを見よ

ミチバシリ ⇒オオミチバシリを見よ

ミツウネオオニオイガメ ⇒スジオオニオイガメを見よ

ミツウネヤマガメ *Melanochelys tricarinata*
イシガメ科(バタグールガメ科)の爬虫類。背甲長最大16.3cm。㊅ネパール南東部, インド東部, バングラデシュ
¶世カメ(p293/カ写)

ミツウロコヘビ *Xenodermus javanicus*
ナミヘビ科カワリヘビ亜科の爬虫類。全長50〜65cm。㊅タイ, ミャンマー, マレー半島, インドネシアなど
¶爬両1800(p266/カ写)
爬両ビ(p194/カ写)

ミツオビアルマジロ *Tolypeutes tricinctus*
アルマジロ科の哺乳類。頭胴長25〜27.3cm。㊅ブラジル東部・中央部
¶世文動(p98/カ写)

ミツヅノコノハガエル *Megophrys nasuta*
コノハガエル科の両生類。別名アジアツノガエル, コノハガエル。体長 オス70〜105mm, メス90〜135mm。㊅インドネシア, マレーシア, シンガポール
¶かえる百(p46/カ写)
カエル見(p14/カ写)
世カエ〔アジアツノガエル〕(p44/カ写)
世文動(p320/カ写)
世両(p17/カ写)
地球〔アジアツノガエル〕(p362/カ写)
爬両1800(p360/カ写)
爬両ビ(p266/カ写)

ミッチェルアゴヒゲトカゲ *Pogona mitchelli*
アガマ科の爬虫類。全長35cm前後。㊅オーストラリア北西部
¶爬両1800(p102/カ写)

ミッチェルクサガエル *Hyperolius mitchelli*
クサガエル科の両生類。体長2.3〜3.2cm。㊅タンザニア, モザンビーク, マラウィ
¶カエル見(p53/カ写)
爬両1800(p392/カ写)

ミッテルシュピッツ ⇒ジャーマン・スピッツ・ミッテルを見よ

ミツユビアホロテトカゲ *Bipes tridactylus*
フタアシミミズトカゲ科の爬虫類。全長17〜25cm。㊅メキシコ(グェレロ州)
¶爬両1800(p247/カ写)
爬両ビ(p175/カ写)

ミツユビアンヒューマ *Amphiuma tridactylum*
アンヒューマ科の両生類。全長40〜110cm。㊅アメリカ合衆国南部
¶世両(p193/カ写)
地球(p369/カ写)
爬両1800(p439/カ写)
爬両ビ(p302/カ写)

ミツユビカモメ *Rissa tridactyla* 三趾鷗
カモメ科の鳥。全長38〜40cm。㊅北極海沿岸, 北大西洋, 北太平洋
¶くら鳥(p120/カ写)
原寸羽(p143/カ写)
四季鳥(p93/カ写)
世鳥大(p237/カ写)
世鳥卵(p110/カ写, カ図)
世鳥ネ(p146/カ写)
世文鳥(p151/カ写)
地球(p449/カ写)
鳥卵巣(p202/カ写, カ図)
鳥比(p328/カ写)
鳥650(p306/カ写)
名鳥図(p109/カ写)
日ア鳥(p262/カ写)
日鳥識(p164/カ写)
日鳥水増(p301/カ写)
日野鳥新(p302/カ写)
日野鳥増(p156/カ写)
ぱっ鳥(p175/カ写)
羽根決(p176/カ写, カ図)
ひと目鳥(p33/カ写)
フ日野新(p94/カ図)
フ日野増(p94/カ図)
フ野鳥(p178/カ図)

野鳥山フ(p37,222/カ図, カ写)
山溪名鳥(p335/カ写)

ミツユビカラカネトカゲ *Chalcides chalcides*
スキンク科の爬虫類。頭胴長約19cm。㊀イベリア半島, フランス南部, イタリア, シチリア, アフリカ北西部
¶世文動(p274/カ写)

ミツユビカワセミ *Ceyx erithaca* 三趾翡翠
カワセミ科の鳥。全長14cm。㊀インド～東南アジア, 中国南部
¶日ア鳥(p367/カ写)
フ野鳥(p256/カ図)

ミツユビキリハシ *Jacamaralcyon tridactyla* 三趾錐嘴
キリハシ科の鳥。全長18cm。㊀ブラジル南東部
¶地球(p481/カ写)

ミディアム・グリフォン・バンデーン ⇒ブリケ・グリフォン・ヴァンデーンを見よ

ミディアムサイズ・アングロ・フレンチ・ハウンド ⇒アングロ＝フランセ・ド・プチ・ヴェヌリーを見よ

ミディアム・サイズ・スピッツ ⇒ジャーマン・スピッツ・ミッテルを見よ

ミドリアシゲハチドリ *Haplophaedia aureliae* 緑足毛蜂鳥
ハチドリ科ミドリフタオハチドリ亜科の鳥。全長10cm。
¶世鳥大(p297/カ写)
ハチドリ(p144/カ写)

ミドリアデガエル ⇒ワカバアデガエルを見よ

ミドリイケガエル ⇒アジアミドリガエルを見よ

ミドリイワサザイ *Acanthisitta chloris* 緑岩鷦鷯
イワサザイ科の鳥。全長7～9cm。㊀ニュージーランド
¶世鳥大(p334/カ写)
世鳥卵(p152/カ写, カ図)

ミドリインカハチドリ *Coeligena orina* 緑インカ蜂鳥
ハチドリ科ミドリフタオハチドリ亜科の鳥。絶滅危惧IA類。全長14cm。
¶ハチドリ(p165/カ写)

ミドリオオゴシキドリ *Megalaima zeylanica* 緑大五色鳥
オオハシ科の鳥。全長28cm。
¶地球(p478/カ写)

ミドリオナガタイヨウチョウ *Nectarinia famosa* 緑尾長太陽鳥
タイヨウチョウ科の鳥。全長15～24cm。㊀アフリカ
¶世鳥大(p451/カ写)
世鳥ネ(p317/カ写)
鳥卵巣(p325/カ写, カ図)

ミドリオヒゲヒヨドリ *Bleda eximius* 緑尾髭鵯
ヒヨドリ科の鳥。全長21～23cm。㊀アフリカ西部(シエラレオネ～中央アフリカ共和国およびコンゴ)
¶世鳥大(p412)

ミドリオヒメエメラルドハチドリ *Chlorostilbon alice* 緑尾姫エメラルド蜂鳥
ハチドリ科ハチドリ亜科の鳥。全長6.5～8.5cm。
¶ハチドリ(p210/カ写)

ミドリカザリハチドリ *Lophornis chalybeus* 緑飾蜂鳥
ハチドリ科ミドリフタオハチドリ亜科の鳥。全長7.5～8.5cm。
¶ハチドリ(p102/カ写)

ミドリカサントウ *Zaocys nigromarginatus*
ナミヘビ科ナミヘビ亜科の爬虫類。全長250cm前後。㊀中国南部～ミャンマー北部, ネパールなど
¶世ヘビ(p98/カ写)
爬両1800(p300/カ写)
爬両ビ(p215/カ写)

ミ

ミドリカッコウ *Chrysococcyx cupreus* 緑郭公
ホトトギス科の鳥。全長20cm。
¶世鳥大(p275)

ミドリカナヘビ *Lacerta viridis*
カナヘビ科の爬虫類。全長30～40cm。㊀ヨーロッパ全域～トルコ, ウクライナまで
¶世爬(p127/カ写)
世文動(p270/カ写)
爬両1800(p182/カ写)
爬両ビ(p128/カ写)

ミドリカラスモドキ *Aplonis panayensis* 緑烏擬
ムクドリ科の鳥。全長19～22cm。
¶世鳥大(p430/カ写)
世鳥卵(p229/カ写, カ図)
鳥卵巣(p353/カ写, カ図)
鳥比(p129/カ写)
鳥650(p734/カ写)
日鳥山新(p387/カ写)
日鳥山増(p326/カ写)
フ野鳥(p334/カ図)

ミドリカレハカメレオン *Rhampholeon viridis*
カメレオン科の爬虫類。全長6～7cm。㊀タンザニア(バレ山地)
¶爬両1800(p126/カ写)

ミドリキヌバネドリ *Trogon rufus* 緑絹羽鳥
キヌバネドリ科の鳥。全長23～25cm。㊀中央アメリカ, 南アメリカ
¶原色鳥(p232/カ写)

世鳥大(p301/カ写)

ミドリキノボリトカゲ ⇒ミヤビキノボリトカゲを見よ

ミドリキミミミツスイ *Meliphaga analoga* 緑黄耳蜜吸
ミツスイ科の鳥。全長16～19cm。㊎ニューギニア, アル諸島およびヘールヴィンク諸島
¶世鳥大(p363)

ミドリコウライウグイス *Oriolus flavocinctus* 緑高麗鶯
コウライウグイス科の鳥。全長26～30cm。㊎北オーストラリア
¶世鳥大(p384)
世鳥ネ(p268/カ写)

ミドリコムシクイ *Camaroptera brachyura* 緑小虫食, 緑小虫喰
セッカ科の鳥。全長12cm。㊎サハラ以南のアフリカ
¶世鳥大(p411/カ写)

ミ

ミドリコンゴウインコ *Ara militaris* 緑金剛鸚哥
インコ科の鳥。全長70～71cm。㊎中央・南アメリカ
¶世鳥ネ(p181/カ写)
世美羽(p60/カ写)

ミドリサトウチョウ *Loriculus vernalis* 緑砂糖鳥
インコ科の鳥。全長13～15cm。
¶世鳥大(p254/カ写)
地球(p456/カ写)

ミドリサボテントカゲ *Uracentron azureum*
イグアナ科ヨウガントカゲ亜科の爬虫類。全長12～14cm。㊎南米大陸北部
¶世爬(p71/カ写)
爬両1800(p88/カ写)
爬両ビ(p76/カ写)

ミドリサンジャク *Cyanocorax luxuosus* 緑山鵲
カラス科の鳥。全長29cm。㊎テキサス～ホンジュラス
¶原色鳥(p235/カ写)
地球(p487/カ写)

ミドリズキンフウキンチョウ *Tangara seledon* 緑頭巾風琴鳥
フウキンチョウ科の鳥。全長13cm。㊎ブラジル南東部～アルゼンチン北東部
¶世鳥大(p482/カ写)

ミドリソバハラカナヘビ *Gastropholis prasina*
カナヘビ科の爬虫類。全長25～35cm。㊎タンザニア北東部, ケニア南東部
¶爬両1800(p190/カ写)

ミドリダルマトカゲ *Pristidactylus achalensis*
イグアナ科ヨウガントカゲ亜科の爬虫類。全長30cm前後。㊎アルゼンチン
¶爬両1800(p87/カ写)

ミドリツバメ *Tachycineta bicolor* 緑燕
ツバメ科の鳥。全長12～15cm。㊎アラスカ中部およびカナダ～アメリカ合衆国中東部で繁殖。冬はアメリカ合衆国南部, カリブ海, 中央アメリカで過ごす
¶世鳥大(p406/カ写)
地球(p489/カ写)
鳥650(p523/カ写)
フ野鳥(p298/カ図)

ミドリツヤトカゲ *Lamprolepis smaragdina*
スキンク科の爬虫類。全長18～27cm。㊎インドネシアの島々, ニューギニア島, フィリピン, ソロモン諸島など
¶世爬(p136/カ写)
世文動(p273/カ写)
地球(p386/カ写)
爬両1800(p204/カ写)
爬両ビ(p143/カ写)

ミドリツルヘビ *Oxybelis fulgidus*
ナミヘビ科の爬虫類。全長2m。㊎中央および南アメリカの雨林
¶地球(p395/カ写)

ミドリトゲオハチドリ *Discosura conversii* 緑棘尾蜂鳥
ハチドリ科ミドリフタオハチドリ亜科の鳥。全長6.5～10cm。
¶ハチドリ(p94/カ写)

ミドリナメラ *Elaphe prasina*
ナミヘビ科ナミヘビ亜科の爬虫類。全長90～120cm。㊎インド, 中国南部, インドシナ, マレー半島
¶世爬(p209/カ写)
爬両1800(p313/カ写)
爬両ビ(p224/カ写)

ミドリニシキヘビ *Morelia viridis*
ニシキヘビ科の爬虫類。別名グリーンパイソン。全長1～1.8m。㊎ニューギニア島, アルー諸島, オーストラリア北端部
¶世爬(p179/カ写)
世ヘビ〔グリーンパイソン〕(p69/カ写)
地球(p398/カ写)
爬両1800(p255/カ写)
爬両ビ(p189/カ写)

ミドリハシボソミツオシエ *Prodotiscus zambesiae* 緑嘴細蜜教
ミツオシエ科の鳥。全長12～13cm。
¶地球(p479/カ写)

ミドリハシリヘビ *Drymobius chloroticus*
ナミヘビ科の爬虫類。全長1m。
¶地球(p395/カ写)

ミドリハチクイ *Merops orientalis* 緑蜂食, 緑蜂喰
ハチクイ科の鳥。全長22〜25cm。
¶地球(p475/カ写)

ミドリハチドリ *Colibri thalassinus* 緑蜂鳥
ハチドリ科マルオハチドリ亜科の鳥。全長10.5〜11.5cm。
¶ハチドリ(p66/カ写)

ミドリヒキガエル *Bufo viridis*
ヒキガエル科の両生類。体長5〜12cm。㊕ヨーロッパ南部, 北アフリカの地中海沿岸沿い〜アラビア半島西部まで
¶カエル見(p27/カ写)
世カエ(p160/カ写)
世両(p30/カ写)
地球(p354/カ写)
爬両1800(p365/カ写)
爬両ビ(p240/カ写)

ミドリビタイテリハチドリ *Heliodoxa xanthogonys* 緑額照蜂鳥
ハチドリ科ミドリフタオハチドリ亜科の鳥。全長10〜11cm。
¶ハチドリ(p187/カ写)

ミドリビタイハチドリ *Amazilia viridifrons* 緑額蜂鳥
ハチドリ科ハチドリ亜科の鳥。全長10〜11.5cm。
¶ハチドリ(p382)

ミドリビタイヤリハチドリ *Doryfera ludovicae* 緑額槍蜂鳥
ハチドリ科マルオハチドリ亜科の鳥。全長10cm。
¶地球(p469/カ写)
ハチドリ(p61/カ写)

ミドリヒロハシ *Calyptomena viridis* 緑広嘴
ヒロハシ科の鳥。全長14〜19cm。㊕ミャンマーの海岸地方およびタイの半島部〜スマトラ, カリマンタン両島
¶世色鳥(p71/カ写)
世鳥大(p335)
世鳥卵(p146/カ写, カ図)
世美羽(p81/カ写, カ図)
地球(p482/カ写)

ミドリフウキンチョウ *Chlorophonia cyanea* 緑風琴鳥
フウキンチョウ科の鳥。全長11cm。㊕ベネズエラ〜アルゼンチン北部までの地域にまばらに分布
¶世色鳥(p72/カ写)
世鳥大(p483/カ写)
地球(p498/カ写)

ミドリフタオハチドリ *Lesbia victoriae* 緑双尾蜂鳥
ハチドリ科ミドリフタオハチドリ亜科の鳥。全長15〜26cm。㊕コロンビアおよびエクアドル〜ペルー南部
¶世鳥大(p298/カ写)
世美羽(p66/カ写, カ図)
ハチドリ(p124/カ写)

ミドリボウシテリハチドリ *Heliodoxa jacula* 緑帽子照蜂鳥
ハチドリ科ミドリフタオハチドリ亜科の鳥。全長10〜14cm。
¶ハチドリ(p194/カ写)

ミドリホソオオトカゲ *Varanus prasinus* 緑細大蜥蜴
オオトカゲ科の爬虫類。別名エメラルドオオトカゲ, エメラルドツリーモニター, ホソオオトカゲ。全長75〜90cm。㊕ニューギニアとその周辺の島々, オーストラリアのヨーク岬半島
¶世爬(p156/カ写)
世文動〔ホソオオトカゲ〕(p278/カ写)
爬両1800(p237/カ写)
爬両ビ(p170/カ写)

ミドリマダガスカルガエル ⇒ミドリマントガエルを見よ

ミドリマンゴーハチドリ *Anthracothorax viridis* 緑マンゴー蜂鳥
ハチドリ科マルオハチドリ亜科の鳥。全長11〜14cm。
¶ハチドリ(p361)

ミドリマントガエル *Guibemantis pulcher*
マダガスカエルガエル科(マラガシーガエル科)の両生類。別名ミドリマダガスカルガエル。体長2.2〜2.8cm。㊕マダガスカル東部
¶かえる百(p52/カ写)
カエル見(p68/カ写)
世カエ〔ミドリマダガスカルガエル〕(p462/カ写)
世両(p116/カ写)
爬両1800(p403/カ写)
爬両ビ(p265/カ写)

ミドリミヤマツグミ *Cochoa viridis* 緑深山鶫
ツグミ科の鳥。全長25〜28cm。㊕ヒマラヤ地方, 東南アジア北部の山岳地帯
¶世鳥大(p440)

ミドリメジロハエトリ *Empidonax virescens* 緑目白蠅取
タイランチョウ科の鳥。全長15cm。
¶世鳥大(p346/カ写)

ミドリモリヤツガシラ *Phoeniculus purpureus* 緑森戴勝
カマハシ科(モリヤツガシラ科)の鳥。全長33〜37cm。㊕サハラ以南のアフリカ

¶世鳥大 (p312/カ写)
世鳥卵 (p141/カ写, カ図)
地球 (p476/カ写)
鳥卵巣 (p248/カ写, カ図)

ミドリヤドクガエル ⇒マダラヤドクガエルを見よ

ミドリヤマセミ *Chloroceryle americana* 緑山翡翠, 緑山魚狗
カワセミ科の鳥。全長18〜20cm。㊕アメリカ合衆国最南部〜ペルー西部, アルゼンチン中部, ウルグアイ, トリニダード, トバゴ両島
¶世鳥大 (p308/カ写)
地球 (p474/カ写)

ミドリユミハチドリ *Phaethornis guy* 緑弓蜂鳥
ハチドリ科ユミハチドリ亜科の鳥。全長13cm。㊕コスタリカ〜ペルーにかけて。またトリニダード島にも分布
¶ハチドリ (p54/カ写)

ミドリルリノドハチドリ *Lepidopyga goudoti* 緑瑠璃喉蜂鳥
ハチドリ科ハチドリ亜科の鳥。全長9〜9.5cm。
¶ハチドリ (p283/カ写)

ミ

ミドリワタアシハチドリ *Eriocnemis aline* 緑綿足蜂鳥
ハチドリ科ミドリフタオハチドリ亜科の鳥。全長8〜9cm。
¶ハチドリ (p153/カ写)

ミナミアオバズク *Ninox boobook* 南青葉木菟, 南青葉梟
フクロウ科の鳥。全長25〜36cm。
¶世鳥大 (p284/カ写)

ミナミアジアシロアゴガエル *Polypedates maculatus*
アオガエル科の両生類。体長3.4〜8.9cm。㊕バングラデシュ, インド, ネパール, スリランカ
¶爬両**1800** (p388/カ写)

ミナミアフリカオオコノハズク *Ptilopsis granti* 南阿弗利加大木葉木菟
フクロウ科の鳥。全長22〜24cm。
¶世鳥大 (p279/カ写)
地球 (p465/カ写)

ミナミアフリカオットセイ *Arctocephalus pusillus* 南阿弗利加膃肭臍
アシカ科の哺乳類。体長1.4〜2.4m。㊕アフリカ, オーストラリア
¶世哺 (p297/カ写)
地球 (p567/カ写)

ミナミアメリカオットセイ *Arctocephalus australis* 南亜米利加膃肭臍
アシカ科の哺乳類。体長1.4〜1.9m。㊕ブラジル南部〜ウルグアイを経てマゼラン海峡をまわりロス・コノス群島を経てペルーまで
¶世文動 (p175/カ写)
地球 (p567/カ写)

ミナミイシガメ *Mauremys mutica* 南石亀
アジアガメ科 (イシガメ (バタグールガメ) 科) の爬虫類。甲長18〜20cm。㊕中国南部, 台湾, ベトナム北部, 日本
¶原爬両 (No.2/カ写)
世カメ (p257/カ写)
世爬 (p38/カ写)
日カメ (p24/カ写)
爬両飼 (p140/カ写)
爬両**1800** (p40/カ写)
爬両ビ (p36/カ写)
野日爬 (p15,47,76/カ写)

ミナミイボイモリ *Tylototriton shanjing* 南疣井守, 南疣蠑
イモリ科の両生類。全長12〜18cm。㊕中国南部
¶世文動 (p313/カ写)
世両 (p213/カ写)
爬両**1800** (p452/カ写)
爬両ビ (p311/カ写)

ミナミオウギハクジラ *Mesoplodon grayi*
アカボウクジラ科の哺乳類。体長4.5〜5.5m。㊕南半球
¶クイ百 (p228/カ図)
地球 (p614/カ図)

ミナミオオガシラ *Boiga irregularis* 南大頭
ナミヘビ科の爬虫類。全長1m。㊕アジア, オーストラリアとその周辺
¶地球 (p395/カ写)

ミナミオオセグロカモメ *Larus dominicanus* 南大背黒鷗
カモメ科の鳥。全長55〜65cm。㊕南アメリカ, 南極大陸, アフリカ南部, オーストラリア南部, ニュージーランド
¶世鳥大 (p235/カ写)

ミナミオナガミズナギドリ *Puffinus bulleri* 南尾長水薙鳥
ミズナギドリ科の鳥。別名ニュージーランドミズナギドリ。全長42cm。㊕ニュージーランド北東沖のプアナイツ諸島のみで繁殖
¶世文鳥 (p35/カ写)
地球〔ニュージーランドミズナギドリ〕(p422/カ写)
鳥比 (p246/カ写)
鳥**650** (p123/カ写)
日ア鳥 (p112/カ写)
日鳥識 (p102/カ写)
日鳥水増 (p43/カ写)
フ日野新 (p74/カ図)
フ日野増 (p74/カ図)
フ野鳥 (p80/カ図)

ミナミカナヘビ *Takydromus sexlineatus*
カナヘビ科の爬虫類。全長15〜30cm。㊕中国南部, 東南アジア, インドネシアなど
¶**爬両1800**(p194/カ写)
爬両ビ(p131/カ写)

ミナミカマイルカ *Lagenorhynchus australis*
マイルカ科の哺乳類。体長2〜2.2m。㊕南アメリカ
¶**クイ百**(p134/カ図)
地球(p616/カ図)

ミナミカマハシ *Rhinopomastus cyanomelas* 南鎌嘴
カマハシ科の鳥。全長26〜30cm。㊕ソマリア, ケニア〜アフリカ東部を経てアンゴラ, アフリカ南部まで
¶**世鳥大**(p313/カ写)

ミナミカラカラ ⇒カラカラを見よ

ミナミカワウソ *Lontra felina* 南獺, 南川獺
イタチ科の哺乳類。別名ウミカワウソ。絶滅危惧IB類。㊕南米(太平洋沿岸域)
¶**遺産世**(Mammalia No.29/カ写)

ミナミキノボリハイラックス *Dendrohyrax arboreus*
イワダヌキ科(ハイラックス科)の哺乳類。絶滅危惧II類。体長30〜70cm。㊕アフリカ
¶**世哺**(p310/カ写)
地球(p515/カ写)

ミナミキンランチョウ ⇒オオキンランチョウを見よ

ミナミクイナ *Gallirallus striatus* 南秧鶏, 南水鶏
クイナ科の鳥。別名ハシナガクイナ。全長25〜30cm。㊕インド〜東南アジア, 中国南東部, 台湾
¶**世鳥卵**(p87/カ写, カ図)
鳥比(p272/カ写)
日ア鳥(p164/カ写)
日鳥水増〔ハシナガクイナ〕(p171/カ写)
フ日野新(p320/カ図)
フ野鳥(p117/カ図)

ミナミクシイモリ *Triturus karelinii*
イモリ科の両生類。別名トルコクシイモリ。全長15〜17cm。㊕黒海南部〜カスピ海沿岸部など
¶**世両**(p217/カ写)
爬両1800(p456/カ写)
爬両ビ(p314/カ写)

ミナミクジャクガメ *Trachemys dorbigni*
ヌマガメ科アミメガメ亜科の爬虫類。甲長18〜24cm。㊕ブラジル南部, ウルグアイ, アルゼンチン北東部
¶**世カメ**(p220/カ写)
世爬(p24/カ写)
爬両1800(p35/カ写)
爬両ビ(p19/カ写)

ミナミクロハラマルガメ *Cyclemys enigmatica*
アジアガメ科(イシガメ(バタグールガメ)科)の爬虫類。甲長19〜21cm。㊕マレー半島南部, インドネシア(カリマンタン島・スマトラ島・ボルネオ島)
¶**世カメ**(p279/カ写)
爬両1800(p43/カ写)

ミナミケバナウォンバット *Lasiorhinus latifrons*
ウォンバット科の哺乳類。体長77〜95cm。㊕オーストラリア南部
¶**世文動**(p51/カ写)
地球(p506/カ写)

ミナミコアリクイ *Tamandua tetradactyla* 南小蟻喰
アリクイ科の哺乳類。絶滅危惧II類。頭胴長54〜58cm。㊕南アメリカ
¶**世文動**〔コアリクイ〕(p97/カ写)
世哺(p131/カ写)
地球(p521/カ写)

ミナミゴシキタイヨウチョウ *Cinnyris chalybeus* 南五色太陽鳥
タイヨウチョウ科の鳥。全長11〜13cm。㊕ナミビア, 南アフリカ
¶**鳥卵巣**(p325/カ写, カ図)

ミナミコビトマングース ⇒コビトマングースを見よ

ミナミコーラスガエル *Pseudacris nigrita*
アマガエル科の両生類。体長1.9〜3.2cm。㊕アメリカ合衆国
¶**カエル見**(p35/カ写)

ミナミサバクサンゴヘビ *Simoselaps bertholdi*
コブラ科の爬虫類。全長35cm。
¶**地球**(p397/カ写)

ミナミジサイチョウ *Bucorvus leadbeateri* 南地犀鳥
サイチョウ科の鳥。全長90〜100cm。㊕アフリカ, サハラ砂漠以南の一部
¶**世鳥大**〔ナミコブジサイチョウ〕(p314/カ写)
世鳥ネ(p235/カ写)
鳥卵巣(p249/カ写, カ図)

ミナミジムグリガエル *Kaloula baleata*
ヒメガエル科の両生類。体長6〜6.5cm。㊕マレーシア, インドネシア, フィリピン
¶**かえる百**(p42/カ写)
カエル見(p71/カ写)
世両(p120/カ写)
爬両1800(p404/カ写)

ミナミショウジョウコウカンチョウ *Cardinalis phoeniceus* 南猩猩紅冠鳥
ショウジョウコウカンチョウ科の鳥。全長19cm。㊕南アメリカ北部
¶**原色鳥**(p7/カ写)
世鳥ネ(p339/カ写)

ミナミズアオフウキンチョウ *Thraupis bonariensis* 南頭青風琴鳥
フウキンチョウ科の鳥。全長17cm。㊉エクアドル～アルゼンチン
¶原色鳥（p216/カ写）

ミナミスキアシヒメガエル *Scaphiophryne brevis*
ヒメガエル科の両生類。体長3～4cm。㊉マダガスカル南西部
¶カエル見（p77/カ写）
爬両1800（p408/カ写）
爬両ビ（p271/カ写）

ミナミセミクジラ *Eubalaena australis*
セミクジラ科の哺乳類。体長11～18m。㊉南半球
¶クイ百（p68/カ図）
地球（p612/カ図）

ミナミゾウアザラシ *Mirounga leonina* 南象海豹
アザラシ科の哺乳類。体長2～7m。㊉南極海，亜南極圏の海洋
¶驚野動（p365/カ写）
世文動（p181/カ写）
世哺（p302/カ写）
地球（p571/カ写）

ミナミダスキーサラマンダー *Desmognathus auriculatus*
ムハイサラマンダー科の両生類。全長7～16cm。㊉アメリカ合衆国南東部
¶爬両1800（p446/カ写）

ミナミツチクジラ *Berardius arnuxii* 南槌鯨
アカボウクジラ科の哺乳類。全長7.8～9.7m。㊉南極海
¶クイ百（p206/カ図）

ミナミツミ *Accipiter virgatus* 南雀鷹，南雀鷂
タカ科の鳥。全長23～36cm。㊉ヒマラヤ西部～東は中国南部，東南アジア，インドネシア，フィリピン
¶世鳥大（p196/カ写）
鳥比（p53/カ写）

ミナミテグー *Tupinambis merianae*
テユー科の爬虫類。全長90～120cm。㊉ブラジル，アルゼンチン北部，ボリビア，ウルグアイ
¶世爬（p131/カ写）
爬両1800（p195/カ写）
爬両ビ（p134/カ写）

ミナミトゲイシヤモリ *Strophurus intermedius*
ヤモリ科イシヤモリ亜科の爬虫類。全長11cm前後。㊉オーストラリア南部
¶ゲッコー（p79/カ写）
爬両1800（p165/カ写）

ミナミトックリクジラ *Hyperoodon planifrons* 南徳利鯨
アカボウクジラ科の哺乳類。成体体重4t。㊉南極収束線と叢氷のあいだの海域
¶クイ百（p212/カ図）

ミナミトビウサギ *Pedetes capensis* 南跳兎
トビウサギ科の哺乳類。体長35～43cm。㊉アフリカ南部
¶地球（p528/カ写）

ミナミトリシマヤモリ *Perochirus ateles* 南鳥島守宮
ヤモリ科の爬虫類。全長15cm。㊉ミクロネシアの島々。日本では南硫黄島，南鳥島のみから報告されている
¶原爬両（No.37）
世文動（p258/カ写）
日カメ（p83/カ写）
爬両飼（p91）
野日爬（p30,137/カ写）

ミナミハイイロアマガエル ⇒コープハイイロアマガエルを見よ

ミナミハナフルーツコウモリ *Syconycteris australis*
オオコウモリ科の哺乳類。体長5～7.5cm。
¶地球（p550/カ写）

ミナミハンドウイルカ *Tursiops aduncus* 南半道海豚
マイルカ科の哺乳類。別名ミナミバンドウイルカ。成体体重175～200kg。㊉インド洋と西太平洋の温帯～熱帯
¶クイ百（p180/カ図）
くら哺（p98/カ写）
日哺学フ（p245/カ写，カ図）

ミナミヒメサイレン *Pseudobranchus axanthus*
サイレン科の両生類。別名プレーリーサイレン。全長10～25cm。㊉アメリカ合衆国（フロリダ州）
¶爬両1800（p434/カ写）

ミナミヒョウガエル ⇒ナンブヒョウガエルを見よ

ミナミヒレアシトカゲ *Pygopus lepidopodus* 南鰭足蜥蜴
ヒレアシトカゲ科の爬虫類。全長21cm。
¶地球（p385/カ写）

ミナミプエルトリコチビヤモリ *Sphaerodactylus macrolepis mimetes*
ヤモリ科チビヤモリ亜科の爬虫類。ワタクリチビヤモリの亜種。全長4～6cm。㊉プエルトリコ南部
¶ゲッコー〔ワタクリチビヤモリ（亜種ミナミプエルトリコチビヤモリ）〕（p105/カ写）

ミナミフクロモグラ ⇒フクロモグラを見よ

ミナミベニハチクイ *Merops nubicoides* 南紅蜂食，南紅蜂喰
ハチクイ科の鳥。全長26cm。㊉アンゴラ～タンザニア，ナミビア，ボツワナ，南アフリカ

¶原色鳥（p53/カ写）
世鳥大〔ベニハチクイ〕（p311/カ写）
世美羽（p70/カ写, カ図）

ミナミヘラクチガエル *Triprion petasatus*
アマガエル科の両生類。別名カドバリカブトアマガエル。全長5～7.5cm。㊎メキシコ, グアテマラ, ベリーズ, ホンジュラス北部
¶カエル見（p37/カ写）
世両（p67/カ写）
地球〔カドバリカブトアマガエル〕（p361/カ写）
爬両1800（p382/カ写）
爬両ビ（p252/カ写）

ミナミマダガスカルキンイロガエル *Mantella madagascariensis*
マダガスカルガエル科の両生類。別名マダガスカルアデガエル。全長2～2.5cm。㊎マダガスカル中部・東部
¶世カエ（p454/カ写）
地球（p361/カ写）

ミナミミズベヘビ ⇒ナンブミズベヘビを見よ

ミナミムスラーナ *Boiruna occipitolutea*
ナミヘビ科ヒラタヘビ亜科の爬虫類。全長120～200cm。㊎ブラジル南部～アルゼンチン北部, ウルグアイなど
¶世爬（p189/カ写）
爬両1800（p281/カ写）

ミナミムハンフトイモリ *Pachytriton inexpectatus*
イモリ科の両生類。全長13～19cm。㊎中国南部
¶世両（p215/カ写）
爬両1800（p455/カ写）

ミナミムリキ ⇒ウーリークモザルを見よ

ミナミメンフクロウ *Tyto capensis* 南面梟
フクロウ科の鳥。全長約35cm。㊎アフリカ, インド, インドシナ半島など
¶世文鳥（p180/カ図）
羽根決（p386/カ写, カ図）
フ日野増（p188/カ図）

ミナミヤイロチョウ *Pitta moluccensis* 南八色鳥
ヤイロチョウ科の鳥。全長20cm。
¶世鳥大（p336/カ写）
地球（p482/カ写）

ミナミヤモリ *Gekko hokouensis* 南守宮
ヤモリ科ヤモリ亜科の爬虫類。全長10～12cm。㊎中国東部, 台湾, 日本（南西諸島など）
¶ゲッコー（p17/カ写）
原爬両（No.27/カ写）
世爬（p101/カ写）
世文動（p258/カ写）
日カメ（p68/カ写）
爬両観（p141/カ写）
爬両飼（p83/カ写）
爬両1800（p129/カ写）
野日爬（p29,58,131/カ写）

ミナミワタリガラス *Corvus coronoides* 南渡鴉, 南渡烏
カラス科の鳥。全長48～54cm。㊎オーストラリア東部・南西部
¶鳥卵巣（p366/カ写, カ図）

ミニサテン Mini Satin
兎の一品種。アメリカ合衆国の原産。
¶うさぎ（p138/カ写）
新うさぎ（p166/カ写）

ミニチュア・オーストラリアン・シェパード ⇒ノース・アメリカン・シェパードを見よ

ミニチュア・シェトランド Miniature Shetland
馬の一品種（ポニー）。スコットランド・シェトランド島の原産。
¶アルテ馬（p243/カ写）

ミ

ミニチュア・シュナウザー Miniature Schnauzer
犬の一品種。別名ツヴェルクシュナウツァー。体高30～35cm。ドイツの原産。
¶アルテ犬〔シュナウザー〕（p134/カ写）
最犬大（p102/カ写）
新犬種〔ミニチュア・シュナウツァー〕（p64/カ写）
新世犬〔シュナウザー〕（p330/カ写）
図世犬（p114/カ写）
世文動（p145/カ写）
ビ犬（p219/カ写）

ミニチュア・スピッツ ⇒ジャーマン・スピッツ・クラインを見よ

ミニチュア・ピンシェル ⇒ミニチュア・ピンシャーを見よ

ミニチュア・ピンシャー Miniature Pinscher
犬の一品種。別名ツベルク・ピンシャー, ツヴェルク・ピンシャー。体高25～30cm。ドイツの原産。
¶アルテ犬（p202/カ写）
最犬大（p107/カ写）
新犬種（p40/カ写）
新世犬（p290/カ写）
図世犬（p112/カ写）
世文動〔ミニチュア・ピンシェル〕（p145/カ写）
ビ犬（p217/カ写）

ミニチュア・ブル・テリア Miniature Bull Terrier
犬の一品種。体高約35.5cm。イギリスの原産。
¶最犬大（p199/カ写）
新犬種〔ブル・テリア、ミニチュア・ブル・テリア〕（p169/カ写）
ビ犬（p197/カ写）

ミニマラガシュヒメアマガエル *Plethodontohyla minuta*
ヒメアマガエル科(ジムグリガエル科)の爬虫類。体長22mmまで。[分]マダガスカル北東部
¶**世カエ**(p496/カ写)

ミニレッキス Mini Rex
兎の一品種。ドワーフレッキスとレッキスから作出。体重1.7〜2kg。アメリカ合衆国テキサス州の原産。
¶**うさぎ**(p132/カ写)
新うさぎ(p158/カ写)
日家〔ミニ・レッキス〕(p138/カ写)

ミニロップ Mini Lop
兎の一品種。ドイツの原産。
¶**うさぎ**(p128/カ写)
新うさぎ(p152/カ写)

ミネアカミドリチュウハシ *Aulacorhynchus sulcatus*
オオハシ科の鳥。全長33〜37cm。[分]コロンビア北部, ベネズエラ北部
¶**世鳥大**(p316/カ写)

ミノキジ *Pucrasia macrolopha* 蓑雉
キジ科の鳥。[分]アフガニスタン〜ヒマラヤ山地, チベット東部, 中国雲南省北西部・西部など
¶**世鳥卵**(p76/カ写, カ図)

ミノバト *Caloenas nicobarica* 蓑鳩
ハト科の鳥。全長33〜40cm。[分]ニコバル諸島およびアンダマン諸島〜インドネシア, フィリピンを経てニューギニア, ソロモン諸島
¶**世鳥大**(p250/カ写)
世美羽(p152/カ写, カ図)
地球(p454/カ写)

ミノヒキ Minohiki 蓑曳
鶏の一品種。天然記念物。体重 オス2.5kg, メス2kg。愛知県・静岡県の原産。
¶**日家**〔蓑曳〕(p158/カ写)

ミノヒキチャボ Minohikichabo 蓑曳矮鶏
鶏の一品種。別名オヒキ。天然記念物。体重 オス0.94kg, メス0.7kg。高知県の原産。
¶**日家**〔蓑曳矮鶏〕(p155/カ写)

ミノルカ Minorca
鶏の一品種(卵用種)。体重 オス3.2〜3.6kg, メス2.7〜3.6kg。スペインの原産。
¶**日家**(p193/カ写)

ミノールカメレオン *Furcifer minor*
カメレオン科の爬虫類。絶滅危惧II類。全長15〜23cm。[分]マダガスカル中部
¶**絶百10**(p28/カ写)
世爬(p97/カ写)
爬両1800(p125/カ写)

ミフウズラ *Turnix suscitator* 三斑鶉, 三府鶉
ミフウズラ科の鳥。全長14cm。[分]アジアの亜熱帯と熱帯。日本では南西諸島
¶**原寸羽**(p95/カ写)
四季鳥(p124/カ写)
巣と卵決(p231/カ写, カ図)
世文鳥(p102/カ写)
鳥卵巣(p148/カ写, カ図)
鳥比(p13,283/カ写)
鳥650(p299/カ写)
名鳥図(p143/カ写)
日ア鳥(p257/カ写)
日色鳥(p193/カ写)
日鳥識(p62/カ写)
日鳥巣(p66/カ写)
日鳥山新(p48/カ写)
日鳥山増(p70/カ写)
日野鳥新(p299/カ写)
日野鳥増(p393/カ写)
ぱっ鳥(p172/カ写)
羽根決(p124/カ写, カ図)
フ日野新(p194/カ図)
フ日野増(p194/カ図)
フ野鳥(p174/カ図)
野鳥学フ(p52/カ写)
野鳥山フ(p26,153/カ図, カ写)
山溪名鳥(p309/カ写)

ミミウ ⇒ミミヒメウを見よ

ミミカイツブリ *Podiceps auritus* 耳鸊鷉, 耳鳰
カイツブリ科の鳥。全長33cm。[分]北アメリカ北部・ユーラシア北部の北極圏
¶**くら鳥**(p82/カ写)
四季鳥(p101/カ写)
世文鳥(p28/カ写)
鳥比(p237/カ写)
鳥650(p89/カ写)
名鳥図(p11/カ写)
日ア鳥(p80/カ写)
日鳥識(p90/カ写)
日鳥水増(p25/カ写)
日野鳥新(p98/カ写)
日野鳥増(p24/カ写)
ぱっ鳥(p65/カ写)
ひと目鳥(p43/カ写)
フ日野新(p26/カ図)
フ日野増(p26/カ図)
フ野鳥(p58/カ図)
野鳥学フ(p216/カ写)
野鳥山フ(p65/カ写)
山溪名鳥(p97/カ写)

ミミカザリハゲワシ *Sarcogyps calvus* 耳飾禿鷲
タカ科の鳥。絶滅危惧IA類。[分]インド亜大陸, 東

ミ

南アジア
¶レ生(p310/カ写)

ミミキジ *Crossoptilon mantchuricum* 耳雉
キジ科の鳥。全長96〜100cm。㊕中国の陝西省, 河北省
¶世色鳥(p147/カ写)
鳥卵巣(p138/カ写, カ図)

ミミグロコビトタイランチョウ *Myiornis auricularis* 耳黒小人太蘭鳥
タイランチョウ科の鳥。全長7cm。
¶世鳥大(p342/カ写)

ミミグロセンニョハチドリ *Heliothryx auritus* 耳黒仙女蜂鳥
ハチドリ科マルオハチドリ亜科の鳥。全長10〜13.5cm。
¶ハチドリ(p358)

ミミグロハチドリ *Adelomyia melanogenys* 耳黒蜂鳥
ハチドリ科ミドリフタオハチドリ亜科の鳥。全長9cm。
¶世鳥大(p297/カ写)
地球(p470/カ写)
ハチドリ(p107/カ写)

ミミグロレンジャクモドキ *Hypocolius ampelinus* 耳黒連雀擬
レンジャク科の鳥。全長23cm。㊕西南アジアおよび中東。ヒマラヤの山麓地帯, インド北部, パキスタンに渡ることもある
¶世鳥大(p399)
世鳥卵(p171/カ写, カ図)

ミミゲコビトキツネザル *Allocebus trichotis* 耳毛小人狐猿
コビトキツネザル科の哺乳類。別名ミミゲネズミキツネザル。絶滅危惧II類。頭胴長12.5〜16cm。㊕マダガスカル北東部〜東中央部
¶絶百4(p70/カ図)
美サル〔ミミゲネズミキツネザル〕(p155/カ写)

ミミゲネズミキツネザル ⇒ミミゲコビトキツネザルを見よ

ミミジロオオガシラ *Nystalus chacuru* 耳白大頭
オオガシラ科の鳥。全長20〜22cm。㊕ブラジル
¶世鳥大(p329/カ写)
世鳥ネ(p251/カ写)
地球(p481/カ写)

ミミジロカイツブリ *Rollandia rolland* 耳白鸊鷉, 耳白鳰
カイツブリ科の鳥。全長24〜36cm。
¶世鳥大(p152/カ写)
地球(p423/カ写)

ミミジロカンムリチメドリ *Yuhina bakeri* 耳白冠知目鳥
チメドリ科の鳥。全長13cm。
¶地球(p490/カ写)

ミミジロコバシミツスイ *Lichenostomus penicillatus* 耳白小嘴蜜吸
ミツスイ科の鳥。体長18cm。㊕オーストラリアの大部分の地域
¶鳥卵巣(p328/カ写, カ図)

ミミジロサファイアハチドリ *Hylocharis leucotis* 耳白サファイア蜂鳥
ハチドリ科ハチドリ亜科の鳥。全長9〜10cm。
¶地球(p471/カ写)
ハチドリ(p291/カ写)

ミミジロチメドリ *Heterophasia auricularis* 耳白知目鳥
チメドリ科の鳥。全長23cm。㊕台湾
¶世鳥大(p420/カ写)
地球(p490/カ写)
鳥650(p732/カ写)

ミ

ミミジロネコドリ *Ailuroedus buccoides* 耳白猫鳥
ニワシドリ科の鳥。全長23〜26cm。㊕ヤーペン島, サラワティ島, バタンタ島, ワイゲオ島
¶鳥卵巣(p355/カ写, カ図)

ミミズトカゲの一種 *Amphisbaena* cf.*camura*
ミミズトカゲ科の爬虫類。カムラミミズトカゲとされる種。全長40cm前後。㊕パラグアイ, ボリビア, ブラジル
¶爬両1800(p246/カ写)

ミミセンザンコウ *Manis pentadactyla*
センザンコウ科の哺乳類。体長54〜80cm。㊕アジア
¶世文動(p99/カ写)
世哺(p135/カ写)

ミミナガバンディクート *Macrotis lagotis*
ミミナガバンディクート科の哺乳類。絶滅危惧II類。体長30〜55cm。㊕オーストラリア西部〜中部
¶驚野動(p332/カ写)
世文動(p44/カ写)
世哺(p63/カ写)
地球(p504/カ写)

ミミナシサンドスキンク ⇒イエメンサンドスキンクを見よ

ミミヒダハゲワシ *Torgos tracheliotus* 耳襞禿鷲
タカ科の鳥。全長1〜1.2m。㊕サハラ以南のアフリカ, 中近東, アラビア半島南部
¶世鳥大(p191/カ写)
世鳥卵(p54/カ写, カ図)
世鳥ネ(p101/カ写)
地球(p433/カ写)

鳥卵巣 (p104/カ写, カ図)

ミミヒメウ *Phalacrocorax auritus* 耳姫鵜
ウ科の鳥。別名ミミウ。全長70～90cm。 ㊗北アメリカ
¶世鳥大 (p178/カ写)
世鳥ネ〔ミミウ〕(p87/カ写)
地球 (p429/カ写)

ミヤケコゲラ *Dendrocopos kizuki matsudairai* 三宅小啄木鳥
キツツキ科の鳥。コゲラの亜種。 ㊗東京都三宅島
¶名鳥図 (p168/カ写)
日鳥山新 (p113/カ写)
日鳥山増 (p123/カ写)

ミヤコウマ Miyako Pony 宮古馬
馬の一品種。日本在来馬。体高110～120cm。沖縄県宮古島の原産。
¶日家〔宮古馬〕(p13/カ写)

ミヤコカナヘビ *Takydromus toyamai* 宮古金蛇
カナヘビ科の爬虫類。絶滅危惧IA類 (環境省レッドリスト)。日本固有種。全長20～25cm。 ㊗宮古島
¶遺産日 (爬虫類 No.7/カ写)
原爬両 (No.67/カ写)
絶事 (p9,130/カ写, モ図)
日カメ (p123/カ写)
爬両観 (p138/カ写)
爬両飼 (p122/カ写)
爬両**1800** (p193/カ写)
野日爬 (p25,55,114/カ写)

ミヤコキクガシラコウモリ *Rhinolophus pumilus miyakonis*
キクガシラコウモリ科の哺乳類。絶滅危惧IA類 (環境省レッドリスト)。頭胴長36～37cm。 ㊗宮古島
¶絶事 (p36/モ図)

ミヤコショウビン *Halcyon miyakoensis* 宮古翡翠
カワセミ科の鳥。絶滅種 (環境省レッドリスト)。全長20cm。 ㊗宮古島 (?)
¶絶鳥事 (p50/モ図)
世文鳥 (p185/カ図)
フ日野新 (p206/カ図)
フ日野増 (p206/カ図)
フ野鳥 (p256/カ図)

ミヤコトカゲ *Emoia atrocostata* 宮古蜥蜴
スキンク科 (トカゲ科) の爬虫類。絶滅危惧II類 (環境省レッドリスト)。全長16～25cm。 ㊗東南アジア, 大西洋西部の島々, 日本 (宮古島) など
¶原爬両 (No.54/カ写)
絶事 (p8,124/カ写, モ図)
日カメ (p116/カ写)
爬両飼 (p109/カ写)
爬両**1800** (p205/カ写)
野日爬 (p23,53,106/カ写)

ミヤコドリ *Haematopus ostralegus* 都鳥
ミヤコドリ科の鳥。全長40～45cm。 ㊗北ヨーロッパ, 中央アジア, 北東アジア
¶くら鳥 (p117/カ写)
原寸羽 (p295/カ写)
里山鳥 (p210/カ写)
四季鳥 (p92/カ写)
世鳥大 (p220/カ写)
世鳥卵 (p94/カ写, カ図)
世鳥ネ (p127/カ写)
世文鳥 (p112/カ写)
地球 (p444/カ写)
鳥比 (p286/カ写)
鳥**650** (p238/カ写)
名鳥図 (p73/カ写)
日ア鳥 (p202/カ写)
日鳥識 (p140/カ写)
日鳥水増 (p186/カ写)
日野鳥新 (p227/カ写)
日野鳥増 (p231/カ写)
ぱっ鳥 (p136/カ写)
羽根決 (p370/カ写, カ図)
ひと目鳥 (p65/カ写)
フ日野新 (p128/カ図)
フ日野増 (p128/カ図)
フ野鳥 (p138/カ図)
野鳥学フ (p220/カ写)
野鳥山フ (p29,167/カ図, カ写)
山溪名鳥 (p310/カ写)

ミヤコヒキガエル *Bufo gargarizans miyakonis* 宮古蟇
ヒキガエル科の両生類。日本固有亜種。体長 オス61～113mm, メス77～119mm。 ㊗琉球列島の宮古島, 伊良部島。また南・北大東島にも人為移入
¶原爬両 (No.120/カ写)
日カサ (p46/カ写)
爬両飼 (p170/カ写)
野日両 (p31,71,144/カ写)

ミヤコヒバァ *Amphiesma concelarum* 宮古ヒバァ
ナミヘビ科の爬虫類。絶滅危惧IB類 (環境省レッドリスト)。日本固有種。 ㊗宮古島
¶原爬両 (No.90/カ写)
絶事 (p11,148/カ写, モ図)
日カメ (p204/カ写)
野日爬 (p37,176/カ写)

ミヤコヒメヘビ *Calamaria pfefferi* 宮古姫蛇
ナミヘビ科ヒメヘビ亜科の爬虫類。絶滅危惧IB類 (環境省レッドリスト)。日本固有種。全長16～20cm。 ㊗宮古島, 伊良部島
¶原爬両 (No.85/カ写)
絶事 (p11,146/カ写, モ図)
日カメ (p151/カ写)
爬両飼 (p35/カ写)

爬両1800（p276/カ写）
野日爬（p36,171/カ写）

ミヤジドリ Miyajidori 宮地鶏
鶏の一品種。体重 オス2.4kg, メス1.1kg。高知県の原産。
¶日家〔宮地鶏〕（p191/カ写）

ミヤビキノボリトカゲ *Japalura splendida*
アガマ科の爬虫類。別名ミドリキノボリトカゲ。全長20cm。㊎中国
¶地球〔ミドリキノボリトカゲ〕（p381/カ写）
爬両1800（p99/カ写）

ミヤビササクレヤモリ *Paroedura gracilis*
ヤモリ科ヤモリ亜科の爬虫類。全長10～12cm。㊎マダガスカル北東部
¶ゲッコー（p51/カ写）
爬両1800（p148/カ写）
爬両ビ（p116/カ写）

ミヤビスッポン *Nilssonia formosa*
スッポン科スッポン亜科の爬虫類。甲長40～50cm。㊎ミャンマー
¶世カメ（p171/カ写）
世爬（p44/カ写）
爬両1800（p51/カ写）
爬両ビ（p41/カ写）

ミヤビヘビガタトカゲ *Ophisaurus gracilis*
アンギストカゲ科の爬虫類。全長45～50cm。㊎インド北部～インドシナ半島北部, 中国南部
¶爬両1800（p232/カ写）

ミヤマアマガエル *Hyla eximia*
アマガエル科の両生類。体長2～6cm。㊎アメリカ合衆国, メキシコ
¶カエル見（p31/カ写）
世両（p43/カ写）
爬両1800（p372/カ写）

ミヤマイモリ *Ichthyosaura alpestris*
イモリ科の両生類。別名アルプスイモリ。全長6～12cm。㊎ヨーロッパ東部～南部, スペイン北部など
¶世両（p217/カ写）
地球〔アルプスイモリ〕（p367/カ写）
爬両1800（p455/カ写）
爬両ビ（p314/カ写）

ミヤマオウム *Nestor notabilis* 深山鸚鵡
インコ科（フクロウオウム科）の鳥。絶滅危惧II類。体長48cm。㊎ニュージーランドの南島
¶驚野動（p356/カ写）
絶百3（p14/カ写）
世鳥大（p254/カ写）
世鳥ネ（p169/カ写）
地球（p456/カ写）
鳥絶（p164/カ図）

ミヤマカエデチョウ *Estrilda rhodopyga* 深山楓鳥
カエデチョウ科の鳥。全長10cm。㊎アフリカ東部
¶鳥飼（p87/カ写）

ミヤマカケス *Garrulus glandarius brandtii* 深山橿鳥, 深山懸巣, 深山掛子
カラス科（モズ科）の鳥。カケスの亜種。
¶原寸羽（p288/カ写）
名鳥図（p240/カ写）
日色鳥（p186/カ写）
日鳥山新（p150/カ写）
日鳥山増（p339/カ写）
日野鳥新（p455/カ写）
日野鳥増（p621/カ写）
ぱっ鳥（p253/カ写）
バード（p84/カ写）
野鳥学フ（p124/カ写）
野鳥山フ（p368/カ写）
山溪名鳥（p98/カ写）

ミヤマガラス *Corvus frugilegus* 深山烏, 深山鴉
カラス科の鳥。全長45～48cm。㊎ヨーロッパのほとんど。中東, 中央アジア, および東アジア。シベリアに生息する個体群はイラン南部, インド北部, 中国南部にまで南下して越冬
¶くら鳥（p70/カ写）
原寸羽（p287/カ写）
四季鳥（p92/カ写）
世鳥大（p393/カ写）
世鳥ネ（p264/カ写）
世文鳥（p273/カ写）
地球（p486/カ写）
鳥卵巣（p363/カ写, カ図）
鳥比（p91/カ写）
鳥650（p497/カ写）
名鳥図（p243/カ写）
日ア鳥（p417/カ写）
日鳥識（p230/カ写）
日鳥山新（p157/カ写）
日鳥山増（p346/カ写）
日野鳥新（p462/カ写）
日野鳥増（p628/カ写）
ぱっ鳥（p259/カ写）
フ日野新（p300/カ図）
フ日野増（p300/カ図）
フ野鳥（p284/カ図）
野鳥学フ（p20/カ写）
野鳥山フ（p62,373/カ図, カ写）
山溪名鳥（p311/カ写）

ミヤマシトド *Zonotrichia leucophrys* 深山鵐
ホオジロ科の鳥。全長17～19cm。
¶世色鳥（p162/カ写）
世文鳥（p257/カ写）
地球（p499/カ写）
鳥比（p206/カ写）

鳥650 (p721/カ写)
日ア鳥 (p616/カ写)
日鳥識 (p304/カ写)
日鳥山新 (p378/カ写)
日鳥山増 (p298/カ写)
日野鳥新 (p649/カ写)
日野鳥増 (p585/カ写)
フ日野新 (p278/カ図)
フ日野増 (p280/カ図)
フ野鳥 (p406/カ図)
山溪名鳥 (p312/カ写)

ミヤマジュケイ *Tragopan blythii* 深山綬鶏
キジ科の鳥。絶滅危惧II類。体長 オス65～70cm, メス58～59cm。 ㊕インド北東部, ミャンマー北部, 中国北西部(チベット南東部・雲南北西部)
¶世鳥大 (p115)
鳥絶 (p140/カ図)

ミヤマタイヨウチョウ *Aethopyga temminckii* 深山太陽鳥
タイヨウチョウ科の鳥。全長13cm。 ㊕マレー半島, スマトラ島, ボルネオ島
¶原色鳥 (p33/カ写)

ミヤマチドリ *Charadrius montanus* 深山千鳥
チドリ科の鳥。全長21～24cm。 ㊕北アメリカ中部(主にコロラド州)に生息。冬季はカリフォルニア州, テキサス州, メキシコへ移動
¶世鳥ネ (p132/カ写)
鳥卵巣 (p182/カ写, カ図)

ミヤマテッケイ *Arborophila crudigularis* 深山竹鶏
キジ科の鳥。全長26～30cm。 ㊕台湾
¶鳥卵巣 (p134/カ写, カ図)

ミヤマハッカン *Lophura leucomelanos* 深山白鷴
キジ科の鳥。全長55～75cm。
¶地球 (p411/カ写)

ミヤマハブ *Protobothrops jerdonii*
クサリヘビ科の爬虫類。全長60～100cm。 ㊕インド～中国南部, 東南アジア
¶爬両1800 (p342/カ写)

ミヤマヒタキ *Muscicapa ferruginea* 深山鶲
ヒタキ科の鳥。全長12.5cm。
¶鳥比 (p155/カ写)
鳥650 (p639/カ写)
日ア鳥 (p549/カ写)
日鳥識 (p272/カ写)
日鳥山新 (p292/カ写)
日鳥山増〔ミヤマビタキ〕(p256/カ写)
フ日野新 (p258/カ図)
フ日野増 (p258/カ図)
フ野鳥 (p360/カ図)

ミヤマホオジロ *Emberiza elegans* 深山頬白
ホオジロ科の鳥。全長16cm。 ㊕ウスリー～朝鮮半島, 中国西部で繁殖。中国南部などで越冬。日本では各地の低山の林に冬鳥として渡来
¶くら鳥 (p38,40/カ写)
原寸羽 (p269/カ写)
里山鳥 (p149/カ写)
四季鳥 (p73/カ写)
世文鳥 (p251/カ写)
鳥比 (p194/カ写)
鳥650 (p708/カ写)
名鳥図 (p221/カ写)
日ア鳥 (p603/カ写)
日色鳥 (p110/カ写)
日鳥識 (p298/カ写)
日鳥山新 (p365/カ写)
日鳥山増 (p283/カ写)
日野鳥新 (p631/カ写)
日野鳥増 (p571/カ写)
ぱっ鳥 (p367/カ写)
バード (p82/カ写)
羽根決 (p330/カ写, カ図)
ひと目鳥 (p210/カ写)
フ日野新 (p270/カ図)
フ日野増 (p270/カ図)
フ野鳥 (p398/カ図)
野鳥学フ (p100/カ写)
野鳥山フ (p57,343/カ図, カ写)
山溪名鳥 (p291/カ写)

ミヤラヒメヘビ *Calamaria pavimentata miyarai* 宮良姫蛇
ナミヘビ科の爬虫類。日本固有種。全長32～36cm。 ㊕与那国島
¶原爬両 (No.84)
日カメ (p150/カ写)
爬両飼 (p35)
野日爬 (p36,171/カ写)

ミユビゲラ *Picoides tridactylus* 三趾啄木鳥
キツツキ科の鳥。絶滅危惧IA類(環境省レッドリスト)。全長20～24cm。 ㊕北アメリカ北部(南限はアメリカ合衆国北部), ユーラシア北部(南限はスカンジナビア半島南部), シベリア南部, 中国西部。日本では北海道で少数が記録されたのみ
¶絶鳥事 (p40/モ図)
世鳥大 (p325/カ写)
世文鳥 (p193/カ図)
地球 (p481/カ写)
鳥卵巣 (p254/カ写, カ図)
鳥比 (p63/カ写)
日ア鳥 (p376/カ写)
日野鳥新 (p417/カ写)
日野鳥増 (p427/カ写)
フ日野新 (p214/カ図)
フ日野増 (p214/カ図)

フ野鳥（p262/カ図）

ミユビシギ　*Calidris alba*　三趾鷸, 三趾鴫
シギ科の鳥。全長20～21cm。 ㊕カナダ北極部, グリーンランド, シベリアで繁殖。ほとんど世界中の海岸にて越冬
¶くら鳥（p110/カ写）
里山鳥（p213/カ写）
四季鳥（p74/カ写）
世鳥ネ（p139/カ写）
世文鳥（p125/カ写）
地球（p446/カ写）
鳥比（p310/カ写）
鳥650（p275/カ写）
名鳥図（p86/カ写）
日ア鳥（p235/カ写）
日鳥識（p156/カ写）
日鳥水増（p221/カ写）
日野鳥新（p274/カ写）
日野鳥増（p298/カ写）
ぱっ鳥（p159/カ写）
バード（p137/カ写）
ひと目鳥（p68/カ写）
フ日野新（p140/カ図）
フ日野増（p140/カ図）
フ野鳥（p162/カ図）
野鳥学フ（p197/カ写, カ図）
野鳥山フ（p31,185/カ図, カ写）
山溪名鳥（p313/カ写）

ミユビナマケモノ　*Bradypus* spp.
ナマケモノ科の哺乳類。頭胴長50～60cm。 ㊕ホンジュラス～アルゼンチン北部
¶世文動（p97/カ写）

ミユビハリモグラ(1)　*Zaglossus bruijni*　三指針土竜
ハリモグラ科の哺乳類。別名ナガハシハリモグラ。体長45～77cm。 ㊕ニューギニア
¶絶百10〔ミユビハリモグラ（ナガハシハリモグラ）〕（p30/カ写）
世文動（p34/カ写）

ミユビハリモグラ(2)　⇒ヒガシミユビハリモグラを見よ

ミュラーシロアリガエル　*Dermatonotus muelleri*
ヒメガエル科の両生類。別名チャコヒメガエル。体長6～7cm。 ㊕パラグアイ, ボリビア, アルゼンチン
¶カエル見（p74/カ写）
世両（p124/カ写）
爬両1800（p406/カ写）

ミュラースナボア　*Gongylophis muelleri*
ボア科の爬虫類。全長30～60cm。 ㊕アフリカ北西部～西部
¶爬両1800〔ミューラースナボア〕（p263/カ写）
爬両ビ（p182/カ写）

ミュラーテナガザル　*Hylobates muelleri*
テナガザル科の哺乳類。絶滅危惧IB類。体高44～64cm。 ㊕アジア南東部（ボルネオ）
¶驚野動〔ミューラーテナガザル〕（p298/カ写）
地球（p548/カ写）
美サル（p109/カ写）

ミュラートカゲ　*Sphenomorphus muelleri*
スキンク科の爬虫類。全長35～45cm。 ㊕インドネシア（カイ島, アルー島, ニューギニア島西部）
¶世爬（p135/カ写）
爬両1800（p202/カ写）
爬両ビ（p140/カ写）

ミュールジカ　*Odocoileus hemionus*
シカ科の哺乳類。体高1～1.1m。 ㊕北アメリカ
¶世文動（p203/カ写）
世哺（p339/カ写）
地球（p597/カ写）

ミューレンバーグイシガメ　*Glyptemys muhlenbergii*
ヌマガメ科の爬虫類。絶滅危惧IA類。甲長7.6～8.9cm。 ㊕アメリカ北東部とアパラチア山脈山麓部
¶絶百4（p32/カ写）
レ生（p311/カ写）

ミラーオヒキコウモリ　*Molossus pretiosus*
オヒキコウモリ科の哺乳類。体長5～11.5cm。
¶地球（p556/カ写）

ミランダコダマヘビ　*Philodryas mattogrossensis*
ナミヘビ科ヒラタヘビ亜科の爬虫類。別名マトグロッソコダマヘビ。全長100cm前後。 ㊕ブラジル南西部～ボリビア, パラグアイ, アルゼンチン
¶爬両1800（p286/カ写）

ミルクスネーク　⇒ミルクヘビを見よ

ミルクヘビ　*Lampropeltis triangulum*
ナミヘビ科ナミヘビ亜科の爬虫類。別名ミルクスネーク。全長60cm～2.1m。 ㊕カナダ～エクアドル
¶世爬（p217/カ写）
世文動（p289/カ写）
世ヘビ〔ミルクスネーク〕（p33/カ写）
爬両1800（p325～328/カ写）
爬両ビ（p235/カ写）

ミルンエドワーズイタチキツネザル　*Lepilemur edwardsi*
イタチキツネザル科の哺乳類。絶滅危惧IB類。全長60cm。 ㊕マダガスカル北西部
¶美サル（p126/カ写）

ミルンエドワードシファカ　*Propithecus edwardsi*
インドリ科の哺乳類。体高42～52cm。
¶地球（p537/カ写）

ミローカワリヤモリ　*Millotisaurus mirabilis*
ヤモリ科ヤモリ亜科の爬虫類。全長6～7cm。 ㊕マ

ミ

ダガスカル
¶ゲッコー(p47/カ写)
世爬(p104/カ写)
爬両1800(p144～145/カ写)

ミロスクサリヘビ *Macrovipera schweizeri*
クサリヘビ科の爬虫類。絶滅危惧IA類。全長75cm。㊔ギリシャのキクラデス諸島西部
¶**絶百9**(p74/カ写)

ミンククジラ *Balaenoptera acutorostrata* ミンク鯨
ナガスクジラ科の哺乳類。別名コイワシクジラ。体長8～10m。㊔熱帯, 温帯, 両極の極地海域のほぼ全世界の海域
¶クイ百(p86/カ図)
くら哺(p89/カ写)
絶百5(p12/カ写, カ図)
世哺(p214/カ図)
地球(p613/カ図)
日哺学フ(p208/カ写, カ図)

ム

ミンダナオヒムネバト *Gallicolumba criniger* ミンダナオ緋胸鳩
ハト科の鳥。全長30cm。㊔フィリピン
¶地球(p454/カ写)

ミンダナモールスキンク *Brachymeles orientalis*
スキンク科の爬虫類。全長20cm前後。㊔フィリピン
¶**爬両1800**(p202/カ写)

ミンドロウデナガガエル *Leptobrachium mangyanorum* ミンドロ腕長蛙
コノハガエル科の両生類。体長3.5～4.5cm。㊔フィリピン(ミンドロ島)
¶カエル見(p16/カ写)
爬両1800(p361/カ写)

ミンドロスイギュウ *Bubalus mindorensis* ミンドロ水牛
ウシ科の哺乳類。別名タマラオ。絶滅危惧IA類。㊔フィリピンのミンドロ島
¶世文動(p208/カ写)
レ生(p312/カ写)

ミンドロヒムネバト *Gallicolumba platenae* ミンドロ緋胸鳩
ハト科の鳥。絶滅危惧IA類。全長30cm。㊔フィリピンのミンドロ島
¶レ生(p313/カ写)

【ム】

ムーアカベヤモリ *Tarentola mauritanica*
ヤモリ科ワレユビヤモリ亜科の爬虫類。全長15～16cm。㊔アフリカ大陸とユーラシア大陸の地中海沿岸域
¶ゲッコー(p62/カ写)
世爬(p103/カ写)
地球(p384/カ写)
爬両1800(p154/カ写)
爬両ビ(p102/カ写)

ムーアモンキー *Macaca maura*
オナガザル科の哺乳類。頭胴長45～51cm。㊔インドネシアのスラウェシ島南西半島部
¶世文動(p90/カ写)

ムカクワシュ Japanese Poll 無角和種
牛の一品種。体高 オス137cm, メス122cm。山口県阿武町の原産。
¶世文動〔無角和種〕(p213/カ写)
日家〔無角和種〕(p66/カ写)

ムカシガエル属の1種 *Leiopelma*
ムカシガエル科の両生類。
¶世カエ〔ムカシガエル属の種〕(p62/カ図)

ムカシジシギ *Coenocorypha aucklandica*
シギ科の鳥。㊔ニュージーランド沖の島
¶世鳥卵〔ムカシシギ〕(p99/カ写, カ図)

ムカシトカゲ *Sphenodon punctatus* 昔蜥蜴
ムカシトカゲ科の爬虫類。全長60～71cm。㊔ニュージーランド(沿岸域の島)
¶驚野動(p358/カ写)
絶百7(p70/カ写)
世文動(p253/カ写)
地球(p379/カ写)
爬両1800(p349/カ写)

ムギマキ *Ficedula mugimaki* 麦蒔, 麦播
ヒタキ科の鳥。全長13cm。
¶里山鳥(p116/カ写)
四季鳥(p42/カ写)
世文鳥(p237/カ写)
鳥比(p159/カ写)
鳥650(p640/カ写)
名鳥図(p209/カ写)
日ア鳥(p548/カ写)
日色鳥(p77/カ写)
日鳥識(p274/カ写)
日鳥山新(p297/カ写)
日鳥山増(p250/カ写)
日野鳥新(p570/カ写)
日野鳥増(p538/カ写)
ぱっ鳥(p331/カ写)
ひと目鳥(p189/カ写)
フ日野新(p258/カ図)
フ日野増(p258/カ図)
フ野鳥(p362/カ図)
山溪名鳥(p314/カ写)

ムギワラトキ *Threskiornis spinicollis* 麦藁朱鷺
トキ科の鳥。全長59〜76cm。㊀オーストラリア，ニューギニア島
¶世美羽（p140/カ写，カ図）
地球（p427/カ写）

ムクオスヒキガエル *Incilius coniferus*
ヒキガエル科の両生類。全長5.5〜9.5cm。㊀コスタリカ〜パナマ，コロンビアとエクアドル北部の太平洋側
¶地球（p355/カ写）

ムクゲネズミ *Myodes rex* 尨毛鼠
ネズミ科の哺乳類。準絶滅危惧（環境省レッドリスト）。頭胴長112〜143mm。㊀サハリン。日本では北海道の日高・大雪山系，天塩町，利尻島，礼文島，色丹島，志発島
¶くら哺（p14/カ写）
絶事（p94/モ図）
日哺改（p126/カ写）
日哺学フ（p20/カ写）

ムクドリ *Spodiopsar cineraceus* 椋鳥
ムクドリ科の鳥。全長24cm。㊀中国東北地方，ウスリー，日本などで繁殖。北方のものは中国南部まで南下して越冬
¶くら鳥（p62/カ写）
原寸羽（p286/カ写）
里山鳥（p158/カ写）
四季鳥（p106/カ写）
巣と卵決（p202/カ写，カ図）
世文鳥（p268/カ写）
鳥卵巣（p352/カ写，カ図）
鳥比（p126/カ写）
鳥**650**（p581/カ写）
名鳥図（p239/カ写）
日ア鳥（p493/カ写）
日色鳥（p196/カ写）
日鳥識（p254/カ写）
日鳥巣（p298/カ写）
日鳥山新（p234/カ写）
日鳥山増（p333/カ写）
日野鳥新（p528/カ写）
日野鳥増（p612/カ写）
ぱっ鳥（p306/カ写）
バード（p20/カ写）
羽根決（p354/カ写，カ図）
ひと目鳥（p225/カ写）
フ日野新（p292/カ図）
フ日野増（p292/カ図）
フ野鳥（p330/カ図）
野鳥学フ（p16/カ写）
野鳥山フ（p59,366/カ図，カ写）
山溪名鳥（p316/カ写）

ムクヒルヤモリ *Phelsuma breviceps*
ヤモリ科ヤモリ亜科の爬虫類。別名ハナペシャヒルヤモリ。全長10〜11cm。㊀マダガスカル南西部
¶ゲッコー（p43/カ写）
爬両**1800**（p142/カ写）

ムコジマメグロ *Apalopteron familiare familiare* 聟島目黒
メジロ科の鳥。絶滅種（環境省レッドリスト）。体長約13cm。㊀小笠原諸島の父島・聟島・媒島
¶絶鳥事（p184/モ図）

ムササビ *Petaurista leucogenys* 鼯鼠
リス科の哺乳類。別名バンドリ，ヨブスマ。頭胴長27〜48cm。㊀北海道と沖縄を除く全都府県
¶くら哺（p10/カ写）
世文動（p110/カ写）
日哺改（p122/カ写）
日哺学フ（p74/カ写）

ムジアカメガエル *Agalychnis litodryas*
アマガエル科の両生類。体長50〜75mm。㊀パナマ〜コロンビア
¶かえる百（p60/カ写）

ムージェンハブ *Bothrops moojeni*
クサリヘビ科の爬虫類。全長150〜180cm。㊀ブラジル，ボリビア東部，パラグアイ東部
¶爬両**1800**（p343/カ写）

ムジキバシリモドキ *Rhabdornis inornatus* 無地木走擬
キバシリモドキ科の鳥。全長17cm。㊀サマール島（フィリピン）
¶世鳥大（p430）

ムシクイオオクサガエル *Leptopelis vermiculatus*
クサガエル科の両生類。体長4〜8.5cm。㊀タンザニア
¶かえる百（p73/カ写）
カエル見（p56/カ写）
世両（p92/カ写）
爬両**1800**（p393/カ写）
爬両ビ（p259/カ写）

ムシクイメクラヘビ *Typhlops vermicularis* 虫食盲蛇
メクラヘビ科の爬虫類。全長30〜35cm。㊀ヨーロッパ東部，アラビア半島，ロシア，中央アジアなど
¶爬両**1800**（p251/カ写）
爬両ビ（p178/カ写）

ムジセッカ *Phylloscopus fuscatus* 無地雪加
ムシクイ科の鳥。全長12cm。
¶鳥比（p111/カ写）
鳥**650**（p545/カ写）
日ア鳥（p452/カ写）
日鳥識（p244/カ写）

ム

日鳥山新 (p194/カ写)
日鳥山増 (p235/カ写)
日野鳥新 (p507/カ写)
日野鳥増 (p525/カ写)
フ日野新 (p332/カ図)
フ日野増 (p330/カ図)
フ野鳥 (p308/カ図)

ムジタヒバリ *Anthus campestris* 無地田雲雀
セキレイ科の鳥。全長16cm。㊕ヨーロッパ～モンゴル西部
¶**鳥比** (p171/カ写)
鳥650 (p666/カ写)

ムジナ ⇒ニホンアナグマを見よ

ムジハイイロエボシドリ *Corythaixoides concolor* 無地灰色烏帽子鳥
エボシドリ科の鳥。全長47～50cm。㊕アフリカ南部。北限はアンゴラおよびザイール
¶**世鳥大** (p273/カ写)
地球 (p460/カ写)
鳥卵巣 (p227/カ写, カ図)

ム

ムジハラファイアサラマンダー *Salamandra infraimmaculata*
イモリ科の両生類。全長27～32cm。㊕トルコ～レバノン, イラン, イラクなど
¶**爬両1800** (p460/カ写)

ムジハラミズベヘビ *Nerodia erythrogaster*
ナミヘビ科ユウダ亜科の爬虫類。全長76～157cm。㊕アメリカ合衆国 (中部～東部・南部), メキシコ北部
¶**爬両1800** (p270/カ写)

ムジヒメシャクケイ *Ortalis vetula* 無地姫舎久鶏
ホウカンチョウ科の鳥。全長48～58cm。㊕テキサス南部～ニカラグア西部・コスタリカ北西部。ジョージア州沖の島々に移入
¶**世鳥大** (p109/カ写)
世鳥ネ (p25/カ写)
地球 (p409/カ写)

ムジブタバナスベヘビ *Leioheterodon modestus*
ナミヘビ科マラガシーヘビ亜科の爬虫類。別名マダガスカルブロンドホッグノーズスネーク。全長100～120cm。㊕マダガスカル
¶**世ヘビ**〔ムジブタハナスベヘビ〕(p94/カ写)
爬両1800 (p337/カ写)

ムジボウシノドフサハチドリ *Heliomaster constantii* 無地帽子喉房蜂鳥
ハチドリ科ハチドリ亜科の鳥。全長11.5～13.5cm。
¶**ハチドリ** (p385)

ムジホシムクドリ *Sturnus unicolor* 無地星椋鳥
ムクドリ科の鳥。㊕イベリア半島～北アフリカ
¶**世鳥ネ** (p296/カ写)

ムジヨタカ *Caprimulgus inornatus* 無地夜鷹
ヨタカ科の鳥。全長22cm。㊕アフリカ
¶**世鳥ネ** (p206/カ写)
地球 (p468/カ写)

ムジルリツグミ *Sialia currucoides* 無地瑠璃鶫
ツグミ科の鳥。全長16.5～20cm。㊕北アメリカ西部の高地
¶**原色鳥** (p116/カ写)
世色鳥 (p39/カ写)
世鳥大 (p437/カ写)
世鳥ネ (p306/カ写)

ムスジカラカネトカゲ *Chalcides sexlineatus*
スキンク科の爬虫類。全長15cm前後。㊕カナリア諸島
¶**爬両1800** (p206/カ写)

ムスタング Mustang
馬の一品種。軽量馬。体高132～150cm。アメリカ合衆国西部の原産。
¶**アルテ馬** (p172/カ写)

ムスラーナ *Clelia clelia*
ナミヘビ科の爬虫類。全長120～200cm。㊕メキシコ～アルゼンチン北部
¶**爬両ビ** (p214/カ写)

ムチパロットヘビ *Leptophis ahaetulla*
ナミヘビ科ナミヘビ亜科の爬虫類。全長80cm前後。㊕メキシコ南部～南米大陸中部以北
¶**爬両1800** (p290/カ写)

ムツイタガメ *Notochelys platynota*
アジアガメ科 (イシガメ (バタグールガメ) 科) の爬虫類。甲長28～30cm。㊕マレー半島, スマトラ島, ジャワ島, カリマンタン島
¶**世カメ** (p287/カ写)
世爬 (p34/カ写)
爬両1800 (p44/カ写)
爬両ビ (p32/カ写)

ムツオビアルマジロ *Euphractus sexcinctus*
アルマジロ科の哺乳類。体長40～49cm。㊕南アメリカ中央部～東部
¶**驚野動** (p117/カ写)
世文動 (p98/カ写)
地球 (p517,518/カ写)

ムツコブヨコクビガメ *Podocnemis sextuberculata*
ヨコクビガメ科アフリカヨコクビガメ亜科の爬虫類。甲長25～30cm。㊕ブラジル, ペルー, コロンビア
¶**世カメ** (p80/カ写)
爬両1800 (p71/カ写)
爬両ビ (p51/カ写)

ムーディ Mudi
犬の一品種。体高 オス41～47cm, メス38～44cm。

ハンガリーの原産。
¶最犬大(p88/カ写)
新犬種(p121/カ写)
新世犬〔ムディ〕(p59/カ写)
図世犬〔ムディ〕(p73/カ写)
ビ犬(p45/カ写)

ムナオビイロムシクイ *Apalis thoracica* 胸帯色虫食, 胸帯色虫喰
セッカ科の鳥。全長13cm。 ㊊ケニア〜南アフリカ
¶世鳥大(p410/カ写)

ムナオビエリマキヒタキ *Arses kaupi* 胸帯襟巻鶲
カササギヒタキ科の鳥。全長16cm。
¶世鳥大(p388/カ写)

ムナオビツグミ *Ixoreus naevius* 胸帯鶫
ツグミ科(ヒタキ科)の鳥。全長19〜26cm。 ㊊アラスカ北, 中部〜南はカリフォルニア北部に至る北アメリカ西海岸
¶地球(p493/カ写)
日ア鳥(p518/カ写)

ムナオビハチドリ *Augastes scutatus* 胸帯蜂鳥
ハチドリ科マルオハチドリ亜科の鳥。準絶滅危惧。全長8〜9.5cm。
¶ハチドリ(p358)

ムナオビユミハチドリ *Phaethornis atrimentalis* 胸帯弓蜂鳥
ハチドリ科ユミハチドリ亜科の鳥。全長8〜9cm。
¶ハチドリ(p355)

ムナグロ *Pluvialis fulva* 胸黒
チドリ科の鳥。全長24〜25cm。 ㊊シベリアとアラスカのツンドラ地帯で繁殖, 南アジア・オーストラリア・熱帯太平洋で越冬
¶くら鳥(p108/カ写)
原寸羽(p105/カ写)
里山鳥(p120/カ写)
四季鳥(p61/カ写)
世鳥大(p225/カ写)
世文鳥(p116/カ写)
鳥比(p280/カ写)
鳥650(p224/カ写)
名鳥図(p74/カ写)
日ア鳥(p192/カ写)
日鳥識(p134/カ写)
日鳥水増(p196/カ写)
日野鳥新(p212/カ写)
日野鳥増(p236/カ写)
ぱっ鳥(p130/カ写)
バード(p120/カ写)
羽根決(p145/カ写, カ図)
ひと目鳥(p92/カ写)
フ日野新(p134/カ図)
フ日野増(p134/カ図)
フ野鳥(p132/カ図)
野鳥学フ(p208/カ写)
野鳥山フ(p28,173/カ図, カ写)
山溪名鳥(p318/カ写)

ムナグロアメリカムシクイ *Vermivora bachmanii* 胸黒亜米利加虫食, 胸黒亜米利加虫喰
アメリカムシクイ科の鳥。絶滅危惧IA類(絶滅の可能性あり)。体長12cm。 ㊊アメリカ合衆国(固有繁殖), キューバ(越冬)
¶鳥絶(p216/カ図)

ムナグロアリサザイ *Formicivora rufa* 胸黒蟻鷦鷯
アリドリ科の鳥。全長13cm。 ㊊スリナム, ブラジルの一部, パラグアイ, ボリビアとペルー
¶世鳥大(p351/カ写)

ムナグロオオガシラ *Notharchus pectoralis* 胸黒大頭
オオガシラ科の鳥。全長20cm。 ㊊中央・南アメリカ北部の森
¶世鳥ネ(p251/カ写)
地球(p481/カ写)

ム

ムナグロオーストラリアムシクイ *Malurus lamberti* 胸黒オーストラリア虫食, 胸黒オーストラリア虫喰
オーストラリアムシクイ科の鳥。全長15cm。 ㊊オーストラリア
¶世鳥大(p361/カ写)
世鳥ネ(p256/カ写)
地球(p484/カ写)

ムナグロシャコ *Francolinus francolinus* 胸黒鷓鴣
キジ科の鳥。体長 オス55cm, メス42cm。 ㊊ユーラシア南部。キプロス島, トルコ東部〜パキスタン, インド北部
¶世鳥卵(p72/カ写, カ図)
世美羽(p38/カ写)

ムナグロシラヒゲドリ *Psophodes olivaceus* 胸黒白髭鳥
クイナチメドリ科の鳥。全長25〜30cm。 ㊊クィーンズランド州北部〜ヴィクトリア州に至るオーストラリアの東海岸
¶世鳥大(p373/カ写)

ムナグロセワタビタキ *Batis capensis*
メガネヒタキ科の鳥。全長12cm。 ㊊アフリカ南部の一部地域
¶世鳥大(p374/カ写)

ムナグロチュウヒワシ *Circaetus pectoralis* 胸黒沢鵟鷲
タカ科の鳥。全長63〜71cm。 ㊊アフリカ東部〜南部
¶世鳥大(p194/カ写)
地球(p437/カ写)

ムナグロノジコ *Spiza americana* 胸黒野路子
コウカンチョウ科（ホオジロ科）の鳥。全長15cm。㊊カナダ中部やアメリカ合衆国東部・内陸部で繁殖。メキシコ南部～南アメリカ北部で越冬
¶**世鳥大**（p484/カ写）
世鳥卵（p215/カ写, カ図）

ムナグロヘキチョウ *Lonchura malacca ferruginosa* 胸黒碧鳥
カエデチョウ科の鳥。全長10～10.5cm。㊊ジャワ島
¶**世文鳥**（p279/カ写）

ムナグロマンゴーハチドリ *Anthracothorax nigricollis* 胸黒マンゴー蜂鳥
ハチドリ科マルオハチドリ亜科の鳥。全長10～12cm。
¶**ハチドリ**（p77/カ写）

ムナグロミフウズラ *Turnix melanogaster* 胸黒三斑鶉
ミフウズラ科の鳥。全長17～19cm。㊊オーストラリア東部
¶**鳥卵巣**（p149/カ写, カ図）

ム

ムナグロムクドリモドキ *Icterus cucullatus* 胸黒椋鳥擬
ムクドリモドキ科の鳥。全長18.5～20cm。㊊北アメリカ南西部, メキシコ
¶**原色鳥**（p201/カ写）

ムナグロヤマハチドリ *Oreotrochilus melanogaster* 胸黒山蜂鳥
ハチドリ科ミドリフタオハチドリ亜科の鳥。全長13～14cm。
¶**ハチドリ**（p122/カ写）

ムナグロワタアシハチドリ *Eriocnemis nigrivestis* 胸黒綿足蜂鳥
ハチドリ科ミドリフタオハチドリ亜科の鳥。絶滅危惧IA類。全長8～9cm。㊊エクアドル
¶**世美羽**（p69/カ写）
ハチドリ（p146/カ写）
レ生（p314/カ写）

ムナジロアマツバメ *Aeronautes saxatalis* 胸白雨燕
アマツバメ科の鳥。全長15～18cm。㊊中央アメリカ北部, アメリカ合衆国西部
¶**地球**（p469/カ写）

ムナジロエンビハチドリ *Tilmatura dupontii* 胸白燕尾蜂鳥
ハチドリ科ハチドリ亜科の鳥。全長6.5～10cm。
¶**ハチドリ**（p388）

ムナジロオオサンショウクイ *Coracina pectoralis* 胸白大山椒喰
サンショウクイ科の鳥。全長25～27cm。㊊アフリカの中部・南部
¶**鳥卵巣**（p271/カ写, カ図）

ムナジロオナガカマドドリ *Synallaxis albescens* 胸白尾長竈鳥
カマドドリ科の鳥。体長16cm。㊊コスタリカ南西部～アルゼンチン（アンデス山脈東側）, トリニダード島, マルガリータ島
¶**世鳥卵**（p147/カ写, カ図）

ムナジロガラス *Corvus albus* 胸白鴉, 胸白烏
カラス科の鳥。全長46～50cm。㊊サハラ以南のアフリカ, マダガスカル島
¶**世鳥大**〔ムナジロカラス〕（p395/カ写）
地球（p486/カ写）

ムナジロカワガラス *Cinclus cinclus* 胸白河烏, 胸白河鴉
カワガラス科の鳥。体長18～21cm。㊊ユーラシア, 北西アフリカの丘陵地
¶**世鳥大**（p448/カ写）
世鳥卵（p172/カ写, カ図）
世鳥ネ（p303/カ写）
地球（p494/カ写）
鳥卵巣（p276/カ写, カ図）

ムナジロクイナモドキ *Mesitornis variegatus* 胸白秧鶏擬, 胸白水鶏擬
クイナモドキ科の鳥。絶滅危惧II類。体長31cm。㊊マダガスカル（固有）
¶**絶百10**（p32/カ写）
鳥絶（p150/カ図）

ムナジロシマコキン *Lonchura pectoralis* 胸白縞胡錦
カエデチョウ科の鳥。全長11cm。㊊オーストラリア北西部
¶**鳥飼**（p84/カ写）

ムナジロチビハチドリ *Chaetocercus berlepschi*
ハチドリ科ハチドリ亜科の鳥。絶滅危惧IB類。全長6～7cm。㊊エクアドル西部
¶**ハチドリ**（p320/カ写）

ムナジロテン *Martes foina* 胸白貂
イタチ科の哺乳類。体長40～54cm。㊊ユーラシア
¶**世哺**（p252/カ写）
地球（p574/カ写）

ムナジロミソサザイ *Catherpes mexicanus* 胸白鷦鷯
ミソサザイ科の鳥。全長13～15cm。㊊北アメリカ
¶**世鳥大**（p425/カ写）
世鳥ネ（p293/カ写）

ムナフカンムリカッコウ *Clamator levaillantii* 胸斑冠郭公
カッコウ科の鳥。㊊アフリカ
¶**世鳥卵**（p126/カ写, カ図）

ムナフジチメドリ *Pellorneum ruficeps* 胸斑地知目鳥
チメドリ科の鳥。㊊インド～東南アジア

¶世鳥卵(p185/カ写, カ図)
鳥卵巣(p317/カ写, カ図)

ムナフチュウハシ *Pteroglossus torquatus* 胸斑中嘴
オオハシ科の鳥。全長41cm。㊕中央・南アメリカ
¶世鳥大(p316/カ写)
世鳥ネ(p237/カ写)
地球(p477/カ写)
鳥卵巣(p250/カ写, カ図)

ムナフヒタキ *Muscicapa striata* 胸斑鶲
ヒタキ科の鳥。全長14～15cm。㊕ユーラシア大陸, 北はロシア北部・シベリア西部, 東はモンゴル北部, 南はアフリカ北西・南部, ヒマラヤ。アフリカ中・南部, アラビア半島, インド北西部で越冬
¶世鳥大(p445/カ写)
世鳥卵(p202/カ写, カ図)
鳥卵巣(p300/カ写, カ図)
鳥比(p155/カ写)
鳥650(p635/カ写)
日ア鳥(p545/カ写)
日鳥山新(p288/カ写)
フ野鳥(p358/カ図)

ムナフヒメドリ *Spizella arborea* 胸斑姫鳥
アトリ科の鳥。体長16cm。㊕北極圏のツンドラに接する林
¶世鳥ネ(p332/カ写)
鳥650(p750/カ写)

ムネアカアマドリ *Nonnula rubecula*
オオガシラ科の鳥。全長14～16cm。㊕ベネズエラ南部, ペルー北部, ブラジル南部～パラグアイおよびアルゼンチン北部
¶世鳥大(p329/カ写)
地球(p481/カ写)

ムネアカイカル *Pheucticus ludovicianus* 胸赤桑鳲, 胸赤斑鳩, 胸赤鵤
ショウジョウコウカンチョウ科(コウカンチョウ科)の鳥。全長18～21cm。㊕カナダ中南部, アメリカ合衆国東部。メキシコおよび南アメリカ北部まで南下して越冬
¶世鳥大(p484/カ写)
地球(p499/カ写)

ムネアカオタテドリ *Liosceles thoracicus* 胸赤尾立鳥
オタテドリ科の鳥。全長20cm。㊕ブラジル西部とコロンビア, エクアドル, ペルーのアマゾン川流域の降雨林
¶世鳥大(p353/カ写)

ムネアカカンムリバト *Goura scheepmakeri* 胸赤冠鳩
ハト科の鳥。全長75cm。㊕ニューギニア島
¶世鳥ネ(p165/カ写)
地球(p455/カ写)

ムネアカコウカンチョウ *Cardinalis sinuatus* 胸赤紅冠鳥
フウキンチョウ科の鳥。全長19～21.5cm。㊕アメリカ南西部, メキシコ
¶世色鳥(p166/カ写)
世鳥ネ(p339/カ写)

ムネアカコウヨウチョウ *Quelea cardinalis* 胸赤紅葉鳥
ハタオリドリ科の鳥。体長11cm。㊕ケニア～モザンビーク
¶世鳥卵(p228/カ写, カ図)

ムネアカゴシキドリ *Megalaima haemacephala* 胸赤五色鳥
オオハシ科の鳥。全長15～17cm。㊕南・東南アジア
¶世鳥大(p320/カ写)
世鳥ネ(p241/カ写)
地球(p478/カ写)

ムネアカゴジュウカラ *Sitta canadensis* 胸赤五十雀
ゴジュウカラ科の鳥。体長11～13cm。㊕北アメリカ
¶世鳥大(p427/カ写)
世鳥ネ(p290/カ写)
地球(p491/カ写)

ムネアカシルスイキツツキ *Sphyrapicus ruber* 胸赤汁吸啄木鳥
キツツキ科の鳥。全長20～22cm。㊕北アメリカ北西部
¶世鳥大(p324/カ写)
世鳥ネ(p244/カ写)

ムネアカセイタカシギ *Cladorhynchus leucocephalus* 胸赤背高鴫, 胸赤背高鷸
セイタカシギ科の鳥。全長36～45cm。㊕オーストラリア
¶世鳥大(p221/カ写)
世鳥ネ(p128/カ写)
地球〔シロガシラセイタカシギ〕(p445/カ写)

ムネアカタイヨウチョウ *Leptocoma sperata* 胸赤太陽鳥
タイヨウチョウ科の鳥。全長9～10cm。㊕ミャンマー, インドシナ半島, マレー半島, フィリピンなど
¶鳥卵巣(p324/カ写, カ図)

ムネアカタヒバリ *Anthus cervinus* 胸赤田鷚, 胸赤田雲雀
セキレイ科の鳥。全長15cm。
¶四季鳥(p17/カ写)
世鳥大(p463/カ写)
世文鳥(p206/カ写)
地球(p495/カ写)
鳥卵巣(p270/カ写, カ図)
鳥比(p174/カ写)
鳥650(p671/カ写)

ム

名鳥図 (p178/カ写)
日ア鳥 (p574/カ写)
日鳥識 (p282/カ写)
日鳥山新 (p327/カ写)
日鳥山増 (p153/カ写)
日野鳥新 (p596/カ写)
日野鳥増 (p466/カ写)
ぱっ鳥 (p346/カ写)
フ日野新 (p226/カ図)
フ日野増 (p226/カ図)
フ野鳥 (p378/カ図)
野鳥山フ (p47,279/カ図, カ写)

ムネアカハチクイ *Nyctyornis amictus* 胸赤蜂食, 胸赤蜂喰
ハチクイ科の鳥。全長29cm。 ㊎タイ南部やマレー半島, スマトラ島, ボルネオ島
¶世色鳥 (p92/カ写)
世鳥大 (p310)

ムネアカハチドリ *Glaucis hirsutus* 胸赤蜂鳥
ハチドリ科ユミハチドリ亜科の鳥。全長10～12cm。
¶ハチドリ (p41/カ写)

ム

ムネアカハナドリモドキ *Prionochilus percussus* 胸赤花鳥擬
ハナドリ科の鳥。全長10cm。 ㊎東南アジア
¶原色鳥 (p242/カ写)
世鳥大 (p449/カ写)

ムネアカヒワ *Carduelis cannabina* 胸赤鶸
アトリ科の鳥。全長14cm。 ㊎ヨーロッパの大部分とアフリカ北部, 中東と中央アジアの一部地域。冬には南に渡る個体群もいる
¶世鳥大 (p466/カ写)
鳥卵巣 (p337/カ写, カ図)

ムネアカヒワミツドリ *Dacnis berlepschi* 胸赤鶸蜜鳥
フウキンチョウ科の鳥。絶滅危惧II類。体長12cm。 ㊎コロンビア, エクアドル
¶鳥絶 (p214/カ図)

ムネアカマキバドリ *Leistes militaris* 胸赤牧場鳥
ムクドリモドキ科の鳥。 ㊎南アメリカ
¶世鳥卵 (p218/カ写, カ図)

ムネムラサキエメラルドハチドリ *Amazilia rosenbergi* 胸紫エメラルド蜂鳥
ハチドリ科ハチドリ亜科の鳥。全長8～10cm。
¶ハチドリ (p273/カ写)

ムハンフトイモリ *Pachytriton labiatus*
イモリ科の両生類。全長13～19cm。 ㊎中国
¶爬両ビ (p312/カ写)

ムフロン *Ovis musimon*
ウシ科の哺乳類。家畜ヒツジの有力な祖先とみられている野生ヒツジの一種。体高 オス65～75cm。
㊎コルシカ島, サルジニア島, キプロス島, ヨーロッパ
¶世文動 (p234/カ写)
日家 (p132/カ写)

ムラクモインコ *Poicephalus meyeri* 叢雲鸚哥, 群雲鸚哥
インコ科の鳥。全長21～25cm。 ㊎アフリカ
¶鳥飼 (p156/カ写)

ムラコーザ Murākozi
馬の一品種。重量馬。ハンガリー南部の原産。
¶アルテ馬 (p199/カ写)

ムラサキエボシドリ *Musophaga rossae* 紫烏帽子鳥
エボシドリ科の鳥。全長51～54cm。
¶地球 (p460/カ写)

ムラサキオーストラリアムシクイ *Malurus splendens* 紫オーストラリア虫食, 紫オーストラリア虫喰
オーストラリアムシクイ科の鳥。全長11.5～13.5cm。 ㊎オーストラリア中央部
¶原色鳥 (p104/カ写)
世色鳥 (p42/カ写)
世鳥大 (p361/カ写)
世鳥ネ (p256/カ写)
地球 (p484/カ写)

ムラサキカザリドリ *Xipholena punicea* 紫飾鳥
カザリドリ科の鳥。 ㊎コロンビア～ギアナ地方, ブラジルのアマゾン
¶世美羽 (p112/カ写, カ図)

ムラサキケンバネハチドリ *Campylopterus hemileucurus* 紫剣羽蜂鳥
ハチドリ科ハチドリ亜科の鳥。全長13～15cm。
㊎メキシコ南部～パナマ西部
¶世色鳥 (p31/カ写)
世鳥大 (p294/カ写)
地球 (p469/カ写)
ハチドリ (p224/カ写)

ムラサキサギ *Ardea purpurea* 紫鷺
サギ科の鳥。全長79cm。 ㊎ユーラシア南部, アフリカ。日本では八重山列島
¶くら鳥 (p99/カ写)
四季鳥 (p120/カ写)
世文鳥 (p56/カ写)
鳥卵巣 (p66/カ写, カ図)
鳥比 (p262/カ写)
鳥650 (p169/カ写)
名鳥図 (p35/カ写)
日ア鳥 (p147/カ写)
日鳥識 (p118/カ写)
日鳥水増 (p96/カ写)
日野鳥新 (p158/カ写)
日野鳥増 (p176/カ写)

ばっ鳥 (p97/カ写)
羽根決 (p374/カ写, カ図)
ひと目鳥 (p104/カ写)
フ日野新 (p114/カ図)
フ日野増 (p114/カ図)
フ野鳥 (p102/カ図)
野鳥学フ (p183/カ写)
野鳥山フ (p14,90/カ図, カ写)
山溪名鳥 (p11/カ写)

ムラサキサンジャク *Cyanocorax cyanomelas* 紫山鵲
カラス科の鳥。㊟南アメリカ
¶世鳥卵 (p243/カ写, カ図)

ムラサキタイヨウチョウ *Cinnyris asiaticus* 紫太陽鳥
タイヨウチョウ科の鳥。全長7〜9cm。㊟ペルシア湾〜インド, 東南アジア
¶世鳥大 (p451/カ写)
世鳥ネ (p318/カ写)
地球 (p495/カ写)

ムラサキツグミ *Grandala coelicolor* 紫鶫
ツグミ科の鳥。全長19〜23cm。㊟ヒマラヤ〜中国西部
¶原色鳥 (p115/カ写)

ムラサキツバメ *Progne subis* 紫燕
ツバメ科の鳥。全長19cm。㊟北アメリカ東部・西部
¶世鳥大 (p406/カ写)
世鳥ネ (p281/カ写)

ムラサキテリムクドリ *Lamprotornis purpureus* 紫照椋鳥
ムクドリ科の鳥。大きさ22cm。㊟アフリカ (中西部)
¶鳥飼 (p114/カ写)

ムラサキトキワスズメ *Uraeginthus ianthinogaster* 紫常盤雀
カエデチョウ科の鳥。全長14cm。㊟アフリカ東部のエチオピア〜ソマリア, 南はタンザニア
¶世鳥大 (p459/カ写)
地球 (p494/カ写)
鳥飼 (p89/カ写)

ムラサキノジコ *Passerina versicolor* 紫野路子
ショウジョウコウカンチョウ科の鳥。全長11〜14cm。㊟アメリカ合衆国アリゾナ州南部〜メキシコ
¶世色鳥 (p37/カ写)

ムラサキハブ *Trimeresurus purpureomaculatus*
クサリヘビ科の爬虫類。全長90〜100cm。㊟インドシナ半島西部, インドネシア
¶世文動 (p303/カ写)
爬両1800 (p342/カ写)

ムラサキハマシギ *Calidris maritima* 紫浜鷸, 紫浜鴫
シギ科の鳥。㊟カナダ, グリーンランド, ヨーロッパ北西部
¶鳥650 (p748/カ写)

ムラサキフウキンチョウ *Tangara velia* 紫風琴鳥
フウキンチョウ科の鳥。全長12〜14cm。㊟アマゾン川流域, ブラジル西海岸
¶原色鳥 (p144/カ写)

ムラサキフタオハチドリ *Aglaiocercus coelestis* 紫双尾蜂鳥
ハチドリ科ミドリフタオハチドリ亜科の鳥。全長9.5〜21cm。
¶ハチドリ (p110/カ写)

ムラサキボウシハチドリ *Goldmania violiceps* 紫帽子蜂鳥
ハチドリ科ハチドリ亜科の鳥。全長8.5〜9.5cm。
¶ハチドリ (p384)

ムラサキマシコ *Haemorhous purpureus* 紫猿子
アトリ科の鳥。全長13.5〜14.5cm。㊟北アメリカ
¶原色鳥 (p43/カ写)

ムラサキミツドリ *Cyanerpes caeruleus* 紫蜜鳥
フウキンチョウ科の鳥。全長10cm。㊟南アメリカ
¶原色鳥 (p114/カ写)
世鳥ネ (p337/カ写)

ムリキ ⇒ウーリークモザルを見よ

ムルゲーゼ Murgese
馬の一品種。軽量馬。体高150〜160cm。イタリアの原産。
¶アルテ馬 (p118/カ写)

ムルンダヴァササクレヤモリ *Paroedura* sp.
ヤモリ科の爬虫類。全長14〜16cm。㊟マダガスカル西部
¶爬両1800 (p148/カ写)

ムワンザアガマ *Agama mwanzae*
アガマ科の爬虫類。全長20〜30cm。㊟タンザニア西部
¶爬両1800 (p103/カ写)

メ

【メ】

メイサイツヤヘビ *Liophis miliaris*
ナミヘビ科ヒラタヘビ亜科の爬虫類。全長50〜60cm。㊟南米大陸中部〜北西
¶爬両1800 (p280/カ写)

メイシャントン Meishan Pig 梅山猪
豚の一品種。ブランド豚・中国豚。体重200kg。中国の原産。

¶日家〔梅山豚〕(p102/カ写)

メイン・クーン Maine Coon
猫の一品種。体重4〜7.5kg。アメリカ合衆国の原産。
¶世文動(p172/カ写)
ビ猫〔メインクーン〕(p214/カ写)

メガネアオガエル *Rhacophorus prasinatus* 眼鏡青蛙
アオガエル科の両生類。体長5〜8cm。㊐台湾北部
¶爬両1800(p386/カ写)

メガネイモリ *Salamandrina terdigitata* 眼鏡井守, 眼鏡蠑
イモリ科の両生類。全長7〜10cm。
¶地球(p367/カ写)

メガネイルカ *Phocoena dioptrica* 眼鏡海豚
ネズミイルカ科の哺乳類。体長1.3〜2.2m。㊐南極大陸の周囲, 南極圏や亜南極圏〜温帯
¶クイ百(p266/カ図)
地球(p614/カ図)

メ

メガネウサギワラビー *Lagorchestes conspicillatus*
カンガルー科の哺乳類。体長40〜48cm。㊐オーストラリア
¶驚野動(p321/カ写)
世文動(p47)
世哺(p72/カ写)

メガネオオコウモリ *Pteropus conspicillatus* 眼鏡大蝙蝠
オオコウモリ科の哺乳類。体長22〜25cm。
¶地球(p551/カ写)

メガネカイマン *Caiman crocodilus*
アリゲーター科の爬虫類。全長2.5m。㊐中米〜南米中部以北まで
¶世文動(p305/カ写)
地球(p401/カ写)
爬両1800(p347/カ写)

メガネクサガエル ⇒アルグスクサガエルを見よ

メガネグマ *Tremarctos ornatus* 眼鏡熊
クマ科の哺乳類。絶滅危惧II類。体長1〜1.8m。㊐ベネズエラ西部〜ボリビア南部にかけてのアンデス山中
¶遺産世(Mammalia No.23/カ写)
驚野動(p87/カ写)
絶百5(p26/カ写)
世文動(p150/カ写)
世哺(p239/カ写)
地球(p567/カ写)
レ生(p319/カ写)

メガネケワタガモ *Somateria fischeri* 眼鏡毛綿鴨
カモ科の鳥。全長55cm, 翼開張90cm。㊐シベリア, アラスカ
¶世鳥ネ(p49/カ写)
鳥650(p746/カ写)
日ア鳥(p60/カ写)
日カモ(p233/カ図)

メガネコウライウグイス *Sphecotheres vieilloti* 眼鏡高麗鶯
コウライウグイス科の鳥。全長27〜30cm。㊐オーストラリア
¶原色鳥(p204/カ写)
世鳥大(p384/カ写)
地球(p487/カ写)

メガネタイランチョウ *Hymenops perspicillatus* 眼鏡太蘭鳥
タイランチョウ科の鳥。全長13〜16cm。
¶世色鳥(p180/カ写)

メガネヒタキ *Platysteira cyanea* 眼鏡鶲
メガネヒタキ科の鳥。全長12〜14cm。㊐スーダン, ウガンダ, ケニアを含むアフリカ西部・中央部・東部
¶世鳥大(p374/カ写)
地球(p487/カ写)

メガネフクロウ *Pulsatrix perspicillata* 眼鏡梟
フクロウ科の鳥。全長41〜48cm。㊐メキシコ〜アルゼンチン北部, パラグアイ, ブラジル南部
¶世鳥大(p282/カ写)
世鳥ネ(p197/カ写)
地球(p465/カ写)

メガネヤマネ *Eliomys quercinus* 眼鏡山鼠
ヤマネ科の哺乳類。絶滅危惧II類。頭胴長10〜17.5cm。㊐スペイン, フランス〜ウラル山脈, 北アフリカの地中海沿岸地帯
¶絶百10(p50/カ写)

メキシカンインディゴスネーク *Drymarchon corais rubidus*
ナミヘビ科の爬虫類。全長1.5〜2.0m, 最大2.4m。㊐メキシコ(ソノーラ州〜チアパス州), グアテマラ南西部
¶世ヘビ(p42/カ写)

メキシカンゴファースネーク ⇒メキシコブルスネークを見よ

メキシカンナイトスネーク *Elaphe flavirufa flavirufa*
ナミヘビ科の爬虫類。別名ヨルナメラ。全長1.0m, 最大1.65m。㊐メキシコ東部
¶世ヘビ(p38/カ写)

メキシカンブラックキング *Lampropeltis getula nigrita*
ナミヘビ科の爬虫類。コモンキングスネークの亜種。全長最大1.0m。㊐メキシコ(ソノーラ州・シナロア州)

¶世へビ(p28/カ写)

メキシカンブルスネーク ⇒メキシコブルスネークを見よ

メキシカン・ヘアレス Mexican Hairless
犬の一品種。別名メキシカン・ヘアレス・ドッグ,ショロイイェツクウィントリ,ショロイツクインツレ。体高 スタンダード:46〜60cm,ミディアム:36〜45cm,ミニチュア:25〜35cm。メキシコの原産。
¶**最犬大**〔メキシカン・ヘアレス・ドッグ〕(p252/カ写)
新犬種〔ショロイイェツクウィントリ〕(p183/カ写)
新世犬(p287/カ写)
図世犬〔ショロイツクインツレ〕(p220/カ写)
世文動(p149/カ写)
ビ犬〔メキシカン・ヘアレス・ドッグ〕(p37/カ写)

メキシカンボア ⇒インペラトールボアを見よ

メキシコアシナガコウモリ *Natalus stramineus*
アシナガコウモリ科の哺乳類。体長4〜4.5cm。㊎北アメリカ,中央アメリカ,南アメリカ
¶**世哺**(p89/カ写)
地球(p556/カ写)

メキシコイワハリトカゲ *Sceloporus torquatus*
イグアナ科ツノトカゲ亜科の爬虫類。全長21〜28cm。㊎メキシコ中部
¶**爬両1800**(p81/カ写)

メキシコウサギ *Romerolagus diazi*
ウサギ科の哺乳類。絶滅危惧IB類。体長23〜32cm。㊎北アメリカ
¶**絶百3**(p6/カ図)
世哺(p140/カ写)

メキシコオヒキコウモリ *Tadarida brasiliensis*
オヒキコウモリ科の哺乳類。体長9.5cm。
¶**地球**(p556/カ写)

メキシコカギバナヘビ *Ficimia streckeri*
ナミヘビ科ヒラタヘビ亜科の爬虫類。全長22〜48cm。㊎アメリカ合衆国南部,メキシコ北部
¶**爬両1800**(p283/カ写)
爬両ビ(p205/カ写)

メキシコガーターヘビ *Thamnophis rufipunctatus*
ナミヘビ科ユウダ亜科の爬虫類。全長45〜100cm。㊎アメリカ合衆国南西部,メキシコ
¶**爬両1800**(p273/カ写)

メキシコカワガメ *Dermatemys mawii*
カワガメ科(メキシコカワガメ科)の爬虫類。別名カワガメ,チュウベイカワガメ。絶滅危惧IA類。甲長55〜60cm。㊎メキシコ南部,グアテマラ,ベリーズ
¶**世カメ**(p124/カ写)
世爬(p45/カ写)
世文動〔カワガメ〕(p241/カ写)
爬両1800(p54/カ写)
爬両ビ(p42/カ写)
レ生(p321/カ写)

メキシコカワガラス *Cinclus mexicanus* メキシコ河烏,メキシコ河鴉,メキシコ川烏,メキシコ川鴉
カワガラス科の鳥。別名アメリカカワガラス。全長19cm。㊎アラスカ〜メキシコ南部
¶**世鳥大**(p448/カ写)
世鳥ネ〔アメリカカワガラス〕(p303/カ写)

メキシコクジャクガメ *Trachemys ornata* メキシコ孔雀亀
ヌマガメ科アミメガメ亜科の爬虫類。甲長25〜35cm。㊎メキシコ西部〜南部
¶**世カメ**(p211/カ写)
爬両1800(p34/カ写)

メキシコクロホエザル *Alouatta pigra* メキシコ黒吠猿
クモザル科(オマキザル科)の哺乳類。別名メキシコホエザル,グアテマラホエザル,グアテマラクロホエザル。絶滅危惧IB類。体高50〜71cm。㊎メキシコ,中央アメリカ
¶**遺産世**(Mammalia No.8/カ写)
世哺(p109/カ写)
地球〔グアテマラホエザル〕(p538/カ写)

メ

メキシコサラマンダー *Ambystoma mexicanum*
マルクチサラマンダー科(モールサラマンダー科)の両生類。絶滅危惧IA類。全長20〜30cm。㊎メキシコ
¶**遺産世**(Amphibia No.15/カ写)
絶百6(p22/カ写)
世文動(p314/カ写)
世両(p198/カ写)
爬両1800(p441/カ写)
爬両ビ(p303/カ写)

メキシコジムグリガエル ⇒ポーチを見よ

メキシコシロガシラインコ *Pionus senilis* メキシコ白頭鸚哥
インコ科の鳥。大きさ24cm。㊎メキシコ南部〜グアテマラ,コスタリカ,パナマ,ニカラグア
¶**鳥飼**(p152/カ写)

メキシコドクトカゲ *Heloderma horridum*
ドクトカゲ科の爬虫類。全長50〜70cm。㊎メキシコ,グアテマラ
¶**世爬**(p162/カ写)
世文動(p277/カ写)
爬両1800(p243/カ写)
爬両ビ(p172/カ写)

メキシコトゲハリトカゲ *Sceloporus spinosus*
イグアナ科ツノトカゲ亜科の爬虫類。全長19〜27cm。㊎メキシコ中部〜南部
¶**爬両1800**(p82/カ写)

メキシコパイソン *Loxocemus bicolor*
メキシコパイソン科の爬虫類。別名ニューワールドパイソン。全長100〜150cm。㊎メキシコ南東部〜コスタリカまでの中米
¶**世爬**(p182/カ写)
世文動(p281/カ写)
世ヘビ(p22/カ写)
爬両1800(p251/カ写)
爬両ビ(p193/カ写)

メキシコハダカアシナシイモリ *Dermophis mexicanus*
アシナシイモリ科の両生類。全長35〜60cm。㊎メキシコ南部〜パナマ西部
¶**爬両1800**(p463/カ写)
爬両ビ(p319/カ写)

メキシコパロットヘビ *Leptophis mexicanus*
ナミヘビ科ナミヘビ亜科の爬虫類。全長80cm前後。㊎メキシコ南部〜コスタリカ
¶**爬両1800**(p290/カ写)

メキシコフトアマガエル ⇒フトアマガエルを見よ

メキシコブルスネーク *Pituophis deppei*
ナミヘビ科ナミヘビ亜科の爬虫類。別名デュランゴマウンテンゴファースネーク,メキシカンゴファースネーク,メキシカンブルスネーク。全長160〜200cm。㊎メキシコ
¶**世爬**(p201/カ写)
世ヘビ〔メキシカンブルスネーク〕(p44/カ写)
爬両1800(p307/カ写)
爬両ビ(p221/カ写)

メキシコホエザル ⇒メキシコクロホエザルを見よ

メキシコマシコ *Haemorhous mexicanus* メキシコ猿子
アトリ科の鳥。全長12.5〜15cm。㊎北アメリカ
¶**原色鳥**(p45/カ写)
地球(p497/カ写)
鳥卵巣(p338/カ写,カ図)

メキシコモリハチドリ *Thalurania ridgwayi* メキシコ森蜂鳥
ハチドリ科ハチドリ亜科の鳥。絶滅危惧II類。全長8〜10cm。
¶**ハチドリ**(p239/カ写)

メキシコヤマヒキガエル *Bufo cavifrons* メキシコ山蟇
ヒキガエル科の両生類。体長5〜11cm。㊎メキシコ
¶**爬両1800**(p366/カ写)

メキシコルリカザリドリ *Cotinga amabilis* メキシコ瑠璃飾鳥
カザリドリ科の鳥。全長18cm。㊎メキシコ南部〜コスタリカ北部
¶**世鳥大**(p339/カ写)

メグロ *Apalopteron familiare* 眼黒,目黒
メジロ科(ミツスイ科)の鳥。特別天然記念物。日本固有種。全長14cm。㊎小笠原諸島の母島列島に留鳥として生息
¶**里山鳥**(p236/カ写)
四季鳥(p120/カ写)
世文鳥(p246/カ写)
鳥比(p107/カ写)
鳥650(p557/カ写)
名鳥図(p219/カ写)
日ア鳥(p470/カ写)
日色鳥(p92/カ写)
日鳥識(p248/カ写)
日鳥山新(p209/カ写)
日鳥山増(p270/カ写)
日野鳥新(p509/カ写)
日野鳥増(p561/カ写)
ぱっ鳥(p287/カ写)
バード(p45/カ写)
ひと目鳥(p205/カ写)
フ日野新(p266/カ図)
フ日野増(p266/カ図)
フ野鳥(p316/カ図)
野鳥学フ(p28/カ写)
野鳥山フ(p60,339/カ図,カ写)
山溪名鳥(p319/カ写)

メグロハタオリ *Ploceus ocularis* 目黒機織
ハタオリドリ科の鳥。全長16cm。㊎アフリカのサハラ砂漠以南の一部地域
¶**世鳥大**(p455/カ写)

メグロメジロ *Chlorocharis emiliae* 目黒目白
メジロ科の鳥。全長12cm。
¶**世鳥大**(p422/カ写)

メコン・ボブテイル Mekong Bobtail
猫の一品種。体重3.5〜6kg。東南アジアの原産。
¶**ビ猫**(p162/カ写)

メコンミズヘビ *Enhydris subtaeniata*
ナミヘビ科ミズヘビ亜科の爬虫類。全長50〜70cm。㊎タイ,ラオス,ベトナム,カンボジアのメコン川水系
¶**爬両1800**(p267/カ写)

メシュウトアマガエル *Hyla calcarata*
アマガエル科の両生類。体長4〜5.5cm。㊎南米大陸中部以北
¶**カエル見**(p33/カ写)
世両〔メシュウドアマガエル〕(p49/カ写)
爬両1800(p373/カ写)

メジロ *Zosterops japonicus* 眼白,目白,繡眼児
メジロ科の鳥。全長10〜12cm。㊎日本,中国,韓国
¶**くら鳥**(p50/カ写)
原寸羽(p261/カ写)

里山鳥 (p27/カ写)
四季鳥 (p114/カ写)
巣と卵決 (p182/カ写, カ図)
世鳥大 (p421/カ写)
世鳥ネ (p287/カ写)
世文鳥 (p246/カ写)
鳥卵巣 (p329/カ写, カ図)
鳥比 (p107/カ写)
鳥650 (p558/カ写)
名鳥図 (p218/カ写)
日ア鳥 (p468/カ写)
日色鳥 (p87/カ写)
日鳥識 (p248/カ写)
日鳥巣 (p266/カ写)
日鳥山新 (p210/カ写)
日鳥山増 (p269/カ写)
日野鳥新 (p510/カ写)
日野鳥増 (p560/カ写)
ぱっ鳥 (p288/カ写)
バード (p11/カ写)
羽根決 (p324/カ写, カ図)
ひと目鳥 (p206/カ写)
フ日野新 (p266/カ図)
フ日野増 (p266/カ図)
フ野鳥 (p316/カ図)
野鳥学フ (p8/カ写)
野鳥山フ (p60,338/カ図, カ写)
山溪名鳥 (p320/カ写)

メジロ〔亜種〕 *Zosterops japonicus japonicus* 眼白, 目白, 繡眼児
メジロ科の鳥。
¶日鳥山新〔亜種メジロ〕(p210/カ写)
日鳥山増〔亜種メジロ〕(p269/カ写)
日野鳥新〔メジロ*〕(p510/カ写)
日野鳥増〔メジロ*〕(p560/カ写)

メジロカマドドリ *Automolus leucophthalmus* 目白竈鳥
カマドドリ科の鳥。全長19～20cm。
¶世鳥大 (p356/カ写)
世鳥ネ (p259/カ写)
地球 (p485/カ写)

メジロガモ *Aythya nyroca* 目白鴨
カモ科の鳥。全長40cm, 翼開張65cm。 ㋐繁殖地はドイツ東部～南のヨーロッパ, 西アジア～チベット自治区南部まで。越冬地は地中海沿岸, ペルシア湾沿岸, ナイル渓谷, ミャンマー。暖冬にはロシア西部で越冬するものが多い
¶四季鳥 (p86/カ写)
世文鳥 (p74/カ図)
鳥比 (p225/カ写)
鳥650 (p67/カ写)
日ア鳥 (p53/カ写)
日カモ (p193/カ写, カ図)
日鳥識 (p80/カ写)
日鳥水増 (p141/カ写)
日野鳥新 (p74/カ写)
日野鳥増 (p80/カ写)
フ日野新 (p50/カ図)
フ日野増 (p50/カ図)
フ野鳥 (p40/カ図)

メジロカモメ *Larus leucophthalmus* 目白鷗
カモメ科の鳥。全長39～43cm。 ㋐紅海周辺, アデン湾周辺
¶地球 (p448/カ写)

メジロキバネミツスイ *Phylidonyris novaehollandiae* 目白黄羽蜜吸
ミツスイ科の鳥。全長16～19cm。 ㋐オーストラリア南東・西部
¶世鳥大 (p366/カ写)
世鳥ネ (p260/カ写)
地球 (p485/カ写)

メジロサシバ *Butastur teesa* 目白鵟鳩, 目白差羽
タカ科の鳥。全長38～43cm。
¶地球 (p433/カ写)

メジロチメドリ *Alcippe morrisonia* 目白知目鳥
チメドリ科の鳥。全長12～14cm。 ㋐中国, 台湾, ミャンマー, ベトナム, タイ, ラオス
¶鳥卵巣 (p317/カ写, カ図)

メジロチョウゲンボウ *Falco rupicoloides* 目白長元坊
ハヤブサ科の鳥。全長29～37cm。
¶世鳥大 (p185)

メジロムシクイ *Sylvia hortensis* 目白虫食, 目白虫喰
ウグイス科の鳥。 ㋐ヨーロッパ南部, 北アフリカ, 中東
¶世鳥卵 (p192/カ写, カ図)

メスアカクイナモドキ *Monias benschi* 雌赤秧鶏擬, 雌赤水鶏擬
クイナモドキ科の鳥。全長32cm。 ㋐マダガスカル南西部
¶世鳥大 (p208/カ写)
世鳥卵 (p78/カ写, カ図)

メスグロホウカンチョウ *Crax alector* 雌黒鳳冠鳥
ホウカンチョウ科の鳥。全長85～95cm。 ㋐ギアナ, ブラジル
¶鳥卵巣 (p126/カ写, カ図)

メダイチドリ *Charadrius mongolus* 眼大千鳥, 目大千鳥
チドリ科の鳥。全長20cm。
¶くら鳥 (p107/カ写)
原寸羽 (p108/カ写)
里山鳥 (p211/カ写)
四季鳥 (p17/カ写)

メ

世文鳥 (p114/カ写)
鳥比 (p278/カ写)
鳥650 (p232/カ写)
名鳥図 (p78/カ写)
日ア鳥 (p198/カ写)
日鳥識 (p138/カ写)
日鳥水増 (p192/カ写)
日野鳥新 (p222/カ写)
日野鳥増 (p246/カ写)
ぱっ鳥 (p135/カ写)
バード (p134/カ写)
羽根決 (p378/カ写, カ図)
ひと目鳥 (p95/カ写)
フ日野新 (p132/カ図)
フ日野増 (p132/カ図)
フ野鳥 (p136/カ図)
野鳥学フ (p195/カ写, カ図)
野鳥山フ (p28,171/カ図, カ写)
山溪名鳥 (p321/カ写)

メディアカナヘビ *Lacerta media*
カナヘビ科の爬虫類。全長50cm前後。 ㊊ロシア南部～ジョージア (グルジア), トルコ, イスラエル, ヨルダンなど
¶爬両**1800** (p183/カ写)

メディックタマゴヘビ *Dasypeltis medici*
ナミヘビ科ナミヘビ亜科の爬虫類。全長70～100cm。 ㊊アフリカ大陸東部
¶世爬 (p194/カ写)
爬両**1800** (p293/カ写)
爬両ビ (p206/カ写)

メヘリーキクガシラコウモリ *Rhinolophus mehelyi*
キクガシラコウモリ科の哺乳類。体長5.5～6.5cm。 ㊊スペイン, ヨーロッパ南部, コルシカ島, シシリー島などの地中海の島々, モロッコ, イラン
¶地球 (p554/カ写)

メボソムシクイ *Phylloscopus xanthodryas* 目細虫食, 目細虫喰
ムシクイ科 (ウグイス科) の鳥。全長12cm。 ㊊スカンディナヴィア～ロシアにかけての北極圏
¶くら鳥 (p51/カ写)
原寸羽 (p253/カ写)
里山鳥 (p64/カ写)
四季鳥 (p58/カ写)
巣と卵決 (p156/カ写, カ図)
世鳥大 (p416/カ写)
世鳥ネ (p286/カ写)
世文鳥 (p233/カ写)
鳥卵巣 (p315/カ写, カ図)
鳥比 (p114/カ写)
鳥650 (p551/カ写)
名鳥図 (p205/カ写)
日ア鳥 (p458/カ写)
日鳥識 (p246/カ写)
日鳥巣 (p230/カ写)
日鳥山新 (p201/カ写)
日鳥山増 (p239/カ写)
日野鳥新 (p502/カ写)
日野鳥増 (p528/カ写)
ぱっ鳥 (p284/カ写)
バード (p71/カ写)
羽根決 (p308/カ写, カ図)
ひと目鳥 (p193/カ写)
フ日野新 (p256/カ図)
フ日野増 (p256/カ図)
フ野鳥 (p312/カ図)
野鳥学フ (p79/カ写)
野鳥山フ (p50,318/カ図, カ写)
山溪名鳥 (p205/カ写)

メボソムシクイ〔亜種〕 *Phylloscopus borealis xanthodryas* 目細虫食, 目細虫喰
ムシクイ科 (ウグイス科) の鳥。コムシクイの亜種。
¶日野鳥増〔メボソムシクイ*〕(p528/カ写)

メラーカメレオン *Trioceros melleri*
カメレオン科の爬虫類。全長45～55cm。 ㊊タンザニア, マラウイ, モザンビーク北部
¶世爬 (p89/カ写)
爬両**1800** (p115/カ写)
爬両ビ (p91/カ写)

メラネシアツカツクリ *Megapodius eremita* メラネシア塚造
ツカツクリ科の鳥。全長32～36cm。 ㊊ニューギニア島
¶鳥卵巣 (p121/カ写, カ図)

メリアムカンガルーネズミ *Dipodomys merriami*
ポケットマウス科の哺乳類。別名メリアムカンガルーラット。体長10cm。 ㊊北アメリカ
¶世哺 (p152/カ写)
地球〔メリアムカンガルーラット〕(p525/カ写)

メリアムカンガルーラット ⇒メリアムカンガルーネズミを見よ

メリケンキアシシギ *Heteroscelus incanus* メリケン黄脚鷸, メリケン黄足鷸
シギ科の鳥。全長26～30cm。 ㊊アラスカで繁殖。中央アメリカの太平洋岸～オーストラリアにかけての地域で越冬
¶四季鳥 (p32/カ写)
世鳥大 (p230/カ写)
世文鳥 (p132/カ写)
地球 (p447/カ写)
鳥比 (p307/カ写)
鳥650 (p268/カ写)
名鳥図 (p92/カ写)
日ア鳥 (p231/カ写)
日鳥識 (p152/カ写)

日鳥水増(p241/カ写)
日野鳥新(p267/カ写)
日野鳥増(p279/カ写)
フ日野新(p152/カ図)
フ日野増(p152/カ図)
フ野鳥(p158/カ図)
山溪名鳥(p117/カ写)

メリノ Merino
羊の一品種。過去に輸入されたヒツジ。体重 オス40～130kg, メス30～90kg。スペインの原産。
¶日家(p122/カ写)

メルテンスオオトカゲ *Varanus mertensi*
オオトカゲ科の爬虫類。全長110～120cm。㊀オーストラリア北部
¶世爬(p154/カ写)
世文動(p279/カ写)
爬両1800(p234/カ写)
爬両ビ(p164/カ写)

メルテンスヒルヤモリ *Phelsuma robertmertensi*
ヤモリ科ヤモリ亜科の爬虫類。全長11cm前後まで。㊀コモロ諸島(マヨット島)
¶ゲッコー(p43/カ写)
爬両1800(p142/カ写)

メルヤモリ *Gekko melli*
ヤモリ科ヤモリ亜科の爬虫類。全長12～18cm。㊀中国南部(広東省北東部, 江西省南部)
¶ゲッコー(p19/カ写)

メレンドルフネズミヘビ ⇒ツマベニナメラを見よ

メンガタカササギビタキ *Monarcha trivirgatus* 面形鵲鶲
カササギヒタキ科の鳥。全長14～16cm。㊀インドネシア東部, ニューギニア, オーストラリア北東部・東部
¶世鳥大(p388/カ写)

メンガタハクセキレイ *Motacilla alba personata* 面形白鶺鴒
セキレイ科の鳥。ハクセキレイの亜種。
¶日鳥山新(p316/カ写)
日鳥山増(p146/カ写)
日野鳥新(p589/カ写)
日野鳥増(p459/カ写)

メンガタハタオリ *Ploceus velatus* 面形機織
ハタオリドリ科の鳥。全長15～16cm。
¶世鳥大(p455/カ写)
世鳥ネ(p314/カ写)

メンガタフウキンチョウ *Tangara nigrocincta* 面形風琴鳥
フウキンチョウ科の鳥。全長12cm。㊀アマゾン川上流域ペルー
¶原色鳥(p142/カ写)

メンカブリインコ *Prosopeia personata* 面冠鸚哥
インコ科の鳥。全長47cm。
¶地球(p458/カ写)

メンハタオリドリ *Ploceus intermedius* 面機織鳥
ハタオリドリ科の鳥。全長13cm。
¶世文鳥(p279/カ写)

メンフクロウ *Tyto alba* 面梟
メンフクロウ科の鳥。全長25～45cm。㊀南・北アメリカ, ヨーロッパ, アフリカ～南・東南アジア～オーストラリア
¶世色鳥(p193/カ写)
世鳥大(p279/カ写)
世鳥卵(p130/カ写, カ図)
世鳥ネ(p190/カ写)
地球(p463/カ写)

【モ】

モア *Dinornis maximus*
モア科の鳥。絶滅種。全長約360cm。㊀ニュージーランド
¶鳥卵巣(p22/カ写, カ図)

モイラヘビ *Malpolon moilensis*
ナミヘビ科アレチヘビ亜科の爬虫類。全長50～70cm。㊀アフリカ大陸北部, アラビア半島
¶世爬(p222/カ写)
爬両1800(p335/カ写)
爬両ビ(p213/カ写)

モウコアカモズ *Lanius isabellinus* 蒙古赤百舌
モズ科の鳥。別名オリイモズ。全長17～19cm。㊀イラン東部～モンゴルまでのユーラシア大陸中部で繁殖
¶鳥比(p83/カ写)
鳥650(p485/カ写)
日ア鳥(p406/カ写)
日鳥山新(p146/カ写)
日鳥山増〔オリイモズ〕(p163/カ写)
フ日野新(p328,342/カ図)
フ野鳥(p280/カ図)

モウコガゼル *Procapra gutturosa* 蒙古ガゼル
ウシ科の哺乳類。体長110～148cm。㊀モンゴル, 内モンゴル
¶世文動(p228/カ写)

モウコセグロカモメ Mongolian Gull
カモメ科の鳥。㊀アルタイ南東部～モンゴル北東部, 中国北東部などで繁殖
¶日鳥水増(p281/カ写)

モ

モウコノウマ *Equus ferus przewalskii* 蒙古野馬
ウマ科の哺乳類。別名プルジョワルスキーウマ, プシバルスキーウマ。絶滅危惧IB類。体高120〜146cm。 ㊕中央アジア(モンゴル)
¶**遺産世**〔プルジョワルスキーウマ〕(Mammalia No.55/カ写)
驚野動(p282/カ写)
絶百10(p36/カ写)
世文動〔プシバルスキーウマ〕(p187/カ写)
世哺(p314/カ写)
地球(p593/カ写)
日家(p55/カ写)
レ生(p324/カ写)

モウコノロバ ⇒チゲダイを見よ

モウコヒツジ Mongolian Sheep
羊の一品種。モンゴル・中国各地の原産。
¶**世文動**(p236/カ写)

モウコムジセッカ *Phylloscopus armandii* 蒙古無地雪加
ムシクイ科の鳥。全長12cm。 ㊕中国東北部〜中部, ミャンマー北部で繁殖
¶**鳥比**(p111/カ写)
日ア鳥(p454/カ写)

モ

モウコヤマネコ ⇒マヌルネコを見よ

モウドクフキヤガエル *Phyllobates terribilis*
ヤドクガエル科の両生類。別名キイロヤドクガエル, キイロフキヤガエル。全長3〜4.5cm。 ㊕コロンビア
¶**カエル見**(p104/カ写)
世カエ〔キイロフキヤガエル〕(p198/カ写)
世文動(p326/カ写)
世両(p168/カ写)
地球〔キイロフキヤガエル〕(p358/カ写)
爬両1800(p426/カ写)
爬両ビ(p291/カ写)

モエギコダマヘビ *Philodryas aestiva*
ナミヘビ科ヒラタヘビ亜科の爬虫類。全長90cm前後。 ㊕ブラジル南西部〜, ウルグアイ, パラグアイ, アルゼンチンなど
¶**爬両1800**(p286/カ写)

モエギハコガメ *Cuora galbinifrons*
アジアガメ科(イシガメ(バタグールガメ)科)の爬虫類。甲長16〜20cm。 ㊕中国南部, ベトナム, ラオス, カンボジア
¶**世カメ**(p264/カ写)
世爬(p32/カ写)
世文動(p248/カ写)
爬両1800(p42/カ写)
爬両ビ(p30/カ写)

モエギホソオオトカゲ *Varanus reisingeri*
オオトカゲ科の爬虫類。全長75cm前後。 ㊕インドネシア(ミソール島)
¶**爬両1800**(p238/カ写)

モグラヘビ *Pseudaspis cana*
ナミヘビ科モグラヘビ亜科の爬虫類。全長1.5〜3m。 ㊕アフリカ大陸中部以南
¶**世爬**(p220/カ写)
地球(p394/カ写)
爬両1800(p332/カ写)
爬両ビ(p217/カ写)

モグリウミツバメ *Pelecanoides urinatrix* 潜海燕, 潜水海燕
モグリウミツバメ科の鳥。全長20〜25cm。 ㊕繁殖は南半球の多くの島々, オーストラリア南岸, タスマニア, ニュージーランド
¶**世鳥大**(p151)
世鳥卵(p36/カ写, カ図)
世鳥ネ(p60/カ写)

モグリガーターヘビ *Thamnophis atratus*
ナミヘビ科ユウダ亜科の爬虫類。別名アクアティックガーターヘビ。全長45〜120cm。 ㊕アメリカ合衆国西部沿岸
¶**爬両1800**(p272〜273/カ写)

モザイクアマガエル *Hyla picturata*
アマガエル科の両生類。体長5cm前後。 ㊕コロンビア南西部, エクアドル北西部
¶**カエル見**(p33/カ写)

モザイクイシヤモリ *Diplodactylus tessellatus*
ヤモリ科イシヤモリ亜科の爬虫類。全長6〜7cm。 ㊕オーストラリア東部の内陸部
¶**ゲッコー**(p75/カ写)
爬両1800(p167/カ写)
爬両ビ(p121/カ写)

モザンビークフクラガエル *Breviceps mossambicus*
ヒメガエル科の両生類。体長2.3〜5.2cm。 ㊕アフリカ大陸東部〜南東部
¶**かえる百**(p41/カ写)
カエル見(p78/カ写)
世両(p132/カ写)
爬両1800(p409/カ写)
爬両ビ(p272/カ写)

モズ *Lanius bucephalus* 伯労, 百舌, 鵙
モズ科の鳥。全長20cm。 ㊕中国東部, サハリン, 日本などで繁殖。中国南部に渡って越冬
¶**くら鳥**(p35/カ写)
原寸羽(p230/カ写)
里山鳥(p142/カ写)
四季鳥(p112/カ写)
巣と卵決(p118/カ写, カ図)
世文鳥(p209/カ写)

鳥卵巣（p282/カ写, カ図）
鳥比（p82/カ写）
鳥650（p481/カ写）
名鳥図（p181/カ写）
日ア鳥（p403/カ写）
日鳥識（p222/カ写）
日鳥巣（p174/カ写）
日鳥山新（p142/カ写）
日鳥山増（p162/カ写）
日野鳥新（p446/カ写）
日野鳥増（p476/カ写）
ぱっ鳥（p251/カ写）
バード（p18/カ写）
羽根決（p264/カ写, カ図）
ひと目鳥（p171/カ写）
フ日野新（p230/カ図）
フ日野増（p230/カ図）
フ野鳥（p278/カ図）
野鳥学フ（p45/カ写）
野鳥山フ（p48,285/カ図, カ写）
山溪名鳥（p322/カ写）

モスクワ・ウォッチドッグ　Moscow Whatchdog
犬の一品種。別名モスコー・ウォッチドッグ, モスコフスカヤ・ストロジェヴァヤ・サバーカ。体高オス68cm以上, メス66cm以上。ロシアの原産。
¶最犬大（p156/カ写）
新犬種〔モスコー・ウォッチドッグ〕（p328/カ写）

モスケミソサザイ　*Troglodytes troglodytes mosukei*　茂助鷦鷯
ミソサザイ科の鳥。ミソサザイの亜種。
¶日野鳥新（p526/カ写）

モスコー・ウォッチドッグ　⇒モスクワ・ウォッチドッグを見よ

モスコビアン・ミニチュア・テリア　⇒ロシアン・トイ・テリアを見よ

モスコフスカヤ・ストロジェヴァヤ・サバーカ　⇒モスクワ・ウォッチドッグを見よ

モスコー・ミニチュア・テリア　⇒ロシアン・トイ・テリアを見よ

モップス　⇒パグを見よ

モトイカブトトカゲ　*Tribolonotus novaeguineae*
スキンク科の爬虫類。全長18cm前後。㊀ニューギニア島, ソロモン諸島
¶世爬（p145/カ写）
爬両1800（p217/カ写）
爬両ビ（p152/カ写）

モトイクモヤモリ　*Agamura persica*
ヤモリ科ヤモリ亜科の爬虫類。全長12～14cm。㊀イラン, パキスタン, アフガニスタン
¶ゲッコー（p58/カ写）
世爬（p104/カ写）
爬両1800（p150/カ写）
爬両ビ（p105/カ写）

モトイドクアマガエル　*Phrynohyas venulosa*
アマガエル科の両生類。別名ドクアマガエル。体長9～10cm。㊀メキシコ～中米を経て南米中部以北まで
¶かえる百（p65/カ写）
カエル見（p35/カ写）
世カエ（p264/カ写）
世両（p51/カ写）
爬両1800（p375/カ写）
爬両ビ（p248/カ写）

モトイボイモリ　*Tylototriton verrucosus*
イモリ科の両生類。別名アメイロイボイモリ。全長12～22cm。㊀中国, 南アジア, 東南アジア
¶世両（p214/カ写）
爬両1800（p452～453/カ写）
爬両ビ〔モトイイボイモリ〕（p311/カ写）

モナモンキー　*Cercopithecus mona*
オナガザル科の哺乳類。体高32～56cm。㊀セネガル～ウガンダ西部
¶世文動（p83/カ写）
地球（p543/カ写）

モニカフトユビヤモリ　*Pachydactylus monicae*
ヤモリ科ヤモリ亜科の爬虫類。全長10～12cm。㊀ナミビア, 南アフリカ共和国
¶ゲッコー（p27/カ写）
爬両1800（p133/カ写）

モニターテユー　*Callopistes flavipunctatus*
テユー科の爬虫類。全長50～60cm。㊀ペルー, エクアドル南部
¶**爬両1800**（p196/カ写）
爬両ビ（p137/カ写）

モノクルコブラ　⇒タイコブラを見よ

モハベガラガラヘビ　*Crotalus scutulatus*
クサリヘビ科の爬虫類。全長60～120cm。㊀アメリカ合衆国南部～メキシコ北部
¶驚野動〔モハーベガラガラヘビ〕（p64/カ写）
爬両1800（p343/カ写）

モホールガラゴ　*Galago moholi*
ガラゴ科の哺乳類。体高14～17cm。
¶地球（p535/カ写）

モミヤマフクロウ　*Strix uralensis momiyamae*　籾山梟
フクロウ科の鳥。フクロウの亜種。
¶日鳥山新（p94/カ写）
日鳥山増（p96/カ写）
日野鳥新（p399/カ写）
日野鳥増（p379/カ写）

モモアカアデガエル *Mantella crocea*
マダガスカルガエル科(マラガシーガエル科)の両生類。別名サフランアデガエル,モモアカマダガスカルキンイロガエル。体長1.8~2.4cm。[分]マダガスカル中部
¶**カエル見**(p66/カ写)
世カエ〔モモアカマダガスカルキンイロガエル〕(p450/カ写)
世両(p105/カ写)
爬両1800(p399/カ写)
爬両ビ(p262/カ写)

モモアカアルキガエル *Kassina maculata*
クサガエル科の両生類。別名アカカッシナガエル。全長5.5~6.5cm。[分]アフリカ東部~南東部
¶**かえる百**(p44/カ写)
カエル見(p60/カ写)
世カエ〔アカカッシナガエル〕(p392/カ写)
世両(p100/カ写)
地球〔アカカッシナガエル〕(p358/カ写)
爬両1800(p398/カ写)
爬両ビ(p261/カ写)

モモアカノスリ *Parabuteo unicinctus* 腿赤鵟
タカ科の鳥。全長46~59cm。[分]アメリカ南部~中央アメリカ~チリ,アルゼンチン
¶**世鳥大**(p198/カ写)
世鳥ネ(p107/カ写)
地球(p436/カ写)

モモアカマダガスカルキンイロガエル ⇒モモアカアデガエルを見よ

モモイロインコ *Eolophus roseicapilla* 桃色鸚哥
インコ科の鳥。全長35~36cm。[分]オーストラリアのほぼ全域
¶**原色鳥**(p96/カ写)
世鳥大(p256/カ写)
世鳥ネ(p171/カ写)
世美羽(p64/カ写)
地球(p456/カ写)
鳥飼(p162/カ写)

モモイロサンショウクイ *Pericrocotus roseus* 桃色山椒喰
サンショウクイ科の鳥。[分]アフガニスタン~ヒマラヤ地方,中国,インド北部
¶**世鳥卵**(p162/カ写,カ図)

モモイロペリカン *Pelecanus onocrotalus* 桃色ペリカン
ペリカン科の鳥。全長1.4~1.8m。[分]サハラ砂漠以南のアフリカ,アジア西部・南部
¶**驚野動**(p189/カ写)
原色鳥(p97/カ写)
四季鳥(p88/カ写)
世鳥大(p172/カ写)
世鳥卵(p37/カ写,カ図)
鳥卵巣(p59/カ写,カ図)
鳥比(p257/カ写)
鳥650(p152/カ写)
日ア鳥(p132/カ写)
日鳥水増(p60/カ写)
日野鳥新(p140/カ写)
日野鳥増(p126/カ写)
フ日野新(p312/カ図)
フ日野増(p312/カ図)
フ野鳥(p94/カ図)

モモグロカツオドリ *Papasula abbotti* 腿黒鰹鳥
カツオドリ科の鳥。絶滅危惧IB類。体長79cm。[分]クリスマス島(固有)
¶**鳥絶**(p127/カ図)

モモジタトカゲ *Hemisphaeriodon gerrardii*
スキンク科の爬虫類。全長40~48cm。[分]オーストラリア東部沿岸域
¶**世爬**(p141/カ写)
世文動(p275/カ写)
爬両1800(p212/カ写)
爬両ビ(p149/カ写)

モモジロクマタカ *Hieraaetus spilogaster* 腿白熊鷹
タカ科の鳥。全長55~65cm。
¶**地球**(p432/カ写)
鳥卵巣(p113/カ写,カ図)

モモジロコウモリ *Myotis macrodactylus* 腿白蝙蝠
ヒナコウモリ科の哺乳類。前腕長3.4~4.1cm。[分]東シベリア,南サハリン。日本では北海道,本州,四国,九州,佐渡島,対馬
¶**くら哺**(p46/カ写)
世文動(p64/カ写)
日哺改(p36/カ写)
日哺学フ(p110/カ写)

モモバラハリトカゲ ⇒ベニバラハリトカゲを見よ

モヨウジムグリガエル *Kaloula conjuncta*
ヒメガエル科の両生類。体長4~5.5cm。[分]フィリピン
¶**爬両1800**(p404/カ写)

モラブ Morab
馬の一品種。軽量馬。体高143~153cm。アメリカ合衆国の原産。
¶**アルテ馬**(p174/カ写)

モリアオガエル *Rhacophorus arboreus* 森青蛙
アオガエル科の両生類。日本固有種。体長4~8cm。[分]本州
¶**かえる百**(p82/カ写)
カエル見(p45/カ写)
原爬両(No.150/カ写)
世文動(p334/カ写)
世両(p72/カ写)

日カサ (p138/カ写)
爬両観 (p106/カ写)
爬両飼 (p194/カ写)
爬両1800 (p385/カ写)
爬両ビ (p254/カ写)
野日両 (p42,90,182/カ写)

モリアカネズミ *Apodemus sylvaticus*
ネズミ科の哺乳類。体長9〜11cm。 ㊊ユーラシア, アフリカ
¶世哺 (p166/カ写)
地球 (p527/カ写)

モリアブラコウモリ *Pipistrellus endoi* 森油蝙蝠
ヒナコウモリ科の哺乳類。絶滅危惧IB類(環境省レッドリスト)。前腕長3.2〜3.4cm。 ㊊本州, 四国
¶くら哺 (p49/カ写)
絶事 (p2,48/カ写, モ図)
日哺改 (p45/カ写)
日哺学フ (p120/カ写)

モリイシガメ *Glyptemys insculpta*
ヌマガメ科(セイヨウヌマガメ科)の爬虫類。甲長15〜24cm。 ㊊カナダ, アメリカ合衆国北東部
¶世カメ (p191/カ写)
世爬 (p18/カ写)
世文動 (p249/カ写)
地球 (p375/カ写)
爬両1800 (p24/カ写)
爬両ビ (p14/カ写)

モリイノシシ *Hylochoerus meinertzhageni* 森猪
イノシシ科の哺乳類。絶滅危惧IB類。体高75〜110cm。 ㊊アフリカ
¶世文動 (p195/カ写)
世哺 (p325/カ写)
地球 (p595/カ写)

モリオオクサガエル *Leptopelis natalensis*
クサガエル科の両生類。体長65mmまで。 ㊊南アフリカのナタール州
¶世カエ (p396/カ写)

モリゲラ *Piculus chrysochloros*
キツツキ科の鳥。全長23cm。
¶地球 (p480/カ写)

モリサシオコウモリ *Emballonura monticola*
サシオコウモリ科の哺乳類。体長4〜5cm。
¶地球 (p555/カ写)

モーリシャスクロヒヨドリ *Hypsipetes olivaceus*
モーリシャス黒鵯
ヒヨドリ科の鳥。絶滅危惧II類。体長22〜23cm。 ㊊モーリシャス(固有)
¶鳥絶〔Mauritius Black Bulbul〕(p191/カ図)

モーリシャススキンク *Leiolopisma telfairii*
トカゲ科の爬虫類。絶滅危惧II類。 ㊊モーリシャス北部のロンド島
¶レ生 (p326/カ写)

モーリシャスチョウゲンボウ *Falco punctatus*
モーリシャス長元坊
ハヤブサ科の鳥。絶滅危惧IB類。体長20〜26cm。 ㊊モーリシャス(固有)
¶遺産世 (Aves No.16/カ写)
絶百7 (p38/カ写)
鳥絶 (p135/カ図)
鳥卵巣 (p117/カ写, カ図)

モーリシャスバト *Nesoenas mayeri* モーリシャス鳩
ハト科の鳥。絶滅危惧IB類。全長36〜40cm。 ㊊モーリシャス(固有)
¶**絶百8** (p72/カ写)
世鳥大 (p247/カ写)
地球 (p453/カ写)
鳥絶 (p156/カ図)

モーリシャスベニノジコ *Foudia rubra* モーリシャス紅野路子
ハタオリドリ科の鳥。絶滅危惧IB類。体長14cm。 ㊊モーリシャス(固有)
¶**絶百10** (p40/カ図)
鳥絶 (p222/カ図)

モーリシャスボア *Casarea dussumieri*
ボアモドキ科の爬虫類。絶滅危惧IB類。全長1〜1.5m。 ㊊モーリシャス北にあるロンド島
¶レ生 (p327/カ写)

モリセオレガメ *Kinixys erosa*
リクガメ科の爬虫類。甲長25〜30cm。 ㊊アフリカ大陸西部〜中部
¶世カメ (p41/カ写)
世文動 (p252/カ写)
地球 (p378/カ写)
爬両1800 (p16/カ写)

モリタイランチョウ *Contopus virens* 森太蘭鳥
タイランチョウ科の鳥。全長15cm。
¶世鳥ネ (p255/カ写)
地球 (p484/カ写)
鳥卵巣 (p257/カ写, カ図)

モリツグミ *Hylocichla mustelina* 森鶫
ツグミ科の鳥。全長13〜20cm。 ㊊カナダ南部〜パナマに至る北アメリカ東部・中央アメリカ東部
¶世鳥大 (p438/カ写)

モリツバメ *Artamus leucorynchus* 森燕
モリツバメ科の鳥。全長19cm。
¶世文鳥 (p270/カ写)
鳥比 (p78/カ写)
鳥650 (p472/カ写)

日ア鳥（p393/カ写）
日鳥山新（p131/カ写）
日鳥山増（p335/カ写）
フ日野新（p296/カ図）
フ日野増（p296/カ図）
フ野鳥（p270/カ図）

モリハコヨコクビガメ *Pelusios gabonensis*
ヨコクビガメ科アフリカヨコクビガメ亜科の爬虫類。甲長20〜25cm。㊕アフリカ大陸中央部〜中西部
¶世カメ（p65/カ写）
爬両1800（p69/カ写）
爬両ビ（p54/カ写）

モリハッカ ⇒ジャワハッカを見よ

モリバト *Columba palumbus* 森鳩
ハト科の鳥。全長38〜43cm。㊕ヨーロッパ，北アフリカ，中東
¶世鳥大（p247/カ写）
世鳥卵（p125/カ写，カ図）
世鳥ネ（p160/カ写）
地球（p453/カ写）

モリヒバリ *Lullula arborea* 森雲雀
ヒバリ科の鳥。全長14〜15cm。㊕ヨーロッパ，アフリカ北部，中東。北の個体群は西方や南方に渡る
¶世鳥大（p409/カ写）
世鳥卵（p155/カ写，カ図）
世鳥ネ（p278/カ写）
鳥卵巣（p261/カ写，カ図）

モリフクロウ *Strix aluco* 森梟
フクロウ科の鳥。全長37〜39cm。㊕ヨーロッパ，北アフリカ，東は中国，韓国
¶世鳥大（p282/カ写）
世鳥ネ（p195/カ写）
地球（p464/カ写）
鳥卵巣（p233/カ写，カ図）

モリムシクイ *Phylloscopus sibilatrix* 森虫食，森虫喰
ムシクイ科（ウグイス科）の鳥。全長13cm。㊕ヨーロッパで繁殖。赤道直下のアフリカで越冬
¶世鳥大（p416/カ写）
世鳥卵（p194/カ写，カ図）
世鳥ネ（p286/カ写）
鳥比（p118/カ写）
鳥650（p544/カ写）
日ア鳥（p464/カ写）
日鳥山新（p193/カ写）
日鳥山増（p233/カ写）
フ日野新（p334/カ図）
フ日野増（p332/カ図）
フ野鳥（p308/カ図）

モルガン Morgan
馬の一品種。軽量馬。体高141〜152cm。アメリカ合衆国の原産。
¶アルテ馬（p148/カ写）
世文動（p188/カ写）

モールサラマンダー ⇒ジムグリサラマンダーを見よ

モルトレヒアオガエル *Rhacophorus moltrechti*
アオガエル科の両生類。体長4〜5cm。㊕台湾
¶かえる百（p72/カ写）
爬両1800（p386/カ写）

モールバイパー *Atractaspis fallax*
モールバイパー科の爬虫類。全長75cm。
¶地球（p390/カ写）

モールバイパー属の1種 *Atractaspis* sp.
モールバイパー科の爬虫類。全長40〜50cm。㊕アフリカ大陸〜アラビア半島など
¶爬両1800（p339/カ写）

モルモット ⇒テンジクネズミを見よ

モレレットアカメアマガエル ⇒モレレットアカメガエルを見よ

モレレットアカメガエル *Agalychnis moreletii*
アマガエル科の両生類。別名モレレットアカメアマガエル。体長5〜7.5cm。㊕メキシコ〜エルサルバドルまで
¶カエル見〔モレレットアカメアマガエル〕（p39/カ写）
世両（p58/カ写）
爬両1800（p379/カ写）
爬両ビ（p249/カ写）

モレレットアリゲータートカゲ *Mesaspis moreletii*
アンギストカゲ科の爬虫類。全長18〜24cm。㊕メキシコ南部〜ホンジュラス
¶世爬（p150/カ写）
爬両1800（p227/カ写）
爬両ビ（p160/カ写）

モレレットワニ ⇒グァテマラワニを見よ

モロクトカゲ *Moloch horridus*
アガマ科の爬虫類。全長13〜15cm。㊕オーストラリア西部〜中部
¶驚野動（p332/カ写）
世爬（p79/カ写）
世文動（p267/カ写）
爬両1800（p100/カ写）

モロッコバーバーカナヘビ *Timon tangitanus*
カナヘビ科の爬虫類。全長45cm前後。㊕モロッコ，スペイン
¶爬両1800（p184/カ写）

モンキー・ドッグ ⇒ポーチュギース・シープドッグを見よ

モンキフウキンチョウ *Thraupis abbas* 紋黄風琴鳥
フウキンチョウ科の鳥。全長17cm。 ㊎メキシコ〜ニカラグア
¶**原色鳥**（p146/カ写）

モンキヨコクビガメ *Podocnemis unifilis*
ヨコクビガメ科アフリカヨコクビガメ亜科の爬虫類。別名テレケィヨコクビガメ。甲長40〜45cm。 ㊎南米大陸北部〜北西部
¶**世カメ**（p81/カ写）
世爬（p60/カ写）
世文動〔モンキヨコクビ〕（p239/カ写）
爬両1800（p71/カ写）
爬両ビ（p51/カ写）

モンクサキ *Pithecia monachus*
サキ科（オマキザル科）の哺乳類。体高37〜48cm。 ㊎コロンビア南部〜南西部, ブラジル西部, エクアドル東部〜北東部, ペルー東部〜北東部
¶**世文動**（p78/カ写）
地球（p539/カ写）
美サル（p40/カ写）

モンゴルサイガ *Saiga mongolica*
ウシ科の哺乳類。絶滅危惧IA類。 ㊎アジア中央部
¶**驚野動**（p280/カ写）

モンゴルノロバ ⇒チゲダイを見よ

モンツキイソヒヨドリ *Monitcola cinclorhynchus* 紋付磯鵯
ツグミ科の鳥。 ㊎アジア
¶**世鳥卵**（p182/カ写, カ図）

モンツキインカハチドリ *Coeligena lutetiae* 紋付インカ蜂鳥
ハチドリ科ミドリフタオハチドリ亜科の鳥。全長14cm。
¶**ハチドリ**（p166/カ写）

モンテネグリン・マウンテン・ハウンド Montenegrin Mountain Hound
犬の一品種。別名ツロノスキ・プラニスキ・ゴニッツ, ユーゴスラヴィアン・マウンテン・ハウンド, ユーゴスラビアン・ハウンド。体高44〜54cm。モンテネグロの原産。
¶**最犬大**（p300/カ写）
新犬種〔ユーゴスラビアン・ハウンド〕（p162）
ビ犬（p179/カ写）

モントセラートムクドリモドキ *Icterus oberi* モントセラート椋鳥擬
ムクドリモドキ科の鳥。絶滅危惧IA類。体長21cm。 ㊎モントセラト（イギリス領）（固有）
¶**鳥絶**（p217）

モンペリエヘビ *Malpolon monspessulanus*
ナミヘビ科イエヘビ亜科の爬虫類。全長150〜180cm。 ㊎ヨーロッパ南部〜東部, アフリカ大陸北部, アラビア半島
¶**世文動**（p293/カ写）
地球（p396/カ写）
爬両1800（p335/カ写）
爬両ビ（p213/カ写）

【ヤ】

ヤイロチョウ *Pitta nympha* 八色鳥
ヤイロチョウ科の鳥。絶滅危惧IB類（環境省レッドリスト）。全長18cm。 ㊎インド〜中国, インドシナ〜オーストラリア。日本では愛媛県, 宮崎県, 長野県
¶**遺産日**（鳥類 No.14/カ写）
原寸羽（p296/カ写）
里山鳥（p75/カ写）
四季鳥（p58/カ写）
巣と卵決（p98/カ写, カ図）
絶鳥事（p182/モ図）
世美羽（p88/カ写, カ図）
世文鳥（p194/カ写）
鳥卵巣（p259/カ写, カ図）
鳥比（p78/カ写）
鳥650（p469/カ写）
名鳥図（p169/カ写）
日ア鳥（p392/カ写）
日色鳥（p118/カ写）
日鳥識（p220/カ写）
日鳥巣（p142/カ写）
日鳥山新（p130/カ写）
日鳥山増（p125/カ写）
日野鳥新（p440/カ写）
日野鳥増（p423/カ写）
ぱっ鳥（p246/カ写）
バード（p53/カ写）
羽根決（p248/カ写, カ図）
ひと目鳥（p162/カ写）
フ日野新（p214/カ図）
フ日野増（p214/カ図）
フ野鳥（p270/カ図）
野鳥学フ（p107/カ写）
野鳥山フ（p46/カ図）
山溪名鳥（p324/カ写）

ヤエヤマアオガエル *Rhacophorus owstoni* 八重山青蛙
アオガエル科の両生類。日本固有種。体長4〜7cm。 ㊎石垣島, 西表島
¶**カエル見**（p46/カ写）
原爬両（No.154/カ写）
世両（p75/カ写）
日カサ（p151/カ写）
爬両1800（p386/カ写）
野日両（p43,93,186/カ写）

ヤ

ヤエヤマイシガメ *Mauremys mutica kami* 八重山石亀
イシガメ科(アジアガメ科)の爬虫類。日本固有亜種。㊊トカラ列島の悪石島, 沖縄諸島の沖縄島やその周辺の島嶼, 宮古島, 八重山諸島などで確認。本来の分布域は石垣島・西表島・与那国島
¶原爬両(No.3/カ写)
日カメ(p26/カ写)
爬両観(p130/カ写)
爬両飼(p141/カ写)
野日爬(p15,47,77/カ写)

ヤエヤマイシガメ×リュウキュウヤマガメ *Mauremys mutica kami* × *Geoemyda japonica* 八重山石亀×琉球山亀
ヤエヤマイシガメとリュウキュウヤマガメの交雑個体。
¶原爬両(No.18/カ写)

ヤエヤマオオコウモリ *Pteropus dasymallus yayeyamae* 八重山大蝙蝠
オオコウモリ科の哺乳類。クビワオオコウモリの亜種。㊊八重山諸島
¶くら哺(p40/カ写)
日哺学フ(p177/カ写)

ヤ

ヤエヤマコキクガシラコウモリ *Rhinolophus perditus* 八重山小菊頭蝙蝠
キクガシラコウモリ科の哺乳類。絶滅危惧IB類(環境省レッドリスト)。前腕長4.0～4.4cm。㊊西表島, 石垣島, 竹富島, 小浜島
¶くら哺(p43/カ写)
絶事(p38/モ図)
日哺改(p33/カ写)
日哺学フ(p179/カ写)

ヤエヤマセマルハコガメ *Cuora flavomarginata evelynae* 八重山背丸箱亀
イシガメ科(アジアガメ科)の爬虫類。絶滅危惧II類(環境省レッドリスト)。日本固有亜種。甲長17cm程度。㊊八重山諸島の石垣島と西表島
¶遺産日(爬虫類 No.4/カ写)
原爬両(No.5/カ写)
絶事(p6,108/カ写, モ図)
日カメ(p32/カ写)
爬両飼(p143/カ写)
野日爬(p15,47,79/カ写)

ヤエヤマセマルハコガメ×リュウキュウヤマガメ *Cuora flavomarginata evelynae* × *Geoemyda japonica* 八重山背丸箱亀×琉球山亀
リュウキュウヤマガメとヤエヤマセマルハコガメの交雑個体。
¶原爬両(No.17/カ写)
爬両飼(p150/カ写)
爬両1800〔交雑個体(リュウキュウヤマガメ×ヤエヤマセマルハコガメ)〕(p45/カ写)

ヤエヤマタカチホヘビ *Achalinus formosanus chigirai* 八重山高千穂蛇
ナミヘビ科(タカチホヘビ科)の爬虫類。日本固有種。全長37～45cm。㊊八重山諸島の石垣島と西表島
¶原爬両(No.83)
日カメ〔ヤエヤマタカチホ〕(p205/カ写)
爬両飼(p34)
野日爬(p32,154/カ写)

ヤエヤマハラブチガエル *Nidirana okinavana* 八重山腹斑蛙
アカガエル科の両生類。日本固有種。体長42～44mm。㊊石垣島, 西表島
¶カエル見(p84/カ写)
原爬両(No.139/カ写)
世文動(p332/カ写)
日カサ(p121/カ写)
爬両飼(p188/カ写)
爬両1800(p412/カ写)
野日両(p40,88,176/カ写)

ヤエヤマヒバァ *Amphiesma ishigakiense* 八重山ヒバァ
ナミヘビ科ユウダ亜科の爬虫類。日本固有種。全長60～80cm。㊊石垣島, 西表島
¶原爬両(No.89/カ写)
日カメ(p202/カ写)
爬両観(p152/カ写)
爬両飼(p38/カ写)
爬両1800(p268/カ写)
野日爬(p37,178/カ写)

ヤカマシアマガエル *Hyla loquax*
アマガエル科の両生類。体長3～5cm。㊊メキシコ～コスタリカ
¶かえる百(p57/カ写)
爬両1800(p373/カ写)

ヤガランディ ⇒ジャガランディを見よ

ヤギ *Capra hircus* 山羊
ウシ科の哺乳類。野生化した家畜ヤギ。肩高 オス66～72cm, メス61～64cm。㊊小笠原諸島(弟島・兄島・西島・父島), 伊豆諸島の八丈小島, 尖閣諸島の魚釣島
¶くら哺(p76/カ写)
日哺改(p114/カ写)
日哺学フ(p160/カ写)

ヤキクジャクガメ *Trachemys yaquia*
ヌマガメ科の爬虫類。甲長25～45cm。㊊メキシコ(ソノラ州・チワワ州)
¶爬両1800(p35/カ写)

ヤキド Yakido 八木戸
鶏の一品種(軍鶏)。天然記念物。体重 オス2.7kg, メス2.1kg。三重県の原産。

¶日家〔八木戸〕(p176/カ写)

ヤク *Bos grunniens*
ウシ科の哺乳類。絶滅危惧II類(環境省レッドリスト)。体長3.3m以下。㊀南アジアおよび東アジア
¶**絶百10**(p42/カ写)
世文動(p210/カ写)
世哺(p354/カ写)
地球(p600/カ写)
日家(p92/カ写)

ヤクザル ⇒ヤクシマザルを見よ

ヤクシカ *Cervus nippon yakushimae* 屋久鹿
シカ科の哺乳類。ニホンジカの亜種。頭胴長 オス108〜120cm, メス90〜100cm。㊀屋久島
¶**日哺学フ**(p190/カ写)

ヤクシマザル *Macaca fuscata yakui* 屋久島猿
オナガザル科の哺乳類。ニホンザルの亜種。別名ヤクザル。㊀屋久島
¶**遺産日**(哺乳類 No.4-2/カ写)
世文動〔ヤクザル〕(p90/カ写)
日哺学フ(p195/カ写)

ヤクシマタゴガエル *Rana tagoi yakushimensis* 屋久島田子蛙
アカガエル科の両生類。日本固有種。体長 オス37〜48mm, メス42〜54mm。㊀屋久島
¶**原爬両**(No.129/カ写)
日カサ(p73/カ写)
野日両(p34,157/カ写)

ヤークトテリア ⇒ジャーマン・ハンティング・テリアを見よ

ヤクヤモリ *Gekko yakuensis* 屋久守宮
ヤモリ科ヤモリ亜科の爬虫類。日本固有種。全長13〜15cm。㊀屋久島, 種子島, 九州南部
¶**ゲッコー**(p18/カ写)
原爬両(No.30/カ写)
日カメ(p71/カ写)
爬両飼(p90/カ写)
爬両1800(p130/カ写)
野日爬(p28,58,129/カ写)

ヤコウイワトカゲ *Egernia striata*
スキンク科の爬虫類。全長20cm前後。㊀オーストラリア中西部
¶**爬両1800**(p215/カ写)
爬両ビ(p151/カ写)

ヤコブ Jacob Sheep
ヒツジの一品種。体高65〜80cm。イギリスの原産。
¶**地球**(p607/カ写)
日家(p133/カ写)

ヤシアマツバメ *Cypsiurus parvus* 椰子雨燕
アマツバメ科の鳥。体長15cm。㊀アフリカ, サハラ砂漠以南, マダガスカル, サウジアラビア, イエメン
¶**世鳥ネ**(p211/カ写)

ヤシオウム *Probosciger aterrimus* 椰子鸚鵡
インコ科の鳥。全長55〜60cm。㊀ニューギニア(周辺の小島を含む), オーストラリア北東部
¶**世鳥大**(p254/カ写)

ヤシドリ *Dulus dominicus* 椰子鳥
ヤシドリ科の鳥。全長18〜20cm。㊀イスパニョーラ島, ゴナヴ島
¶**世鳥大**(p402/カ写)
鳥卵巣(p367/カ図)

ヤシハゲワシ *Gypohierax angolensis* 椰子禿鷲
タカ科の鳥。体長56〜62cm。㊀熱帯アフリカ
¶**世鳥大**(p190/カ写)
地球(p433/カ写)
鳥卵巣(p101/カ写, カ図)

ヤシヤモリ *Gekko vittatus*
ヤモリ科ヤモリ亜科の爬虫類。全長25〜30cm。㊀インドネシア, ビスマルク諸島, ソロモン諸島など
¶**ゲッコー**(p19/カ写)
世爬(p101/カ写)
爬両1800(p131/カ写)
爬両ビ(p100/カ写)

ヤ

ヤジリヒメキツツキ *Picumnus minutissimus* 鏃姫啄木鳥
キツツキ科の鳥。全長10cm。㊀ギアナ地方
¶**世鳥大**(p322)

ヤスジヒバァ *Amphiesma octolineatum*
ナミヘビ科ユウダ亜科の爬虫類。全長60〜70cm。㊀中国南西部
¶**爬両1800**(p269/カ写)

ヤセフキヤガマ *Atelopus varius*
ヒキガエル科の両生類。体長3〜5cm。㊀コスタリカ, パナマ, コロンビア
¶**世文動**(p325/カ写)

ヤチセンニュウ *Locustella naevia* 谷地仙入
ウグイス科の鳥。全長13cm。㊀ヨーロッパ, 南はスペイン北部・バルカン半島まで。バルト海沿岸地域, ロシア西部。中央アジア, 東は天山山脈まで。アフリカ北西部, イラン, インド, アフガニスタンで越冬
¶**世鳥大**(p414/カ写)

ヤチネズミ *Eothenomys andersoni* 谷地鼠, 野地鼠
ネズミ科の哺乳類。頭胴長79〜118mm。㊀本州の中部・北陸以北と紀伊半島の南部
¶**くら哺**(p15/カ写)
日哺改(p128/カ写)
日哺学フ(p84/カ写)

ヤツガシラ *Upupa epops* 戴勝, 八頭
ヤツガシラ科の鳥。全長25～32cm。㊕ユーラシア大陸, アフリカ, マダガスカル
¶**驚野動** (p157/カ写)
くら鳥 (p61/カ写)
原寸羽 (p208/カ写)
里山鳥 (p18/カ写)
四季鳥 (p124/カ写)
世鳥大 (p312/カ写)
世鳥卵 (p140/カ写, カ図)
世鳥ネ (p232/カ写)
世文鳥 (p188/カ写)
地球 (p476/カ写)
鳥卵巣 (p247/カ写, カ図)
鳥比 (p61/カ写)
鳥650 (p431/カ写)
名鳥図 (p162/カ写)
日ア鳥 (p372/カ写)
日色鳥 (p67/カ写)
日鳥識 (p206/カ写)
日鳥山新 (p101/カ写)
日鳥山増 (p113/カ写)
日野鳥新 (p406/カ写)
日野鳥増 (p422/カ写)
ぱっ鳥 (p227/カ写)
羽根決 (p238/カ写, カ図)
フ日野新 (p208/カ図)
フ日野増 (p208/カ図)
フ野鳥 (p258/カ図)
野鳥山フ (p42/カ図)
山溪名鳥 (p325/カ写)

ヤドリギツグミ *Turdus viscivorus* 寄生木鶫, 宿木鶫
ヒタキ科(ツグミ科)の鳥。全長28cm。㊕ヨーロッパ
¶**世鳥大** (p438/カ写)
世鳥卵 (p184/カ写, カ図)
世鳥ネ (p304/カ写)
世文鳥 (p228/カ写)
鳥卵巣 (p292/カ写, カ図)
鳥比 (p139/カ写)
鳥650 (p607/カ写)
日ア鳥 (p517/カ写)
日鳥識 (p262/カ写)
日鳥山新 (p260/カ写)
日鳥山増 (p214/カ写)
日野鳥新 (p548/カ写)
日野鳥増 (p511/カ写)
フ日野新 (p330/カ図)
フ日野増 (p328/カ図)
フ野鳥 (p344/カ図)

ヤドリギハナドリ *Dicaeum hirundinaceum* 宿木花鳥
ハナドリ科の鳥。全長10～11cm。㊕オーストラリア, アル諸島
¶**世鳥大** (p449/カ写)
地球 (p494/カ写)

ヤナギムシクイ *Phylloscopus plumbeitarsus* 柳虫食, 柳虫喰
ムシクイ科の鳥。別名フタオビヤナギムシクイ。全長11cm。㊕ヨーロッパ北東部～シベリア, 中国東北部, オホーツク沿岸, サハリンで繁殖
¶**鳥比** (p112/カ写)
鳥650 (p552/カ写)
日ア鳥 (p455/カ写)
日鳥山新 (p202/カ写)
日鳥山増 (p240/カ写)
フ日野新 (p334,342/カ図)
フ野鳥 (p314/カ図)

ヤノスバゼットガエル ⇒ネコメタピオカガエルを見よ

ヤパカナアカドクガエル *Minyobates steyermarki*
ヤドクガエル科の両生類。絶滅危惧IA類。㊕南ベネズエラのセロ・ヤパカナ
¶**レ生** (p329/カ写)

ヤハズスナボア *Eryx jaculus*
ボア科の爬虫類。全長50cm前後。㊕アフリカ大陸北部～アラビア半島北部, ヨーロッパ南東部の地中海沿岸沿い
¶**爬両1800** (p264/カ写)

ヤブイヌ *Speothos venaticus* 藪犬
イヌ科の哺乳類。絶滅危惧II類。頭胴長57.5～75cm。㊕中央アメリカ, 南アメリカ
¶**絶百10** (p44/カ写)
世文動 (p135/カ写)
世哺 (p232/カ写)
地球 (p565/カ写)
野生イヌ (p124/カ写, カ図)

ヤブイノシシ *Potamochoerus larvatus* 藪猪
イノシシ科の哺乳類。体高60～85cm。
¶**地球** (p595/カ写)

ヤブウズラ *Perdicula asiatica* 藪鶉
キジ科の鳥。全長15～18cm。
¶**世鳥大** (p114/カ写)
世鳥卵 (p74/カ写, カ図)
鳥卵巣 (p133/カ写, カ図)

ヤブガラ *Psaltriparus minimus* 藪雀
エナガ科の鳥。全長10cm。㊕ブリティッシュ・コロンビア州(カナダ)～グアテマラに至る北アメリカ西部
¶**世鳥大** (p404/カ写)
鳥卵巣 (p320/カ写, カ図)

ヤブコノミ *Philothamnus* spp.
ナミヘビ科ナミヘビ亜科の爬虫類。全長40～

ヤ

110cm。 ㊕アフリカ大陸(北部沿岸を除く)
¶世爬(p197/カ写)
爬両ビ(p209/カ写)

ヤブコマドリ *Erythropygia coryphaeus* 藪駒鳥
ツグミ科の鳥。 ㊕南アフリカ共和国〜ナミビア
¶世鳥卵(p176/カ写, カ図)

ヤブサメ *Urosphena squameiceps* 叢樹鶯, 藪雨, 藪鮫
ウグイス科の鳥。全長11cm。 ㊕中国東北地方, ウスリー, 朝鮮半島, サハリン, 日本で繁殖。中国南部〜マレー半島に渡って越冬
¶くら鳥(p50/カ写)
原寸羽(p250/カ写)
里山鳥(p82/カ写)
四季鳥(p18/カ写)
巣と卵決(p148/カ写, カ図)
世文鳥(p229/カ写)
鳥卵巣(p308/カ写, カ図)
鳥比(p108/カ写)
鳥**650**(p539/カ写)
名鳥図(p202/カ写)
日ア鳥(p448/カ写)
日鳥識(p242/カ写)
日鳥巣(p212/カ写)
日鳥山新(p189/カ写)
日鳥山増(p218/カ写)
日野鳥新(p495/カ写)
日野鳥増(p516/カ写)
ぱっ鳥(p281/カ写)
バード(p70/カ写)
羽根決(p302/カ写, カ図)
ひと目鳥(p193/カ写)
フ日野新(p252/カ図)
フ日野増(p252/カ図)
フ野鳥(p306/カ図)
野鳥学フ(p77/カ写)
野鳥山フ(p50,310/カ図, カ写)
山溪名鳥(p326/カ写)

ヤブシギダチョウ *Crypturellus cinnamomeus* 藪鷸駝鳥
シギダチョウ科の鳥。体長30cm。 ㊕メキシコ, コスタリカ, コロンビア, ベネズエラ
¶世鳥卵(p32/カ写, カ図)
鳥卵巣(p34/カ写, カ図)

ヤブスズメモドキ *Aimophila aestivalis* 藪雀擬
ホオジロ科の鳥。全長12〜16cm。
¶世鳥大(p477)

ヤブタヒバリ *Anthus spragueii* 藪田雲雀
セキレイ科の鳥。絶滅危惧II類。体長16cm。 ㊕カナダ, アメリカ合衆国
¶鳥絶(p190/カ図)

ヤブツカツクリ *Alectura lathami* 藪塚造
ツカツクリ科の鳥。全長60〜70cm。 ㊕オーストラリア東部のヨーク岬〜ニューサウスウェールズ中部に至る海岸部・沿岸部
¶世鳥大(p108/カ写)
世鳥ネ(p24/カ写)
地球(p408/カ写)

ヤブノウサギ *Lepus europaeus* 藪野兎
ウサギ科の哺乳類。体長50〜70cm。 ㊕ユーラシア
¶世文動(p102/カ写)
世哺(p140/カ写)
地球(p522/カ写)

ヤブハネジネズミ *Elephantulus intufi* 藪跳地鼠
ハネジネズミ科の哺乳類。体長9〜11cm。
¶地球(p512/カ写)

ヤブヨシキリ *Acrocephalus dumetorum* 藪葦切
ヨシキリ科の鳥。全長13cm。 ㊕東ヨーロッパ〜中央アジア, ロシア南西部で繁殖
¶鳥**650**(p571/カ写)
日ア鳥(p481/カ写)
フ日野新(p342/カ図)
フ野鳥(p326,332/カ図)

ヤ

ヤーブリーナキヤモリ *Hemidactylus yerburii*
ヤモリ科の爬虫類。全長12〜14cm。 ㊕ソマリア北東部, エチオピア, オマーン, イエメンなど
¶爬両**1800**(p132/カ写)

ヤマアカガエル *Rana ornativentris* 山赤蛙
アカガエル科の両生類。日本固有種。体長3.5〜8cm。 ㊕本州, 四国, 九州南部
¶かえる百(p80/カ写)
カエル見(p83/カ写)
原爬両(No.132/カ写)
世文動(p331/カ写)
世両(p138/カ写)
日カサ(p84/カ写)
爬両観(p111/カ写)
爬両飼(p180/カ写)
爬両**1800**(p411/カ写)
野日両(p35,81,161/カ写)

ヤマアノア *Bubalus quarlesi*
ウシ科の哺乳類。絶滅危惧IB類。体長1.5m。 ㊕スラベシおよびブトン島
¶絶百**10**(p46/カ写)

ヤマイタチ ⇒ホンドオコジョを見よ

ヤマイヌ ⇒ニホンオオカミを見よ

ヤマイボイモリ *Tylototriton verrucosus*
イモリ科の両生類。全長12〜18cm。 ㊕中央アジア
¶地球(p366/カ写)

ヤマウスグロサンショウウオ ⇒ヤマダスキーサラマンダーを見よ

ヤマウズラ *Perdix dauurica* 山鶉
キジ科の鳥。全長30cm。 ㊀キルギスタン～モンゴル, ウスリー, 中国東北部に留鳥として生息
¶**日ア鳥**（p15/カ写）

ヤマカガシ *Rhabdophis tigrinus* 山楝蛇
ナミヘビ科ユウダ亜科の爬虫類。日本固有種。全長70～150cm。 ㊀日本, ロシア東部～中国, 朝鮮半島, ベトナム, 台湾
¶**驚野動**（p291/カ写）
原爬両（No.96/カ写）
世文動（p292/カ写）
日カメ（p190/カ写）
爬両観（p156/カ写）
爬両飼（p45/カ写）
爬両1800（p274/カ写）
野日爬（p37,66,180/カ写）

ヤマカメレオン *Trioceros montium*
カメレオン科の爬虫類。全長20～25cm。 ㊀カメルーン
¶**世爬**（p90/カ写）
爬両1800（p115/カ写）
爬両ビ（p92/カ写）

ヤマガモ *Merganetta armata* 山鴨
カモ科の鳥。全長43～46cm。 ㊀アンデス山地
¶**地球**（p414/カ写）

ヤマガラ *Poecile varius* 山雀
シジュウカラ科の鳥。全長10～13cm。 ㊀朝鮮半島, 日本, 台湾
¶**くら鳥**（p44/カ写）
原寸羽（p264/カ写）
里山鳥（p168/カ写）
四季鳥（p114/カ写）
巣と卵決（p178/カ写, カ図）
世鳥大（p403/カ写）
世文鳥（p244/カ写）
地球（p488/カ写）
鳥比（p95/カ写）
鳥650（p506/カ写）
名鳥図（p215/カ写）
日ア鳥（p423/カ写）
日色鳥（p68/カ写）
日鳥識（p234/カ写）
日鳥巣（p258/カ写）
日鳥山新（p165/カ写）
日鳥山増（p263/カ写）
日野鳥新（p474/カ写）
日野鳥増（p556/カ写）
ぱっ鳥（p266/カ写）
バード（p74/カ写）
羽根決（p318/カ写, カ図）
ひと目鳥（p203/カ写）
フ日野新（p262/カ図）
フ日野増（p262/カ図）
フ野鳥（p290/カ図）
野鳥学フ（p81/カ写）
野鳥山フ（p60,334/カ図, カ写）
山溪名鳥（p327/カ写）

ヤマガラ〔亜種〕 *Poecile varius varius* 山雀
シジュウカラ科の鳥。
¶**日鳥山新**〔亜種ヤマガラ〕（p165/カ写）
日鳥山増〔亜種ヤマガラ〕（p263/カ写）
日野鳥新〔ヤマガラ*〕（p474/カ写）
日野鳥増〔ヤマガラ*〕（p556/カ写）

ヤマキアシガエル *Rana sierrae*
アカガエル科の両生類。絶滅危惧IB類。体長5.1～8cm。 ㊀北アメリカ南西部
¶**驚野動**（p59/カ写）

ヤマキヌバネドリ *Harpactes oreskios* 山絹羽鳥
キヌバネドリ科の鳥。全長27～32cm。 ㊀ミャンマー～ベトナム, ジャワ, カリマンタン
¶**世鳥卵**（p138/カ写, カ図）
世鳥ネ（p220/カ写）
地球（p472/カ写）

ヤマキングヘビ *Lampropeltis zonata*
ナミヘビ科ナミヘビ亜科の爬虫類。別名カリフォルニアヤマキングヘビ。全長50～100cm。 ㊀北アメリカ南西部
¶**驚野動**〔カリフォルニアヤマキングヘビ〕（p59/カ写）
地球（p394/カ写）
爬両1800（p328/カ写）

ヤマゲラ *Picus canus* 山啄木鳥
キツツキ科の鳥。全長30cm。 ㊀ヨーロッパ
¶**くら鳥**（p65/カ写）
原寸羽（p211/カ写）
里山鳥（p165/カ写）
四季鳥（p58/カ写）
世鳥ネ（p249/カ写）
世文鳥（p190/カ写）
鳥比（p65/カ写）
鳥650（p451/カ写）
名鳥図（p163/カ写）
日ア鳥（p381/カ写）
日色鳥（p125/カ写）
日鳥識（p212/カ写）
日鳥山新（p120/カ写）
日鳥山増（p117/カ写）
日野鳥新（p429/カ写）
日野鳥増（p437/カ写）
ぱっ鳥（p240/カ写）
バード（p55/カ写）
羽根決（p387/カ写, カ図）
ひと目鳥（p153/カ写）

フ日野新（p210/カ図）
フ日野増（p210/カ図）
フ野鳥（p264/カ図）
野鳥学フ（p114/カ写）
野鳥山フ（p45,259/カ図, カ写）
山溪名鳥（p9/カ写）

ヤマコウモリ *Nyctalus aviator* 山蝙蝠
ヒナコウモリ科の哺乳類。準絶滅危惧（環境省レッドリスト）。頭胴長80～100mm, 前腕長55～63mm。㊎東アジア。日本では北海道, 本州中部以北, 一部の島嶼, 西日本
¶くら哺（p48/カ写）
世文動〔ニホンヤマコウモリ〕（p65/カ写）
日哺改（p50/カ写）
日哺学フ（p124/カ写）

ヤマコノハガエル *Megophrys montana*
コノハガエル科の両生類。体長9～11cm。㊎インドネシア（ジャワ島）
¶カエル見（p14/カ写）
世両（p18/カ写）
爬両**1800**（p360/カ写）
爬両ビ（p266/カ写）

ヤマザキヒタキ *Saxicola ferreus* 山崎鶲
ヒタキ科の鳥。全長13cm。
¶世鳥卵（p181/カ写, カ図）
鳥比（p148/カ写）
鳥**650**（p627/カ写）
日ア鳥（p533/カ写）
日鳥識（p268/カ写）
日鳥山新（p280/カ写）
日鳥山増（p189/カ写）
日野鳥新（p559/カ写）
日野鳥増（p497/カ写）
フ日野新（p242/カ図）
フ日野増（p242/カ図）
フ野鳥（p352/カ図）

ヤマシギ *Scolopax rusticola* 山鷸, 山鴫
シギ科の鳥。全長34cm。㊎ユーラシアの温帯地域で繁殖。多くは地中海, インド, 東南アジアで越冬。日本では本州以北の湿った森林で繁殖。本州中部以南の雑木林などで越冬
¶くら鳥（p116/カ写）
原寸羽（p126/カ写）
里山鳥（p136/カ写）
四季鳥（p68/カ写）
世鳥卵（p98/カ写, カ図）
世鳥ネ（p134/カ写）
世美羽（p47/カ写, カ図）
世文鳥（p138/カ写）
鳥比（p287/カ写）
鳥**650**（p239/カ写）
名鳥図（p98/カ写）
日ア鳥（p210/カ写）
日鳥識（p142/カ写）
日鳥水増（p253/カ写）
日野鳥新（p238/カ写）
日野鳥増（p286/カ写）
ぱっ鳥（p139/カ写）
バード（p47/カ写）
羽根決（p164/カ写, カ図）
ひと目鳥（p83/カ写）
フ日野新（p162/カ図）
フ日野増（p162/カ図）
フ野鳥（p142/カ図）
野鳥学フ（p55/カ写）
野鳥山フ（p34,205/カ図, カ写）
山溪名鳥（p328/カ写）

ヤマシマウマ *Equus zebra* 山縞馬
ウマ科の哺乳類。絶滅危惧IB類。体高1～1.4m。㊎アンゴラ, ナミビア, 南アフリカ共和国
¶絶百**6**（p50/カ写）
世文動（p186/カ写）
地球（p592/カ写）

ヤ

ヤマジャコウジカ *Moschus chrysogaster*
ジャコウジカ科の哺乳類。体高51～53cm。㊎アジア
¶世哺（p334/カ写）
地球（p596/カ写）

ヤマショウビン *Halcyon pileata* 山翡翠
カワセミ科の鳥。全長30cm。
¶原寸羽（p295/カ写）
四季鳥（p18/カ写）
世文鳥（p184/カ写）
鳥比（p60/カ写）
鳥**650**（p434/カ写）
日ア鳥（p366/カ写）
日色鳥（p33/カ写）
日鳥識（p206/カ写）
日鳥山新（p104/カ写）
日鳥山増（p105/カ写）
日野鳥新（p407/カ写）
日野鳥増（p415/カ写）
ぱっ鳥（p229/カ写）
羽根決（p386/カ写, カ図）
フ日野新（p206/カ図）
フ日野増（p206/カ図）
フ野鳥（p254/カ図）
野鳥山フ（p43/カ図）

ヤマセミ *Megaceryle lugubris* 山翡翠, 山魚狗
カワセミ科の鳥。全長38cm。㊎カシミール, アッサム, ミャンマー, インドシナ半島, 中国南部, 朝鮮半島, 日本
¶くら鳥（p61/カ写）
原寸羽（p202/カ写）

里山鳥（p50/カ写）
四季鳥（p42/カ写）
巣と卵決（p89,240/カ写, カ図）
世美羽（p158/カ写, カ図）
世文鳥（p183/カ写）
鳥卵巣（p242/カ写, カ図）
鳥比（p61/カ写）
鳥650（p437/カ写）
名鳥図（p160/カ写）
日ア鳥（p369/カ写）
日色鳥（p171/カ写）
日鳥識（p204/カ写）
日鳥巣（p124/カ写）
日鳥山新（p108/カ写）
日鳥山増（p110/カ写）
日野鳥新（p412/カ写）
日野鳥増（p416/カ写）
ぱっ鳥（p232/カ写）
バード（p125/カ写）
羽根決（p230/カ写, カ図）
ひと目鳥（p151/カ写）
フ日野新（p206/カ図）
フ日野増（p206/カ図）
フ野鳥（p256/カ図）
野鳥学フ（p159/カ写, カ図）
野鳥山フ（p43,252/カ図, カ写）
山溪名鳥（p329/カ写）

ヤ

ヤマダスキーサラマンダー　*Desmognathus ochrophaeus*
ムハイサラマンダー科（アメリカサンショウウオ科）の両生類。別名ヤマウスグロサンショウウオ。全長7〜11cm。㊕アメリカ合衆国南東部
¶地球〔ヤマウスグロサンショウウオ〕（p368/カ写）
爬両1800（p446/カ写）
爬両ビ（p306/カ写）

ヤマツノトカゲ　*Phrynosoma orbiculare*
イグアナ科ツノトカゲ亜科の爬虫類。全長8〜12cm。㊕メキシコ
¶世爬（p68/カ写）
爬両1800（p80/カ写）
爬両ビ（p71/カ写）

ヤマトグンケイ　Yamatogunkei　大和軍鶏
鶏の一品種。天然記念物。体重 オス2kg, メス1.7kg。日本の原産。
¶日家〔大和軍鶏〕（p176/カ写）

ヤマドリ　*Syrmaticus soemmerringii*　山鳥
キジ科の鳥。日本固有種。全長 オス125cm, メス55cm。㊕本州〜九州
¶くら鳥（p67/カ写）
原寸羽（p96, ポスター/カ写）
里山鳥（p31/カ写）
四季鳥（p19/カ写）
巣と卵決（p63/カ写, カ図）
世文鳥（p101/カ写）
鳥卵巣（p140/カ写, カ図）
鳥比（p14/カ写）
鳥650（p20/カ写）
名鳥図（p141/カ写）
日ア鳥（p18/カ写）
日色鳥（p155/カ写）
日鳥識（p64/カ写）
日鳥巣（p62/カ写）
日鳥山新（p22/カ写）
日鳥山増（p66/カ写）
日野鳥新（p24/カ写）
日野鳥増（p392/カ写）
ぱっ鳥（p27/カ写）
バード（p46/カ写）
羽根決（p120/カ写, カ図）
ひと目鳥（p135/カ写）
フ日野新（p196/カ図）
フ日野増（p196/カ図）
フ野鳥（p14/カ図）
野鳥学フ（p134/カ写）
野鳥山フ（p20,150/カ図, カ写）
山溪名鳥（p330/カ写）

ヤマドリ〔亜種〕　*Syrmaticus soemmerringii scintillans*　山鳥
キジ科の鳥。ヤマドリの亜種。別名キタヤマドリ。㊕本州
¶名鳥図〔亜種ヤマドリ〕（p141/カ写）
日鳥山新〔亜種ヤマドリ〕（p22/カ写）
日鳥山増〔亜種ヤマドリ〕（p66/カ写）
日野鳥新〔ヤマドリ*〕（p24/カ写）
日野鳥増〔ヤマドリ*〕（p392/カ写）
野鳥学フ〔キタヤマドリ〕（p135/カ写）

ヤマヌレバカケス　*Cyanocorax melanocyaneus*　山濡羽橿鳥, 山濡羽懸巣, 山濡羽掛子
カラス科の鳥。全長28〜33cm。㊕グアテマラ, ニカラグア中部
¶世鳥卵（p242/カ写, カ図）
鳥卵巣（p360/カ写, カ図）

ヤマネ　*Glirulus japonicus*　山鼠
ヤマネ科の哺乳類。別名ニホンヤマネ, コオリネズミ, マリネズミ。絶滅危惧IB類, 天然記念物。頭胴長6.5〜8cm。㊕本州, 九州, 四国
¶くら哺（p13/カ写）
絶事（p5,96/カ写, モ図）
絶百10〔ニホンヤマネ〕（p48/カ図）
世文動（p111/カ写）
日哺改（p145/カ写）
日哺学フ（p80/カ写）

ヤマネコ(1)　⇒ツシマヤマネコを見よ

ヤマネコ(2)　⇒ヨーロッパヤマネコを見よ

ヤマバク *Tapirus pinchaque* 山貘
バク科の哺乳類。絶滅危惧IB類。体高75〜100cm。(分)ペルー, エクアドル, コロンビアにまたがるアンデス山脈の高地
¶**驚野動**(p85/カ写)
世文動(p189/カ写)
世哺(p322/カ写)
地球(p589/カ写)
レ生(p332/カ写)

ヤマハブ *Ovophis monticola* 山波布
クサリヘビ科の爬虫類。全長50〜90cm。(分)中国中部以南〜インド北部, インドシナ半島, マレー半島, 台湾など
¶**爬両1800**(p341/カ写)

ヤマパプアチメドリ *Ptilorrhoa castanonota* 山パプア知目鳥
ハシリチメドリ科(クイナチメドリ科)の鳥。全長23cm。(分)ニューギニア, バタンタ島, ヤーペン島
¶**世鳥大**(p373/カ写)
世鳥卵(p185/カ写, カ図)

ヤマピカリャー ⇒イリオモテヤマネコを見よ

ヤマビスカッチャ *Lagidium peruanum*
チンチラ科の哺乳類。(分)南アメリカ西部
¶**驚野動**(p109/カ写)

ヤマビタイヘラオヤモリ *Uroplatus sikorae*
ヤモリ科ヤモリ亜科の爬虫類。全長15〜18cm。(分)マダガスカル東部・北部
¶**ゲッコー**(p37/カ写)
世爬(p108/カ写)
爬両1800(p137/カ写)
爬両ビ(p109/カ写)

ヤマビーバー *Aplodontia rufa*
ヤマビーバー科の哺乳類。体長30〜40cm。(分)北アメリカ
¶**世哺**(p143/カ写)
地球(p523/カ写)

ヤマヒバリ *Prunella montanella* 山雲雀, 山鷚
イワヒバリ科の鳥。全長15.5cm。(分)シベリア北部・アルタイ〜バイカル湖周辺を経てアムールまでの山岳地帯で繁殖
¶**原寸羽**(p296/カ写)
世文鳥(p213/カ写)
鳥卵巣(p279/カ写, カ図)
鳥比(p99/カ写)
鳥650(p651/カ写)
日ア鳥(p556/カ写)
日鳥識(p276/カ写)
日鳥山新(p303/カ写)
日鳥山増(p173/カ写)
日野鳥新(p577/カ写)
日野鳥増(p487/カ写)
フ日野新(p234/カ図)
フ日野増(p234/カ図)
フ野鳥(p366/カ図)
野鳥学フ(p96/カ写)

ヤママヤー ⇒イリオモテヤマネコを見よ

ヤマメジロ *Zosterops montanus* 山目白
メジロ科の鳥。全長12cm。
¶**世鳥大**(p421/カ写)

ヤリハシハチドリ *Ensifera ensifera* 槍嘴蜂鳥
ハチドリ科ミドリフタオハチドリ亜科の鳥。全長17〜23cm。(分)アンデス山脈, ベネズエラ〜ボリビア
¶**世鳥大**(p296/カ写)
世鳥ネ(p214/カ写)
地球(p471/カ写)
ハチドリ(p172/カ写)

ヤルカンドガゼル *Gazella yarkandensis*
ウシ科の哺乳類。絶滅危惧II類。(分)アジア中央部
¶**驚野動**(p279/カ写)

ヤ

ヤローハリトカゲ *Sceloporus jarrovii*
イグアナ科ツノトカゲ亜科の爬虫類。全長13〜22cm。(分)アメリカ合衆国南部, メキシコ北部
¶**爬両1800**(p81/カ写)
爬両ビ(p73/カ写)

ヤワトゲイシヤモリ *Strophurus spinigerus*
ヤモリ科イシヤモリ亜科の爬虫類。全長9〜11cm。(分)オーストラリア南西部
¶**ゲッコー**(p78/カ写)
世爬(p119/カ写)
爬両1800(p165/カ写)
爬両ビ(p121/カ写)

ヤンギヒサールボウユビヤモリ *Cyrtopodion elongatum*
ヤモリ科ヤモリ亜科の爬虫類。全長7〜14cm。(分)モンゴル南部〜中国北西部
¶**ゲッコー**(p55/カ写)
爬両1800(p151/カ写)

ヤンセンナメラ ⇒ジャンセンラットスネークを見よ

ヤンバルクイナ *Gallirallus okinawae* 山原水鶏, 山原秧鶏
クイナ科の鳥。絶滅危惧IA類(環境省レッドリスト), 天然記念物。全長35cm。(分)沖縄島北部
¶**遺産日**(鳥類 No.7/カ写)
原寸羽(p295/カ写)
里山鳥(p226/カ写)
四季鳥(p116/カ写)
絶鳥事(p6,82/カ写, モ図)
世鳥大(p209/カ写)
世文鳥(p107/カ写)
鳥比(p273/カ写)

鳥650（p192/カ写）
名鳥図（p68/カ写）
日ア鳥（p165/カ写）
日鳥識（p126/カ写）
日鳥水増（p172/カ写）
日野鳥新（p189/カ写）
日野鳥増（p217/カ写）
ぱっ鳥（p112/カ写）
バード（p43/カ写）
羽根決（p130/カ写, カ図）
ひと目鳥（p112/カ写）
フ日野新（p126/カ図）
フ日野増（p126/カ図）
フ野鳥（p114/カ図）
野鳥学フ（p161/カ写）
野鳥山フ（p27,161/カ図, カ写）
山溪名鳥（p135/カ写）

ヤンバルホオヒゲコウモリ *Myotis yanbarensis* 山原頬髭蝙蝠
ヒナコウモリ科の哺乳類。絶滅危惧IA類（環境省レッドリスト）。頭胴長38.0〜43.0mm。㊀沖縄島, 徳之島, 奄美大島
¶くら哺（p47/カ写）
絶事（p46/モ図）
日哺改（p41/カ写）
日哺学フ（p181/カ写）

ユ

【ユ】

ユウレイガエル *Heleophryne rosei*
ユウレイガエル科の両生類。絶滅危惧IA類。体長オス5cm, メス6cm。㊀ケープタウンのテーブル・マウンテン
¶レ生（p333/カ写）

ユウレイガエル属の1種 *Heleophryne*
ユウレイガエル科（ウスカワガエル科）の両生類。
¶世カエ〔ユウレイガエル属の種〕（p68/カ写, カ図）

ユカタントゲオイグアナ ⇒ヒマダラトゲオイグアナを見よ

ユカタンヌレバカケス *Cyanocorax yucatanicus* ユカタン濡羽樫鳥, ユカタン濡羽懸巣, ユカタン濡羽掛子
カラス科の鳥。全長31〜33cm。
¶世色鳥（p45/カ写）

ユーカリインコ *Purpureicephalus spurius* ユーカリ鸚哥
インコ科の鳥。全長35〜38cm。㊀オーストラリア南西部の森林に生息
¶世鳥大（p259/カ写）

ユキウサギ *Lepus timidus* 雪兎
ウサギ科の哺乳類。体長46〜65cm。㊀ユーラシア
¶世文動（p101/カ写）
世哺（p142/カ写）
地球（p522/カ写）
日哺改（p150/カ写）

ユキカザリドリ *Carpodectes nitidus* 雪飾鳥
カザリドリ科の鳥。全長19〜21cm。㊀ホンジュラスのカリブ海側斜面, ニカラグア, コスタリカ, パナマ西部
¶世色鳥（p200/カ写）
世鳥大（p340/カ写）

ユキコサギ *Egretta thula* 雪小鷺
サギ科の鳥。全長56〜66cm。㊀アメリカ合衆国〜チリ南部にかけて繁殖する。北方と南方の個体群は冬に暖かい地域に渡る
¶世鳥大（p167/カ写）

ユキスズメ *Montifringilla nivalis* 雪雀
スズメ科（ハタオリドリ科）の鳥。全長17cm。
㊀スペイン〜モンゴル
¶世鳥大（p453/カ写）
世鳥卵（p226/カ写, カ図）

ユキドリ *Pagodroma nivea* 雪鳥
ミズナギドリ科の鳥。別名シロフルマカモメ。全長30〜40cm。㊀南極大陸の一部
¶世鳥大（p148/カ写）
地球（p422/カ写）

ユキハラエメラルドハチドリ *Amazilia chionogaster* 雪腹エメラルド蜂鳥
ハチドリ科ハチドリ亜科の鳥。全長9〜12cm。
¶ハチドリ（p250/カ写）

ユキヒメドリ *Junco hyemalis* 雪姫鳥
ホオジロ科の鳥。全長13〜17cm。㊀カナダ, アメリカ合衆国北・中部で繁殖。北の地域に生息するものは南下してメキシコまで渡る
¶世鳥大（p476/カ写）
地球（p499/カ写）
鳥比（p204/カ写）
鳥650（p736/カ写）

ユキヒョウ *Panthera uncia* 雪豹
ネコ科の哺乳類。絶滅危惧IB類。体長1〜1.3m。
㊀中央アジアの高地
¶遺産世（Mammalia No.32/カ写）
驚野動（p269/カ写）
絶百9（p20/カ写）
世文動（p170/カ写）
世哺（p288/カ写）
地球（p577/カ写）
野生ネコ（p16/カ写, カ図）

ユキホオジロ *Plectrophenax nivalis* 雪頬白
ツメナガホオジロ科（ホオジロ科）の鳥。全長15〜18cm。㊀北アメリカ北部, ユーラシア

¶四季鳥(p76/カ写)
世鳥大(p475/カ写)
世鳥卵(p214/カ写, カ図)
世鳥ネ(p333/カ写)
世文鳥(p256/カ写)
鳥比(p186/カ写)
鳥650(p694/カ写)
日ア鳥(p593/カ写)
日色鳥(p144/カ写)
日鳥識(p294/カ写)
日鳥山新(p351/カ写)
日鳥山増(p294/カ写)
日野鳥新(p625/カ写)
日野鳥増(p586/カ写)
ぱっ鳥(p361/カ写)
フ日野新(p280/カ図)
フ日野増(p278/カ図)
フ野鳥(p392/カ図)
山溪名鳥(p332/カ写)

ユキムネエメラルドハチドリ *Amazilia brevirostris* 雪胸エメラルド蜂鳥
ハチドリ科ハチドリ亜科の鳥。全長9～10cm。
¶ハチドリ(p259/カ写)

ユーゴスラヴィアン・マウンテン・ハウンド ⇒モンテネグリン・マウンテン・ハウンドを見よ

ユーゴスラビアン・トライカラー・ハウンド ⇒セルビアン・トライカラー・ハウンドを見よ

ユーゴスラビアン・ハウンド ⇒モンテネグリン・マウンテン・ハウンドを見よ

ユジノルースカヤ・オフチャルカ ⇒サウス・ロシアン・シェパード・ドッグを見よ

ユタトカゲモドキ *Coleonyx variegatus utahensis*
ヤモリ科トカゲモドキ亜科の爬虫類。バンドトカゲモドキの亜種。全長10～13cm。㊃アメリカ合衆国南部
¶ゲッコー〔バンドトカゲモドキ(亜種ユタトカゲモドキ)〕(p92/カ写)

ユッカヨアソビトカゲ *Xantusia vigilis*
ヨルトカゲ科の爬虫類。別名サバクヨルトカゲ, ユッカヨルトカゲ。全長9～11cm。㊃アメリカ合衆国南西部, メキシコ北部
¶世文動〔サバクヨルトカゲ〕(p268/カ写)
爬両1800(p225/カ写)
爬両ビ(p158/カ写)

ユーティリティー・トゥールーズ ⇒トゥールーズ(ユーティリティー・トゥールーズ)を見よ

ユトランド Jutland
馬の一品種。重量馬。体高150～160cm。デンマークの原産。
¶アルテ馬(p206/カ写)

ユバトカロテス *Bronchocela jubata*
アガマ科の爬虫類。全長50cm前後。㊃インドネシア(ジャワ島・スマトラ島南部, カリマンタン島南部), フィリピン
¶爬両1800(p92/カ写)
爬両ビ(p78/カ写)

ユビナガコウモリ *Miniopterus fuliginosus* 指長蝙蝠
ヒナコウモリ科の哺乳類。体長5～8cm。
¶くら哺(p51/カ写)
世文動(p66/カ写)
地球(p557/カ写)
日哺改(p56/カ写)
日哺学フ(p128/カ写)

ユビナガサラマンダー *Ambystoma macrodactylum*
マルクチサラマンダー科の両生類。全長10～17cm。㊃アメリカ合衆国北西部
¶爬両1800(p442/カ写)

ユミハシハチドリ *Phaethornis superciliosus* 弓嘴蜂鳥
ハチドリ科ユミハチドリ亜科の鳥。別名ヒガシユミハシハチドリ。全長13～15cm。㊃メキシコ東部～ボリビアおよびブラジル中部
¶世鳥大(p294)
ハチドリ〔ヒガシユミハシハチドリ〕(p59/カ写)

ユメゴンドウ *Feresa attenuata* 夢巨頭
マイルカ科の哺乳類。体長2.1～2.6m。㊃熱帯と亜熱帯の外洋
¶クイ百(p120/カ図)
くら哺(p95/カ写)
地球(p617/カ図)
日哺学フ(p231/カ写, カ図)

ユーラシア Eurasier
犬の一品種。別名オイラージア。体高 オス52～60cm, メス48～56cm。ドイツの原産。
¶最犬大(p255/カ写)
新犬種〔オイラージア〕(p185/カ写)
新世犬(p316/カ写)
図世犬(p189/カ写)
ビ犬(p115/カ写)

ユーラシアオオヤマネコ ⇒オオヤマネコを見よ

ユーラシアオヒキコウモリ *Tadarida teniotis*
オヒキコウモリ科の哺乳類。体長8～9cm。
¶地球(p556/カ写)

ユーラシアカワウソ *Lutra lutra* ユーラシア獺, ユーラシア川獺
イタチ科の哺乳類。絶滅危惧II類。体長50～90cm。㊃イギリス, ヨーロッパ～東南アジア, 中国, 極東までシベリアを除くユーラシアの河川沿い
¶驚野動(p167/カ写)
絶百4〔カワウソ〕(p52/カ写)

ユ

世文動(p160/カ写)
世哺(p262/カ写)
地球(p575/カ写)
日哺改〔カワウソ〕(p88/カ写)

ユーラシアコヤマコウモリ *Nyctalus noctula*
ヒナコウモリ科の哺乳類。別名ヨーロッパコヤマコウモリ。体長6~8cm。㊛ヨーロッパ北東部の各地とアジアの一部
¶世哺(p92/カ写)
地球〔ヨーロッパコヤマコウモリ〕(p557/カ写)

ユーラシアハタネズミ *Microtus arvalis*
キヌゲネズミ科(ネズミ科)の哺乳類。体長9~12cm。㊛ユーラシア
¶世哺(p163/カ写)
地球(p525/カ写)

ユリカモメ *Larus ridibundus* 百合鷗
カモメ科の鳥。全長34~43cm。㊛ユーラシアと北アメリカ東部で繁殖する。シベリアとヨーロッパ北東部の個体群はアフリカやアジアへ渡る
¶くら鳥(p120/カ写)
原寸羽(p130/カ写)
里山鳥(p195/カ写)
世鳥大(p236/カ写)
世鳥卵(p112/カ写, カ図)
世鳥ネ(p145/カ写)
世文鳥(p146/カ写)
地球(p448/カ写)
鳥比(p331/カ写)
鳥650(p315/カ写)
名鳥図(p104/カ写)
日ア鳥(p269/カ写)
日鳥識(p164/カ写)
日鳥水増(p276/カ写)
日野鳥新(p306/カ写)
日野鳥増(p148/カ写)
ぱっ鳥(p176/カ写)
バード(p133/カ写)
羽根決(p170/カ写, カ図)
ひと目鳥(p38/カ写)
フ日野新(p92/カ図)
フ日野増(p92/カ図)
フ野鳥(p182/カ図)
野鳥学フ(p222/カ写)
野鳥山フ(p37,213/カ図, カ写)
山溪名鳥(p334/カ写)

ヨ

ユンナンコガタジムグリガエル *Calluella yunnanensis*
ヒメガエル科の両生類。体長4~5cm。㊛中国南部
¶カエル見(p72/カ写)
爬両1800(p404/カ写)

ユンナンスジオ ⇒ウンナンスジオを見よ

ユンナンヒバァ *Amphiesma parallelum*
ナミヘビ科ユウダ亜科の爬虫類。全長50~65cm。㊛インド, ミャンマー, 中国南部
¶爬両1800(p269/カ写)

ユンナンフトコノハガエル *Brachytarsophrys feae*
コノハガエル科の両生類。体長10~12cm。㊛中国南部, ミャンマー, タイ, ベトナム
¶かえる百(p47/カ写)
カエル見(p16/カ写)
世両(p19/カ写)
爬両1800(p361/カ写)
爬両ビ(p266/カ写)

【ヨ】

ヨウガントトカゲの1種 *Microlophus occipitalis*
イグアナ科ヨウガントトカゲ亜科の爬虫類。全長15~20cm前後。㊛エクアドル南東部, ペルー北部
¶爬両1800(p87/カ写)

ヨウスコウアリゲーター *Alligator sinensis* 揚子江アリゲーター
アリゲーター科の爬虫類。別名ヨウスコウワニ。絶滅危惧IA類。全長2m以下。㊛中国の安徽省・浙江省・江蘇省の揚子江下流域
¶遺産世〔ヨウスコウワニ〕(Reptilia No.8/カ写)
絶百2(p40/カ写)
地球(p401/カ写)
爬両1800(p347/カ写)
レ生〔ヨウスコウワニ〕(p334/カ写)

ヨウスコウカワイルカ *Lipotes vexillifer* 揚子江河海豚
ラプラタカワイルカ科(ヨウスコウカワイルカ科)の哺乳類。2007年事実上絶滅。成体体重 オス125kg, メス238kg。㊛中国の揚子江
¶遺産世(Mammalia No.49/カ写)
クイ百(p252/カ図)
絶百2(p68/カ写, カ図)
世哺(p184/カ図)

ヨウスコウワニ ⇒ヨウスコウアリゲーターを見よ

ヨウム *Psittacus erithacus* 洋武鳥, 洋鵡
インコ科の鳥。全長28~39cm。㊛熱帯アフリカ
¶世鳥大(p263/カ写)
世鳥ネ(p179/カ写)
地球(p458/カ写)
鳥飼(p157/カ写)
鳥卵巣(p223/カ写, カ図)

ヨーキー ⇒ヨークシャー・テリアを見よ

ヨークシャー〔カナリア〕 Yorkshire
アトリ科の鳥。カナリアの一品種。

¶鳥飼 (p105/カ写)

ヨークシャー〔ブタ〕 Yorkshire
豚の一品種。イギリスのイングランド北部ヨークシャーの原産。
¶世文動 (p196/カ写)

ヨークシャー・テリア Yorkshire Terrier
犬の一品種。別名ヨーキー。体重3.2kg以下。イギリスの原産。
¶アルテ犬 (p214/カ写)
最犬大 (p172/カ写)
新犬種 (p22/カ写)
新世犬 (p305/カ写)
図世犬 (p170/カ写)
世文動 (p148/カ写)
ビ犬 (p190/カ写)

ヨーク・チョコレート York Chocolate
猫の一品種。体重2.5〜5kg。アメリカ合衆国の原産。
¶ビ猫 (p208/カ写)

ヨコジマカッコウサンショウクイ *Coracina lineata* 横縞郭公山椒喰
サンショウクイ科の鳥。全長22〜29cm。
¶世鳥大 (p379/カ写)
世鳥卵 (p160/カ写, カ図)

ヨコジマシロメアマガエル ⇒トラアシネコメアマガエルを見よ

ヨコジマスズメフクロウ *Glaucidium capense* 横縞雀梟
フクロウ科の鳥。全長22cm。
¶世鳥大 (p283/カ写)

ヨコジマテリカッコウ *Chrysococcyx lucidus* 横縞照郭公
カッコウ科の鳥。全長15〜20cm。㊎オーストラリア, ニュージーランド
¶鳥卵巣 (p229/カ写, カ図)

ヨコスジジャッカル *Canis adustus* 横筋ジャッカル
イヌ科の哺乳類。別名ワキスジジャッカル。体長65〜80cm。㊎アフリカ
¶世哺 (p229/カ写)
地球 (p564/カ写)
野生イヌ (p80/カ写, カ図)

ヨコフリオウギビタキ *Rhipidura leucophrys* 横振扇鶲
オウギビタキ科の鳥。全長19〜21cm。㊎ニューギニア, オーストラリア
¶世鳥大 (p386/カ写)
世鳥ネ (p275/カ写)
鳥卵巣 (p301/カ写, カ図)

ヨザル *Aotus lemurinus* 夜猿
オマキザル科の哺乳類。絶滅危惧II類。体長30〜42cm。㊎中央アメリカ, 南アメリカ
¶世文動 (p79/カ写)
世哺 (p111/カ写)

ヨシガモ *Anas falcata* 葦鴨, 葭鴨
カモ科の鳥。全長48cm。㊎中央シベリア高原。日本では北海道
¶くら鳥 (p86,88/カ写)
里山鳥 (p181/カ写)
四季鳥 (p87/カ写)
世美羽 (p104/カ写)
世文鳥 (p69/カ写)
鳥卵巣 (p90/カ写, カ図)
鳥比 (p215/カ写)
鳥650 (p49/カ写)
名鳥図 (p53/カ写)
日ア鳥 (p39/カ写)
日カモ (p58/カ写, カ図)
日鳥識 (p72/カ写)
日鳥水増 (p127/カ写)
日野鳥新 (p45/カ写)
日野鳥増 (p57/カ写)
ぱっ鳥 (p39/カ写)
バード (p97/カ写)
羽根決 (p64/カ写, カ図)
ひと目鳥 (p56/カ写)
フ日野新 (p44/カ図)
フ日野増 (p44/カ図)
フ野鳥 (p28/カ図)
野鳥学フ (p173/カ写)
野鳥山フ (p18,107/カ図, カ写)
山溪名鳥 (p336/カ写)

ヨ

ヨシゴイ *Ixobrychus sinensis* 葦五位, 葭五位
サギ科の鳥。全長36cm。㊎東アジア〜インド, フィリピン, スンダ列島, ミクロネシア。日本では九州以北
¶くら鳥 (p98/カ写)
原寸羽 (p25/カ写)
里山鳥 (p86/カ写)
四季鳥 (p58/カ写)
巣と卵決 (p22/カ写, カ図)
世文鳥 (p47/カ写)
鳥卵巣 (p71/カ写, カ図)
鳥比 (p258/カ写)
鳥650 (p156/カ写)
名鳥図 (p25/カ写)
日ア鳥 (p136/カ写)
日色鳥 (p80/カ写)
日鳥識 (p114/カ写)
日鳥巣 (p10/カ写)
日鳥水増 (p76/カ写)
日野鳥新 (p142/カ写)
日野鳥増 (p196/カ写)
ぱっ鳥 (p89/カ写)

バード(p104/カ写)
羽根決(p30/カ写, カ図)
ひと目鳥(p97/カ写)
フ日野新(p106/カ図)
フ日野増(p106/カ図)
フ野鳥(p96/カ図)
野鳥学フ(p166/カ写)
野鳥山フ(p13,78/カ図, カ写)
山溪名鳥(p337/カ写)

ヨシネズミ属の一種 *Thryonomys* sp.
ヨシネズミ科の哺乳類。体長35〜60cm。
¶地球(p529/カ写)

ヨジリオオトカゲ *Varanus timorensis*
オオトカゲ科の爬虫類。全長55〜60cm。㊕チモール島とその周辺
¶世爬(p160/カ写)
世文動(p278/カ写)
爬両1800(p239/カ写)
爬両ビ(p169/カ写)

ヨスジオビトカゲ *Zonosaurus quadrilineatus*
プレートトカゲ科の爬虫類。全長25〜28cm。㊕マダガスカル南西部
¶爬両1800(p223/カ写)

ヨ

ヨスジキバシリヘビ *Dromicodryas quadrilineatus*
ナミヘビ科マラガシーヘビ亜科の爬虫類。全長100〜120cm。㊕マダガスカル北部
¶爬両1800(p338/カ写)

ヨスジホソユビヤモリ *Cyrtodactylus quadrivirgatus*
ヤモリ科ヤモリ亜科の爬虫類。全長14cmまで。㊕タイ, マレーシア西部, インドネシア, シンガポール
¶ゲッコー(p52/カ写)
世爬(p103/カ写)
爬両1800(p149/カ写)

ヨタカ *Caprimulgus indicus* 夜鷹, 蚊母鳥, 怪鴟
ヨタカ科の鳥。絶滅危惧II類(環境省レッドリスト)。全長29cm。㊕アジアの熱帯〜温帯に分布。東部のものはボルネオ島・スマトラ島などに渡って越冬。日本では九州以北の夏鳥
¶くら鳥(p73/カ写)
原寸羽(p196/カ写)
里山鳥(p72/カ写)
四季鳥(p52/カ写)
巣と卵決(p86/カ写, カ図)
絶鳥事(p4,62/カ写, モ図)
世鳥卵(p134/カ写, カ図)
世美羽(p46/カ写, カ図)
世文鳥(p181/カ写)
鳥卵巣(p234/カ写, カ図)
鳥比(p27/カ写)
鳥650(p214/カ写)
名鳥図(p157/カ写)
日ア鳥(p183/カ写)
日鳥識(p132/カ写)
日鳥巣(p116/カ写)
日鳥山新(p43/カ写)
日鳥山増(p99/カ写)
日野鳥新(p204/カ写)
日野鳥増(p410/カ写)
ぱっ鳥(p124/カ写)
バード(p31/カ写)
羽根決(p226/カ写, カ図)
ひと目鳥(p152/カ写)
フ日野新(p204/カ図)
フ日野増(p204/カ図)
フ野鳥(p126/カ図)
野鳥学フ(p122/カ写, カ図)
野鳥山フ(p42,249/カ図, カ写)
山溪名鳥(p338/カ写)

ヨダレカケズグロインコ *Lorius chlorocercus* 涎掛頭黒鸚哥
インコ科(ヒインコ科)の鳥。全長28cm。㊕東ソロモン諸島
¶原色鳥(p58/カ写)
鳥飼(p173/カ写)

ヨツアナホソオドラゴン *Tympanocryptis tetraporophora*
アガマ科の爬虫類。全長15cm前後。㊕オーストラリア中部〜東部
¶爬両1800(p103/カ写)

ヨツスジトカゲ *Plestiodon quadrilineatus*
スキンク科の爬虫類。全長18〜20cm。㊕中国, タイ, カンボジア, ベトナム
¶爬両1800(p200/カ写)
爬両ビ(p139/カ写)

ヨツヅノカメレオン *Trioceros quadricornis*
カメレオン科の爬虫類。全長25〜35cm。㊕カメルーン, ナイジェリア
¶世爬(p89/カ写)
爬両1800(p115/カ写)
爬両ビ(p91/カ写)

ヨツヅノヒツジ Four-horned Hebridean 四角羊
羊の一品種。ノルウェーの原産。
¶世文動(p236/カ写)

ヨツヅノレイヨウ *Tetracerus quadricornis* 四角羚羊
ウシ科の哺乳類。絶滅危惧II類。体長80〜100cm。㊕アジア
¶世文動(p216/カ写)
世哺(p352/カ写)
地球(p599/カ写)

ヨツメイシガメ *Sacalia quadriocellata*
アジアガメ科（イシガメ（バタグールガメ）科）の爬虫類。甲長13～15cm。[分]中国南部，ベトナム北部，ラオス
¶**世カメ**（p289/カ写）
世爬（p39/カ写）
爬両1800（p44/カ写）
爬両ビ（p37/カ写）

ヨツメオポッサム *Philander opossum*
オポッサム科の哺乳類。体長25～35cm。
¶**世文動**（p39/カ写）
地球（p504/カ写）

ヨツメヒルヤモリ *Phelsuma quadriocellata*
ヤモリ科ヤモリ亜科の爬虫類。全長9～12cm。[分]マダガスカル東部・南東部・北部
¶**ゲッコー**（p41/カ写）
世爬（p111/カ写）
爬両1800（p140/カ写）
爬両ビ（p111/カ写）

ヨツユビアホロテトカゲ *Bipes canaliculatus*
フタアシミミズトカゲ科の爬虫類。全長17～25cm。[分]メキシコ（グェレロ州・ミチョアカン州）
¶**世爬**（p165/カ写）
爬両1800（p247/カ写）
爬両ビ（p175/カ写）

ヨツユビカワガメ ⇒バタグールガメを見よ

ヨツユビサラマンダー *Hemidactylium scutatum*
アメリカサンショウウオ科（ムハイサラマンダー科）の両生類。別名ヨツユビサンショウウオ。全長5～9cm。[分]アメリカ合衆国東部
¶**地球**〔ヨツユビサンショウウオ〕（p369/カ写）
爬両1800（p446/カ写）

ヨツユビサンショウウオ ⇒ヨツユビサラマンダーを見よ

ヨツユビトビネズミ *Allactaga tetradactyla*
トビネズミ科の哺乳類。絶滅危惧IB類。体長10～12cm。[分]アフリカ
¶**世哺**（p173/カ写）

ヨツユビハネジネズミ *Petrodromus tetradactylus*
ハネジネズミ科の哺乳類。体長16～20cm。
¶**地球**（p512/カ写）

ヨツユビリクガメ *Testudo horsfieldii*
リクガメ科の爬虫類。別名ホルスフィールドリクガメ，ロシアリクガメ。絶滅危惧II類。甲長20～25cm。[分]ロシア南東部，中央アジア，西アジアの一部，中国北西部
¶**遺産世**（Reptilia No.6/カ写）
世カメ（p51/カ写）
世爬（p16/カ写）
地球（p379/カ写）
爬両1800（p20/カ写）
爬両ビ（p13/カ写）

ヨナグニウマ Yonaguni Pony 与那国馬
馬の一品種。日本在来馬。体高110～120cm。沖縄県与那国島の原産。
¶**日家**〔与那国馬〕（p12/カ写）

ヨナグニカラスバト *Columba janthina stejnegeri* 与那国鴉鳩
ハト科の鳥。カラスバトの亜種。絶滅危惧IB類（環境省レッドリスト），天然記念物。全長40cm。[分]八重山諸島
¶**絶鳥事**（p70/モ図）
日鳥山新（p27/カ写）
日野鳥新（p101/カ写）
日野鳥増〔ヨナクニカラスバト〕（p395/カ写）
羽根決〔ヨナクニカラスバト〕（p193/カ写，カ図）

ヨナグニキノボリトカゲ *Japalura polygonata donan* 与那国木登蜥蜴
アガマ科の爬虫類。日本固有種。全長 オス約18cm，メス約16cm。[分]沖縄県与那国島
¶**原爬両**（No.47/カ写）
日カメ（p99/カ写）
爬両飼（p102/カ写）
野日爬（p26,56,120/カ写）

ヨナグニシュウダ *Elaphe carinata yonaguniensis* 与那国臭蛇
ナミヘビ科の爬虫類。日本固有種。全長80～200cm。[分]与那国島
¶**原爬両**（No.76/カ写）
日カメ（p169/カ写）
爬両観（p149/カ写）
爬両飼（p28/カ写）
野日爬（p35,65,170/カ写）

ヨナグニヤモリ *Gekko* sp. 与那国守宮
ヤモリ科ヤモリ亜科の爬虫類。全長10～14cm。[分]与那国島
¶**ゲッコー**（p19/カ写）
爬両1800（p130/カ写）

ヨブスマ ⇒ムササビを見よ

ヨルナメラ(1) *Elaphe flavirufa*
ナミヘビ科ナミヘビ亜科の爬虫類。全長90～120cm。[分]メキシコ（ユカタン半島・プエブラ州）～ニカラグアまでの中米
¶**爬両1800**（p318/カ写）
爬両ビ（p228/カ写）

ヨルナメラ(2) ⇒メキシカンナイトスネークを見よ

ヨルネズミ *Nyctomys sumichrasti*
ネズミ科の哺乳類。体長11～13cm。[分]北アメリカ，中央アメリカ
¶**世哺**（p157/カ写）

ヨロイジネズミ *Scutisorex somereni* 鎧地鼠
トガリネズミ科の哺乳類。体長10〜15cm。[分]中央アジア〜東アフリカ
¶**世哺**(p81/カ写)

ヨロイトカゲ *Cordylus cordylus* 鎧蜥蜴
ヨロイトカゲ科の爬虫類。全長21cm。
¶**地球**(p387/カ写)

ヨロイハブ *Tropidolaemus wagleri* 鎧波布
クサリヘビ科マムシ亜科の爬虫類。全長100〜130cm。[分]インドシナ半島南部〜マレー半島, インドネシア
¶**世文動**(p303/カ写)
世ヘビ(p112/カ写)
爬両1800(p343/カ写)

ヨーロッパアオゲラ *Picus viridis* ヨーロッパ緑啄木鳥
キツツキ科の鳥。全長31〜33cm。[分]ヨーロッパ〜ロシア, 南西アジアの一部〜北イラン
¶**世鳥大**(p327/カ写)
世鳥ネ(p249/カ写)
地球(p480/カ写)

ヨ

ヨーロッパアカガエル *Rana temporaria* ヨーロッパ赤蛙
アカガエル科の両生類。体長50〜100mm。[分]ヨーロッパ中部と北部, シベリアを越えた東部
¶**世カエ**(p356/カ写)
地球(p363/カ写)

ヨーロッパアシナシトカゲ ⇒バルカンヘビガタトカゲを見よ

ヨーロッパアブラコウモリ *Pipistrellus pipistrellus* ヨーロッパ油蝙蝠
ヒナコウモリ科の哺乳類。体長3.5〜4.5cm。[分]ヨーロッパ, アフリカ, アジア
¶**世哺**(p91/カ写)
地球(p557/カ写)

ヨーロッパアマガエル *Hyla arborea* ヨーロッパ雨蛙
アマガエル科の両生類。全長3〜5cm。[分]北部を除く大陸部ヨーロッパほぼ全域, ウクライナ, トルコ, イスラエルなど
¶**カエル見**(p31/カ写)
世カエ(p224/カ写)
地球(p360/カ写)
爬両1800(p371/カ写)

ヨーロッパアマツバメ *Apus apus* ヨーロッパ雨燕
アマツバメ科の鳥。全長16〜17cm。[分]ヨーロッパの大部分, 東〜北インド, モンゴル, 中国
¶**世鳥大**(p293/カ写)
世鳥ネ(p209/カ写)
地球(p469/カ写)
鳥卵巣(p236/カ写, カ図)
鳥比(p105/カ写)
鳥650(p216/カ写)

ヨーロッパイノシシ *Sus scrofa scrofa* ヨーロッパ猪
イノシシ科の哺乳類。[分]ヨーロッパ〜北アフリカ, 西アジア
¶**日家**(p109/カ写)

ヨーロッパウグイス *Cettia cetti* ヨーロッパ鶯
ウグイス科の鳥。全長14cm。[分]地中海地方〜東はイラン, トルキスタン地方まで。最近では北方にも分布
¶**世鳥大**(p414/カ写)
世鳥卵(p190/カ写, カ図)

ヨーロッパウズラ *Coturnix coturnix* ヨーロッパ鶉
キジ科の鳥。全長16〜18cm。[分]ヨーロッパ, アジア
¶**世鳥大**(p114/カ写)
世鳥卵(p73/カ写, カ図)
世鳥ネ(p29/カ写)
地球(p410/カ写)

ヨーロッパオウギハクジラ *Mesoplodon bidens* ヨーロッパ扇歯鯨
アカボウクジラ科の哺乳類。体長4〜5m。[分]大西洋北部
¶**クイ百**(p216/カ図)
世哺〔ヨーロッパオオギハクジラ〕(p200/カ図)

ヨーロッパオオカミ *Canis lupus lupus* ヨーロッパ狼
イヌ科の哺乳類。体長0.9〜1.6m。
¶**地球**(p564/カ写)

ヨーロッパオオギハクジラ ⇒ヨーロッパオウギハクジラを見よ

ヨーロッパオオヤマネコ ⇒オオヤマネコを見よ

ヨーロッパオオライチョウ *Tetrao urogallus* ヨーロッパ大雷鳥
キジ科(ライチョウ科)の鳥。全長60〜87cm。[分]ヨーロッパ北部・西部・南部, アジア西部〜中央部
¶**驚野動**(p145/カ写)
世鳥大(p111/カ写)
世鳥卵(p69/カ写, カ図)
世鳥ネ(p34/カ写)
地球(p411/カ写)
鳥卵巣(p129/カ写, カ図)

ヨーロッパカヤクグリ *Prunella modularis* ヨーロッパ茅潜, ヨーロッパ萱潜
イワヒバリ科の鳥。全長15cm。[分]ヨーロッパ。南はスペイン中央部, イタリア, 東はウラル山脈, レバノン, トルコ, イラク北部, カフカス
¶**世鳥卵**(p175/カ写, カ図)
世鳥ネ(p315/カ写)
地球(p495/カ写)

鳥卵巣(p279/カ写, カ図)

ヨーロッパクサリヘビ *Vipera berus* ヨーロッパ鎖蛇
クサリヘビ科の爬虫類。全長90cm。㊊ヨーロッパ中央部〜アジア東部
¶驚野動(p145/カ写)
世文動(p300/カ写)
地球(p399/カ写)

ヨーロッパケナガイタチ *Mustela putorius* ヨーロッパ毛長鼬
イタチ科の哺乳類。体長20〜46cm。㊊ヨーロッパ
¶世文動(p156/カ写)
世哺(p246/カ写)
地球(p573/カ写)

ヨーロッパコガタトノサマガエル *Rana lessonae* ヨーロッパ小型殿様蛙
アカガエル科の両生類。体長6〜9cm。㊊イベリア半島を除く大陸部ヨーロッパ広域
¶カエル見(p83/カ写)
爬両**1800**(p411/カ写)

ヨーロッパコノハズク *Otus scops* ヨーロッパ木葉木菟
フクロウ科の鳥。全長19〜20cm。㊊南ヨーロッパや北アフリカ〜シベリア南西部で繁殖。北方種と南方の一部の種は熱帯アフリカで越冬
¶世鳥大(p279/カ写)
地球(p463/カ写)

ヨーロッパコマドリ *Erithacus rubecula* ヨーロッパ駒鳥
ヒタキ科の鳥。全長14cm。㊊ユーラシア〜西シベリア, 北アフリカ, 中東
¶世色鳥(p132/カ写)
世鳥大(p441/カ写)
世鳥卵(p177/カ写, カ図)
世鳥ネ(p300/カ写)
地球(p492/カ写)
鳥卵巣(p293/カ写, カ図)
鳥比(p142/カ写)
鳥**650**(p608/カ写)
日鳥山新(p261/カ写)
日鳥山増(p175/カ写)
フ日野新(p330/カ図)
フ日野増(p328/カ図)
フ野鳥(p344/カ図)

ヨーロッパコヤマコウモリ ⇒ユーラシアコヤマコウモリを見よ

ヨーロッパジェネット *Genetta genetta*
ジャコウネコ科の哺乳類。体長46〜52cm。㊊ヨーロッパ, アフリカ
¶世文動(p161/カ写)
世哺(p266/カ写)
地球(p587/カ写)

ヨーロッパジシギ *Gallinago media* ヨーロッパ地鷸, ヨーロッパ地鴫
シギ科の鳥。体長27〜29cm。㊊ヨーロッパ北部, アジア北西部, アフリカ
¶世鳥卵(p99/カ写, カ図)
鳥卵巣(p193/カ写, カ図)

ヨーロッパスズガエル *Bombina bombina* ヨーロッパ鈴蛙
スズガエル科の両生類。体長5cm前後。㊊ヨーロッパ東部〜ロシア南西部
¶カエル見(p9/カ写)
世両(p11/カ写)
爬両**1800**(p358/カ写)

ヨーロッパスムーズヘビ ⇒ヨーロッパナメラを見よ

ヨーロッパチュウヒ *Circus aeruginosus* ヨーロッパ沢鵟鷲
タカ科の鳥。全長49〜60cm。㊊北アフリカ北西部, ヨーロッパ〜中央アジア, 中国西部
¶世鳥大(p194/カ写)
世鳥ネ(p108/カ写)
地球(p437/カ写)
鳥卵巣(p106/カ写, カ図)
鳥比(p43/カ写)
鳥**650**(p394/カ写)
日鳥山新(p63/カ写)
日鳥山増(p49/カ写)
フ日野新(p324/カ図)
フ日野増(p324/カ図)
フ野鳥(p216/カ図)
ワシ(p54/カ写)

ヨ

ヨーロッパトウネン *Calidris minuta* ヨーロッパ当年
シギ科の鳥。別名ニシトウネン(旧称)。全長13cm。
¶世文鳥(p120/カ写)
鳥卵巣(p195/カ写, カ図)
鳥比(p315/カ写)
鳥**650**(p278/カ写)
日ア鳥(p241/カ写)
日鳥識(p156/カ写)
日鳥水増(p204/カ写)
日野鳥新(p278/カ写)
日野鳥増(p302/カ写)
フ日野新(p136/カ図)
フ日野増(p136/カ図)
フ野鳥(p164/カ図)
山溪名鳥(p243/カ写)

ヨーロッパトガリネズミ *Sorex araneus* ヨーロッパ尖鼠
トガリネズミ科の哺乳類。体長5.5〜8cm。㊊ヨーロッパ〜北アジア
¶地球(p560/カ写)

ヨーロッパトノサマガエル *Pelophylax esculenta* ヨーロッパ殿様蛙
アカガエル科の両生類。全長8～12cm。㊎ヨーロッパ中部・東部
¶**世カエ**（p336/カ写）
地球（p363/カ写）

ヨーロッパナメラ *Coronella austriaca*
ナミヘビ科ナミヘビ亜科の爬虫類。別名ヨーロッパスムーズヘビ。全長60cm前後。㊎ヨーロッパ広域，小アジアなど
¶**地球**（p396/カ写）
爬両1800〔ヨーロッパスムーズヘビ〕（p307/カ写）

ヨーロッパヌマガメ *Emys orbicularis* ヨーロッパ沼亀
ヌマガメ科（セイヨウヌマガメ科）の爬虫類。甲長23cmまで。㊎中部以南のヨーロッパ～西アジア，アフリカ北西部，黒海沿岸域など
¶**世カメ**（p186/カ写）
世爬（p17/カ写）
世文動（p248/カ写）
地球（p375/カ写）
爬両1800（p21～22/カ写）
爬両ビ（p14/カ写）

ヨ

ヨーロッパノスリ *Buteo buteo* ヨーロッパ鵟
タカ科の鳥。㊎ユーラシア大陸
¶**世鳥ネ**（p105/カ写）

ヨーロッパバイソン *Bison bonasus*
ウシ科の哺乳類。絶滅危惧II類。体長2.1～3.4m。㊎ベラルーシ，ポーランド，ロシア，スロバキア，リトアニア，ウクライナ
¶**絶百8**（p46/カ写）
世文動（p212/カ写）
世哺（p355/カ写）
地球（p600/カ写）
日家（p90/カ写）
レ生（p339/カ写）

ヨーロッパハタリス *Spermophilus citellus* ヨーロッパ畑栗鼠
リス科の哺乳類。絶滅危惧II類。頭胴長17.6～23cm。㊎ドイツ南東部，ポーランド南西部，チェコ，スロバキア，オーストリア，ハンガリー，ルーマニア，ブルガリア，カフカス地方南部～パレスティナ
¶**絶百10**（p58/カ写）

ヨーロッパハチクイ *Merops apiaster* ヨーロッパ蜂食，ヨーロッパ蜂喰
ハチクイ科の鳥。全長25～29cm。㊎ヨーロッパ，アフリカ西部・中央部，アジア南部
¶**驚野動**（p150/カ写）
世鳥大（p311/カ写）
世鳥ネ（p231/カ写）
地球（p475/カ写）
鳥卵巣（p245/カ写，カ図）

ヨーロッパハチクマ *Pernis apivorus* ヨーロッパ八角鷹，ヨーロッパ蜂角鷹，ヨーロッパ蜂熊
タカ科の鳥。全長52～60cm。㊎ユーラシアで繁殖，アフリカで越冬
¶**世鳥大**（p187/カ写）
地球（p432/カ写）

ヨーロッパハムスター ⇒クロハラハムスターを見よ

ヨーロッパハリネズミ ⇒ナミハリネズミを見よ

ヨーロッパヒキガエル *Bufo bufo* ヨーロッパ蟇
ヒキガエル科の両生類。体長8～20mm。メスはオス（前腕がより太い）より大きい。㊎ヨーロッパの大半（スカンジナビア最北部，アイルランド，地中海の一部の島を除く），アフリカ北西部，中央アジア～日本
¶**世カエ**（p134/カ写）
地球（p355/カ写）

ヨーロッパヒナコウモリ ⇒ヒメヒナコウモリを見よ

ヨーロッパビーバー *Castor fiber*
ビーバー科の哺乳類。体長83～100cm。㊎ユーラシア
¶**絶百10**（p60/カ写，カ図）
世文動（p111/カ写）
世哺（p153/カ写）

ヨーロッパヒメウ *Phalacrocorax aristotelis* ヨーロッパ姫鵜
ウ科の鳥。全長65～80cm。㊎西・南ヨーロッパおよび北アフリカの沿岸部
¶**世鳥大**（p178/カ写）
地球（p429/カ写）

ヨーロッパヒメトガリネズミ *Sorex minutus* ヨーロッパ姫尖鼠
トガリネズミ科の哺乳類。体長5～6cm。
¶**地球**（p560/カ写）

ヨーロッパビンズイ *Anthus trivialis* ヨーロッパ便鷚
セキレイ科の鳥。全長15.5cm。
¶**世鳥卵**（p159/カ写，カ図）
世文鳥（p205/カ図）
鳥卵巣（p269/カ写，カ図）
鳥比（p174/カ写）
鳥650（p668/カ写）
日ア鳥（p570/カ写）
日鳥識（p282/カ写）
日鳥山新（p321/カ写）
日鳥山増（p150/カ写）
日野鳥新（p595/カ写）
日野鳥増（p465/カ写）
フ日野新（p224/カ図）
フ日野増（p224/カ図）

フ野鳥 (p376/カ図)

ヨーロッパフラミンゴ ⇒オオフラミンゴを見よ

ヨーロッパヘビトカゲ ⇒バルカンヘビガタトカゲを見よ

ヨーロッパミンク *Mustela lutreola*
イタチ科の哺乳類。絶滅危惧IB類。体長20～36cm。㊊東ヨーロッパ, スペイン北部やフランス西部
¶**絶百10** (p64/カ写)
世哺 (p251/カ写)
地球 (p572/カ写)
レ生 (p340/カ写)

ヨーロッパムナグロ *Pluvialis apricaria* ヨーロッパ胸黒
チドリ科の鳥。別名ワキジロムナグロ。全長26～29cm。
¶**世鳥大** (p225/カ写)
世鳥卵 (p95/カ写, カ図)
地球 (p445/カ写)
鳥卵巣 (p178/カ写, カ図)
鳥比 (p280/カ写)
鳥650 (p223/カ写)
フ日野新 (p320/カ図)
フ野鳥 (p132/カ図)

ヨーロッパメクラヘビ *Typhlops vermicularis* ヨーロッパ盲蛇
メクラヘビ科の爬虫類。全長35cm。㊊ヨーロッパ
¶**地球** (p398/カ写)

ヨーロッパモグラ *Talpa europaea* ヨーロッパ土竜
モグラ科の哺乳類。体長11～16cm。㊊ユーラシア
¶**世哺** (p83/カ写)
地球 (p559/カ写)

ヨーロッパヤチネズミ *Myodes glareolus* ヨーロッパ谷地鼠
キヌゲネズミ科(ネズミ科)の哺乳類。体長9～11cm。㊊ユーラシア
¶**世哺** (p163/カ写)
地球 (p525/カ写)

ヨーロッパヤマウズラ *Perdix perdix* ヨーロッパ山鶉
キジ科の鳥。全長29～32cm。㊊ヨーロッパ～中国西部
¶**世鳥大** (p113/カ写)
世鳥卵 (p72/カ写, カ図)
世鳥ネ (p28/カ写)
地球 (p410/カ写)

ヨーロッパヤマカガシ *Natrix natrix* ヨーロッパ山楝蛇
ナミヘビ科ユウダ亜科の爬虫類。別名ヨーロッパユウダ。全長1.2m。㊊ヨーロッパ, 旧ソ連諸国, 中央アジア, アフリカ北西部沿岸など
¶**世文動** (p292/カ写)
地球 (p395/カ写)
爬両1800 〔ヨーロッパユウダ〕 (p275/カ写)
爬両ビ 〔ヨーロッパユウダ〕 (p198/カ写)

ヨーロッパヤマネ *Muscardinus avellanarius* ヨーロッパ山鼠
ヤマネ科の哺乳類。体長6～9cm。㊊ユーラシア
¶**絶百10** (p52/カ写)
世哺 (p172/カ写)
地球 (p525/カ写)

ヨーロッパヤマネコ *Felis silvestris* ヨーロッパ山猫
ネコ科の哺乳類。体長40～66cm。㊊ヨーロッパ, アジア, アフリカ
¶**驚野動** 〔ヤマネコ〕 (p143/カ写)
絶百8 (p20/カ写)
世哺 (p276/カ写)
地球 (p580/カ写)
野生ネコ (p100/カ写, カ図)

ヨーロッパユウダ ⇒ヨーロッパヤマカガシを見よ

ヨーロッパヨシキリ *Acrocephalus scirpaceus* ヨーロッパ葦切
ヨシキリ科(ウグイス科)の鳥。全長13cm。㊊ヨーロッパ, アジア
¶**世鳥大** (p415/カ写)
世鳥ネ (p285/カ写)
鳥卵巣 (p311/カ写, カ図)

ヨ

ヨーロッパヨタカ *Caprimulgus europaeus* ヨーロッパ夜鷹
ヨタカ科の鳥。全長26～28cm。㊊ヨーロッパ～西アジア
¶**世鳥大** (p291/カ写)
世鳥卵 (p134/カ写, カ図)
世鳥ネ (p206/カ写)
地球 (p468/カ写)
鳥卵巣 (p234/カ写, カ図)

ヨーロッパリンクス ⇒オオヤマネコを見よ

ヨーロッパレーサー *Coluber viridiflavus*
ナミヘビ科の爬虫類。全長1.5～2m。㊊ヨーロッパ中部・南部
¶**世文動** (p288/カ写)

ヨーロピアン・ショートヘア European Shorthair
猫の一品種。体重3.5～7kg。ヨーロッパの原産。
¶**ビ猫** (p114/カ写)

ヨーロピアン・バーミーズ European Burmese
猫の一品種。体重3.5～6.5kg。ビルマ(ミャンマー)の原産。
¶**ビ猫** (p87/カ写)

【ラ】

ライオン *Panthera leo*
ネコ科の哺乳類。絶滅危惧II類。頭胴長 オス170～250cm, メス140～175cm。㊕サハラ砂漠以南のアフリカ(コンゴの熱帯雨林を除く), インド北西部
¶**遺産世**(Mammalia No.31/カ写)
驚野動(p194/カ写)
世文動(p171/カ写)
世哺(p294/カ写)
地球(p576/カ写)
野生ネコ(p54/カ写, カ図)

ライオン・ドッグ ⇒ローデシアン・リッジバックを見よ

ライオン・ドワーフ Lion Dwarf
兎の一品種。愛玩用ウサギ。体重約2kg。ドイツの原産。
¶**日家**(p138/カ写)

ライオンヘッド Lion Head
兎の一品種。ベルギーの原産。
¶**うさぎ**(p176/カ写)
新うさぎ(p136/カ写)

ラ

ライカ(1) Laika
犬の一品種。古くからの旧ソ連の土着犬。犬種にヨーロピアン・ライカ, ウエスト・シベリアン・ライカ, イースト・シベリアン・ライカがある。体高53～64cm。
¶**新世犬**(p105/カ写)

ライカ(2) ⇒イースト・シベリアン・ライカを見よ

ライカ(3) ⇒ウェスト・シベリアン・ライカを見よ

ライチョウ *Lagopus muta* 雷鳥
キジ科(ライチョウ科)の鳥。絶滅危惧IB類(環境省レッドリスト), 特別天然記念物。全長33～38cm。㊕北アメリカ北部, ヨーロッパ中央部・北部, アジア北部・中央部。日本では亜種ライチョウが本州中部地方の高山帯にのみ生息
¶**遺産日**(鳥類 No.5/カ写)
驚野動(p161/カ写)
くら鳥(p63/カ写)
原寸羽(p92/カ写)
里山鳥(p233/カ写)
四季鳥(p55/カ写)
巣と卵決(p60/カ写, カ図)
絶鳥事(p1,22/カ写, モ図)
世鳥大(p112/カ写)
世鳥ネ(p33/カ写)
世文鳥(p99/カ写)
地球(p411/カ写)
鳥卵巣(p128/カ写, カ図)
鳥比(p12/カ写)
鳥650(p19/カ写)
名鳥図(p140/カ写)
日ア鳥(p11/カ写)
日色鳥(p143/カ写)
日鳥識(p62/カ写)
日鳥巣(p60/カ写)
日鳥山新(p19/カ写)
日鳥山増(p62/カ写)
日野鳥新(p20/カ写)
日野鳥増(p384/カ写)
ぱっ鳥(p26/カ写)
バード(p87/カ写)
羽根決(p114/カ写, カ図)
ひと目鳥(p136/カ写)
フ日野新(p192/カ図)
フ日野増(p192/カ図)
フ野鳥(p12/カ図)
野鳥学フ(p127/カ写)
野鳥山フ(p21,147/カ図, カ写)
山溪名鳥(p340/カ写)

ライディング・ポニー Riding Pony
馬の一品種。体高132cm。イギリスの原産。
¶**アルテ馬**(p236/カ写)

ライノセラスアダー *Bitis nasicornis*
クサリヘビ科クサリヘビ亜科の爬虫類。全長50～100cm。㊕アフリカ中部, 東はスーダン南部, ウガンダ, 西はアンゴラ, ギニア
¶**世ヘビ**(p109/カ写)

ライノラットスネーク ⇒テングヘビを見よ

ライマンナガクビガメ *Chelodina reimanni*
ヘビクビガメ科の爬虫類。全長75cm。㊕インドネシア(イリアンジャヤ南東部), パプアニューギニア南西部
¶**世カメ**(p108/カ写)
世爬(p55/カ写)
地球(p372/カ写)
爬両1800(p63/カ写)
爬両ビ(p47/カ写)

ライラック Lilac
兎の一品種。オランダおよびイギリスの原産。
¶**うさぎ**(p118/カ写)
新うさぎ(p134/カ写)

ライラックニシブッポウソウ *Coracias caudatus*
ライラック西仏法僧
ブッポウソウ科の鳥。全長32～36cm。㊕東・南アフリカ
¶**驚野動**(p207/カ写)
世鳥ネ(p224/カ写)
世美羽(p78/カ写, カ図)

地球(p473/カ写)

ライラックムシクイ *Malurus coronatus* ライラック虫食, ライラック虫喰
オーストラリアムシクイ科の鳥。全長14cm。
㊎オーストラリア北部
¶驚野動(p323/カ写)

ライルオオコウモリ *Pteropus lylei* ライル大蝙蝠
オオコウモリ科の哺乳類。体長15～20cm。
¶地球(p551,552/カ写)

ラインスネーク *Tropidoclonion lineatum*
ナミヘビ科ユウダ亜科の爬虫類。全長19～53cm。
㊎アメリカ合衆国中部
¶爬両1800(p274/カ写)

ラインランダー Rhinelander
兎の一品種。ドイツの原産。
¶うさぎ(p160/カ写)
新うさぎ(p192/カ写)

ラウフフント ⇒スイス・ハウンドを見よ

ラオスイワネズミ *Laonastes aenigmamus* ラオス岩鼠
ディアトミス科の哺乳類。絶滅危惧IB類。㊎ラオスのカムムアン石灰岩自然生物多様性保全地域
¶レ生(p342/カ写)

ラオスオオカミヘビ *Lycodon laoensis*
ナミヘビ科ナミヘビ亜科の爬虫類。全長40～50cm。
㊎インド, 中国南部, 東南アジア
¶世爬(p197/カ写)
世ヘビ(p95/カ写)
爬両1800(p299/カ写)
爬両ビ(p208/カ写)

ラオスコブイモリ *Laotriton laoensis* ラオス瘤井守, ラオス瘤蠑
イモリ科の両生類。全長15～19cm。㊎ラオス北部
¶世両(p213/カ写)
爬両1800(p452/カ写)
爬両ビ(p311/カ写)

ラガツィウチワヤモリ *Ptyodactylus ragazzii* ラガツィ団扇守宮
ヤモリ科ワレユビヤモリ亜科の爬虫類。全長16～19cm。㊎アフリカ大陸北部～中部
¶ゲッコー(p64/カ写)
爬両1800(p154/カ写)

ラガッツィカラカネトカゲ *Chalcides ragazzii*
スキンク科の爬虫類。全長18～23cm。㊎ソマリア～ニジェール
¶爬両1800(p206/カ写)

ラガマフィン Ragamuffin
猫の一品種。体重4.5～9kg。アメリカ合衆国の原産。
¶ビ猫(p217/カ写)

ラグドール Ragdoll
猫の一品種。体重4.5～9kg。アメリカ合衆国の原産。
¶ビ猫(p216/カ写)

ラークノア ⇒ラケノアを見よ

ラクロワククリィヘビ ⇒キボシククリィヘビを見よ

ラケットカワセミ *Tanysiptera galatea* ラケット翡翠
カワセミ科の鳥。全長38cm。㊎ニューギニアおよび沖合の島々, モルッカ諸島
¶世鳥大(p305/カ写)

ラケットニシブッポウソウ *Coracias spatulatus* ラケット西仏法僧
ブッポウソウ科の鳥。全長36～38cm。㊎南アンゴラ, 南東ザイール, ジンバブエ～南アフリカ北東部まで
¶世鳥大(p304)
世鳥ネ(p224/カ写)
地球(p473/カ写)

ラケットハチドリ *Ocreatus underwoodii* ラケット蜂鳥
ハチドリ科ミドリフタオハチドリ亜科の鳥。全長7.5～15cm。㊎南アメリカ北西部～西部
¶驚野動(p88/カ写)
世色鳥(p79/カ写)
地球(p471/カ写)
ハチドリ(p180/カ写)

ラケットヨタカ *Macrodipteryx longipennis* ラケット夜鷹
ヨタカ科の鳥。全長21～23cm。㊎アフリカ, サハラ砂漠以南
¶世鳥大(p291/カ写)
世鳥ネ(p207/カ写)
地球(p468/カ写)

ラケノア Laekenois
犬の一品種。ベルジアン・シェパード・ドッグのバリエーションの一種。体高56～66cm。ベルギーの原産。
¶最犬大〔ベルジアン・シェパード・ドッグ〔ラケノア〕〕(p66/カ写)
新世犬〔ベルジアン・シェパード〔ラークノワ〕〕(p42/カ写)
ビ犬〔ラークノア〕(p41/カ写)

ラゴット ⇒ラゴット・ロマニョーロを見よ

ラゴット・ロマニョーロ Lagotto Romagnolo
犬の一品種。別名ラゴット・ロマノロ, ロマニャ・ウォーター・ドッグ。体高 オス43～48cm, メス41～46cm。イタリアの原産。
¶最犬大(p360/カ写)

ラ

新犬種 (p116/カ写)
新世犬〔ラゴット〕(p165/カ写)
図世犬 (p277/カ写)
ビ犬〔ラゴット・ロマノロ〕(p231/カ写)

ラゴット・ロマノロ ⇒ラゴット・ロマニョーロを見よ

ラゴメラオオカナヘビ *Gallotia bravoana*
カナヘビ科の爬虫類。絶滅危惧IA類。㊕ラ・ゴメラ島(カナリー諸島のひとつ)
¶レ生 (p343/カ写)

ラサ・アプソ Lhasa Apso
犬の一品種。体高 オス25cm, メスはやや小さい。チベットの原産。
¶アルテ犬 (p128/カ写)
最犬大 (p395/カ写)
新犬種 (p26/カ写)
新世犬 (p324/カ写)
図世犬 (p306/カ写)
世文動 (p144/カ写)
ビ犬 (p271/カ写)

ラザコヒバリ *Alauda razae*
ヒバリ科の鳥。絶滅危惧IA類。全長 オス13cm, メス12cm。㊕カーボベルデ諸島の小島
¶絶百10 (p66/カ写)
レ生 (p344/カ写)

ラ

ラージ・ホワイト ⇒ダイヨークシャーを見よ

ラージ・ミュンスターレンダー Large Munsterlander
犬の一品種。別名グローサー・ミュンスターレンダー・フォルステフント, グローサー・ミュンスターレンダー・ホシュテーフント, グロース・ミュンスターレンダー, ラージ・モンスターランダー。体高 オス60～65cm, メス58～63cm。ドイツの原産。
¶最犬大 (p341/カ写)
新犬種〔グローサー(大型)・ミュンスターレンダー〕(p242/カ写)
新世犬〔ラージ・モンスターランダー〕(p164/カ写)
図世犬 (p254/カ写)
ビ犬 (p235/カ写)

ラージ・モンスターランダー ⇒ラージ・ミュンスターレンダーを見よ

ラジャマリーヌマガエル *Fejervarya kirtisinghei*
ヌマガエル科の両生類。全長2.5～4.5cm。
¶地球 (p363/カ写)

ラーチャー Lurcher
犬の一タイプ。コーシング・ドッグ(実際に狩猟を行う視覚ハウンド)とワーキング・ドッグのミックス犬。体高69～76cm。イギリスおよびアイルランドの原産。
¶最犬大 (p410/カ写)
新犬種 (p306/カ写)
ビ犬 (p290/カ写)

ラッカムコブトカゲ *Xenosaurus rackhami*
コブトカゲ科(アンギストカゲ科)の爬虫類。全長30cm前後。㊕メキシコ南部～グアテマラ
¶世爬 (p153/カ写)
爬両1800 (p233/カ写)
爬両ビ (p163/カ写)

ラッコ *Enhydra lutris* 海獺, 猟虎
イタチ科の哺乳類。絶滅危惧IA類(環境省レッドリスト)。体長75～120cm。㊕カリフォルニア沿岸, ロシア東部, アラスカ, オレゴン, ワシントン沿岸で再導入
¶遺産日 (哺乳類 No.7/カ写)
くら哺 (p81/カ写)
絶事 (p72/モ図)
絶百10 (p68/カ写)
世文動 (p161/カ写)
世哺 (p265/カ写)
地球 (p575/カ写)
日哺改 (p89/カ写)
日哺学フ (p47/カ写)

ラッセルスナボア ⇒ラフスナボアを見よ

ラッソ=フィニッシュ・ライカ Russo-Finnish Laika
犬の一品種。体高43～45cm。ロシアの原産。
¶新犬種 (p125/カ写)

ラッソ=ヨーロピアン・ライカ ⇒ロシアン・ヨーロピアン・ライカを見よ

ラット Rat
ネズミ科の哺乳類。野生のドブネズミを改良。頭胴長約25cm。
¶世文動 (p118/カ写)

ラット・テリア Rat Terrier
犬の一品種。別名アメリカン・ラット・テリア, スクウィレル・テリア, ファイスト。体高36～56cm。アメリカ合衆国の原産。
¶新犬種 (p87/カ写)
ビ犬 (p212/カ写)

ラッパチョウ *Psophia crepitans* 喇叭鳥
ラッパチョウ科の鳥。全長48～56cm。㊕ギアナ高地, ベネズエラ東部～エクアドル西部, ペルー北部, ブラジル・アマゾン川北部
¶世鳥卵 (p82/カ写, カ図)
地球 (p441/カ写)
鳥卵巣 (p155/カ写, カ図)

ラーテル *Mellivora capensis*
イタチ科の哺乳類。体長74～96cm。㊕アフリカ, アジア
¶世文動 (p159/カ写)

世哺(p260/カ写)
地球(p574/カ写)

ラトヴィアン・ハウンド Latvian Hound
犬の一品種。別名ラトヴィスカヤ・ゴンサーヤ。中型ロシアン・ハウンド。体高48cm。
¶新犬種〔ラトヴィアン・ハウンド/ラトヴィスカヤ・ゴンサーヤ〕(p234,235/カ写)

ラトヴィスカヤ・ゴンサーヤ ⇒ラトヴィアン・ハウンドを見よ

ラトウチガエル *Rana latouchii*
アカガエル科の両生類。体長4~7cm。㊋台湾,中国南東部
¶爬両1800(p411/カ写)

ラトウチサワヘビ ⇒シモフリサワヘビを見よ

ラトネロ・ド・パルマ Ratonero de La Palma
犬の一品種。スペインのパルマ島の原産。
¶最犬大(p85)

ラトネーロ・ボデグエロ・アンダルース ⇒アンダルシアン・マウス・ハンティング・テリアを見よ

ラナーハヤブサ *Falco biarmicus* ラナー隼
ハヤブサ科の鳥。全長39~48cm。㊋ヨーロッパ南東部,中東,アフリカの大部分の地域
¶世鳥大(p185)

ラバ *Equus asinus* × *Equus caballus* 騾馬
ウマ科の哺乳類。雄のロバと雌のウマの交配でできる一代雑種。体高1.1~1.5m。㊋ヨーロッパ
¶世文動(p186/カ写)
地球(p593/カ写)

ラバーボア *Charina bottae*
ボア科スナボア亜科の爬虫類。全長35~80cm。㊋アメリカ合衆国西部~北部,カナダ南西部
¶世爬(p174/カ写)
世文動(p285/カ写)
世ヘビ(p20/カ写)
地球(p390/カ写)
爬両1800(p264/カ写)
爬両ビ(p183/カ写)

ラパーム LePerm
猫の一品種。体重3.5~5.5kg。アメリカ合衆国の原産。
¶ビ猫〔ラパーム(ショートヘア)〕(p173/カ写)
ビ猫〔ラパーム(ロングヘア)〕(p251/カ写)

ラビジャハガエル *Odontophrynus lavillai*
ユビナガガエル科の両生類。体長5~7cm。㊋アルゼンチン,ボリビア
¶かえる百(p36/カ写)
カエル見(p111/カ写)
世両(p178/カ写)
爬両1800(p430/カ写)
爬両ビ(p294/カ写)

ラピンポロコイラ ⇒ラポニアン・ハーダーを見よ

ラフアオヘビ *Opheodrys aestivus*
ナミヘビ科ナミヘビ亜科の爬虫類。別名ラフアメリカアオヘビ,ラフグリーンスネーク。全長60~80cm。㊋アメリカ合衆国南部・東部,メキシコ東部
¶世爬(p193/カ写)
世ヘビ(p47/カ写)
地球〔ラフアメリカアオヘビ〕(p396/カ写)
爬両1800(p292/カ写)
爬両ビ(p204/カ写)

ラフアメリカアオヘビ ⇒ラフアオヘビを見よ

ラフェイロ・ド・アレンテージョ Rafeiro do Alentejo
犬の一品種。別名ポーチュギース・ウォッチドッグ。体高 オス66~74cm,メス64~70cm。ポルトガルの原産。
¶最犬大(p146/カ写)
新犬種〔ラフェイロ・ド・アレンテジョ〕(p309/カ写)
ビ犬〔ポーチュギース・ウォッチドッグ〕(p49/カ写)

ラフグリーンスネーク ⇒ラフアオヘビを見よ

ラフ・コリー Rough Collie
犬の一品種。体高 オス56~61cm,メス51~56cm。イギリスの原産。
¶アルテ犬(p176/カ写)
最犬大(p42/カ写)
新犬種〔コリー(ラフ)〕(p208/カ写)
新世犬〔コリー〕(p52/カ写)
図世犬〔ラフ・コリー/スムース・コリー〕(p64/カ写)
世文動〔コリー〕(p141/カ写)
地球(p565/カ写)
ビ犬(p52/カ写)

ラフスケールスナボア ⇒ラフスナボアを見よ

ラフスケールスネーク *Tropidechis carinatus*
コブラ科の爬虫類。全長75~100cm。㊋オーストラリア東部海岸域
¶世文動(p298/カ写)

ラフスナボア *Gongylophis conicus*
ボア科スナボア亜科の爬虫類。別名ラッセルスナボア,ラフスケールスナボア。全長40~80cm。㊋インド,スリランカ,ネパール,パキスタン
¶世爬(p173/カ写)
世ヘビ〔ラフスケールスナボア〕(p56/カ写)
爬両1800(p263/カ写)
爬両ビ(p182/カ写)

ラフ・フェル Rough Fell
羊の一品種。イギリスの原産。
¶日家(p130/カ写)

ラプラタカワイルカ *Pontoporia blainvillei* ラプラタ河海豚
ラプラタカワイルカ科(アマゾンカワイルカ科)の哺乳類。体長1.3～1.7m。 ㊕ブラジル南東部～アルゼンチン北部
¶**クイ百**(p254/カ図)
地球(p617/カ図)

ラプラタキュウバンアシナシイモリ *Chthonerpeton indistinctum*
ミズアシナシイモリ科の両生類。全長40～53cm。 ㊕アルゼンチン, ブラジル, ウルグアイ
¶**爬両1800**(p464/カ写)
爬両ビ(p320/カ写)

ラプラタムスラーナ *Clelia rustica*
ナミヘビ科ヒラタヘビ亜科の爬虫類。別名イナカムスラーナ。全長70cm前後。 ㊕ブラジル, ウルグアイ, パラグアイ, アルゼンチン
¶**爬両1800**(p281/カ写)

ラブラディンガー Labradinger
犬の一品種。別名スプリンガドール。ラブラドール・レトリバーとイングリッシュ・スプリンガー・スパニエルの交雑種。体高46～56cm。
¶**ビ犬**(p295/カ写)

ラブラドゥードル Labradoodle
犬の一品種。スタンダードプードルとラブラドール・レトリバーの交雑種。体高 53～61cm(スタンダード)。
¶**ビ犬**(p291/カ写)

ラブラドール・レトリーバー Labrador Retriever
犬の一品種。体高 オス56～57cm, メス54～56cm。カナダおよびイギリスの原産。
¶**アルテ犬**(p62/カ写)
最犬大(p350/カ写)
新犬種〔ラブラドール・リトリーバー〕(p205/カ写)
新世犬(p162/カ写)
図世犬(p278/カ写)
世文動〔ラブラドル・レトリーバー〕(p144/カ写)
ビ犬(p260/カ写)

ラブリッジクロアシナシスキンク *Melanoseps loveridgei*
スキンク科の爬虫類。全長13～16cm。 ㊕タンザニア南部, ザンビア北東部
¶**爬両1800**(p208/カ写)

ラボードカメレオン *Furcifer labordi*
カメレオン科の爬虫類。全長17～30cm。 ㊕マダガスカル西部～南西部
¶**爬両1800**(p124/カ写)

ラボ・トルト ⇒カォ・デ・フィラ・ダ・テルセイラを見よ

ラポニアン・ハーダー Lapponian Herder
犬の一品種。別名ラピンポロコイラ。体高 オス51±3cm, メス46±3cm。フィンランドの原産。
¶**最犬大**(p238/カ写)
新犬種〔ラピンポロコイラ〕(p146/カ写)
ビ犬(p109/カ写)

ラマ *Lama glama glama*
ラクダ科の哺乳類。別名リャマ。体高1.7～1.8m。 ㊕アンデス, ボリビア西部, チリ北東部, アルゼンチン北西部
¶**世文動**(p198/カ写)
地球(p609/カ写)

ラムキン・ドゥワーフ Lambkin Dwarf
猫の一品種。体重2～4kg。アメリカ合衆国の原産。
¶**ビ猫**(p153/カ写)

ラルットハヤセガエル ⇒ラルトハヤセガエルを見よ

ラルドハシリトカゲ *Aspidoscelis laredoensis*
テユー科の爬虫類。全長15～28cm。 ㊕アメリカ合衆国南部, メキシコ北部
¶**爬両1800**(p196/カ写)

ラルトハヤセガエル *Amolops larutensis*
アカガエル科の両生類。体長33～53mm。メスはオスより大きい。 ㊕マレー半島
¶**カエル見**(p86/カ写)
世カエ〔ラルットハヤセガエル〕(p302/カ写)
爬両1800(p416/カ写)

ラロマアシナシイモリ *Dermophis parviceps*
アシナシイモリ科の両生類。全長22cm。
¶**地球**(p365/カ写)

ランカシャー・ヒーラー Lancashire Heeler
犬の一品種。体高30cm。イギリスの原産。
¶**最犬大**(p45/カ写)
新犬種(p48/カ写)
ビ犬(p64/カ写)

ランカスターアマガエル *Hyla lancasteri*
アマガエル科の両生類。体長1.9～3.2cm。 ㊕アメリカ合衆国
¶**カエル見**(p35/カ写)

ランキンイシヤモリ *Strophurus rankini*
ヤモリ科イシヤモリ亜科の爬虫類。全長11～12cm。 ㊕オーストラリア西部
¶**ゲッコー**(p78/カ写)

ラングマルハナミミズトカゲ *Chirindia langi*
ミミズトカゲ科の爬虫類。全長17cm。
¶**地球**(p389/カ写)

ランデ Landais
馬の一品種(ポニー)。体高113～131cm。フランス

の原産。
¶アルテ馬（p248/カ写）

ランディ・ポニー Lundy Pony
馬の一品種（ポニー）。体高132cm。イギリスのランディ島の原産。
¶アルテ馬（p240/カ写）

ランド Landes
ガチョウの一品種（フォアグラ用）。体重6kg。フランス南西部のランド県の原産。
¶日家（p217/カ写）

ランドシーア Landseer
犬の一品種。体高 オス72〜80cm，メス67〜72cm。ドイツおよびスイスの原産。
¶最犬大〔ランドシーアー〕（p143/カ写）
新犬種〔ランドスィーア〕（p329/カ写）
新世犬（p106/カ写）
図世犬（p110/カ写）
ビ犬（p79/カ写）

ランドスィーア ⇒ランドシーアを見よ

ランドレース Landrace
豚の一品種。交雑豚。体重 オス330kg，メス270kg。デンマークの原産。
¶世文動（p196/カ写）
日家（p99/カ写）

ランブィエ・メリノー Rambouillet Merino
羊の一品種。フランスの原産。
¶世文動（p236/カ写）

ランプール・グレーハウンド Rampur Greyhound
犬の一品種。おそらくイングリッシュ・グレーハウンドとインド原産の犬の交配。体高56〜75cm。
¶ビ犬（p130/カ写）

【リ】

リオグランデクーター *Pseudemys gorzugi*
ヌマガメ科アミメガメ亜科の爬虫類。甲長19〜35cm。㊕アメリカ合衆国（ニューメキシコ州とテキサス州の南部），メキシコ北部
¶世カメ（p204/カ写）
世爬（p20/カ写）
爬両1800（p30/カ写）
爬両ビ（p16/カ写）

リオサンファンコヤスガエル *Pristimantis ridens*
Strabomantidae科の両生類。全長2〜4cm。
¶地球（p365/カ写）

リオバンバフクロアマガエル *Gastrotheca riobambae*
アマガエル科の両生類。体長5〜8cm。㊕コロンビア，エクアドル
¶カエル見（p41/カ写）
世カエ（p222/カ写）
世両（p67/カ写）
爬両1800（p382/カ写）

リオベニトユビナガガエル *Cardioglassa gracilis*
サエズリガエル科の両生類。全長3〜4cm。
¶地球（p352/カ写）

リオマグダレナヤドクガエル *Dendrobates truncatus*
ヤドクガエル科の両生類。別名キスジヤドクガエル，リンカクヤドクガエル。体長3.5〜4cm。㊕コロンビア
¶カエル見〔リンカクヤドクガエル〕（p94/カ写）
世カエ（p192/カ写）
爬両1800〔リンカクヤドクガエル〕（p423/カ写）

リカオン *Lycaon pictus*
イヌ科の哺乳類。絶滅危惧IB類。体長0.8〜1.4m。㊕サハラ砂漠以南のアフリカの大部分
¶遺産世（Mammalia No.27/カ写）
驚野動（p224/カ写）
絶百10（p70/カ写）
世文動（p136/カ写）
世哺（p233/カ写）
地球（p565/カ写）
野生イヌ（p82/カ写，カ図）
レ生（p347/カ写）

リゲンバッハクサガエル *Hyperolius riggenbachi*
クサガエル科の両生類。体長3〜4cm。㊕カメルーン，ナイジェリア
¶カエル見（p54/カ写）
爬両1800（p392/カ写）

リザードカナリア Lizard Canary
アトリ科の鳥。カナリアの一品種。
¶鳥飼（p104/カ写）

リシュノーナキヤモリ *Hemidactylus leschenaultii*
ヤモリ科の爬虫類。全長8〜12cm。㊕インド南部，スリランカ，パキスタン
¶爬両1800（p132/カ写）

リシンツブハダキガエル ⇒スベツブハダキガエルを見よ

リスアマガエル *Hyla squirella*
アマガエル科の両生類。別名リスノコエアマガエル。体長2〜3.7cm。㊕アメリカ合衆国
¶カエル見（p32/カ写）
爬両1800（p372/カ写）

リスカッコウ *Piaya cayana* 栗鼠郭公
ホトトギス科の鳥。全長46cm。
¶世鳥大（p276/カ写）

リスザル ⇒コモンリスザルを見よ

リスノコエアマガエル ⇒リスアマガエルを見よ

リーゼンシュナウツァー ⇒ジャイアント・シュナウザーを見よ

リーチュエ *Kobus leche*
ウシ科の哺乳類。体高85〜110cm。㊐アフリカ中央部
¶**驚野動**(p221/カ写)
世哺(p359/カ写)
地球(p602/カ写)

リッチモンドサラマンダー *Plethodon richmondi*
ムハイサラマンダー科の両生類。全長8〜14cm。㊐アメリカ合衆国東部
¶**爬両1800**(p444/カ写)

リトアニアン・ハウンド Lithuanian Hound
犬の一品種。別名リトフスカヤ・ゴンサーヤ。中型ロシアン・ハウンド。体高60cm。
¶**新犬種**〔リトアニアン・ハウンド/リトフスカヤ・ゴンサーヤ〕(p234,235/カ写)

リードバック *Redunca arundinum*
ウシ科の哺乳類。体高65〜105cm。㊐タンザニア, アンゴラ
¶**世文動**(p219/カ写)
地球(p601/カ写)

リトフスカヤ・ゴンサーヤ ⇒リトアニアン・ハウンドを見よ

リトル・ライオン・ドッグ ⇒ローシェンを見よ

リバークーター *Pseudemys concinna*
ヌマガメ科アミメガメ亜科の爬虫類。甲長15〜41cm。㊐アメリカ合衆国南部, メキシコ
¶**原爬両**〔リバークータ〕(No.12/カ写)
世カメ(p201/カ写)
爬両飼(p149/カ写)
爬両1800(p29/カ写)
爬両ビ(p15/カ写)

リビアネコ ⇒リビアヤマネコを見よ

リビアヤマネコ *Felis silvestris lybica* リビア山猫
ネコ科の哺乳類。ヨーロッパヤマネコの亜種。イエネコの先祖とされる。体長45〜73cm。㊐アフリカ, ヨーロッパ南部, 西アジア
¶**世文動**(p165/カ写)
日家〔リビアネコ〕(p236/カ写)

リピッツァナ Lipizzaner
馬の一品種。軽量馬。体高151〜162cm。オーストリアの原産。
¶**アルテ馬**〔リピッツァナー〕(p94/カ写)
日家(p44/カ写)

リビングストンエボシドリ *Tauraco livingstonii*
リビングストン鳥帽子鳥
エボシドリ科の鳥。全長40〜43cm。㊐アフリカ南東部
¶**原色鳥**(p68/カ写)

リピントカゲの1種 *Lipinia* sp.
スキンク科の爬虫類。全長10cm前後。㊐フィリピン
¶**爬両1800**(p202/カ写)

リーブクサガメ ⇒クサガメを見よ

リーブスクサガメ ⇒クサガメを見よ

リーブススベトカゲ *Scincella reevesii*
スキンク科の爬虫類。全長13〜15cm。㊐中国南部〜インドシナ
¶**爬両1800**(p202/カ写)

リーブスバタフライアガマ *Leiolepis reevesii*
アガマ科の爬虫類。全長35〜50cm。㊐中国南部, カンボジア, ベトナム
¶**爬両1800**(p106/カ写)
爬両ビ(p87/カ写)

リーフチビヤモリ *Sphaerodactylus notatus*
ヤモリ科チビヤモリ亜科の爬虫類。全長4〜6cm。㊐西インド諸島
¶**ゲッコー**(p103/カ写)
世爬(p125/カ写)
爬両1800(p178/カ写)
爬両ビ(p126/カ写)

リブラータイシガメ ⇒ギリシャイシガメを見よ

リベリアカバ ⇒コビトカバを見よ

リーボック *Pelea capreolus*
ウシ科の哺乳類。肩高76cm。㊐南アフリカ
¶**世文動**(p219/カ写)

リボンマブヤ *Trachylepis vittata*
スキンク科の爬虫類。全長15cm前後。㊐アフリカ大陸北部〜アラビア半島北部, トルコなど
¶**爬両1800**(p204/カ写)

リムガゼル *Gazella leptoceros*
ウシ科の哺乳類。頭胴長100〜110cm。㊐アルジェリア, リビア, エジプト, チャド中央部
¶**世文動**(p228/カ写)

リモンアマガエルモドキ *Sachatamia ilex*
アマガエルモドキ科の両生類。全長2.5〜3.5cm。
¶**地球**(p353/カ写)

リモンコヤスガエル *Pristimantis cerasinus*
Strabomantidae科の両生類。全長1.5〜3.5cm。
¶**地球**(p365/カ写)

リャノバゼットガエル ⇒ネコメタピオカガエルを見よ

リャノヨコクビガメ ⇒サバンナヨコクビガメを見よ

リャマ ⇒ラマを見よ

リュウキュウアオガエル(1) ⇒アマミアオガエルを見よ

リュウキュウアオガエル(2) ⇒オキナワアオガエルを見よ

リュウキュウアオバズク *Ninox scutulata totogo* 琉球青葉木菟, 琉球緑葉木菟
フクロウ科の鳥。アオバズクの亜種。㊟奄美大島以南の南西諸島, 大東諸島で留鳥として生息
¶**鳥比**(p24/カ写)
名鳥図(p151/カ写)
日野鳥新(p401/カ写)
山溪名鳥(p14/カ写)

リュウキュウアオヘビ *Cyclophiops semicarinatus* 琉球青蛇
ナミヘビ科ナミヘビ亜科の爬虫類。日本固有種。全長70〜80cm。㊟琉球列島, トカラ列島
¶**原爬両**(No.91/カ写)
世爬(p194/カ写)
世文動(p290/カ写)
日カメ(p210/カ写)
爬両観(p150/カ写)
爬両飼(p39/カ写)
爬両1800(p292/カ写)
爬両ビ(p204/カ写)
野日爬(p33,61,155/カ写)

リュウキュウアカガエル *Rana ulma* 琉球赤蛙
アカガエル科の両生類。準絶滅危惧(環境省レッドリスト)。日本固有種。体長3.4〜4.9cm。㊟奄美諸島, 沖縄諸島
¶**カエル見**(p84/カ写)
原爬両(No.124/カ写)
絶事(p14,178/カ写, モ図)
日カサ(p69/カ写)
爬両飼(p175/カ写)
爬両1800(p412/カ写)
爬両ビ(p276/カ写)
野日両(p33,77,154/カ写)

リュウキュウアカショウビン *Halcyon coromanda bangsi* 琉球赤翡翠
カワセミ科の鳥。アカショウビンの亜種。㊟沖縄
¶**原寸羽**(p205/カ写)
名鳥図(p161/カ写)
日色鳥(p66/カ写)
日鳥山新(p102/カ写)
日鳥山増(p106/カ写)
日野鳥新(p409/カ写)
日野鳥増(p421/カ写)
ぱっ鳥(p228/カ写)
羽根決(p234/カ写, カ図)
野鳥学フ(p116/カ写)
野鳥山フ(p253/カ写)
山溪名鳥(p25/カ写)

リュウキュウイノシシ *Sus scrofa riukiuanus* 琉球猪
イノシシ科の哺乳類。頭胴長95〜110cm, 肩高65〜70cm。㊟奄美大島, 徳之島, 沖縄島, 石垣島, 西表島
¶**日家**(p97/カ写)
日哺学フ(p194/カ写)

リュウキュウイボイモリ ⇒イボイモリを見よ

リュウキュウオオコノハズク *Otus lempiji pryeri* 琉球大木葉木菟, 琉球大木葉梟
フクロウ科の鳥。絶滅危惧II類(環境省レッドリスト)。全長25cm。㊟沖縄本島, 屋我地島, 八重山諸島
¶**絶鳥事**(p54/モ図)
日野鳥新(p395/カ写)
日野鳥増(p373/カ写)

リュウキュウカジカガエル *Buergeria japonica* 琉球河鹿蛙
アオガエル科の両生類。体長2.5〜3.5cm。㊟日本(南西諸島), 台湾
¶**カエル見**(p51/カ写)
原爬両(No.157/カ写)
世文動〔リュウキュウカジカ〕(p335/カ写)
世両(p85/カ写)
日カサ(p162/カ写)
爬両観(p108/カ写)
爬両飼(p199/カ写)
爬両1800(p390/カ写)
野日両(p45,95,190/カ写)

リュウキュウガモ *Dendrocygna javanica* 琉球鴨
カモ科の鳥。全長41cm。
¶**世文鳥**(p65/カ写)
鳥比(p214/カ写)
鳥650(p44/カ写)
日カモ(p32/カ写, カ図)
フ日野新(p38/カ図)
フ日野増(p38/カ図)
フ野鳥(p18/カ図)

リュウキュウカラスバト *Columba jouyi* 琉球烏鳩
ハト科の鳥。絶滅種(環境省レッドリスト)。全長45cm。㊟沖縄本島と周辺の島, 大東諸島
¶**絶鳥事**(p64/モ図)
世文鳥(p169/カ図)
フ日野新(p198/カ図)
フ日野増(p198/カ図)
フ野鳥(p64/カ図)

リ

リュウキュウキジバト *Streptopelia orientalis stimpsoni* 琉球雉鳩
ハト科の鳥。キジバトの亜種。
¶名鳥図(p145/カ写)
日鳥山新(p28/カ写)
日鳥山増(p74/カ写)
日野鳥新(p104/カ写)
日野鳥増(p397/カ写)
山溪名鳥(p123/カ写)

リュウキュウキノボリトカゲ *Japalura polygonata*
アガマ科の爬虫類。全長18〜20cm前後。㊎日本(琉球諸島), 台湾北部
¶世爬(p77/カ写)
世文動(p265/カ写)
爬両1800(p98/カ写)
爬両ビ(p81/カ写)

リュウキュウキビタキ *Ficedula narcissina owstoni* 琉球黄鶲
ヒタキ科の鳥。キビタキの亜種。
¶原寸羽(p257/カ写)
日鳥山新(p295/カ写)
日鳥山増(p248/カ写)
日野鳥新(p569/カ写)
日野鳥増(p537/カ写)

リュウキュウケン Ryukyu 琉球犬
犬の一品種。体高 オス48〜52cm, メス47cm。沖縄県の原産。
¶日家〔琉球犬〕(p232/カ写)

リュウキュウコゲラ *Dendrocopos kizuki nigrescens* 琉球小啄木鳥
キツツキ科の鳥。㊎沖縄諸島
¶日野鳥新(p419/カ写)
日野鳥増(p429/カ写)

リュウキュウコノハズク *Otus elegans* 琉球木葉木菟, 琉球木葉梟
フクロウ科の鳥。全長22cm。
¶くら鳥(p73/カ写)
原寸羽(p188/カ写)
四季鳥(p117/カ写)
巣と卵決(p238/カ写)
鳥卵巣(p230/カ写, カ図)
鳥比(p26/カ写)
鳥650(p422/カ写)
名鳥図(p153/カ写)
日ア鳥(p354/カ写)
日鳥識(p200/カ写)
日鳥巣(p110/カ写)
日鳥山新(p91/カ写)
日鳥山増(p93/カ写)
日野鳥新(p394/カ写)
日野鳥増(p372/カ写)
ぱっ鳥(p220/カ写)
羽根決(p218/カ写, カ図)
フ日野新(p190/カ図)
フ日野増(p190/カ図)
フ野鳥(p246/カ図)
山溪名鳥(p167/カ写)

リュウキュウサンコウチョウ *Terpsiphone atrocaudata illex* 琉球三光鳥
カササギヒタキ科の鳥。サンコウチョウの亜種。全長 オス45cm前後, メス18cm前後。㊎奄美大島〜沖縄県
¶名鳥図(p212/カ写)
日野鳥新(p445/カ写)
日野鳥増(p547/カ写)
羽根決(p392/カ写, カ図)
山溪名鳥(p178/カ写)

リュウキュウサンショウクイ *Pericrocotus divaricatus tegimae* 琉球山椒喰
サンショウクイ科の鳥。サンショウクイの亜種。㊎奄美諸島, 沖縄
¶日鳥山新(p133/カ写)
日鳥山増(p156/カ写)
日野鳥新(p442/カ写)
日野鳥増(p470/カ写)
山溪名鳥(p179/カ写)

リュウキュウズアカアオバト *Sphenurus formosae permagnus* 琉球頭赤青鳩
ハト科の鳥。ズアカアオバトの亜種。㊎奄美大島〜沖縄本島
¶日野鳥増(p403/カ写)
山溪名鳥(p15/カ写)

リュウキュウツバメ *Hirundo tahitica* 琉球燕
ツバメ科の鳥。全長14cm。㊎西はインド南部, 北は日本の奄美諸島, 東は南西大西洋のトンガ, 南はオーストラリアのタスマニア島
¶四季鳥(p118/カ写)
巣と卵決(p107/カ写, カ図)
世文鳥(p198/カ写)
鳥比(p101/カ写)
鳥650(p524/カ写)
名鳥図(p171/カ写)
日ア鳥(p441/カ写)
日鳥識(p240/カ写)
日鳥巣(p150/カ写)
日鳥山新(p179/カ写)
日鳥山増(p134/カ写)
日野鳥新(p488/カ写)
日野鳥増(p448/カ写)
ぱっ鳥(p274/カ写)
羽根決(p389/カ写, カ図)
ひと目鳥(p159/カ写)
フ日野新(p218/カ図)
フ日野増(p218/カ図)
フ野鳥(p300/カ図)

野鳥学フ（p14/カ写）
野鳥山フ（p47,269/カ図，カ写）
山溪名鳥（p233/カ写）

リュウキュウツミ *Accipiter gularis iwasakii* 琉球雀鷹，琉球雀鷂
タカ科の鳥。ツミの亜種。絶滅危惧IB類（環境省レッドリスト）。全長31〜39cm。㊕石垣島，西表島
¶絶鳥事（p130/モ図）
名鳥図（p126/カ写）
日鳥山新（p70/カ写）
日鳥山増（p28/カ写）
日野鳥新（p373/カ写）
ワシ（p76/カ写）

リュウキュウテングコウモリ *Murina ryukyuana* 琉球天狗蝙蝠
ヒナコウモリ科の哺乳類。頭胴長44〜47mm。㊕沖縄島，徳之島，奄美大島
¶くら哺（p52/カ写）
日哺改（p60/カ写）
日哺学フ（p180/カ写）

リュウキュウトカゲ *Plestiodon marginatus* 琉球蜥蜴，琉球石竜子
スキンク科の爬虫類。全長19〜20cm。㊕奄美諸島，トカラ列島，沖縄諸島
¶爬両1800（p199/カ写）

リュウキュウトカゲモドキ *Goniurosaurus kuroiwae* 琉球蜥蜴擬
ヤモリ科トカゲモドキ亜科の爬虫類。全長15〜18cm。㊕沖縄諸島，徳之島
¶世文動（p261/カ写）
爬両1800（p174〜176/カ写）

リュウキュウヒクイナ *Porzana fusca phaeopyga* 琉球緋水鶏，琉球緋秧鶏
クイナ科の鳥。ヒクイナの亜種。
¶名鳥図（p69/カ写）
日色鳥（p19/カ写）
日鳥水増（p176/カ写）
日野鳥新（p191/カ写）
日野鳥増（p221/カ写）

リュウキュウヒヨドリ *Hypsipetes amaurotis pryeri* 琉球鵯
ヒヨドリ科の鳥。ヒヨドリの亜種。㊕沖縄諸島，宮古諸島
¶羽根決（p261/カ写，カ図）

リュウキュウベニヘビ *Sinomicrurus japonicus* 琉球紅蛇
コブラ科の爬虫類。全長30〜60cm。㊕奄美諸島，沖縄諸島
¶世文動（p297/カ写）
爬両1800（p340/カ写）

リュウキュウメジロ *Zosterops japonicus loochooensis* 琉球目白
メジロ科の鳥。メジロの亜種。
¶名鳥図（p218/カ写）
日鳥山新（p210/カ写）
日鳥山増（p269/カ写）
日野鳥新（p510/カ写）
日野鳥増（p560/カ写）

リュウキュウヤマガメ *Geoemyda japonica* 琉球山亀
アジアガメ科（イシガメ（バタグールガメ）科）の爬虫類。絶滅危惧II類（環境省レッドリスト），天然記念物。日本固有種。甲長15cm前後まで。㊕沖縄島北部，久米島，渡嘉敷島
¶原爬両（No.6/カ写）
世カメ（p296/カ写）
絶事（p6,110/カ写，モ図）
世文動（p247/カ写）
日カメ（p30/カ写）
爬両観（p129/カ写）
爬両飼（p144/カ写）
爬両1800（p45/カ写）
野日爬（p15,47,78/カ写）

リュウキュウヤマガメ×ヤエヤマセマルハコガメ ⇒ヤエヤマセマルハコガメ×リュウキュウヤマガメを見よ

リュウキュウヤマガメ×ヤエヤマミナミイシガメ *Geoemyda japonica × Mauremys mutica kami* 琉球山亀×八重山南石亀
アジアガメ科の爬虫類。リュウキュウヤマガメとヤエヤマセマルハコガメの交雑個体。
¶爬両1800〔交雑個体（リュウキュウヤマガメ×ヤエヤマミナミイシガメ）〕（p45/カ写）

リュウキュウユビナガコウモリ *Miniopterus fuscus* 琉球指長蝙蝠
ヒナコウモリ科の哺乳類。別名コユビナガコウモリ。絶滅危惧IB類（環境省レッドリスト）。前腕長4.3〜4.5cm。㊕奄美諸島，沖永良部島，沖縄島，久米島，石垣島，西表島
¶くら哺（p51/カ写）
絶事（p54/モ図）
日哺改〔コユビナガコウモリ〕（p57/カ写）
日哺学フ〔コユビナガコウモリ〕（p181/カ写）

リュウキュウヨシゴイ *Ixobrychus cinnamomeus* 琉球葦五位，琉球葭五位
サギ科の鳥。全長40cm。㊕東アジア〜インド，フィリピン，スンダ列島。日本では南西諸島
¶原寸羽（p27/カ写）
四季鳥（p117/カ写）
世文鳥（p49/カ写）
鳥比（p259/カ写）
鳥650（p158/カ写）
名鳥図（p25/カ写）

日ア鳥（p135/カ写）
日鳥識（p114/カ写）
日鳥水増（p75/カ写）
日野鳥新（p145/カ写）
日野鳥増（p199/カ写）
羽根決（p29/カ写，カ図）
ひと目鳥（p98/カ写）
フ日野新（p106/カ図）
フ日野増（p106/カ図）
フ野鳥（p96/カ図）
野鳥山フ（p13,80/カ図，カ写）
山溪名鳥（p337/カ写）

リュウサンショウウオ *Liua shihi*
サンショウウオ科の両生類。全長11～20cm。㊕中国中部
¶世両（p189/カ写）
爬両1800（p437/カ写）

リュウジンジドリ 龍神地鶏
鶏の一品種。体重 オス1.65kg，メス1.2kg。和歌山県の原産。
¶日家〔龍神地鶏〕（p152/カ写）

リュウヒゲガエル *Leptobrachium liui*
コノハガエル科の両生類。体長7～9cm。㊕中国東部～南東部
¶カエル見（p17/カ写）
世両（p21/カ写）
爬両1800（p362/カ写）

リョコウバト *Ectopistes migratorius* 旅行鳩
ハト科の鳥。絶滅種。全長約40cm。㊕カナダの中南部～アメリカのルイジアナ州・フロリダ州
¶鳥卵巣（p220/カ写，カ図）

リルフォードカベカナヘビ *Podarcis lilfordi*
カナヘビ科の爬虫類。全長18～20cm。㊕スペイン（バレアス諸島）
¶爬両1800（p187/カ写）

リーワードチビヤモリ *Sphaerodactylus sputator*
ヤモリ科チビヤモリ亜科の爬虫類。全長4～6cm。㊕小アンティル諸島
¶ゲッコー（p104/カ写）
爬両1800（p179/カ写）

リンカクヤドクガエル ⇒リオマグダレナヤドクガエルを見よ

リンカーン Lincoln
羊の一品種。体重 オス120～150kg，メス80～110kg。イギリスの原産。
¶日家（p123/カ写）

リンカントカゲ *Apterygodon vittatus*
スキンク科の爬虫類。頭胴長6～9cm。㊕ポルトガル
¶世文動（p273/カ写）

リングツリーボア *Corallus annulatus*
ボア科の爬虫類。全長120～130cm。㊕ベリーズ～パナマまでの中米，コロンビア，エクアドル
¶爬両1800（p259/カ写）
爬両ビ（p179/カ写）

リングブラウンスネーク *Pseudonaja modesta*
コブラ科の爬虫類。全長50cm。㊕オーストラリア
¶地球（p397/カ写）

【ル】

ルイジアナ・カタフーラ・レオパード・ドッグ ⇒カタフーラ・レオパード・ドッグを見よ

ルイジアナ・カタフーラ・レパード・ドッグ ⇒カタフーラ・レオパード・ドッグを見よ

ルイジアナコーンスネーク *Elaphe slowinskii*
ナミヘビ科ナミヘビ亜科の爬虫類。全長80～120cm。㊕アメリカ合衆国（ルイジアナ州・テキサス州東部）
¶爬両1800（p320/カ写）
爬両ビ（p230/カ写）

ルイジアナパインヘビ *Pituophis ruthveni*
ナミヘビ科ナミヘビ亜科の爬虫類。全長120～200cm。㊕アメリカ合衆国（ルイジアナ州・テキサス州）
¶爬両1800（p305/カ写）

ルーカス・テリア Lucas Terrier
犬の一品種。体高23～30cm。イギリスの原産。
¶新犬種（p52/カ写）
ビ犬（p293/カ写）

ルサジカ *Rusa timorensis*
シカ科の哺乳類。体高83～110cm。㊕インドネシアの島々
¶地球（p596/カ写）

ルシターノ Lusitano
馬の一品種。軽量馬。体高150～160cm。ポルトガルの原産。
¶アルテ馬（p52/カ写）
日家（p45/カ写）

ルースカヤ・コンサーヤ ⇒ロシアン・ハウンドを見よ

ルスカーヤ・ゴンチャーヤ ⇒ロシアン・ハウンドを見よ

ルスカヤ・ソヴァヤ・ボルゾイ ⇒ボルゾイを見よ

ルスカヤ・ツベトナヤ・ボロンカ ⇒ボロンカを見よ

ルスカーヤ・ピゴーヤ・ゴンチャーヤ ⇒ロシアン・パイボールド・ハウンドを見よ

ルースカヤ・ペガーヤ・ゴンサーヤ ⇒ロシアン・パイボールド・ハウンドを見よ

ルスキー・チョルニー・テリア ⇒ロシアン・ブラック・テリアを見よ

ルスキー・トイ ⇒ロシアン・トイ・テリアを見よ

ルースコ・エウロペイスカヤ・ライカ ⇒ロシアン・ヨーロピアン・ライカを見よ

ルーズベルトチビヤモリ *Sphaerodactylus roosevelti*
ヤモリ科チビヤモリ亜科の爬虫類。全長5～7cm。㊕プエルトリコ, ジャマイカ
¶**ゲッコー**(p105/カ写)

ルスベンキングスネーク ⇒ルスベンキングヘビを見よ

ルスベンキングヘビ *Lampropeltis ruthveni*
ナミヘビ科ナミヘビ亜科の爬虫類。別名ルスベンキングスネーク。全長70～85cm。㊕メキシコ(ケレタロ州・ハリスコ州)
¶**世ヘビ**〔ルスベンキングスネーク〕(p29/カ写)
地球(p394/カ写)
爬両1800(p330/カ写)
爬両ビ(p234/カ写)

ルソンカサントウ *Ptyas luzonensis*
ナミヘビ科ナミヘビ亜科の爬虫類。全長250～300cm。㊕フィリピン
¶**爬両1800**(p300/カ写)

ルソンキメハダヤモリ *Pseudogekko brevipes*
ヤモリ科ヤモリ亜科の爬虫類。全長8～10cm。㊕フィリピン
¶**ゲッコー**(p31/カ写)
爬両1800(p135/カ写)

ルディスカメレオン *Trioceros rudis*
カメレオン科の爬虫類。全長15～18cm。㊕ウガンダ, ルワンダ, ザイール, ブルンジ
¶**爬両ビ**(p93/カ写)

ルビーキクイタダキ *Regulus calendula* ルビー菊戴
キクイタダキ科の鳥。全長11cm。㊕北アメリカ, アラスカ北西部～南はアリゾナ州, ノヴァスコシアに至る東カナダにも。南下しメキシコ北部までの地域で越冬
¶**地球**(p491/カ写)

ルビダヤマガメ *Rhinoclemmys rubida*
アジアガメ科(イシガメ(バタグールガメ)科)の爬虫類。甲長15cm前後。㊕メキシコ南西部
¶**世カメ**(p306/カ写)
爬両1800(p47～48/カ写)
爬両ビ(p24/カ写)

ルビッツル・マージャル・ビズラ ⇒ショートヘアード・ハンガリアン・ビズラを見よ

ルビートパーズハチドリ *Chrysolampis mosquitus* ルビートパーズ蜂鳥
ハチドリ科マルオハチドリ亜科の鳥。全長8～9cm。㊕トリニダード・トバゴ, 南アメリカ北・中部
¶**世鳥大**(p295/カ写)
世美羽(p69/カ写)
地球(p470/カ写)
ハチドリ(p73/カ写)

ルビーハチドリ *Clytolaema rubricauda* ルビー蜂鳥
ハチドリ科ミドリフタオハチドリ亜科の鳥。全長7cm。
¶**地球**(p470/カ写)
ハチドリ(p199/カ写)

ルーポ・イタリアーノ Lupo Italiano
犬の一品種。イタリアの原産。
¶**新犬種**(p303)

ルーマニアン・シェパード・ドッグ(1) Romanian Shepherd Dog
犬の一タイプ。代表的なものは「カルパチアン」「ブコヴィナ」「ミオリティック」。体高59～78cm。ルーマニアの原産。
¶**ビ犬**(p70/カ写)

ルーマニアン・シェパード・ドッグ(2) ⇒カルパチアン・シェパード・ドッグを見よ

ルーマニアン・シェパード・ドッグ(3) ⇒ブコヴィナ・シェパード・ドッグを見よ

ルーマニアン・シェパード・ドッグ(4) ⇒ルーマニアン・ミオリティック・シェパード・ドッグを見よ

ルーマニアン・ミオリティック・シェパード・ドッグ Romanian Mioritic Shepherd Dog
犬の一品種。別名チョバネス・ロマネス・ミオリティック, ミオリティッチ・シープドッグ。牧畜犬。体高 オス70～75cm, メス65～70cm。ルーマニアの原産。
¶**最犬大**(p98/カ写)
新犬種〔ミオリティッチ・シープドッグ〕(p321/カ写)
ビ犬〔ルーマニアン・シェパード・ドッグ〕(p70/カ写)

ルーマニアン・レイヴン・シェパード Romanian Raven Shepherd
犬の一品種。別名チョバネスク・ロマネスク・コル。体高 オス70～80cm, メス65～75cm。ルーマニアの原産。
¶**最犬大**(p157/カ写)

ルリイカル *Passerina caerulea* 瑠璃桑鳲, 瑠璃斑鳩, 瑠璃鶍
ショウジョウコウカンチョウ科(コウカンチョウ科)の鳥。全長15～19cm。㊕北アメリカ, 中央ア

メリカ, キューバ, ハイチ
¶原色鳥(p103/カ写)
世鳥大(p485/カ写)

ルリイロオオハシモズ ⇒ルリイロマダガスカルモズを見よ

ルリイロマダガスカルモズ *Cyanolanius madagascarinus* 瑠璃色マダガスカル百舌
オオハシモズ科の鳥。別名ルリイロオオハシモズ。全長16〜19cm。㊐マダガスカル島, コモロ島
¶原色鳥〔ルリイロオオハシモズ〕(p129/カ写)
世鳥大(p376)

ルリオエメラルドハチドリ *Amazilia cyanura* 瑠璃尾エメラルド蜂鳥
ハチドリ科ハチドリ亜科の鳥。全長9〜10cm。
¶ハチドリ(p267/カ写)

ルリオオサンショウクイ *Coracina azurea* 瑠璃大山椒食
サンショウクイ科の鳥。全長21cm。㊐西アフリカ, 中央アフリカ
¶原色鳥(p119/カ写)

ルリオーストラリアムシクイ *Malurus cyaneus* 瑠璃オーストラリア虫食, 瑠璃オーストラリア虫喰
オーストラリアムシクイ科の鳥。全長15〜20cm。㊐オーストラリア南東部, タスマニア島
¶原色鳥(p105/カ写)
世鳥大(p361/カ写)
世鳥卵(p197/カ写, カ図)
鳥卵巣(p306/カ写, カ図)

ルリオタイヨウチョウ *Aethopyga gouldiae* 瑠璃尾太陽鳥
タイヨウチョウ科の鳥。全長10〜15cm。㊐ヒマラヤ, 東南アジア北部, 中国
¶原色鳥(p34/カ写)
世鳥大(p451/カ写)
世鳥ネ(p318/カ写)
世美羽(p84/カ写, カ図)

ルリオハチクイ ⇒ハリオハチクイを見よ

ルリカケス *Garrulus lidthi* 瑠璃樫鳥, 瑠璃懸巣, 瑠璃掛子
カラス科の鳥。絶滅危惧II類, 天然記念物。全長38cm。㊐奄美大島
¶遺産世(Aves No.34/カ写)
原寸羽(p296/カ写)
里山鳥(p229/カ写)
四季鳥(p121/カ写)
巣と卵決(p206/カ写, カ図)
世鳥大(p392)
世文鳥(p271/カ写)
鳥比(p88/カ写)
鳥650(p489/カ写)
名鳥図(p240/カ写)
日ア鳥(p411/カ写)
日色鳥(p39/カ写)
日鳥識(p226/カ写)
日鳥巣(p302/カ写)
日鳥山新(p151/カ写)
日鳥山増(p340/カ写)
日野鳥新(p454/カ写)
日野鳥増(p620/カ写)
ぱっ鳥(p254/カ写)
バード(p85/カ写)
羽根決(p357/カ写, カ図)
ひと目鳥(p226/カ写)
フ日野新(p298/カ図)
フ日野増(p298/カ図)
フ野鳥(p282/カ図)
野鳥学フ(p125/カ写)
野鳥山フ(p61,369/カ図, カ写)
山溪名鳥(p342/カ写)

ルリカザリドリ *Cotinga nattererii* 瑠璃飾鳥
カザリドリ科の鳥。全長18〜20cm。㊐パナマ〜エクアドル, ベネズエラ
¶原色鳥(p130/カ写)

ルリガシラセイキチョウ *Uraeginthus cyanocephalus* 瑠璃頭青輝鳥
カエデチョウ科の鳥。体長13cm。㊐ソマリア〜ケニアおよびタンザニア
¶鳥飼(p88/カ写)

ルリガシラハシリブッポウソウ *Atelornis pittoides* 瑠璃頭走仏法僧
ジブッポウソウ科の鳥。全長26cm。
¶地球(p473/カ写)

ルリガラ *Cyanistes cyanus* 瑠璃雀
シジュウカラ科の鳥。全長13cm。
¶鳥650(p512/カ写)
日ア鳥(p429/カ写)
フ日野新(p336/カ図)
フ日野増(p334/カ図)
フ野鳥(p292/カ図)

ルリゴシインコ *Psittinus cyanurus* 瑠璃腰鸚哥
インコ科の鳥。全長18cm。
¶世鳥大(p260/カ写)
鳥卵巣(p222/カ写, カ図)

ルリコシボタンインコ *Agapornis fischeri* 瑠璃腰牡丹鸚哥
インコ科の鳥。大きさ14〜15cm。㊐アフリカ
¶鳥飼(p125/カ写)

ルリコノハドリ *Irena puella* 瑠璃木葉鳥
ルリコノハドリ科の鳥。全長21〜26cm。㊐東南アジア, ジャワ, ボルネオ
¶原色鳥(p154/カ写)
世鳥大(p422/カ写)

ル

世鳥卵 (p166/カ写, カ図)
世鳥ネ (p288/カ写)
世美羽 (p90/カ写, カ図)
地球 (p491/カ写)
鳥飼 (p115/カ写)

ルリコンゴウインコ *Ara ararauna* 瑠璃金剛鸚哥
インコ科の鳥。全長85cm。㊕南アメリカ中央部
¶原色鳥 (p169/カ写)
世鳥大 (p264/カ写)
世鳥ネ (p181/カ写)
世美羽 (p60/カ写)
地球〔ルリコンゴウ〕(p459/カ写)
鳥飼 (p165/カ写)
鳥卵巣 (p225/カ写, カ図)

ルリサンジャク *Cyanocorax chrysops* 瑠璃山鵲
カラス科の鳥。㊕アマゾン川以南のブラジル～ボリビア, パラグアイ, アルゼンチン北部
¶世鳥卵 (p243/カ写, カ図)

ルリツグミ *Sialia sialis* 瑠璃鶫
ツグミ科の鳥。全長16～21cm。㊕北アメリカ東部, 中央アメリカ
¶原色鳥 (p117/カ写)
世鳥大 (p437/カ写)
世鳥ネ (p306/カ写)
地球 (p493/カ写)

ルリノジコ *Passerina cyanea* 瑠璃野路子
ショウジョウコウカンチョウ科の鳥。全長14cm。㊕北アメリカ, 中央アメリカ
¶原色鳥 (p101/カ写)
世色鳥 (p41/カ写)
地球 (p499/カ写)

ルリノドインカハチドリ *Coeligena violifer* 瑠璃喉インカ蜂鳥
ハチドリ科ミドリフタオハチドリ亜科の鳥。全長13～14.5cm。
¶ハチドリ (p370)

ルリノドシロメジリハチドリ *Lampornis clemenciae* 瑠璃喉白目尻蜂鳥
ハチドリ科ハチドリ亜科の鳥。全長12cm。
¶地球 (p470/カ写)
ハチドリ (p306/カ写)

ルリノドハチクイ *Merops viridis* 瑠璃喉蜂食, 瑠璃喉蜂喰
ハチクイ科の鳥。㊕中国～東南アジア
¶世美羽 (p71/カ写)

ルリノドハチドリ *Lepidopyga coeruleogularis* 瑠璃喉蜂鳥
ハチドリ科ハチドリ亜科の鳥。全長8.5～9.5cm。
¶ハチドリ (p281/カ写)

ルリハコバシチメドリ *Minla cyanouroptera* 瑠璃羽小嘴知目鳥
チメドリ科の鳥。全長14～16cm。㊕ヒマラヤ山脈東部～マレー半島の山岳地帯
¶世鳥大 (p419/カ写)

ルリハシグロカワセミ *Alcedo quadribrachys* 瑠璃嘴黒翡翠
カワセミ科の鳥。全長16cm。㊕シエラレオネ～ウガンダ, ナイジェリア～アンゴラ
¶原色鳥 (p127/カ写)

ルリバネハチドリ *Pterophanes cyanopterus* 瑠璃羽蜂鳥
ハチドリ科ミドリフタオハチドリ亜科の鳥。全長16～20cm。
¶ハチドリ (p174/カ写)

ルリハラハチドリ *Lepidopyga lilliae* 瑠璃腹蜂鳥
ハチドリ科ハチドリ亜科の鳥。絶滅危惧IA類。全長9～9.5cm。㊕コロンビア北部
¶ハチドリ (p282/カ写)

ルリビタイジョウビタキ *Phoenicurus frontalis* 瑠璃額常鶲
ヒタキ科の鳥。全長15cm。㊕アフガニスタン東部～ヒマラヤ周辺, 中国西部で繁殖
¶原色鳥 (p125/カ写)
鳥比 (p145/カ写)
日ア鳥 (p526/カ写)
日鳥山新 (p272/カ写)

ルリビタキ *Tarsiger cyanurus* 瑠璃鶲
ヒタキ科 (ツグミ科) の鳥。全長14cm。㊕ユーラシアの亜寒帯・ヒマラヤなどで繁殖。インド西部・インドシナ・中国南部へ渡って越冬。日本では四国・本州中部以北の亜高山帯の針葉樹林で繁殖し低山に下って越冬
¶くら鳥 (p56/カ写)
原寸羽 (p236/カ写)
里山鳥 (p144/カ写)
四季鳥 (p111/カ写)
巣と卵決 (p134/カ写, カ図)
世鳥卵 (p178/カ写, カ図)
世文鳥 (p217/カ写)
鳥卵巣 (p296/カ写, カ図)
鳥比 (p143/カ写)
鳥650 (p618/カ写)
名鳥図 (p191/カ写)
日ア鳥 (p527/カ写)
日色鳥 (p29/カ写)
日鳥識 (p266/カ写)
日鳥巣 (p194/カ写)
日鳥山新 (p268/カ写)
日鳥山増 (p182/カ写)
日野鳥新 (p554/カ写)
日野鳥増 (p492/カ写)

ル

ぱっ鳥（p322/カ写）
バード（p62/カ写）
羽根決（p280/カ写，カ図）
ひと目鳥（p180/カ写）
フ日野新（p238/カ図）
フ日野増（p238/カ図）
フ野鳥（p348/カ図）
野鳥学フ（p91/カ写）
野鳥山フ（p54,298/カ図，カ写）
山渓名鳥（p87/カ写）

ルリボウシエメラルドハチドリ *Amazilia cyanifrons* 瑠璃帽子エメラルド蜂鳥
ハチドリ科ハチドリ亜科の鳥。全長7～10cm。
¶**ハチドリ**（p269/カ写）

ルリミツドリ *Cyanerpes cyaneus* 瑠璃蜜鳥
フウキンチョウ科の鳥。全長11～13cm。[分]キューバ，メキシコ～ブラジル，ボリビア
¶**原色鳥**（p113/カ写）
世鳥大（p482/カ写）
世鳥ネ（p337/カ写）
地球（p499/カ写）

ルリミツユビカワセミ *Alcedo azurea* 瑠璃三指翡翠
カワセミ科の鳥。全長17～19cm。[分]モルッカ諸島，ニューギニア，オーストラリア北部～東部，タスマニア島
¶**原色鳥**（p126/カ写）
世鳥ネ（p227/カ写）
地球（p474/カ写）

ルリミヤマツグミ *Cochoa azurea* 瑠璃深山鶫
ツグミ科の鳥。絶滅危惧II類。体長23cm。[分]インドネシアのジャワ島（固有）
¶**鳥絶**（p195/カ図）

ルリムネケンバネハチドリ *Campylopterus falcatus* 瑠璃胸剣羽蜂鳥
ハチドリ科ハチドリ亜科の鳥。全長11～14cm。
¶**ハチドリ**（p226/カ写）

ルリムネハチドリ *Urochroa bougueri* 瑠璃胸蜂鳥
ハチドリ科ミドリフタオハチドリ亜科の鳥。全長13～14cm。
¶**ハチドリ**（p182/カ写）

ルリメモリドラゴン *Gonocephalus liogaster*
アガマ科の爬虫類。全長45cm前後。[分]インドネシア（ジャワ島・ボルネオ島）
¶**爬両1800**（p95/カ写）

ルリモンホソスジヤドクガエル *Allobates femoralis*
ニオイヤドクガエル科の両生類。全長2.5～3.5cm。
¶**地球**（p358/カ写）

【レ】

レア *Rhea americana*
レア科の鳥。別名アメリカダチョウ，アメリカレア。全長1.2～1.4m。[分]南アメリカ東部・南東部
¶**驚野動**〔アメリカレア〕（p121/カ写）
世鳥大（p104/カ写）
世鳥卵（p27/カ写，カ図）
世鳥ネ（p19/カ写）
地球（p407/カ写）
鳥卵巣（p26/カ写，カ図）

レイクツリーバイパー *Atheris nitschei*
クサリヘビ科の爬虫類。全長30～75cm。[分]アフリカの大地溝湖地域
¶**世文動**（p300/カ写）

レイクランド・テリア ⇒レークランド・テリアを見よ

レイサンハワイマシコ *Telespiza cantans* レイサンハワイ猿子
ハワイミツスイ科の鳥。全長19cm。[分]アメリカ合衆国ハワイ州のレイサン島
¶**世鳥卵**（p217/カ写，カ図）
鳥卵巣（p350/カ写，カ図）

レイサンマガモ *Anas laysanensis* レイサン真鴨
カモ科の鳥。絶滅危惧IA類。全長約40cm。[分]北西ハワイ諸島レイサン島
¶**遺産世**（Aves No.13/カ写）

レイサンヨシキリ *Acrocephalus familiaris* レイサン葦切
ウグイス科の鳥。絶滅危惧IA類。体長13cm。[分]ハワイ（ニホア）（固有）
¶**世鳥卵**（p191/カ写，カ図）
鳥絶（p200/カ図）

レイシャンヒゲガエル *Vibrissaphora leishanensis*
コノハガエル科の両生類。体長7～9cm。[分]中国南部
¶**カエル見**（p17/カ写）
世両（p21/カ写）
爬両1800（p362/カ写）
爬両ビ（p268/カ写）

レイテヤマガメ ⇒フィリピンヤマガメを見よ

レインボーアガマ *Agama agama*
アガマ科の爬虫類。全長20～35cm。[分]北部沿岸域と南部を除くアフリカ大陸
¶**世爬**（p82/カ写）
世文動（p267/カ写）
地球（p381/カ写）
爬両1800（p103/カ写）

爬両ビ(p84/カ写)

レインボーボア ⇒ニジボアを見よ

レインワードトビガエル *Rhacophorus reinwardtii*
アオガエル科の両生類。別名ジャワトビガエル, マレートビガエル。体長45〜65mm。メスはオスより大きい傾向がある。㋷東南アジア(マレー半島, スマトラ島, ジャワ島, ボルネオ島)
¶かえる百(p69/カ写)
カエル見(p47/カ写)
世カエ〔ジャワトビガエル〕(p430/カ写)
世両(p76/カ写)
爬両1800(p386/カ写)
爬両ビ(p254/カ写)

レオンベルガー Leonberger
犬の一品種。体高 オス72〜80cm, メス65〜75cm。ドイツの原産。
¶アルテ犬(p156/カ写)
最犬大(p144/カ写)
新犬種(p307/カ写)
新世犬(p107/カ写)
図世犬(p111/カ写)
ビ犬(p75/カ写)

レーキング・トロット ⇒イビザン・ハウンドを見よ

レグホーン Leghorn
鶏の一品種(卵用種)。体重 オス2.5〜3.4kg, メス1.5〜2.5kg。イタリアの原産。
¶日家(p192/カ写)

レークランド・テリア Lakeland Terrier
犬の一品種。体高37cm以下。イギリスの原産。
¶最犬大(p184/カ写)
新犬種〔レイクランド・テリア〕(p78/カ写)
新世犬(p248/カ写)
図世犬(p156/カ写)
世文動(p144/カ写)
ビ犬(p206/カ写)

レースオオトカゲ *Varanus varius*
オオトカゲ科の爬虫類。全長170〜190cm。㋷オーストラリア
¶世爬(p154/カ写)
世文動(p280/カ写)
爬両1800(p234/カ写)

レースランナー *Cnemidophorus* spp.
テユー科の爬虫類。頭胴長6〜12cm。㋷アメリカ合衆国〜アルゼンチン
¶世文動(p269/カ写)

レッキス Rex
兎の一品種。毛皮用品種。体重4〜7kg。フランスの原産。
¶うさぎ(p158/カ写)
新うさぎ(p188/カ写)
日家(p136/カ写)

レックス Rex
猫の一品種。
¶世文動(p173/カ写)

レッサーアンティルイグアナ *Iguana delicatissima*
イグアナ科の爬虫類。絶滅危惧IB類。頭胴長 オス38〜43cm, メス35〜39cm。㋷カリブ海の北部小アンティル諸島
¶レ生(p354/カ写)

レッサークーズー *Tragelaphus imberbis*
ウシ科の哺乳類。体高90〜110cm。㋷エチオピア, ウガンダ, スーダン, ソマリア, ケニア, タンザニア北・中央部
¶世文動(p214/カ写)
地球(p599/カ写)

レッサーサイレン *Siren intermedia*
サイレン科(レッサー科)の両生類。全長18〜68cm。㋷アメリカ合衆国南部〜南東部
¶世文動(p310/カ写)
世両(p186/カ写)
爬両1800(p434/カ写)
爬両ビ(p299/カ写)

レ

レッサースローロリス ⇒ピグミースローロリスを見よ

レッサーパンダ *Ailurus fulgens*
レッサーパンダ科(アライグマ科)の哺乳類。別名レッドパンダ。絶滅危惧II類。体長50〜73cm。㋷ヒマラヤ山脈やミャンマー北部・中国南部の山脈地帯
¶遺産世〔レッドパンダ〕(Mammalia No.21/カ写)
驚野動(p270/カ写)
絶百8(p96/カ写)
世文動(p153/カ写)
世哺(p242/カ写)
地球(p572/カ写)
レ生(p355/カ写)

レッサーピパ ⇒ベレムコモリガエルを見よ

レッド・アンド・ホワイト・アイリッシュ・セッター ⇒アイリッシュ・レッド・アンド・ホワイト・セターを見よ

レッドサラマンダー *Pseudotriton ruber*
ムハイサラマンダー科の両生類。全長9〜18cm。㋷アメリカ合衆国東部(フロリダ半島を除く)
¶世文動(p314/カ写)
世両(p205/カ写)
爬両1800(p445/カ写)
爬両ビ(p308/カ写)

レッドテグー *Tupinambis rufescens*
テユー科（テグートカゲ科）の爬虫類。全長1.2m。㊗南米大陸中部
¶**世爬**（p131/カ写）
地球（p386/カ写）
爬両1800（p195/カ写）
爬両ビ（p134/カ写）

レッドテールボア *Boa constrictor constrictor*
ボア科ボア亜科の爬虫類。ボアコンストリクターの亜種。全長2.4～2.7m,3m。㊗ガイアナ共和国, 仏領ギアナ, コロンビア, スリナム, トリニダート・トバゴ, ブラジル, ペルーなど
¶**世ヘビ**（p11/カ写）

レッドパンダ ⇒レッサーパンダを見よ

レッドボーン・クーンハウンド Redbone Coonhound
犬の一品種。体高53～66cm。アメリカ合衆国の原産。
¶**ビ犬**（p160/カ写）

レティックパイソン ⇒アミメニシキヘビを見よ

レパードキャット ⇒ベンガルヤマネコを見よ

レーフヒェン ⇒ローシェンを見よ

レーマンヤドクガエル *Dendrobates lehmanni*
ヤドクガエル科の両生類。別名アカオビヤドクガエル。体長35mm。㊗コロンビア西部
¶**世カエ**（p182/カ写）

レムールアマガエル ⇒シロメアマガエルを見よ

レムールネコメガエル ⇒シロメアマガエルを見よ

レユニオンニシキヒルヤモリ *Phelsuma inexpectata*
ヤモリ科ヤモリ亜科の爬虫類。別名レユニオンヒルヤモリ。全長12cm前後。㊗フランス領レユニオン
¶**ゲッコー**〔レユニオンヒルヤモリ〕（p43/カ写）
爬両1800（p143/カ写）

レユニオンヒルヤモリ ⇒レユニオンニシキヒルヤモリを見よ

レンカク *Hydrophasianus chirurgus* 蓮角
レンカク科の鳥。全長31～58cm。㊗インド～中国南部, 東南アジア, インドネシア。北方の種は東南アジアで越冬
¶**四季鳥**（p40/カ写）
世色鳥（p142/カ写）
世鳥大（p227/カ写）
世鳥卵（p93/カ写, カ図）
世鳥ネ（p133/カ写）
世美羽（p143/カ写, カ図）
世文鳥（p111/カ写）
地球（p446/カ写）
鳥卵巣（p165/カ写, カ図）
鳥比（p273/カ写）
鳥650（p297/カ写）
名鳥図（p72/カ写）
日ア鳥（p255/カ写）
日鳥識（p162/カ写）
日鳥水増（p184/カ写）
日野鳥新（p297/カ写）
日野鳥増（p230/カ写）
ぱっ鳥（p170/カ写）
フ日野新（p128/カ図）
フ日野増（p128/カ図）
フ野鳥（p174/カ図）
山溪名鳥（p343/カ写）

レンガフウキンチョウ *Piranga hepatica* 煉瓦風琴鳥
ショウジョウコウカンチョウ科の鳥。全長18cm。㊗アメリカ合衆国アリゾナ州～ニカラグア
¶**世色鳥**（p117/カ写）

レンジャクノジコ *Melophus lathami* 連雀野路子
ホオジロ科の鳥。全長15～18cm。㊗インド, パキスタン北部～ヒマラヤ, インドシナ北部, 中国南部・東部
¶**鳥比**（p186/カ写）
鳥650（p697/カ写）
日ア鳥（p614/カ写）
日鳥山新（p354/カ写）
日鳥山増（p272/カ写）
フ野鳥（p394/カ図）

レンジャクバト *Ocyphaps lophotes* 連雀鳩
ハト科の鳥。全長31～35cm。㊗オーストラリア
¶**世鳥ネ**（p162/カ写）
世美羽（p41/カ写）
地球（p455/カ写）

レンジャクモドキ *Phainopepla nitens* 連雀擬
レンジャクモドキ科（レンジャク科）の鳥。全長18～21cm。㊗アメリカ南西部, 南カリフォルニア～バハカリフォルニアおよび中央メキシコで繁殖。南下して越冬
¶**世鳥卵**（p171/カ写, カ図）
地球（p488/カ写）

レンジャーヒキガエル *Amietophrynus rangeri* レンジャー蟇
ヒキガエル科の両生類。全長5～11.5cm。㊗南アフリカ
¶**世カエ**（p154/カ写）
地球（p354/カ写）

レンテンメクラヘビ *Typhlops lineolatus*
メクラヘビ科の爬虫類。全長50～60cm。㊗アフリカ大陸の中西部～中東部まで
¶**爬両1800**（p251/カ写）
爬両ビ（p177/カ写）

レンネルオオメジロ *Woodfordia superciliosa* レンネル大目白
メジロ科の鳥。全長15cm。[分]レンネル島(ソロモン諸島)
¶**世鳥大**(p422)

【ロ】

ロイヤル・アンゴラ Royal Angola
兎の一品種。毛用品種。体重2.2〜3.4kg。イギリスの原産。
¶**日家**(p136/カ写)

ロイヤルディアデマスネーク ⇒ミケヘビを見よ

ロイヤルテンシハチドリ *Heliangelus regalis* ロイヤル天使蜂鳥
ハチドリ科ミドリフタオハチドリ亜科の鳥。絶滅危惧IB類。全長11〜12cm。
¶**世色鳥**(p30/カ写)
ハチドリ(p90/カ写)

ロイヤル・ドッグ・オブ・マダガスカル ⇒コトン・ド・テュレアールを見よ

ロイヤル・パーム Royal Palm
シチメンチョウの一品種(観賞用)。体重 オス8〜10kg, メス5〜6kg。アメリカ合衆国の原産。
¶**日家**(p223/カ写)

ロウバシガン *Cereopsis novaehollandiae* 蠟嘴雁
カモ科の鳥。全長75〜100cm。[分]オーストラリア南部(沖合の島々およびタスマニアを含む)
¶**地球**(p413/カ写)

ロエストグエノン *Cercopithecus lhoesti*
オナガザル科の哺乳類。別名ロエストモンキー。絶滅危惧II類。体高46〜56cm。[分]コンゴ民主共和国東部, ウガンダ南西部, ルワンダ, ブルンジ北部
¶**地球**(p543/カ写)
美サル〔ロエストモンキー〕(p179/カ写)

ロエストモンキー ⇒ロエストグエノンを見よ

ロカイ Lokai
馬の一品種。軽量馬。体高143cm以下。タジキスタン共和国南部の原産。
¶**アルテ馬**(p131/カ写)

ロクショウヒタキ *Eumyias thalassinus* 緑青鶲
ヒタキ科の鳥。全長15〜17cm。[分]インド, ヒマラヤ, 東南アジア
¶**原色鳥**(p123/カ写)
鳥比(p160/カ写)
鳥650(p648/カ写)
日ア鳥(p553/カ写)
日鳥山新(p301/カ写)
フ野鳥(p364/カ図)

ロケットアノール *Anolis roquet*
イグアナ科アノールトカゲ亜科の爬虫類。全長15〜20cm。[分]小アンティル諸島
¶**爬両1800**(p83/カ写)

ロケットアマガエル *Hyla lanciformis*
アマガエル科の両生類。体長5〜7cm。[分]南米大陸中部〜北西部
¶**カエル見**(p34/カ写)
爬両1800(p373/カ写)

ロケットアメガエル *Litoria nasuta*
アマガエル科の両生類。体長4〜5cm。[分]オーストラリア, パプアニューギニア
¶**爬両1800**(p384/カ写)

ロザリアナメラ *Bogertophis rosaliae*
ナミヘビ科ナミヘビ亜科の爬虫類。全長80〜120cm。[分]アメリカ合衆国(カリフォルニア州), メキシコ(バハカリフォルニア)
¶**世爬**(p202/カ写)
爬両1800(p308/カ写)
爬両ビ(p222/カ写)

ロシアデスマン *Desmana moschata*
モグラ科の哺乳類。絶滅危惧II類。体長18〜21cm。[分]ロシア, ウクライナ, カザフスタン
¶**絶百10**(p80/カ写, カ図)
世哺(p83/カ写)
地球(p559/カ写)
レ生(p357/カ写)

ロシアメクラネズミ *Spalax microphthalmus* ロシア盲鼠
メクラネズミ科の哺乳類。体長17〜35cm。[分]ウクライナ〜ロシア南部のヴォルガ川流域
¶**地球**(p528/カ写)

ロシアリクガメ ⇒ヨツユビリクガメを見よ

ロシアン・ウルフハウンド ⇒ボルゾイを見よ

ロシアン・シープドッグ(コーカシアン) ⇒コーカシアン・シェパード・ドッグを見よ

ロシアン・シープドッグ(サウス・ロシアン) ⇒サウス・ロシアン・シェパード・ドッグを見よ

ロシアン・シープドッグ(セントラル・アジア) ⇒セントラル・アジア・シェパード・ドッグを見よ

ロシアン・トイ・テリア Russian Toy Terrirer
犬の一品種。別名アングロ・ロシアン・ハウンド, ルスキー・トイ, モスコー・ミニチュア・テリア, モスコビアン・ミニチュア・テリア。体高20〜28cm。ロシアの原産。
¶**最犬大**〔ロシアン・トイ〕(p376/カ写)
新犬種〔モスコー・ミニチュア・テリア〕(p23/カ写)
ビ犬(p275/カ写)

ロシアン・パイボールド・ハウンド Russian Piebald Shepherd
犬の一品種。別名ルースカヤ・ペガーヤ・ゴンサーヤ, ルスカーヤ・ピゴーヤ・ゴンチャーヤ。体高 オス58〜68cm, メス55〜65cm。ロシアの原産。
¶**最犬大**〔アングロ・ロシアン・ハウンド〕(p311/カ写)
新犬種〔ロシアン・パイボールド・ハウンド/ルースカヤ・ペガーヤ・ゴンサーヤ〕(p233,234)

ロシアン・ハウンド Russian Hound
犬の一品種。別名ルースカヤ・コンサーヤ, ルスカーヤ・ゴンチャーヤ。体高 オス58〜68cm, メス55〜65cm。ロシアの原産。
¶**最犬大**(p311/カ写)
新犬種〔ロシアン・ハウンド/ルースカヤ・コンサーヤ〕(p233,234/カ写)

ロシアン・ハンティング・スパニエル Russian Hunting Spaniel
犬の一品種。体高43cm。ロシアの原産。
¶**新犬種**(p100/カ写)

ロシアン・ブラック・テリア Russian Black Terrier
犬の一品種。別名チョルニー・テリア, ブラック・ロシアン・テリア, ルスキー・チョルニー・テリア。体高 オス72〜76cm, メス68〜72cm。ロシアの原産。
¶**最犬大**(p105/カ写)
新犬種(p291/カ写)
新世犬〔ブラック・ロシアン・テリア〕(p228/カ写)
図世犬〔ブラック・ロシアン・テリア〕(p94/カ写)
ビ犬(p200/カ写)

ロシアン・ブルー Russian Blue
猫の一品種。体重3〜5.5kg。ロシアの原産。
¶**世文動**(p172/カ写)
ビ猫(p117/カ写)

ロシアン・ヨーロピアン・ライカ Russian-European Laika
犬の一品種。別名ルースコ・エウロペイスカヤ・ライカ, ラッソ=ヨーロピアン・ライカ。体高 オス52〜58cm, メス48〜54cm。ロシアの原産。
¶**最犬大**(p227/カ写)
新犬種〔ラッソ=ヨーロピアン・ライカ〕(p188/カ写)
ビ犬〔ロシアン=ヨーロピアン・ライカ〕(p108/カ写)

ローシェン Löwchen
犬の一品種。別名プティ・シャン・リヨン, プティ・シャン・リオン, リトル・ライオン・ドッグ, レーフヒェン。体高26〜32cm。フランスの原産。
¶**最犬大**(p385/カ写)
新犬種(p65/カ写)
新世犬(p286/カ写)
図世犬(p322/カ写)
ビ犬(p274/カ写)

ロージーボア *Lichanura trivirgata*
ボア科スナボア亜科の爬虫類。全長60〜100cm。㊎アメリカ合衆国南西部, メキシコ北西部
¶**世爬**(p174/カ写)
世文動(p285/カ写)
世ヘビ(p21/カ写)
地球(p391/カ写)
爬両1800(p264/カ写)
爬両ビ(p184/カ写)

ロジャーズレーサー *Platyceps rogersi*
ナミヘビ科ナミヘビ亜科の爬虫類。全長85cm前後。㊎リビア, エジプト, アラビア半島
¶**爬両1800**(p302/カ写)

ロスアザラシ *Ommatophoca rossii* ロス海豹
アザラシ科の哺乳類。絶滅危惧II類。体長1.7〜2.5m。㊎南極海域
¶**世文動**(p180/カ図)
世哺(p303/カ写)
地球(p570/カ写)

ロスヒメレーサー *Eirenis rothii*
ナミヘビ科ナミヘビ亜科の爬虫類。全長30cm前後。㊎イスラエル, シリア, レバノン, トルコ, ヨルダン
¶**爬両1800**(p291/カ写)

ロゼッタカメレオン *Brookesia perarmata*
カメレオン科の爬虫類。別名ロゼッタヒメカメレオン。絶滅危惧II類。全長11cm。㊎マダガスカル西部中央部
¶**爬両1800**(p127/カ写)
レ生〔ロゼッタヒメカメレオン〕(p358/カ写)

ロゼッタヒメカメレオン ⇒ロゼッタカメレオンを見よ

ロゼット Rosette Guinea Pig
テンジクネズミ科の哺乳類。モルモットの一品種。体長20〜40cm。
¶**地球**(p529/カ写)

ローゼンバーグオオトカゲ *Varanus rosenbergi*
オオトカゲ科の爬虫類。全長1.5m。
¶**地球**(p388/カ写)

ローゼンヘビ *Suta fasciata*
コブラ科の爬虫類。全長65cm。
¶**地球**(p397/カ写)

ローゼンベルグアマガエル *Hypsiboas rosenbergi*
アマガエル科の両生類。別名ローゼンベルグオオアマガエル。全長5.5〜7.5cm。㊎中米のコスタリカ〜エクアドル西部
¶**世カエ**(p242/カ写)
地球(p360/カ写)

ローゼンベルグオオアマガエル ⇒ローゼンベルグアマガエルを見よ

ロ

ローソンアゴヒゲトカゲ *Pogona henrylawsoni*
アガマ科の爬虫類。全長25cm前後。㊿オーストラリア北東部
¶世爬（p80/カ写）
爬両1800（p101/カ写）
爬両ビ（p83/カ写）

ロッキースズメフクロウ *Glaucidium gnoma* ロッキー雀梟
フクロウ科の鳥。全長15～17cm。㊿北アメリカ西部（北はアラスカ, 東はロッキー山脈まで）～グアテマラ
¶世鳥大（p283）
地球（p465/カ写）

ロッキー・マウンテン・ホース ⇒ロッキー・マウンテン・ポニーを見よ

ロッキー・マウンテン・ポニー Rocky Mountain Pony
馬の一品種。別名ロッキー・マウンテン・ホース。軽量馬。体高142～143cm。アメリカ合衆国の原産。
¶アルテ馬（p176/カ写）

ロットワイラー Rottweiler
犬の一品種。体高 オス61～68cm, メス56～63cm。ドイツの原産。
¶アルテ犬（p162/カ写）
最犬大（p117/カ写）
新犬種（p258/カ写）
新世犬（p114/カ写）
図世犬（p122/カ写）
ビ犬（p83/カ写）

ロップイヤー Lop-eared Rabbit
ウサギ科の哺乳類。アナウサギの一品種。体長15～30cm。
¶地球（p521/カ写）

ローデシアン・リッジバック Rhodesian Ridgeback
犬の一品種。別名ライオン・ドッグ, アフリカン・ライオン・ドッグ。体高 オス63～69cm, メス61～66cm。アフリカ南部の原産。
¶アルテ犬（p48/カ写）
最犬大（p262/カ写）
新犬種（p273/カ写）
新世犬（p213/カ写）
図世犬（p238/カ写）
世文動（p146/カ写）
ビ犬（p183/カ写）

ロード・アイランド・レッド Rhode Island Red
鶏の一品種（卵肉兼用種）。体重 オス3.85kg, メス2.95kg。アメリカ合衆国の原産。
¶日家（p196/カ写）

ロドリゲスオオコウモリ *Pteropus rodricensis* ロドリゲス大蝙蝠
オオコウモリ科の哺乳類。絶滅危惧IA類。体長25～35cm。㊿インド洋（ロドリゲス島）
¶絶百3（p36/カ写）
地球（p551/カ写）

ロバ Domestic Ass（Donkey） 驢馬
アフリカノロバを元に家畜化されたもの。体高90～160cm。中近東の原産。
¶地球（p592/カ写）
日家（p56/カ写）

ロビンソンモリドラゴン *Gonocephalus robinsonii*
アガマ科の爬虫類。全長40～45cm。㊿インドネシア, マレーシア西部
¶世爬（p76/カ写）
爬両1800（p96/カ写）
爬両ビ（p80/カ写）

ロボ・エレーニョ Labo Herreño
犬の一品種。体高52～55cm。スペインの原産。
¶最犬大（p85）

ロボロフスキーキヌゲネズミ *Phodopus roborovskii* ロボロフスキー絹毛鼠
キヌゲネズミ科（ネズミ科）の哺乳類。別名サバクハムスター。体長5.5～10cm。㊿ロシア（トゥーヴァ）, カザフスタン東部, モンゴル, 中国の隣りあった地域
¶世哺〔ロブロフスキーキヌゲネズミ〕（p159/カ写）
地球（p526/カ写）

ロ

ロボロフスキースキンクヤモリ *Teratoscincus roborowskii*
ヤモリ科スキンクヤモリ亜科の爬虫類。全長15cm前後。㊿中国（新疆ウイグル族自治区）
¶ゲッコー（p111/カ写）
爬両1800（p178/カ写）

ロマニャ・ウォーター・ドッグ ⇒ラゴット・ロマニョーロを見よ

ロマノフ Romanov
羊の一品種。体高 オス69cm, メス66cm。ウズベキスタンの原産。
¶日家（p130/カ写）

ローマン Roman
ガチョウの卵肉兼用種。体重 オス5～6.5kg, メス4.5～5.5kg。イタリアの原産。
¶日家（p218/カ写）

ロムニー・マーシュ Romney Marsh
羊の一品種。体重 オス100～110kg, メス60～70kg。イギリスの原産。
¶世文動（p236/カ写）
日家（p123/カ写）

ローヤルアンテロープ *Neotragus pygmaeus*
ウシ科の哺乳類。体長45～55cm。㊿シエラレオネ, リベリア, コートジボワール, ガーナ
¶世文動（p225）

ローラーカナリア Hartz Roller Canary
アトリ科の鳥。カナリアの一品種。
¶**鳥飼**(p103/カ写)

ローンアンテロープ *Hippotragus equinus*
ウシ科の哺乳類。体高1.2〜1.5m。㊎アフリカ
¶**世文動**(p220/カ写)
世哺(p361/カ写)
地球(p602/カ写)

ロングヘアー〔ゴールデンハムスター〕 Long-haired Golden Hamster
キヌゲネズミ科の哺乳類。ゴールデンハムスターの一品種。体長17〜18cm。
¶**地球**(p526/カ写)

ロングヘアー〔モルモット〕 Long-haired Guinea Pig
テンジクネズミ科の哺乳類。モルモットの一品種。体長20〜40cm。
¶**地球**(p529/カ写)

ロングマンオウギハクジラ ⇒タイヘイヨウアカボウモドキを見よ

【ワ】

ワ

ワイアー・フォックス・テリア Wire Fox Terrier
犬の一品種。別名フォックス・テリア・ワイアー。体高 オス39cm, メスはやや小さい。イギリスの原産。
¶**アルテ犬**〔フォックス・テリア〕(p98/カ写)
最犬大(p164/カ写)
新犬種〔フォックス・テリア〕(p86/カ写)
新世犬〔フォックス・テリア・ワイヤー〕(p238/カ写)
図世犬〔フォックス・テリア・ワイアー〕(p145/カ写)
世文動〔フォックス・テリア〕(p141/カ写)
ビ犬〔フォックス・テリア〕(p209/カ写)

ワイアーヘアード・スロヴァキアン・ポインター ⇒スロヴァキアン・ラフヘアード・ポインターを見よ

ワイアーヘアード・ハンガリアン・ビズラ Wire-haired Hungarian Vizsla
犬の一品種。別名ドロッツオル・マージャル・ビズラ, ハンガリアン・ワイアーヘアード・ポインティング・ドッグ。体高 オス58〜64cm, メス54〜60cm。ハンガリーの原産。
¶**最犬大**(p329/カ写)
新犬種〔マジャール・ヴィジュラ〕(p231/カ写)
ビ犬〔ハンガリアン・ヴィズラ〕(p246/カ写)

ワイアーヘアード・ポインティング・グリフォン Wire-haired Pointing Griffon
犬の一品種。別名グリフォン・ダレー・ア・ポイル・ダル・コハーレ, コルトハルス・グリフォン, グリフォン・ダレー・ア・ポワル・デュール・コルトハルス。体高 オス55〜60cm, メス50〜55cm。フランスの原産。
¶**最犬大**(p331/カ写)
新犬種〔グリフォン・ダレー・ア・ポワル・デュール・コルトハルス〕(p269/カ写)
ビ犬〔コルトハルス・グリフォン〕(p249/カ写)

ワイアンドット Wyandotte
鶏の一品種。体重 オス4kg, メス3.1kg。アメリカ合衆国の原産。
¶**日家**(p207/カ写)

ワイオミングヒキガエル *Anaxyrus baxteri*
ヒキガエル科の両生類。野生絶滅。㊎アメリカ合衆国ワイオミング州
¶**レ生**(p361/カ写)

ワイマラナー Weimaraner
犬の一品種。別名ワイマール・ポインター。体高 オス59〜70cm, メス57〜65cm。ドイツの原産。
¶**アルテ犬**(p80/カ写)
最犬大(p326/カ写)
新犬種〔ワイマラーナー〕(p279/カ写)
新世犬(p172/カ写)
図世犬(p256/カ写)
世文動(p148/カ写)
ビ犬(p248/カ写)

ワイマール・ポインター ⇒ワイマラナーを見よ

ワイヤー・フォックス・テリア ⇒ワイアー・フォックス・テリアを見よ

ワイルドカナリア Wild Canary
アトリ科の鳥。カナリアの一品種。
¶**鳥飼**(p105/カ写)

ワウワウテナガザル *Hylobates moloch* ワウワウ手長猿
テナガザル科の哺乳類。別名ジャワギボン。絶滅危惧IB類。体高45〜64cm。㊎ジャワ島(インドネシア)
¶**遺産世**〔ジャワギボン〕(Mammalia No.11/カ写)
地球(p548/カ写)

ワオキツネザル *Lemur catta* 輪尾狐猿
キツネザル科の哺乳類。絶滅危惧IB類。体高39〜46cm。㊎マダガスカル南部・南西部
¶**驚野動**(p239/カ写)
世文動(p72/カ写)
世哺(p102/カ写)
地球(p536/カ写)
美サル(p149/カ写)

ワオコノハヤモリ *Phyllurus caudiannulatus*
ヤモリ科の爬虫類。全長16〜17cm。㊎オーストラリア(クイーンズランド州)
¶**ゲッコー**(p71/カ写)

爬両1800(p158/カ写)

ワオマングース *Galidia elegans* 輪尾マングース
マダガスカルマングース科の哺乳類。体長30～38cm。㊎マダガスカル
¶**地球**(p583/カ写)

ワカクサアノール *Anolis biporcatus*
イグアナ科アノールトカゲ亜科の爬虫類。全長20～30cm。㊎メキシコ～コスタリカ
¶**爬両1800**(p83/カ写)

ワカクサフウキンチョウ *Chlorornis riefferii* 若草風琴鳥
フウキンチョウ科の鳥。全長20cm。
¶**世色鳥**(p85/カ写)

ワカケホンセイインコ *Psittacula krameri manillensis* 輪掛本青鸚哥
インコ科の鳥。全長40cm。㊎インド南部, スリランカ
¶**里山鳥**(p240/カ写)
世文鳥(p277/カ写)
名鳥図(p247/カ写)
バード(p25/カ写)
ひと目鳥(p232/カ写)

ワカバアデガエル *Mantella viridis*
マダガスカルガエル科(マラガシーガエル科)の両生類。別名ミドリアデガエル。体長2.2～3cm。㊎マダガスカル北部
¶**カエル見**(p67/カ写)
世両(p107/カ写)
爬両1800(p400/カ写)
爬両ビ(p263/カ写)

ワカヤマヤチネズミ *Eothenomys andersoni imaizumii* 和歌山谷地鼠, 和歌山野地鼠
ネズミ科の哺乳類。頭胴長7.9～12.7cm。㊎紀伊半島
¶**くら哺**(p15/カ写)
世文動(p112/カ写)

ワキアカガマトカゲ *Phrynocephalus axillaris*
アガマ科の爬虫類。全長10～12cm。㊎中国西部～中央アジア
¶**爬両1800**(p105/カ写)

ワキアカチドリ *Erythrogonys cinctus* 脇赤千鳥
チドリ科の鳥。全長17～20cm。㊎オーストラリア
¶**鳥卵巣**(p183/カ写, カ図)

ワキアカツグミ *Turdus iliacus* 脇赤鶫
ヒタキ科の鳥。全長21cm。
¶**世文鳥**(p228/カ写)
鳥比(p137/カ写)
鳥650(p606/カ写)
日ア鳥(p513/カ写)
日鳥識(p262/カ写)
日鳥山新(p258/カ写)
日鳥山増(p212/カ写)
日野鳥新(p548/カ写)
フ日野新(p248/カ図)
フ日野増(p248/カ図)
フ野鳥(p344/カ図)

ワキアカマブヤ *Trachylepis perrotetii*
スキンク科の爬虫類。全長30～35cm。㊎アフリカ大陸中西部
¶**爬両1800**(p203/カ写)
爬両ビ(p142/カ写)

ワキグロクサムラドリ *Atrichornis rufescens* 脇黒叢鳥
クサムラドリ科の鳥。絶滅危惧II類。体長16～18cm。㊎オーストラリア(固有)
¶**世鳥大**(p360)
鳥絶(p178/カ図)

ワキジロバン *Porphyriops melanops* 脇白鷭
クイナ科の鳥。㊎南アメリカ
¶**世鳥ネ**(p118/カ写)

ワキジロムナグロ ⇒ヨーロッパムナグロを見よ

ワキジロヤマハチドリ *Oreotrochilus leucopleurus* 脇白山蜂鳥
ハチドリ科ミドリフタオハチドリ亜科の鳥。全長13～15cm。
¶**ハチドリ**(p120/カ写)

ワキスジジャッカル ⇒ヨコスジジャッカルを見よ

ワキスジスベウロコヘビ *Thamnosophis lateralis*
ナミヘビ科マラガシーヘビ亜科の爬虫類。全長65～80cm。㊎マダガスカル
¶**爬両1800**(p338/カ写)

ワキスジハヤブサ *Falco cherrug* 脇筋隼
ハヤブサ科の鳥。全長 オス45cm, メス55cm。㊎ユーラシアの中緯度でヨーロッパ東部～中国北部, ロシア中・南・東部で繁殖
¶**鳥比**(p68/カ写)
鳥650(p461/カ写)
日ア鳥(p390/カ写)
フ野鳥(p268/カ図)
ワシ(p156/カ写)

ワキスベカレハカメレオン *Rhampholeon nchisiensis*
カメレオン科の爬虫類。全長5～6cm。㊎タンザニア, マラウィ
¶**爬両1800**(p125/カ写)

ワキチャアメリカムシクイ *Setophaga pensylvanica* 脇茶亜米利加虫食, 脇茶亜米利加虫喰
アメリカムシクイ科の鳥。全長13cm。㊎北アメリカ東部, 中央アメリカ
¶**原色鳥**(p191/カ写)

ワ

ワキチャオタテドリ *Eleoscytalopus psychopompus*
脇茶尾立鳥
オタテドリ科の鳥。絶滅危惧IA類。体長11.5cm。㊕ブラジル(固有)
¶鳥絶〔Bahia Tapaculo〕(p188/カ図)

ワキヒダフトオヤモリ *Gehyra marginata*
ヤモリ科ヤモリ亜科の爬虫類。全長20～25cm。㊕インドネシア(モルッカ諸島), ニューギニア島
¶ゲッコー(p23/カ写)
爬両1800(p134/カ写)

ワキマクアマガエル *Hyla ebraccata*
アマガエル科の両生類。体長2.5～3.5cm。㊕メキシコ～南米大陸北西部
¶世文動(p328/カ写)
爬両1800(p372/カ写)

ワキモンアオガエル *Rhacophorus bipunctatus*
アオガエル科の両生類。別名ワキモントビガエル。体長3.7～6cm。㊕インド北東部～中国南部, 東南アジア
¶カエル見〔ワキモントビガエル〕(p48/カ写)
世両(p78/カ写)
爬両1800(p387/カ写)

ワキモントビガエル ⇒ワキモンアオガエルを見よ

ワキモンマルメヤモリ *Lygodactylus laterimaculatus*
ヤモリ科の爬虫類。全長5～7cm。㊕タンザニア北東部, ケニア南東部
¶爬両1800(p144/カ写)

ワキモンユタトカゲ *Uta stansburiana*
イグアナ科ツノトカゲ亜科の爬虫類。全長10～16cm。㊕アメリカ合衆国西部・南西部, メキシコ北西部
¶世爬(p69/カ写)
爬両1800(p82/カ写)
爬両ビ(p73/カ写)

ワシカモメ *Larus glaucescens* 鷲鷗
カモメ科の鳥。全長65cm。
¶くら鳥(p123/カ写)
原寸羽(p136/カ写)
四季鳥(p80/カ写)
世文鳥(p148/カ写)
鳥比(p337/カ写)
鳥650(p328/カ写)
名鳥図(p105/カ写)
日ア鳥(p277/カ写)
日鳥識(p168/カ写)
日鳥水増(p288/カ写)
日野鳥新(p316/カ写)
日野鳥増(p142/カ写)
ぱっ鳥(p180/カ写)
ひと目鳥(p36/カ写)
フ日野新(p88/カ図)
フ日野増(p88/カ図)
フ野鳥(p186/カ図)
野鳥学フ(p241/カ写)
野鳥山フ(p36,216/カ図, カ写)
山溪名鳥(p199/カ写)

ワシガラス *Corvus albicollis* 鷲烏, 鷲鴉
カラス科の鳥。全長50～54cm。
¶世鳥大(p394/カ写)

ワシタセアカサラマンダー *Plethodon serratus*
ムハイサラマンダー科の両生類。全長7～10cm。㊕アメリカ南東部
¶絶百6(p24/カ写)

ワシミミズク *Bubo bubo* 鷲木菟, 鷲梟
フクロウ科の鳥。絶滅危惧IA類(環境省レッドリスト)。全長60～75cm。㊕北アフリカ, ユーラシア(イギリス諸島は除く)
¶原寸羽(ポスター/カ写)
巣と卵決(p238/カ写)
絶鳥事(p56/モ図)
世鳥大(p280/カ写)
世鳥卵(p131/カ写, カ図)
世鳥ネ(p193/カ写)
世文鳥(p175/カ写)
地球(p464/カ写)
鳥卵巣(p232/カ写, カ図)
鳥比(p26/カ写)
鳥650(p424/カ写)
日ア鳥(p356/カ写)
日鳥巣(p108/カ写)
羽根決(p212/カ写, カ図)
フ日野新(p186/カ図)
フ日野増(p186/カ図)
フ野鳥(p248/カ図)
野鳥学フ(p75/カ写)

ワタオウサギ属の一種 *Sylvilagus* sp.
ウサギ科の哺乳類。体長22～55cm。
¶地球(p522/カ写)

ワタセジネズミ *Crocidura watasei* 渡瀬地鼠
トガリネズミ科の哺乳類。全長5.7～7.6cm。㊕スリランカ, カシミール, ミャンマー北部, インドシナ半島, 紅頭嶼。日本では奄美大島, 徳之島, 伊江島, 与論島, 沖縄本島, 沖永良部島
¶くら哺(p32/カ写)
世文動(p54/カ写)
日哺改(p13/カ写)
日哺学フ(p182/カ写)

ワタハラハチドリ *Chalybura buffonii* 綿腹蜂鳥
ハチドリ科ハチドリ亜科の鳥。全長10.5～12cm。
¶ハチドリ(p236/カ写)

ワタボウシタマリン *Saguinus oedipus* 綿帽子タマリン
オマキザル科(マーモセット科)の哺乳類。別名ワタボウシパンシェ。絶滅危惧IA類。体高20〜25cm。㊎南アメリカ北西部
¶世文動〔ワタボウシパンシェ〕(p77/カ写)
地球(p541/カ写)
美サル(p23/カ写)

ワタボウシハチドリ *Microchera albocoronata* 綿帽子蜂鳥
ハチドリ科ハチドリ亜科の鳥。全長6〜6.5cm。
¶世色鳥(p29/カ写)
ハチドリ(p234/カ写)

ワタボウシパンシェ ⇒ワタボウシタマリンを見よ

ワタボウシミドリインコ *Brotogeris pyrrhopterus* 綿帽子緑鸚哥
インコ科の鳥。全長20cm。㊎ペルー, エクアドル
¶鳥飼(p147/カ写)

ワタリアホウドリ *Diomedea exulans* 渡阿房鳥, 渡阿呆鳥, 渡信天翁
アホウドリ科の鳥。絶滅危惧II類。全長1.1〜1.4m。㊎プリンスエドワード諸島, クローゼ諸島, ケルゲレン諸島, サウスジョージア島, マッコーリー島
¶遺産世(Aves No.5/カ写)
驚野動(p366/カ写)
絶百10(p96/カ図)
世鳥大(p145/カ写)
世鳥卵(p35/カ写, カ図)
世鳥ネ(p56/カ写)
世文鳥(p30/カ写)
地球(p421/カ写)
鳥絶(p123/カ図)
鳥卵巣(p48/カ写, カ図)
鳥650(p109/カ写)
日鳥水増(p30/カ写)
フ日野新(p66/カ図)
フ日野増(p66/カ図)
レ生(p364/カ写)

ワタリガラス *Corvus corax* 渡烏, 渡鴉
カラス科の鳥。全長58〜69cm。㊎北半球全域
¶四季鳥(p92/カ写)
世鳥大(p394/カ写)
世鳥卵(p249/カ写, カ図)
世鳥ネ(p264/カ写)
世文鳥(p274/カ写)
地球(p486/カ写)
鳥比(p89/カ写)
鳥650(p500/カ写)
名鳥図(p243/カ写)
日ア鳥(p420/カ写)
日鳥識(p230/カ写)
日鳥山新(p160/カ写)
日鳥山増(p349/カ写)
日野鳥新(p468/カ写)
日野鳥増(p634/カ写)
フ日野新(p302/カ図)
フ日野増(p302/カ図)
フ野鳥(p286/カ図)
野鳥学フ(p21/カ写)

ワーナーカメレオン *Trioceros werneri*
カメレオン科の爬虫類。全長22〜24cm。㊎タンザニア中部
¶世爬(p89/カ写)
爬両1800(p114/カ写)
爬両ビ(p91/カ写)

ワニガメ *Macrochelys temminckii* 鰐亀
カミツキガメ科の爬虫類。甲長50〜70cm。㊎アメリカ合衆国南部
¶原爬両(No.10/カ写)
世カメ(p156/カ写)
世爬(p40/カ写)
世文動(p244/カ写)
地球(p373/カ写)
日カメ(p47/カ写)
爬両飼(p149/カ写)
爬両1800(p49/カ写)
爬両ビ(p37/カ写)
野日爬(p16/カ写)

ワニトカゲ ⇒シナワニトカゲを見よ

ワーハカドロガメ ⇒オアハカドロガメを見よ

ワピチ *Cervus elaphus canadensis*
シカ科の哺乳類。体高1.1〜1.4m。㊎北アメリカ北西部, 中国天山山脈, 中国東北部, 甘粛省, モンゴル
¶地球(p597/カ写)

ワープーアオバト *Ptilinopus magnificus*
ハト科の鳥。全長29〜45cm。㊎オーストラリア東部
¶世鳥大(p250/カ写)
世鳥ネ(p167/カ写)
地球〔ワンプーアオバト〕(p454/カ写)

ワモンアザラシ *Pusa hispida* 輪紋海豹
アザラシ科の哺乳類。別名フイリアザラシ。体長1〜1.7m。㊎北太平洋と北大西洋および北極海の北極圏
¶くら哺(p83/カ写)
世文動(p178/カ写)
地球(p571/カ写)
日哺改(p105/カ写)
日哺学フ(p42/カ写)

ワモンチズガメ *Graptemys oculifera* 輪紋地図亀
ヌマガメ科アミメガメ亜科の爬虫類。甲長8〜22cm。㊎アメリカ合衆国(ミシシッピ州・ルイジ

アナ州)
¶**世カメ** (p231/カ写)
世爬 (p26/カ写)
爬両1800 (p27/カ写)
爬両ビ (p23/カ写)

ワモンニシキヘビ *Bothrochilus boa* 輪紋錦絲
ニシキヘビ科の爬虫類。全長150〜200cm。㊕ビスマルク群島, ソロモン諸島の一部
¶**爬両1800** (p258/カ写)
爬両ビ (p192/カ写)

ワモンベニヘビ *Sinomicrurus macclellandi* 輪紋紅蛇
コブラ科の爬虫類。全長60〜78cm。㊕ネパール〜インドシナ, 中国南部, 日本(八重山諸島), 台湾など
¶**爬両1800** (p340/カ写)

ワモンメダマガメ *Morenia ocellata*
アジアガメ科の爬虫類。甲長15〜20cm。㊕ミャンマー南部
¶**爬両1800** (p37/カ写)

ワライガエル *Rana ridibunda* 笑蛙
アカガエル科の両生類。体長90〜150mm。㊕フランス以東のヨーロッパ〜ロシア南部, 中国新疆ウィグル自治区まで。南はアフガニスタン, パキスタンまで
¶**世文動** (p331/カ写)

ワライカモメ *Larus atricilla* 笑鷗
カモメ科の鳥。全長36〜46cm。㊕アメリカ合衆国東部・南部, カリブ諸島で繁殖。冬にはペルー以北まで渡る
¶**世鳥大** (p236/カ写)
地球 (p448/カ写)
鳥卵巣 (p201/カ写, カ図)
鳥比 (p333/カ写)
鳥650 (p318/カ写)
日ア鳥 (p272/カ写)
日鳥水増 (p300/カ写)
日野鳥新 (p311/カ写)
日野鳥増 (p154/カ写)
フ日野新 (p316/カ図)
フ日野増 (p316/カ図)
フ野鳥 (p182/カ図)

ワライカワセミ *Dacelo novaeguineae* 笑翡翠
カワセミ科の鳥。体長40〜46cm。㊕東・南西オーストラリア
¶**世鳥大** (p305/カ写)
世鳥ネ (p225/カ写)
地球 (p474/カ写)
鳥卵巣 (p243/カ写, カ図)

ワライバト *Streptopelia senegalensis* 笑鳩
ハト科の鳥。全長25〜27cm。㊕アフリカ
¶**世鳥ネ** (p161/カ写)
地球 (p453/カ写)

ワライハヤブサ *Herpetotheres cachinnans* 笑隼
ハヤブサ科の鳥。全長43〜52cm。㊕中央・南アメリカ
¶**世鳥大** (p184/カ写)

ワラストビガエル ⇒クロマクトビガエルを見よ

ワリアアイベックス *Capra walie*
ウシ科の哺乳類。体高65〜110cm。㊕エチオピア
¶**地球** (p606/カ写)

ワールベルククケンショウコウモリ *Epomophorus wahlbergi*
オオコウモリ科の哺乳類。体長12.5〜25cm。㊕東アフリカ, 中央アフリカ, アフリカ南部
¶**地球** (p551/カ写)

ワレンギャリワスプ *Celestus warreni*
アンギストカゲ科の爬虫類。全長35〜45cm。㊕ヒスパニョーラ島北部など
¶**世爬** (p153/カ写)
世文動 (p276/カ写)
爬両1800 (p232/カ写)
爬両ビ (p163/カ写)

ワレンヨロイトカゲ *Cordylus warreni*
ヨロイトカゲ科の爬虫類。全長15〜26cm。㊕アフリカ大陸南東部
¶**世爬** (p146/カ写)
世文動 (p271/カ写)
爬両1800 (p219/カ写)
爬両ビ (p153/カ写)

ワンガンヒキガエル *Bufo valliceps* 湾岸蟇
ヒキガエル科の両生類。体長5〜13cm。㊕アメリカ合衆国中南部〜コスタリカまでの中米
¶**爬両1800** (p365/カ写)
爬両ビ (p241/カ写)

ワンプーアオバト ⇒ワープーアオバトを見よ

【ABC】

Amber Mountain Rock-thrush *Monticola erythronotus*
ヒタキ科の鳥。絶滅危惧IB類。体長16cm。㊕マダガスカル(固有)
¶**鳥絶** (p203/カ図)

Bolivian Spinetail *Cranioleuca henricae*
カマドドリ科の鳥。絶滅危惧IB類。体長14.5cm。㊕ボリビア(固有)
¶**鳥絶** (p178/カ図)

ABC

Grey-breasted Parakeet *Pyrrhura griseipectus*
インコ科の鳥。絶滅危惧IA類。体長23cm。 ㊿ブラジル（固有）
¶**鳥絶**（p160/カ図）

Usambara Hyliota *Hyliota usambara*
ウグイス科の鳥。絶滅危惧IB類。体長14cm。 ㊿タンザニア（固有）
¶**鳥絶**（p200/カ図）

Yellow-throated Apalis *Apalis flavigularis*
セッカ科の鳥。絶滅危惧IB類。体長13cm。 ㊿マラウイ（固有）
¶**鳥絶**（p201/カ図）

学 名 索 引

【A】

【B】

【C】

【D】

【E】

【F】

【G】

【H】

【I】

【J】

【K】

【 L 】

【M】

【N】

【O】

【P】

【Q】

【R】

【S】

【T】

【U】

【V】

【W】

【X】

【Y】

【Z】

動物レファレンス事典 II（2004-2017）

2018年11月25日　第1刷発行

発 行 者／大高利夫
編集・発行／日外アソシエーツ株式会社
〒140-0013 東京都品川区南大井6-16-16 鈴中ビル大森アネックス
電話(03)3763-5241（代表） FAX(03)3764-0845
URL http://www.nichigai.co.jp/
発 売 元／株式会社紀伊國屋書店
〒163-8636 東京都新宿区新宿 3-17-7
電話(03)3354-0131（代表）
ホールセール部（営業） 電話(03)6910-0519

電算漢字処理／日外アソシエーツ株式会社
印刷・製本／株式会社平河工業社

《中性紙H-三菱書籍用紙イエロー使用》

ISBN978-4-8169-2745-4　Printed in Japan,2018

本書はディジタルデータでご利用いただくことができます。詳細はお問い合わせください。

収録図鑑一覧

（前見返しの続き）

略号	書名	出版社	刊行年月
日色鳥	日本の美しい色の鳥	エクスナレッジ	2016.12
日家	日本の家畜・家禽（フィールドベスト図鑑 特別版）	学習研究社	2009.3
日カサ	日本のカエル ＋サンショウウオ類 増補改訂（山溪ハンディ図鑑 9）	山と溪谷社	2015.6
日カメ	日本のカメ・トカゲ・ヘビ（山溪ハンディ図鑑 10）	山と溪谷社	2007.7
日カモ	決定版 日本のカモ識別図鑑	誠文堂新光社	2015.11
日鳥識	日本の野鳥識別図鑑	誠文堂新光社	2016.3
日鳥巣	日本 鳥の巣図鑑―小海途銀次郎コレクション	東海大学出版会	2011.8
日鳥水増	日本の鳥 550 水辺の鳥 増補改訂版（ネイチャーガイド）	文一総合出版	2009.5
日鳥山新	日本の鳥 550 山野の鳥 新訂（ネイチャーガイド）	文一総合出版	2014.3
日鳥山増	日本の鳥 550 山野の鳥 増補改訂版（ネイチャーガイド）	文一総合出版	2004.4
日哺改	日本の哺乳類 改訂 2 版	東海大学出版会	2008.7
日哺学フ	日本の哺乳類 増補改訂（フィールドベスト図鑑 11）	学研教育出版	2010.2
日野鳥新	日本の野鳥 新版（山溪ハンディ図鑑 7）	山と溪谷社	2014.1
日野鳥増	日本の野鳥 増補改訂新版（山溪ハンディ図鑑 7）	山と溪谷社	2011.12
ハチドリ	美しいハチドリ図鑑―実寸大で見る 338 種類	グラフィック社	2015.2
ぱっ鳥	ぱっと見わけ 観察を楽しむ野鳥図鑑	ナツメ社	2015.4
バード	人気のバードウォッチング 野鳥図鑑	日東書院	2005.11
羽根決	決定版 日本の野鳥 羽根図鑑	世界文化社	2011.9
爬両観	日本の爬虫類・両生類観察図鑑（フィールドガイド）	誠文堂新光社	2014.4
爬両飼	日本の爬虫類・両生類飼育図鑑	誠文堂新光社	2010.11
爬両 1800	爬虫類・両生類 1800 種図鑑	三才ブックス	2012.8
爬両ビ	爬虫類・両生類ビジュアル大図鑑	誠文堂新光社	2009.12
ビ犬	ビジュアル犬種百科図鑑	緑書房	2016.3
美サル	世界で一番美しいサルの図鑑	エクスナレッジ	2017.11
ひと目鳥	ひと目でわかる野鳥	成美堂出版	2010.2
ビ猫	ビジュアル猫種百科図鑑	緑書房	2016.3